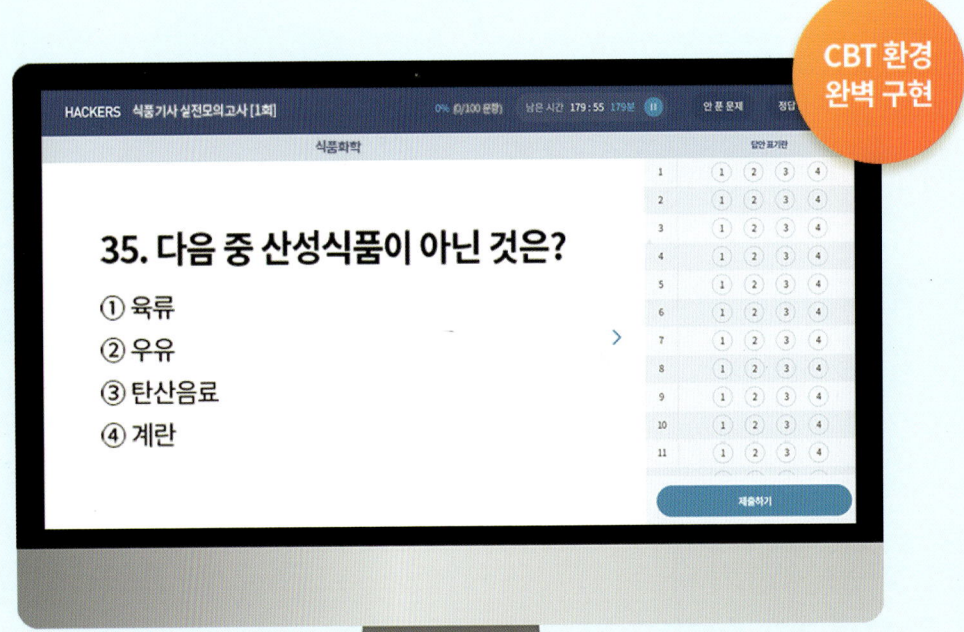
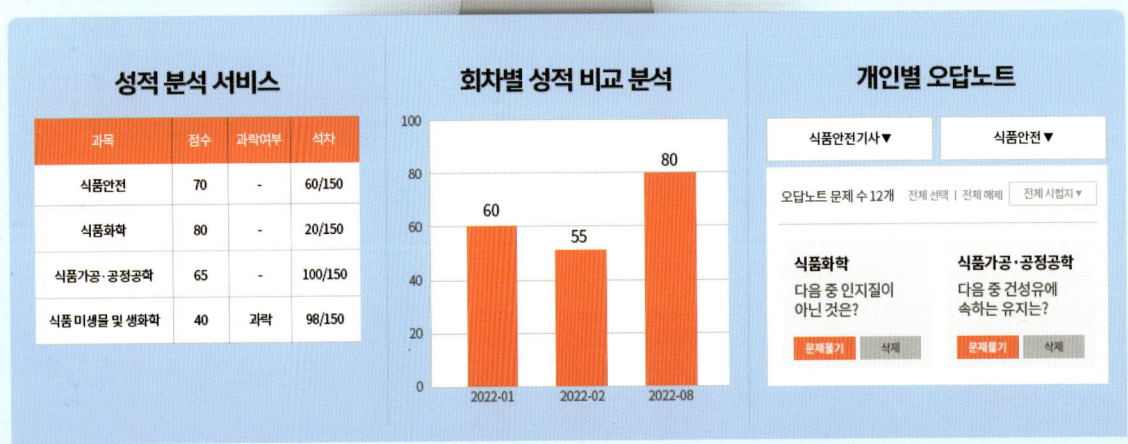

해커스
식품산업기사
필기
한권완성 이론+최신기출+핵심노트

해커스

권유진

약력

서울대학교 농생명공학과 석사 졸업
단국대학교 식품영양학과 박사 졸업
식품기사, 식품기술사, 행정사

현 | 해커스자격증 식품기사 대표교수
현 | 단국대학교 초빙교수
현 | 디지털서울문화예술대학교 외래교수
현 | 한국비건진흥원 대표
전 | 식품의약품안전처 보건연구사

저서

• 해커스 식품산업기사 필기 한권완성 이론 + 최신기출 + 핵심노트
• 해커스 식품안전기사 필기 한권완성 이론 + 최신기출 + 핵심노트
• 해커스 식품안전기사 실기 한권완성 기본이론 + 15개년 기출

식품산업기사 단기 합격을 향한 길을 비추는 환한 불빛같은 수험서

해커스 식품산업기사 필기
한권완성 이론 + 최신기출 + 핵심노트

식품산업기사 시험은 방대한 시험 범위와 시험 준비에 많은 시간을 투자할 수 없는 현실로 인해 많은 수험생들이 학습을 시작하기 전 막연한 두려움을 가질 수 있습니다.

그러나 핵심이론을 위주로 체계적으로 정리하고 출제빈도가 높은 부분을 중심으로 하여 전략적으로 학습한다면, 단기간에 효율적으로 시험에 대비하여 한번에 합격이 가능할 것입니다. 더불어 최근 난이도가 높아진 식품산업기사 실기시험을 대비하는 차원에서 필기시험 준비부터 체계적으로 학습한다면 최종 합격의 꿈을 단시간에 이룰 수 있을 것입니다.

최종 합격의 꿈을 이루는데 함께 하기 위해 식품기술사로서의 전문지식, 오랜 기간 식품안전 분야의 현장 근무경력 및 식품 분야 전문 강의경력을 바탕으로 「해커스 식품산업기사 필기 한권완성 이론 + 최신기출 + 핵심노트」 교재를 출간하게 되었습니다.

본 교재는 수험생 여러분이 합격의 문에 한발 더 다가가고, 향후 식품산업 현장에서 식품전문가로서 활동하는 데 많은 도움이 될 것이라 생각합니다.

「해커스 식품산업기사 필기 한권완성 이론 + 최신기출 + 핵심노트」 교재는 수험생 여러분이 학습한 내용을 완전한 '나의 것'으로 만들 수 있도록 다음과 같은 특징을 교재에 담았습니다.

01 교재의 흐름을 그대로 따라가는 학습이 가능하도록 구성하였습니다.

교재 이외에 별도의 자료를 찾아 학습할 필요가 없도록 반드시 알아야 할 기본적인 이론부터 학습의 순서에 맞춰 교재를 구성하였습니다. 이를 통해 전체 이론을 더욱 효율적으로 학습할 수 있습니다.

02 다양한 학습 요소를 통해 입체적인 학습을 할 수 있도록 구성하였습니다.

다양한 형태의 도표 및 그림자료를 수록하여 복잡한 이론을 보다 쉽게 이해할 수 있도록 하였습니다. 또한 본문 이론 학습을 돕는 다양한 학습장치를 통해 이론 학습에 도움이 되는 배경 및 심화이론까지 학습할 수 있습니다.

03 교재 전체 영역에 최신의 내용을 반영하였습니다.

한국산업인력공단의 출제기준 및 최신 개정법령과 세부규정을 모두 빠짐없이 반영하였습니다. 이를 통해 가장 최신의 내용을 정확하게 학습할 수 있습니다.

더불어 자격증 시험 전문 사이트 해커스자격증(pass.Hackers.com)에서 교재 학습 중 궁금한 점을 나누고 다양한 무료 학습자료를 함께 이용하여 학습 효과를 극대화할 수 있습니다.

식품산업기사 시험에 도전하시는 모든 분들의 최종 합격을 진심으로 기원합니다.

권유진

목차

최신기출

더 많은 기출문제를 풀어보고 싶다면?

> 2016년, 2017년 기출문제는 아래 경로에서 확인하실 수 있습니다.
> 해커스자격증 PC 사이트(pass.Hackers.com) 접속 ▶ 사이트 상단 [식품안전기사] 클릭
> ▶ [교재정보]의 [부가자료] 메뉴 클릭
> 모바일의 경우 QR 코드로 접속이 가능합니다.

모바일 해커스자격증 (pass.Hackers.com) 바로가기 ▲

책의 구성 및 특징

01 학습 중 놓치는 내용 없이 완벽한 이해를 가능하게!

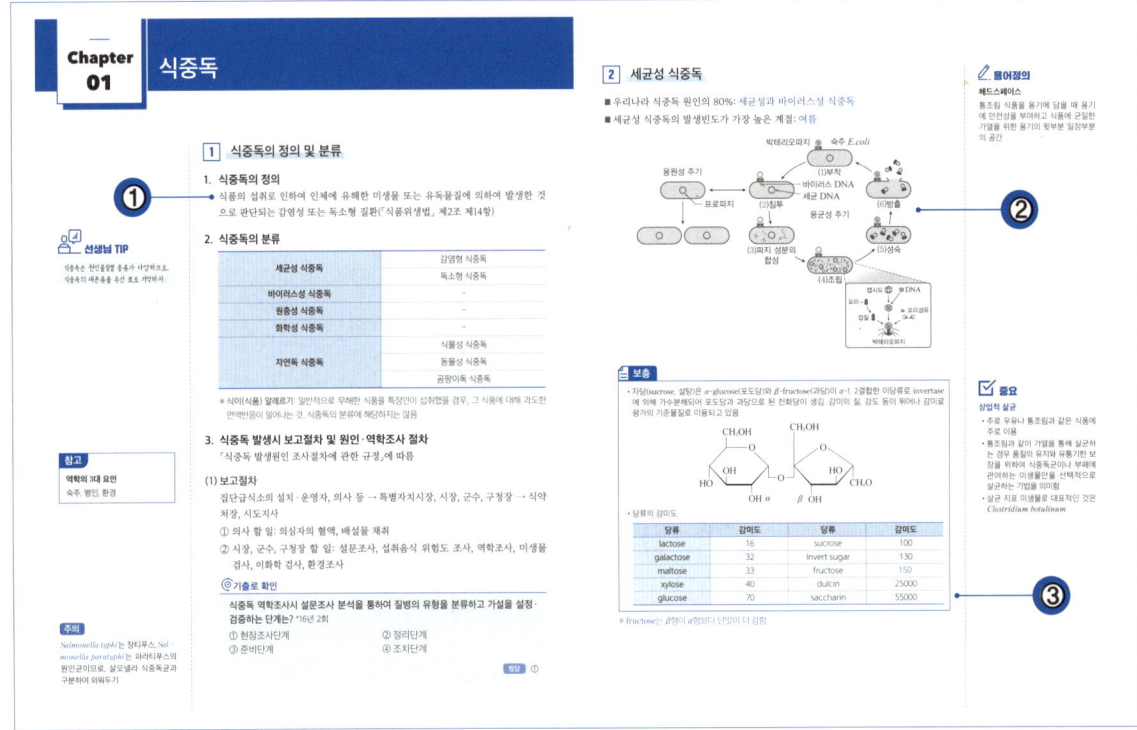

① 체계적인 기본이론

식품산업기사 시험에 출제되는 필수이론을 체계적으로 정리하여 구성하였습니다. 이를 통해 식품산업기사의 방대한 이론을 자연스럽게 이해할 수 있으며, 시험에 나오는 이론을 중심으로 효과적인 학습이 가능합니다.

② 그림자료

내용의 이해를 돕기 위한 다양한 그림자료를 함께 수록하였습니다. 이를 통해 복잡하고 어려운 이론 내용을 쉽고 빠르게 이해하는 학습이 가능합니다.

③ 다양한 학습장치

이론의 효율적인 학습을 위한 '선생님 Tip', '중요', '용어정의', '주의', '참고', '보충'과 같은 다양한 학습장치를 함께 수록하였습니다. 이를 통해 이론의 학습을 보충하고, 심화 내용까지도 학습이 가능합니다.

02 문제를 통해 실력 점검과 실전 대비까지 확실하게!

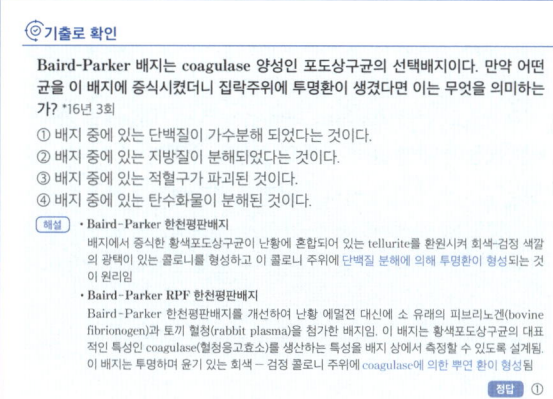

기출로 확인

이론과 연관된 기출문제를 함께 풀어볼 수 있도록 '기출로 확인' 코너를 수록하였습니다.

이를 통해 중요 이론이 실제 시험에 어떻게 출제되는지 경향을 파악할 수 있으며, 스스로 학습한 내용을 정확히 이해하고 있는지 점검할 수 있습니다.

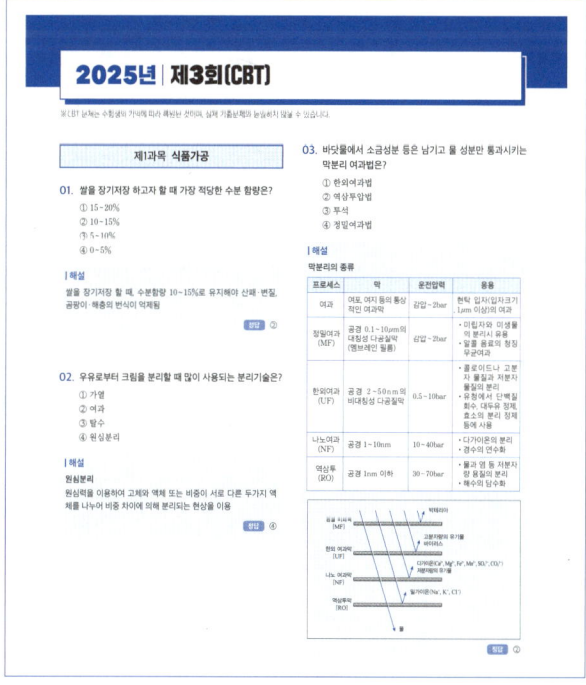

최신 기출문제

2025~2018년의 8개년 기출(복원)문제를 수록하였습니다.

수록된 '모든' 문제에는 상세한 해설을 수록하여 문제풀이 과정에서 실전감각을 높이고 실력은 한층 향상시킬 수 있습니다.

또한 해설을 통해 옳은 지문뿐만 아니라 옳지 않은 지문의 내용까지 확인할 수 있으므로 문제를 풀고 답을 찾아가는 과정에서 자신의 학습 수준을 스스로 점검하고 보완하여 학습 효과를 높일 수 있습니다.

*CBT 문제는 모두 수험생의 기억에 따라 복원된 것이며, 실제 기출문제와 동일하지 않을 수 있습니다.

식품산업기사 시험 정보

01 식품산업기사란?

- 식품산업기사는 사회의 발전과 생활의 변화에 따라 식품에 대한 질적 측면이 강조되고 있는 현대 사회에서 음식에 대한 소비 욕구의 다양화에 따른 식품 재료와 제품에 관한 연구 개발, 효율적인 운영 및 식품제조공정의 위생적인 관리를 위한 전문기술 인력 자격제도입니다.

- 식품기술 분야에 대한 기본적인 지식을 바탕으로 하여 식품재료의 선택에서부터 새로운 식품의 기획, 개발, 분석, 검사 등의 업무를 담당하며, 식품제조 및 가공공정, 식품의 보존과 저장 공정에 대한 관리, 감독의 업무를 수행합니다.

- 식품제조가공기술이 급속하게 발달하면서 식품을 제조하는 공장의 규모가 커지고 공정이 복잡해짐에 따라 이를 적절하게 유지 관리할 수 있는 기술인력에 대한 수요로 인해 식품제조·가공업체, 즉석판매제조·가공업, 식품첨가물제조업체, 식품연구소 및 학계나 정부기관 등 다양한 분야에 진출할 수 있으며, 식품위생법에 의해 식품위생감시원으로 고용될 수 있습니다.

02 식품산업기사 시험 제도 및 과목

검정방법	• 필기: 객관식 4지 택일형으로 과목당 20문제가 출제되며, CBT 방식으로 시행됩니다(과목당 30분). • 실기: 작업형으로 출제됩니다(4시간 정도).
합격기준	• 필기: 과목당 40점 이상, 전과목 평균 60점 이상을 받으면 합격입니다(100점 만점 기준). • 실기: 60점 이상을 받으면 합격입니다(100점 만점 기준).
시험과목	• 필기: 1과목 식품가공, 2과목 식품화학, 3과목 식품미생물 및 안전 • 실기: 식품품질관리 실무

03 식품산업기사 시험 응시자격

- 식품산업기사에는 응시 제한이 있습니다.
- 다음은 일반적인 응시자격이며, 각자의 이력에 따른 개인별 응시자격은 Q - Net에서 정확히 확인하시기 바랍니다.

자격 소지	• 기능사 이상의 취득 후 1년 이상 • 다른 종목의 산업기사 이상 자격 취득자 • 외국에서 동일 종목 자격 취득자
관련학과 졸업	• 대학의 관련학과의 졸업(예정)자 • 관련학과의 2년제 전문대학졸업(예정)자 • 관련학과의 3년제 전문대학졸업(예정)자
기술훈련과정 이수	산업기사 수준 기술훈련과정 이수(예정)자
경력	동일 및 유사 직무분야에서 2년 이상

*관련학과 – 전문대학 및 대학의 식품공학, 식품가공학 관련학과

04 식품산업기사 시험 일정

구분		원서접수(휴일 제외)	시험일	합격(예정)자 발표일
필기	정기 1회	1월 중	2~3월 중	3월 중
	정기 2회	4월 중	5월 중	6월 중
	정기 3회	7월 중	8~9월 중	9월 중
실기	정기 1회	3월 중	4~5월 중	6월 중
	정기 2회	6월 중	7~8월 중	9월 중
	정기 3회	9월 중	11월 중	12월 중

*정확한 날짜는 큐넷(Q-net) 홈페이지에서 확인하시기 바랍니다.
큐넷(Q-net) > 사격정보 > 국가사격 종목별 상세성보

식품산업기사 시험 정보

05 자격증 취득 절차

원서접수부터 자격증 취득까지는 다음 과정에 따라 진행되며, 필기 합격부터 실기 시험까지는 6~8주 정도의 기간이 있습니다.

필기원서 접수 및 필기시험
- Q-net(www.Q-net.or.kr)을 통해 인터넷으로 원서접수를 합니다.
- 필기접수 기간 내 수험원서를 제출해야 합니다.
- 접수 시 사진을 첨부하고, 수수료를 결제합니다(전자결제).
- 시험장소는 본인이 직접 선택합니다(선착순).
- 시험 시 신분증, 필기구, 공학용계산기 등 시험응시에 필요한 물품을 확인하여 지참하도록 합니다.

필기 합격자 발표
- Q-net을 통해 합격을 확인합니다(마이페이지 등).
- 응시자격 제한종목은 공지된 시행계획의 서류제출 기간 내에 반드시 졸업증명서, 경력증명서 등 응시자격 서류를 제출해야 합니다.

실기원서 접수 및 실기시험
- 실기접수 기간 내 수험원서를 인터넷을 통해 제출합니다.
- 접수 시 사진을 첨부하고 수수료를 결제합니다(전자결제).
- 시험 일시와 장소는 본인이 직접 선택합니다(선착순).
- 시험 시 신분증, 필기구, 공학용계산기 등 시험응시에 필요한 물품을 확인하여 지참하도록 합니다.

최종 합격자 발표
Q-net을 통해 합격을 확인합니다(마이페이지 등).

자격증 발급
- 인터넷 발급을 신청하여 우편수령 또는 직접출력이 가능합니다.
- 공단에서 확인된 본인 사진이 없는 경우 또는 상장형 자격증을 신청하여 신분 확인이 필요한 경우 공단 방문이 필요할 수 있습니다.

06 식품산업기사 최근 7년간 검정현황

구분		2025	2024	2023	2022	2021	2020	2019
필기	응시자	2,031	1,887	2,190	2,309	2,444	1,773	1,997
	합격자	772	714	793	954	1,137	919	626
	합격률	38.0%	37.8%	36.2%	41.3%	46.5%	51.8%	31.3%
실기	응시자	431	685	800	976	1,029	829	673
	합격자	321	539	644	803	849	718	513
	합격률	74.5%	78.7%	80.5%	82.3%	82.5%	86.6%	76.2%

*2025년 제3회 실기시험 미포함

 더 많은 내용이 알고 싶다면?

> 시험일정 및 자격증에 대한 더 자세한 사항은 해커스자격증(pass.Hackers.com)
  또는 Q-net(www.Q-net.or.kr)에서 확인할 수 있습니다.

> 모바일의 경우 QR 코드로 접속이 가능합니다.

모바일 해커스자격증 (pass.Hackers.com) 바로가기 ▲

출제기준

※ 한국산업인력공단에 공시된 출제기준으로 「해커스 식품산업기사 필기 한권완성 이론 + 최신기출 + 핵심노트」 전체 내용은 모두 아래 출제기준에 근거하여 제작되었습니다.

필기과목명	주요항목	세부항목
1과목 식품가공	1. 농산식품 가공	(1) 곡류 및 서류가공 (2) 두류가공 (3) 과채류가공
	2. 축산식품가공	(1) 유가공 (2) 식육가공 (3) 알가공
	3. 수산식품가공	(1) 수산물가공
	4. 유지가공	(1) 유지가공
	5. 식품제조	(1) 식품공학의 기초 (2) 식품제조공정
	6. 제품개발	(1) 관능평가
2과목 식품화학	1. 식품의 일반성분	(1) 수분 (2) 탄수화물 (3) 지질 (4) 단백질 (5) 무기질 (6) 비타민
	2. 식품의 특수성분	(1) 맛성분 (2) 냄새성분 (3) 색소성분
	3. 식품의 물성	(1) 식품의 물성
	4. 유해물질	(1) 유해물질
	5. 식품성분분석	(1) 일반(영양)성분분석
	6. 식품첨가물	(1) 식품첨가물개요

3과목 **식품미생물 및 안전**	1. 식품미생물	(1) 식품미생물의 분류, 특징 및 이용
	2. 미생물생리	(1) 미생물의 증식과 환경인자
	3. 미생물의 분리보존 및 균주개량	(1) 미생물의 분리보존
	4. 발효공학	(1) 발효공학기초 (2) 발효식품 (3) 대사생성물의 생성 (4) 균체생산
	5. 식품안전관리인증기준(HACCP)	(1) 식품위생행정과 법규 (2) 선행요건 관리 (3) 식품안전관리인증기준(HACCP) 관리
	6. 제품검사관리	(1) 안전성 평가시험 (2) 식품위생검사

식품산업기사 학습플랜

📅 5주 합격 학습플랜

• 이론과 기출문제를 모두 차근차근 학습하고 싶은 수험생에게 추천합니다.

	1일차 ☐	2일차 ☐	3일차 ☐	4일차 ☐	5일차 ☐	6일차 ☐	7일차 ☐
1주	Part 01			복습	Part 02		
	Chapter 01~ Chapter 04	Chapter 05~ Chapter 09	Chapter 10~ Chapter 12	Part 01	Chapter 01~ Chapter 04	Chapter 05~ Chapter 08	Chapter 09~ Chapter 12

	8일차 ☐	9일차 ☐	10일차 ☐	11일차 ☐	12일차 ☐	13일차 ☐	14일차 ☐
2주	복습	Part 03				복습	복습
	Part 02	Chapter 01~ Chapter 03	Chapter 04~ Chapter 07	Chapter 08	Chapter 09~ Chapter 12	Part 03	Part 01~ Part 03

	15일차 ☐	16일차 ☐	17일차 ☐	18일차 ☐	19일차 ☐	20일차 ☐	21일차 ☐
3주	기출문제						
	2025년	2024년	2023년	2022년	2021년	2020년	2019년

	22일차 ☐	23일차 ☐	24일차 ☐	25일차 ☐	26일차 ☐	27일차 ☐	28일차 ☐
4주	기출문제		복습				기출문제
	2018년	오답노트	Part 01	Part 02	Part 03	Part 01~ Part 03	2025~2023년

	29일차 ☐	30일차 ☐	31일차 ☐	32일차 ☐	33일차 ☐	34일차 ☐	35일차 ☐
5주	기출문제			실전 연습			
	2022~2021년	2020~2018년	오답노트	CBT 모의고사	CBT 모의고사	CBT 모의고사	최종정리

📅 3주 합격 학습플랜

• 이론을 빠르게 학습하고 기출문제를 반복학습하고 싶은 수험생에게 추천합니다.

	1일차 ☐	2일차 ☐	3일차 ☐	4일차 ☐	5일차 ☐	6일차 ☐	7일차 ☐
1주	Part 01			Part 02			Part 03
	Chapter 01~ Chapter 04	Chapter 05~ Chapter 09	Chapter 10~ Chapter 12	Chapter 01~ Chapter 04	Chapter 05~ Chapter 08	Chapter 09~ Chapter 12	Chapter 01~ Chapter 03

	8일차 ☐	9일차 ☐	10일차 ☐	11일차 ☐	12일차 ☐	13일차 ☐	14일차 ☐
2주	Part 03			복습	기출문제		
	Chapter 04~ Chapter 07	Chapter 08	Chapter 09~ Chapter 12	Part 01~ Part 03	2025~2023년	2022~2021년	2020~2018년

	15일차 ☐	16일차 ☐	17일차 ☐	18일차 ☐	19일차 ☐	20일차 ☐	21일차 ☐
3주	오답노트	기출문제		오답노트	실전 연습		최종정리
		2025~2022년	2021~2018년		CBT 모의고사	CBT 모의고사	

Part 01

식품가공

곡류 및 서류가공

1 곡류가공

1. 쌀

(1) 쌀의 종류와 특징

구분	자포니카형(Japonica type)	인디카형(Indica type)
벼의 키	키가 작음(단립종)	키가 큼(장립종)
형태	쌀알이 둥글고 굵으며 단단함	쌀알이 길고 부스러지기 쉬움
점성	세포막이 얇아 쉽게 파괴되어 전분립이 세포 외부로 호화(점성이 강함)	세포막이 두꺼워 잘 파괴되지 않아 전분립이 세포 내부에서 호화(점성이 약함)
아밀로펙틴과 아밀로오스의 함량	Amylopectin의 함량이 높음	Amylose의 함량이 높음
주요 생산지	한국, 일본	인도, 베트남 등

(2) 쌀(벼)의 구조

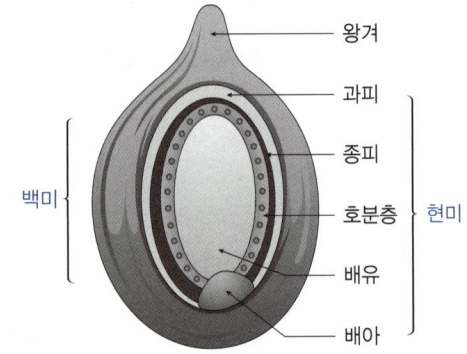

① 왕겨: 벼는 현미 80%와 왕겨 20%

② 겨

    ㉠ 과피, 종피, 호분층으로 구성

    ㉡ 식이섬유와 무기질 다량 함유

③ 배유: 탄수화물이 주된 성분

④ 배아

    ㉠ 도정과정에서 대부분 제거

    ㉡ 대부분 지방질, 불포화지방산을 함유하여 산화되기 쉬우므로 저장성이 낮음

기출로 확인

배아미에 대한 설명으로 틀린 것은? *16년 2회

① 단백질, 비타민이 비교적 많다.　② 원통마찰식 도정기를 사용한다.
③ 맛이 있는 정미를 얻을 수 있다.　④ 저장성이 높다.

정답 ④

(3) 도정

① **정의**: 벼, 보리의 겨층을 제거하여 배유만 취하는 조작, 쌀의 도정은 정미, 보리의 도정은 정맥이라 함

② **도정방법의 분류**

　㉠ 건식도정
　　• 곡류자체의 보유 수분함량 상태에서 외부의 수분첨가 없이 도정
　　• 배유로부터 겨와 배아를 완전히 제거
　㉡ 습식도정
　　• 곡류를 물 또는 용액에 침지시킨 후 도정
　　• 배유를 전분과 단백질로 분리

선생님 TIP

쌀의 도정과 관련된 문제는 다양한 유형으로 자주 출제된다.

기출로 확인

곡물의 도정방법에서 건식도정과 습식도정 중 습식도정에만 해당되는 설명으로 옳은 것은? *17년 3회

① 겨와 배아가 배유로부터 분리된다.
② 곡물 중 함수량을 줄인 후 도정하는 것이다.
③ 배유로부터 전분과 단백질을 분리할 목적으로 사용될 수 있다.
④ 쌀, 보리, 옥수수에 사용한다.

정답 ③

③ **도정도에 따른 쌀의 분류**

종류	특성	도감률(%)	도정률(%)=정백률	소화율(%)
현미	벼나락에서 왕겨층만 제거	$0.08 \times 0 = 0$	$100.0 - 0 = 100$	95.3
5분도미	겨층의 50% 제거	$0.08 \times 50 = 4.0$	$100.0 - 4 = 96$	97.2
7분도미	겨층의 70% 제거	$0.08 \times 70 = 5.6$	$100.0 - 5.6 = 94.4$	97.7
10분도미 (=백미)	배유만 남은 것	$0.08 \times 100 = 8$	$100.0 - 8.0 = 92$	98.4

※ 현미의 겨 함량: 8%

　㉠ 도정도: 쌀겨층의 벗겨진 정도에 따라 나타냄
　　예 10분도미, 8분도미, 7분도미, 5분도미
　㉡ 도정률: 현미량에 대한 도정미의 비율

$$도정률(정백률, \%) = \frac{도정된\ 정미중량}{현미중량} \times 100$$

참고

도정에 따른 성분의 변화

도정도가 높아짐에 따라 단백질, 지방, 섬유, 회분, 비타민 등 감소, 상대적으로 탄수화물 비율 증가

© 도감률: 현미량에서 제거된 겨층의 비율

$$도감률(\%) = \frac{도감량(쌀겨 등이 제거된 양)}{현미중량} \times 100$$

④ **물리적인 도정의 원리**

　㉠ 마찰

　㉡ 찰리: 마찰이 강하게 일어날 때 생김

　㉢ 절삭: 연삭(작용이 클 때), 연마(작용이 작을 때)

　㉣ 충격: 부딪힘

⑤ **도정기(정미기)의 종류**

　㉠ 분풍식: 원통 안에 송풍기로 바람을 불어 넣고 겨를 제거, 도정 효율이 높아 널리 쓰임

　㉡ 마찰식: 수평원통에서 나선홈의 움직임으로 다른쪽 배출구로 밀어냄. 마찰, 찰리작용

　㉢ 연삭식(만능도정기): 금강사 롤러가 벼의 표면을 깎아냄. 연삭, 충격작용, 도정력이 강하고 싸라기가 적음. 경도가 높은 곡물 도정시 효과적

⑥ **도정도 결정법**

　㉠ 쌀의 색깔

　㉡ 겨층의 박피 정도

　㉢ 도정 횟수

　㉣ 도정 시간

　㉤ 전력 소비량

　㉥ 생성된 쌀겨량

　㉦ M.G.(May Grunwald) 염색법

　　• M.G. 시약을 쌀시료와 함께 넣고 30분간 반응 후, 수세 후 염색된 상태 관찰

　　• 현미: 청녹색, 1분도미: 청색, 5분도미: 담청색, 7분도미, 백미: 담홍청색

⚙ **기출로 확인**

01 M.G(May Grunwald)염색법을 이용하여 도정도를 판정할 경우 청색이 나타났다면 몇 분 도미인가? *17년 3회

　① 10분도미

　② 7분도미

　③ 5분도미

　④ 1분도미

02 쌀을 고압으로 가열 후 급히 분출시켜 팽창시켜 제조한 쌀 가공품은? *21년 2회

　① 파보일드 쌀(parboiled rice)

　② 팽화 쌀(puffed rice)

　③ α-쌀(alpha rice)

　④ 피복 쌀(premixed rice)

정답　01 ④　02 ②

2. 밀

(1) 밀의 품종과 성질

① 경질밀

    ㉠ 제빵용

    ㉡ 단백질 함량이 가장 많고 딱딱함

② 연질밀

    ㉠ 제과용, 케이크용

    ㉡ 단백질 함량이 가장 적고 부서지기 쉬움

③ 중간질밀

    ㉠ 다목적용, 제면용

    ㉡ 경질밀과 연질밀의 중간 성질을 가짐

④ 듀럼밀

    ㉠ 파스타용

    ㉡ 호박색을 띠며 글루텐 단백질 다량 함유

(2) 제분

① **정의**: 곡식을 분쇄하여 껍질과 외피 섬유를 체로 사별, 분리하여 가루로 만드는 조작

② **제분공정**

정선 → 조질 → 조쇄 → 체질 → 분쇄 → 체질 → 숙성 → 포장

    ㉠ 정선(cleaning)

      • 제품의 품질 향상을 위해 이물질을 제거하는 공정

      • 기기: Milling separator, aspirator, stoner, disc separator, scourer, magnetic separator

    ㉡ 조질(tempering, conditioning)

      ⓐ 밀에 수분을 흡수시키고 가열하는 공정

      ⓑ 목적

        • 외피가 습기를 간직하여 질겨져 조각으로 부서지지 않게 하기 위함

        • 외피와 배유의 분리를 쉽게 하기 위함

        • 밀의 효소력을 조절하여 글루텐을 용도에 따라 개선

        • 회분량 조절

> **참고**
>
> 건조한 밀을 바로 제분하면 외피가 부서져 밀가루에 혼합되어 회분함량을 높이는 원인이 됨

◎ 기출로 확인

밀의 제분공정에서 조질의 주요 목적은? *19년 2회

① 외피와 배유의 분리를 쉽게 하기 위한 것

② 밀가루의 품질을 균일하게 하기 위한 것

③ 외피의 분쇄를 쉽게 하기 위한 것

④ 협잡물을 제거하기 위한 것

정답 ①

ⓒ 조쇄(= 파쇄, break roll grinding)
- break roll을 거치면서 밀표면에 자국을 내어 누르고 비벼서 배유부분이 가루가 되도록 하는 것
- 밀을 배유와 밀기울로 분리
- 밀가루의 생산량을 좌우하는 중요한 공정
ⓔ 체질(sieving): 밀가루를 체(sifter)를 이용하여 크기별로 분리하는 공정
ⓕ 분쇄(smooth roll grinding): 활면롤에 의해 가루로 분쇄됨(비틀기 작용으로 작은 입자를 만듦)
ⓗ 숙성
- 제분 후 제빵 적성의 향상과 색 개선을 위함
- 색소 등을 산화시키기 위해 일정시간 숙성 혹은 표백제(과산화벤조일, 이산화질소) 이용

③ 밀가루의 품질과 용도
ⓐ 밀의 제분율

$$제분율(\%) = \frac{제분\ 중량}{원료밀\ 중량} \times 100$$

- 일반적으로 80% 이하가 적당
- 제분율이 낮을수록 상급 밀가루로 회분량이 적고 글루텐 함량이 많음
ⓑ 밀가루의 단백질 함량별 종류
- 글루텐 단백질: 글루테닌(glutenin)과 글리아딘(gliadin)
- 밀가루를 물과 함께 반죽 시 글루텐(gluten) 형성되어 탄성과 점성이 생김

선생님 TIP

단백질 함량별 밀가루의 종류와 용도는 자주 출제되므로 표로 기억하자.

※ 단백질량 – 밀가루의 품질을 좌우하는 가장 중요한 인자

종류	특징	글루텐함량		용도
		건부율	습부율	
강력분	점탄성이 큼	13% 이상	40% 이상	제빵용
중력분	중간 경도	10~13%	30~40%	제면용
박력분	매우 고움	10% 이하	30% 이하	과자, 튀김용

- 건부율 $= \frac{건부량}{밀가루량} \times 100$
- 습부율 $= \frac{습부량}{밀가루량} \times 100$

기출로 확인

밀가루 3kg을 사용하여 건조글루텐(건부량) 410g을 제조할 때 건조글루텐 함량, 밀가루의 종류, 주요 용도의 연결이 옳은 것은? *16년 2회

① 7.3% – 중력분 – 스파게티
② 7.3% – 중력분 – 국수
③ 13.7% – 강력분 – 식빵
④ 13.7% – 강력분 – 비스킷

[해설] 건부율: $\dfrac{건부량}{밀가루량} \times 100 = \dfrac{410g}{3000g} \times 100 = 13.7\%$

[정답] ③

④ **밀가루 품질 검사**
   ㉠ 색택(Pekar-color test)
   - 밀가루의 색을 판단하는 시험법
   - 약간 황색을 띤 백색이 좋으며, 회백색, 담황색은 좋지 않음
   ㉡ 회분 측정
   - 밀가루의 품질을 평가하는 뚜렷한 방법
   - 보통 밀가루의 회분은 0.4~0.7%이며 1% 이상인 것은 불량품
   ㉢ 반죽의 물리적 측정
   - Farinograph(패리노그래프): 밀가루 반죽의 점탄성을 측정하는 장치

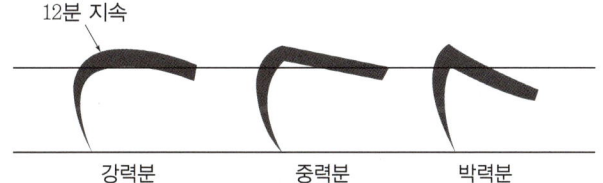

12분 지속

강력분 　 중력분 　 박력분

   - Extensograph(익스텐소그래프): 밀가루 반죽의 신장도와 인장항력을 측정하는 장치

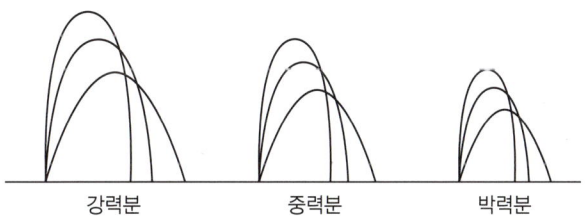

강력분 　 중력분 　 박력분

   - Amylograph(아밀로그래프): α-amylase의 활성 및 전분의 호화도, 성질을 측정하는 장치

선생님 TIP

반죽의 물리적 측정법은 자주 출제된다.

기출로 확인

밀가루의 품질시험방법이 잘못 짝지어진 것은?

① 색도 – 밀기울의 혼입도
② 입도 – 체눈 크기와 사별정도
③ 패리노그래프 – 점탄성
④ 아밀로그래프 – 인장항력

[정답] ④

(3) 제빵

① **정의**: 곡물가루에 여러 가지 부원료를 배합하여 만든 반죽을 이산화탄소로 부풀려서 구워 만든 것
- ㉠ 제빵 = 반죽, 발효, 굽기
- ㉡ 반죽형성 = 글루텐 망상 구조의 형성

② **발효유무에 의한 분류**
- ㉠ 발효빵: 효모의 발효로 생긴 탄산가스를 이용하여 만든 빵 예 식빵 등
- ㉡ 무발효빵: 팽창제를 사용하여 만든 빵, 팽창제가 열에 의해 분해되면서 생성된 탄산가스가 반죽을 팽창시킴 예 비스킷, 쿠키 등

③ **제빵원료 및 역할**
- • 주요 원료: 밀가루, 효모(팽창제), 소금, 수분
- • 부원료: 설탕, 유지, 이스트푸드 등
- ㉠ 밀가루
  - • 수분함량 15% 이하
  - • 주로 글루텐 함량 13% 이상, 강력분을 사용(단백질 함량의 영향이 큼)
  - • 제분 후 30~40일의 숙성기간을 경과한 것
- ㉡ 효모
  - • *Saccharomyces cerevisiae*
  - • 빵에 독특한 향미 부여
  - • 효모의 최적발효 온도: 26~30℃
  - • 압착효모의 경우 1.5~2.0% 사용
- ㉢ 소금
  - • 빵의 풍미 향상
  - • 유해균, 부패미생물 생육억제
  - • 글루텐의 탄력성 증가
  - • 효모 발효의 속도 적절히 조절
  - • 1.5~2.0% 사용
- ㉣ 수분
  - • 글루텐 형성 도움
  - • 반죽의 농도, 온도 조절
  - • 전분의 수화 팽윤 유도
  - • 효소에 활성 제공
- ㉤ 설탕
  - • 효모의 영양원으로 발효를 돕고 이산화탄소를 발생시켜 부피가 커지게 함
  - • 노화방지, 단맛 부여, 겉껍질의 색깔 생성 촉진
  - • 빵의 텍스처를 부드럽고 연하게 함
  - • 사용량 4%까지는 빵의 팽창을 도움

ⓗ 유지
  - 탄력성 및 가스보유력을 향상시켜 부피를 증대
  - 빵을 부드럽게 하고 풍미, 색을 좋게 함
  - 노화지연, 보존성 향상

ⓐ 이스트푸드
  - 발효 능력은 없지만 효모의 영양원으로서 발효를 촉진하고, 글루텐 성질 개선
  - 유기물, 황산칼슘, 산화제, 환원제 등

◉ 기출로 확인

밀가루 가공식품 중 빵에 대한 설명이 틀린 것은? *20년 1, 2회

① 밀가루 반죽의 가스는 첨가하는 효모의 작용에 의해 생성
② 밀가루는 빵의 골격을 형성하고 반죽의 가스 포집 역할
③ 소금은 부패 미생물 생육 억제 및 향미 촉진
④ 설탕은 발효공급원으로 전분 노화 촉진

정답 ④

④ 발효빵의 제빵 방법
  ㉠ 직접반죽법(스트레이트법)
    ⓐ 가장 기본이 되는 방법, 모든 원료를 한번에 섞어 반죽하는 방법

    반죽 → 1차발효 → 나누기 → 둥글리기 → 중간발효 → 가스빼기 → 성형 → 팬닝 → 2차발효 → 굽기 → 냉각 → 포장 → 제품

    ⓑ 장점: 공정시간 감소, 노동력 및 전력 감소, 손실 감소, 흡수율 증대
    ⓒ 단점: 발효시간이나 공정 진행에 여유가 없음
  ㉡ 스폰지도우법
    ⓐ 밀가루 일부와 물, 효모, 부재료를 넣어 스폰지를 만든 후 나머지를 섞어 본반죽하는 방법

    스폰지(sponge)제조 → 발효 → 도우(dough)제조

    ⓑ 장점
      - 공정을 수정할 수 있으며 효모의 사용량이 직접반죽법보다 적음
      - 부피, 텍스처가 좋으며 노화방지 효과
    ⓒ 단점: 발효 시간, 노동력, 전력 증가
  ㉢ 비상스트레이트법
    ⓐ 직접반죽법에서 변형된 것으로 짧은 시간에 작업을 해야할 때 사용
    ⓑ 장점: 믹싱시간, 노동력 단축
    ⓒ 단점: 제품이 불규칙, 효모 냄새 및 빠른 노화현상

> **참고**
>
> **가스빼기의 목적**
> - 반죽 안팎의 온도 균일화
> - 이산화탄소를 배출하여 효모에 신선한 공기 공급
> - 효모활동 촉진

> **참고**
>
> **반죽(혼합)공정의 목적**
> 글루텐의 망목구조 형성

📋 **보충** 　반죽 중의 변화

- pick up 단계: 원료가 균일하게 혼합되고 글루텐의 구조 형성
- clean up 단계: 반죽이 탄성을 갖기 시작하고 혼합기에 달라붙지 않는 상태가 됨
- 발달(development)단계: 최고의 탄력성을 갖고 필름 형성(반죽의 최적상태)
- let down 단계: 반죽이 탄성을 잃고 신장성이 증가되어 반죽이 질겨짐
- break down 단계: 반죽은 유동성을 가지나 반죽이 처져 글루텐이 완전히 파괴되고 반죽의 의미상실

⑤ **무발효빵 제빵방법**

　㉠ 제조공정

　　반죽 → 성형 → 굽기

　㉡ 팽창제 종류: 탄산수소나트륨, 탄산수소암모늄, 주석산수소칼륨, 산성피로인산나트륨 등

(4) 제면

① **정의**: 곡분 또는 전분을 주원료로 하고 물과 소금 등을 혼합한 후 면발을 형성하는 조작

② **면의 분류**

　㉠ 건조여부에 따라

　　ⓐ 생면: 수분함량 30~35%인 반죽 그대로 절단된 면

　　ⓑ 건면: 수분함량 14~15% 이하로 건조된 면

　　ⓒ 숙면: 호화된 면

　㉡ 제조방법에 따라

　　ⓐ 신연면: 반죽을 길게 잡아 당겨 빼는 국수

　　　예 우동, 중화면, 소면 등

　　ⓑ 선절면: 밀가루 반죽을 넓게 편 후, 가늘게 절단한 국수

　　　예 손국수, 칼국수 등

　　ⓒ 압출면: 압착기를 이용하여 압축해서 뽑아낸 국수

　　　예 마카로니, 스파게티, 당면 등

　　ⓓ 유탕면: 생면, 숙면, 건면을 유탕처리한 것

◎ **기출로 확인**

제면 제조에서 소금을 사용하는 목적이 아닌 것은?

① 미생물에 의한 발효를 촉진하기 위해서
② 밀가루의 점탄성을 높이기 위해서
③ 수분이 내부로 확산하는 것을 촉진하기 위해서
④ 제품의 품질을 안정시키기 위해서

정답 ①

☑ **중요**

제면시 소금 첨가의 목적

- 밀가루의 점탄성 증가
- 소금의 흡습성을 이용해 건조 속도 조절
- 면의 미생물 번식 및 발효 억제

참고

- 중국국수의 제면시 사용하는 견수의 주성분: 탄산나트륨과 탄산칼슘
- 견수 첨가 이유: 글루텐의 탄성 증가, 식감 향상, 글루텐의 신전성 향상, 탄산나트륨에 열이 가해지면 탄산가스가 발생함으로써 밀가루의 색소를 황색으로 변화시킴, 독특한 향기 생성

3. 보리 가공

(1) 정맥(보리의 도정)

주로 수평형 연삭식도정기 사용

(2) 압맥(눌린 보리)

① 증기로 가열하여 수분 함량을 늘려 조직을 연화시켜 롤러로 눌러줌
② 소화성 향상

(3) 할맥

① 도정 후 다시 보리의 골을 중심으로 절단하여 가공
② 소화성 향상

(4) 맥아

① 식혜 및 물엿의 원료로 발아시켜 말린 엿기름
② 발아를 통해 아밀레이스 다량 생성
③ 발아정도별 맥아 분류

단맥아	장맥아
유아의 길이가 보리알의 길이보다 짧음	유아의 길이가 보리알의 길이보다 김
당화력이 약함, 전분 함량이 많음	당화력이 강함, 전분 함량이 적음
주로 맥주 제조에 이용	주로 식혜, 물엿 제조에 이용

※ 유아: 보리의 발아시 자라나온 싹

(5) 맥주

① 단백질 함량이 낮은 보리 사용
② 전분 함량이 높은 보리(2줄보리) 사용

※ 단백질 함량이 높은 6줄 보리는 위스키 제조에 이용

2 서류가공

1. 전분 제조

전분: 포도당이 α-1, 4 결합의 직쇄구조인 아밀로오스와 포도당이 α-1, 4와 α-1, 6 결합의 가지구조인 아밀로펙틴으로 이루어진 다당류

(1) 감자, 고구마 전분의 제조

원료 → 세척 → 마쇄 → 사별(체질) → 분리 → 건조 → 제품

① 고구마를 마쇄하여 체질 사별한 전분유를 침전분리한 후 물로 여러번 세정하여 얻음

② 전분 분리법

　⑦ 탱크침전법: 전분유를 침전조에 넣고 8~12시간 정치하여 전분 침전

　⑥ 테이블법

　　• 테이블에 전분유를 흘려 흐르는 사이에 전분의 분별 침전

　　• 연속적으로 제거가 가능하지만 넓은 면적 필요

　⑥ 원심분리법

　　• 원심분리기를 이용하여 순간적으로 분리하는 방법

　　• 전분과 불순물의 접촉시간이 짧아 오염이 적음

③ 전분 체질시 석회 사용(0.5% 석회수 첨가) 목적

　• 석회와 펙틴질이 결합하여 전분의 침전분리가 빨라짐(전분수율 10% 증가)

　　※ 펙틴은 체질을 방해하고 전분유의 침전을 느리게 함

　• 석회의 알칼리성에 의해 전분입자에 착색물질인 폴리페놀 흡착 방지

　• 고구마 마쇄 후 pH가 4까지 내려가는데, pH를 알칼리로 조절하여 전분에 단백질이 응고되어 섞이는 것 방지

(2) 옥수수 전분의 제조

참고

옥수수 전분이 다른 전분의 제조와 다른 점
• 원료를 아황산 용액에 침지
• 가수-탈배아 공정을 거침

정선 → 침지 → 파쇄 및 배아분리 → 옥피분리 → 글루텐 분리 → 여과 및 건조

① 정선: 이물질의 혼입과 부패를 막기 위함

② 침지공정

　• 제조공정 중 가장 중요한 공정

　• 옥수수를 온도(48~52℃), 시간(30~50 시간), 아황산 농도조건하에서 침지하는 공정

③ 아황산용액(0.2%)에 침지시키는 목적

　• 옥수수를 연화시켜 마쇄를 쉽게 함

　• 단백질 중의 s-s 결합을 환원하여 단백질의 분자량을 줄임으로써 전분분리를 쉽게 해줌

　• 전분의 품질 향상

　• 잡균이나 미생물 오염 방지

🔎 기출로 확인

옥수수전분 제조시 아황산(SO₂) 침지(steeping)의 목적이 아닌 것은? *18년 3회

① 옥수수전분의 호화를 촉진시킨다.
② 옥수수를 연화시켜 쉽게 마쇄되게 한다.
③ 옥수수의 단백질과 가용성 물질의 추출을 용이하게 한다.
④ 잡균이나 미생물의 오염을 방지한다.

정답 ①

2. 전분당 제조

(1) 당화율(Dextrose equivalent, D.E.)

① 전분의 가수분해 정도를 나타냄

$$D.E. = \frac{직접환원당(포도당으로 표시)}{전체고형분} \times 100$$

② 생전분의 D.E. = 0

③ 완전 가수분해된 전분 = 포도당의 D.E. = 100

④ 당화율이 높아지는 것은 포도당 함량이 많아진 것을 의미

(2) 당화법

① 산당화법

㉠ 전분에 묽은 산을 가하여 가열하면 가수분해됨

㉡ 100g의 무수 전분에서 약 111g의 무수 D-glucose를 얻음

② 효소당화법: *Bacillus subtilis*가 생산하는 α-amylase 등을 이용하여 액화와 당화를 거쳐 생산

	산당화법	효소당화법
원료전분	완전히 정제해야 함	정제할 필요없음
당화전분농도	약 25%	50%
분해한도	약 90%	97%
당화시간	약 1시간	48시간
당화액의 정제	· 정제해야 함(활성탄) · 투명함	· 조금 정제해야 함 · 불투명함
관리	관리가 어렵고 중화 필요	· 55℃에서 보온만 · 중화 필요없음
수율	결정포도당은 70%, 분말액은 먹을 수 없음	결정포도당은 80%, 분말포도당은 100%, 분말액을 먹을 수 있음

🎯 기출로 확인

전분의 당화법 중 효소당화법에 대한 설명이 아닌 것은? *19년 2회

① 정제를 완전히 해야 한다.

② 쓴맛이 없고 착색물질 등 생성물이 생기지 않는다.

③ 당화전분농도는 약 50%이다.

④ 97% 이상의 높은 분해율을 보인다.

정답 ①

1 두류의 일반적 특징

1. 두류의 특징
① 부족한 단백질과 지방질을 제공하는 영양공급원
② 필수아미노산인 메티오닌 부족(불완전단백질), 시스틴, 트립토판도 일부 부족
③ 독특한 풋내가 남

2. 콩의 영양성분과 특수성분

(1) 영양성분
① 단백질 함량(40%)이 높고, 전분의 함량이 낮음, 지질은 20%
② 콩 단백질: 묽은 염류용액에 용해되어 추출, 이 중 80% 이상이 glycinin(글리시닌)
③ 콩 지질: 90% 이상이 triglyceride, 그 중 불포화지방산(리놀레산, 올레산) 70% 함유
④ 레시틴(인지질) 함유

(2) 특수성분
① 이소플라본 함유(기능성 생리물질인 파이토케미칼 성분으로 항산화 효과)
② 사포닌 함유

기출로 확인

콩 단백질의 특성과 관계가 없는 것은? *21년 1회
① 콩 단백질은 묽은 염류용액에 용해된다.
② 콩을 수침하여 물과 함께 마쇄하면, 인산칼륨 용액에 콩 단백질이 용출된다.
③ 콩 단백질은 90%가 염류용액에 추출되며, 이중 80% 이상이 glycinin이다.
④ 콩단백질의 주성분인 glycinin은 양(+)전하를 띠고 있다.

해설 Glycinin은 음전하를 띠므로, 양전하를 가지는 염화칼슘, 염화마그네슘 등과 같은 염류와 결합하여 침전·응고됨

정답 ④

선생님 TIP

콩의 영양 저해인자는 자주 출제된다.

3. 콩의 영양 저해인자
① 트립신 저해제(단백질분해효소 억제, 가열처리로 불활성화 가능)
② phytate(무기물 흡수 저해)
③ hemagglutinin 함유(적혈구 응고제)
④ 라피노스, 스타키오스(장내 가스발생 원인인 불소화성 탄수화물)

2 두부류

※ 제조원리: 침지하여 불린 콩을 마쇄하여 수용성 단백질인 글리시닌 등 가용성 성분을 용출시킴, 이후 응고제를 넣어 응고시킴

1. 두부응고제

선생님 TIP

두부응고제에 대한 문제가 자주 출제되므로 특징을 표로 기억해두자.

종류	용해성	장점	단점
염화마그네슘($MgCl_2$)	수용성	· 응고시간 빠름 · 보수력 우수 · 맛이 좋음	압착시 물이 잘 빠지지 않음
염화칼슘($CaCl_2$)	수용성	· 응고시간 빠름 · 압착 시 물 잘 빠짐	· 거칠고 단단 · 보수력 낮음 · 수율 낮음
황산칼슘($CaSO_4$)	불용성	· 보수력 및 탄력성 우수 · 조직이 부드러움 · 수율 높음 · 두부 색상 우수	· 응고시간 느림(반응이 완만) · 불용성이므로 온수에 녹여 사용해야 함
글루코노델타락톤 (glucono-δ-lactone, GDL, $C_6H_{10}O_6$)	수용성	· 응고력 우수 · 수율 높음	· 신맛 있음 · 소식이 매우 언함

※ 그 외 황산마그네슘, 조제해수염화마그네슘

기출로 확인

01 두부 응고제 중 황산칼슘($CaSO_4 \cdot 2H_2O$)과 관련된 제조적 특징이 아닌 것은?

*20년 4회

① 반응이 완만하여 사용이 편리하다.　　② 수율이 좋다.
③ 두부 표면이 매끄럽다.　　④ 두부 색깔이 좋다.

02 두부 응고제로서 물에 잘 녹으며, 많은 양 사용시 신맛을 낼 수 있는 것은? *16년 3회

① 황산칼슘($CaSO_4$)　　② 염화칼슘($CaCl_2$)
③ 글루코노델타락톤(glucono-δ-lactone)　　④ 염화마그네슘($MgCl_2$)

정답 01 ③　02 ③

2. 두부 제조공정

콩 → 침지 → 마쇄 → 두미 → 증자 → 여과 → 두유 → 응고 → 압착 → 두부

(1) 침지(수침)
① 침지 시간에 따라 두부 품질의 차이
② 침지 시 흡수속도는 물의 온도가 높을수록 빨라짐
③ 콩을 $NaHCO_3$ 용액에 침지시킬 경우 비린내가 없어짐

(2) 마쇄
① 미세하게 마쇄할수록 수용성 단백질의 추출률이 높아짐(지나치게 마쇄 시 불용성 물질까지 여과되므로 주의)
② 마쇄 시 가수량은 생콩의 8~10배

(3) 증자 및 여과
① 두미(마쇄한 콩)를 천천히 저어주며 끓임
② 가열이 끝나면 비지와 액을 분리(두유/비지)

(4) 응고 · 탈수 · 성형
온도 70~80℃ 정도가 응고되기에 좋은 온도

3. 두부의 종류

(1) 보통두부
① 가수량은 원료콩의 10배 내외
② 두부 수율은 원료콩의 3.5배 정도

(2) 전두부
① 두유 그대로 응고되게 하여 제조
② 가수량은 생콩의 5.5배
③ 영양 풍부

(3) 자루두부
전두부처럼 진한 두유를 만들어 냉각시킨 것을 합성수지 주머니에 응고제와 함께 넣고 가열 · 응고시킨 것

(4) 동결두부
① 두부를 얇게 썰어 얼린 후 말려 풍미와 저장성 향상
② 수분 10% 내외, 유통 편리
③ 단백질과 지방이 풍부
④ 가수량은 원료콩의 15배 정도

(5) 유부(튀김두부)
① 얇게 썬 두부를 탈수하여 단단하게 만든 후 기름에 튀긴 것
② 수분이 적고 지방을 많이 함유함

(6) 유바

① 두유를 가열하여 표면에 생기는 얇은 막을 건져 건조한 것

② 절에서 차 음식으로 즐겨먹음

⊙ 기출로 확인

두부의 종류에 대한 설명으로 옳은 것은? *16년 2회

① 전두부: 10배 정도의 물을 사용하며 응고제를 넣고 단백질을 엉기게 한 다음 탈수, 성형하여 만든다.

② 자루두부: 보통 두부와 동일한 제조공정을 거치며 응고제를 첨가하지 않고 자루에 넣어서 만든다.

③ 인스턴트 두부: 분말두유로 만들며, 물을 첨가하지 않고 바로 먹을 수 있다.

④ 유바: 진한 두유를 가열하면 막이 형성되는데, 계속 가열하여 두꺼워진 막을 걷어내어 건조한 것이다.

정답 ④

---

3 장류

장류는 콩류 및 곡물에 소금을 가해 분해·발효시킨 전통적인 조미식품

1. 장류의 종류

(1) 간장

단백질 및 탄수화물이 함유된 원료로 제국하거나 메주를 주원료로 하여 식염수 등을 섞어 발효한 것과 효소분해 또는 산분해법 등으로 가수분해하여 얻은 여액을 가공한 것

(2) 된장

대두, 쌀, 보리, 밀 또는 탈지대두 등을 주원료로 하여 누룩균(코지균) 등을 배양한 후 식염을 혼합하여 발효·숙성시킨 것 또는 메주를 식염수에 담가 발효하고 여액을 분리하여 가공한 것

(3) 고추장

콩류 또는 곡류 등을 제국한 후 고춧가루 등을 혼합하여 발효 또는 당화하여 숙성시킨 것

(4) 청국장

① 속성된장으로 가장 빠른시간 내에 숙성(보통 3일 이내)

② *Bacillus subtilis, Bacillus natto*

참고

• 황국균 *Aspergillus oryzae*: 코지균, 청주·간장·된장 제조 시 사용

• 흑국균 *Aspergillus niger*: 소주, 글루콘산 제조시 사용

• 백국균 *Aspergillus kawa-chii*: 약주, 탁주 제조시 사용

참고

코지

• 누룩곰팡이

• 곰팡이(*Aspergillus oryzae*)를 증식시킨 것

• 코지 제조시 아밀라아제와 프로타아제가 주로 생성

• 단백질이나 전분질을 분해시킬 수 있는 효소 활성을 크게 하기 위해 사용

(5) 템페

① 인도네시아의 전통 발효식품

② 전통적인 방법으로는 증자한 콩을 바나나 잎에 포장하여 2~3일 발효시킴

③ *Rhizopus oryzae* 곰팡이에 의해 만들어짐

◎ 기출로 확인

장류의 식품유형이 아닌 것은? *17년 2회

① 고추장   ② 산분해간장

③ 발효식초   ④ 개량메주

정답 ③

2. 간장

(1) 간장의 분류

① **양조간장(개량식 간장)**

    ㉠ 미생물의 효소를 이용하여 분해

    ㉡ 콩과 밀로 제국하여 식염수 등을 섞어 발효·숙성시킨 후 여액을 가공

    ㉢ 재래식보다 잡균 번식이 적고 맛과 향기가 좋음

② **산분해간장(아미노산 간장):** 단백질 원료를 산으로 가수분해 후 중화하여 얻은 여액을 가공

③ **재래간장(한식간장)**

    ㉠ 우리나라 전통적인 양조방법

    ㉡ 콩으로 메주를 제조하여 식염수 등을 섞어 발효 숙성시킨 후 여액을 가공

    ㉢ *Bacillus subtilis* 이용

④ **혼합간장**

    ㉠ 산분해간장과 양조간장의 장단점을 서로 보완

    ㉡ 조합비율은 5:5 또는 6:4

(2) 재래간장의 제조공정

◎ 기출로 확인

간장을 달이는 주요 목적이 아닌 것은?

① 탈색   ② 저장성 부여

③ 미생물의 살균   ④ 효소의 파괴

정답 ①

> **참고**
>
> **3-MCPD와 1,3-DCP**
> • 생성 원인: 산분해간장 제조시, 탈지대두를 염산으로 가수분해하는 과정에서, 지방의 분해산물인 글리세린이 염산과 반응하여 생성
> • 간독성, 불임유발가능 물질
> • 산분해간장, 혼합간장, 식물성 단백질 가수분해물(HVP)에 함유

> **참고**
>
> **간장을 달이는 목적**
> • 살균 및 색의 안정화
> • 저장성 부여, 향미 부여
> • 효소의 파괴

4 두유

(1) 두유의 콩비린내 원인물질

① alcohols, aldehydes, ketones, phenols

② 이들이 다른물질과 전구체 형태로 결합되어 있다가 유리되거나 lipoxygenase
에 의해 분해되어 생성

(2) 두유의 콩비린내 제거 방법(lipoxygenase의 불활성화)

① pH를 3 이하 또는 10 이상으로 조절

② 80℃ 이상으로 가열

 기출로 확인

두유를 제조할 때 불쾌한 냄새나 맛이 나고 두유의 수율이 낮은 문제를 개선하는 방
법으로 틀린 것은?

① 끓는물(80~100℃)로 콩을 마쇄하여 지방산패나 콩비린내를 발생시키는 lipoxy-
genase를 불활성시키는 방법

② 콩을 $NaHCO_3$ 용액에 침지시켜 불린 뒤, 마쇄 전과 후에 가열처리해서 콩비린내
를 없애는 방법

③ 데치기 전에 콩을 수세하고 껍질을 벗겨 사용하는 방법

④ 낮은 온도에서 장시간 가열하여 염에 대한 노출을 증가시키는 방법

정답 ④

5 콩나물

- 콩에 없던 비타민 C 생성, 아스파라긴산, 섬유질, 비타민 B군이 빠르게 증가
- 단백질 · 지방질 · 회분은 서서히 감소, 가용성 무질소물은 급격히 감소

6 대두단백

탈지대두를 물 또는 알칼리성 용액으로 추출하고 이 추출액을 여과 또는 원심분리하
여 불용성 탄수화물을 제거한 후 염산을 첨가하여 pH 4.3이 되게 하여 단백질을 등
전점 침전시켜서 제조함

1 과일류 가공

1. 과일의 성분 및 특성

(1) 펙틴(pectin)

① 펙틴이 많이 든 과일은 매끈한 촉감, 잼 및 젤리로 가공 가능

② 펙틴질 변화(분해): 프로토펙틴(불용성, 펙틴보다 분자량이 큼) → 펙틴(수용성) → 펙트산(pectinase의 작용으로 생성) → 갈락투로닉산

> **기출로 확인**
>
> **과실이 익어가면서 조직이 연해지는 이유는?** *17년 3회
>
> ① 전분질이 가수분해되기 때문
> ② 펙틴(pectin)질이 분해되기 때문
> ③ 색깔이 변하기 때문
> ④ 단백질이 가수분해되기 때문
>
> 정답 ②

(2) 과일의 생리적 특징

① 호흡작용과 숙성

ㄱ 수확 후에도 호흡작용과 동시에 유기체로서의 생리작용이 진행

ㄴ 호흡률: 과일 1kg으로부터 1시간에 방출되는 CO_2 gas의 mg수

ㄷ 수확 후 호흡률이 높으면 숙성이 빨리 진행되어 신선도가 저하

ㄹ 과일의 호흡별 구분

구분	과일종류	특징
호흡급등형 (climacteric)	사과, 바나나, 자두, 살구, 배, 토마토, 망고, 파파야 등	수확 후 호흡속도가 급격히 증가하여 숙성될 때까지 호흡률이 최대로 증가
비호흡급등형 (non-climacteric)	포도, 자몽, 레몬, 수박 등	수확 후 호흡률이 증가되지 않음
말기급등형	복숭아, 딸기	호흡량이 후기에 상승

② 가스저장법

ㄱ 과채류는 수확 후 생리활성작용(호흡, 증산, 추숙, 생장)이 지속되어 발아, 발근, 탈수, 영양성분 저하가 발생하는데 가스저장법을 통해 이를 억제함

ㄴ CO_2, N_2, O_2, 에틸렌, Ar, He 등의 가스를 이용, 인위적으로 저장환경의 기체 조성을 바꾸어 식품의 저장기간을 연장하는 방법

선생님 TIP

과일의 호흡별 구분과 가스저장법은 자주 출제된다.

참고

Q10 value

• 어떤 온도 t℃에서의 반응속도를 V_t, (t+10)℃에서의 반응속도를 V_{t+10}라 하였을 때, $(V_{t+10})/V_t$ 값이 Q_{10} 값

• 과채류 호흡의 Q_{10} 값은 0~30℃의 온도범위에서 거의 2~3

ⓒ CA저장(controlled atmosphere storage): 저장고 내의 대기 조성을 지속적으로 일정하게 조절, 비용 고가

- 일반 공기의 조성: 21% 산소, 78% 질소, 0.03% 이산화탄소
- CA저장 조건: 2~8% 산소, 90% 이상 질소, 1% 이산화탄소

ⓔ MAP저장(modified atmosphere packaging): 포장 시 가스 주입 후 내용물의 호흡에 의해 발생하는 가스를 포장 필름의 가스투과성을 이용하여 내부 기체 조성을 조절, 소포장 단위에 적합, 초기 기계장치비가 들지만, 이후 유지비는 저렴

🎯 기출로 확인

C.A 저장에 가장 유리한 식품은? *16년 1회

① 곡류
② 과채류
③ 어육류
④ 우유류

정답 ②

2. 과일가공품

(1) 과일 통조림

① 통조림 제조 공정

주입액

원료 → 조리 → 충전 → 탈기 → 밀봉 → 살균 → 냉각 → 제품

↑
상압 또는 진공

ⓐ 주입액: 과일에는 당액, 채소에는 묽은 식염수 사용
ⓑ 탈기: 헤드스페이스의 공기를 뺌

    ⓐ 탈기의 목적

- 용기 내압을 낮추어 가공 중 용기의 파손 방지 및 변패관 검출 용이
- 산소에 의한 통 내부의 부식과 내용물의 변화 최소화, 호기성 미생물 성장 억제

    ⓑ 탈기 방법: 가열 탈기법, 진공 탈기법, 수증기 분사법

🎯 기출로 확인

다음 중 통조림 제조시 탈기 공정의 목적이 아닌 것은?

① 통조림 내 산소를 제거하여 통 내면의 부식과 내용물과의 변화를 적게한다.
② 가열살균 할 때 내용물이 너무 지나치게 팽창하여 통이 터지는 것을 방지한다.
③ 유리산소의 양을 적게 하여 혐기성 세균의 발육을 억제한다.
④ 통조림 내용물의 색깔, 향기 및 맛 등의 변화를 방지한다.

정답 ③

선생님 TIP

통조림 부분은 다양한 유형으로 자주 출제된다.

용어정의

헤드스페이스

통조림 식품을 용기에 담을 때 용기에 안전성을 부여하고 식품에 균일한 가열을 위한 용기의 윗부분 일정부분의 공간

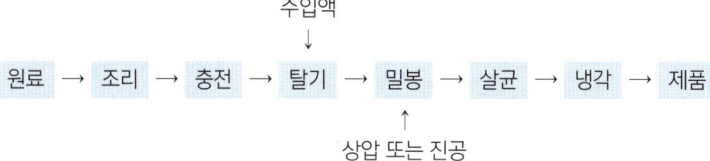

ⓒ 밀봉

ⓐ 공기의 유입 차단, 용기 내의 진공도 유지하여 식품의 부패 방지

ⓑ 이중 권체기(double seaming)

- Lifter: 깡통을 올려주는 역할
- Chuck: 뚜껑을 위에서 눌러 고정시키는 역할
- 1st roller: 통의 상부와 뚜껑을 말리게 하는 역할
- 2nd roller: 말린 것을 밀어 납작하게 해주는 역할

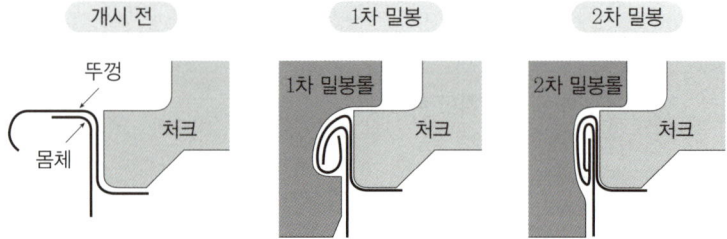

ⓓ 가열살균

ⓐ 살균시 열전달은 전도와 대류

ⓑ 냉점(cold point)의 온도가 매우 중요

- 전도형 식품(고체, 반고체, 점도높은 식품(잼, 육가공품))은 중앙에 냉점 위치
- 대류형 식품(주스, 맥주, 과일통조림)은 중심보다 하단에 냉점 위치

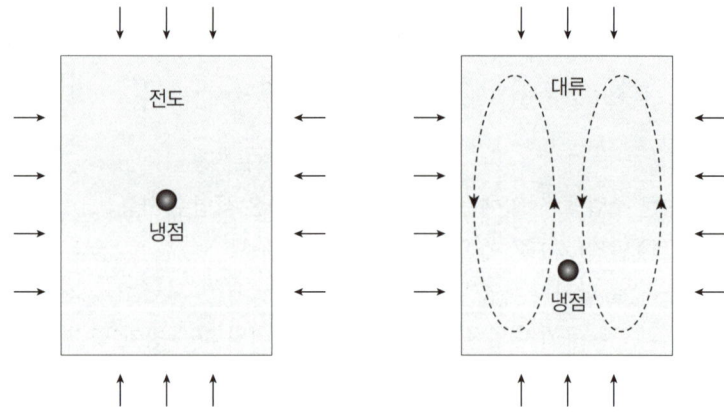

ⓒ 통조림은 상업적 살균함

✎ **용어정의**

냉점

식품에서 온도 상승이 가장 늦은 점. 특히 통조림 살균에서 가장 늦게 가열되는 점

 중요

상업적 살균

- 주로 우유나 통조림과 같은 식품에 주로 이용
- 통조림과 같이 가열을 통해 살균하는 경우 품질의 유지와 소비기한 보장을 위하여 식중독균이나 부패에 관여하는 미생물만을 선택적으로 살균하는 기법을 의미함
- 살균 지표 미생물로 대표적인 것은 *Clostridium botulinum*

 기출로 확인

통조림 내에서 가장 늦게 가열되는 부분으로, 가열살균 공정에서 오염미생물이 확실히 살균되었는가를 평가하는데 이용되는 것은? *21년 1회

① 온점   ② 냉점
③ 열점   ④ 중앙점

정답 ②

ⓜ 급속냉각

　ⓐ 살균 후 즉시 수증기의 공급을 차단하고 그대로 방냉하거나 냉각수를 유입시키는 방법

　ⓑ 급속냉각의 목적

　　• 과열에 의한 조직의 연화 및 황화수소 발생 억제

　　• 호열균(50~55℃) 발육 억제

　　• struvite에 의한 결정생성 방지

② **통조림의 검사**

　㉠ 외관검사

　　타관검사: 타검봉을 이용하여 뚜껑이나 밑바닥을 두드려보아 둔탁한 소리가 나는 것은 이상이 있는 제품

　㉡ 개관검사

　　샘플링 후 내용물 확인

　㉢ 가온검사: 36~37℃에서 1~3주간 보존하여 외관 확인

　㉣ 진공검사: 진공계를 이용하여 내부의 진공도 측정, 30cmHg 이상이면 좋음

　※ 통조림의 진공도에 관여하는 요소: 탈기시간 및 온도, 내용물의 선도, 기온 및 기압

③ **통조림의 변질**

　㉠ 외관에 의한 변패

　　ⓐ 플리퍼(flipper): 한쪽면이 약간 부푼 상태, 손을 때면 다시 돌아옴
　　　미생물 생육, 과다충진, 탈기 부족 등이 원인

　　ⓑ 스프링저(springer): 플리퍼보다 심한 팽창, 한면을 누르면 다른 한면이 튀어나오는 상태이며, 미생물 생육, 탈기 부족, 수소발생 등이 원인

　　ⓒ 팽창(swell): 통조림의 양면(윗면, 아랫면)이 부푼 상태
　　　살균이 불충분, 권체 불안정, 미생물로 인한 기체 발생 등이 원인

　　　• Soft swell: 통조림의 표면을 눌러 캔이 들어갔다가 힘을 제거하였을 때 원래 모양으로 복원이 안되는 상태

　　　• Hard swell: 부풀어 오른 부분을 눌러도 눌러지지 않는 상태

　　ⓓ Buckled can: 살균공정 중 냉각시 레토르트의 압력이 관의 내압보다 작아져서 나타나는 현상

　　ⓔ 누출(leaker): 미세한 구멍이나 이중밀봉이 부적절하게 되어 샌 흔적이 있는 것

　㉡ 내부변패

　　ⓐ 평면산패(flat sour)

　　　• 멸균처리 부족으로 용기 내에 산소 존재

　　　• *Bacillus stearothermophilus* 등 내열성 포자생육으로 식품에 유기산을 생성하여 발생

참고

struvite

• 통조림 개관 시 내용물 중에 생성된 무색의 무독성 유리모양 결정

• 원료육 중 마그네슘, 인 화합물과 암모니아가 살균 중에 결합 후 녹아있다가 천천히 냉각(30~50℃ 사이)되면서 결정으로 성장

 **선생님 TIP**

통조림의 변질은 특히 자주 출제되므로 꼼꼼히 학습하자.

ⓑ 흑변
- 내용물 중의 단백질의 –SH기가 환원하여 황화수소를 생성하고 용출된 금속 또는 내용물의 금속성분과 결합하여 황화금속이 생성되어 검은색 침전생성
- 내열성 세균인 *Desulfotomaculum nigrificans*가 원인

◎ 기출로 확인

통조림통의 주요한 결점과 부패 원인 중 물리적 원인에 의한 변형이 아닌 것은?
① 탈기 불충분   ② 파넬링(Paneling)   *20년 3회
③ 과잉 충전   ④ 불충분한 냉각

정답 ④

④ 복숭아 통조림

[복숭아 박피 방법]
- 증기법: 95~100℃에서 3~5분 증기로 가열 후 냉수에 넣어 껍질을 제거
- 알칼리법: 1~3% 끓는 NaOH용액에 넣고 30~60초 동안 처리한 후 0.2% 구연산, 염산액으로 중화, 복숭아 박피에 주로 이용

⑤ 감귤 통조림
　㉠ 외피 박피
　　열처리: 85~90℃에서 1~2분 또는 끓는 물에서 10초 처리
　㉡ 속껍질 박피
　　산·알칼리 박피법: 1~3% 염산액(20~30℃)에서 1~2시간 침지 후 물로 세척 → 끓는 1% NaOH용액에 15~30초 침지 후 세척
　㉢ 감귤 통조림의 흰색 혼탁
- 원인: 헤스페리딘(hesperidin)의 결정화
- 방지법: 잔여속껍질·헤스페리딘·펙틴질은 박리 후 물로 충분히 세척, hesperidinase(헤스페리딘 가수분해효소) 또는 sodium carboxymethyl cellulose(CMC) 첨가

◎ 기출로 확인

감귤로 과실 음료를 제조할 때, 통조림 후 용액의 혼탁을 유발하는 것과 가장 관계가 깊은 물질은? *20년 3회
① Hesperidin, pectin   ② Vitamin A, vitamin C
③ Tannin, phenol   ④ Yeast, amino acid

정답 ①

(2)과일주스

① 과일주스의 제조공정

원료 → 선별 및 세척 → 파쇄 및 착즙 → 여과 및 청징 → 조합 및 탈기 → 살균 → 담기 → 밀봉

㉠ 청징

ⓐ 대부분의 펙틴 등 함유 주스는 여과만으로는 투명한 과일주스를 얻기 어려움

ⓑ 청징 방법
  • 난백, 카제인, 젤라틴, 탄닌, 활성탄 및 규조토와 같은 침전보조제 사용
  • 펙틴 분해효소(pectinase) 등 사용

㉡ 탈기

[목적]
  • 산소에 의한 비타민 C 산화 방지(갈변 방지)
  • 향미 성분 및 지질 성분의 산화 방지
  • 호기성 세균의 번식 억제
  • 거품 생성 억제

◎기출로 확인

천연과일주스의 제조 공정 중 탈기(공기 제거)의 목적이 아닌 것은? *19년 2회
① 이미, 이취의 발생을 감소시킨다.   ② 거품의 생성을 억제시킨다.
③ 색소파괴를 감소시킨다.   ④ 조직감을 향상시킨다.

정답 ④

(3) 잼류, 젤리, 마멀레이드

  • 젤리: 과즙에 설탕을 넣고 젤리화될 때까지 졸인 것
  • 잼: 으깬 과육에 설탕을 넣고 졸인 것
  • 마멀레이드: 젤리에 과육이나 과피의 절편을 넣어 만든 것

◎기출로 확인

과실 주스 또는 과육에 설탕을 첨가하여 농축한 제품에 대한 설명 중 틀린 것은?
① 젤리(Jelly)는 과일주스에 설탕을 넣고 농축, 응고 시킨 제품   *20년 1, 2회
② 과일 버터(Fruit butter)는 펄핑(pulping)한 과일의 과육에 향료, 다른 과일즙 등을 섞어서 반고체가 될 때까지 농축시킨 제품
③ 프리저브(Preserve)는 과일을 절단하거나 원형 그대로 끓여서 농축한 제품
④ 마멀레이드(Marmalade)는 과육에 설탕을 첨가하여 적당한 농도로 농축한 제품

정답 ④

① 젤리화 3요소
  ㉠ 산: pH 2.9~3.5(유기산 0.3%)
  ㉡ 당: 60~65%
  ㉢ 펙틴: 1~1.5%

② 펙틴 정량
  과즙의 펙틴 함량을 시험하는 방법: 알코올침전법
  ㉠ 과즙 10mL를 시험관에 넣은 후, 동량의 에틸알코올을 부어 섞음
  ㉡ 과즙이 대부분 젤리모양으로 굳으면 펙틴 양 많음
    과즙의 절반이 젤리모양으로 굳으면 펙틴 양 보통
    침전물이 시험관 속에 뜨면 펙틴 양 적음
    침전이 적거나 전혀 생기지 않으면 펙틴 양 매우 적음

③ 젤리의 제조공정
  원료 → 가열 → 압착 → 청징 → 가당 → 졸이기 → 담기 → 냉각 → 제품

④ 잼의 제조공정
  원료 → 세절 → 쵸핑 → 가당 → 가열 → 졸이기 → 완성점(젤리점) 검사 → 병담기 → 제품

⑤ 젤리점(jelly point) 측정법
  ㉠ Cup test: 농축된 과즙을 냉각하여 찬물이 담긴 컵 속에 떨어뜨려 농축액이 가라앉으면 충분히 졸여진 것
  ㉡ Spoon test: 과즙을 스푼으로 떠서 볼때 잘 흘러내리지 않고 늘어지는 상태
  ㉢ 온도계법: 104~105℃에 이를때
  ㉣ 당도계법: 굴절당도계의 수치가 65°Brix일때

(4) 감 가공

[탈삽(감 우리기)]
① 탄닌(tannin): 떫은맛과 쓴맛을 주는 폴리페놀 화합물
② 탈삽의 원리
  • 가용성 탄닌이 불용성 탄닌으로 변화하여 떫은맛이 느껴지지 않게 하는 것
  • 감에 산소공급을 제한하면 분자간 호흡에 의해 에탄올이나 아세트알데히드 생성, 그 후 탄닌 분자와 중합해 불용성 탄닌으로 전환

선생님 TIP
탈삽과 관련된 문제가 총총 출제되므로, 탈삽의 원리와 방법을 잘 알아두자.

ⓒ 탈삽 방법

    ⓐ **탄산가스법**

- 산소농도를 낮추고 탄산가스 농도를 높이면 감의 호흡이 중지되면서 알코올 생성
- 장점: 대량처리 가능, 품질이 균일하고 우수
- 단점: 탄산가스의 농도가 높을 시 흑변 등의 문제 발생

    ⓑ **온탕법**

- 알코올 탈수소효소의 최적온도인 40℃ 온수에서 12~24시간 유지
- 대량처리 어려움, 균일하지 않은 품질

    ⓒ **알코올법**: 알코올과 함께 밀폐된 용기에서 4~7일 정도 방치

2 채소류 가공

1. 채소의 특성

① 수용성 비타민은 침지 등의 가공과정에서 유실될 우려

② 비타민은 금속이온이나 알칼리에 약하므로 주의

③ 발효에 의해 생긴 젖산 등이 클로로필에 작용하여 페오피틴이 생성되어 배추김치나 오이김치가 갈변

④ 리코펜은 공기 중에서 가열하여 갈색으로 변화, 쇠에 닿으면 쉽게 변색

⑤ 클로로필은 공기 중의 산소와 햇빛의 작용으로 산화되어 변색

2. 채소 가공시 전처리(blanching)

[목적]

① 산화효소의 불활성화

② 오염 미생물의 살균

③ 풋냄새 제거

④ 박피 용이

1 유지의 분류 및 특징

```
유지 ─┬─ 천연유지 ─┬─ 식물성 유지 ─┬─ 식물성 기름 ─┬─ 건성유(130 이상) : 아마인유, 들기름, 해바라기유
      │            │                │                ├─ 반건성유(100~130) : 참기름, 대두유, 면실유
      │            │                │                └─ 불건성유(100 이하) : 올리브유, 동백유, 땅콩오일
      │            │                └─ 식물성 지방 ── 코코넛유, 코코아버터, 피마자유, 팜유
      │            │
      │            └─ 동물성 유지 ─┬─ 동물성 기름 ─┬─ 해산동물기름 ─┬─ 어유
      │                             │                │                 ├─ 간유
      │                             │                │                 └─ 고래기름
      │                             │                └─ 육산동물기름 : 번데기기름
      │                             │
      │                             └─ 동물성 지방 ─┬─ 체지방 : 우지, 돈지
      │                                              └─ 유지방 : 버터
      │
      └─ 가공유지 : 마가린, 쇼트닝
```

※( )안은 요오드가

[요오드가에 따른 분류]

건성유	공기 중의 산소를 흡수하여 산화, 중합되면 점성이 증가하고 최종 고화되는 불포화도가 높은 유지	요오드가 130이상, 리놀레산(linoleic acid), 리놀렌산(linolenic acid) 등이 주성분	아마인유, 들기름, 해바라기유 등
반건성유		요오드가 100~130, 올레산(oleic acid), 리놀레산이 주성분	채종유, 면실유, 참기름, 대두유 등
불건성유	불포화지방산의 함량이 적어 공기 중에 두어도 산화되거나 굳어지는 현상이 적은 유지	요오드가 100이하, 올레산이 주성분	동백유, 올리브유, 땅콩오일 등

◎ 기출로 확인

다음 중 요오드가의 구분에 따라 불건성유로 분류되는 것은? *17년 2회

① 대두유　　　　　　　② 면실유
③ 채종유　　　　　　　④ 야자유

정답 ④

1. 유지의 채취(착유)

(1) 용출법(=융출법, rendering)

① 건식용출법: 원료(주로 돈지나 우지)를 가열하여 세포막을 파괴하고 세포밖으로 나오는 기름을 채취하는 방법

② 습식용출법: 생선 등의 기름을 온수 또는 염수에 침지, 가열하여 채취하는 방법

(2) 압착법

① 식물성 유지원료에 기계적인 압력을 가하여 유지를 채취하는 방법

② 수동식 압착: wedge press, screw press 사용, 소규모에 적합, 연속작업 어려움, 수율 낮음

③ 연속식 압착: expeller 압착기 사용, 연속작업 가능, 수율 높음

(3) 용매추출법

① 원료에 휘발성 용제(헥산, 알코올, 이소프로필 알코올)를 사용하여 유지 추출

② 용제의 종류: 헥산, 알코올, 이소프로필 알코올, 헵탄, 석유에테르, 벤젠, 사염화탄소(CCl_4), 이황화탄소(CS_2), 아세톤 등이 쓰임. 이중 헥산이 가장 많이 사용됨

③ 용제의 구비 조건

ㄱ 유지만 잘 추출될 것

ㄴ 악취, 독성이 없을 것

ㄷ 인화, 폭발 등의 위험성이 적을 것

ㄹ 기화열 및 비열이 적어 회수가 쉬울 것

ㅁ 가격이 쌀 것

 기출로 확인

용매추출법에 의한 착유시 추출에 가장 많이 사용되는 용매는? *20년 4회

① 아세톤(acetone)

② 헥산(hexane)

③ 벤젠(benzene)

④ 에테르(ether)

정답 ②

2. 유지의 정제

※ 유지 정제의 목적: 원유의 불순물을 제거하여 유지의 품질을 높이기 위함

(1) 물리적 정제법

전처리 = 불용물질의 제거(desludge) - 침전법, 여과법, 원심분리법, 흡착법, 응고법 등

 **선생님 TIP**

유지의 정제는 방법과 그 원리에 대해 자주 출제된다.

(2) 화학적 정제법

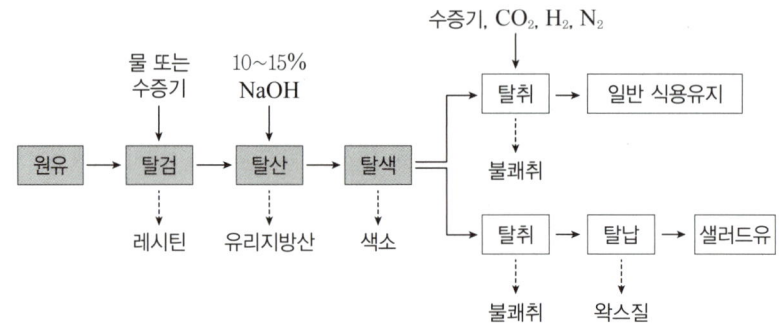

① 탈검(Degumming)

ㄱ 유지에 함유된 인지질(레시틴), 단백질, 탄수화물 등의 검질을 제거하는 공정

ㄴ 온수 또는 수증기를 불어넣어 수화시켜 불용성인 검을 제거

② 탈산(Deaciding)

ㄱ 유리지방산을 제거하는 공정

ㄴ NaOH를 이용하여 중화하여 제거하는 알칼리 정제법을 주로 이용

③ 탈색(Decoloring)

ㄱ 카로티노이드, 클로로필, 고시폴 등의 색소물질을 제거하는 공정

ㄴ 활성백토, 활성탄, 산성백토 등을 이용하여 흡착하여 탈색

④ 탈취(Deodoring)

ㄱ 불쾌취의 원인(알데하이드, 케톤, 산화수소 등)을 제거하는 공정

ㄴ 고온(200~260℃), 감압하에서 수증기 증류에 의해 제거

⑤ 탈납(Winterization)

ㄱ 저온에서 혼탁해지는 것을 방지하기 위해 고체지방을 여과 또는 원심분리하여 제거

ㄴ 샐러드유에는 필수적인 공정으로 유지의 내한성 높임

🎯 기출로 확인

01 유지의 정제 방법이 아닌 것은? *17년 1회

① 탈산　　　　　　　　　② 탈염
③ 탈색　　　　　　　　　④ 탈취

02 유지의 정제 공정 중 윈터리제이션(winterization)의 설명으로 틀린 것은?

① 유지가 저온에서 굳어져 혼탁해지는 것을 방지한다. 　　　　*20년 3회
② 바삭바삭한 성질을 부여하는 공정이다.
③ 고체지방을 석출·분리한다.
④ 유지의 내한성을 높인다.

정답 01 ② 　02 ②

3. 경화유

(1) 의의
① 불포화지방산 중 이중결합을 가진 탄소원자에 수소첨가(hydrogenation)공정을 하여 만들어진 고체기름
② 유지의 이용성을 높이기 위해 니켈 촉매 사용

(2) 경화유 제조 목적
① 산화나 열에 대한 안정성 증가
② 융점이 높아져 고체지방량 증가
③ 유지의 가소성이나 경도를 부여로 인해 물리적 성질 개선
④ 유지색 개선
⑤ 불포화 지방산에서 기인한 불쾌취 제거, 경화취(구수한 맛) 형성

 기출로 확인

유지에 수소를 첨가하는 주요 목적이 아닌 것은? *21년 2회
① 안정성을 높임
② 불포화지방산에 기인한 냄새를 제거함
③ 융점을 높임
④ 유리지방산을 제거함

정답 ④

4. 마가린
원료(동·식물성 기름, 경화유)에 소금, 비타민 A, 착색제(β-카로틴), 향료, 유화제 등의 부원료를 넣어 w/o형으로 유화한 유지가공식품

5. 쇼트닝
식품에 쇼트닝성과 그림성을 주기 위해, 정제한 경화유, 라드, 면실유에 10~20% 질소가스, 탄산가스 또는 공기를 갖게 하고 급냉하여 제품의 가소성을 좋게 한 것
※ 쇼트닝(shortening)성: 식품에 부드럽고 씹히는 맛이 좋은 성질
※ 가소성(plasticity): 외부에서 힘을 가하면 변형이 되지만 힘을 제거해도 원상복귀가 안 되는 성질
※ 크림성: 교반시 공기를 함유하여 조직이 부드러워지는 성질

6. 마요네즈
식물성 유지, 식초, 난황, 조미료, 향신료 등을 혼합하여 o/w형으로 유화시킨 반고형제품

> **참고**
> • o/w형(수중유적형): 물속에 기름이 분산된 유화액
>   예 우유, 마요네즈, 아이스크림
> • w/o형(유중수적형): 기름 속에 물이 분산된 유화액
>   예 버터, 마가린

1 우유의 성분 및 특징

1. 우유의 일반성분

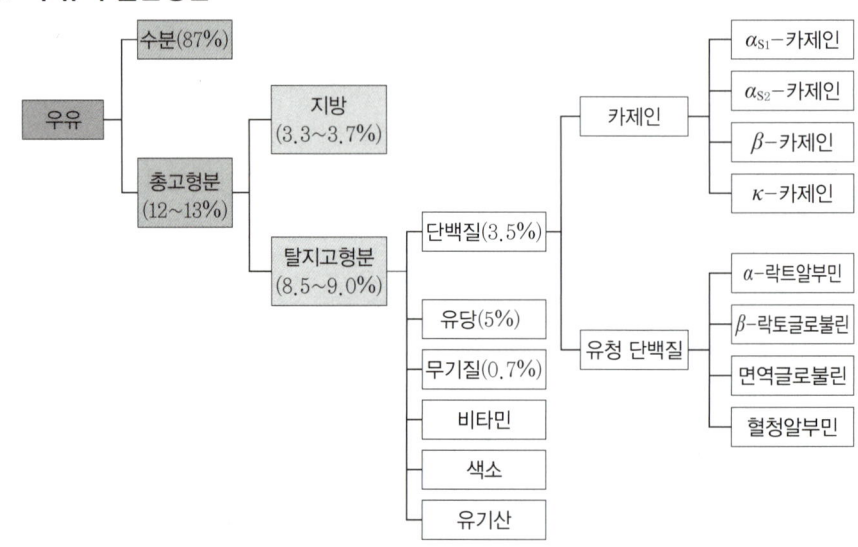

(1) 유당

우유 속의 당은 대부분 유당(유당불내증의 원인)

(2) 단백질

우유의 pH를 4.6으로 맞추었을 때 침전되는 카제인과 침전되지 않는 유청단백질로 나뉨

① 카제인(casein)

  ㉠ 우유 단백질의 약 80% 정도를 차지

  ㉡ 특히 카파-카제인(κ-casein)은 레닛(레닌)에 의해 응고되어 치즈 제조에 이용

② 유청 단백질(whey protein)

  ㉠ 우유 단백질의 20% 정도

  ㉡ 약 65℃ 가열에 의해 응고, 가열 시 피막 형성

(3) 지질

① 우유의 지질 약 98%가 중성지질

② 유지방은 물에 지방구 형태로 분산되어 유화상태로 존재

기출로 확인

유청(Whey)의 주성분은? *17년 1회

① 유당(Lactose)

② 지방(Fat)

③ 젖산(Lactic acid)

④ 단백질(Protein)

해설 유청: 원유, 우유를 유산균으로 발효시키거나 효소 또는 산을 가하여 카제인 단백질을 침전·제거한 상등액

정답 ①

2. 우유의 검사법

(1) 우유의 신선도 검사

① Methylene blue test

㉠ 우유 + 메틸렌블루(청색) - (미생물) → 백색

㉡ 백색으로 변하는 시간이 짧을수록 미생물 오염이 심한 것

② 에탄올 검사: 70% 에탄올 + 우유를 동량으로 혼합 → 변질된 우유는 응고

③ 산도 측정

㉠ 산도: 우유에 함유된 젖산의 함량(중화적정법으로 측정)

㉡ 우유는 오래될수록 산도 증가

④ 자비시험: 오래된 우유는 가열하면 응고

(2) 우유의 가수 여부 판정

① 비중 측정: 우유 양을 인위적으로 늘리려고 물을 첨가하면 비중이 낮아짐

② Babcock법과 Gerber법으로 지방 검사: 물을 첨가하면 지방함량이 낮아짐

(3) 우유의 살균 여부 판정

Phosphatase test: 우유를 가열하면 포스파타제 효소가 활성을 상실하므로, 포스파타제의 활성을 측정하면 우유의 살균여부 판정

2 유가공

[유가공품의 제조 공정]

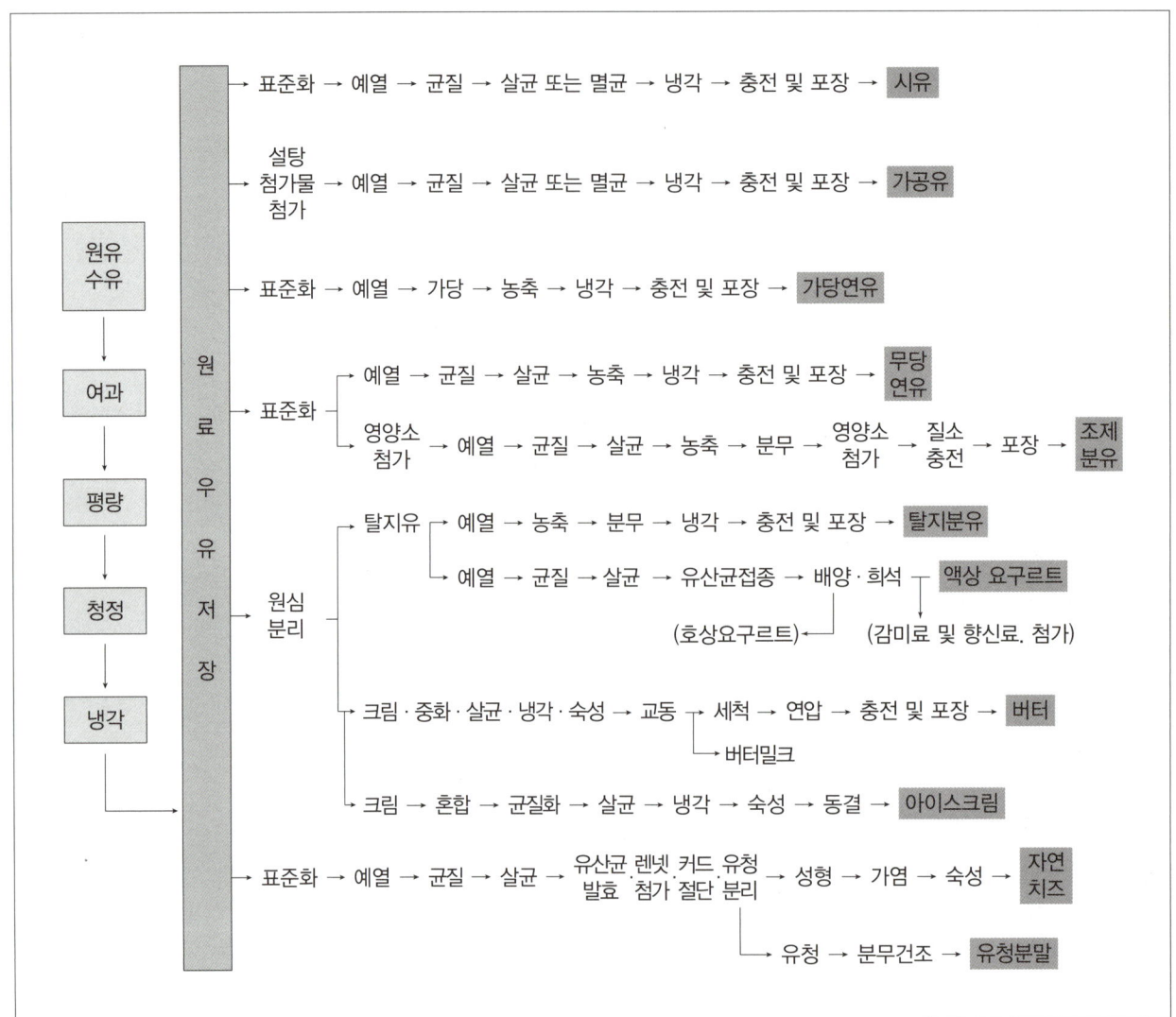

선생님 TIP

유가공품은 종류가 다양하고 종종 출제되므로, 각 종류별 중요한 제조공정 위주로 다루었다.

1. 시유
우유성분을 가능한 손상시키지 않고 위생상 안전하게 살균처리하여 시판하는 우유류

(1) 시유의 종류
살균우유, 멸균우유, 무지방우유(유지방분을 0.5% 이하로 조정), 저지방우유(유지방분을 0.6~2.6%로 조정), 강화우유 등

(2) 균질화
① 지방구를 기계적으로 미세화하여 지방구의 크기를 작게 분산
② 균질화의 목적: 지방의 크림화 방지, 점도 향상, 우유 조직의 연성화, 소화기능 향상

기출로 확인

균질의 주목적이 아닌 것은?

① 우유 중의 지방구의 분리를 방지한다.
② 우유 중의 지방구의 크기를 작게 분쇄한다.
③ 소화가 잘 된다.
④ 살균을 용이하게 한다.

정답 ④

(3) 살균

① 저온 장시간 살균법(LTLT, low temperature long time): 63~65℃에서 30분간 가열

② 고온 단시간 살균법(HTST, high temperature short time): 72~75℃에서 15~20초 가열

③ 초고온 가열 살균법(UHT, ultra high temperature): 130~150℃에서 0.5~5초간 가열

2. 연유

우유의 수분을 증발시켜 고형분 함량이 많게 농축한 유제품

(1) 연유의 종류

① 무당연유: 당을 첨가하지 않고 농축 후 밀봉해서 멸균함으로써 저장성을 높인 것

② 가당연유: 설탕을 첨가하여 당 함량이 40~45%가 되도록 만든 것

※ 순도가 낮은 설탕 사용시 환원당의 함량이 높아 갈변(메일라드 반응)이 일어날 수 있으며, 이를 방지하기 위해 ascorbic acid 등 항산화제를 첨가함

(2) 가당연유의 예열(preheating)

① 농축 전 80℃에서 5~10분간 처리

② 예열의 목적

㉠ 원료유 살균

㉡ 효소의 불활성화로 제품의 저장성 향상

㉢ 제품의 농후회(age thickening) 억제

㉣ 가당시 설탕의 용해 및 우유가 눌어붙는 현상을 방지하여 농축속도를 빠르게 함

㉤ 단백질의 적당한 열변성으로 농축과정에서의 열안정성을 높임

기출로 확인

가당 연유의 예열 목적이 아닌 것은? *21년 1회

① 미생물 살균 및 효소 파괴를 위해
② 첨가한 설탕을 완전히 용해시키기 위해
③ 농축 시 가열면의 우유가 눌어붙는 것을 방지하여 증발이 신속히 되도록 하기 위해
④ 단백질에 적당한 열변성을 주어서 제품의 농후화를 촉진시키기 위해

정답 ④

3. 분유

① 우유 또는 탈지유의 수분을 제거한 후 분말상으로 만들어 보존성을 높인 것

② 주로 분무건조법과 진공(동결)건조법 사용

4. 아이스크림

우유에 지방, 무지방고형분, 감미료, 유화제 및 안정제, 향료, 색소, 물 등을 혼합하여 공기를 넣고 냉동시킨 것

(1) 아이스크림의 유형

아이스크림	유지방분 6% 이상, 유고형분 16% 이상
아이스밀크	유지방분 2% 이상, 유고형분 7% 이상
샤베트	무지유고형분 2% 이상
저지방아이스크림	조지방 2% 이하, 무지유고형분 10% 이상

(2) 오버런(over run)＝증용률

① 원재료에 대한(기포형성에 의한) 아이스크림의 팽창률, 아이스크림의 오버런은 80~100%가 적당

② 아이스크림의 오버런이 클수록 조직감이 부드러워짐

$$\text{over run(\%)} = \frac{\text{아이스크림의 부피} - \text{원재료의 부피}}{\text{원재료의 부피}} \times 100$$

(3) 아이스크림 제조시 안정제

① 아이스크림의 형태를 유지, 얼음의 결정을 막음, 조직을 부드럽게 함

② 젤라틴(gelatin), 펙틴, 알긴산염(Na-alginate), 카라기난, CMC(carboxy methyl cellulose)

(4) 아이스크림 제조시 유화제

① 유화 작용, 거품성을 갖게 하여 조직을 부드럽게 함

② monoglyceride, glycerine, lecithin

5. 버터

유크림을 서서히 교동하여 지방구막을 파괴하고 지방만을 추출하여 엉기게 한 후 이것을 모아 짓이겨(연압) 남아있는 물이 지방에 분산되도록 유화시킨 것(수분 15% + 최소 80% 지방의 유중수적형)

(1) 버터류의 종류

항목 \ 유형	버터	가공버터	버터오일
	원유, 우유류 등에서 유지방분을 분리한 것 또는 발효시킨 것을 교반하여 연압한 것	버터의 제조·가공 중 또는 제조·가공이 완료된 버터에 식품 또는 식품 첨가물을 가하여 교반, 연압 등 가공한 것	버터 또는 유크림에서 수분과 무지유고형분을 제거한 것
수분(%)	18.0 이하	18.0 이하	0.3 이하
유지방(%)	80.0 이상	30.0 이상	99.6 이상

(2) 크림의 중화

① 산도가 높은 크림은 살균할 때 카제인이 응고되어 버터 속에 응고 물질로 남으므로 버터의 생산량 감소의 원인이 됨

② 크림의 산도가 0.2~0.25%를 유지하도록 중탄산나트륨 등 중화제로 중화

(3) 교동(churning)

① 결정화된 지방에 기계적인 충격을 주어 지방구끼리 뭉쳐 버터입자가 형성되고 버터밀크와 분리되도록 하는 작업

② 10~15 ℃, 30~35rpm으로 60분이 적당함

③ 교동의 원리: 크림의 o/w형 유화를 교반 작용으로 지방구 피막을 손상시켜 버터의 w/o형 유화로 전환

(4) 연압(working)

① 모인 버터입자 덩어리를 방망이로 밀거나 천천히 교반하여 버터조직을 균일하게 만드는 조작

② 연압의 목적: 수분함량 조절과 분산, 소금의 용해와 분포 균일, 버터 입자를 치밀하게 하고 조직을 부드럽게 함, 버터밀크 제거, 색소의 분산

(5) 오버런(over run)=증용률

① 버터의 무게는 사용한 크림의 양보다 무거움, 이는 제조 중 소금, 물 등의 첨가 때문. 지방질 무게 이상으로 생긴 버터량을 오버런이라 함

② 이론적으로는 21~25%, 실제는 손실에 의해 14~16%

$$\text{over run}(\%) = \frac{\text{버터중량} - (\text{크림중량} \times \text{크림지방율})}{\text{크림중량} \times \text{크림지방율}} \times 100$$

6. 발효유

우유, 산양유와 같은 포유동물의 젖을 원료로 하여 젖산균이나 효모 또는 이 두 종류의 미생물을 종균으로 하여 발효시킨 제품

참고

- Kumiss: 마유를 젖산균과 효모를 이용해 발효
  Sacch. kumiss, Strep. lactis 등을 이용
- Kefir: 염소, 양의 젖을 젖산균과 효모를 이용해 발효
  Bacillus caucasicus, Sacch. kefir, Strep. casei 등을 이용

(1) 발효유의 종류

젖산 발효유 (lactic acid fermented milk)	· 요구르트(yoghurt) · 젖산균음료(acidophilus milk) · 발효버터유(cultured butter milk) · 발효크림(cultured cream)
알코올 발효유 (alcohol fermented milk)	젖산균과 효모를 사용하여 만든 쿠미스(kumiss), 케휘르(kefir)

(2) 스타터(starter) 접종 및 배양

① *Lactobacillus bulgaricus*와 *Streptococcus thermophilus* 등을 함께 사용
② 발효는 30~37℃에서 6~8시간, 산도가 0.8~0.9% 전후가 되면 냉각

7. 치즈

- 자연치즈: 전유, 탈지유, 이들의 혼합물을 젖산균으로 발효시키고 레닛 등의 응유효소를 가하여 카제인을 응고시킨 후 유청을 제거한 다음, 가압 등의 처리를 통하여 얻어지는 신선한 응고물 또는 이를 숙성시켜 얻어지는 유제품
- 가공치즈: 자연치즈를 원료로 하여 이에 유가공품, 다른 식품 또는 식품첨가물을 가한 후 유화 또는 유화시키지 않고 가공한 것으로 자연치즈 유래 유고형분 18% 이상인 것, 품질이 균일하고 모양과 무게를 자유롭게 선정할 수 있어 이용률이 높고 경제적

(1) 치즈의 분류

구분	수분	치즈의 종류
연질치즈	55~80%	카망베르, 브리, 코티지, 모차렐라
반경질치즈	45~55%	브릭, 먼스터, 림버거, 하마티, 로케포르, 블루, 고르곤졸라
경질치즈	34~45%	에멘탈, 그루이에르, 고우다, 에담, 체다
고경질치즈	13~34%	파마산, 로마노

◎ 기출로 확인

수분함량에 따른 치즈의 경도별 구분과 종류의 연결이 틀린 것은? *20년 4회
① 연질치즈 - 카망베르(Camembert)
② 반경질(반연질)치즈 - 블루(Blue)
③ 경질치즈 - 파르메산(Parmesan)
④ 고경질치즈 - 로마노(Romano)

정답 ③

(2) 스타터 접종

① 종류: *Lactococcus lactis, Lacticaseibacillus casei, Streptococcus thermophilus* 등

② 천천히 교반하면서 적정산도 0.18~0.20%가 될 때까지 2~3시간 발효

③ 젖산 생성, 커드 생성 촉진, 신맛부여, 유해미생물의 생육 억제, 풍미 형성, 숙성에 관여

(3) 응고

① 레닛(rennet)은 원료유의 0.002~0.004% 정도 첨가

② 40~41℃에서 20~40분 반응

 기출로 확인

치즈 제조시 발효유를 응고시키기 위하여 첨가하는 것은? *18년 3회

① 카제인   ② 염화나트륨
③ 레닛   ④ 스타터

정답 ③

(4) 커드 절단

① 응고물을 치즈커터로 0.5~2cm 간격으로 절단하여 커드(curd)와 유청(whey)으로 분리

② 커드의 표면적이 넓게 하여 유청 배출이 쉽게하고 가온 시 온도의 영향을 균일하게 받도록 함

(5) 가온

① 연질 치즈는 35℃, 경질치즈는 39℃

② 유청 배출이 빨라짐, 수분조절, 유산 발효 촉진, 커드가 수축되어 탄력성 있는 입자가 됨

(6) 숙성(보통 12~15℃)

① 카망베르: 14개월, 체다: 6개월, 고우다: 5개월

② 우유 단백질이 분해되면서 수용성 질소(아미노산, 휘발성 염기질소 등)와 같은 풍미성분의 생성량이 많아짐

 기출로 확인

자연치즈의 숙성도와 관련이 깊은 성분은? *16년 1회

① 수용성 질소   ② 유리 지방산
③ 유당   ④ 카르보닐 화합물

정답 ①

Chapter 06 육류가공

1 식육의 개요

1. 지육과 정육

(1) 지육(도체육)
가축을 도살한 후에 2분체 또는 4분체의 뼈가 붙어있는 고기

(2) 정육
도체에서 뼈를 제거한 순수한 가식부의 고기

> • 정육률(%) $= \dfrac{\text{정육무게}}{\text{도체무게(또는 생체무게)}} \times 100$
>
> • 정육무게 $=$ 도체무게 $-$ 뼈무게

2. 근육조직의 구조

[골격근]

① 수축과 이완으로 운동하는 기관인 동시에 에너지를 저장하고 식품으로서 매우 중요한 근육

② 생체량의 30~40% 차지

③ 근육: 근섬유의 집합

④ 근섬유: 여러개의 근원섬유로 구성되고, 전체 면적의 75~90% 차지

⑤ 근원섬유: 가늘고 긴 막대모양이며, 근절과 근절 사이에 여러개의 대(band)와 선(line)이 있음

⑥ 근육의 수축과 이완에 관여하는 단백질은 액틴(actin), 미오신(myosin), 액틴과 미오신이 결합하여 액토미오신(actomyosin) 형성

> 액틴 $+$ 미오신 $\underset{\text{이완}}{\overset{\text{수축}}{\rightleftarrows}}$ 액토미오신

3. 육색소

① 헤모글로빈: 혈액의 색소, 미오글로빈: 근육의 색소

② 동물을 도살 후 방혈하면 혈액에 의한 산소공급이 없어지므로 신선한 고기는 '환원형 미오글로빈'에 의해 어두운 적자색

    → 살코기의 단면이 산소에 닿으면 '산화형 미오글로빈(oxymyoglobin)'이 되어 밝은 적색을 띰(이때 철은 Fe^{2+})

    → 고기가 더 오래되면 옥시미오글로빈의 철(Fe^{2+})은 산화되어 Fe^{3+}가 되고, metmyoglobin으로 변하므로 고기 빛깔은 갈색으로 변화

4. 이상육

(1) PSE(pale soft exudative)육

① 육색이 창백하고 근육 조직이 흐늘거리며 다량의 육즙이 분리된 고기

② 돼지고기 중 20%에서 발생

③ 원인: 도살 전의 스트레스로 인해 산소부족, 혐기적 대사 진행으로 젖산과다 축적

④ 조리시 수분 손실이 많고, 가공시 결착력이 낮으며 감량이 많음

(2) DFD(dark firm dry)육

① 육색이 매우 검고 육 조직이 단단하며 건조한 외관

② 쇠고기 중 3% 정도에서 발생

③ 원인: 도살 전의 피로, 절식, 스트레스로 인해 글리코겐 고갈, 젖산 생성이 적어 pH가 높음

④ 근육 pH가 높은 상태로 유지되어 미생물이 자랄 수 있는 환경이 되며, 염지 시 소금의 확산 및 침투가 느려 부패가 쉬움

⑤ 보수력이 높아 유화형 소시지 제조에 유용

 기출로 확인

DFD육의 설명으로 틀린 것은? *16년 3회

① 육색이 검고 조직이 단단하며 외관이 건조하다.

② 소고기에서 주로 발생하며 약3% 정도이다.

③ 도살 전의 피로 운동 절식 흥분 등의 스트레스가 원인이다.

④ 수분손실이 많아 가공육 제조시 결착력이 낮다.

정답 ④

5. 드립(drip)

① 얼린 고기나 생선을 녹일 때 흘러나오는 액즙

② 냉동 육류의 drip 발생 원인

- 식품 조직의 물리적 손상
- 단백질 변성
- 해동경직에 의한 근육의 수축
- 체액의 빙결 분리

 **선생님 TIP**

사후변화에 대한 문제가 종종 출제되므로 잘 알아두자.

2 근육의 사후변화

도축 → 해당작용 → 강직개시 → 강직 완료 → 강직 해제 → 자가숙성 → 부패

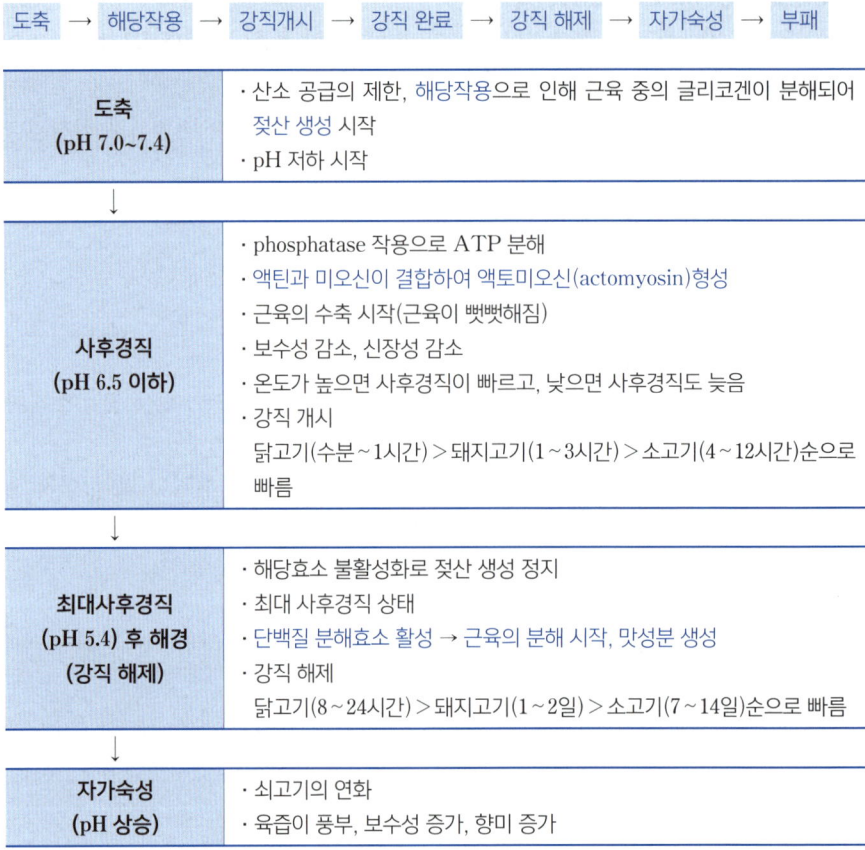

도축 (pH 7.0~7.4)	· 산소 공급의 제한, 해당작용으로 인해 근육 중의 글리코겐이 분해되어 젖산 생성 시작 · pH 저하 시작
사후경직 (pH 6.5 이하)	· phosphatase 작용으로 ATP 분해 · 액틴과 미오신이 결합하여 액토미오신(actomyosin)형성 · 근육의 수축 시작(근육이 뻣뻣해짐) · 보수성 감소, 신장성 감소 · 온도가 높으면 사후경직이 빠르고, 낮으면 사후경직도 늦음 · 강직 개시 닭고기(수분~1시간) > 돼지고기(1~3시간) > 소고기(4~12시간)순으로 빠름
최대사후경직 (pH 5.4) 후 해경 (강직 해제)	· 해당효소 불활성화로 젖산 생성 정지 · 최대 사후경직 상태 · 단백질 분해효소 활성 → 근육의 분해 시작, 맛성분 생성 · 강직 해제 닭고기(8~24시간) > 돼지고기(1~2일) > 소고기(7~14일)순으로 빠름
자가숙성 (pH 상승)	· 쇠고기의 연화 · 육즙이 풍부, 보수성 증가, 향미 증가

◎기출로 확인

동물 근육의 사후경직 과정 중 최고의 경직을 나타내는 산성 상태일 때의 pH(ultimate acidity pH)는 약 얼마인가? *18년 1회

① 6.0　　　　　　　　　② 5.4
③ 4.6　　　　　　　　　④ 3.5

정답 ②

3 식육가공

1. 식육가공의 기본 공정

식육가공이란 원료육을 용도에 맞게 절단하여 분쇄, 염지, 훈연, 가열 등의 과정을 거쳐 육제품을 만드는 공정

(1) 염지

원료육을 가공하기 전에 소금, 방부제, 발색제 등을 일정량 배합하여 고기에 간을 하는 공정

 **선생님 TIP**

식육가공의 기본 공정인 염지, 훈연 등은 자주 출제되므로 목적, 방법 등을 잘 알아두자.

① 염지의 목적

ⓐ 고기의 육색소를 고정하여 신선한 색 유지

ⓑ 육단백질의 용해성 증가에 의한 보수성과 결착성 증가

ⓒ 염미와 독특한 풍미 부여

ⓓ 미생물 증식 억제를 통한 저장성 증진

② 염지 재료

염지재료	특징
소금	· 필수적인 기본 재료로 건염지시 육중량의 1.0~2.5% 첨가 · 맛과 방부성 부여 · 염용성 단백질을 용출시켜 보수성, 결착성 향상
발색제	· 아질산염 및 질산염을 사용 · 육색소(미오글로빈)의 안정화 및 풍미 향상 · *Clostridium botulinum*의 성장 억제 · nitrosamine과 같은 발암성물질 생성 우려
당류	· 풍미 향상 · 수분건조 방지 · 연육효과
기타	· 산화방지제: 지방이나 색소의 산화방지 · 보존제: 세균의 발육 억제 · 유화제: 보수성, 유화성 향상

③ 육색 변화: nitrosomyoglobin은 가열하면 안정한 적색의 nitrosomyochromogen이 됨

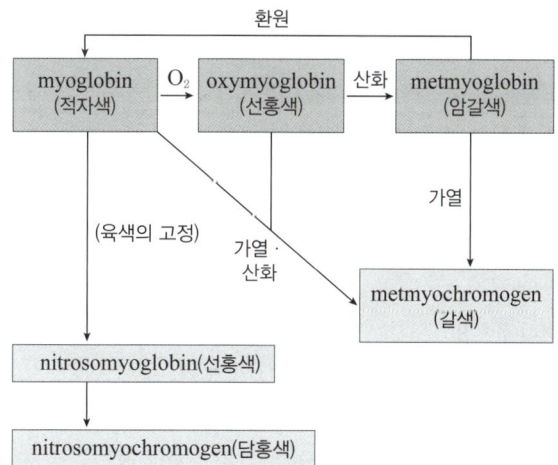

🎯 기출로 확인

햄이나 베이컨을 만들 때 염지액 처리시 첨가되는 질산염과 아질산염의 기능으로 가장 적합한 것은? *20년 3회

① 수율 증진　　　　　　　② 멸균작용

③ 독특한 향기의 생성　　　④ 고기색의 고정

정답 ④

④ 염지법

종류	방법	특징
건염법	원료육에 염지제를 뿌려 문지르거나 혼합	원료육 내·외부의 삼투압 차가 커서 염지제가 내부로 침투됨과 동시에 내부의 수분이 외부로 탈수
액염법	원료육을 염지액에 담금	·염지액의 삼투가 균일하여 육제품의 품질이 고름 ·공기와의 접촉이 적어 산화가 적고, 과도한 탈수가 없어 외관·풍미·수율이 좋음
염지액 주사법	원료육의 혈관이나 근육으로 염지액 주입	염지시간이 단축되나 생산성이 낮음
마사지·텀블링법	염지액 주사법으로 염지한 후 massager나 tumbler에 넣어 일정 시간 동안 부벼대거나 흔들어 줌	염용성 육단백질이 추출되어 응고·결착성이 향상
변압염지법	원료육을 밀폐용기에 놓고 감압하여 조직 내의 기체를 빼고 염지액을 주입	염지시간이 단축
압착염지법	1차로 건염지, 2차로 액염지한 후 가압·압착하여 과잉의 염분·수분 제거	저염품 생산 가능
가온염지법	액염지시 염지액의 온도를 50℃로 유지	원료육의 자가소화가 촉진되어 풍미·연화가 향상되나 부패 우려가 있음

⑤ 염지온도와 기간
  ㉠ 냉장온도(2~4℃)로 유지하는 것이 좋음
  ㉡ 온도가 높으면 육질이 변화되고 부패의 우려가 있음

(2) 훈연

① 훈연의 목적: 특유의 색과 풍미 증진, 방부작용, 지방의 산화 방지, 보존성 부여 등
② 훈연 성분
  ㉠ phenol류: 항산화 효과로 지방 산화 방지, 세균 발육 억제
  ㉡ aldehyde류: 미생물에 대한 살균력 부여, 저장성 향상
  ㉢ carbonyl류: 훈연색, 풍미, 향 부여
  ㉣ 유기산류: 산성도를 나타내어 약간의 보존작용

◎ 기출로 확인

육제품 훈연 성분 중 항산화 작용과 관련이 깊은 성분은? *20년 1회
① 포름알데히드　　　② 식초산
③ 레진류　　　　　 ④ 페놀류

정답 ④

③ 훈연법

열훈법	50~90℃, 단시간 훈연 가능, 저장성 적음
온훈법	30~50℃, 풍미 부여 목적으로 가장 많이 사용하는 방법, 미생물의 번식 용이, 저장성이 낮아 보존기간 짧음
냉훈법	10~30℃, 1~3주, 많은 노동력, 큰 중량감소, 저장성 좋음
전기훈연법	방전으로 하전된 고기와 훈연성분의 결합을 촉진
액체훈연법	아미노산액에 침지 후 훈연하여 훈연성분을 가장 빨리 흡착시킴

기출로 확인

냉훈법에 비하여 온훈법의 장점이 아닌 것은? *17년 2회

① 고기가 더 연하다.　　　　　② 고기의 향기가 좋다.
③ 고기의 맛이 좋다.　　　　　④ 저장성이 우수하다.

정답 ④

④ 훈연목재
　㉠ 수지가 적고 향기가 좋으며 방부성 물질이 많이 생성되는 활엽수종으로 건조가 잘 된 것
　㉡ 떡갈나무, 너도밤나무, 참나무, 보리수 등
　㉢ 침엽수(소나무)는 그을음, 독특한 향으로 인해 부적당함

(3) 세절 및 혼합
① 고기를 갈아 다음 공정을 용이하게 하고, 원료육과 기타 첨가물을 균일하게 혼합하는 공정
② 그라인더(grinder), 사일런트 커터(silent cutter) 등 사용

2. 햄(Ham)
돼지 뒷다리 고기를 분류하여 정형한 후, 염지(4℃에서 2·3시간 유지)한 후 훈연하거나 열처리한 것

(1) 원료육의 부위에 따른 햄의 종류

Bone in ham	돼지 볼기살 부위를 뼈가 있는 그대로 정형하여 가공한 것
Boneless ham	돈육의 햄에서 뼈를 제거하고 가공한 것
Press ham	작은 고기덩어리를 서로 밀착시켜 한덩어리로 가공한 것
기타	기타 부위를 정형하여 가공한 것

(2) 햄의 일반적 제조공정

원료육 → 절단 및 성형 → 방혈 → 염지 → 전형 → 건조 → 훈연 → 제품

※ 방혈(피빼기, precuring): 조직 사이의 남은 혈액을 제거하여, 고기의 결착력 향상, 육색 유지, 고기 표면의 불순물 제거

기출로 확인

햄(ham) 제조에 대한 설명으로 틀린 것은?
① 염지방법은 건염법, 액염법, 염지액주사법 등이 있다.
② 염지는 15℃ 정도에서 하는 것이 효과적이다.
③ 훈연은 향미, 색깔, 보존성을 증진한다.
④ 훈연방법은 냉훈법, 온훈법 등이 있다.

정답 ②

3. 소시지(Sausage)

- 염지시킨 육을 육절기나 세절기로 간 것에 향신료, 조미료 등을 넣고 혼합 반죽한 것을 케이싱에 넣고 훈연하거나 삶거나 가공한 것
- 햄, 베이컨 등을 제조할 때 생기는 자투리 고기가 주원료

(1) 제조방법에 따른 소시지의 분류

domestic sausage	· 훈연 후 건조하지 않고 가열하여 바로 먹게 한 것 · 수분함량 50% 이상, 부드러우나 장기저장 어려움
dry sausage	· 케이싱에 다져 넣고 그대로 건조하거나 건조 후 훈연한 것 · 수분함량 30% 이하, 딱딱하게 만들어 장기간 저장 가능

(2) 소시지의 제조공정

원료육 → 염지 → 세절 → 유화, 혼합 → 충진 → 건조, 훈연 → 가열 → 냉각 → 제품

① 분쇄: 염지 후 chopper로 고기입자 크기를 6mm 크기로 세절
② 유화 및 혼합
  ㉠ 세절한 고기를 사일러트 커터(silent cutter)로 더욱 곱게 세절하여 접착성을 생성
  ㉡ 전분, 분리대두단백, 조미료와 향신료를 혼합하여 고기죽(meat paste)을 만드는 공정
  ㉢ 염용성 단백질을 추출하여 단백질, 지방, 물을 유화
③ 충전
  ㉠ 배합된 원료를 케이싱(casing)에 넣는 공정
  ㉡ 고기죽을 스터퍼(stuffer)에 넣고 노즐을 끼운 케이싱에 충전

선생님 TIP
소시지 제조시 염지 목적과 각 공정에서 어떤 기기를 사용하는지 잘 알아두자.

기출로 확인

소시지 제조시 silent cutter나 emulsifier를 사용해서 얻을 수 있는 효과가 아닌 것은?
① meat emulsion의 파괴 ② 혼합(blending)
③ 세절(cutting) ④ 이기기(kneading)

정답 ①

Chapter 07 알가공

1 알류의 일반적 특징

1. 달걀의 구조와 성분

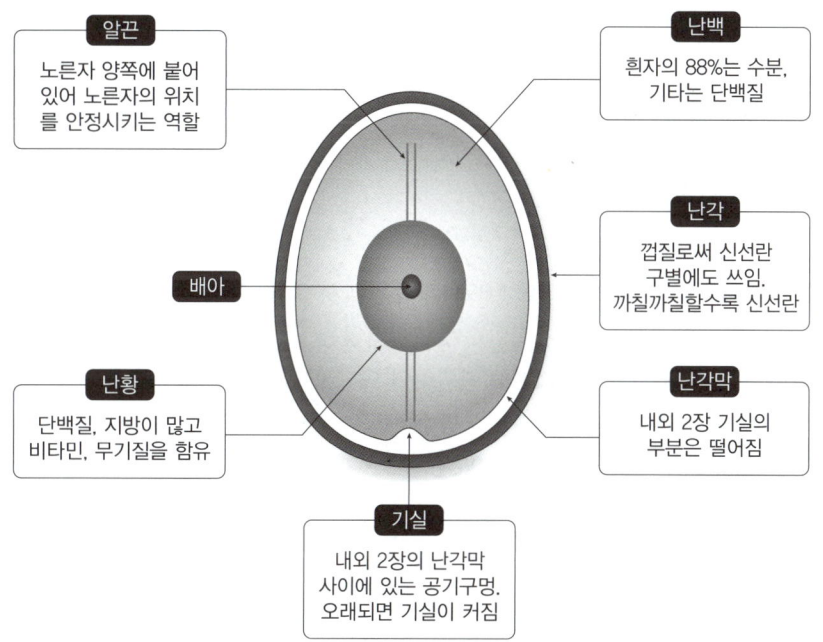

알끈
노른자 양쪽에 붙어 있어 노른자의 위치를 안정시키는 역할

난백
흰자의 88%는 수분, 기타는 단백질

배아

난각
껍질로써 신선란 구별에도 쓰임. 까칠까칠할수록 신선란

난황
단백질, 지방이 많고 비타민, 무기질을 함유

난각막
내외 2장 기실의 부분은 떨어짐

기실
내외 2장의 난각막 사이에 있는 공기구멍. 오래되면 기실이 커짐

※ 난각 : 난백 : 난황의 비 = 1 : 6 : 3

(1) 난각

① $CaCO_3$로 구성, 내부 보호, 기공이 있어 공기 유통됨, 수분 증발 조절

② 난의 한쪽에 기실(air cell) 형성: 산란 직후에는 거의 볼 수 없으나 시간이 경과함에 따라 커짐

(2) 난백

① 난 중의 60% 차지, 수분과 단백질의 함량이 높음

② 시간이 경과함에 따라 농후흰자(점도 높음)는 수양흰자(점도 낮음)로 변화

③ 난백 단백질 중 ovalbumin: 함량(55~75%)이 가장 많음

④ 난백 단백질 중 ovomucoid: 당단백질, trypsin 저해제로 작용

⑤ 난백 단백질 중 avidin: biotin과 결합하여 흡수를 저해 → 열에 쉽게 변성되므로 85℃에서 5분간 가열

⑥ lysozyme: 세균의 세포벽을 가수분해하는 항균성 효소

(3) 난황

① 난중의 30% 차지, 단백질, 지질, 비타민 등 함유

② 난황단백질은 지방, 인 등과 결합된 구조

참고

기실
• 달걀의 둥근부분(넓적한 쪽)에 있는 숨구멍
• 알이 오래되면 내용물의 수분 증발로 점차 확대되므로 기실의 크기를 측정함으로써 알의 신선도를 감별
• 신선한 달걀의 기실 크기는 높이 약 5mm, 너비 약 12mm, 부피 약 0.5mL

③ 난황의 지질은 글리세리드가 약 63%, 인지질 33%, sterol 4.9%

④ 인지질(lecithin, cephalin)은 유화제로 이용됨

2. 달걀의 선도조사

(1) 외부적 선도

① 비중: 신선란은 1.0784~1.0914, 1일 경과시 0.0017~0.0018씩 감소

  ㉠ A급(신선란): 11% 식염수에서 가라앉는 난

  ㉡ B급(약간 신선란): 11% 식염수에 뜨나 10% 식염수에는 약간 가라앉는 난

  ㉢ C급(부패가능란): 10% 식염수에는 뜨나 8% 식염수에는 가라앉는 난

  ㉣ 부패란: 8% 식염수에서 뜨는 난

② 난형(Egg shape): $E.S = \dfrac{단경}{장경} \times 100$

③ 난각의 두께: 0.31~0.34mm

④ 청결도: 청결상태에 따라 4등급으로 나뉨

⑤ 진음법: 신선한 난은 내용물이 풍부하여 소리가 나지 않고, 묵은 난은 소리남

⑥ 설감법: 신선란은 기실부가 따뜻하고 묵은란은 차가운 느낌이 듦

(2) 내부적인 선도

① 투시검사: 투시검란기 이용, 기실의 크기 및 난백, 난황의 상태 등 검사

② 할란검사

  ㉠ 난백계수 = $\dfrac{농후난백의 \ 높이}{농후난백의 \ 직경}$

  신선란의 난백계수는 0.06 정도

  ㉡ 난황계수 = $\dfrac{난황의 \ 높이}{난황의 \ 직경}$

  신선란의 난황계수는 0.361~0.442

③ pH 검사

  ㉠ 난백의 pH는 7.6~7.9, 난황의 pH는 6.0(난백의 pH가 난황보다 높음)

  ㉡ 신선난백의 pH는 7.6~7.9, 저장기간이 길어지면 난백의 구멍을 통한 CO_2의 방출로 인해 pH 9.7까지 상승

참고

난황의 녹변 원인
난백의 함황 아미노산의 분해로 생성된 황화수소(H_2S)가 난황 중의 Fe와 결합하여 황화제일철(FeS)이 되기 때문

2 알가공

1. 마요네즈

① 난황의 유화력을 이용하여 식용유, 식초, 향신료, 조미료를 첨가하여 o/w형으로 유화시킨 것
② 식물성 유지 60%, 난황액 10~15%

2. 건조란

① 수분을 제거하면서 열에 의해 건조시킨 것
② 저장성이 높지만 건조처리에 의해 품질 저하
③ 난분의 갈변반응(메일라드반응): 난백의 환원당과 아미노산 사이에 일어나는 화학 반응 → 난백의 당을 glucose oxidase 효소를 이용해 제거

3. 동결란

① 달걀 껍질을 벗겨 급속동결(-45~-35℃) 후 -20~-18℃에서 저장
② 해동 시 유동성을 잃고 굳기 쉬우므로 글리세린, 소금, 설탕을 첨가하여 동결

4. 피단

① 알껍질 외부로부터 조미·향신료 등을 알 내용물에 침투시켜 특유의 맛과 단단한 조직을 갖도록 숙성한 알가공품
② 알 속에 소금, 알칼리성 염류(석회 등)를 침투시켜 난단백을 응고, 숙성

Chapter 08
수산물가공

1 수산물의 일반적인 특징

1. 어패류의 성분

(1) 일반적으로 어류는 단백질과 지방 함량이 높고, 연체류는 단백질과 당류 함량이 높음

(2) 수분

어육의 70~80%

(3) 단백질

축육 단백질에 비해 구조단백질(myosin, actin)이 많고 기질단백질(collagen, elastin)이 적음

(4) 지질

ω-3계열의 불포화지방산이 많음

(5) 엑기스(extractive substance)

① 어육을 잘게 절단한 근육을 물로 추출하여 용출되는 성분들

② 유리 아미노산, 유기산, nucleotide, betaine, TMAO(trimethylamine oxide), 요소(urea) 등의 정미성분

> **참고**
> - 생선이 죽으면 트리메틸아민옥시드(TMAO)가 트리메틸아민(TMA)으로 변하여 생선 비린내 유발
> - 어류 선도 판정의 지표물질: 인돌(indole), 하이포잔틴(hypoxanthine), 트리메틸아민(trimethylamine)

⊙기출로 확인

어패류의 맛에 관여하는 함질소 엑스성분이 아닌 것은? *19년 1회
① TMAO
② betaine
③ 핵산관련물질
④ 글리세라이드

정답 ④

2. 어패류의 사후변화

효소작용에 의한 해당작용 → 근육의 사후경직 → 해경 → 자가소화 → 부패(세균 증식 활발, 선도저하, 근육조직 성분의 저급화합물로의 분해)

3. 어육의 신선도 검사(초기 부패 지표)

① VBN(Volatile basic nitrogen, 휘발성 염기 질소)

- 단백질이 풍부한 식품의 부패시 생성, 암모니아·휘발성아민류 등
- 30~40 mg%(mg/100g)

② TMA(Trimethylamine)

- VBN 중 가장 많은 비율을 차지함
- 일반적으로 3~4 mg%를 적용하나, 어종에 따라 다름

③ K value
- ATP와 분해생성물(ADP, AMP 등) 전체 양에 대한 inosine과 hypoxan−thine의 합계량의 백분율
- 60~80%

④ pH
- 신선한 어류는 pH7 부근에서 사후강직 및 자기소화에 의해 젖산 생성, pH6 정도로 하락
- 부패가 진행되면 암모니아 및 그 밖의 염기성 물질로 인해 중성 또는 알칼리성으로 상승
- pH 6.2~6.5

⑤ Histamine
- 어패류의 부패과정에서 histidine으로부터 생성
- 히스타민 함량이 4~6 mg%이면 <u>알레르기성 식중독을 일으킴</u>

4. 해조류

① 해조류는 식이섬유를 포함한 다량의 다당류 외에 다양한 무기질을 풍부히 함유
② 갈조류: 미역, 다시마, 톳 등
③ 녹조류: 파래, 청각 등
④ 홍조류: 김, 우뭇가사리 등

2 수산물 가공품

1. 건제품

수산물의 수분을 제거하여 미생물의 번식을 어렵게 하여 저장성을 갖도록 한 것

선생님 TIP

건제품의 종류와 특성은 종종 출제 된다.

소건품, 날마른치	· 원료 그대로 건조한 깃 · 마른오징어, 명태(북어), 마른꽁치(과메기), 마른미역, 김
자건품, 찐마른치	· 소금물에 삶은 뒤 건조한 것 · 찜의 효과: 자기소화 효소의 불활성화, 오염된 미생물 살균, 단백질 열응고, 수분제거, 건조가 쉽도록 함 · 마른멸치, 마른새우, 가다랑어
염건품, 간마른치	· 염지한 후 건조한 것 · 굴비, 염건대구, 꽁치, 고등어
동건품, 연마른치	· 동결, 융해를 반복하여 건조한 것 · 황태, 한천
배건품, 군마른치	· 숯불에 쬐고 구워서 말린 것 · 배선성어리
조미건품, 맛들인 마른치	· 조미하여 말린 것 · 조미오징어, 조미어포
훈연 마른치	· 훈연하면서 건조시킨 것 · 훈제오징어, 훈제연어

기출로 확인

수산 건제품의 처리 방법에 대한 설명으로 틀린 것은? *17년 2회
① 자건품: 수산물을 그대로 또는 소금을 넣고 삶은 후 말린 것
② 배건품: 수산물을 저온에서 말린 것
③ 염건품: 수산물에 소금을 넣고 말린 것
④ 동건품: 수산물을 동결, 융해하여 말린 것

정답 ②

2. 수산연제품(수리미, surimi)

어육에 2~3%의 소금, 조미료, 전분, 향신료를 넣고 갈아 으깬 연육을 성형 및 가열

(1) 제조원리(겔 형성 메커니즘)

① 어육에 소금을 첨가하여 고기갈이공정으로 갈아서 형성된 고기풀을 가열하여 젤(gel)화시킴
② 젤은 분자 간 가교결합을 형성하여 망상구조를 만들며 구조 내 수분을 포함하고 있음

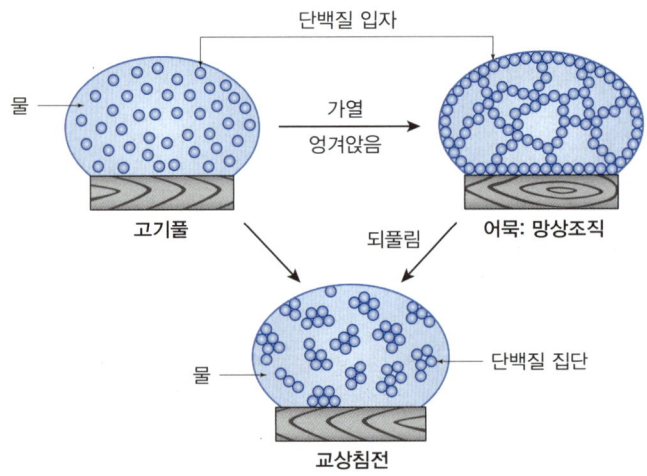

▲ 어육연제품의 엉겨앉음과 되풀림

(2) 수산연제품의 제조공정

원료 → 세정 → 채육 → 수세 → 세절 → 재료 혼합 → 성형 → 가열 → 냉각 → 제품

용어정의

채육(fleshing)
원료어의 살을 발라내는 작업

(3) 연제품의 탄력성에 영향을 미치는 요인

① **소금의 첨가량**
ㄱ 소금 농도 2% 정도: 탄력성 형성
ㄴ 소금 농도 3~10% 범위: 강한 탄력성 지닌 제품
ㄷ 그 이상의 농도: 탄력성 저하
② **pH**
pH 6.5~7.0: 근원섬유 단백질의 용출을 증가시켜 연제품의 탄력성을 최고로 함

③ 중합인산염

    ㉠ 소량 첨가해도 이온강도를 높이는 효과가 큼

    ㉡ 가수분해되어 알칼리성이 되므로 pH를 상승시켜 단백질의 용해를 높임

    ㉢ 단백질의 수화를 방해하는 Ca나 Mg 이온을 결착하여 제거시키므로 용해성을 높임

◎ 기출로 확인

연제품(surimi)의 가공 원리와 가장 거리가 먼 것은? *18년 1회

① 어육은 단순 가열시 단백질 섬유가 응고하여 보수력이 향상된다.

② 어육 분쇄 시 식염을 2~3% 첨가하면 근원섬유의 붕괴로 actomyosin의 용출성이 좋아진다.

③ Actomyosin 졸(sol)은 가열 시 탄성도가 큰 겔(gel)로 된다.

④ 되풀림 현상(returning)은 가열에 의하여 겔이 붕괴되는 것을 의미한다.

 정답 ①

3. 냉동품

[빙의(glaze)]

① 어류를 동결시킨 후 냉수에 넣은 후 다시 냉동하여 고기의 표면에 3mm 정도의 얼음 피막을 입히는 과정

② 빙의 목적: 건조 방지, 지질의 산화 방지, 향미성분 보존

4. 염장품

[건조염장법과 염수법 비교]

구분	건조염장법(마른간법)	염수법(물간법, 염지법)
장점	· 특별한 설비 필요하지 않음 · 염용량에 비해 탈수량이 많아 염장초기의 변질 예방	· 소금의 침투가 균일하여 양호한 품질의 제품 생산 · 공기와의 접촉이 없어 산화 불가능 · 과도한 탈수가 일어나지 않아 제품의 외관, 수율, 풍미 양호
단점	· 소금의 침투가 불균일하게 되기 쉬워 제품의 품질이 일정하지 않음 · 과도하게 탈수되어 제품의 외관 불량하고 수율 낮음 · 염장 중 공기와 접촉되므로 지방이 산화	· 탱크와 같은 설비 필요 · 마른간법에 비해 다량의 소금 필요 · 염장 중 자주 교반을 하지 않으면 염장 초기에 부패가 쉬움

◎ 기출로 확인

소금 절임 방법에 대한 설명 중 틀린 것은? *16년 3회

① 소금농도가 15% 정도가 되면 보통 일반세균은 발육이 억제된다.

② 일반적으로 소형어는 마른간법으로 대형어는 물간법으로 절인다.

③ 마른간법과 물간법의 단점을 보완한 것이 개량물간법이다.

④ 개량마른간법의 경우는 물간법으로 가염지를 한다.

 정답 ②

Chapter 09 식품의 저장

 **선생님 TIP**

식품의 저장 부분은 내용이 광범위하고 출제율이 높은데, 본 chapter에서는 주로 출제되는 내용 위주로 정리하였다.

 **용어정의**

상변화
- 융해: 얼음이 녹아서 물이 되는 현상
- 기화: 수증기가 되는 현상
- 승화: 고체에서 액체를 거치지 않고 직접 기체로 변하는 현상

1 식품저장 일반

1. 식품의 저장 방법

(1) 열처리

① 건조
- 식품의 수분을 제거함으로써 수분활성도를 저하시켜 미생물의 성장을 억제하여 저장성을 향상시키는 조작
- 식품내부 또는 외부에서 수분이동이 일어나며, 상변화를 위한 에너지의 전달이 함께 필요한 조작

  ㉠ 분무 건조(spray drying)
  - 슬러리나 미세 액체 입자를 건조실내로 분무하여 순간적으로 건조
  - 건조시간이 짧아 장시간 열에 노출하면 열변성이 쉽거나 향미손실 등으로 품질저하가 큰 식품의 건조에 주로 이용
  - 우유, 유청, 인스턴트그래뉼커피, 홍차, 달걀, 과일주스, 유아식품 등

  ㉡ 동결 건조(freeze drying)
  - 식품의 수분을 동결시키고 높은 진공 장치 내에서 얼음을 액체 상태를 거치지 않고 기체로 승화시켜 수분을 제거하는 방법
  - 온도조절장치(냉동장치, 가열장치), 감압(진공)장치, 증발된 수분을 응축시킬 수 있는 장치가 필요, 처리비용이 고가
  - 열에 의한 식품의 성분의 손상이 적음
  - 다공성 구조로 복원력 좋음, 향미의 보존

  ㉢ 열풍 건조
    ⓐ 터널 건조기: 터널 모양으로 된 열풍 건조기, 우리나라의 건어물은 대부분이 건조기를 이용하여 생산

병류식	• 열풍 방향과 재료 이동방향이 같음 • 고온공기가 유입되어 제품 건조 후 저온 공기로 빠져나가 마지막에 제품에 전달하는 열이 작아 열손상 작음 • 초기건조속도 빠름, 수분함량 낮은 제품 얻기 어려움, 원하는 건조효과 얻기 어려움
향류식	• 열풍 방향과 재료 이동방향이 다름 • 고온의 공기가 유입된 것이 건조가 다 되어가는 제품과 만나 열을 전달하여 열손상이 큼 • 초기건조속도 느림, 수분함량 낮은 제품 얻을 수 있음, 원하는 건조효과 얻을 수 있음

ⓑ 부상식건조기(유동층 건조기)
- 입자 또는 식품 분말을 아래쪽에서 열풍을 불어 올려 열풍과 접촉하게 하여 건조
- 완두, 두류, 당근, 양파, 감자, 육류, 밀가루, 코코아, 커피, 소금, 설탕 등
ⓒ 기송식건조기
- 건조할 식품을 뜨거운 열풍 속에 투입하여 기류에 떠있는 상태로 이동시키면서 건조
- 곡식 및 육류조각

② **가열살균**
  ㉠ 열전달의 형식: 전도, 대류, 복사
    ⓐ 전도: 각각 분자의 진동 운동에너지
    ⓑ 대류: 온도에 따른 밀도차(열에너지를 받은 식품의 성분 또는 열에너지를 함유한 물질이 이동하여 열에너지를 전달하는 현상)
    ⓒ 복사: 열전달매체 없이 열전달
  ㉡ 살균조건의 설정
    ⓐ 가열치사곡선(thermal death time curve: TDT 곡선) 또는 사멸곡선: 주어진 온도에서 미생물이 사멸하는 시간을 대수그래프로 나타낸 것

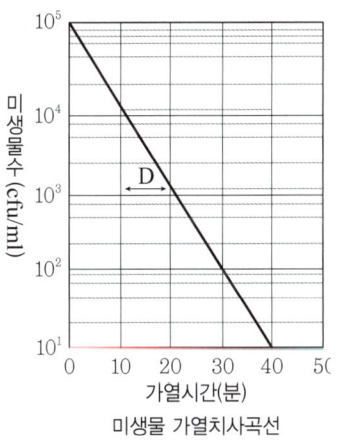
미생물 가열치사곡선

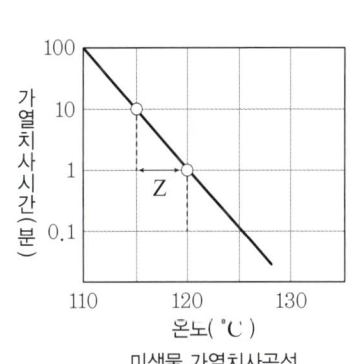
미생물 가열치사곡선

    ⓑ D값, F값, Z값
      - 가열치사곡선에서 미생물의 내열성 표시법으로 사용
      - 가열살균 조건의 설정에 사용
      ㉮ D값
        - 일정한 온도에서 균의 수를 90% 사멸시키는데 필요한 시간(분)
        - 특정온도에서 내열성이 크다=D값이 크다
        - 212℉에서 10분 가열하여 어떤 세균이 90% 사멸하였다면
          $D_{212℉}=10$으로 표시

선생님 TIP

D값, F값, Z값의 의미와 계산문제가 종종 출제된다.

- 계산식

$$D = \frac{t}{\log(N_0/N_1)}$$

t: 가열시간, N_0: 초기 미생물농도 N_1: 가열 후 미생물 농도

㉯ F값

- 일정 온도에서 미생물을 완전히 사멸시키는데 필요한 시간
- 보통 250℉(121.1℃)에서 미생물을 사멸시키는 데 필요한 시간(분)은 F_0로 표시
- 332℉에서 15분에 어떤 세균이 전부 사멸했다면 $F_{332} = 15$로 표시
- 계산식

$$F_0 = F_1 \times 10^{\frac{T_1 - 121.1}{z}}$$

㉰ Z값

- D값을 $\frac{1}{10}$로 줄이는데 필요한 가열온도의 변화량
- Z값이 증가한다는 것은 내열성이 높음을 의미
- 가열온도 20℉ 상승으로 가열치사시간이 $\frac{1}{10}$ 감소하였다면 $Z = 20$
- 계산식

$$\log \frac{D_2}{D_1} = \frac{t_1 - t_2}{z}$$

용어	정의	표시예
D value	일정한 온도에서 미생물을 90% 사멸시키는 데 필요한 시간	$D_{100℃} = 10$
Z value	가열치사시간을 90% 단축하는 데 따른 온도 상승 값	$Z = 10$
F value	일정 온도에서 미생물을 100% 사멸시키는 데 필요한 시간	$F_{110℃} = 10$
F_0 value	121.1℃(250℉)에서 미생물을 100% 사멸시키는 데 필요한 시간	$F_0 = 10$

🎯 기출로 확인

D값, F값, Z값에 대한 설명 중 옳은 것은? *17년 3회

① $D_{110℃} = 10$: 100℃에서 일정 농도의 미생물을 완전히 사멸시키려면 10분이 소요된다.

② $F_{121℃} = 4.07$: 식품을 121℃에서 가열하면 미생물이 처음균수의 $\frac{1}{10}$로 줄어드는데 4.07분이 소요된다.

③ $Z = 20℃$: D값을 $\frac{1}{10}$로 감소시키려면 살균온도를 20℃만큼 더 높여야 된다.

④ D값, F값, Z값은 모두 시간을 나타낸다.

정답 ③

ⓒ 가열살균법

   ⓐ 저온장시간 살균법(LTLT: low temperature long time): 파스퇴르, 63~65℃, 30분, 병원성 미생물은 살균, 일부 미생물 존재

   ⓑ 고온순간 살균법(HTST: high temperature short time): 72~75℃, 15~25초

   ⓒ 초고온 순간 살균법(UHT: ultra high temperature): 130~150℃, 0.5~5초

   ⓓ 증기 살균법: 살균솥을 이용, 발생하는 수증기를 이용, 30분

   ⓔ 건열 살균법: 140~160℃, 30~60분

   ⓕ 간헐 살균법: 내열성균의 완전살균

      100℃, 30분 살균 후 30℃ 항온기 1일 저장 → 포자의 영양세포화 → 재살균(100℃, 30분) → 3회 반복

   ※ 상업적 살균

     · *Clostridium botulinum*의 초기 포자수를 1조분의1(10^{-12}) 이하로 감소시키는 것

     · 영양가 손실 최소화, 목적균 만을 살균

(2) 비열처리

① 저온 저장(냉장 및 냉동)

저온저장의 효과: 미생물 생육 억제, 대사작용 억제, 갈변·산화·영양가 손실 등의 반응속도 저하

  ⓐ 저온 저장법

    ⓐ 냉장법

      • 빙장법(icing): 식품을 얼음물에 담궈 낮은 온도를 유지시키는 저장법

      • 냉장고 사용

    ⓑ 냉동법

      ㉮ 공기동결법: -40~-30℃의 냉풍을 강제순환시키는 급속동결

      ㉯ 침지동결법: 저온으로 냉각된 염화나트륨, 염화칼슘, 염화마그네슘, 프로필렌글리콜, 에틸렌 글리콜등의 액체 또는 액체질소에 식품을 침지시켜 동결하는 방식

      ㉰ 심온동결법: 액체질소, 액체탄산가스, 프레온 12 등을 식품에 분부하거나 침지시켜 액체가 기화되면서 식품의 열을 빼앗아 동결되는 동결법

      ㉱ IQF(individual quick freezing, 개별급속동결): 식품을 분할 및 절단하여 따로 냉동하는 방법으로 액화질소나 차가운 공기를 이용하여 식품을 급속 냉동함, 수산물의 동결저장에 많이 응용

ⓛ 냉동곡선

ⓐ 식품이 냉동되는 과정을 시간과 온도의 관계식으로 나타낸 것

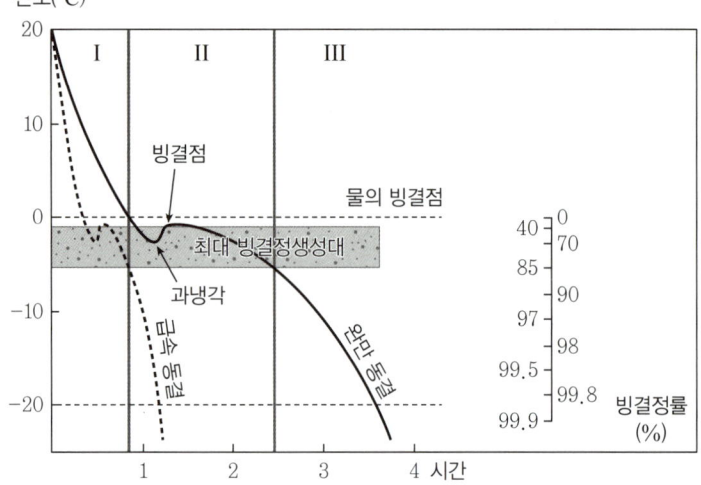

ⓑ 최대빙결정생성대

㉮ 식품의 수분이 고체상(얼음)으로 변화하는 온도 범위. 일반적으로
-5~-1℃

㉯ 최대빙결정생성대를 통과하는 시간에 따라 급속동결과 완만동결로
구분
- 급속동결: 통과시간 30분 이하, 얼음결정의 크기는 작고 개수는 많음,
세포 파괴 적음
- 완만동결: 통과시간 30분 이상(보통 1시간 30분), 얼음결정의 크기는
크고 개수는 적음, 세포 파괴 심함

ⓒ 냉동해(**freezer burn**, 냉동화상)

ⓐ 동결된 식품 중의 빙결정이 승화하여 발생

ⓑ 빙결정이 승화한 빈자리에 미세한 구멍이 생기게 되고, 점점 내부까지
공기가 접촉하여 승화 작용이 계속 진행되며 동시에 산화 작용이 일어남

ⓒ 그에 따라 식품의 변색, 지방 산화 등 발생

기출로 확인

육류 단백질의 냉동변성을 일으키는 요인이 아닌 것은? *18년 3회

① 염석(salting out)
② 응집(coagulation)
③ 빙결정(ice crystal)
④ 유화(emulsion)

정답 ④

② 삼투압 이용 저장

　㉠ 염장

　　• 삼투작용을 이용하여 미생물의 원형질 분리, Aw 낮춤

　　• 염소 이온의 보존제 효과

　　• 염수법(소금물에 침지), 건염법(소금을 뿌림), 염수주사법 등

　㉡ 당장

　　• 당분자의 친수기인 -OH기와 물의 수소결합으로 인한 수분활성도 저하 원리

　　• 당의 분자량이 작을수록, 용해도가 큰 당일수록 촉진

　㉢ 산저장

　　• 수소이온 농도가 높은 산을 이용하여 미생물이 잘 자랄 수 없는 상태로 만들어 식품을 저장하는 방법

　　• 오이피클, 단무지, 김치, 죽순

③ 훈연

④ 마이크로파

⑤ 방사선조사(= 식품조사, Food irradiation)

　㉠ 식품 등의 발아억제, 살균, 살충 또는 숙도조절을 목적으로 감마선 또는 전자선가속기에서 방출되는 에너지를 복사(radiation)의 방식으로 식품에 조사하는 것

　㉡ 식품조사처리 기준(「식품의 기준 및 규격」)

　　ⓐ 이용가능한 선종: 감마선, 전자선 또는 엑스선

　　ⓑ 감마선 방출 선원: ^{60}Co 사용, 전자선과 엑스선 방출 선원: 전자선 가속기 이용

　　ⓒ 식품조사처리가 허용된 품목별 흡수선량을 초과하지 않도록 하여야 함

　　ⓓ 허용된 조사 목적 이외 다른 목적으로는 사용 불가

　　ⓔ 한번 조사처리한 식품은 다시 조사하여서는 안 됨

　　ⓕ 허용대상 식품별 흡수선량

품목	조사목적	선량(kGy)
감자, 양파, 마늘	발아억제	0.15 이하
밤	살충·발아억제	0.25 이하
버섯(건조 포함)	살충·숙도조절	1 이하
난분, 곡류, 두류, 전분	살균·살충	5 이하
건조식육, 건조채소류, 조미건어포류 등	살균	7 이하
건조향신료, 복합조미식품, 특수의료용도등 식품	살균	10 이하

🖊 용어정의

삼투(osmosis)

용매는 통과시키나 용질은 통과시키지 않는 반투막을 사이에 두고, 식품 내외의 고형분의 농도 차이에 의하여 식품의 구성성분이 침투 또는 확산하여 이동하는 현상

⑥ 초고압 살균(High hydrostatic pressure, HHP)

　㉠ 물리적 살균법, 낮은 온도에서 처리

　㉡ 100MPa(1,000기압)이상의 압력 이용

　㉢ 곰팡이, 효모, 세균-300~400MPa, 10~20분이면 사멸

　㉣ 식품의 초고압살균 목적

　　ⓐ 살균, 살충 → 저장기간 연장

　　ⓑ 효소 불활성화와 탈취

　　ⓒ 식품의 물성 개선

　　ⓓ 유화의 개량효과

　　ⓔ 발효식품이나 절임 식품의 숙성연장

2 소비기한 설정

1. 용어 정의

(1) 유통기한
제품의 제조일로부터 소비자에게 판매가 허용되는 기한

(2) 소비기한
식품등에 표시된 보관방법을 준수할 경우 섭취하여도 안전에 이상이 없는 기한

(3) 품질유지기한
식품의 특성에 맞는 적절한 보존방법이나 기준에 따라 보관할 경우 해당식품 고유의 품질이 유지될 수 있는 기한

2. 소비기한 설정
「식품, 식품첨가물, 축산물 및 건강기능식품의 소비기한 설정기준」고시

> **제2조(용어의 정의)**
> "품질안전한계기간"이라 함은 식품에 표시된 보관방법을 준수할 경우 특정한 품질의 변화 없이 섭취가 가능한 최대기간으로서 소비기한 설정실험 등을 통해 산출된 기간을 말한다.
> "소비기한"이라 함은 식품에 표시된 보관방법을 준수할 경우 섭취하여도 안전에 이상이 없는 기한을 말한다.

✓ **중요**

**식품의 유통기한 표시
→ 소비기한으로 변경**
「식품 등 표시·광고에 관한 법률」
21년 8월 17일 공포, 23년 1월 1일 시행

참고

소비기한 표시

• **소비기한 표시대상**
　제조, 가공, 수입한 식품

• **소비기한표시 생략가능 제품**
　자연상태의 농, 임, 수산물, 설탕, 빙과류, 식용얼음, 껌류(소포장 제품에 한함), 식염, 주류(맥주, 탁주 및 약주 제외), 품질유지기한으로 표시하는 식품

• **품질유지기한 표시대상**
　레토르트 식품, 통조림 식품, 잼류, 당류(포도당, 과당, 엿류, 당시럽류, 덱스트린, 올리고당류에 한함), 다류 및 커피류(액상제품은 멸균에 한함), 음료류(멸균제품에 한함), 장류(메주 제외), 조미식품(식초와 멸균한 카레제품에 한함), 김치류, 젓갈류 및 절임식품, 조림식품(멸균에 한함), 맥주, 전분, 벌꿀, 밀가루

"권장소비기한"이라 함은 영업자 등이 소비기한 설정 시 참고할 수 있도록 제시하는 섭취하여도 안전에 이상이 없는 기한을 말한다.

"주문자상표부착수입식품"이라 함은 주문자상표부착방식으로 수출국에 제조·가공을 위탁한 수입식품 등을 말한다.

제5조(실험계획)

소비기한 설정실험을 수행하기 위해서는 해당제품의 특성을 충분히 반영하여 제품의 소비기한을 객관적으로 나타낼 수 있는 식품, 식품첨가물, 축산물 및 건강기능식품의 지표(실험항목), 실험 시 저장조건, 검체 채취방법 및 소비기한 예측방법 등을 선정하여야 한다.

제6조(설정시험 지표 등)

① 소비기한 설정실험 지표는 이화학적, 미생물학적 및 관능적 지표로 구분할 수 있다.

② 식품, 축산물의 경우 별표 2의 식품유형별 지표 및 제조·가공특성별 지표를 참고하여 식품의 특성을 잘 반영할 수 있는 지표를 선정하도록 하며, 필요시 「식품의 기준 및 규격」의 기준·규격을 지표로 하며, 안정성과 품질 유지에 필요하다고 판단되는 지표를 추가할 수 있다. 식품첨가물 및 건강기능식품의 경우 해당 품목의 기준 및 규격(공통 규격을 포함한다)을 참고하여 지표를 선정하도록 하며, 안정성과 품질 유지에 필요하다고 판단되는 지표를 추가 할 수 있다. 예 유지 함유제품의 경우 산가, 과산화물가 등

③ 선정된 지표에 대한 "한계"를 각각 설정하여야 하고 한계는 수치로 나타낼 수 있다.

④ 제품이 별도로 포장된 두 가지 이상의 식품 또는 축산물로 구성되어 있는 경우, 구성된 각각의 식품 또는 축산물에 대한 적합한 지표를 선정하여야 한다.

제7조(설정실험 시 저장조건 등)

① 국내 환경과 유통조건, 보존방법, 제품 특성을 종합적으로 고려하여 "설정실험 시 저장조건"을 선정하여야 한다.

② 저장온도는 제품의 실제 보존 유통조건을 따른다.

1. 실온유통제품: 실온이라 함은 1~35℃를 말하며, 35℃를 포함하되 제품의 특성에 따라 봄, 가을, 여름, 겨울을 고려하여 선정하여야 한다.

2. 상온유통제품: 상온이라 함은 15~25℃를 말하며, 25℃를 포함하여 선정하여야 한다.

3. 냉장유통제품: 냉장이라 함은 0~10℃를 말하며, 10℃를 포함한 냉장온도를 선정하여야 한다. 다만, 「식품의 기준 및 규격」에 따로 정하여진 경우 그 조건을 따른다.

4. 냉동유통제품: 냉동이라 함은 -18℃ 이하를 말하며 품질변화가 최소화 될 수 있도록 냉동온도를 선정하여야 한다. 다만, 「식품의 기준 및 규격」에 따로 정하여진 경우 그 조건을 따른다.

5. 가속실험을 행하는 경우는 앞에서 정하는 유통조건 이외의 온도를 선정할 수 있다.

③ 온도 이외의 습도, 광선 등의 저장조건에 대해서는 통상적으로 사용되는 조건을 선정할 수 있다.

④ 저장기간은 설정하고자하는 소비기한 이상 또는 이와 동등 이상의 가속실험기간으로 하여야 한다.

제11조(실험 결과보고서 제출 등)

① 식품제조·가공업자, 식품첨가물제조업자, 식품등수입판매업자, 축산물가공업자, 식육포장처리업자 및 건강기능식품제조·가공업자는 제출된 실험 결과보고서를 근거로 하여 소비기한 설정사유서를 작성하여야 한다.

[별지 제2호 서식] 소비기한 설정실험 결과보고서에서 제품의 특성 내용

식품, 식품첨가물, 축산물, 건강기능식품의 유형 또는 품목, 성상, 사용원료, 제조.가공공정, 포장재질.포장방법.포장단위, 보존 및 유통온도 등 실험 수행을 위한 일반적 사항 기록 및 검체의 성상, 포장상태, 구성식품의 정보, 표시사항 등을 파악할 수 있는 정보

01 유통기한(소비기한)의 설정을 위한 고려사항과 거리가 먼 것은? *16년 2회

① 포장재질
② 보존조건
③ 원료의 생산지
④ 유통실정

02 유통기한(소비기한)을 생략할 수 없는 것은? *16년 3회

① 설탕
② 빙과류
③ 껌류
④ 탁주

해설 주류 중 탁주·약주는 소비기한 표시, 맥주는 품질유지기한 표시

03 유통기한(소비기한) 설정시 품질변화의 지표물질이 갖추어야 할 사항이 아닌 것은? *20년 1회

① 이화학적인 지표로 객관적이어야 하며 관능적인 지표는 제외한다.
② 측정이 용이하고 재현성이 있어야 한다.
③ 위생적인 특성이 고려되어야 한다.
④ 영양적인 특성이 고려되어야 한다.

해설 소비기한 설정실험 지표는 이화학적, 미생물학적 및 관능적 지표로 구분할 수 있음

정답 01 ③   02 ④   03 ①

---

3 | 식품의 포장

※ 포장의 목적: 내용물 보호, 저장성, 안전성, 취급 편의성, 제품의 가치 향상

1. 식품 포장재의 구비 조건

위생적 안전성	· 무해, 무미, 무취, 무독 · 물리적 강도: 인장강도, 파열강도, 신장률, 압축강도, 완충성
보호성	· 차단성: 방습 및 방수성, 산소 차단성, 보향성, 단열성 등 · 안정성: 내유성, 내산성, 내알칼리성, 내열성, 내한성, 완충성 등
작업성	열접착성, 미끄럼성(적절한 마찰계수), 열수축성, 비대전성 등
편리성	취급 용이성(개봉 및 휴대 용이), 내용물 유출 용이성 등
상품성	인쇄적성, 광택성, 투명성 등
경제성	생산성, 수송 및 보관 용이성, 가격, 적정 포장
환경친화성	재사용 및 재활용성, 낮은 유해물질 방출성

01 식품을 포장하는 목적과 거리가 먼 것은? *19년 2회

① 취급을 편리하게 하기 위하여
② 상품가치를 향상시키기 위하여
③ 내용물의 맛을 변화시키기 위하여
④ 식품의 변패를 방지하기 위하여

02 식품포장재료에 요구되는 기본 성질에 대한 설명으로 틀린 것은? *19년 2회

① 품질을 유지하기 위한 성질로 친수성, 친유성, 광택성이 있다.
② 식품을 보호하는 성질로 가스투과도, 투습도, 광차단성, 자외선방지, 보향성이 있다.
③ 상품가치를 높이는 성질로 투명성, 인쇄적성, 밀착성이 있다.
④ 포장효과 및 생산성을 높이는 성질로 밀봉성, 기계적성, 내한성, 내열성, 위조방지가 있다.

정답 01 ③ 02 ①

2. 식품 포장재

(1) 유리

재질의 비활성, 투명성, 강도가 있으나 중량이 무겁고 파손 우려

(2) 금속용기

① 알루미늄관, TFS(tin free steel)관
② 가스차단성, 내유성, 내한성, 내열성, 수분차단성 우수

(3) 종이

① 종이: 크라프트지, 그라신지 등
② 종이용기
   ㉠ 컴포지트캔(composite can): 종이, 플라스틱, 금속 등을 조합하여 나선형 또는 일반 회전에 의하여 평평하게 감아 만든 복합용기(고급원통녹차포장)
   ㉡ 파이버 드럼(fiber drum): 판지를 원통상태로 감아 제조한 용기
   ㉢ 밀크카툰: 종이 표면 양쪽에 폴리에틸렌 수지를 라미네이션하거나 왁스 코팅한 것으로서 삼각지붕모양(시유)과 벽돌모양(tetrapack: 무균포장, 멸균유)으로 구분
   ㉣ 하이파팩(hypa-pack): 금속용기에 가까운 종이용기로 뜨거운 음료 충진시 사용(PE/판지/PE/AL/PE)

(4) 플라스틱

폴리에틸렌 (polyethylene, PE)	방습, 방수성, 열접착성 우수
폴리프로필렌 (polypropylene, PP)	· 가장 경량의 플라스틱 필름 · 광택, 투명성, 내유성, 내한성, 방습성, 내열성 우수
폴리염화비닐 (polyvinyl chloride, PVC)	단단함, 열에 불안정, 내유성, 내산성, 내알칼리성이 큼
폴리염화비닐리덴 (polyvinylidene chloride, PVDC)	방습, 내수, 내열성, 인쇄 적성 우수, 기체투과도 낮음
폴리스티렌 (polystyrene, PS)	· 투명, 광택, 인쇄적성, 단열성 우수 · 수분, 기체투과도 큼, 내열성, 내한성 취약 · EPS(expandable polystyrene): PS를 에탄, 메탄 등의 발포제를 이용하여 20~7배로 팽창시킨 것, 패스트 푸드 용기, 육류, 생선의 트레이 · HIPS(high impact polystyrene): 스티로폼, 아이스 크림, 아이스박스, 컵라면 용기
폴리아미드 (polyamide, PA)	· 질김, 인장강도 큼, 내마모성 · 낮은 온도에서 유연성을 지님 → 냉동식품 포장
에틸렌비닐알코올 (ethylene-vinyl alcohol, EVOH)	· 바비큐소스, 케첩 등의 고온 충전병 · 투명성, 가스차단성, 보향성, 내유성, 내약품성, 인쇄적성, 열접착도 우수, 습기에 약함
폴리에틸렌테레프탈레이트 (PET, polyethylene terephthalate=polyester그룹)	위생적 안전성 높음, 기체 및 휘발성 성분의 차단성 매우 우수, 내열성이 강하여 레토르트용으로 사용

◎ 기출로 확인

다음 중 같은 두께에서 기체 투과성이 가장 낮은 필름(film) 재료는? *18년 1회
① 폴리에틸렌
② 폴리프로필렌
③ 폴리염화비닐리덴
④ 폴리염화비닐

정답 ③

(5) 플라스틱 라미네이션 필름
① 플라스틱 포장 용기는 대부분 여러층을 겹친(라미네이션) 형태로 사용
② 라미네이션 방법
　㉠ 접착 라미네이션
　　· 건식: 필름 표면에 접착제를 바른 후 접착제가 마르기 전에 다른 필름을 붙임, 플라스틱과 종이 또는 알루미늄을 붙일 때
　　· 습식: 접착제가 마른 후 다른 필름을 붙임, 플라스틱 필름의 적층
　㉡ 압출 라미네이션: 나일론, 셀로판, 폴리프로필렌, 폴리에스터, 폴리에틸렌, 폴리프로필렌 등을 300℃ 이상의 온도에서 용융압출하여 다층 필름을 제작

Chapter 10 식품공학

1 식품공학의 기초

1. 단위계

양(Quantity)	SI 단위계	English 단위계	CGS 단위계
길이(Length)	m	ft	cm
질량(Mass)	kg	lb_m	g
시간(Time)	s	s	s
온도(Temperature)	℃ or K	℉ or R	℃ or K
부피(Volume)	m^3	ft^3	cm^3
힘(Force)	$N(=kg \cdot m/s^2)$	lb_f	$dyne(=g \cdot cm/s^2)$
에너지(Energy)	$J(=N \cdot m)$	$ft \cdot lb_f$, Btu	erg, cal
엔탈피(Enthalpy)	J/kg	Btu/lb	cal/g
전력(Power)	W(J/s)	Btu/h	cal/min
압력(Pressure)	$Pa(=N/m^2)$	$lb_f/in.^2(=psia)$	dyn/cm^2
밀도(Density)	kg/m^3	lb_m/ft^3	g/cm^3
점도(Viscosity)	$Pa \cdot s$	$lb_m/ft \cdot s$	poise

선생님 TIP

문제마다 다양한 공식을 사용해야 하는 어려움이 있으나, 단위환산을 잘 하면 좀 더 쉽게 문제를 풀 수 있다.

2. 단위환산

주어진 단위로부터 원하는 단위로 단위를 변환하는 것을 말함

(1) 단위환산 방법

$$\text{새 단위} = \text{기존의 단위} \times \frac{\text{새 단위의 환산값}}{\text{기존 단위의 기본값}}$$

(2) 길이의 단위환산

① $1m = 100cm = 1000mm$

② $1in = 2.54cm$

③ $1ft = 12in = 30.48cm = 0.3048m$

(3) 질량의 단위환산

① $1kg = 1000g$

② $1pound(1b) = 454g = 0.454kg$

③ $1ton = 1000kg$

(4) 온도의 단위환산

온도는 1기압에서 물의 어는점을 0℃ 물의 끓는점을 100℃로 하여 이들 사이를 100등분하여 설정된 섭씨온도(℃)라는 상대온도와, 1기압에서 물의 어는점을 32℉ 물의 끓는점을 212℉로 하여 이들 사이를 180등분하여 설정된 화씨온도(℉)라는 상대온도가 널리 사용됨

① 상대온도

    ㉠ $°F = 1.8 \times °C + 32$

    ㉡ $°C = \dfrac{°F - 32}{1.8}$

② 절대온도

    ㉠ $K = °C + 273.15$

    ㉡ $°R = °F + 460$

(5) 압력의 단위환산

① $1\,atm = 760\,mmHg = 101.325\,kPa = 14.696\,psia = 1.01325\,bar$

② $1\,bar = 100000\,Pa = 100000\,N/m^2$

(6) 에너지의 단위환산

① $1\,J = 0.24\,cal$

② $1\,W = 0.86\,kcal/h$

(7) 동력의 단위환산

$1W = 1J/s = 0.86kcal/h$

기출로 확인

물의 밀도로 1g/cm³(cgs 단위계)를 SI 단위계로 환산하면? *16년 1회

① $1\,kg/m^3$

② $10\,kg/m^3$

③ $100\,kg/m^3$

④ $1000\,kg/m^3$

해설 $1g/cm^3 \times kg/1000g \times 10^6 cm^3/m^3 = 1000kg/m^3$

정답 ④

Chapter 11

식품제조공정

 식품제조공정 학습 TIP

- 식품제조공정에는 각 공정별 다양한 종류의 기기들이 있고, 기기별 원리와 용도 또한 다양한데, 현장에서 직접 보고 사용한 경험이 없다면 쉽게 이해하기 어려운 부분이 많다. 하지만, 반복 출제되는 문제들이 많으므로 출제율이 높은 부분을 중심으로 학습하자.
- 이 챕터에서 등장하는 다양한 기기, 용어들을 모두 학습하는 것은 무리가 있으므로, 만약 출제문제에 모르는 용어가 나오더라도 그 단어의 뜻을 상식적으로 해석하여 문제를 풀면 정답일 확률이 높을 것이다.

※ 식품가공에 이용되는 주요 단위조작과 기본원리

단위조작		원리
· 선별 · 분리 · 수송	· 세척 · 혼합	유체의 흐름
· 데치기 · 살균 · 냉장	· 볶음 · 열교환 · 냉동	열전달
· 추출 · 용매 회수	· 증류 · 결정화	물질 이동
· 건조 · 증류	· 농축	물질 및 열 이동
· 정선 · 착즙 · 단립화 · 포장	· 분쇄 · 성형 · 압축 · 수송	기계적 조작

- Unit operation(단위조작): 식품가공에서 사용되는 여러 처리 조작 중 주로 물리적인 조작, 즉 선별, 정선, 수송, 세척, 분쇄, 혼합, 추출, 흡착, 성형, 포장, 냉동, 냉장 등
- 식품가공은 단위 조작 + 단위 반응과정으로 이루어짐
  - ▶ 단위 반응과정(단위 공정 = unit process): 유지의 수소첨가, 전분의 산당화처럼 화학반응을 수반하는 것

1 선별

1. 정의

(1) 수확한 원료에 불필요한 물리적·화학적 이물질(돌, 모래, 금속, 배설물 등) 등을 측정 가능한 물리적 성질을 이용하여 분리, 제거하는 공정을 말함

(2) 일반적으로 주원료 외 물질을 제거하는 것은 정선, 주원료를 등급별로 분류하는 것은 선별이라고 하며, 현장에서는 정선과 선별이 동시에 이루어지므로 혼용하여 사용하기도 함

(3) 식품의 무게, 크기, 모양 및 색깔 4가지 물리적 특성에 의해 분류할 수 있음

(4) 선별 효과
  ① 선별된 식품의 껍질 벗기기, 데치기 등 기계적 가공을 쉽게 함
  ② 살균, 탈수, 냉동 등의 공정을 표준화할 수 있음
  ③ 크기와 모양이 균일, 무게 조절이 쉬워짐
  ④ 재료의 손상을 막아 품질 손실 방지

2. 선별 방법

(1) 무게에 의한 선별

  [특징]
  ① 어육류, 채소류, 과일류, 달걀 등을 무게에 따라 선별하여 가공원료로 사용
  ② 가장 일반적인 선별 방법
  ③ 다른 방법들보다 정확함

(2) 크기에 대한 선별(사별공정)
  ① 특징
    ㉠ 두께, 폭, 지름 등의 크기에 의해 선별
    ㉡ 진동체나 회전체를 이용하는 체질에 의해 선별 or 채소류나 과일류를 일정 규격으로 선별
    ㉢ 크기 선별과 무게 선별을 같이 사용하면 크기 선별보다 더 정확한 선별 가능
  ② 기기 종류: 스크린 선별기, 롤러 선별기, 벨트식 선별기 등

사별 공정의 효율에 영향을 주는 요인으로 거리가 먼 것은? *16년 1회

① 원료의 공급 속도　　　　② 입자의 크기

③ 수분　　　　　　　　　④ 원료의 pH

해설　스크린을 이용하여 사별할 때 크기 분류에 영향을 미치는 요인
- 재료 공급속도: 공급속도가 너무 높으면 스크린 표면에 있는 시간이 짧으므로 스크린 상에 overload됨
- 재료의 크기: 큰 입자는 잘 통과하지 못함
- 재료의 수분함량: 수분이 존재하면 작은 입자와 큰 입자가 서로 붙어 규격보다 작은 입자도 큰 입자들과 함께 제거됨
- 손상된 체나 막힌 구멍 여부: 체가 손상되거나 막혔을 경우 분리 안 됨
- 정전기적 전하: 건조분말 체질시 입자표면은 전하를 띰. 작은 입자들은 정전기적 인력 때문에 서로 붙어 큰 입자와 함께 분리됨

정답　④

(3) 모양에 의한 선별

① 특징

　㉠ 쓰이는 형태에 따라 모양이 다를 때 사용

　㉡ 크기와 무게에 의한 분류 후에도 다른 모양인 경우 길이와 직경을 고려한 모양선별기 사용

② 기기 종류

　㉠ 디스크형: 디스크를 회전시켜 수직 진동하여 모양에 따라 특정 디스크 별로 선별

　㉡ 실린더형: 회전하는 수평 실린더가 있어 이 속을 통과하여 모양이 비슷한 것끼리 선별

(4) 광학에 의한 선별

광범위한 전자기적 스펙트럼(X-선, 가시광선, 마이크로파 등)을 이용하여 식품 원료를 선별, 반사와 투과 특성을 이용

① 반사에 의한 선별

　㉠ 빛의 산란, 분산, 반사 등의 성질을 이용해 선별

　㉡ 재료에 빛을 스캐닝했을 때 색깔의 정도, 표면 손상의 여부, 결정체의 여부 확인

　㉢ 반사 성질의 원리는 가공재료의 선별, 세척, 등급 시에도 이용

② 투과에 의한 선별

　㉠ 재료에 투과되는 빛의 정도를 기준으로 판단, 빛을 투과시켜 결함 여부 확인

　㉡ 채소의 숙성, 중심부의 결함, 달걀의 외부물질 혼입 여부, 혈흔의 존재 여부 쉽게 식별

기출로 확인

식품재료에 들어 있는 불필요한 물질이나, 변형·부패된 재료를 분리·제거하는
선별법의 선별 원리에 해당하지 않는 것은? *18년 2회
① 무게에 의한 선별   ② 크기에 의한 선별
③ 모양에 의한 선별   ④ 경험에 의한 선별

정답 ④

3. 원료별 선별방법

(1) 곡물 선별

① 스크린 선별기: 곡류의 두께, 폭, 지름, 모양을 이용하는 것으로 원형, 정사각
형, 정삼각형 등의 구멍이 뚫린 스크린과 스크린에 일정한 진동을 주는 구동장
치, 경사각 조절장치 등으로 구성

② 기류 선별기
　㉠ 입자의 무게 및 공기역학적 특성 차이로 인한 비행거리의 차이를 이용
　㉡ 송풍 방법에 따라 습인식과 송풍식이 있음

③ 홈 선별기: 원통 내벽에 파여 있는 홈을 이용, 곡립의 길이 차이를 선별인자로
하여 분리

④ 색채 선별기: 광학 스펙트럼을 이용하면 건전한 백미와 착색된 백미에 대한 출
력이 달라지므로 착색립을 분리

(2) 청과물 선별

① 크기 및 형상 선별기
　㉠ 롤러 선별기: 막대 롤러를 서로 평행하게 유지하면서 롤러 사이의 간격을
　　투입구에서 배출구 쪽으로 갈수록 넓어지도록 한 것과 한 쌍의 롤러 간격을
　　원료가 이용하는 방향으로 갈수록 넓어지게 한 것이 있음
　㉡ 스크린 선별기

② 중량 선별기
　㉠ 재료의 무게에 따라 선별하는 장치
　㉡ 무게 측정원리: 분동과 같은 기준 무게와 비교하는 저울식, 재료 무게에
　　따른 스프링의 변화량 차이를 측정하는 스프링식, 무게에 따른 트랜듀서의
　　신호 변화를 이용하는 전자식

③ 외관 선별기: 카메라를 이용한 영상 처리기술을 이용하여 재료의 색상, 모양,
표면 결함의 유무 등을 판별하는 장치

④ 내부 품질 판별장치: X선 등에 의한 내부 품질 판별

2 세척

1. 정의

(1) 특징

① 식품 원료의 불순물이나 미생물과 같이 품질을 해치는 오염물 등을 분리·제거하는 공정으로 선별과 함께 실시하기도 함

② 과일과 채소의 탈피(peeling), 생선의 표면 세척(descaling), 표면기름 제거(skinning), 데치기(blanching) 등도 일종의 세척 공정임

(2) 세척의 효과

① 가공효율과 가공제품의 품질을 향상

② 저장성 증대

(3) 세척 단계

① 예비세척: 세척제가 함유된 세척액을 고체 표면이나 오염물 표면에 담금

② 중간세척: 오염물질을 표면에서 분리

③ 후세척: 식품 원료의 재오염을 방지

2. 세척 방법

(1) 건식세척

① 특징

　㉠ 크기가 작고 기계적 강도가 높으며, 수분 함량이 적은 식품원료(곡류, 견과류 등)에 사용

　㉡ 비용이 적게 들고, 폐기물 처리가 쉬운 편

　㉢ 습식세척에 비해 시설비와 운영비가 적게 들지만, 재오염의 가능성이 큼

② 건식세척의 종류

체분리 세척	① 체의 크기를 이용해 이물질, 오염물 제거 ② 종류 　㉠ 편평식 스크린(flat-bed screen): 금속망으로 된 체를 통에 고정하여 일정한 경사도와 속도로 진동하여 입자 분리 　㉡ 회전 드럼식 스크린(rotary drum screen): 회전형 체를 이용함
기송식분리 (송풍분류)	공기를 이용하여 원료와 오염물질을 부력과 기체역학적 성질에 따라 분리
자력세척	금속을 비롯한 각종 이물질 제거
정전기적 세척	정전기로 먼지를 제거, 차(tea) 세척에 주로 이용
마찰세척	식품 재료간의 상호마찰 또는 재료와 세척기의 움직임에 의한 마찰의 힘으로 오염물질을 제거

선생님 TIP

건식세척과 습식세척을 구분하여 잘 알아두자.

바람을 불어 넣어 비중 차이를 이용해 식품 원료에 혼입된 흙, 잡초 등의 이물질을 분리하는 장치는? *19년 1회

① 자석식 분리기　　　　　　　　② 체 분리기
③ 기송식 분리기　　　　　　　　④ 마찰 세척기

정답 ③

(2) 습식세척

① 특징

ㄱ 근채류의 흙 제거 또는 먼지나 농약 잔류물질 제거에 이용, 건조세척보다 더 효과적

ㄴ 단단하게 부착된 이물질을 제거하는 데 효과적, 식품원료의 손상을 감소시킴

ㄷ 비용이 많이 들고, 젖은 표면은 부패하기 쉽고, 폐수처리 비용이 발생

② 습식세척의 종류

침지세척 (담금세척)	원료를 물에 담가 부착된 오염물질을 팽윤시켜 쉽게 제거하는 방법
분무세척	· 스크린 컨베이어에 실어 다량의 원료를 일정한 속도로 이동시키거나 원료를 교반장치에 넣고 물을 세게 뿌려 세척하는 방법 · 드럼식과 벨트식으로 구분 · 물의 압력, 물의 양, 온도, 분무거리, 분무시간 등에 따라 세척 효율이 달라짐
부유세척	오염물질의 밀도와 부력 차이를 이용하여 세척하는 방법으로 비중이 큰 조각과 불순물 등은 가라앉아 이를 제거
초음파세척	초음파를 사용하여 달걀의 오염물, 과일의 그리스나 왁스, 채소류의 모래나 흙 등을 제거

습식 세척 방법에 해당하는 것은? *16년 1회

① 분무 세척　　　　　　　　　② 마찰 세척
③ 풍력 세척　　　　　　　　　④ 자석 세척

정답 ①

3 분쇄

1. 정의

(1) 분쇄 목적
① 조직 파괴로 유용성분의 추출이나 분리를 쉽게 함
② 일정한 입자의 형태로 만들어 품질을 향상
③ 표면적 상승으로 화학반응, 건조 및 추출 속도를 빠르게 함
④ 다른 재료와 혼합시킬 때 반응속도를 빠르게 하고, 균일한 제품을 얻을 수 있음

(2) 분쇄의 작용력
① 압축력: 물체에 외부에서 내부 등으로 압력을 가하여 부피를 줄이는 힘
② 전단력: 물체 안에 임의의 평행한 면에 반대 방향으로 같은 크기의 힘이 작용하여 역방향으로 어긋나도록 작용하는 힘으로 간단하게는 가위로 자르는 힘
③ 절단력: 자르거나 베어서 끊는 힘
④ 충격력: 두 물체가 충돌할 때 발생하는 충격에 의한 힘

◎ 기출로 확인

곡류와 같은 고체를 분쇄하고자 할 때 사용하는 힘이 아닌 것은? *18년 1회
① 충격력(Impact force) ② 유화력(Emulsion force)
③ 압축력(Compression force) ④ 전단력(Shear force)

정답 ②

2. 분쇄에 이용되는 기기

(1) 분쇄기 선정시 고려사항
① **원료의 특성**
   ㉠ 원료 크기, 분쇄 후의 입자크기, 입도 분포, 이화학적 특성, 재료의 양, 건·습식의 구별 고려
   ㉡ 온도와 열에 민감한 식품 → 냉각효율이 높은 분쇄기 사용 또는 동결분쇄
② **수분함량**
   ㉠ 원료에 적당한 수분이 있는 것이 가장 좋음
   ㉡ 대부분 수분함량 3% 이상이 되면 분쇄기가 막힘
   ㉢ 건조한 고체를 분쇄할 때 다량의 먼지 발생
③ **온도조건**
   ㉠ 분쇄과정 중 마찰열로 인해 온도가 상승되어 재료가 연화되거나 변화되면 가공효율이 낮아짐
   ㉡ 동결분쇄를 통해 원료 품질의 열화 억제해야 함

참고

동결분쇄
• 식품 표면에 액체질소를 분사하여 순간적으로 동결시킨 후 충격 분쇄하여 품질변화를 최소화하고 물성 변화, 영양 파괴 방지
• 동결분쇄시 경도와 분쇄효율이 높아짐

(2) 입자크기에 따른 분쇄기의 종류

- 분쇄방법은 건식분쇄와 습식분쇄로 구분
- 원료 입자 크기에 따라 조분쇄기 · 중간분쇄기 · 미분쇄기 · 초미분쇄기로 구분
- 분쇄 원리에 따라 압력 분쇄, 충격 분쇄, 전단력 마쇄로 구분

분쇄 조작	분쇄물의 크기	분쇄기의 종류
조분쇄	1~10cm	Jaw crusher Gyratory crusher Single roll crusher
중간분쇄	5~10 mm	Dodge crusher Cone crusher Double roll crusher Hammer mill Rotary crusher Impeller breaker
미분쇄	0.1mm 이하	Ball mill Rod mill Ring roller mill Pin mill Buhr mill
초미분쇄	수 μm 이하	Disc mill Micron mill Colloid mill

① 조분쇄기(＝예비 분쇄기)

- ㉠ 조분쇄기(jaw crusher): 압축력에 의해 음식물을 씹는 원리로 만들어짐
- ㉡ 선동분쇄기(gyratory crusher): 회전축의 타원운동으로 분쇄
- ㉢ 롤분쇄기(single roll crusher): 역방향으로 회전하는 두 개의 롤러 사이에 원료를 투입하면 압착에 의해 분해됨

② 중간 분쇄기

- ㉠ 일반적인 식품 가공에서 가장 많이 쓰임
- ㉡ 원추형 분쇄기(cone crusher)
- ㉢ 해머밀(hammer mill)
    - 해머, 회전판, 충격판, 스크린 등으로 구성되며 충격력 이용
    - 원료를 투입하면 여러 개의 해머가 회전하여 원료가 충격판 주위에서 분쇄됨
    - 구조가 간단하며 용도가 다양하여 가장 많이 쓰임
    - 효율에 변함이 없지만 입자가 균일하지 못하고 소요 동력이 큼
    - 결정형 고체, 섬유상 재료, 설탕, 식염, 건채소류, 곡류, 옥수수 등의 원료를 분쇄하는 데 사용하는 것이 적절

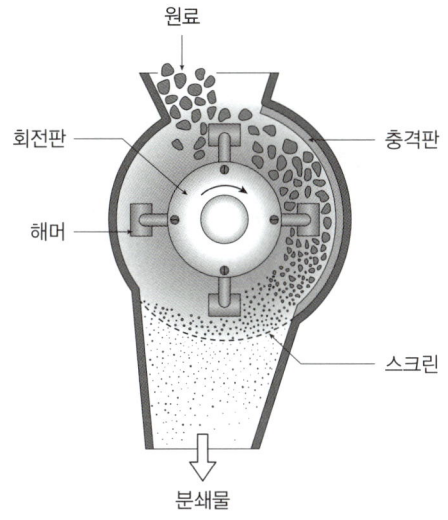

원료

회전판

충격판

해머

스크린

분쇄물

▲ 해머밀의 구조

③ **미분쇄기(＝텀블링 밀)**

　㉠ 분쇄 매체를 원료와 같이 회전시켜 충격, 마찰 등의 힘을 이용하여 분쇄

　㉡ 볼밀(ball mill)

　　• 회전드럼 속에 금속이나 돌 같은 단단한 볼을 넣어 원료와 함께 회전시켜 분쇄함

　　• 볼과 볼 사이의 충격력과 볼과 원통벽과의 마찰에 의해 식품 분쇄

　　• 곡류, 향신료 등에 이용

　㉢ 로드 밀(rod mill): 볼 대신 직경 50~100mm의 막대봉을 넣어 원료와 같이 회전시켜 분쇄

　㉣ 버밀(buhr mill)

　　• 원판 마찰 분쇄기

　　• 하나의 고정된 원판과 또 하나의 회전 원판으로 구성

　　• 분쇄물의 크기는 원판의 형태와 두 판 사이의 간격에 의해 조절

　　• 장점: 구입 가격이 싸고 쇄성물이 비교적 균일하고 소요 동력이 적음

　　• 단점: 이물질에 의한 고장이 쉽고 판이 마모되면 효율이 떨어짐

　㉤ 핀밀(pin mill)

　　• 고정원판과 고속회전 원판에 작은 막대모양의 핀이 여러 개 붙어있음

　　• 고속 회전하는 핀에 식품원료가 부딪혀 분쇄되는 원리를 이용한 것

　　• 설탕, 전분, 곡류, 감자, 콩에 이용

④ **초미분쇄기**

　㉠ 디스크 밀(disc mill)

　　• 홈이 파여있는 두 개의 디스크 사이에 식품을 넣고 원판 사이 간격을 조절하여 회전시킴

　　• 맷돌원리 즉, 마찰력과 전단력에 의해 분쇄 일어남

　　• 곡류의 분말제품, 옥수수, 쌀의 분쇄에 사용

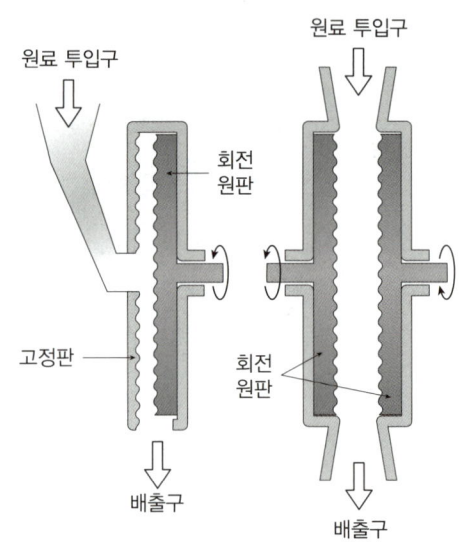

원료 투입구

회전
원판

원료 투입구

회전
원판

고정판

회전
원판

배출구

배출구

▲ 디스크밀의 구조

ⓒ **콜로이드 밀**

- 간격이 아주 좁은 고정원판과 회전원판 사이에 원료를 공급하면 두 판과의 마찰력에 의해 분쇄된 후 원심력으로 배출된 방식
- 높은 점성의 액체에서 더 효과적임

◎ **기출로 확인**

제시한 분쇄기와 적용 식품과의 관계가 틀린 것은? *20년 1, 2회

① 디스크 밀(disc mill): 곡물　　　② 롤러 밀(roller mill): 건고추

③ 해머 밀(hammer mill): 채소　　　④ 펄퍼(pulper): 토마토

해설 해머 밀은 충격형으로 분쇄하는 방식이기 때문에 결정형 고체, 섬유상 재료, 설탕, 식염, 건채소류, 곡류, 옥수수 등의 원료를 분쇄하는 데 사용하는 것이 적절함

정답 ③

4 혼합 및 유화

1. 정의

고체-고체, 고체-액체, 액체-액체, 액체-기체 등 두 가지 이상의 원료를 물리적으로 섞어 균일한 물질을 얻는 조작

(1) 혼합의 분류

① 혼합: 입자나 분말형태를 섞는 조작

② 반죽: 고체와 액체의 혼합, 다량의 고체분말과 소량의 액체를 섞는 조작

③ 교반: 액체와 액체의 혼합, 많은 양의 액체에 소량의 고체를 부유

④ 유화: 서로 섞이지 않는 액체를 분산 혼합 예 기름과 물

기출로 확인

다음 식품가공 공정 중 혼합조작이 아닌 것은? *20년 1, 2회

① 반죽　　　　　　　　② 교반
③ 유화　　　　　　　　④ 정선

정답 ④

(2) 혼합의 장점

① 물리적 성질 및 화학적 변화를 일으켜 반응속도 촉진

② 성분의 균일화

③ 분산액 제조

2. 혼합에 이용되는 기기

(1) 교반기

① 액체-액체 혼합, 고체와 액체를 균일하게 혼합시킬 때 사용

② 축에 붙어있는 임펠러(교반용 날개)의 모양에 따라 패들형, 터빈형, 프로펠러형, 나선축형

　㉠ 프로펠러형: 점도가 낮은 액체 교반용 또는 고체 입자를 함유한 액체에도 사용

　㉡ 패들형: 낮은 점도용으로 액체를 혼합할 때 쓰이는 가장 간단한 구조

　㉢ 터빈형: 4개 이상의 날개의 원심력을 이용, 매우 능률적

　㉣ 나선축형: 점도가 높은 액체의 교반에 사용

③ 저점도 액체의 혼합에서 프로펠러 혼합기의 효과를 높이기 위해 방해판 부착 유체의 회전속도가 일정하게 되는 것을 방해하여 난류(turbulence)가 형성되는 것을 돕고, 와류의 형성을 방지함

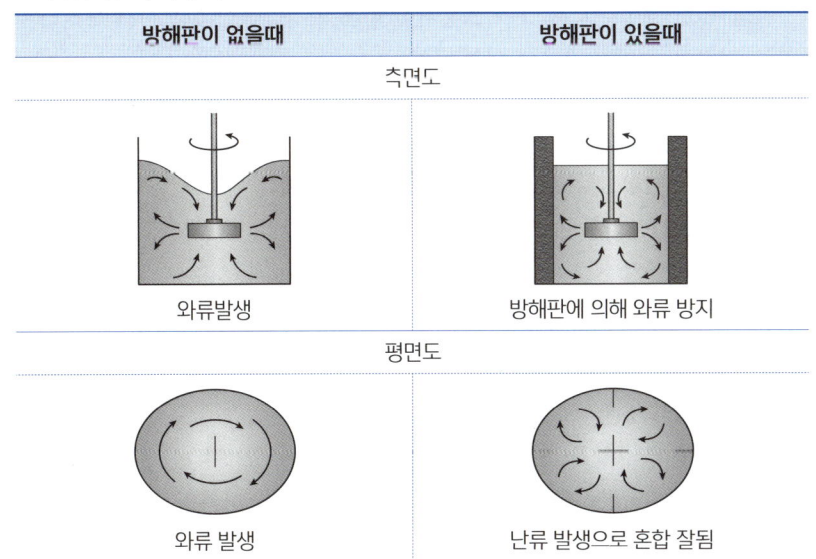

방해판이 없을때	방해판이 있을때
측면도	
와류발생	방해판에 의해 와류 방지
평면도	
와류 발생	난류 발생으로 혼합 잘됨

(2) 혼합기

고체-고체 혼합은 대류혼합(convective mixing), 확산혼합(diffusive mixing), 전단혼합(shear mixing)되거나 이의 복합적 작용으로 혼합됨

① **회전 용기형 혼합기**

　㉠ 원료를 넣은 용기 자체를 회전시켜 혼합하는 기계

　㉡ 텀블러 혼합기: 원뿔 모양 속에 시료가 중앙의 축에 의해 회전하면 섞이도록 되어 있는 장치

② **고정 용기형 혼합기**

　㉠ 용기를 고정시키고 내부에 교반날개나 스크루 등을 회전시켜 재료를 혼합시킴

　㉡ 인위적 분산, 전단이 가능해 혼합 효율이 높고, 점도가 높은 재료도 혼합이 잘됨

　㉢ 스크루 혼합기: 원통형 용기 속에 수직 또는 경사지게 설치한 스크루가 용기 안을 자전과 공전하며 혼합하는 기계, 혼합이 빠르고 효율적임

　㉣ 리본형 혼합기: 동일한 회전축에 서로 방향이 다른 나선운동을 하는 리본을 2~3개 설치하여 혼합시키는 기계

(3) 반죽기

- 고체-액체 혼합, 반죽을 만들 때 이용
- 압축, 전단, 압연 등의 작용을 연속적으로 조작

① **팬혼합기(pan mixer)**

　㉠ 다양한 형태의 날개가 고정된 용기 내에서 일정 궤도를 돌며 혼합하는 고정형과 용기가 회전하고 날개는 반대방향으로 회전하는 혼합형이 있음

　㉡ 달걀, 크림, 쇼트닝, 과자, 케이크 혼합에 주로 사용

② **니이더(kneader)**

한쌍의 혼합날개를 가진 대표적인 반죽기, 전단·압축에 의한 늘어남, 포개짐, 뒤집힘, 이겨짐 작용에 의해 반죽됨

③ **보테이터**

가열이나 냉각이 가능한 재킷식 실린더 안에 원통형 회전축이 회전하면서 공급된 재료와 회전축 사이의 마찰과 점성에 의해 가압 유동하면서 배출되는 형식, 마가린, 라드 제조에 사용

(4) 유화장치

섞이지 않는 두 개의 액체를 빠르게 교반하여 한 액체를 다른 액체에 균일하게 분산하여 에멀전을 형성하게 하는 조작

① **유화액의 형태**

　㉠ 수중유적형: 물 속에 기름이 분산(o/w), 우유, 생크림, 마요네즈, 아이스크림 등

　㉡ 유중수적형: 기름 중에 물이 분산(w/o), 버터, 마가린 등

선생님 TIP

유화와 관련된 문제도 자주 출제된다.

② 유화장치의 종류

교반형 유화기	· 고속회전 터빈을 사용하여 유화 · 주스, 마요네즈 등
고압 균질기	· 액체 식품을 고압에서 협소한 구멍으로 통과시켜 더욱 미세한 입자상 태로 유화 분산 · 우유, 아이스크림, 저지방크림에 사용
콜로이드 밀	· 액체가 고정판과 고속회전하는 회전자(rotor) 사이를 통과하는 동안 전단력, 충격력, 원심력, 마찰력이 작용하여 유화됨 · 치즈, 마요네즈, 드레싱, 시럽, 육류나 과일의 미분쇄, 점도가 낮은 액체
초음파균질기	· 고주파에 의해 물방울의 크기가 1~2mm인 에멀전을 형성 후 압력을 가해 균질기로 이송 · 샐러드크림, 아이스크림, 고지방, 필수지방에멀전에 사용

 기출로 확인

시판우유 제조공정에서 지방구를 미세화시킬 목적으로 응용되는 유화기는? *16년 1회

① 터빈 교반기
② 팬 혼합기
③ 리본 혼합기
④ 고압 균질기

정답 ④

5 성형

1. 정의

① 점도가 높거나 반죽과 같은 식품을 여러 모양과 크기로 바꿔 가공식품의 최종
모양과 형태를 만드는 조작

② 성형 방법

종류	방법
압출 성형	· 원료를 노즐이나 다이와 같은 작은 구멍을 통해 강한 압력으로 밀어내어 일정한 모양의 단면을 갖게 함 · 발열 방식: 전단과 마찰로 내부온도와 압력이 높아져 원료의 물성을 변형 · 비발열방식: 원료의 조직 및 물성이 변화되지 않음
압축 성형	재료를 몰드에 넣고 압력과 열을 가해 자동 또는 수동 프레스로 성형
압연 성형	반죽을 회전롤 사이로 통과시켜 면대로 만들어 이것을 세절하거나 압인하는 방법
응괴 성형	입자가 작은 분말을 응집시켜 응괴형태로 바꿔 물에 녹일 때 가라앉아 용해 되기 쉽게 함
과립 성형	젖은 상태의 분체식품이 회전 드럼 속에서 압출될 때 회전틀에 의해 펠릿으 로 성형되는 방법
주조 성형	재료를 일정한 모양의 틀에 넣고 냉각 또는 가열에 의해 굳히는 방법

 선생님 TIP

성형방법의 종류가 자주 출제되며, 특히
압출성형 문제가 자주 출제된다.

2. 성형에 이용되는 기기

(1) 압출 성형기

① **구조**: 원료 공급장치, 스크류 및 구동장치, 배럴, 압출구, 절단장치 등으로 구성

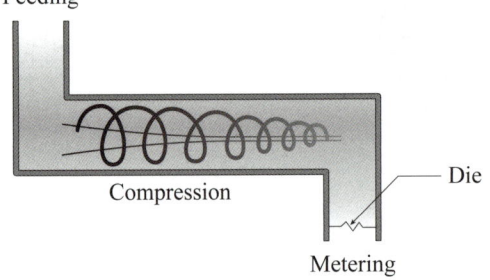

▲ 압출 성형기의 구조

ㄱ **Feeding section**: 원료를 압축하여 compression section으로 이동시킴

ㄴ **Compression section**: 고체는 열, 압력, 전단에 의해 열가소성 또는 고점성
상태로 되며 metering section으로 pumping 됨

ㄷ **Metering section**: 강력히 혼합, 균질화되고, 균일하게 가열되어 일정한
압력과 유량으로 die를 통해 압출

② **특징**

ㄱ 원리: 원료가 고속 스크류에 의하여 혼합, 전단, 가열 작용을 받아 고압, 고
온에 의해 점탄성 물질로 외부로 압출됨. 이 과정에서 혼합, 반죽, 가열, 팽
화, 성형 등이 단시간에 동시에 이루어짐

ㄴ 물리화학적 변화

- 전분의 수화, 팽윤, 호화, 분해
- 단백질의 변성, 분자간 결합 및 조직화
- 효소의 불활성화
- 살균
- 유해물질의 파괴
- 향미의 변화
- 갈색화 반응 등

ㄷ 장점: 고온단시간 공정, 다용성, 비용절감, 고생산성, 폐기물 생성의 극소화

ㄹ 중요한 조작변수: 온도, 압력, die의 지름, 전단 속도

③ 종류

  ㉠ Extrusion Cooker

   • 수증기 등으로 가열되는 스크루를 장착하고 있음

   • 주로 작은 die, 반제품, 고밀도제품(작고 단단한 펠렛) 형태를 생산에 이용

  ㉡ Cold extrusion

   • 가열에 의한 식품의 조리나 파괴 없이 작은 조각으로 압출 성형시키는 장치

   • 파스타, 핫도그, 페스츄리 반죽 등 생산에 이용

  ㉢ Single screw extruder

   • 스크루가 한 개 있는 압출기로 높은 전단력을 이용

   • 조직 단백질, 스틱 제품, 씨리얼, 펫푸드 생산에 이용

  ㉣ Twin screw extruder: 스크루가 통 내에서 8자 모양으로 회전

기출로 확인

이송, 혼합, 압축, 가열, 반죽, 전단, 성형 등 여러 단위공정이 복합된 가공 방법으로써 일정한 식품원료로부터 여러가지 형태, 조직감, 색과 향미를 가진 다양한 제품 또는 성분을 생산하는 공정은? *20년 1, 2회

① 흡착   ② 여과

③ 코팅   ④ 압출

정답 ④

(2) 주조 성형기

① 일정한 모양의 틀에 식품을 담고 냉각 및 가열을 이용해 고형화시키는 기기

② 빙과류의 냉동성형, 젤리, 식빵의 가열성형, 가압에 의한 두부의 성형

(3) 압연 성형기

국수, 껌, 도넛, 비스킷 등 분체 식품을 반죽하여 회전롤 사이로 통과시켜 면대로 만들어 이것을 세절하거나 압인하는 기기

(4) 압축 성형기

① 일정한 크기와 모양으로 압착 성형시켜 입자를 만들어 액체를 넣지 않고 높은 압력에서 조립

② tablet 제조시 사용

(5) 절단 성형기

① 칼날이나 톱날을 사용하여 일정한 크기와 모양으로 절단하는 기기

② 과일과 채소 절단기(절간고구마, 무채), 과일 다이싱기, 치즈커터

(6) 과립 성형기

건조분체 중에 작은 물방울을 분시시켜 응집하는 응괴성형기, 펠릿 및 피복식 성형기

① 정의
- 가루, 덩어리, 용액으로 된 원료를 ㎛~mm 크기를 가진 입상체로 만드는 성형과정의 일종으로 입제 제조라고도 함
- 최근 커피, 분유, 향신료 등의 입제 제조에 조립기의 이용이 증가하는 추세임

② 조립기기의 종류
- 압출 성형기
- 압축 조립기: 스크루에 의해 압축 공급된 원료가 2개의 톱니바퀴 사이를 통과하며 조립되는 briquetting기와 재료를 절구에 공급하고 공기에 의해 압축되며 성형되는 타정기가 있음
- 파쇄형 조립기: 단단한 원료를 회전하는 칼에 의해 일정한 크기와 모양으로 부수거나 절단하는 기계로 회전하는 칼에 따라 피츠밀(fitz mill)과 스피드밀(speed mill)이 있음
- 박편형 조립기
  - 녹아 있는 원료를 가열 또는 냉각하여 굳게 한 뒤 잘게 부수는 조립기
  - 드럼 표면에 원료를 붙여 드럼을 회전시키면서 재료를 긁어내는 드럼 회전식과 컨베이어에 재료를 붙여 벨트에서 긁어내는 벨트형이 있음
- 혼합형 조립기

기출로 확인

식품가공 방법 중 배럴(barrel)의 한쪽에는 원료 투입구가 있고 다른 쪽에는 작은 구멍(die)이 뚫려 있으며 배럴 안쪽에 회전스크류(screw)에 의해 가압된 원료가 나오는 형태의 성형방법은? *19년 3회

① 과립성형(agglomeration)
② 주조성형(casting)
③ 압출성형(extrusion)
④ 압연성형(sheeting)

정답 ③

기출로 확인

과립을 제조하는 데 사용하는 장치인 피츠밀(Fitz mill)의 원리에 대한 설명으로 적합한 것은? *20년 1, 2회

① 분말 원료와 액체를 혼합시켜 과립을 만든다.
② 단단한 원료를 일정한 크기나 모양으로 파쇄시켜 과립을 만든다.
③ 혼합이나 반죽된 원료를 스크루를 통해 압출시켜 과립을 만든다.
④ 분말 원료를 고속 회전시켜 콜로이드 입자로 분산시켜 과립을 만든다.

정답

6 원심분리

1. 정의

(1) 정의

① 원심력을 이용하여 고체와 액체 또는 비중이 서로 다른 두 가지 액체를 나누어 비중 차이에 의해 분리되는 현상을 이용

② 식품의 분리, 침강, 탈수, 농축 등에 이용

(2) 목적

① 혼합되지 않는 액체의 분리(우유에서 크림층 분리)

② 액체에 부유하는 고체 입자 제거(식물성 기름, 주스 등의 청징)

③ 고체물질의 탈수, 농축 및 수거(침강)

2. 원심분리에 이용되는 기기

(1) 액체와 액체 원심 분리기

불용성 액체 혼합물을 분리하는 방법

① 관형 원심분리기(tubular bowl centrifuge)

　　㉠ 고정외통 속에 가늘고 긴 회전내통이 있음

　　㉡ 과일주스 및 시럽의 청징, 식용유의 탈수 등에 사용

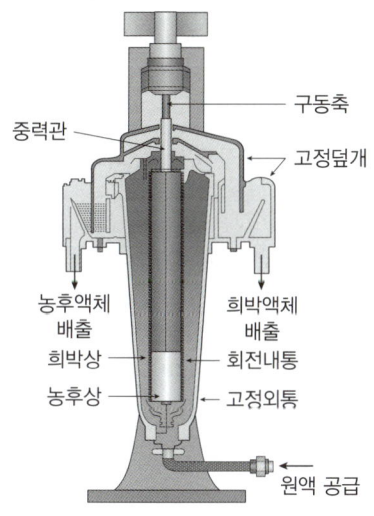

구동축
중력관
고정덮개
농후액체 배출
희박액체 배출
희박상
회전내통
농후상
고정외통
원액 공급

▲ 관형 원심분리기의 구조

② 원판형 원심분리기(disc bowl centrifuge)
 ㉠ 고정외통 속에 원뿔형의 회전외통이 있고, 그 안에 접시모양의 금속원판이 일정 간격으로 설치
 ㉡ 우유에서 크림층 분리, 식용유의 정제, 과일주스의 청징 등에 사용

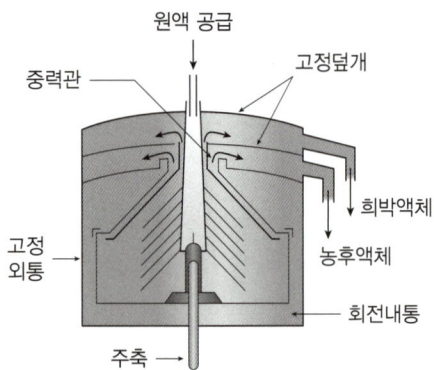

▲ 원판형 원심분리기의 구조

(2) 원심 청징기

원통형 원심분리기	고체의 농도가 1~2% 이하일 때 사용
노즐형, 밸브형 원심분리기	· 고체의 농도가 5% 이하일 때 사용 · 큰 고체 입자는 노즐의 구멍이 막힐 수 있으며 배출되는 슬러지의 농도가 비교적 낮음
컨베이어형 원심분리기	· 고체의 농도가 5% 이상일 때 사용 · 고체함량 50%까지 이용 · 동·식물 단백질 회수, 폐슬러지 처리, 어분 제조 등에 이용

액체에 고체 입자가 들어있는 혼합물 분리, 과즙 청징, 유지류 분리 등에 이용

◎기출로 확인

우유로부터 크림을 분리하는 공정에서 많이 적용되고 있는 원심분리기는? *20년 3회
① 노즐 배출형 원심분리기(Nozzle discharge centrifuge)
② 원판 원심분리기(Disc bowl centrifuge)
③ 디켄더형 원심분리기(Decanter centrifuge)
④ 가압 여과기(Filter centrifuge)

정답 ②

7 여과

1. 정의
액체 중의 불순물이나 침전물을 걸러내는 것, 여과기 이용

✏️**용어정의**
· 여재: 여과하는 막 자체
· 여액: 현탁액을 여과제에 통과시킨 후 얻어지는 액
· 여과박: 여과제를 통과하지 못하는 고형물

(1) 여과기의 종류

① 여과재와 압력에 따라 중력여과, 진공여과, 가압여과, 원심여과, 압착, 막 분리 등으로 구분

② **소규모 가압여과기**

숯, 골탄, 모래, 여과지, 여과포 사용

③ **대규모 가압여과기**

여과판을 여러 개 겹쳐 여과천의 면적을 넓게하여 한쪽에서 액체를 압력으로 밀어냄, 필터프레스(filter press) 사용

 기출로 확인

여과 장치인 필터 프레스(filter press)에 대한 설명으로 틀린 것은? 19년 3회

① 대표적인 가압 여과기이다.
② 분해와 조립에 시간이 많이 걸린다.
③ 구조가 간단하고 튼튼하며, 높은 압력에 잘 견딘다.
④ 여과포의 소모가 적고, 찌꺼기를 효율적으로 세척할 수 있다.

정답 ④

(2) 여과보조제(filter aid)

① 아주 작은 입자들을 흡착하여 여과기막이 막히는 것을 방지하기 위해 사용
② 매우 작은 콜로이드상의 고형물을 함유한 액체의 경우 여과면에 치밀한 층을 형성하는 데 이를 방지하는 목적으로 첨가
③ 타물질과 작용하지 않음
④ 규조토를 주로 사용함, 종이 펄프, 활성탄, 카본, 백토, 실리카겔 등 사용

2. 여과에 이용되는 기기

종류	특성
중력 여과기	· 여과기 바닥에 다공판을 깔고 여과재를 채운 구조로, 여과층에 원액을 통과시켜 여액 회수 · 음료수나 용수처리에 사용
압축 여과기	여과 원액에 압력을 가하여 여과 ① 판틀형 압축여과기 = 필터프레스(filter press) ② 잎모양 가압 여과기
진공 여과기	· 여과포를 덮은 틀이나 회전 원통을 원액에 담가 내부에서 원액을 진공펌프로 흡인시켜 여과포를 통과한 여액을 외부로 배출 · 회전 원통형 진공여과기
원심 여과기	원액에 들어있는 고체 입자를 원심분리로 제거, 여과와 탈수를 함께 함 ① 바스켓 원심 여과기 ② 컨베이어 원심 여과기
막 분리 여과	· 막의 선택 투과성을 이용하여 물질의 상변화 없이 연속적으로 물질을 분리함, 열이나 pH 등에 민감한 물질에 유용 · 역삼투, 한외여과, 정밀여과 등

3. 막분리 여과

(1) 막분리 종류

프로세스	막	운전압력	응용
여과	여포, 여지 등의 통상적인 여과막	감압 ~ 2bar	현탁 입자(입자크기 $1\mu m$ 이상)의 여과
정밀여과 (MF)	공경 $0.1 \sim 10\mu m$의 대칭성 다공질막 (멤브레인 필름)	감압 ~ 2bar	· 미립자와 미생물의 분리시 유용 · 알콜 음료의 청징 무균여과
한외여과 (UF)	공경 $2 \sim 50nm$의 비대칭성 다공질막	$0.5 \sim 10bar$	· 콜로이드나 고분자 물질과 저분자 물질의 분리 · 유청에서 단백질 회수, 대두유 정제, 효소의 분리 정제 등에 사용
나노여과 (NF)	공경 $1 \sim 10nm$	$10 \sim 40bar$	· 다가이온의 분리 · 경수의 연수화
역삼투 (RO)	공경 1nm 이하	$30 \sim 70bar$	· 물과 염 등 저분자량 용질의 분리 · 해수의 담수화

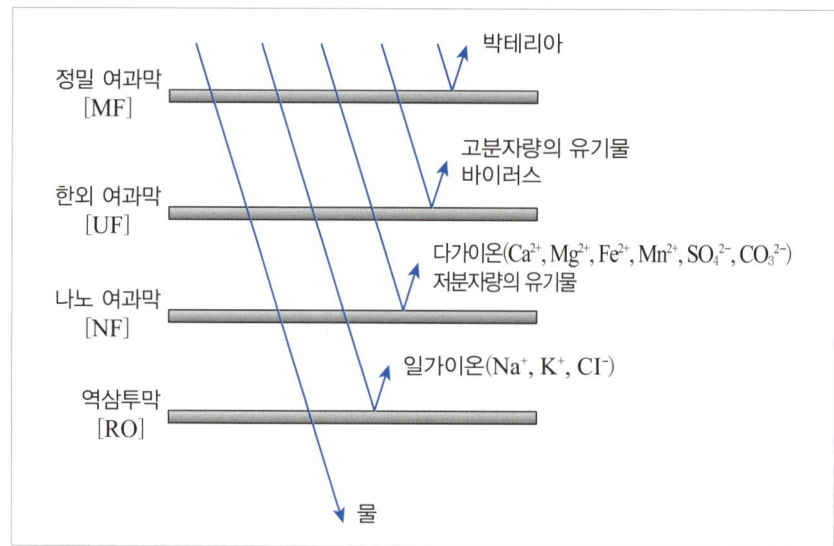

(2) 막분리의 장단점

① 장점

  ㉠ 이화학적 변화를 피할 수 있음

  ㉡ 에너지의 절감

  ㉢ 가열취의 발생 감소

  ㉣ 식품의 영양가, 향기성분, 색소성분 손실 등을 최소화

② 단점

  ㉠ 고가의 장비

  ㉡ 30% 이상의 고형분 농축은 어려움

  ㉢ 막의 오염 형성을 주의해야 함

🎯 기출로 확인

바닷물에서 소금 성분등은 남기고 물 성분만 통과시키는 막분리 여과법은?

① 한외여과법
② 역삼투압법   *20년 3회
③ 투석
④ 정밀여과법

정답 ②

8 추출

1. 정의

- 액체 또는 고체원료의 유용한 성분을 추출하거나 분리하는 조작
- 식품 성분의 특성에 따라 압착추출, 증류추출, 용매추출, 초임계유체 추출 등이 이용
- 추출 효율은 농도차가 클수록, 추출 온도가 높을수록, 표면적이 넓을수록 증가

(1) 추출에 이용되는 용제의 종류

① 지방질의 추출정제에는 n-헥산이 주로 사용

② 식품성분의 추출에 사용되는 용매

식품의 종류	용매	온도(℃)
디카페인 커피	이산화탄소, 물, methylene chloride	30~50(이산화탄소)
생선 간유	아세톤, 에틸에테르	30~50
호프 추출물	이산화탄소	100 이하
인스턴트 커피, 차	물	70~90
올리브유	carbon disulfide	
종실유	hexane, heptane, cyclohexane과 같은 환상 탄화수소	65~70(hexane) 90~99(heptane) 71~85(cyclohexane)

(2) 추출에 이용되는 용제의 조건

① 가격이 저렴해야 함
② 제품에 악영향을 미치지 않아야 함
③ 원하는 성분을 선택적으로 용해
④ 화학적으로 안정, 독성과 기구에 대한 부식성이 없어야 함
⑤ 비점이 낮아야 하고, 증발잠열과 비열이 적고 융점이 낮고 인화의 위험이 없어야 함

참고

유지 추출

원료를 박편상으로 만들어 헥산 용제에 녹여서 추출하고 용제를 증발시킴

선생님 TIP

초임계 유체 추출의 원리에 대한 문제가 자주 출제된다.

(3) **추출의 종류**

① **용매 추출**

ㄱ 용매에 대한 용해도 차이를 이용하여 원하는 물질을 용출분리 또는 농축

ㄴ 추출 후 용액에서 용매를 증발시켜 순수한 용질을 얻음

ㄷ 추출기는 용매와 원료를 섞는 혼합기와 추출이 충분히 일어난 후 용액과 잔류물을 분리하는 분리기로 구성

② **초임계유체 추출**

ㄱ 유기용매 대신 초임계가스를 용제로 사용

ㄴ 초임계유체(Supercritical liquid): 액체와 기체가 구분되는 임계점 이상의 온도 및 압력에서 존재하는 물질의 상태

※ 임계점(Critical point): 온도와 압력을 계속 높이면 더 이상 기화와 액화가 일어나지 않아 액체와 기체가 명확히 구분되지 않는 상태에 도달하게 되는 지점

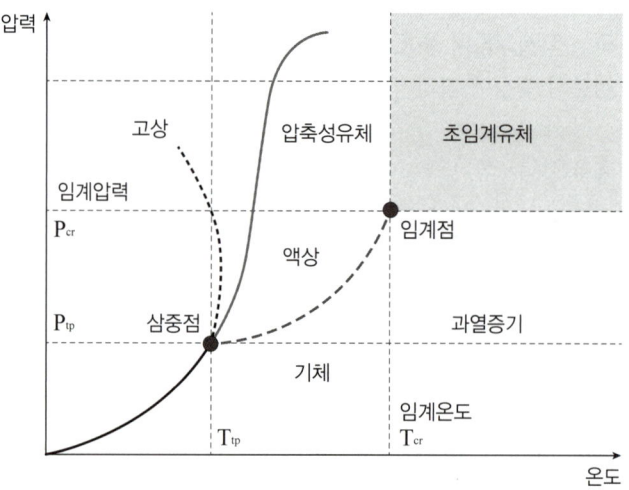

ㄷ 초임계유체 및 임계점 부근의 유체는 액체에 가깝지만 기체의 성질이 남아 있어 침투율과 추출효율이 높으며 임계점 이상으로 온도와 압력을 올리면 액체의 밀도가 높아져 용해도 증가

ㄹ 장점

• 비교적 낮은 온도에서 조작 가능, 고온에서 변질·분해되는 물질에 적용 가능

• 추출유체가 잔류하지 않아 안전

• 용매의 순환 이용이 가능, 탈용매공정 등을 생략하여 저에너지형 분리법

• 에테인, 에틸렌, 프로페인, 이산화탄소 등 이용, 주로 이산화탄소가 사용됨

참고

이산화탄소의 장점

• 초임계온도가 31.1℃, 임계압력이 7.3 MPa로 추출이 상온 부근에서 이루어짐 → 열에 불안정한 물질의 추출에 적용 가능

• 불활성가스로 인화성, 화학반응성이 없으며, 인체에 무해

• 회수와 저장, 고순도 유체의 구입이 용이하고 저렴하게 구입 가능

🎯 기출로 확인

초임계 유체의 설명으로 틀린 것은? *17년 2회

① 초임계 유체의 점도는 일정한 온도에서 압력변화에 민감하다.
② 초임계 유체의 확산도는 압력이 높아질수록 증가한다.
③ 초임계 유체의 용해도는 압력이 높아질수록 증가한다.
④ 임계점(critical point) 이상의 온도와 압력에서의 유체 상태를 초임계 유체라고
한다.

정답 ②

2. 추출에 이용되는 기계

(1) 압착기

압출하는 힘을 이용해 고체 원료에 들어있는 유용한 액체 성분을 추출

① **판상식 압착기(plate press)**: 면포자루 등에 원료를 담아서 압착판에 올려 압착, 회분식

② **롤러식 압착기(roller press)**: 원료를 회전롤 사이로 통과시켜 압착, 연속식

③ **스크루 압착기(screw press)**: 스크루의 회전에 의해 원료가 이동되면서 압착, 연속식, 최근 생산 규모가 큰 식용유지나 어분 제조시 사용

(2) 용매추출기

• 물, 유기 용매 등을 사용하여 추출
• 유지 추출, 주스, 설탕, 커피, 차 등 제조에 이용

① **회분식(배치식) 추출기**: 가장 단순한 장치로, 추출기에 용매를 넣고 추출액을 얻은 뒤 용매를 증발시켜 추출

② **다단식 추출기**: 2개 이상의 추출단을 사용

③ **연속식 추출기**

㉠ 연속석으로 추출하는 방식으로, 금속망이나 구멍 뚫린 금속판 위에 놓고 용매를 연속적으로 살포하는 삼투식과 원료를 용매에 담가 놓고 추출하는 침지식, 그리고 혼합식이 있음

㉡ 연속식 추출기의 종류

• **힐데브란트(Hildebrandt) 추출기**: 2개의 수직형 추출탑으로 구성, 이들 추출탑은 수평의 통으로 연결되고 전체가 U자형을 이루며, 그 속에 유지 원료를 이동하는 스크루 컨베이어를 부속하고 있음

• **볼만(Ballmann) 추출기**: 바스켓이 체인으로 연결된 승강기 형태로 되어 있음

• **로토셀(Rotocel) 추출기**: 실린더형 추출기로 부채꼴 모양의 칸막이로 나누어져 수많은 구역으로 이루어짐, 각 구역은 수직축을 따라 회전하며 다공성 바닥으로 구성

• **De Smat 추출기**

(3) 초임계 가스 추출기

① 초임계 가스(이산화탄소와 펜탄 등)를 용제로 하여 추출 분리

② 용제의 압축, 추출, 회수, 분리 단계로 구별

③ 성분의 변화가 거의 없고 특정 성분을 추출, 분리하는데 이용

④ 커피, 홍차 등에서 카페인 제거, 동·식물성 유지추출, 향신료 및 향료 추출 등에 사용

9 | 이송

1. 정의

(1) 정의

식품가공 공정은 여러 개의 공정이 연관되어 하나의 작업체계를 이루며, 각 공정을 연결하는 장치가 필요한데, 각 공정 간에 원료이동, 물질의 상태이동, 식품이동에 쓰이는 기기를 이송기라 함

(2) 물질상태에 따른 이송기 종류

물질	이송기
기체	fan, blower, compressor(왕복형 압축기, 회전형 압축기 등)
액체	원심펌프, 왕복펌프, 회전펌프
고체	conveyer, thrower

· 벨트 컨베이어에 의한 이송 방법을 주로 사용
· 고추장, 된장 같은 페이스트상은 스크류 이송기 사용
· 입자상이나 가루는 공기의 흡인이나 송풍으로 이송

2. 고체이송기기의 종류

• 식품의 수송이나 포장된 물질을 수송하는데 이용

• 식품의 형태 등에 따라 사용기기를 구별

(1) 벨트컨베이어(belt conveyer)

① 고체 이송기, 연속식 운반기계의 일종

② 스틸 프레임에 아이들러 롤러 또는 슬라이드 판을 조립하고 양끝에서 고무벨트를 걸어 드럼을 통해 구동하는 장치

(2) 스크류컨베이어(screw conveyer)

① U자형 원통속에서 screw 모양의 날개를 회전시켜 screw의 상호 운동의 결과로써 운반물을 feeding 시키는 장비

② 완전밀폐로 미세한 분말 등을 운반 가능

(3) 버킷엘리베이터(bucket elevator)

① 원료를 수직운반, 버킷이 고무밸브나 체인에 견고하게 취부되어 모터로 구동됨

② 구조가 간단하고 면적이 작아서 공간 활용도가 높음

(4) 롤러컨베이어(roller conveyer)
자유롭게 회전이 가능한 여러개의 롤러를 이용해 물체를 운반하는 방식, 운반물을 롤러 위에서 굴리며 운반

(5) 트롤리컨베이어
공장 내 천장에 설치된 레일 위를 이동하는 트롤리를 물건에 매달아서 운반

(6) 공기컨베이어
① 밀폐된 관속으로 공기를 고속으로 보내면서 이 상태에서 가루를 날려 운반하는 방식
② 이송되는 관의 한쪽 끝에 진공펌프를 연결하고 다른 끝에 이송하고자하는 분체를 넣음. 분체가 흡입구에서부터 관속으로 빨려 들어가며 이송됨

(7) thrower(스로워)
① 탈곡기, 건조기 등에서와 같이 주로 곡물이송에 쓰는 장치
② 2~6매의 날개가 부착된 회전차의 회전에 의해 곡물에 가해진 원심력으로 이송됨

10 건조

1. 정의
수분이 있는 물질에 열 등을 가해 수분을 증발시켜 식품 안의 수분을 제거하는 조작

(1) 건조의 원리
① 건조기구
  ㉠ 가열: 식품 속에 있는 수분을 증발시키기 위해 가열을 통해 증발잠열을 외부로부터 공급해주어야 함, 일반적으로 가열된 공기를 식품에 접촉시켜 식품 속으로 열이 전달
  ㉡ 수분의 이동: 조직 내의 모세관을 따라 이동하는 모세관 이동과 수분의 농도나 수증기 분압의 차에 따라 이동하는 확산 이동에 의해 이루어짐
② 평형수분함량
  건조를 계속하면 어느 정도 이상은 수분함량이 감소하지 않는데 이때의 수분함량을 말함

(2) 건조의 목적
① 식품 중의 효소 작용이나 미생물의 생육을 억제하여 저장성을 높이기 위함
② 식품의 맛을 좋게 하고 건조에 의한 풍미 향상
③ 무게와 부피를 줄여 수송력을 높임

(3) 건조속도에 미치는 영향

① 피건조물의 표면적이 클수록

② 다공질 일수록

③ 식품 표면을 통과하는 공기속도가 빠를수록

④ 공기의 온도가 높고, 습도가 낮을수록

⑤ 표면경화가 일어나지 않을 때 → 건조속도는 빨라짐

(4) 건조과정 중 일어나는 현상

① **가용성 물질의 이동**: 건조가 진행되면서 내부의 수분이 표면으로 이동될 때 용해되어있는 여러 물질이 함께 모세관을 따라 이동되는 현상

② **수축현상**

　㉠ 건조초기: 수축이 비교적 많이 일어남

　㉡ 건조후기: 수축 감소, 건조가 완전히 끝나기 전에 수축이 끝난 후 건조제품의 형태 고정

③ **표면경화**

　㉠ 건조온도가 높고 상대습도가 낮을 때, 밖으로 확산하는 수분의 양보다 더 많은 수분이 식품의 표면에서 증발하여 제거됨

　㉡ 내부 수분이 표면으로 이동하는 통로인 모세관이 막혀 건조속도가 지연됨

 기출로 확인

식품의 건조 과정에서 일어날 수 있는 변화에 대한 설명으로 틀린 것은? *17년 3회
① 지방이 산화할 수 있다.
② 단백질이 변성할 수 있다.
③ 표면피막 현상이 일어날 수 있다.
④ 자유수 함량이 늘어나 저장성이 향상될 수 있다.

정답 ④

2. 건조방법

(1) 자연건조

- 태양열과 바람 등 자연적인 조건으로 건조
- 비용은 적게 드나, 조건에 따라 제품의 품질 변화가 크고, 비위생적이며 시간이 오래 걸림
- 건포도, 곶감, 건어물 등

(2) 인공건조

① **가압건조**

　㉠ 식품을 밀폐 용기에 넣어 가열하고 순간적으로 대기에 뿜어내어 수분을 제거

　㉡ 수분 함량이 15~50%인 식품의 건조에 사용

② **상압건조**

    ㉠ 자연환기: 곶감, 말린 사과 등

    ㉡ 열풍건조: 인공적으로 열풍을 식품에 보내 수분을 증발

    ㉢ 분무건조: 가압노즐 또는 원심분무 이용, 분말커피, 분유, 분말향료 등에 이용

    ㉣ 피막건조(원통형 건조)

       • 식품을 얇은 필름으로 도포시킨 후 드럼의 회전에 따라 수분을 증발시키며 건조

       • 산소가 없는 상태에서 건조 가능, 산패 위험성 감소

       • 드럼, 벨트식, 알파화 전분, 약용 효모 등에 이용

    ㉤ 거품건조

       • 액상식품을 농축하거나 기포제를 첨가하여 기포성을 높인 액상식품을 고압의 질소가스와 강하게 혼합하여 거품을 형성시킨 후 가열공기를 불어 넣어 건조

       • 오렌지주스, 딸기주스, 커피, 분유 등에 이용

③ **진공건조**

    ㉠ 밀폐된 용기 내의 압력을 30~100torr의 저압으로 하여 3~5℃의 저온에서 건조

    ㉡ 고점성, 고산도, 고당 식품(물엿, 연유, 맥아액기스, 꿀 등)에 이용

    ㉢ 품질 변화가 심한 오렌지 과즙, 토마토 퓨레, 장류, 된장, 인스턴트 커피, 스프 등에 이용

    ㉣ 동결건조보다 생산 가격이 저렴

④ **동결건조**

    ㉠ 수용액이나 다량의 수분을 함유한 재료를 동결시키고 감압함으로써 얼음을 승화시켜 수분을 제거하여 건조물을 얻는 방법

       • 진공건조실, 진공장치, 냉각장치, 배기장치, 가열장치(증발 잠열을 공급함)로 구성됨

       • 장점: 다공질로서 가수에 의한 복원력이 높고 향미 보존과 가열에 의한 식품성분 변화가 적음

       • 단점: 배기펌프의 동력비가 높아 생산 가격이 비싸고, 시간이 많이 소요, 대량 건조가 어려움

    ㉡ 동결건조 커피 등에 이용

◎ 기출로 확인

동결건조에 대한 설명으로 옳지 않은 것은?

① 식품 조직의 파괴가 적다.

② 주로 부가가치가 높은 식품에 사용한다.

③ 제조단가가 적게 든다.

④ 향미 성분의 보존성이 뛰어나다.

정답 ③

3. 건조기의 분류

(1) 대류형 건조기(=열풍건조기)

식품을 건조실에 넣고 가열된 공기를 송풍기를 이용해 강제적으로 불어 강제 대류 방식으로 건조

① 킬른 및 캐비넷(트레이) 건조기
- ㉠ 구조가 간단하여 쉽게 제작 가능, 소량(1~2ton/day) 건조에 적합
- ㉡ 아래와 위쪽의 건조차가 커 건조 시료를 수시로 옮겨주거나 공기 순환 장치 설치

② 터널 건조기

다량의 식품 건조에 적합, 이동되면서 건조되는 반연속식 건조장치

병류식	열풍과 식품의 이동 방향이 같음 · 고온공기가 유입되어 제품 건조 후 저온 공기로 빠져나가 마지막에 제품에 전달하는 열이 작아 열손상 작음 · 초기건조속도 빠름, 수분함량 낮은 제품 얻기 어려움, 원하는 건조효과 얻기 어려움
향류식	열풍과 식품의 이동 방향이 서로 반대 · 열을 경제적으로 이용 · 고온의 공기가 유입된 것이 건조가 다 되어가는 제품과 만나 열을 전달하여 열손상이 큼 · 초기건조속도 느림, 수분함량 낮은 제품 얻을 수 있음, 원하는 건조효과 얻을 수 있음
혼합류식	병류식과 향류식을 조합
횡류식	열풍과 식품의 이동 방향이 교차

③ 유동층 건조기
- ㉠ 입자 또는 식품 분말을 아래쪽에서 열풍을 불어 올려 열풍과 접촉하게 하여 건조
- ㉡ 열풍에 분산되기 쉬운 분말상태 고체 입자의 식품 건조에 적합
- ㉢ 열풍이 식품 표면에 균일하게 접촉되므로 건조 속도가 빠르고 균일하게 건조
- ㉣ 두류, 당근, 양파, 감자, 육류, 밀가루, 코코아, 커피, 소금, 설탕 등 건조에 이용

④ 기송 건조기
- ㉠ 식품을 빠른 속도의 열풍 흐름에 날려 긴 파이프를 통과하면서 건조, 출구의 사이클론에서 건조 제품 분리
- ㉡ 가루나 입자 상태의 원료에 적합, 건조 속도 빠르고 균일한 제품 획득
- ㉢ 건조와 동시에 수송하기도 함
- ㉣ 곡류, 글루텐, 전분, 분유, 달걀 제품의 2차 건조 등에 이용

⑤ 회전 건조기
- ㉠ 원통을 약간 경사지게 회전시키면서 원통 안에 설치된 날개가 재료를 올려 흐르는 열풍에 뿌리면서 건조
- ㉡ 열 안정성이 높음, 혼합이 잘되어 건조 속도 빠름, 균일한 건조 가능

ⓒ 수분이 적고 부피가 작아 쉽게 흐를 수 있는 입자로 된 식품에 적합

ⓔ 설탕, 포도당, 코코아 등의 대량 처리가 필요한 식품에 이용

⑥ 분무 건조기

ㄱ 액상 식품을 미세입자(10~200μm)로 분무시켜 열풍과 접촉하여 순간적으로 건조하는 방법

ㄴ 열변성을 받지 않으며, 열풍에 노출되는 분무 입자의 표면적이 커 건조속도가 빠름

ㄷ 분유, 인스턴트 커피, 달걀, 과일주스, 분말 물엿 등의 제조에 이용

※ 분말상으로 빠져나갈 수 있는 제품과 열풍을 분리하기 위해서 사이클론을 설치

 기출로 확인

터널건조기(tunnel dryer)에서 열풍이 흐르는 방향과 식품이 이동하는 방향이 반대인 경우를 나타내는 용어는? *19년 3회

① 향류식   ② 병류식
③ 유동층식   ④ 기송식

정답 ①

(2) 전도형 건조기

가열 표면에 식품을 직접 접촉하여 식품의 온도를 높이는데 필요한 감열과 증발에 필요한 기화열 또는 승화열을 전도에 의해 전달하여 건조시키는 방법

① 드럼 건조기

ㄱ 수증기로 가열되는 원통 표면에 원료를 얇은 막 상태로 부착하여 건조한 후 드럼표면에 있는 칼날로 건조 제품을 긁어냄

ㄴ 건조 속도가 빠르며, 열에 민감하고 점도가 높거나 고형분 입자가 큰 식품에 이용

ㄷ 우유, 유아식품, 효모, 가용성 전분, 글루텐 등에 이용

② 진공 건조기

ㄱ 식품을 선반에 올려 1~70mmHg의 진공상태로 유지하면서 70℃에서 건조하는 방법

ㄴ 많은 설비비 필요, 열에 민감한 액체 또는 고체 식품 건조에 이용

③ 팽화 건조기

ㄱ 열풍 건조 과정 중 중간 건조 과정, 과열상태인 조직의 수분을 순간적으로 증발시켜 건조

ㄴ 과일 및 채소 건조에 많이 이용

(3) 복사형 건조기

① 적외선 건조기

적외선 파장(0.75~400μm)을 이용하여 식품 표면의 온도를 상승시키고 수분을 증발시켜 건조하는 기기

② 초단파 건조기

   ㉠ 마이크로파를 조사하여 식품 내부 수분의 진동에 의해 열이 발생되는 원리를 이용, 2450MHz 주파수 사용

   ㉡ 가열 효율이 높고 건조 시간이 짧음

   ㉢ 전파에 의한 에너지 제어가 용이

③ 동결 건조기

   ㉠ 수분을 얼린 상태에서 승화시켜 건조시키는 방법

   ㉡ 진공 유지와 냉동 등 건조비용이 많이 들어 고가의 제품에 많이 사용

   ㉢ 다공질로서 가수에 의한 복원력이 높고 향미 보존과 가열에 의한 식품성분 변화가 적음

   ㉣ 주로 커피, 홍차 등의 차류, 야채, 과일, 라면스프 등에 이용

기출로 확인

01 점도가 높은 페이스트 상태이거나 고형분이 많은 액상원료를 건조할 때 적합한 건조기는? *20년 1, 2회

   ① 드럼건조기
   ② 분무건조기
   ③ 열풍건조기
   ④ 유동층건조기

02 일반적으로 액체식품의 건조에 가장 효율적인 건조방법은? *17년 1회

   ① 진공건조
   ② 가압건조
   ③ 냉동건조
   ④ 분무건조

정답 01 ① 02 ④

선생님 TIP

식품제조공정의 계산 문제는 대부분 건조와 농축에 관련된 수분함량 문제이므로 계산방법을 잘 알아두자.

기출로 확인

수분함량 50%(습량 기준)인 식품 100kg을 건조기에 투입하여 수분함량 20%로 낮추고자 한다. 제거하여야 할 수분의 양은? *18년 2회

① 50kg   ② 27.5kg
③ 37.5kg   ④ 30kg

해설 건조물의 수분함량 $= \dfrac{원료의\ 수분량 - 제거수분량(a)}{원료량 - 제거수분량(a)} \times 100$

$20 = \dfrac{50 - a}{100 - a} \times 100$

$a = 37.5\ kg$

정답 ③

11 농축

1. 정의

- 용액으로부터 용매를 제거하여 용액 농도를 높여주는 조작
- 식품가공 과정에서는 식품 중 유효물질의 농도가 낮을 때 농도를 높이는 데 사용

(1) 농축의 목적

① 결정·건조제품을 만들기 위한 전 단계의 예비농축

② 용질 성분의 분리

③ 농축에 의한 새로운 물성과 풍미 부여

④ 가용성 성분의 농도를 높여 저장성과 보존성 향상

⑤ 수송경비를 절감하기 위해 액체의 부피 감소

(2) 농축 공정 중 발생하는 현상

비점상승	· 증발농축하는 식품은 수용액이므로 농축이 진행되면서 용액의 농도가 상승, 순수한 물보다 높은 온도에서 끓게 됨 · 증발관과 응축기의 열부하를 높이고, 식품의 품질을 저하시키는 요인
증발관내 압력	· 관내 압력을 대기압보다 낮은 감압상태로 조절하여 가열하면 비등점을 낮출 수 있고 열변성이 덜 일어나며, 열전달 속도를 크게 하는 데 도움이 됨
점도 상승	· 농축이 진행되면서 용액의 점도가 증가하여 증발관 내 액의 순환속도 감소, 열전달 속도가 감소하고 열효율이 떨어짐 · 그러므로 별도의 강제순환장치 설치 필요
거품발생	· 감압 조건에서 다량의 거품이 발생하여 농축이 불가해짐 · 소포제를 첨가하거나 거품을 제거할 수 있는 장치 설치 필요
관석과 부식성	· 증발관의 가열부와 수용액이 오래 접촉하면 가열부 표면에 고형분이 쌓여 관석 생성, 액의 순환속도가 낮을 때 관석 형성이 큼 · 열전달을 방해하므로 일정기간 사용 후 가열부를 해체하여 관석 제거 필요
비말동반	· 액체가 끓을 때 증발하는 증기와 함께 끓는 액체방울이 밖으로 튀는 현상 · 농축된 액의 손실이 발생하므로 액체방울을 분리할 수 있는 장애판 설치 필요

◎기출로 확인

농축 공정 중 발생하는 현상과 거리가 먼 것은? *16년 1회

① 점도 상승

② 거품 발생

③ 비점 하강

④ 관석(scaling) 발생

정답 ③

2. 농축방법의 종류

(1) 증발농축

① 묽은 용액을 끓는 점까지 가열하여 물을 수증기 상태로 제거하여 농축된 용액을 얻음

② 캔디, 젤리, 캐러멜, 물엿, 연유, 추출분말제품 등의 농축에 이용

※ **진공 농축, 감압 농축**
- 압력과 끓는 온도를 낮춰 품질저하를 방지하면서 증발효율은 증가
- 저온상태의 진공하에서 농축하므로 제품의 변색, 열에 불안정한 영양소(비타민) 손실을 줄임

③ **증발장치의 종류**

코일 및 재킷식 증발기	· 내부에 회전 코일을 설치하여 고점성 제품, 토마토 페이스트를 20~50%까지 농축 · 투자비가 적게 들지만, 비교적 열전달속도와 에너지 효율이 낮으며 열에 민감한 식품 품질 손상
칼란드리아식 증발기	· 1~2미터 길이에 직경이 50~100밀리미터인 열교환기 관들로 형성됨 · 점도가 커 자연순환이 어려운 용액, 발포성 용액, 결정입자를 함유한 용액 등에 사용
장관형 증발기	· 상승박막식과 하강박막식 증발기로 구성 · 액이 얇은 필름상태로 가열파이프 벽을 상승함, 열전달 우수함 · 가열 면과 접촉하는 시간이 짧아 열에 민감한 용액(유가공, 과즙)에 사용
기계박막식 증발기	· 기계적교반에 의해 필름을 형성, 수직형과 수평형으로 구성 · 고점성의 용액을 효율적으로 농축 가능 · 장치비가 고가이고 처리량 적음 · 점도가 큰 최종단계 농축에 사용
플레이트식 증발기	· 가열부가 판상식 열교환기임 · 가열부와 증발관이 분리되어 있음 · 설비면적이 적고 쉽게 해체 가능 · 순간적으로 가열되므로 열에 약한 과즙, 유제품 등의 농축에 이용
원심식 증발기	· 열에 민감한 제품의 품질저하를 방지하고 용액과 가열면의 접촉시간을 단축시키기 위함(원심분리기 + 관형 열교환기) · 액체가 원심력에 의해 가열면을 따라 고속으로 이동, 높은 열전달 계수를 얻을수 있으며 체류시간이 짧음, 과즙과 우유 농축에 사용

(2) 막농축

① 다공성의 막을 통과하는 물질의 크기와 확산속도 차이에 의해 분리하는 방법
② 열을 가하지 않으므로 에너지 소비량이 적음, 품질의 열화를 최소화
③ 원료의 온도 변화가 가장 적은 농축 공정

12 살균

1. 정의

식품 중 미생물의 사멸로 식품의 보존성 향상

(1) 살균법의 분류

① 가열 살균법: 식품의 가열살균은 저온살균과 고온살균으로 나눔
② 냉살균법(비가열 살균법)
  ㉠ 가열살균에 반대되는 의미, 별로 높지 않은 온도에서 미생물을 사멸시키는 수단
  ㉡ 약제 살균, 방사선, 전자선 살균, 자외선 살균, 초고압 살균, 마이크로웨이브 살균 등

(2) 가열살균시 고려사항

① 미생물의 사멸온도
② 미생물 자체의 내열성과 오염정도
③ 식품의 종류
④ 식품을 담는 용기의 열전도도 및 열전달 방식
⑤ 식품의 pH 등

2. 주요 살균 방법

식품의 특성, 요구되는 보존성, 포장형태 등을 고려하여 살균방법과 조건 선택

저온살균법 (LTLT)	· 63~65℃에서 30분간 가열, 병원성 미생물은 살균, 부패 미생물 일부 존재 · 처리시간이 길어 비능률적
고온순간살균법 (HTST)	72~75℃, 15~25초간 살균
초고온 순간 살균법 (UHT)	130~150℃, 0.5~5초간 살균
증기살균법	수증기로 100℃ 또는 그 이상의 온도로 살균
간헐살균법	· 내열성균의 완전살균 · 1일 1회씩 100℃에서 20~50분간 연속 3일을 같은 시간에 반복 가열 살균(포자 형성 미생물 사멸)
열탕(자비) 살균법	· 100℃ 물에서 30분간 살균(대부분의 병원균 사멸 가능) · 기구 소독에 주로 사용
건열살균법	· 공기를 가열시켜 140~160℃에서 30~60분 정도 가열 살균 · 식품이나 용기 등의 살균
상업적 살균법	· 명시된 소비기한 내에 부패 또는 유해한 미생물이 생육하지 않도록 유효적절하게 가열처리하는 방법 · 즉, 절대적으로 생균이 없는 것이 아니라, 소비자의 건강상 위해를 끼치지 않는 정도까지 미생물의 생존 확률을 낮춘 식품 · 살균조건의 결정 　- 고산성식품(pH 4.6 이하)의 경우 　　: pH가 낮은 환경에서는 포자형성균이 자라지 못하므로, 영양세포 살균 조건인 70~100℃ 정도로 가열살균 　- 저산성식품(pH 4.6 이상)의 경우 　　: 내열성이 강한 클로스트리디움 보툴리늄을 살균지표로 하여 살균
방사선 살균	방사선을 이용하여 식품의 생물학적 변화를 억제(해충, 기생충 방제, 병원균, 부패균 살균)

기출로 확인

살균 후 위생상 문제가 되는 미생물이 생존할 수 없는 수준으로 살균하는 방법을 의미하는 용어는? *16년 2회

① 저온 살균법
② 포장 살균법
③ 상업적 살균법
④ 열탕 살균법

정답 ③

3. 살균장치

(1) 회분식 살균기: 레토르트

① 레토르트의 내부를 100℃ 이상으로 유지하기 위해 고압 증기를 사용하므로, 그 압력에 견딜 수 있게 강철판으로 견고하게 제작되었고, 완전히 밀폐할 수 있는 개폐 장치가 있음

② 레토르트 형태는 각형과 원통형으로 구별, 원통형에는 수평형과 수직형으로 구별

③ 원통형은 압력에 잘 견디고 제작하기 쉽지만, 내부의 유효 공간이 적음

(2) 연속식 가압살균기

조작 압력에 따라 가압 살균기와 상압 살균기로 구별

4. 무균포장시스템

(1) 식품과 포장재를 따로 살균한 다음 무균적으로 충진, 밀봉하는 포장방법

(2) 상온에서 장기간 보관 가능, 내열성 포장재 대신 가격이 저렴한 일반 플라스틱 포장재의 이용이 가능

(3) 식품 살균법: HTST, UHT, 수증기, 열수 등

(4) 포장재료 살균: 포화증기, 가열공기, 염소, 과산화수소, 자외선 등

1 관능검사

관능검사는 사람이 패널로 참여하여 식품을 섭취하면서 느낀 감각을 수치화함으로써 제품을 개발하거나 제품 시장 기호도 등을 조사하여 효율적으로 제품을 생산·판매하기 위해 필수적인 검사방법임

분석적 차이검사	차이 식별 검사	종합적 차이검사	삼점검사(Triangle test)
			일이점검사(Duo-trio test)
			단순차이검사(Simple difference test)
			A-not-A검사("A"-"Not A" test)
			다표준시료검사(Multiple standard test)
		특성차이검사	이점비교검사(Paired comparison test)
			3점 강제선택 차이 검사 (3-Alternative Forced Choice Test ; 3-AFC Test)
			순위법(Ranking test)
			평점법(Scaling test)
	묘사분석	정성적 검사	향미프로필(Flavor profile)
			텍스처프로필(Texture profile)
		정량적 검사	정량적 묘사분석(Quantitive descriptive analysis)
			스펙트럼 묘사분석(Spectrum, descriptive analysis)
			시간-강도분석(Time-intensity analysis)
소비자검사		정량적 검사	기호도검사
			선호도검사
		정성적 검사	포커스그룹검사
			일대일 면접

1. 차이식별 검사

(1) 종합적 차이검사

일반적으로 기존 제품과 신제품 또는 타사제품 간에 차이를 검사하는 방법

① **삼점검사**: 세 가지 시료 중 두 개는 같은 시료이고 한 개는 다른 시료임을 패널에게 알리고 차이 있는 시료 또는 같은 시료를 찾게 하는 검사

② **일이점 검사**: 하나의 표준시료를 제시하고 다른 두 시료 중 같은 것을 찾게 하는 검사로 단순한 맛·향·조직감 등의 평가뿐만 아니라 제품의 형태, 포장 등을 종합적으로 비교할 수 있음

③ **단순차이 검사**: 두 개의 시료에 대한 단순차이를 검사하는 방법으로 무작위로 패널에게 제시할 수 있는 경우의 수는 4가지(A/A, A/B, B/A, B/B)임. 이때, 같은 시료를 제공하는 경우와 다른 시료를 제공하는 경우의 수 같게 함

④ **A - not A 검사**: 훈련된 패널에게 각 A와 not A에 대한 훈련을 시키고 여러 가지 요인(원료, 성형, 포장 등)에서 서로 비교를 시킴으로써 차이 식별이 되는지 검사

⑤ **다표준 시료 검사**: 다른 검사법과 반대로 여러 가지(2개 이상)의 표준품을 제시하고 이 표준품과 가장 다른 비교 시료를 선택하는 검사

 기출로 확인

식품의 관능검사에서 종합적 차이검사에 해당하는 것은? *16년 1회

① 이점비교검사
② 일-이점검사
③ 순위법
④ 평점법

정답 ②

(2) 특성 차이 검사

둘 이상의 시료 중 특정한 특성만을 비교하는 검사 방법

① **이점비교 검사**: 두 가지 시료 중에서 어떠한 특징(단맛, 짠맛, 바나나향 등)이 강한 시료를 선택하는 검사 방법

② **3점 강제선택 차이검사**: 두 가지 시료를 준비하고 이 시료의 특징(단맛, 짠맛, 바나나향 등)을 패널이 이해한 상태에서 비교 시료 한 가지가 다른 시료와 같은 시료를 제시한 뒤 어떤 시료와 같은지를 선택하는 검사

③ **순위법**: 여러 시료 중 어떠한 특징이 가장 강한 순위로 나열하는 검사법. 시료 10개 이상이 제시될 경우 순위를 나열하기 어려움

④ **평점법**: 여러 시료에 대해서 어떠한 특징을 척도(5점, 7점, 9점 등)로 나타내어 비교 정량적으로 구분하는 검사법

 기출로 확인

식품의 관능검사 중 특성차이검사에 해당하는 것은? *20년 1, 2회

① 단순차이검사
② 일-이점검사
③ 이점비교검사
④ 삼점검사

정답 ③

2. 묘사분석

반드시 훈련된 패널이 존재하여야 하며, 제시된 시료의 향, 맛, 조직감 등을 종합적으로 묘사하여 평가하는 방법

(1) 정성적 검사

① 향미 프로필: 제품 또는 시료의 향미를 소수의 훈련된 패널 요원 등을 통해 묘사분석

② 텍스처 프로필: 시료의 기계적 특성, 기하학적 특성, 기타 특성들을 척도의 수치로 표현

(2) 정량적 검사

① 정량적 묘사분석: 시료의 관능적 특성을 보다 정량적인 수치로 정확하고 수학적으로 나타냄

② 스펙트럼 묘사분석: 시료에서 검사 가능한 모든 관능적 특성을 사전에 개발된 절대 척도와 비교하여 평가하는 방법

③ 시간-강도 분석: 시간에 따른 특성 강도의 변화를 고려하여, 시료의 관능적 특성을 시간의 연속성 하에서 검사하는 방법

◎기출로 확인

01 관능검사 중 묘사 분석법의 종류가 아닌 것은? *21년 3회

① 향미 프로필
② 텍스처 프로필
③ 질적 묘사분석
④ 정량 묘사분석

02 관능검사의 묘사분석 방법 중 하나로 제품의 특성과 강도에 대한 모든 정보를 얻기 위하여 사용하는 방법은? *16년 1회

① 텍스처 프로필
② 향미 프로필
③ 정량적 묘사분석
④ 스펙트럼 묘사분석

정답 01 ③   02 ④

3. 소비자 검사

(1) 해당 제품의 소비자 또는 소비 가능한 자를 대상으로 제품에 대한 전체적 또는 특정 성질의 선호도와 기호도를 알기 위한 검사

(2) 양적 검사는 기호도와 선호도 검사를 하며 질적 검사는 초점 그룹 연구, 초점 패널 연구, 일대일 면접 등이 있음

(3) 소비자 기호도 검사는 검사 장소에 따라 실험실 검사, 중심지역 검사, 가정사용 검사가 있음

　① 중심지역검사
　　• 가장 많이 알려진 검사법
　　• 사무실이 많은 건물, 시장, 대형할인점 등 장소를 빌리고 이동식 검사대를 만들고 검사 실시
　　• 패널은 검사하기 직전에 바로 확보도 가능
　　• 제품 사용자에 의한 검사 결과이므로, 결과 신뢰
　　• 주의가 산만하므로 질문수를 한정함

　② 실험실검사
　　• 훈련된 패널, 회사 직원을 패널로 사용
　　• 검사환경 및 조건의 통제가 가능하므로 패널은 시료의 향이나 텍스처 검사에 집중

기출로 확인

다음 관능검사 중 가장 주관적인 검사는? *20년 3회

① 차이 검사
② 묘사 검사
③ 기호도 검사
④ 삼점 검사

정답 ③

> **참고**
>
> **관능검사에 영향을 주는 요인**
> • 생리적 요인
> 　순응, 강화, 억제, 상승
> • 심리적 요인
> 　기대오차, 자극오차, 논리오차, 후광오차, 습관오차, 시료 제시 순서에 따른 오차

해커스자격증
pass.Hackers.com

Part 02

식품화학

Chapter 01

식품화학 개요

1 식품성분의 분류

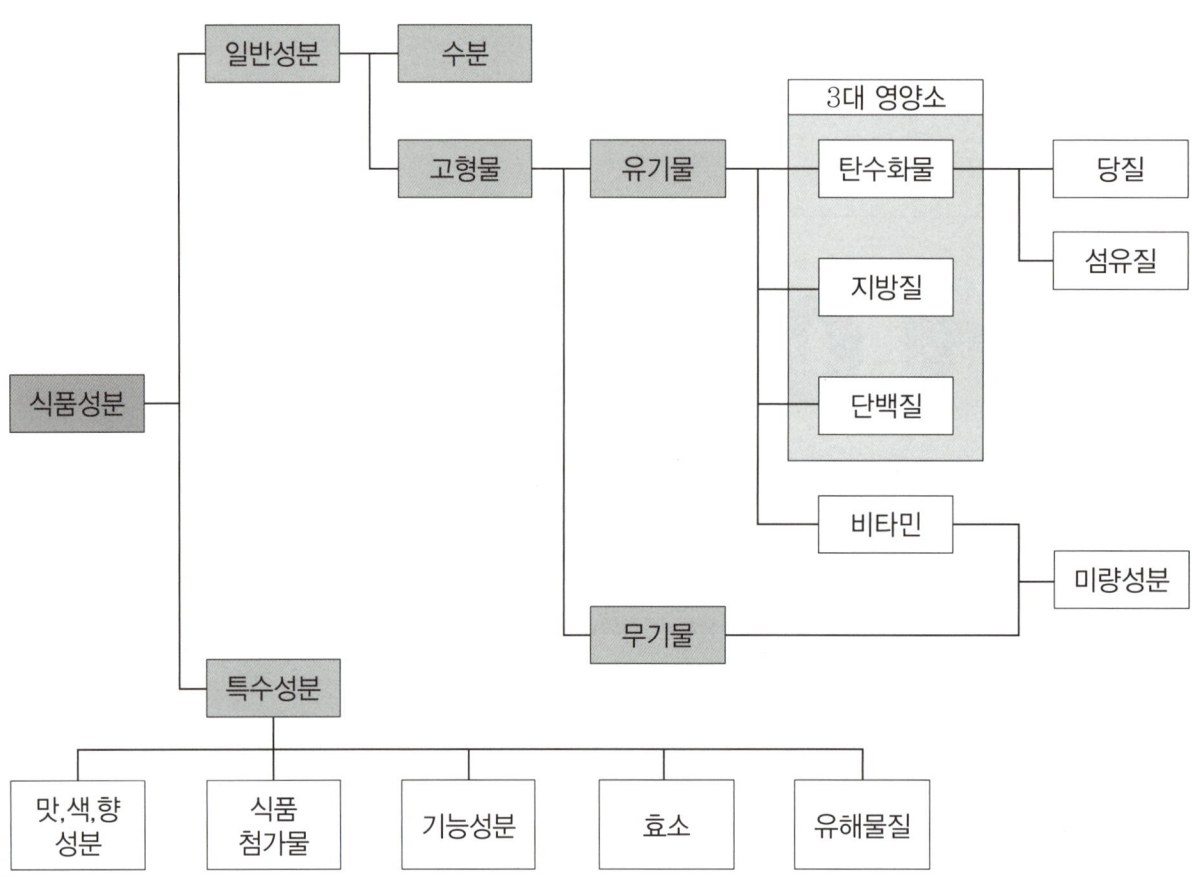

2 식품 내 유기화학

$R-\overset{\overset{\displaystyle H}{\displaystyle\vert}}{\underset{\underset{\displaystyle H}{\displaystyle\vert}}{C}}-H$	$R-\overset{\overset{\displaystyle H}{\displaystyle\vert}}{\underset{\underset{\displaystyle H}{\displaystyle\vert}}{C}}-\overset{\overset{\displaystyle H}{\displaystyle\vert}}{\underset{\underset{\displaystyle H}{\displaystyle\vert}}{C}}-H$	$R-\overset{\overset{\displaystyle H}{\displaystyle\vert}}{\underset{\underset{\displaystyle}{C}}{C}}\begin{matrix}C=C\\ \vert\quad\ \ \vert\\ H\quad\ H\\ CH\\ \vert\\ C-C\\ H\quad H\end{matrix}$
Methyl	Ethyl	Phenyl
$R-\overset{\displaystyle C}{\underset{\displaystyle\parallel}{\underset{\displaystyle O}{}}}-H$	$R^1-\overset{\displaystyle C}{\underset{\displaystyle\parallel}{\underset{\displaystyle O}{}}}-R^2$	$R-\overset{\displaystyle C}{\underset{\displaystyle\parallel}{\underset{\displaystyle O}{}}}-O^-$
Aldehyde	Ketone	Carboxyl
$R-O-H$	R^1-O-R^2	$R^1-\overset{\displaystyle C}{\underset{\displaystyle\parallel}{\underset{\displaystyle O}{}}}-O-R^2$
Hydroxyl(alcohol)	Ether	Ester
$R-O-\overset{\overset{\displaystyle H}{\displaystyle\vert}}{\underset{\underset{\displaystyle O}{\displaystyle\vert}}{C}}-\overset{\overset{\displaystyle H}{\displaystyle\vert}}{\underset{\underset{\displaystyle H}{\displaystyle\vert}}{C}}-H$	$R^1-\overset{\displaystyle C}{\underset{\displaystyle\parallel}{\underset{\displaystyle O}{}}}-O-\overset{\displaystyle C}{\underset{\displaystyle\parallel}{\underset{\displaystyle O}{}}}-R^2$	$R-\overset{\overset{\displaystyle H}{\displaystyle\vert}}{\underset{\underset{\displaystyle H}{\displaystyle\vert}}{N^+}}-H$
Acetyl	Anhydride (of two carboxylic acids)	Amine
$R-\overset{\displaystyle C=N{\scriptstyle\diagdown}}{\underset{\displaystyle\parallel}{\underset{\displaystyle O}{}}}$	$R-S-H$	$R^1-S-S-R^2$
Amide	Sulfhydryl	Disulfide

선생님 TIP

- 식품화학을 이해하기 위해서는 유기물과 관련된 화학을 기본적으로 이해하여야 한다.
- 유기물은 탄소를 함유한 화합물을 말하는데 우리가 흔히 말하는 3대 영양소라고 불리는 탄수화물, 유지, 단백질도 탄소를 함유한 작용기 등을 가지고 있고, 이런 작용기의 변형이나 결합에 의해서 식품의 고유한 특성이 변화하기도 한다. 따라서 교재 '본문'에 나오는 작용기의 명칭에 대한 이해가 우선 필요하다.

식품화학

Part 02

해커스 식품산업기사 필기 한권완성 이론 + 최신기출 + 핵심노트

1 정의 및 분류

1. 정의

① 물(수분) 분자는 한 개의 산소 원자가 두 개의 수소 원자와 각각 공유결합을 하고 있는 화합물

② 물 분자들은 서로 수소결합을 하고 있으므로 끓는점, 녹는점이 높고, 비열이 높아 온도 변화가 느림

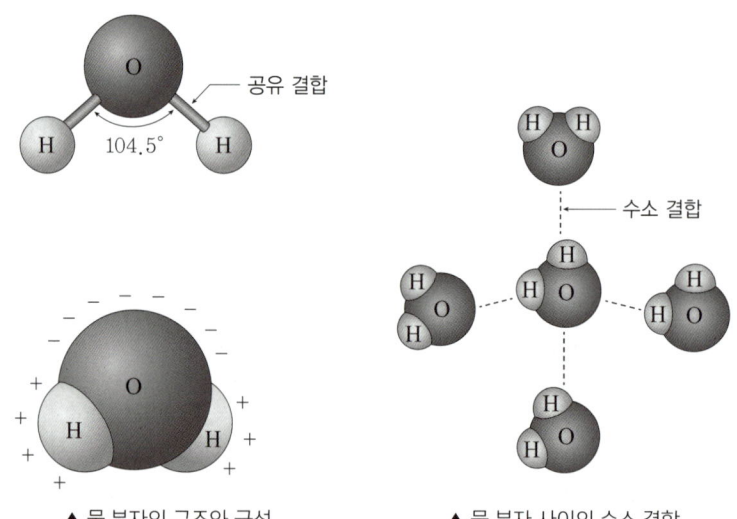

▲ 물 분자의 구조와 극성   ▲ 물 분자 사이의 수소 결합

2. 식품 내 수분의 분류

식품 내 수분은 자유수, 결합수의 형태로 존재하는데 이런 수분에 의해 식품의 저장성, 물성 등이 크게 변화하므로 영양소 이상으로 식품에서는 수분의 함량이 중요

(1) 자유수(Free water＝유리수)

식품 내에서 강하게 결합되어 있지 않은 형태, 즉 유리 상태로 존재하는 수분

① 식품의 모세관 등을 자유롭게 이동하는 수분

② 전해질을 녹여 용매로서의 역할

③ 표면 장력이 큼

④ 다른 용매에 비해 끓는 점, 녹는점이 높은 편

⑤ 비중이 4℃에서 가장 큼

⑥ 원심분리, 압력 등 물리적 요인에 의해 쉽게 탈수 또는 건조됨

(2) 결합수(Bound water)

식품 내 함유된 성분(일반적으로 유기질)과 직·간접적으로 결합(수소결합, 공유결합 등)된 수분

① 식품 성분을 녹이는 용매로서의 역할을 하지 못함

② 보통의 물보다 밀도가 큼

③ 미생물 번식·생육에 사용되지 못함

④ 순수 수분의 형태가 아니므로 수분의 끓는점(100℃) 이상에서도 제거가 어려움

⑤ -20℃ 이하에서도 잘 얼지 않음

⑥ 동·식물의 조직 내에 성분과 결합된 형태로 압착해도 거의 제거되지 않음

🔍 기출로 확인

결합수에 대한 설명이 틀린 것은? *19년 1회

① 미생물의 번식과 성장에 이용되지 못한다.
② 당류, 염류 등 용질에 대한 용매로 작용하지 않는다.
③ 보통의 물보다 밀도가 작다.
④ 식품 성분과 수소결합을 한다.

 정답 ③

2 수분의 이화학적 역할

(1) 화학적 역할

① 용매 역할: 식품 내에 포함된 수분은 영양분을 포함한 용매 역할

② 항산화 기능

③ 수화작용

(2) 물리학적 역할

① 식품조직 내 압력을 생성하여 형태유지

② 식품의 조직감, 씹힘성 등과 관련된 물리적 변화

(3) 생물학적 역할

미생물 증식, 생존에 필수적 요인

(4) 영양생리학적 역할

① 생명유지에 필수요소

② 체내 항상성(Homeostasis) 유지

3 등온 흡습 및 등온 탈습 곡선

(1) 정의

일정한 온도에서 식품이 상대습도에 따라 대기 중의 수분을 탈습 또는 흡습하여 평형수분함량을 이룰 때의 상대습도와 수분함량의 관계를 표시한 곡선을 말하며, 건조 시 식품이 탈수되는 곡선과 건조된 식품이 물을 흡수하는 곡선으로 이루어짐

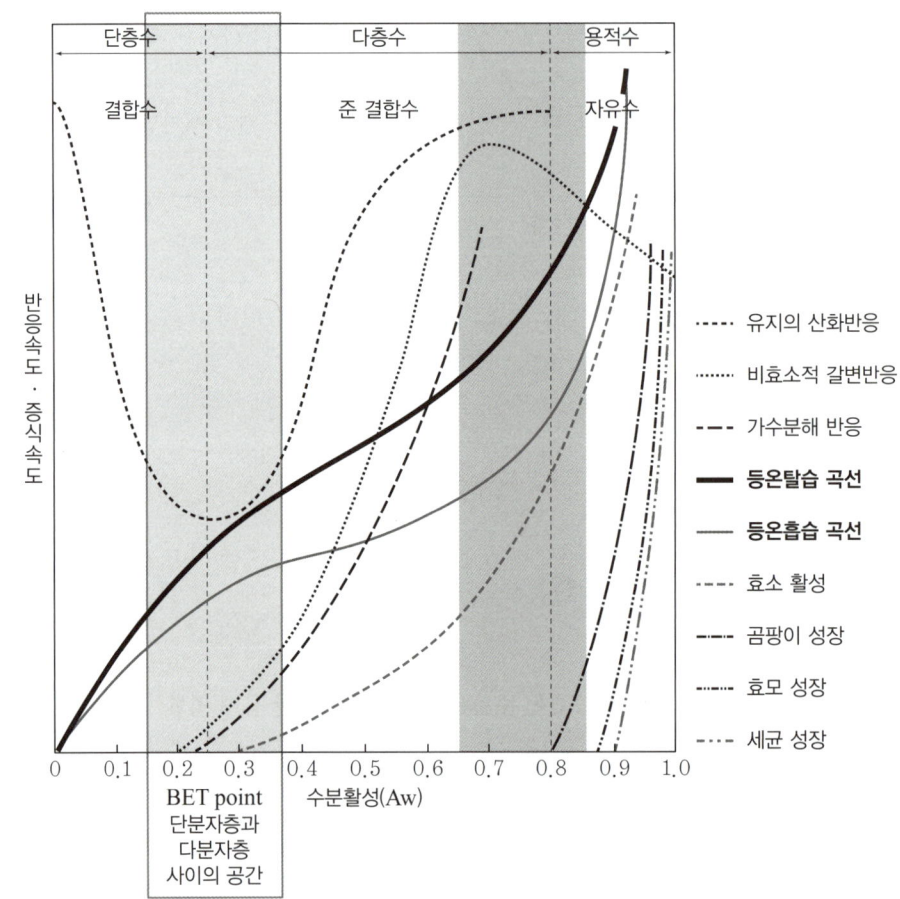

(2) 특징

① 등온 흡습·탈습 곡선은 역S자 형태를 이룸

② 상대습도에 따라 식품 내 탈습곡선의 평형 수분함량이 흡습곡선의 평형 수분함량의 곡선보다 큰 현상 발생으로 그래프 상 탈습곡선이 흡습곡선보다 위쪽으로 생성됨

③ 등온 흡습·탈습 곡선은 크게 다음과 같이 3단계(Ⅰ-Ⅱ-Ⅲ)로 나눌 수 있음

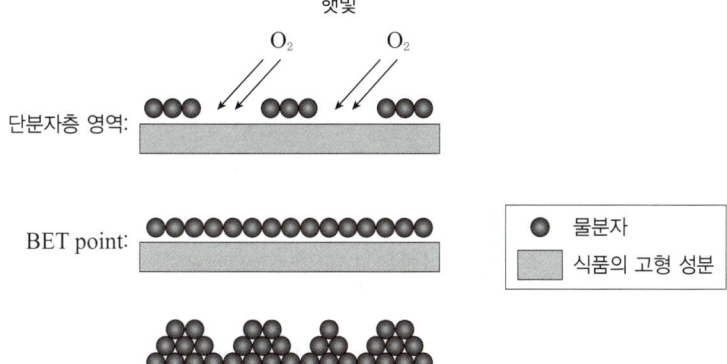

⊙ Ⅰ 구간(**Monomolecular layer**, 단분자층 영역, **Aw** < 0.25)
- 식품의 고형 성분이 물 분자들에 의해 덮여 있는 영역
- 이 영역의 수분은 식품 중 아미노(amino)기나 카르복실(carboxyl)기와 이온결합하고, 용매로서 가치가 거의 없으며, 물의 이동도 거의 없음
- 이 영역에서는 수분활성도가 적을수록 지방 산패가 쉬움

ⓒ **BET point**(0.2 < **Aw** < 0.3): 단분자층 영역과 다분자층의 중간 영역으로 물분자가 식품의 고형 성분 표면에 일정하게 도포된 상태를 말하며, 이 영역에서는 유지의 산화가 급격하게 줄어듦

ⓒ Ⅱ 구간(**multimolecular layer**, 다분자층 영역, 0.25 < **Aw** < 0.8)
- 물분자의 비공유결합인 수소결합에 의해 BET 단분자막 형성 수분 함량보다 많은 물분자들로 여러층에 걸쳐 덮여있는 영역
- 건조식품의 경우 가장 안정성이 높은 영역으로 최적의 수분함량을 이 영역의 평형수분 함량으로 유지하는 것이 바람직

ⓔ Ⅲ 구간(**Capillary condensation layer**, 모세관 응축 영역, 0.8 < **Aw** < 0.99)
- 물분자들이 주로 자유수로서 작용하므로 화학 반응의 용매로 작용하여 화학반응이 쉽게 일어남. 효소반응 촉진, 미생물의 증식이 쉽게 일어남
- 식품의 품질 저하가 가장 많이 일어나는 영역

기출로 확인

수분활성도에 대한 설명 중 틀린 것은? *17년 1회
① 일반적으로 수분활성도가 0.3 정도로 낮으면 식품 내의 효소반응은 거의 정지된다.
② 일반적으로 수분활성도가 0.85 이하이면 미생물 중 세균의 생장은 거의 정지된다.
③ 일반적으로 수분활성도가 0.7 이상이 되면 비효소적 갈변반응의 속도는 감소하기 시작한다.
④ 일반적으로 수분활성도가 0.2 이하에서는 지질산화의 반응속도가 최저가 된다.

정답 ④

4 수분 흡수 히스테리시스(Moisture sorption hysteresis)

(1) 정의
어떤 일정한 평형 상대습도에 해당되는 수분함량이 등온탈습 과정의 경우 등온 흡습과정보다 언제나 큰 현상

(2) 특성
① 히스테리시스는 온도가 높아짐에 따라 감소하며, 저장기간이 길어지면 식품의 흡습능력이 감소되므로 히스테리시스 간격의 크기는 점차 커짐
② 식품(특히 건조식품)의 제조 또는 저장에 있어 품질에 큰 영향을 줄 수 있는 현상

5 수분활성도

선생님 TIP

수분활성도는 자주 출제되므로, 정의와 공식을 잘 알아두자.

(1) 정의
임의의 같은 온도에서 순수한 물의 수증기압(Po)에 대한 그 식품의 수증기압(P)의 비율. 라울의 법칙(Raoult's Law)에 따라 구함

$$Aw = \frac{P}{Po} = \frac{Nw}{Nw + Ns}$$

- P: 식품 내 수분의 증기압, Po: 같은 온도에서의 순수한 물의 최대 수증기압
- Nw: 순수한 물의 몰수, Ns: 용질의 몰수

※ 몰수 $= \dfrac{질량}{분자량}$

기출로 확인

식품 내 수분의 증기압(P)과 같은 온도에서의 순수한 물의 최대 수증기압(Po)으로부터 수분 활성도를 구하는 식은? *21년 1회

① P − Po
③ P ÷ Po

② P × Po
④ Po − P

정답 ③

기출로 확인

30%의 수분과 30%의 설탕($C_{12}H_{22}O_{11}$)을 함유하고 있는 식품의 수분활성도는?

*18년 2회

① 0.98
③ 0.82

② 0.95
④ 0.90

해설 물의 분자량: 18, 설탕의 분자량: 342

$$Aw = \frac{P}{Po} = \frac{Nw}{Nw + Ns} = \frac{\dfrac{30}{18}}{\dfrac{30}{18} + \dfrac{30}{342}} = 0.95$$

정답 ②

(2) 특징

① 순수한 물의 수분활성도는 $P = P_0$이므로 1

② 어떤 식품이라도 수분활성도가 1을 넘을 수 없음

③ 식품의 저장에 있어 식품 내 수분함량보다 수분활성도가 더 중요

④ 미생물의 생육가능한 최저수분활성도

일반 세균: 0.91 > 효모: 0.88 > 곰팡이: 0.80 > 내건성 곰팡이: 0.65

(3) 수분활성도와 식품과의 관계

① 수분활성도를 낮춰 저장하는 방법: 염장법, 당장법, 동결저장법, 건조법

② 식품별 수분활성도

크래커, 비스킷 등(0.1) < 국수 등 건조식품(0.6이하) < 곡류 및 건조과실류
(0.6~0.66) < 잼류(0.73~0.87) < 생선, 육류, 신선과채류(0.98~0.99)

③ 중간수분식품(Intermediate Moisture Food)

• 수분함량 20~40%, Aw 0.65~0.85

• 일정량의 수분을 유지함으로써 보존성은 늘리고 식품의 조직감이나 고유의
맛을 최대한 유지해주는 식품

• 젤리, 잼, 건포도, 곶감, 반건조 오징어

ⓞ기출로 확인

다음 식품 중 수분활성도(Aw)가 낮아 일반적으로 저장성이 가장 높은 것은?

① 비스킷   *20년 3회
② 소시지
③ 식빵
④ 쌀

정답 ①

---

6 | 평형상대습도

$$ERH = Aw \times 100$$

식품의 평형상대습도(equilibrium relative humidity): 식품이 흡습 또는 탈습을 거쳐 일정한 조건의 주위 공기와 평형상태를 이루고 있으면, 공기 중의 수증기 분압과 식품 중의 수증기 분압이 같아지므로 수분활성도에 100을 곱한 값과 숫자적으로 동일

7 비열

어떤 물질 1g의 온도를 1℃ 높이는 데 필요한 열량(cal). 단위는 cal/(℃·g)로 표시

$$비열(C) = \frac{열량(Q)}{질량(M) \times 온도변화(\Delta T)}$$

다만, 어떤 물질이 고체에서 액체, 액체에서 기체가 되기 위해서는 융해열, 기화열이
필요한데 물의 융해열은 80cal/g, 기화열은 540cal/g

기출로 확인

5℃의 물 1g이 −5℃의 얼음으로 되기 위해서는 얼마만큼의 열량을 빼앗아야 하는가?
(단, 물의 비열은 1cal/℃·g이고 얼음의 비열은 0.5cal/℃·g라고 한다.) *17년 2회

① 7.5 cal   ② 10 cal
③ 15 cal   ④ 87.5 cal

해설 1g의 5℃ 물을 0℃까지 낮추기 위해서는 5cal의 열량 제거가 필요하고, 물이 얼음이 되기 위해서는 융해
열 1g 당 80cal의 융해열량 제거가 필요하며, 얼음이 된 후 얼음이 −5℃까지 내려가기 위해서는 2.5cal
의 열량 제거가 필요하므로 (5 + 80 + 2.5)cal 제거가 필요함

정답 ④

보충

• 잠열(latent heat)
  물의 상태가 변화(얼음 → 물, 물 → 기체) 할 때 얼음에서 물이 되기 위해서 열 에너지(약 80cal/g). 물에서
  수증기가 되기 위해서 에너지(약 540cal/g)가 필요하다. 이 구간에서는 제품 내부의 온도는 오르지 않음
• 감열(현열, sensible heat)
  제품의 온도가 열에너지에 비례하여 증가하는 구간

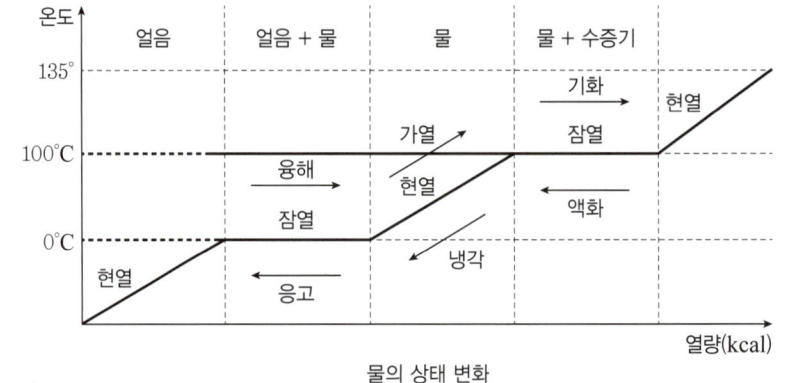

물의 상태 변화

8 물의 상선도

(1) 삼상점(삼중점, Triple point)
어떤 물질의 상태가 일정한 온도와 압력에서 고체와 액체가 공존하는 선, 액체와 기체가 공존하는 선, 고체와 기체가 공존하는 선을 이어 만나는 점

(2) 물의 상선도를 바탕으로 식품 내 수분을 승화시켜 식품을 건조하는 동결건조의 원리를 알 수 있음

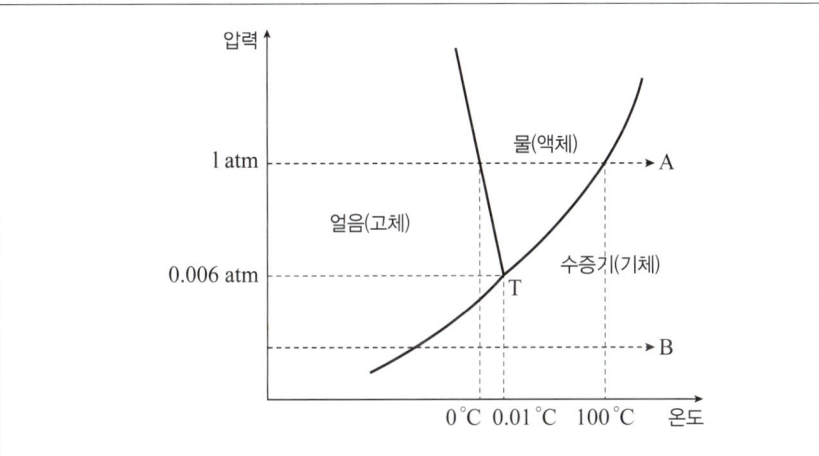

- A: 압력 1atm에서 물은 0℃에서 얼고 100℃에서 끓음
- T: 물의 삼중점은 압력 0.006atm, 0.01℃
- B: 압력 0.006atm 미만에서 물은 온도가 상승하면 얼음(고체)에서 액체를 거치지 않고 바로 수증기(기체)로 승화됨

⊙ 기출로 확인

물의 상태도 그래프에서 ①, ②, ③ 각각에 들어갈 물질을 순서대로 나열한 것은?

*20년 4회

① 얼음, 물, 수증기　　② 얼음, 물, 물
③ 수증기, 물, 물　　④ 얼음, 수증기, 물

정답 ①

식품화학 Part 02 해커스 식품산업기사 필기 한권완성 이론 + 최신기출 + 핵심노트

선생님 TIP

'물의 동결' 부분은 식품 가공공정의 육류 가공에서도 중요하게 다루어지므로 잘 기억해두자.

9 물의 동결

(1) 최대 빙결정 생성대(Zone of maximum ice crystal formation)

① 정의: 식품이 동결되는 경우, -5~-1℃에서 얼음 결정이 85% 이상 형성되는 구간

② 식품의 동결 곡선

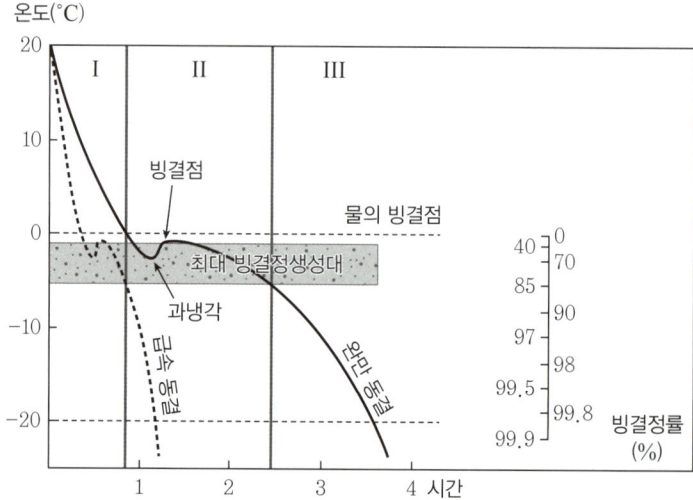

- ㉠ I 구간(냉각단계): 냉각 후 완만 냉동일 때 1시간 이내에 식품 품온이 빙결점까지 냉각되는 단계이며, 감열(현열, sensible heat)을 제거하는 구간
- ㉡ II 구간(동결단계): 냉각 후 완만 냉동은 약 1시간부터 2시간 30분 사이 약 1시간 30분가량 최대 빙결정 생성대를 거치면서 전체 얼음결정 중에 85% 이상이 생성되며, 최대 빙결정 생성대를 30분 이내로 지나가는 것은 급속 동결이라 함
- ㉢ III 구간(식품온도 -18℃ 이하 냉동단계): 냉각 후 완만 냉동은 약 2시간 30분 이후 나머지 15% 가량의 얼음결정이 생성되는 단계이며, 식품의 기준 및 규격에서 정하는 냉동온도인 -18℃ 이하까지 식품의 온도가 떨어지게 됨

(2) 완만동결 및 급속동결의 차이점

① 동결 방법에 따른 특성 비교

구분	완만동결	급속동결
최대빙결정 생성대 통과시간	약 1시간 30분	30분 이하
세포 내 수분의 이동	세포 내 수분이 빠져나와 세포 밖에서 물의 응집력에 따라 응집	세포 내 수분이 이동 없이 세포 내 유지
빙결정 형성	세포밖에서 응집된 수분이 얼면서 부피가 증가하고, 소수의 큰 얼음 결정을 생성	세포 내에 존재하는 수분이 이동 없이 작은 결정형태로 형성하고, 미세한 얼음 결정 생성
세포에 미치는 영향	부피가 커진 얼음에 의해 세포벽이 파괴되거나 세포의 변형을 일으킴	세포벽을 파괴하거나 세포 변형 없이 세포의 형태를 유지

② 완만동결과 급속동결시 세포 내 물분자의 빙결정생성

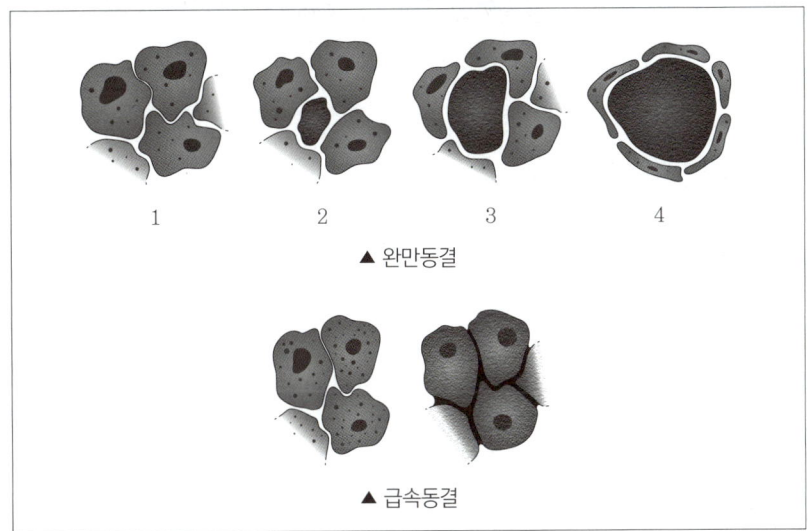

▲ 완만동결

▲ 급속동결

(3) 드립(Drip)

① 육류를 서서히 동결하게 되면 육류에 포함된 수분이 세포 밖으로 빠져 나오는 현상

② 얼음결정이 세포를 파괴하면서 얼게 되며, 해동하는 경우 세포가 파괴된 상태로 수분만 빠져나오면서 변색, 중량 감소 등 발생

10 유리전이온도

(1) 유리전이온도(glass transition temperature, Tg)

① 일반적으로 고분자물질에 열을 가할 경우 '유리와 같은 딱딱한 상태'에서 '고무와 같은 유연한 상태'로의 상변화를 보이는 온도가 유리전이온도임

② 일반적으로 저분자물질에 열을 가하면 고체상(얼음)에서 액체상(물)으로의 상변화를 시작하지만, 고분자의 경우에는 이런 상변화를 거치기 전에 이와는 또 다른 변화를 보이는 시점이 바로 유리전이온도임

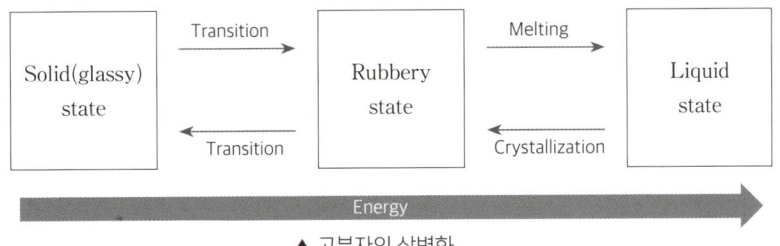

▲ 고분자의 상변화

(2) 식품에서 Tg

① 식품에서 Tg를 결정하는 요소는 수분과 용해된 구성물질

② 식품의 수분활성도가 높으면 쉽게 분자활성을 가지므로 유리전이온도는 낮아짐 (즉, 유리전이온도와 수분활성도는 반비례 관계)

1 정의 및 분류

1. 정의

C, H, O를 기본으로 일반식 $C_m(H_2O)_n$으로써 크게는 단당류, 소당류, 다당류로 나눌 수 있음

2. 당의 분류

(1) 단당류(mono saccharide)

더 이상 가수 분해되지 않는 가장 간단한 탄수화물의 구성단위

① 단당류의 종류

탄소수	종류	특징
삼탄당(triose)	알도트리오스(글리세르알데히드), 케토트리오스(디히드록시아세톤), 멜리트리오스(라피노오스) 등	천연으로는 존재하지 않지만 합성에 의하여 만들어짐
사탄당(tetrose)	알도테트로오스(트리히드록시알데히드) 케토테트로오스(트리히드록시케톤) 등	대사중간 산물로 에리트로오스 4인산이 있음
오탄당(pentose)	리보오스(ribose), 아라비노스(arabinose), 자일로스(xylose)	무기산과 가열하면 푸르푸랄을 생성
육탄당(hexose)	글루코오스(포도당, glucose), 프락토스(과당, fructose), 갈락토오스(galactose), 만노스(mannose)	생물계에 가장 널리 분포하는 단당류

② 단당류의 구조

㉠ 알도오스(aldose)와 케토오스(ketose)

- 알도오스(aldose): 두 개 이상의 수산기(-OH)와 한 개의 알데히드기(-CHO)를 가진 당
- 케토오스(ketose): 두 개 이상의 수산기(-OH)와 한 개의 케톤기($-C = O$)를 가진 당

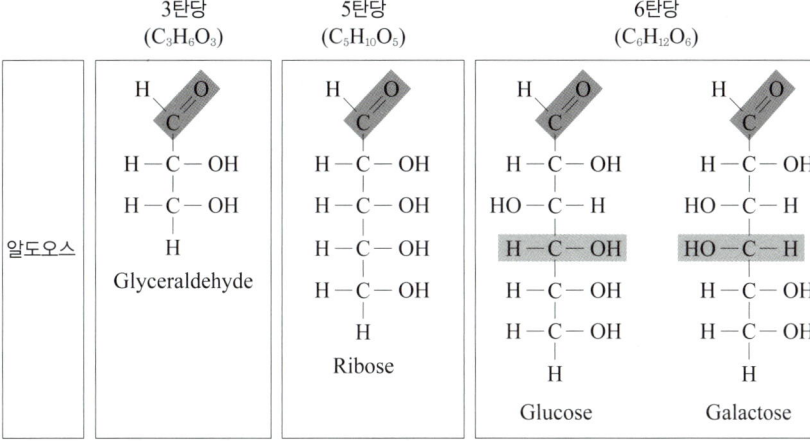

	3탄당 $(C_3H_6O_3)$	5탄당 $(C_5H_{10}O_5)$	6탄당 $(C_6H_{12}O_6)$	
알도오스	Glyceraldehyde	Ribose	Glucose	Galactose

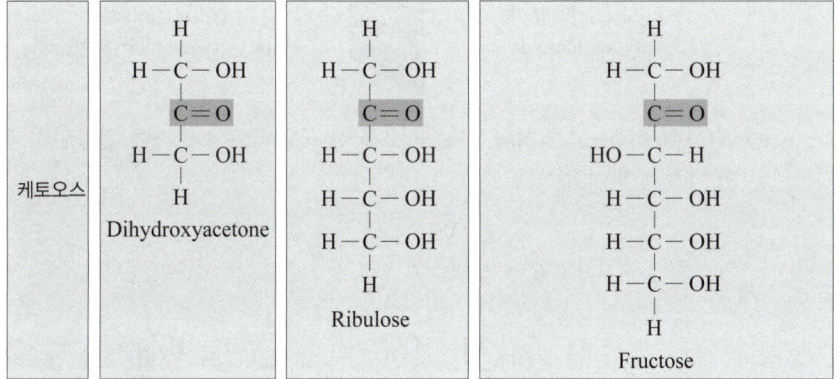

	3탄당	5탄당	6탄당	
케토오스	Dihydroxyacetone	Ribulose	Fructose	

🔍 기출로 확인

케톤기를 가지는 탄수화물은? *21년 1회

① mannose
② galactose
③ ribose
④ fructose

정답 ④

ⓛ 입체이성체(stereoisomer)

- 구성원자는 같으나 거울상의 관계에 있어 다른 물질임, D형과 L형으로 구분
- 부제탄소원자(asymmetric carbon atom): 4개의 서로 다른 원자나 원자단이 결합하고 있는 탄소원자
- Van't Hoff의 법칙: 부제 탄소원자가 n개 존재하면 입체이성체는 2^n개 존재

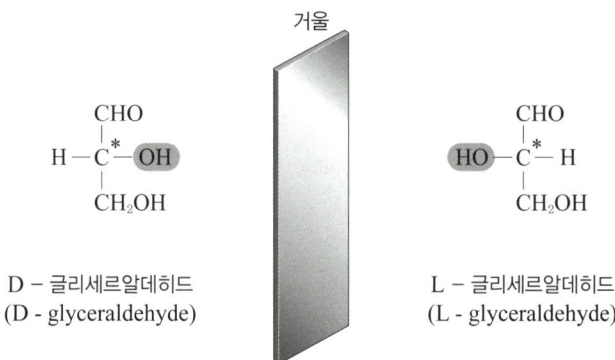

D – 글리세르알데히드
(D - glyceraldehyde)

L – 글리세르알데히드
(L - glyceraldehyde)

ⓒ 에피머(epimer): 입체이성체 중 오직 한 군데의 탄소원자에 원자단의 위치가 다르게 되어 있는 당

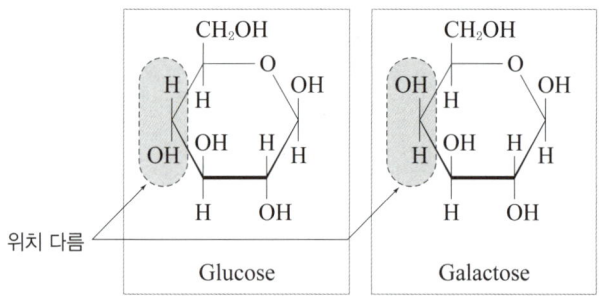

ⓔ 광학이성체

- 두 물질의 물리적 성질이 동일하기 때문에 같은 이름을 쓰며 편광면의 회전 방향이 다른 이성체 관계
- 광학활성도에 따라 편광면을 오른쪽으로 회전시키면 (＋), 왼쪽으로 회전시키면 (－)로 표시
- 선광도: 일정농도(g/mL)의 광학활성물질을 10cm의 측정관에 넣은 후 나트륨의 D선 편광을 이용하여 20℃에서 측정한 선광도(광회전도)를 의미하며 $[\alpha]D^{20}$로 표시함

🎯 기출로 확인

1g의 어떤 단당류 화합물을 20mL의 메탄올에 용해시킨 후 10cm 두께의 편광기에 넣고 광회전도를 측정하였더니 (＋)5.0°가 나왔다. 이 화합물의 고유 광회전도는?

*18년 3회

① (－) 100°   ② (－) 50°   ③ (＋) 50°   ④ (＋) 100°

해설 농도를 환산해주면, $[\alpha]$는 $\dfrac{(＋)\,5.0°}{\dfrac{1}{20}} = (＋)\,100°$

정답 ④

ⓜ 쇄상구조와 환상구조

$$
\begin{array}{c}
\overset{1}{C}\!\!\diagup\!\!^{O}_{H} \\
H-\overset{2}{C}-OH \\
HO-\overset{3}{C}-H \\
H-\overset{4}{C}-OH \\
H-\overset{5}{C}-OH \\
\overset{6}{C}H_2OH
\end{array}
$$

D – glucose

α – D – glucose   β – D – glucose

▲ D-포도당의 쇄상 구조와 환상 구조

- 환상구조에서 1번 탄소에 결합된 OH기의 위치에 따라 분류
  - 평면의 아래에 있으면 α형, 위에 있으면 β형

ⓗ 환원당과 비환원당

　ⓐ 환원당(reducing sugar)
- 글리코시드성 히드록시기(-OH)를 가진 당
- 환원력이 있어 자신은 산화되고 다른 화합물을 환원시킬 수 있음
- 모든 단당류, 맥아당, 유당

　ⓑ 비환원당(nonreducing sugar)
- 글리코시드성 히드록시기(-OH)가 결합에 참여하여 환원력이 없는 당
- 수크로스(서당)

③ 단당류의 유도체

　㉠ 당알코올

　　ⓐ 정의: 당류가 갖는 환원성 말단기에 수소를 부가하여 얻어지는 화합물. 즉 당류의 카보닐기가 환원되면서 얻어지는 다가의 알코올

　　ⓑ 특징
- 우수한 보습성, 용해열의 특성으로 식품첨가물로 사용
- 최근에는 저칼로리, 다양한 생리적 기능으로서 새로운 감미료, 증점제, 계면활성제 등으로 사용

　　ⓒ 종류
- 자일리톨(xylitol)
  - Xylose에 수소를 첨가하여 얻은 당알코올
  - 단맛이 설탕의 90% 수준. 상쾌한 단맛

- 솔비톨(D-sorbitol)
  - D-glucose를 환원시켜 얻은 당알코올
  - 비타민 C 합성원료로서 이용(합성 시 전구물질)
  - 곶감의 백색가루 성분·보습성이 우수
  - 미생물에 의해 쉽게 발효되지 않아 음료 제조시 많이 사용
  - 단맛이 설탕의 50%, 저칼로리 감미료
- 만니톨(mannitol)
  - mannose에 수소를 첨가하여 환원시킨 것
  - 균류, 해조류, 식품에 널리 분포
  - 단맛은 설탕의 70%
- 에리스리톨(erythritol)
  - Erythrose가 환원되어 만들어진 것으로, 포도당을 원료로 효모발효법으로 얻을 수 있음
  - 상대습도 90%에서도 흡습되지 않아 사용이 편리하며, 당알코올 중에서 가장 낮은 칼로리
  - 단맛은 설탕의 70%
- 말티톨(maltitol)
  - Glucose 두 분자가 결합되어 이루어진 맥아당(maltose)에 수소를 첨가하여 생산
  - 맥아당은 장기 저장 시 갈변현상이 일어나는데 말티톨은 이런 단점을 보완할 뿐만 아니라, 단맛이 맥아당의 2배, 산·알칼리·열에 강함
  - 단맛은 설탕의 80%, 부드럽고 온화한 단맛

기출로 확인

01 포도당(glucose)이 환원되어 생성된 당알코올은? *16년 3회

① 솔비톨(sorbitol) ② 만니톨(mannitol)
③ 이노시톨(inositol) ④ 둘시톨(dulcitol)

02 가공식품에 사용되는 솔비톨(sorbitol)의 기능이 아닌 것은? *20년 3회

① 저칼로리 감미료 ② 계면활성제
③ 비타민 C 합성 시 전구물질 ④ 착색제

정답 01 ① 02 ④

ⓒ 배당체(glycoside)
- 당류의 환원성 하이드록실기(-OH)와 비당류 부분(aglycone)이 에테르 결합한 것
- 종류
  감자싹 솔라닌(solanine), 밀감의 나리진(narigine), 헤스페리딘(hesperidin), 가지와 포도의 안토시아닌(anthocyanin), 살구의 아미그달린(amygdaline) 등

(2) 소당류(올리고당＝oligo saccharide)

두 분자의 단당류가 글리코시드 결합으로 연결된 이당류와 3~8개의 단당류로 이루어진 삼당류, 사당류, 기타올리고당류를 말함

2당류 (disaccharide)	3당류 (trisaccharide)	4당류 (tetrasaccharide)
· 2분자의 단당류가 결합 · 소당류 중 가장 중요 · Sucrose(자당, 서당) 　(glucose + fructose) · Lactose(유당) 　(glucose + galactose) · Maltose(맥아당) 　(glucose + glucose)	· 3분자의 단당류가 결합 · 라피노오즈(galactose + 　fructose + glucose) · 사탕수수, 당밀 등에 함유	· 4분자의 단당류가 결합 · 콩을 포함한 두류에 많음 · 인체 내 소화효소에 의해 가 　수분해 안 됨

참고

올리고당은 3~8(또는 3~10)개의 단당류로 이루어진 것이라고 정의하기도 하고, 이당류를 포함하여 3~20개의 단당류까지 포함하는 것이라고 정의하기도 함
*출처: Laurentin, A., and C. A. Edwards. "Fiber: Resistant starch and oligosaccharides." (2013): 246-253.
다만, 식품공전 중 올리고당은 이당류를 제외한 3~10개의 단당류가 결합된 것으로 봄

보충

• 자당(sucrose, 설탕)은 α-glucose(포도당)와 β-fructose(과당)이 α-1, 2결합한 이당류로 invertase에 의해 가수분해되어 포도당과 과당으로 된 전화당이 생김. 감미의 질, 강도 등이 뛰어나 감미료 평가의 기준물질로 이용되고 있음

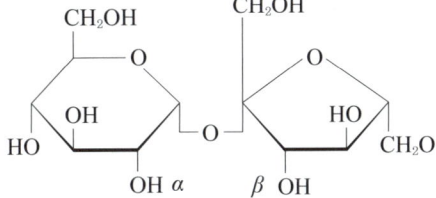

• 당류의 감미도

당류	감미도	당류	감미도
lactose	16	sucrose	100
galactose	32	Invert sugar	130
maltose	33	fructose	150
xylose	40	dulcin	25000
glucose	70	saccharin	55000

※ fructose는 β형이 α형보다 단맛이 더 강함

기출로 확인

단맛이 큰 순서로 나열되어 있는 것은? *20년 3회

① 설탕 > 과당 > 맥아당 > 젖당
② 맥아당 > 젖당 > 설탕 > 과당
③ 과당 > 설탕 > 맥아당 > 젖당
④ 젖당 > 맥아당 > 과당 > 설탕

정답 ③

(3) 다당류(poly saccharide)

- 수많은 단당류나 유도체가 글리코시드 결합으로 연결된 고분자 탄수화물
- 단순다당류: 전분, 덱스트린, 셀룰로오스, 이눌린, 글리코겐
- 복합다당류: 펙틴, 헤미셀룰로오스, 당단백질, 당지질

① 전분(Starch): 곡류, 서류 등 식물이 광합성으로 생산하는 탄수화물로 포도당이 중합하여 형성되며, 결합 형태에 따라 아밀로오스와 아밀로펙틴으로 구분

아밀로오스(amylose)	아밀로펙틴(amylopectin)
200~3,000개의 포도당이 α-1,4 결합만으로 연결된 긴 사슬 모양을 한 고분자 중합체	α-1,4 결합에 의해 중합된 포도당 사슬 일부에 α-1,6 결합에 의해서 다른 사슬이 연결된 가지(branch)를 가진 중합체
6~8개의 포도당마다 한 회전하는 나선 구조 (α-helical form)	포도당 18~27개마다 가지가 있음
요오드 반응에서 사슬 길이가 길수록 청색이 짙음	나선구조가 어려우므로 요오드 반응에 의해 자주색
용해가 쉬움	용해되기 어려움
호화가 쉬우며, 노화도 쉬움	호화가 어려우며 노화도 어려움
X선 분석에서 고도의 결정성을 보임	X선 분석에서 무정형
멥쌀은 아밀로오스 20%, 아밀로펙틴 80%, 찹쌀은 아밀로펙틴 100%	

> 📑 **보충**   **요오드녹말반응**
>
> - amylose의 나선형 구조 내부에 요오드 분자가 들어가 화합물을 형성하여 정색 반응을 하는 것
> - amylopectin은 나선형이 아니므로 반응을 하지 않아 보라색임
>
> **[아밀로오스 사슬 길이에 따른 요오드 정색 반응]**
>
> | 사슬 길이(포도당분자 수) | 나선 구조의 회전 수 | 요오드 반응색 |
> |---|---|---|
> | 12 | 2 | 무색 |
> | 12~18 | 2 | 갈색 |
> | 20~30 | 3~5 | 적색 |
> | 35~45 | 6~7 | 자색 |
> | 45< | 9< | 청색 |

② 덱스트린(dextrin)

- 전분을 산이나 아밀라제로 가수분해할 때 반응의 중간과정에서 얻어지는 여러 가지 분해 생성물의 혼합물
- 가용성 전분(요오드 반응: 청색) → 아밀로덱스트린(청자색) → 에리쓰로덱스트린(적갈색) → 아크로덱스트린(무색) → 말토덱스트린(무색)

③ 셀룰로오스(cellulose = 섬유소)
- 3,000개 이상의 β-glucose가 β-1, 4 결합으로 연결된 다당류, 모든 식물성 물질의 33%
- 사람은 셀룰로오스를 분해하는 소화효소가 없음
④ 이눌린(inulin)
- 과당의 상업적 원료인 다당류, 자당 정도의 단맛을 내지만 몸 안에서 흡수되지 않기 때문에 당뇨환자들에게 사용
- 구성당은 과당(fructose)

 기출로 확인

다당류인 이눌린(inulin)의 구성당은? *16년 3회
① maltose ② glucose
③ fructose ④ galactose

정답 ③

⑤ 글리코겐
- 동물의 저장용 탄수화물, 근육조직과 간에 저장
- 포도당이 α-결합된 다당류, 아밀로펙틴과 구조가 유사하나 훨씬 복잡
⑥ 펙틴(pectin)
- α-D-galacturonic acid가 α-1, 4 결합한 것
- 식물의 세포벽과 세포간 조직에 들어있는 수용성 탄수화물
- 펙틴은 익어가는 열매를 단단하게 하고 독특한 모양을 유지시킴
- 걸쭉한 겔을 형성할 수 있으므로 젤리, 잼, 마멀레이드에 사용
- 분자내 메톡실기의 함량에 따른 분류
  - 고메톡실펙틴: 7% 이상(고메톡실펙틴에 설탕과 산을 첨가하면 겔 형성)
  - 저메톡실펙틴: 7% 이하(저메톡실펙틴에 Ca^{2+}, Mg^{2+} 등의 2가 양이온이 존재하면 당과 산이 적어도 겔 형성 가능)
⑦ 당단백질
- 단백질과 당이 결합
- 독특한 점성을 가지고 있으며, 조직 및 장내 윤활 작용, 동식물 세포 및 조직 보호
⑧ 당지질
- 당과 고급지방산 결합
- 뇌를 비롯한 신경조직에 다수 분포하고, 식물계에는 존재하지 않음

2 당의 정성반응

(1) 몰리슈(Molisch)반응

단당류 → 진한 황산에 의한 탈수반응 → furfural 유도체 → α-나프톨과 반응 → 적자색 착색물질 형성

(2) 펠링(Fehling)반응

환원당에 의해 구리이온이 환원되어 적자색의 산화제일구리(Cu_2O)로 변화

(3) 은경(Silver mirror)반응

환원당 검출

(4) 베네딕트(Benedict)반응

① 환원당 검출

② 펠링 반응과 달리 한가지 시약을 쓰므로 편리, 알칼리성이 훨씬 약해 더 안정, 환원당에 더 선택적으로 작용

> **보충** **환원당의 정량법**
>
> • 베르트란드(bertrand)법: 당에 의하여 환원 침전된 구리의 양을 계산으로 산출하고, 벨트란표로 부터 구리의 양에 상당하는 당량을 구하여 검체 중에 함유된 환원당량을 산출
> • 소모기(somogyi)법: 구리염 환원법과 요오드 적정법을 병용하여 환원당의 함량을 산출

3 | 전분

(1) 전분당

① 전분을 산이나 효소로 가수분해하면 그 분해 조건에 따라 각기 다른 조성의 중간 생성물이 얻어지는데 이를 전분당이라고 함

② 종류

③ **전분당의 DE(Dextrose Equivalent)**: 전분의 가수분해 진행정도를 나타내며, 전분의 가수분해가 높을수록 발효성, 보습성, 감미도, 삼투압이 증가

$$DE = \frac{직접 \ 환원당(포도당)}{전체 \ 고형분} \times 100$$

DE: 결정포도당 100% > 정제포도당 97~98% > 고형포도당 80~85% > 액상포도당 55% > 물엿 35~50%

④ **전분의 가수분해 방법**

구분	산당화법	효소당화법
원료전분	완전한 정제필요	정제할 필요 없음
당화전분의 농도	약 25%	50%
분해 한도	약 90%	97% 이상
당화 시간	약 60분	48시간
당화액의 상태	쓴맛이 강하며, 착색물이 많이 생김	쓴맛이 없고, 기타 생성물 없음
관리	분해율을 일정히 하기 위한 관리가 어렵고 중화 필요	보온만 하면 되며 중화할 필요가 없음
가격	효소당화법에 비해 가격이 비쌈 (시설, 운영 비용이 큼)	산당화법에 비해 가격이 쌈 (시설, 운영 비용이 적음)

(2) 변성전분

① **정의**: 전분의 -OH기를 아세틸기(CH_3OH)나 인산기, 하이드록시 프로필기 등으로 치환하여 변성시킨 것, 호화 온도의 저하, 호화액의 투명성, 점·탄성 등을 개량한 전분

② **가공방법**: 산·알칼리·염·산화제·효소·열로 부분적으로 중합시키거나 또는 methylether, acetyl화 등의 고분자 반응으로 유도체를 바꿈

③ **종류**

㉠ 전환전분: 덱스트린, 산처리 전분, 산화전분, 알파전분

㉡ 안정화 전분: 전분에스테르(인산·초산 전분), 전분에테르(히드록시 프로필 전분)

㉢ 가교전분: 인산가교 전분, Epichlorohydrin 가교 전분

④ **이용**: 식품산업에서 증점제, 결착제, 겔형성제, 콜로이드 안정제 등 식품 품질 및 보존성 등을 향상시킴

㉮ 인스턴트 국수의 점성, 표면 매끄러움 등을 향상, 소스의 내열·내산성 강화, 소시지의 탄력성, 결착력, 저장성 향상

(3) 전분의 호화(α화, gelatinization)

① 정의

생전분(β-전분)에 물을 가해 가열(60℃ 이상)하면 전분입자 중 micelle (결정 미립자)이 풀려 간격이 생김 → 이 사이에 물이 침투하여 전분 분자의 일부와 결합(수화hydration) → 전분입자 분자간 수소결합이 파괴되어 아밀로즈는 더운물에 녹는 sol이 되고, 아밀로펙틴은 불용성인 gel이 됨

② 전분 호화의 단계적 변화

1단계	2단계	3단계
수화(hydration)	팽윤(swelling)	콜로이드화(colloid)
· 물의 흡수과정 · 가역적 반응 · 25~30% 물흡수	· 전분입자 비가역적 팽윤 · 전분 중 수용성 성분이 빠져나와 물에 녹음 · 전분 구조의 붕괴 시작	· 팽윤이 최고조에 달하면 전분입자는 파괴 · 전분 현탁액은 투명한 교질용액으로, 광선투과율 증가, 점도 증가 · 교질용액의 점도는 최고치에 도달하면 다시 감소

③ 호화에 영향을 미치는 인자

㉠ 수분: 수분함량이 낮으면 호화가 지연되며, 수분함량이 높을 때 잘 일어남

㉡ 전분의 종류: 전분의 입자가 작을수록 호화 온도가 높으며, 아밀로펙틴 함량이 높을수록 호화 속도가 느림

㉢ 온도: 60℃ 전후 호화 시작, 온도가 높을수록 호화가 빠름

㉣ pH: 알칼리성일 때 swelling과 호화 촉진

※ 녹말에 NaOH를 가하면 가열하지 않아도 호화됨

㉤ 팽윤제(염류): 일부 염류는 swelling과 호화 촉진

※ 음이온이 팽윤제 역할 강함($OH^- > CNS^- > Br^- > Cl^-$), 황산염은 호화 억제

㉥ 당류: 당농도 증가는 호화온도와 시간을 상승시킴

㉦ 지방질: 나선상 아밀로즈와의 결합에 의한 호화 지연

기출로 확인

전분의 호화에 영향을 주는 요인과 거리가 먼 것은? *16년 1회

① 전분의 종류
② 산소
③ 전분입자의 수분 함량
④ pH

정답 ②

선생님 TIP

전분의 호화와 노화의 정의, 특징, 촉진 요인, 억제방법을 구분하여 잘 외워두자.

(4) 전분의 노화(retrogradation)

① 정의

ㄱ. 팽윤된 호액을 오랫동안 방치해 두면 겔(gel)화되어, 희고 혼탁한 물질로 변화되고 궁극적으로 물과 분리(synersis)가 일어나는 현상

ㄴ. 즉, α화된 전분이 β전분으로 되돌아가 부분적으로 규칙적 배열의 결정성을 가지는 현상

② 특징

ㄱ. 노화가 진행됨에 따라 X선 회절 분석기로 관찰하면 전분의 결정이 원상으로 돌아오는 것을 알 수 있으나, 생전분의 결정과 비교하면 훨씬 규칙성이 떨어짐

ㄴ. 전분 호액의 표면에 필름 형성, 투명성, 점도, 용해도 감소, 효소작용 저하

> **보충** X-선 회절도(간섭도)
>
> - 전분은 아밀로오스와 아밀로펙틴 분자가 강한 결합력에 의해 규칙적인 배열로 결정형의 결정성 구조를 형성
> - 전분 입자의 결정 형태를 비교할 때 X선을 조사하여 산란현상을 이용함
> - 생전분(β-전분): 곡류(쌀, 밀)은 A 도형, 감자와 밤은 B 도형, 고구마, 칡, 타피오카는 C 도형
> - 호화 전분(α-전분): 전분을 물과 함께 가열하면 팽윤되어 호화되면서 전분입자의 결정성이 소실되므로 V 도형
> - 노화 전분: B형

③ 노화에 영향을 미치는 요인

ㄱ. **전분의 종류**
- amylose는 선상분자로서 입체장애가 없어 노화가 쉬움
- amylopectin은 가지 많은 구조로 입체장애 때문에 호화되기는 어려우나 호화후에도 노화가 어려움
- 옥수수·소맥 전분 등 지상 전분이 감자·고구마·타피오카 전분 등의 지하 전분보다 노화가 쉽고, 찰옥수수·찹쌀은 노화가 거의 일어나지 않음

ㄴ. **온도**: 노화의 최적온도는 2~5℃이며, 60℃ 이상과 -20℃ 이하에서는 잘 일어나지 않음

ㄷ. **pH**
- 황산, 염산, 인산 등의 강산은 저농도에서도 노화속도를 현저히 증가시킴
- pH 2에서 노화속도 최대치
- pH 7 이상에서는 노화가 거의 일어나지 않음

ㄹ. **수분**: 노화의 최적 수분함량은 30~60%, 수분 15% 이하, 60% 이상에서는 노화가 거의 일어나지 않음

ㅁ. **염류**: 황산염을 제외한 무기염류(Na^+, K^+, Ca^{2+} 등)는 노화 억제

④ 노화 억제 방법
  ㉠ 수분함량의 조절: 수분함량을 30~60%보다 적거나 많게 조절, 15% 이하면 노화를 효과적으로 억제
  ㉡ 냉동
  ㉢ 설탕 첨가: 설탕이 탈수제로 작용하여 α-전분(호화전분)을 단시간에 건조시킨 것과 같은 효과를 냄
  ㉣ 여러 무기염류, 유기염류
  ㉤ 식품첨가물: 메틸셀룰로오스, 카르복시메틸셀룰로오스나트륨(CMC) 등 증점제, D-Sorbitol, 유화제

◎ 기출로 확인

전분의 노화억제와 관련이 없는 것은? *16년 2회
① 냉동   ② 냉장
③ 유화제 첨가   ④ 자당 첨가

정답 ②

(5) 호정화(dextrinization)
전분 혹은 전분 함유 식품에 물을 가하지 않고 160℃ 이상으로 가열하면 가용성 전분을 거쳐 호정(dextrin)으로 변화하는 현상
예 전분질 곡물을 계속 가열하여 160~200℃ 정도 가열한 뒤 충분한 압력이 형성되었을 때 압력차에 의해 퍼핑(puffing) (옥수수, 쌀, 밀 등)

선생님 TIP

호정화는 호화와 혼동하기 쉬운데, 호화는 화학적 변화가 따르지 않고 물리적 상태의 변화뿐이나, 호정화는 화학적 분해가 조금 일어난 것으로 호화전분보다 물에 녹기 쉽고, 효소작용도 받기 쉽다.

선생님 TIP

단백질은 식품가공공정, 생화학과도 연관
성이 높으므로 잘 알아두자. 아미노산, 단
백질의 성질, 단백질의 변성과 관련된 문
제가 특히 자주 출제된다.

1 아미노산의 분류와 성질

1. 정의

(1) 한 분자 안에 카르복실기($-COOH$)와 아미노기($-NH_2$)를 모두 가지고 있는 것
으로 단백질의 구성요소

(2) 단백질을 구성하는 표준 아미노산 20종

글리신(glycin, Gly, G) 알라닌(alanine, Ala, A), 발린(valine, Val, V), 류신
(leucine, Leu, L), 아이소류신(isoleucine, Ile, I), 트레오닌(threonine, Thr, T),
세린(serine, Ser, S), 시스테인(cysteine, Cys, C), 메티오닌(methionine, Met,
M), 아스파르트산(aspartic acid, Asp, D), 아스파라긴(asparagine, Asn, N) 글
루탐산(glutamic acid, Glu, E), 글루타민(glutamine, Gln, Q), 라이신(lysine,
Lys, K), 아르기닌(arginine, Arg, R), 히스티딘(histidine, His, H), 페닐알라닌
(phenylalanine, Phe, F), 타이로신(tyrosine, Tyr, Y), 트립토판(tryptophan,
Trp, W), 프롤린(proline, Pro, P)

2. 분류

(1) 화학적 분류

① 중성 아미노산: 분자 중에 아미노기와 카르복실기를 동수로 가지고 있는 것으
로 glycine, alanine, serine, threonine, valine, leucine, isoleucine 등

② 산성아미노산: 한 분자 속에 아미노기보다 카르복실기를 더 많이 가지고 있는
것으로 aspartic acid 와 glutamic acid

③ 염기성 아미노산: 한 분자 속에 카르복실기보다 아미노기를 많이 가지고 있는
것으로 lysine, arginine, histidine

(2) 영양적 분류

필수아미노산: 신체에서 합성할 수 없는 아미노산으로 음식에서 공급되어야만 하
는 아미노산

• 성인은 isoleucine, leucine, lysine, methionine, threonine, phenylalanine,
tryptophan, valine (8개)

• 성장기 어린이와 회복기 환자는 arginine, histidine 포함 10개

기출로 확인

다음 중 필수아미노산이 아닌 것은? *18년 2회

① 트립토판(tryptophane) ② 라이신(lysine)
③ 루신(leucine) ④ 글루탐산(glutamic acid)

정답 ④

※ 제한아미노산

· 필수아미노산 가운데, 식품 중 함량이 체내 요구량에 비해 적은 것을 제한아미노산이라 하고, 가장 적게 함유되어 있는 것을 제1제한아미노산이라 함

· 제한아미노산으로 인해 체조직단백질 합성이 제한되므로 이들이 단백질의 질을 결정

식품	제한아미노산	보충식품
곡류	라이신, 트레오닌	콩류, 유제품
콩류	메티오닌	곡류, 견과류
견과류	라이신	콩류
채소류	메티오닌, 트립토판, 라이신	곡류, 콩류, 견과류

📍기출로 확인

두류 식품의 제한아미노산으로 문제시 되는 것은? *21년 2회

① 메티오닌(methionine)
② 라이신(lysine)
③ 아르기닌(arginine)
④ 트레오닌(threonine)

정답 ①

3. 아미노산의 성질

(1) 양성 전해질

① 아미노산은 한 분자 내에 염기로 작용하는 아미노기($-NH_2$)와 산으로 작용하는 카르복실기($-COOH$)를 둘 다 가짐

② 수용액 상에서 양성 이온의 상태로 존재하는 양성 전해질

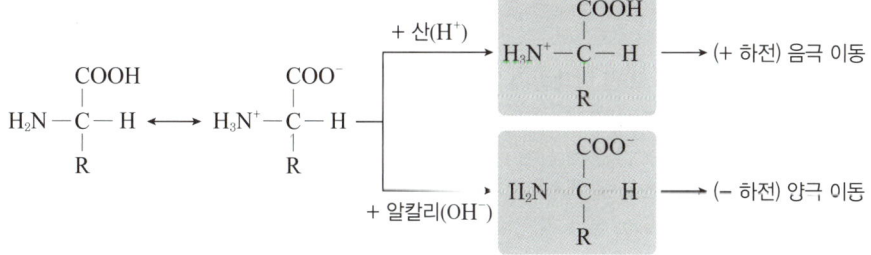

▲ 양성 전해질로서의 아미노산

③ 등전점(isoelectric point, pI)

· 아미노산의 양전하의 합과 음전하의 합이 같게 되어 전하의 합이 0이 되는 pH값

· 아미노산의 pI: 중성 아미노산은 pH 6 근처의 약산성에, 산성 아미노산은 산성 쪽에, 염기성 아미노산은 알칼리쪽

· pI에서 아미노산의 용해도, 점도, 삼투압은 최소, 흡착성과 기포성은 최대

 **선생님 TIP**

등전점과 관련된 문제는 식품화학 과목 뿐만 아니라 식품가공공정 등에서도 자주 출제된다.

(2) 광학적 성질

① 비대칭 탄소 원자를 갖기 때문에 광학적 이성질체가 되며, 대부분이 L-형이고, D-형은 특수한 경우 존재

② 단, glycine은 비대칭탄소원자가 없음

(3) 용해성

물과 같은 극성용매, 묽은 산이나 알칼리에는 잘 녹지만, 에테르, 아세톤과 같은 비극성 유기용매에는 녹지 않음

(4) 자외선 흡수성

① 방향족 아미노산인 티로신, 트립토판, 페닐알라닌은 자외선 흡수

② 최대흡수파장: 티로신 274.5 nm, 트립토판 278 nm, 페닐알라닌 260 nm

③ 약 280 nm에서의 흡광도로 수용액 중 단백질 함량 추정

(5) 맛

일반적으로 단백질은 맛이 없지만, 아미노산은 고유의 감칠맛을 냄

① 지미(감칠맛): glutamic acid

② 쓴맛: L-tryptophan, L-phenylalanine, L-tyrosine, L-leucine 등

③ 황화합물 비슷한 맛: D,L-cysteine, D,L-methionine

④ 단맛: glycine

◎ 기출로 확인

01 부제탄소원자를 가지지 않아 2개의 광학이성체가 존재하지 않는 중성아미노산은? *17년 3회

① Isoleucine
② Threonine
③ Glycine
④ Serine

02 등전점이 pH 10인 단백질에 대한 설명으로 옳은 것은? *20년 2회

① 구성 아미노산 중에 염기성 아미노산의 함량이 많다.
② 구성 아미노산 중에 산성 아미노산의 함량이 많다.
③ 구성 아미노산 중에 중성 아미노산의 함량이 많다.
④ 구성 아미노산 중에 염기성, 산성, 중성 아미노산의 함량이 같다.

03 다음 아미노산 중 자외선 흡수성을 지니지 않는 것은? *19년 3회

① Tyrosine
② Phenylalanine
③ Glycine
④ Tryptophan

정답 01 ③   02 ①   03 ③

2 단백질의 구조

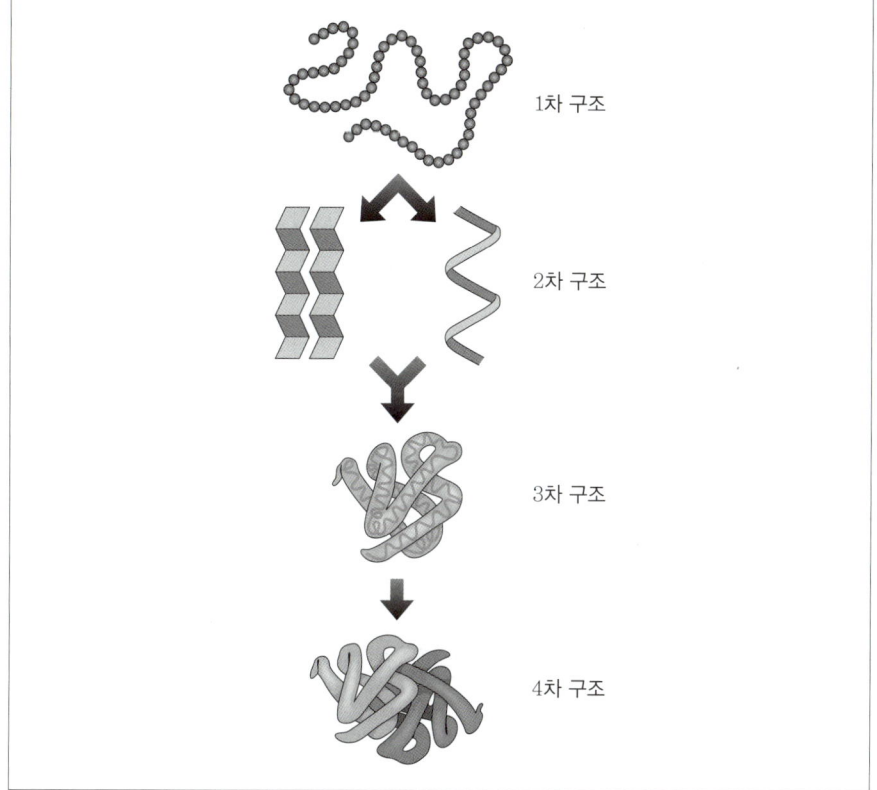

1차 구조

2차 구조

3차 구조

4차 구조

1. 1차 구조
한 개의 아미노산의 α-카르복실기(-COOH)와 다음 아미노산의 α-아미노기 (-NH$_2$)가 축합하여 형성된 -CO-NH- 결합인 펩티드 결합에 의해 폴리펩티드인 단백질 형성

2. 2차 구조
① 이웃의 아미노산끼리 상호작용(수소결합 등)에 의해 형성한 입체구조
② α-helix 구조, β-sheet 구조, Random 나사 구조

3. 3차 구조
polypeptide 사슬이 수소결합, S-S결합, 이온결합, 소수성 결합 등에 의해서 휘어지고 구부러지거나, 서로 묶여서 구상 및 섬유상의 일정한 구조 형성

(1) 구상단백질
① 여러 가지 결합에 의해서 구부러지고 겹쳐져서 전체로는 구상을 이루는 단백질
② 헤모글로빈, 알부민, 효소단백질 등
③ 비교적 물에 잘 용해되나, 가열하면 응고·변성되며, 용해성이 감소하고 효소에 대한 감수성 커짐

(2) 섬유상 단백질

① β-구조의 peptide 사슬이 축에 나란히 묶여 다발이 되어 섬유상을 형성한 것

② 다른 peptide 사슬 사이의 많은 수소결합과 s-s결합으로 형성

③ 물, 묽은산, 알칼리에 잘 녹는 수용성 섬유상(gelatin, myosin, zein, gliadin 등)과 녹지 않는 불용성 섬유상 단백질(머리카락, 털, 뿔, 명주실 등)로 나뉨

4. 4차 구조

3차 구조를 이루고 있는 폴리펩티드 2개 이상이 회합하여 하나의 생리기능을 가지는 단백질을 형성

◎ 기출로 확인

단백질의 구조와 관계 없는 것은? *18년 1회

① Peptide 결합　　　　　　② S-S 결합

③ 수소 결합　　　　　　　④ 삼중 결합

정답　④

3　단백질의 분류(구성성분에 의한 분류)

(1) 단순단백질(simple protein)

아미노산으로만 구성

분류	특징	식품(단백질)
알부민 (albumin)	· 열응고성 · 동식물 중에 많이 존재	· 난백(ovalbumin) · 유즙(lactalbumin) · 혈청(serum albumin) · 근육(myogen)
글로불린 (globulin)	· 열응고성 · 동식물 중에 많이 존재 · 글루탐산과 아스파르트산	· 근육(myosin) · 우유(lactoglobulin) · 난백(ovoglobulin) · 혈청(serum globulin) · 대두(glycinin)
글루텔린 (glutelin)	· 비열응고성 · 식물의 종자에 존재	· 쌀(oryzenin) · 밀(glutenin) · 보리(hordein)
프롤라민 (prolamin)	· 비열응고성 · 식물의 종자에 존재 · 프롤린을 많이 함유	· 옥수수(zein) · 밀(gliadin) · 보리(hordein)
히스톤 (histone)	· 비열응고성 · 히스티딘과 아르기닌 · 동물 체세포와 정자의 핵에 존재	· 흉선(thymus histone) · 적혈구(globin)

프로타민 (protamin)	· 비열응고성 · 아르기닌 많음 · 어류의 정자에 존재	· 연어(salmin) · 정어리(clupeine) · 고등어(scombrin)
알부미노이드 (albuminoid)	· 비열응고성 · 섬유상 단백질 · 동물체 보호조직에 존재	· 결합조직, 피부(collagen) · 결합조직, 힘줄(elastin) · 머리카락, 손톱(keratin) · 명주실(fibroin)

◎ 기출로 확인

글루테린(glutelin)에 해당하지 않는 단백질은? *21년 3회

① Oryzenin
② Glutenin
③ Hordenin
④ Zein

정답 ④

(2) 복합단백질(conjugated protein)

인단백질, 지단백질, 핵단백질, 당단백질, 색소단백질, 금속단백질

(3) 유도단백질(derived protein)

천연단백질이 물리적, 화학적, 효소적 분해로 성질이 변한 것

---

4 단백질의 성질

(1) 분자량

① 고분자 화합물로 분자량이 수만~수백만
② 셀로판 등의 반투막을 통과하지 못함

(2) 용해성

① 수용액 중에서 분산되어 섬소한 교질용액 형성
② 용해도는 염농도 영향을 받음
   ○ 염용(salting-in)효과: 저농도의 묽은 중성 염류용액에 의해 용해도가 증가
   ○ 염석(salting-out)효과: 중성염의 농도가 높으면 염과 단백질이 물에 대해 경쟁하여 단백질이 침전

(3) 등전점

① 대부분 식품 단백질의 등전점은 pH 4~6

② 등전점에서 점도·삼투압·팽윤·용해도 등은 최소, 흡착성·기포력·탁도·침전 등은 최대

③ 각종 식품 단백질의 등전점

단백질	소재	등전점	단백질	소재	등전점
gliadin	밀	6.5	lactalbumin	우유	5.1
myogen	육류	6.3	casein	우유	4.6
zein	옥수수	5.8	lactoglobulin	우유	4.5~5.5
myosin	육류	5.4	egg albumin	계란	4.5~4.7
glutenin	밀	5.2~5.4	glycinin	콩	4~5

(4) 정색 반응

선생님 TIP

당의 정성반응 종류와 단백질의 정색반응 종류를 구분하여 외워두자.

① 닌하이드린(ninhydrin) 반응

㉠ 아미노산을 닌하이드린과 반응하여 570 nm에서 최대흡광도를 갖는 청자색 화합물 형성

㉡ 아미노산의 정성과 정량에 널리 이용

② 뷰렛(biuret) 반응

㉠ 2개 이상의 펩티드 결합이 있는 단백질에서 일어나는 적자색~청자색반응

㉡ 단백질 용액 + NaOH → $CuSO_4$ 용액 1~2방울 → 적자색~청자색

③ 잔토프로테인(xanthoprotein) 반응

㉠ 벤젠핵을 가진 아미노산인 티로신, 페닐알라닌, 트립토판이 존재할 때 반응이 일어남

㉡ 단백질 용액 + 질산 → 흰색 침전 → 가열 → 황색

④ 밀론(millon) 반응

㉠ 페놀기를 가진 tyrosine의 존재에 의해 일어남

㉡ 단백질 용액 + millon 시약 → 흰색 침전 → 가열 → 적자색

5 단백질의 변성

1. 개요

(1) 변성의 정의

① 천연 단백질이 물리적·화학적 작용을 받아 펩티드 결합은 파괴되지 않으면서 분자 내 입체구조 변화에 의해 성질이 변화하는 현상

② 1차 구조의 변화가 아니고, 수소결합이나 소수성 결합 등을 하고 있는 단백질의 2차, 3차 구조가 파괴되어 천연 단백질의 원래 성질이 변화

(2) 변성의 특징

① 반응성의 증가: NH_2, –SH, –OH, radical 형성 증가

② 효소에 대한 감수성 증가

③ 용해성, 수화성 변화

④ 효소 작용, 호르몬 활성, 항원성 등의 생물학적 활성 소실

⑤ 점도의 증가, 응고, 침전 등의 현상 수반

⑥ 광학적 성질의 변화

⑦ 영양학적으로 활성기의 증가로 소화를 촉진하나 과도한 변성은 소화를 저해

⑧ 단백질 특유의 생물학적 특성 상실

⑨ 비가역적

기출로 확인

단백질이 변성되면 나타나는 일반적인 특성 변화로 옳은 것은? *17년 3회

① 소화 분해력 감소

② 친수성 증가

③ 용해도의 감소

④ 반응성 감소

해설 단백질이 변성되면 (단백질 종류에 따라 차이가 있기는 하나), 일반적으로는 반응기가 노출되면서 소화분해력과 반응성이 증가하고 용해도와 친수성은 감소함

정답 ③

2. 변성의 종류

(1) 물리적 작용에 의한 변성

① **가열에 의한 변성**

　㉠ 가용성 단백질: 열에 의해 변성되어 응고

　㉡ 불용성 단백질: 가열에 의해 변성되어 가용성 증가

　　예 콜라겐이 변성되어 가용성인 젤라틴 생성

② **동결에 의한 변성**

　㉠ 빙결정 석출, 염류의 농도 증가, 단백질 분자는 염석(salting out)에 의한 변성이 일어남

　㉡ 어류, 육류의 변성은 최대빙결정생성대인 –5~–1℃에서 잘 일어남

③ **건조에 의한 변성**: 육섬유를 구성하는 polypeptide 사슬 사이의 수분이 제거되고 peptide 사슬이 서로 결합되어 견고한 구조 형성

④ **표면 장력에 의한 변성**

　㉠ 단백질이 단일 분자막 상태로 얇은 막을 형성하게 되면 변성 응고

　㉡ 빵 제조시 발효에 의하여 gluten이 얇게 퍼지면 표면장력에 의하여 점탄성이 높아지고 빵이 부풀어 고정됨

　㉢ 난백이 기포화되는 동안 찰지게 단단해지는 것은 기포의 표면에 흡착된 달걀의 알부민 분자가 표면장력에 의해 변성되었기 때문

⑤ 광선, 압력, 초음파에 의한 변성

(2) 화학적 작용에 의한 변성

① 산 또는 알칼리에 의한 변성

㉠ 단백질 용액에 산 또는 알칼리를 가하면 pH의 변화에 따라서 하전이 변화하므로 고차 구조와 관계가 깊은 이온결합에 변화를 일으켜 단백질 변성

㉡ 단백질을 등전점에 이르게 하여 응고: 요구르트, 치즈 제조에 적용

② 알코올, 아세톤에 의한 변성

㉠ alcohol, acetone을 단백질 수용액에 넣으면 단백질이 변성되어 침전하는데 등전점 부근에서 가장 왕성

㉡ 우유 신선도 판정에 alcohol test 이용

③ 염류에 의한 변성

㉠ 대두 단백질인 glycinin은 열에 의하여 변성되지 않으나 Ca^{2+}, Mg^{2+}에 의해 쉽게 응고(두부 제조 이용)

㉡ 어육: 염장에 의해 어육단백질 중의 액토미오신이 액틴과 미오신으로 해리되어 미오신이 응집, 변성

(3) 효소에 의한 변성

응유효소인 rennin은 우유 단백질인 x-카제인을 ρ-x-카제인으로 변성(응고)시킴
→ 이를 치즈 제조에 이용

🎯 기출로 확인

단백질 변성(denaturation)에 대한 설명으로 틀린 것은? *21년 2회

① 단백질 변성이란 단백질 구조 중 1, 2, 3차 구조가 외부의 자극에 의해 변화되는 현상이다.

② 염류에 의한 단백질 변성의 예는 콩단백질로 두부를 제조하는 것이다.

③ 우유 단백질인 casein이 치즈 제조에 활용되는 원리는 일종의 산(acid)에 의한 단백질 변성이다.

④ 육류를 장시간 가열하면 결합조직인 collagen이 변성되어 gelatin이 된다.

정답 ①

6 단백질의 변성도 측정방법

(1) 활성 측정

Ca-ATPase 등 효소와 같은 기능 단백질일 경우, 활성의 증감을 측정

> **보충** **곤충이물 효소활성 측정**
>
> 가열 공정이 포함된 식품에서 곤충이물이 발견되었을 때 원료·제조 과정에서 혼입된 것인지 개봉 후
> 유통·소비 단계에서 이물이 혼입되었는지를 유추하기 위해 곤충이물에 과산화수소를 떨어뜨려 거품
> 이 생성되는지를 확인
> - 거품 생성: 곤충 내 효소(카탈라아제) 활성이 유지되었다는 것은 해당 식품에 곤충이 유입된 후 가
>   열된 적이 없다는 의미
> - 거품 미생성: 곤충 내 효소(카탈라아제)가 비활성화 되었다는 것은 해당 식품에 곤충이 유입된 후
>   가열된 적이 있다는 의미
>
> $$2H_2O_2 \quad \xrightarrow[\text{카탈라아제}]{} \quad 2H_2O + O_2$$

(2) 용해도 측정

변성이 일어나면 단백질의 용해도가 변하므로 이를 이용하여 기능 단백질 및 구조
단백질의 변성도를 측정

(3) X-ray diffraction

단백질 등의 생체 고분자 구조를 결정할 때 이용되는 X-ray diffraction(회절)으
로 변성된 단백질의 변성 정도를 측정

(4) 보수력

단백질이 변성되면 수분을 수화할 수 있는 능력이 상실되므로 보수력이 급격히
감소하는 현상을 보임

1 지질의 분류와 구조

1. 지질의 정의

① 주로 탄소, 수소, 산소로 이루어져 있고, 인, 질소 등을 미량 포함
② 물에는 녹지 않지만 유기용매에 잘 녹는 소수성물질
③ 상온에서 액체인 것은 유(油), 고체인 것은 지(脂)

2. 지질의 분류

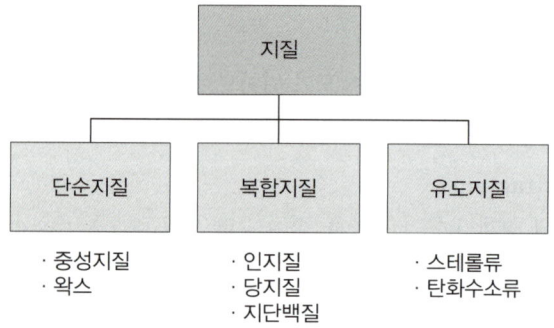

(1) 단순 지질

① 중성지질(triglyceride)
  ㉠ 글리세롤 1분자와 지방산 3분자가 에스테르(ester) 결합을 통해 생성
  ㉡ 동물성 지방과 식물성 유지의 주요 구성성분으로 지질의 약 95%는 triglyceride로 존재
② 왁스류: 탄소 20개 이상의 고급지방산과 고급알코올이 에스테르 결합

(2) 복합 지질

① 단순지질에 인산, 당, 단백질 등이 결합된 것
② 인지질: 분자 내에 친수성기와 소수성기를 모두 가지고 있어서 유화제로 이용
  예 레시틴(난황, 대두), 세팔린(난황, 뇌, 신경 등), 스핑고미엘린
③ 당지질: 분자 내에 지방산, 당질 포함
  예 세레브로시드
④ 지단백질: 지방질과 단백질의 복합체
  예 카일로마이크론, VLDL, LDL, HDL

(3) 유도 지질

① 단순지질과 복합지질의 분해산물 중 지용성 물질 또는 단순지질과 복합지질에 포함되지 않은 지용성 물질

② 스테롤, 유리지방산, 지용성 비타민(비타민 A, D, E, K), 탄화수소(스쿠알렌)

③ 스테롤(sterol)은 대부분의 진핵세포의 막에 존재하는 구조지방질로서, 동물성/식물성/미생물성으로 분류. 동물성 스테롤은 콜레스테롤, 식물성 스테롤은 시토스테롤, 스티그마스테롤, 진균류 스테롤은 에르고스테롤이 대표적임

3. 지방산의 분류

이중결합의 유무	· 포화지방산 · 불포화지방산
탄소 수	· 저급지방산, C 4 ~ 6 · 중쇄지방산, C 8 ~ 12 · 고급지방산, C 14개 이상

(1) 포화지방산

이중결합이 없음

포화지방산	탄소 수	표기법	구조	녹는점 (°C)
카프르산 (capric acid)	10	$C_{10:0}$		32
라우르산 (lauric acid)	12	$C_{12:0}$		43
미리스트산 (myristic acid)	14	$C_{14:0}$		54
팔미트산 (palmitic acid)	16	$C_{16:0}$		60
스테아르산 (stearic acid)	18	$C_{18:0}$		69
아라키드산 (arachidic acid)	20	$C_{20:0}$		76

(2) 불포화지방산
이중결합이 1개 이상

불포화지방산	탄소 수	표기법	구조	녹는점 (°C)
팔미톨레산 (palmitoleic acid)	16	$C_{16:1}$		0
올레산 (oleic acid)	18	$C_{18:1}$		13
리놀레산 (linoleic acid)	18	$C_{18:2}$		−9
리놀렌산 (linolenic acid)	18	$C_{18:3}$		−17
아라키돈산 (arachidonic acid)	20	$C_{20:4}$		−50

※ 탄소수가 동일한 지방산에서 이중결합의 수가 많을수록 지방산의 녹는점이 낮음

① **오메가 지방산**: 지방산의 탄소번호는 카르복실기(COOH)의 탄소를 1번으로 시작하고, ω(오메가)는 카르복실기의 반대편에 있는 메틸기(CH_3)의 탄소를 1번으로 함

리놀레산($\omega - 6$)

리놀렌산($\omega - 3$)

EPA($\omega - 3$)

DHA($\omega - 3$)

▲ ω-3 지방산과 ω-6 지방산

② **트랜스 지방산**

ㄱ 기하이성질체: 이중결합으로 연결된 두 탄소 원자에 결합된 원자 또는 원자 단의 공간적 배치가 다른 이성질체

- 시스형(cis): 같은 쪽에
- 트랜스형(trans): 반대 쪽에

cis−9−octadecenoic acid(올레산)

trans−9−octadecenoic acid(엘라이드산)

▲ 기하이성질체(시스형과 트랜스형)

ㄴ 자연계에 존재하는 불포화지방산은 대부분 시스형이지만, 유지의 경화 또는 가열에 의해 시스형이 트랜스형으로 전환될 수 있음

◎ **기출로 확인**

유지의 경화공정과 트랜스지방에 대한 설명이 틀린 것은? *19년 1회

① 경화란 지방의 이중결합에 수소를 첨가하여 유지를 고체화시키는 공정이다.
② 트랜스지방은 심혈관질환의 발병률을 증가시킨다.
③ 식용유지류 제품은 트랜스지방이 100g당 5g 미만일 경우 "0"으로 표시할 수 있다.
④ 경화된 유지는 비경화유지에 비해 산화 안정성이 증가하게 된다.

해설 「식품등의 표시기준」고시에 따르면, 트랜스지방은 0.5g 미만은 "0.5g 미만"으로 표시 할 수 있으며, 0.2g 미만은 "0"으로 표시할 수 있음. 다만, 식용유시류 제품은 100g낭 2g 미만일 경우 "0"으로 표시됨

정답 ③

③ **필수지방산**

ㄱ 체내에서 합성될 수 없거나, 합성되어도 그 양이 불충분하여 식품으로 섭취 해야 하는 지방산

ㄴ 리놀레산, 리놀렌산, 아라키돈산으로 이것을 비타민F라고도 부름

ㄷ 샐러드유, 대두유, 옥수수유 등의 식물성 기름에 많이 함유

4. 유지의 지방산 조성

① 동물성 지방인 우지와 라드는 포화지방산인 팔미트산과 스테아르산의 함량이 높음

② 식물성 유지에는 올레산, 리놀레산 등 불포화지방산의 함량이 높음

③ 팜유는 식물성이지만 포화지방산을 많이 함유하므로 상온에서 반고체 상태

2 지질의 특성

1. 물리적 성질

(1) 비중
① 일반적으로 0.90~0.95
② 탄소사슬이 짧은 지방산이 많을수록 비중 증가

(2) 점도
지방산의 분자량이 커지면 점도 증가

(3) 녹는점(융점)
포화지방산이 많으면 녹는점이 높고, 탄소수가 많을수록 녹는점이 높음

(4) 동질이상현상(polymorphism)
① 동일한 화학적 조성을 가진 물질이 온도, 압력 등에 의해 물질의 결정구조가 달라지는 것
② 유지는 3개의 결정형(α, β', β)으로 존재
③ 초콜릿 제조시 템퍼링과 보관 중의 블루밍 현상과 관련됨

(5) 발연점
① 유지를 가열하여 표면에 푸른 연기가 발생할 때의 온도
② 푸른 연기의 주요 성분은 유지가 고온에서 분해되면서 생성된 휘발성 아크롤레인
③ 유지를 장시간 가열할수록, 유리지방산의 함량이 높을수록, 표면적이 클수록, 불순물이 많을수록 발연점이 낮아짐

(6) 굴절률
① 분자량 및 불포화도의 증가에 따라 증가
② 저급 휘발성 지방산이 많은 버터는 유지의 굴절률은 낮고, 채종유, 아마인유 등 불포화지방산을 다량 함유하고 있는 유지는 굴절률이 높음

✏️ **용어정의**

• 연소점: 가연성 액체 또는 고체를 가열하였을 때, 불이 붙어 계속적으로 연소하는 최저 온도
• 인화점: 기체 또는 휘발성 액체에서 발생하는 증기가 공기와 섞여서 혼합기체를 형성하고, 혼합기체에 불꽃이 닿으면 순간적으로 섬광을 내면서 연소하는 최저 온도

> 🔍 **기출로 확인**
>
> **유지의 물리적 성질로 틀린 것은?** *18년 2회
> ① 유지의 비중은 물보다 가볍다.
> ② 유지는 구성 지방산의 종류에 따라 녹는점이 달라진다.
> ③ 유지를 가열할 때 유지 표면에서 푸른 연기가 발생할 때의 온도를 발연점이라 한다.
> ④ 불꽃에 의하여 불이 붙는 가장 낮은 온도를 연소점이라 한다.
>
> 해설) 연소점: 유지가 계속적인 연소를 지속하는 온도
>
> 정답 ④

2. 화학적 성질

(1) 검화가

① 유지 1g을 완전히 검화(비누화)시키는 데 필요한 수산화칼륨(KOH)의 mg 수

② 저급 지방산 함량이 높을수록 검화가 높음

(2) 산가

① 유지 1g 중에 함유된 유리지방산을 중화하는 데 필요한 수산화칼륨(KOH)의 mg 수

② 유지 품질의 척도로 이용

③ 식용유지의 산가는 0.6 이하(참기름, 압착유 등은 4.0 이하)

(3) 과산화물가

① 유지 1kg에 생성된 과산화물의 mg 당량

② 유지의 초기 산패도 측정

③ 과산화물가 10 이하면 신선한 유지

(4) 요오드가

① 유지 100g에 흡수되는 요오드의 g 수

② 불포화지방산의 양이 많을수록 요오드가가 높음

③ 고체지방 50 이하, 불건성유 100 이하, 반건성유 100~130, 건성유 130 이상

> **◎ 기출로 확인**
>
> 요오드가(iodine value)란 지방의 어떤 특성을 표시하는 기준인가? *21년 3회
>
> ① 분자량   ② 경화도
> ③ 유리지방산   ④ 불포화도
>
>   ④

(5) Polenske value

① 비수용성 휘발성 지방산을 중화시키는 소비되는 0.1N KOH의 mL 수로 표시하고, 비수용성 휘발성 지방산의 양을 나타냄

② 야자유 검사에 이용

③ 버터는 1.5~3.5, 야자유는 16.8~18.2

(6) Reichert-Meissl value

① 지방 5g을 알칼리로 비누화(검화)한 후 황산처리하였을 때 수증기류에 의해 휘발되는 수용성 지방산을 중화하는 데 필요한 KOH의 mg 수

② 유지의 수용성·휘발성 지방산(butyric acid와 caproic acid)의 양 측정

③ 버터(Butter)의 위조품 검정에 이용: 버터 23~34, 마가린 0.5~5.5

참고

보통 버터는 20℃, 마가린은 25℃에서 가장 좋은 크리밍가가 유지되며, 일반적으로 쇼트닝 > 마가린 > 버터 순으로 크리밍가가 큼

선생님 TIP

'유화성'관련 문제는 식품가공공정에서도 자주 출제되므로 잘 알아두자.

3. 식품 가공시 유지류의 특성

(1) 연화작용(tenderization)

밀가루 제품에서 지방이 글루텐 조직의 길이를 짧게 해주어 부드럽게 해줌

(2) 크리밍(creaming)

버터, 마가린, 쇼트닝을 교반해 주면 공기가 내포되면서 부드러운 크림상태가 됨

(3) 유화성(emulsifying)

유화제의 친수성기 부분은 물과 결합하고, 소수성기 부분은 기름과 결합함으로써 두 액체가 섞이게 됨

① 수중유적형(oil in water): 우유, 생크림, 마요네즈

② 유중수적형(water in oil): 버터, 마가린

③ 유화제: 레시틴(lecithin), 분리대두단백, 분리우유단백(casein)

④ 유화액 형태에 영향을 주는 조건: 유화제의 성질, 전해질의 유무, 기름의 성질, 기름과 물의 비율, 기름과 물의 첨가순서

보충 HLB(Hydrophilic Lipophilic Balance)

- 여러 종류의 계면 활성제의 특성을 획일적으로 분류하여 각각의 용도에 맞게 사용하기 위한 지표
- 1949년 미국의 Griffin에 의해 제안
- 계면활성제 1분자는 친수기와 친유기를 공유하고 있으므로 계면활성제의 성질을 각각 친수기와 친유기의 강약의 정도로 분류
- HLB 값 $= 20 \times \dfrac{\text{친수기의 분자량}}{\text{전분자량}}$
- 값이 작을수록 친유성이 강하고 클수록 친수성이 강함

  HLB 1~3: 소포제 - 서로 다른 성질의 오일을 섞을 때

  3~6: w/o형 유화제 - 버터, 마가린

  7~9: 습윤제 오일에 wetting powder를 섞을 때

  8~18: o/w형 유화제 - 우유, 생크림, 마요네즈

  13~15: 세정제, 세제류

  15~18: 가용화제로 적합

기출로 확인

유화식품에 대한 설명으로 틀린 것은? *19년 3회

① 수중유적형 유화식품의 대표적인 예는 우유이고, 유중수적형 식품은 버터이다.

② 유화능을 갖는 유화제는 양친매성을 가지며 분자내 친수성과 소수성기를 동시에 갖는다.

③ 유화제는 기름과 물 사이에 표면장력을 증가시켜 물과 기름이 서로 섞이게 한다.

④ 유화제의 HLB 값이 4~6이면 유중수적형 유화액을, HLB 값이 8~18이면 수중유적형 유화액 제조에 적합하다.

해설 유화제는 기름과 물 사이에 표면장력을 감소시켜 물과 기름이 서로 섞이게 함

정답 ③

3 지질의 변질

1. 정의

유지가 가열, 금속, 광선, 수분 등의 요인에 의하여 가수분해되거나 자동산화 등의 변화에 따라 불쾌한 냄새와 맛을 내는 현상

2. 변질의 종류

(1) 가수분해(hydrolysis)에 의한 변질

유지가 산, 알칼리, 효소(lipolytic enzyme)에 의하여 유리지방산과 글리세롤로 분해되어 어떠한 불쾌한 냄새나 맛을 형성

(2) 산패(rancidity)에 의한 변질

식용유지나 유지 식품에서 가장 보편적으로 일어나는 유지의 변질 현상으로 주로 유지 중의 불포화지방산이 자동산화(autoxidation)에 의하여 어떤 불쾌한 냄새나 맛을 내는 현상

(3) 변향(reversion)에 의한 변질

식물성 유지, 어유 또는 고도의 불포화 지방산을 함유하고 있는 일부 유지에서는 산패가 일어나기 전에 뚜렷한 냄새의 변화를 가져올 때가 있다. 이것은 주로 linolenic acid의 산화에 의해 발생

(4) 중합(polymerization)에 의한 변질

유지의 가열에 의해 이합체(dimer), 삼합체(trimer) 등의 중합체(polymer)가 형성되면서 점도 상승

3. 유지의 자동산화

(1) 정의

유지가 공기와 접촉하여 자연 발생적으로 산소를 흡수하고, 흡수된 산소가 유지를 산화시켜 산화생성물을 형성하는 현상

(2) 반응 메카니즘

자동산화과정은 본질적으로 자유 radical 반응으로 전개되며 다음과 같이 초기반응(initiation reaction), 전파 반응(propagation reaction), hydroperoxide 분해 과정을 거치는 연쇄반응(chain reaction)을 지나서 종결반응(termination reaction)의 4단계를 거쳐 일어남

① 초기반응: $RH \rightarrow R \cdot + H \cdot$ (자유 래디컬의 생성)
② 전파반응: $R \cdot + O_2 \rightarrow ROO \cdot$
$\quad\quad\quad ROO \cdot + RH \rightarrow ROOH + R \cdot$
③ hydroperoxide 분해(연쇄반응): $ROOH \rightarrow RO \cdot + OH \cdot$
④ 종결반응: $R \cdot + R \cdot \rightarrow RR$
$\quad\quad\quad R \cdot + ROO \cdot \rightarrow ROOR$
$\quad\quad\quad ROO \cdot + ROO \cdot \rightarrow ROOR + O_2$

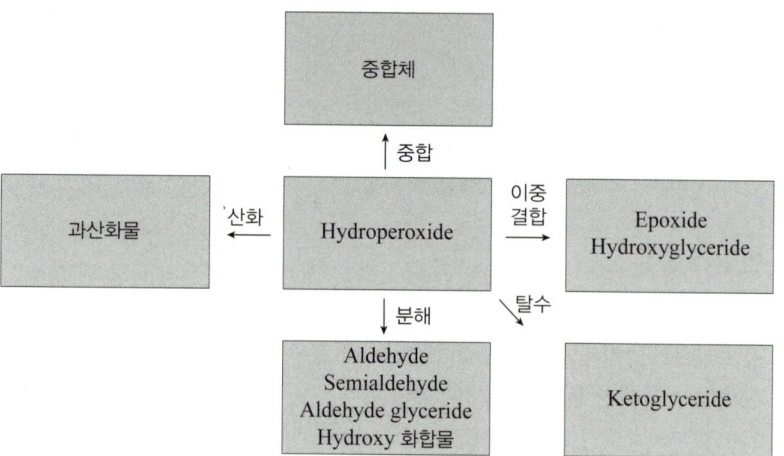

(3) 자동산화의 특징

① 불포화 지방산에서 잘 일어나는데, 우선 이중 결합에서 가까운 methylene 기에서 수소가 제거되어 자유래디컬이 생기고 이후 공기 중의 산소와 결합하여 hydroperoxide radical이 됨

② 이것이 다른 분자의 수소를 제거하여 새로운 래디컬을 만드는 동시에 그 자체는 hydroperoxide 생성

③ 이 hydroperoxide는 다시 분해되어 래디컬이 됨으로써 자기 촉매적 자동산화 (auto-catalytic auto-oxidation)를 일으킴

④ 일반적으로 유지가 산소를 흡수하는 속도는 처음에는 거의 일정하나 어느 기간을 지난 후에는 매우 급격하게 증가함. 유지의 산소흡수속도가 매우 적은 초기의 일정기간을 유도기간(induction period)이라고 함

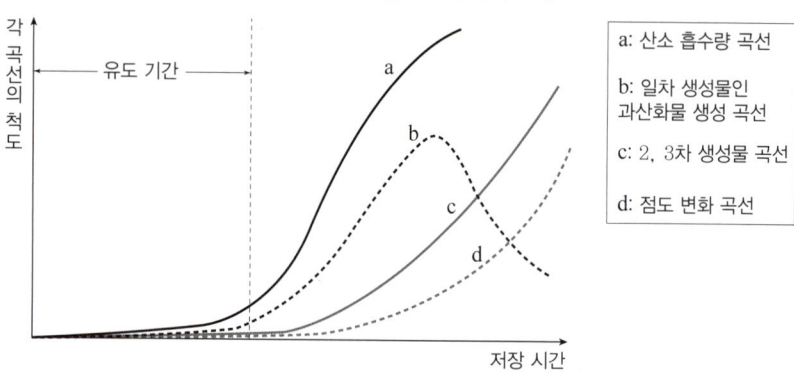

🔎 기출로 확인

식용유지의 자동산화 중 나타나는 변화가 아닌 것은? *19년 2회

① 과산화물가가 증가하다가 감소한다.
② 공액형 이중결합(conjugated double bonds)을 가진 화합물이 증가한다.
③ 요오드가가 증가한다.
④ 산가가 증가한다.

해설 식용유지의 자동산화 과정에서 초기에는 과산화물이 증가하지만 일정구간이 지나면 과산화물은 감소함. 공액형 이중결합(conjugated double bonds)을 가진 화합물이 증가하고 산가가 증가함. 자동산화가 진행되면 불포화지방산의 수치가 줄기 때문에 요오드가는 감소함

정답 ③

4. 유지 산패의 촉진요인 및 억제 방법

(1) 유지의 불포화도

높을수록 산패 되기 쉬움 → (억제 방법) 경화하여 사용하거나, 항산화제 첨가

(2) 온도

높을수록 산패 되기 쉬움 → 저온 보관

(3) 광선

자외선 하에서 산패 촉진 → 광선 차단 포장

(4) 산소

많을수록 산패촉진 → 진공포장, 탈산제, 불활성화 가스(N_2)

(5) 금속

산패 촉진 → 금속 불활성제 첨가(아미노산 등)

(6) 수분(건조)

결합수가 없어질 정도로 건조시키면(Aw < 0.25) 산패되기 쉬움

(7) 생화학적 물질

Hemoglobin, cytochrome 등의 hemo 화합물, chlorophyll 등의 광합성물질, lipoxidase 등의 효소는 산패 촉진

(8) 산화방지제(항산화제)

산패 유도기간을 연장하는 물질 또는 기능적 래디컬 저해제, 과산화물 분해제, 금속 불활성화제, 상승보조제 등이 있음

① 천연 항산화제: 비타민E(토코페롤), 참기름의 세사몰, 콩의 레시틴 등

② 합성 항산화제: BHA. BHT, 몰식자산 프로필 등

③ 상승제(synergist): 항산화제와 병용할 때 산화방지 작용이 증가함, 구연산, 주석산, 비타민 C 등

◎기출로 확인

유지의 산화속도에 영향을 미치는 인자에 대한 설명으로 틀린 것은? *21년 3회

① 이중결합의 수가 많은 들기름은 이중결합의 수가 상대적으로 적은 올리브유에 비해 산패의 속도가 빠르다.

② 분유 보관 시 수분활성도가 매우 낮은 상태일수록(Aw 0.2 이하) 지방산화속도가 느려진다.

③ 유탕처리 시 구리성분을 기름에 넣으면 유지의 산화속도가 빨라진다.

④ 유지를 형광등 아래에 보관하면 산패가 촉진된다.

정답 ②

5. 유지 산패의 측정방법

(1) 관능검사에 의한 방법

Oven test - 시료를 접시에 담고 온도(63℃, 혹은 145°F)가 유지되고 있는 항온조에 넣어서 수시로 관능검사를 통해 산패의 발생을 검출하거나, 그 유도기간을 측정

(2) 물리적 방법

산소흡수속도 측정법 - Warburg manometer를 이용하거나 압력계가 달린 밀폐된 용기에 유지 시료를 넣고 실온 내지는 실온보다 다소 높은 온도에서 일정한 시간마다 압력계를 통해 산소 흡수량 측정

(3) 화학적 방법

① 산가(acid value): 지방 1g 중에 있는 유리 지방산을 중화하는데 필요한 KOH의 mg 수

② 과산화물가(POV, peroxide value)

  ㉠ 유지 1kg에 생성된 과산화물(1차 산화생성물)의 mg 당량

  ㉡ 유지의 초기 산패도 측정

  ㉢ 과산화물가 10 이하면 신선한 유지, 50이상인 경우 유지 교체 필요

  ㉣ 단점: hydroperoxide의 함량이 자동산화의 진행에 따라 최고 값에 도달한 후 감소하기 때문에 산패가 발생한지 오래된 유지는 과산화물 값이 오히려 낮을 때가 있음

③ TBA 값(Thiobarbituric acid value)

  ㉠ 1kg의 유지 중에 함유되어 있는 malonaldehyde의 몰수

  ㉡ 유지 산패에서 생성된 malonaldehyde가 2-thiobarbituric acid와 HCl의 존재하에서 붉은색의 착색물질을 형성하는 반응을 이용하여 비색 정량하는 방법

④ AOM(Active Oxygen Method)

  ㉠ 유지 산패를 단시간에 판단하는 방법

  ㉡ 유지를 약 97℃의 수욕 중에 유지하면서 공기를 불어 넣어 산패를 일으키게 한 다음 POV를 측정하거나 TBA값을 측정하여 유지산패의 유도기간을 측정하는 방법

◎ 기출로 확인

유지 산패의 측정 방법이 아닌 것은? *21년 2회

① 과산화물값 측정
② TBA 값 측정
③ 비누화값 측정
④ 총 carbonyl 화합물 함량 측정

정답 ③

Chapter 06 무기질

1 정의 및 분류

1. 정의

무기질(mineral)은 탄수화물, 단백질, 지방처럼 에너지원으로서의 역할을 하지는 않지만 인체의 성장과 유지 및 생식에 중요한 역할을 함. 일반적으로 식품을 연소시키고 남은 회분(ash)에 해당됨

2. 분류

(1) 다량 무기질

1일 권장 섭취량이 100mg 이상인 것

(2) 미량 무기질

1일 권장 섭취량이 100mg 미만인 것

선생님 TIP

시험에서 출제율은 높지 않으나 무기질의 기능과 결핍증에 대한 문제가 출제되므로, 주요 무기질별로 간략히 요점만 기억해두자.

기출로 확인

다음 중 다량무기질에 해당하지 않는 것은? *18년 3회
① Ca   ② P
③ Zn   ④ Na

정답 ③

2 무기질의 기능

1. 신체의 구성 및 유지작용

(1) 뼈와 치아의 형성·유지

칼슘(Ca), 인(P), 마그네슘(Mg), 아연(Zn), 구리(Cu), 불소(F)

(2) 근육 수축 및 이완 작용

나트륨(Na), 염소(Cl), 칼륨(K), 칼슘(Ca), 마그네슘(Mg)

(3) 결합조직 형성

구리(Cu), 망간(Mn), 아연(Zn)

(4) 헤모글로빈의 기능

철(Fe)

(5) 위산 생성

염소(Cl)

2. 조절작용

① 체내 pH 및 삼투압을 조절함으로써 생체 내의 물리적·화학적 작용을 정상적으로 유지
② 전리성 염류는 신경의 자극 감수성과 근육의 탄성 유지
③ 혈액의 pH를 중성(7.3~7.5)으로 유지하기 위해 Na^+, K^+, Ca^{2+}, Mg^{2+} 등 무기질이 완충작용을 함

3. 효소구성 및 촉매작용

효소의 보조인자로 촉매 역할

3 주요 무기질 기능 및 결핍증

무기질	기능	결핍증/과잉증	함유식품
칼슘 (Ca)	·인체의 골격과 치아 형성 ·혈액 응고 작용 ·근육의 수축과 이완 ·신경의 전달 반응 물질	(결핍증) ·골격과 치아 약화 ·성장 둔화 ·구루병, 신경과민	우유(치즈 등 유제품 포함), 멸치, 달걀, 두류 등
인 (P)	·인체의 골격과 치아를 형성 ·인체의 항상성(산도 유지) ·핵산과 세포막의 구성물질 ·에너지대사에 관여	(결핍증) ·식욕감퇴 ·골격이상	우유(치즈 등 유제품 포함), 멸치, 달걀, 육류, 두류 등
마그네슘 (Mg)	·인체의 골격과 치아를 형성 ·일부 효소의 구성물질 ·인체의 항상성(산도 유지)	(결핍증) 신경장애	곡류 및 푸른잎 채소
황 (S)	·세포단백질의 구성물질 ·페놀류, 크레졸류 등 해독작용 ·효소의 활성화	(결핍증) 모발, 손톱 발육저하	메티오닌, 시스테인 등 황을 함유하는 아미노산, 마늘, 파 등

칼륨 (K)	· 세포내액의 수분 평형유지 · 삼투압 조절 · 인체의 항상성(산도 유지)	(결핍증) · 근무력증 및 마비 · 저칼륨혈증 (과잉증) · 고칼륨혈증	채소, 과일, 육류, 우유 등에 함유
나트륨 (Na)	· 삼투압 조절 · 세포외액의 수분 평형유지 · 근육 및 신경 조절작용	(결핍증) · 근육의 경련 · 식욕 감퇴 (과잉증) · 고혈압, 부종	소금, 간장, 절임류, 가공치즈
염소 (Cl)	· 인체의 항상성(산도 유지) · 위액의 형성	(결핍증) · 근육의 경련 · 식욕감퇴 · 성장 부진	소금, 간장, 절임류, 가공치즈
철분 (Fe)	· 헤모글로빈의 주요성분 · 산소운반 작용 · 효소의 활성화 및 촉매 작용	(결핍증) · 빈혈 · 영유아의 발육부진 · 성장 부진	조개류, 해조류, 비타민C(흡수촉진)
구리 (Cu)	· 당질의 대사에 관여 · 면역작용 · 헤모글로빈 내 철분의 이용촉진 · 콜라겐 합성	(결핍증) · 악성빈혈 · 백혈구 감소 · 성기능 장애	갑각류, 굴, 우유, 계란, 두류
아연 (Zn)	· 효소, 호르몬의 성분 및 활성 · 골격의 발육, 면역기능 강화 · 당질대사, 단백질대사 관여 · 알코올 분해	(결핍증) · 성장 장애 · 성기능 장애 · 기형 유발 · 상처회복 저해	해산물, 우유, 견과류, 적색육 등
망간 (Mn)	· 효소의 활성화 · 뼈생성 촉진 · 당질, 단백질, 지질대사에 관여	(결핍증) · 뼈 형성 장애 · 성기능장애	우유, 계란
요오드 (I)	· 성장기 발육에 관여 · 갑상샘 호르몬성분(thyroxine)	(결핍증) · 갑상샘종 · 피로, 빈혈 · 발육정지	해조류(미역, 김 등), 굴, 조개, 갑각류 등
불소 (F)	· 충치예방 · 골격과 치아의 기능유지	(결핍증) · 충치	불소가 함유된 수돗물 등
셀레늄 (Se)	· 항산화작용 · 지방대사에 관여 · 면역기능	(결핍증) · 근육 경련 · 식욕 감퇴 · 성장 정지	생선 등 해산물, 마늘
코발트 (Co)	· 비타민B_{12}의 구성성분 · 효소작용 활성화	· 악성빈혈	쌀, 콩

기출로 확인

인체 내에서 Fe의 생리작용에 대한 설명으로 틀린 것은? *19년 1회

① 헤모글로빈의 구성성분이다.
② 과잉 섭취 시 칼슘의 흡수율을 저하시킬 수 있다.
③ 식품 중의 phytic acid는 철의 흡수를 방해한다.
④ 인체 내에 가장 많은 무기질이며, 결핍 시 골다공증을 일으킨다.

해설 철은 미량 무기질

정답 ④

1. 칼슘 흡수에 영향을 미치는 요인

흡수 증진 요인	흡수 방해 요인
· 소장의 산성 환경 · 유당: 유산균에 의해 젖산으로 전환되어 장내 산성화 · 비타민 D, 비타민 C, 아미노산 · 칼슘과 인의 섭취 비율(1:1)일 때 · 부갑상샘호르몬: 비타민 D의 활성화를 촉진하여 칼슘 흡수 증진	· 소장의 알칼리성 환경: 알칼리성 용액에서 칼슘은 불용성이 되어 흡수 방해 · 수산(oxalic acid): 수산 + 칼슘 = 수산칼슘 (불용성 염) · 피틴산(phytic acid): 피틴산 + 칼슘 = 피틴산칼슘(불용성 염) · 지방, 식이섬유 · 비타민 D 부족 · 폐경, 노령, 운동 부족, 스트레스

2. 철 흡수에 영향을 미치는 요인

흡수 증진 요인	흡수 방해 요인
· 헴철: 육류, 가금류, 어류에 함유된 철로서 비헴철의 흡수도 증진시킴 · 비타민 C, 위산: 식품 중의 제2철을 제1철로 전환 · 구연산, 젖산 등의 유기산	· 피틴산, 수산, 탄닌: 철과 불용성염 형성 · 식이섬유 · 칼슘, 아연, 망간 섭취 과잉: 이들 무기질은 철과 동일한 단백질 수용체에 의해 흡수되므로 흡수과정의 경쟁으로 방해됨 · 체내 철 저장량이 많으면 흡수 방해 · 위액 분비 저하 · 감염, 위장 질환 등

기출로 확인

칼슘(Ca)의 흡수를 저해하는 인자가 아닌 것은? *19년 3회

① 수산(oxalic acid)
② 비타민 D
③ 피틴산(phytic acid)
④ 식이섬유

정답 ②

4 산성식품과 알칼리성 식품

선생님 TIP

산성식품과 알칼리성식품, 산도와 알칼리도 관련 문제가 종종 출제된다.

1. 산성식품

① 식품 내 포함된 산 생성 원소가 알칼리성 원소의 비율보다 높은 식품

② P, S, Cl, I 등의 원소들은 체내에서 인산(H_3PO_4), 황산(H_2SO_4), 염산(HCl) 등 산을 생성하거나 PO_4^{3-}, SO_4^{2-}, Cl^-, I^- 등 음이온 생성

③ 곡류, 육류, 어류, 계란, 치즈, 빵, 탄산음료 등

2. 알칼리성식품

① 식품 내 포함된 알칼리성 원소가 산 생성원소의 비율보다 높은 식품

② Na^+, K^+, Ca^{2+}, Mg^{2+}, Fe^{2+}, Cu^{2+}, Zn^{2+} 등 양이온이 되는 알칼리 생성 원소

③ 과일류, 채소류, 해조류, 감자류, 녹차, 우유, 커피

※ 우유는 칼슘(Ca)으로 인해 알칼리성 식품에 속함

3. 식품의 산도 및 알칼리도 측정

(1) 산도(acidity)

100g의 식품을 회화시켜서 얻은 회분을 중화하는 데 필요한 0.1N 알칼리의 mL수

(2) 알칼리도(alkalinity)

100g의 식품을 회화시켜서 얻은 회분을 중화하는 데 필요한 0.1N 산의 mL수

⊘기출로 확인

산성식품과 알칼리성식품에 대한 설명으로 틀린 것은? *20년 2회

① 무기질 중 PO_4^{3-}, SO_4^{2-} 등 음이온을 생성하는 것은 산 생성 원소이다.

② 해조류, 과실류, 채소류는 알칼리성 식품이다.

③ 육류, 곡류는 산성 식품이다.

④ 식품 100g을 회화하여 얻은 회분을 알칼리화하는데 소비되는 0.1N NaOH의 ml 수를 알칼리도라고 한다.

[해설] 식품 100g을 회화하여 얻은 회분을 알칼리화하는데 소비되는 0.1N NaOH이 ml수는 산도임

[정답] ④

선생님 TIP

비타민의 종류가 많아 모두 외우기는 쉽지 않으므로, 수용성·지용성 비타민의 종류와 주요 비타민별 요점을 기억하자.

1 정의 및 분류

1. 정의

비타민은 인체 내에서 에너지원으로 사용되거나, 조직을 구성하는 성분은 아니지만 아주 미량으로도 인체 영양과 관련된 대사 및 생식에 영향을 주는 유기화합물을 말하며, 체내에서 합성되지 않거나 또는 충분한 양이 합성되지 않기 때문에 식품 섭취를 통해 공급해 주어야 하는 인체 필수 성분들을 말함

2. 분류와 특성

특성	지용성 비타민	수용성 비타민
종류	비타민 A, D, E, K	비타민 B군, 비타민 C
성질	기름과 유기용매에 녹음	물에 녹음
구성 성분	C, H, O로 구성	C, H, O, N 외에 S, Co 함유
흡수 및 운반	지단백질 형태로 융모의 유미관을 통해 림프관 흉관을 거쳐 혈액으로 들어 옴	융모의 모세혈관, 문맥을 통해 간으로 운반됨
저장 및 배설	과잉분은 간과 지방조직에 저장되어 쉽게 배설되지 않음	체액 내에서 자유로이 순환되고, 과잉분은 소변으로 쉽게 배설됨
결핍증	서서히 나타남	빨리 나타남
공급	매일 섭취하지 않아도 됨	매일 섭취해야 함

기출로 확인

지용성 비타민의 특성이 아닌 것은? *18년 1회

① 기름과 유기용매에 녹는다.
② 결핍증세가 서서히 나타난다.
③ 비타민의 전구체가 없다.
④ 1일 섭취량이 필요 이상일 때는 체내에 저장된다.

정답 ③

2 비타민의 기능 및 결핍증

비타민	기능	결핍증/과잉증	함유식품
비타민A (레티놀)	· 시력유지 · 상피세포의 건강유지 · 신경계 및 생식계 기능 유지 · 골격성장	(결핍증) 야맹증, 안구건조증, 피부 이상, 면역기능약화, 성장부진 (과잉증) 두통, 구토, 피부이상, 탈모증, 간 비대, 뼈통증	간유, 버터, 달걀, 장어, 녹황색채소, 곡류
비타민D (칼시페롤)	· 뼈의 성장과 석회화 촉진 · 칼슘의 흡수 촉진 · 인의 흡수 촉진	(결핍증) 구루병(어린이), 골연화증(성인), 골다공증 (과잉증) 성장지연, 신장손상	간유, 버터, 계란, 등푸른 생선, 버섯
비타민E (토코페롤)	· 세포손상 방지하는 항산화제 · 비타민A의 흡수 증가	(결핍증) 적혈구 용혈, 근육위축증, 빈혈, 신경파괴 (과잉증) 근육허약, 두통, 피로, 오심, 비타민K 대사방해	배아유, 면실유, 옥수수유, 버터, 두류, 계란, 양배추
비타민K	혈액응고	(결핍증) 출혈, 혈액응고 지연 (과잉증) 빈혈, 황달	간유, 양배추, 시금치, 토마토 (장내 박테리아에 의해 합성)
비타민B$_1$ (티아민)	· 당질 대사 촉진 · 식욕과 소화기능 자극 · 신경계에서의 기능	(결핍증) 피로, 권태, 식욕부진, 각기병, 신경염 (과잉증) 구토	쌀겨, 대두, 땅콩, 돼지고기, 난황, 간유
비타민B$_2$ (리보플라빈)	· 성장 촉진 · 입속 점막 보호 · 체내 산화 환원작용	(결핍증) 성장지해, 구내염, 구각염, 설염, 눈부심	효모, 치즈, 난류, 메뚜기, 낙지, 김, 번데기
나이아신 ※ 트립토판이 전구체임	체내 산화 환원작용	(결핍증) 펠라그라, 설염, 피부 및 점막손상 (과잉증) 피부발진, 십이지장궤양, 간이상	효모, 육류, 어패류, 두류
비타민B$_6$ (피리독신)	· 단백질 대사 관여 · 헴 합성 · 지방 합성	(결핍증) 피부염, 설염, 빈혈, 두통, 구토 (과잉증) 신경파괴	효모, 어류, 간유, 쌀겨, 배아, 두류
엽산	· 핵산 및 아미노산 합성 · 적혈구 성숙	(결핍증) · 거대적아구성빈혈 · 태아신경관 손상	간유, 대두, 치즈, 오이, 소맥, 난황

비타민B₁₂ (코발라민) ※ 코발트 함유	· 혈액 생성 · 성장 촉진	(결핍증) 악성빈혈, 손발 지각이상	패류, 육류, 난황
판토텐산	· 에너지 생성 · 지방산 및 스테롤 합성 · 헤모글로빈 합성	(결핍증) 피로, 불면, 두통, 근육경련, 빈혈	효모, 치즈, 두류, 엽채류
비오틴	· 포도당 합성 · 지방산 합성	(결핍증) 빈혈, 식욕감퇴, 설염, 근육통, 피부건조증	간, 콩팥, 우유, 육류, 효모, 버섯(장내 박테리아에 의해 합성)
비타민C (아스코르브산)	· 항산화제 · 콜라겐 형성 · 면역기능 향상 · 철의 흡수 촉진	(결핍증) 괴혈병, 상처치유 지연, 체중감소, 피로, 식욕감퇴 (과잉증) 철의 흡수증가, 신장결석	엽채류, 과실류, 감자류

◎기출로 확인

Ca의 흡수를 촉진하는 비타민은? *18년 1회

① 비타민 A
② 비타민 B₁
③ 비타민 B₂
④ 비타민 D

정답 ④

Chapter 08

식품의 특수성분

1 식품의 색

1. 색소의 분류 및 특징

(1) 천연색소의 분류

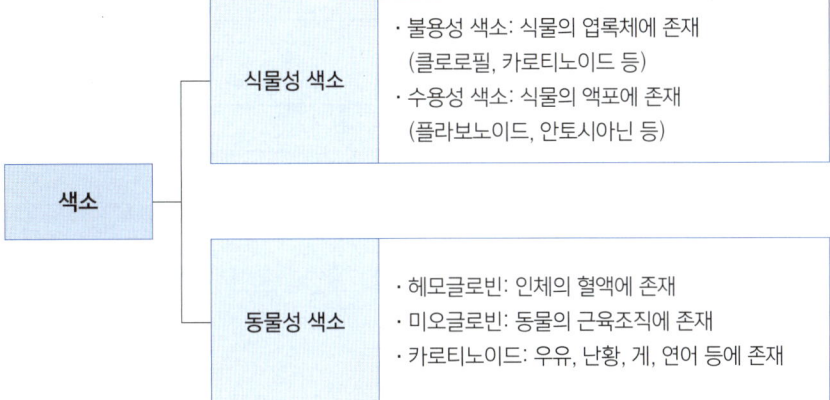

식물성 색소
- 불용성 색소: 식물의 엽록체에 존재 (클로로필, 카로티노이드 등)
- 수용성 색소: 식물의 액포에 존재 (플라보노이드, 안토시아닌 등)

동물성 색소
- 헤모글로빈: 인체의 혈액에 존재
- 미오글로빈: 동물의 근육조직에 존재
- 카로티노이드: 우유, 난황, 게, 연어 등에 존재

(2) 색소성분별 분류

카로티노이드계 색소		색	함유식품
카로틴류	β-카로틴	노란색, 주황색	당근, 호박, 고구마 등
	라이코펜	빨간색	토마토, 수박, 자몽 등
크산토필류	아스타잔틴	빨간색	게, 새우, 연어, 송어
	루테인	황등색	마리골드꽃, 오렌지, 난황, 옥수수 등

플라보노이드계 색소	색	함유식품
플라보논	무색	감귤 등
플라보놀	담황색	메밀, 양파 등
이소플라본	무색, 담황색	대두 등

안토시아닌계 색소	색	함유식품
칼리스테핀	등적색	딸기 등
크리산테민	암적색	검은콩 껍질, 팥, 복숭아 등
에닌	홍색	포도 등

선생님 TIP

식품의 맛, 향, 색은 식품을 선호하는 기준이 되는 감각적인 영역이다. 이러한 감각적인 부분이 총합적으로 식품에 대한 개인적인 취향이나 식품 평가의 주관적인 지표가 될 수 있다. 그러므로, 식품의 개발, 품질관리에서 중요한 부분이고, 식품안전기사, 식품산업기사 시험에서 출제율이 높다.
특히 식품의 색소와 갈변 부분은 매우 중요하며 출제율이 높은 부분이다.

선생님 TIP

색소의 종류가 매우 다양하여 이해가 어려울 수 있으므로, 색소의 큰 카테고리에서 각 색소계의 색깔을 떠올리며 구분하여 외우고, 각각의 세부물질명을 학습하는 것을 추천한다.

참고

발색이론
- 색소란 파장이 긴 적색부(800 nm)에서 파장이 짧은 자색부(400 nm)까지의 각 파장을 반사하는 물질
- 발색단은 $C=O$, $-N=N-$, $-C=C-$, NO_2, $-NO$, $-C=S$ 등의 원자단

갈변색소	색	함유식품
캐러멜	갈색	당의 가열에 의해 생성
폴리페놀 산화생성물 (멜라닌 등)	갈색	폴리페놀옥시데이스 작용, 효소적 산화에 의해 생성
멜라노이딘	갈색	아미노-카보닐 반응에 의해 생성

포르피린계 색소	색	함유식품
클로로필	황록~청록색	녹색 채소류, 해조류
헴색소	적색	혈액(헤모글로빈), 어류 및 육류의 근육 (미오글로빈)

🎯 기출로 확인

카로티노이드계 색소는 어느 것인가? *16년 2회
① 크산토필 ② 클로로필
③ 탄닌 ④ 안토시아닌

정답 ①

(3) 식물성 색소

① **식물성 카로티노이드(carotenoid)**
- 주황색, 황색, 적색을 띠는 지용성 색소
- 열에 비교적 안정하나, 산소, 햇빛 또는 산화효소에 쉽게 산화되어 색이 변색됨
- 변색 방지법: 효소의 불활성화, 산소의 차단(진공 포장, 질소 충진, 항산화제 첨가)
  - ㉠ 카로틴(carotene): 이소프렌의 축합체인 탄화수소
    - α-카로틴: 고추와 당근에 존재
    - β-카로틴: 간에서 비타민A로 전환(프로비타민 A로서 활성이 가장 큼), 산화되면 비타민의 효력상실
    - γ-카로틴: 당근, 감귤류에 존재
    - 라이코펜: 토마토의 주 카로티노이드
  - ㉡ 크산토필(xanthophyll)
    - 알코올에는 녹으나 석유에테르에는 녹지 않는 카로틴계 색소의 산화유도체
    - 캡산틴: 고추, 파프리카에 함유
    - 크립토잔틴: 오렌지, 감, 딸기, 앵두, 노란 옥수수 등에 함유되어 있는 프로비타민 A
    - 루테인: 마리골드꽃, 오렌지, 난황, 옥수수 등에 함유

참고

프로비타민 A
α-카로틴, β-카로틴, γ-카로틴, 크립토잔틴

다음 carotenoid 중 xanthophyll 그룹에 해당하는 것은? *19년 2회

① β-carotene ② cryptoxanthin
③ α-carotene ④ lycopene

정답 ②

② 플라보노이드(flavonoid＝안토잔틴)

ㄱ 수용성, 담황색에서 황색, 식물세포에 유리상태나 배당체로 존재
ㄴ 모두 C_6-C_3-C_6의 기본 구조를 가지고 있고, 플라보노이드의 -OH기는 구리 (Cu), 철(Fe) 등의 금속과 결합하여 불용성 착화합물을 생성
ㄷ 약산성에서는 무색, 경수로 가열하거나 알칼리성으로 하면 황색, 산화하면 갈색으로 변화
  • 밀가루에 중탄산나트륨을 첨가하여 빵, 튀김 옷을 만들면 황색
  • 양배추, 흰 양파, 흰 감자, 고구마, 콩 등을 경수로 끓일 때 황색이 짙어짐

③ 안토시아닌(anthocyanin)

ㄱ 포도, 딸기 등의 적색, 청색, 자색 등의 수용성 색소의 총칭
ㄴ 안토시아닌 색소는 주로 배당체로 존재
ㄷ 안토시아닌의 안정성
  • pH 안정성: pH 3.5 이하에서 매우 안정한 적색, 중성에서 자색, 알칼리에서 청색
  • 산소: 안토시아닌의 안정성에 가장 큰 영향을 줌. 산소 존재 하에 급격하게 갈변
  • 효소: anthocyanase에 의해 무색이 됨
  • 당류: 당류 또는 당류의 분해물은 안토시아닌 색소의 분해를 촉진
  • 금속: 각종 금속이온(철, 구리, 주석, 알루미늄 등)과 복합체를 형성하여 다양한 색을 형성
    예 가지 염장 시, 쇳조각을 넣어두면 가지가 고운 청색을 띰

안토시아닌(Anthocyanin)계 색소가 적색을 띠는 경우는? *21년 3회

① 산성 조건
② 중성 조건
③ 알칼리성 조건
④ pH에 관계없이 항상

정답 ①

④ **탄닌(tannin)**
- ㉠ 식물의 뿌리, 잎사귀 등에 널리 존재
- ㉡ 탄닌의 산화생성물은 갈색, 홍색, 흑색 등을 나타내어 식품 색깔에서 중요 역할 담당(카테킨류는 무색이지만 폴리페놀 옥시다아제에 의해 산화되면 갈변)
- ㉢ 녹차의 카테킨, 류코안토시아닌류, 폴리페놀산, 사과 등의 류코시아닌, 커피 등의 클로로젠산
- ㉣ 공기 중에 쉽게 산화, 중합되어 흑갈색의 중합체 형성
- ㉤ 탄닌은 단백질과 결합하면 침전(맥주의 혼탁화)
- ㉥ 금속과 복합염을 형성하여 회색, 갈색, 적색, 청록색 형성(떫은 감을 철제 칼로 깎으면 암갈색화)

⑤ **클로로필(Chlorophyll)**
- 식물의 잎과 줄기에 널리 분포하는 녹색색소
- 물에는 불용, 아세톤과 에테르, 벤젠 등에는 가용
- ㉠ 구조: 클로로필의 포르피린 고리와 결합하고 있는 마그네슘은 두 개의 공유결합과 두 개의 배위결합에 의해 결합

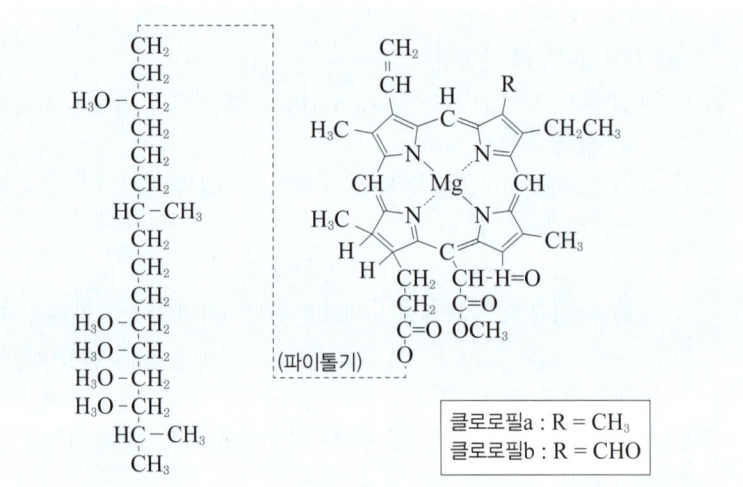

클로로필a : R = CH₃
클로로필b : R = CHO

▲ 클로로필의 구조

- ㉡ 산에 의한 변화: 약산과 반응하면 마그네슘이 수소와 치환되어 갈색의 페오피틴 형성(비가역적 반응, 배추김치에서 나타남)

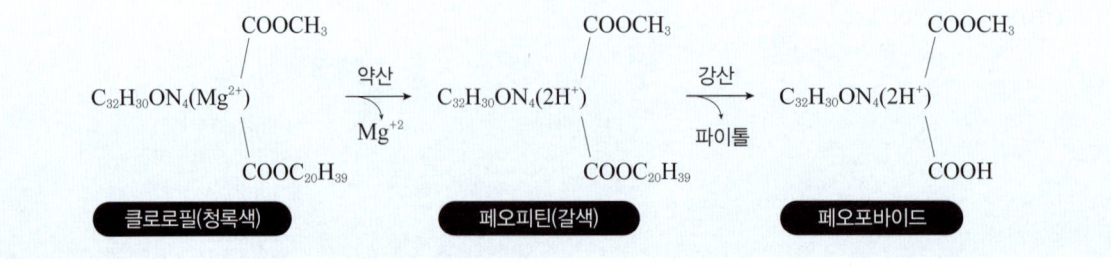

ⓒ 알칼리에 의한 변화: 알칼리 용액에서 가열하면 <u>파이톨기가 떨어져 나가 녹색의 클로로필리드 형성</u>, 메틸에스테르결합이 가수분해되어 수용성인 진한 녹색의 클로로필린 형성[녹색채소를 삶을 때 중탄산나트륨(식소다)을 첨가하면 녹색 보존], 알칼리농도가 높을 때는 염형태의 클로로필린(일명 수용성 클로로필)으로 존재

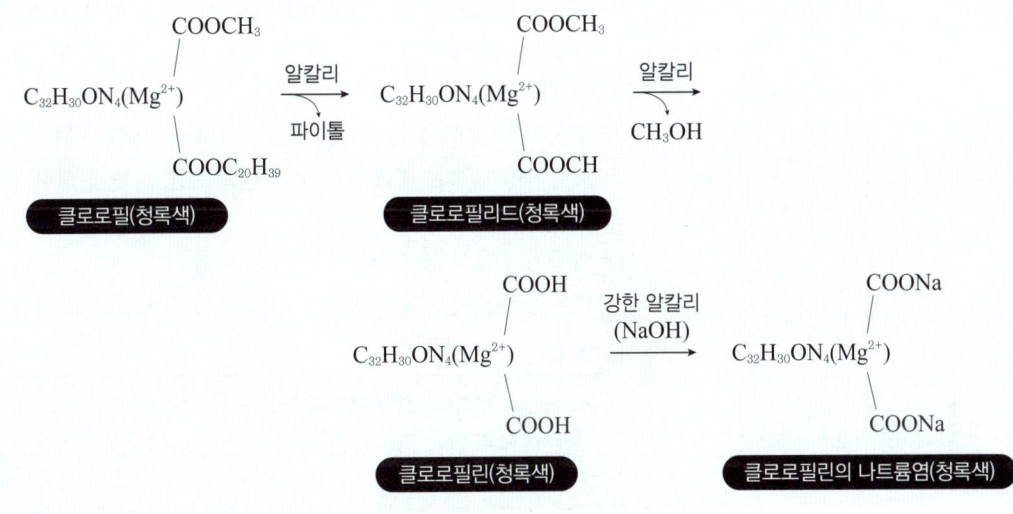

▲ 알칼리에 의한 변화

🎯 기출로 확인

01 클로로필(chlorophyll)을 알칼리로 처리하였더니 피톨(phytol)이 유리되고 용액의 색깔이 청록색으로 변했다. 다음 중 어느 것이 형성된 것인가? *21년 1회

① pheophytin
② pheophorbide
③ chlorophyllide
④ chlorophylline

02 채소류는 데치기 공정(blanching)을 하면 보통 색깔이 진해지지만 지나치게 가열하거나 산으로 처리하였을 경우에는 갈색으로 변한다. 이런 경우 다음 중 어느 것을 첨가하면 색이 변하는 것을 방지할 수 있는가?

① 탄산마그네슘   *21년 2회
② 황산암모늄
③ 염화칼슘
④ 수산화나트륨

정답 01 ③   02 ①

　　　　② Chlorophyllase에 의한 변화
　　　　　　• 식물조직이 손상되면 클로로필은 chlorophyllase의 작용으로 파이톨기가 떨어져 나가 선명한 녹색인 클로로필리드를 형성 → 계속하여 식물조직 내의 산 또는 자가산화로 생긴 산에 의해 마그네슘이 유리되어 페오포바이드(갈색)를 형성
　　　　　　• 채소를 데치면 효소가 불활성화, 녹차를 만들 때 차잎을 덖으면 효소를 불활성화시켜 녹색 유지
　　　　⑩ 금속과의 반응
　　　　　　• 구리나 철과 함께 가열하면 클로로필의 마그네슘 이온이 이들 금속이온과 치환되어 안정한 청록색의 구리-클로로필, 또는 선명한 갈색의 철-클로로필을 형성
　　　　　　• 이들은 수용성 염 형태로 착색제로 이용
　　　　　　• 완두콩 통조림 제조시, 변색을 억제하기 위해 소량의 황산구리 사용

기출로 확인

01 색소 성분의 변화에 대한 설명 중 틀린 것은? *21년 2회
　　① 클로로필은 가열이나 약산 처리 시 Mg이온이 수소로 치환되어 청록색의 pheophorbide가 된다.
　　② Myoglobin은 햄, 소시지와 같은 염지육에서는 nitrosomyoglobin으로 된다.
　　③ Myoglobin이 되고 익힌 육류의 색은 metmyoglobin에 의해 유발된다.
　　④ Carotenoids는 광선에 매우 민감하나, 이 예민도는 산소의 존재 유무에 따라 달라진다.

02 엽록소(chlorophyll)의 녹색을 오래 보존하기 위해 chlorophyll의 Mg을 무엇으로 치환하는 것이 좋은가? *18년 2회
　　① Cu　　　　　　　　　　　② H
　　③ K　　　　　　　　　　　④ N

정답 01 ①　02 ①

(4) 동물성 색소
　① 헤모글로빈
　　　㉠ 체내의 산소 운반체, 혈색소
　　　㉡ 4분자의 산소와 결합/ 미오글로빈은 1분자의 산소와 결합
　② 미오글로빈
　　　㉠ 피롤 유도체로 포르피린과 철의 착염인 헴과 글로빈이 결합한 복합단백질
　　　㉡ 육류의 붉은 색은 대부분 육색소 단백질인 미오글로빈에 의함

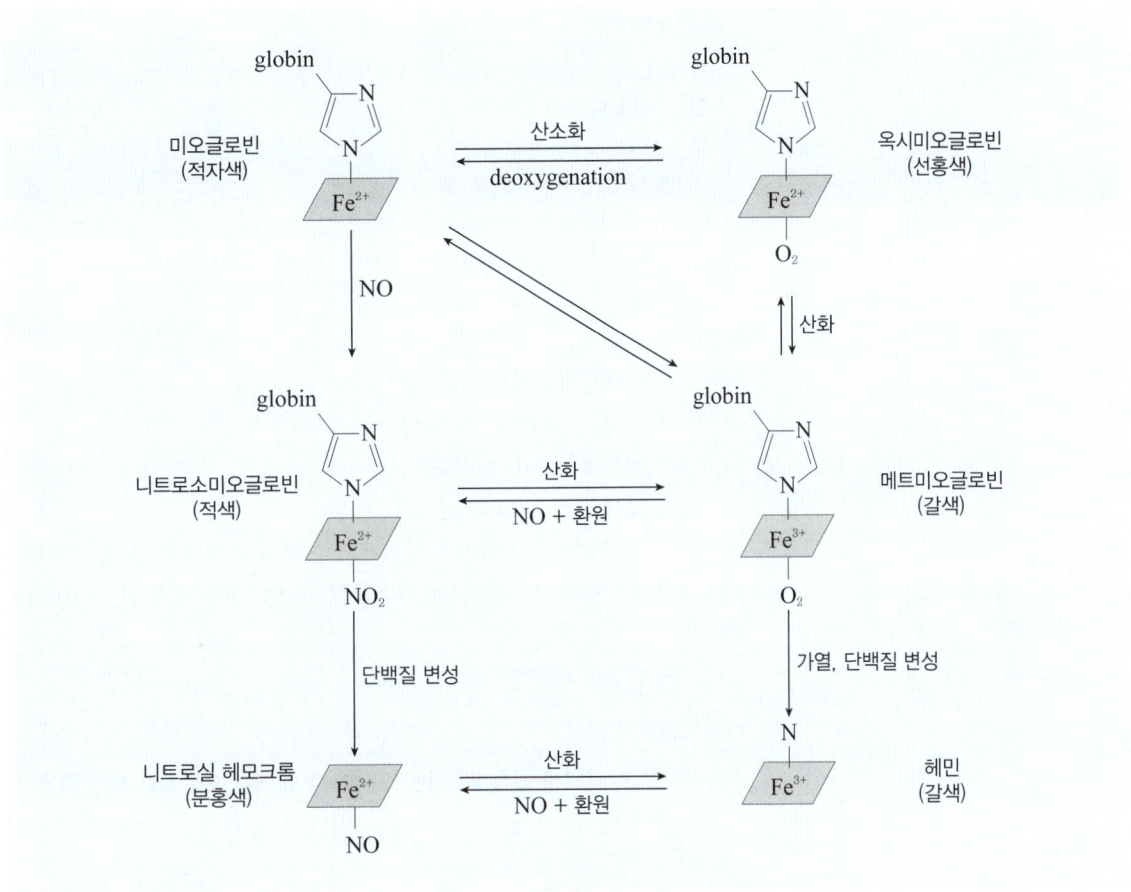

▲ 미오글로빈의 변화과정

ⓐ **산화에 의한 변화**: 신선한 고기는 환원형 미오글로빈에 의해 어두운 적자색
　→ 육류의 단면이 산소에 닿으면 '산화형 미오글로빈(oxymyoglobin)'이 되어 밝은 적색을 띰(이때 철은 Fe^{2+})
　→ 고기가 더 오래되면 옥시미오글로빈의 철(Fe^{2+})은 산화되어 Fe^{3+}가 되고, metmyoglobin으로 변하므로 고기 빛깔은 갈색으로 변화

ⓑ **가열에 의한 변화**: 미오글로빈 → 옥시미오글로빈 → 메트미오글로빈
　→ 계속 가열하면 메트미오글로빈의 단백질 부분(글로빈)은 변성, 분리되며 헴 부분(갈색~회색) 유리 → 유리된 헴은 헤마틴, 유리된 헴이 염소와 결합한 염화물은 헤민이라 함 → 헤민은 계속 산화하여 산화 포르피린 유도체 형성(갈색, 회색)

ⓒ **육가공시 변화**
 • 발색제(질산칼슘, 아질산나트륨, 질산나트륨)
 • 발색 기작: 아질산에서 생성된 일산화질소는 환원형 미오글로빈과 결합하여 선명한 적색의 니트로소미오글로빈 형성 → 니트로소미오글로빈을 가열하면 안정한 분홍색의 니트로실헤모크롬(니트로소미오크로모겐) 형성 → 선명한 적색 및 육색의 고정(햄, 소시지)

육류나 육류 가공품의 육색소를 나타내는 주된 성분으로 근육세포에 함유되어 있는 것은? *19년 3회

① 미오글로빈(myoglobin)
② 헤모글로빈(hemoglobin)
③ 시토스테롤(sitosterol)
④ 스토크롬(cytochrome)

정답 ①

③ 동물성 카로티노이드

　　㉠ 카로틴(carotene): β-carotene: 우유, 난황

　　㉡ 크산토필(xanthophylls)

　　　ⓐ 갑각류의 아스타잔틴

　　　　• 단백질과 결합하여 복합체의 형태로 존재하여 청색, 남색을 띰

　　　　• 가열하면 단백질이 변성하여 아스타잔틴이 유리, 산화되어 선홍색의 아스타신 형성

　　　ⓑ 난황의 루테인

새우, 게의 갑각은 청록색이지만 조리할 때 삶거나 초절임을 하면 적색이 된다. 이 적색 색소는? *21년 1회

① Capsanthin
② Canthaxanthin
③ Astacin
④ Physalien

정답 ③

2. 식품의 갈변

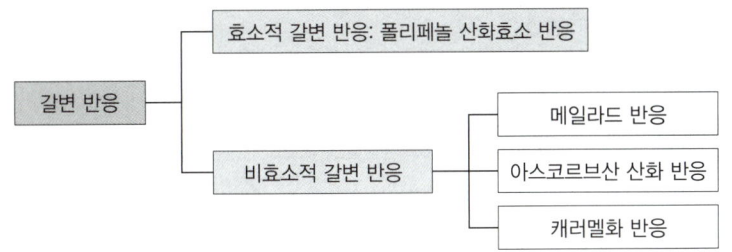

(1) 효소적 갈변

식품의 효소적 갈변은 주로 polyphenol의 산화에 의해 일어남

① **Polyphenol oxidase(PPO)에 의한 갈변**

  ㉠ Polyphenol oxidase는 구리를 함유하는 금속 효소

  ㉡ 홍차 제조 시의 갈변

  ㉢ 사과나 배를 깎아서 공기 중에 방치하면 갈변

  ㉣ Polyphenol(무색) → quinone(암적색) → 중합 → melanin(갈색)

② **Tyrosinase(monophenol oxidase, Cu)에 의한 갈변**

  ㉠ 감자 절단시의 갈변

  ㉡ Tyrosinase는 수용성이므로 감자를 물에 담궈 용출시키면 쉽게 갈변 억제됨

  ㉢ Tyrosine → DOPA(dihydroxyphenylalanine) → DOPA quinone →
    DOPA chrome → 중합 → melanin

주의

- 녹차는 덖을 때 chlorophyllase의 불활성화로 인해 녹색이 유지
- 홍차는 발효 시 polyphenol oxidase로 인해 갈변

기출로 확인

01 차 잎을 발효시키면 어떤 작용에 의해 theaflavin이 생성되는가? *21년 1회

  ① polyphenol oxidase 효소 작용
  ② glucose oxidase 효소 작용
  ③ 마이야르(maillard) 반응
  ④ 아스타잔틴(astaxanthin) 생성 반응

02 효소적 갈변 반응과 거리가 먼 것은? *20년 4회

  ① 멜라노이딘(Melanoidin)을 형성함
  ② Polyphenol oxidase, Tyrosinase 등이 관계함
  ③ 주로 과일이나 채소 등의 식품에 절단된 부위에서 일어남
  ④ 구리이온은 갈변효소 작용을 활성화함

참고

홍차의 갈변
- 식품제조에서 유용한 갈변
- 카테킨(catechin)이 polyphenol oxidase에 의해 산화 및 중합하여 데아플라빈(theaflavin, dimer, 오렌지색) 형성 → 테아루비긴(thearubigin, 적갈색) 형성

정답 01 ① 02 ①

③ 효소적 갈변 억제 방법

요인	방법		기작
효소	pH		PPO의 최적 pH인 5.8~6.8의 범위를 벗어나게 보관 → 시트르산(구연산) 등의 유기산 첨가로 pH 저하시킴
	가열		효소는 단백질이므로 가열에 의해 변성되어 작용 소실
	온도	냉장 냉동	효소의 최적작용 온도를 벗어나게 냉동이나 냉장 저장함
	기타		염소이온이나 아황산가스 등도 효소의 작용을 제어함
산소	공기 차단		물에 담그기, 소금물에 담그기
	산소 대체		탄산가스나 질소로 가스를 대체하여 산소의 반응을 차단
기질	아황산가스 아황산염 사용		PPO의 반응은 산화 반응이므로 기질을 미리 환원시켜 산화를 방지
	-SH 화합물 사용		시스테인, 글루타치온 등을 사용하여 환원시킴
	비타민 C 주석이온 사용		기질을 환원시켜 산화를 미리 방지

⊙ 기출로 확인

효소에 의한 과실 및 채소의 갈변을 억제하는 방법으로 가장 관계가 먼 것은? *16년 1회

① 데치기(blanching) ② 2% 소금물에 담금
③ NaHCO₃ 용액에 처리 ④ 설탕으로 처리

해설 NaHCO₃ 용액에 처리시 pH가 상승하여 효소의 작용이 억제됨

정답 ④

주의
• 효소적 갈변(PPO, tyrosinase)에 의한 생성물은 멜라닌(melanin)
• 비효소적 갈변(메일라드 반응)에 의한 생성물은 멜라노이딘(melanoidine)

(2) 비효소적 갈변

효소가 관여하지 않은 상태에서 식품 성분 상호 간의 화학반응에 의해 갈색색소성분과 향기성분이 형성되는 것으로 maillard 반응, caramelization 반응, ascorbic acid 산화 반응이 있다.

① Maillard reaction(amino-carbonyl 반응, melanoidin 반응)

• 환원당과 아미노화합물의 축합반응
• 빵 굽는 과정, 감자 튀김, 토마토케찹, 커피콩 볶음, 땅콩 볶음, 된장, 위스키 등

> ㉠ 초기단계: 당류와 아미노화합물의 축합반응과 아마도리 전위반응
> ㉡ 중간단계
> • 아마도리 전위와 헤인즈 전위에 따른 생성물들의 분해와 당의 산화가 계속 진행. 산화생성물로부터 reductone 등 형성되며 산화된 당류의 분해
> • 3-데옥시오존과 3,4-디데옥시오존, 리덕톤류, 히드록시메틸푸르푸랄(HMF)의 생성
> ㉢ 최종단계
> • 스트레커 반응: 여러 알데히드가 생성되며 식품의 가열 시 향기와 간장의 향기 생성의 주된 반응
> • 알돌형 축합반응: 최종으로 질소를 가진 중합체인 갈색의 형광성 멜라노이딘 형성

※ 반응에 영향을 주는 요인과 억제 방법

- 온도: 10℃ 증가함에 따라 반응속도가 3~5배 증가 → 저온저장
- pH: pH 6.5~8.5 > pH 3~5 > pH 1~2 → 산 첨가
- 당의 종류: 환원성 당류가 빠름
    오탄당 > 육탄당(과당이 가장 잘 일어남) > 이당류
    → 당종류 변경
- 수분함량(수분활성도): 10~15%(Aw 0.5~0.8)에서 쉽게 갈변
- 자외선: 촉진 → 차광
- 산소: 촉진 → 밀폐포장, 탈산소제 사용, 질소 및 탄산가스 치환
- 아황산염, 황산염, 티올, 칼슘염은 갈변 저해

⦿ 기출로 확인

마이야르(Maillard) 반응에 영향을 미치는 요소에 대한 설명 중 틀린 것은? *20년 4회

① 중간 수분활성도 범위(0.5~0.8)에서 가장 빠르게 일어난다.
② pH를 낮추면 melanoid 색소의 형성 속도를 줄일 수 있다.
③ 아황산염, 티올(thiol), 칼슘염 등은 갈변을 저해한다.
④ 반응속도는 환원성 이당류 > 6탄당 > 5탄당의 순으로 빠르다.

정답 ④

② **Caramelization**
  ㉠ 빵, 과자 등의 가열·가공시 색깔과 풍미를 높여줌
  ㉡ 당류를 170℃이상 가열시 탈수, 중합, 축합에 의해 갈색색소인 휴민(humin) 생성
  ㉢ 당류의 카라멜화에 필요한 최적의 pH는 6.5 ~ 8.2
  ㉣ hexose(pentose) → hydroxymethyl furfural(HMF) → humin(캐러멜, 흑갈색)

③ **Ascorbic acid 산화에 의한 갈색화 반응**
  ㉠ Ascorbic acid가 비가역직으로 신화하면 그 신화 생성물이 지체적으로 갈변 반응을 수반
  ㉡ ascorbic acid(AA) → dehydroascorbic acid(DHA) → 2,3-diketogulonic acid → xylosone, 3 deoxypentosone → furfural → (중합) 갈색 색소
  ㉢ pH 2.0~3.5의 범위에서는 갈색화는 pH에 반비례하고, pH가 높을수록 갈색화는 잘 일어나지 않음
  ㉣ 감귤류, 기타 과실주스나 농축물의 갈변에 중요한 역할을 함

2 식품의 맛

1. 맛의 종류별 특징과 원인물질

구분	맛의 기전	원인물질	
단맛	G-단백질 결합수용체 조합 인지	당류	sucrose, fructose, glucose 등
		폴리올류	xylitol, sorbitol, erythritol 등
		아미노산류	glycine, alanine
		고강도 감미료류	stevioside, aspartame, sucralose 등
쓴맛	G-단백질 결합수용체 조합 인지	알칼로이드	theobromine, quinine, nicotine, caffeine 등
		페놀	limonene, naringin, cucurbitacin 등
		홉	humulone
짠맛	인체 이온채널 자극	염화나트륨	salt
신맛	인체 이온채널 자극	과일	citric acid, malic acid, tartaric acid
		청주와 조개	succinic acid
감칠맛	G-단백질 결합수용체 조합 인지	핵산	IMP, GMP
		아미노산	glutamic acid, aspartic acid

📑 **보충**

- **단맛, 감칠맛, 쓴맛**
  인체에서 단맛, 감칠맛, 쓴맛의 인지를 위해서는 미각세포의 미각수용체 단백질에 이러한 맛들의 성분이 결합되어야 한다. 단맛물질은 T1R2와 T1R3 단백질 조합에 의해 인지되고 감칠맛물질은 T1R1과 T1R2 단백질 조합에 의해 인지된다. 쓴맛물질은 T2Rs 단백질 조합에 의해 인지된다. 이러한 T1Rs와 T2Rs를 모두 G-단백질 연결수용체(G-protein coupled receptor)라고 한다.
- **짠맛, 신맛**
  짠맛과 신맛은 직접적으로 우리 인체의 이온채널을 자극함으로써 맛을 인지하게 된다. 짠맛을 내는 염화나트륨은 나트륨이 세포로 흡수되면서 세포막의 전위를 변화시켜 칼슘의 유입을 유도한다. 신맛의 원인물질인 수소 이온은 맛수용체와 결합한 후 산감응성 이온채널이나 나트륨전도채널 등을 자극하여 신경전달 물질을 자극한다.

🎯 **기출로 확인**

01 alkaloid, humulone, naringin의 공통적인 맛은? *18년 2회

① 단맛　　　　　　　　　　② 떫은 맛
③ 알칼리 맛　　　　　　　　④ 쓴맛

02 단맛을 내는 물질이 아닌 것은? *18년 1회

① 아스파탐(Aspartame)　　　② 사카린(Saccharin)
③ 스테비오사이드(Stevioside)　④ 알칼로이드(Alkaloid)

정답 **01 ④　02 ④**

2. 기타의 맛

(1) 매운맛
① 구강 내의 신경을 통해 느끼는 일종의 생리적 통각
② capsaicin(고추), chavicine(후추), sanshool(산초), sinigrin(겨자, 고추냉이), diallylsulfide(마늘, 파, 부추), allicin(마늘, 양파), gingerol(생강), curcumin (강황)

(2) 떫은맛
① 혀 표면의 점성 단백질이 일시적으로 변성 응고되어 미각신경이 마비되어 일어나는 수렴성의 불쾌함
② shibuol(감), ellagic acid(밤), chlorogenic acid(커피), catechin(차): 이들은 탄닌류에 속함

3. 맛의 역가
① 맛을 느낄 수 있는 맛성분의 최저농도로 몰(mole) 농도나 백분율(%)로 표시
② 단맛 > 짠맛 > 신맛 > 쓴맛
③ 사람의 미각 수용기에 의해 결정되므로 개인차가 큼

3 식품의 냄새

1. 냄새물질의 분류

(1) 에스테르류
① 과일의 중요한 냄새성분
② 분자량 증가시 냄새가 강해지고 냄새의 특성이 과일 냄새에서 꽃 냄새로 변화
③ 에틸-2-메틸부티레이트(사과), 이소아밀아세테이트(바나나), 메틸시나메이트 및 에틸시나메이트(딸기), 에틸 포메이트(복숭이)

(2) 락톤류
① 과일, 코코넛, 버터, 견과류의 냄새에 영향을 주며 냄새가 강함
② δ-락톤: 달콤한 크림과 우유의 주 냄새성분

(3) 알데히드류
① 단순알데히드: 과일과 채소의 풋냄새, 유지식품의 기름진 향미 및 산패취 등에 영향
② 짧은 직쇄알데히드: 토마토, 아몬드, 체리의 향미에 영향
③ 헥사날(hexanal): 식품의 풋내나 콩의 비린내(신패취), 지방의 산패취

(4) 케톤류

① 단순케톤: 발효유제품의 주요 향미에 영향
② 아세토인, 디아세틸: 버터 및 발효 유제품의 주 냄새성분

(5) 알코올류

2,6-노나디엔올(오이, 수박), 푸르푸릴알코올(커피향), 유게놀(정향, 계피, 올스파이스), 헥세놀(hexenol)(찻잎)

(6) 테르펜류

리모넨과 시트랄(오렌지, 레몬)

(7) 함황화합물

주로 채소류와 향신료의 매운맛 성분으로 미량 존재 시 좋은 냄새

(8) 푸란류, 피라진류 및 헤테로고리화합물

① 메일라드 반응에 의해 생성
② 푸르푸랄, 푸라논: 달콤한 과일향이나 캐러멜향
③ 헤테로고리화합물(피라진 등): 구운 고기, 끓인 간장, 볶은 땅콩, 볶은 참깨 등과 같은 식품에서 고기 냄새, 땅콩 냄새, 볶은 냄새

(9) 질소화합물

① 단순 암모니아, 아민과 같은 휘발성 질소화합물은 어류와 동물성 식품의 부패취에 영향
② 생선의 비린내는 무취인 TMAO(trimethylamine oxide)를 생선 내 효소와 박테리아 등이 비린내를 내는 TMA(trimethylamine)로 환원시키기 때문에 발생

2. 식품별 냄새물질의 종류

구분	식품의 종류	원인물질 또는 반응
식물성 식품의 냄새	겨자류 (배추, 겨자, 고추냉이 등)	글루코시놀레이트 알릴이소시아네이트(흑겨자)
	버섯류	렌티오닌(표고버섯, 함황 휘발성분)
	과일류	· 사과: 알코올류, 알데히드류, 유기산, 에스테르류 · 바나나: 아밀아세테이트, 아밀이소발레레이트 · 파인애플: 에틸아세테이트 · 복숭아: γ-데카락톤, 에틸포메이트 · 감귤류: δ-리모넨, α-, β-코페인, α-, β-큐베벤
	백합류 (양파, 마늘, 파 등)	· 프로필 알릴 다이설파이드(propyl allyl disulfide), 디알릴 다이설파이드(diallyl disulfide), 알릴 설파이드(allyl sulfide), 티오프로피온알데하이드(thiopropion aldehyde) 등(양파 매운물질) · 알리신(마늘 매운물질)
동물성 식품의 냄새	소 등 반추동물	4-에틸옥타노익산
	돈육	p-크레솔, 이소발레르산
	어류	트리메틸아민(어류의 비린내)
유지류의 냄새	산패취	알데히드, 케톤 등 휘발성 분해물
	우유	부티르산, 아세톤, 아세트알데히드
발효식품의 냄새	간장특유의 냄새	메티오놀
	된장	3-프로파날, 2-메틸뷰탄산, 2-메틸프로파날 등
	청국장, 치즈향 등	디아세틸, 2-헥시날, 피라진류, 부탄산 등
	김치	젖산, 시괴산, 구연산, 아세트산, 프로피온산
가공 및 반응향 물질	가열 조리 식품 반응향	메일라드 반응 생성물, 캐러멜

01 어류가 변질되면서 생성되는 불쾌취를 유발하는 물질이 아닌 것은? *21년 1회

① 트리메틸아민(trimethylamine)
② 카다베린(cadaverine)
③ 피페리딘(piperidine)
④ 옥사졸린(oxazoline)

02 흑겨자의 매운 맛과 관련 깊은 성분은? *20년 1, 2회

① 캡사이신(capsaicin)
② 알릴 이소티오시아네이트(allyl isothiocyanate)
③ 글루코만난(glucomannan)
④ 알킬 머르캅탄(alkyl mercaptan)

03 양파를 가열 조리할 경우 자극적인 향과 맛이 사라지고 단맛을 나타내는 원인은? *16년 1회

① propyl allyl disulfide가 가열로 분해되어 propyl mercaptan으로 변했기 때문이다.
② quercetin이 가열에 의해 mercaptan으로 변했기 때문이다.
③ 섬유질이 amylase 효소에 분해를 받아 포도당을 생성했기 때문이다.
④ carotene이 가열에 의해 단맛을 내는 lycopene으로 변화되었기 때문이다.

04 다음 중 양파의 최루성 성분은? *19년 3회

① allicin
② thiopropionaldehyde
③ quercetin
④ propylmercaptane

정답 01 ④ 02 ② 03 ① 04 ②

식품의 물성은 식품 내의 화학적인 특성 변화보다는 물리적인 특성 변화를 말하며, 예를 들어 식품을 섭취할 때 입안에서 씹으면서 느껴지는 부서짐성, 부착성 등이 이에 해당된다. 식품의 물성은 크게 액체식품, 반고체식품, 고체식품과 관련되어 특성별로 식품의 교질성(colloid), 레올로지(rheology), 텍스처(texture)로 나눌 수 있다.

 선생님 TIP

식품의 물성은 출제율이 높으므로, 내용을 꼼꼼히 학습하자.

1 식품의 교질성

1. 액상식품의 형태

분산상태에 있는 입자의 크기에 따라 진용액, 콜로이드(교질)용액, 현탁액(부유상태)으로 구분됨

분산	분산질의 크기	분산액의 구성	특성	예
진용액	1nm	용매 용질	빙점 강하, 비등점 상승, 확산, 삼투	소금물 설탕물
콜로이드용액	1nm ~ 1μm	분산매(연속상) 분산질(분산상)	반투성, 점성, 가소성, 틴달현상, 흡착성	난백 휘핑크림 마요네즈
부유상태	>1μm	물 큰 입자	중력에 의한 침전	전분 부유액

2. 콜로이드

(1) 콜로이드의 유형

① 콜로이드 입자는 진용액보다 크고 현탁액보다 작아서 용해되거나 침전되지 않고 분산상태로 존재

② 콜로이드용액 = 분산매(연속상) + 분산질(분산상)

분산매	분산질	구분	예시
액체	기체	거품(foam)	맥주거품, 난백거품
	액체	유화액(emulsion)	우유, 마요네즈
	고체	졸(sol)	스프, 호화된 전분액
고체	기체	고체거품	빵, 케이크
	액체	겔(gel)	두부, 묵, 치즈
	고체	고체 졸	사탕, 과자

⊙ 유화액(emulsion)
　　ⓐ 액체상태의 분산매에 액체상태의 분산상이 퍼져있는 것
　　ⓑ 유화제를 넣으면 유화액 상태가 장시간 지속
　　ⓒ 분산매와 분산질에 따른 분류
　　　・ 수중유적형(o/w)
　　　・ 유중수적형(w/o)

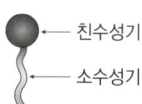
친수성기
소수성기

수중유적형(O/W)유화액

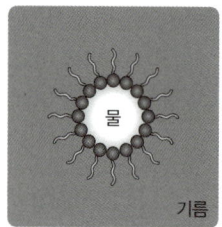
유중수적형(W/O)유화액

▲ 유화액의 종류

　　ⓓ 이런 유화액은 액체의 종류와 특성에 따라 시간이 지나면 계면장력에 의해 서로 분리
⊙ 졸(sol)
　　ⓐ 액체에 고체인 입자가 분산되어 있어 전체적으로는 액상이고, 유동성을 띠는 상태
　　ⓑ 한천 및 젤라틴을 물에 넣고 가열한 용액, 전분을 호화시킨 전분액, 스프, 된장국 등
⊙ 겔(gel)
　　ⓐ 졸의 상태인 콜로이드 용액을 냉각하면서 분산매(특히 물)이 줄어들고 분산질이 서로 엉키면서 반고체 상태로 굳어지는 것
　　ⓑ 재가열을 해서 다시 겔상태로 되돌아가는 가역적 겔과 비가역적인 겔로 구분

◎ 기출로 확인

다음 중 젤(gel) 상태의 식품이 아닌 것은? *17년 1회
① 양갱
② 치즈
③ 두부
④ 마요네즈

정답 ④

(2) 콜로이드의 성질

구분	성질	내용
입자 크기에 의한 성질	틴달현상	콜로이드 입자들이 가시광선을 산란시켜 빛의 진로가 보이는 현상(콜로이드 용액에서만 관측)
	반투성	액체에 녹아있는 상태의 이온이나 작은 입자는 반투막을 통과하지만 콜로이드 입자는 반투막을 통과하지 못하는 성질
입자의 전하에 의한 성질	응결과 염석	소수성 콜로이드 용액에 적은 양의 전해질을 첨가하면 서로 엉킴현상이 나는 것은 '응결' 다량의 전해질을 첨가하면 콜로이드 입자 내 물이 빠져나와 서로 엉키며 가라앉는 것은 '염석'
	전기영동	콜로이드 입자는 전기를 띠므로 입자는 반대 전극 방향으로 이동하게 되는 현상
분산매 분자와의 충돌에 의한 성질	브라운 운동	액체나 기체에 분산된 작은 입자들이 불규칙적으로 운동하는 현상

기출로 확인

Colloid 용액에 빛을 비추면 그 빛의 진로가 뚜렷하게 보이는 교질 용액의 성질은?

*21년 2회

① 반투성
② 브라운 운동
③ Tyndall 현상
④ 흡착

정답 ③

2 │ 레올로지(rheology)

식품의 레올로지는 액체식품에 내한 유동(flow)과 고체식품의 변형(deformation)으로 나눌 수 있다. 우리가 식품을 섭취하면서 느끼는 점성, 탄성, 점탄성, 가소성 등 특성을 나타냄

1. 레올로지의 특성

(1) 점성(viscosity)

① 점성은 흐름에 대한 저항

② 점도는 전단응력에 비례하고, 전단속도에 반비례함

$$점도 = \frac{전단응력}{전단속도}$$

③ 물은 점성이 낮고 물엿은 점성이 큼

④ 온도를 올리면 점성이 낮아짐

(2) **탄성(elasticity)**

① 외부에서 전달된 힘에 의해 변형이 되었다가 외력이 제거되었을 때 원래 형태로 되돌아 가려는 성질

② 곤약의 탄성은 크나, 묵의 탄성은 약함

(3) **가소성(plasticity)**

① 외부에서 힘을 받아 변형된 후 그 힘을 없애도 본래의 상태로 되돌아가지 않는 성질

② 버터나 생크림 등을 수저로 떠서 접시에 놓으면 연하지만 접시 위에서 흐르지 않음

(4) **점탄성(viscoelasticity)**

① 고체의 특성인 탄성과 액체의 특성인 점성을 동시에 보이는 성질

② 밀가루 반죽, 인절미, 껌

㉠ 예사성: 특정식품에 젓가락을 넣었다 올렸을 때 딸려 올라오는 점탄성의 성질(달걀 흰자, 나또)

㉡ 바이센버그(Weissenberg) 효과: 특정식품에 젓가락을 넣어 돌리면 그 탄성에 의해서 젓가락을 타고 올라오는 효과(연유)

㉢ 점조성(경점성): 끈적끈적한 액체나 반죽이 변형에 저항하는 성질, 점탄성을 나타내는 식품의 경도(밀가루 반죽)

㉣ 신전성: 고체 식품들이 막대기 또는 긴 끝 모양으로 늘어나는 성질(국수)

◎ 기출로 확인

점탄성을 나타내는 식품과 거리가 먼 것은? *20년 4회

① 마가린
② 육류
③ 펙틴 젤
④ 가소성 고체 지방질

해설 ④ 가소성 고체 지방질도 정답으로 판단되나, 답은 ①번이었음

정답 ①

2. 유체와 반고체 식품의 레올로지

구분	정의	예시			
뉴턴유체 (Newtonian fluid)	유체에 가해지는 힘(전단응력)과 그 유체의 유동성(전단속도)이 서로 비례관계인 유체 (전단속도의 크기에 관계없이 일정한 점도를 나타냄)	물, 알코올과 같은 단일 성분의 물질(균일한 형태와 크기), 농도가 낮은 염, 포도당 용액 등			
비뉴턴유체 (Non-newtonian fluid)	전단응력과 전단속도 간 비례관계가 성립되지 않는 유체	시간독립성	가소성 유체 (bingham plastic)	일정한 크기의 전단력에는 변형이 없으나, 그 이상의 전단력이 작용하면 변형되는 유체	마가린, 케첩, 마요네즈, 토마토페이스트 등
			의가소성 유체 (pseudo plastic)	전단 속도가 증가함에 따라 점성이 감소하는 유체	초콜릿, 퓨레, 스프, 케첩 등
			딜라턴트 유체 (dilatant)	빠르게 흐르는 액체가 더 큰 점성을 갖는 유체, 교반시 더 큰 점성을 띰	전분용액, 땅콩버터 등
		시간의존성	틱소트로픽 유체 (thixotropic)	점도가 시간이 지남에 따라 감소하는 유체	케첩, 마요네즈, 요거트, 드레싱, 젤라틴 등
			레오페틱 유체 (rheopectic)	점도가 시간이 지남에 따라 증가하는 유체	고농축 전분액 등

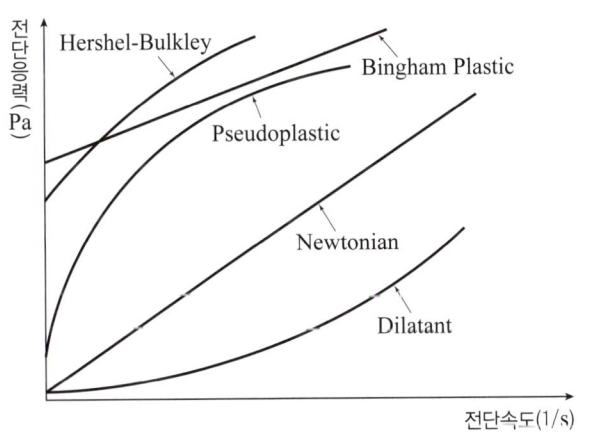

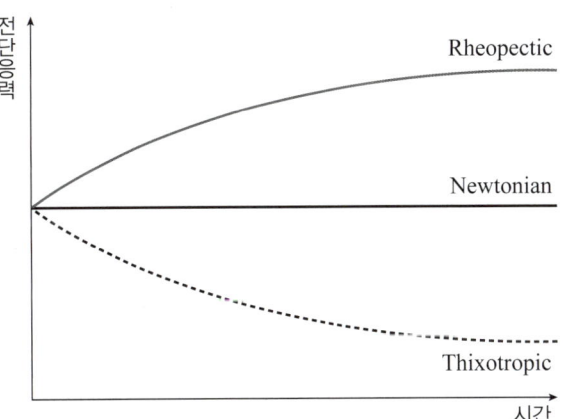

🎯기출로 확인

딜라탄트 유동(dilatant flow)의 성질을 갖고 있지 않는 식품은? *21년 3회

① 20% 지방질 함유 식품
② 농도가 큰 전분입자 현탁액
③ 초콜릿 시럽
④ 60% 옥수수 생전분 현탁액

정답 ①

3 텍스처(texture)

텍스처는 식품의 전체 조직감(넓은 의미) 또는 고체, 반고체식품의 조직감(협의 의미)

1. 텍스처의 특성

대분류	중분류(1차적 특성)	소분류(2차적 특성)	일반적인 표현
기계적 특성	견고성		soft → firm → hard
	응집성	부서짐성	crumbly → crunchy → brittle
		씹음성	tender → chewy → tough
		검성	short → mealy → pasty → gummy
	점성		thin → viscous
	탄성		plastic → elastic
	부착성		sticky → tacky → gooey
기하학적 특성	입자의 크기와 모양		gritty → grainy → coarse
	입자의 모양과 배열		fibrous → cellular → crystalline
기타 특성	수분함량		dry → moist → wet → watery
	지방함량	기름기	oily
		그리스촉감	greasy

(1) **견고성(경도, hardness, firmness)**
식품의 형태를 변형시키는데 필요한 힘

(2) **응집성(cohesiveness)**
식품을 구성하는 구성성분간의 결합에 필요한 힘(변형되기 전까지의 힘)

(3) **부서짐성(파쇄성, brittleness, fracturability)**
식품에 힘을 가했을 때 변형 없이 부서지는 힘

(4) **씹음성(저작성, chewiness)**
고체 식품을 삼킬 수 있는 상태까지 씹는데 필요한 힘

(5) **검성(점착성, gumminess)**
식품을 입안에서 씹는 동안 흩어지지 않고 덩어리로 남아 있는 정도

(6) **점성(viscosity)**
액상의 식품에 단위면적 당 주어지는 힘에 의해 유동되는 정도(주어지는 힘에 저항하는 힘)

(7) **탄성(elasticity)**
외부에서 전달된 힘에 의해 변형이 되었다가 외력이 제거 되었을 때 원래 형태로 돌아가는 성질

(8) **부착성(접착성, adhesiveness)**
식품의 표면이 다른 물질의 표면에 부착되어 있다가 떨어뜨릴 때 필요한 힘

2. 텍스처 미터(texturometer)

(1) 식품의 텍스처를 기계적으로 측정할 때 사용되는 대표적인 기기

(2) 이 기기를 통해 TPA(texture profile analysis)방법으로 입속에서 식품을 씹을 때 발생하는 힘을 그래프로 나타내며, 8가지 특성 중 액상 형태의 점성 측정을 제외한 나머지 7가지 특성을 수치와 계산식에 따라 구할 수 있음

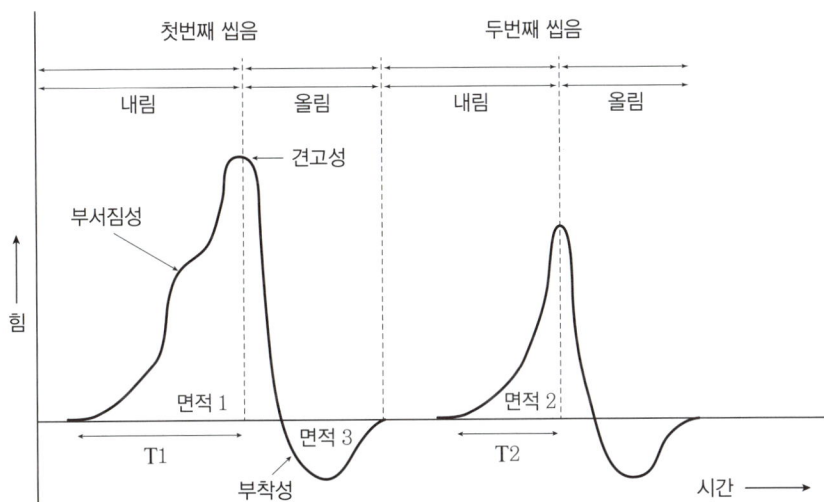

구분	측정 방법
견고성 (hardness, firmness)	첫 번째 씹을 때 최고 높이에 해당하는 힘
응집성 (cohesiveness)	두 번째 씹을 때의 면적(면적2)/첫 번째 씹을 때의 면적(면적1)
부서짐성, 파쇄성 (brittleness, fracturability)	첫 번째 씹을 때 최고 높이 이전에 나타나는 피크 (다만, 모든 식품에서 나타나지는 않음)
탄성(elasticity)	두 번째 씹을 때 최고높이 힘까지 걸리는 시간(T2)/ 첫 번째 씹을 때 최고높이 힘까지 걸리는 시간(T1)
부착성, 접착성 (adhesiveness)	기준선 아래 있는 면적(면적3)
검성, 점착성 (gumminess)	응집성 × 견고성
씹음성, 저작성 (chewiness)	응집성 × 견고성 × 탄성

◎ 기출로 확인

식품의 텍스처를 측정하는 texturometer에 의한 texture-profile로부터 알 수 없는 특성은? *16년 2회

① 탄성　　　② 저작성　　　③ 부착성　　　④ 안정성

정답 ④

 **선생님 TIP**

출제빈도가 높은 부분이므로, 유해물질 명과 생성 원인을 기억하자.

1 식품제조가공 중 생성되는 유해물질

1. 가열 등 제조과정 중 식품성분과 반응하여 자연적으로 생성되는 물질

(1) 벤조피렌(3,4-benzopyrene)

① 생성 원인: 식품에서 고온의 조리·가공 시 지방 등의 불완전 연소에 의해 생성되는 다환방향족 탄화수소(PAHs)

② 대기오염물질, 강력한 발암물질(IARC 1)

③ 과도한 직화구이 생선, 햄버거, 훈제 육류에서 발생

(2) 아크릴아마이드(acrylamide)

① 생성 원인: 전분 급원식품(감자, 곡류, 시리얼)을 고온(120℃ 이상)에서 튀기거나 구울시, 아스파라긴과 당의 갈변반응으로 생성

② 발암가능물질(IARC 2A)

③ 프렌치프라이, 포테이토칩, 감자스낵류, 시리얼, 빵류에서 발생

(3) 트랜스 지방산(trans fatty acid)

① 생성 원인: 천연에 존재하는 시스(cis)형 불포화 지방산에 수소를 첨가하여 가공하면 트랜스(trans)형 지방산으로 전환

② 혈액 내 LDL(저밀도지단백질) 농도 증가, HDL(고밀도지단백질) 농도 감소를 유발하여, 각종 순환계 질병 발생 가능

③ 마가린, 쇼트닝, 이를 이용한 파이, 패스트푸드 제품

(4) 헤테로고리아민류(heterocyclic amines)

① 생성 원인: 고기나 생선의 고온 조리시 근육 부위에 있는 아미노산과 크레아틴이 반응하여 생성

② 발암가능물질(IARC 2A, 2B)

③ 구이(오븐, 팬)보다는 튀김, 브로일링, 바비큐 요리인 경우 주로 발생

(5) 아크롤레인(acrolein)

① 생성 원인: 발연점 이상의 식용유 증기에 존재

② 폐암 발병의 강력한 원인물질

기출로 확인

구운 육류의 가열·분해에 의해 생성되기도 하고, 마이야르(Maillard) 반응에 의해서도 생성되는 유독성분은? *20년 3회

① 휘발성아민류(volatile amines) ② 이환방향족아민류(heterocyclic amines)

③ 아질산염(N-nitrosamine) ④ 메틸알코올(methyl alcohol)

정답 ②

2. 식품 첨가물질이 식품성분과 반응하여 생성되는 물질

(1) 벤젠
① 생성 원인: 비타민C 음료에 보존제로 안식향산나트륨을 첨가하면, 미량 함유된 철, 구리의 촉매영향으로 벤젠 생성
② 휘발성 탄화수소 물질로, 발암물질

(2) 3-MCPD와 1,3-DCP
① 생성 원인: 산분해간장 제조시, 탈지대두를 염산으로 가수분해하는 과정에서, 지방의 분해산물인 글리세린이 염산과 반응하여 생성
② 간독성, 불임유발가능물질
③ 산분해간장, 혼합간장, 식물성 단백질 가수분해물(HVP)

(3) N-니트로소 화합물
① 생성 원인: 아민류(아미노산, 펩티드, 단백질)가 산성조건에서 아질산염과 반응하여 니트로소 화합물(nitrosamine, nitrosamide) 생성
② 발암물질
※ 아질산염: *Clostridium botulinum*의 번식억제 및 식육가공품의 발색용 식품첨가물, 과다섭취시 헤모글로빈 기능 저하

(4) 트리할로메탄(trihalomethane)
① 생성 원인: 상수원의 정수과정에서, 물이 함유하고 있는 유기물질과 살균제로 사용되는 염소가 반응하여 생성
② 메탄의 수소가 할로겐 원소(염소, 브롬, 요오드)로 치환된 화합물, 클로로포름이 대표적
③ 발암물질, 중추신경계 마비
④ 상수원의 오염이 심해 유기물이 많을수록, 살균제로 사용하는 염소를 많이 사용할수록, 살균과정이 길수록 많이 생성

기출로 확인

미량으로 발암이나 만성중독을 유발시키는 화학물질 중 상수원 물의 오염이 문제가 되는 것은? *17년 2회
① 아질산염(N-nitrosamine)
② 메틸알코올(methyl alcohol)
③ 트리할로메탄(trihalomethane, THM)
④ 이환방향족아민류(heterocylic amines)

정답 ③

3. 발효과정 중 생성되는 물질

(1) 에틸카바메이트

① 생성 원인

㉠ 발효주 제조시, 과실 종자에 함유된 시안화합물이 분해된 후, 에탄올과 반응하여 생성

㉡ 발효과정 중, 아르기닌이 효모에 의해 분해된 요소와 에탄올이 반응하여 생성

② 발암가능물질, 구토, 의식불명, 신장과 간 손상

③ 발효식품(미소, 낫토, 치즈, 요구르트, 김치, 간장)과 주류(와인, 청주, 위스키)

(2) 바이오제닉아민

① 생성 원인: 어류, 육류, 콩류 등 단백질 함유식품의 발효, 숙성, 부패 과정에서 미생물의 탈탄산반응으로 생성

② 히스타민, 트립타민, 티라민 등의 아민이 해당

③ 알레르기 유발, 혈관수축, 신경계 자극 등

선생님 TIP

주요 방사성 물질과 피해부위, 반감기는 연결해서 기억하자.

용어정의

• 방사능: 불안정한 원소의 원자핵이 붕괴하여 방사선을 방출하면서 스스로 붕괴되는 능력
• 방사선: 방사성 물질이 방사붕괴되어 다른 원자핵으로 바뀔 때 방사하는 전자기파(X-선, γ선)와 입자선(α선, β선)
• 방사성 물질: 방사능을 지니고 있어서 방사선을 방출하는 물질(방사성 동위원소)

2 방사능오염물질

1. 식품 중 방사능 오염물질

핵종	전리 방사선	피해 부위	반감기
^{137}Cs(세슘)	β, γ	근육	30년(^{134}Cs의 반감기는 2년)
^{90}Sr(스트론튬)	β	뼈	28년
^{131}I(요오드)	β, γ	갑상샘	8일
^{60}Co(코발트)	β, γ	췌장	5년
^{106}Ru(루테늄)	β	신장	36일

기출로 확인

방사성 핵종과 인체에 영향을 미치는 표적 조직의 연결이 옳은 것은? *21년 1회

① ^{137}Cs: 갑상샘
② ^{3}H: 전신
③ ^{131}I: 뼈
④ ^{80}Sr: 근육

해설 ^{3}H(삼중수소, 트리튬): 12년의 반감기를 가지고, 전리 방사선은 β선, 체내 흡수시 전신에 골고루 분포함

정답 ②

2. 방사성 물질의 식품 오염경로

(1) 음용수

① 빗물, 수돗물, 우물물 중 가장 문제는 빗물

② 방사성 물질이 지표에 떨어질 때 오염되기 쉬움

(2) 농산물

① 방사성 물질이 토양에서 식물의 뿌리에 흡수, 표면에 부착, 직접 흡수

② Sr-90은 식물의 뿌리에 흡수

③ Cs-137은 식물의 표면에 흡수

(3) 수산물

① 해양에 방류된 방사성 물질은 어패류와 해초에 들어가 생물농축

② 어류의 체표면에 직접 흡착, 입과 아가미를 통해 흡수

(4) 축산물

① 방사능 비에 의해 오염된 사료, 목초를 먹은 가축을 통한 2차 오염

② I-131은 우유에서 검출

3. 방사능 오염식품의 인체에 대한 영향

(1) 방사성 물질 종류에 따라 인체조직 친화성, 인체 내 장애부위가 다름

(2) 영향력

인체 내 흡수되기 쉬운 것일수록
인체기관의 감수성이 클수록
반감기가 길수록
조직으로 옮겨져 침착되는 시간이 짧을수록 영향이 큼

4. 식품공전상 방사능 기준

핵종	대상식품	기준(Bq/kg, L)
^{131}I	모든식품	100 이하
$^{134}Cs + ^{137}Cs$	영아용 조제식, 성장기용 조제식, 영·유아용 이유식, 영·유아용특수조제식품, 영아용 조제유, 성장기용 조제유, 원유 및 유가공품, 아이스크림류	50 이하
	기타 식품	100 이하

※ 여러 핵종 중, 반감기가 긴 Sr-90, Cs-137, 반감기는 짧지만 인체내 쉽게 흡수되는 I-131이 주로 분제가 되며, 이중 고순도 게르마늄 검출기(분석시간이 짧고 분석방법이 쉬움)로 검출이 가능한 감마선 발생 핵종(Cs-134, Cs-137, I-131)을 방사능 오염여부 확인 지표로 사용

◎ 기출로 확인

반감기는 짧으나 젖소가 방사능 강하물에 오염된 사료를 섭취할 경우 쉽게 흡수되어 우유에서 바로 검출되므로 우유를 마실 때 문제가 될 수 있는 방사성 물질은? *21년 2회

① ^{89}Sr ② ^{90}Sr

③ ^{137}Cs ④ ^{131}I

 정답 ④

3 내분비계 장애물질

1. 내분비계 장애물질의 정의 및 특징

(1) 정의

내분비계의 정상적인 기능을 방해하는 화학물질로서, 환경 중 배출된 화학물질이
체내에 유입되어 마치 호르몬처럼 작용(환경호르몬이라 불림)

(2) 특징

① 생체호르몬과 달리 쉽게 분해되지 않고, 안정적
② 환경 및 생체 내에 잔존하며 수년간 지속되기도 함
③ 생물체의 지방 및 조직에 농축되는 성질
④ 극소량으로도 생태계를 교란시킴

2. 내분비계 장애물질의 종류

(1) 다이옥신(dioxin)

① 두개의 벤젠고리에 염소가 여러개 붙어있는 화합물
② 종류: 다이옥신류(PCDDs) 75종, 퓨란류(PCDFs) 135종류, 총 210종류
③ 이중 TCDD가 가장 맹독성
④ 인체발암물질, 시안산(청산가리)의 1만배 이상의 독성
⑤ 오염원인: 산업현장 부산물의 소각, 자동차 배기가스, 제초제 제조공정의 부산물
⑥ 지용성이므로, 어패류나 육류의 지방조직에서 축적되어 먹이사슬에 의해 생물
   농축

(2) 폴리염화비페닐(PCBs)

① 다이옥신 유사화합물
② 전기절연체, 코팅제로 다양한 분야에 사용
③ PCB 중독사건: 일본 카네미 미강유의 PCB 혼입

(3) 비스페놀 A(bisphenol A)

① 폴리카보네이트(PC) 수지에서 용출
② 음료수캔의 내부코팅제, 젖병, 급식용 식판에서 용출
③ 눈의 염증, 발열, 태아 발육 이상 등

(4) DDT(dichloro diphenyl trichloroethane)

① 유기염소계 살충제로 사용, 저렴하고 합성이 쉬워 대량생산, 대량살포
② 에스트로겐 유사체 역할
③ 모체 자궁이나, 모유 수유를 통해 이행됨

(5) 프탈레이트(phthalates)

① PVC(열가소성 수지)에 유연성을 제공하는 가소제로 주로 사용

② 향수, 화장품, 가정용 바닥재, 은박지 등 광범위 사용

③ 종류: DEHP, DBP, BBP 등 6종

④ 지용성이므로, 버터, 마가린 등 유지 식품으로 이행되지 않도록 주의해야 함

(6) TBT(트리부틸주석)

① 가두리 제품(어망, 어구), 목선에 도장해 수중생물이 달라붙지 않도록 하는 방오페인트(생물부착방해제)로 광범위 사용

② 양식 중인 이매패류(굴, 홍합)의 체내에 농축되어, 양식 생물의 성장 억제와 기형 유발

(7) DES(디에틸스틸베스트롤)

① 최초의 약물성 환경호르몬, 강력한 여성호르몬 합성제제

② 유산방지, 수유량 조절, 성장 촉진 등을 위해 동물과 사람에게 처방

◎기출로 확인

01 다이옥신과 관계없는 것은? *16년 3회

① 제초제 등 농약 중 불순물로 존재
② 생활쓰레기 소각장
③ 발암성 물질
④ 중금속

02 우리나라 남해안의 항구와 어항 주변의 소라 고동 등에서 암컷에 수컷의 생식기가 생겨 불임이 되는 임포섹스(imposex) 현상이 나타나게 된 원인 물질은? *17년 1회

① 트리뷰틸주석(tributyltin)
② 폴리클로로비페닐(polychlorobiphenyl)
③ 트리할로메탄(trihalomethane)
④ 디메틸프탈레이트(dimethyl phthalate)

정답 01 ④   02 ①

4 공장폐수와 식품오염

(1) 폐수의 특성
① 유기성 폐수: 식품공장, 피혁공장에서 주로 배출, BOD 높음, 생물학적 처리
② 무기성 폐수: 화학공장에서 주로 배출, 무기물 많음, 산·알칼리성 폐수는 중화 처리

(2) 오염물질의 배출원 및 피해

오염물질	배출원	피해
시안(CN)	도금공장, 가스공장, 피혁제품공장	흡입시 질식, 호흡계 장애
카드뮴(Cd)	아연공장, 카드뮴공장, 도금공장	골연화증(이타이이타이병), 신장장애
비소(As)	농약공장	흑피증, 색소침착증
크롬(Cr)	도금공장, 피혁제품공장, 염료공장	비중격천공증, 피부부식, Cr^{6+}이 Cr^{3+}보다 독성이 강함
알킬수은	농약공장, 의약공장, 전해소다공장	중추신경·말초신경계 이상, 미나마타병
납(Pb)	축전지제조공장, 안료제조공장, 인쇄소, 페인트 공장 등	빈혈, 안면창백증, 납연
불소(F)	인산비료공장, 살충제공장	충치유발(불소 부족), 골연화증(불소 과다)

(3) 폐수로 인한 수질오염지표
① 냄새와 색
- 식품공장 폐수는 착색되어 하천의 외관 악화
- 암모니아, 황화합물 등에 의한 악취 발생
② 용존 산소량(DO: dissolved oxygen)
- 물 속에 녹아있는 산소량
- 온도가 높을수록 DO의 포화농도는 감소
- 유기물이 많을수록 DO 감소
③ 생물화학적 산소 요구량(BOD: biochemical oxygen demand)
- 호기성 미생물이 일정 기간 동안 물속에 있는 유기물을 분해할 때 사용하는 산소의 양
- 생물분해가 가능한 유기물질의 오염정도를 말함
- 유기물이 많을수록 BOD 증가
④ 화학적 산소 요구량(COD: chemical oxygen demand): 유기물이 들어있는 물에 산화제($KMnO_4$, $K_2Cr_2O_7$)를 투입하여 산화시키는 데 소비된 산화제의 양에 상당하는 산소의 양
⑤ 부유물질(SS: suspended solid)
- 물속에서 미세한 입자(0.1μm 이상의 크기)의 형태로 존재하는 고체상의 물질
- 탁도를 높여 물을 더럽게 보이게 만들고, 용존산소를 감소시키는 등 수질 오염의 원인

공장폐수에 의한 식품오염에 대한 설명으로 옳은 것은? *16년 1회

① 도금공장의 폐수는 주로 유기성 폐수로서 유해물질이 농·수산물 등에 직접적인 피해를 줄 수 있다.

② 식품공장의 폐수는 주로 무기성 폐수로서 BOD가 높고 부유물질을 다량 함유하며, 용수를 오염시켜 2차적인 피해를 주는 경우가 있다.

③ BOD란 물 속에 있는 오염물질이 생물학적으로 산화되어 유기성 산화물과 가스가 되기 위해 소비되는 산소량을 ppm으로 표시한 것이다.

④ 미나마타병은 공장폐수 중 메틸수은 화합물에 오염된 어패류를 장기간 섭취하여 발생한 것이다.

정답 ④

선생님 TIP

• 식품공전의 검체 채취법과 일반시험법 중 시험에 주로 출제되는 내용 위주로 발췌하였다.
• 계산문제가 자주 출제되므로 기출문제의 해설을 잘 살펴 보도록 한다.

1 시료 준비

「식품의 기준 및 규격」 제7. 검체 채취 및 취급 방법

4. 검체의 채취 및 취급요령

검체채취시에는 검사 목적, 대상 식품의 종류와 물량, 오염 가능성, 균질 여부 등 검체의 물리·화학·생물학적 상태를 고려하여야 한다.
1) 검체의 채취 요령
   (1) 검사대상식품 등이 불균질할 때
      ② 식품등의 특성상 침전·부유 등으로 균질하지 않은 제품(예, 식품첨가물 중 향신료올레오레진류 등)은 전체를 가능한 한 균일 하게 처리한 후 대표성이 있도록 채취하여야 한다.
   (3) 포장된 검체의 채취
      ① 깡통, 병, 상자 등 용기·포장에 넣어 유통되는 식품 등은 가능한 한 개봉하지 않고 그대로 채취한다.
      ② 대형 용기·포장에 넣은 식품 등은 검사대상 전체를 대표할 수 있는 일부를 채취할 수 있다.
   (5) 냉장, 냉동 검체의 채취
      냉장 또는 냉동 식품을 검체로 채취하는 경우에는 그 상태를 유지하면서 채취하여야 한다.
   (6) 미생물 검사를 하는 검체의 채취
      ① 검체를 채취·운송·보관하는 때에는 채취당시의 상태를 유지할 수 있도록 밀폐되는 용기·포장 등을 사용하여야 한다.
      ② 미생물학적 검사를 위한 검체는 가능한 미생물에 오염되지 않도록 단위포장상태 그대로 수거하도록 하며, 검체를 소분채취할 경우에는 멸균된 기구·용기 등을 사용하여 무균적으로 행하여야 한다.
   (8) 페이스트상 또는 시럽상 식품등
      ① 검체의 점도가 높아 채취하기 어려운 경우에는 검사결과에 영향을 미치지 않는 범위내에서 가온 등 적절한 방법으로 점도를 낮추어 채취할 수 있다.
      ② 검체의 점도가 높고 불균질하여 일상적인 방법으로 균질하게 만들 수 없을 경우에는 검사결과에 영향을 주지 아니하는 방법으로 균질하게 처리할 수 있는 기구 등을 이용하여 처리한 후 검체를 채취할 수 있다.
   (9) 검사 항목에 따른 검체채취 주의점
      ① 수분
      증발 또는 흡습 등에 의한 수분 함량 변화를 방지하기 위하여 검체를 밀폐 용기에 넣고 가능한 한 온도 변화를 최소화하여야 한다.
      ② 산가 및 과산화물가
      빛 또는 온도 등에 의한 지방 산화의 촉진을 방지하기 위하여 검체를 빛이 차단되는 밀폐 용기에 넣고 채취 용기내의 공간 체적과 가능한 한 온도 변화를 최소화하여야 한다.

4) 검체의 운반 요령

(3) 냉동 검체의 운반

① 냉동 검체는 냉동 상태에서 운반하여야 한다.

② 냉동 장비를 이용할 수 없는 경우에는 드라이 아이스 등으로 냉동상태를 유지하여 운반할 수 있다.

(4) 냉장 검체의 운반

냉장 검체는 온도를 유지하면서 운반하여야 한다. 얼음 등을 사용하여 냉장온도를 유지하는 때에는 얼음 녹은 물이 검체에 오염되지 않도록 주의하여야 하며 드라이 아이스 사용시 검체가 냉동되지 않도록 주의하여야 한다.

(5) 미생물 검사용 검체의 운반

① 부패·변질 우려가 있는 검체

미생물학적인 검사를 하는 검체는 멸균용기에 무균적으로 채취하여 저온 (5℃ ± 3 이하)을 유지시키면서 24시간 이내에 검사기관에 운반하여야 한다. 부득이한 사정으로 이 규정에 따라 검체를 운반하지 못한 경우에는 재수거하거나 채취일시 및 그 상태를 기록하여 식품 등 시험·검사기관 또는 축산물 시험·검사기관에 검사 의뢰한다.

2 용액의 제조

1. 용액과 농도

(1) 몰농도(molarity, M)

① 용액 1L 중에 용해되어 있는 용질의 g 분자량수(또는 몰수(mol/L))

※ 분자가 6×10^{23}개 모인 질량을 분자량이라 하고, 이것에 g을 붙인 질량, 즉 g분자량을 1몰(mol)이라고 표시함

② 즉, 1g 분자량(1mol)의 용질을 용매에 녹이고 용액을 1L로 정용하면 1M 용액이 됨

예 포도당 분자량은 180이므로 1mol은 180g, 용액 1L에 180g의 포도당이 녹아 있으면 1M이 됨

(2) 노르말농도(normality, N)

용액 1L 중에 용해되어 있는 용질의 g 당량수

$$g \text{ 당량수} = \frac{g \text{ 분자량수}}{\text{당량}}$$

예 H_2SO_4 분자량은 98, 1mol은 98g, 당량은 2이므로 용액 1L에 $\frac{98}{2}$g, 즉 49g의 황산이 녹아 있으면 1N이 됨

01 H_2SO_4 9.8g을 물에 녹여 최종부피는 250ml로 정용하였다면 이 용액의 노르말 농도는? *16년 2회

① 0.6N ② 0.8N

③ 1.0N ④ 1.2N

해설 H_2SO_4의 분자량은 98

1M H_2SO_4 : 98g의 H_2SO_4을 녹여 1000mL로 정용한 용액

1N H_2SO_4 : 49g의 H_2SO_4을 녹여 1000mL로 정용한 용액

9.8g의 H_2SO_4을 녹여 250mL로 정용한 용액은 9.8g/250mL = 39.2g/1000mL 이므로 0.8N

02 효소반응을 위한 buffer를 제조하고자 한다. 최종 buffer는 A, B, C 용액성분이 각각 0.1, 0.05, 0.5M이 함유되어 있다. A, B, C 용액이 각각 1.0M 있다면 buffer 1L 제조시 각각 어떻게 준비해야 하는가? *16년 1회

① A 용액: 0.1L, B 용액: 0.2L, C 용액: 0.45L, 물: 0.35L

② A 용액: 0.1L, B 용액: 0.05L, C 용액: 0.5L, 물: 0.35L

③ A 용액: 0.2L, B 용액: 0.1L, C 용액: 0.5L, 물: 0.2L

④ A 용액: 0.2L, B 용액: 0.4L, C 용액: 0.1L, 물: 0.3L

해설 1M은 1L중에 함유된 용질의 g분자량수를 의미하는 농도의 개념

1M A용액이 최종용액(1L)에서 0.1M이 되려면 0.1L를 넣으면 됨

03 NaOH의 분자량이 40일 때 NaOH 30g의 몰수는? *17년 2회

① 0.65 ② 10

③ 1.33 ④ 0.75

해설 몰수(mol) = 질량(g) × $\dfrac{1}{몰질량(g/mol)}$

몰질량이란 어떤 물질 1mol의 질량으로, 아보가드로수 만큼에 해당하는 원자 또는 분자의 질량을 의미함

몰질량의 국제단위계 단위는 kg/mol이나, 주로 g/mol를 사용

분자량이 40인 NaOH 1mol의 질량은 40g이므로 $\dfrac{30g}{40g/mol}$ = 0.75mol

정답 01 ② 02 ② 03 ④

2. 용액의 농도 변경

(1) 백분율(%) 농도의 변경

농도가 큰 ㄱ% 용액 가g(또는 mL)과 그보다 낮은 농도 ㄴ% 용액 나g(또는 mL)을 혼합하여 X% 용액(가 + 나)을 만들 때 필요한 용액의 양

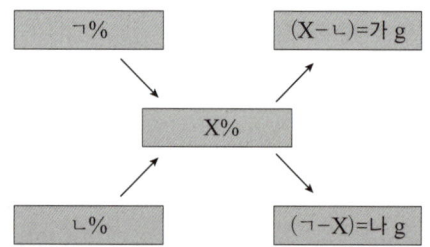

즉, ㄱ% 용액(X-ㄴ)의 양과 ㄴ% 용액(ㄱ-X)의 양을 혼합하면 X%의 용액이 만들어짐

🔎 기출로 확인

35%의 HCl을 희석하여 10% HCl 500mL를 제조하고자 할 때 필요한 증류수의 양은 약 얼마인가? *20년 4회

① 143mL
② 234mL
③ 187mL
④ 357mL

해설

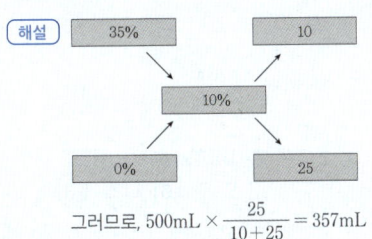

그러므로, $500mL \times \dfrac{25}{10+25} = 357mL$

정답 ④

(2) 노르말 농도(N)의 변경

기존 농도 N 부피 V의 용액을 낮은 농도의 용액으로 희석하여 용액의 농도 N′, 부피 V′로 변경하려면 다음의 공식 사용

$$NV = N'V'$$

3 일반성분 시험법

1. 수분 정량

(1) 건조감량법

① 상압가열건조법

㉠ 시험법 적용범위

- 이 시험법은 식품의 종류, 성질에 따라서 가열온도를 ㉮ 98~100℃ ㉯ 100~103℃ ㉰ 105℃전후(100~110℃) 및 ㉱ 110℃ 이상으로 한다.
- 즉, ㉮는 동물성 식품과 단백질 함량이 많은 식품 ㉯는 자당과 당분을 많이 함유한 식품 ㉰는 식물성 식품 ㉱는 곡류 등의 신속법으로 쓰인다.

㉡ 분석원리

- 검체를 물의 끓는점보다 약간 높은 온도 105℃에서 상압건조시켜 그 감소되는 양을 수분량으로 하는 방법
- 가열에 불안정한 성분과 휘발성분을 많이 함유한 식품에 있어서는 정확도가 낮은 결점이 있으나 측정원리가 간단하여 여러 가지 식품에 있어서 많이 이용

W_0: 칭량병의 무게
W_1: 건조전 시료의 무게 + 칭량병무게
W_2: 건조 후 항량에 달했을 때 무게 + 칭량병의 무게

① $\dfrac{W_1 - W_0}{W_1 - W_2} \times 100$ ② $\dfrac{W_1 - W_0}{W_2 - W_1} \times 100$

③ $\dfrac{W_1 - W_2}{W_1 - W_0} \times 100$ ④ $\dfrac{W_2 - W_1}{W_1 - W_0} \times 100$

정답 ③

② 감압가열건조법

(2) 증류법

분석원리: 검체를 수분과 혼합되지 않은 유기용매 중에서 가열하면 검체 중의 수분 또는 수분과 용매의 혼합증기가 증류된다. 이것을 냉각시켜서 눈금이 있는 냉각관에 모아서 유출된 수분의 양으로 함

(3) 칼피셔(Karl Fischer)법

분석원리: 피리딘 및 메탄올의 존재 하에 물이 요오드 및 아황산가스와 정량적으로 반응하는 것을 이용하여 칼피셔시액으로 검체의 수분을 정량하는 방법

⊚ 기출로 확인

다음 중 식품의 수분정량법이 아닌 것은? *18년 1회
① 건조감량법   ② 증류법
③ Karl-Fischer법   ④ 자외선 사용법

정답 ④

2. 회분 정량

[조회분]

① 분석원리

   ⊙ 검체를 도가니에 넣고 직접 550~600℃의 온도에서 완전히 회화처리 하였을 때의 회분의 양을 말한다. 즉 식품을 550~600℃로 가열하면 유기물은 산화, 분해되어 많은 가스를 발생하고 타르(tar)모양으로 되며 점차로 탄화(炭火)한다.

   ⊙ 탄소는 더욱 산화되어 탄산가스(CO_2)로 되어 방출되지만, 인산이 많은 검체에서는 강열하면 양이온과 결합하지 않고 용융상태로 되며, 또한 산소의 공급이 불충분하게 되어 오히려 회화의 진행이 어렵게 된다.

© 일부의 식품에서는 무기질의 염소이온(Cl^-)등 휘발성 무기물은 휘산되기도 하고, 양이온의 일부는 공존하는 음이온과 반응하여 인산염, 황산염 등으로 되기도 하며, 유기물 기원의 탄산염으로 되기 때문에 조회분(粗灰分, crude ash)이라고 한다.

② 검체의 전처리: 검체를 도가니에 정밀히 달아 넣고 필요하면 회화에 앞서 다음의 전처리를 한다.

  ⊙ 전처리가 필요하지 아니한 검체: 곡류, 두류, 기타 아래에 포함되지 않는 것

  © 미리 건조하여야 하는 검체: 수분함량이 많은 동물성식품은 건조기 내에서 될 수 있는 대로 건조시킨다. 액상식품과 액상음료는 수욕상에서 증발 건조시킨다.

  © 예비 탄화시켜야 할 검체: 회화할 때 팽창하는 검체로서 당류 및 당함량이 많은 식품, 정제전분, 달걀의 흰자위 및 일부의 어육이 속한다. 이들 검체는 버너의 약한 불로 주의하면서 탄화하든가 또는 열판상에서 적외선램프를 조사하면서 300℃ 이하에서 탄화한다.

  ② 연소시켜야 할 검체: 유지류는 가급적 수분을 제거하고 이것을 과열 또는 점화하여 불꽃이 약해질 때까지 연소시키고 적당한 마개를 덮어 불을 끈다.

③ 회분량 계산

$$회분(\%) = \frac{W_1 - W_0}{S} \times 100$$

- W_0: 항량이 된 도가니의 질량(g)
- W_1: 회화 후의 도가니와 회분의 질량(g)
- S: 검체의 채취량(g)

3. 조단백질 정량

- 단백질 식품은 탄소, 산소, 수소 외에 질소를 함유하는 것이 특징
- 단백질 식품 중의 질소 함유량은 대략 16%

$$조단백질 함량 = 질소의 양 \times 질소계수\left(\frac{100}{16} = 6.25\right)$$

[Kjeldahl 법]

분석원리: 질소를 함유한 유기물을 촉매의 존재하에서 황산으로 가열분해하면, 질소는 황산암모늄으로 변한다(분해). 황산암모늄에 NaOH를 가하여 알카리성으로 하고, 유리된 NH_3를 수증기 증류하여 희황산으로 포집한다(증류). 이 포집액을 NaOH로 적정하여 질소의 양을 구하고(적정), 이에 질소 계수를 곱하여 조단백의 양을 산출한다.

4. 조지방 정량

(1) 에테르추출법(속슬렛법)

① 식용유 등 주로 중성지질로 구성된 식품 및 식육에 적용. 다만, 가열·조리 등의 가공과정을 거치지 않은 식품에 적용됨

② 분석원리: 속슬렛추출장치로 에테르를 순환시켜 검체 중의 지방을 추출하여 정량

(2) 산분해법

이 법은 물에 녹지 않고 산분해에 의해서 액상으로 되는 식육, 어육 및 수산식품, 소맥분 빵류, 마카로니등 곡류가공품과 기타 다른 방법에 적용되지 않는 식품에 적용

(3) 뢰제·고트리브(Roese-Gottlieb)법

유제품, 유가공품, 비교적 지방질의 함량이 많은 액상 및 우유류와 같은 식품 또는 물을 가하여 액상 및 우유와 같은 모양으로 할 수 있는 식품, 축산물에 적용

(4) 바브콕(Babcock)법

원유 및 우유류에 적용

Chapter 12 식품첨가물

1 식품첨가물의 조건

1. 식품첨가물의 정의

(1) 우리나라 「식품위생법」 제2조(정의) 제2항

'식품첨가물'이란, 식품을 제조·가공·조리 또는 보존하는 과정에서 감미, 착색, 표백, 또는 산화방지 등을 목적으로 식품에 사용되는 물질을 말하며, 기구·용기·포장을 살균·소독하는 데에 사용되어 간접적으로 식품으로 옮겨갈 수 있는 물질을 포함함

(2) FAO(유엔식량농업기구) 및 WHO(세계보건기구)의 합동전문위원회

'식품첨가물'이란, 식품의 외관, 향미, 조리 저장성을 향상시키기 위한 목적으로, 식품에 소량 첨가되는 비영양 물질

(3) CODEX(국제식품규격위원회)

'식품첨가물'이란, 식품의 일반적인 구성성분이 아니고, 그 자체를 식품원료로 사용하지 않으며, 영양가와 상관없이 식품의 저장, 수송, 포장, 충진, 조제, 가공에 기술적인 목적을 가지고, 식품에 의도적으로 첨가하는 물질

2. 식품첨가물의 구비조건

- 인체에 무해하고 체내에 축적되지 않을 것
- 소량으로도 효과가 충분할 것
- 물리화학적인 변화에 안정할 것
- 값이 저렴하고 경제적일 것
- 사용하기 간편하고 품질 특성이 양호할 것
- 식품의 제조과정에 필수 불가결할 것
- 식품의 영양가를 유지하면서 외관을 좋게 할 것
- 식품의 화학분석 등에 의해 그 첨가물의 확인이 가능할 것

🎯 기출로 확인

식품첨가물의 사용에 있어 옳지 않은 것은? *18년 2회

① 식품의 성질, 식품첨가물의 효과, 성질을 잘 연구하여 가장 적합한 첨가물을 선정한다.

② 식품첨가물은 식품제조·가공과정 중 결함 있는 원재료나 비위생적인 제조방법을 은폐하기 위하여 사용되어서는 아니 된다.

③ 식품첨가물은 별도로 잘 정돈하여 보관하되, 각각 알맞은 조건에 유의하여 보관하여야 한다.

④ 식품첨가물은 식품학적 안정성이 보장되므로 충분한 양을 사용해야 한다.

 정답 ④

2 식품첨가물의 분류

2017년 이전에는 식품첨가물의 분류체계가 종류별로 분류되어 있었으나, 그 이후 식품첨가물의 사용목적을 명확히 하기 위해서 2018년 1월 이후에는 용도 중심으로 개편되어, 현재는 32개의 용도별로 분류되어 관리

가공보조제	식품의 제조 과정에서 기술적 목적을 달성하기 위하여 의도적으로 사용되고 최종 제품 완성 전 분해, 제거되어 잔류하지 않거나 비의도적으로 미량 잔류할 수 있는 식품첨가물(살균제, 여과보조제, 이형제, 제조용제, 청관제, 추출용제, 효소제)
용도별 분류 (32가지)	감미료, 고결방지제, 거품제거제, 껌기초제, 밀가루개량제, 발색제, 보존료, 분사제, 산도조절제, 산화방지제, 살균제, 습윤제, 안정제, 여과보조제, 영양강화제, 유화제, 이형제, 응고제, 제조용제, 젤형성제, 증점제, 착색료, 청관제, 추출용제, 충전제, 팽창제, 표백제, 표면처리제, 피막제, 향미증진제, 향료, 효소제

3 주요 식품첨가물의 제조기준 및 사용기준

「식품첨가물의 기준 및 규격」고시 참고

1. 보존료

(1) 정의
미생물에 의한 품질 저하를 방지하여 식품의 보존기간을 연장시키는 식품첨가물

(2) 특징
대부분의 허용 보존료는 산형보존료임(산성 영역에서 효과 증가)

※ 산성용액에서는 비해리 분자가 증가하는데, 비해리형 분자가 미생물의 세포막을 투과하여 작용함

(3) 허용 보존료 및 사용기준

보존료명	사용기준
데히드로초산나트륨(sodium dehydroacetate) ※ 데히드로초산은 삭제됨(사용실적 없음)	치즈, 버터, 마가린
· 소브산(sorbic acid) · 소브산칼륨(potassium sorbate) · 소브산칼슘(calcium sorbate)	· 치즈 · 식육가공품, 어육가공품, 성게젓, 땅콩·버터, 모조치즈 · 된장, 고추장, 어패류건제품, 젓갈류, 청국장, 혼합장, 절임류, 잼류, 알로에전잎 건강기능식품 · 과채주스, 탄산음료, 잼류, 건조과일류 · 과실주, 탁주, 약주 · 마가린
· 안식향산(benzoic acid) · 안식향산나트륨(sodium benzoate) · 안식향산칼륨(potassium benzoate) · 안식향산칼슘(calcium benzoate)	· 과일·채소류 음료, 탄산음료, 인삼 및 홍삼 음료, 간장 · 마가린, 마요네즈, 절임식품

선생님 TIP

용도별로 허용된 식품첨가물의 명칭과 사용식품을 기억하자.

· 프로피온산(propionate) · 프로피온산칼슘(calcium propionate) · 프로피온산나트륨(sodium propionate)	빵, 치즈, 잼류

· 파라옥시안식향산메틸
  (Methyl P-hydroxybenzoate)
· 파라옥시안식향산에틸
  (ethyl P-hydroxybenzoate)
※ 파라옥시안식향산프로필은 삭제됨(독성 문제)
	· 캡슐류, 잼류, 간장, 식초, 인삼·홍삼음료, 소스
	· 과일·채소류(표피부분에 한함)

ⓞ 기출로 확인

01 빵류, 치즈류, 잼류에 사용할 수 있는 보존료는? *20년 3회

　① potassium sorbate　　　② D-sorbitol
　③ sodium propionate　　　④ benzoic acid

02 미생물 중 특히 곰팡이의 증식을 억제하여 치즈, 식육가공품 등에 사용하는 합성보존료는? *18년 1회

　① 소르빈산　　　　　　　② 살리실산
　③ 안식향산　　　　　　　④ 데히드로초산

정답　01 ③　02 ①

2. 살균제

(1) 정의

식품 표면의 미생물을 단시간 내에 사멸시키는 작용을 하는 식품첨가물

(2) 허용 살균제 및 사용기준

살균제명	사용기준
과산화수소(hydrogen peroxide)	최종제품 완성 전에 분해하거나 제거하여야 함
과산화초산(peroxyacetic acid)	최종식품 완성 전에 식품 표면으로부터 침지액 또는 분무액을 털어내거나 흘러내리도록 해야 함
· 오존수(ozone water) · 이산화염소수(chlorine dioxide) · 차아염소산수(hypochlorous acid water) · 차아염소산칼슘(calcium hypochlorite)	과일류, 채소류 등 식품의 살균 목적에 한하여 사용하여야 하며, 최종식품의 완성 전에 제거하여야 함
차아염소산나트륨(sodium hypochlorite)	과일류, 채소류 등 식품의 살균 목적에 한하여 사용하여야 하며, 최종식품의 완성 전에 제거하여야 함 다만, 참깨에 사용하여서는 안 됨

(3) 일반사용기준

품목별 사용기준에 별도로 정하고 있지 않는 한 침지하는 방법으로 사용하여야 하며, 세척제나 다른 살균제 등과 혼합하여 사용하여서는 아니 된다.

3. 산화방지제(항산화제)

(1) 정의
산화에 의한 식품의 품질 저하를 방지하는 식품첨가물

(2) 종류
① 지용성 산화방지제
  ㉠ 유지의 산패 방지(주요 메커니즘: hydroperoxide 생성 억제)
  ㉡ BHT, BHA
② 수용성 산화방지제
  ㉠ 색소의 산화방지
  ㉡ ascorbic acid, erythorbic acid

(3) 허용 산화방지제 및 사용기준

산화방지제명	사용기준
· 디부틸히드록시톨루엔 (BHT; butylated hydroxy toluene) · 부틸히드록시아니솔 (BHA; butylated hydroxy anisole)	· 식용유지류, 버터류 · 어패냉동품 · 추잉껌 · 체중조절용 조제식품, 시리얼류 · 마요네즈
터셔리부틸히드로퀴논 (TBHQ; tert-Butyl hydroquinone)	· 식용유지류, 버터류 · 어패냉동품 · 추잉껌
몰식자산 프로필(propyl gallate)	식용유지류, 버터류
· 에리토브산(erythorbic acid) · 에리토브산 나트륨(sodium erythorbate)	산화방지제 목적에 한하여 사용
아스코르빌 팔미테이트(ascorbyl palmitate)	· 식용유지류 · 마요네즈 · 과자, 빵류, 떡류, 당류가공품, 액상차
· EDTA 칼슘 2 나트륨 · EDTA 2 나트륨	· 소스, 마요네즈 · 통조림, 병조림 식품 · 음료류(캔, 병제품에 한함) · 마가린 · 오이, 양배추 초절임 · 건조바나나, 냉동감자, 땅콩버터
· L-아스코브산(비타민C, L-ascorbic acid) · DL-α-토코페롤(비타민E)(DL-α-tocopherol)	–

Sodium L-ascorbate는 주로 어떤 목적에 이용되는가? *16년 2회

① 살균작용은 약하나 정균작용이 있으므로 보존료로 이용된다.
② 산화방지력이 있으므로 식용유의 산화방지 목적으로 사용된다.
③ 수용성이므로 색소의 산화방지에 이용된다.
④ 영양 강화의 목적에 적합하다.

정답 ③

4. 착색료

(1) 정의
식품에 색을 부여하거나 복원시키는 식품첨가물

(2) 종류
① 식용 타르색소: 석탄의 coaltar 성분을 원료로 함. 허가된 타르색소는 모두 수용성의 산성색소
② 천연색소: 클로로필, 카로티노이드 등

(3) 허용 착색료 및 사용기준

착색료명	사용기준
· 식용색소 녹색 제3호(fast green FCF) · 식용색소 녹색 제3호 알루미늄레이크 · 식용색소 적색 제2호(amaranth) · 식용색소 적색 제2호 알루미늄레이크 · 식용색소 적색 제3호(erythrosine) · 식용색소 적색 제40호(alura red) · 식용색소 적색 제40호 알루미늄레이크 · 식용색수 청색 제1호(brilliant blue FCF) · 식용색소 청색 제1호 알루미늄레이크 · 식용색소 청색 제2호(indigo carmine) · 식용색소 청색 제2호 알루미늄레이크 · 식용식소 황색 제4호(tartrazine) · 식용색소 황색 제4호 알루미늄레이크 · 식용색소 황색 제5호(sunset yellow FCF) · 식용색소 황색 제5호 알루미늄레이크	식품첨가물 공전 참고
삼이산화철	· 바나나(꼭지의 절단면) · 곤약
· β-아포-8‘-카로티날 · 수용성 안나토 · β-카로틴 · 철클로로필린나트륨	천연식품(식육류, 어패류, 과일류 등), 다류, 커피 등에는 사용 못함

· 동클로로필 · 동클로로필린나트륨 · 동클로로필린칼륨	· 다시마 · 과일류, 채소류의 저장품 · 추잉껌, 캔디류 · 완두콩통조림의 한천
이산화티타늄	천연식품(식육류, 어패류, 과일류 등), 식빵, 코코아매스, 잼류, 유가공품, 식육가공품 등에는 사용 못함

⊙기출로 확인

다음 중 허용 살균제 또는 표백제가 아닌 것은? *20년 1, 2회
① 고도표백분
② 차아염소산나트륨
③ 무수아황산
④ 옥시스테아린

정답 ④

5. 표백제

(1) 정의

식품의 색을 제거하기 위해 사용되는 식품첨가물

(2) 종류

① 산화 표백제: 산화작용으로 색소를 비가역적으로 파괴하여 무색 또는 백색으로 변화
② 환원 표백제: 색소 중의 산소를 제거하는 환원작용에 의한 가역적인 표백

(3) 허용 표백제 및 사용기준

표백제명	사용기준
<환원표백제> 메타중아황산나트륨, 메타중아황산칼륨, 무수아황산, 아황산나트륨(결정), 아황산나트륨(무수), 산성아황산나트륨, 차아황산나트륨	· 박고지, 당밀, 물엿 · 과실주, 과일채소음료, 과채가공품, 건조과일채소류 등

6. 발색제

(1) 정의

식품의 색을 안정화시키거나, 유지 또는 강화시키는 식품첨가물

(2) 특징

발색제는 그 자체에 의하여 착색되는 것이 아니고, 식품 중에 존재하는 유색물질과 결합하여 그 색을 안정화하거나 선명하게 또는 발색되게 하는 물질임

(3) 허용 발색제 및 사용기준

발색제명	사용기준
아질산나트륨(sodium nitrite)	식육가공품, 어육소시지, 명란젓
질산나트륨(sodium nitrate)	식육가공품, 치즈류
질산칼륨(potassium nitrate)	식육가공품, 치즈류, 대구알염장품

◎ 기출로 확인

식품의 색을 안정화시키거나 유지 또는 강화시키는 식품첨가물은? *17년 3회

① 착색료   ② 안정제

③ 표백제   ④ 발색제

정답 ④

7. 감미료

(1) 정의

식품에 단맛을 부여하는 식품첨가물

(2) 허용 감미료 및 사용기준

감미료명	사용기준
사카린나트륨	· 젓갈류, 절임식품 · 김치류 · 음료류 · 어육가공품 · 시리얼류, 뻥튀기 등
글리실리진산2나트륨	· 된장, 간장
D-소비톨(D-sorbitol), 락티톨, 만니톨, D-말티톨, D-자일로스, 자일리톨, D-리보오스(D-ribose), 에리스리톨, 이소말트, 감초추출물	–
아스파탐(aspartame)	빵류, 과자, 시리얼류 등
네오탐(neotame)	· 추잉껌 · 떡류 · 잼류 · 농축과채즙 등
수크랄로스(sucralose)	· 과자, 추잉껌 · 잼류 · 음료류, 가공유, 발효유류 등
스테비올배당체, 효소처리스테비아	설탕, 포도당, 물엿, 벌꿀류에 사용해서는 안 됨
아세설팜칼륨	· 과자 · 조림류 · 소스 · 추잉껌, 캔디류 등

🔊 선생님 TIP

발색제와 착색제의 사용목적을 구분하여 외우자.

8. 향미증진제

(1) 정의

식품의 맛 또는 향미를 증진시키는 식품첨가물

(2) 종류

① 핵산계: 5′-이노신산나트륨, 5′-구아닐산이나트륨, 5′-리보뉴클레오티드나트륨 및 칼슘

② 아미노산계: L-글루탐산, L-글루탐산나트륨(MSG, monosodium glutamate), L-글루탐산칼륨, L-글루탐산암모늄, L-알라닌, 글리신

③ 유기산계: D-주석산나트륨, DL-주석산나트륨, 구연산나트륨, DL-사과산나트륨, 호박산나트륨, 호박산

9. 산도조절제

(1) 정의

식품의 산도 또는 알칼리도를 조절하는 식품첨가물

(2) 종류

① 유기산계: 구연산, L-주석산, DL-주석산, 푸말산, DL-사과산, 글루코노델타락톤, 젖산, 초산, 아디핀산 등

② 무기산계: 이산화탄소, 인산

10. 밀가루개량제

(1) 정의

밀가루나 반죽에 첨가되어 제빵 품질이나 색을 증진시키는 식품첨가물

(2) 허용 밀가루개량제 및 사용기준

밀가루개량제			사용기준
· 과산화벤조일(희석) · 아조디카르본아미드	· 과황산 암모늄 · 이산화염소	· 염소(Cl_2)	밀가루류

11. 팽창제

(1) 정의

가스를 방출하여 반죽의 부피를 증가시키는 식품첨가물

(2) 종류

명반, 암모늄명반, 염화암모늄, D-주석산수소칼륨, DL-사과산나트륨, 탄산수소나트륨, 탄산수소암모늄, 탄산암모늄, 탄산마그네슘, 산성피로인산나트륨, 글루코노델타락톤 등

기출로 확인

염미를 가지고 있어 일반 식염(소금)의 대용으로 사용할 수 있는 식품첨가물로서 주요용도가 산도조절제, 팽창제인 것은? *17년 3회

① L-글루타민산나트륨　　　　　② L-라이신
③ D-주석산나트륨　　　　　　　④ DL-사과산나트륨

정답 ④

12. 이형제

(1) 정의

식품의 형태를 유지하기 위해 원료가 용기에 붙는 것을 방지하여 분리하기 쉽도록 하는 식품첨가물

(2) 허용 이형제 및 사용기준

이형제	사용기준
유동파라핀	· 빵류 · 캡슐류 · 건조과일채소류

13. 추출용제

(1) 정의

유용한 성분 등을 추출하거나 용해시키는 식품첨가물

(2) 허용 추출용제 및 사용기준

추출용제	사용기준
메틸알콜(methyl alcohol)	건강기능식품의 기능성원료 추출 또는 분리 목적
부탄(butane), 아세톤(acetone)	· 식용유지 제조시 유지성분의 추출 복석 · 건강기능식품의 기능성원료 추출 또는 분리 복석
이소프로필알콜(isopropyl alcohol)	· 착향의 목적 · 설탕류 · 식용유지 제조시 유지성분의 추출 목적 · 건강기능식품의 기능성원료 추출 또는 분리 목적
초산에틸, 헥산(hexane)	· 식용유지 제조시 유지성분의 추출 목적 · 건강기능식품의 기능성원료 추출 또는 분리 목적

14. 거품제거제(소포제)

(1) 정의

식품의 거품 생성을 방지하거나 감소시키는 식품첨가물

(2) 허용 거품제거제 및 사용기준

거품제거제	사용기준
규소수지	–
라우린산, 미리스트산, 올레인산, 팔미트산	–
옥시스테아린	식용유지류
이산화규소	·가공유크림, 분유류(자동판매기) ·식염

15. 증점제

(1) 정의

식품의 점도를 증가시키는 식품첨가물

(2) 종류

구아검, 로커스트콩검, 아라비아검, 결정셀룰로스, 히알루론산, 글루코만난, 덱스트린, 변성전분, 메틸셀룰로스, 알긴산, 카제인 등

16. 유화제

(1) 정의

물과 기름 등 섞이지 않는 두 가지 또는 그 이상의 상(phases)을 균질하게 섞어주거나 유지시키는 식품첨가물

(2) 종류

글리세린지방산에스테르, 소르비탄지방산에스테르, 자당지방산에스테르, 프로필렌글리콜, 레시틴, 폴리소르베이트20 등

17. 피막제

(1) 정의

식품의 표면에 광택을 내거나 보호막을 형성하는 식품첨가물

(2) 종류

몰포린지방산염, 초산비닐수지, 유동파라핀 등

식품첨가물 중 유화제로 사용되지 않는 것은? *20년 1, 2회
① 폴리소르베이트류
② 글리세린지방산에스테르
③ 소르비탄지방산에스테르
④ 몰포린지방산염

정답 ④

18. 영양강화제

(1) 정의
식품의 영양학적 품질을 유지하기 위해 제조공정 중 손실된 영양소를 복원하거나, 영양소를 강화시키는 식품첨가물

(2) 종류
비타민류(니코틴산, 비타민C 등), 아미노산류(L-페닐알라닌, L-메티오닌 등) 등

19. 효소제

(1) 정의
특정한 생화학 반응의 촉매 작용을 하는 식품첨가물

(2) 제조기준
효소를 고정화하기 위해 지지체 등을 사용할 수 있으며, 이 경우 고정화를 위하여 사용된 물질들은 식품으로 이행되면 안됨

(3) 사용기준
따로 규정이 없는 한 식품의 제조·가공 공정 중 분해, 부가 등 효소제의 정의에 맞는 용적으로 사용하여야 하며, 최종식품에 효소 함량을 높이거나 소화촉진 등을 위한 섭취 목적으로 사용해서는 안됨(가공보조제의 일종)

(4) 종류
α-아밀라아제, 글루코아밀라아제, 락타아제, 리소짐, 리파아제, 셀룰라아제 등

20. 기타(특이사항)
분사제, 충전제로 사용하는 아산화질소(Nitrous Oxide)의 제조기준: 내용량 2.5L 이상의 고압금속제용기에만 충전하여야 함

Part 03

식품미생물 및 안전

1 미생물의 분류

1. 미생물 명명법과 표기법

(1) 미생물의 공식적 명칭은 학명(scientific name)

(2) 학명

① 속명 + 종명으로 된 이명법 사용

② 라틴어화된 이름으로 쓰며 이탤릭체로 씀

③ 속명은 라틴어의 실명사 단수형으로 쓰며 첫 글자는 대문자

④ 종명은 형태, 향기, 색상 등의 특징을 나타내는 형용사형 소문자로 시작

예 *Aspergillus oryzae*(속명 + 종명)

기출로 확인

미생물의 명명법에 관한 설명 중 틀린 것은? *18년 2회

① 종명은 라틴어의 실명사로 쓰고 대문자로 시작한다.
② 학명은 속명과 종명을 조합한 2명법을 사용한다.
③ 세균과 방선균은 국제세균명명규약에 따른다.
④ 속명 및 종명은 이탤릭체로 표기한다.

정답 ①

2. 미생물의 분류단계

• 작은 세부 분류부터 큰 분류까지

• 종(species) - 속(genus) - 과(family) - 목(order) - 강(class) - 문(phylum) - 계(kingdom)

3. 주요 미생물의 분류와 위치

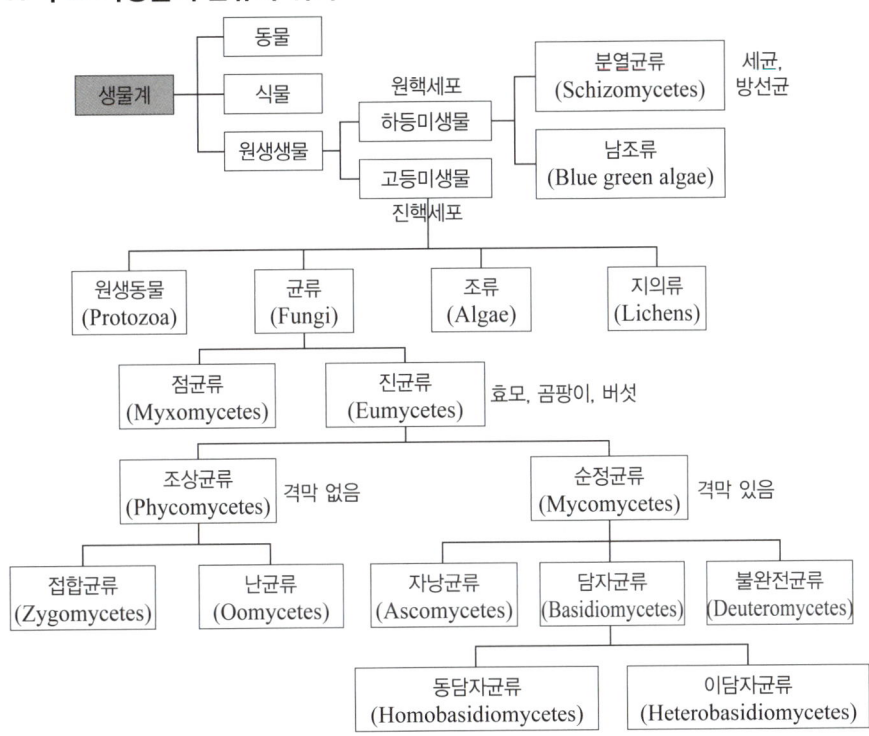

---

2 미생물의 세포와 기능

1. 원핵세포(prokaryotic cell)

※ 대표적 미생물: 세균, 방선균, 남조류

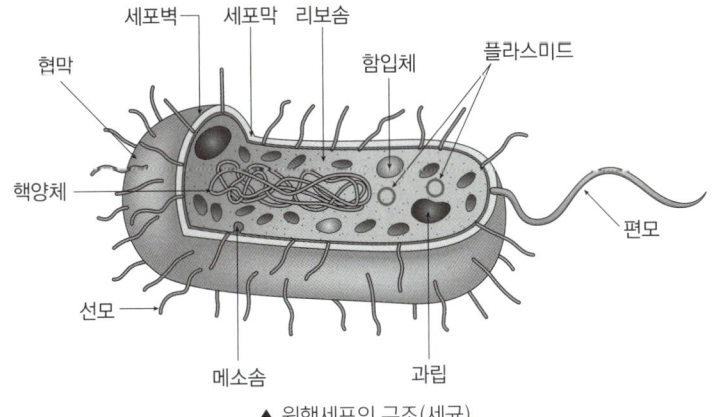

▲ 원핵세포의 구조(세균)

(1) 세포벽(cell wall)

① 세포막을 둘러싼 단단한 구조체, 세포의 보호 및 형태 유지 기능

② 세포벽은 lysozyme 효소에 의해 분해됨

③ 세포벽의 조성에 따라 그람양성, 그람음성으로 나뉨

(2) 세포막(원형질막)

① 세포질을 둘러싼 이중막, 지질이중층과 단백질로 구성

② 세포의 외부와 내부 사이에서 물질을 선택적으로 투과, 세포 외부로부터 신호를 전달받아 세포내로 전달하는 역할 수행

(3) 핵양체(nucleoid)

① 원핵세포는 핵막으로 구성된 핵이 없으며 대신 핵양체(nucleoid)라는 영역이 존재

② DNA가 세포질에 노출된 상태

③ 히스톤단백질과 인(nucleolus)이 없음

(4) 세포질(cytoplasm): 핵양체와 세포막을 채우고 있는 물질

(5) 리보솜(ribosome): 단백질 합성 장소

(6) 메소좀(mesosome): 원핵세포에서의 호흡을 담당

(7) 협막(capsule)

① 세균 중에는 세포벽의 외측에 점질층(slime layer)를 형성하는 균이 있음

② 점질물질인 단백질과 다당류로 구성

(8) 편모(flagella)

① 98%의 단백질로 구성, 세포의 운동기관

② 플라젤린 단백질 11가닥이 모여 구성됨

③ 세포막 안쪽의 기저부위에서 만들어져 세포막과 세포벽을 뚫고 밖으로 자라나옴

④ 편모의 수와 배열에 따라 무모균(편모없음), 단모균, 양모균, 주모균 등으로 분류

⑤ 편모의 위치에 따른 분류

극모	·단극모: 한 곳에 한 개의 편모 존재함
	·속극모: 한 곳에 여러 개의 편모 존재함
	·양극모: 양 끝에 한 개 또는 여러 개의 편모 존재함
주모	여러 곳에 여러 개의 편모 존재함

(9) 선모(pili)

① 편모보다 짧고 얇음, 숙주세포에 부착되어 유전자 전달

② 비운동성 세균에서도 볼 수 있으며 대부분의 그람 음성균은 선모를 가짐

ⓞ 기출로 확인

미생물의 표면 구조물 중에서 유전물질의 이동에 관여하는 것은? *19년 3회

① 편모(flagella)

② 섬모(cilia)

③ 필리(pili)

④ 핌브리아(fimbriae)

정답 ③

2. 진핵세포(eukaryotic cell)

※ 대표적 미생물: 곰팡이, 효모, 조류(남조류 제외)

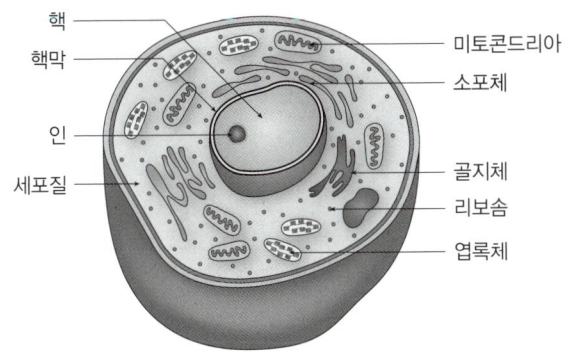

▲ 진핵세포의 구조

(1) 세포벽(cell wall)
① 외부로부터 세포 보호, 세포의 형태 유지
② 진핵세포 미생물의 세포벽 성분은 키틴, 셀룰로오스, 글루칸 성분

(2) 세포막(membrane): 외부와 내부 분리, 선택적 투과성, 환경조건의 감지 등

(3) 세포질(cytoplasm): 물로 구성, 세포의 내부를 구성

(4) 핵(nucleus)
① DNA를 가지고 있고, 인(nucleolus)이 있음
② 핵 내부의 유전정보는 이중나선구조인 DNA와 단백질로 구성된 염색체 (chromosome)에 저장
③ 인(nucleolus)이라는 부위에서 RNA를 합성
④ 핵막이 잘 발달되어 있고, 인지질 이중막 구조

(5) 미토콘드리아(mitochondria)
① 호흡작용, 고에너지 분자인 ATP 생산
② 미토콘드리아는 자체에 독립된 DNA를 가지고 있음
③ 내막과 외막의 이중막 구조이며, 내막은 주름이 많아 표면적이 넓은 크리스타 (crista) 구조

(6) 리보솜(ribosome)
① 기능: 세포질에서 단백질 합성
② 단백질과 RNA로 구성

(7) 소포체(endoplasmic reticulum)
① 세포막을 구성하는 인지질과 단백질 합성
② 생물 분자의 합성, 물질 이동 및 분비
③ 활면 소포체: 리보솜이 결합되지 않음
   조면 소포체: 리보솜이 결합된 단백질 합성 장소

(8) 골지체(golgi complex)
① 당단백 합성과 분비
② 소포체에서 합성된 단백질의 저장
③ 분비과립을 통해 물질을 세포 밖으로 방출하는 등의 운반의 역할

(9) 리소좀(lysosome)
다양한 소화효소를 내부에 가짐

(10) 엽록체(chloroplast)
① 녹색식물, 녹조류와 같이 광합성을 하는 세포는 엽록체를 함유
② 엽록체는 이중막 구조로써 틸라코이드(thylakoids)가 중첩되어 그라나(grana)
를 형성

(11) 원핵세포와 진핵세포의 비교

구분	진핵세포	원핵세포
생물 종류	원생동물, 조류, 곰팡이, 효모, 버섯	세균, 남세균, 방선균
세포 크기	대형	소형
세포벽	균류-키틴, 식물과 조류-셀룰로스	펩티도글리칸 등
핵	핵막과 인이 존재 히스톤 단백질과 복잡한 결합	핵막과 인이 없음
리보솜 크기	80s	70s
광합성	엽록체 있음	엽록체 없음
세포호흡	미토콘드리아	메소좀
세포분열	유사분열(이분법)	무사분열(비유사분열)
DNA 상태	다수 선형 염색체	단일 환상 염색체
염색체	여러개	1개 + 플라스미드
리소좀과 퍼옥시좀	있음	없음
영양방법	대부분 종속영양	독립영양(광합성, 화학합성)
세포소기관	핵, 미토콘드리아 등	없음

◎ 기출로 확인

진핵세포의 소기관 중 호흡작용과 산화적인산화에 의해 에너지를 생산하는 역할을
하는 기관은? *19년 3회
① 미토콘드리아
② 골지체
③ 편모
④ 리보솜

정답 ①

3 영양요구성에 따른 미생물의 분류

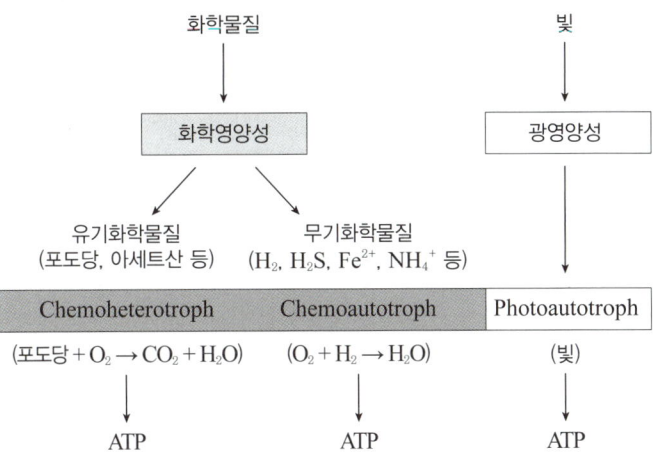

1. 독립영양균(autotrophs) = 무기영양균

- 유기물을 필요로 하지 않고 무기물로만 생육하는 생물
- CO_2, HCO_3^+ 같은 무기탄소원, NH_4^+, NO_3^- 같은 무기질소원 이용

(1) 광합성독립영양균(광합성무기영양균, photoautotroph)

① 빛 에너지를 에너지원으로 이용

② 대부분 편성혐기성균임

③ 조류, 청록세균, 홍색황세균 등

(2) 화학합성독립영양균(화학합성무기영양균, chemoautotroph)

① 무기물의 산화에 의한 화학적에너지를 에너지원으로 이용

② 호기적 조건에서 생육

③ 질화세균, 황세균, 수소세균, 메탄산화세균 등

2. 종속영양균(heterotrophs) = 유기영양균

(1) 탄소원은 유기 탄소화합물 이용

(2) 질소원은 무기 또는 유기 질소화합물 이용

(3) 질소고정균, 대장균, 젖산균 등 주요 미생물

기출로 확인

유기화합물 합성을 위해 햇빛을 에너지원으로 이용하는 광독립영양생물(photo-autotrophs)은 탄소원으로 무엇을 이용하는가? *18년 1회

① 메탄
② 이산화탄소
③ 포도당
④ 산소

정답

4 미생물의 증식

1. 미생물의 생육곡선

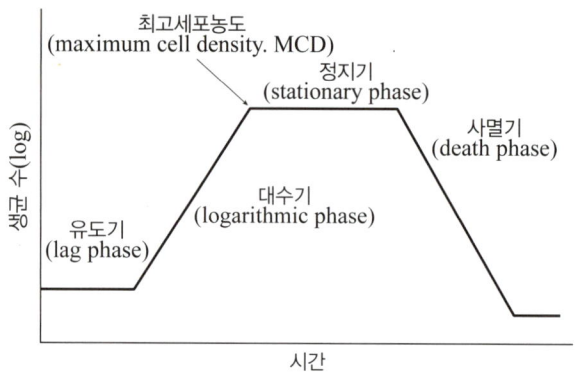

(1) 유도기(lag phase)

　① 환경(배지)에 대한 적응 시기

　② 증식은 일어나지 않고, 세포 크기가 커지며 RNA 함량이 증가

　③ 대사 활발

　④ 세포 증식 준비 단계

　⑤ DNA 합성은 일어나지 않음

(2) 대수기(logarithmic phase)

　① 세포분열이 급속하게 진행, 최대의 성장속도

　② 세포의 생리적 활성이 강해지는 시기

　③ 세포 크기 일정, 세대 기간 짧음

　④ RNA는 일정하고, DNA가 증가

(3) 정지기(stationary phase)

　① 최대의 세포수, 생균수가 일정하게 유지

　② 영양물질의 고갈, 대사생성물의 축적, 산소부족, 배지의 산성화 등으로 새로 증식하는 수와 사멸수가 같아짐

　③ 포자형성균은 이 시기에 포자 형성

(4) 사멸기(death phase)

　생균수가 줄어드는 시기

> ◎ **기출로 확인**
>
> **세균의 증식에 대한 설명으로 틀린 것은?** *17년 1회
> ① 세균을 액체배지에 접종하여 배양시간에 따른 세포수의 변화를 그래프로 나타내면 S자형으로 나타난다.
> ② 유도기에는 세포 수의 증가는 거의 없고 세포의 대사활동이 활발하게 일어나는 시기이다.
> ③ 세포 수 및 2차 대사산물의 생산량이 최대로 나타나는 시기는 대수기이다.
> ④ 세포의 생리적 활성이 가장 강한 시기는 대수기이다.
>
> 정답 ③

※ 세균의 증식속도

세대시간(generation time): 세균이 영양증식을 할 때 하나의 세포로부터 다시 분열할 때까지 걸리는 시간, 세균이 가장 활발히 증식할 때는 15~30분 정도

$$N = N_0 \times 2^n,\ \text{세대시간} = \frac{t}{n}$$

(N은 배양 세포수, N_0는 초기 세포수, n은 세대수, t는 총분열시간)

선생님 TIP

세대시간과 관련된 계산 문제는 매우 자주 출제된다.

⊙ 기출로 확인

Bacillus subtilis(1개)가 30분마다 분열한다면 5시간 후에는 몇 개가 되는가?

① 10   ② 512   *16년 2회
③ 1024   ④ 2048

해설 $1 \times 2^{10} = 1024$

정답 ③

2. 미생물의 증식도 측정법

(1) 직접적 측정법

① 직접계수법(총균수 측정법)

ㄱ 혈구계수기(haematometer)를 이용하여 현미경으로 직접 계수

ㄴ 생균과 사균이 함께 측정됨

② 생균수 측정법

ㄱ 주입평판법: 45-55℃의 고체 agar 배지 준비 → '10배 희석법'시행 → 시료 또는 희석액과 agar 배지를 멸균된 페트리접시에 넣고 혼합 → 배양 후 집락(colony) 수 계산

ㄴ 표면도말법: 시료 또는 희석액을 고체 agar 배지 표면에 분주 → 배양 후 집락(colony) 수 계산

ㄷ 최확수법(most probable number, MPN): 시료를 액체배지를 이용하여 10배 희석법을 시행 후 배양시켜 성장 유무를 관찰함, 수질검사나 음료의 미생물 검사에 주로 활용

ㄹ 막투과법: 음용수 등의 액체 시료에 미생물 오염도가 현저히 낮을 경우, 검출을 위하여 필터를 이용하여 균수를 농축하는 방법

⊙ 기출로 확인

01 미생물의 균수측정법 중 생균수 측정법에 해당되지 않는 것은? *16년 2회

① 현미경 직접계수법   ② 표면평판법
③ 주입평판법   ④ 최확수(MPN)법

02 미생물의 수를 직접적으로 측정되는데 이용되는 것은? *20년 4회

① Haematometer   ② Test tube
③ Dry oven   ④ Water bath

정답 01 ①   02 ①

(2) 간접적 측정법

① 균체량 측정법: 배양액에서 미생물을 원심분리하여 상등액을 제거한 후 무게 측정하거나 균을 건조시켜 균체의 무게 측정

② 균체 질소량 측정법: 균체의 질소량을 정량하여 균체의 단백질 증가를 측정하는 방법

③ 광학적 측정법: 분광광도계를 사용하여 균수증가에 따른 배양액의 단백질, DNA 양을 흡광도로 측정

3. 미생물의 생육에 영향을 미치는 요인

(1) 수분활성도(water activity, Aw)

생육 최저 수분활성도: 세균 0.91, 효모 0.88, 곰팡이 0.80, 내건성 곰팡이 0.65, 내삼투압성 효모 0.60

(2) 온도

① 호냉균: 생육가능온도 0~20℃, 생육최적온도 10~15℃

예 *Flavobacterium spp.*

② 저온균: 생육가능온도 0~30℃, 생육최적온도 10~20℃

예 *Listeria monocytogenes*

③ 중온균: 생육가능온도 15~50℃, 생육최적온도 30~40℃

예 대부분의 식품미생물

④ 고온균: 생육가능온도 30~80℃, 생육최적온도 50~60℃

예 *Bacillus stearothermophilus*

(3) pH

① 세균: 최저 생육 - pH 4.0~4.5

　　　최적 생육 - pH 6.5~7.2

② 효모: 생육 가능 - pH 4.0~8.5

　　　최적 생육 - pH 4.0~4.5

③ 곰팡이: 생육 가능 - pH 2.0~9.0

　　　최적 생육 - pH 3.0~3.5

참고

식품의 pH에 따른 부패 원인

- 중성 pH 식품(우유, 육류 등): 세균
- 산성 pH 식품(과일, 과일주스): 효모나 곰팡이
- 예외: 젖산균, 초산균은 산에 대한 내성이 높음

---

(4) 산소

① 편성호기성균: 반드시 산소를 요구함

예 *Pseudomonas, Acetobacter* 속

② 편성혐기성균: 산소가 없는 환경에서 생존

예 *Clostridium botulinum*

③ 통성혐기성균: 산소 유무 상관없이 생존

예 *Saccharomyces cerevisiae*

④ 미호기성균: 대기압보다 낮은 산소분압에서 생존

예 *Campylobacter* 속

◎ 기출로 확인

생육온도에 따른 미생물 분류 시 대부분의 곰팡이, 효모 및 병원균이 속하는 것은?

① 저온균   *18년 1회
② 중온균
③ 고온균
④ 호열균

정답 ②

5 미생물의 영양

1. 탄소원

① Glucose, fructose 등의 단당류와 sucrose, maltose 등의 이당류 이용

② lactose는 대장균, 젖산균은 잘 이용하지만, 효모는 이용하지 못함

③ 전분이나 펙틴 등은 가수분해효소를 세포 외로 분비하는 곰팡이, 방선균, 일부 부패세균만 이용(효모는 이용하지 못함)

④ cellulose 등 섬유소는 곰팡이, 방선균 및 세균에 의해 분해되어 이용됨

2. 질소원

① 각종 아미노산의 생합성을 위해 반드시 필요

② 암모늄염은 곰팡이, 효모, 세균이 잘 이용하지만, 질산염은 곰팡이, 조류 및 일부 세균에 의해 이용됨, 효모는 이용하지 못함

③ 일반 미생물이 주로 이용하는 질소원은 아미노산류임

3. 무기염류

미생물 세포 구성성분, 세포 내 삼투입 조질, 배지 완충작용 등 미생물 생육에 필요

4. 비타민류

① 세균, 곰팡이, 효모는 비타민류 합성 능력이 있음

② 일부 젖산균은 비타민류 합성능력이 약해 비타민 B군을 필요로 함

1 곰팡이류

1. 곰팡이의 생리적 특징

(1) 곰팡이는 영양분이 풍부한 식품, 전분이 있는 곡류에서 잘 자람

(2) 곰팡이의 생육인자

① 온도: 넓은 온도 범위 중 25~30℃가 최적

② pH: 약산성 pH 선호, 과일 등에서 쉽게 증식

③ 수분: 수분활성도 0.8 이상을 요구하나 내건조곰팡이는 0.65에서도 견딤

④ 산소: 절대 호기성균이 대부분으로 식품 표면에서 잘 자람

⑤ 내열성 없어서 열에서 포자가 쉽게 사멸

2. 곰팡이의 형태적 특징

(1) 균사의 격벽 유무와 포자의 종류로 곰팡이를 분류함

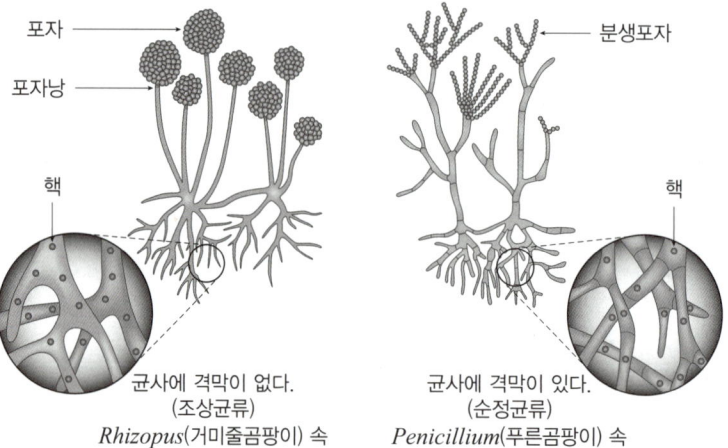

포자
포자낭
핵
균사에 격막이 없다.
(조상균류)
Rhizopus(거미줄곰팡이) 속

분생포자
핵
균사에 격막이 있다.
(순정균류)
Penicillium(푸른곰팡이) 속

(2) 균사(hyphae)

① 영양분이 있는 상태에서 가느다란 실 모양의 균사로 생육, 이후 착색된 가루모양의 포자가 생김

② 균사의 격막 유무는 진균류 분류에 중요한 요소

③ 조상균류는 격막이 없고, 순정균류는 격막이 있음

(3) 포자(spore)

① 번식과 생식 담당

② 균총의 색깔을 정함

(4) 균총(colony)

곰팡이 전체를 말함, 균사체 + 자실체

① 균사체: 균사가 그물처럼 얽힌 영양기관

② 자실체: 포자가 착생하는 번식기관

(5) 곰팡이의 세포벽은 셀룰로오스와 키틴질 함유

3. 곰팡이의 증식

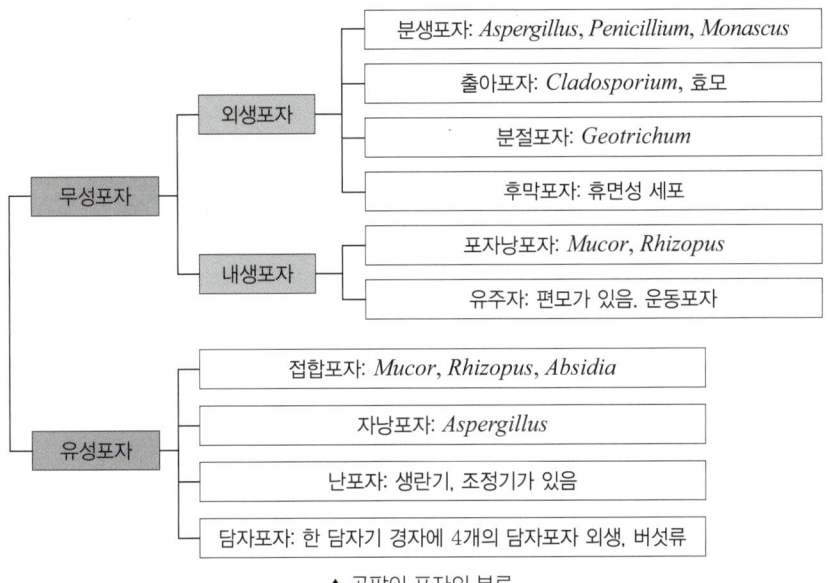

선생님 TIP

곰팡이 포자의 분류는 곰팡이의 분류에서 매우 중요하므로 잘 기억하자.

▲ 곰팡이 포자의 분류

(1) 무성포자(무성생식, asexual spore)

- 세포핵의 융합 없이 분열에 의해 무성적으로 포자를 형성
- 균총의 색깔은 대부분 무성포자의 색깔에 따라 나타남

① 내생포자(endospore)

㉠ 낭 속에 생김

㉡ 균사가 위로 뻗은 포자낭병의 끝이 부풀어 중축을 형성, 그 위에 포자낭을 만듦

㉢ 유주자: 편모를 가진 포자낭포자, 운동포자

㉣ 예: *Mucor*속, *Rhizopus*속, *Absidia*속 등(조상균류에 속함)

② 외생포자(exospore)

㉠ 낭 밖에 생김

㉡ 예: *Aspergillus*속, *Penicillium*속, *Monascus*속 등(자낭균류에 속함)

- 분생포자: 균사로부터 뻗은 분생포자병의 끝이 부풀어 분생포자 형성
- 줄아포자: 출아에 의해 원심적으로 형성되는 포자
- 분절포자: 일정한 간격으로 격막이 형성됨에 따라 균사가 분절되어 포자 형성
- 후막포자: 기중균사의 끝이나 중간에 격막 생김, 격막 주위에 두꺼운 막이 싸여 형성

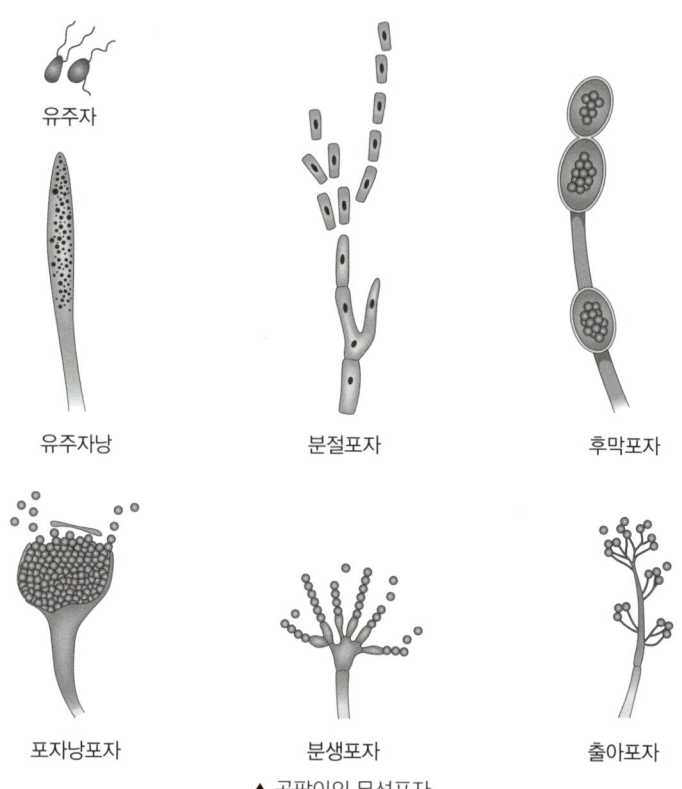

유주자

유주자낭   분절포자   후막포자

포자낭포자   분생포자   출아포자

▲ 곰팡이의 무성포자

참고

· 곰팡이는 무성생식도 하고 유성생식도 함
· *Mucor* 속, *Rhizopus* 속, *Absidia* 속은 무성포자인 포자낭포자를 형성하기도 하고 유성포자인 접합포자를 형성하기도 함
· *Aspergillus* 속, *Penicillium* 속, *Monascus* 속은 무성포자인 분생포자를 형성하기도 하고, 유성포자인 자낭포자를 형성하기도 함

(2) 유성포자(유성생식, sexual spore)

· 접합이나 핵융합의 과정이 포함된 유성생식을 통해 만들어지는 포자
· 원형질융합 → 핵융합 → 감수분열 → 포자형성

① 접합포자(zygospore)

　㉠ 인접한 2개의 다른 균사가 접합

　㉡ 두꺼운 피막이 생기면서 형성

　㉢ *Mucor*속, *Rhizopus*속, *Absidia*속 접합균류

② 자낭포자(ascospore)

　㉠ 자낭 안에 유성포자를 내생하는 것

　㉡ 자낭에 보통 8개의 포자 형성

　㉢ 자낭과의 형태: 컵 모양의 나자기, 플라스크형의 피자기, 구형의 폐자기

　㉣ *Aspergillus*속, *Penicillium*속, *Monascus*속 자낭균류

③ 담자포자(basidiospore)

　㉠ 담자균류는 유성생식 때 담자포자를 생성, 대부분 버섯이 담자균류에 해당

　㉡ 담자균은 담자기가 생기기 전에 균사에 클램프 연결, 취상돌기 생성

　㉢ 담자기 형성 후 끝에 4개의 경자와 그 위에 담자포자 1개씩 형성

④ 난포자(Oospore): 난균류, 주로 하등 미생물인 편모균류에서 볼 수 있음

유성포자가 아닌 것은? *20년 3회

① 접합포자
② 담자포자
③ 후막포자
④ 자낭포자

정답 ③

4. 식품에서 중요한 곰팡이의 분류와 종류

(1) 곰팡이 주요 분류 기준

① 1차 분류기준: 균사 격벽 유무(순정균류와 조상균류로 구분)

② 2차 분류기준: 유성·무성포자의 종류

   ㉠ 유성포자 생성 가능한 균류

     • 조상균류 중 난균류(난포자 생성)와 접합균류(접합포자 생성)

     • 순정균류 중 자낭균류(자낭포자 생성)와 담자균류(담자포자 생성)

   ㉡ 불완전균류: 순정균류 중 유성생식을 하지 못하는 균류

(2) 곰팡이의 분류

분류기준 1 격벽의 유무	분류기준 2 유성생식의 유무	균의 종류	식품 및 특징
조상균류 (격벽 ×)	호상균류	–	–
	난균류 (유성포자)	–	–
	접합균류 (유성포자)	*Mucor* 속	가근(×), 포복지(×), *Mucor pusillus* (치즈 응유효소)
		Rhizopus 속	가근(○), 포목시(○), 포사낭병이 가근 위에 *Rhizopus nigricans*(고구마 연부병)
			R. delemar, R. javanicus, R. japonicus (전분당화력 강, 암쿠올 제주)
		Absidia 속	가근(○), 포복지(○), 가근 위에 포자낭병 없고 포복지 중간에 포자낭병 있음

선생님 TIP

곰팡이의 분류기준에 따라 우선 분류하고 세부적으로 균의 종류와 특징을 기억하자.

순정균류 (격벽 ○)	자낭균류 (유성포자)	*Aspergillus* 속 (누룩곰팡이) 정낭(○), 병족세포(○)	*Aspergillus oryzae*(황국균), 노란 포자, 아밀라제와 프로타제 활성 높음, 장류·약탁주 제조
			Aspergillus niger(흑국균), 흑색, 과실의 청징제 생산, 코르크 부패취, 구연산과 글루콘산 등 유기산 생성균
			Aspergillus kawachii(백국균), 탁주·약주 제조
			Aspergillus flavus (곰팡이 독소인 아플라톡신 생산)
		Penicillium 속 (푸른곰팡이) 정낭(×), 병족세포(×)	*Penicillium chrysogenum*(페니실린 대량생산 균주), *Penicillium notatum*(페니실린 초기 생산균주)
			Penicillium roqueforti(로퀴포르 치즈), *P. camemberti*(카망베르 치즈)
			Penicillium citrinum(쌀에서 황변미, 신경독 시트룰린 생산균주), *Penicillium islandicum*(황변미), *Penicillium toxicarum*(황변미)
			Pen. expansum, Pen. digitatum, Pen. italicum, 과일 부패균
		Monascus 속 (홍국곰팡이)	*Monascus purpureus*(홍주)
			Monascus anka (홍주, 홍두부 제조 Monascorbin 색소)
		Neurospora 속 (빨간곰팡이)	*Neurospora sitophila* (발효식품 ontjom(oncom) 제조)
	담자균류 (유성포자)	(버섯)	–
	불완전균류 (순정균류 중 유성생식 못하는 균류)	*Geotrichum* 속	*Geotrichum candidum*(우유 부패)
		Cladosporium 속	*Cladosporium*(냉장수육과 달걀 부패)
		Fusarium 속	*Fusarium moniliforme*(벼의 키다리병, 식물생장 호르몬인 지베렐린 생산)
		Trichoderma 속	*cellulase* 생산력 강

(3) 접합균류

- 균사에 격막이 없음
- 무성생식: 내생포자, 유성생식: 접합포자

① *Mucor* 속(털곰팡이 속)

- 격막이 없는 균사가 길게 자람

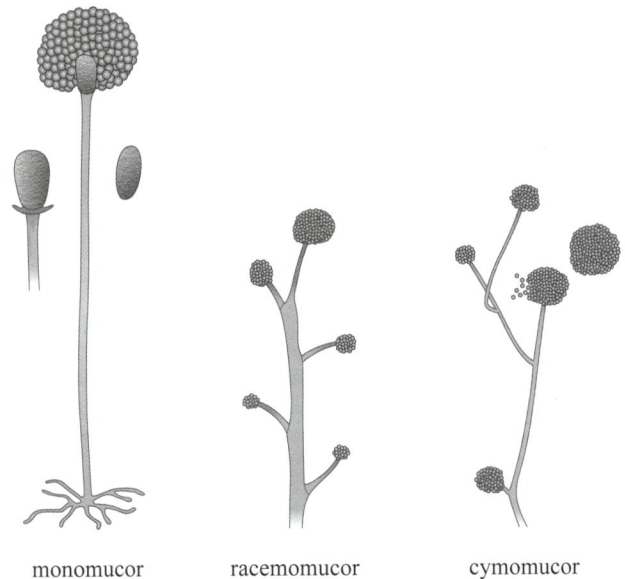

monomucor racemomucor cymomucor

ⓐ monomucor 군

  ⓐ *Mucor mucedo*

  ⓑ *Mucor hiemalis*

ⓒ racemomucor 군

  ⓐ *Mucor racemosus*

    - *Mucor* 속에서 가장 분포가 넓음
    - 비타민 B_1, B_2 합성력이 강함
    - 간장 koji를 흑변시킴, 나쁜 냄새가 남

  ⓑ *Mucor pusillus*: 치즈 제조에 필요한 rennet의 대용인 응유효소의 생산 균주

ⓒ cymomucor 군: *Mucor rouxii*

  ⓐ 중국의 누룩으로부터 분리

  ⓑ 강한 전분당화력, Amylo법에 의한 알콜 발효에 이용

참고

Amylo법(아밀로법)

- 전분질 원료로부터 알코올을 제조하기 위해서는 전분을 분해하여 당으로 만드는 당화와 당을 알코올로 만드는 발효의 두 공정이 필요
- 당화력과 발효력을 동시에 가지는 아밀로균(*Mucor rouxii*)를 사용
- 실제로 아밀로균의 알콜 발효력은 그리 강하지 않으므로, 아밀로균으로 배양한 뒤 주모(*Saccharomyces*속)를 첨가하여 알콜 발효함
- 아밀로법의 장점: 맥아 등의 당화제나 코지를 쓰지 않고도 순도 높은 알콜을 생산할 수 있다는 점임

② *Rhizopus* 속(거미줄곰팡이 속)
- 균총은 회색
- 거미줄이 엉켜있는 것 같은 colony를 만듦
- *Mucor* 속과 차이점: 포복지(Stolon)가 고구마 줄기처럼 뻗어있고 배지표면에서 배지와 닿는 곳에 가근(rhizoid)를 내리며 번식 왕성
- *Absidia* 속과 차이점: 포자낭병이 가근의 기부에서 발생
- 당화형 amylase, 유기산, 알코올 생성력이 강함
  ㉠ *Rhizopus nigricans*
  - *Rhizopus* 속의 대표적인 균
  - 고구마 연부병의 원인
  - 강한 전분당화력, 약한 알코올 발효력
  - 옥살산(oxalic acid), 푸마르산(fumaric acid) 생성 능력 강함
  ㉡ *Rhizopus javanicus*
  - 일본 쌀 koji에서 분리
  - 강한 전분당화력
  - amylo법에 의해 알코올 발효에 이용
  ㉢ *Rhizopus delemar*
  - 중국 소흥주의 주약에서 분리
  - 강한 전분당화력, Amylo법에 사용
  - 포도당 제조할 때 사용하는 당화효소(glucoamylase)의 제조에 이용
  ㉣ *Rhizopus oryzae*
  - 강한 전분당화력, Amylo법에 사용
  - sucrose를 발효하여 알코올, 푸마르산(fumaric acid), 젖산(lactic acid) 생산
  - 젖산 제조에 이용, 특히 L-형 젖산 생성
③ *Absidia* 속
- *Rhizopus*처럼 포복지와 가근이 있음
- 다만, 포자낭병이 가근과 가근의 중간에서 발생

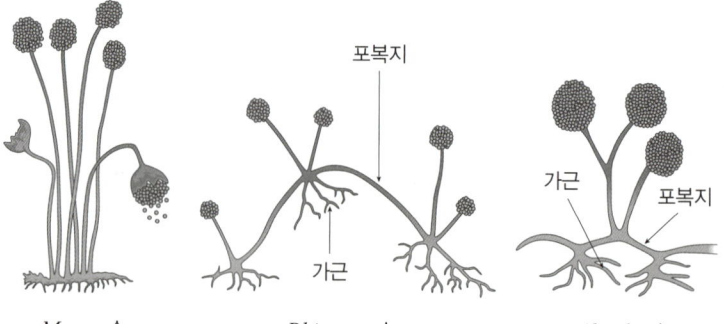

Mucor 속　　　　　　*Rhizopus* 속　　　　　*Absidia* 속
가근과 포복지가 없음　가근과 포복지가 있음　가근과 포복지가 있음

① *Mucor* 속   ② *Rhizopus* 속
③ *Aspergillus* 속   ④ *Penicillium* 속

정답 ②

(4) 자낭균류

- 균사에 격막 있음
- 유성생식할 때는 자낭포자를 생성
- 무성생식할 때는 균사에 분생자병을 만들고 그 위에 분생포자를 생성하여 분생포자로 번식
- 균총의 색깔로 구분
  - *Aspergillus*: 황록색 – 누룩곰팡이
  - *Penicillium*: 청록색 – 푸른곰팡이
  - *Monascus*: 적홍색 – 홍국곰팡이
  - *Neurospora*: 주황색 – 붉은곰팡이

① *Aspergillus* 속(누룩곰팡이 속)

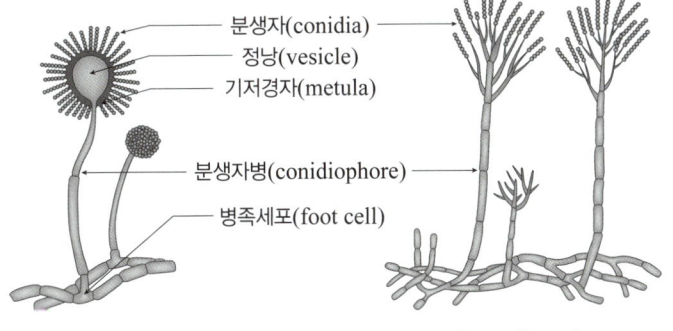

Aspergillus 속   *Penicillium* 속

- 구조상 특징: 병족세포, 정낭, 기저경자
- 된장, 간장, 약주, 탁주 등 제조에 이용
- 전분 당화력, 단백질 분해력 강함
- 균총의 색깔은 처음 균사가 나타날 때는 무색 혹은 백색이다가 나중에 분생포자가 생성되면서 백색, 황색, 흑색, 녹색 등 다양한 색깔을 띠게 되므로 백국균, 황국균, 흑국균이라고 부름

  ○ *Aspergillus oryzae*
  - 일명 황국균
  - 간장, 청주 등의 양조에 사용되는 중요한 koji 곰팡이
  - 전분 당화력과 단백질 분해력 가짐

ⓛ *Aspergillus niger*
- 일명 흑국균
- 전분당화력이 강하여 당액을 발효시키면 oxalic acid(옥살산), citric acid(구연산), gluconic acid(글루콘산) 등 다양한 유기산을 생성하여 유기산 발효공업에 활용
- 펙틴가수분해효소(pectinase)를 강하게 분비하는 균주를 이용하여 과일 주스의 청징제 제조에 이용
- lipase 생성

ⓒ *Aspergillus sojae*
- 단백질 분해력이 강하여 koji에 흔히 이용
- 개량식 간장 제조에 이용

ⓔ *Aspergillus tamari*: 단백질 분해력이 강해 일본 tamari 간장의 koji에 이용

ⓜ *Aspergillus glaucus*: 삼투압이 높은 곳에서도 자라고 훈제품에서 볼 수 있는데 일본의 가다랭이(katsuobushi)에 특유한 향기를 부여

ⓗ *Aspergillus flavus*: 발암물질인 aflatoxin 생성

ⓢ *Aspergillus ochraceus*: 간장독 물질인 ochratoxin 생성

⊙ 기출로 확인

효소 및 유기산 생성에 이용되며 강력한 발암물질인 **aflatoxin**을 생성하는 것은?

*18년 1회

① *Aspergillus* 속　　　　　　② *Fusarium* 속
③ *Saccharomyces* 속　　　　④ *Penicillium* 속

정답 ①

② *Penicillium* 속(푸른곰팡이 속)
- 항생제인 페니실린(penicillin)을 생산
- 치즈의 숙성에 이용
- 빵이나 과일에서 잘 번식하여 과일을 부패시킴
- 쌀을 누렇게 변하게 하는 현상인 황변미(yellow disease rice)의 원인이 되는 등 곡식에서 유해한 균종도 존재함
- glucose oxidase(식품의 갈변방지, 통조림 산소제거 등에 이용되는 효소) 생성

ⓖ *Penicillium chrysogenum*: 페니실린 대량생산 균주, 유익한 곰팡이

ⓛ *Penicillium notatum*
- 플래밍에 의해 발견된 최초의 페니실린 생산 균주
- glucose oxidase(식품의 갈변방지, 통조림 산소제거 등에 이용되는 효소) 생성

ⓒ *Penicillium roqueforti*: 프랑스 로퀴포르 치즈 숙성에 관여

ⓔ *Penicillium camemberti*: 프랑스 카망베르 치즈 숙성에 관여

ⓜ *Penicillium expansum*: 사과와 배의 저장 중 연부병을 일으키는 부패균

ⓗ *Penicillium digitatum, Penicillium italicum*: 감귤류에 기생하는 연부병의 원인

ⓢ *Penicillium rubrum*: rubratoxin 생성. 동물이 이 독소에 오염된 사료를 먹으면 간 손상, 뇌 장애와 위장 출혈을 일으킴

ⓞ *Penicillium citrinum*
- 태국 황변미의 원인
- 신장장애를 일으키는 황색색소인 citrinin을 생성

ⓩ *Penicillium islandicum*
- 황변미의 원인균
- luteoskyrin, islanditoxin과 같은 간장독소

ⓩ *Penicillium citreoviride*
- 황변미의 원인균
- citreoviridin 생성: 인체의 중추신경에 작용하여 전신마비 및 호흡곤란 유발

◎ **기출로 확인**

쌀에 번식하여 황변미 독을 유발하는 것은? *18년 3회
① *Penicillium citrinum*　　② *Penicillium notatum*
③ *Penicillium roqueforti*　　④ *Penicillium camemberti*

정답　①

③ *Monascus* 속(홍국곰팡이 속)
　ⓐ 진분홍색 색소인 monascorubin을 생성
　ⓑ *Monascus purpureus*: 홍국이라는 누룩을 만들어 홍주를 만드는데 이용

④ *Neurospora* 속(붉은곰팡이 속)
　ⓐ 고온다습한 여름철에 옥수수의 속대에서 흔하게 번식
　ⓑ 오렌지색으로 나타나며 빵에 착생하여 핑크색을 나타내고 푸석푸석하게 만드므로 붉은빵곰팡이(red bread mold)로 불림
　ⓒ *Neurospora sitophila*
　　- 포자의 색소는 carotene
　　- 인도네시아에서 이 곰팡이를 땅콩에 번식시키면 지방분해효소(lipase)를 강하게 분비하여 ontjom이라는 발효식품을 만듦

(5) 불완전균류

진균류 중에서 유성생식을 하지 못하는 균류 즉, 핵융합을 하는 유성생식이 확인되지 않은 균류를 불완전균류로 지칭. 또한 유성생식이 확인되는 균류의 무성생식(불완전 세대)도 포함함

① *Fusarium* 속
　ⓐ 토양에 서식하는 대표적인 토양 전염성 균으로 주로 식물에 병을 일으킴
　ⓑ *Fusarium* 속의 대표적인 곰팡이 독소인 제랄레논(zearalenone)은 젖소 사료의 곰팡이 독소로 알려져 있으며 여성호르몬 활성이 있어서 식품안전 측면에서 문제가 됨
　ⓒ 초승달 같은 모양의 대형 분생포자를 착생하는 것이 특징

참고

무포자 효모와 사출포자 효모도 불완전균류에 속함

② ***Botrytis* 속**

    ㉠ 포도나무나 딸기 등에 잘 발생하는 유해균

    ㉡ *Botrytis cinerea*

       • 대표균종

       • 포도에 귀부병을 일으키는 균

       • 귀부병에 걸린 포도로 귀부와인을 만듦

③ 그 외 *Geotrichum* 속, *Cephalosporium* 속, *Trichoderma* 속 등

2   효모류

1. 효모의 형태와 특징

(1) 특징

① 효모는 당을 발효하며 무성적으로 출아로 증식하며 균사형성을 못하는 단세포 미생물

② 세포: 진핵세포

③ 분류: 진균류(대부분 자낭균류와 불완전균류에 속함)

④ 증식: 주로 출아법

⑤ 포자: 영양조건이 안 좋을 때 일부는 자낭포자 혹은 사출포자 형성, 포자 형성 못하는 무포자효모도 있음

(2) 효모의 대표적 형태

효모의 형태와 크기는 균종류, 배양조건, 배양시간, 야생효모/배양효모 여부에 따라 다름

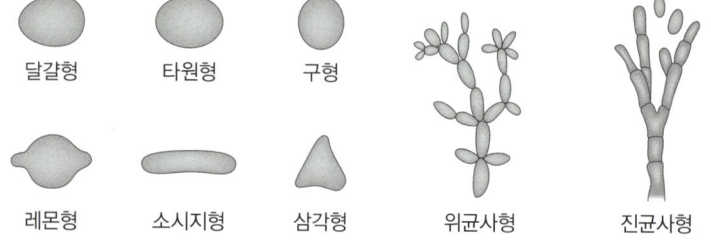

  달걀형   타원형   구형

  레몬형   소시지형   삼각형   위균사형   진균사형

• 난형(cerevisiae type): *Saccharomyces cerevisiae*

• 타원형(ellipsoideus type): *Saccharomyces ellipsoideus*

• 구형(torula type): *Torulopsis colliculosa*

• 방추형(apiculatus type, 레몬형): *Hanseniaspora* 속

• 소세지형(pastorianus type): *Saccharomyces pastorianus*

• 삼각형(trigonopsis type): *Trigonopsis* 속

• 위균사형(pseudomycelium type): *Candida* 속

• 진균사형: *Trichosporon* 속

2. 효모의 증식

(1) 영양 증식

① 출아법

  ㉠ 영양 증식의 대표적인 방법

  ㉡ 무성생식

  ㉢ 모세포로부터 핵이 나누어 딸세포가 만들어 짐

  ㉣ 양극출아와 다극출아가 있음

  • 다극출아: *Saccharomyces*, *Zygosaccharomyces*, *Cryptococcus* 등

  • 양극출아: *Hanseniaspora*, *Kloekera*, *Nadsonia* 등

② 분열법

  ㉠ 세포 중앙에 격막이 생겨 세포의 원형질이 2개의 세포로 분열

  ㉡ *Schizosaccharomyces* 속

③ 출아분열법

  ㉠ 처음에 출아하다 몸체가 분열에 의해 나뉘는 출아와 분열 중간형식

  ㉡ *Saccharomycodes* 속

 기출로 확인

분열에 의해 무성생식을 하는 전형적인 특징을 보이는 효모는? *17년 3회

① *Saccharomyces* 속   ② *Zygosaccharomyces* 속

③ *Saccharomycodes* 속   ④ *Schizosaccharomyces* 속

정답 ④

(2) 포자 형성

영양분이 부족하거나 주변 환경이 열악할 때 일부 효모는 포자형성

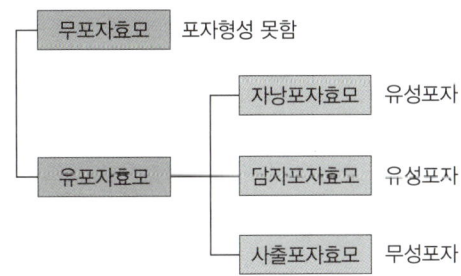

▲ 포자형성에 따른 분류

① 유성포자

  ㉠ 유성포자효모에는 자낭포자효모와 담자포자효모가 있음

  ㉡ 자낭포자 형성방법

    ⓐ 동태접합

    • 모양과 크기가 같은 배우자간에 접합자 형성하여 자낭이 되는 경우

    • *Schizosaccharomyces* 속, *Zygosaccharomyces* 속

ⓑ 이태접합
- 크기가 다른 세포간의 접합으로 자낭생성
- *Debaryomyces* 속, *Nadsonia* 속

② 무성포자

3. 효모의 생리 작용

- 효모는 호기성 및 통성혐기성균으로 산소 유무에 따라 생육 가능하고, 산소 유무에 따라 발효형식이 달라짐
- 대부분의 효모는 단당류 중 특히 6탄당을 이용하여 알코올 발효함(*Candida*는 5탄당 이용 가능)

(1) Neuberg의 제1발효

① 혐기적 발효(알코올 발효)

$$C_6H_{12}O_6 \xrightarrow{\text{혐기상태}} 2C_2H_5OH + 2CO_2$$
(Glucose) (Ethanol)

② 호기적 발효(호흡작용, 산화작용)

$$C_6H_{12}O_6 \xrightarrow{\text{호기상태}} 6H_2O + 6CO_2$$
(Glucose)

(2) Neuberg의 제2발효(아황산나트륨 첨가시)

Na_2SO_3(아황산나트륨) 첨가, glycerol 발효

$$C_6H_{12}O_6 \xrightarrow{Na_2SO_3,\ H_2O} C_3H_5(OH)_3 + CH_3CHO + CO_2$$
(Glucose) (Glycerol) (Acetaldehyde)

(3) Neuberg의 제3발효(중탄산나트륨 첨가시)

$NaHCO_3$(중탄산나트륨) 또는 Na_2HPO_4(제2인산나트륨) 첨가, glycerol 발효

$$2C_6H_{12}O_6 \xrightarrow{NaHCO_3,\ Na_2HPO_4} 2C_3H_5(OH)_3 + CH_3COOH + CO_2$$
(Glucose) (Glycerol) (Acetic acid)

4. 식품에서 중요한 효모의 분류와 종류

(1) 효모의 분류

 **선생님 TIP**

효모의 분류기준에 따라 우선 분류하고 세부적으로 효모의 종류와 특징을 기억하자.

유성생식 유무	효모의 분류	종류	식품 및 특징
유성포자 효모	자낭포자 효모	Saccharomyces 속	Saccharomyces cerevisiae(제빵효모, 양조효모, 영국 맥주 상면발효효모, 달걀형)
			S. carlsbergensis(한국, 독일, 덴마크, 미국, 일본 맥주처럼 하면발효 맥주에 이용)
			S. ellipsoideus(포도주 효모, 타원형 또는 장원형)
			S. sake(청주효모)
			S. coreanus(탁주효모)
		Schizosaccharomyces 속 (분열법)	Schizosaccharomyces pombe(아프리카 술 폼베 발효효모, 소시지형)
		saccharomycodes 속 (출아분열법)	–
		Zygosaccharomyces 속	Zygosaccharomyces rouxii 간장효모 내염성 18% 염농도, 고삼투압
			Zygosaccharomyces japonicus 간장에 회백색 피막 생성 유해효모
		Kluyveromyces 속	Kluyveromyces fragilis, K. lactis, 알코올 젖산발효 음료인 kefir, koumiss 제조
		Pichia 속	산막효모, 알코올 발효력 약함, 피막형성
		Hansenula 속	산막효모, 알코올 발효력 약함, 피막형성 (Hansenula anomala) 청주 후숙
		Debaryomyces 속	산막효모, 알코올 발효력 약함, 피막형성
		Lipomyces 속	유지효모, 늙은 세포에서 60%가 지방
	담자포자 효모	–	–
무성포자 효모	시출포자 효모 (유포자효모)	Bullera 속	–
		Sporobolomyces 속	–
		Sporidiobolus 속	–
	무포자 효모 (포자생성 못함)	Torulopsis 속	Torulopsis versatilis(간장덧의 향기효모, 구형)
		Candida 속 단세포단백질 생산 (위균사)	Candida utilis(아황산 펄프 폐액에서 사료생산 효모)
			Candida tropicalis(아황산 펄프 폐액에서 사료생산 효모)
			Candida albicans(칸디다증 병원성 효모)
		Rhodotorula 속	유지효모
		Cryptococcus 속	병원성 효모

(2) 자낭포자 효모

① **Saccharomyces 속**
- 주류의 제조 및 제빵 등 발효공업에 이용
- 알코올 발효력, 당 발효능 강함

[상면발효 효모와 하면발효 효모의 비교]

구분	상면발효 효모 (top fermentation yeast)	하면발효 효모 (bottom fermentation yeast)
효모 종류	*Saccharomyces cerevisiae* 난형	*Saccharomyces carlsbergensis* 난형 또는 타원형
발효액	혼탁, 부유응집	투명, 침전응집
균막	형성함	형성하지 않음
발효속도	빠름	느림
최적온도	10~25℃	5~10℃
발효능	raffinose 1/3만 발효 melibiose 발효하지 않음	raffinose 모두 발효 melibiose 발효
맥주	ale/stout	lager

◎ 기출로 확인

하면발효 효모의 특징으로 옳은 것은? *17년 1회

① 소적배양으로 효모를 발효시키며 액중에 쉽게 분산된다.
② 균체가 균막을 형성한다.
③ 발효작용이 빠르다.
④ Raffinose, melibiose를 발효한다.

정답 ④

ⓐ *Saccharomyces ellipsoideus*: 포도주 효모

ⓑ *Saccharomyces sake*: 청주 효모

ⓒ *Saccharomyces rouxii*
- 간장 및 된장 효모
- 고농도 식염, 당농도가 높은 곳에서 잘 견디는 내삼투압성 효모(생육최저 수분활성도 0.6)
- glucose, maltose 발효
- 알코올 발효력 낮음

ⓓ *Saccharomyces coreanus*
- 탁주효모로 알려진 균종(우리나라 누룩과 탁주)
- maltose, lactose 발효 못함

② **Schizosaccharomyces 속**
- 무성생식, 세균과 같이 분열법에 의하여 증식
- 자낭포자를 4-8개까지 만들며 생육적온이 다른 효모들에 비해 높아 37℃ 이며 열대지역의 과일, 당밀, 토양, 벌꿀 등에서 분리

[*Schizosaccharomyces pombe*]
- pombe라는 옥수수 술에서 분리된 효모
- 알코올 발효력 강함

③ *Saccharomycodes* 속

④ *Zygosaccharomyces* 속: 소금이나 당과 같이 높은 삼투압 환경속에서 잘 견디는 효모

　　㉠ *Zygosaccharomyces rouxii*
- 높은 식염농도에서 생육하는 내염성 효모
- 간장에 독특한 향미를 부여
- 알코올 발효력 약함

　　㉡ *Zygosaccharomyces mellis*: 잼이나 벌꿀 같은 당 농도가 높은 곳에서 발효하여 품질 저하

⑤ *Kluyveromyces* 속
- 다른 효모와 달리 이당류인 젖당(lactose)을 발효할 수 있는 효모
- 코카서스 지방에서 기원한 전통적인 케퍼(Kefir)와 몽고지방에서 말젖을 발효시켜 제조하는 쿠미스(Koumiss)에서 분리되며 알코올 생성

　　㉠ *Kluyveromyces lactis*
　　㉡ *Kluyveromyces fragilis*

⑥ *Pichia* 속(산막효모)
- 양조 과정에서 산소와 접하는 표면에서 주름이 많은 엷은 피막을 생성하는 효모
- 산막효모는 주류와 간장 양조시 알콜발효력이 낮으며 알콜을 소비하기도 하여 유해한 효모임

[*Pichia membranaefaciens*]
- 김치 표면에 피막 형성, 맥주나 포도주에 유해한 효모
- 에탄올을 소비함

⑦ *Hansenula* 속(산막효모)
- 양조과정에 혼입하여 산소가 많은 표면에 피막을 형성하고 알콜을 소비하는 산막효모
- 알코올로부터 에스테르 생성
- 질산염을 자화할 수 있음(즉, 질산염을 질소원으로 사용할 수 있음)

[*Hansenula anomala*]
- 청주효모
- 양조 과정에 혼입하여 표면에 피막을 만들고 알코올 소비하는 유해균

⑧ *Debaryomyces* 속(산막효모)
- 내염성의 산막효모가 많고 절인 채소나 절인 고기에서 볼 수 있음

[*Debaryomyces hansenii*]
소시지에서 점질물질을 생성

⑨ *Lipomyces* 속

- 큰 지방구를 함유하는 유지효모
- 점성이 있는 협막 있음, 발효성 없음

  *Lipomyces starkeyi*가 대표 균종

[산막효모와 비산막효모의 비교]

구분	산막효모	비산막효모
산소요구성	산소를 요구함	산소의 요구가 적음
발육위치	액면에 발육하며 피막을 형성	액의 내부에 발육
특징	산화력이 강함	발효력이 강함
보기	*Hansenula* 속, *Pichia* 속 *Debaryomyces* 속	*Saccharomyces* 속 *Schizosaccharomyces* 속

기출로 확인

01 산막효모의 특징이 아닌 것은? *20년 3회
① 산소를 요구한다. ② 산화력이 강하다.
③ 발효액의 내부에서 발육한다. ④ 피막을 형성한다.

02 내삼투압성 효모로 염분 함량이 높은 간장이나 된장에서 증식하는 효모 종류는?
① *Candida* 속 ② *Rhodotorula* 속 *21년 3회
③ *Pichia* 속 ④ *Zygosaccharomyces* 속

정답 01 ③ 02 ④

(3) 무포자 효모

① *Torulopsis* 속

㉠ 내염성, 내당성으로 주스나 벌꿀 등을 변패시킴

㉡ *Torulopsis versatilis*

- 내염성 강함
- 간장발효 후기에 관여

② *Candida* 속

- 다른 속에 비해 많은 균종으로 대부분 다극출아 함
- 알코올 발효력 있음
- 탄화수소 자화능이 강한 균주(탄화수소를 탄소원으로 사용하는 균주)

㉠ *Candida utilis, Candida tropicalis*

- 사료 효모
- 5탄당인 xylose를 분해하여 영양분으로 이용함
- 아황산 펄프액에서 배양하면 사료용 단백질원을 위한 균체를 생산

  © *Candida lipolytica*
- 버터와 마가린에서 분리, 강한 lipase 생성
- n-paraffin으로부터 α-ketoglutaric acid 나 citric acid 생성

  © *Candida albicans*: 캔디다증이라는 피부병을 일으키는 병원균

③ *Rhodotorula* 속(유지효모)

  ㉠ 적색색소인 carotenoid 생성

  ㉡ 육류와 침채류에 적색 반점을 형성

  ㉢ 지방 생산능력이 있는 유지효모도 있음

  ㉣ *Rhodotorula glutinis*
- 건조균체량의 60%에 달하는 지방을 축적함
- *Lipomyces* 속과 함께 유지 생성균으로 주목받음

④ *Cryptococcus* 속

---

3 세균류

- 원핵세포를 가진 하등미생물
- 분열법(이분법)으로 증식

1. 세균의 형태와 특징

① 구균(coccus): 단구균, 쌍구균, 연쇄상구균, 포도상구균 등

② 간균(bacillus): 단간균, 장간균 등

③ 나선균(spirillum)

2. 세균의 증식

(1) 분열법(이분법)

① 영양분이 풍부한 상태에서 세포 개체수를 늘려가는 영양증식

② 세포의 영양증식과정

  ㉠ 세포크기 증가와 DNA 복제

  ㉡ 세포막 형성

  ㉢ 세포벽 형성

  ㉣ 세포 분리

(2) 포자(endospore) 형성

① 내생포자형성균은 환경조건이 나빠지면 강한 저항력을 가진 포자를 형성

② 주로 그람양성, 운동성의 간균(*Bacillus* 속, *Clostridium* 속)

③ 특징

- 포자막에 dipicolinic acid(디피콜린산) 함유: 칼슘이온과 복합체를 형성하여 포자구조를 안정화함

- 포자는 염색이 잘 안되고 굴절성을 가지며 건조나 동결상태에서 수십년 간 생존이 가능하며 주위환경이 좋아지면 발아함

- 포자는 영양세포와 달리 여러겹의 층으로 이루어짐(외측부터 외막 – 포자막 – 피층 – 중심벽 – DNA의 구조)

> 🔍 **기출로 확인**
>
> **세균 내생포자에 대한 설명으로 옳지 않은 것은? *18년 3회**
>
> ① 외부환경에 대한 저항력이 크다.
> ② 증식이 불리한 환경에서는 휴면상태이다.
> ③ 영양성분이 풍부할 때 포자형성이 시작된다.
> ④ 발아하여 영양세포가 된다.
>
> 정답 ③

3. 식품에서 중요한 세균의 분류와 종류

(1) 세균의 주요 분류 기준

① Gram 염색성

② 산소 요구성

③ 모양, 크기, 색깔

④ 포자형성 유무

⑤ 편모 유무와 종류

(2) Gram 염색

① 세균을 그람양성과 그람음성으로 나누는 방법: 세포벽에 존재하는 펩티도글리칸의 화학적·물리적 특성에 의해 구별

② 염색 방법과 원리

- 크리스탈 바이올렛을 이용하여 1차 염색 → 요오드로 염색약을 세포벽에 고정 → 알코올로 탈색 → 사프라닌으로 2차 염색

- 그람양성균은 두꺼운 펩티도글리칸층을 가지므로 보라색으로 염색

- 그람음성균은 펩티도글리칸층이 얇아 크리스탈 바이올렛이 탈색되고 이후 2차 염색에 의해 사프라닌색(분홍)을 나타냄

선생님 TIP

Gram 염색에 대한 문제의 출제 빈도가 높다.

③ 그람양성균과 그람음성균의 비교

특성	그람 양성	그람 음성
염색 후 색	보라색	분홍색
차이: 세포벽의 조성	펩티도글리칸이 두꺼움	펩티도글리칸이 얇음
구조	세포벽-세포막(안)	외막-세포벽-세포막(이중막)
테이코산	있음	없음
뮤코단백질	많음	적음
lipoprotein, lipopolysaccharide	없음	있음
페니실린	세포벽 합성 저해, 양성균 죽임	효과 없음, 대신 스트렙토마이신으로 단백질 합성 억제 효과적
lysozyme 작용	세포벽(펩티도글리칸)이 분해되어 용균됨	세포벽 분해 안 됨
대표균	· 구균(coccus) · 포자형성균(*Bacilius, Clostridium*) · 젖산균(*Leuconostoc, Pediococcus, Lactobacilius, Streptococcus*)	· 장내세균(*Escherichia, Salmonella, Shigella* 등) · 초산균(*Acetobacter*)

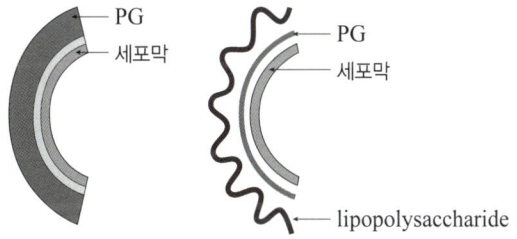

gram 양성균   gram 음성균

▲ 그람양성균과 그람음성균의 세포벽

기출로 확인

01 그람양성균의 세포막에만 있는 것은? *19년 3회

① 테이코산(teichoic acid)
② 펩티도글리칸(peptidoglycan)
③ 리포폴리사카라이드(lipopolysaccharide)
④ 포린 단백질(porin protein)

02 다음 중 그람염색 특성이 다른 세균과 다른 것은? *17년 2회

① *Lactobacillus* 속
② *Staphylococcus* 속
③ *Escherichia* 속
④ *Bacillus* 속

정답 01 ①   02 ③

(3) 포자형성균

- 호기성 또는 통성혐기성의 *Bacillus* 속, 편성혐기성의 *Clostridium* 속
- 내열성 강하고 악조건의 환경에서 잘 견딤

① ***Bacillus* 속**: Gram 양성, 호기성 또는 통성혐기성, 유포자 간균

　ⓐ *Bacillus subtilis*
- 청국장 제조에 이용, 고초균
- 밥이나 빵에 증식하여 부패, 밥에서 쉰내가 나게 함
- 85~90℃ 고온액화효소인 α-amylase나 protease를 분비

　ⓑ *Bacillus natto*
- 청국장 제조에 이용, 고초균, 납두균
- 삶은 콩에 잘 번식, 백색의 끈끈한 점질물을 만드는 균
- amylase, protease 생성능 강함
- 생육적온은 42℃로 높은 편임

　ⓒ *Bacillus megaterium*: 비타민 B_{12} 생산

　ⓓ *Bacillus stearothermophilus*
- 고온균
- 통조림 flat sour 유발

　ⓔ *Bacillus coagulans*
- 병조림 식품, 포장 가열식품의 부패균
- 고온에서 생육, 내열성 강한 포자 형성
- 젖산 생성능 강함
- 어육소시지에 반점 모양 부패균
- 통조림 flat sour 유발

　ⓕ *Bacillus cereus*
- 단백질 분해활성 높음
- 세레우스 식중독균

　ⓖ *Bacillus anthracis*: 탄저균

◎기출로 확인

청국장 제조에 이용되는 고초균은? *19년 3회

① *Bacillus subtilis*
② *Candida versatilis*
③ *Aspergillus oryzae*
④ *Gluconobacter suboxydans*

정답 ①

② ***Clostridium* 속**: Gram 양성, 유포자 간균, catalase 음성

  ㉠ *Clostridium butyricum*

　　• 당을 발효하여 낙산(butyric acid)을 생성하는 낙산균

　　• 치즈에서 분리

  ㉡ *Clostridium acetobutylicum*

　　• 옥수수나 감자 같은 전분 발효

　　• 단백질 분해력보다 탄수화물 발효능이 더 큼

　　• 아세톤, 에탄올, 부탄올, 초산, 낙산 등 생성

  ㉢ *Clostridium sporogenes*: 혐기성 조건에서 통조림을 부패시킴

  ㉣ *Clostridium botulinum*

　　• 독소형 식중독을 일으키는 균

　　• 내열성 강해 통조림 살균 후에도 생육 가능

  ㉤ *Clostridium perfringens*: 감염형 식중독 welchii균 식중독

(4) 젖산균(유산균)

• 당류를 발효하여 젖산 생성

• Gram 양성, 포자 형성하지 않음

• 비타민, 아미노산, 펩티드 등을 요구하는 영양요구성

• 이용: 치즈, 버터, 요구르트, 정장제, dextran 제조 등

  ㉠ 정상형 젖산발효(homo lactic acid fermentation): 당으로부터 젖산만 생성(EMP 대사경로)

　　· Glucose → 2 lactic acid

　　· *Streptococcus* 속, *Pediococcus* 속, 일부의 *Lactobacillus* 속

  ㉡ 이상형 젖산발효(hetero lactic acid fermentation): 젖산 이외에 초산/알코올 등이 함께 생성(phosphoketolase 대사경로)

　　· Glucose → lactic acid + ethanol + CO_2

　　　2 Glucose → 2 lactic acid + ethanol + acetic acid + $2CO_2$ + H_2

　　· *Leuconostoc* 속, 일부의 *Lactobacillus* 속

◎ 기출로 확인

다음 중 정상발효 젖산균(homo fermentative lactic acid bacteria)은? *18년 3회

① *Lactobacillus fermentum*

② *Lactobacillus brevis*

③ *Lactobacillus casei*

④ *Lactobacillus heterohiochi*

정답 ③

① **homo type(정상형) 젖산균**

   ㉠ *Lactobacillus acidophilus*: 유산균 제제에 이용

   ㉡ *Lactobacillus bulgaricus*: 버터 제조, 요구르트 제조에 이용

   ㉢ *Lacticaseibacillus casei*(기존 *Lactobacillus casei*): 치즈 숙성, 젖산 제조

   ㉣ *Lactobacillus delbrueckii*: 곡류나 발효채소 등으로 분리

   ㉤ *Lactobacillus homohiochii*: 청주의 백탁 및 악취의 원인, 화락균

   ㉥ *Lactiplantibacillus plantarum*(기존 *Lactobacillus plantarum*): 김치 발효의 주된 젖산균

   ㉦ *Lactobacillus thermophilus*: 최적 성장 온도가 50~60℃ 정도로 내열성이 커서 장시간 저온 살균하여도 살아남아 우유를 산패

② **hetero type(이상형) 젖산균**

   ㉠ *Levilactobacillus brevis*(기존 *Lactobacillus brevis*): 김치발효의 주된 젖산균

   ㉡ *Lactobacillus heterohiochii*: 청주의 백탁 및 악취의 원인, 화락균

   ㉢ *Bifidobacterium bifidum*: 유산균 정장제

   ㉣ *Lactobacillus leichmannii*: 비타민 B_{12}를 생육인자로 요구하므로 비타민 B_{12}의 미생물적인 정량법에 이용

③ ***Streptococcus* 속**: homo type, catalase 음성, L-젖산

   ㉠ *Streptococcus lactis, streptococcus cremoris*: 치즈 및 요구르트 제조시 스타터

   ㉡ *Streptococcus thermophilus*: 내열성 강함

   ㉢ *Streptococcus faecalis*: 유산균 제제

④ ***Pediococcus* 속**: homo type, catalase 음성, DL-젖산

   Pediococcus halophilus

   • 간장 덧에 존재하는 균

   • 호염성 젖산균

⑤ ***Leuconostoc* 속**

   • hetero type, D-젖산

   • 젖산 이외에 에탄올, 이산화탄소 생성

   • diacetyl 등 향기성분 생성

   ㉠ *Leuconostoc mesenteroides*

      • 내염성, 내당성

      • 다른 젖산균보다 급속 발효함

      • 김치 발효 초기에 생육, 젖산과 이산화탄소를 생성하여 그 결과 산도가 높아지고 혐기상태가 되어 호기균 성장이 억제됨

      • 치즈에 번식하여 이산화탄소 가스를 발생해 구멍 생성

      • 제당 공장에서 발생하여 sucrose로부터 덱스트란 생성하여 파이프를 막히게 함

      • 덱스트란을 식품 안정제로 사용

ⓛ *Leuconostoc dextranicum, Leuconostoc citrovorum*: 우유 중의 구연산을 발효하여 방향성분인 diacetyl 생성

(5) 초산균(Acetic acid bacteria)

- 에탄올을 산화 발효하여 대량의 초산을 생성
- 비교적 내산성이 강하여 대부분의 균주는 pH 5.0 이하에서도 생육할 수 있음
- Gram 음성, 호기성 간균

① *Acetobacter* 속

ⓖ 주모를 갖고 있는 속효균

ⓛ 에탄올을 빠른 속도로 초산으로 산화

ⓒ *Acetobacter aceti, Acetobacter schutzenbachii*: 식초 제조에 가장 많이 이용

② *Gluconobacter* 속

ⓖ 극모를 가지고 있는 속

ⓛ 포도당을 산화하여 글루콘산을 생성

ⓒ *Gluconobacter oxydans*: 식초 양조의 유해균

ⓔ *Gluconobacter roseus*: 포도당으로부터 글루콘산 생성

(6) 프로피온산균

- 당류나 젖산을 발효하여 프로피온산을 생성하는 균
- Gram 양성, 혐기성, 단간균 또는 구균, 무포자, 무편모

[*Propionibacterium* 속]

- *Propionibacterium freudenreichii, Propionibacterium shermanii*
- 스위스 치즈 제조 스타터로 사용하며 치즈 눈 생성
- 에멘탈 치즈 숙성

(7) 부패균

① *Pseudomonas* 속

- Gram 음성, 무포자, 유편모, 간균, 편성호기성
- 저온에서 잘 생육
- 형광성인 녹, 청, 보라, 홍, 황색 등의 수용성 색소를 생성
- 단백질 및 유지에 대한 분해력이 강함(어류의 부패균인 것이 많음)
- 높은 수분활성도에서 생존, 건조에 약함

ⓖ *Pseudomonas fluorescens*

- 녹색의 형광색소를 생성
- 호냉성 부패균
- 탄화수소 자화성 있음
- 포도당으로부터 2-ketogluconic acid를 생성
- 생유(raw milk) 쓴맛의 원인, 난황과 난백이 황록색이 되고 자외선을 쬐면 강한 형광을 내는 녹색부패(green rot)

    © *Pseudomonas aeruginosa*
- 녹색, 청색색소인 pyocyanin 생성
- 녹농균, 사람에게 병원성을 가짐
- 우유를 청색으로 변하게 하는 원인

② ***Proteus* 속**
- Gram 음성, 주모성 편모, 간균, 호기성, 무포자
- 병원성 장내세균
- 단백질 분해력이 강하여 ammonia와 amine을 생성

    ㉠ *Proteus morganii*
- 알레르기성 식중독 원인
- histidine decarboxylase를 생산, 이 효소는 histidine을 histamine(알레르기)로 전환함

    ㉡ *Proteus melanovogenes*: 난황이 흑색으로 되었다가 파괴되어 전 내용물이 회갈색으로 되는 흑색부패(black rot)

③ ***Serratia* 속**
    ㉠ Gram 음성, 주모성 편모, 호기성
    ㉡ 적색 색소인 prodigiosin을 생성, 식품 표면에 적변을 일으킴
    ㉢ *Serratia marcescens*: 빵, 육류, 우유 등에 번식하여 빨간색으로 변하게 함

◎ 기출로 확인

빵, 육류, 우유 등을 붉게 변화시키는 세균은? *19년 3회
① *Acetobacter xylinum*
② *Serratia marcescens*
③ *Chromobacterium lividum*
④ *Pseudomonas fluorescens*

정답 ②

4. 식중독균 검사법

(1) 살모넬라(*Salmonella* spp.)
① 증균배양
- 1차 – BPW 배지, 36℃에서 18~24시간 배양
- 2차 – RV배지, 41℃에서 20~24시간 배양

② 분리배양: XLD Agar, BG Sulfa 한천배지, Desoxycholate Citrate 한천배지, 36℃에서 20~24시간 배양

③ 확인시험
- 생화학 시험: TSI 사면배지에 천자하여 37℃에서 20~24시간 배양 후, 생화학 검사
- 응집 시험

(2) 황색포도상구균(*Staphylococcus aureus*)

① 정성시험

    ⊙ 증균배양: TSB 배지, 36℃에서 18~24시간 배양

    ○ 분리배양

        • Baird-Parker 배지, 36℃에서 18~24시간 배양 → 투명한 띠로 둘러싸인 광택이 있는 검정색 집락

        • Baird-Parker RPF 배지, 36℃에서 18~24시간 배양 → 불투명한 환으로 둘러싸인 검정색 집락

    © 확인시험

        • 그람염색에서 포도상의 배열을 갖는 그람양성 구균 확인

        • coagulase 시험 실시

② 정량시험

    ⊙ 균수 측정: 단계별 희석액을 Baird-Parker 배지 3장에 0.3 mL, 0.4 mL, 0.3 mL씩 총 접종액이 1 mL가 되게 도말, 35~37℃에서 48 ± 3시간 배양, 투명한 띠로 둘러싸인 광택의 검정색 집락을 계수

    ○ 전형적인 집락을 선별하여 확인시험

    © 10배 희석용액을 0.3 mL, 0.3 mL, 0.4 mL씩 3장의 선택배지에 도말 배양하고, 3장의 집락을 합한 결과 100개의 전형적인 집락이 계수되었고 5개의 집락을 확인한 결과 3개의 집락이 황색포도상 구균으로 확인되었을 경우 시험용액 1 mL에는 황색포도상 구균의 수는 $10 \times 100 \times (3/5) = 600$으로 계산

기출로 확인

Baird-Parker 배지는 coagulase 양성인 포도상구균의 선택배지이다. 만약 어떤 균을 이 배지에 증식시켰더니 집락주위에 투명환이 생겼다면 이는 무엇을 의미하는가? *16년 3회

① 비지 중에 있는 단백질이 가수분해 되었다는 것이다.

② 배지 중에 있는 지방질이 분헤되었다는 것이다.

③ 배지 중에 있는 적혈구가 파괴된 것이다.

④ 배지 중에 있는 탄수화물이 분해된 것이다.

해설 • **Baird-Parker 한천평판배지**

    배지에서 증식한 황색포도상구균이 난황에 혼합되어 있는 tellurite를 환원시켜 회색-검정 색깔의 광택이 있는 콜로니를 형성하고 이 콜로니 주위에 단백질 분해에 의해 투명환이 형성되는 것이 원리임

    • **Baird-Parker RPF 한천평판배지**

    Baird-Parker 한천평판배지를 개선하여 난황 에멀젼 대신에 소 유래의 피브리노겐(bovine fibrinogen)과 토끼 혈청(rabbit plasma)을 첨가한 배지임. 이 배지는 황색포도상구균의 대표적인 특성인 coagulase(혈청응고효소)를 생산하는 특성을 배지 상에서 측정할 수 있도록 설계됨. 이 배지는 투명하며 윤기 있는 회색 – 검정 콜로니 주위에 coagulase에 의한 뿌연 환이 형성됨

정답 ①

(3) 장염비브리오(*Vibrio parahaemolyticus*)

① 증균배양: Alkaline 펩톤수, 36℃에서 18~24시간 배양
② 분리배양: TCBS 한천배지, 36℃에서 18~24시간 배양 → 청록색의 sucrose 비분해 집락
③ 확인시험: LIM 반유동배지, 36℃에서 18~24시간 배양 → Lysine decarboxylase 양성, Indole 생성, 운동성 양성, Oxidase시험 양성 확인

(4) 클로스트리디움 퍼프린젠스(*Clostridium perfringens*)

① 증균배양: Cooked Meat 배지, 35℃에서 18~24시간 혐기배양
② 분리배양: 난황첨가 TSC 한천배지, 35℃에서 18~24시간 혐기배양 → 불투명한 환을 가지는 황회색 집락
③ 확인시험
  • 그람염색에서 그람양성 간균 확인
  • 생화학 시험

(5) 리스테리아 모노사이토제네스(*Listeria monocytogenes*)

① 증균배양
  • 1차 - Listeria 증균배지, 30℃에서 48시간 배양
  • 2차 - Fraser broth, 35℃에서 24~48시간 배양
② 분리배양: Oxford 한천배지, 35℃에서 24~48시간 배양
③ 확인시험
  • 그람염색에서 그람양성 간균 확인
  • 생화학 시험: hemolysis, motility, catalase, CAMP test와 mannitol, rhamnose, xylose의 당분해시험

(6) 장출혈성 대장균

증균 배양 후 배양액에서 시가독소(베로독소) 유전자 확인시험을 우선 실시
① 증균배양: mTSB, 30℃에서 48시간 배양
② 분리배양
  • TC-SMAC 배지, 35℃에서 18~24시간 배양 → sorbitol을 분해하지 않은 무색집락
  • BCIG 한천배지, 35℃에서 18~24시간 배양 → 청록색 집락
③ 확인시험
  • 그람염색에서 그람음성 간균 확인
  • 생화학 시험

(7) 바실러스 세레우스(*Bacillus cereus*)

① 정성시험
  ㉠ 분리배양: MYP 한천배지 30℃, 24시간 배양 → 혼탁한 환을 갖는 분홍색 집락

ⓛ 확인시험

- 그람염색에서 포자를 갖는 그람양성 간균 확인
- 생화학 시험
- 곤충독소단백질(insecticidal crystal protein) 생성 확인시험

② 정량시험

ⓐ 균수 측정: MYP 한천배지, 단계별 희석용액 총 접종액이 1mL이 되도록 3~5장을 도말, 30℃, 24시간 배양 → 집락 주변에 lecithinase를 생성하는 혼탁한 환이 있는 분홍색 집락을 계수

ⓑ 확인 시험: 5개 이상의 전형적인 집락을 선별하여 확인시험을 실시

ⓒ 균수 계산: 10^{-1} 희석용액을 0.2mL씩 5장 도말 배양하여 5장의 집락을 합한 결과 100개의 전형적인 집락이 계수되었고 5개의 집락을 확인한 결과 3개의 집락이 바실러스 세레우스로 확인되었을 경우 $100 \times (3/5) \times 10 = 600$으로 계산

4 기타 미생물

1. 버섯류

(1) 버섯의 형태 및 특징

① 대부분 담자균류, 일부는 자낭균류
② 버섯은 번식기관인 포자가 존재하는 자실체가 상당히 비대하게 큰 진균류
③ 식용부분은 균사체가 아닌 자실체

(2) 버섯의 생활사

생성단계에 따라 1차(1핵균사), 2차(2핵균사), 3차(버섯)의 3단계로 구분

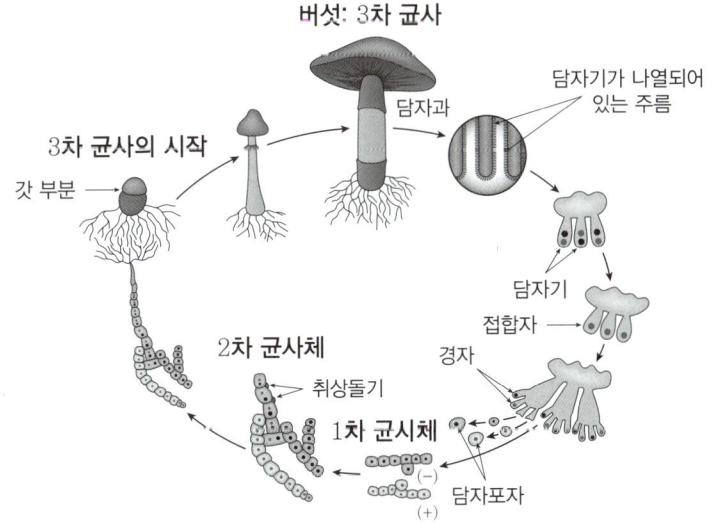

① 1차균사
- 포자발아
- 1핵균사 = 단핵균사
- 한 개의 균사 속에 한 개의 핵
- 수분과 온도가 주어지면 발아하여 1차균사 형성
② 2차균사
- 포자와 포자의 결합
- 2핵균사 = 다핵균사
- 한 개의 균사 속에 두 개의 핵
- 세포질은 융합하지만 핵은 융합하지 않음
- 균사의 성장에 따라 취상돌기(clamp connection)가 형성되는 것이 담자균류만의 특징임
③ 3차균사
- 버섯
- 조직의 분화를 일으키며 갓부분이 형성되면 버섯의 형태를 갖춤

(3) 버섯의 분류

① 식용버섯: 송이버섯, 양송이버섯, 느타리버섯, 표고버섯, 뽕나무버섯, 팽나무버섯, 목이버섯 등
② 독버섯: 독성분 - muscarine, muscaridine, neurine, phalline, amanitatoxin, pilztoxin 등
③ 약용버섯
- 버섯에 들어있는 각종 비타민과 ergosterol 등이 약효를 나타냄
- 대표적으로 상황버섯과 동충하초(자낭균류 맥각균목 동충하초과의 버섯류) 등이 알려져 있음

2. 조류

(1) 조류의 특징

① 남조류를 제외한 조류는 고등미생물에 속함
② 남조류를 제외한 녹조류, 갈조류, 홍조류는 엽록체를 가지고 광합성을 하는 독립영양생물

(2) 녹조류(green algae)

① chlorophyll a 및 b를 다량 함유하는 색소체를 가짐
② chlorella
- 타원형 단세포 녹조류
- 한 세포가 4~8개의 낭세포로 증식하며 편모는 없음
- 양질의 단백질 함유(건조물은 약 50%가 단백질이고 아미노산과 비타민이 풍부)
- 이산화탄소 이용, 산소 방출, 태양광선 이용으로 단백질 합성함
- SCP(single cell protein, 단세포단백질)로 활용도가 높음

(3) 갈조류(brown algae)

① xanthophyll 다량 함유

② 눈으로 볼 수 있는 다세포형, 한류해수 서식

③ 다시마, 미역, 톳

(4) 홍조류(red algae)

① 홍색이나 자색 또는 청록색

② phycoerythrin 다량 함유

③ chlorophyll a 및 b, carotene, xanthophyll, phycocyanin 함유

④ 눈으로 볼 수 있는 다세포형, 난류해수 서식

⑤ 우뭇가사리, 김

(5) 남조류(blue-green algae)

① 가장 원시적인 조류, 세포구조 상 원시핵 세포, 단세포, 무성생식

② 핵막이 없으며, 엽록소는 엽록체에 없고 세포 중에 분포

③ phycocyan과 phycoerythrin이 남청색을 띠게 함

◎기출로 확인

01 조류(Algae)에 대한 설명으로 옳은 것은? *17년 1회
① 홍조류는 엽록체가 있어 광합성 작용을 한다.
② 남조류는 진핵생물에 속한다.
③ 클로렐라(chlorella)는 단세포 갈조류의 일종이다.
④ 우뭇가사리, 김은 갈조류에 속한다.

02 홍조류에 속하는 것은? *17년 2회
① 미역   ② 다시마
③ 김   ④ 클로렐라

정답 01 ①   02 ③

3. 파지류

(1) Virus와 bacteriophage

① Virus

- 광학현미경으로 볼 수 없는 정도의 작은 초여과성 미생물(직경 20~350nm)

- 유전물질인 핵산(DNA또는 RNA)이 단백질로 이루어진 캡시드(capsid)에 둘러싸인 독특한 구조

- 동식물의 세포나 세균세포에 기생하며 숙주특이성을 가짐

- 숙주세포 밖의 환경에서는 불활성화된 입자, 즉 virion으로 존재

② Bacteriophage(= phage)

- 세균에 기생하는 바이러스

- 살아있는 세균에만 기생

- 독성파지와 용원성파지로 나뉨

- 자체가 단백질로 되어있으므로 **열에 약함**
- 약품에 대한 저항력은 강함
- 구조: 두부, 미부, 6개의 spike 달린 기부, 미부섬유로 구성

(2) Phage 생활사

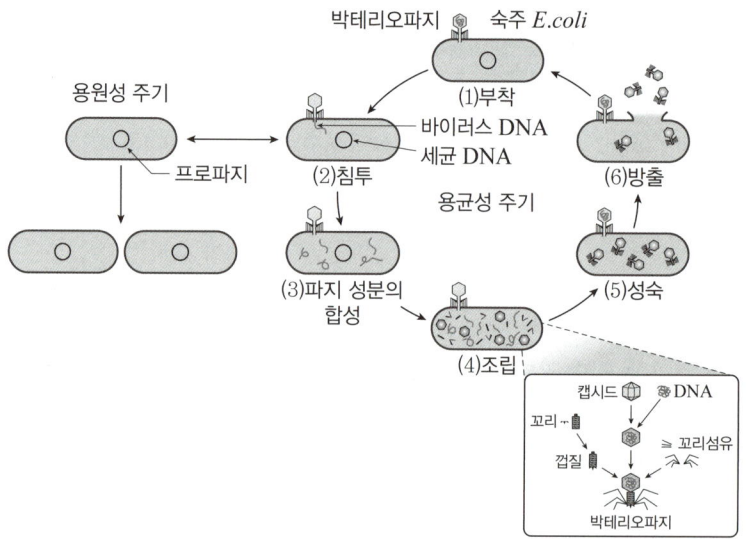

① **독성파지(virulent phage) = 용균성 파지**
  ㉠ 대부분의 파지는 침입한 세균세포 안에서 증식 후 숙주세포를 용해시켜 빠져나옴
  ㉡ • 부착: 특이성이 있는 세균에 부착
    • 침투: 꼬리가 수축되고 중앙의 관을 통해 핵산을 주입
    • 합성: 숙주세균에 들어간 파지 DNA가 증식형파지가 되어 파지 mRNA를 합성하고 숙주세균의 대사계를 이용하여 파지 DNA와 단백질 합성
    • 조립 및 성숙: 합성된 DNA와 단백질이 결합하여 파지를 형성
    • 방출: 숙주세균의 세포막을 파괴한 후 밖으로 용출
② **용원성 파지(temperate phage) = 프로파지(prophage)**
  ㉠ 독성이 약한 용원파지는 파지 DNA가 세균세포에서 새로운 DNA나 단백질을 합성하지 않음
  ㉡ 숙주세균의 염색체에 끼어 들어가 염색체의 일부가 되어 세균의 증식에 따라 분열
  ㉢ 자외선 조사나 화학물질 등 인공유발을 일으키면 프로파지가 독성파지로 전환됨

(3) Phage 예방 대책

① 파지의 영향
  • 파지는 동물과 식물에 질병을 유발
  • 세균에 의한 발효공정인 아세톤, 부탄올, 치즈, 요구르트, 글루타민산, 아밀레이즈, 항생물질, 핵산 관련물질 생산공정에 오염되어 생산균주를 파괴

② 파지오염 판정
- 발효세균의 당 소비와 가스발생이 급격히 떨어짐
- 발효 상등액을 한천평판배지에서 배양하면 투명한 용균반점(plaque)을 형성

③ **파지 오염 방지 방법**
- 발효 환경 오염 방지. 배양장비 및 기구 살균
- 식품공장 공기를 수시로 검사하여 파지 조기 발견
- 연속교체법(rotation system)을 이용(즉, 파지에 대해 감수성이 서로 다른 생산균주를 혼합하여 사용)
- 항생물질 이용: Chloramphenicol, streptomycin 등의 항생물질에 대한 내성균주 사용
  > 예 *Clostridium* 속의 균을 이용하여 부탄올 발효를 할 경우 배지에 chloramphenicol을 1mg/L의 농도로 첨가하면 파지의 증식을 완전히 저지하여 정상적인 발효가 진행됨
- 킬레이트제(chelate) 첨가: *Streptomyces griseus*가 발효 세균일 경우 감염 파지가 균체 표면에 부착하는데 Ca^{2+} 필요

기출로 확인

01 다음 중에서 용원성 파아지(phage)의 특성이 아닌 것은? *17년 2회
① 숙주 세포의 염색체에 결합하여 prophage가 된다.
② 세균의 증식에 따라 분열한 세균세포로 유전된다.
③ 세균 세포벽을 용해시켜 유리파아지가 된다.
④ 숙주 세포 내에서 새로운 DNA나 단백질을 합성하지 않는다.

02 식품공장의 파아지(phage) 대책으로 부적합한 것은? *21년 2회
① 살균을 철저히 하여 예방한다.
② 온도, pH 등의 환경조건을 바꾸어 파아지(phage) 증식을 억제한다.
③ 숙주를 바꾸는 rotation system을 실시한다.
④ 항생물질의 저농도에 견디고 정상발효를 하는 내성균을 사용한다.

정답 01 ③ 02 ②

(4) 방선균
① 하등미생물 중 균사를 형성하는 미세한 세균
② 곰팡이와 세균의 중간적인 존재
③ 주로 토양 중에 존재, 흙냄새의 원인
④ 항생물질을 생산
⑤ 방선균의 종류
  ㉠ *Streptomyces* 속
  - 항생물질 생산
  - *Streptomyces griseus*: streptomycin 생성, 강력한 protease 생산
  - *Streptomyces aureofaciens*: chlorotetracyclin(항생물질) 생성
  ㉡ *Actinomyces* 속: 방선균증의 원인

1 유용 미생물의 보존

균주를 어떤 목적에 이용하기 위하여 생리활성을 유지하면서 필요한 기간 보존

1. 보존시 유의할 점

(1) 보존 중에 사멸이나 변이(활성을 유지)를 방지할 것

(2) 보존기간을 길게 유지할 것

(3) 오염이 일어나지 않게 할 것

(4) 조작이나 필요한 장치 등이 가능한 한 간단할 것(편리성/경제성)

2. 보존방법

(1) 사면배양 보존법
　　① 시험관내 slant culture, 생육 후 4℃ 보존, 4주마다 계대, 임시보존
　　② 단점: 안정성, 안전성이 낮고, 배지 건조 우려

(2) 동결보존법
　　① −20℃ 이하에서 급냉동 후, −20℃ 냉동고나 −80℃ 초저온 냉동고에 보존
　　② 동결보호제(cryoprotectant) 사용

(3) 액체질소보존법
　　① −196℃~−150℃ 액체질소
　　② 수년간 보관 가능, 재활성화 편리, 유지가 어려운 단점(장치/액체질소 비용 고가)

(4) 건조보존법
　　진공건조 포자생성균에 적합

(5) 동결진공건조법(freeze-vacuum drying)
　　① −50℃에서 급냉동후 승화건조, 안정성, 안전성이 높음
　　② 보존기간 10년이상, 상온보존 가능, 고가장비 필요, 작업이 복잡
　　③ 동결보호제(cryoprotectant) 사용

(6) 토양보존법
　　멸균된 건조토양에 보존, 20년간 보존가능(방선균/균류)

(7) 담체보존법
　　실리카겔, 자기비드 사용(방선균/균류)

기출로 확인

일반적으로 사용되는 생산균주의 보관방법이 아닌 것은? *16년 3회

① 저온(냉장)보관　　　　　② 상온보관
③ 냉동보관　　　　　　　　④ 동결건조

정답 ②

---

2 균주 개량

1. 균주개량을 위한 세포내 유전자 재조합 기술

(1) 세포융합(cell fusion)

① 동물세포에 sendai virus 나 polyethylene glycol을 처리함으로써 세포간 융합을 형성하여 잡종세포를 얻음

② 인접한 세포들이 융합하여 격막이 소실, 그 결과 세포의 다핵화가 일어나는 현상

③ 과정: 세포의 protoplast화 → protoplast의 융합 → 융합체의 재생 → 재조합체 선택 및 분리

(2) 접합(conjugation)

① pili(미생물의 선모)를 이용하여 한 세포에서 다른 세포로 유전자가 이동

② 살아있는 두 세균이 같이 있으면, 하나의 세균에서 다른 세균으로 유전물질이 직접 전달됨

(3) 형질전환(transformation)

공여세포로부터 유리된 DNA가 직접 수용세포 내로 들어가 일어나는 DNA 재조합 방법

(4) 형질도입(transduction)

Phage(virus)가 한 세포 내로 다른 세균의 유전자를 함께 수용하여 전달하는 기능

기출로 확인

세균의 유전자 재조합 방법이 아닌 것은? *18년 2회

① 접합(conjugation)　　　　② 조직배양(tissue culture)
③ 형질도입(transduction)　　④ 형질전환(transformation)

정답 ②

2. 돌연변이(mutation)

(1) 돌연변이의 종류

① Frame shift mutation: 염기첨가(addition)와 염기결손(deletion)으로 변이가 생기면 아미노산 배열이 모두 바뀜

선생님 TIP

돌연변이와 유전자재조합에 대한 내용을 이해하기 위해서는 유전물질의 기본구조, 복제, 단백질 합성 등에 대해 기본적으로 알아야 한다. 그러므로, 핵산과 단백질 부분을 함께 학습하는 것을 추천한다.

② **point mutation**
　㉠ 염기치환(substitution)에 의해 하나의 염기가 바뀌면서 생성되는 아미노산 조성의 일부만 변화
　㉡ 염기치환(substitution)의 종류
　　• transition: purine 염기 또는 pyrimidine 염기가 각각 다른 purine 염기 또는 pyrimidine 염기로 바뀌는 것
　　• transversion: purine 염기가 pyrimidine 염기로 pyrimidine 염기가 purine 염기로 바뀌는 것
③ **Missense mutation**: 염기치환의 결과 그 부분의 아미노산 배열이 다르게 됨
④ **Nonsense mutation**: 변이의 결과, 어떤 아미노산도 대응하지 않는 암호를 갖게 됨(UAA, UAG, UGA인 코돈)
⑤ **Silent mutation**: 염기서열은 변했지만 단백질 코돈은 변하지 않음

기출로 확인

돌연변이에 대한 설명 중 틀린 것은? *20년 1, 2회
① 자연적으로 일어나는 자연돌연변이와 변이원 처리에 의한 인공돌연변이가 있다.
② 돌연변이의 근본적 원인은 DNA의 nucleotide 배열의 변화이다.
③ 염기배열 변화의 방법에는 염기첨가, 염기결손, 염기치환 등이 있다.
④ Point mutation은 frame shift에 의한 변이에 비해 복귀돌연변이(back mutation)가 되기 어렵다.

해설　Frame shift mutation은 point mutation에 비해 복귀돌연변이가 어려움

정답 ④

(2) 변이원(= 돌연변이원, mutagen)

- 돌연변이의 출현도를 증대시키는 외부 요인
- 자연돌연변이와 인공돌연변이로 나눌 수 있음
　- 자연돌연변이의 발생빈도는 $10^{-6} \sim 10^{-8}$의 범위
　- 인공돌연변이는 변이원을 이용하여 변이를 유도하는 것
① **아질산**: 아미노기가 있는 염기에 작용하여 아미노기를 이탈시켜 transition 형의 변이체를 형성
② **Alkyl agent**: alkyl화제는 염기 중 구아닌의 7번 위치를 alkyl화 시켜 transition 형과 transversion 형의 변이 유발
③ **5-Bromouracil**: transition형의 염기치환을 유발
④ **NTG(N-Methyl-N′-nitro-N-nitrosoguanidine)**
　㉠ 알칼리성에서는 methylating agent인 diazomethane을 생성하고, DNA 중의 guanine 잔기를 methyl화 하여 7-methylguanine을 생성
　㉡ 산성에서는 아질산을 생성하여 염기의 아미노기 이탈에 의한 변이를 유발
　㉢ 그러므로 변이처리액의 pH와 온도가 중요함
⑤ **Acridine 색소류(acriflavin, proflavin 등)**: 이중나선의 DNA사이에 삽입되거나 부가되어 DNA복제 과정에서 염기첨가 및 염기결손 등을 일으킴. 즉 frame shift형의 변이를 일으킴

⑥ 자외선(UV)

    ㉠ 매우 효과적인 변이 처리방법

    ㉡ thymine 분자 2개가 결합하여 변화된 유전적 코드로 다른 단백질 생성

    ㉢ thymine dimer가 생성되면 DNA 합성이 방해됨

기출로 확인

다음 물질 중 변이유기제가 아닌 것은? *16년 2회

① H_2S ② HNO_2
③ X 선   ④ nitrosoguanidine

정답 ①

3. 재조합 DNA 기술

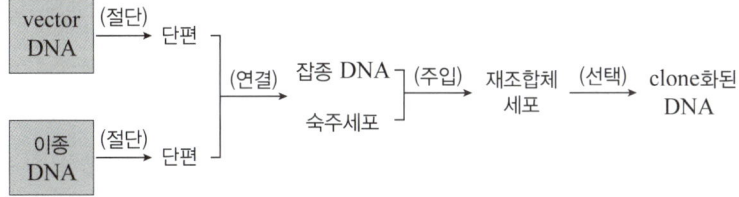

(1) 이종유전자 DNA 제조

염색체 DNA에서 제한효소를 이용하여 제작

(2) Vector DNA 제조

Cloning Vector

① 특정의 세포에서 복제, 증식을 할 수 있는 외래 DNA의 운반체

② 복제 능력이 없는 외래 DNA 단편과 결합하여 숙주세포 내에서 복제됨

③ 세균이 가지고 있는 플라스미드(plasmid)를 주로 이용

(3) 재조합 DNA 제조

제한효소 처리한 plasmid vector와 외부 DNA를 ligase로 부착

(4) 재조합 DNA 분자의 숙주세포 내로의 주입

형질 전환법을 이용하여 숙주세포 내에 주입

(5) 재조합 DNA 함유 세포의 검출

기출로 확인

재조합 DNA를 제조하기 위해 DNA를 절단하는데 사용하는 효소는? *18년 3회

① 중합효소   ② 제한효소
③ 연결효소   ④ 탈수소효소

정답 ②

> **참고**
>
> **재조합 DNA 기술에 필요한 효소**
>
> • 제한효소(Restriction endo-nuclease)
>
> DNA 염기배열을 인식하여 특정부위에서 DNA를 절단하는 효소군
> 재연결시 ligase가 작용함
> 예 *Hin d II, Hae III, Eco R I, Bam H I* 등
>
> • DNA의 연결, 합성, 인산화 등에 관여하는 효소
>
> DNA ligase, DNA polymerase, polynucleotide kinase, 역전사효소, 인산화효소 등

Chapter 04
발효공학의 기초

1 발효공학의 기본원리

[발효공정의 일반체계]
① 배지의 제조 → ② 살균 → ③ 종균 배양 → ④ 본 배양 → ⑤ 배양물의 분리정제 →
⑥ 폐수 폐기물 처리

기출로 확인

발효공정의 일반체계 중 기본단계에 해당되지 않는 것은? *19년 1회
① 배지의 조제 및 살균
② 종균배양
③ 배양물의 분해
④ 폐수 및 폐기물 처리

정답 ③

선생님 TIP

발효방법 부분은 출제빈도가 높으므로 반드시 학습하자.

2 발효방법

1. 고체배양과 액체배양

(1) 고체배양(solid-state culture)
① 고체 기질의 표면에 주로 곰팡이를 증식시켜 배양하는 것(예: koji 생산, amylase 등의 효소 생산)
② 방법
　ⓐ 정치배양: 수분 + 곡류 + 곰팡이를 그대로 배양
　ⓑ 회전배양: 공기와 미생물의 접촉이나 열의 발산을 이용하게 하는 rotary형 배양

(2) 액체배양(liquid culture)
① 액체배지 중에 미생물을 배양
② 방법
　ⓐ 표면배양(surface culture)
　　• 용기 내 배양액의 표면적을 크게 하며
　　• 표면으로부터 배양액 내부로의 산소이동을 촉진
　　• 산소를 미생물에 용이하게 공급
　　• 배양액의 표면에 미생물이 부유한 상태로 배양
　　• 예: 초산발효, 구연산(곰팡이)

ⓒ 심부배양(submerged culture)
- 공기를 배양 중에 강제로 공급, 미립자 기포를 체류시켜 산소 용해를 촉진시키는 배양
- 예: 아미노산, 항생물질

(3) 고체배양과 액체배양의 장단점

구분	고체배양	액체배양
장점	· 간단한 배지 조제: 원료, 물, 무기염류 · 저렴한 원료 비용: 농산물 또는 농산 폐기물 이용 · 낮은 수분활성도: 오염방지(세균 증식에 부적합, 단, 곰팡이 증식에는 적합) · 생산물 분리 용이: 표면 증식 → 적은 양의 용매로 회수 가능 · 산소공급 용이(진탕, 통기 필요 없음) · 간단한 배양장치, 운전비용 저렴 · 공정에서 나오는 폐수 적음	· 통기교반 불필요 · 간단한 배양장치(vat), 동력비가 들지 않음 · 대량 생산에 적합 · 기계화 가능, 관리가 쉬움
단점	· 배지의 불균일성: 교반이 잘 되지않음 · 측정 및 제어가 어려움 · 기계화 및 자동화가 어려움 · 많은 공간 필요	산소 공급 제한: 발효기간 길어짐, 휘발성 물질 손실, 오염 가능성 증가

기출로 확인

발효산업에서 고체배양의 일반적인 장점이 아닌 것은? *20년 3회
① 값싼 원료를 이용할 수 있다.
② 생산물의 회수가 쉽다.
③ 산소공급이 쉽다.
④ 환경조건의 측정 및 제어가 쉽다.

정답 ④

2. 회분배양과 연속배양

(1) 회분배양(batch culture)
① 미생물을 일정량의 배지에 배양하는 방법
② 원료의 담금, 살균, 냉각, 식균, 배양, 배양액 배출, 세척 등을 매번 따로 하는 배양기술
③ 장점: 다품종 소량생산에 적합, 잡균오염·제법이나 운전조건의 변동 시에도 쉽게 대처

(2) 유가 배양(fed-batch culture)
① 배양 중에 제한인자로 되어 있는 어느 특정기질을 배양조에 공급하여 일정하게 저농도로 유지하면서 목적 산물을 배양 완료까지 조내에 그대로 유지하는 방법

② 특징: 유가하는 기질 액의 농도와 유가 속도를 변화시키면서, 기질 농도를 미생물 농도나 생산물 농도와 독립적으로 제어함

③ 장점

　　㉠ 기질의 농도가 낮을 때

　　㉡ 고농도 기질에 의한 증식 저해가 있을 때

　　㉢ 기질농도가 어느 농도범위를 벗어나면 목적산물의 수율, 수량, 생산성이 저하될 때 주로 이용가능

(3) 연속배양(continuous culture)

① 배양원료를 일정 유량속도로 장치 내에 공급하고 일정 유량속도로 장치 밖으로 배출하여 배양을 계속하는 조작

② 장점

　　㉠ 장시간 동안 대수기를 유지

　　㉡ 장치용량 축소 가능, 다단식 연속배양의 활용에 의해 합리화 가능

　　㉢ 작업시간 단축, 전공정의 관리 용이

　　㉣ 중간 및 최종 생성물의 품질이 일정

　　㉤ 인력, 동력에너지 절감(생산비 감소)

③ 단점

　　㉠ 기존 설비에서의 전환이 다소 곤란

　　㉡ 모든 작업이 다른 공정과 연결되므로 일관성 필요

　　㉢ 수율 및 생산물 농도는 회분식에 비해 다소 낮음

　　㉣ 생산물의 분리비용이 높음

　　㉤ 잡균 오염, 변이의 가능

　　㉥ 여러 단점으로 공업화의 범위가 한정적(아황산펄프폐액 이용 사료효모 생산, 식초 생산 등 문제가 적은 한정된 배양에만 이용)

기출로 확인

01 연속식 배양법에 대한 설명으로 틀린 것은? *21년 2회

　① 전체 공정의 관리가 용이하여 대부분의 발효공업에서 적용되고 있다.

　② 중간 및 최종제품의 품질이 일정하다.

　③ 배양 중 잡균에 의한 오염이나 변이의 가능성이 있다.

　④ 수율 및 생산물 농도는 일반적으로 회분식에 비해 낮다.

02 미생물 발효의 배양형식 중 운전 조작 방법에 따른 분류에 해당되지 않는 것은?

　① 회분배양　　　　　　　　　　　　　　　　　　　　*21년 1회

　② 액체배양

　③ 유가배양

　④ 연속배양

정답　01 ①　02 ②

3 대사제어발효

미생물의 대사를 임의적으로 개변하여 제어

(1) 환경조건에 의한 발효의 전환 제어
① 산소 제어
② 혐기적 발효시 알콜 발효, 호기적 발효시 젖산 발효

(2) 세포막 투과성에 의한 조절
① 글루탐산 발효시
- 비오틴 과잉 → 세포막 단단해짐 → 세포내 산의 함량 증가 → 글루탐산 합성 억제
- Penicillin 첨가 → 세포막의 합성 저해 → 세포 외로 유리/합성 증가

② 핵산 발효시
- Mn 과잉 → 균체증식 촉진/nucleotide 생산량 저하
- 항생물질/계면활성제 첨가시 효과적

(3) 변이에 의한 대사 조절
① 영양요구변이주의 이용
② Feedback 내성 변이주의 이용
③ 아날로그 내성 변이주의 이용

◎ 기출로 확인

일차대사산물을 높은 효율로 얻기 위한 방법 중에서 그 기작이 다른 것은? *21년 1회
① 영양요구성 변이 이용
② Analogue 내성 변이 이용
③ feedback 내성 변이 이용
④ 세포막 투과성의 개량 이용

정답 ④

4 발효생산물의 분리와 정제

[균체 세포 파쇄]

(1) 목적물질이 균체나 세포 내에 존재할 경우, 분리정제를 하기 전에 균체나 세포를 파쇄하여 수용액 중에서 추출

(2) 세포벽이 있는 식물, 세균의 경우
- French press, Dyno-mill 등 물리적 방법
- 세포벽 용해효소를 이용하는 생화학적 방법

(3) 세포벽이 없는 동물세포의 경우
  삼투압법 등

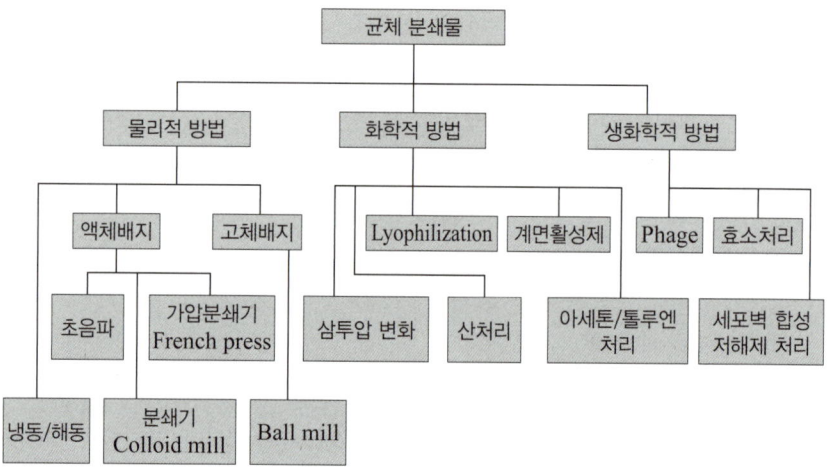

🔍 기출로 확인

균체내 효소를 추출하는 방법으로 부적합한 것은? *21년 3회

① 초음파 파쇄법
② 기계적 마쇄법
③ 염석법
④ 동결 융해법

[해설] 염석법은 생성물질(효소)을 분리하기 위해 침전시키는 방법

[정답] ③

Chapter 05

발효식품 및 관련 미생물

1 주류

발효주	단발효주		과일에 포함된 당분이 발효되어 알코올이 생성된 술, 당화과정이 없음	과실주, 와인
	복발효주	단행복 발효주	당화가 완료되고 나서 발효가 진행된 술	맥주
		병행복 발효주	당화와 발효가 동시에 진행되어 만들어지는 술	탁주, 약주, 청주
증류주			알코올 발효액을 증류하여 알코올 농도를 높인 술	위스키, 브랜디, 소주
혼성주			발효주나 증류주에 감미료, 향료 등을 첨가하여 혼합한 술	매실주, 인삼주, 합성 맥주

선생님 TIP

앞에서 배운 미생물을 다시한번 정리하는 부분이라 생각하고 학습하도록 하자.
각 발효식품별 주요 미생물을 표로 정리하여 두는 것도 좋다.

◎ 기출로 확인

제조방법에 따른 술의 분류 시 단행복발효주에 해당되는 것은? *18년 1회

① 맥주
② 포도주
③ 위스키
④ 고량주

정답 ①

1. 맥주

보리 → 침지 → 발아 → 녹맥아 → 배조 → 건조맥아 → 분쇄 → 물 넣고 당화 → 맥아즙 여과 → 자비(호프 첨가) → 냉각 → 술밑 첨가 → 주발효 → 후발효(숙성) → 여과/청징 → 살균 → 맥주

(1) 효모의 종류

① *Saccharomyces cerevisiae*(상면발효효모, 난형)
② *Saccharomyces carlsbergenesis*(하면발효효모, 난형 또는 타원형)

(2) 맥아 제조

① 보리를 침지하여 발아시켜 맥아(엿기름, malt)를 만드는 공정
② 당화 과정에 필요한 효소의 생산/축적, 보리조직의 용해

(3) 맥아즙 제조

전분을 맥아효소로 당화 → mash를 이용하여 맥주박 제거 → 즙을 획득 → 호프를 첨가하여 자비/냉각

① 맥아즙 자비의 목적
- ㉠ 단백질의 열응고에 의한 제품의 혼탁을 방지
- ㉡ 호프의 유효성분을 용출하고 열변성시켜 고미와 향기를 부여
- ㉢ 맥아박 세척수를 증발시켜 맥아즙을 농축
- ㉣ 효소의 파괴와 맥아즙의 살균
- ㉤ 쓴맛을 내는 iso-α-acid로 이성질화
- ㉥ 단백질 침전

② 호프의 첨가 목적: 맥주의 맛과 향, 제품의 기포성, 기포 안정성, 항균성 부여

③ 호프(hop)의 성분
- ㉠ 호프 수지
  - 고미성과 방부력 부여
  - 고미는 α-acid((humulone류))와 β-acid(lupulone류)에 의함
  - α-acid
    : 고미가 강하며, 맥주고미의 주체임
    : 원래는 맥아즙에 거의 녹지 않고, 고미도 없으나, 맥아즙을 끓임으로써 수용성의 고미가 강한 iso-α-acid로 이성화됨
- ㉡ 호프유
  - Terpene 계 탄화수소와 각종 함산소화합물로 구성된 정유
  - 대부분 자비과정에서 증발
- ㉢ 호프 탄닌
  - 단백질 혼탁방지 역할: 단백질과 결합하여 불용성의 침전 형성
  - 산화시 맥주의 맛과 색깔을 나쁘게 함

(4) 후발효의 목적

① 맥주의 혼탁물질 침전

② 저온에서 CO_2를 필요한 만큼 맥주에 용해

③ 여분의 CO_2를 방출시켜 young beer 특유의 미숙취를 개선

④ 고미가 있는 호프수지가 제거되어 조화된 향미 부여

(5) 청징(혼탁물질의 제거)

[청징방법]

① 저온에 의한 침전법: 단백질을 탄닌과 결합시켜 불용성의 침전물을 형성하여 제거

② 흡착제에 의한 흡착제거법

③ 효소에 의한 분해법: 단백질을 효소로 분해하여 가용화하는 방법(papain, pepsin 이용)

④ 원심분리법

⑤ 여과법

2. 포도주

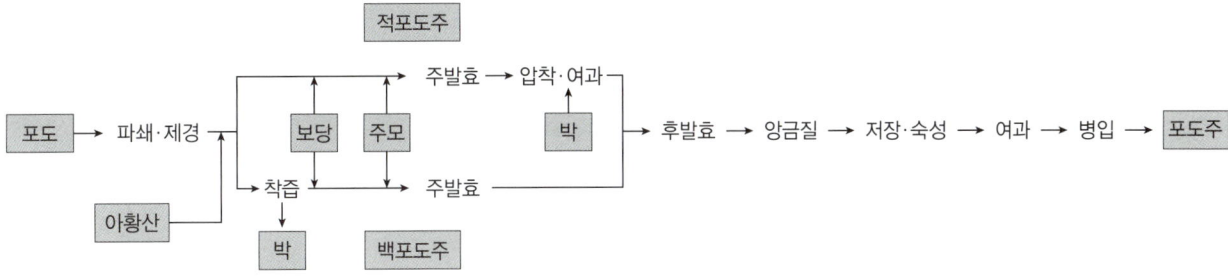

(1) 포도주 생산과 관련된 미생물

① 곰팡이류: *Botrytis cinerea*

　㉠ 포도 과피의 왁스질을 분해하여 수분증발 촉진

　㉡ 포도에 귀부병을 일으키는 균

　㉢ 귀부병에 걸린 포도로 귀부와인(프랑스의 Sauterne)을 만듦

② 효모류

　㉠ *Saccharomyces ellipsoideus*(또는 *Saccharomyces cerevisiae*)

　　• 포도주 발효의 주효모

　　• 아황산에 높은 내성을 가짐, 저온(4~10℃)에서도 발효 수행

　㉡ *Saccharomyces bayanus*

　　• 포도주 자연발효시 발효 말기에 우세하게 나타남

　　• 발포성 포도주인 sherry의 제조에 사용

　㉢ *Hansenula* 속

　　• 에탄올 함량이 낮은 포도주에 피막 형성

　　• 에탄올 발효력은 없음

　　• ethyl ester 등의 생산으로 숙성 후 좋은 향을 냄

③ 세균류: *Leuconostoc oenos*

　㉠ 포도즙과 포도주에서 잘 증식하는 젖산균

　㉡ pH 4.8 이하에서 증식하며, 최적 pH는 3.5

　㉢ 포도즙이 malic acid(사과산)를 L-lactic acid와 CO_2로 발효

　㉣ 포도주의 신맛 감소, 탄산가스 함유로 향미가 향상됨

(2) 포도주 발효 중의 성분 변화

① 포도당 → 알코올 + CO_2

　　　　　　　pyruvate, a-ketoglutarate 잔류

② 퓨젤유 생성

③ 효모 사멸(아미노산 증가, 술의 맛에 영향)

④ 알콜발효와 함께 젖산, 호박산(효모생성)

⑤ 발효말기 젖산균 성장으로 malo-lactic fermentation(MLF)에 의해 젖산 생성

⑥ 적색색소가 과피로부터 용출

⑦ 알코올에 의해 탄닌 용출

> **참고**
>
> **퓨젤유(Fusel oil)**
>
> • 알코올 발효시 에탄올과 함께 생성되는 고급 알코올(탄소수가 3개 이상) 혼합물로서 알코올 발효의 부산물
>
> • Hexanol, isobutyl alcohol, isoamyl alcohol, n-propyl alcohol, phenthyl alcohol 등
>
> • 끓는 점이 높은 황갈색의 기름 액체로 술의 향기를 돋구는 주성분 원료 중의 아미노산으로부터 아미노산 대사를 통해 생성

3. 청주

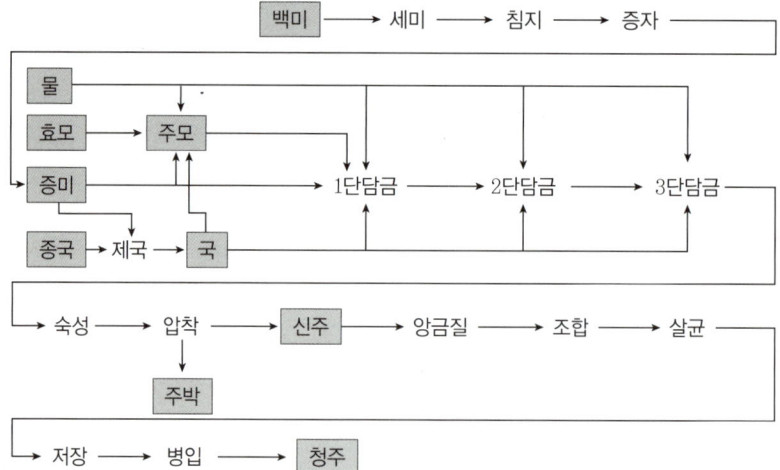

(1) 증미 제조

① 침지시켜 물이 원료쌀의 25~30% 정도 흡수되도록 함

② 증자(전분의 호화): 국균의 생육, 술덧의 용해와 당화를 용이하게 함

(2) 제국[koji(국) 제조]

① koji: 증미에 코지곰팡이(*Aspergillus oryzae*)를 번식시킨 것으로, amylase와 protease의 공급원

② 찐 주미에 나무재를 살포시켜 잡균번식 방지(알칼리화), 무기질 공급, 포자형성 용이하게 함

③ 청주용 국균의 조건

- 증미에 잘 번식할 것
- a-amylase, glucoamylase의 분비력이 강할 것
- 국의 갈변도가 약할 것
- ferrichrome 류가 생성되지 않을 것
- 향기가 좋을 것

(3) 주모(술밑, seed culture) 제조

① 주모: 안전한 청주 발효를 위해 술덧을 발효시키는 건강한 효모균체를 대량 배양한 것

② 적당량의 젖산 필요

③ 청주효모는 *Saccharomyces cerevisiae, S. sake*

(4) 술덧 제조

① 주모, 코지, 증미, 물을 혼합하여 3번 담금한 것

② 3회 분할 담금하는 이유: 전분당화와 알콜발효를 병행함에 있어 술덧의 농도가 높지 않은 상태에서 고농도의 알코올 담금이 가능, 유해균 오염 가능성 낮아짐

(5) 살균

① 살균이 부족하면 화락(hiochii)으로 인해 문제가 생김

② 화락균: *Lactobacillus homohiochii, Lactobacillus heterohiochii*

③ 화락균의 번식으로 일어나는 변패: 백탁현상, 산미증가, 화락향이 생겨 상품가치 저하

◎ 기출로 확인

청주의 제조에 관한 설명으로 틀린 것은? *18년 2회

① 쌀, 코지, 물로 제조되는 병행 복발효주다.

② 코지 곰팡이는 *Aspergillus oryzae*가 사용된다.

③ 좋은 코지를 제조하기 위해서는 산소와의 접촉을 차단해야 한다.

④ 주모(moto)는 양조 효모를 활력이 좋은 상태로 대량 배양해 놓은 것이다.

정답 ③

4. 탁·약주

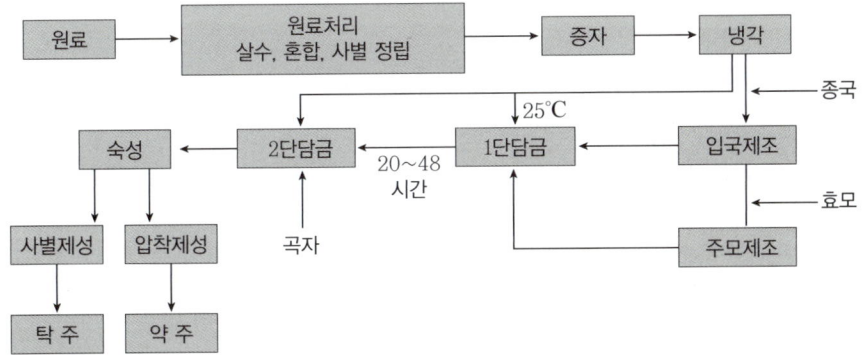

(1) 탁주

곡류와 기타 전분질 원료 등을 당화과정과 발효과정을 동시에 행하는 병행복발효주, 제법은 청주와 비슷하나 청주보다 고온에서 단시간 발효

① **발효제의 종류:** 곡자(누룩), 입국, 분국, 조효소제(전분/단백분해효소)

　㉠ 곡자(누룩)

　　• 밀이나 호밀을 분쇄하여 증자하지 않고 반죽성형 후 발효

　　• 곰팡이(*Rhizopus, Aspergillus, Mucor*), 효모(*Saccharomyces coreanus*)가 번식하여 효소류 생성, 그 외 유산균 등을 포함

　　• 원료 밀 분쇄 → 25~30% 수분을 첨가 반죽 → 1~2시간 방치 후 원판성형 → 곡자실(40℃ 이하)에서 10일간 띄움 → 2주간의 건조, 후숙 → 절단면이 담황색, 회백색의 곰팡이이고 특유의 향기

> **참고**
>
> **누룩의 미생물**
>
> • 세균: *Bacillus, Lactobacillus*
> • 곰팡이: *Rhizopus, Aspergillus, Mucor, Absidia*
> • 효모: *Saccharomyces, Hansenula*

ⓒ 입국
- 증자된 원료에 곰팡이를 접종한 것
- 백국균(*Aspergillus kawachii*)를 사용: amylase와 산 생산력 우수, 산도가 높아 잡균의 오염 방지
ⓒ 분국
- 가루모양의 밀기울 코지
- 밀기울 증자 살균, 40~45% 물을 가하고 pH 3.2~3.5로 조절한 후 *Aspergillus usamii mut shirousamii*의 종국을 접종 배양
- 입국과 같은 과정으로 제조
- 당화 효소력이 입국이나 곡자에 비하여 강한 점이 특징
② **주모의 종류**: 수국주모, 곡자주모, 속양주모 및 대용주모로 분류
ⓐ 수국주모
- 입국만을 원료로 사용
- 입국의 구연산에 의해 pH 3~4로 조절되기 때문에 산의 첨가 불필요, 경제적, 간편
ⓒ 곡자주모
- 곡자와 증미, 젖산을 사용하여 제조
- *Saccharomyces coreanus* 효모를 대량 배양하기 위해 젖산을 첨가
ⓒ 속양주모: 분국, 증미 및 물로 담금 하여 배양효모를 접종한 후 젖산을 가하여 안전, 신속하게 육성
ⓓ 대용주모: 입국으로만 담금한 발효 중에 있는 1단 담금의 술덧이나 순조로운 발효가 진행된 숙성 술덧의 일부를 주모대용으로 사용
③ 담금
ⓐ 입국과 증자한 원료, 용수, 기타 원료를 혼합하여 병행복발효(당화와 발효 동시 진행)
ⓒ 1단 담금: 효모 증식, 용해와 당화를 주목적으로 함
2단 담금: 알콜 발효를 주목적으로 함

(2) 약주
술덧을 술자루에 넣어 압착여과, 회전식 여과기로 여과 후 60℃로 저온살균 후 포장

2 장류

1. 간장

[간장 생산과 관련된 미생물]

(1) 곰팡이

① 대표적 종국균, 주로 콩의 분해(protease, amylase 등 효소 생성)에 관여

② *Aspergillus oryzae*, *Aspergillus sojae*

(2) 효모

① 알코올 발효로 간장에 풍미를 줌

② 발효 초기에는 *Candida famata*, *Candida polymorpha*가 증식하여 pH 5 정도로 낮아짐

③ 발효 후기에는 *Zygosaccharomyces sojae*, *Zygosaccharomyces major*, *Saccharomyces rouxii*, *Torulopsis versatilis* 등 내염성 효모가 관여

(3) 세균

① 담금액의 pH를 4.5로 유지, 효모 증식 도움, 간장에 풍미 형성

② *Pediococcus sojae*, *Pediococcus halophilus*, *Bacillus subtilis*

2. 된장

[된장생산과 관련된 미생물]

(1) 곰팡이

Aspergillus oryzae, *Aspergillus sojae*

(2) 효모

① 된장에 독특한 풍미 부여

② *Saccharomyces rouxii*, *Zygosaccharomyces*, *Torulopsis*

(3) 세균

① *Bacillus subtilis*: 메주의 내부에 존재하며 protease, amylase를 분비

② *Pediococcus halophilus*

◎ 기출로 확인

내삼투압성 효모로 염분 함량이 높은 간장이나 된장 등에서 생육하는 효모는?

① *Candida* 속   *18년 3회

② *Rhodotorula* 속

③ *Pichia* 속

④ *Zygosaccharomyces* 속

정답 ④

> **참고**
>
> **간장의 분류**
>
> • **양조간장(개량식 간장)**: 대두, 탈지대두, 맥류 또는 쌀 등을 이용하여 제국(코오지균 이용)하여 식염수 등을 섞어 발효 숙성시킨 후 여액을 가공한 것(단맛이나 신맛이 조금 강함)
>
> • **재래식 간장(한식간장)**: 우리나라 전통적인 방법으로 메주, 식염수 등을 섞어 발효 숙성시킨 후 여액을가공한 것(*Bacillus subtilis* 이용)
>
> • **산분해간장(아미노산간장, 화학간장)**: 단백질 또는 탄수화물 함유 원료를 산으로 가수분해 후 중화하여 얻은 여액을 가공한 것
>
> • **혼합간장**: 산분해 간장과 양조간장의 장단점을 서로 보완한 것

3 김치류

[김치 생산과 관련된 미생물]

(1) 발효 초기 젖산균

Leuconostoc mesenteroides: 김치 발효 초기에 주로 생육하여 젖산을 생산함으로써 일반 세균의 증식을 억제하는 젖산균

(2) 숙성 젖산균

Lactiplantibacillus plantarum(기존 *Lactobacillus plantarum*),
Limosilactobacillus fermentum(기존 *Lactobacillus fermentum*),
Levilactobacillus brevis(기존 *Lactobacillus brevis*)

(3) 발효 말기 효모

Hansenula, Candida, Pichia 속 - 산막효모, 연부작용을 일으킴, 젖산 소비

> **◎ 기출로 확인**
>
> 김치의 숙성에 관여하지 않는 미생물은? *17년 3회
> ① *Lactobacillus plantarum*　　② *Pediococcus cerevisiae*
> ③ *Enterococcus faecalis*　　④ *Staphylococcus aureus*
>
> 정답 ④

4 치즈 및 발효유

1. 치즈 생산에 관련된 미생물

(1) 곰팡이

① *Penicillium roqueforti*
- *roqueforti cheese* 제조에 이용됨
- 내염성 강함, 치즈 내부에 증식, protease와 lipase를 생산하여 치즈 숙성에 관여

② *Penicillium camemberti*
- camemberti cheese 제조에 이용됨
- 건조한 환경에서도 비교적 잘 증식
- 치즈 표면에 증식하여 젖산 대사, 강력한 protease와 lipase를 생산

(2) 젖산균

스타터 역할을 함

※ 스타터: 우유에서 신속하게 젖산을 생성함으로써 적당한 산도를 생성시켜 커드 형성을 촉진함, 오염미생물의 생육을 억제, 치즈의 풍미 향상 등의 역할을 함

① 중온성 스타터

- *Lactococcus lactis*, *Lactococcus cremoris*, *Lacticaseibacillus casei*(기존 *Lactobacillus casei*) 등
- 체다치즈, 고다치즈, 카망베르치즈, 코티지치즈에 사용

② 고온성 스타터

- *Streptococcus thermophilus*, *Lactobacillus bulgaricus*, *Lactobacillus helveticus* 등

(3) *Propionibacterium* 속

Propionibacterium freudenreichii subsp. shermanii

- 스위스 에멘탈치즈의 치즈눈 생성
- 혐기성
- 성장 느리고, 내염성에 약함
- 디아세틸, 아세토인, 아세트알데히드 등 풍미성분 생성

2. 요구르트 생산에 관련된 미생물

대표적인 요구르트 스타터는 *Lactobacillus delbrueckii subsp. bulgaricus*와 *Streptococcus salivarius subsp. thermophilus*

 기출로 확인

> **요구르트(yogurt) 제조에 이용하는 젖산균은?** *18년 3회
>
> ① *Lactobacillus bulgaricus* 와 *Streptococcus thermophilus*
> ② *Lactobacillus plantarum* 와 *Acetobacter aceti*
> ③ *Lactobacillus bulgaricus* 와 *Streptococcus pyogenes*
> ④ *Lactobacillus plantarum* 와 *Lactobacillus homohiochi*
>
> 정답 ①

[발효식품별 주요 미생물]

식품 종류	주요 미생물
맥주	· *Saccharomyces cerevisiae* (상면발효효모) · *Saccharomyces carlsbergenesis* (하면발효효모)
포도주	· *Botrytis cinerea* (곰팡이) · *Saccharomyces ellipsoideus* (효모) · *Leuconostoc oenos* (세균)
청주	· *Aspergillus oryzae* (곰팡이) · *Saccharomyces cerevisiae, S. sake* (효모)
탁 · 약주	· *Aspergillus oryzae* (곰팡이) · *Saccharomyces coreanus* (효모)
간장 · 된장	· *Aspergillus oryzae, Aspergillus sojae* (곰팡이) · *Bacillus subtilis* (세균)
김치	· *Leuconostoc mesenteroides* · *Lactiplantibacillus plantarum* (기존 *Lactobacillus plantarum*) · *Limosilactobacillus fermentum* (기존 *Lactobacillus fermentum*) · *Levilactobacillus brevis* (기존 *Lactobacillus brevis*)
치즈	· *Lacticaseibacillus casei* (기존 *Lactobacillus casei*) · *Lactococcus lactis* · *Lactococcus cremoris* · *Streptococcus thermophilus* · *Lactobacillus bulgaricus* · *Penicillium roqueforti* (로퀴포르 치즈) · *Penicillium camemberti* (카망베르 치즈) · *Propionibacterium shermanii* (에멘탈 치즈)
요구르트	· *Lactobacillus bulgaricus* · *Streptococcus thermophilus*

대사산물의 생성

1 유기산 발효

(1) 젖산(lactic acid) 발효

① 생성기구

㉠ 정상형 젖산발효(homo lactic acid fermentation): 당으로부터 젖산만 생성

- Glucose → 2 lactic acid
- *Streptococcus*속, *Pediococcus*속, *Lactobacillus delbrueckii*, *Lactobacillus acidophilus*, *Lactobacillus bulgaricus*, *Lacticaseibacillus casei*(기존 *Lactobacillus casei*)

㉡ 이상형 젖산발효(hetero lactic acid fermentation): 젖산 이외에 초산/알코올 등이 함께 생성

- Glucose → lactic acid + ethanol + CO_2
  2 Glucose → 2 lactic acid + ethanol + acetic acid + $2CO_2$ + H_2
- *Leuconostoc*속, *Levilactobacillus brevis*(기존 *Lactobacillus brevis*)

🎯 **기출로 확인**

다음 젖산균 중 이상젖산발효(hetero lacticacid fermentation)를 하는 것은?

① *Lactobacillus bulgaricus*　　② *Lactobacillus casei*　　*19년 1회
③ *Streptococcus lactis*　　④ *Leuconostoc mesenteroides*

정답 ④

② 생산균

㉠ 원료에 따라

- 포도당, 전분질 당화액/당밀: *Lactobacillus delbrueckii*, *L. leichmannii*
- 우유, 유청등: *L. bulgaricus*/ *L. casei*
- 아황산 펄프폐액: *L. pentosus*

㉡ *Rhizopus oryzae*(호기적 L형 젖산만 생성)

(2) 구연산(citric acid) 발효

① 생성기구

- 당원료(EMP → TCA에 의함), n-paraffin을 이용
- 당으로부터 해당작용에 의하여 피루브산이 생성, 옥살아세트산과 아세틸-CoA가 생성되고, citrate synthase의 촉매로 구연산 생성

② 생산균(원료에 따라)

- 당: *Aspergillus niger*, *A. awamori*, *A. saitoi*
- 탄화수소: *Arthrobacter*속, *Candida*속 효모, *Penicillium*속

③ 배양생산

　　㉠ 고체배양: 고구마박/전분박 → 호화 → 접종배양

　　㉡ 액체배양: 통기교반형/airlift형 발효탱크

　　　• 원료 → 당질/전분질(사탕무우 당밀을 가장 많이 이용), N-paraffin

　　　• Fe, Zn, Mn등 금속이온이 많으면 생산량이 감소 → 원료로부터 미리 제거

　　　• 생산량 증가를 위해 2~3%의 알코올(MeOH, EtOH, propanol) 첨가

　　　• 배양조건: pH 2~3, 당농도 10~15%, 25~28℃, 4~10일, 호기 조건

◎ 기출로 확인

구연산 발효에 대한 설명으로 틀린 것은? *21년 3회

① *Aspergillus niger* 등을 사용한다.
② 배지의 pH는 2.0~3.0에서 구연산의 생산이 좋다.
③ 배지의 pH가 비교적 높은 곳에서는 수산의 생산량이 증가한다.
④ 발효할 때 산소의 존재 여부와 관계가 없다.

정답 ④

(3) 초산(acetic acid) 발효

① 생성기구

$$glucose \xrightarrow[2CO_2]{} 2\ ethanol \xrightarrow[H_2O]{} 2\ acetaldehyde \longrightarrow 2\ acetic\ acid$$

② 생산균

　　㉠ 식초 제조에 적합한 균의 조건

　　　• 생육 및 산의 생성 속도가 빠를 것

　　　• 수율이 높고 내산성이어야 함

　　　• 초산 이외에 여러 방향성 물질을 생성하고, 초산을 산화하지 않을 것

　　㉡ *Acetobacter aceti, A. acetosum, A. oxidans, A. rancens*

　　㉢ 속초균: *A. schuetzenbachii*

③ 배양생산

　　㉠ 정치법: 발효통 사용, 대패밥, 목편, 코르크 등으로 산소 접촉면적을 넓혀줌, 수율이 낮고 기간이 김

　　㉡ 속양법: 발효탑 사용, 'Frings의 속초법'이라 부름

　　㉢ 심부배양법: 원료와 초산균의 혼합물에 공기를 송입하며 교반하여 발효덧을 급속히 초산화

(4) Gluconic acid 발효

① 생성기구

$$glucose \longrightarrow Glucono\text{-}\delta\text{-}lactone \longrightarrow Gluconic\ acid$$

② 생산균

Aspergillus niger, A. suboxydans

2 알코올 발효

(1) 개요

① 생성원리

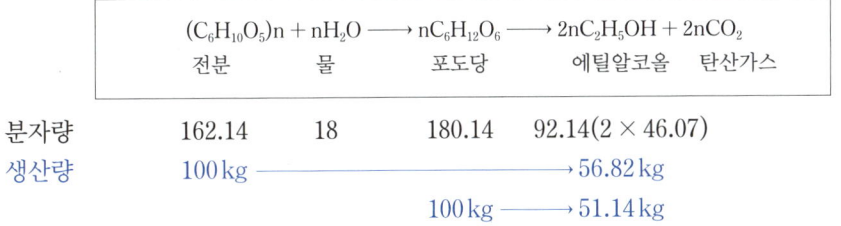

$$(C_6H_{10}O_5)n + nH_2O \longrightarrow nC_6H_{12}O_6 \longrightarrow 2nC_2H_5OH + 2nCO_2$$

전분 　 물 　 포도당 　 에틸알코올 　 탄산가스

분자량　162.14　18　180.14　92.14(2 × 46.07)

생산량　100 kg ───────────→ 56.82 kg

　　　　　　　　　100 kg ───→ 51.14 kg

※ 일반적으로 주정발효의 수율은 95%이므로 48.58kg

◎ 기출로 확인

1몰의 포도당으로 생성하는 알코올의 이론적인 수득량을 %로 나타낸다면?

① 약 51.1%　　　　　② 약 56.0%　　　　　*21년 1회

③ 약 62.4%　　　　　④ 약 75.0%

정답 ①

② 당질원료와 당화법

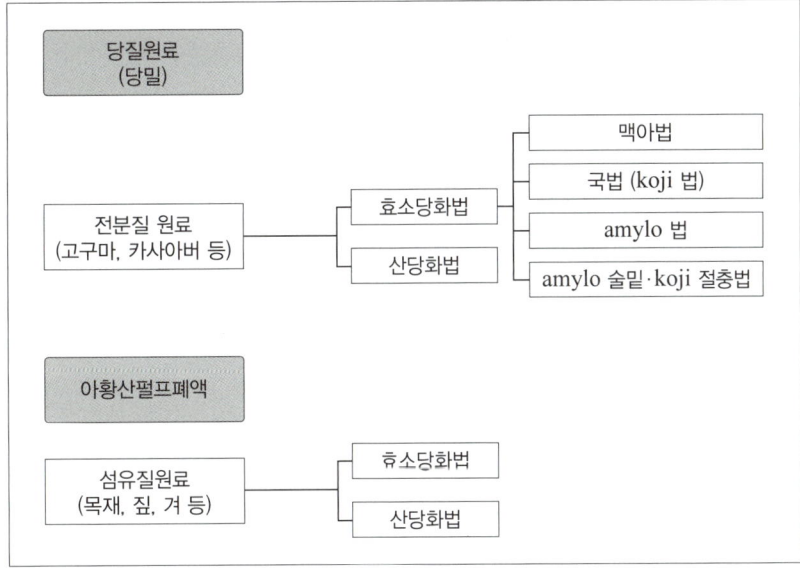

(2) 당밀로부터 알콜 발효

- 당밀은 설탕 제조 부산물로서 당화공정이 필요없음
- 당밀 증자 → 살균 → 주모 → 발효 → 증류

① 생산균: *Saccharomyces formosensis, S. robustus*

② 발효

　㉠ 밀폐식 발효(회분식 발효)

　　• 제한된 기질로 1회 발효

　　• 30~35℃, 48시간

- 잡균오염이 적고, 품온조절 용이, 휘발 적음
- 수율증가, 운전비용이 개방식보다 고가

ⓒ 특수 발효
- Melle-Boinot법(Reuse 연속법): 증류 전 술덧에서 효모를 회수하여 다음 발효에 사용
- Hildebrandt-Erb법(Two stage 법): 증류 폐액(상당량의 비발효성 당 함유)을 가수분해하여 효모증식에 이용
- 고농도 술덧 발효법: 최근 연구가 많이 됨. 시설비, 운전경비 감소, 관리 용이
- 연속발효법: 4~8개의 발효조를 직렬로 연결하여 고농도의 주정 발효

(3) 전분질로부터 알콜 발효
- 원료 증자 → 살균 → 당화 → 주모 → 발효 → 증류

[당화법]

전분 등을 원료로 하여 맥아, 곰팡이, 효소, 산을 이용하여 당화

① 고체국법(koji법)
ⓐ 고체상의 코오지를 효소제로 사용
ⓑ 밀기울과 왕겨를 6:4로 혼합한 것에 국균(*Aspergillus oryzae*)을 증식시켜 국 제조
ⓒ 오염이 잘 일어남, 발효 능력은 우수

② 액체국법
ⓐ 액체상의 코오지를 효소제로 사용
ⓑ 액체배지에 국균(*A. awamori, A. niger*)을 증식시켜 국 제조
ⓒ 밀폐된 배양조에서 배양하므로 오염 감소, 발효 능력은 다소 떨어짐

③ amylo법: *Amylomyces rouxii*(*Mucor rouxii*)를 이용하여 당화와 알콜 발효를 동시 시도 이후 효모를 첨가하는 방법으로 개량
ⓐ 장점
- 코지를 만드는 시간과 노력이 전혀 필요 없음
- 밀폐발효로 효율이 높음
- 다량의 담금이라도 소량의 종균으로 가능
- 잡균의 오염이 없음
ⓑ 단점
- 곰팡이를 이용하므로 점도가 높아 감소를 위해 희석
- 당화가 긺

④ amylo 술밑·koji 절충법
ⓐ 주모 제조를 위해서는 amylo법, 발효를 위해서는 국법으로 전분질 원료를 당화
ⓑ 주모 배양시 잡균오염 감소, 발효속도 양호, 알코올 농도 증가
ⓒ 큰 규모 대량 생산에 적합

⑤ 맥아법

◎ 기출로 확인

01 알코올 발효에 있어서 전분증자액에 균을 배양하여 당화와 알코올 발효가 동시에 일어나게 하는 방법은? *18년 3회

① 애국코지법　　　　② 아밀로법
③ 밀기울 코지법　　　④ 당밀의 발효

02 전분질 원료에서의 주정 제조 과정은? *20년 4회

① 증자 → 당화 → 발효 → 증류
② 당화 → 증자 → 발효 → 증류
③ 당화 → 증자 → 증류 → 발효
④ 증자 → 당화 → 증류 → 발효

　　　　　　　　　　정답　01 ②　02 ①

(4) 증류

① 알코올과 물을 분리하여 95% 알코올 분으로 농축

② 공비혼합물(azeotrope)

- 공비: 2개의 액체상 성분으로 이루어진 용액이 끓을 때 기체상과 액체상이 동일한 성분비가 되는 현상
- 물과 알코올의 혼합액(술덧)을 비등(가열)과 응축(냉각)을 계속하면 알코올 농도가 점점 높아져 결국 공비점에 도달함
- 공비혼합물은 보통 증류로는 그 성분을 분리할 수 없으므로, 압력을 변화시키는 방법, 휘발성 또는 비휘발성인 제3의 성분을 첨가하는 방법(공비증류) 방법 등으로 증류·분리시킴
- 순수한 물은 100℃, 순수한 알코올은 78.4℃에서 끓음
- 알코올과 물은 97.2%(v/v) [95.57%(w/w)]의 성분비일 때 공비혼합물이 되고, 공비점은 78.15℃이며, 더 이상 가열해도 발생하는 증기 중의 알코올 농도는 높아지지 않음
- 99% 농도의 알코올을 끓이면 발생 증기의 농도는 오히려 낮아짐

◎ 기출로 확인

알코올 증류에서 공비점(K점)에 대한 설명으로 틀린 것은? *21년 2회

① 알코올 농도는 97.2%이다.
② 99% 알코올을 비등 냉각하면 알코올 농도는 더욱 높아진다.
③ 97.2%의 알코올 용액을 비등 냉각해도 알코올 농도는 불변이다.
④ 공비점의 혼합물을 공비혼합물이라 한다.

　　　　　　　　　　정답　②

참고

아미노산 생산방식

· 발효법: 미생물을 이용하여 특정 아미노산을 생산하는 방법
· 화학적합성법: 탄화수소를 원료로 하여 합성하는 방법
· 효소법: 전구물질을 기질로 하여 효소반응을 통해 아미노산을 얻는 방법
· 분해추출법: 천연단백질을 가수분해하여 아미노산을 얻는 방법

3 아미노산 발효

아미노산 생산방식에는 발효법, 화학적 합성법, 효소법, 분해추출법이 있으며, 미생물을 이용한 방법에는 주로 효소법을 포함하는 발효법 사용

(1) 발효방법

① **직접 발효법**

㉠ 야생균주 이용

· 특정아미노산을 배지 중에 다량 생산, 축적하는 방법
· glutamic acid

㉡ 영양 요구성 변이주 이용

· 야생균주에 자외선, NTG(nitrosoguanidin)등 변이 유발제 처리로 영양 요구성 변이주를 만드는 방법
· Lysine, valine, alanine

㉢ 아날로그 내성 변이주 이용: 미생물의 발육을 억제하여 tryptophan, lysine을 생성, 축적

② **전구물질을 미생물로 변환**

㉠ 전구물질 또는 화합물을 배지 중에 첨가해서 미생물을 배양하여 전환

㉡ Glycine → Serine

③ **효소법에 의해 전환**: 효소반응에 의해 아미노산을 만드는 방법

㉠ Fumaric acid $\xrightarrow{\text{Aspartase}}$ Aspartic acid

㉡ Aspartic acid, lysine, cysteine, phenylalanine

◎기출로 확인

미생물 직접발효법으로 생산하는 아미노산이 아닌 것은? *17년 3회
① L-cystine　　　　　　　　② L-glutamic acid
③ L-valine　　　　　　　　④ L-tryptophan

정답 ①

(2) Glutamic acid 발효

① 생산균주: *Corynebacterium glutamicum, Brevibacterium lactofermentum, B. Flavum, Microbacterium ammoniaphilum* 등

② 합성경로: Glucose 또는 초산, n-dodecane으로부터 합성

③ 배양 조건

㉠ 탄소원

· 포도당, 설탕, 과당, 맥아당 등, 공업적으로 당밀, 전분 당화액 사용
· biotin의 함량이 많기 때문에 페니실린/계면활성제 첨가

㉡ 질소원

· 아미노기 공급이 중요
· 암모늄염과 요소가 사용

ⓒ 무기염

ⓔ 생육인자

• Biotin: glutamic acid의 세포막 투과성과 관련 / 양이 많으면 생산성 감소, 적으면 축적이 안 됨

• 당농도 10%일 때, 2~5㎍/L가 적당

ⓜ pH 7~8(산성이나 알칼리에서 생육 감소)

ⓗ 통기와 교반: 호기적 조건에서 발효, 통기가 중요

ⓢ 발효온도: 30~35℃

🔍 기출로 확인

Glutamic acid 발효에서 penicillin을 첨가하는 주된 목적 및 이유는? *21년 2회

① 세포벽의 안정화 및 잡균의 오염 방지

② 원료당의 흡수 증가

③ 당으로부터 glutamic acid 생합성 경로에 있는 효소반응 촉진

④ 균체 내에 생합성된 glutamic acid의 균체 밖으로의 이동을 위한 막투과성 증가

정답 ④

참고

Glutamic acid 발효시 penicillin의 역할

• Glutamic acid는 biotin 과잉 배지에서 균체 외로의 분비 능력, 세포막의 투과성이 저하되므로 체내 합성된 glutamic acid가 체내에 과잉으로 축적됨

• Penicillin을 첨가하면 세포막의 투과성이 높아져 glutamic acid의 세포 외 분비가 촉진

(3) Lysine 발효

*Corynebacterium glutamicum, Brevibacterium flavum*의 homoserine 요구성변이주

① Lysine, threonine 공존에 의해 저해되는 Concerted feedback inhibition에 의해 aspartokinase에 의해 작용

② Biotin이 충분히 존재하고 homoserine 첨가에 의해 lysine 생성·축적

🔍 기출로 확인

영양 요구성 변이 주로 lysine 직접 발효시 첨가물질은? *21년 3회

① tryptophan   ② phenylalanine

③ homoserine   ④ asparagine

정답 ③

4 핵산 발효

(1) nucleotide의 화학적 구조와 정미성

핵산은 염기 + 당 + 인산의 polynucleotide

① 정미성을 갖기 위한 화학구조

• 고분자 nucleotide, nucleoside 및 염기 중에서 mononucleotide만 정미성이 우수

• 염기가 purine 계의 것만이 정미성이 있음

• Purine 환의 6′위치에 OH기가 있어야 함

- Ribose와 deoxyribose 둘 다 정미성 있음
- Ribose의 5′위치에 인산기가 있어야 함

$$
X
\begin{cases}
H: 5′ - IMP \\
NH_2: 5′ - GMP \\
OH: 5′ - XMP
\end{cases}
$$

② 우수한 정미성물질

- 맛의 세기: GMP > IMP > XMP
- 이들은 단독 사용보다는 MSG와 혼합사용시 맛의 상승효과가 있음

◎기출로 확인

핵산 관련 물질이 정미성을 갖추기 위해서 필요한 구조와 관련된 설명으로 틀린 것은? *20년 3회

① Purine환의 6위치에 OH기가 있어야 한다.
② Ribose의 5′ 위치에 인산기가 있어야 한다.
③ Nucleotide의 당은 ribose에만 정미성이 있다.
④ 고분자 nucleotide, nucleoside 및 염기 중에서 mononucleotide에만 정미성이 있는 것이 존재한다.

정답 ③

RNA 원료로서 효모를 사용하는 이유

- RNA 함량이 비교적 높음
- DNA가 RNA에 비하여 적음
- 균체의 분리회수가 용이함
- 아황산펄프액, 당밀, 석유계물질 등 값싼 탄소원을 이용할 수 있음

(2) 정미성 nucleotide의 제조

① 천연생산: 어류(전갱이등), 통조림폐액, 멸치, 오징어 등
② 합성생산
  ㉠ 효모 RNA 분해법: RNA를 5′phosphodiesterase나 화학적으로 분해하는 방법
  ㉡ 발효와 합성의 결합법: purine nucleotide 합성의 중간체를 배양액 중에 축적시킨 다음 화학적으로 인산화하여 nucleotide를 합성하는 방법
  ㉢ de novo방법: 생화학적 변이주를 이용하여 당으로부터 직접 nucleotide를 생산하는 방법

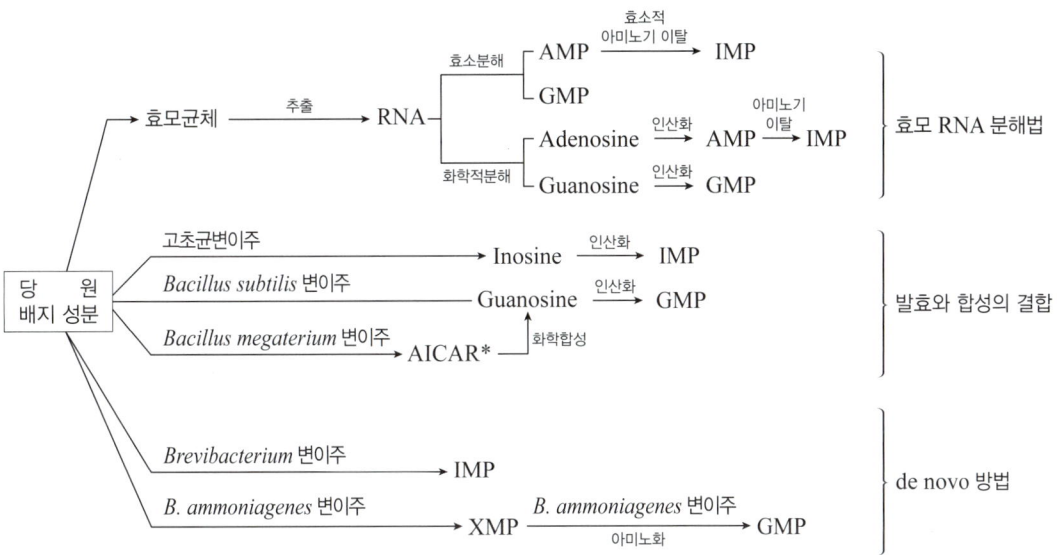

*AICAR 5 − amino − 4 − imidazole carboxyamide ribotide

5 효소 생산

(1) 효소생산 미생물

효소	미생물
α-Amylase	*Bacillus subtilis*
β-Amylase	*Bacillus polymyxa, B. cereus, B. megaterium*
Glucoamylase	*Aspergillus niger Rhizopus delemar*
Invertase	*Saccharomyces cerevisiae*
Naringinase	*A. niger, A. oryzae*
Protease	*A. niger B. subtilis*

(2) 효소 생산방법

① α-amylase

  ㉠ 전분의 α-1,4 glycoside 결합을 분해(endo)하나 α-1,6결합에는 작용하지 않음

  ㉡ 포도당, 엿당, 덱스트린 등 생성 → 전분의 점도 감소

  ㉢ 세균 amylase: *Bacillus subtilis*

  ㉣ 곰팡이 amylase: *Aspergillus oryzae*

        A. niger(내산성amylase, pH 2.0)

② β-amylase

  ㉠ 전분의 α-1,4결합을 분해하여 비환원성 말단으로부터 maltose를 생성

  ㉡ 환원당 증가

  ㉢ *Bacillus polymyxa, B. cereus, B. megaterium*

③ Glucoamylase

    ㉠ 전분의 비환원성 말단에서 포도당 단위로 α-1,4결합을 차례로 분해, α-1,6 도 분해

    ㉡ *A. niger*, *A. oryzae*, *A. awamori*, *Rhizopus delemar*

④ Protease

    ㉠ 곰팡이 단백질분해효소

      • 산성, 중성, 알칼리성으로 분류

      • *Aspergillus oryzae*: 배지의 pH에 따라 3종을 모두 생성, 쌀 Koji에서는 산성 protease, 밀기울 Koji 또는 콩 Koji에서는 중성 및 알칼리성 protease

      • *A. niger, saitoi, awamori*는 내산성의 산성 protease 생성

    ㉡ 세균 단백질분해효소: *Bacillus subtilis*에서 생성되는 protease를 "subtilisin"이라 함(중성과 알카리성)

    ㉢ 방선균 단백질분해효소: *Streptomyces griseus*: 최적 pH 7~8, Ca에 안정, 소염작용

⑤ Invertase(β-fructofuranosidase)

    ㉠ Sucrose를 glucose + fructose로 가수분해하는 효소

    ㉡ Fructose 측면에서 절단하는 β-fructosidase(*Saccharomyces cerevisiae*) Glucose 측면에서 절단하는 α-glycosidase

      ※ 식품공업에서는 전자의 명칭을 사용

    ㉢ 전화당(invert sugar)은 설탕보다 용해도가 높고 당의 결정 석출을 방지하며 식품의 수분을 유지

    ㉣ Fructose syrup은 식품에서 설탕의 결정화를 방지하기 때문에 가당 탄산음료, 캔디, 캔 식품 등에 광범위하게 사용

    ㉤ Invertase의 활성 측정: 효소액과 acetate buffer(pH 5.0), sucrose 용액을 혼합한 반응액을 55℃ water bath에서 10분간 반응시킨 후 생성된 환원당을 DNS법으로 정량

(3) 효소의 고정화 방법

효소는 물에 용해된 상태에서는 불안정하여 쉽게 실활되므로, 효소의 활성을 유지하면서 물에 녹지 않는 담체에 효소를 물리, 화학적 방법으로 부착시켜 고체촉매화(불용화)한 고정화 효소를 이용

① 담체결합법

    ㉠ 물에 불용성인 담체에 효소를 결합하는 방법

    ㉡ 공유결합, 이온결합, 물리적 흡착

② 가교법: 효소를 두 가지 이상의 관능기를 가진 시약과 반응하여 가교하는 방법

③ 포괄법

    ㉠ 효소를 겔의 미세한 격자 속에 포괄하거나 반투과성 고분자 피막으로 둘러싸는 방법

    ㉡ 격자형, 마이크로캡슐형

6 항생물질 생산

[주요 항생물질의 분류]

① β-lactam계: Penicillins, Cephalosporins

② Amino-glycoside: Streptomycine, Kanamycine, gentamycine, neomycine

③ Chloramphenicol

④ Tetracycline

⑤ Macrolide

⑥ Peptide 항생물질

7 생리활성물질 생산

[활성물질 별 생산균주]

① Vitamin B_2 - *Eremothecium ashbyii, Ashbya gossypii, Candida* 속, *Pichia* 속 효모

② Vitamin C(Ascorbic acid)- *Acetobacter suboxydans, Gluconobacter roseus*

③ Isovitamin C - *Pseudomonas fluorescenes, Serratia marcescens*

④ Carotenoid - *Blakeslea trispora*(가장 생성능이 강함), *Neurospora sitophila, Choanephora* 속

⑤ Vitamin B_{12} - *Pseudomonas denitrificans*, *Propionibacterium freudenreichii, Streptomyces olivaceus, Nocardia rugosa*(코발트를 넣어주면 생성 증진)

⑥ Ergosterol - *Saccharomyces cerevisiae*

⑦ Cortisone - *Rhizopus nigricans*

⑧ Dextran - *Leuconostoc mesenteroides, L. dextranium*

🔍 기출로 확인

01 다음 중 비타민 B_2 생산능이 우수한 미생물은? *20년 3회

① *Saccharomyces cerevisiae*
② *Eremothecium ashbyii*
③ *Acetobacter aceti*
④ *Clostridium botulinum*

02 설탕을 기질로 하여 덱스트란(dextran)을 공업적으로 생성하는 젖산균은?

① *Pediococcus lindneri*　　　　　　　　*20년 3회
② *Streptococcus cremoris*
③ *Lactobacillus bulgaricus*
④ *Leuconostoc mesenteroides*

정답 01 ② 02 ④

8 균체 생산

1. 식사료 미생물

(1) 미생물 단백질(Single cell protein, SCP)

① 장점
　　㉠ 성장속도가 빠름
　　㉡ 생산효율이 높음
　　㉢ 공업적 생산에 따른 입지 절약
　　㉣ 기후조건에 영향 받지 않음

② 조건
　　㉠ 경제성
　　㉡ 원료에 따라 적당한 균주선정
　　㉢ 배지조성, 배양장치, 배양방법 및 회수공정 등 확립
　　㉣ 안전성 확보

(2) 종류

균주	탄소원	비고
Candida utilis(*Torulopsis utilis*)	펄프폐액 · 목재당화액 · 당밀	
Rhodotorula gracilis	당액	유지효모
Lipomyces sp.	당액	유지효모
C. tropicalis	탄화수소, 펄프폐액	펄프폐액
C. lipolytica	탄화수소	
Agaricus campestris	당액	
Chlorella pyrenoidosa	CO_2, 태양에너지	
Chlorella vulgaris	CO_2, 태양에너지	
Spirillum	CO_2, 태양에너지	

◎ 기출로 확인

01 탄화수소에서의 균체 생산과 관련이 없는 균주는? *21년 3회
　① *Candida* 속　　　　　② *Torulopsis* 속
　③ *Pseudomonas* 속　　④ *Chlorella* 속

02 다음 중 석유계 탄화수소를 기질로 하여 균체를 생산하기에 가장 적합한 효모는?
　① *Pseudomonas aeruginosa* 　　　　　　　　*20년 3회
　② *Candida tropicalis*
　③ *Saccharomyces cerevisiae*
　④ *Saccharomyces carlsbergensis*

　　　　　　　　　　　　　　　　　　　　정답 01 ④　02 ②

2. 빵효모 생산

(1) 종효모

Saccharomyces cerevisiae

(2) 특징

① 발효력이 강하여 밀가루 반죽의 팽창력이 우수

② 생화학적 성질이 일정

③ 물에 잘 분산

④ 자가소화에 대한 내성 및 보존성이 우수

⑤ 장기간에 걸쳐 외관이 손상되지 않음

⑥ 당밀배지에서 증식속도가 빠르고 수득률이 높음

◎ 기출로 확인

빵효모의 균체 생산 배양관리 인자가 아닌 것은? *18년 1회

① 온도　　　　　　　　② pH

③ 당농도　　　　　　　④ 혐기조건

정답 ④

9 미생물의 특수한 이용

[폐·하수의 생물학적 처리법]

(1) 호기적 처리

① 활성오니법(활성슬러지법), 살수여상법, 산화지법, 회전원판법

② 활성오니법

　㉠ 활성오니를 만들어 호기적으로 하수를 처리하는 방법

　㉡ 처리수를 폭기소로 유입시켜 미생물이 유기물을 섭취 분해하도록 하고 성장된 미생물은 응결(floc)되어 2차(종말) 침전지에 침전시키는 방법

　㉢ 종말 침전지에 친전된 슬러지의 일부는 폭기조로 반송되고 나머지 일부는 폐슬러지가 되며 종말 침전지를 거친 유출수는 비교적 깨끗하게 되어 방류

　㉣ 폭기조 내의 용존산소가 많은 상태로 운전

(2) 처리 절차

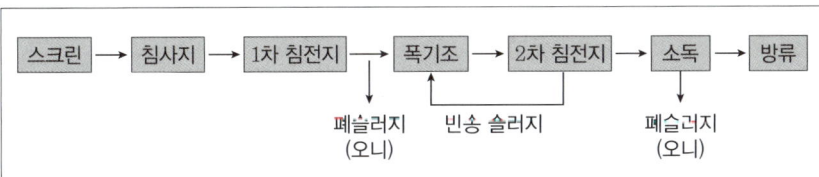

- 1차 처리(물리적 처리 = 예비처리): 스크린~1차 침전지
- 2차 처리(본처리): 폭기조~2차 침전지

(3) 혐기성 처리

① 유기물질의 농도가 높아 산소공급이 어려워 호기성 처리가 곤란할 때 이용되는 방법

② 방법: 혐기성 소화(메탄발효법), 부패조, 임호프탱크 등

③ **메탄발효법(혐기성 소화)**: 유기물 농도가 높은 폐·하수를 혐기성 분해시킬 때 알칼리 발효기에서 메탄균이 메탄과 이산화탄소 등을 생성

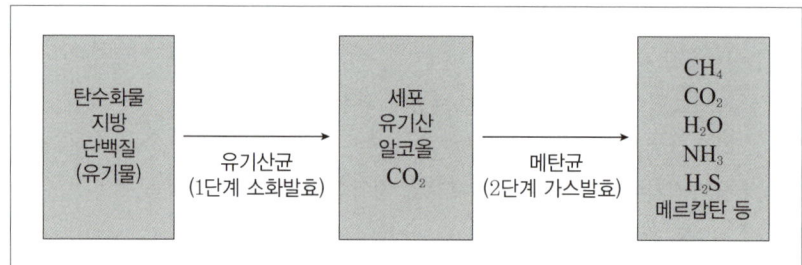

⊙ **기출로 확인**

산업폐수의 처리방법 중 호기적 처리법인 것은? *19년 3회

① 가스발효법
② 산발효법
③ 소화발효법
④ 활성오니법

정답 ④

Chapter 07 식품위생관리 법규

1 식품위생법

시행령 제16조(식품위생감시원의 자격 및 임명)

② 법 제32조제1항에 따른 식품위생감시원은 식품의약품안전처장(지방식품의약품안전청장을 포함한다), 시·도지사 또는 시장·군수·구청장이 다음 각 호의 어느 하나에 해당하는 소속 공무원 중에서 임명한다.

1. 위생사, 식품제조기사(식품기술사·식품기사(식품안전기사)·식품산업기사·수산제조기술사·수산제조기사 및 수산제조산업기사) 또는 영양사
2. 「고등교육법」 제2조제1호 및 제4호에 따른 대학 또는 전문대학에서 의학·한의학·약학·한약학·수의학·축산학·축산가공학·수산제조학·농산제조학·농화학·화학·화학공학·식품가공학·식품화학·식품제조학·식품공학·식품과학·식품영양학·위생학·발효공학·미생물학·조리학·생물학 분야의 학과 또는 학부를 졸업한 자 또는 이와 같은 수준 이상의 자격이 있는 자
3. 외국에서 위생사 또는 식품제조기사의 면허를 받은 자나 제2호와 같은 과정을 졸업한 자로서 식품의약품안전처장이 적당하다고 인정하는 자
4. 1년 이상 식품위생행정에 관한 사무에 종사한 경험이 있는 자

시행령 제17조(식품위생감시원의 직무)

1. 식품등의 위생적인 취급에 관한 기준의 이행 지도
2. 수입·판매 또는 사용 등이 금지된 식품등의 취급 여부에 관한 단속
3. 「식품 등의 표시·광고에 관한 법률」의 규정에 따른 표시 또는 광고기준의 위반 여부에 관한 단속
4. 출입·검사 및 검사에 필요한 식품등의 수거
5. 시설기준의 적합 여부의 확인·검사
6. 영업자 및 종업원의 건강진단 및 위생교육의 이행 여부의 확인·지도
7. 조리사 및 영양사의 법령 준수사항 이행 여부의 확인·지도
8. 행정처분이 이행 여부 확인
9. 식품등의 압류·폐기 등
10. 영업소의 폐쇄를 위한 간판 제거 등의 조치
11. 그 밖에 영업자의 법령 이행 여부에 관한 확인·지도

◎ 기출로 확인

식품위생감시원의 직무가 아닌 것은? *16년 3회

① 행정처분의 이행 여부 확인
② 식품 등의 신고의 수리 및 검사 시행
③ 식품 등의 압류·폐기
④ 시설기준의 적합 여부의 확인 검사

 정답 ②

선생님 TIP

- 식품위생과 관련된 법규는 광범위하므로, 시험에 주로 출제된 부분과 중요한 부분을 다루었다.
- 내용을 모두 외우기는 어려우므로 여러번 정독하는 것을 추천한다.

시행규칙 제2조(식품등의 위생적인 취급에 관한 기준)

1. 식품 또는 식품첨가물을 제조·가공·사용·조리·저장·소분·운반 또는 진열할 때에는 이물이 혼입되거나 병원성 미생물 등으로 오염되지 않도록 위생적으로 취급해야 한다.
2. 식품등을 취급하는 원료보관실·제조가공실·조리실·포장실 등의 내부는 항상 청결하게 관리하여야 한다.
3. 식품등의 원료 및 제품 중 부패·변질이 되기 쉬운 것은 냉동·냉장시설에 보관·관리하여야 한다.
4. 식품등의 보관·운반·진열시에는 식품등의 기준 및 규격이 정하고 있는 보존 및 유통기준에 적합하도록 관리하여야 하고, 이 경우 냉동·냉장시설 및 운반시설은 항상 정상적으로 작동시켜야 한다.
5. 식품등의 제조·가공·조리 또는 포장에 직접 종사하는 사람은 위생모 및 마스크를 착용하는 등 개인위생관리를 철저히 하여야 한다.
6. 제조·가공(수입품을 포함한다)하여 최소판매 단위로 포장(위생상 위해가 발생할 우려가 없도록 포장되고, 제품의 용기·포장에 「식품 등의 표시·광고에 관한 법률」 제4조제1항에 적합한 표시가 되어 있는 것을 말한다)된 식품 또는 식품첨가물을 허가를 받지 아니하거나 신고를 하지 아니하고 판매의 목적으로 포장을 뜯어 분할하여 판매하여서는 아니 된다. 다만, 컵라면, 일회용 다류, 그 밖의 음식류에 뜨거운 물을 부어주거나, 호빵 등을 따뜻하게 데워 판매하기 위하여 분할하는 경우는 제외한다.
7. 식품등의 제조·가공·조리에 직접 사용되는 기계·기구 및 음식기는 사용 후에 세척·살균하는 등 항상 청결하게 유지·관리하여야 하며, 어류·육류·채소류를 취급하는 칼·도마는 각각 구분하여 사용하여야 한다.
8. 소비기한이 경과된 식품 등을 판매하거나 판매의 목적으로 진열·보관하여서는 아니 된다.

◎기출로 확인

식품 등의 위생적인 취급에 관한 기준이 틀린 것은? *18년 1회

① 부패·변질되기 쉬운 원료는 냉동·냉장시설에 보관하여야 한다.
② 제조·가공·조리 또는 포장에 직접 종사하는 사람은 위생모를 착용하여야 한다.
③ 최소 판매 단위로 포장된 식품이라도 소비자 수요에 따라 탄력적으로 분할하여 판매할 수 있다.
④ 식품 등의 제조·가공·조리에 직접 사용되는 기계·기구는 사용 후에 세척·살균하여야 한다.

정답 ③

시행규칙 제31조(자가품질검사)

① 자가품질검사는 「자가품질검사기준」에 따라 하여야 한다.
④ 자가품질검사에 관한 기록서는 2년간 보관하여야 한다.

「자가품질검사기준」

1. 식품등에 대한 자가품질검사는 판매를 목적으로 제조·가공하는 품목별로 실시하여야 한다. 다만, 식품공전에서 정한 동일한 검사항목을 적용받은 품목을 제조·가공하는 경우에는 식품유형별로 이를 실시할 수 있다.
2. 기구 및 용기·포장의 경우 동일한 재질의 제품으로 크기나 형태가 다를 경우에는 재질별로 자가품질검사를 실시할 수 있다.
3. 자가품질검사주기는 처음으로 제품을 제조한 날을 기준으로 산정한다. 다만, 「수입식품안전관리 특별법」 제18조제2항에 따른 주문자상표부착식품등과 식품제조·가공업자가 자신의 제품을 만들기 위하여 수입한 반가공 원료식품 및 용기·포장은 「관세법」 제248조에 따라 관할 세관장이 신고필증을 발급한 날을 기준으로 산정한다.
4. 자가품질검사는 식품의약품안전처장이 정하여 고시하는 식품유형별 검사항목을 검사한다. 다만, 식품제조·가공 과정 중 특정 식품첨가물을 사용하지 아니한 경우에는 그 항목의 검사를 생략할 수 있다.
5. 영업자가 다른 영업자에게 식품등을 제조하게 하는 경우에는 식품등을 제조하게 하는 자 또는 직접 그 식품등을 제조하는 자가 자가품질검사를 실시하여야 한다.

기출로 확인

자가품질검사 기준에서 자가품질검사 주기의 적용 시점은? *17년 1회

① 제품 제조일을 기준으로 산정한다.
② 유통기한 만료일을 기준으로 산정한다.
③ 판매 개시일을 기준으로 산정한다.
④ 품질유지 기한 만료일을 기준으로 산정한다.

정답 ①

시행규칙 제50조(영업에 종사하지 못하는 질병의 종류)

1. 결핵(비감염성인 경우는 제외)
2. 「감염병의 예방 및 관리에 관한 법률 시행규칙」 제33조제1항 각 호의 어느 하나에 해당하는 감염병
   1) 콜레라
   2) 장티푸스
   3) 파라티푸스
   4) 세균성이질
   5) 장출혈성대장균감염증
   6) A형간염
3. 피부병 또는 그 밖의 고름형성(화농성) 질환
4. 후천성면역결핍증(「감염병의 예방 및 관리에 관한 법률」 제19조에 따라 성매개감염병에 관한 건강진단을 받아야 하는 영업에 종사하는 사람만 해당)

[식품위생 분야 종사자의 건강진단 규칙]

대상	건강진단 항목	횟수
식품 또는 식품첨가물(화학적 합성품 또는 기구 등의 살균·소독제는 제외한다)을 채취·제조·가공·조리·저장·운반 또는 판매하는 데 직접 종사하는 사람. 다만, 영업자 또는 종업원 중 완전 포장된 식품 또는 식품첨가물을 운반하거나 판매하는 데 종사하는 사람은 제외한다.	1. 장티푸스 2. 파라티푸스 3. 폐결핵	매년 1회 (유효기간은 1년으로 하며, 직전 건강진단의 유효기간이 만료되는 날의 다음 날부터 기산한다. 건강진단의 유효기간 만료일 전후 각각 30일 이내에 실시해야 한다.)

선생님 TIP

「축산물 위생관리법」은 2025년 출제기준에 새롭게 추가되었으므로, 기본적인 내용은 숙지해두자.

2 축산물 위생관리법

축산물 위생관리법

제1조(목적)

이 법은 축산물의 위생적인 관리와 그 품질의 향상을 도모하기 위하여 가축의 사육·도살·처리와 축산물의 가공·유통 및 검사에 필요한 사항을 정함으로써 축산업의 건전한 발전과 공중위생의 향상에 이바지함을 목적으로 한다.

제2조(정의)

1. "가축"이란 소, 말, 양(염소 등 산양을 포함한다. 이하 같다), 돼지(사육하는 멧돼지를 포함한다. 이하 같다), 닭, 오리, 그 밖에 식용(食用)을 목적으로 하는 동물로서 대통령령으로 정하는 동물을 말한다.
2. "축산물"이란 식육·포장육·원유(原乳)·식용란(食用卵)·식육가공품·유가공품·알가공품을 말한다.
3. "식육(食肉)"이란 식용을 목적으로 하는 가축의 지육(枝肉), 정육(精肉), 내장, 그 밖의 부분을 말한다.
4. "포장육"이란 판매(불특정다수인에게 무료로 제공하는 경우를 포함한다. 이하 같다)를 목적으로 식육을 절단[세절(細切) 또는 분쇄(粉碎)를 포함한다]하여 포장한 상태로 냉장하거나 냉동한 것으로서 화학적 합성품 등의 첨가물이나 다른 식품을 첨가하지 아니한 것을 말한다.
5. "원유"란 판매 또는 판매를 위한 처리·가공을 목적으로 하는 착유(搾乳) 상태의 우유와 양유(羊乳)를 말한다.
6. "식용란"이란 식용을 목적으로 하는 가축의 알로서 총리령으로 정하는 것(닭·오리 및 메추리의 알)을 말한다.
7. "집유(集乳)"란 원유를 수집, 여과, 냉각 또는 저장하는 것을 말한다.
8. "식육가공품"이란 판매를 목적으로 하는 햄류, 소시지류, 베이컨류, 건조저장육류, 양념육류, 그 밖에 식육을 원료로 하여 가공한 것으로서 대통령령으로 정하는 것을 말한다.
9. "유가공품"이란 판매를 목적으로 하는 우유류, 저지방우유류, 분유류, 조제유류(調製乳類), 발효유류, 버터류, 치즈류, 그 밖에 원유 등을 원료로 하여 가공한 것으로서 대통령령으로 정하는 것을 말한다.
10. "알가공품"이란 판매를 목적으로 하는 난황액(卵黃液), 난백액(卵白液), 전란분(全卵粉), 그 밖에 알을 원료로 하여 가공한 것으로서 대통령령으로 정하는 것을 말한다.
11. "작업장"이란 도축장, 집유장, 축산물가공장, 식용란선별포장장, 식육포장처리장 또는 축산물보관장을 말한다.
12. "기립불능(起立不能)"이란 일어서거나 걷지 못하는 증상을 말한다.

13. "축산물가공품이력추적관리"란 축산물가공품(식육가공품, 유가공품 및 알가공품을 말한다. 이하 같다)을 가공단계부터 판매단계까지 단계별로 정보를 기록·관리하여 그 축산물가공품의 안전성 등에 문제가 발생할 경우 그 축산물가공품의 이력을 추적하여 원인을 규명하고 필요한 조치를 할 수 있도록 관리하는 것을 말한다.

제9조(안전관리인증기준)

① 식품의약품안전처장은 가축의 사육부터 축산물의 원료관리·처리·가공·포장·유통 및 판매까지의 모든 과정에서 인체에 위해(危害)를 끼치는 물질이 축산물에 혼입되거나 그 물질로부터 축산물이 오염되는 것을 방지하기 위하여 총리령으로 정하는 바에 따라 각 과정별로 안전관리인증기준(이하 "안전관리인증기준"이라 한다) 및 그 적용에 관한 사항을 정하여 고시한다.
② 제21조제1항제1호에 따른 도축업의 영업자와 같은 항 제2호에 따른 집유업의 영업자는 안전관리인증기준에 따라 해당 작업장에 적용할 자체안전관리인증기준(이하 "자체안전관리인증기준"이라 한다)을 작성·운용하여야 한다. 다만, 총리령으로 정하는 섬 지역에 있는 영업자인 경우에는 그러하지 아니하다.
③ 제21조제1항제3호에 따른 축산물가공업의 영업자 중 총리령으로 정하는 영업자(매출액이 1억원 이상, 유가공업, 알가공업 영업자), 같은 항 제3호의2에 따른 식용란선별포장업의 영업자 및 같은 항 제4호에 따른 식육포장처리업의 영업자는 제1항에 따라 식품의약품안전처장이 고시한 안전관리인증기준을 지켜야 한다.

3 식품의 기준 및 규격

제1. 총칙

1. 일반원칙

2) 이 고시에서는 가공식품에 대하여 다음과 같이 식품군(대분류), 식품종(중분류), 식품유형(소분류)으로 분류한다.
식품군: '제5. 식품별 기준 및 규격'에서 대분류하고 있는 음료류, 조미식품 등을 말한다.
식품종: 식품군에서 분류하고 있는 다류, 과일·채소류음료, 식초, 햄류 등을 말한다.
식품유형: 식품종에서 분류하고 있는 농축과·채즙, 과·채주스, 발효식초, 희석초산 등을 말한다.

5) 이 고시에서 기준 및 규격이 정하여지지 아니한 것은 잠정적으로 식품의약품안전처장이 해당 물질에 대한 국제식품규격위원회(Codex Alimentarius Commission, CAC)규정 또는 주요외국의 기준·규격과 일일섭취허용량(Acceptable Daily Intake, ADI), 해당 식품의 섭취량 등 해당물질별 관련 자료를 종합적으로 검토하여 적·부를 판정할 수 있다.

6) 이 고시의 '제5. 식품별 기준 및 규격'에서 따로 정하여진 시험방법이 없는 경우에는 '제8. 일반시험법'의 해당 시험방법에 따르고, 이 고시에서 기준·규격이 정하여지지 아니하였거나 기준·규격이 정하여져 있어도 시험방법이 수재되어 있지 아니한 경우에는 식품의약품안전처장이 인정한 시험방법, 국제식품규격위원회(Codex Alimentarius Commission, CAC) 규정, 국제분석학회(Association of Official Analytical Chemists, AOAC), 국제표준화기구(International Standard Organization, ISO), 농약분석메뉴얼(Pesticide Analytical Manual, PAM) 등의 시험방법에 따라 시험할 수 있다. 만약, 상기 시험방법에도 없는 경우에는 다른 법령에 정해져 있는 시험방법, 국제적으로 통용되는 공인시험방법에 따라 시험할 수 있으며 그 시험방법을 제시하여야 한다.

8) 표준온도는 20℃, 상온은 15~25℃, 실온은 1~35℃, 미온은 30~40℃로 한다.

13) 이 고시에서 정하여진 시험은 별도의 규정이 없는 경우 다음의 원칙을 따른다.

　(2) 따로 규정이 없는 한 찬물은 15℃ 이하, 온탕 60~70℃, 열탕은 약 100℃의 물을 말한다.

　(6) 감압은 따로 규정이 없는 한 15 mmHg 이하로 한다.

　(7) pH를 산성, 알카리성 또는 중성으로 표시한 것은 따로 규정이 없는 한 리트머스지 또는 pH 미터기(유리전극)를 써서 시험한다. 또한, 강산성은 pH 3.0 미만, 약산성은 pH 3.0 이상 5.0 미만, 미산성은 pH 5.0 이상 6.5 미만, 중성은 pH 6.5 이상 7.5 미만, 미알카리성은 pH 7.5 이상 9.0 미만, 약알카리성은 pH 9.0 이상 11.0 미만, 강알카리성은 pH 11.0 이상을 말한다.

3. 용어의 풀이

35) '냉장' 또는 '냉동'이라 함은 이 고시에서 따로 정하여진 것을 제외하고는 냉장은 0~10℃, 냉동은 -18℃ 이하를 말한다.

36) '차고 어두운 곳' 또는 '냉암소'라 함은 따로 규정이 없는 한 0~15℃의 빛이 차단된 장소를 말한다.

제2. 식품일반에 대한 공통기준 및 규격

3. 식품일반의 기준 및 규격

7) 농약 잔류허용기준

　(1) 농·축·수산물의 농약 잔류허용기준 적용

　　② 농산물에 잔류한 농약에 대하여 별도로 잔류허용기준을 정하지 않는 경우 0.01 mg/kg 이하를 적용한다.

8) 동물용의약품의 잔류허용기준

　(1) 식품 중 잔류동물용의약품 기준적용

　　⑤ 축산물의 경우 "소, 돼지, 닭, 우유, 달걀" 및 수산물의 경우 "어류"는 이 고시에 별도로 잔류허용기준이 정해지지 아니한 경우 0.01 mg/kg 이하를 적용한다. 다만, 성장보조제(성장촉진, 체중증가 등의 목적으로 사용하는 성분 등), 스테로이드성 항염증제는 '불검출'을 적용한다.

　　⑥ 상기 ⑤이외의 식용동물 등에 대해 이 고시에 별도로 잔류허용기준이 정해지지 아니한 경우 다음 각 항의 기준을 순차적으로 적용한다.

　　　㉮ CODEX 기준

ⓐ 유사 식용동물의 잔류허용기준 중 해당부위의 최저기준. 즉, 기준이 정하여지지 아니한 포유류 중 반추동물, 포유류 중 비반추동물, 가금류, 어류 및 갑각류는 각각 기준이 정하여진 반추동물, 비반추동물, 가금류, 어류, 갑각류 해당 부위의 기준 중 최저기준

ⓑ 항균제에 대하여 잔류기준을 0.01 mg/kg 이하로 적용

※ 24.1.1.부터 '축수산물 동물용의약품 PLS제도' 본격 시행
  <고시 제2021-54호, 2021.6.29. > [시행일 2024. 1. 1.]

제4. 장기보존식품의 기준 및 규격

1. 통·병조림식품

"통·병조림식품"이라 함은 제조·가공 또는 위생처리된 식품을 12개월을 초과 하여 실온에서 보존 및 유통할 목적으로 식품을 통 또는 병에 넣어 탈기와 밀봉 및 살균 또는 멸균한 것을 말한다.

1) 제조·가공기준

(1) 멸균은 제품의 중심온도가 120℃ 이상에서 4분 이상 열처리하거나 또는 이와 동등이상의 효력이 있는 방법으로 열처리하여야 한다.

(2) pH 4.6을 초과하는 저산성식품(low acid food)은 제품의 내용물, 가공장소, 제조일자를 확인할 수 있는 기호를 표시하고 멸균공정 작업에 대한 기록을 보관하여야 한다.

(3) pH가 4.6 이하인 산성식품은 가열 등의 방법으로 살균처리할 수 있다.

(4) 제품은 저장성을 가질 수 있도록 그 특성에 따라 적절한 방법으로 살균 또는 멸균 처리하여야 하며 내용물의 변색이 방지되고 호열성 세균의 증식이 억제될 수 있도록 적절한 방법으로 냉각하여야 한다.

2) 규격

(1) 성상: 관 또는 병 뚜껑이 팽창 또는 변형되지 아니하고, 내용물은 고유의 색택을 가지고 이미·이취가 없어야 한다.

(2) 주석(mg/kg): 150 이하(알루미늄 캔을 제외한 캔제품에 한하며, 산성 통조림은 200 이하 이어야 한다.)

(3) 세균발육: 음성이어야 한다.

2. 레토르트식품

"레토르트(retort)식품"이라 함은 제조·가공 또는 위생처리된 식품을 12개월을 초과 하여 실온에서 보존 및 유통할 목적으로 단층 플라스틱필름이나 금속박 또는 이를 여러 층으로 접착하여, 파우치와 기타 모양으로 성형한 용기에 제조·가공 또는 조리한 식품을 충전하고 밀봉하여 가열살균 또는 멸균한 것을 말한다.

1) 제조·가공기준

(1) 멸균은 제품의 중심온도가 120℃ 이상에서 4분 이상 열처리하거나 또는 이와 동등이상의 효력이 있는 방법으로 열처리하여야 한다.

(2) pH 4.6을 초과하는 저산성식품(low acid food)은 제품의 내용물, 가공장소, 제조일자를 확인할 수 있는 기호를 표시하고 멸균공정 작업에 대한 기록을 보관하여야 한다.

(3) pH가 4.6 이하인 산성식품은 가열 등의 방법으로 살균처리할 수 있다.

(4) 제품은 저장성을 가질 수 있도록 그 특성에 따라 적절한 방법으로 살균 또는 멸균 처리하여야 하며 내용물의 변색이 방지되고 호열성 세균의 증식이 억제될 수 있도록 적절한 방법으로 냉각시켜야 한다.

(5) 보존료는 일절 사용하여서는 아니 된다.

2) 규격

(1) 성상: 외형이 팽창, 변형되지 아니하고, 내용물은 고유의 향미, 색택, 물성을 가지고 이미·이취가 없어야 한다.

(2) 세균발육: 음성이어야 한다.

(3) 타르색소: 검출되어서는 아니 된다.

3. 냉동식품

"냉동식품"이라 함은 제조·가공 또는 조리한 식품을 장기보존할 목적으로 냉동처리, 냉동보관하는 것으로서 용기·포장에 넣은 식품을 말한다.

(1) 가열하지 않고 섭취하는 냉동식품: 별도의 가열과정 없이 그대로 섭취할 수 있는 냉동식품을 말한다.

(2) 가열하여 섭취하는 냉동식품: 섭취시 별도의 가열과정을 거쳐야만 하는 냉동식품을 말한다.

1) 제조·가공기준

(1) 살균제품은 그 중심부의 온도를 63℃ 이상에서 30분 가열하거나 이와 같은 수준 이상의 효력이 있는 방법으로 가열 살균하여야 한다.

2) 규격(식육, 포장육, 축산물가공품, 식육함유가공품(비살균제품), 어육가공품류(비살균제품), 기타 동물성가공식품(비살균제품)은 제외)

(1) 가열하지 않고 섭취하는 냉동식품

① 세균수: n=5, c=2, m=100,000, M=500,000(다만, 발효제품, 발효제품 첨가 또는 유산균 첨가제품은 제외한다)

② 대장균군: n=5, c=2, m=10, M=100(살균제품에 해당된다)

③ 대장균: n=5, c=2, m=0, M=10(다만, 살균제품은 제외한다)

④ 유산균수: 표시량 이상(유산균 첨가제품에 해당된다)

(2) 가열하여 섭취하는 냉동식품

① 세균수(다만, 발효제품, 발효제품 첨가 또는 유산균 첨가제품은 제외한다)

㉮ 살균제품: n=5, c=2, m=100,000, M=500,000

㉯ 비살균제품: n=5, c=2, m=1,000,000, M=5,000,000

② 대장균군: n=5, c=2, m=10, M=100(살균제품에 해당된다)

③ 대장균: n=5, c=2, m=0, M=10(다만, 살균제품은 제외한다)

④ 유산균수: 표시량 이상(유산균 첨가제품에 해당된다)

⌾ 기출로 확인

장기보존식품의 기준 및 규격에서 저산성 식품과 산성 식품을 구분하는 기준은? *17년 2회

① pH 5 초과 시 저산성식품, pH 5 이하 시 산성식품

② pH 4.6 초과 시 저산성식품, pH 4.6 이하 시 산성식품

③ 산도 10% 이하 시 산성식품, 산도 10% 초과 시 저산성식품

④ 산도 20% 이하 시 산성식품, 산도 20% 초과 시 저산성식품

정답 ②

4 식품등의 표시기준

Ⅰ. 총칙

3. 용어의 정의

다. "제조연월일"이라 함은 포장을 제외한 더 이상의 제조나 가공이 필요하지 아니한 시점(포장 후 멸균 및 살균 등과 같이 별도의 제조공정을 거치는 제품은 최종공정을 마친 시점)을 말한다. 다만, 캅셀제품은 충전·성형완료시점으로, 소분판매하는 제품은 소분용 원료제품의 제조연월일로, 포장육은 원료포장육의 제조연월일로, 식육즉석판매가공업 영업자가 식육가공품을 다시 나누어 판매하는 경우는 원료제품에 표시된 제조연월일로, 원료제품의 저장성이 변하지 않는 단순 가공처리만을 하는 제품은 원료제품의 포장시점으로 한다.

라. "소비기한"이라 함은 식품등에 표시된 보관방법을 준수할 경우 섭취하여도 안전에 이상이 없는 기한을 말한다.

마. "품질유지기한"이라 함은 식품의 특성에 맞는 적절한 보존방법이나 기준에 따라 보관할 경우 해당식품 고유의 품질이 유지될 수 있는 기한을 말한다.

자. "당류"라 함은 「식품 등의 표시·광고에 관한 법률 시행규칙」 제6조(영양성분표시) 제2항 제4호에 따른 당류로서 당류 함량은 식품 내에 존재하는 모든 단당류와 이당류의 합을 말한다.

차. "트랜스지방"이라 함은 트랜스구조를 1개 이상 가지고 있는 비공액형의 모든 불포화지방을 말한다.

카. "1회 섭취참고량"은 만 3세 이상 소비계층이 통상적으로 소비하는 식품별 1회 섭취량과 시장조사 결과 등을 바탕으로 설정한 값을 말한다.

파. "영양강조표시"라 함은 제품에 함유된 영양성분의 함유사실 또는 함유정도를 "무", "저", "고", "강화", "첨가", "감소"등의 특정한 용어를 사용하여 표시하는 것으로서 다음의 것을 말한다.

  1) "영양성분 함량강조표시": 영양성분의 함유사실 또는 함유정도를 "무○○", "저○○", "고○○", "○○함유"등과 같은 표현으로 그 영양성분의 함량을 강조하여 표시하는 것을 말한다.

  2) "영양성분 비교강조표시": 영양성분의 함유사실 또는 함유정도를 "덜", "더", "강화", "첨가"등과 같은 표현으로 같은 유형의 제품과 비교하여 표시하는 것을 말한다.

거. "주표시면"이라 함은 용기·포장의 표시면 중 상표, 로고 등이 인쇄되어 있어 소비자가 식품 또는 식품첨가물을 구매할 때 통상적으로 소비자에게 보여지는 면으로서 도 1에 따른 면을 말한다.

너. "정보표시면"이라 함은 용기·포장의 표시면 중 소비자가 쉽게 알아 볼 수 있도록 표시사항을 모아서 표시하는 면으로서 도 1에 따른 면을 말한다.

어. "표시사항"이란 제품명, 식품유형, 영업소(장)의 명칭(상호) 및 소재지, 제조연월일, 소비기한 또는 품질유지기한, 내용량 및 내용량에 해당하는 열량, 원재료명, 성분명 및 함량, 영양성분 등 Ⅲ. 개별표시사항 및 표시기준에서 식품등에 표시하도록 규정한 사항을 말한다.

식품등의 표시기준으로 틀린 것은? *16년 1회

① 유통기한: 제품의 제조일로부터 소비자에게 판매가 허용되는 기한
② 트랜스지방: 트랜스구조를 1개 이상 가지고 있는 비공액형의 모든 불포화지방산
③ 품질유지기한: 식품의 특성에 맞는 적절한 보존방법이나 기준에 따라 보관할 경우 해당식품 고유의 품질이 유지될 수 있는 기한
④ 당류: 식품 내에 존재하는 모든 단당류와 이당류, 다당류의 합

정답 ④

5 기구 및 용기·포장의 기준 및 규격

Ⅱ. 공통기준 및 규격

1. 공통제조기준

가. 원재료 기준

1) 기구 및 용기·포장의 제조·가공에 사용되는 원재료는 품질이 양호하고, 유독·유해물질 등에 오염되지 아니한 것으로 안전성과 건전성을 가지고 있어야 한다.
2) 기구 및 용기·포장의 제조 시 식품위생법 상 허용된 착색료 이외의 착색료를 사용하여서는 아니된다. 다만 유약, 유리 또는 법랑에 녹이는 방법, 그 밖에 식품에 혼입할 우려가 없는 방법에 의한 경우는 제외한다.
3) 기구 및 용기·포장의 제조시 디에틸헥실프탈레이트(di-(2-ethylhexyl) phthalate, DEHP)를 사용하여서는 아니된다. 다만, 디에틸헥실프탈레이트가 용출되어 식품에 혼입될 우려가 없는 경우는 제외한다.
4) 기구 및 용기·포장 제조시 보조적으로 사용(정전기 방지, 윤활성 부여 등)되는 원료성 물질은 식품 또는 식품첨가물이거나 미국, 유럽연합 등 제외국에서 사용이 허용되어 있는 것으로서 안전성에 문제가 없는 것이어야 한다.
5) 기구 및 용기·포장 제조 시 「잔류성오염물질 관리법」(환경부) 등 관련 법령에서 사용을 금지하고 있는 물질을 사용하여서는 아니된다.
6) 식품 제조 시 기계·기구의 윤활 목적으로 사용하는 물질은 식품 또는 식품첨가물이거나 미국 연방규정집(CFR, Code of Federal Regulation)에 식품 기계·기구의 윤활 목적으로 등재되어 있는 것이어야 한다.
7) 기구 및 용기·포장의 식품과 접촉하는 부분에 제조 또는 수리를 위하여 사용하는 금속 중 납(땜납 포함)은 0.10% 이하 또는 안티몬은 5.0% 이하이어야 하며, 시험법은 Ⅳ. 2. 2-1 납 시험법 가. 잔류시험 또는 2-10 안티몬 시험법 가. 잔류시험에 따른다.
8) 기구 및 용기·포장의 식품과 접촉하는 부분에 사용하는 도금용 주석 중 납은 0.10% 이하이어야 하며, 시험법은 Ⅳ. 2. 2-1 납 시험법 가. 잔류시험에 따른다.
9) 전류를 직접 식품에 통하게 하는 장치를 가진 기구의 전극은 철, 알루미늄, 백금, 티타늄 및 스테인리스 이외의 금속을 사용하여서는 아니된다.

10) 식품의약품안전처장은 원재료의 안전성과 관련된 새로운 사실이 발견되거나 제시될 경우 원재료로서 사용가능여부를 검토할 수 있다.

11) 기구 및 용기·포장 제조·가공 시 기준 및 규격에 적합한 원재료로부터 발생한 자투리 등 공정 부산물은 불순물 등이 오염되지 않도록 위생적으로 관리된 경우 사용할 수 있다.

나. 제조·가공 기준

1) 공통 기준

　가) 기구 및 용기·포장의 제조·가공에 사용되는 기계·기구류와 부대시설물은 항상 위생적으로 유지·관리하여야 한다.

　나) 기구 및 용기·포장의 제조·가공 시에는 유독·유해물질 등이 오염되지 않도록 하여야 한다.

　다) 합성수지제, 가공셀룰로스제, 종이제, 전분제 기구 및 용기·포장에 사용되는 재질은 납, 카드뮴, 수은 및 6가크롬의 합이 100 mg/kg 이하이어야 하며, 시험법은 Ⅳ. 2. 2-1 납 시험법 가. 잔류시험, 2-2 카드뮴 시험법 가. 잔류시험, 2-3 수은시험법, 2-4 6가크롬 시험법 가. 잔류시험에 따른다.

　라) 동제 또는 동합금제의 기구 및 용기·포장은 식품에 접촉하는 부분을 전면 주석도금 또는 은도금이나 기타 위생상 위해가 없도록 적절하게 처리하여야 한다. 다만, 고유의 광택이 있는 것 또는 고온에서 사용하는 것으로서 표면의 도금이 벗겨질 우려가 있는 것은 제외한다.

　마) 기구 및 용기·포장의 식품과 직접 접촉하는 면에는 인쇄를 하여서는 아니된다. 다만, 식품용 기구 중 식품과 일부 접촉하는 면에 인쇄하는 경우, 잉크성분이 용출되어 식품으로 이행될 우려가 없고 안전성에 문제가 없는 경우 제외한다.

　바) 식품과 직접 접촉하지 않는 면에 인쇄를 하고자 하는 경우에는 인쇄잉크를 반드시 건조시켜야 한다. 이 경우 잉크성분인 벤조페논의 용출량은 0.6 mg/L 이하이어야 하며, 시험법은 Ⅳ. 2. 2-13 벤조페논 시험법에 따른다. 또한 식품과 직접 접촉하지 않는 면이 인쇄된 합성수지 포장재 중 내용물 투입 시 형태가 달라지는 포장재이 경우, 잉크성분인 톨루엔의 산류량은 2 mg/m² 이하이이야 하며, 시험법은 Ⅳ. 2. 2-14 톨루엔 시험법에 따른다.

　사) 축산물용 기구는 분해 조립이 가능하고 세척·소독 및 검사가 용이한 구조이어야 하고 제품, 세척 및 살균·소독제품으로 부식되거나 기타 변화가 없어야 한다.

　아) 축산물용 기구에는 도자기 또는 법랑 등을 도포하여서는 아니 된다.

　자) 축산물용 합성수지제의 기구는 내열성이 강하고 부식의 우려가 없어야 하며, 독성이 없는 것이어야 한다.

2) 합성수지 재생원료 기준

　가) 기구 및 용기·포장 제조·가공 시 식품과 직접 접촉하지 않는 부분에는 재생 합성수지를 시용할 수 있다. 다만, 유해물질이 이행되어 식품에 혼입될 우려가 없도록 제조되어야 한다.

나) 기구 및 용기·포장 제조·가공 시 식품과 직접 접촉하는 부분에 다음의 어느 하나에 해당되는 경우에는 재생 합성수지를 사용할 수 있다.

(1) 가열·화학반응 등에 의해 원료물질 등으로 분해하고 정제한 후, 이를 다시 중합(화학적 재생, chemical recycling)한 경우

(2) 물리적으로 재생된 폴리에틸렌테레프탈레이트(PET) 재질의 재생 합성수지로서, [별표4] 기구 및 용기·포장에 사용되는 물리적 재생 합성수지제 기준에 적합하다고 인정되는 경우. 이 경우 재생 공정 중 사용하는 원료(플레이크 등)는 「식품용기 사용 재생원료 기준」(환경부 고시)에 적합한 것이어야 함

다) 재생원료의 인정을 신청하는 경우 제출하여야 하는 자료는 「식품위생법 시행규칙」 제6조제2항에 따라 [별표5]와 같다.

3) 활성·지능 용기·포장 기준

가) 식품의 품질 저하 요인을 제거 또는 완화시키거나, 식품 신선도 등 상태에 관한 정보를 제공하기 위해 식품에 직접 접촉되어 사용되는 용기·포장(이하 "활성·지능 용기·포장"이라 한다)의 물질은 식품에 이행되지 않도록 공통 기준·규격 및 재질별 규격에 적합하게 제조·사용하여야 한다.

나) 가)에도 불구하고, 활성·지능 용기·포장의 기능을 발휘하기 위하여 식품이나 식품첨가물을 사용하는 경우에는 해당 물질의 기준 및 규격 범위 내에서 식품으로 이행될 수 있다. 다만, 식품의 특성에 영향을 주어서는 아니 된다.

◎ 기출로 확인

기구 및 용기·포장의 기준 및 규격으로 틀린 것은? *17년 2회

① 기구 및 용기포장은 물리적 또는 화학적으로 내용물이 오염되기 쉬운 구조이어서는 아니된다.

② 전류를 직접 식품에 통하게 하는 장치를 가진 기구의 전극은 철, 알루미늄, 백금, 티타늄 및 스테인리스 이외의 금속을 사용하여서는 아니된다.

③ 식품과 접촉하는 면에 인쇄할 때에는 인쇄 후 잔류 톨루엔의 함량이 5 mg/m² 이하이어야 한다.

④ 랩 제조 시에는 디에틸헥실아디페이트(DEHA)를 사용하여서는 아니된다. 다만, 용출되어 식품에 혼입될 우려가 없는 경우는 제외한다.

정답 ③

2. 공통규격

가. 기구 및 용기·포장은 물리적 또는 화학적으로 내용물을 쉽게 오염시키는 것이어서는 아니된다.

나. 기구 및 용기·포장에서 용출되어 식품으로 이행될 수 있는 프탈레이트, 비스페놀 A 등 물질의 이행량은 필요 시 이 기준 및 규격에서 정하고 있는 재질별 용출규격을 적용할 수 있다. 다만, 개별 용출규격이 설정되어 있지 않은 물질인 경우에는 II. 5. 다. 규정에 따를 수 있으며, 해당 물질의 최대 이행량은 30mg/L 이하이어야 한다.

다. 식품의 용기·포장을 회수하여 재사용하고자 할 때에는 「먹는물관리법」의 수질기준에 적합한 물, 「위생용품 관리법」에 따른 세척제 등으로 깨끗이 세척하여 일체의 불순물 등이 잔류하지 아니하였음을 확인한 후 사용하여야 한다.

3. 용도별 규격

가. 랩 제조시 디에틸헥실아디페이트(di-(2-ethylhexyl)-adipate, DEHA)를 사용하여서는 아니된다. 다만, 디에틸헥실아디페이트가 용출되어 식품에 혼입될 우려가 없는 경우는 제외한다.

나. 영·유아(「식품의 기준 및 규격」 제1. 3.에 따른 영아 및 유아를 말한다)용 기구 및 용기·포장 제조시 디부틸프탈레이트(di-n-butyl-phthalate, DBP), 벤질부틸프탈레이트(benzyl-n-butyl-phthalate, BBP) 및 비스페놀 A(bisphenol A, BPA)를 사용하여서는 아니된다.

마. 유리제 중 가열조리용 기구의 사용용도 및 열 충격 강도(내열 온도차)는 다음 표와 같으며, IV. 2. 2-5 열 충격 강도 시험법에 따라 시험할 때, 깨지거나 균열이 없어야 한다.

[표] 유리제 중 가열조리용 기구의 사용용도 및 열 충격 강도(내열 온도차)

사용용도		열 충격 강도 (내열 온도차)
직화용	가열조리용 등의 목적으로 직접 화염에 대고 사용되는 것이며, 급격한 가열이니 냉각에 견딜 수 있는 것	400℃ 이상
	가열조리용 등의 목적으로 직접 화염에 대고 사용되는 것	150℃ 이상
오븐용	가열조리용 등의 목적으로 직접 화염에 닿지 않는 용도에 사용되는 것	120℃ 이상
전자레인지용	가열조리용 등의 목적으로 사용되는 것으로 전자파로 가열하는 용도에 사용되는 것	120℃ 이상
열탕용	위 이외의 목적으로 사용되는 것으로 끓는 물 정도의 열 충격에 대하여 충분히 견딜 수 있는 것	120℃ 이상

식품용 기구 및 용기·포장 공전에 의하여 유리제 중 가열조리용 기구의 사용용도 및 열 충격 강도(내열 온도차)에 대한 아래 표에서 (   ) 안에 알맞은 기준 온도를 순서대로 나열한 것은? *20년 4회

사용용도		열 충격 강도 (내열온도차)
오븐용	가열조리용 등의 목적으로 직접 화염에 닿지 않는 용도에 사용되는 것	( )℃ 이상
전자레인지용	가열조리용 등의 목적으로 사용되는 것으로 전자파로 가열하는 용도에 사용되는 것	( )℃ 이상

① 120, 120　　　　　　　② 240, 120
③ 240, 240　　　　　　　④ 150, 150

정답 ①

4. 기구 및 용기·포장의 기준 및 규격 적용

가. 기구 및 용기·포장의 규격은 Ⅱ. 공통기준 및 규격과 Ⅲ. 재질별 규격을 함께 적용하는 것을 원칙으로 한다. 다만, 기구 및 용기·포장의 특성을 고려할 때 그 필요성이 희박하거나 실효성이 적은 경우 그 중요도에 따라 선별 적용할 수 있다.

나. 전분, 글리세린, 왁스 등 식용물질이 식품과 접촉하는 면에 접착되어 있는 용기·포장에 대하여는 총용출량의 규격 적용을 아니할 수 있다.

다. 식품 또는 식품첨가물에 접촉되는 재질이 돌 또는 착색되지 아니한 유리제(가열조리용 유리제 및 납 함유 크리스탈 유리제는 제외한다) 등 기타 천연의 원재료로 만들어져 위해 우려가 없는 기구 및 용기·포장에 대하여는 규격 적용을 아니할 수 있다.

라. 합성수지제를 구성하는 기본중합체가 50%씩 함유되어 있어 기준 및 규격에서 구분하고 있는 두 가지 재질의 정의에 모두 포함되는 경우에는 해당되는 재질의 규격을 모두 적용하며, 규격이 중복되는 경우에는 강화된 규격을 적용한다.

마. 두 가지 이상의 재질로 구성된 기구 및 용기·포장 중 재질별로 분리하여 해당 재질의 규격을 각각 적용하기 어려운 경우에는 구성 재질의 규격을 모두 적용하며, 규격이 중복되는 경우에는 강화된 규격을 적용한다.

바. 냄비와 같이 본체와 본체에 부속되어 있는 뚜껑 등으로 구성된 제품의 경우, 본체와 뚜껑 등의 재질 및 색상이 동일하다면 본체에 대해서만 시험하고 적부를 판정할 수 있다.

사. 이 기준 및 규격에 등재되지 아니한 기구 및 용기·포장에 대한 기준 및 규격은 「식품등의 한시적 기준 및 규격 인정기준」을 따라 정한다.

6 건강기능식품의 기준 및 규격

제1. 총칙

5. 제품의 정의

1) 제품의 형태에 관한 정의

(1) 정제(tablet)라 함은 일정한 형상으로 압축된 것을 말한다.

(2) 캡슐(capsule)이라 함은 캡슐기제에 충전 또는 피포한 것을 말하며, 경질캡슐과 연질캡슐 두 종류가 있다.

(3) 환(pill)이라 함은 구상(球狀)으로 만든 것을 말한다.

(4) 과립(granule)이라 함은 입자형태로 만든 것을 말한다.

(5) 액체 또는 액상(liquid)이라 함은 유동성이 있는 액체상태의 것 또는 액체상태의 것을 그대로 농축한 것을 말한다.

(6) 분말(powder)이라 함은 입자의 크기가 과립제품보다 작은 것을 말한다.

(7) 편상(flake)이라 함은 얇고 편편한 조각상태의 것을 말한다.

(8) 페이스트(paste)라 함은 고체와 액체의 중간상태로 점성이 강한 유동성의 반 고상의 것을 말한다.

(9) 시럽(syrup)이라 함은 고체와 액체의 중간상태로 점성이 약한 유동성의 반 액상의 것을 말한다.

(10) 겔(gel)이라 함은 액상에 펙틴, 젤라틴, 한천 등 겔화제를 첨가하여 만든 유동성이 있는 고체나 반고체 상태의 것을 말한다.

(11) 젤리(jelly)라 함은 액상에 펙틴, 젤라틴, 한천 등 겔화제를 첨가하여 만든 유동성이 없는 고체나 반고체 상태의 것을 말한다.

(12) 바(bar)라 함은 막대형태의 것을 말한다.

(13) 필름(film)이라 함은 얇은 막 형태로 만든 것을 말한다.

7 건강기능식품 기능성 원료 및 기준·규격 인정에 관한 규정

제2조(정의)

1. "기능성 원료"란 건강기능식품의 제조에 사용되는 기능성을 가진 물질

2. "기능성분"이란 원료 중에 함유되어 있는 기능성을 나타내는 성분

3. "지표성분"이란 원료 중에 함유되어 있는 화학적으로 규명된 성분 중에서 품질관리의 목적으로 정한 성분

8 먹는물 관리법

제3조(정의)

1. "먹는물"이란 먹는 데에 일반적으로 사용하는 자연 상태의 물, 자연 상태의 물을 먹기에 적합하도록 처리한 수돗물, 먹는샘물, 먹는염지하수(鹽地下水), 먹는해양심층수(海洋深層水)등을 말한다.

2. "샘물"이란 암반대수층(岩盤帶水層) 안의 지하수 또는 용천수 등 수질의 안전성을 계속 유지할 수 있는 자연 상태의 깨끗한 물을 먹는 용도로 사용할 원수(原水)를 말한다.

3. "먹는샘물"이란 샘물을 먹기에 적합하도록 물리적으로 처리하는 등의 방법으로 제조한 물을 말한다.

3의2. "염지하수"란 물속에 녹아있는 염분(鹽分) 등의 함량(含量)이 환경부령으로 정하는 기준 이상인 암반대수층 안의 지하수로서 수질의 안전성을 계속 유지할 수 있는 자연 상태의 물을 먹는 용도로 사용할 원수를 말한다.

3의3. "먹는염지하수"란 염지하수를 먹기에 적합하도록 물리적으로 처리하는 등의 방법으로 제조한 물을 말한다.

4. "먹는해양심층수"란 「해양심층수의 개발 및 관리에 관한 법률」 제2조 제1호에 따른 해양심층수를 먹는 데 적합하도록 물리적으로 처리하는 등의 방법으로 제조한 물을 말한다.

5. "수처리제(水處理劑)"란 자연 상태의 물을 정수(淨水) 또는 소독하거나 먹는물 공급시설의 산화방지 등을 위하여 첨가하는 제제를 말한다.

◎ 기출로 확인

먹는물 관리법의 용어 정의가 틀린 것은? *18년 3회

① "수처리제"란 자연 상태의 물을 정수 또는 소독하거나 먹는물 공급시설의 산화방지 등을 위하여 첨가하는 제제를 말한다.

② "먹는물"이란 암반대수층 안의 지하수 또는 용천수 등 수질의 안전성을 계속 유지할 수 있는 자연 상태의 깨끗한 물을 먹는 용도로 사용하는 모든 원수를 말한다.

③ "먹는샘물"이란 샘물을 먹기에 적합하도록 물리적으로 처리하는 등의 방법으로 제조한 물을 말한다.

④ "먹는염지하수"란 염지하수를 먹기에 적합하도록 물리적으로 처리하는 등의 방법으로 제조한 물을 말한다.

정답 ②

Chapter 08

식품 및 축산물 안전관리인증기준(HACCP)

1 HACCP의 개요

1. HACCP(Hazard Analysis and Critical Control Point)의 정의

(1)「식품위생법」제48조 "식품안전관리인증기준"

식품의 원료관리 및 제조·가공·조리·소분·유통의 모든 과정에서 위해한 물질이 식품에 섞이거나 식품이 오염되는 것을 방지하기 위하여 각 과정의 위해요소를 확인·평가하여 중점적으로 관리하는 기준

(2)「축산물 위생관리법」제9조 "축산물안전관리인증기준"

가축의 사육부터 축산물의 원료관리·처리·가공·포장·유통 및 판매까지의 모든 과정에서 인체에 위해(危害)를 끼치는 물질이 축산물에 혼입되거나 그 물질로부터 축산물이 오염되는 것을 방지하기 위하여 각 과정의 생물학적·화학적·물리학적 위해요소를 분석하여 중점적으로 관리하는 기준

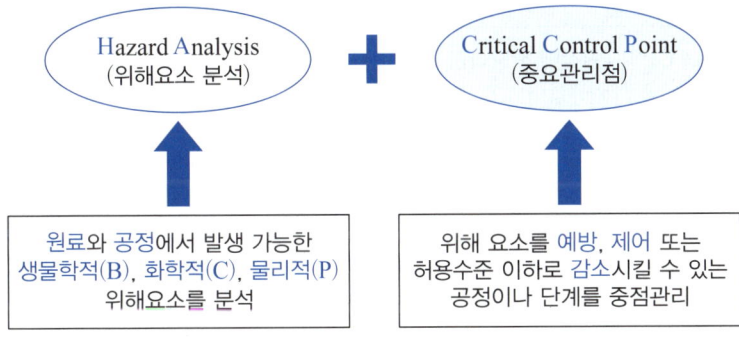

식품 및 축산물의 안전을 위해 국제적으로 권고되는 사전예방적 관리시스템

Hazard Analysis (위해요소 분석) **+** Critical Control Point (중요관리점)

원료와 공정에서 발생 가능한 생물학적(B), 화학적(C), 물리적(P) 위해요소를 분석

위해 요소를 예방, 제어 또는 허용수준 이하로 감소시킬 수 있는 공정이나 단계를 중점관리

2. HACCP 시스템의 구성

(1) 선행요건 관리

① 해당 영업장에 HACCP을 적용하기 위해 선행되어야 하는 기본 위생관리기준
② GMP(위생적인 식품생산을 위한 시설설비기준)와 SSOP(일반적인 위생관리기준)
③ 위생성 확보를 위함

선생님 TIP

2025년부터 시행된 식품안전기사와 식품산업기사의 개정된 출제기준을 보면, HACCP 부분이 중요하고 상세하게 다루어졌다. 그러므로, HACCP 관련 법과 규정을 중심으로 하여 체계적이고 깊이 있게 학습하여야 한다.

식품미생물 및 안전

Part 03

해커스 식품산업기사 필기 한권완성 이론 + 최신기출 + 핵심노트

(2) HACCP 관리

① HACCP 기준에 따라 작성한 제조·가공·조리·선별·처리·포장·소분·보관·유통·판매 공정 관리기준
② 안전성 확보를 위함

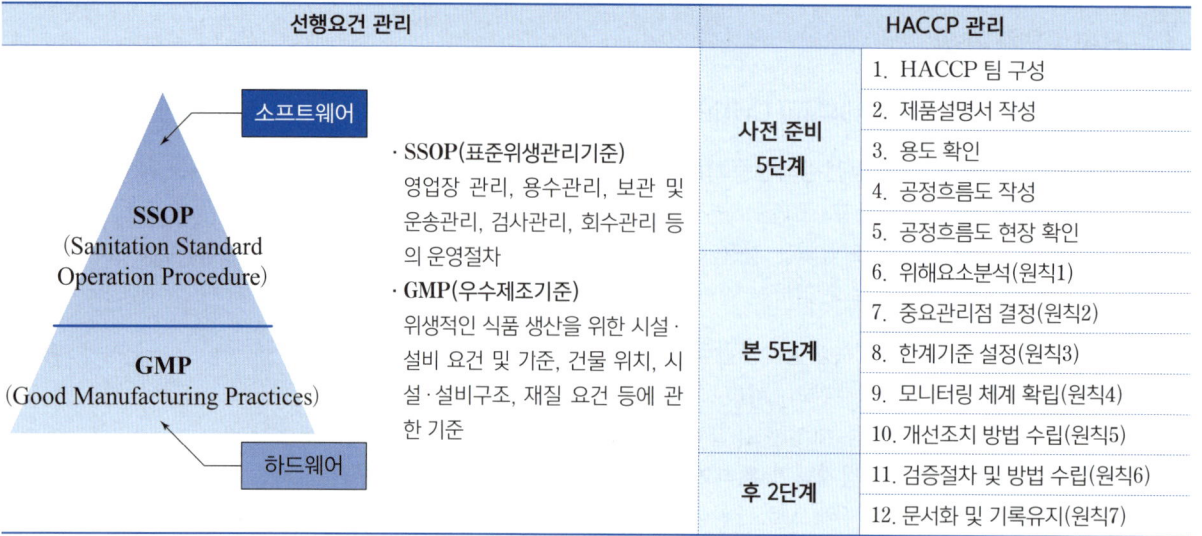

선행요건 관리		HACCP 관리	
소프트웨어 **SSOP** (Sanitation Standard Operation Procedure) **GMP** (Good Manufacturing Practices) **하드웨어**	· **SSOP**(표준위생관리기준) 영업장 관리, 용수관리, 보관 및 운송관리, 검사관리, 회수관리 등의 운영절차 · **GMP**(우수제조기준) 위생적인 식품 생산을 위한 시설·설비 요건 및 기준, 건물 위치, 시설·설비구조, 재질 요건 등에 관한 기준	사전 준비 5단계	1. HACCP 팀 구성
			2. 제품설명서 작성
			3. 용도 확인
			4. 공정흐름도 작성
			5. 공정흐름도 현장 확인
		본 5단계	6. 위해요소분석(원칙1)
			7. 중요관리점 결정(원칙2)
			8. 한계기준 설정(원칙3)
			9. 모니터링 체계 확립(원칙4)
			10. 개선조치 방법 수립(원칙5)
		후 2단계	11. 검증절차 및 방법 수립(원칙6)
			12. 문서화 및 기록유지(원칙7)

◎ 기출로 확인

HACCP의 7원칙에 해당하지 않는 것은? *19년 2회

① 모니터링 체계 확립
② 검증 절차 및 방법 수립
③ 문서화 및 기록 유지
④ 공정흐름도 현장확인

해설 공정흐름도 현장확인은 사전준비 5단계에 해당함

정답 ④

3. HACCP의 필요성(도입효과)

업체	소비자	정부
· 식품 안전성 향상 · 기업 경쟁력 강화 · 조직의 의식 일체화 · 현장관리 시스템 구축	· 안전한 식품의 보장 · 안전한 식생활로 삶의 질 향상 · 신뢰할 수 있는 식품의 선택 기회 제공	· 효율적 식품 감시 · 공중 보건 향상으로 의료비 절감 · 국제 식품교역 활성화에 기여

2 HACCP 관련 법규

※ 관련 법규의 내용 중 출제 가능성이 있고 중요한 부분만 발췌하였음

1. 관련 법령

1-1. 식품위생법

[법]

제48조(식품안전관리인증기준) ① 식품의약품안전처장은 식품의 원료관리 및 제조·가공·조리·소분·유통의 모든 과정에서 위해한 물질이 식품에 섞이거나 식품이 오염되는 것을 방지하기 위하여 각 과정의 위해요소를 확인·평가하여 중점적으로 관리하는 기준을 식품별로 정하여 고시할 수 있다.

② 총리령으로 정하는 식품을 제조·가공·조리·소분·유통하는 영업자는 제1항에 따라 식품의약품안전처장이 식품별로 고시한 식품안전관리인증기준을 지켜야 한다.

③ 식품의약품안전처장은 제2항에 따라 식품안전관리인증기준을 지켜야 하는 영업자와 그 밖에 식품안전관리인증기준을 지키기 원하는 영업자의 업소를 식품별 식품안전관리인증기준 적용업소로 인증할 수 있다.

⑤ 식품안전관리인증기준적용업소의 영업자와 종업원은 총리령으로 정하는 교육훈련을 받아야 한다.

⑧ 식품의약품안전처장은 식품안전관리인증기준적용업소의 효율적 운영을 위하여 총리령으로 정하는 식품안전관리인증기준의 준수 여부 등에 관한 조사·평가를 할 수 있으며, 그 결과 식품안전관리인증기준적용업소가 다음 각 호의 어느 하나에 해당하면 그 인증을 취소하거나 시정을 명할 수 있다. 다만, 식품안전관리인증기준적용업소가 제1호의 2 및 제2호에 해당할 경우 인증을 취소하여야 한다.

1. 식품안전관리인증기준을 지키지 아니한 경우

1의2. 거짓이나 그 밖의 부정한 방법으로 인증을 받은 경우

2. 영업정지 2개월 이상의 행정처분을 받은 경우

3. 영업자와 그 종업원이 제5항에 따른 교육훈련을 받지 아니한 경우

4. 그 밖에 제1호부터 제3호까지에 준하는 사항으로서 총리령으로 정하는 사항을 지키지 아니한 경우

⑩ 식품안전관리인증기준적용업소의 영업자는 인증받은 식품을 다른 업소에 위탁하여 제조·가공하여서는 아니 된다. 다만, 위탁하려는 식품과 동일한 식품에 대하여 식품안전관리인증기준적용업소로 인증된 업소에 위탁하여 제조·가공하려는 경우 등 대통령령으로 정하는 경우에는 그러하지 아니하다.

⑫ 식품의약품안전처장은 식품안전관리인증기준적용업소의 공정별·품목별 위해요소의 분석, 기술지원 및 인증 등의 업무를 「한국식품안전관리인증원의 설립 및 운영에 관한 법률」에 따른 한국식품안전관리인증원 등 대통령령으로 정하는 기관에 위탁할 수 있다.

제48조의2(인증 유효기간) ① 인증의 유효기간은 인증을 받은 날부터 3년으로 하며, 같은 항 후단에 따른 변경 인증의 유효기간은 당초 인증 유효기간의 남은 기간으로 한다.

제48조의3(식품안전관리인증기준적용업소에 대한 조사·평가 등) ① 식품의약품안전처장은 식품안전관리인증기준적용업소로 인증받은 업소에 대하여 식품안전관리인증기준의 준수 여부와 교육훈련 수료 여부를 연 1회 이상 조사·평가하여야 한다.

수입식품 중 HACCP 의무적용 품목

「수입식품안전관리 특별법」제6조의2(해외제조업소 식품안전관리인증 등)

① 식품의약품안전처장은 식품안전관리인증기준을 지키는 해외제조업소를 수입식품등별 식품안전관리인증기준 적용 해외제조업소로 인증할 수 있다.

③ 제1항에 따른 인증의 유효기간은 인증을 받은 날부터 3년으로 한다.

④ 원료관리 및 생산 등의 과정에서 위해한 물질이 섞이거나 오염될 우려가 큰 식품으로서 총리령으로 정하는 수입식품등은 수입식품안전관리인증기준 적용업소에서 생산·제조·가공·처리·포장·보관 등이 이루어진 경우에 한정하여 수입할 수 있다.

"총리령으로 정하는 수입식품등"이란 절임류 또는 조림류의 김치류 중 김치(배추를 주원료로 하여 절임, 양념혼합과정 등을 거친 그대로의 것 또는 발효시킨 것이거나 이를 가공한 것으로 한정한다)를 말함

[시행규칙]

제62조(식품안전관리인증기준 대상 식품) ① 법 제48조 제2항에서 "총리령으로 정하는 식품"이란 다음 각 호의 어느 하나에 해당하는 식품을 말한다. (※ 의무적용 대상 식품을 말함)

1. 수산가공식품류의 어육가공품류 중 어묵·어육소시지
2. 기타수산물가공품 중 냉동 어류·연체류·조미가공품
3. 냉동식품 중 피자류·만두류·면류
4. 과자류, 빵류 또는 떡류 중 과자·캔디류·빵류·떡류
5. 빙과류 중 빙과
6. 음료류[다류(茶類) 및 커피류는 제외한다]
7. 레토르트식품
8. 절임류 또는 조림류의 김치류 중 김치(배추를 주원료로 하여 절임, 양념혼합과정 등을 거쳐 이를 발효시킨 것이거나 발효시키지 아니한 것 또는 이를 가공한 것에 한한다)
9. 코코아가공품 또는 초콜릿류 중 초콜릿류
10. 면류 중 유탕면 또는 곡분, 전분, 전분질원료 등을 주원료로 반죽하여 손이나 기계 따위로 면을 뽑아내거나 자른 국수로서 생면·숙면·건면
11. 특수용도식품
12. 즉석섭취·편의식품류 중 즉석섭취식품
12의2. 즉석섭취·편의식품류의 즉석조리식품 중 순대
13. 식품제조·가공업의 영업소 중 전년도 총 매출액이 100억원 이상인 영업소에서 제조·가공하는 식품

제63조(식품안전관리인증기준적용업소의 인증신청 등) ① 식품안전관리인증기준적용업소로 인증을 받으려는 자는 인증신청서에 식품안전관리인증기준에 따라 작성한 적용대상 식품별 식품안전관리인증계획서를 첨부하여 해당 업무를 위탁받은 기관의 장에게 제출하여야 한다.

② 제1항에 따라 식품안전관리인증기준적용업소로 인증을 받으려는 자는 다음 각 호의 요건을 갖추어야 한다.

1. 선행요건관리기준을 작성하여 운용할 것
2. 식품안전관리인증기준을 작성하여 운용할 것

제64조(식품안전관리인증기준적용업소의 영업자 및 종업원에 대한 교육훈련) ① 영업자 및 종업원이 받아야 하는 교육훈련의 종류는 다음 각 호와 같다. 다만, 조사·평가 결과 만점의 95퍼센트 이상을 받은 식품안전관리인증기준적용업소의 종업원에 대하여는 그 다음 연도의 정기교육훈련을 면제한다.

1. 영업자 및 종업원에 대한 신규 교육훈련
2. 종업원에 대하여 매년 1회 이상 실시하는 정기교육훈련
3. 그 밖에 식품의약품안전처장이 식품위해사고의 발생 및 확산이 우려되어 영업자 및 종업원에게 명하는 교육훈련

③ 제1항에 따른 교육훈련의 시간은 다음 각 호와 같다.

1. 신규 교육훈련: 영업자의 경우 2시간 이내, 종업원의 경우 16시간 이내
2. 정기교육훈련: 4시간 이내
3. 제1항제3호에 따른 교육훈련: 8시간 이내

제66조(식품안전관리인증기준적용업소에 대한 조사·평가) ① 지방식품의약품안전청장은 식품안전관리인증기준적용업소로 인증받은 업소에 대하여 식품안전관리인증기준의 준수 여부 등에 관하여 매년 1회 이상 조사·평가할 수 있다.

1-2. 축산물 위생관리법

[법]

제9조(안전관리인증기준) ① 식품의약품안전처장은 가축의 사육부터 축산물의 원료관리·처리·가공·포장·유통 및 판매까지의 모든 과정에서 인체에 위해(危害)를 끼치는 물질이 축산물에 혼입되거나 그 물질로부터 축산물이 오염되는 것을 방지하기 위하여 총리령으로 정하는 바에 따라 각 과정별로 안전관리인증기준 및 그 적용에 관한 사항을 정하여 고시한다.

② 도축업의 영업자와 집유업의 영업자는 안전관리인증기준에 따라 해당 작업장에 적용할 자체안전관리인증기준을 작성·운용하여야 한다.

③ 축산물가공업의 영업자 중 총리령으로 정하는 영업자(식육가공업, 유가공업, 알가공업), 식용란선별포장업의 영업자 및 식육포장처리업의 영업자는 식품의약품안전처장이 고시한 안전관리인증기준을 지켜야 한다. (※ 의무적용 대상 업소를 말함)

④ 식품의약품안전처장은 제3항에 따라 안전관리인증기준을 지켜야 하는 영업자와 안전관리인증기준을 준수하고 있음을 인증받기를 원하는 자(제2항 본문에 따른 영업자는 제외한다)가 있는 경우에는 그 준수 여부를 심사하여 해당 작업장·업소 또는 농장을 안전관리인증작업장·안전관리인증업소 또는 안전관리인증농장으로 인증할 수 있다.

⑤ 「농업협동조합법」에 따른 축산업협동조합 등 총리령으로 정하는 자(축산업협동조합, 농업경영체, 축산물의 연간 판매액이 50억원 이상인 축산물가공업 또는 축산물판매업의 영업자)가 가축의 사육, 축산물의 처리·가공·유통 및 판매 등 모든 단계에서 안전관리인증기준을 준수하고 있음을 통합하여 인증받고자 신청하는 경우에는 식품의약품안전처장은 그 신청자와 가축의 출하 또는 원료공급 등의 계약을 체결한 작업장·업소 또는 농장의 안전관리인증기준 준수 여부 등 인증요건을 심사하여 해당 신청자를 안전관리통합인증업체로 인증할 수 있다. 이 경우 해당 작업장·업소 또는 농장은 제4항에 따른 안전관리인증작업장·안전관리인증업소 또는 안전관리인증농장으로 각각 인증받은 것으로 본다.

제9조의2(인증 유효기간) ① 인증의 유효기간은 인증을 받은 날부터 3년으로 하며, 변경 인증의 유효기간은 당초 인증 유효기간의 남은 기간으로 한다.

제9조의3(안전관리인증기준의 준수 여부 평가 등) ① 식품의약품안전처장은 안전관리인증작업장등에 대하여 안전관리인증기준의 준수 여부를 연 1회 이상 조사·평가하여야 한다.

② 식품의약품안전처장은 자체안전관리인증기준을 운용하는 영업자에 대하여 자체안전관리인증기준 및 그 운용의 적정성을 연 1회 이상 조사·평가하여야 한다.

[시행규칙]

제7조(안전관리인증기준의 작성·운용 등) ① 안전관리인증기준에는 국제식품규격위원회(Codex Alimentarius Commission)의 안전관리인증기준의 적용에 관한 지침에 따라 다음 각 호의 내용이 포함되어야 한다.

1. 가축의 사육부터 축산물의 원료관리·처리·가공·포장·유통 및 판매까지의 모든 과정에서 위생상 문제가 될 수 있는 생물학적·화학적·물리학적 위해요소의 분석
2. 위해의 발생을 방지·제거하기 위하여 중점적으로 관리하여야 하는 단계·공정(이하 "중요관리점"이라 한다)
3. 중요관리점별 위해요소의 한계기준
4. 중요관리점별 감시관리 체계
5. 중요관리점이 한계기준에 부합되지 아니할 경우 하여야 할 조치
6. 안전관리인증기준 운용의 적정 여부를 검증하기 위한 방법
7. 기록유지 및 서류작성의 체계. 다만, 기록유지의 경우 안전관리인증기준의 운용에 관한 자료 및 기록은 2년 이상 보관하도록 하여야 한다.

제7조의2(안전관리인증기준 적용 확인서의 발급) 시·도지사는 자체안전관리인증기준을 작성·운용하고 있는 영업자가 안전관리인증기준 적용 확인서의 발급을 요청하는 경우에는 현장조사 등의 방법을 통하여 자체안전관리인증기준 및 그 운용의 적정성 등을 확인한 후 확인서를 발급할 수 있다.

제7조의3(안전관리인증작업장등의 인증신청 등) ① 안전관리인증작업장·안전관리인증업소·안전관리인증농장의 인증을 받으려는 자는 인증신청서에 안전관리인증기준의 운용에 관한 계획서를 첨부하여 한국식품안전관리인증원장에게 제출하여야 한다.
② 인증을 받으려는 자는 다음 각 호의 요건을 갖추어야 한다.
 1. 위생관리프로그램을 운용하고 있을 것
 2. 교육훈련기관에서 영업자 및 농업인은 4시간 이상, 종업원은 24시간 이상의 교육훈련을 수료하였을 것. 다만, 종업원을 고용하지 않고 영업을 하는 축산물가공업·식용란선별포장업·식육포장처리업·축산물보관업·축산물운반업·축산물판매업·식육즉석판매가공업 영업자는 종업원이 받아야 하는 교육훈련을 수료하여야 하며, 이 경우 영업자가 받아야 하는 교육훈련은 받지 아니할 수 있다.

제7조의6(조사·평가의 방법 등) ① 안전관리인증기준의 준수 여부에 대한 조사·평가는 서류검토 및 현장조사의 방법으로 한다.
④ 조사·평가를 한 인증원장은 그 결과를 매월 말일까지 식품의약품안전처장 및 관할 지방식품의약품안전청장(농장에 대해서는 농림축산검역본부장을 말한다)에게 통보하여야 한다.

자체안전관리인증기준의 적정성 여부 평가의 방법 및 절차 등 (시행규칙 별표 2의2)
1. 평가대상
   도축업·집유업 영업자의 작업장
2. 평가기준
   가. 도축장

구분	평가항목
인프라 구축 정도	도축검사 라인, 구내 조경, 민원·악취 발생, 폐수처리, 도축장내 식육포장비율, 실험실 구축 및 실험자 능력 정도, 도축장의 전체 면적 등
자체안전관리인증기준 운용 실태	도축장의 위생관리, 시설관리, 위해요소의 분석, 중요관리점의 감시 등 자체안전관리인증기준의 운용 실태

   나. 집유장

구분	평가항목
인프라 구축 정도	집유라인, 구내 조경, 민원·악취 발생, 폐수처리, 실험실 구축 및 실험자 능력 정도, 집유장의 전체 면적 등
자체안전관리인증기준 운용 실태	집유장의 위생관리, 시설관리, 위해요소의 분석, 중요관리점의 감시 등 자체안전관리인증기준의 운용 실태

1-3. 식품 및 축산물 안전관리인증기준 고시 구성

제1장 총칙	제1조 목적 제2조 정의
제2장 안전관리인증기준 (HACCP) 적용 체계 및 운영관리	제3조 적용대상 영업자 제4조 적용품목 및 시기 등 제5조 선행요건 관리 제6조 안전관리인증기준 관리 제7조 축산물통합인증관리 제8조 기록관리 제9조 안전관리인증기준팀 구성 및 팀장의 책무 등 제10조 인증신청 등 제11조 인증 등 제12조 인증사항 변경 제13조 인증대상의 추가 제14조 인증서의 반납 제15조 조사평가 범위와 주기 등 제16조 조사 평가 방법 제17조 조사 평가 결과에 따른 조치 제18조 감독기관의 검증기준 등 제19조 안전관리인증기준 지도관
제3장 교육훈련	제20조 교육훈련 등
제4장 우대조치 및 재검토기한	제27조 우대조치 제28조 재검토기한

[별표]	별표1. 선행요건
	- 식품(식품첨가물) 제조: 가공업소, 건강기능식품제조업소,
	  집단급식소식품판매업소, 축산물작업장·업소
	- 집단급식소, 식품접객업소(위탁급식영업), 운반급식(개별
	  또는 벌크포장)
	- 기타 식품판매업소
	- 소규모업소(연 매출액이 5억원 미만이거나 종업원 수가
	  21인 미만인 업소), 식품소분업소, 식품접객업소(일반음
	  식점, 휴게음식점, 제과점)
	- 식품냉동·냉장업소
	- 식품운반업소
	- 공유주방 이용업소
	별표2. HACCP 적용 순서도
	별표4. 안전관리인증기준(HACCP) 실시상황평가표
	별표4-1. 자동 기록관리 시스템 등록 평가표
	별표 4의4. 글로벌 해썹(Global HACCP) 실시상황평가표
	별표8 안전관리인증기준(HACCP) 적용품목 심벌

2. HACCP 실시상황평가표(인증평가 및 사후관리 종합평가)

「식품 및 축산물 안전관리인증기준 고시 」별표4

(1) 구성

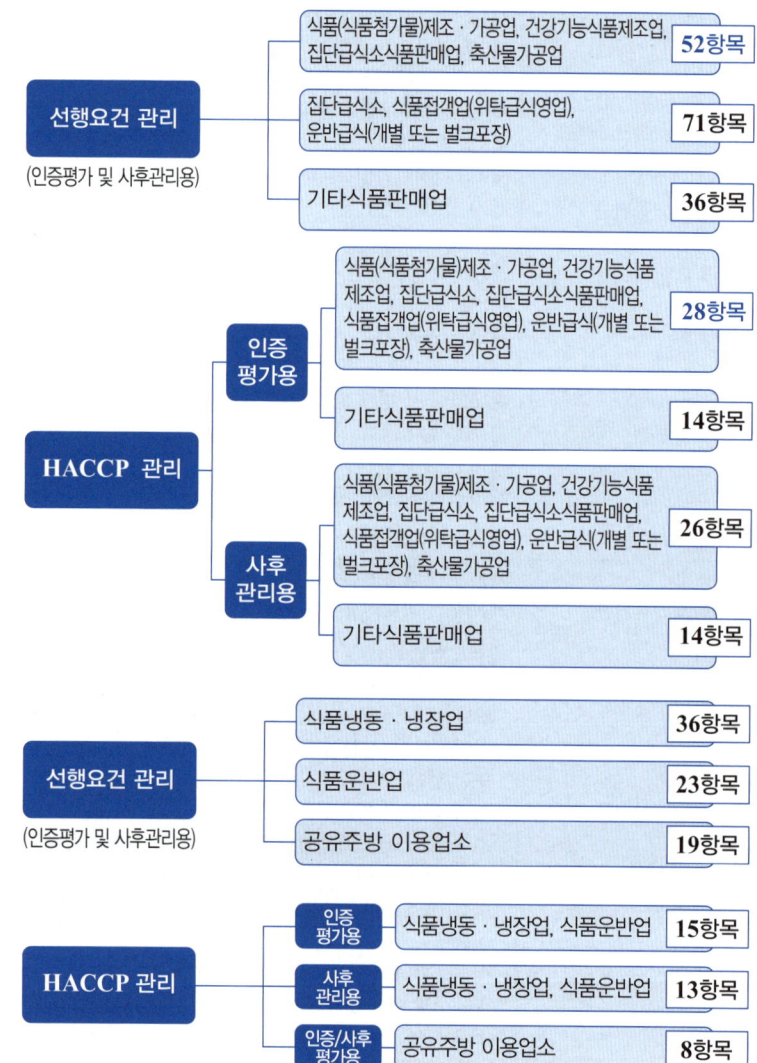

(2) 선행요건관리 평가

① **평가항목**[식품(식품첨가물)제조·가공업, 건강기능식품제조업, 집단급식소식품판매업, 축산물작업장·업소]

> 1. 영업장 관리 (12항목) - 26점
> 2. 위생관리 (16항목) - 30점
> 3. 제조·가공 시설·설비관리 (4항목) - 9점
> 4. 냉장·냉동 시설·설비관리 (1항목) - 2점
> 5. 용수관리 (5항목) - 11점
> 6. 보관 및 운송관리 (8항목) - 9점
> 7. 검사 관리 (4항목) - 9점
> 8. 회수프로그램관리 (2항목) - 4점
> ※인증평가 및 사후관리 동일

 기출로 확인

식품 및 축산물 안전관리인증기준에 의거하여 식품(식품첨가물 포함)제조·가공업소, 건강기능식품제조업소, 집단급식소 식품판매업소, 축산물 작업장·업소의 선행요건 관리 대상이 아닌 것은? *17년 3회

① 용수 관리
② 차단방역관리
③ 회수 프로그램 관리
④ 검사관리

정답 ②

② **판정기준(100점 만점)**

• **인증평가**

85점 이상: 적합, 70점 이상~85점 미만: 보완, 70점 미만: 부적합

(단, 평가항목 34, 39번은 필수항목으로 인증평가 시 미흡한 경우 부적합으로 판정)

• **정기 조사·평가**

85점 이상: 적합, 85점 미만: 부적합

(전년도 정기 조사 평가의 개선조치를 이행하지 않은 경우 해당 항목에 대한 점수의 2배를 감점. 식품제조가공업 및 축산물가공업에 대해 전년도 행정처분 이력이 확인되는 경우 위반내용과 동일한 평가항목에 대해서는 감점)

(3) HACCP관리 평가

① **평가항목**[식품(식품첨가물)제조·가공업, 건강기능식품제조업, 집단급식소식품판매업, 축산물작업장·업소]

인증평가시	사후관리시
1. HACCP팀(0-15)	1. HACCP팀(0-15)
2. 제품설명서 및 공정흐름도(0-15)	2. 제품설명서 및 제조공정설비도면(0-15)
3. 위해요소분석(0-45)	3. 위해요소분석(0-20)
4. CCP결정 및 한계기준의 설정(0-45)	4. CCP결정 및 한계기준의 설정(0-20)
5. CCP의 모니터링 및 개선조치(0-45)	5. CCP의 모니터링 및 개선조치(0-50)
6. HACCP시스템 검증(0-20)	6. HACCP시스템 검증(0-50)
7. 교육·훈련(0-15)	7. 교육·훈련(0-30)
28항목 (200점 기준)	26항목 (200점 기준)

② **판정기준 (총 200점)**

• **인증 평가**

170점 이상: 적합, 140점 이상~170점 미만: 보완, 140점 미만: 부적합

(단, 평가항목 4-1, 4-3, 5-2, 5-6번은 필수항목으로 인증평가 시 미흡한 경우 부적합으로 판정)

• **정기 조사·평가**

170점 이상: 적합, 170점 미만: 부적합

(전년도 정기 조사·평가의 개선조치를 이행하지 않은 경우 해당 항목에 대한 점수의 2배를 감점)

(4) 일반 HACCP과 소규모 HACCP 인증의 차이점

구분	일반 HACCP	소규모 HACCP
평가 항목	[식품(식품첨가물)제조·가공업의 경우] 1) 선행요건관리: 52개 항목 2) HACCP관리: 28개 항목	[업종 전체] 1) 선행요건관리: 17개 항목 2) HACCP관리: 8개 항목
적합 여부	1) 선행요건관리: 85점 이상(100점 만점) 2) HACCP관리: 170점 이상(200점 만점)	1) 선행요건관리: 43점 이상(50점 만점) 이상 2) HACCP관리: 43점 이상(50점 만점) 이상

(5) 글로벌 해썹 평가

구분	일반 HACCP	소규모 HACCP
선행요건관리	현행 52항목 + 추가 16항목	1. 식품방어 및 식품사기 요인관리 2. 제품 표시 관리 요건 3. 알레르기 유발물질 관리 요건 4. 환경 점검 관리 5. 품질관리 6. 비상 대응 관리
선행요건관리	현행 28항목 + 추가 56항목	1. 글로벌 해썹(Global HACCP)팀 구성 2. 글로벌 해썹(Global HACCP) 관리 전략 　(1) 식품방어 전략 　(2) 식품사기 완화 전략 　(3) 제품 표시 검증 　(4) 알레르기 유발물질 관리 전략 3. 식품안전문화 4. 식품안전경영 　(1) 조직 상황 　(2) 기획 　(3) 경영책임 　(4) 지원 　(5) 성과평가 　(6) 개선
	총 152항목	

3. 행정처분

(1) 식품안전관리 인증기준 적용업소의 인증취소 등의 기준

식품위생법 시행규칙 [별표 20], 축산물 위생관리법 시행규칙 [별표 14의2]

위반사항	처분기준
1. 주요 안전조항 위반시 　① 원재료·부재료 입고 시 공급업체로부터 검사성적서를 받지도 않고, 자체검사도 하지 않은 경우 　② 작업장 세척 또는 소독을 하지 않고, 종사자 위생관리도 하지 않은 경우 　③ 중요관리점에 대한 모니터링을 하지 않거나, 중요관리점에 대한 한계기준의 위반 사실이 있음에도 불구하고 지체 없이 개선조치를 이행하지 않은 경우 　④ 지하수를 비가열 섭취식품의 원재료·부재료의 세척용수 또는 배합수로 사용하면서 살균 또는 소독을 하지 않은 경우 　⑤ 신규 제품 또는 추가된 공정에 대해 위해요소 분석을 전혀 실시하지 않은 경우 　⑥ 동물용의약품 등에 대한 잔류방지 방안을 수립·이행하지 않고, 잔류 예방을 위한 공정에서 중요관리점에 대한 모니터링을 하지 않은 경우 　　※ 축산물의 경우 해당 2. 조사·평가 결과 부적합 판정을 받은 경우로서 다음의 어느 하나에 해당하는 경우 　1) 선행요건 관리에서 만점의 60퍼센트 미만 　2) HACCP 관리에서 만점의 60퍼센트 미만	인증취소 (One-strike Out)
3. 영업정지 2개월 이상의 행정처분을 받은 경우 4. 식품안전관리인증기준적용업소의 영업자가 인증받은 식품을 다른 업소에 위탁하여 제조·가공한 경우 5. 시정명령을 받고도 이를 이행하지 아니한 경우 6. 거짓이나 그 밖의 부정한 방법으로 인증을 받은 경우 7. 정당한 사유 없이 6개월 이상 계속하여 휴업한 경우 　※ 축산물의 경우 해당	인증취소
8. HACCP 기준서에서 정한 제조·가공 방법대로 제조·가공하지 않은 경우 9. 조사·평가 결과 부적합 판정을 받은 경우로서 다음의 어느 하나에 해당하는 경우 　1) 선행요건 관리에서 만점의 85퍼센트 미만 60퍼센트 이상 　2) HACCP 관리에서 만점의 85퍼센트 미만 60퍼센트 이상 10. 영업자 및 종업원이 교육훈련을 받지 아니한 경우 11. 변경신고를 하지 아니한 경우 12. 출입·조사·평가를 거부·방해·기피한 경우 　※ 축산물의 경우 해당	시정명령

4. 교육훈련

구분		대상	교육시간
신규교육	식품	영업자	2시간
		HACCP 팀장	16시간
		HACCP 팀원 및 종사자	4시간
	축산물	영업자 및 농업인	4시간 이상
		종업원(HACCP 팀장만 해당, 팀원은 해당 없음)	24시간 이상
정기교육	식품	HACCP 팀장, HACCP 팀원 및 종사자	4시간/년
	축산물	영업자 및 농업인	4시간 이상/년

※ '식품과 축산물 통일' 개정예정(2024년 10월 4일 입법예고)

5. 기록관리

(1) HACCP 적용업소는 관계 법령에 특별히 규정된 것을 제외하고는 이 기준에 따라 관리되는 사항에 대한 기록을 2년간 보관하여야 한다.

기록을 할 때에 작성자는 작성일자, 시간 및 이름을 적고 서명하여야 한다.

6. HACCP 팀장 등의 책무

(1) HACCP 팀장

① 선행요건관리 및 HACCP 관리 등에 관한 교육·훈련 계획을 수립·실시

② 원·부재료 공급업소 등 협력업소의 위생관리 상태 등을 점검하고 그 결과를 기록·유지

③ 원·부자재 공급원이나 제조·가공·조리·소분·유통 공정 변경 등 HACCP 관리계획의 재평가 필요성을 수시로 검토하여야 하며, 개정이력 및 개선조치 등 중요 사항에 대한 기록을 보관·유지

※ HACCP 업무를 총괄함

(2) 도축장의 관리책임자

① HACCP 적용 도축장의 미생물학적 검사요령에 따라 해당 도축장에 대하여 대장균(*Escherichia coli* Biotype I) 검사를 실시하고 그 결과에 따라 적절한 조치를 하여야 함

7. HACCP 적용업소 인증신청

(1) 식품의 경우, 인증신청서에 업소별 또는 적용대상 식품별 HACCP계획서를 첨부하여 한국식품안전관리인증원장에게 제출

(2) 축산물의 경우, 인증신청서에 작업장·업소·농장(축종)별 HACCP계획서를 첨부하여 한국식품안전관리인증원장에게 제출

(3) 한국식품안전관리인증원장은 인증을 신청한 자에 대한 HACCP의 준수여부를 심사

(4) HACCP계획서 내용

① 중요관리점 및 한계기준

② 모니터링 체계

③ 개선조치 및 검증 절차 및 방법

8. 정기조사·평가

(1) 지방식품의약품안전청장, 농림축산식품부장관 또는 한국식품안전관리인증원장은 연 1회 이상 정기조사·평가

(2) 전년도 정기 조사·평가 점수의 백분율이 95% 이상인 경우 2년간 면제, 95% 미만에서 90% 이상인 경우 1년간 면제(다만, 김치, 즉석섭취식품, 신선편의식품중 비가열식품은 제외)

(3) 모든 중요관리점(CCP) 중 60% 이상 자동 기록관리 시스템을 적용한 업소는 면제(자체적으로 조사·평가)

3 용어 정의

1. "식품 및 축산물 안전관리인증기준(Hazard Analysis and Critical Control Point, HACCP)"
「식품위생법」 및 「건강기능식품에 관한 법률」에 따른 「식품안전관리인증기준」과 「축산물 위생관리법」에 따른 「축산물안전관리인증기준」으로서, 식품(건강기능식품을 포함)·축산물의 원료 관리, 제조·가공·조리·선별·처리·포장·소분·보관·유통·판매의 모든 과정에서 위해한 물질이 식품 또는 축산물에 섞이거나 식품 또는 축산물이 오염되는 것을 방지하기 위하여 각 과정의 위해요소를 확인·평가하여 중점적으로 관리하는 기준

2. "위해요소(Hazard)"란 「식품위생법」 제4조(위해식품등의 판매 등 금지), 「건강기능식품에 관한 법률」 제23조(위해 건강기능식품 등의 판매 등의 금지) 및 「축산물 위생관리법」 제33조(판매 등의 금지)의 규정에서 정하고 있는 인체의 건강을 해할 우려가 있는 생물학적, 화학적 또는 물리적 인자나 조건

3. "위해요소분석(Hazard Analysis)"이란 식품·축산물 안전에 영향을 줄 수 있는 위해요소와 이를 유발할 수 있는 조건이 존재하는지 여부를 판별하기 위하여 필요한 정보를 수집하고 평가하는 일련의 과정

4. "중요관리점(Critical Control Point: CCP)"이란 안전관리인증기준(HACCP)을 적용하여 식품·축산물의 위해요소를 예방·제어하거나 허용 수준 이하로 감소시켜 당해 식품·축산물의 안전성을 확보할 수 있는 중요한 단계·과정 또는 공정

5. "한계기준(Critical Limit)"이란 중요관리점에서의 위해요소 관리가 허용범위 이내로 충분히 이루어지고 있는지 여부를 판단할 수 있는 기준이나 기준치

6. "모니터링(Monitoring)"이란 중요관리점에 설정된 한계기준을 적절히 관리하고 있는지 여부를 확인하기 위하여 수행하는 일련의 계획된 관찰이나 측정하는 행위 등

7. "개선조치(Corrective Action)"란 모니터링 결과 중요관리점의 한계기준을 이탈할 경우에 취하는 일련의 조치

8. "선행요건(Pre-requisite Program)"이란 「식품위생법」, 「건강기능식품에 관한 법률」, 「축산물 위생관리법」에 따라 안전관리인증기준(HACCP)을 적용하기 위한 위생관리프로그램

9. "안전관리인증기준 관리계획(HACCP Plan)"이란 식품·축산물의 원료 구입에 서부터 최종 판매에 이르는 전 과정에서 위해가 발생할 우려가 있는 요소를 사전에 확인하여 허용 수준 이하로 감소시키거나 제어 또는 예방할 목적으로 안전관리인증기준(HACCP)에 따라 작성한 제조·가공·조리·선별·처리·포장·소분·보관·유통·판매 공정 관리문서나 도표 또는 계획

10. "검증(Verification)"이란 안전관리인증기준(HACCP) 관리계획의 유효성 (Validation)과 실행(Implementation) 여부를 정기적으로 평가하는 일련의 활동 (적용 방법과 절차, 확인 및 기타 평가 등을 수행하는 행위를 포함)

11. "안전관리인증기준(HACCP) 적용업소"란 「식품위생법」, 「건강기능식품에 관한 법률」에 따라 안전관리인증기준(HACCP)을 적용·준수하여 식품을 제조·가공·조리·소분·유통·판매하는 업소와 「축산물 위생관리법」에 따라 안전관리인증기준(HACCP)을 적용·준수하고 있는 안전관리인증작업장·안전관리인증업소·안전관리인증농장 또는 축산물안전관리통합인증업체 등

12. "관리책임자"란 「축산물 위생관리법」에 따른 자체안전관리인증기준 적용 작업장 및 안전관리인증기준(HACCP) 적용 작업장 등의 영업자·농업인이 안전관리인증기준(HACCP) 운영 및 관리를 직접 할 수 없는 경우 해당 안전관리인증기준 운영 및 관리를 총괄적으로 책임지고 운영하도록 지정한 자(영업자·농업인을 포함한다)

13. "통합관리프로그램"이란 「축산물 위생관리법」 시행규칙 제7조의3 제4항 제3호에 따라 축산물안전관리통합인증업체에 참여하는 각각의 작업장·업소·농장에 안전관리인증기준(HACCP)을 적용·운용하고 있는 통합적인 위생관리프로그램

14. "중요관리점(CCP) 모니터링 자동 기록관리 시스템"이란 중요관리점(CCP) 모니터링 데이터를 실시간으로 자동 기록·관리 및 확인·저장할 수 있도록 하여 데이터의 위·변조를 방지할 수 있는 시스템을 말하며, 이 시스템을 적용한 안전관리인증기준을 "스마트해썹"이라 함

15. "글로벌 식품안전관리 시스템"이란 안전관리인증기준(HACCP) 적용업소가 원료에서부터 제조·가공·조리·선별·처리·포장·소분·보관·유통·판매에 이르기까지 모든 과정에서 고의적, 의도적인 식품안전사고 발생을 예방하기 위하여 안전관리인증기준 관리계획(HACCP Plan)에 식품방어(Food Defense), 식품사기 예방(Food Fraud Prevention), 제품 표시 관리, 알레르기 유발물질 관리, 환경 점검 관리, 품질관리, 비상 대응 관리, 식품안전문화(Food Safety Culture) 및 식품안전경영(Food Safety Management) 등을 포함하여 관리하는 시스템(이하, "글로벌 해썹(Global HACCP)"이라 한다)을 말함

◎기출로 확인

HACCP에 관한 설명으로 틀린 것은? *21년 2회

① 위해분석(hazard analysis)은 위해가능성이 있는 요소를 찾아 분석·평가하는 작업이다.

② 중요관리점(critical control point) 설정이란 관리가 안될 경우 안전하지 못한 식품이 제조될 가능성이 있는 공정의 결정을 의미한다.

③ 관리기준(critical limit)이란 위해분석 시 정확한 위해도 평가를 위한 지침을 말한다.

④ HACCP의 7개 원칙에 따르면 중요관리점이 관리기준 내에서 관리되고 있는지를 확인하기 위한 모니터링 방법이 설정되어야 한다.

[해설] 한계기준(관리기준, critical limit)
CCP에서 위해요소관리가 허용범위 이내로 충분히 이루어지고 있는지의 여부를 판단할 수 있는 기준

[정답] ③

4 선행요건 관리

[영업의 종류별 구성]

분류	식품(식품첨가물) 제조·가공업소, 건강기능식품제조업소, 집단급식소식품판매업소, 축산물작업장·업소	집단급식소, 식품접객업소(위탁급식영업), 운반급식	기타 식품판매업소	소규모업소, 즉석판매제조가공업소, 식품소분업소, 식품접객업소
① 영업장 관리	12항목	14항목	· 입고 관리 · 보관 관리 · 작업 관리 · 포장 관리 · 진열·판매 관리 · 반품·회수 관리	· 작업장(조리장), 개인위생 관리 · 방충·방서관리 · 세척·소독관리 · 입고·보관관리 · 용수관리 · 검사관리 · 냉장·냉동창고 온도관리 · 보관·운송관리 · 이물관리
② 위생 관리	16항목	26항목		
③ 제조·가공·조리 시설·설비 관리	4항목	4항목		
④ 냉장·냉동 시설·설비 관리	1항목	2항목		
⑤ 용수 관리	5항목	5항목		
⑥ 보관·운송 관리	8항목	13항목		
⑦ 검사 관리	4항목	4항목		
⑧ 회수 프로그램 관리	2항목	3항목		
소계	(52항목)	(71항목)	(36항목)	(17항목)

식품냉동·냉장업소	식품운반업소	공유주방 이용업소	도축장	농장
· 작업장 시설관리 · 위생관리 · 보관관리 (36항목)	· 운반차량 및 시설관리 · 위생관리 · 운반관리 (23항목)	· 작업장(조리장), 개인위생 관리 · 방충·방서관리 · 세척·소독관리 · 입고·보관관리 · 용수관리 · 검사관리 · 냉장·냉동창고 온도관리 · 보관·운송관리 · 이물관리 · 교차오염 관리 (19항목)	· 위생관리기준 · 영업자·농업인 및 종업원의 교육·훈련 · 검사관리 · 회수프로그램관리 · 제조·가공 시설·설비 등 환경 관리(영업장, 방충·방서, 채관 및 조면, 환기, 배관, 배수, 용수, 탈의실, 화장실 등)	· 농장 관리(부화장 제외) · 위생 관리 · 사양 관리(부화장 제외) · 반입 및 출하 관리 · 원유 관리(젖소농장에 한함) · 알 관리(닭·오리농장에 한함) · 종축 등 관리(종축장에 한함) · 부화 관리·부화장 관리(부화장에 한힘)

※ 소규모 업소
① 해당 가공품 유형의 연매출액이 5억원 미만이거나 종업원 수가 21명 미만인 식품(식품첨가물 포함)제조·가공업소, 건강기능식품제조업소 및 축산물가공업소
② 해당 영업장의 연 매출액이 5억원 미만이거나 종업원 수가 10명 미만인 집단급식소식품판매업소, 식육포장처리업소, 축산물운반업소, 축산물보관업소, 축산물판매업소, 식육즉석판매가공업소 및 식용란선별포장업소

1. 식품(식품첨가물)제조·가공업, 건강기능식품제조업, 집단급식소식품판매업, 축산물작업장·업소]

1-1. 영업장 관리

[작업장]

참고
- 영업장: 작업장+사무실+부대시설(창고, 식당, 휴게실 등)을 모두 포함
- 작업장: 원부재료 입고 후 '계량부터 외포장'까지의 공정이 이루어지는 공간

(1) 작업장은 독립된 건물이거나 식품취급외의 용도로 사용되는 시설과 분리(벽·층 등에 의하여 별도의 방 또는 공간으로 구별되는 경우를 말한다)되어야 한다.

> ▶ **건축물의 적법성 확인**
> - 건축물 등록대장 및 영업허가·등록 면적 등 확인
> - 허가·등록 신고 받지 않은 공간은 건축물로 인정하지 않으며, 일반 노지로 갈음

(2) 작업장(출입문, 창문, 벽, 천장 등)은 누수, 외부의 오염물질이나 해충, 설치류 등의 유입을 차단할 수 있도록 밀폐 가능한 구조이어야 한다.

> ※ 밀폐: 닫았을 때 틈이 없는 것을 말함
>
> ▶ **건물의 구조**
> 구조(밀폐성), 재질(영향성, 내수성), 면적(생산량 고려)
>
> ▶ **외부환경 관리**
> 작업장 주위에 물웅덩이, 나무, 잔디, 축산 농가, 공장 등 존재 시 해충·설치류 및 기타 위해 환경의 원인이 될 수 있으므로, 주변 환경을 파악하여 위생관리 계획 수립
>
>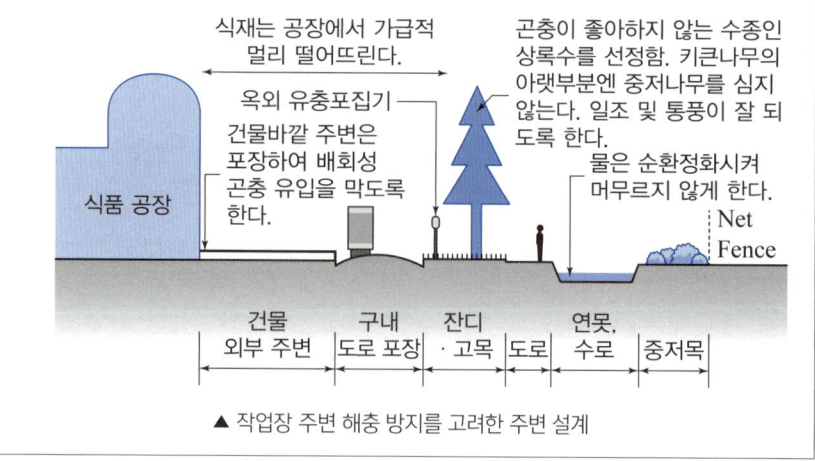
>
> ▲ 작업장 주변 해충 방지를 고려한 주변 설계

(3) 작업장은 청결구역(식품의 특성에 따라 청결구역은 청결구역과 준청결구역으로
구별할 수 있다)과 일반구역으로 분리하고, 제품의 특성과 공정에 따라 분리, 구획
또는 구분할 수 있다.

참고
- 분리: 벽·층에 의해 별도의 공간으로 구별되는 경우
- 구획: 칸막이, 이동가능한 벽, 커튼 등에 의해 구별되는 경우
- 구분: 선, 줄 등에 의해 구별되는 경우
(구역의 분리가 어려운 경우, 교차오염 방지가 가능한 조치를 취하면 구획, 구분도 가능함)

구분		내포장 이전에 가열(또는 소독) 공정이 있는 경우	내포장 이후에 가열(또는 소독) 공정이 있는 경우	전체 공정에 가열(또는 소독) 공정이 없는 경우
청결구역	청결구역	가열공정 이후의 작업구역 중 식품이 노출상태로 취급되는 제조 가공구역 및 내포장 작업구역	식품이 노출상태로 취급되는 작업구역 중 제조가공 작업구역 및 내포장 작업구역	식품이 노출상태로 취급되는 작업구역 중 제조가공 작업구역 및 내포장 작업구역(세척·소독공정 이후부터 내포장 단계까지의 작업구역)
	준청결구역	가열 공정이 포함된 작업구역	식품이 노출상태로 취급되는 작업구역 중 전처리 외 구역	식품이 노출상태로 취급되는 작업구역 중 전처리 외 구역
일반구역		식품을 내포장 상태로 취급하는 구역, 전처리 작업구역	식품을 내포장 상태로 취급하는 구역, 전처리 작업구역	식품을 내포장 상태로 취급하는 구역, 전처리 작업구역

[건물 바닥, 벽, 천장]

(4) 원료처리실, 제조·가공실 및 내포장실의 바닥, 벽, 천장, 출입문, 창문 등은 제조·
가공하는 식품의 특성에 따라 내수성 또는 내열성 등의 재질을 사용하거나 이러
한 처리를 하여야 하고, 바닥은 파여 있거나 갈라진 틈이 없어야 하며, 작업 특성
상 필요한 경우를 제외하고는 마른 상태를 유지하여야 한다. 이 경우 바닥, 벽, 천
장 등에 타일 등과 같이 홈이 있는 재질을 사용한 때에는 홈에 먼지, 곰팡이, 이물
등이 끼지 아니하도록 청결하게 관리하여야 한다.

[배수 및 배관]

(5) 작업장은 약간의 경사를 두어 배수가 잘되도록 하고 배수로에 퇴저물이 쌓이지
아니하여야 하며, 배수구, 배수관 등은 역류가 되지 아니하도록 관리하여야 한다.

[출입구]

(6) 작업장의 출입구에는 구역별 복장 착용 방법을 게시하여야 하고, 개인위생관리를
위한 세척, 건조, 소독 설비 등을 구비하여야 하며, 작업자는 세척 또는 소독 등을
통해 오염가능성 물질 등을 제거한 후 작업에 임하여야 한다.

▶ 출입구(위생전실) 확인사항
- 세척(손, 신발), 건조(손), 소독(손, 신발), 이물제거기(끈끈이롤러) 설비 구비 여
  부 확인
- 손세척용 온수공급 여부, 출입인원 대비 시설설비 충분 여부 확인

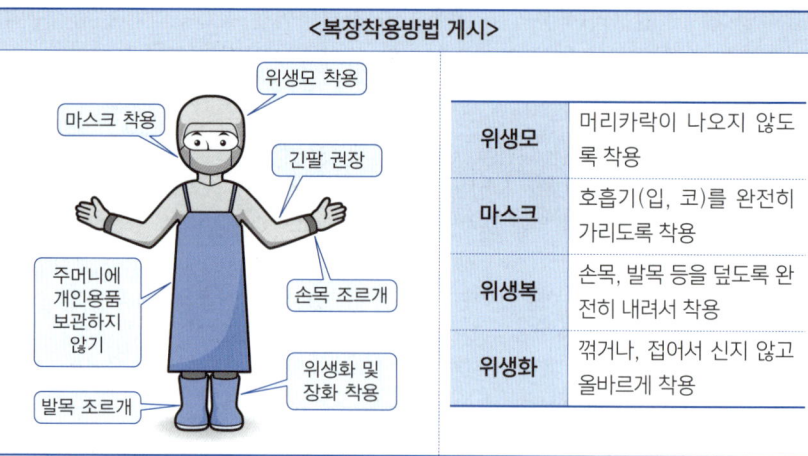

<복장착용방법 게시>	
위생모	머리카락이 나오지 않도록 착용
마스크	호흡기(입, 코)를 완전히 가리도록 착용
위생복	손목, 발목 등을 덮도록 완전히 내려서 착용
위생화	꺾거나, 접어서 신지 않고 올바르게 착용

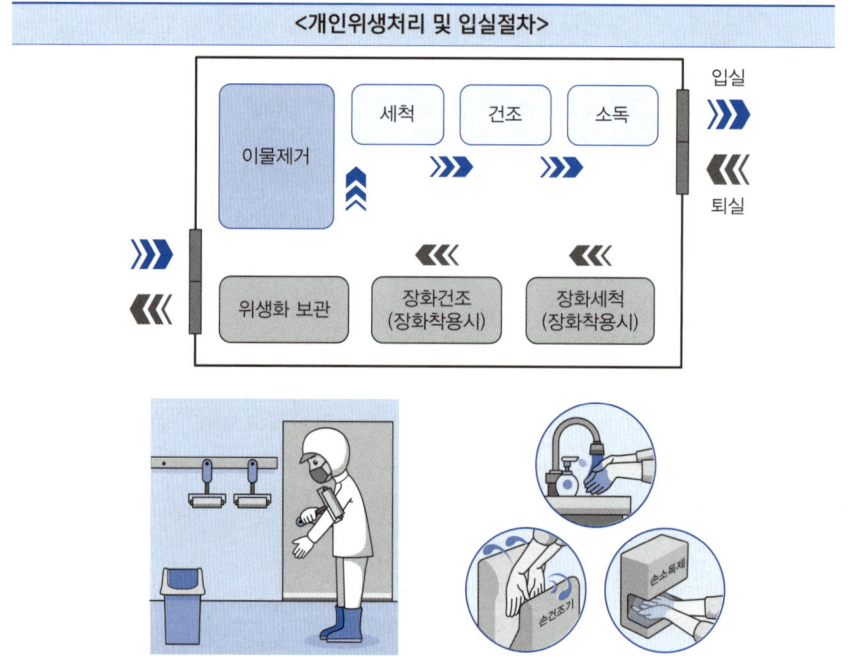

[통로]

(7) 작업장 내부에는 종업원의 이동경로를 표시하여야 하고 이동경로에는 물건을 적재하거나 다른 용도로 사용하지 아니 하여야 한다.

[창]

(8) 창의 유리는 파손 시 유리조각이 작업장 내로 흩어지거나 원·부자재 등으로 혼입되지 아니하도록 하여야 한다(비산방지 필름 등 부착).

[채광 및 조명]

(9) 작업실 안은 작업이 용이하도록 자연채광 또는 인공조명장치를 이용하여 밝기는 220룩스 이상을 유지하여야 하고, 특히 선별 및 검사구역 작업장 등은 육안확인이 필요한 조도(540룩스 이상)를 유지하여야 한다.

(10) 채광 및 조명시설은 <u>내부식성 재질</u>을 사용하여야 하며, 식품이 노출되거나 내포
장 작업을 하는 작업장에는 파손이나 이물 낙하 등에 의한 오염을 방지하기 위한
<u>보호장치</u>를 하여야 한다.

▲ 육안확인 위치에 충분한 조도 확보

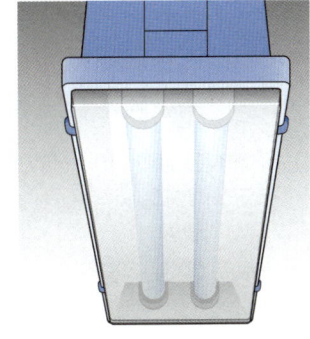

▲ 조명기구 보호장치

[부대시설- 화장실, 탈의실 등]

(11) 화장실, 탈의실 등은 내부 공기를 외부로 배출할 수 있는 별도의 환기시설을 갖추
어야 하며, 화장실 등의 벽과 바닥, 천장, 문은 내수성, 내부식성의 재질을 사용
하여야 한다. 또한, 화장실의 출입구에는 세척, 건조, 소독 설비 등을 구비하여야
한다.

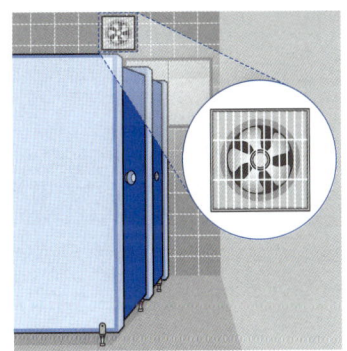

▲ 화장실 환기설비

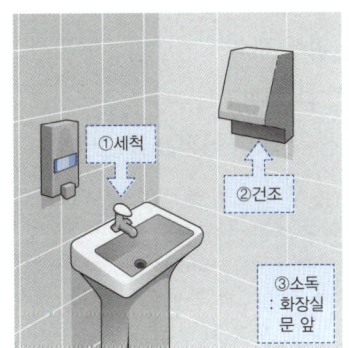

▲ 화장실 내부 위생설비

(12) 탈의실은 외출복장(신발 포함)과 위생복장(신발 포함)간의 교차 오염이 발생하지
아니하도록 분리 또는 구분·보관하여야 한다.

▲ 위생화(위), 일반화(아래) 구분보관

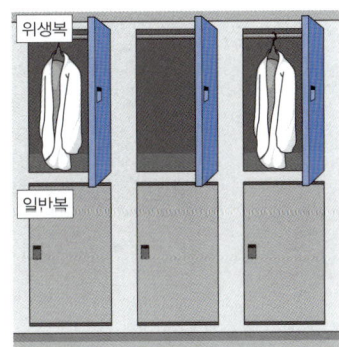

▲ 위생복(위), 일반복(아래) 구분보관

01 식품공장의 작업장 구조와 설비에 대한 설명으로 틀린 것은? *21년 4회

① 출입문은 완전히 밀착되어 구멍이 없어야 하고 밖으로 뚫린 구멍은 방충망을 설치한다.

② 천장은 응축수가 맺히지 않도록 재질과 구조에 유의한다.

③ 가공장 바로 옆에 나무를 많이 식재하여 직사광선으로부터 공장을 보호하여야 한다.

④ 바닥은 물이 고이지 않도록 경사를 둔다.

해설) 작업장 가까이 식재할 경우 곤충유입의 우려가 있으므로 식재는 공장에서 가급적 멀리 떨어뜨려야 함

02 식중독 안전관리를 위한 시설 설비의 위생관리로 잘못된 것은? *16년 3회

① 수증기열 및 냄새 등을 배기시키고 조리장의 적정 온도를 유지시킬 수 있는 환기시설이 갖추어져 있어야 한다.

② 내벽은 내수처리를 하여야 하며, 미생물이 번식하지 아니하도록 청결하게 관리하여야 한다.

③ 바닥은 내수처리가 되어 있고 가급적 미끄러지지 않는 재질이어야 한다.

④ 경사가 지면 미끄러짐 등의 안전 위험이 있으므로 경사가 없도록 한다.

해설) 작업장은 배수가 잘 되어야 함

정답) 01 ③ 02 ④

1-2. 위생 관리

[작업 환경 관리]

- 동선 계획 및 공정간 오염방지

(13) 원·부자재의 입고에서부터 출고까지 물류 및 종업원의 이동 동선을 설정하고 이를 준수하여야 한다.

> ▶ 작업자의 불필요한 이동, 무분별한 작업 공간 활용은 제품에 교차오염을 유발할 수 있음

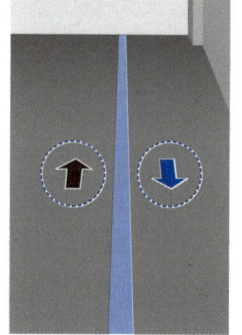 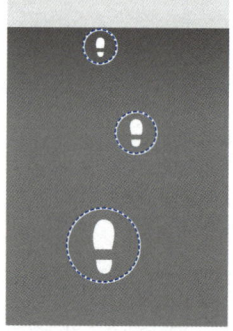

▲ 작업자 동선계획에 따른 이동경로 표시

(14) 원료의 입고에서부터 제조·가공, 보관, 운송에 이르기까지 모든 단계에서 혼입될 수 있는 이물에 대한 관리계획을 수립하고 이를 준수하여야 하며, 필요한 경우 이를 관리할 수 있는 시설·장비를 설치하여야 한다.

---

1. 이물관리계획서 마련

2. 이물 발생원인 및 관리방법
   1) 원료 차원의 관리
      - 경작 또는 사육, 운송 등에서 발생
        → 협력업체(제품생산에 필요한 원·부재료 및 포장재 등을 공급하는 모든 업체) 관리 및 입고검사강화(조도 540LUX 이상에서 육안선별)
   2) 공정 중 제거관리
      ① 작업자 부주의 및 관리 부족으로 공정 중 혼입
        - 머리카락, 클립, 스테플러, 커터 칼 등
      ② 해충 발생 등으로 공정 중 혼입
      ③ 제조 설비 등으로 인한 공정 중 혼입
      ④ 유통 중 관리 부족으로 혼입
      ⑤ 보관 중 관리 부족으로 혼입(벌레 등)
        → 설비의 연결부위를 완전히 밀폐
          출입자 관리
          공장의 주변 환경 정리
          작업장 밀폐성 강화 및 차단 장치 설치(전실, 에어커튼 등)
          포충등 등 포획 장비 설치 및 관리

---

(15) 청결구역과 일반구역별로 각각 출입, 복장, 세척·소독 기준 등을 포함하는 위생 수칙을 설정하여 관리하여야 한다.

- 온도·습도 관리

(16) 제조·가공·포장·보관 등 공정별로 온도 관리계획을 수립하고 이를 측정할 수 있는 온도계를 설치하여 관리하여야 한다. 필요한 경우 제품의 안전성 및 적합성을 확보하기 위한 습도관리계획을 수립·운영하여야 한다.

- 환기시설 관리

(17) 작업상 내에서 발생하는 악취나 이취, 유해가스, 매연, 증기 등을 배출할 수 있는 환기시설을 설치하여야 한다.

- 방충·방서 관리

(18) 외부로 개방된 흡·배기구 등에는 여과망이나 방충망 등을 부착하여야 한다.

작업장에 설치되어 있는 환기(흡·배기구) 설비의 종류, 환기의 정도, 공기의 흐름, 설비의 정상작동 여부를 확인할 수 있는 기준을 수립 관리하여야 함
또한, 외부와 연결되어 있는 흡·배기구에는 필터, 방충망 등을 설치하여 가동 중 및 미가동 시에 들어올 수 있는 해충에 대해 차단 관리할 수 있도록 기준을 수립 관리하여야 함

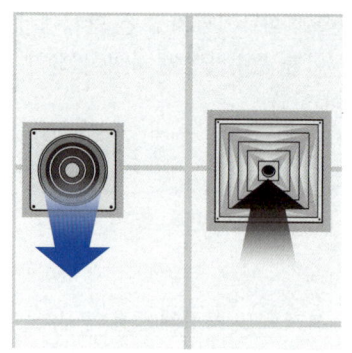

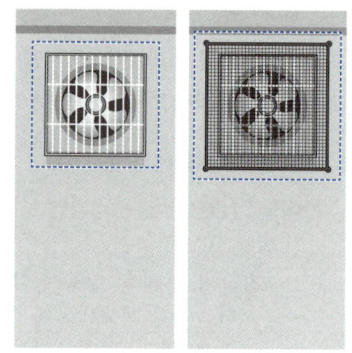

▲ 작업장 환기설비   ▲ 배기구 방충망 설치 관리

(19) 작업장은 방충·방서관리를 위하여 해충이나 설치류 등의 유입이나 번식을 방지
할 수 있도록 관리하여야 하고, 유입 여부를 정기적으로 확인하여야 한다.

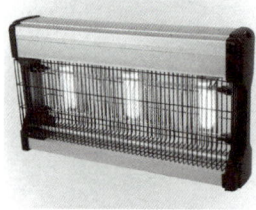

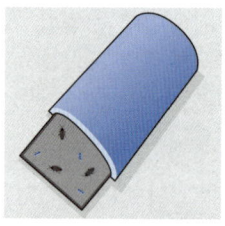

▲ 포충등 설치 비래해충 관리   ▲ 보행해충 트랩 설치 관리   ▲ 특이 해충 포획도구 설치

(20) 작업장 내에서 해충이나 설치류 등의 구제를 실시할 경우에는 정해진 위생 수칙
에 따라 공정이나 식품의 안전성에 영향을 주지 아니 하는 범위 내에서 적절한 보
호 조치를 취한 후 실시하며, 작업 종료 후 식품취급시설 또는 식품에 직·간접적
으로 접촉한 부분은 세척 등을 통해 오염물질을 제거하여야 한다.

[개인위생 관리]

(21) 작업장 내에서 작업 중인 종업원 등은 위생복·위생모·위생화 등을 항시 착용하
여야 하며, 개인용 장신구 등을 착용하여서는 아니 된다.

[폐기물 관리]

(22) 폐기물·폐수처리시설은 작업장과 격리된 일정장소에 설치·운영하며, 폐기물 등
의 처리용기는 밀폐 가능한 구조로 침출수 및 냄새가 누출되지 아니 하여야 하고,
관리계획에 따라 폐기물 등을 처리·반출하고, 그 관리기록을 유지하여야 한다.

▲ 별도의 폐기물 용기(덮개 필수)에 관리

[세척 또는 소독]

(23) 영업장에는 기계·설비, 기구·용기 등을 충분히 세척하거나 소독할 수 있는 시설이나 장비를 갖추어야 한다.

(24) 세척·소독 시설에는 종업원에게 잘 보이는 곳에 올바른 손 세척 방법 등에 대한 지침이나 기준을 게시하여야 한다.

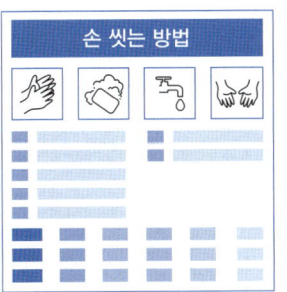

▲ 손세척 방법 게시물

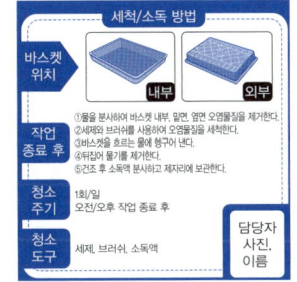

▲ 설비·도구 세척소독 방법 게시물

(25) 영업자는 다음 각 호의 사항에 대한 세척 또는 소독 기준을 정하여야 한다.
- 종업원
- 위생복, 위생모, 위생화 등
- 작업장 주변
- 작업실별 내부
- 식품제조시설(이송배관포함)
- 냉장·냉동설비
- 용수저장시설
- 보관·운반시설
- 운송차량, 운반도구 및 용기
- 모니터링 및 검사 장비
- 환기시설(필터, 방충망 등 포함)
- 폐기물 처리용기
- 세척, 소독도구
- 기타 필요사항

(26) 세척 또는 소독 기준은 다음의 사항을 포함하여야 한다.
- 세척·소독 대상별 세척·소독 부위
- 세척·소독 방법 및 주기
- 세척·소독 책임자
- 세척·소독 기구의 올바른 사용 방법
- 세제 및 소독제(일반명칭 및 통용명칭)의 구체적인 사용 방법

(27) 세척 및 소독용 기구나 용기는 정해진 장소에 보관·관리되어야 한다.

(28) 세척 및 소독의 효과를 확인하고, 정해진 관리계획에 따라 세척 또는 소독을 실시하여야 한다.

<전처리실 세척·소독 기준(예시)>

부위	세척·소독 방법	도구	주기	담당자
바닥	· 빗자루로 찌꺼기, 오물 등을 제거한다. · 물을 분사하여 잔여 찌꺼기를 제거한다. · 세제를 묻힌 솔을 사용하여 이물질, 찌든 때 등을 제거한다. · 차아염소산나트륨 희석수를 분무하고 5분간 방치한다. · 물을 분사하여 헹궈내고 스크래퍼로 물기를 제거한다.	빗자루, 솔, 스크래퍼, 세제, 소독수분무기	1회/일	작업자
✓ 주요부위	· 싱크대 하부, 작업대 후면 구석 등			
벽	· 세제를 묻힌 면걸레로 이물질을 제거한다. · 젖은 면걸레로 세제를 닦아낸다. · 소독된 면걸레로 다시 한 번 닦아낸다.	면걸레, 소독수 분무기	1회/일, 오염 물질 묻었을 경우	작업자
✓ 주요부위	· 분쇄기 뒷벽 등			
천장	· 세제를 묻힌 면걸레로 먼지 등을 제거한다. · 소독된 면걸레로 다시 한 번 닦아낸다.	면걸레, 소독수	1회/주	작업자
✓ 주요부위	· 배합기 상부 천장 등			
문	· 세제를 사용하여 면걸레로 이물질 및 때를 제거한다. · 젖은 면걸레로 세제 및 이물질을 제거한다. · 소독된 면걸레로 다시 한 번 닦아낸다.	세제, 면걸레 소독수	1회/주	작업자
배수로	· 배수로 덮개를 개방하고 솔을 이용하여 찌꺼기를 제거한다. · 차아염소산나트륨 희석수를 분무하고 5분간 방치한다. · 물을 분사하여 헹궈내고 스크래퍼로 물기를 제거한다.	솔, 소독수분무기, 스크래퍼	1회/일	작업자

<충진실 시설 · 설비 · 도구 세척 · 소독 기준(예시)>

대상	부위	세척 · 소독 방법	도구	주기	담당자
충진기	충진 서비스 탱크	· 세제를 묻힌 수세미로 이물질을 제거하고 충분히 물 세척을 실시한다. · 스크래퍼로 물기를 제거하고 건조한다. · 소독수를 분무한다.	수세미, 스크래퍼, 세제, 소독수분무기	1회/일	작업자
	✓주요부위	· 유입 배관, 배합 블레이드 등			
	충진 노즐	· 노즐을 충진기에서 분리한다. · 싱크대에서 깨끗한 물에 담궈 충분히 불린다. · 세제를 묻혀 솔로 세척한다. · 건조기에서 건조시킨 후 소독수를 분무한다.	면걸레, 소독수 분무기	1회/일, 오염 물질 묻었을 경우	작업자
	✓주요부위	· 충진노즐 패킹 등			
충진실 대차	전체	· 세제를 묻힌 면걸레로 먼지 등을 제거한다. · 소독된 면걸레로 다시 한 번 닦아낸다.	면걸레, 소독수	1회/일	작업자
	✓주요부위	· 대차 바퀴 등			
스쿠프	전체	· 물에 불려 세제를 묻힌 수세미로 세척한다. · 충분히 물로 헹군 다음 건조기에서 건조한다. · 소독수를 분무한다.	세제, 수세미 소독수분무기	1회/일	작업자

<세제 및 소독수 사용방법(예시)>

제품명	용도	성분 및 함량	사용 방법 및 조제
OO	식품원료 (생채소 중 가열조리 공정이 없는 경우) 살균소독제로 사용	디클로로아이소시안산 나트륨 (이염화이소시아늄산나트륨) 100%	· 원액을 물과 250배(200ppm) 희석하여 사용한다. · 1분 이상 처리 후 별도의 물 헹굼 처리가 필요 없으며, 최대한 기울여 여액을 완전히 흘려보낸 후 자연건조 한다. · 사용기준(량)을 초과하여 (200ppm) 사용 시 처리 후 반드시 음용수로 헹구어야 한다.
OO	식품기기(칼, 도마) 등의 살균 용액으로 사용	Ethyl alcohol 75% v/v이하. grapefruit seed ext<0.07%, glycerin U.S.P<0.03%	· 원액을 분무기에 넣고 사용한다. · 식품기기(칼, 도마) 등의 살균 용액으로 사용 · 사용 후 곧 증발되며 인체에 무해하다. · 식품 및 식품기기의 살균 <기구, 손소독 구분 필요>
OOO	채소, 과일 및 용기나 조리기구등 세척	계면활성제16% (고급아민계, 알킬황산에스테르(음이온) 고급아민계(비이온) D-LIMONENE, 알로에추출물84%	· 미온수 1L에 세척제 2g을 첨가하여 사용한다. · 칼, 도마 등을 세척하는 데 사용한다.
OO	발판소독수	차아염소산나트륨	· 물 5L에 락스 50ml를 희석하여 사용한다. · 발판소독수 조제에 사용
OO	CIP	산, 알칼리제제 등	· 산·알칼리 + 일정비율의 물을 혼합하여 pH 범위 등 기준에 맞게 혼합하여 사용한다. · 산·알칼리 등 잔류하지 않도록 세척한다. · 산·알칼리 등 사용 후 잔류여부를 점검한다.

1-3. 제조·가공 시설·설비 관리

[제조시설 및 기계·기구류 등 설비관리]

(29) 제조·가공·선별·처리 시설 및 설비 등은 공정간 또는 취급시설·설비 간 오염이 발생되지 아니하도록 공정의 흐름에 따라 적절히 배치되어야 하며, 이 경우 제조가공에 사용하는 압축공기, 윤활제 등은 제품에 직접 영향을 주거나 영향을 줄 우려가 있는 경우 관리대책을 마련하여 청결하게 관리하여 위해요인에 의한 오염이 발생하지 아니하여야 한다.

> ▶ 시설·설비 배치의 적절성이 중요
> - 시설·설비는 벽, 바닥, 다른 시실·실비 등과 충분한 간격(벽에서 1m)을 두고 설치
> - 충분한 간격을 두지 못했을 경우 관리방안
>   : 이동, 유지·보수, 세척·소독 등에서 문제점이 발생할 수 있는 위치 파악
>   : 해당 위치의 관리기준에 대해 별도 수립

(30) 식품과 접촉하는 취급시설·설비는 인체에 무해한 내수성·내부식성 재질로 열탕·증기·살균제 등으로 소독·살균이 가능하여야 하며, 기구 및 용기류는 용도별로 구분하여 사용·보관하여야 한다.

> ▶ 식품과 접촉하는 시설·설비, 기구·용기 재질의 적절성 여부 시험성적서 확인
> ▶ 살균·소독이 가능한 내수성, 내부식성(스테인레스) 재질의 계량도구 사용

(31) 온도를 높이거나 낮추는 처리시설(가열기, 냉각기 등)에는 온도변화를 측정·기록하는 장치를 설치·구비하거나 일정한 주기를 정하여 온도를 측정하고, 그 기록을 유지하여야 하며 관리계획에 따른 온도가 유지되어야 한다.

> ▶ 가열, 냉각 시설에 실시간 온도변화를 기록(데이터로거, 24시간 모니터링 가능)
> ▶ 기록지는 별도 일자별 기록관리 또는 모니터링일지에 별첨

(32) 식품취급시설·설비는 정기적으로 점검·정비를 하여야 하고 그 결과를 보관하여야 한다.

1-4. 냉장·냉동시설·설비 관리

(33) 냉장시설은 내부의 온도를 10℃ 이하(다만, 신선편의식품, 훈제연어, 가금육은 5℃ 이하 보관 등 보관온도 기준이 별도로 정해져 있는 식품의 경우에는 그 기준을 따른다.), 냉동시설은 -18℃ 이하로 유지하고, 외부에서 온도변화를 관찰할 수 있어야 하며, 온도 감응 장치의 센서는 온도가 가장 높게 측정되는 곳에 위치하도록 한다.

<식품의 종류별 보관온도>

식품의 종류	보존 및 유통 온도
냉장제품	0~10℃
냉동제품	-18℃ 이하
· 식육(분쇄육, 가금육 제외) · 포장육(분쇄육 또는 가금육의 포장육 제외) · 식육가공품(분쇄가공육제품 제외) · 기타식육	냉장(-2~10℃) 또는 냉동
· 식육(분쇄육, 가금육에 한함) · 포장육(분쇄육 또는 가금육의 포장육에 한함) · 분쇄가공육제품	냉장(-2~5℃) 또는 냉동
· 신선편의식품(샐러드 제품에 한함) · 훈제연어 · 알가공품(액란제품에 한함)	냉장(0~5℃) 또는 냉동
· 압착올리브유용 올리브과육 등 변질되기 쉬운 원료 · 얼음류	-10℃ 이하
기타 별도로 정해진 경우 그 기준을 준수(식품 등의 기준 및 규격)	

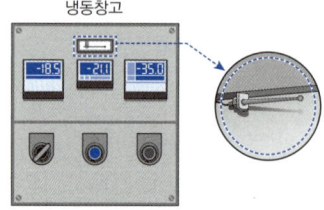

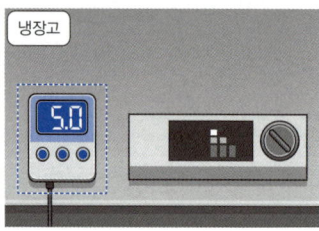

▲ 외부에서 확인 가능한 온도계 설치 관리

냉장/냉동창고 온도관리 일지

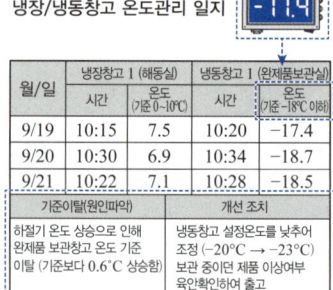

월/일	냉장창고 1 (해동실)		냉동창고 1 (완제품보관실)	
	시간	온도 (기준 0~10℃)	시간	온도 (기준 -18℃ 이하)
9/19	10:15	7.5	10:20	-17.4
9/20	10:30	6.9	10:34	-18.7
9/21	10:22	7.1	10:28	-18.5
기준이탈(원인파악)			개선 조치	
하절기 온도 상승으로 인해 완제품 보관창고 온도 기준 이탈 (기준보다 0.6℃ 상승함)			냉동창고 설정온도를 낮추어 조정 (-20℃ → -23℃) 보관 중이던 제품 이상여부 육안확인하여 출고	

▲ 온도관리 일지 작성

⊙ 기출로 확인

식품 및 축산물 안전관리인증기준에 의한 선행요건 중 식품제조업소에서의 냉장 · 냉동 시설 · 설비 관리로 잘못된 것은? *20년 3회

① 냉장시설은 내부온도를 10℃ 이하로 한다(단, 신선편의식품, 훈제연어, 가금육은 제외한다).
② 냉동시설은 -18℃ 이하로 유지한다.
③ 냉장 · 냉동시설의 외부에서 온도변화를 관찰할 수 있어야 한다.
④ 온도 감응 장치의 센서는 온도의 평균이 측정되는 곳에 위치하도록 한다.

(해설) 온도 감응 장치의 센서는 온도가 가장 높게 측정되는 곳에 위치하도록 함

정답 ④

1-5. 용수관리

(34) 식품 제조·가공에 사용되거나, 식품에 접촉할 수 있는 시설·설비, 기구·용기, 종업원 등의 세척에 사용되는 용수는 수돗물이나 「먹는물 관리법」 제5조의 규정에 의한 먹는물 수질기준에 적합한 지하수이어야 하며, 지하수를 사용하는 경우, 취수원은 화장실, 폐기물·폐수처리시설, 동물사육장 등 기타 지하수가 오염될 우려가 없도록 관리하여야 하며, 필요한 경우 살균 또는 소독장치(양전하필터/RO필터/염소/오존/자외선 등)를 갖추어야 한다.

(35) 식품 제조·가공에 사용되거나, 식품에 접촉할 수 있는 시설·설비, 기구·용기, 종업원 등의 세척에 사용되는 용수는 다음 각 호에 따른 검사를 실시하여야 한다.

가. 지하수를 사용하는 경우에는 먹는물 수질기준 전 항목에 대하여 연1회 이상 (음료류 등 직접 마시는 용도의 경우는 반기 1회 이상) 검사를 실시하여야 한다.

나. 먹는물 수질기준에 정해진 미생물학적 항목에 대한 검사를 월 1회 이상(지하수를 사용하거나 상수도의 경우는 비가열식품의 원료 세척수 또는 제품 배합수로 사용하는 경우에 한한다) 실시하여야 하며, 미생물학적 항목에 대한 검사는 간이검사키트를 이용하여 자체적으로 실시할 수 있다.

> ▶ 소독제 및 소독 부산물 등을 포함한 56개 항목 검사
> ▶ 자체 미생물 검사 항목: 일반세균, 총대장균군, 분원성대장균군

(36) 저수조, 배관 등은 인체에 유해하지 아니한 재질을 사용하여야 하며, 외부로부터의 오염물질 유입을 방지하는 잠금장치를 설치하여야 하고, 누수 및 오염여부를 정기적으로 점검하여야 한다.

> ▶ 저수조 등 재질은 FRP, SMC, 스테인레스 사용, 저수조가 시멘트인 경우 적절한 방수코팅처리

(37) 저수조는 반기별 1회 이상 청소와 소독을 자체적으로 실시하거나, 저수조청소업자에게 대행하여 실시하여야 하며 그 결과를 기록·유지하여야 한다.

(38) 비음용수 배관은 음용수 배관과 구별되도록 표시하고 교차되거나 합류되지 아니하여아 한다.

1-6. 보관·운송관리

[구입 및 입고]

(39) 검사성적서로 확인하거나 자체적으로 정한 입고기준 및 규격에 적합한 원·부자재만을 구입하여야 한다.

육안검사일지												결재	작성자	승인자
입고일시	품명	성적서		소비기한	차량온도	차량상태	팔레트	외포장재	내포장재	성상	이물혼입	적합	부적합시 조치내용	
		구비여부	항목적합											
OOOO.OO.OO	소맥분	O	O	OOOO.OO.OO 까지		O	-	O	O	-	-	O		
OOOO.OO.OO	내포장재	O	O	-		-	-	O	O	-	-	O		
OOOO.OO.OO	양파	-	X	-	11℃	X	X	X	O	O	X	부적합	전량 반품	
OOOO.OO.OO	돼지고기	O	X	-	-11℃	O	O	X	X	O	X	부적합	전량 반품	

적합: O, 부적합: ×, 해당없음: -

▲ 입고기준규격에 적합한 원료인지 확인 관리

[협력업소 관리]

(40) 영업자는 원·부자재 공급업소 등 협력업소의 위생관리 상태 등을 점검하고 그 결과를 기록하여야 한다. 다만, 공급업소가 「식품위생법」이나 「축산물위생관리법」에 따른 HACCP 적용업소일 경우에는 이를 생략할 수 있다.

[운송]

(41) 운반 중인 식품·축산물은 비식품·축산물 등과 구분하여 교차오염을 방지하여야 하며, 운송차량(지게차 등 포함)으로 인하여 운송제품이 오염되어서는 아니 된다.

(42) 운송차량은 냉장의 경우 10℃ 이하(단, 가금육 -2~5℃ 운반과 같이 별도로 정해진 경우에는 그 기준을 따른다), 냉동의 경우 -18℃ 이하를 유지할 수 있어야 하며, 외부에서 온도변화를 확인할 수 있도록 온도 기록 장치를 부착하여야 한다.

> ▶ 차량점검일지 작성
> : 온도 측정 및 기록장치 부착하여 운송 중 온도이탈 여부 확인, 기록

[보관]

(43) 원료 및 완제품은 선입선출 원칙에 따라 입고·출고상황을 관리·기록하여야 한다.

▲ 선입선출을 위해 표기사항을 기입하여 보관

(44) 원·부자재, 반제품 및 완제품은 구분관리 하고, 바닥이나 벽에 밀착되지 아니하도록 적재·관리하여야 한다.

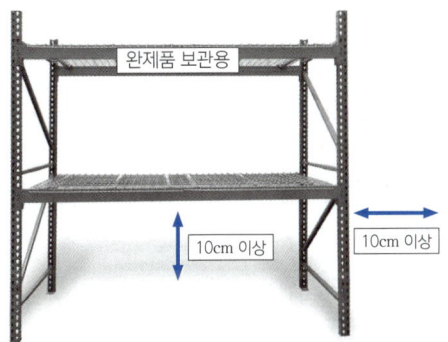

▲ 바닥, 벽으로부터 최소 10cm 이상 이격관리

(45) 부적합한 원·부자재, 반제품 및 완제품은 별도의 지정된 장소에 보관하고 명확하게 식별되는 표식을 하여 반송, 폐기 등의 조치를 취한 후 그 결과를 기록·유지하여야 한다.

(46) 유독성 물질, 인화성 물질 및 비식용 화학물질은 식품취급 구역으로부터 격리되고, 한기가 잘되는 지정 장소에서 구분하여 보관·취급하여야 한다.

> ▶ **유독성 물질**: 가성소다, 윤활유, 살충제, 구서제, 세제
>
> ▶ **인화성 물질**: 페인트, 스프레이 제품
>
> ▶ **비식용 화학물질**: 접착제 등

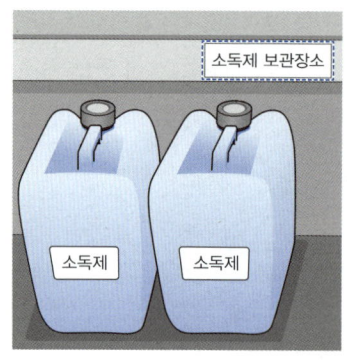

▲ 화학물질 보관장소 구비

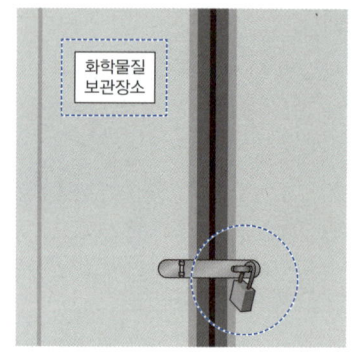

▲ 화학물질 보관장소의 잠금장치 설치

1-7. 검사 관리

[제품검사]

(47) 제품검사는 자체 실험실에서 검사계획에 따라 실시하거나 검사기관과의 협약에 의하여 실시하여야 한다.

> ▶ 자가품질검사성적서
> ▶ 식약처가 지정한 (식품전문, 자가품질위탁검사) 시험·검사기관을 통해서

(48) 검사결과에는 다음 내용이 구체적으로 기록되어야 한다.
- 검체명
- 제조년월일 또는 소비기한(품질유지기한)
- 검사 연월일
- 검사항목, 검사기준 및 검사결과
- 판정결과 및 판정연월일
- 검사자 및 판정자의 서명날인
- 기타 필요한 사항

[시설 설비 기구 등 검사]

(49) 냉장·냉동 및 가열처리 시설 등의 온도측정 장치는 연 1회 이상, 검사용 장비 및 기구는 정기적으로 교정하여야 한다. 이 경우 자체적으로 교정검사를 하는 때에는 그 결과를 기록·유지하여야 하고, 외부 공인 국가교정기관에 의뢰하여 교정하는 경우에는 그 결과를 보관하여야 한다.

> ▶ 검·교정: 시험 및 측정에 사용되는 모든 계량 계측기의 정밀도와 성능을 유지하기 위하여 규정된 주기와 절차에 따라 비교, 검사하여 교정하는 행위
> ▶ 검·교정 방법
> ① KOLAS(한국인정기구) 공인 교정기관에 의뢰
> ② 표준물질(표준분동, 표준온도계)로 자체 검·교정, 공인된 검·교정 방법 및 기준 준수

(50) 작업장의 청정도 유지를 위하여 공중낙하세균 등을 관리계획에 따라 측정·관리 하여야 한다. 다만, 제조공정의 자동화, 시설·제품의 특수성, 식품이 노출되지 아니 하거나, 식품을 포장된 상태로 취급하는 등 작업장의 청정도가 식품에 영향을 줄 가능성이 없는 작업장은 그러하지 아니할 수 있다.

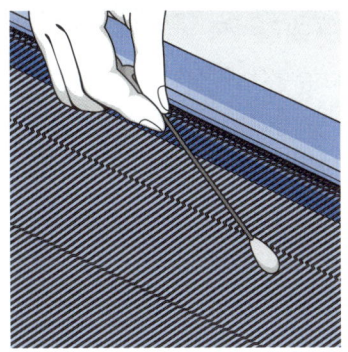
▲ 설비 표면오염도 검사

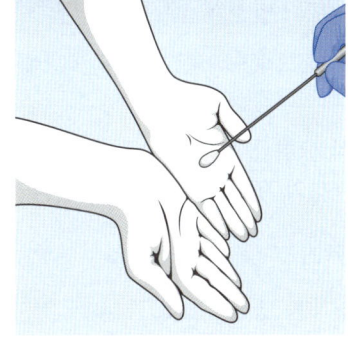
▲ 작업자 손 표면오염도 검사

1-8. 회수 프로그램 관리

[제품검사]

(51) 부적합품이나 반품된 제품의 회수를 위한 구체적인 회수절차나 방법을 기술한 회수프로그램을 수립·운영하여야 한다.

(52) 부적합품의 원인규명이나 확인을 위한 제품별 생산장소, 일시, 제조라인 등 해당 시설내의 필요한 정보를 기록·보관하고 제품추적을 위한 코드표시 또는 로트관리 등의 적절한 확인 방법을 강구하여야 한다.

> ▶ 주기적으로 모의 회수훈련 실시
> ▶ 이력추적제 시행으로 대체 가능

2. 집단급식소, 식품접객업소(위탁급식영업) 및 운반급식(개별 또는 벌크 포장)

※ 식품(식품첨가물)제조·가공업과 대부분 동일하나, 일부 부분이 상이함

2-2. 위생관리

[작업위생관리]

- 교차오염의 방지

(23) 칼과 도마 등의 조리 기구나 용기, 앞치마, 고무장갑 등은 원료나 조리과정에서의 교차오염을 방지하기 위하여 식재료 특성 또는 구역별로 구분하여 사용하여야 한다.

칼과 도마는 구분해서 사용	싱크대는 구분해서 사용, 또는 사용순서를 지킴
육류용, 어류용, 채소용, 가공식품용, 완제품용 칼과 도마를 색으로 구분	채소류 ▶ 육류 ▶ 어류 ▶ 가금류
고무장갑, 앞치마, 행주 등을 구분해서 사용	조리 전·후 또는 식품 종류별로 용기나 덮개를 사용
전처리용, 조리용, 배식용을 색으로 구분	조리 전·후, 채소·어류·육류별 구분 보관

(24) 식품 취급 등의 작업은 바닥으로부터 60㎝ 이상의 높이에서 실시하여 바닥으로 부터의 오염을 방지하여야 한다.

- 전처리

(25) 해동은 냉장해동(10℃ 이하), 전자레인지 해동, 또는 흐르는 물에서 실시한다.

> ▶ 해동관리기준의 설정
> ▶ 오븐 해동, 상온 해동, 온수 해동, 침수 해동은 권장하지 않음

(26) 해동된 식품은 즉시 사용하고 즉시 사용하지 못할 경우 조리시까지 냉장 보관하 여야 하며, 사용 후 남은 부분을 재동결하여서는 아니 된다.

- 조리

(27) 가열 조리 후 냉각이 필요한 식품은 냉각 중 오염이 일어나지 아니하도록 신속히 냉각하여야 하며, 냉각온도 및 시간기준을 설정·관리하여야 한다.

> ▶ 관리기준의 설정
> ▶ 냉각방법: 급속냉각장치 이용, 얼음용기에 식품용기 담아 냉각 등

(28) 냉장 식품을 절단 소분 등의 처리를 할 때에는 식품의 온도가 가능한 한 15℃를 넘 지 아니하도록 한 번에 소량씩 취급하고 처리 후 냉장고에 보관하는 등의 온도 관 리를 하여야 한다.

- 완제품 관리

(29) 조리된 음식은 배식 전까지의 보관온도 및 조리 후 섭취 완료시까지의 소요시간 기준을 설정·관리하여야 하며, 유통제품의 경우에는 적정한 소비기한 및 보존 조건을 설정·관리하여야 한다.
- 28℃ 이하의 경우: 조리 후 2~3시간 이내 섭취 완료
- 보온(60℃ 이상) 유지시: 조리 후 5시간 이내 섭취 완료
- 제품의 품온을 5℃ 이하 유지시: 조리 후 24시간 이내 섭취 완료

- 배식

(30) 냉장식품과 온장식품에 대한 배식 온도관리기준을 설정·관리하여야 한다.
- 냉장보관: 냉장식품 10℃ 이하(다만, 신선편의식품, 훈제연어는 5℃이하 보관 등 보관온도 기준이 별도로 정해져 있는 식품의 경우에는 그 기준을 따른다.)
- 온장보관: 온장식품 60℃ 이상

(31) 위생장갑 및 청결한 도구(집게, 국자 등)를 사용하여야 하며, 배식중인 음식과 조리 완료된 음식을 혼합하여 배식하여서는 아니 된다.

- 검식

(32) 영양사는 조리된 식품에 대하여 배식하기 직전에 음식의 맛, 온도, 이물, 이취, 조리 상태 등을 확인하기 위한 검식을 실시하여야 한다. 다만, 영양사가 없는 경우 조리사가 검식을 대신할 수 있다.

- 보존식

(33) 조리한 식품은 소독된 보존식 전용용기 또는 멸균 비닐봉지에 매회 1인분 분량을 -18℃ 이하에서 144시간 이상 보관하여야 한다.

2-3. 제조·가공·조리 시설·설비 관리

(41) 조리장에는 주방용 식기류를 소독하기 위한 자외선 또는 전기 살균소독기를 설치하거나 열탕세척 소독시설(식중독을 일으키는 병원성미생물 등이 살균될 수 있는 시설이어야 한다)을 갖추어야 한다.

2-6. 보관·운송관리

[구입 및 입고]

(52) 검사성적서로 확인하거나 자체적으로 정한 입고기준 및 규격에 적합한 원·부자재만을 구입하여야 한다.

(53) 부적합한 원·부자재는 적절한 절차를 정하여 반품 또는 폐기처분 하여야 한다.

(54) 입고검사를 위한 검수공간을 확보하고 검수대에는 온도계 등 필요한 장비를 갖추고 청결을 유지하여야 한다.

(55) 원·부자재 검수는 납품시 즉시 실시하여야 하며, 부득이 검수가 늦어질 경우에는 원·부자재별로 정해진 냉장·냉동 온도에서 보관하여야 한다.

[보관]

(62) 원·부자재에는 덮개나 포장을 사용하고, 날 음식과 가열조리 음식을 구분 보관하는 등 교차오염이 발생하지 아니하도록 하여야 한다.

(63) 검수기준에 부적합한 원·부자재나 보관 중 소비기한이 경과한 제품, 포장이 손상된 제품 등은 별도의 지정된 장소에 명확하게 식별되는 표식을 하여 보관하고 반송, 폐기 등의 조치를 취한 후 그 결과를 기록·유지하여야 한다.

◎ 기출로 확인

01 식품의 안전관리에 대한 사항으로 틀린 것은? *21년 2회

① 작업장 내에서 작업 중인 종업원 등은 위생복·위생모·위생화 등을 항시 착용하여야 하며, 개인용 장신구 등을 착용하여서는 아니 된다.

② 식품 취급 등의 작업은 바닥으로부터 60cm 이상의 높이에서 실시하여 바닥으로부터의 오염을 방지하여야 한다.

③ 칼과 도마 등의 조리 기구나 용기, 앞치마, 고무장갑 등은 원료나 조리과정에서의 교차오염을 방지하기 위하여 식재료 특성 또는 구역별로 구분하여 사용하여야 한다.

④ 해동된 식품은 즉시 사용하고 즉시 사용하지 못할 경우 조리 시까지 냉장 보관하여야 하며, 사용 후 남은 부분은 재동결하여 보관한다.

해설 해동과정 동안 미생물 증식의 가능성이 있으므로, 사용 후 재냉동하지 않아야 함

02 식품 및 축산물안전관리인증기준의 작업위생관리에서 아래의 (   ) 안에 알맞은 것은? *16년 3회

> • 칼과 도마 등의 조리기구나 용기, 앞치마, 고무장갑 등의 원료나 조리과정에서의 (   )을 방지하기 위하여 식재료 특성 또는 구역별로 구분하여 사용한다.
> • 식품 취급 등의 작업은 바닥으로부터 (   )cm 이상의 높이에서 실시하여 바닥으로부터 (   )을 방지하여야 한다.

① 오염물질 유입 - 60 - 곰팡이 포자 날림
② 교차오염 - 60 - 오염
③ 공정간 오염 - 30 - 접촉
④ 미생물 오염 - 30 - 해충 설치류의 유입

정답 01 ④ 02 ②

5 HACCP 관리

「식품 및 축산물 안전관리인증기준」에 따라서 준비단계 5절차와 7원칙 12절차를 따르는 영업은 식품(식품첨가물 포함)제조·가공업, 건강기능식품제조업, 집단급식소, 식품접객업, 도시락제조·가공업(운반급식 포함), 집단급식소 식품판매업, 즉석판매제조가공업, 식품소분업, 축산물작업장·업소·농장이 있고, 기타식품판매업은 제조·가공·도축 등의 공정이 없으므로 간소화된 절차를 따름

일반적인 HACCP 준비단계 5절차와 7원칙은 아래와 같음

- 준비 5단계: HACCP 시스템을 개발하기 위해 미리 실행하여야 하는 단계
- 운영·관리단계(7원칙): HACCP 관리계획을 수립하는데 있어 단계별로 적용되는 주요원칙

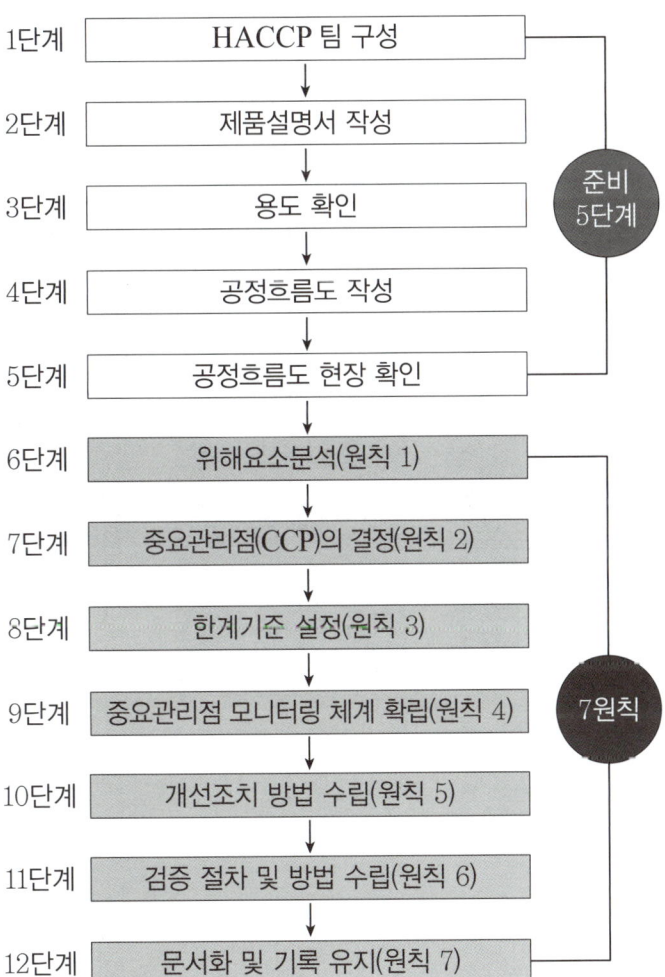

1. 사전준비 5단계

1-1. HACCP팀 구성

(1) 주요 내용

    ① 조직 및 인력현황

    ② HACCP팀 구성원별 역할

    ③ 교대 근무 시 인수 · 인계 방법

(2) 구성 요건

    ① HACCP 팀장은 대표자 또는 공장장으로 구성

    ② 전체 인력(또는 핵심관리인력)으로 팀원 구성

    ③ 모니터링 담당자(정 · 부)는 해당공정 현장종사자로 구성

<HACCP 팀구성(예시)>

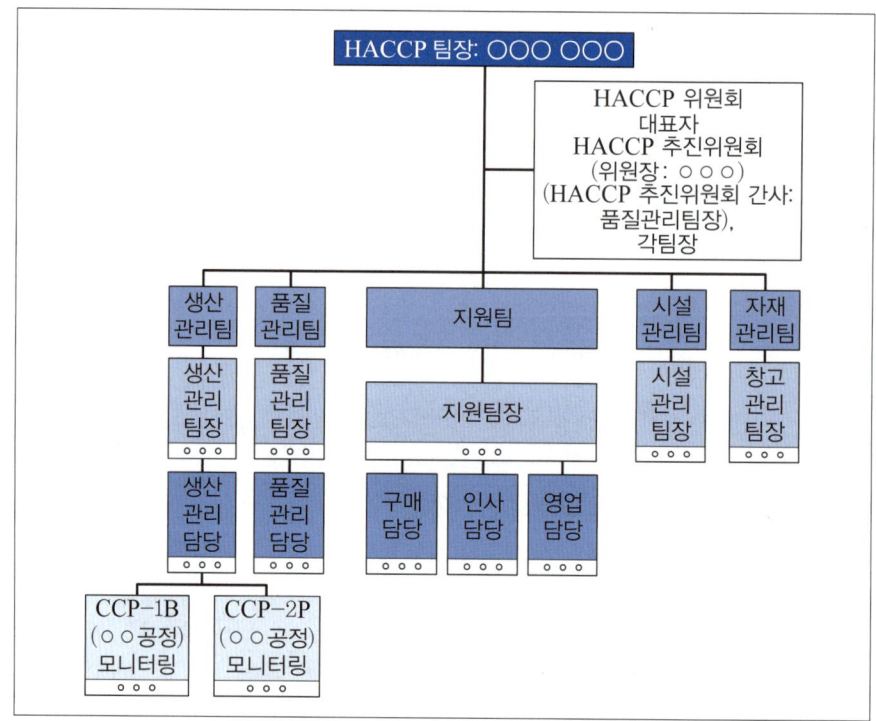

담당	업무		주기	관련기록	인수 인계
HACCP 팀장 (공장장)	표준기준서 승인		제·개정시	표준기준서	대표
	작업장 위생상태 점검내용 확인 및 승인 ·청결구역 교차오염여부 확인 ·식품위생법 시설기준, 영업자 준수사항 등 확인	매일	작업 중	일반위생관리 및 공정점검표	생산관리 팀장
	중요관리점 점검내용 개선 및 승인		작업완료 후	CCP 점검표	
	중요관리점(CCP) 검증	매월	첫째주 월요일	중요관리점 검증 점검표	
팀원1	원·부재료 시험성적서 수령여부, 운송차량 온도 확인 및 육안 검사, 입,출고, 재고 점검 관리	매일	작업 전	시험성적서	팀원2
	중요관리점 관리 및 점검(기록)		작업 중	CCP 점검표	
	작업장 바닥, 벽, 배수로 청소·소독 상태, 제조설비 청소·소독 상태 확인		작업완료 후	일반위생관리 및 공정점검표	

1-2. 제품설명서 작성

(1) 목적

① 제품에 대한 정확한 정보 파악

② 원부재료의 '위해요소' 파악

(2) 작성 방법

① 제품명·제품유형 및 성상

　- 품목제조보고서를 기반으로 작성

　- 동일 유형의 모든 HACCP 적용 대상 품목을 기술

② 품목제조보고 연·월·일(해당제품에 한한다)

③ 작성자 및 작성 연·월·일

④ 성분(또는 식자재) 배합비율

　- 품목제조보고서에 기재된 원료 모두 기입

⑤ 제조(포장)단위(해당제품에 한한다)

⑥ 완제품 규격

　- 법적규격: 식품공전 상 규격

　- 자사규격: 위해요소 분석결과 심각성이 높은 위해요소 및 실제 발생되는 위해요소로 한계기준 유효성평가 시험결과를 반영하여 자체적으로 설정

⑦ 보관·유통상(또는 배식상)의 주의사항

⑧ 소비기한(또는 배식시간)

⑨ 포장방법 및 재질(해당제품에 한한다)

⑩ 표시사항, 제품의 용도 등 기타 필요한 사항

<제품설명서(예시)>

제 품 설 명 서			
1. 제품명	○○○○		
2. 제품유형	식품공전상 식품유형		
3. 품목제조보고 연월일 및 보고자	2024. 0. 00. 보고자 ○○○(품목제조보고서 보고자)		
4. 작성연월일 및 작성자	2024. 0. 00. 작성자 ○○○(제품설명서 작성자)		
5. 성분배합비율(%)	물엿 00%, 고과당 00%, 가당연유 00%, 유화제 00%, 로커스트빈검 00%, 잔탄검 00%, 정제염 00%, 파인애플 00%, 정제수 00%		
6. 제조(포장) 단위	500g, 1kg, 2kg		
7. 완제품 규격	구 분	법적규격	자사규격
	성 상	고유의 향미를 가지고 이미·이취가 없어야 합니다.	
	생물학적	세균수: n=5, c=2, m=100,000, M=500,000 대장균: n=5, c=2, m=0, M=10	일반세균: 3,000cfu/ml이하 대장균군: 10cfu/ml 대장균: n=5, c=2, M=10, m=0 리스테리아: 음성 장출혈성대장균: 음성 황색포도상구균: 음성
	화학적	아질산이온(g/kg): 0.05 이하	
	물리적	이물: 불검출	이물: 불검출 금속성이물 철: 2.0mm∅ 스테인레스: 2.5mm∅이상 불검출
8. 보관·유통 상 주의사항	보관: 제품생산 후 −20℃ 이하 냉동창고 보관 운송: 차량운송 중 −18℃ 이하 냉동차로 운송 유통: 유통과정 중 −18℃ 이하 유지상태로 유통		
9. 포장방법 및 재질	포장방법: 개별 용기 포장 후, 박스포장 포장재질: 내포장 − 용기류(폴리프로필렌−PP), 외포장 − 골판지		
10. 표시사항	내포장지: 판매원, 제조원, 제품명, 보관방법, 식품첨가물, 용량, 유형, 주원료명, 특정성분, 용기재질, 반품 및 교환장소, 가격, 고객상담팀 전화번호, 환경계도문, 소비자피해보상규정, 분리배출표시, 바코드 외포장지: 제품명, 수량, 가격, 기타 주의사항 등		
11. 제품의 용도	일반건강인, 어린이, 환자, 노약자, 허약자 등의 기호식품(간식용)		
12. 섭취방법	제품 그대로 섭취		
13. 소비기한	00년 00월까지 (또는 제조일로부터　　　년(월)까지)		
14. 기타 사항	이미 냉동된 바 있으니 해동 후 재 냉동시키지 마시길 바랍니다.		

기출로 확인

HACCP의 일반적인 특성에 대한 설명으로 옳은 것은? *23년 3회

① 사고 발생시 역추적이 불가능하여 사전적 예방의 효과만 있다.

② 식품의 HACCP 수행에 있어 가장 중요한 위험요인은 통상적으로 "물리적 > 화학적 > 생물학적" 요인 순이다.

③ 공조시설계통도나 용수 및 배관처리계통도 상에서는 폐수 및 공기의 흐름 방향까지 표시되어야 한다.

④ 제품설명서에 최종제품의 기준·규격작성은 반드시 식품공전에 명시된 기준·규격과 동일하게 설정하여야 한다.

[해설] ① 사고 발생시 역추적과 회수가 가능함
② 식품의 HACCP 수행에 있어 위해요인 중 통상적으로 생물학적 요인이 우선순위임
④ 제품설명서에 최종제품의 기준·규격은 위해요소 분석결과 심각성이 높은 위해요소 및 실제 발생되는 위해요소로 한계기준 유효성평가 시험결과를 반영하여 자사규격을 별도로 설정함

[정답] ③

1-3. 용도 확인

(1) 목적

① 가열 또는 섭취 방법 확인

② 감수성 있는 소비 대상 파악(어린이, 영유아, 노약자, 면역 환자 등)

③ 위해요소 한계기준 결정에 필요

1-4. 공정 흐름도 작성

(1) 작성 목적

① 공정의 '위해요소' 파악

(2) 작성 내용

① 제조·가공·조리 공정도(공정별 가공방법)

② 작업장 평면도(작업특성별 분리, 시설·설비 등의 배치, 제품의 흐름과정, 세척·소독조의 위치, 작업자의 이동경로, 출입문 및 창문 등을 표시한 평면도면)

③ 급기 및 배기 등 환기 또는 공조시설 계통도

④ 급수 및 배수처리 계통도

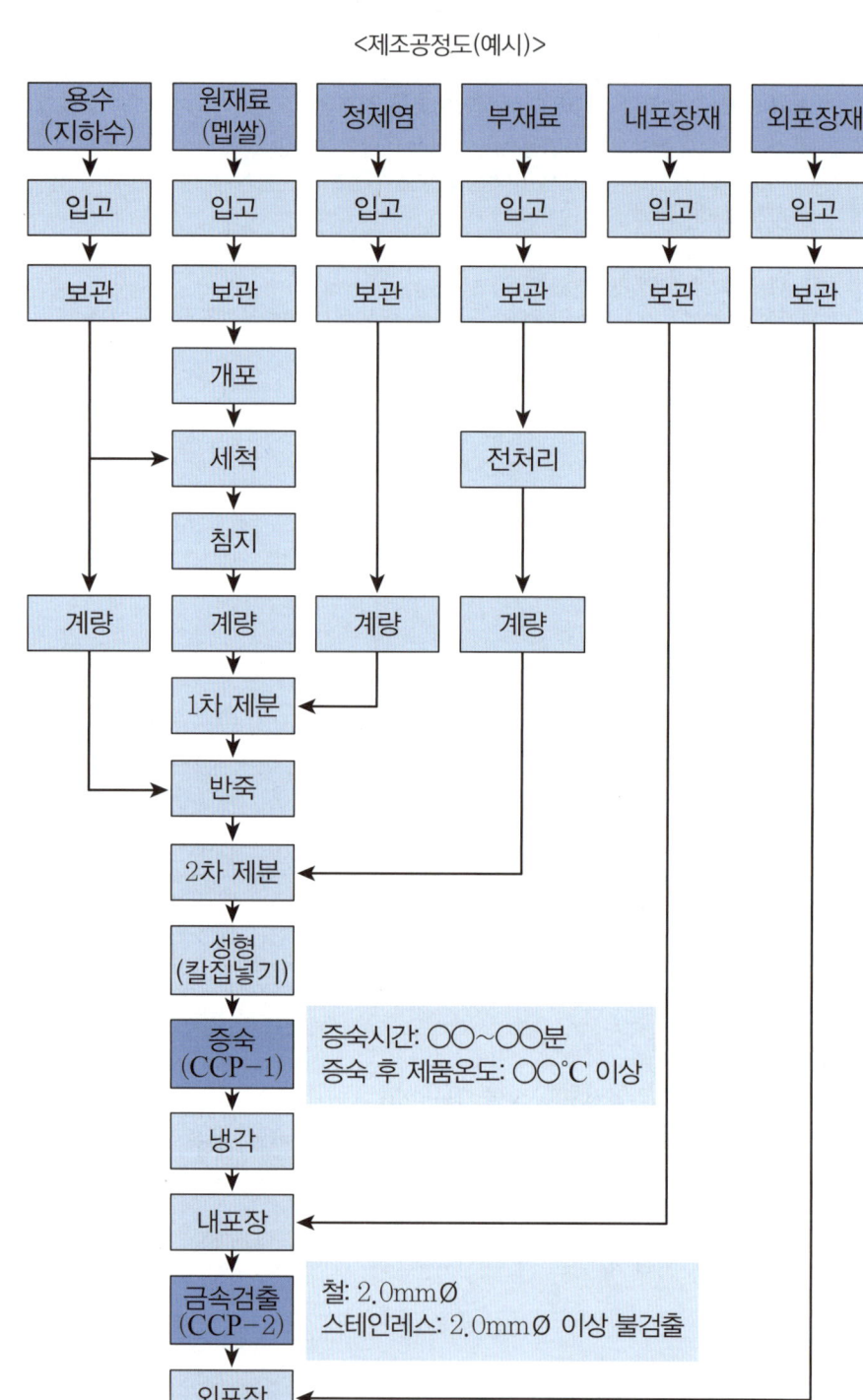

＜제조공정도(예시)＞

증숙시간: ○○~○○분
증숙 후 제품온도: ○○℃ 이상

철: 2.0mmØ
스테인레스: 2.0mmØ 이상 불검출

<공정별 가공방법(예시)>

일련 번호	공정 단계	공정설명	주요시설, 설비,도구	관리방법	담당자
1	입고	원·부재료 - 입고 시 차량의 온도 및 청결상태 확인 - 관능검사 - 원산지 증명확인서를 수령하여 확인	저울, 온도계	육안검사, 중량, 온도 측정, 원산지 증명확인서	입고 담당자
		포장재 - 시험성적서 확인 - 관능검사 - 소비기한 확인		육안검사, 시험성적서	입고 담당자
2	보관	원·부재료 - 냉장 0~10℃ 보관 - 팔레트 위에 선입선출/ 품목별 구분 적재 - 적재 시 벽과 10cm정도 이격관리		온도관리, 적재상태, 선입선출 관리, 이격관리	입고 담당자
		포장재 - 실온 보관 - 선입선출/ 품목별 구분 보관 - 적재 시 벽과 10cm정도 이격관리		보관상태, 선입선출 관리, 이격관리	입고 담당자
3	외포장 제거	오염원인 박스 등의 외포장재를 제거	가위, 칼, 이물통	육안검사	전처리 담당자
4	비가식 부위제거	비가식 부위를 제거	가위, 이물통	육안검사	전처리 담당자
5	선별	사용 기준에 맞게 선별 이물질, 비가식 부위 선별	선별대, 이물통	육안검사	전처리 담당자
6	세척	세척 기준에 맞게 원·부재료 세척	세척대, 바구니, 시계	- 세척시간: 00초~00초 사이 - 세척방법: 좌로 0회, 우로 0 회, 아래로 0회 - 가수량: 00L/분 - 세척수교체주기: 1회/0시간	세척 담당자
7	절단 및 분쇄	세척된 원부재료를 절단 또는 분쇄	절단기	기기오염 육안검사	배합 담당자
8	계량	배합비에 맞게 계량삭업내에서 계량	저울		배합 담당자
9	내포장	사양에 맞게 포장	내포장재, 저울, 진공포장기	실링상태	포장 담당자
10	금속 검출	포장한 제품을 금속검출기에 통과시킴 합격한 제품에 한해 보관실로 이동	금속검출기 테스트피스	금속검출기 작동상태 테스트피스 검출여부 - Fe: 1.0mm∅, - STS: 1.5mm∅	포장 담당자
11	보관	0~10℃ 냉장고에 보관	팔레트	보관고 위생상태, 보관고 온도, 보관고 이격관리, 선입선출	포장 담당자
12	출고	배송코스별로 비식품과 구분하여 적재 한 후 냉장차량에 출고	냉장차량, 팔레트	출고상태	출고 담당자

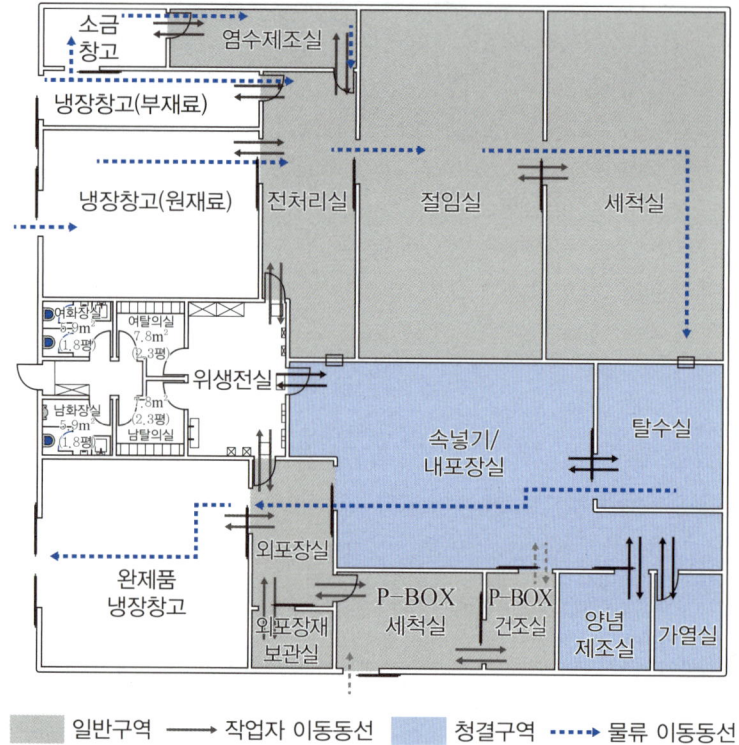

<작업장 평면도(예시)>

| 일반구역 | ⟶ 작업자 이동동선 | 청결구역 | ·····▶ 물류 이동동선 |

▶ **위생전실이 가장 중요. 청결구역과 일반구역을 만나야 함**
 - 일반→청결로 이동할 때 반드시 위생전실을 거쳐야 함
 - 작업구역 간 교차오염이 발생하지 않도록 청결구역과 일반구역 사이에는 물류만 이동
 - 생산성을 고려한 one way flow가 좋음

1-5. 공정 흐름도 현장 확인

(1) 목적

① 작성된 공정흐름도와 평면도가 현장과 일치하는지 검증

2. 7원칙

2-1. 위해요소 분석(원칙1)

(1) 위해요소의 개요

1) 위해요소(Hazard)

「식품위생법」 제4조(위해식품등의 판매 등 금지), 「건강기능식품에 관한 법률」 제23조(위해 건강기능식품 등의 판매 등의 금지) 및 「축산물 위생관리법」 제33조(판매 등의 금지)의 규정에서 정하고 있는 인체의 건강을 해할 우려가 있는 생물학적, 화학적 또는 물리적 인자나 조건

2) 위해요소의 분류

① B(Biological hazards): 생물학적 위해요소

㉠ 정의: 제품에 내재하면서 인체의 건강을 해할 우려가 있는 병원성 미생물, 부패미생물, 병원성 대장균(군), 효모, 곰팡이, 기생충, 바이러스 등

㉡ 원인: 원·부자재의 세척, 살균 등이 미비하여 원료가 오염된 경우, 제조·가공 등 공정에서 작업자, 기구, 용기, 기기 등을 통해서 교차오염되거나 살균·예방 공정이 부족한 경우, 원료·반제품·완제품의 운송·보관 시 부적절한 환경(온도, 습도, 위생 등)

② C(Chemical hazards): 화학적 위해요소

㉠ 정의: 제품에 내재하면서 인체의 건강을 해할 우려가 있는 중금속, 농약, 항생물질, 항균물질, 사용 기준초과 또는 사용 금지된 식품 첨가물 등 화학적 원인물질

㉡ 원인: 화학적 위해요소가 함유된 원·부자재를 사용하거나, 공정 중에 의도 또는 비의도적으로 혼입·생성되는 경우가 원인이며, 일부 경우에는 오염물질과 함께 유통·보관하는 경우에 혼입의 우려가 있음

③ P(Physical hazards): 물리적 위해요소

㉠ 정의: 제품에 내재하면서 인체의 건강을 해할 우려가 있는 인자 중에서 돌조각, 유리조각, 플라스틱 조각, 쇳조각 등

㉡ 원인: 원·부자재의 선별공정이 없거나 부족한 경우, 공정 중 기기 또는 기구의 조각이 이탈되거나, 작업자의 부주의에 의한 혼입으로도 발생할 수 있음

✏️ **용어정의**

• Hazard(위해요소): 인체의 건강을 해할 우려가 있는 생물학적, 화학적 또는 물리적 인자나 조건
• Risk(위해성, 위해도): 유해물질에 노출되어 건강에 유해영향이 나타날 가능성과 그 정도
※ 출처: 위해평가지침서, 식품의약품안전평가원, 2011

(2) 위해요소 분석

1) 위해요소 분석(Hazard Analysis)

① 정의: 식품·축산물 안전에 영향을 줄 수 있는 위해요소와 이를 유발할 수 있는 조건이 존재하는지 여부를 판별하기 위하여 필요한 정보를 수집하고 평가하는 일련의 과정

② 설명: 원·부재료별 또는 공정/단계별로 발생 가능한 모든 '잠재적 위해요소'의 목록을 나열하고, 각 위해요소의 유입경로와 이들을 제어할 수 있는 수단(예방수단)을 파악하여 기술하며, 위해도(Risk)를 평가, 즉 심각성과 발생가능성을 분석하여 '확인된 위해요소'를 선정

※ 실제 제조현장에서는 '식품원료별 위해요소 분석 정보집(식품의약품안전처)'을 활용할 수 있음

2) 위해요소분석 절차

| 원료별·공정별로 잠재적 위해요소와 발생원인을 모두 파악하여 목록화 | ➡ | 파악된 잠재적 위해요소(Hazard)에 대한 위해도(Risk, 심각성과 발생가능성) 평가 | ➡ | 파악된 잠재적 위해요소의 발생원인, 안전한 수준으로 예방, 제어, 허용수준이하로 감소시킬 수 있는 방법 확인 기재 | ➡ | 위해요소 분석 목록표 작성 |

① 위해요소 도출 및 원인규명

<위해요소 도출 기준>

㉠ 문헌조사	㉡ 현장조사
– 식품에서의 농약, 중금속 잔류관련 자료	– 원료 검토(시험성적서, 검사)
– 제품클레임 및 잠재클레임 자료	– 제조공정 검토(공정단계별 검사)
– 관련 연구 및 Review문헌	– 현장 분석(작업자, 작업장 오염도 측정)
– 식중독사고관련 자료(기사 등)	– 통계 분석(클레임 발생빈도, 불량발생률 등)
– 관련법규 및 규격기준	
– 원재료 및 제조환경의 오염실태	
– 현장 분석(측정) 자료(실험data)	
– 작업자 인터뷰 및 작업실태의 육안조사	
– 제품 보존시험 규격설정시험 등 제품 개발자료	
– 기타 필요 자료	

<원·부재료별 위해요소 도출 및 발생원인(예시)>

원·부 재료명	구분	위해요소 (생물학적:B 화학적:C 물리적:P)	발생원인
쇠고기	B	대장균군	– 원료자체 및 사육과정 관리 부족으로 오염 – 협력업체(생산자) 관리 부족으로 교차오염 – 원료 운반과정에서 부주의로 교차오염
		황색포도상구균	
		살모넬라	
		바실러스 세레우스	
		리스테리아	
		장출혈성대장균	
		진균	
	C	잔류항생물질	협력업체(생산자)의 교육/관리 부족으로 오염
		잔류농약	
	P	나사, 못, 칼날	협력업체(생산자)의 관리 부족으로 혼입
		돌, 모래, 플라스틱	
		머리카락, 비닐, 지푸라기	
고추	B	대장균군	– 원료자체 및 재배과정 관리 부족으로 오염 – 협력업체(생산자) 관리 부족으로 교차오염
		황색포도상구균	
		살모넬라	
		바실러스 세레우스	
		리스테리아	
		장출혈성대장균	
		클로스트리디움 퍼프린젠스	
		진균	
	C	잔류농약	– 오염된 토양에서 원료 재배 – 농약 사용기준을 미준수한 원료 재배 – 협력업체(생산자)의 교육/관리 부족으로 오염
		납, 카드뮴	
	P	나사, 못, 칼날	협력업체(생산자) 관리부족으로 혼입
		돌, 모래, 플라스틱	
		머리카락, 비닐, 지푸라기	

<공정/단계별 위해요소 도출 및 발생원인(예시)>

제조 공정	구분	위해요소 (생물학적:B 화학적:C 물리적:P)	발생원인(유래)
세척	B	대장균군	– 부적절한 세척실 온도관리에 의한 위해요소 증식 – 세척실 작업자/작업장/제조설비/기구용기/검사장비/운반도구/청소도구 등 세척소독 관리, 작업자 위생교육 부족으로 교차오염 – 부적절한 세척실 청정도 관리로 교차 오염 – 세척조건(방법, 시간, 가수량 등) 미준수로 위해요소 잔존
		황색포도상구균	
		살모넬라	
		바실러스 세레우스	
		리스테리아	
		장출혈성대장균	
		장염비브리오균	
		진균	
	P	나사, 못, 칼날	– 세척실 제조설비, 운반도구 등 관리 부족으로 교차오염 – 세척실 작업자/작업장/제조설비/기구용기/검사장비/운반도구/청소도구 등 세척소독 관리, 작업자 위생교육 부족으로 교차오염
		돌, 모래, 플라스틱	
		머리카락, 비닐, 지푸라기	
소독	B	대장균군	– 부적절한 소독실 온도관리에 의한 위해요소 증식 – 소독실 작업자/작업장/제조설비/기구용기/검사장비/운반도구/청소도구 등 세척소독 관리, 작업자 위생교육 부족으로 교차오염 – 부적절한 소독실 청정도 관리로 교차 오염 – 소독조건(농도, 시간, 헹굼 등) 미준수로 위해요소 잔존
		황색포도상구균	
		살모넬라	
		바실러스 세레우스	
		리스테리아	
		장출혈성대장균	
		장염비브리오균	
		진균	
	P	나사, 못, 칼날	– 소독실 제조설비, 운반도구 등 관리 부족으로 교차오염 – 소독실 작업자/작업장/제조설비/기구용기/검사장비/운반도구/청소도구 등 세척소독 관리, 작업자 위생교육 부족으로 교차오염
		돌, 모래, 플라스틱	
		머리카락, 비닐, 지푸라기	
가열	B	대장균군	– 부적절한 가열실 온도관리에 의한 위해요소 증식 – 가열실 작업자/작업장/제조설비/기구용기/검사장비/운반도구/청소도구 등 세척소독 관리, 작업자 위생교육 부족으로 교차오염 – 부적절한 가열실 청정도 관리로 교차 오염 – 가열조건(온도, 시간, 품온 등) 미준수로 위해요소 잔존
		황색포도상구균	
		살모넬라	
		바실러스 세레우스	
		리스테리아	
		장출혈성대장균	
		장염비브리오균	
		진균	
	P	나사, 못, 칼날	– 가열 제조설비, 운반도구 등 관리 부족으로 교차오염 – 가열실 작업자/작업장/제조설비/기구용기/검사장비/운반도구/청소도구 등 세척소독 관리, 작업자 위생교육 부족으로 교차오염
		돌, 모래, 플라스틱	
		머리카락, 비닐, 지푸라기	

② 위해요소 평가

　㉠ 심각성 평가

　　• CODEX(국제식품규격위원회), NACMCF(미국 미생물 기준 자문위원회), FAO 등 기준을 참고하여 해당 위해요소의 심각성을 높음(3점), 보통(2점), 낮음(1점)으로 평가

<심각성 평가 기준 자료(예시: CODEX)>

높 음(3점): 사망을 포함하여 건강에 중대한 영향을 미침	
B	*Clostridium botulinum*, *Salmonella typhi*, *Shigella dysenteriae*, *Vibrio cholerae*, *Vibrio vulnificus*, hepatitis A, E virus, *Listeria monocytogenes*, *Escherichia coli* O157:H7
C	화학오염물질, 식품첨가물, 중금속 등에 의한 직접적인 오염
P	금속, 유리조각 등 소비자에게 직접적인 해 또는 상처를 입힐 수 있는 물질
보 통(2점): 잠재적으로 넓은 전염성이 있는 것으로 입원	
B	장내병원성 *Escherichia coli*, *Salmonella* spp., *Shigella* spp., *Vibrio parahaemolyticus*, Rotavirus, Norwalk virus
C	타르색소, 잔류농약, 잔류용제(톨루엔, 프탈레이트 등), 잔류훈증 약제 등
P	돌, 나무조각, 플라스틱 등 경질이물
낮 음(1점): 제한적인 전염성이 있는 것으로 개인에 제한된 질병	
B	*Bacillus cereus*, *Clostridium perfringenes*, *Campylobacter jejuni*, *Yersinia enterocolitica*, *Staphylococcus aureus*
C	Somnolence, transitory allergies 등의 증상을 수반하는 화학오염 물질 등
P	머리카락, 비닐 등 연질이물

　㉡ 발생가능성 평가

　　• 빈도평가(국내 시험검사결과 부적합 건)와 가능성평가(국내외 위해정보 발생 사례)를 통해 해당 위해요소의 발생가능성을 높음(3점), 보통(2점), 낮음(1점)으로 평가

<위해요소 발생가능성 평가기준(예시)>

구분	분류기준	
	빈도평가 (국내 시험검사결과 부적합 건)	가능성평가 (국내외 위해정보 발생 사례)
높음(3점)	해당 위해요소 발생사례 확인 (2회 이상/분기 발생 사례 수집)	해당 위해요소로 식중독 발생
보통(2점)	해당 위해요소 발생사례 미확인 (1회 이상/분기 발생사례 수집)	해당 위해요소로 오염 사례확인
낮음(1점)	해당 위해요소 연관성 없음 (발생사례 없음/분기)	해당 위해요소 연관성 없음

ⓒ 위해도 종합평가
- 심각성 평가와 발생가능성 평가 점수의 곱으로 산정
- 경결함 이상 위해요소는 CCP 결정도 평가
- 해당 식품 원료, 공정 등에 심각성 높은 잠재적 위해요소와 실제 공정평가에서 발생되는 위해요소는 CCP 결정도에서 평가 필요

<종합평가 참고(CODEX)>

발생가능성		심각성		
높음		경결함(3)	중결함(6)	치명결함(9)
보통		불만족(2)	경결함(3)	중결함(6)
낮음		만족(1)	불만족(2)	경결함(3)
		낮음	높음	높음
		보통		

③ 예방조치 및 관리방법
ⓐ 생물학적 위해요소
- 시설 개·보수
- 원·부재료 협력업체 시험성적서 확인
- 입고되는 원·부재료 검사
- 보관, 가열, 포장 등의 가공조건(온도, 시간 등) 준수
- 시설·설비, 종업원 등에 대한 적절한 세척·소독 실시
- 공기 중에 식품노출 최소화
- 종업원에 대한 위생교육 등
- 선입선출
- 적절한 창고관리
ⓑ 화학적 위해요소
- 원·부재료 협력업체 시험성적서 확인
- 입고되는 원·부재료 검사
- 승인된 화학물질 사용, MSDS 확보
- 화학물질의 적절한 식별 표시, 독립 보관
- 화학물질의 사용기준 준수
- 화학물질을 취급하는 종업원의 적절한 교육·훈련 등

✎ 용어정의

MSDS(Material Safety Data Sheet)
물질안전보건자료로서, 화학물질의 명칭, 물리화학적 특성, 유해성과 위험성, 폭발성, 사고시 대처방법 등 화학물질에 대한 취급설명서

ⓒ 물리적 위해요소
- 시설 개·보수
- 원·부재료 협력업체 시험성적서 확인
- 입고되는 원·부재료 검사
- 세척, 육안선별, 금속검출기 관리 등
- 종업원 교육·훈련 등
- 방충방서 관리
- 이물관리계획 수립 및 준수
- 가공조건 및 시설설비관리기준 준수

④ 위해요소분석 목록표 작성
• 위해평가 결과 종합평가 3점 이상의 위해요소는 확인된 위해요소(Hazard)로 평가하고 CCP결정도에 반영하여 CCP여부를 검토

<원·부재료별 위해요소분석 목록표(예시)>

원·부재료	구분	위해요소 (생물학적:B 화학적:C 물리적:P)	발생원인	위해 평가			예방조치 및 관리방법
				심각성	발생 가능성	종합 평가	
쇠고기	B	대장균군	– 원료자체 및 사육과정 관리 부족으로 오염 – 협력업체(생산자) 관리 부족으로 교차오염	2	1	2	입고검사 협력업체 시험성적서 확인 (입고검사점검표) 원료사육과정 관리 협력업체(생산자) 점검/ 교육 관리 (협력업체점검표)
		황색포도상구균		1	2	2	
		살모넬라		2	1	2	
		바실러스 세레우스		1	1	1	
		리스테리아		3	1	3	
		장출혈성대장균		3	1	3	
		진균		2	2	4	
	C	항생물질	협력업체(생산자)의 관리 부족으로 항생물질 및 농약등 오염	2	1	2	입고검사 협력업체 시험성적서 확인 (입고검사점검표) 협력업체(생산자) 점검/ 교육 관리 (협력업체점검표)
	P	나사, 못, 칼날	협력업체(생산자)의 관리 부족으로 혼입	3	1	3	입고검사 협력업체 시험성적서 확인 (입고검사점검표) 원료사육과정 관리 협력업체(생산자) 점검/ 교육 관리 (협력업체점검표)
		돌, 모래, 플라스틱		2	2	4	
		머리카락, 비닐, 지푸라기		1	2	2	
고추	B	대장균군	– 원료자체 및 재배과정 관리 부족으로 오염 – 협력업체(생산자) 관리 부족으로 교차오염	2	1	2	입고검사 협력업체 시험성적서 확인 (입고검사점검표) 원료사육과정 관리 협력업체(생산자) 점검/ 교육 관리 (협력업체점검표)
		황색포도상구균		1	2	2	
		살모넬라		2	1	2	
		바실러스 세레우스		1	1	1	
		리스테리아		3	1	3	
		장출혈성대장균		3	1	3	
		클로스트리디움 퍼프린젠스		1	2	2	
		진균		2	2	4	
	C	잔류농약	토양오염, 협력업체(생산자)의 관리 부족으로 농약 등 오염	2	1	2	입고검사 협력업체 시험성적서 확인 (입고검사점검표) 협력업체(생산자) 점검/ 교육 관리 (협력업체점검표)
		납, 카드뮴		2	1	2	
	P	나사, 못, 칼날	협력업체(생산자) 관리 부족으로 혼입	3	1	3	입고검사 협력업체 시험성적서 확인 (입고검사점검표) 원료사육과정 관리 협력업체(생산자) 점검/ 교육 관리 (협력업체점검표)
		돌, 모래, 플라스틱		2	2	4	
		머리카락, 비닐, 지푸라기		1	2	2	

<공정별 위해요소분석 목록표(예시)>

제조공정	구분	위해요소 (생물학적:B 화학적:C 물리적:P)	발생원인(유래)	위해 평가 심각성	발생 가능성	종합 평가	예방조치 및 관리방법
입고	B	대장균군	부적절한 입고실/ 운반차량 온도관리에 의한 위해요소 증식 운송차량/작업자/작업장/제조설비/기구용기/검사장비/운반도구/청소도구 등 세척소독 관리, 작업자 위생교육 부족으로 교차오염 부적절한 작업장 청정도 관리로 교차 오염	2	1	2	입고실 세척소독 관리 (작업장 세척소독 관리 점검표) 운반차량 세척소독 관리 (입고검사점검표) 입고실 작업자 위생 교육훈련 (작업자 위생교육 일지) 입고실 설비 세척소독 관리 입고실 기구용기/검사장비/청소도구 세척소독 관리 (시설·설비 세척소독 점검표) 입고 차량/ 입고실 온도관리 (온도/습도 관리 점검표) 세척/소독/가열/멸균/건조 공정 관리
		황색포도상구균		1	2	2	
		살모넬라		2	1	2	
		바실러스 세레우스		1	1	1	
		리스테리아		3	1	3	
		장출혈성대장균		3	1	3	
		장염비브리오균		2	1	2	
		진균		2	2	4	
	P	나사, 못, 칼날	입고실 제조설비, 운반도구 등 관리 부족으로 교차오염 운송차량/작업자/작업장/제조설비/기구용기/검사장비/운반도구/청소도구 등 세척소독 관리, 작업자 위생교육 부족으로 교차오염	3	1	3	입고실 환경 관리 (작업장 세척소독 관리 점검표) 입고실 작업자 위생 교육훈련 (작업자 위생교육 일지) 입고실 설비 관리 입고실 기구용기/검사장비/청소도구 관리 (시설·설비 관리 점검표) 금속검출/금속제거/여과 공정 관리
		돌, 모래, 플라스틱		2	2	4	
		머리카락, 비닐, 지푸라기		1	2	2	
보관	B	대장균군	부적절한 보관실 온도관리에 의한 위해요소 증식 보관실 작업자/작업장/제조설비/기구용기/검사장비/운반도구/청소도구 등 세척소독 관리, 작업자 위생교육 부족으로 교차오염 부적절한 보관실 청정도 관리로 교차 오염	2	1	2	보관실 세척소독 관리 (작업장 세척소독 관리 점검표) 보관실 운반도구 세척소독 관리 (시설·설비 세척소독 점검표) 보관실 작업자 위생 교육훈련 (작업자 위생교육 일지) 보관실 설비 세척소독 관리 보관실 기구용기/검사장비/청소도구 세척소독 관리 (시설·설비 세척소독 점검표) 보관실 온도관리 (온도/습도 관리 점검표) 세척/소독/가열/멸균/건조 공정 관리
		황색포도상구균		1	2	2	
		살모넬라		2	1	2	
		바실러스 세레우스		1	1	1	
		리스테리아		3	1	3	
		장출혈성대장균		3	1	3	
		장염비브리오균		2	1	2	
		진균		2	2	4	
	P	나사, 못, 칼날	보관실 제조설비, 운반도구 등 관리 부족으로 교차오염 운송차량/작업자/작업장/제조설비/기구용기/검사장비/운반도구/청소도구 등 세척소독 관리, 작업자 위생교육 부족으로 교차오염	3	1	3	보관실 환경관리 (작업장 세척소독 관리 점검표) 보관실 작업자 위생 교육훈련 (작업자 위생교육 일지) 보관실 설비 관리 보관실 기구용기/검사장비/청소도구관리 (시설·설비 관리 점검표) 금속검출/금속제거/여과 공정 관리
		돌, 모래, 플라스틱		2	2	4	
		머리카락, 비닐, 지푸라기		1	2	2	

세척							
세척	B	대장균군	부적절한 세척실 온도관리에 의한 위해요소 증식 세척실 작업자/작업장/제조설비/기구용기/검사장비/운반도구/청소도구 등 세척소독 관리, 작업자 위생교육 부족으로 교차오염 부적절한 세척실 청정도 관리로 교차 오염 세척조건(방법, 시간, 가수량 등) 미준수로 위해요소 잔존	2	1	2	세척실 세척소독 관리 (작업장 세척소독 관리 점검표) 세척실 운반도구 세척소독 관리 (시설·설비 세척소독 점검표) 세척실 작업자 위생 교육훈련 (작업자 위생교육 일지) 세척실 설비 세척소독 관리 세척실 기구용기/검사장비/청소도구 세척소독 관리 (시설·설비 세척소독 점검표) 세척실 온도관리 (온도/습도 관리 점검표) 세척 공정 관리(세척방법, 시간, 회수, 가수량 등) (중요관리점 세척공정 점검표)
		황색포도상구균		1	2	2	
		살모넬라		2	1	2	
		바실러스 세레우스		1	1	1	
		리스테리아		3	1	3	
		장출혈성대장균		3	1	3	
		장염비브리오균		2	1	2	
		진균		2	2	4	
	P	나사, 못, 칼날	세척실 제조설비, 운반도구 등 관리 부족으로 교차오염 세척실 작업자/작업장/제조설비/기구용기/검사장비/운반도구/청소도구등 세척소독 관리, 작업자 위생교육 부족으로 교차오염	3	1	3	세척실 환경관리 (작업장 세척소독 관리 점검표) 세척실 작업자 위생 교육훈련 (작업자 위생교육 일지) 세척실 설비 관리 세척실 기구용기/검사장비/청소도구 관리 (시설·설비 관리 점검표) 금속검출/금속제거/여과 공정 관리
		돌, 모래, 플라스틱		2	2	4	
		머리카락, 비닐, 지푸라기		1	2	2	

2-2. 중요관리점 결정(원칙2)

(1) 중요관리점의 개요

1) 중요관리점(Critical Control Point: CCP)

HACCP을 적용하여 식품·축산물의 (확인된) 위해요소를 예방·제어하거나 허용 수준 이하로 감소시켜 당해 식품·축산물의 안전성을 확보할 수 있는 중요한 단계·과정 또는 공정

2) 식품의 제조·가공·조리공정에서 중요관리점이 될 수 있는 사례

- 생물학적 위해요소 성장을 최소화 할 수 있는 냉각공정
- 생물학적 위해요소를 제거할 수 있는 특정 온도에서 가열처리
- pH 및 수분활성도의 조절
- 캔의 충전 및 밀봉 같은 가공처리
- 금속검출기에 의한 금속이물 검출공정, 여과공정 등

(2) 중요관리점 결정도

• 위해요소분석과 위해평가 결과 선정된 확인된 위해요소를 대상으로 중요관리점 결정도에 적용함

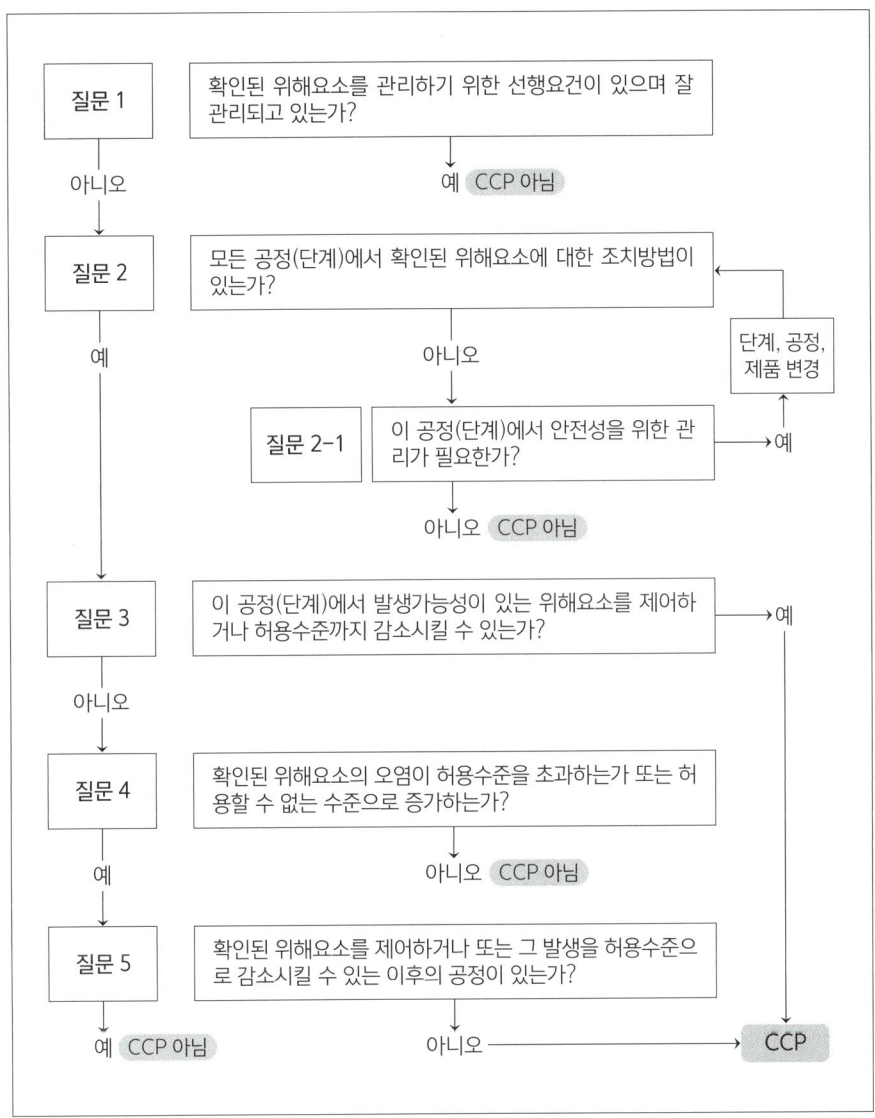

중요관리점(CCP) 결정도

| 질문 1 | 확인된 위해요소를 관리하기 위한 선행요건이 있으며 잘 관리되고 있는가? |

아니오 ↓   예 (CCP 아님)

| 질문 2 | 모든 공정(단계)에서 확인된 위해요소에 대한 조치방법이 있는가? |

단계, 공정, 제품 변경

예 ↓   아니오 ↓

| 질문 2-1 | 이 공정(단계)에서 안전성을 위한 관리가 필요한가? | →예

아니오 (CCP 아님)

| 질문 3 | 이 공정(단계)에서 발생가능성이 있는 위해요소를 제어하거나 허용수준까지 감소시킬 수 있는가? | →예

아니오 ↓

| 질문 4 | 확인된 위해요소의 오염이 허용수준을 초과하는가 또는 허용할 수 없는 수준으로 증가하는가? |

예 ↓   아니오 (CCP 아님)

| 질문 5 | 확인된 위해요소를 제어하거나 또는 그 발생을 허용수준으로 감소시킬 수 있는 이후의 공정이 있는가? |

예 (CCP 아님)   아니오 ── CCP

🎯 기출로 확인

중요관리점(CCP)의 결정도에 대한 설명으로 옳은 것은? *16년 2회

① 확인된 위해요소를 관리하기 위한 선행요건이 있으며 잘 관리되고 있는가
  - (예) - CCP 맞음
② 확인된 위해요소의 오염이 허용수준을 초과하는가 또는 허용할 수 없는 수준으로 증가하는가 - (아니요) - CCP 맞음
③ 확인된 위해요소를 제거하거나 또는 그 발생을 허용수준으로 감소 시킬수 있는 이후의 공정이 있는기 - (예) - CCP 맞음
④ 해당공정(단계)에서 안전성을 위한 관리가 필요한가 - (아니요) - CCP 아님

정답 ④

(3) 중요관리점 결정표 작성

<중요관리점(CCP) 결정표(예시)>

공정단계	구분	위해요소	질문1 예 → CCP 아님 아니오 → 질문2	질문2 예 → 질문3 아니오 → 질문2-1	질문2-1 예 → 질문2 아니오 → CCP 아님	질문3 예 → CCP 아님 아니오 → 질문4	질문4 예 → 질문5 아니오 → CCP 아님	질문5 예 → CCP 아님 아니오 → CCP	중요관리점 결정
입고	B	리스테리아 장출혈성대장균	NO	YES		NO	YES	YES (세척, 가열, 소독공정)	CCP 아님
	P	나사 못, 칼날	NO	YES		NO	YES	YES (세척, 금속검출공정)	CCP 아님
		돌, 모래, 플라스틱	NO	YES		NO	YES	YES (세척, 여과, X-Ray 검출공정)	CCP 아님
보관	B	리스테리아 장출혈성대장균	NO	YES		NO	YES	YES (세척, 가열 소독공정)	CCP 아님
	P	나사 못, 칼날	NO	YES		NO	YES	YES (세척, 금속검출공정)	CCP 아님
		돌, 모래, 플라스틱	NO	YES		NO	YES	YES (세척, 여과, X-Ray 검출공정)	CCP 아님
전처리	B	리스테리아 장출혈성대장균	NO	YES		NO	YES	YES (세척, 가열 소독공정)	CCP 아님
	P	나사 못, 칼날	NO	YES		NO	YES	YES (세척, 금속검출공정)	CCP 아님
		돌, 모래, 플라스틱	NO	YES		NO	YES	YES (세척, 여과, X-Ray 검출공정)	CCP 아님
세척	B	리스테리아 장출혈성대장균	NO	YES		YES			CCP-1B
	P	나사 못, 칼날	NO	YES		NO	YES	YES (금속검출공정)	CCP 아님
		돌, 모래, 플라스틱	NO	YES		YES			CCP-1P
소독	B	리스테리아 장출혈성대장균	NO	YES		YES			CCP-2B
	P	나사 못, 칼날	NO	YES		NO	YES	YES (금속검출공정)	CCP 아님
		돌, 모래, 플라스틱	NO	YES		NO	YES	YES (세척, 여과, X-Ray 검출공정)	CCP 아님
가열	B	리스테리아 장출혈성대장균	NO	YES		YES			CCP-3B
	P	나사 못, 칼날	NO	YES		NO	YES	YES (금속검출공정)	CCP 아님
		돌, 모래, 플라스틱	NO	YES		NO	YES	YES (세척, 여과, X-Ray 검출공정)	CCP 아님

2-3. 한계기준 설정(원칙3)

(1) 한계기준의 개요

1) 한계기준(Critical Limit, CL)

중요관리점에서의 위해요소 관리가 허용범위 이내로 충분히 이루어지고 있는지 여부를 판단할 수 있는 기준이나 기준치

2) 대표적인 한계기준 관리항목

- 온도 및 시간 　　　　　　　　　 - 습도(수분)
- 수분활성도(Aw) 같은 제품 특성 　 - 염소, 염분농도 같은 화학적 특성
- pH 　　　　　　　　　　　　　 - 금속검출기 감도

※ 한계기준은 현장에서 쉽게 실행할 수 있도록 가능한 육안관찰이나 간단한 측정으로 확인할 수 있는 <u>수치 또는 특정지표</u>로 나타내어야 함

(2) 한계기준 설정 절차

① 결정된 CCP별로 해당식품의 법적 기준 및 규격 확인

② 법적인 한계기준이 없을 경우, 업체에서 위해요소를 관리하기에 적합한 한계기준을 자체적으로 설정(시험자료를 바탕으로 <u>최솟값과 최댓값</u> 설정)하며, 필요시 외부전문가의 조언을 구함

③ 설정한 한계기준에 관한 과학적 문헌 등 근거자료를 유지 보관

<한계기준 설정 근거자료>
- CCP 공정의 가공조건(시간, 온도, 횟수, 자력, 크기 등의 조건)별 실제 생산라인에서 원료, 공정별 반제품, 완제품을 대상으로 하는 시험자료(유효성 평가 자료)
- 설정된 한계기준을 뒷받침 할 수 있는 과학적 근거(문헌, 논문 등) 자료 등

<중요관리점(CCP) 한계기준 설정(예시)>

공정명	CCP	위해요소	위해요인	한계기준
가열	CCP-1B	리스테리아, 장출혈성대장균	가열온도 및 가열 시간 미준수로 병원성 미생물 잔존	가열온도: 85-120℃, 가열시간: 3-5분 (품온 80℃ 110℃, 품온 유지시간 3-5분) 등
세척	CCP-1BCP	리스테리아, 장출혈성대장균 돌, 흙, 모래, 잔류농약	세척방법 미준수로 병원성 미생물, 잔류농약, 이물 잔존	세척횟수: 3-6단, 세척가수량: 20L/분, 세척시간: 5분-10분 등
소독	CCP-1BC	리스테리아, 장출혈성대장균, 잔류염소	소독농도 및 소독 시간, 소독수 교체 주기 미준수로 병원성 미생물 잔존 헹굼방법, 시간 미준수로 소독제 잔류	소독농도: 50-100ppm 소독시간: 1분-1분 30초 소독수 교체주기: 10Kg 당 헹굼방법: 흐르는 물(유속 20L/분~25L/분) 헹굼시간: 30-40분 등
금속검출	CCP-1P	금속 Fe 2.0mmø, STS 2.0mmø 이상 불검출	금속검출기 감도 불량으로 이물 잔존	금속 Fe 2.0mmø, STS 2.0mmø 이상 불검출

2-4. 모니터링 체계 확립(원칙4)

(1) 모니터링의 개요

1) 모니터링(Monitoring)

중요관리점에 설정된 한계기준을 적절히 관리하고 있는지 여부를 확인하기 위하여 수행하는 일련의 계획된 관찰이나 측정하는 행위 등

2) 모니터링의 목적

① 작업과정에서 발생되는 위해요소의 추적이 용이함

② 작업공정 중 CCP에서 발생한 기준 이탈시점을 확인할 수 있음

③ 문서화된 기록을 제공하여 검증 및 식품사고 발생 시 증빙자료로 활용할 수 있음

(2) 모니터링의 체계 확립 순서

① 각 원료와 공정별로 가장 적합한 모니터링 절차 파악(CCP파악)

② 모니터링 항목 결정(예 온도, 시간)

③ 모니터링 위치/지점, 방법 결정(예 살균공정/온도계, 타이머)

④ 모니터링 주기(빈도) 결정(예 2시간 간격 측정)

⑤ 모니터링 결과를 기록할 서식 결정(모니터링 일지)

⑥ 모니터링 담당자를 지정하고 훈련

<중요관리점(CCP) 모니터링 방법(예시)>

공정명	CCP	한계기준	모니터링 방법				
			대상	방법	주기	담당자
가열	CCP-1B	가열온도: 85℃-120℃, 시간: 3-5분 (품온: 80℃-110℃, 유지시간: 3-5분)	가열 시간, 온도	1. 가열기의 정상작동 유무를 확인한다. 2. 가열기에서 가열 온도(품온)와 가열시간(품온 유지 시간)을 모니터링 일지에 기록한다. 3. 모니터링 일지를 HACCP 팀장에게 승인받는다.	작업 전후/ 2시간 마다 등	공정담당 (○○○)
세척	CCP -1BCP	3-6단 세척, 가수량: 20L/분 ~25L/분 세척시간: 5분-10분	세척 방법	1. 세척기의 정상작동 유무를 확인한다. 2. 세척방법에 따라 세척시간, 횟수, 가수량 등을 모니 터링 일지에 기록한다. 3. 모니터링 일지를 HACCP 팀장에게 승인받는다.	작업 전후/ 2시간 마다 등	공정담당 (○○○)
소독	CCP-1BC	소독농도: 50-100ppm, 소독시간: 1분-1분 30초, 소독수 교체주기: 10kg 당, 헹굼방법: 수량 20L/ 분~25L/분, 헹굼시간: 1~2분	소독 농도, 시간, 소독수 교체 주기, 헹굼 방법, 시간	1. 소독기의 정상작동 유무를 확인한다. 2. 소독농도, 소독시간, 소독수 교체주기, 헹굼방법, 헹 굼시간을 모니터링 일지에 기록한다. 3. 모니터링 일지를 HACCP 팀장에게 승인받는다.	작업 전후/ 2시간 마다 등	공정담당 (○○○)
금속 검출	CCP-1P	금속: Fe 2mmØ, STS 2.0mmØ 이상 불검출, 쇳가루 불검출	금속 검출기 감도	1. 금속검출기에 테스트피스를 좌, 우, 중간에 통과시켜 검출여부를 CCP-1P 모니터링일지에 기록하고 HACCP팀장에게 보고한다. 2. 제품의 상, 중, 하에 테스트피스를 첨가하여 금속검 출기를 통과시켜 검출여부/ 통과되는 공정품의 검출 여부를 CCP-4P 모니터링일지에 기록하고 HACCP팀장에게 보고한다.	작업 전후/ 2시간 마다 등	공정담당 (○○○)

2-5. 개선조치 방법 수립(원칙5)

(1) 개선조치의 개요

1) 개선조치(Corrective Action)

모니터링 결과 중요관리섬의 한계기준을 이탈할 경우에 취하는 일런의 조치

2) 개선조치 방법 설정 시 체크사항

① 이탈된 제품을 관리하는 책임자는 누구이며, 기준 이탈시 모니터링 담당자
는 누구에게 보고하여야 하는가?

② 이탈의 원인이 무엇인지 어떻게 결정할 것인가?

③ 이탈의 원인이 확인되면 어떤 방법을 통하여 원래의 관리상태로 복원시킬
것인가?

④ 한계기준이 이탈된 식품(반제품 또는 완제품)은 어떻게 조치할 것인가?

⑤ 한계기준 이탈시 조치해야 할 모든 작업에 대한 기록·유지 책임자는 누구인가?

⑥ 개선조치 계획에 책임 있는 사람이 없을 경우 누가 대신할 것인가?

⑦ 개선조치는 언제든지 실행가능한가?

(2) 개선조치 내용

① 한계기준 이탈 시 신속한 작업 중단

② 한계기준 이탈 전으로 신속한 원상복귀(기기보정 등)

③ 부적합 제품 재처리 및 폐기

④ 재발 방지를 위한 원인규명 및 개선조치

⑤ 시설설비 수리

⑥ 의심제품의 검사 및 관리

⑦ HACCP 관리계획의 검토 및 개선

<개선조치방법(예시)>

공정명	CCP	개선조치 방법
가열	CCP-1B	1. 한계기준〔가열 온도(품온), 가열시간(품온 유지시간) 등)〕 이탈 시 ◦ 공정 담당자는 즉시 작업을 중지한다. ◦ 해당 제품은 즉시 재가열하고 CCP·모니터링 일지에 이탈사항과 개선조치사항을 기록하고 생산관리팀장, HACCP 팀장에게 보고한다. ◦ 해당로트 제품을 품질관리 팀장에게 공정품 검사를 의뢰한다. 2. 기기 고장인 경우 ◦ 공정 담당자는 즉시 작업을 중지하고 공정품을 보류한 뒤 CCP 모니터링 일지에 이탈사항을 기록하고 공무팀에 수리를 의뢰한다. ◦ 수리완료 후 공정품은 재가열한다. ◦ CCP 모니터링 일지에 개선조치사항을 기록하고 생산관리팀장, HACCP팀장에게 보고한다. ◦ 해당로트 제품을 품질관리 팀장에게 공정품 검사를 의뢰한다.
세척	CCP-1BCP	1. 한계기준(세척횟수, 시간, 가수량 등) 이탈 시 ◦ 공정 담당자는 즉시 작업을 중지한다. ◦ 해당 제품은 즉시 재 세척하고 CCP 모니터링 일지에 이탈사항과 개선조치사항을 기록하고 생산관리팀장, HACCP 팀장에게 보고한다. ◦ 해당로트 제품을 품질관리 팀장에게 공정품 검사를 의뢰한다. 2. 기기 고장인 경우 ◦ 공정 담당자는 즉시 작업을 중지하고 공정품을 보류한 뒤, CCP 모니터링 일지에 이탈사항을 기록하고 공무팀에 수리를 의뢰한다. ◦ 수리완료 후 공정품은 재 세척한다. ◦ CCP 모니터링 일지에 개선조치사항을 기록하고 생산관리팀장, HACCP팀장에게 보고한다. ◦ 해당로트 제품을 품질관리 팀장에게 공정품 검사를 의뢰한다.
소독	CCP-1BC	1. 한계기준(소독농도, 소독시간, 소독수 교체주기, 헹굼방법, 헹굼시간 등) 이탈 시 ◦ 공정 담당자는 즉시 작업을 중지한다. ◦ 소독농도를 보정 하고 해당 제품은 재소독/교체 및 재헹굼하고 CCP 모니터링 일지에 이탈사항과 개선조치사항을 기록하고 생산관리팀장, HACCP팀장에게 보고한다. ◦ 해당로트 제품을 품질관리 팀장에게 공정품 검사를 의뢰한다. 2. 기기 고장인 경우 ◦ 공정 담당자는 즉시 작업을 중지하고 공정품을 보류한 뒤, CCP 모니터링 일지에 이탈사항을 기록하고 공무팀에 수리를 의뢰한다. ◦ 수리완료 후 공정품은 재소독한다. ◦ CCP 모니터링 일지에 개선조치사항을 기록하고 생산관리팀장, HACCP팀장에게 보고한다. ◦ 해당로트 제품을 품질관리 팀장에게 공정품 검사를 의뢰한다.

금속 검출	CCP-1P	1. 제품에 금속 혼입될 경우 ◦ 공정 담당자는 즉시 작업을 중지한다. ◦ 해당 제품을 재 통과하여 확인하고 혼입이 확인 될 경우 CCP 모니터링 일지에 이탈사항과 개선조치사항을 기록하고 생산관리팀장, HACCP팀장에게 보고한다. ◦ 해당로트 제품을 품질관리 팀장에게 공정품 검사를 의뢰한다. 2. 기기 고장인 경우 ◦ 공정 담당자는 즉시 작업을 중지하고 공정품을 보류한 뒤, CCP 모니터링 일지에 이탈사항을 기록하고 공무팀에 수리 를 의뢰한다. ◦ 수리완료 후 CCP 모니터링 일지에 개선조치사항을 기록하고 생산관리팀장, HACCP팀장에게 보고한다. ◦ 해당로트 제품은 재통과시킨다. 3. 감도 저하의 경우 ◦ 공정 담당자는 즉시 작업을 중지하고 공정품을 보류한 뒤, CCP 모니터링 일지에 이탈사항을 기록하고 기기 감도를 측정한다. ◦ 감도 확인 후 CCP 모니터링 일지에 개선조치사항을 기록하고 생산관리팀장, HACCP팀장에게 보고한다. ◦ 해당로트 제품을 품질관리 팀장에게 공정품 검사를 의뢰한다.

2-6. 검증 절차 및 방법 수립(원칙6)

(1) 검증의 개요

1) 검증(Verification)

HACCP 관리계획의 유효성(Validation)과 실행(Implementation) 여부를 정기적으로 평가하는 일련의 활동(적용 방법과 절차, 확인 및 기타 평가 등을 수행하는 행위를 포함)

2) 검증의 목적

HACCP 시스템이 설정한 안전성 목표를 달성하는데 효과적인지, HACCP 관리계획에 따라 제대로 실행되는지, HACCP 관리계획의 변경 필요성이 있는지를 확인하기 위함

3) 검증의 구성

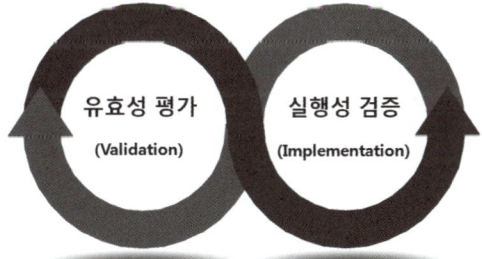

① HACCP 계획에 대한 유효성 평가(Validation)

HACCP 계획이 올바르게 수립되어 있는지 확인하는 것으로 발생가능한 모든 위해요소를 확인·분석하고 있는지, CCP가 적절하게 설정되었는지, 한계기준이 안전성을 확보하는데 충분한지, 모니터링 방법이 올바르게 설정되어 있는지 등을 과학적·기술적 자료의 수집과 평가를 통해 확인

② HACCP 계획의 실행성 검증

HACCP 계획이 설계된 대로 이행되고 있는지를 확인하는 것으로 작업자가 정해진 주기로 모니터링을 올바르게 수행하고 있는지, 기준 이탈시 개선조치를 적절하게 하고 있는지, 검사·모니터링 장비를 정해진 주기에 따라 검·교정하고 있는지 등을 확인

4) 검증주기에 따른 분류

① 최초검증(심사 전 실시): HACCP 계획을 수립하여 최초로 현장에 적용할 때 실시

② 일상검증: 일상적으로 발생되는 HACCP 기록문서 등에 대하여 검토·확인하는 것

③ 특별검증: 새로운 위해정보가 발생시, 해당식품의 특성 변경 시, 원료·제조공정 등의 변동 시, HACCP 계획의 문제점 발생 시 실시하는 검증

④ 정기검증(연 1회 이상): 정기적으로 HACCP 시스템의 적절성을 재평가 하는 검증

(2) 검증의 방법

1) 기록(서류) 검증

① 현행 HACCP 계획

② 이전 HACCP 검증보고서

③ 모니터링 활동(검·교정기록 포함)

④ 개선조치 사항

2) 현장 검증

① 제조·가공·조리공정흐름도, 작업장 평면도 등이 작성된 기준서와 일치하는지 확인

② 모니터링 담당자와의 면담 및 기록 확인을 통하여 모니터링 활동을 제대로 수행하고 있는지 평가

③ 한계기준 이탈시 담당자가 취해야 할 조치사항에 대한 숙지상태

④ 모니터링 담당 종업원의 업무 수행상태 관찰

⑤ 공정중의 모니터링 활동 기록의 일부 확인

3) 실험 검증

- 미생물실험, 이화학적 검사 등을 통한 확인검증
- CCP가 적절히 관리되고 있는지 검증하기 위하여 주기적으로 시료를 채취하여 실험분석

2-7. 문서화 및 기록 유지(원칙7)

(1) 목적

기록 유지는 제품을 유통시키기 전에 해당 작업장에서 HACCP 관리계획을 준수하였음을 보증하는 것

(2) 기록 목록의 예

① 원료
- 규격에 적합함을 증빙하는 원료공급업체의 시험증명서
- 공급업체의 시험성적서를 검증한 업체의 지도·감독 기록
- 온도에 민감하거나 소비기한이 설정된 원료에 대한 보관온도 및 기간 기록

② 공정관리
- CCP와 관련된 모든 모니터링 기록
- 식품 취급과정이 적절하게 지속적으로 운영하는지를 검증한 기록

③ 완제품
- 식품의 안전한 생산을 보장할 수 있는 자료 및 기록
- 제품의 안전한 소비기한을 입증할 수 있는 자료 및 기록
- HACCP 계획의 적합성을 인정한 문서

④ 보관 및 유통
- 보관 및 유통온도 기록
- 소비기간이 경과된 제품이 출고되지 않음을 보여주는 기록

⑤ 한계기준 일탈 및 개선조치
- CCP의 한계기준 이탈 시 취해진 공정이나 제품에 대한 모든 개선조치 기록

⑥ 검증
- HACCP 계획의 설정, 변경 및 재평가 기록

⑦ 종업원 교육
- 식품위생 및 HACCP 수행에 관한 교육훈련 기록

(3) 안전관리인증기준 관리계획(HACCP Plan)

식품·축산물의 원료 구입에서부터 최종 판매에 이르는 전 과정에서 위해가 발생할 우려가 있는 요소를 사전에 확인하여 허용 수준 이하로 감소시키거나 제어 또는 예방할 목적으로 안전관리인증기준(HACCP)에 따라 작성한 제조·가공·조리·선별·처리·포장·소분·보관·유통·판매 공정 관리문서나 도표 또는 계획

식품안전관리인증계획서(HACCP PLAN)

HACCP 적용 유형(특성포함): 예) 과자(유탕처리제품)
해당제품: 예) ○○링, ○○과자 등

(1) 중요관리점	(2) 주요 위해	(3) 한계기준	(4) 모니터링 대상	(5) 모니터링 방법	(6) 모니터링 주기	(7) 모니터링 담당자	(8) 개선조치	(9) 기록물	(10) 검증
예) 1B 가열(유탕) 공정	예) 병원성 미생물 잔존 (리스테리 아 모노사 이토젠스, 장출혈성 대장균 등)	예) 가열 온도 (유탕온도): 000~000℃ 가열 시간 (유탕시간): 00분00초 ~00분00초 가열 (유탕) 후 제품온도: 00℃ 이상	예) 가열기 설정 온도 또는 가열기 표시 온도 가열기 설정 시간 또는 투입 후 경과시간 제품온도 또는 제품온	예) 설 정 온 도 (표시온도) 육안 확인 설 정 시 간 육안확인 또는 가 열 시 간 타이머 측정 제 품 온 도 ○○온도계 측정	예) 작업 시작 시, 작업 중 0시간 마다, 작업 종료 시	예) 가열 담당자 홍길동	예) 1. 작업 중단 2. 온도 미달: - 가열기 이상 확인(또는 담당자 확인) 　- 온도 도달 시 작업 재개 　- 재가열(또는 폐기) 3. 온도 초과: - 가열기 이상 확인 　- 냉각 후 작업 재개 　- 제품 이상 확인 후 다음공정(또는 폐기) 1. 작업 중단 2. 시간 미달: - 가열기 이상 확인(또는 담당자 확인) 　- 재가열(또는 폐기) 3. 시간 초과: - 가열기 이상 확인(또는 담당자 확인) 　- 제품 이상 확인 후 다음공정(또는 폐기) 1. 작업 중단 2. 온도 미달: - 가열기 이상(온도, 시간) 확인 　- 제품 상태 확인 　- 재가열(또는 폐기)	예) 중요관리점 점검표	예) 공정 검증 작업 전 온도계 측 장치 정확도 확인, 1회/년 검 교정 월 1회 모니터 링, 개선조치방 법, 실행성 검증

3. 기타식품판매업의 HACCP 적용

3-1. 적용순서

(1) HACCP팀 구성

(2) 입고·보관·작업·포장·진열·판매 등 판매 흐름도 작성

(3) 입고·보관·작업·포장·진열·판매 등 단계별 위해요소분석

(4) 중요관리점 결정

(5) 중요관리점의 한계기준 설정

(6) 중요관리점별 모니터링 체계 확립

(7) 개선 조치방법 수립

(8) 검증 절차 및 방법 수립

(9) 문서화 및 기록유지방법 설정

3-2. 중요관리점(CCP) 결정 원칙

(1) 냉장·냉동식품의 온도관리 단계를 중요관리점(CCP)으로 결정하여 중점적으로 관리함을 원칙으로 하되, 판매식품의 특성에 따라 입고검사나 기타 단계를 중요관리점(CCP) 결정도(예시)에 따라 추가로 결정하여 관리할 수 있다.

(2) 농·임·수산물의 판매 등을 위한 포장, 단순처리 단계 등은 선행요건으로 관리한다.

(3) 중요관리점(CCP) 결정도(예시)

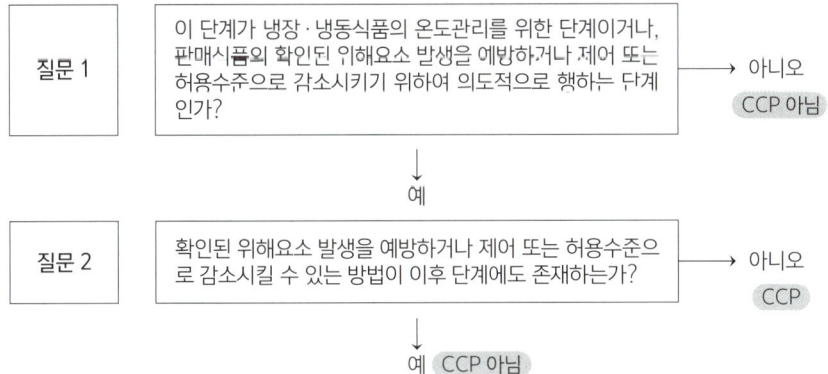

 선생님 TIP

기타식품판매업은 제조·가공의 공정이 없으므로, '제품 설명서 작성, 사용 용도 확인, 공정 흐름도 작성, 공정 흐름도 현장 확인' 절차를 '입고·보관·작업·포장·진열·판매 등 판매 흐름도 작성'으로 대체한다.

식품미생물 및 안전 | Part 03 | 해커스 식품산업기사 필기 한권완성 이론 + 최신기출 + 핵심노트

6 HACCP 적용품목 심벌

1. 안전관리인증기준(HACCP) 심벌

(1) 도축장, 집유장, 농장

(2) 그 밖의 HACCP 적용작업장·업소

(3) 축산물 안전관리통합인증업체

2. 자동 기록관리 시스템(스마트 해썹, Smart HACCP) 심벌

7 출제예상문제

01. 다음 중 HACCP 도입의 효과가 아닌 것은?

① 식품의 국제교역 활성화에 기여
② 현장관리 시스템의 구축
③ 식품의 영양 강화
④ 기업의 경쟁력 강화

| 해설

HACCP은 식품의 전 과정에서 위해한 물질이 식품에 섞이거나 오염되는 것을 방지하기 위해 위해요소를 확인·평가하여 중점적으로 관리하는 기준이므로 식품의 영양강화 효과는 관계가 적음

정답 ③

02. HACCP(안전관리인증기준)에 대한 설명으로 옳지 않은 것은?

① 식품 및 축산물의 안전을 위해 국제적으로 권고되는 사전예방적 관리시스템이다.
② HACCP은 위해요소분석과 중요관리점의 영문약자이다.
③ 최종 제품을 확실히 검사하여 안전성을 확보하는 개념이다.
④ HACCP관리는 7원칙 12절차로 규정되어 있다.

| 해설

식품제조공정 상의 원부재료, 공정품, 완제품, 환경 등에 대해 주기적으로 검사하여 사전안전 예방

정답 ③

03. 다음 중 HACCP 의무적용 대상 식품이 아닌 것은?

① 열무김치
② 냉동피자
③ 순대
④ 유탕면

| 해설

김치류 중 배추를 주원료로 한 것에 한하여 의무적용

정답 ①

04. 다음 중 HACCP인증에 대한 설명으로 틀린 것은?

① HACCP인증의 유효기간은 인증을 받은 날부터 3년으로 한다.

② HACCP인증을 받은 업소는 반드시 제품에 HACCP인증 표시를 하여야 한다.

③ HACCP인증을 받으려는 영업자는 한국식품안전관리인증원으로부터 공정별·품목별 위해요소의 분석, 기술지원 등을 받을 수 있다.

④ HACCP인증 업소의 영업자와 종업원은 모두 교육훈련을 받아야 한다.

| 해설

HACCP인증에 대한 표시는 자율표시제임

정답 ②

05. 다음 중 HACCP인증에 대한 설명으로 틀린 것은?

① HACCP인증 업소의 영업자는 인증받은 식품을 다른 업소에 위탁하여 제조·가공하여서는 안된다.

② 위탁하려는 식품과 동일한 식품에 대해 HACCP인증을 받은 업소에 위탁하여 제조·가공하는 것은 가능하다.

③ HACCP 미인증업체 영업자가 HACCP 인증마크 표시를 하는 경우 과태료 300만원이 부과된다.

④ 배추김치의 HACCP인증을 받은 경우, 같은 생산라인에서 함께 생산한 갓김치도 HACCP 인증제품으로 볼 수 있다.

| 해설

배추김치에 한하여 인증을 받았으므로, 갓김치는 HACCP 인증 품목으로 적용할 수 없음
만약 김치류로 인증을 받았다면 적용할 수 있음

정답 ④

06. HACCP 적용업소에 대한 즉시 인증취소(One-strike Out)에 해당되지 않는 것은 무엇인가?

① 원·부재료에 대한 검사·검수를 하지 않음

② 작업장 세척 또는 소독을 하지 않음

③ 영업자 및 종업원이 HACCP 의무교육을 받지 않음

④ 지하수를 비가열 섭취식품의 세척용수로 사용하면서 살균 또는 소독을 하지 않음

| 해설

영업자 및 종업원이 HACCP 의무교육을 받지 않은 경우는 '시정명령'

정답 ③

07. 다음 수입식품 중 HACCP 의무적용 대상인 것은?

① 배추김치
② 냉동피자
③ 순대
④ 어묵

| 해설

수입 배추김치는 '수입식품안전관리인증기준' 적용업소에서 생산한 제품만 수입이 가능함

정답 ①

08. HACCP인증의 유효기간은 인증을 받은 날로부터 몇 년으로 하는가?

① 1년
② 2년
③ 3년
④ 4년

| 해설

3년 이후에는 연장신청을 통해 3년의 범위에서 기간 연장할 수 있음

정답 ③

09. HACCP 적용업소의 영업자 및 종업원 교육훈련에 대한 내용 중 옳지 않은 것은?

① 식품 영업자의 신규교육은 8시간이다.
② 축산물 영업자의 신규교육은 4시간 이상이다.
③ 식품 HACCP 팀장의 정기교육은 4시간이다.
④ 조사 · 평가 결과 만점의 95퍼센트 이상을 받은 HACCP 적용업소의 종업원은 다음 연도의 정기교육훈련을 면제한다.

| 해설

구분		대상	교육시간
신규교육	식품	영업자	2시간
		HACCP 팀장	16시간
		HACCP 팀원 및 종사자	4시간
	축산물	영업자 및 농업인	4시간 이상
		종업원(HACCP 팀장만 해당, 팀원은 해당 없음)	24시간 이상
정기교육	식품	HACCP 팀장, HACCP 팀원 및 종사자	4시간/년
	축산물	영업자 및 농업인	4시간 이상/년

※ '식품과 축산물 통일' 개정예정(2024년 10월 4일 입법예고)

정답 ①

10. 다음 영업의 종류 중 HACCP 의무적용 대상 업소가 아닌 것은?

① 식용란선별포장업　　　　　　　② 식육즉석판매가공업
③ 식육포장처리업　　　　　　　　④ 유가공업

| 해설

축산물 HACCP 의무적용 대상업소: 도축업, 집유업, 식육가공업, 유가공업, 알가공업, 식용란선별포장업, 식육포장처리업

정답 ②

11. 일반 HACCP 인증평가에 대한 내용 중 옳지 않은 것은?

① 식품 제조·가공업의 일반 HACCP인 경우 선행요건관리 항목은 52개이다.
② 선행요건관리에서 필수항목이 미흡한 경우에는 부적합으로 판정한다.
③ 식품 제조·가공업의 선행요건관리 부분은 100점 만점에 85점 이상이어야 적합으로 판정한다.
④ 식품 제조·가공업의 HACCP관리 부분은 200점 만점에 170점 미만이면 부적합으로 판정한다.

| 해설

선행요건관리 인증평가(총 100점)
85점 이상: 적합, 70점 이상~85점 미만: 보완, 70점 미만: 부적합
HACCP관리 인증평가(총 200점)
170점 이상: 적합, 140점 이상~170점 미만: 보완, 140점 미만: 부적합

정답 ④

12. 식품제조·가공업의 선행요건에 관한 일반적인 내용 중 옳지 않은 것은?

① 해당 영업장에 HACCP을 적용하기 위해 선행되어야 하는 기본 위생관리기준이다.
② 선행요건은 영업장, 시설 설비 등의 GMP와 운영매뉴얼인 SSOP로 구성된다.
③ 선행요건 관리 중 가장 많은 평가항목이 있는 것은 검사관리 부분이다.
④ 비효율적 선행요건 구축 시 중점관리항목의 증가, 관리 인원, 비용, 시간 증가 등의 문제가 야기 될 수 있다.

| 해설

01. 영업장 관리 (12항목)	05. 용수관리 (5항목)
02. 위생 관리 (16항목)	06. 보관 및 운송관리 (8항목)
03. 제조·가공 시설·설비관리 (4항목)	07. 검사 관리 (4항목)
04. 냉장·냉동 시설·설비관리 (1항목)	08. 회수프로그램관리(2항목)

정답 ③

13. 일반 식품제조·가공업의 HACCP 선행요건 8개 분야에 해당하지 않는 것은?

① 중요관리점 관리

② 위생 관리

③ 냉장, 냉동시설 설비 관리

④ 회수 프로그램 관리

> **| 해설**
>
> | | |
> |---|---|
> | 01. 영업장 관리 (12항목) | 05. 용수관리 (5항목) |
> | 02. 위생 관리 (16항목) | 06. 보관 및 운송관리 (8항목) |
> | 03. 제조·가공 시설·설비관리 (4항목) | 07. 검사 관리 (4항목) |
> | 04. 냉장·냉동 시설·설비관리 (1항목) | 08. 회수프로그램관리 (2항목) |

정답 ①

14. 식품의 내포장 이전에 가열공정이 있는 제품을 생산하는 작업장에서, 가열공정 이후 냉각 → 내포장이 이루어지는 구역은 어떤 곳으로 분리된 구역이 가장 적절한가?

① 비청결구역

② 준청결구역

③ 청결구역

④ 일반구역

> **| 해설**
>
> 가열이후부터 내포장까지의 공정은 위해요소 발생을 최대한 차단하기 위해 청결구역에서 작업하는 것이 좋음

정답 ③

15. 식품공장의 위생관리로 잘못된 내용은?

① 작업장의 위생전실(출입구)에는 세척, 건조, 소독, 이물제거를 위한 설비를 구비해야 한다.

② 세척·소독 제품과 기구·용기는 빠르게 사용할 수 있도록 제조시설·설비와 가장 가까운 곳에 비치해둔다.

③ 작업장 내에서 작업 중인 종업원 등은 위생복·위생모·위생화 등을 항시 착용하여야 한다.

④ 청결구역과 일반구역별로 각각 출입, 복장, 세척·소독 기준 등을 포함하는 위생 수칙을 설정하여 관리하여야 한다.

> **| 해설**
>
> 세척·소독 제품과 기구·용기는 정해진 장소에 별도로 보관·관리되어야 함

정답 ②

16. 식품HACCP 공장의 선행요건관리 내용으로 잘못된 내용은?

① 시설·설비는 벽, 바닥, 다른 시설·설비 등과 충분한 간격(벽에서 1m)을 두고 설치한다.

② 냉동시설은 외부에서 온도변화를 관찰할 수 있어야 하며, 온도 감응 장치의 센서는 온도가 가장 높게 측정되는 곳에 위치하도록 한다.

③ 원·부자재, 반제품 및 완제품은 구분관리하고, 바닥이나 벽으로부터 최소 10cm 이상 이격관리하여야 한다.

④ 식품제조 시설·설비의 세척에 사용하는 지하수는 살균, 소독하지 않아도 된다.

| 해설

식품에 접촉할 수 있는 시설·설비, 기구·용기 세척에 사용되는 지하수는 살균 또는 소독하여야 함

정답 ④

17. 선행요건 냉장·냉동 시설설비 관리에서 식품의 종류별 규정온도 중 옳지 않은 것은?

① 일반냉장제품 0~10℃

② 일반냉동제품 -16℃ 이하

③ 샐러드(신선편의식품) 제품 0~5℃

④ 훈제연어 0~5℃

| 해설

일반냉동제품 -18℃ 이하

정답 ②

18. 일반 식품제조·가공업의 HACCP 선행요건 관리사항으로 옳지 않은 것은?

① 작업장은 독립된 건물이거나 식품취급 외의 용도로 사용되는 시설과 분리되어야 한다.

② 선별 및 검사구역 작업장의 밝기는 220룩스 이상을 유지하여야 한다.

③ 채광 및 조명시설은 이물 낙하 등에 의한 오염을 방지하기 위한 보호장치를 하여야 한다.

④ 원·부자재의 입고부터 출고까지 물류 및 종업원의 이동 동선을 설정하고 이를 준수하여야 한다.

| 해설

작업실 안은 220룩스 이상, 선별 및 검사구역 작업장 등은 540룩스 이상

정답 ②

19. 집단급식소, 식품접객업소(위탁급식업) 및 운반급식 작업위생관리에서 해동의 방법으로 적절치 않은 것은?

① 냉장해동

② 전자레인지 해동

③ 온수 해동

④ 흐르는 물 해동

| 해설

오븐 해동, 상온 해동, 온수 해동, 침수 해동은 권장하지 않음

정답 ③

20. 집단급식소, 식품접객업소(위탁급식업) 및 운반급식 선행요건 중 작업위생관리(완제품 관리)에서 다음의 빈 칸(A, B, C)에 들어갈 내용을 순서대로 바르게 나열한 것은?

 **선생님 TIP**

온도, 시간 등 수치화된 내용은 출제 가능성이 높으므로, 따로 정리해두자.

조리된 음식은 배식 전까지의 보관온도 및 조리 후 섭취 완료시까지의 소요시간기준을 설정·관리하여야 하며, 유통제품의 경우에는 적정한 소비기한 및 보존 조건을 설정·관리하여야 한다.
- 28℃ 이하의 경우: 조리 후 (A)시간 이내 섭취 완료
- 보온(60℃ 이상) 유지시: 조리 후 (B)시간 이내 섭취 완료
- 제품의 품온을 5℃ 이하 유지시: 조리 후 (C)시간 이내 섭취 완료

① 1~2, 6, 12

② 1~2, 4, 24

③ 2~3, 5, 24

④ 2~3, 6, 12

정답 ③

21. 다음 중 조도기준을 적용하지 않는 곳은?

① 창고
② 계량실
③ 검사구역
④ 내포장실

> **| 해설**
> 작업장 안은 작업이 용이하도록 자연채광 또는 인공조명장치를 이용하여 밝기는 220룩스 이상을 유지하여야 하고, 특히 선별 및 검사구역 작업장 등은 육안확인이 필요한 조도(540룩스 이상)를 유지하여야 한다. 창고는 작업장에 포함되지 않으므로 조도기준이 없음
>
> 정답 ①

22. 위해요소 중 생물학적 위해요소에 해당하지 않는 것은?

① 병원성 대장균
② 항균물질
③ 기생충
④ 노로 바이러스

> **| 해설**
> 항균물질은 화학적 위해요소에 해당함
>
> 정답 ②

23. 위해요소분석(Hazard Analysis)에 대한 내용으로 옳지 않은 것은?

① 위해요소 목록화 → 위해평가 → 예방조치 및 관리방법 도출의 순서로 한다.
② 위해요소 도출시에는 관련법규 및 규격기준, 관련 연구 및 Review문헌, 원료 검사, 현장 오염도 측정 등의 자료를 근거로 한다.
③ 심각성 평가는 높음, 보통, 낮음의 3단계로 평가한다.
④ 위해 평가는 파악된 잠재적 위해요소에 대해 심각성과 위해성으로 평가한다.

> **| 해설**
> 위해 평가는 파악된 잠재적 위해요소에 대해 심각성과 발생가능성으로 평가함
>
> 정답 ④

24. HACCP 제1원칙인 위해요소 분석의 절차를 바르게 나열한 것은?

> ㉠ 위해요소분석 목록표 작성
> ㉡ 파악된 잠재적 위해요소의 발생원인, 안전한 수준으로 예방, 제거, 허용수준이하로 감소시킬 수 있는 방법 확인 기재
> ㉢ 원료별·공정별로 잠재적 위해요소와 발생원인을 모두 파악하여 목록화
> ㉣ 파악된 잠재적 위해요소(Hazard)에 대한 위해도(Risk, 심각성과 발생가능성) 평가

① ㉢ → ㉣ → ㉡ → ㉠
② ㉣ → ㉢ → ㉡ → ㉠
③ ㉠ → ㉡ → ㉢ → ㉣
④ ㉠ → ㉢ → ㉡ → ㉣

| 해설

위해요소 분석 절차는 단순히 순서를 외우기보다는 이해하는 것이 효과적임

정답 ①

25. 다음 괄호 안에 들어갈 용어를 순서대로 바르게 나열한 것은?

> "중요관리점(Critical Control Point: CCP)"이란 안전관리인증기준(HACCP)을 적용하여 식품·축산물의 위해요소를 (   )·(   )하거나 허용 수준 이하로 (   )시켜 당해 식품·축산물의 안전성을 확보할 수 있는 중요한 단계·과정 또는 공정

① 예방, 제어, 감소
② 예방, 제거, 감소
③ 관리, 예방, 증가
④ 제거, 통제, 감소

정답 ①

 **선생님 TIP**

HACCP의 용어정의는 출제 가능성이 높으므로 모두 학습해두자.

26. 식품의 제조·가공·조리공정에서 중요관리점이 될 수 있는 사례가 아닌 것은?

① 금속이물 검출공정

② 여과공정

③ 가열공정

④ 외포장 공정

> **│해설**
> 외포장 공정은 위해요소를 예방·제어하거나 허용 수준 이하로 감소시킬 수 있는 공정은 아님
>
> 정답 ④

27. HACCP 절차에서 다음의 빈 칸(A, B, C)에 들어갈 용어를 순서대로 바르게 나열한 것은?

> (A): 중요관리점에서의 위해요소 관리가 허용범위 이내로 충분히 이루어지고 있는지 여부를 판단할 수 있는 기준이나 기준치
> (B): 중요관리점에서 설정된 (A)을 적절히 관리하고 있는지 여부를 확인하기 위하여 수행하는 일련의 계획된 관찰이나 측정하는 행위 등
> (C): (B) 결과 중요관리점의 (A)을 이탈할 경우에 취하는 일련의 조치

① 위해요소 분석, 모니터링, 검증

② 위해요소 분석, 검증, 개선조치

③ 한계기준, 모니터링, 개선조치

④ 한계기준, 검사, 회수

 정답 ③

28. 식품의 제조·가공공정에서 중요관리점이 가열살균공정인 경우, 이 CCP의 한계기준으로 가장 적절한 것은?

① 제품 내 대장균군수

② 소독농도 및 시간

③ 세척횟수

④ 살균온도 및 시간

> **│해설**
> 가열살균공정이 CCP인 경우, 가열온도, 가열시간(품온, 품온유지시간)이 한계기준임
>
> 정답 ④

29. 과일통조림 제조공정에서 중요관리점의 한계기준으로 설정할 수 있는 항목이 아닌 것은?

① 살균 온도

② pH

③ 살균 시간

④ 캔의 종류

| 해설

한계기준은 현장에서 실행할 수 있도록 간단한 측정으로 확인할 수 있는 수치 또는 특정지표
로 나타내어야 함

 정답 ④

30. 한계기준 설정 근거자료로 적합하지 않은 것은?

① 해당식품의 법적 기준규격

② 실제 생산라인에서 자체적으로 유효성 평가한 자료

③ 해당식품의 한계기준에 관한 과학적 문헌

④ 타 공장의 기준설정 자료

| 해설

각 공장마다 환경, 시설설비 등이 모두 다르므로, 타 공장의 설정기준을 적용할 수 없음

 정답 ④

31. HACCP 검증에 대한 설명으로 옳지 않은 것은?

① HACCP 관리 계획의 유효성과 실행여부를 정기적으로 평가하는 일련의 활동이다.

② HACCP 계획이 설세된 내로 이행되고 있는지를 확인하는 깃은 실행싱 검증이다.

③ HACCP 계획을 수립하여 최초로 현장에 적용할 때 실시하는 검증은 특별검증이다.

④ 검증활동은 크게 기록 검증, 현장 검증, 실험 검증으로 구분할 수 있다.

| 해설

특별검증은 새로운 위해정보가 발생시, 해당식품의 특성 변경 시, 원료·제조공정 등의 변동
시, HACCP 계획의 문제점 발생 시 실시하는 검증

 정답 ③

32. HACCP 7원칙인 '문서화 및 기록유지'에 대한 설명으로 옳지 않은 것은?

① 기록은 3년간 보관하여야 한다.

② 기록 시 작성일자, 시간 및 이름을 적고 서명하여야 한다.

③ 기록을 수정할 때에는 수정할 부분에 두 줄을 긋고 수정자 서명 및 날짜를 기재한다.

④ 기록이 작성일자, 시간, 이름 및 서명 등의 동일함을 보증할 수 있을 때에는 전산으로 관리할 수 있다.

│해설

HACCP 기준 제8조(기록관리) HACCP 적용업소는 관계 법령에 특별히 규정된 것을 제외하고는 이 기준에 따라 관리되는 사항에 대한 기록을 2년간 보관하여야 함

정답 ①

33. 아래 HACCP 인증마크에 대한 설명 중 옳지 않은 것은?

① 도축장, 집유장, 농장에 적용가능한 마크이다.

② 인증마크의 색상은 임의로 변경할 수 없다.

③ HACCP 미인증업체 영업자가 HACCP 인증마크 표시를 하는 경우 과태료 300만원이 부과된다.

④ HACCP 인증을 받은 제품에 HACCP인증마크 표시는 자율선택이다.

│해설

HACCP 인증 마크는 기본 인증 마크를 참조하여 제품, 디자인 등에 따라 다양한 색상과 크기로 변경이 가능함

정답   ②

34. 다음 중 HACCP 관리에서 7원칙 12절차를 적용하지 않는 영업은?

① 건강기능식품제조업　　　　　　② 기타식품판매업

③ 집단급식소　　　　　　　　　　④ 즉석판매제조가공업

│해설

기타식품판매업은 제조·가공의 공정이 없으므로, '제품 설명서 작성, 사용 용도 확인, 공정 흐름도 작성, 공정 흐름도 현장 확인' 절차를 '입고·보관·작업·포장·진열·판매 등 판매 흐름도 작성'으로 대체함

정답   ②

Chapter 09 제품검사관리

1 안전성 평가

1. 식품 독성시험

첨가물 등 식품에 첨가되거나 오염되는 물질이 인체에 유해할 가능성이 있으므로, 독성시험을 통해 식품에 포함되어도 안전한 양을 설정한다. 이를 위해 우선적으로 동물을 이용하여 독성시험을 실시한다.

분류		정의
일반독성시험	급성독성시험	1회 투여로 반 수의 동물이 죽는 양 측정
	아급성독성시험	반복 투여로 1~3개월에 나타나는 독성을 측정
	만성독성시험	장기간(1~2년) 투여하여 독성 측정
특수독성시험	발암성시험	일생 매일 투여시 발암 생성 평가
	번식독성시험	번식에 영향을 미치는지 평가
	기형독성시험	어미에게 독성물질의 투여가 새끼에게 영향을 미치는지 평가
	유전독성시험	돌연변이 유발 여부 평가

(1) 급성독성시험

① 실험동물에 실험물질을 1회 투여하여 반 수의 동물이 죽는 양(LD_{50}, 50% Lethal Dose, 반수치사량)을 구함

② 시험동물의 1kg당 mg으로 표시

③ LD_{50}값이 적을수록 독성이 강함을 의미

(2) 아급성독성시험(아만성독성시험)

① 실험동물에 실험물질을 반복 투여하여 1~3개월에 나타나는 독성을 측정

② 인체에 미치는 만성독성의 정보를 제공, 만성독성시험 전에 투여량을 결정하는데 필요

③ 최대내성용량(Maximum tolerated dose): 대조군과 비교하여 10% 이상의 체중 감소를 초래하지 않으며, 동물의 수명을 단축시킨다고 기대되는 사망률, 독성의 증후 등이 나타나지 않는 최대용량

(3) 만성독성시험

① 장기간(1~2년) 반복 투여하여 독성 측정

② 장기간 섭취시에 나타나는 독성 영향, 특히 식품첨가물의 일일섭취허용량을 설정하기 위해 필요

③ 최대무독성량(No Observed Adverse Effect Level, NOAEL): 독성시험시 대조군에 비해 바람직하지 않은 영향을 나타내지 않는 통계학적으로 유의한 차이를 보이지 않는 최대 투여 용량(mg/kg bw/day)

④ **최대무작용량(No Observed effect level, NOEL)**: 독성시험시 대조군에 비해 아무런 영향을 나타내지 않는 통계학적으로 유의한 차이를 보이지 않는 최대 투여 용량(mg/kg bw/day)

◎ 기출로 확인

다음 설명에 해당하는 독성시험법은? *19년 1회

> • 비교적 소량의 검체를 장기간 계속 투여하여 그 영향을 검사한다.
> • 생애의 대부분의 노출로부터 일어날 수 있는 식품첨가물의 독성을 확인하는데 이용된다.

① 급성독성시험   ② 아급성독성시험
③ 만성독성시험   ④ 최기형성시험

정답 ③

2. 기준규격 설정

유해물질 등에 대한 위해평가를 통해 관리가 필요하다고 판단될 경우, 식품에서의 기준과 규격을 설정

(1) 안전계수

일반적으로 100을 적용(사람과 동물간의 종의 차이 10 × 사람 개인간의 차이 10)

(2) 1일섭취허용용량(Acceptable Daily Intake, ADI)

① 사람이 그 유해물질을 일생동안 섭취하여도 바람직하지 않은 영향이 나타나지 않는 1인당 1일 최대섭취허용용량(mg/kg b.w./day)

② $ADI = \dfrac{NOAEL(최대무독성량)}{안전계수}$

(3) 식품 중의 최대잔류허용기준(Maximal Residue Limit, MRL)

① 이론적 잔류허용한계농도(PL) = ADI(mg/kg b.w./day) × 체중(kg)/식품섭취량(kg/day)

② 실제적 최대잔류허용기준(MRL)은 PL보다 낮음

3. 위해평가(Risk assessment)

• 식품을 통해 노출 가능한 유해물질의 안전성을 확인하여 과학적 안전관리의 근거를 제공
• 위해평가 4단계: 위험성 확인, 위험성 결정, 노출 평가, 위해도 결정

(1) 위험성 확인

독성시험자료 등을 활용하여 위해요소의 유해성과 그 정도 및 영향을 확인

(2) 위험성 결정

① 위해요소의 인체 영향에 대해 용량-반응 평가를 함
② 최대무독성량(NOAEL) 결정-벤치마크용량(BMD) 하한값 결정-불확실성 계수 적용(일반적으로 100)-일일섭취허용용량(ADI) 산출

(3) **노출 평가**: 식품섭취량과 식품오염도를 근거로 일일인체노출량 산출

(4) **위해도 결정**: 위해요소에 노출되었을 때 발생할 수 있는 유해영향과 발생확률을 예측

🎯 기출로 확인

위해평가과정 중 '위험성 결정과정'에 해당하는 것은? *21년 1회

① 위해요소의 인체 내 독성을 확인
② 위해요소의 인체노출허용량 산출
③ 위해요소가 인체에 노출된 양을 산출
④ 위해요소의 인체적용 계수 산출

정답 ②

2 식품위생검사

1. 식품위생검사의 종류

분류	종류
미생물학적 검사	위생지표균(일반세균수, 대장균군, 대장균), 병원성 미생물, 곰팡이, 기생충 등
이화학적 검사	식품성분(수분, 조지방, 조단백, 당류, 회분, 미량성분), 유해물질, 잔류농약, 식품첨가물, 항생제 등
물리적/관능 검사	온도, pH, 이물 등

※ 위생지표균: 식품의 제조, 보관, 유통 환경 전반에 대한 위생 수준을 나타내는 지표로써, 병원성균을 나타내는 것은 아님

2. 미생물학적 검사

(1) 일반세균

① 총균수 검사법

　　[Breed법]

　　　㉠ 검체의 일정량을 구획이 나뉜 슬라이드 상에 도말·건조·염색한 후 현미경으로 균수 측정

　　　㉡ 가공 전 원료에 대한 오염도 측정

② 생균수 검사법

　　　㉠ 표준평판배양법(standard plate count, SPC)

　　　　• 검체에 존재하는 균 중 표준한천배지 내에서 발육할 수 있는 중온균 수 측정

　　　　• 각 단계의 희석액과 한천배지를 섞어 $35 \pm 1℃$에서 48 ± 2시간 배양

　　　㉡ 건조필름법: 건조필름배지 사용

선생님 TIP

식품위생검사에서는 주로 미생물학적 검사 부분이 출제된다.

선생님 TIP

총균수 검사와 생균수 검사의 차이와 방법을 알아두자.

(2) 대장균군

대장균군(coliform group): 그람음성, 무포자(무아포)성 간균, 유당을 분해하여 가스를 발생시키는 모든 호기성 또는 통성혐기성 세균, 식품의 위생적 처리 지표

① 정성시험(유당배지법)

추정시험 → 확정시험 → 완전시험

　㉠ 추정시험: 유당배지(lactose broth)에서 35~37℃에서 24 ± 2시간 배양 후 발효관내에 가스가 발생하면 추정시험 양성

　㉡ 확정시험: BGLB 배지에서 배양한 후 가스발생 여부를 확인(배지의 색이 갈색으로 되었을 때에는 가스 생성여부와 관계없이 반드시 완전시험을 실시) → Endo 한천 배지 또는 EMB 한천배지에 분리 배양

　㉢ 완전시험: 보통한천배지의 집락이 그람염색에서 그람음성, 무포자 간균으로 증명되면 대장균군 양성으로 판정

② 정량시험(최확수법)

　㉠ 최확수(most probable number, MPN): 이론상 가장 가능한 수치를 말함

　㉡ 동일 희석배수의 시험용액을 배지에 접종하여 대장균군의 존재 여부를 시험하고 그 결과로부터 확률론적인 대장균군의 수치를 산출하여 최확수로 표시하는 방법

　㉢ 유당배지 또는 BGLB 배지 사용

　㉣ 연속한 3단계 이상의 희석시료(10, 1, 0.1 또는 1, 0.1, 0.01 또는 0.1, 0.01, 0.001)를 각각 5개씩 또는 3개씩 발효관에 가하여 배양 → 가스발생 발효관에 대해 추정, 확정, 완전시험으로 확인 → 최확수표로부터 검체 1 mL(1 g) 중 대장균군수를 산출

(3) 대장균

포유동물 장내에만 존재, 식품의 분변오염지표

① 정성시험(한도시험)

　㉠ 일정한 한도까지 균수를 정성으로 측정

　㉡ EC 배지에서 44 ± 1℃에서 24 ± 2시간 배양 후 가스발생하면 추정시험 양성
　　→ EMB 배지에 분리배양 → 그람음성, 무포자 간균 확인 → IMViC시험
　　(Indole test, Methyl red test, VP test, Citrate test)등 생화학 시험을 통해
　　대장균 양성으로 판정

② 정량시험(최확수법)

🎯 기출로 확인

유가공품·식육가공품·알가공품의 대장균 확인시험에서 (　　) 안에 알맞은 내용은?

*20년 1, 2회

> 　최확수법에서 가스생성과 형광이 관찰된 것은 대장균 추정시험 양성으로 판정하고
> 대장균의 확인시험은 추정시험 양성으로 판정된 시험관으로부터 EMB 배지(또는
> MacConkey Agar)에 이식하여 37℃에서 24시간 배양하여 전형적인 집락을 관찰하고
> 그람염색, MUG시험, IMViC시험, 유당으로부터 가스생성시험 등을 검사하여 최종 확
> 인한다. 대장균은 MUG시험에서 형광이 관찰되며, 가스생성, 그람음성의 무아포간균
> 이며, IMViC시험에서 "(　　　　)"의 결과를 나타내는 것은 대장균(*E. coli*) biotype
> 1로 규정한다.

① − − − −　　　　　　　　② − − + +
③ + + − −　　　　　　　　④ + + + +

해설　IMViC시험
　　　• Indole test: 인돌 형성능 검사
　　　• Methyl red test: 용액 pH 검사
　　　• Voges − proskauer test: acetoin 검출 검사
　　　• Citrate test: citrate 분해능 검사

정답　③

(4) 세균발육시험

장기보존식품 중 통·병조림식품, 레토르트식품에서 세균의 발육유무를 확인하기
위한 것

① 가온보존시험: 시료 5개, 개봉하지 않은 용기·포장 그대로 배양기에서 35~37℃
　에서 10일간 보존 후, 상온에서 1일간 추가 방치 → 용기·포장이 팽창 또는 새는
　것은 세균발육 양성 → 음성인 것은 세균시험 실시

② 세균시험: 5개의 티오글리콜린산염 배지에서 35~37℃에서 48 ± 3시간 배양한
　후, 5관 중 어느 하나라도 세균증식이 확인되면 세균발육 양성

(5) 신속한 미생물 검사법

① ATP 광측정법

　• 살아있는 미생물 세포는 ATP를 가지므로, 생물발광성 원리를 이용하여 미
　　생물 신속 측정

　• 식품 공장, 급식시설의 위생모니터링, 신선한 육류나 우유의 위생상태 측정
　　에 활용

② PCR(Polymerase chain reaction, 중합효소연쇄반응) 이용 측정법
- 식중독균의 특정 DNA를 PCR로 증폭시켜 검출 확인
- 장출혈성 대장균의 시험법이 대표적임

3. 이물 검사

방법	내용
체분별법	· 미세한 분말의 검체에 섞인 좀 더 큰 이물을 분리할 경우 · 체로 쳐서 포집하여 육안 또는 현미경으로 검사
여과법	· 검체가 액체일 때 또는 용액으로 할 수 있을 때 적용 · 여과지로 여과하여 여과지 위의 이물 검사
와일드만 플라스크법	· 곤충 및 동물의 털과 같이 물에 잘 젖지 않는 가벼운 이물일 경우 · 유기용매와 섞어줌으로써 유기용매층에 떠오르게 하여 검사
침강법	· 쥐똥, 토사 등의 비교적 무거운 이물일 경우 · 비중차를 이용하여 바닥의 이물을 검사 · 검체에 클로로포름을 섞어 이물을 용기의 밑에 가라 앉힌 후 흡인여과
금속성 이물검사	· 쇳가루가 자석에 붙는 성질을 이용 · 분쇄공정을 거친 원료를 사용하거나 분쇄공정을 거친 분말제품, 환제품, 액상 및 페이스트제품, 코코아가공품류 및 초콜릿류에 적용

◎기출로 확인

이물검사법에 대한 설명이 틀린 것은? *18년 3회

① 체분별법: 검체가 미세한 분말일 때 적용한다.
② 침강법: 쥐똥, 토사 등의 비교적 무거운 이물의 검사에 적용한다.
③ 원심분리법: 검체가 액체일 때 또는 용액으로 할 수 있을 때 적용한다.
④ 와일드만 플라스크법: 곤충 및 동물의 털과 같이 물에 잘 젖지 아니하는 가벼운 이물검출에 적용한다.

정답 ③

1 식중독의 정의 및 분류

1. 식중독의 정의
식품의 섭취로 인하여 인체에 유해한 미생물 또는 유독물질에 의하여 발생한 것으로 판단되는 감염성 또는 독소형 질환(「식품위생법」 제2조 제14항)

2. 식중독의 분류

세균성 식중독	감염형 식중독
	독소형 식중독
바이러스성 식중독	–
원충성 식중독	–
화학성 식중독	–
자연독 식중독	식물성 식중독
	동물성 식중독
	곰팡이독 식중독

※ 식이(식품) 알레르기: 일반적으로 무해한 식품을 특정인이 섭취했을 경우, 그 식품에 대해 과도한 면역반응이 일어나는 것. 식중독의 분류에 해당하지는 않음

3. 식중독 발생시 보고절차 및 원인·역학조사 절차
「식중독 발생원인 조사절차에 관한 규정」에 따름

(1) 보고절차

집단급식소의 설치·운영자, 의사 능 → 특별시시시장, 시징, 군수, 구청징 → 식악치장, 시도지시

① 의사 할 일: 의심자의 혈액, 배설물 채취
② 시장, 군수, 구청장 할 일: 설문조사, 섭취음식 위험도 조사, 역학조사, 미생물 검사, 이화학 검사, 환경조사

(2) 역학조사 절차
① 준비단계: 원인·역학조사반 구성, 검체채취 기구 준비
② 현장조사단계

　㉠ 시설·환경조사
　㉡ 식재료 등 조사 및 조리과정 확인
　㉢ 검수조서 등 기록조사
　㉣ 환자·조리종사자 설문조사(설문조사 분석을 통하여 질병의 유형을 분류하고 가설을 설정·검증)
　㉤ 보존식과 환경검체(칼, 도마 등) 채취 및 검사의뢰

선생님 TIP

출제기준에 명시되지는 않았으나, 식중독은 식품안전에서 중요한 부분이다.

선생님 TIP

식중독은 원인물질별 종류가 다양하므로, 식중독의 대분류를 우선 표로 기억하자.

참고

역학의 3대 요인
숙주, 병인, 환경

③ 정리단계: 원인분석, 오염원 추정

④ 조치단계

㉠ 급식 중단, 식품 유통·판매 금지 조치 등 및 행정 조치

㉡ 역학조사·환경조사 결과보고

◎ 기출로 확인

식중독 역학조사시 설문조사 분석을 통하여 질병의 유형을 분류하고 가설을 설정·검증하는 단계는? *16년 2회

① 현장조사단계   ② 정리단계

③ 준비단계   ④ 조치단계

정답 ①

2 세균성 식중독

- 우리나라 식중독 원인의 80%: 세균성과 바이러스성 식중독
- 세균성 식중독의 발생빈도가 가장 높은 계절: 여름

[감염형 식중독과 독소형 식중독]

분류	특성	잠복기	식중독	원인균
감염형	식품에 증식한 식중독균을 식품과 함께 섭취, 세균이 장관 내 점막을 통과하여 위장염 증세	8~24시간 (대체로 길다)	살모넬라	*Salmonella typhimurium* 등
			장염비브리오	*Vibrio parahaemolyticus*
			병원성대장균	Pathogenic *E.coli*
			캠필로박터	*Campylobacter jejuni*
				Campylobacter coli
			리스테리아	*Listeria monocytogenes*
			여시니아	*Yersinia enterocolitica*
			웰치균	*Clostridium perfringens*
독소형	식중독균이 증식할 때 생성된 독소를 식품과 함께 섭취, 독소가 장관 내 흡수되어 위장염 증세	2~8시간 (대체로 짧다)	포도상구균	*Staphylococcus aureus*
			보툴리누스	*Clostridium botulinum*
			세레우스	*Bacillus cereus*

※ 웰치균과 세레우스 식중독은 중간형 식중독(균이 몸속에 들어와 장에서 증식하여 감염을 일으키고 동시에 독소를 분비)으로 분류되기도 함

◎ 기출로 확인

세균성 식중독 중 독소형의 원인이 되는 것은? *13년 2회

① 장염 비브리오균   ② 황색 포도상구균

③ 살모넬라균   ④ 대장균

정답 ②

1. 감염형 식중독

(1) 살모넬라(Salmonella) 식중독

① 원인균: *Salmonella typhimurium, Sal. enteritidis, Sal. derby* 등

② 특징

　⊙ Gram 음성, 무포자 간균, 통성혐기성, 주모균(운동성이 있음)

　ⓛ 비교적 열에 약함

③ 감염원 및 원인식품

　⊙ 쥐, 개, 파리, 닭, 오리 등이 전파

　ⓛ 살모넬라균에 오염된 식육, 알류, 어육제품, 김밥, 샐러드, 마요네즈, 유제품 등

④ 잠복기: 12~24(48)시간

⑤ 증상: 구토, 복통, 설사 등 위장염, 38~40℃의 심한 고열이 나는 것이 특징

⑥ 예방

　⊙ 방충·방서, 쥐·파리·바퀴 등 구제

　ⓛ 60℃에서 20분간 가열

(2) 장염 Vibrio 식중독

① 원인균: *Vibrio parahaemolyticus*

② 특징

　⊙ Gram 음성, 무포자 간균, 통성혐기성, 단모균

　ⓛ 호염성균(3~5%의 식염농도에서 잘 자람), 식염농도 0.1% 이하에서 생육 불가능

　ⓒ 열에 약함

③ 감염원 및 원인식품

　⊙ 연안의 해수, 어패류

　ⓛ 오염된 초밥, 회 등 어패류의 생식

④ 잠복기: 11~18시간

⑤ 증상: 구토, 복통, 설사 등 위장염

⑥ 예방: 어패류를 담수로 씻거나, 가열 후 섭취

(3) 병원성 대장균 식중독

① 원인균: Pathogenic *Escherichia coli*

② 특징

　⊙ Gram 음성, 주모균, 무포자 간균, 통성혐기성

　ⓛ 외부형태는 일반 대장균과 차이가 없음[혈청학적으로 세포체(O), 편모(H), 협막(K) 항원체로 구별]

　ⓒ 락토오즈를 분해하여 산과 가스 생성

③ 감염원 및 원인식품

　⊙ 환자·보균자의 분변

　ⓛ 분변에서 오염된 식품(햄, 치즈, 채소 샐러드, 도시락, 급식 등)

주의

*Salmonella typhi*는 장티푸스, *Salmonella paratyphi*는 파라티푸스의 원인균이므로, 살모넬라 식중독균과 구분하여 외워두기

주의

*Vibrio vulnificus*는 비브리오패혈증(식중독의 일종), *Vibrio cholera*는 콜레라(경구감염병의 일종)의 원인균

참고

Vibrio 패혈증

- 원인균: *Vibrio vulnificus*
- 감염원 및 원인식품: 연안해수 및 어패류
- 증상: 패혈증, 경구감염(오한, 발열 등), 창상감염(상처부위에 통증, 수포, 괴시 등), 간질환 등 기초진환자에서 주로 발생
- 예방: 어패류 생식 금지, 담수 세척, 상처부위에 해수가 닿지 않도록 주의

선생님 TIP

병원성 대장균 중 장출혈성 대장균 관련 문제가 자주 출제된다.

④ 잠복기: 10~30시간

⑤ 증상: 설사, 발열, 두통, 복통 등

⑥ 예방

ⓐ 사람, 동물의 분변에 오염되지 않도록 주의

ⓑ 74℃에서 1분 이상 가열

ⓒ 신선 채소류는 염소계 소독제 100ppm으로 소독 후 3회 이상 세척

(4) 캠필로박터 식중독

① 원인균: *Campylobacter jejuni, Campylobacter coli*

② 특징: Gram 음성, 무포자, 미호기성(5% 산소와 10% 이산화탄소), 만곡형

③ 감염원 및 원인식품

ⓐ 야생동물 및 닭, 돼지 등 가축

ⓑ 오염된 물과 음식, 특히 덜 익힌 가금류

④ 잠복기: 2~7일

⑤ 증상: 발열, 구토, 복통, 설사 등

⑥ 예방

ⓐ 특히 가금류 조리시 교차오염 주의

ⓑ 75℃에서 3분 이상 가열

(5) 리스테리아 식중독

① 원인균: *Listeria monocytogenes*

② 특징

ⓐ Gram 양성, 무포자 간균, 통성혐기성, 주모균

ⓑ 냉장온도에서도 증식

ⓒ 20%의 치사율을 갖는 치명적인 식중독균

ⓓ 혈액배지에서 약한 β-용혈성

③ 감염원 및 원인식품

ⓐ 원유, 살균처리하지 않은 우유, 치즈, 아이스크림

ⓑ 비가공 식육제품

ⓒ 훈연 생선

④ 잠복기: 12시간

⑤ 증상: 감기와 유사한 증상, 임산부가 중증일 경우 태아에 전이되어 유산, 사산

⑥ 예방: 교차오염 방지, 충분히 가열

(6) 여시니아 식중독

① 원인균: *Yersinia enterocolitica*

② 특징

ⓐ 진공포장과 냉장온도에서도 성장할 수 있어 *Listeria monocytogenes*와 더불어 냉장식품을 통한 식중독 원인균

ⓑ 호기성과 혐기성 상태 모두 성장

ⓒ *Yersinia* 속균은 그람음성 간균으로 장내세균과에 속하는 인수공통전염병
의 원인체
③ 잠복기: 1~10일
④ 증상: 급성위장염, 주로 어린이에게서 발견

(7) 웰치(Welchii)균 식중독

① 원인균: *Clostridium perfringens*(*Clostridium welchii*)
② 특징
ⓐ Gram 양성, 간균, 편성혐기성, 아포(포자) 형성
ⓑ 영양세포가 증식하면서 장독소를 생성한 후, 소장에서 수용체와 결합하면
식중독 증상 발생
③ 감염원 및 원인식품: 육류를 조리 후 보관했다가 먹을 경우 주로 발생, 대량의
식품을 조리하여 저장하는 집단급식에서 잘 생김
④ 잠복기: 8~12시간
⑤ 증상: 설사, 복통, 통상적으로 가벼운 증상 후 회복
⑥ 예방
ⓐ 육류의 중심부 온도가 75℃ 이상 되도록 완전히 조리
ⓑ 최대한 빠르게 식혀 저온 저장

2. 독소형 식중독

(1) 황색포도상구균 식중독

① 원인균: *Staphylococcus aureus*
② 특징
ⓐ Gram 양성, 구균, 무포자, 무편모로 비운동성
ⓑ 장독소인 enterotoxin 생성
- 면역학적 성질에 따라 A~E의 5형으로 구분
- trypsin 등의 단백질 분해효소에 의하여 불활성화되지 않음
- 식품에 생성될 때에는 내열성이 매우 커짐(100℃에서 1시간 가열해도 활
성을 잃지 않음)
- 자연계에 널리 분포, 건조상태에서 저항성 강하며, 식품이나 가검물에서
장기간 생존
③ 감염원 및 원인식품
ⓐ 감염원은 화농성 환자
ⓑ 유가공품 · 식육가공품 등의 단백질 식품, 김밥 · 도시락 등의 탄수화물 식품
④ 잠복기: 세균성 식중독 중 가장 짧음(1~6시간, 평균 3시간)
⑤ 증상: 급성 위장염 증상, 열이 없음
⑥ 예방: 화농성 환자는 식품취급을 금함

> **참고**
>
> - *Staphylococcus aureus*:
>   무(無)아포
> - *Clostridium botulinum*,
>   *Bacillus cereus*: 아포 형성
>
> ※아포(포자, spore): 바실러스속,
> 클로스트리디움속균에서 주로
> 생성되고, 고온, 건조, 동결 등
> 물리화학적 작용에 저항력이
> 강하고 장기간 생존이 가능함

어떤 식품을 먹기 직전에 끓였는데도 식중독 사고가 일어났다. 만약 세균성 식중독이라면 그 추정 원인 세균은? *12년 2회

① 살모넬라균　　　　　　　　② 비브리오균
③ 황색 포도상구균　　　　　　④ 여시니아 엔테로콜리티카균

정답　③

(2) 보툴리누스 식중독

① 원인균: *Clostridium botulinum*

② 특징

ㄱ Gram 양성, 간균, 주모균, 아포(포자) 형성, 편성혐기성

ㄴ 아포는 혈청학적으로(독소 생성에 따라) A~G의 7가지 형으로 분류(A, B, E, F형이 식중독 일으킴)

ㄷ 아포는 120℃에서 20분 이상 가열해야 사멸(A, B형은 내열성이 강해 100℃에서 6시간 가열해야 파괴되지만, E형은 내열성이 약해 100℃에서 5분 가열로 파괴)

ㄹ 신경독소인 neurotoxin 생성: 체외독소(exotoxin), 열에 약하여 80℃ 30분 가열하면 활성 상실

③ 감염원 및 원인식품: 살균이 불충분한 밀봉상태의 통조림

④ 잠복기: 12~18시간

⑤ 증상

ㄱ 신경마비 증세, 치명률이 높고, 호흡곤란, 연하곤란, 복시, 실성 등의 현상

ㄴ 치사율 15~20%

⑥ 예방

ㄱ 통·병조림 제조시 충분히 살균

ㄴ 독소는 열에 약하므로 섭취 전 충분히 가열

(3) 세레우스 식중독

① 원인균: *Bacillus cereus*

② 특징: Gram 양성, 간균, 통성혐기성, 내열성 아포 형성

ㄱ 설사형 식중독: 소장에서 증식하는 동안 생성된 장독소(enterotoxin)가 원인, 열 저항성 약함

ㄴ 구토형 식중독: 식품에서 균이 증식하면서 생성된 대사산물(cereulide)이 원인, 열저항성 매우 강함(126℃에서 90분 동안 생존)

③ 감염원 및 원인식품: 토양세균의 일종으로 자연계에 널리 분포

ㄱ 설사형 : 향신료 사용 요리, 채소스프 등

ㄴ 구토형: 쌀밥, 볶음밥, 김밥 등의 탄수화물 식품

④ 잠복기: 설사형 6~15시간, 구토형 30분~6시간

⑤ 예방: 저온보관이 어려운 김밥 등은 조리후 바로 섭취

참고

- *Staphylococcus aureus*: 균 자체는 내열성 약, 독소 (enterotoxin, 장독소)는 내열성 강
- *Clostridium botulinum*: 아포는 내열성 강, 독소(neu-rotoxin, 신경독소)는 내열성 약

---

3. 기타 세균성 식중독

(1) 장구균 식중독
① 원인균: *Streptococcus faecalis*
② 냉동식품에 대한 분변오염의 지표가 되는 식중독균

(2) 아리조나(Arizona)균 식중독
① 원인균: *Salmonella*속 중 arizona group
② 파충류의 정상 장내세균으로서 가금류의 알이 주원인이 되는 식중독균

(3) Proteus 식중독
① 원인균: *Proteus morganii*, *Proteus vulgaris*, *Proteus mirabilis* 등
② *Proteus morganii*는 histidine을 분해하여 histamine(알레르기 유발) 생성
③ 원인식품: 고등어, 꽁치 등 등푸른 생선

◎ 기출로 확인

알레르기성 식중독의 원인물질과 가장 관계가 깊은 것은? *19년 3회

① Histamine   ② Glutamic acid
③ Solanine   ④ Aflatoxin

정답 ①

---

3 화학성 식중독

[화학성 식중독의 분류]

원인			독성물질
식품의 오염 (외인성)	의도적 첨가	유해성 식품첨가물	유해 보존료, 착색료, 감미료, 표백료
		기타 유해물질	메탄올
	우연에 의한 혼입	제조과정 중 혼입	PCB, 비소
		기구·용기·포장에서 용출	중금속, 합성수지
		잔류농약	유기인제, 유기염소제, 유기수은제
		환경 또는 수질 오염	중금속
			방사성 동위원소
			내분비계 교란물질(환경호르몬)
제조·유통 중 생성 (유인성)	식품성분의 변이	가공 중 생성	니트로사민, 포름알데히드, 트랜스지방, 3-MCPD
		조리 중 생성	벤조피렌(PAH), 이그릴이미이드, 아크롤레인
		저장(발효, 유통) 중 생성	과산화물, 에틸카바메이트

1. 유해성 식품첨가물

(1) 유해성 보존료

① 붕산(H_3BO_3) 또는 붕사
  ㉠ 살균소독제
  ㉡ 마가린, 버터, 어육연제품 등에 부정 사용
  ㉢ 소화불량, 구토 등

② 포름알데하이드(Formaldehyde)
  ㉠ 단백질 변성작용, 특유의 냄새를 가진 기체
  ㉡ 두부, 주류, 장류, 유제품 등에 부정 사용
  ㉢ 두통, 구토 등
  ㉣ 열경화성 수지에서도 용출되어 문제 유발

③ Urotropin
  ㉠ 분해시 포름알데하이드 생성
  ㉡ 땅콩크림, 과일잼, 청주 등에 부정 사용
  ㉢ 피부발진 등

④ 불소화합물(HF, NaF): 반상치 유발

(2) 유해성 착색료

① 오우라민(Auramin)
  ㉠ 녹색을 띤 황색색소
  ㉡ 과자, 단무지, 카레 등에 부정 사용
  ㉢ 두통, 구토 등

② 로다민 B(Rhodamine B)
  ㉠ 분홍색 색소
  ㉡ 분홍색 어묵(가마보꼬), 매실장아찌(우메보시), 과자 등에 부정 사용

③ 파라-니트로아닐린(p-Nitroaniline)

④ 실크스칼렛

(3) 유해성 감미료

① 둘신(Dulcin)
  ㉠ 설탕의 250배의 단맛
  ㉡ 청량음료, 절임류, 과자류 등에 사용
  ㉢ 온수에서 p-aminophenol(혈액독, 간종양 유발)
  ㉣ 1966년부터 불허용

② 싸이클라메이트(Cyclamate)
  ㉠ 설탕의 50~60배 단맛
  ㉡ 청량감 제공
  ㉢ 장내 세균에 의해 Cyclohexylamine(IARC group3 발암물질) 생성
  ㉣ 2007년 중국산 김치에서 다수 발견

③ 에틸렌 글리콜(Ethylene glycol)
- ㉠ 무색무취의 점액 액체, 겨울철 자동차 부동액
- ㉡ 글리세린이나 프로필렌글리콜과 성상이 비슷하여 오용
- ㉢ 신경, 신장 장애
④ 페릴라틴(Perillartine)
- ㉠ 불용성으로 설탕의 2000배 단맛
- ㉡ 들깨기름 성분에서 추출되는 백색결정
- ㉢ 타액과 열에 의해 aldehyde 생성

(4) 유해성 표백료
① 롱갈리트(Rongalite)
- ㉠ 아황산의 강한 표백작용
- ㉡ 포름알데하이드 생성
- ㉢ 물엿, 연근, 알사탕에 부정 사용
② 삼염화질소(Nitrogen trichloride, NCl_3)
- ㉠ 황색의 휘발성 액체
- ㉡ 밀가루 표백에 부정 사용
- ㉢ 히스테리 증상

기출로 확인

유해성 포름알데히드와 관계 없는 물질은? *18년 3회
① 요소수지   ② urotropin
③ rongalite   ④ nitrogen trichloride

정답 ④

2. 잔류농약

(1) 유기인제
① 종류: 파라티온, 말라티온, DDVP, 다이아지논
② 특성
- ㉠ 체내에서 cholinesterase와 결합하여 acetylcholine이 과량 축적됨
- ㉡ 맹독성, 급성독성, 잔류성 약(안정성이 약해 쉽게 분해됨)
③ 중독증상: 주로 신경자극 증상(식욕부진, 구토, 경련)

(2) 유기염소제
① 종류: DDT, BHC, aldrin
② 특성
- ㉠ 지용성으로 인체의 지방조직에 축적
- ㉡ 저독성, 만성독성, 잔류성 강
③ 중독증상: 신경독(복통, 설사, 구토, 시력감퇴)

(3) 유기수은제

① 종류: 메틸염화수은, 메틸요오드화수은

② 중독증상: 신경독, 신장독, 일본 미나마타만 수은중독 사례

(4) 카바메이트제

독성, 잔류성 등은 유기인제와 비슷함

 기출로 확인

일반적으로 독성이 강해 급성독성을 일으키며 식물체의 표면에서 광선이나 자외선에 의해 분해되기 쉽고, 식물체 내에서도 효소적으로 분해되며 비교적 잔류기간이 짧은 유기 농약은? *17년 1회

① 유기염소제   ② 유기수은제

③ 유기인제   ④ 유기비소제

정답 ③

3. 제조과정 중 혼입

(1) PCB(Polychloro biphenyl)

① 전기절연체 제조에 사용

② 미강유 중독 사건: 미강유 탈취공정 중 가열 매체로 사용한 PCB가 누출되어 기름과 혼입되면서 중독 사고 발생

③ 지방조직에 축적, 체내 농축

(2) 비소

① 비소분유 사건: 분유의 불순물로 함유됨

② 비소간장 사건: 밀가루로 오인, 산분해간장에 함유됨

4. 기구·용기·포장에서 용출

(1) 합성수지

① 열경화성 수지

   ⊙ 페놀수지

      • 페놀과 포름알데하이드의 축합

      • 내열성, 내산성 강함

      • 문제점: 페놀(독성, 부식성)과 포름알데하이드(독성) 용출

   ⓒ 요소수지

      • 요소(무독)와 포름알데하이드의 축합

      • 내수성, 내열성 약함

      • 문제점: 포름알데하이드(독성) 용출

   ⓒ 멜라민수지

      • 멜라민(안정, 내열성)과 포름알데하이드의 축합

      • 문제점: 포름알데하이드(독성) 용출

참고

열경화성 수지

• 초기 유동성을 가지나 가열하면 유동성을 상실하면서 딱딱하게 되어, 식어도 부드러워지지 않는 수지로 식품포장재로 거의 사용하지 않음

• 포름알데하이드(포르말린)의 용출이 문제

기출로 확인

페놀수지, 요소수지, 멜라민수지와 같은 열경화성 합성수지의 제조시 가열, 가압조건이 부족할 때 반응이 되지 않고 유리되어 용출될 수 있는 것은? *17년 1회

① 착색제   ② 가소제

③ 산화방지제   ④ 포름알데하이드

정답   ④

② 열가소성 수지

    ㉠ 염화비닐(PVC) 수지

       ⓐ vinylchloride(발암성) 단량체의 중합

       ⓑ 가장 맹독성인 수지

       ⓒ 가소제와 안정제가 유해하여 잔류규격 설정됨

       ⓓ 프탈레이트

          • PVC에 유연성을 제공하는 가소제로 주로 사용

          • 용출규격 설정됨

          • 향수, 화장품, 가정용 바닥재, 은박지 등 광범위 사용

          • 내분비계 교란물질(생식능력 저하, 암 유발, 유산 가능성)

          • 지용성이므로, 유지 식품으로 이행되지 않도록 주의해야 함

    ㉡ 폴리카보네이트(PC) 수지

       ⓐ 비스페놀 A(내분비계 교란물질) 용출

       ⓑ 음료수캔의 내부코팅제, 젖병, 급식용 식판에서 용출 / 눈의 염증, 발열, 태아 발육 이상 등

       ⓒ 「기구 및 용기·포장의 기준규격」에서는 비스페놀A(페놀, 비스페놀 A 및 p-터셔리부틸페놀의 합) 용출규격을 2.5mg/L 이하로 규정

    ㉢ 폴리프로필렌(PP) 수지: propylene 단량체가 약간의 자극성을 가짐

    ㉣ 폴리스티렌(PS) 수지

       ⓐ styrene 단량체가 경미한 독성을 가짐

       ⓑ 일부는 고온처리시 내분비계 교란물질

> **참고**
>
> **열가소성 수지**
> • 열경화성 수지와는 반대로, 가열하면 부드러워지고 식으면 딱딱해지는 가소성을 가짐
> • 동일한 단량체(monomer)를 반복시키고 첨가제(열안정제와 가소제)를 가해 중합체(polymer)로 만듦
> • 단량체와 첨가제의 용출이 문제

 기출로 확인

아래에서 설명하는 물질은? *19년 1회

금속제품(캔용기, 병뚜껑, 상수관 등)을 코팅하는 락커, 유아용 우유병, 급식용 식품 및 생수용기 등의 소재에 사용되는 중합체이며, 캔 멸균시 발생해서 식품에 용출될 가능성이 높은 위해물질로 피부나 눈의 염증, 발열, 태아 발육이상, 피부알레르기 등을 유발한다.

① 비스페놀 A   ② 다이옥신

③ PCB   ④ 곰팡이 독소

정답   ①

(2) 금속제

[유해중금속의 종류]

금속명	오염 경로	중독 증상
주석(Sn)	통조림 용기의 도금에 사용 산성 식품에서 용출	메스꺼움, 구토, 설사
카드뮴(Cd)	식기의 도금, 금속의 납땜, 유약의 안료로 사용 산성 식품에서 용출	이타이이타이병, 골연화증 구토, 복통, 설사, 단백뇨
수은(Hg)	농약, 방부제 성분	미나마타병 마비증상, 중추신경계 이상
구리(Cu)	산성 식품에서 용출 황산구리(착색제)에서 유래 녹청현상	메스꺼움, 구토, 현기증
안티몬(Sb)	법랑식기, 도자기, 고무판이 오래되어 닳으면 용출	구토, 설사, 경련
납(Pb)	통조림의 납땜, 법랑식기의 산성식품에서 용출 도자기류에서 용출	빈혈, 메스꺼움, 구토, 설사
알루미늄(Al)	알루미늄의 산성식품에서 용출	신경장애(알츠하이머)

기출로 확인

01 카드뮴에 의하여 발생되는 병은? *17년 1회

① 브루셀라병　　　　　　② 미나마타병
③ 이타이이타이병　　　　④ 탄저병

02 도자기제 및 법랑 피복 제품 등에 안료로 사용되어 그 소성온도가 충분하지 않
으면 유약과 같이 용출되어 식품위생상 문제가 되는 중금속은? *18년 3회

① Fe　　　　　　　　② Sn
③ Al　　　　　　　　④ Pb

정답 01 ③　02 ④

5. 기타 유해물질

[메탄올(Methanol)]

① 에탄올 대용, 위조 주류 제조시 부정 사용

② 알콜 발효시 pectin이 존재하면 생성

③ 주류의 메탄올 허용량: 주류는 0.5 mg 이하/mL, 과실주는 1.0 mg 이하/mL

④ 분해시 포름알데하이드/포름산 생성(실명, 산독증)

⑤ 두통, 현기증, 실명, 중증의 경우 환각, 호흡장애, 정신이상, 사망

4 자연독 식중독

1. 동물성 식중독

(1) 복어독

① 테트로도톡신(Tetrodotoxin)

② 복어의 난소(알)에 가장 많고, 간, 피부, 창자에도 포함(근육에는 거의 없음)

③ 봄철 산란기(4~6월)에 가장 유독, 치사율(50% 이상)이 높음

④ 매우 강력한 비단백성 독소, 무색·무미·무취의 약염기성 결정

⑤ 산과 열에 안정, 물에 녹지않음, 4% NaOH 용액에서는 20분이면 무독화

⑥ Cyanosis(청색증), 운동 마비, 언어 장애, 지각 이상, 호흡 마비, 구순 및 혀의 지각 마비(20분~3시간 이내)

(2) 시구아테라독

① 시구아톡신(Ciguatoxin)

② 열대·아열대 어류가 와편모조류(유독 플랑크톤)에 함유된 물질을 섭취하면 어류 체내에 축적되어 유독화됨

③ 마비 등의 신경 증상, 설사, 구토 등

④ 열에 안정, 가열조리에 의해 파괴되지 않음

(3) 마비성 패독

① 삭시톡신(Saxitoxin), gonyautoxin

② 섭조개, 홍합, 모시조개 등이 와편모조류의 독소를 섭취하면 중장선에 축적되어 유독화됨

③ 호흡 마비, 언어 장애 등

④ 열에 안정, 가열조리에 의해 파괴되지 않음

(4) 베네루핀독

① Venerupin

② 바지락, 굴, 모시조개

③ 구토, 두통, 간기능 저하, 호흡 곤란

④ 열에 안정, 가열조리에 의해 파괴되지 않음

(5) 테트라민독

① Tetramine

② 소라고둥, 조각매물고둥

2. 식물성 식중독

(1) 독버섯

① 활촉버섯, 땀버섯, 독우산버섯, 화경버섯

② Muscarine, muscaridine, choline, neurine(자율신경계 중독)

③ Amanitatoxin, phaline, lampterol(위장형 중독)

④ 특징
  ㉠ 악취
  ㉡ 쓴맛, 신맛
  ㉢ 유즙 분비
  ㉣ 색이 선명하고 화려함

(2) 감자
  ① 솔라닌(Solanine): 발아시 생성
  ② 셉신(sepsin): 부패시 생성

(3) 독미나리
  시큐톡신(Cicutoxin)

(4) 면실유(목화씨유)
  고시폴(Gossypol)

(5) 청매(미숙한 매실)
  아미그달린(Amygdaline)

(6) 독보리
  테물린(Temuline)

(7) 고사리
  프타퀼로시드(Ptaquiloside)

(8) 피마자
  리신(Ricin), ricinine, allergen

(9) 오두, 바꽃(부자)
  아코니틴(Aconitine)

(10) 가시독말풀, 미치광이풀
  Scopolamine, atropine, hyoscyamine

(11) 붓순 나무
  Shikimin, hananomin, anisatin

  ◎ 기출로 확인

  식품에 존재하는 유독성분과 그 식품이 바르게 연결된 것은? *19년 1회
  ① 감자 - muscarine
  ② 면실유 - gossypol
  ③ 수수 - amygdalin
  ④ 독미나리 - ergotoxin

  정답 ②

3. 곰팡이독 식중독(mycotoxicosis)

(1) Mycotoxin(곰팡이독)
곰팡이의 2차 대사산물, 사람과 동물에게 급만성 장애를 일으킴

(2) Mycotoxin의 특징
① 탄수화물이 풍부한 농산물, 특히 곡류에서 발생하는 곰팡이에 의함

② 동물에서 동물로, 사람에게서 사람으로 직접 전파되지 않음, 즉 감염형이 아님

③ 곰팡이독 중독 발생시 항생물질 투여나 약제요법이 효과 없음

④ *Aspergillus* 속은 봄~여름 / 열대지역, *Fusarium* 속은 한냉기 / 한대지역에서 주로 독소를 생성

(3) Mycotoxin의 분류
① 중독 기관별 분류

분류	독소명
간장독	Aflatoxin(간암유발), ochratoxin, sterigmatocystin, luteoskyrin(황변미), islanditoxin(황변미)
신장독	Citrinin(황변미), citreomycetin
신경독	Citreoviridine(황변미), patulin
광과민성 피부염 물질	Sporidesmin, psoralen

선생님 TIP

주요 곰팡이 독소의 원인균과 중독 기관을 기억하자.

🎯 기출로 확인

Mycotoxin 중 신장독으로 알려진 성분은? *19년 1회

① 시트리닌(citrinin) ② 아플라톡신(aflatoxin)
③ 파튤린(patulin) ④ 류테오스키린(luteoskyrin)

정답 ①

② 원인 곰팡이균별 분류

원인균	곰팡이독	특징	오염식품
Aspergillus 속	Aflatoxin	*Aspergillus flavus* 간장독, 간암유발 최적 생산조건: 수분 16% 이상, 온도 25~30℃, 상대습도 80~85% Aflatoxin B1: 가장 강력한 발암물질, 지용성, 열에 안정, 가공공정에서 제거가 어려움 Aflatoxin M1: 오염된 식품, 먹이를 먹은 포유류의 젖에 포함되어 있음	곡류와 땅콩 특히 재래식 된장
	Ochratoxin	*Aspergillus ochraceus* 간장독	곡류, 콩류, 향신료
	Sterigmatocystin	*Aspergillus nidulans* 간장독	

	Patulin	*Penicillium patulum* 신경독	부패된 사과, 사과주스
Penicillium 속	Luteoskyrin	*Penicillium islandicum*	덜 건조된 저장 곡류
	Islanditoxin	황변미 간장독 오염된 쌀은 '회색 → 황색 → 적갈색'으로 변화	
	Citrinin	*Penicillium citrinum* 황변미 신장독	
	Citreoviridine	*Penicillium citreoviride* 황변미 신경독	
Fusarium 속	Fumonisin	*Fusarium moniliforme* 신장독, 간장독	옥수수, 사료
	Deoxynivalenol	*Fusarium roseum*	밀, 옥수수 등
	Zearalenone	불임 유발, 이상 발정증세	밀, 옥수수 등

기출로 확인

01 작물의 재배 수확 후 27℃, 습도 82%, 기질의 수분함량 15% 정도로 보관하였더니 곰팡이가 발생되었다. 의심되는 곰팡이 속과 발생 가능한 독소를 바르게 나열한 것은?

① *Fusarium* 속, Patulin
② *Penicillium* 속, T-2 Toxin
③ *Aspergillus* 속, Zearalenone
④ *Aspergillus* 속, Aflatoxin

02 가축에 이상발정 증세를 초래하여 가축의 생산성 저하와 관련이 있는 곰팡이 독소는? *20년 3회

① 맥각독
② 제랄레논
③ 오크라톡신
④ 파툴린

정답 01 ④   02 ②

(4) 맥각독

① 맥각(Ergot): 맥각균(*Claviceps purpurea*)이 보리, 호밀 등의 벼과식물에 기생하여 형성된 흑자색의 곰팡이의 균핵
② 맥각의 성분: ergotamine, ergotoxin, ergometrin 등의 맥각 알칼로이드 물질
③ 구토, 설사 등의 소화기 장애, 두통, 무기력증, 임산부의 조산 및 유산

5 바이러스성 식중독

(1) 종류 및 특성

① 주로 장염을 일으키는 병원체 중 바이러스에 감염되어 발생하는 질병

② 종류: 노로바이러스, 로타바이러스, 아데노바이러스, 아스트로바이러스 등

③ 세균성 식중독과의 차이점

세균성 식중독	바이러스성 식중독
균에 의한 것 또는 균이 생산하는 독소에 의하여 식중독 발병	크기가 작은 DNA 또는 RNA가 단백질 외피에 둘러싸여 있음
온도, 습도, 영양성분 등이 적정하면 자체 증식 가능	자체 증식이 불가능하며 반드시 숙주가 존재하여야 증식 가능
일정량(수백~수백만) 이상의 균이 존재하여야 발병 가능	미량(10~100) 개체로도 발병 가능
설사, 구토, 복통, 메스꺼움, 발열, 두통 등	세균성과 유사함
항생제 등을 사용하여 치료 가능하며 일부 균은 백신 개발됨	일반적 치료법이나 백신이 거의 없음
2차 감염되는 경우는 거의 없음	대부분 2차 감염됨

기출로 확인

바이러스성 식중독의 병원체가 아닌 것은? *20년 1, 2회

① EHEC 바이러스 ② 로타바이러스A군
③ 아스트로바이러스 ④ 장관 아데노바이러스

정답 ①

(2) 노로바이러스 식중독

① 원인균: Norovirus

② 특징

  ㉠ 주로 겨울철(11월~3월)에 발생

  ㉡ RNA형 바이러스

③ 감염원 및 원인식품

  ㉠ 감염자의 구토물, 분변

  ㉡ 분변에 오염된 지하수나, 어패류의 생식(특히 굴 등)

  ㉢ 감염자와의 접촉, 구토나 설사 증상 없이도 바이러스를 배출하는 무증상 감염도 발생

④ 잠복기: 24~48시간

⑤ 증상: 구토, 설사, 복통, 탈수 증상

⑥ 예방: 식수는 끓여서, 과일·채소는 철저히 세척, 굴 등의 어패류는 85℃ 1분 이상 가열로 바이러스 불활성화, 차아염소산나트륨 등으로 살균, 세척

선생님 TIP

• 바이러스성 식중독은 간단한 종류와 특성 정도를 기억해두자.
• 노로바이러스성 식중독은 식중독 발생률이 높아지고 있어 종종 출제되므로, 자세하게 알아두자.
• 세균성 식중독과 바이러스성 식중독의 차이를 묻는 문제도 종종 출제된다.

참고

A형 간염바이러스
최근에는 "A형 간염바이러스"도 종종 사회적 문제가 됨
• 증상: 고열, 구토, 피로, 그 이후 간의 팽대와 황달
• 잠복기: 15~50일
• 원인식품 및 오염경로: 오염된 물에서 수확한 수산물, 오염된 물로 세척한 채소, 감염된 조리자를 통한 감염

선생님 TIP

출제기준에 명시되지는 않았으나 식품 감염병은 식품안전에서 중요한 부분이다.

참고
- 2020년부터 법정감염병의 용어와 정의가 수정됨
- 기존 제1군, 제2군, 제3군, 제4군, 제5군 감염병에서 제1급, 제2급, 제3급, 제4급 감염병으로 바뀜

1 감염병의 정의 및 분류

1. 감염병의 정의
병원성 미생물이 생물에 감염을 일으키고 전파되는 질병

2. 법정감염병
「감염병의 예방 및 관리에 관한 법률」 제2조(정의)

분류	정의	종류
제1급 감염병	치명률이 높거나 집단 발생의 우려가 커서 발생 또는 유행 즉시 신고하여야 하는 감염병	에볼라바이러스병, 두창, 페스트, 탄저, 보툴리눔독소증, 야토병, 중증급성호흡기증후군(SARS), 중동호흡기증후군(MERS), 디프테리아 등
제2급 감염병	전파가능성을 고려하여 발생 또는 유행시 24시간 이내에 신고하여야 하는 감염병	결핵, 수두, 홍역, 콜레라, 장티푸스, 파라티푸스, 세균성이질, 장출혈성대장균감염증, A형간염, 백일해, 성홍열, E형간염 등
제3급 감염병	그 발생을 계속 감시할 필요가 있어 발생 또는 유행시 24시간 이내에 신고하여야 하는 감염병	파상풍, B형간염, 일본뇌염, C형간염, 말라리아, 레지오넬라증, 비브리오패혈증, 발진티푸스, 쯔쯔가무시증, 렙토스피라증, 브루셀라증, 공수병, 신증후군출혈열, 후천성면역결핍증(AIDS), 크로이츠펠트-야콥병(CJD) 및 변종크로이츠펠트-야콥병(vCJD), 황열, 큐열 등 ※ 부분 단서에 따라 질병관리청장이 보건복지부장관과 협의하여 지정하는 감염병의 종류: 엠폭스(MPOX)
제4급 감염병	유행 여부를 조사하기 위하여 표본감시 활동이 필요한 감염병	인플루엔자 등 ※ 부분 단서에 따라 질병관리청장이 보건복지부장관과 협의하여 지정하는 감염병의 종류: 코로나바이러스감염증-19
기생충 감염병	기생충에 감염되어 발생하는 감염병	회충증, 편충증, 요충증, 간흡충증, 폐흡충증, 장흡충증, 해외유입기생충감염증
인수공통 감염병	동물과 사람간에 서로 전파되는 병원체에 의하여 발생되는 감염병	장출혈성대장균감염증, 일본뇌염, 브루셀라증, 탄저, 공수병, 중증급성호흡기증후군(SARS), 변종크로이츠펠트-야콥병(vCJD), 큐열, 결핵, 살모넬라균 감염증, 캄필로박터균 감염증 등

2 경구감염병

대부분 소화기계 감염병으로 음식물, 음용수, 손, 위생동물, 식기 등에 의해 입으로 병원체가 침입하여 감염

[경구감염병과 세균성식중독의 차이]

특성	경구감염병	세균성식중독
감염 정도	2차 감염	종말 감염
병원성	강함	약함
필요한 균량	미량(대부분 체내 증식)	다량(대부분 식품내 증식)
잠복기	긴 편	짧은 편
면역성	병 후 면역 있음	없음
예방조치	균이 소량 존재해도 발병 가능성이 있으므로 예방 어려움	균의 증식을 억제하면 가능
음용수	음용수로 인해 감염	음용수로 인한 중독은 거의 없음

기출로 확인

경구감염병의 특징에 대한 설명 중 틀린 것은? *19년 2회

① 감염은 미량의 균으로도 가능하다.
② 대부분 예방접종이 가능하다.
③ 잠복기가 비교적 식중독보다 길다.
④ 2차 감염이 어렵다.

> **해설** 이 문제에서 예방접종과 예방조치는 다른 의미로 해석됨
> 예방접종: 감염병 예방을 위해 백신을 투여하여 면역력을 증가시키는 것
> 예방조치: 감염병 발생을 막기 위해 하는 행위(손씻기, 익혀먹기, 끓여먹기 등)

정답 ④

[경구감염병의 분류]

감염원에 따른 분류	종류
세균	장티푸스, 파라티푸스, 콜레라, 세균성 이질
바이러스	폴리오(소아마비), A형간염
원충	아메바성 이질

기출로 확인

감염병 중 바이러스에 의해 감염되지 않는 것은? *16년 1회

① 장티푸스
② 폴리오
③ 인플루엔자
④ 유행성 간염

정답 ①

선생님 TIP

경구감염병은 출제 빈도가 높으므로 종류를 외우고, 특히 병명과 원인균을 함께 기억하자.

선생님 TIP

경구감염병과 세균성 식중독의 특징을 구분하는 문제의 출제 빈도가 높으므로, 차이점을 기억하자.

선생님 TIP

경구감염병의 감염원을 구분하는 문제도 종종 출제되므로, 감염원에 따른 감염병의 분류를 기억하자.

(1) 장티푸스(Typhoid fever)

① 원인균: *Salmonella typhi*(세균)

② 특징: Gram음성, 간균, 무포자, 무협막, 편모가 있어 활발한 운동

③ 감염원 및 감염경로: 환자나 보균자의 분변, 혈액, 소변을 직접 또는 간접(파리, 식품) 접촉하여 경구감염

④ 잠복기: 1~3주

⑤ 증상: 40℃ 전후의 고열, 두통, 식욕상실 등

(2) 파라티푸스(Paratyphoid fever)

① 원인균: *Salmonella paratyphi*(세균)

② 감염원 및 감염경로: 장티푸스와 유사

③ 잠복기: 1~10일

④ 증상: 장티푸스와 비슷하나 장티푸스에 비해 대체로 경미한 편

(3) 콜레라(Cholera)

① 원인균: *Vibrio cholera*(세균)

② 감염원 및 감염경로: 환자나 보균자의 분변 등에 오염된 어패류, 해수, 식품의 섭취로 인한 경구감염, 파리(매개체)에 의한 직접 감염

③ 잠복기: 수 시간~5일(보통 2~5일)

④ 증상: 쌀뜨물 같은 수양변(水樣便), 심한 구토, 탈수, 맥박이 약하고 체온 하강 등

⑤ 예방: 어패류의 생식 금함, 음용수·식품·어패류 등은 끓인 후 섭취, 항구·공항의 검역 철저히

(4) 세균성 이질(Bacillary dysentery)

① 원인균: *Shigella dysenteriae*(세균)

② 특징

ㄱ Gram음성, 간균, 호기성, 비운동성, 무포자와 무협막

ㄴ 분변 중에서 2~3일, 물속에서 2~6일, 바닷물에서 2~5개월 생존

ㄷ 60℃에서 10분간 가열하면 사멸하며, 5%의 석탄산이나 승홍수에서 사멸

③ 감염원 및 감염경로: 환자나 보균자의 분변 등에 오염된 음식, 기구에 의한 경구감염, 파리(매개체)에 의한 직접 감염

④ 잠복기: 2~7일

⑤ 증상: 발열, 오심, 복통, 위경련, 설사 등이며 혈변이 특징

(5) 아메바성이질(Amebiasis)

① 원인균: *Entamoeba histolytica*(아메바, 원충)

② 특징: 원충은 저항력이 약해서 배출된 후 12시간 이내에 죽으며, 물속에서는 1개월 정도 생존

③ 감염원 및 감염경로: 환자의 분변에 오염된 음용수, 음식, 채소, 곤충, 쥐 등에 의하여 감염

④ 잠복기: 3~4주

⑤ 증상: 세균성 이질보다 설사, 복통이 약함, 변 중에 점액이 혈액보다 많은 것이 특징

(6) 폴리오(Poliomyelitis, 소아마비, 급성회백수염)

① 원인균: Polio 바이러스(장관계 바이러스)

② 특징: 불현성 감염자가 90% 이상

③ 감염원 및 감염경로: 주로 감염자의 인두분비액과 직접 접촉하였을 때 감염

④ 잠복기: 7~12일

⑤ 증상: 발열, 두통, 구토, 설사로 시작하여, 이후 목과 등의 경직 또는 마비(소화관으로 침입한 virus가 중추신경과 운동세포를 침범)

⑥ 예방: 예방접종(생균백신, 사균백신)을 실시하는 것이 최선의 방법

(7) 유행성간염(Epidemic hepatitis, A형 간염)

① 원인균: A형간염 바이러스(Virus)

② 특징

    ㉠ 집단생활에서 주로 발생하는 급성소화기계 감염병

    ㉡ 바이러스 병원체는 열과 음용수의 염소에 저항력이 높음

③ 감염원 및 감염경로: 환자나 불현성 감염자의 분변, 식품, 음용수 등

④ 잠복기: 30~35일

⑤ 증상: 돌발성 발열, 식욕감퇴, 오심, 복통 이후 황달, 간부전 등

⑥ 예방: 예방접종(생균백신, 사균백신)을 실시하는 것이 최선의 방법

(8) 경구감염병의 예방대책

① 환자·보균자의 조기발견 및 격리 치료

② 환자·보균자의 조리를 금함

③ 음용수의 위생적 관리와 소독 실시

④ 환경위생 철저

⑤ 병균을 매개하는 파리, 바퀴벌레, 쥐 등 구제

⑥ 날 음식의 섭취를 피하고 위생처리

 선생님 TIP

• 인수공통감염병도 병명과 원인균을 함께 기억하자.
• 인수공통감염병의 감염원을 구분하는 문제도 종종 출제되므로, 감염원에 따른 감염병의 분류를 기억하자.

3 인수공통감염병

척추동물과 사람 사이에 자연적으로 전파되는 질병으로서 병원체에 오염된 식육·우유 등을 경구 섭취하는 경우, 감염동물에 접촉하여 2차 오염된 음식에 의해 감염됨

[인수공통감염병의 분류]

감염원에 따른 분류	종류
세균	탄저, 돈단독, 결핵, 야토병, 브루셀라(파상열)
바이러스	일본뇌염, 광견병(공수병), 조류(동물)인플루엔자 인체감염증
리케치아	Q열
Prion(단백질 일종)	광우병

기출로 확인

인수공통감염병에 대한 설명 중 틀린 것은? *17년 2회
① 질병의 원인은 모두 세균이다.
② 원인 세균 중에는 포자(spore)를 형성하는 세균도 있다.
③ 약독생균을 예방수단으로 쓰기도 한다.
④ 접촉감염, 경구감염 등이 있다.

정답 ①

(1) 결핵(Tuberculosis)

① 원인균(세균)

ㄱ 인형결핵균: *Mycobacterium tuberculosis*

ㄴ 우형결핵균: *Mycobacterium bovine*

ㄷ 조형결핵균: *Mycobacterium avium*

② 특징: 저온 살균으로 사멸되므로, 우유 살균의 한계 온도 설정의 기준이 됨

③ 감염원 및 감염경로: 우형 결핵에 감염된 우유, 유제품에 의해 경구감염

④ 잠복기: 4~6주

⑤ 증상: 임파절, 장, 폐 등에 침입하며, 침입부위에 따라 증상이 다름

기출로 확인

우유 살균 처리에서 한계온도의 기준이 되는 것은? *20년 3회
① 결핵균
② 티푸스균
③ 연쇄상구균
④ 디프테리아균

정답 ①

(2) 탄저(Anthrax)

① 원인균: *Bacillus anthracis*(세균)

② 특징

    ㉠ 그람양성, 대형 간균, 무운동성, 산소가 있어야 아포 형성

    ㉡ 저항성이 매우 강함(내열성 강, 건조에 강)

③ 감염원 및 감염경로

    ㉠ 동물: 오염된 목초, 사료에 의한 경구감염

    ㉡ 사람: 주로 피부의 상처로부터의 경피감염(피부탄저), 병든 동물고기에 의한 경구감염(장탄저), 모피 취급 중 아포의 흡입감염(폐탄저)

④ 잠복기: 1~4일

⑤ 증상

    ㉠ 피부탄저: 발적, 수포, 궤양, 임파선염

    ㉡ 장탄저: 식중독 증상

    ㉢ 폐탄저: 폐렴, 패혈증

기출로 확인

피부, 장, 폐가 감염부위가 될 수 있으며, 사람이 감염되는 것은 대부분 피부다. 또한, 포자를 흡입하여 감염되면 급성기관지 폐렴증세를 나타내고, 패혈증으로 사망할 수도 있는 인수공통감염병은? *18년 2회

① 탄저   ② 결핵
③ 브루셀라증   ④ 리스테리아증

정답 ①

(3) 파상열(Brucellosis, 브루셀라증)

① 원인균(세균)

    ㉠ *Brucella abortus*: 소에 감염되어 유산을 일으킴

    ㉡ *Brucella suis*: 돼지에 감염되어 유산을 일으킴

    ㉢ *Brucella melitensis*: 염소, 양에 감염되어 유산을 일으킴

② 특징: 우유의 저온살균(63℃, 30분)으로 사멸(열저항력 약함)

③ 감염원 및 감염경로: 우유 및 육류에 의한 경구감염, 접촉에 의한 경피감염

④ 잠복기: 7~14일

⑤ 증상

    ㉠ 소, 염소, 양, 돼지의 동물에게는 유산을 일으킴

    ㉡ 사람에게는 열을 발생시키는 질병(열이 단계적으로 올라 40℃에 이름, 이 상태가 2~3주 지속되다가 열이 내림, 발열현상이 주기적으로 반복됨)

(4) 야토병(Tularemia)

① 원인균: *Francisella tularensis*(*Pasteurella tularemia*)(세균)

② 특징: 저항력이 강하여 상온에서도 상당히 오래 존재

③ 감염원 및 감염경로
　　㉠ 동물: 흡혈곤충(이, 진드기, 벼룩)에 의해 전파
　　㉡ 사람: 병에 걸린 토끼고기, 모피에 의하여 경피감염
④ 잠복기: 3~4일
⑤ 증상
　　㉠ 오한, 전율, 발열 등
　　㉡ 균이 침입된 피부는 농포가 생김

(5) 돈단독증(Swine erysipeloid)

① 원인균: *Erysipelothrix rhusiopathiae*(세균)
② 감염원 및 감염경로
　　가축의 고기, 장기 취급 시 피부의 창상으로 균 침입하는 경피감염, 경구감염
③ 잠복기: 10~20일
④ 증상: 발적, 종창, 패혈증상

(6) Q열(Q fever)

① 원인균: *Coxiella burnetii*(리케치아)
② 감염원 및 감염경로: 소, 양, 염소의 생유, 이환된 동물의 조직에 접촉시 감염
③ 잠복기: 14일
④ 증상: 두통, 권태, 발열, 오한

(7) 광우병(Bovine spongiform encephalopathy(BSE), 소해면뇌상증)

① 원인물질: 변형 프리온(Prion) 단백질
② 특징: 감염된 동물의 뇌조직에 구멍이 나, 스폰지와 같은 구조 형성
③ 감염원 및 감염경로
　　㉠ 동물: 양의 부산물이 함유된 소의 사료에서 기인
　　㉡ 사람: 감염동물의 식육 섭취와 연관
④ 증상
　　㉠ 동물: 신경질적이고 매우 공격적
　　㉡ 사람: 이상행동, 정신지체 등

(8) 리스테리아증(Listeriosis)

원인균 - *Listeria monocytogenes*(세균)

◎기출로 확인

인수공통감염병을 일으키는 병명과 병원균의 연결이 틀린 것은? *18년 3회

① 결핵: *Mycobacterium tuberculosis*
② 파상열: *Brucella*
③ 야토병: *Pasteurella tularemia*
④ 광우병: *Listeria monocytogenes*

정답 ④

식품의 변질과 보존

1 식품의 변질

식품의 맛, 냄새, 색깔, 외관이 식품으로서 가치를 잃어버리는 현상

1. 식품 변질의 종류

(1) 부패

① 식품 중의 단백질 성분이 자기소화, 부패세균의 효소작용 등에 의해 분해되어 악취가 나고 불가식화되는 현상

② 암모니아, 아민, 황화수소 등 생성

(2) 변패

질소를 함유하지 않은 당질과 지질이 미생물, 산소, 광선, 온도, 습도 등에 의해 분해되어 산미 또는 이취 생성

(3) 산패

① 유지가 산소, 빛, 금속 등에 의해 산화되는 현상

② 산화생성물(알데하이드, 케톤 등)

(4) 발효

식품에 미생물이 작용하여 식품의 성질을 변화시키는 현상 중 유익한 경우에 해당됨

 기출로 확인

식품의 변질에 대한 설명으로 틀린 것은? *17년 3회

① 변패: 미생물 및 효소 등에 의하여 탄수화물, 지방질 및 단백질이 분해되어 산미를 형성하는 현상

② 부패: 단백질과 질소화합물을 함유한 식품이 자가소화, 부패세균의 효소작용으로 인해 분해 되는 현상

③ 산패: 지방질이 생화학적 요인 또는 산소, 햇볕, 금속 등의 화학적 요인으로 인하여 산화·변질되는 현상

④ 갈변: 효소적 또는 비효소적 요인에 의하여 식품이 산화·갈색화되는 현상

 정답 ①

 선생님 TIP

• 출제기준에 명시되지는 않았으나 식품 안전에서 중요하게 다루어지는 부분이다.

• 식품화학, 식품가공공정에서도 중복되는 부분이므로 학습해두는 것이 좋다.

식품미생물 및 안전 **Part 03** 해커스 식품산업기사 필기 한권완성 이론 + 최신기출 + 핵심노트

2. 식품 변질의 요인

요인	종류
생물학적 요인	미생물, 곤충, 진드기
화학적 요인	효소, 유지의 산화, 중합, 갈변반응
물리적 요인	광선, 열, 동결, 건조

※ 일반적으로 하나 이상의 요인이 복합적으로 작용하여 발생

3. 식품 변질(품질 저하)에 영향을 주는 인자

(1) 수분

① 수분활성도(Aw): 식품 속의 각 성분들과 수분과의 결합능력을 나타내는 척도

② 수분활성도에 따른 각 반응의 속도

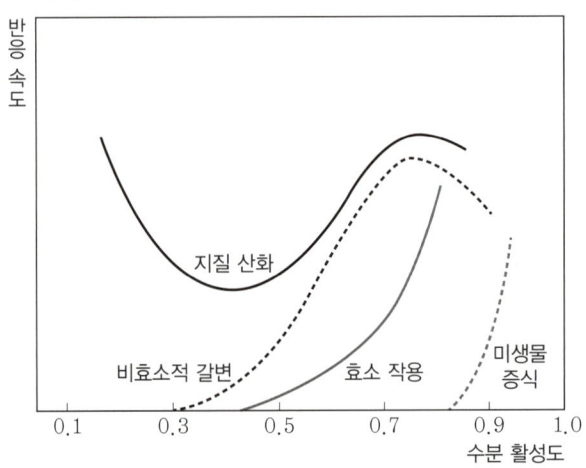

③ 중간수분식품(IMF: intermediate moisture food): 수분함량이 10~40%, Aw가 0.65~0.85의 식품으로 냉장이나 가열하지 않아도 미생물의 생육을 억제하여 저장성을 높인 식품

예 잼, 곶감, 살라미소시지

> **기출로 확인**
>
> **중간수분식품(IMF)에 관한 설명 중 틀린 것은?** *19년 2회
> ① 일반적으로 수분활성이 0.60~0.85에 해당하는 식품을 말한다.
> ② 곰팡이의 발육을 억제한다.
> ③ 저온을 병용하면 더욱 효과가 좋다.
> ④ 황색 포도상구균의 발육억제에 효과적이다.
>
> 해설 곰팡이는 Aw 0.65~0.85에서 생육가능
>
> 정답 ②

(2) 미생물

미생물의 생육에 영향을 미치는 인자- 수분활성도, 온도, pH, 산소

① 수분활성도

생육가능한 최저 수분활성도: 세균 0.91, 효모 0.88, 곰팡이 0.80, 내건성 곰팡이 0.65

② 온도

- 저온균(최저 0~5℃, 최적 12~18 ℃)
- 중온균(최저 5~10℃, 최적 30~40 ℃): 곰팡이, 효모. 일반세균, 병원균
- 고온균(최저 30~40℃, 최적 55~65 ℃)

③ pH

미생물에 의한 식품의 위생 안전성을 고려한 최소 pH: 4.6(*Cl. botulinum*이 증식할 수 없기 때문)

④ 산소: 호기성, 미호기성, 통성혐기성, 편성혐기성

(3) 효소

① 산화효소에 의한 갈변 발생

② 지질산화효소에 의해 유리지방산 생성

③ 가수분해에 의한 변화

(4) 산소

① 식품성분과 반응 → 영양소 파괴, 향미 저하, 유독물질 생성

② Vitamin A, B, C, E: 쉽게 산화

③ 유지 + 산소 → 자동산화 → 알데히드, 케톤 형성 → 중합체 형성

(5) pH

① 단백질 – 등전점에서 침전

② 떡이나 밥: 노화(중성 pH에서 촉진, 알칼리성 하에서는 억제)

③ 식품의 색소: pH에 따라 색깔 변함

4. 부패의 판정

(1) 관능검사

아민·암모니아 등 부패취, 변색·점액화 등 외관, 불쾌한 맛

(2) 미생물학적 검사

① 식품 중 생균수 측정 목적: 신선도 여부 판단

② 생균수 $10^7 \sim 10^8$/g이면 초기부패로 판정

③ 10^5/g 이하이면 안전

(3) 화학적 검사

휘발성염기질소(VBN), 트리메틸아민(TMA), 히스타민, pH 측정

5. 주요 식품의 신선도 검사

(1) 우유의 신선도 검사

① Methylene blue test
- 우유 + 메틸렌블루(청색) -(미생물) → 백색
- 백색으로 변하는 시간이 짧을수록 미생물 오염이 심한 것

② 에탄올 검사

70% 에탄올 + 우유를 동량으로 혼합 → 변질된 우유는 응고

③ 산도 측정
- 산도: 우유에 함유된 젖산의 함량(중화적정법으로 측정)
- 우유는 오래될수록 산도 증가

④ 자비시험: 오래된 우유는 가열하면 응고

참고

• **우유의 가수 여부 판정법**
- 비중 측정: 우유 양을 인위적으로 늘리려고 물을 첨가하면 비중이 낮아짐
- Babcock법과 Gerber법으로 지방 검사: 물을 첨가하면 지방함량이 낮아짐

• **우유의 살균 여부 판정법**

Phosphatase test: 우유를 가열하면 포스파타제 효소가 활성을 상실하므로, 포스파타제의 활성을 측정하면 우유의 살균여부 확인가능

(2) 계란의 신선도 검사

① 외부적 선도

　㉠ 비중

　　신선란은 1.0784~1.0914, 1일 경과 시 0.0017~0.0018씩 감소

　　ⓐ A급(신선란): 11% 식염수에 가라앉는 난

　　ⓑ B급(약간 신선란): 11% 식염수에 뜨나 10% 식염수에는 약간 가라앉는 난

　　ⓒ C급(부패가능란): 10% 식염수에는 뜨나 8% 식염수에는 가라앉는 난

　　ⓓ 부패란: 8% 식염수에서 뜨는 난

　㉡ 난형(Egg Shape)

　　E.S = 단경/장경 × 100

　㉢ 난각의 두께

　　0.31~0.34mm

　㉣ 청결도

　　청결상태에 따라 4등급으로 나뉨

　㉤ 진음법

　　신선한 난은 내용물이 풍부하여 소리가 나지 않고, 묵은 난은 소리가 남

　㉥ 설감법

　　신선란은 기실부가 따뜻하고 묵은란은 차가운 느낌이 듦

② 내부적인 선도

　㉠ 투시검사

　　투시검란기 이용, 기실의 크기 및 난백, 난황의 상태 등 검사

　㉡ 할란검사

　　ⓐ 난백계수 = $\dfrac{\text{농후 난백의 높이}}{\text{농후 난백의 직경}}$

　　　신선란의 난백계수는 0.06 정도

　　ⓑ 난황계수 = $\dfrac{\text{난황의 높이}}{\text{난황의 직경}}$

　　　신선란의 난황계수는 0.361~0.442

③ pH 검사

　㉠ 난백의 pH는 7.6~7.9, 난황의 pH는 6.0 (난백의 pH가 난황보다 높음)

　㉡ 신선난백의 pH는 7.6~7.9, 저장기간이 길어지면 난백의 구멍을 통한 CO_2의 방출로 인해 pH 9.7까지 상승

(3) 어육의 신선도 검사(초기 부패 지표)

① VBN(Volatile basic nitrogen, 휘발성 염기 질소)

　• 단백질이 풍부한 식품의 부패시 생성, 암모니아 · 휘발성아민류 등

　• 30~40 mg%(mg/100g)

> **참고**
>
> **기실**
> • 달걀의 둥근부분(넓적한 쪽)에 있는 숨구멍
> • 알이 오래되면 내용물의 수분 증발로 점차 확대되므로 기실의 크기를 측정함으로써 알의 신선도를 감별
> • 신선한 달걀의 기실크기는 높이 약 5mm, 너비 약 12mm, 부피 약 0.5ml

> **참고**
>
> **난황의 녹변 원인**
> 난백의 함황 아미노산의 분해로 생성된 황화수소(H_2S)가 난황 중의 Fe와 결합하여 황화제일철(FeS)이 되기 때문

② TMA(Trimethylamine)

- VBN 중 가장 많은 비율을 차지함
- 일반적으로 3~4 mg%를 적용하나, 어종에 따라 다름

③ K value

- ATP와 분해생성물(ADP, AMP 등) 전체 양에 대한 inosine과 hypoxanthine 의 합계량의 백분율
- 60~80%

④ pH

- 신선한 어류는 pH 7 부근에서 사후강직 및 자기소화에 의해 젖산 생성, pH 6 정도로 하락
  부패가 진행되면 암모니아 및 그 밖의 염기성 물질로 인해 중성 또는 알칼리 성으로 상승
- pH 6.2~6.5

⑤ Histamine

- 어패류의 부패과정에서 histidine으로부터 생성
- 히스타민 함량이 4~6 mg%이면 알레르기성 식중독을 일으킴

(4) 식육의 신선도 검사(초기 부패 지표)

① VBN(Volatile basic nitrogen, 휘발성 염기 질소)

- 20 mg%

② pH

- pH 6.2~6.3이면 초기부패로 의심

③ TMA(Trimethylamine)

- 4~6 mg%

④ 암모니아 시험

⑤ 유화수소 검출법

⑥ Walkiewicz반응

(5) 통조림검사

① 타검법: 소리로 판정

② 진공도 검사: 통조림의 상부공간의 진공도 측정

③ 세균발육시험: 35℃에서 14일 간 저장한 후 용기 팽창 검사 및 세균시험

2 식품의 보존

1. 물리적 처리법

(1) 건조법

식품의 수분을 제거함으로써 수분활성도를 저하시켜, 미생물의 성장을 억제하여 저장성을 향상시키는 조작

① 자연건조법: 일광(천일)건조법

② 인공건조법

    ㉠ 열풍건조법

    ㉡ 동결건조법

        • 냉동 후 진공 상태에서 얼음을 승화(고체 → 기체)시킴

        • 장점: 식품의 열손상 적음, 복원력 좋음, 향미의 보존

        • 단점: 고가의 장비

    ㉢ 분무건조법: 미세 액체 입자를 건조실 내로 분무하여 순간적으로 건조
        예 분말커피, 분유

    ㉣ 마이크로웨이브법

  기출로 확인

식품의 변질을 방지하기 위한 방법 중 상압건조가 아닌 것은? *16년 2회

① 열풍 건조법   ② 배건법
③ 진공동결건조법   ④ 분무건조법

정답 ③

(2) 냉장·냉동법

식품을 저온에 보관하여 미생물 생육 억제, 대사 작용 억제로 식품의 변질을 방지

(3) 가열법

① 저온장시간 살균법(LTLT: low temperature long time): 파스퇴르 살균, 63~65℃, 30분, 병원성 미생물은 살균, 부패 미생물의 일부는 존재

② 고온순간 살균법(HTST: high temperature short time): 72~75℃, 15~25초

③ 초고온순간 살균법(UHT: ultra high temperature): 130~150℃, 0.5~5초

④ 건열 살균법: 140~160℃, 30~60분

⑤ 간헐 살균법

    ㉠ 내열성균의 완전살균

    ㉡ 100℃, 30분 살균 후 30℃ 항온기 1일 저장 → 포자의 영양세포화 → 재살균(100℃, 30분) → 3회 반복

(4) 통조림법

캔·유리병 속의 가스를 제거하고 밀봉한 후 가열멸균처리함으로써, 효소의 활성화 및 세균 발육을 억제하여 장기간 보존 가능

(5) 자외선 처리

① 열을 사용하지 않고, 사용이 간편

② 처리된 식품의 변화가 거의 없음

③ 균에 내성을 주지 않음

④ 살균효과가 표면에 한정됨

⑤ 식품공장의 실내공기 소독, 조리대, 컵 등의 살균에 주로 이용

(6) 방사선 조사 = 식품조사(Food irradiation)

① 식품 등의 발아억제, 살균, 살충 또는 숙도조절을 목적으로 감마선 또는 전자선 가속기에서 방출되는 에너지를 복사(radiation)의 방식으로 식품에 조사하는 것

② 식품조사처리 기준(「식품의 기준 및 규격」)

ⓐ 이용가능한 선종: 감마선, 전자선 또는 엑스선

ⓑ 감마선 방출 선원: ^{60}Co 사용

전자선과 엑스선 방출 선원: 전자선 가속기 이용

ⓒ 식품조사처리가 허용된 품목별 흡수선량을 초과하지 않도록 하여야 함

ⓓ 허용된 조사 목적 이외 다른 목적으로는 사용 불가

ⓔ 한번 조사처리한 식품은 다시 조사하여서는 안 됨

ⓕ 허용대상 식품별 흡수선량

품목	조사목적	선량(kGy)
감자, 양파, 마늘	발아억제	0.15 이하
밤	살충·발아억제	0.25 이하
버섯(건조 포함)	살충·숙도조절	1 이하
난분, 곡류, 두류, 전분	살균·살충	5 이하
건조식육, 건조채소류, 조미건어포류 등	살균	7 이하
건조향신료, 복합조미식품, 특수의료용도등 식품	살균	10 이하

기출로 확인

식품의 방사선 살균에 대한 설명으로 틀린 것은? *21년 2회

① 침투력이 강하므로 포장 용기 속에 식품이 밀봉된 상태로 살균할 수 있다.

② 조사 대상물의 온도 상승 없이 냉살균(cold sterilization)이 가능하다.

③ 방사선 조사한 식품의 살균 효과를 증가시키기 위해 재조사한다.

④ 식품에는 감마선을 사용한다.

정답 ③

2. 화학적 처리법

(1) 염장법

① 삼투작용을 이용하여 미생물의 원형질 분리, Aw 낮춤

② 염소 이온의 보존제 효과

③ 염수법(소금물에 침지), 건염법(소금을 뿌림), 염수주사법

◎ 기출로 확인

식품을 저장할 때 사용되는 식염의 작용 기작 중 미생물에 의한 부패를 방지하는 가장 큰 이유는? *18년 3회

① 염소이온에 의한 살균작용
② 식품의 탈수작용
③ 식품용액 중 산소 용해도의 감소
④ 유해세균의 원형질 분리

 정답 ②

(2) 당장법

당의 농도 50% 이상 유지하여 미생물 생육 억제

(3) 산저장법

유기산을 첨가하여 미생물 생육 억제

(4) 훈연법

떡갈나무, 참나무 등을 불완전 연소시켜 생성된 연기 중의 알데히드, 페놀 등의 성분을 이용하여 미생물 생육 억제, 향미 증진

(5) 보존료 처리법

3. 기구의 살균과 소독

(1) 정의

① 살균(pasteurization): 모든 미생물을 사멸 또는 불활성화시키는 것

② 멸균(sterilization): 모든 미생물의 영양세포는 물론 포자까지도 사멸·파괴시키는 것

③ 소독(disinfection): 병원성 미생물만을 사멸시키거나 감염 위험을 제거하는 것

④ 방부(aseptic): 식품의 성상에 가능한 한 영향을 주지 않고, 식품 내의 미생물의 증식을 억제하는 것

◎ 기출로 확인

미생물의 영양세포 및 포자를 사멸시키는 것으로 정의되는 용어는? *16년 1회

① 간헐
② 가열
③ 살균
④ 멸균

 정답 ④

(2) 살균소독법

① **물리적 살균소독법**: 화염멸균, 건열살균, 열탕(자비)소독, 증기소독, 간헐멸균, 일광소독, 방사선조사, 여과살균

② **화학적 살균소독법**

　㉠ 소독약이 갖추어야 할 조건

　　ⓐ 살균력이 클 것, 즉 석탄산계수가 높을 것

　　ⓑ 침투력이 강할 것

　　ⓒ 인체에 독성이 적을 것

　　ⓓ 안정성이 있을 것

　　ⓔ 저렴하고 구입이 쉬울 것

　　ⓕ 사용방법이 간편할 것

　　ⓖ 소독 대상에 손상을 주지 않을 것

　㉡ 소독약의 살균력 측정

$$석탄산\ 계수(phenol\ coefficient) = \frac{소독약의\ 희석배수}{석탄산의\ 희석배수}$$

　　ⓐ 소독제의 살균력 지표로써 다른 소독약의 소독력을 평가하는 데 사용

　　ⓑ 20℃에서의 살균력을 나타냄

　　ⓒ 시험균은 장티푸스균과 포도상구균 이용

　　ⓓ 시험균을 5~10분 사이에 죽이는 희석배수를 말함

　　ⓔ 석탄산 계수가 높을수록 살균력이 좋은 것

　㉢ 소독약의 종류

　　ⓐ 3~5% 석탄산(phenol)수: 단백질 변성에 의한 소독 / 실내벽, 실험대, 기차, 선박에 사용

　　ⓑ 2.5~3.5% 과산화수소(H_2O_2): 발생기산소에 의한 소독 / 상처, 입안 세척에 사용

　　ⓒ 70~75% 알코올(alcohol): 미생물 단백질 응고 / 건강한 피부에 사용

　　ⓓ 3% 크레졸(cresol): 미생물 세포벽 손상 / 배설물 소독에 사용

　　ⓔ 0.01~0.1% 역성비누(양성비누): 손 소독에 가장 많이 사용, 중성비누와 혼합 사용하면 효과 없음

　　ⓕ 0.1% 승홍(mercury dichloride): 손 소독만 사용

　　ⓖ 생석회(CaO): 발생기산소에 의한 소독 / 변소 등에 사용

◎ 기출로 확인

석탄산계수에 대한 설명으로 옳은 것은? *19년 2회

① 소독제의 무게를 석탄산 분자량으로 나눈 값이다.

② 소독제의 독성을 석탄산의 독성 1000으로 하여 비교한 값이다.

③ 각종 미생물을 사멸시키는데 필요한 석탄산의 농도 값이다.

④ 석탄산과 동일한 살균력을 보이는 소독제의 희석도를 석탄산의 희석도로 나눈 값이다.

정답 ④

참고문헌

- 2022년 식품원료별 위해요소 분석 정보집, 식품의약품안전처, 2022
- 2024년 HACCP평가(심사) 매뉴얼, 식품의약품안전처, 2024
- Fennema′s food chemistry, Damodaran Srinivasan 등, CRC press, 2007
- HACCP 업체 종사자용 교육교재, 식품의약품안전처, 2022
- 건강기능식품의 기준 및 규격
- 건강기능식품 기능성 원료 및 기준규격 인정에 관한 규정
- 기구 및 용기포장의 기준 및 규격
- 기초가 탄탄한 식품가공학, 박원종 외, 수학사, 2020
- 농협경제지주 젖소개량사업소 국내기술정보 http://www.dcic.co.kr/data_0514_2.do
- 병원성 미생물 도감, 왕진호, 식품의약품안전처 미생물과, 2013
- 식품가공저장학, 김우정 외, 효일출판사, 2011
- 식품가공공정, 장재권, 석학당, 2020
- 식품가공저장학, 신성균 외, 파워북, 2017
- 식품과학사전, 한국식품과학회, 교문사, 2012
- 식품과학기술 대사전, 한국식품과학회, 광일문화사, 2008
- 식품 등 소비기한 설정실험 가이드라인(민원인안내서), 식품의약품안전처, 2023
- 식품등의 기준설정 원칙
- 식품등의 표시기준
- 식품등 시험법 마련 표준절차에 관한 가이드라인, 식품의약품안전평가원, 2016
- 식품미생물학 및 실험, 허윤행 외, 지구문화사, 2014
- 식품미생물학 및 실험, 윤진아 외, 파워북, 2014
- 식품미생물학, 이종경 외, 파워북, 2019
- 식품 및 축산물 안전관리인증기준
- 식품, 식품첨가물, 축산물 및 건강기능식품의 소비기한 설정기준
- 식품위생법
- 식품위생학, 윤기선 외, 파워북, 2018
- 식품의 기준 및 규격
- 식품첨가물의 기준 및 규격
- 시품화하 길라잡이, 강일준 이, ㈜라이프사이언스, 2015
- 신라대학교 바이오식품공학과 전공자료실, https://biofood.silla.ac.kr/biofood/
- 알기쉬운 HACCP 관리(개정판), 식품의약품안전처, 2015
- 영양사 요섬성리, 한국식품영양과학회교수협의회, 문운낭, 2021
- 우수건강기능식품 제조기준
- 유전자변형식품등의 안전성 심사 등에 관한 규정
- 위해평가지침서, 식품의약품안전평가원, 2011
- 이해하기 쉬운 HACCP 이론과 실제, 어금희 외, 파워북, 2019
- 이해하기 쉬운 식품분석, 이수정 외, 파워북, 2020
- 이해하기 쉬운 식품위생학, 구난숙 외, 파워북, 2020
- 이해하기 쉬운 식품학, 이경애 외, 파워북, 2020년
- 축산물 위생관리법
- 팜유와 아보카도유로부터 효소적 interesterification을 통한 trans free margarine stock 제조 및 이화학적 특성 연구, KOREAN J. FOOD SCI. TECHNOL. Vol. 41, No. 3, pp. 231~237 (2009)
- 황색포도상구균 분리배지 비교, 오민희 외, J Korean Soc Food Sci Nutr 38(5), 606~611(2009)

최신기출

※CBT 문제는 수험생의 기억에 따라 복원된 것이며, 실제 기출문제와 동일하지 않을 수 있습니다.

제1과목 식품가공

01. 쌀을 장기저장 하고자 할 때 가장 적당한 수분 함량은?

① 15~20%

② 10~15%

③ 5~10%

④ 0~5%

| 해설

쌀을 장기저장 할 때, 수분함량 10~15%로 유지해야 산패·변질, 곰팡이·해충의 번식이 억제됨

정답 ②

02. 우유로부터 크림을 분리할 때 많이 사용되는 분리기술은?

① 가열

② 여과

③ 탈수

④ 원심분리

| 해설

원심분리

원심력을 이용하여 고체와 액체 또는 비중이 서로 다른 두가지 액체를 나누어 비중 차이에 의해 분리되는 현상을 이용

정답 ④

03. 바닷물에서 소금성분 등은 남기고 물 성분만 통과시키는 막분리 여과법은?

① 한외여과법

② 역삼투압법

③ 투석

④ 정밀여과법

| 해설

막분리의 종류

프로세스	막	운전압력	응용
여과	여포, 여지 등의 통상적인 여과막	감압~2bar	현탁 입자(입자크기 1μm 이상)의 여과
정밀여과 (MF)	공경 0.1~10μm의 대칭성 다공질막 (멤브레인 필름)	감압~2bar	• 미립자와 미생물의 분리시 유용 • 알콜 음료의 청징 무균여과
한외여과 (UF)	공경 2~50nm의 비대칭성 다공질막	0.5~10bar	• 콜로이드나 고분자 물질과 저분자 물질의 분리 • 유청에서 단백질 회수, 대두유 정제, 효소의 분리 정제 등에 사용
나노여과 (NF)	공경 1~10nm	10~40bar	• 다가이온의 분리 • 경수의 연수화
역삼투 (RO)	공경 1nm 이하	30~70bar	• 물과 염 등 저분자량 용질의 분리 • 해수의 담수화

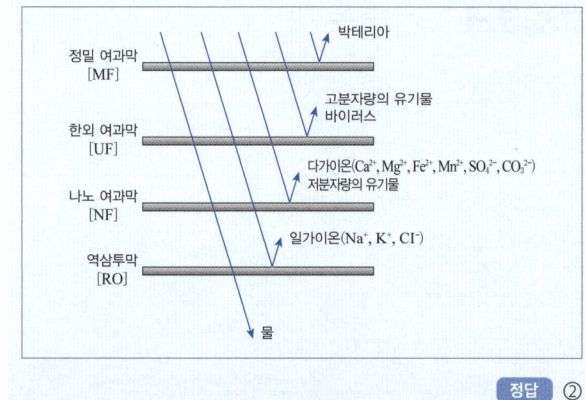

정답 ②

04. 시유 제조에서 균질기를 사용하는 목적이 아닌 것은?

① 크림 층의 분리 방지

② 소화 흡수율 증가

③ 우유 속에 지방의 균질 분산

④ 카제인(casein)의 분리 용이

| 해설

균질화의 목적: 우유의 유화 안정성을 높여 지방의 크림화 방지, 점도 향상, 우유 조직의 연성화, 소화기능 향상

정답 ④

05. 가늘고 긴 원통모양의 보울(bowl)이 축에 매달려 고속으로 회전하여 가벼운 액체는 안쪽, 무거운 액체는 벽 쪽으로 이동하도록 분리시키는 기계는?

① 관형 원심분리기

② 원판형 원심분리기

③ 노즐형 원심분리기

④ 컨베이어형 원심분리기

| 해설

관형 원심분리기

• 고정외통 속에 가늘고 긴 회전내통이 있음

• 과일주스 및 시럽의 청징, 식용유의 탈수 등에 사용

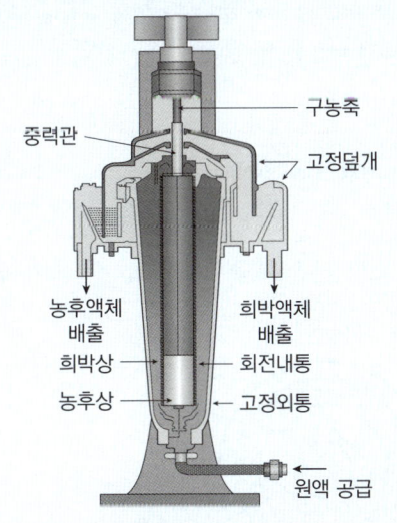

▲ 관형 원심분리기의 구조

정답 ①

06. γ-선, X-선, 가시광선, 마이크로파 등의 광범위한 스펙트럼을 사용하는 광학적 방법에 의한 선별에 적절하지 않은 항목은?

① 숙도

② 색깔

③ 크기

④ 중심체의 이상여부

| 해설

선별 방법

• 무게에 의한 선별

• 크기에 대한 선별: 체 등을 이용

• 모양에 의한 선별

• 광학에 의한 선별

 - 반사에 의한 선별: 색깔의 정도, 표면 손상의 여부, 결정체의 여부 확인

 - 투과에 의한 선별: 채소의 숙성, 중심부의 결함, 달걀의 외부물질 혼입 여부, 혈흔의 존재 여부 쉽게 식별

정답 ③

07. 밀가루를 점탄성이 강한 반죽으로 만들기 위한 조치 방법으로 옳은 것은?

① 혼합을 과도하게 한다.

② 밀가루를 숙성, 산화시킨다.

③ 회분함량이 많은 전분을 사용한다.

④ 글루텐 함량이 적은 박력분을 사용한다.

| 해설

밀가루를 물과 함께 반죽 시 글루텐(gluten) 형성되어 탄성과 점성이 생김. 이 때 중요한 아미노산은 시스테인(-SH기를 가짐). 인접한 시스테인은 산화반응에 의해 이황화결합(disulfide bond)을 형성(-S-S-)하여 점탄성이 높아짐. 밀가루개량제 중 아조디카르본아마이드와 같은 산화제는 반죽의 이황화결합을 쉽게 형성하게 하여 반죽을 더욱 탄력있게 만듦

정답 ②

08. 유지 제조과정 중 탈납(winterization) 공정에 대한 설명으로 틀린 것은?

① 액체유지는 서서히 냉각할 때 지질 경절을 생성하는 원리를 이용한다.

② 혼합유지로부터 유지성분들을 분별하는 데 이용할 수 있다.

③ 저온 저장 시 유지를 혼탁하게 만드는 성분을 제거하는 방법으로 사용된다.

④ 수소화 반응을 통해 액체불포화유지로부터 고체포화유지로 상변화를 유도하여 분리하는 방법이다.

| 해설

④는 경화유 제조방법에 대한 설명임

탈납(Winterization)

· 저온에서 혼탁해지는 것을 방지하기 위해 고체지방을 여과 또는 원심분리하여 제거

· 샐러드유에는 필수적인 공정으로 유지의 내한성 높임

정답 ④

09. 우유를 농축하고 설탕을 첨가하여 저장성을 높인 제품은?

① 시유

② 무당연유

③ 가당연유

④ 초콜릿우유

| 해설

① 시유: 우유성분을 가능한 손상시키지 않고 위생상 안전하게 살균처리하여 시판하는 우유류

② 무당연유: 당을 첨가하지 않고 농축 후 밀봉해서 멸균함으로써 저장성 높임

③ 가당연유: 설탕을 첨가하여 당 함량이 40~45%가 되도록 만든 것

정답 ③

10. 표면에 홈이 있는 원판이 회전하면서 통과되는 고형식품을 전단력에 의하여 분쇄하는 분쇄장치는?

① 디스크 밀(disc mill)

② 해머 밀(hammer mill)

③ 롤 밀(roll mill)

④ 볼 밀(ball mill)

| 해설

① 디스크 밀(disc mill): 홈이 파여 있는 두 개의 디스크 사이에 식품을 넣고 원판 사이 간격을 조절하여 회전시키면 마찰력과 전단력에 의해 분쇄됨

② 해머 밀(hammer mill): 원료를 투입하면 여러 개의 해머가 회전하여 원료가 충격판 주위에서 분쇄됨

③ 롤 밀(roll mill): 롤이 회전하면서 회전롤 사이에서 압축됨과 동시에 분쇄됨

④ 볼 밀(ball mill): 회전 드럼 속에 금속이나 돌 같은 단단한 볼을 넣어 원료와 함께 회전시켜 분쇄됨

정답 ①

11. 푸딩이나 소스, 스프 등과 같은 고점도의 식품이나 작은 입자를 함유하는 식품의 가열·냉각에 적합한 열교환기(heat exchanger)는?

① 관형 열교환기(tubular heat exchanger)

② 판형 열교환기(plate heat exchanger)

③ 표면긁기 열교환기(scraped surface heat exchanger)

④ 이중관 열교환기(double pipe heat exchanger)

| 해설

Scraped surface heat exchanger

· 고점도 물질, 열에 민감한 물질, sticky한 물질에 효율적으로 열 전달하는 설비

· 기계적 교반에 의해 필름을 형성, scraper blade가 회전하면서 표면에 붙은 물질을 긁어 떼어냄

· 수직형과 수평형이 있음

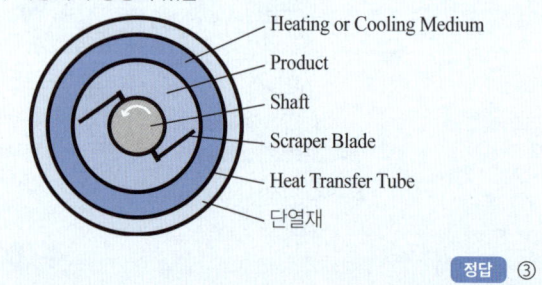

Heating or Cooling Medium
Product
Shaft
Scraper Blade
Heat Transfer Tube
단열재

정답 ③

12. 식품등의 표시기준 중 영양성분에 관한 내용으로 옳지 않은 것은?

① 영양성분 함량은 총 내용량(1 포장)당 함유된 값으로 표시하여야 한다.

② 총 내용량이 100g(ml)을 초과하고 1회 섭취참고량의 3배를 초과하는 식품은 총 내용량당 대신 100g(ml)당 함량으로 표시할 수 있다.

③ 영양성분 함량은 통상적으로 섭취하지 않는 동물의 뼈를 포함하여 산출한다.

④ 단위 내용량이 100g(ml)미만이고 1회 섭취참고량 미만인 경우 단위 내용량당 영양성분 함량을 표시할 수 있다.

┃해설

영양성분 함량은 식품 중 먹을 수 있는 부위를 기준으로 산출함. 이 경우 먹을 수 있는 부위는 동물의 뼈, 식물의 씨앗 및 제품의 특성상 품질유지를 위하여 첨가되는 액체(섭취 전 버리게 되는 액체) 등 통상적으로 섭취하지 않는 먹을 수 없는 부위는 제외하고 실제 섭취하는 양을 기준으로 함

정답 ③

13. 쇼트닝의 설명으로 옳은 것은?

① 식용유지와 단백질 원료를 주원료로 하여 이에 식품 또는 식품첨가물을 가하여 유화시켜 제조한 것

② 식물성유지 또는 동물성유지에 수소첨가, 분별 또는 에스테르 교환의 방법에 의하여 유지의 물리, 화학적 성질을 변화시킨 것으로 식용에 적합하도록 정제한 것

③ 원유, 우유류 등에서 유지방분을 분리한 것 또는 발효시킨 것을 교반하여 연압한 것

④ 식물성유지 또는 동물성유지를 그대로 또는 이에 식품첨가물을 가하여 가소성, 유화성 등의 가공성을 부여한 고체상 또는 유동상의 것

┃해설

① 모조치즈
② 가공유지
③ 버터

정답 ④

14. 채소류의 뿌리에 모래나 흙이 많은 경우에 효과적인 세척방법은?

① 마찰세척
② 초음파세척
③ 자력세척
④ 공기세척

┃해설

채소류의 모래나 흙 제거에 효과적인 방법은 습식세척이고, 그 중 초음파세척이 가장 효과적임

정답 ②

15. 식품의 방사선 조사 처리에 대한 설명으로 옳지 않은 것은?

① 외관상 비조사식품과 조사식품의 구별이 어렵다.

② 극히 적은 열이 발생하므로 화학적 변화가 매우 적은 편이다.

③ 저온, 가열, 진공 포장 등을 병용하여 방사선 조사량을 최소화하려고 시도하고 있다.

④ 투과력이 약해 식품 내부의 살균은 불가능하다.

┃해설

식품의 방사선 조사 시 투과력이 강하므로, 식품포장 후 조사해도 살균력 있음

정답 ④

16. 식품의 살균법에 대한 내용으로 옳지 않은 것은?

① 저온장시간살균법은 62~65℃에서 30분간 가열하는 방법이다.

② 고온순간살균법은 72~75℃에서 15초간 가열하는 방법이다.

③ 증기 살균법은 살균솥에서 발생하는 수증기를 이용하여 30분간 가열하는 방법이다.

④ 초고온순간살균법은 135~140℃에서 15~20초간 가열하는 방법이다.

┃해설

초고온순간살균법
135~140℃에서 0.5~5초간 가열하는 방법

정답 ④

17. 냉훈법에 비하여 온훈법의 장점이 아닌 것은?

① 고기가 더 연하다.
② 고기의 향기가 좋다.
③ 고기의 맛이 좋다.
④ 저장성이 우수하다.

| 해설

㉠ 냉훈법: 비교적 낮은 온도(10~30℃)에서 1~3주간 훈연하는 방법, 저장성이 좋음
㉡ 온훈법: 30~50℃에서 수시간 훈연하는 방법, 풍미부여 목적으로 가장 많이 사용. 미생물의 번식이 용이하여 저장성이 낮음

정답 ④

18. 맥주 제조 시 균을 제거하기 위해 가열살균 대신에 실시하는 여과방법은?

① 정밀 여과
② 한외 여과
③ 역삼투압 여과
④ 투석

| 해설

정밀여과(MF, micro filtration)는 미립자와 미생물의 분리 시 유용. 알콜 음료의 청징·무균여과에 주로 사용

정답 ①

19. 다음 두부 응고제 중 응고기작이 다른 하나는?

① 황산칼슘   ② 염화칼슘
③ 염화마그네슘   ④ 글루코노델타락톤

| 해설

두부 응고제 별 응고원리

• 황산칼슘, 염화칼슘, 염화마그네슘: 음전하를 띤 글리시닌(콩단백질) carboxyl기의 H가 Ca로 치환되고, Ca, Mg에 의한 chelate 형성으로 거대한 peptide분자로 침전
• 글루코노델타락톤: 물에 녹아 분해되어 글루콘산이 되고, 이 산에 의해 응고(등전점 침전)가 서서히 진행

정답 ④

20. 다음 중 저장 시 지방의 산화로 인해 품질이 저하되는 제품이 아닌 것은?

① 자건품
② 통조림제품
③ 염장품
④ 소건품

| 해설

지방의 산화는 유지가 공기와 접촉하여 자연 발생적으로 산소를 흡수하고, 흡수된 산소가 유지를 산화시켜 산화생성물을 형성하는 현상이므로, 혐기적 환경인 통조림에서는 지방의 산화가 일어나지 않음

정답 ②

21. 다음 중 전분(starch)을 비환원성 말단에서부터 말토오스 단위로 가수분해하는 효소는?

① 글루코아밀라제
② 수크라아제
③ α-아밀라제
④ β-아밀라제

| 해설

① 글루코아밀라제: 비환원성 말단부터 가수분해하여 포도당 생산
② 수크라아제: 자당(설탕)을 포도당 + 과당으로 분해
③ α-아밀라제: 전분의 α-1,4 결합을 무작위로 가수분해
④ β-아밀라제: 비환원성 말단에서부터 맥아당(maltose) 단위로 가수분해

정답 ④

22. 육류가공 시 생성되는 발암성 물질로 발색제를 첨가하여 생성되는 유해물질은?

① 나이트로사민
② 아크릴아마이드
③ 에틸카바메이트
④ 다환방향족탄화수소

| 해설

N - 니트로소 화합물

• 생성 원인: 아민류(아미노산, 펩디드, 단백질)가 산성조건에서 이질산염과 반응하여 니트로소 화합물(nitrosamine, nitrosamide) 생성
• 아질산염: Clostridium botulinum의 빈식억제 및 식육가공품의 발색용 식품첨가물, 과다섭취시 헤모글로빈 기능 저하
• 저감화 방안: 제조 가공시 pH를 4 이상으로 조절, 아질산염이 포함된 가공품을 끓는 물에 데침

정답 ①

23. 식품첨가물로 산화방지제를 사용하는 이유로 거리가 먼 것은?

① 산패에 의한 변색을 방지한다.
② 독성물질의 생성을 방지한다.
③ 식욕을 향상시키는 효과가 있다.
④ 이산화물의 불쾌한 냄새 생성을 방지한다.

| 해설

산화방지제(항산화제)

• 산화에 의한 식품의 품질 저하를 방지하는 식품첨가물
• 지용성 산화방지제
  - 유지의 산패 방지(주요 메커니즘: hydroperoxide 생성 억제)
  - BHT, BHA
• 수용성 산화방지제
  - 색소의 산화방지
  - ascorbic acid, erythorbic acid

정답 ③

24. 전분질 식품을 볶거나 구울 때 일어나는 현상은?

① 호화 현상
② 호정화 현상
③ 노화 현상
④ 유화 현상

| 해설

호정화(dextrinization)

• 전분 혹은 전분 함유 식품에 물을 가하지 않고 160℃ 이상으로 가열하며 가용성 전분을 거쳐 호정(dextrin)으로 변화하는 현상
• 예 전분질 곡물을 계속 가열하여 160~200℃ 정도 가열한 뒤 충분한 압력이 형성되었을 때 압력차에 의해 퍼핑(puffing) (옥수수, 쌀, 밀 등)
• 호정화는 호화와 혼돈하기 쉬운데, 호화는 화학적 변화가 따르지 않고 물리적 상태의 변화뿐이나, 호정화는 화학적 분해가 조금 일어난 것으로 호화전분보다 물에 녹기 쉽고, 효소작용도 받기 쉬움

정답 ②

25. 맛에 대한 설명 중 틀린 것은?

① 짠맛은 알칼리 할로겐염에서 잘 나타난다.
② 떫은맛은 혀 점막 단백질의 수축에 의한 것으로 주된 성분은 폴리페놀 물질인 알칼로이드이다.
③ 신맛은 수소이온 공여체에서 주로 나타난다.
④ 매운맛은 구강 내 자율신경에 의해 느끼는 일종의 통각이다.

┃해설

알칼로이드는 주로 쓴맛을 냄

떫은맛

• 혀 표면의 점성 단백질이 일시적으로 변성 응고되어 미각신경이 마비되어 일어나는 수렴성의 불쾌함
• 떫은맛 성분은 주로 탄닌 등 폴리페놀화합물

정답 ②

26. 온도에 따른 맛의 변화에 대한 설명으로 틀린 것은?

① 일반적으로 온도의 상승에 따라 단맛은 감소한다.
② 설탕은 온도 변화에 따라 단맛의 변화가 거의 없다.
③ 온도 상승에 따라 짠맛과 쓴맛은 감소한다.
④ 신맛은 온도 변화에 거의 영향을 받지 않는다.

┃해설

온도에 따른 맛의 인식도 변화

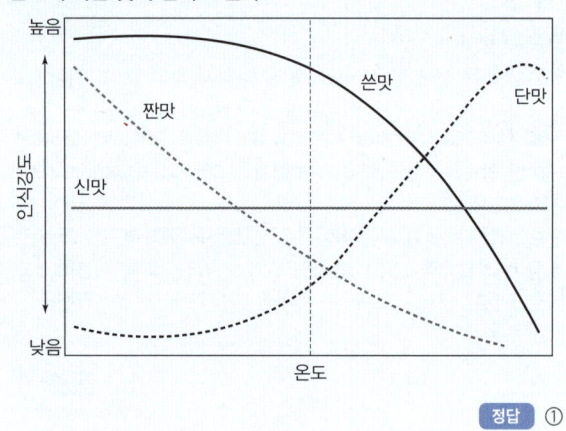

정답 ①

27. 녹색채소를 살짝 데칠 경우에 그 녹색이 더욱 선명해지는 이유는?

① 데치기에 의하여 클로로필 색소의 Mg이 Cu로 치환되었기 때문이다.
② 데치기에 의하여 식물조직에 존재하는 chlorophyllase가 활성화되었기 때문이다.
③ 데치기에 의하여 식물조직에 산이 생성되었기 때문이다.
④ 데치기에 의하여 식물조직에 알칼리가 생성되었기 때문이다.

┃해설

채소를 살짝만 데칠 경우, 열에 의해 식물조직이 손상되면 클로로필은 chlorophyllase의 작용으로 파이톨기가 떨어져 나가 선명한 녹색인 클로로필리드를 형성

정답 ②

28. 칼슘은 직접적으로 어떤 무기질의 비율에 따라 체내 흡수가 조절되는가?

① 마그네슘　　　　② 인
③ 나트륨　　　　　④ 칼륨

┃해설

칼슘과 인의 섭취 비율이 1:1일 때, 칼슘의 흡수가 증진되지만, 과량의 인을 섭취할 경우 칼슘의 흡수가 방해됨

정답 ②

29. 유지의 변질에 대한 다음 설명 중 틀린 것은?

① 유지의 유도기간이 지나면 유지의 산소 흡수속도가 급증한다.
② 식용유지가 가열산화 되면 점도는 낮아진다.
③ 식용유지의 자동산화 중에는 과산화물의 형성과 분해가 동시에 발생한다.
④ 유지의 자동산화는 불포화 지방산에서 잘 일어난다.

┃해설

유지의 가열산화에 의해 이합체(dimer), 삼합체(trimer) 등의 중합체(polymer)가 형성되면서 점도 상승

정답 ②

30. 다음의 식품 중 소성체의 특성을 나타내는 것은 어느 것인가?

① 가당연유

② 생크림

③ 물엿

④ 난백

| 해설

가소성(소성, plasticity)
- 외부에서 힘을 받아 변형된 후 그 힘을 없애도 본래의 상태로 되돌아가지 않는 성질
- 버터나 생크림 등을 수저로 떠서 접시에 놓으면 연하지만 접시 위에서 흐르지 않음

정답 ②

31. 쌀의 영양성분 함량이 탄수화물 80%, 단백질 9%, 지방 1%, 비타민 B 12mg% 일 때 쌀 100g의 열량은 몇 칼로리인가? (단, 생리적 열량가로 계산하시오)

① 360 kcal

② 365 kcal

③ 405 kcal

④ 410 kcal

| 해설

㉠ 탄수화물 80g × 4kcal/g = 320kcal
㉡ 단백질 9g × 4kcal/g = 36kcal
㉢ 지방 1g × 9kcal/g = 9kcal
그러므로 320 + 36 + 9 = 365kcal

정답 ②

32. 점탄성을 나타내는 식품의 경도를 의미하는 현상은?

① 예사성

② 바이센베르크(Weissenberg) 효과

③ 경점성

④ 신전성

| 해설

① 예사성: 특정식품에 젓가락을 넣었다 올렸을 때 딸려 올라오는 성질
② 바이센베르크(Weissenberg) 효과: 특정식품에 젓가락을 넣어 돌리면 그 탄성에 의해서 젓가락을 타고 올라오는 효과
③ 경점성(점조성): 끈적끈적한 액체나 반죽이 변형에 저항하는 성질. 점탄성을 나타내는 식품의 경도
④ 신전성: 고체 식품들이 막대기 또는 긴 끝 모양으로 늘어나는 성질

정답 ③

33. 레시틴은 분류 상 어디에 속하는가?

① 중성지질

② 인지질

③ 당단백질

④ 지단백질

| 해설

인지질
분자 내에 친수성기와 소수성기를 모두 가지고 있어서 유화제로 이용
예 레시틴(난황, 대두), 세팔린(난황, 뇌, 신경 등), 스핑고미엘린

정답 ②

34. 다음 중 수분함량 측정방법이 아닌 것은?

① Soxhlet 추출법

② 감압가열건조법

③ Karl-Fischer 법

④ 상압가열건조법

| 해설

Soxhlet 추출법은 조지방 정량법

정답 ①

35. 식품 중에 존재하는 결합수(bound water)의 성질을 바르게 설명한 것은?

① 미생물의 생육에 이용되지 못한다.

② 용질에 대하여 용매로 작용한다.

③ 수증기압은 보통물과 같다.

④ 보통 0℃에서 결빙한다.

| 해설

결합수(Bound water)
- 식품 내 함유된 성분(일반적으로 유기질)과 직·간접적으로 결합(수소결합, 공유결합 등)된 수분
- 식품 성분을 녹이는 용매로서의 역할을 하지 못함
- 보통의 물보다 밀도가 큼
- 미생물 번식·생육에 사용되지 못함
- 순수 수분의 형태가 아니므로 수분의 끓는 점(100℃) 이상에서도 제거가 어려움
- −20℃ 이하에서도 잘 얼지 않음
- 동·식물의 조직 내 성분과 결합된 형태로 압착해도 거의 제거되지 않음

정답 ①

36. 단백질의 구조 중 peptide결합 사슬이 α-나선구조(helix)를 이루는 데 관여하는 결합은?

① 수소결합

② 배위결합

③ 펩티드결합

④ 이황화결합

| 해설

단백질의 2차구조는 폴리펩타이드를 구성하는 카르복실기의 산소 원자와 아미노기의 수소 원자간의 수소 결합에 의해 형성되는데, 알파 나선에서 카르복실기는 4번째 뒤 아미노산 아미노기의 수소 원자와 수소결합하여 나선 구조를 유지하게 됨

정답 ①

37. 아미노화합물이 없고 당 함량이 많은 식품의 가열 또는 가공 중에 일어나는 갈변반응은?

① 멜라닌(Melanin) 반응

② 캐러멜(Caramel)화 반응

③ 멜라노이딘(Melanoidin) 반응

④ 마이야르(Maillard) 반응

| 해설

① 멜라닌(Melanin) 반응: Polyphenol oxidase(PPO)에 의한 효소적 갈변에 의해 멜라닌 생성
② 캐러멜(Caramel)화 반응: 당류를 170℃ 이상 가열시 탈수, 중합, 축합에 의해 갈색색소인 휴민(humin) 생성
③, ④ 멜라노이딘(Melanoidin) 반응, 마이야르(Maillard) 반응: 환원당과 아미노화합물의 축합반응에 의해 멜라노이딘 생성

정답 ②

38. 떫은 감의 탈삽 기작과 관계가 없는 것은?

① 가용성 탄닌(tannin)의 불용화

② 감세포의 분자간 호흡

③ 탄닌(tannin)물질의 제거

④ 아세트알데히드(acetaldehyde), 아세톤(acetone), 알코올(alcohol) 생성

| 해설

탄닌물질을 제거하는 것은 아님
탈삽(감 우리기)의 원리
- 가용성 탄닌이 불용성 탄닌으로 변화하여 떫은맛을 제거하는 것
- 산소공급을 억제하면 감세포 분자간 호흡에 의해 에탄올이나 아세트알데히드를 생성. 그 후 탄닌 분자와 중합해 불용성 탄닌으로 전환

정답 ③

39. 다음 중 쌀의 제1제한아미노산은?

① 라이신　　　　　② 메티오닌
③ 트립토판　　　　④ 글리신

제한아미노산
- 필수아미노산 가운데, 식품 중 함량이 체내 요구량에 비해 적은 것을 제한아미노산이라 하고, 가장 적게 함유되어 있는 것을 제1제한아미노산이라 함
- 쌀의 제한아미노산은 라이신이므로, 이를 보충하기 위해 (라이신이 풍부한) 콩류를 함께 섭취
- 콩의 제한아미노산은 메티오닌이므로, 이를 보충하기 위해 곡류, 견과류를 함께 섭취

정답 ①

40. 다음 중 글리코겐에 대한 설명으로 옳지 않은 것은?

① 요오드에 의해 적갈색을 띤다.
② 다수의 D-글루코오스로 이루어지고, α-1,4 글리코시드 결합에 의한 사슬에 α-1,6 글리코시드 결합에 의한 분지를 형성한다.
③ 혈당치가 상승하면 글리코겐의 합성이 촉진되고, 저하하면 분해가 촉진된다.
④ 식물세포벽의 주성분이다.

| 해설

글리코겐은 식물에는 존재하지 않고, 사람, 동물, 균류, 세균에 존재하는 에너지 저장의 한 형태임

정답 ④

41. HACCP 선행요건 관리에서 작업장 관리와 관련하여 내용이 옳지 않은 것은?

① 작업장은 독립된 건물이어야 한다.
② 누수, 외부의 오염물질이나 해충, 설치류 등의 유입을 차단할 수 있도록 밀폐 가능한 구조이어야 한다.
③ 제품 특성, 공정에 따라 분리, 구획 또는 구분한다.
④ 식품취급 외 다른 용도로 작업이 가능하도록 해야 한다.

| 해설

식품취급 외의 용도로 사용되는 시설과 분리되어야 함

정답 ④

42. 정상형(homo type) 젖산 발효과정을 나타낸 것은?

① $C_6H_{12}O_6 \rightarrow 2CH_3CHOHCOOH$
② $C_6H_{12}O_6 \rightarrow CH_3CHOHCOOH + C_2H_5OH + CO_2$
③ $3C_6H_{12}O_6 + H_2O \rightarrow 2C_6H_{14}O_6 + CH_3COOH + CH_3CHOHCOOH + CO_2$
④ $2C_6H_{12}O_6 + H_2O \rightarrow 2CH_3CHOHCOOH + CH_3COOH + C_2H_5OH + 2CO_2 + 2H_2$

| 해설

㉠ 정상형 젖산발효(homo lactic acid fermentation): 당으로부터 젖산만 생성
- Glucose → 2 lactic acid

㉡ 이상형 젖산발효(hetero lactic acid fermentation): 젖산 이외에 초산/알코올 등이 함께 생성
- Glucose → lactic acid + ethanol + CO_2
  2 Glucose → 2 lactic acid + ethanol + acetic acid + $2CO_2$ + H_2

정답 ①

43. 세균성 식중독과 비교하였을 때, 경구감염병의 특징에 해당하는 것은?

① 발병은 섭취한 사람으로 끝난다.
② 잠복기가 짧아 일반적으로 시간 단위로 표시한다.
③ 면역성이 없다.
④ 소량의 균에 의하여 감염이 가능하다.

| 해설

경구감염병과 세균성식중독의 차이

특성	경구감염병	세균성식중독
감염 정도	2차 감염	종말 감염
병원성	강함	약함
필요한 균량	미량 (대부분 체내 증식)	다량 (대부분 식품내 증식)
잠복기	긴 편	짧은 편
면역성	병 후 면역 있음	없음
예방조치	균이 소량 존재해도 발병 가능성이 있으므로 예방 어려움	균의 증식을 억제하면 가능
음용수	음용수로 인해 감염	음용수로 인한 중독은 거의 없음

 정답 ④

44. 감귤류의 연부 부패의 원인이 되는 미생물은?

① *Acetobacter* 속
② *Clostridium* 속
③ *Lactobacillus* 속
④ *Penicillium* 속

| 해설

Penicillium digitatum, Penicillium italicum
감귤류에 기생하는 연부병의 원인

정답 ④

45. 식품위생법 제정의 목적이 아닌 것은?

① 식품으로 인하여 생기는 위생상의 위해 방지
② 식품영양의 질적 향상
③ 식품포장방법의 개선
④ 식품에 관한 올바른 정보 제공

| 해설

「**식품위생법**」 제1조(목적)
식품으로 인하여 생기는 위생상의 위해(危害)를 방지하고 식품영양의 질적 향상을 도모하며 식품에 관한 올바른 정보를 제공함으로써 국민 건강의 보호·증진에 이바지함을 목적으로 함

 정답 ③

46. 다음 중 발효에 의한 아미노산 생산 방법이 아닌 것은?

① 효소법
② 직접발효법
③ 단백질 가수분해법
④ 전구체 첨가법

| 해설

아미노산 생산방법 중 발효법
• 직접 발효법(야생균주 이용, 영양 요구성 변이주 이용, 아날로그 내성 변이주 이용)
• 전구물질을 미생물로 변환
• 효소법에 의해 전환

 정답 ③

47. 호기성 배양방법으로 효과가 가장 나쁜 것은?

① 회전 진탕기(rotary shaker)에 의한 방법

② 왕복 진탕기(reciprocal shaker)에 의한 방법

③ Jar-fermenter에 의한 방법

④ 정치 배양에 의한 방법

| 해설

액체 배양법의 종류

- 정치 배양(stationary culture): 교반이나 통기 없이 행하는 배양. 고체배지, 반고체 배지, 액체배지에 사용
- 진탕 배양(shaking culture): 산소 또는 공기를 공급하는 호기성균의 배양에 적절. 왕복진탕기, 회전진탕기 사용
- 통기교반 배양(submerged culture): 대량의 배지에 배양할 때 직접 무균 공기를 쏘여 배양. Jar fermenter 사용

 정답 ④

48. 다음 중 감염형 식중독균이 아닌 것은?

① 살모넬라

② 바실러스 세레우스

③ 리스테리아

④ 비브리오

| 해설

*Staphylococcus aureus, Clostridium botulinum, Bacillus cereus*는 대표적인 독소형 식중독균

 정답 ②

49. 통·병조림식품, 레토르트식품과 관련된 다음 설명과 같은 세균발육시험은?

> 검체 3관(또는 병)을 항온기에 35~37℃에서 10일간 보존한 후, 상온에서 1일간 추가로 방치한 후 관찰하여 용기 포장이 팽창 또는 새는 것을 "세균발육양성"으로 한다.

① 응집시험

② 가온보존시험

③ 분리시험

④ 독성시험

| 해설

세균발육시험

장기보존식품 중 통·병조림식품, 레토르트식품에서 세균의 발육 유무를 확인하기 위한 것

- 가온보존시험: 시료 5개, 개봉하지 않은 용기·포장 그대로 배양기에서 35~37℃에서 10일간 보존 후, 상온에서 1일간 추가 방치 → 용기·포장이 팽창 또는 새는 것은 세균발육 양성 → 음성인 것은 세균시험 실시
- 세균시험: 5개의 티오글리콜린산염 배지에서 35~37℃에서 48±3시간 배양한 후, 5관 중 어느 하나라도 세균증식이 확인되면 세균발육 양성

 정답 ②

50. 미생물의 동결보존법에 대한 설명으로 옳은 것은?

① glycerol, 디메틸항산화물과 같은 보존제를 첨가하여 보존한다.

② 배지를 선택 배양하여 저온실에 보관하고 정기적으로 이식하여 보존한다.

③ 시험관을 진공상태에서 불로 녹여 봉해서 보존한다.

④ 멸균한 유동 파라핀을 첨가하여 저온 또는 실온에서 보존한다.

| 해설

유용미생물의 동결보존법

- -20℃ 이하에서 급냉동 후, -0℃ 냉동고나 -80℃ 초저온 냉동고에 보존
- 동결보호제(cryoprotectant) 사용

 정답 ①

51. 다음 중 병행복발효주에 해당하는 것은?

① 청주

② 포도주

③ 매실주

④ 맥주

| 해설

발효주	단발효주		과일에 포함된 당분이 발효되어 알코올이 생성된 술, 당화과정이 없음	과실주, 와인
	복발효주	단행복발효주	당화가 완료되고 나서 발효가 진행된 술	맥주
		병행복발효주	당화와 발효가 동시에 진행되어 만들어지는 술	탁주, 약주, 청주

정답 ①

52. 살모넬라를 TSI slant agar에 접종하여 배양한 결과 하층부가 검은색으로 변한 이유는?

① 유기산 생성

② 인돌 생성

③ 젖당 생성

④ 유화수소 생성

| 해설

TSI(Triple Sugar Iron) 사면배지의 특징
- lactose : sucrose : dextrose(glucose) = 10 : 10 : 1
- phenol red 지시약: 산성에서 노란색, 염기성에서 붉은색
- 살모넬라는 lactose, sucrose를 분해하지 못하고 소량의 dextrose만 분해하여 유기산의 생성량이 적으므로 phenol red지시약이 붉은색을 나타냄(사면부가 붉은색)
- E.coli 등 다른 균은 모든 당을 분해하여 유기산의 생성량이 많으므로 노란색을 나타냄
- 고층부의 검은색 침전물은 '배지 내 Ferrous Sulfate(황산제1철)'와 '살모넬라에 의해 생성된 황화수소'의 결합물(ferrous sulfide, 황화제일철)
- glucose를 이용하여 CO_2와 H_2가스를 발생시켜 배지가 갈라지거나 빈 공간이 형성됨

정답 ④

53. 다음 중 치즈 생산의 주요 미생물이 아닌 것은?

① *Lactobacillus casei*

② *Penicillium roqueforti*

③ *Streptococcus thermophilus*

④ *Aspergillus oryzae*

| 해설

*Aspergillus oryzae*는 간장, 된장 발효 시 주요 곰팡이

정답 ④

54. 그람양성간균이면서 단백질 식품에 주로 분포하는 균은?

① *Staphylococcus*

② *Proteus*

③ *Bacillus*

④ *Micrococcus*

| 해설

① *Staphylococcus*: 그람양성구균
② *Proteus*: 그람음성간균
③ *Bacillus*: 그람양성간균, 토양과 식품에 흔히 분포하며, 특히 밥과 같은 탄수화물 식품뿐만 아니라 육류, 유제품 등 단백질 식품에도 영향을 줄 수 있음
④ *Micrococcus*: 그람양성구균

정답 ③

55. 클로렐라에 관한 설명이 아닌 것은?

① 건조물은 약 50%가 단백질이고 아미노산과 비타민이 풍부하다.

② 단세포 갈조류이다.

③ 빛이 존재할 때 간단한 무기염과 CO_2의 공급으로 쉽게 증식한다.

④ 배양 시 질소원으로 요소를 사용한다.

| 해설

클로렐라는 단세포 녹조류

정답 ②

56. 김치 숙성에 주로 관계되는 균은?

① 고초균

② 대장균

③ 젖산균

④ 황국균

│해설

김치 발효에 관여하는 주요 젖산균(유산균)

• *Leuconostoc mesenteroides*
• *Lactiplantibacillus plantarum*(기존 *Lactobacillus plantarum*)
• *Limosilactobacillus fermentum*(기존 *Lactobacillus fer-mentum*)
• *Levilactobacillus brevis*(기존 *Lactobacillus brevis*)

정답 ③

57. 제빵에 주로 사용하는 균주는?

① *Acetobacter aceti*

② *Saccharomyces oleaceus*

③ *Saccharomyces cerevisiae*

④ *Acetobacter xylinum*

│해설

*Saccharomyces cerevisiae*는 맥주효모이자 빵효모

정답 ③

58. 주정 제조 시 당화과정이 생략 될 수 있는 원료는?

① 당밀

② 고구마

③ 옥수수

④ 보리

│해설

알코올 발효에 주로 사용되는 효모는 단당류나 이당류만을 발효하므로, 고분자의 탄수화물을 원료로 사용하는 경우에는 반드시 당화과정을 거쳐야 함. 하지만, 당밀은 사탕수수 등에서 설탕을 가공하고 남은 부산물로서 단당류나 이당류가 많으므로 당화과정 없이도 알코올 발효의 원료가 될 수 있음

정답 ①

59. 세균에 의한 경구감염병은?

① 유행성 간염

② 콜레라

③ 폴리오

④ 전염성 설사증

│해설

① 유행성 간염: A형간염 바이러스
② 콜레라: *Vibrio cholera*(세균)
③ 폴리오: Polio 바이러스
④ 전염성 설사증: 노로바이러스, 로타바이러스

정답 ②

60. 배지의 멸균 방법으로 가장 적합한 것은?

① 화염멸균법

② 간헐멸균법

③ 고압증기멸균법

④ 열탕소독법

│해설

고압증기멸균법(Autoclave)

• 121℃, 15~20분, 2기압(15lb)의 조건
• 생균과 함께 열에 강한 포자도 완전히 사멸
• 미생물 시험에 사용되는 배지, 용액, 기구 등의 멸균에 주로 사용

정답 ③

2025년 | 제2회(CBT)

※CBT 문제는 수험생의 기억에 따라 복원된 것이며, 실제 기출문제와 동일하지 않을 수 있습니다.

제1과목 식품가공

01. 유황훈증법에 의한 건조과일 제조에 대한 설명으로 거리가 먼 것은?

① 옥시다아제(oxidase) 등의 산화효소를 파괴시킨다.
② 불쾌취를 제거한다.
③ 미생물 억제효과가 있다.
④ 과육의 갈변을 방지하여 색깔을 유지시켜준다.

| 해설

유황훈증법
- 유황을 태워 발생된 연기나 증기를 농산물에 가하는 방법
- 이산화황의 작용으로 폴리페놀의 산화를 방지(갈변 방지)하며, 제품의 색을 좋게 하고 병해충의 번식을 억제

정답 ②

02. 식품가공 방법 중 배럴(barrel)의 한쪽에는 원료 투입구가 있고 다른 쪽에는 작은 구멍(die)이 뚫려 있으며 배럴 안쪽에 회전스크류(screw)에 의해 가압된 원료가 나오는 형태의 성형방법은?

① 과립성형(agglomeration)
② 주조성형(casting)
③ 압출성형(extrusion)
④ 압연성형(sheeting)

| 해설

① 과립성형: 젖은 상태의 분체식품이 회전 드럼 속에서 압출될 때 회전틀에 의해 펠릿으로 성형
② 주조성형: 재료를 일정한 모양의 틀에 넣고 냉각 또는 가열에 의해 굳히는 방법
③ 압출성형: 원료를 노즐이나 다이와 같은 작은 구멍을 통해 강한 압력으로 밀어내어 일정한 모양의 단면을 갖게 함
④ 압연성형: 반죽을 회전롤 사이로 통과시켜 면대로 만들어 이것을 세절하거나 압인하는 방법

정답 ③

03. 무당연유의 제조공정에 대한 설명으로 틀린 것은?

① 당을 넣지 않는다.
② 예열공정을 하지 않는다.
③ 균질화는 한다.
④ 가열멸균을 한다.

| 해설

무당연유의 제조공정
원유 → 표준화 → 예열 → 농축 → 균질화 → 냉각 → 충전·밀봉 → 멸균 → 냉각·진탕 → 제품

정답 ②

04. 아이스크림의 제조공정 중 동결 시에 믹스의 응집방지와 숙성시간을 단축하며, 점도를 증가시켜 아이스크림의 바디와 조직을 개선하는 공정은?

① 균질화 공정
② 숙성 공정
③ 동결 공정
④ 경화 공정

| 해설

아이스크림 제조
- 우유에 지방, 무지방고형분, 감미료, 유화제 및 안정제, 향료, 색소, 물 등을 혼합, 유화하여 공기를 넣고 냉동시킨 것
- 제조공정: 우유 원심분리 - 크림 - 재료 혼합 - 균질화 - 살균 - 냉각 - 숙성 - 동결
- 아이스크림 제조 시 monoglyceride, glycerine, lecithin 등의 유화제를 넣고 균질화 공정을 거치면서 유화 작용이 일어나고, 조직이 부드러워짐

정답 ①

05. 고구마 전분 제조 시 석회 처리에 따른 주요 효과가 아닌 것은?

① 수율 증대　　　② 품질 향상
③ 부패 방지　　　④ 이물질 제거

| 해설

고구마 전분 제조공정 시 석회 사용 효과
• 석회와 펙틴질이 결합하여 전분의 침전분리가 빨라짐
　(※ 펙틴은 체질을 방해하고 전분유의 침전을 느리게 함)
• 석회의 알칼리성에 의해 전분입자에 착색물질인 폴리페놀 흡착 방지
• pH를 알칼리로 조절하여 전분에 단백질이 응고되어 섞이는 것 방지

 정답　③

06. 조분쇄 시 분쇄물의 크기로 옳은 것은?

① 1~10cm　　　② 5~10mm
③ 1mm 이하　　　④ 0.1mm 이하

| 해설

㉠ 조분쇄: 분쇄물의 크기를 1~10cm로 분쇄, 예비분쇄라고도 함
㉡ 중간분쇄: 5~10mm
㉢ 미분쇄: 0.1mm 이하
㉣ 초미분쇄: 수 μm 이하

 정답　①

07. 습식연미기 및 색채선별기보 쌀 표면의 유리된 쌀겨와 이물질, 썩은 쌀, 벌레먹은 쌀 등을 제거하여 즉시 이용할 수 있도록 만든 쌀은?

① 주조미　　　② 청결미
③ 배아미　　　④ 고아미

| 해설

① 주조미: 청주의 원료가 되는 쌀로 도정률 약 70%
③ 배아미: 배아를 남겨 영양이 좋고 맛있는 정미
④ 고아미: 식이섬유 등 기능성 성분 함량이 높아 건강에 도움이 되는 기능성 쌀 품종

 정답　②

08. 동결건조에 대한 설명으로 옳지 않은 것은?

① 식품 조직의 파괴가 적다.
② 주로 부가가치가 높은 식품에 사용한다.
③ 제조단가가 적게 든다.
④ 향미 성분의 보존성이 뛰어나다.

| 해설

동결건조
• 수분을 얼린 상태에서 승화시켜 건조시키는 방법
• 진공 유지와 냉동 등 건조 비용이 많이 들어 고가의 제품에 주로 사용되며, 다공질로서 가수에 의한 복원력이 높고 향미 보존과 가열에 의한 식품성분 변화가 적음

 정답　③

09. 시유 제조에서 균질기를 사용하는 목적이 아닌 것은?

① 크림 층의 분리 방지
② 소화 흡수율 증가
③ 우유 속에 지방의 균질 분산
④ 카제인(casein)의 분리 용이

| 해설

균질화
• 우유의 지방구 크기를 2μm 이하로 균일하게 미세화시켜 서로 결합하여 떠오르는 것을 방지하는 과정
• 균질화 과정에서 작은 지방구들의 표면에 카제인이 흡착되므로 더 부드럽고 소화율도 높아짐

 정답　④

10. 우유나 과즙의 맛과 비타민 등 영양성분을 보존하기 위하여 70~75℃에서 10~20초간 살균하는 방법은?

① 저온 살균법
② 고온순간 살균법
③ 초고온 살균법
④ 간헐 살균법

| 해설

① 저온살균법(LTLT): 63~65℃에서 30분간 가열
② 고온순간살균법(HTST): 72~75℃, 15~25초간 살균
③ 초고온 살균법(UHT): 130~150℃, 0.5~5초간 살균
④ 간헐살균법: 내열성균의 완전살균, 1일 1회씩 100℃에서 20~50분간 연속 3일을 같은 시간에 반복 가열살균(포자 형성 미생물 사멸)

정답 ②

11. 건조방법 중에서 건조시간이 대단히 짧고, 제품의 온도를 비교적 낮게 유지할 수 있으며 액상식품을 분말로 건조하는데 가장 적합한 건조법은?

① spray drying
② drum drying
③ freeze drying
④ rotary drying

| 해설

분무 건조(spray drying)
• 슬러리나 미세 액체 입자를 건조실내로 분무하여 순간적으로 건조
• 건조시간이 짧아 장시간 열에 노출하면 열변성이 쉽거나 향미손실 등으로 품질저하가 큰 식품의 건조에 주로 이용
• 우유, 유청, 인스턴트그래뉼커피, 홍차, 달걀, 과일주스, 유아식품 등

정답 ①

12. 건식 세척 방법에 해당하지 않는 것은?

① 분무 세척
② 마찰 세척
③ 체분리 세척
④ 풍력 세척

| 해설

㉠ 건식 세척: 체분리, 기송식 분리, 자력 선별, 정전기적 세척, 마찰 세척
㉡ 습식 세척: 침지 세척(담금 세척), 분무 세척, 부유 세척, 초음파 세척

정답 ①

13. 밀감 통조림의 백탁에 대한 설명 중 틀린 것은?

① hesperidin이 용출되어 백탁이 형성된다.
② 조기 수확한 밀감에서 자주 발생한다.
③ 수세를 너무 길게 하면 발생하기 쉽다.
④ 산 처리를 길게, 알칼리 처리를 짧게 하면 억제된다.

| 해설

밀감 통조림의 백탁 원인: 과육 중의 hesperidin(배당체)의 결정화로 석출

정답 ③

14. 달걀의 저장 중에 일어나는 현상이 아닌 것은?

① 알 껍질이 반들반들해진다.
② 흰자의 점성이 줄어든다.
③ 기실이 커진다.
④ 호흡작용으로 인해 산성으로 된다.

| 해설

신선한 난백의 pH는 7.6~7.9이나, 저 장기간이 길어지면 난백의 구멍을 통한 CO_2의 방출로 pH 9.7까지 상승

기실
• 달걀의 둥근부분(넓적한 쪽)에 있는 숨구멍
• 알이 오래되면 내용물의 수분증발로 점차 확대되므로 기실의 크기를 측정함으로써 알의 신선도를 감별

정답 ④

15. 식품냉동에서 냉동곡선이란?

① 식품이 냉동되는 시간과 빙결정 생성량의 관계를 나타낸 것

② 식품이 냉동되는 과정을 시간과 온도의 관계식으로 나타낸 것

③ 식품이 냉동되는 시간과 육단백 변성의 관계를 나타낸 것

④ 식품이 냉동되는 시간과 빙결정 크기의 관계를 나타낸 것

| 해설

냉동곡선

• 식품이 냉동되는 과정을 시간과 온도의 관계식으로 나타낸 것

• 냉동곡선을 통해 완만동결과 급속동결, 최대빙결정생성대를 알 수 있음

정답 ②

16. 수분함량 12%인 옥수수가루를 사용하여 압출성형 스낵을 제조하고자 한다. 옥수수가루를 압출성형기에 투입하기 전에 수분함량을 18%로 맞추어야 한다면 옥수수가루 10kg 당 가해야 하는 물의 양은 얼마인가?

① 0.37kg
② 0.73kg
③ 1.11kg
④ 1.48kg

| 해설

㉠ 물 첨가 전후의 고형분양은 같음

㉡ $10kg \times \dfrac{88}{100} = (10 + x)kg \times \dfrac{82}{100}$

$x = 0.73kg$

정답 ②

17. 색채선별기(Color Sorting System)로 선별이 적합하지 않은 식품은?

① 숙성정도가 다른 토마토

② 과도하게 열처리 된 잼

③ 크기가 다른 오이

④ 표면 결점을 가진 땅콩

| 해설

크기가 다른 오이는 두께, 폭, 지름 등의 크기에 의한 선별의 원리를 이용하여 선별함

정답 ③

18. 신선한 달걀의 등급 결정과 관계가 먼 것은?

① 난각의 상태
② 달걀의 비중
③ 기실의 크기
④ 난황의 색깔

| 해설

난각이 거칠고 광택이 나지 않으며, 달걀의 비중은 1.08~1.09. 기실의 크기가 작을수록 신선한 달걀임. 난황의 색깔은 관련이 없음

정답 ④

19. 젤리화에 가장 적합한 유기산의 함량은?

① 0.01%
② 0.03%
③ 0.3%
④ 3%

| 해설

젤리화에 필요한 3요소

• 당(60~65%)

• 산(pH 2.9~3.5(유기산 0.3%))

• 펙틴(1.0~1.5%)

정답 ③

20. 밀가루 3kg을 사용하여 건조글루텐(건부량) 410g을 제조할 때 건조글루텐 함량, 밀가루의 종류, 주요 용도의 연결이 옳은 것은?

① 7.3% - 중력분 - 스파게티

② 7.3% - 중력분 - 국수

③ 13.7% - 강력분 - 식빵

④ 13.7% - 강력분 - 비스킷

| 해설

건조 글루텐 함량(건부율) 계산

건부율 = (건부량/밀가루량) × 100 = (410/3000) × 100 = 13.7%

종류	특징	글루텐 함량		용도
		건부율	습부율	
강력분	점탄성이 큼	13% 이상	40% 이상	제빵용
중력분	중간 경도	10~13%	30~40%	제면용
박력분	매우 고움	10% 이하	30% 이하	과자, 튀김용

정답 ③

21. 주로 와인과 같은 주류 발효 과정에서 생성되는 부산물로 아르기닌 등이 효모의 작용에 의해 형성된 요소(Urea)가 에탄올과의 반응으로 생성되며 발암성 물질이기도 한 이 것은?

① 아크릴아마이드
② 벤조피렌
③ 에틸카바메이트
④ 바이오제닉아민

| 해설

에틸카바메이트 생성 원인
• 발효주 제조 시, 과실 종자에 함유된 시안화합물이 분해된 후, 에탄올과 반응하여 생성
• 발효과정 중, 아르기닌이 효모에 의해 분해된 요소와 에탄올이 반응하여 생성

정답 ③

22. 요오드 정색반응에 청색을 나타내는 덱스트린(dextrin)은?

① 아밀로덱스트린(amylodextrin)
② 에리스로덱스트린(erythrodextrin)
③ 아크로덱스트린(achrodextrin)
④ 말토덱스트린(maltodextrin)

| 해설

㉠ 요오드 녹말반응
  amylose의 나선형 구조 내부에 요오드 분자가 들어가 화합물을 형성하여 정색 반응을 하는 것
㉡ 전분의 가수분해 진행에 따른 요오드 반응
  가용성 전분(요오드 반응: 청색) → 아밀로덱스트린(청자색) → 에리쓰로덱스트린(적갈색) → 아크로덱스트린(무색) → 말토덱스트린(무색)

정답 ①

23. 새우, 게 등을 가열할 때 생기는 적색 물질은?

① lutein
② astacin
③ astaxanthin
④ cryptoxanthin

| 해설

갑각류의 아스타잔틴
• 단백질과 결합하여 복합체의 형태로 존재하여 청색, 남색을 띰
• 가열하면 단백질이 변성하여 아스타잔틴이 유리, 산화되어 선홍색의 아스타신 형성

정답 ②

24. 전분의 노화를 억제하는 방법으로 적합하지 않은 것은?

① 수분함량의 조절
② 냉장 보관
③ 설탕 첨가
④ 유화제 사용

| 해설

냉장은 오히려 노화를 촉진함
전분의 노화 억제 방법
• 수분함량의 조절: 수분함량을 30~60%보다 적거나 많게 조절, 15% 이하면 노화를 효과적으로 억제
• 냉동
• 설탕 첨가: 설탕이 탈수제로 작용하여 호화전분을 단시간에 건조시킨 것과 같은 효과를 냄
• 여러 무기염류, 유기염류
• 식품첨가물: 메틸셀룰로오스, 카르복시메틸셀룰로오스나트륨(CMC) 등 증점제, D-Sorbitol, 유화제

정답 ②

25. 48%의 소금(질량%)을 함유한 소금물에서 수분활성도(Aw)는?

① 0.75

② 0.78

③ 0.82

④ 0.90

│ 해설

수분활성도(water activity, Aw) 계산식

$$Aw = \frac{Nw}{Nw + Ns}$$

- Nw: 순수한 물의 몰수, Ns: 용질의 몰수

- 몰수 $= \dfrac{질량}{분자량}$

- 물의 분자량 18, 소금의 분자량 58.5

$$Aw = \frac{\dfrac{52}{18}}{\dfrac{52}{18} + \dfrac{48}{58.5}} = 0.78$$

정답 ②

26. 쓴맛을 유발하는 물질과의 연결이 바르지 않은 것은?

① 도토리-퀴닌

② 호프-휴물론

③ 코코아-테오브로민

④ 커피-카페인

│ 해설

도토리의 주요 쓴맛 성분은 탄닌

정답 ①

27. 마이야르(Maillard) 반응에 영향을 미치는 요소에 대한 설명으로 옳지 않은 것은?

① 중간 수분활성도 범위(0.5~0.8)에서 가장 빠르게 일어난다.

② pH를 낮추면 melanoid 색소의 형성 속도를 줄일 수 있다.

③ 아황산염, 티올(thiol), 칼슘염 등은 갈변을 저해한다.

④ 반응속도는 환원성 이당류 > 6탄당 > 5탄당의 순으로 빠르다.

│ 해설

마이야르 반응에 영향을 주는 요인과 억제 방법

- 온도: 10℃ 증가함에 따라 반응속도가 3~5배 증가 → 저온저장

- pH: pH 6.5~8.5 > pH 3~5 > pH 1~2 → 산 첨가

- 당의 종류: 환원성 오탄당 > 육탄당 > 이당류 → 당종류 변경

- 수분함량(수분활성도): 10~15%(Aw 0.5~0.8)에서 쉽게 갈변

- 자외선: 촉진 → 차광

- 산소: 촉진 → 밀폐포장, 탈산소제 사용, 질소 및 탄산가스 치환

- 아황산염, 황산염, 티올, 칼슘염은 갈변 저해

정답 ④

28. 식품 성분의 가공 중 발생하는 냄새 성분 변화에 대한 설명으로 틀린 것은?

① 불포화지방산이 많이 있는 유지가 열분해되면 alcohol, aldehydes, ketones 등이 많이 발생한다.

② 마늘이나 양파 등이 함유된 재료를 가열하면 황 함유 휘발성분이 발생한다.

③ 설탕물을 150~180℃의 고온으로 가열하면 5탄당에서는 furfural이, 6탄당에서는 5-hydroxymethyl furfural이 주로 형성된다.

④ 가오리나 홍어 저장 시 발생하는 자극성 냄새는 요소가 미생물에 의해 분해되어 트리메틸아민을 생성하기 때문이다.

│ 해설

가오리나 홍어 저장 시 발생하는 자극성 냄새는 요소가 미생물에 의해 분해되어 암모니아를 생성하기 때문

정답 ④

29. 에르고스테롤(ergosterol)에 자외선을 쬐였을 때 생성되는 것은?

① 비타민A
② 비타민B$_1$
③ 비타민C
④ 비타민D$_2$

| 해설

비타민D의 종류

- 비타민D$_2$ (에르고칼시페롤, ergocalciferol)
  버섯과 효모에 있는 에르고스테롤(ergosterol)부터 자외선에 의해 합성
- 비타민D$_3$ (콜레칼시페롤, cholecalciferol)
  피부의 7-데하이드로콜레스테롤(7-dehydrocholesterol)로부터 자외선에 의해 합성

정답 ④

30. 맛에 대한 설명으로 틀린 것은?

① 단팥죽에 소량의 소금을 넣으면 단맛이 더욱 세게 느껴진다.
② 오징어를 먹은 직후 귤을 먹으면 감칠맛을 느낄 수 있다.
③ 커피에 설탕을 넣으면 쓴맛이 억제된다.
④ 신맛이 강한 레몬에 설탕을 뿌려 먹으면 신맛이 줄어든다.

| 해설

① 단팥죽에 소량의 소금을 넣으면 단맛이 더욱 세게 느껴진다: 맛의 대비작용
② 맛의 상호작용에서, 오징어의 감칠맛 성분과 유기산은 상호작용이 없음
③ 커피에 설탕을 넣으면 쓴맛이 억제된다: 맛의 억제작용
④ 신맛이 강한 레몬에 설탕을 뿌려 먹으면 신맛이 줄어든다: 맛의 억제작용

정답 ②

31. α형 이성질체보다 β형 이성질체의 단맛이 강한 당류는?

① 과당
② 맥아당
③ 설탕
④ 포도당

| 해설

과당(fructose)는 β형이 α형보다 단맛이 더 강함

정답 ①

32. 우유의 지방정량법이 아닌 것은?

① Gerber법
② Kjeldahl법
③ Babcock법
④ Roese-Gottlieb법

| 해설

Kjeldahl법은 조단백질 정량법

정답 ②

33. 다음 중 산패와 관계가 있는 것은?

① 단백질의 분해
② 탄수화물의 변질
③ 지방의 산화
④ 지방의 환원

| 해설

부패
식품 중의 단백질 성분이 자기소화, 부패세균의 효소작용 등에 의해 분해되어 악취가 나고 불가식화되는 현상
변패
질소를 함유하지 않은 당질과 지질이 미생물, 산소, 광선, 온도, 습도 등에 의해 분해되어 산미 또는 이취 생성
산패
유지가 산소, 빛, 금속 등에 의해 산화되는 현상

정답 ③

34. 식품의 전형적인 등온흡(탈)습곡선에 관한 설명으로 틀린 것은?

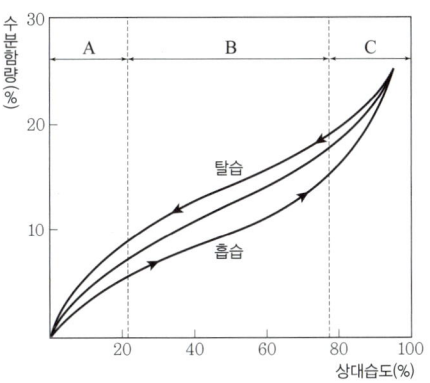

① 식품이 놓여져 있는 환경의 상대 습도가 높아질수록 식품의 수분함량은 증가한다.

② A영역은 식품 중의 수분이 단분자층을 형성하고 있는 부분이다.

③ A영역의 수분은 식품 중 아미노(amino)기나 카르복실(carboxyl)기와 이온결합하고 있다.

④ C영역은 다분자층 영역으로 물분자 간 수소 결합이 주요한 결합형태이다.

┃해설

B영역은 다분자층 영역으로 물분자 간 수소 결합이 주요한 결합형태임

정답 ④

35. 식품 중의 acrylamide에 대한 설명으로 틀린 것은?

① 반응성이 높은 물질이다.

② 탄수화물이 많은 식물성 식품보다는 단백질이 많은 동물성 식품에서 많이 발견된다.

③ 신경계통에 이상을 일으킬 수 있다.

④ 식품을 삶아서 가공하는 경우에는 생성되는 양이 적다.

┃해설

아크릴아마이드(acrylamide)

• 생성 원인: 전분 급원식품(감자, 곡류, 시리얼)을 고온(120 ℃ 이상)에서 튀기거나 구울 시, 아스파라긴과 당의 갈변반응으로 생성

• 프렌치프라이, 포테이토칩, 감자스낵류, 시리얼, 빵류에서 발생

• 저감화 방안
 - 감자는 냉장보관을 피하고, 물에 침지 후 조리, 튀김보다는 삶거나 찌는 조리법 이용
 - 120℃ 이하에서 조리, 저온진공프라잉(감압유탕)

정답 ②

36. 감귤류 겉껍질의 백색 부위를 취한 비커에 이 물질이 잠길 정도로 메탄올을 가하여 색소(㉠)를 추출하였다. 이 색소 용액을 또 다른 비커에 취하고 1% 염화제이철(iron chloride)메탄올 용액(메탄올에 염화제이철을 용해시킨 용액)을 수 방울 가하고 색의 변화를 확인하였다(㉡). 이때 ㉠은 무슨 색소이며, ㉡는 어떤 색인가?

① ㉠ 클로로필 색소, ㉡ 푸른색

② ㉠ 카로티노이드 색소, ㉡ 적색

③ ㉠ 플라보노이드 색소, ㉡ 흑갈색

④ ㉠ 안토시아인 색소, ㉡ 노란색

┃해설

플라보노이드(flavonoid)

• 수용성, 담황색에서 황색, 식물세포에 유리상태나 배당체로 존재

• 모두 C_6-C_3-C_6의 기본 구조를 가지고 있고, 플라보노이드의 -OH기는 구리(Cu), 철(Fe) 등의 금속과 결합하여 불용성 착화합물을 생성

• Flavonoid Confirmation Test: 용액에 플라보노이드가 존재할 경우, $FeCl_3$(ferric chloride)를 가하면 갈색, $AlCl_3$(Aluminium chloride)를 가하면 청색을 띰

정답 ③

37. 교질의 성질이 아닌 것은?

① 반투성

② 브라운 운동

③ 흡착성

④ 경점성

38. 배추김치에서 배추가 녹색에서 갈색으로 변하는 이유는 엽록소의 Mg이 어떤 성분으로 치환되었기 때문인가?

① Fe^{2+}

② Cu^{2+}

③ H^+

④ OH^-

39. 다음 중 고분자화합물인 단백질의 분석과 관련이 없는 실험방법은?

① 원심분리

② 젤 크로마토그래피(gel chromatography)

③ SDS 젤 전기영동

④ 동결건조

40. 단백질의 변성에 대한 설명으로 틀린 것은?

① 단백질의 변성은 등전점에서 가장 잘 일어난다.

② 단백질의 열 응고 온도는 대개 60~70℃이다.

③ 육류 단백질의 동결변성은 -5~-1℃에서 가장 잘 일어난다.

④ 콜라겐은 가열에 의해 불용성의 젤라틴으로 된다.

제3과목 식품미생물 및 안전

41. 식품의 소비기한 설정 실험 시 조정조건에 대한 설명으로 틀린 것은? (단, 예외규정은 제외한다)

① 실온유통제품: 실온이라 함은 1~35℃를 말하며, 35℃를 포함하되 제품의 특성에 따라 봄, 가을, 여름, 겨울을 고려하여 선정하여야 한다.

② 상온유통제품: 상온이라 함은 10~25℃를 말하며, 25℃를 포함하여 선정하여야 한다.

③ 냉장유통제품: 냉장이라 함은 0~10℃를 말하며, 10℃를 포함한 냉장온도를 선정하여야 한다.

④ 냉동유통제품: 냉동이라 함은 –18℃ 이하를 말하며 품질 변화가 최소화 될 수 있도록 냉동온도를 선정하여야 한다.

| 해설

상온유통제품

상온이라 함은 15~25℃를 말하며, 25℃를 포함하여 선정하여야 함

정답 ②

42. 감귤류의 연부 부패의 원인이 되는 미생물은?

① *Acetobacter* 속
② *Clostridium* 속
③ *Lactobacillus* 속
④ *Penicillium* 속

| 해설

Penicillium digitatum, Penicillium italicum

감귤류에 기생히는 연부병의 원인

정답 ④

43. 내삼투압성 효모로 염분 함량이 높은 간장이나 된장 등에서 생육하는 효모는?

① *Candida* 속
② *Rhodotorula* 속
③ *Pichia* 속
④ *Zygosaccharomyces* 속

| 해설

Saccharomyces rouxii, Zygosaccharomyces rouxii

• 내삼투압성 효모
• 간장 및 된장 효모로 사용

정답 ④

44. HACCP 시스템 적용단계의 7원칙 중 첫 번째 원칙은?

① 위해요소분석
② 공정흐름도 작성
③ HACCP팀 구성
④ 중요관리점(CCP) 결정

| 해설

HACCP 7원칙

1. 위해요소(HA) 분석
2. 중요관리점(CCP) 결정
3. 중요관리점 한계기준 설정
4. 중요관리점 모니터링 체계 확립
5. 개선조치 방법 수립
6. 검증절차 및 방법 수립
7. 문서화 및 기록 유지

정답 ①

45. 아래 설명에 가장 적합한 곰팡이 속은?

• 양조공업에 대부분 사용되어진다.
• 강력한 당화효소와 단백질 분해효소 등을 분비한다.
• 균총의 색깔로 구분하여 백국균, 황국균, 흑국균으로 나뉘어진다.
• 널리 분포되어 있는 곰팡이로 균사에는 격벽이 있다.

① *Rhizopus* 속
② *Mucor* 속
③ *Aspergillus* 속
④ *Monascus* 속

| 해설

***Aspergillus* 속(누룩곰팡이 속)**

• 된장, 간장, 약주, 탁주 등 제조에 이용
• 전분 당화력, 단백질 분해력 강함
• 균총의 색깔은 처음 균사가 나타날 때는 무색 혹은 백색이다가 나중에 분생포자가 생성되면서 백색, 황색, 흑색, 녹색 등 다양한 색깔을 띠게 되므로 백국균, 황국균, 흑국균이라고 부름

정답 ③

46. 고체배지에 대한 설명과 가장 거리가 먼 것은?

① 평판 또는 사면배지에 사용된다.
② 미생물의 순수분리에 사용된다.
③ 균주의 보관 및 이동 시에 사용된다.
④ 균의 운동성 유무에 대한 실험 배지로 사용된다.

| 해설

균의 운동성 확인 시에는 한천의 함량이 낮은 반고체배지를 사용함

정답 ④

47. 식품 포장재로부터 이행 가능한 유해 물질이 잘못 연결된 것은?

① 금속포장재 - 납, 주석
② 요업 용기 - 첨가제, 잔존 단위체
③ 고무마개 - 첨가제
④ 종이포장재 - 착색제

| 해설

㉠ 첨가제, 잔존 단위체는 합성수지 용기에서 이행됨
㉡ 요업 용기, 즉 도자기, 법랑피복제품, 옹기류 등에서는 주로 납 용출

정답 ②

48. 젖산균에 대한 설명 중 틀린 것은?

① 요구르트 제조 시 이형발효의 젖산균만 사용하여 초산 발생을 억제시킨다.
② 대부분이 catalase 음성이다.
③ 김치, 침채류의 발효에 관여한다.
④ 장내에서 유해균의 증식을 억제할 수 있다.

| 해설

㉠ 대표적인 요구르트 스타터는 homo-type 젖산균
㉡ *Lactobacillus bulgaricus*와 *Streptococcus thermophilus*

정답 ①

49. 각 효모의 특징에 대한 설명으로 틀린 것은?

① *Schizosaccharomyces* 속 - 분열법으로 증식한다.
② *Torulopsis* 속 - 유지 생산균이다.
③ *Candida* 속 - 탄화수소를 자화시키는 효모가 많다.
④ *Debaryomyces* 속 - 내염성 산막효모이다.

| 해설

㉠ *Torulopsis* 속은 내염성, 내당성으로 간장의 후숙과 관련이 있는 효모
㉡ *Rhodotorula* 속은 유지생성 효모

정답 ②

50. 식품에서 일반세균수를 정량하기 위한 실험을 할 때 필요 없는 단계는?

① 시료와 멸균희석액을 이용해 현탁액을 제조하는 단계
② 액상 선택배지에서 증균하는 단계
③ 표준한천배지에 접종해서 배양하는 단계
④ 한천배지에서 생성된 집락을 계수하는 단계

| 해설

일반세균수를 측정하는 표준평판법에서 액체 선택배지는 사용되지 않음

정답 ②

51. 통조림의 살균 부족으로 잔존하기 쉬운 독소형성 세균은?

① *Streptococcus faecalis*
② *Clostridium botulinum*
③ *Bacillus subtilis*
④ *Lactobacillus casei*

| 해설

*Clostridium botulinum*는 편성혐기성균이므로 통조림에서 증식이 가능함

정답 ②

52. 작업위생관리에 대한 설명으로 옳지 않은 것은?

① 조리된 식품에 대하여 배식하기 직전에 음식의 맛, 온도, 이물, 이취, 조리 상태 등을 확인하기 위한 검식을 실시하여야 한다.

② 냉장식품과 온장식품에 대한 배식온도관리기준을 설정, 관리하여야 한다.

③ 위생장갑 및 청결한 도구(집게, 국자 등)를 사용하여야 하며, 배식중인 음식과 조리 완료된 음식을 혼합하여 배식하여서는 아니 된다.

④ 해동된 식품은 즉시 사용하고 즉시 사용하지 못할 경우 조리시까지 냉장보관하여야 하며, 사용 후 남은 부분을 재동결하여 보관한다.

| 해설

해동과정 동안 미생물 증식의 가능성이 있으므로, 사용 후 재냉동하지 않아야 함

 정답 ④

53. 아래의 맥주 제조 공정 중 호프(hop)를 첨가하는 공정은?

> 보리 → 맥아 제조 → 분쇄 → 당화 → 자비 → 여과 →
> 발효 → 저장 → 제품

① 분쇄

② 당화

③ 자비

④ 여과

| 해설

Hop을 첨가하는 공정은 맥아즙 제조에서 자비(끓임) 공정임

 정답 ③

54. 통조림 flat sour 변패 원인세균으로서 극히 내열성인 저항 포자를 형성하는 세균인 것은?

① *Bacillus coagulans*

② *Bacillus anthracis*

③ *Bacillus polymyxa*

④ *Bacillus cereus*

| 해설

② *Bacillus anthracis*는 탄저병의 원인균

④ *Bacillus cereus*는 세균성 식중독균

통조림 flat sour 유발

• *Bacillus stearothermophilus*

• *Bacillus coagulans*

 정답 ①

55. 방선균에 대한 설명이 틀린 것은?

① 항생물질 생산균으로 유용하게 이용된다.

② 진핵세포 생물로 세포벽의 화학적 성분이 그람음성 세균과 유사하다.

③ 주로 토양에 서식하며 흙냄새의 원인균이다.

④ 균사상으로 발육한다.

| 해설

방선균

• 하등미생물(원핵세포생물) 중 균사를 형성하는 미세한 세균

• 곰팡이와 세균의 중간적인 존재

• 주로 토양 숭에 존재, 흙냄새의 원인

• 항생물질을 생산

• *Streptomyces* 속, *Actinomyces* 속

 정답 ②

56. 식품 및 축산물 안전관리인증기준에 의한 선행요건 중 식품제조업소에서의 냉장·냉동 시설·설비 관리로 잘못된 것은?

① 냉장시설은 내부온도를 10℃ 이하로 한다(단, 신선편의 식품, 훈제연어, 가금육은 제외한다.).

② 냉동시설은 -18℃ 이하로 유지한다.

③ 냉장·냉동시설의 외부에서 온도변화를 관찰할 수 있어야 한다.

④ 온도 감응 장치의 센서는 온도의 평균이 측정되는 곳에 위치하도록 한다.

| 해설

온도 감응 장치의 센서는 온도가 가장 높게 측정되는 곳에 위치하도록 해야 함

 정답 ④

57. 대장균군의 추정, 확정, 완전시험에서 사용되는 배지가 아닌 것은?

① TCBS agar

② Endo agar

③ EMB agar

④ BGLB

| 해설

TCBS agar는 장염비브리오균 시험배지

대장균군 정성시험(유당배지법)
• 추정시험: 유당배지(lactose broth)
• 확정시험: BGLB 배지 → Endo 한천배지 또는 EMB 한천배지
• 완전시험: 보통한천배지 → 그람염색

정답 ①

58. 고정화 효소(immobilized enzyme)에 대한 설명으로 틀린 것은?

① 미생물 오염의 위험성이 감소한다.

② 안정성이 증가한다.

③ 재사용이 가능하다.

④ 반응의 연속화가 가능하다.

| 해설

효소의 고정화(enzyme immobilization)
• 화학적인 방법이나 물리적인 방법을 이용하여 효소의 이동성을 인위적으로 제한하는 것
• 목적
  - 반응 후 생성물과의 분리가 용이함
  - 분리된 효소는 재사용 가능
  - 연속공정이 가능함. 반응기의 생산성을 향상시킴
  - 효소의 고농도 집적이 가능함
  - 효소 단백질의 입체구조가 유지되고, 효소활성의 안정화가 이루어짐
  - 고가의 효소인 경우, 경제적으로 사용할 수 있음. 하지만, 여러 번 재사용할 경우, 미생물의 오염 가능성이 있음

 정답 ①

59. 초기 부패의 식별법이 아닌 것은?

① 생균수 측정

② 휘발성 염기 질소의 정량

③ 히스타민(histamine)의 정량

④ 환원당 측정

| 해설

부패의 판정
• 관능검사: 아민·암모니아 등 부패취, 변색·점액화 등 외관, 불쾌한 맛
• 미생물학적 검사
  - 식품 중 생균수 측정 목적: 신선도 여부 판단
  - 생균수 $10^7 \sim 10^8$/g이면 초기부패로 판정. 10^5/g 이하이면 안정
• 화학적 검사
  - 휘발성염기질소(VBN)
  - 트리메틸아민(TMA)
  - 히스타민
  - pH 측정

정답 ④

60. 간장 제조시 풍미에 관여하는 대표적인 내염성 젖산 세균은?

① *Zygosaccharomyces rouxii*

② *Pediococcus halophilus*

③ *Staphylococcus aureus*

④ *Bacillus subtilis*

| 해설

문제에서 내염성의 젖산균으로 한정지었으므로 답은 *Pediococcus* 속

참고

간장 생산과 관련된 미생물

- 곰팡이
  - 대표적 종국균, 주로 콩의 분해(protease, amylase 등 효소 생성)에 관여
  - *Aspergillus oryzae*, *Aspergillus sojae*
- 효모
  - 알코올 발효로 간장에 풍미를 줌
  - 발효 초기에는 *Candida fermenta*, *Candida polymorpha*가 증식하여 pH 5 정도로 낮아짐
  - 발효 후기에는 *Zygosaccharomyces sojae*, *Zygosaccharo—myces major*, *Saccharomyces rouxii*, *Torulopsis versa—tilis* 등 내염성 효모가 관여
- 세균
  - 담금액의 pH를 4.5로 유지, 효모 증식 도움, 간장에 풍미 형성
  - *Pediococcus sojae*, *Pediococcus halophilus*, *Bacillus subtilis*, *Streptococcus rouxii*

정답 ②

※CBT 문제는 수험생의 기억에 따라 복원된 것이며, 실제 기출문제와 동일하지 않을 수 있습니다.

제1과목 식품가공

01. 제빵 시 적절한 발효 온도는?

① 31~35℃

② 26~30℃

③ 21~25℃

④ 16~20℃

│해설

제빵 시 사용하는 효모

- *Saccharomyces cerevisiae*
- 효모의 최적발효 온도: 26~30℃
- 압착효모의 경우 1.5~2.0% 사용

정답 ②

02. 우유의 가공공정에서 균질화의 목적이 아닌 것은?

① 지방의 분리방지

② 유화안정성 향상

③ 지방구의 미세화

④ 미생물의 증식억제

│해설

우유의 균질화

지방구를 기계적으로 미세화하여 지방구의 크기를 작게 분산

정답 ④

03. 다음 중 에멀션의 형태가 다른 하나는?

① 버터

② 마요네즈

③ 생크림

④ 우유

│해설

㉠ 수중유적(o/w)형: 물 속에 기름이 분산-우유, 생크림, 마요네즈, 아이스크림 등

㉡ 유중수적(w/o)형: 기름 중에 물이 분산-버터, 마가린 등

정답 ①

04. 수분 함량이 80%인 양파 40kg을 이용하여 건조기에서 수분 함량을 20%로 내리고자 한다. 건조된 양파는 몇 kg이 되겠는가?

① 5kg

② 10kg

③ 15kg

④ 20kg

│해설

㉠ 건조 전 고형분량: $40kg \times \dfrac{20}{100} = 8kg$

㉡ 건조 후 양파량(x)

$\dfrac{건조\ 후\ 수분량}{건조\ 후\ 양파량} \times 100 = \dfrac{x-8}{x} \times 100 = 20\%$

$x = 10kg$

정답 ②

05. 초음파 세척에 가장 적합하지 않은 것은?

① 오염된 정밀 기계 부품
② 과일에 묻은 그리스(grease)
③ 계란 표면에 묻은 오염물
④ 곡류 낟알에 포함된 지푸라기

| 해설

초음파 세척

초음파를 사용하여 달걀의 오염물, 과일의 그리스나 왁스, 채소류의 모래나 흙 등을 제거

 ④

06. 액체와 액체를 분리하는 원심분리기는?

① 관형
② 밸브 배출형
③ 노즐 배출형
④ 원통형

| 해설

액체와 액체 원심 분리기

관형 원심분리기, 원판형 원심분리기

원심 청징기

원통형 원심분리기, 노즐형·밸브형 원심분리기, 컨베이어형 원심분리기

 ①

07. 관능검사에서 두 가지 시료 중에서 특정 특징이 강한 시료를 선택하는 검사법은?

① 순위법
② 평점법
③ 이점비교검사
④ 다표준시료검사

| 해설

① 순위법: 여러 시료 중 어떠한 특징이 가장 강한 순위로 나열하는 검사법
② 평점법: 여러 시료에 대해서 어떠한 특징을 척도(5점, 7점, 9점 등)로 나타내어 비교 정량적으로 구분하는 검사법
④ 다표준시료검사: 여러 가지(2개 이상)의 표준품을 제시하고 이 표준품과 가장 다른 비교 시료를 선택하는 검사

 ③

08. 청국장에 대한 설명으로 틀린 것은?

① 타르색소가 검출되어서는 아니 된다.
② 된장보다 고형물 덩어리가 많다.
③ 콩은 황백색 종자가 좋다.
④ 제조에 사용되는 natto균은 *Aspergillus* 속이다.

| 해설

청국장에 사용되는 균은 *Bacillus subtilis*, *Bacillus natto*

정답 ④

09. 수분을 증발시켜 농도를 높이는 방법은?

① 분무건조법
② 동결건조법
③ 막농축법
④ 증발농축법

| 해설

③ 막농축법: 다공성의 막을 통과하는 물질의 크기와 확산속도 차이에 의해 분리하는 방법
④ 증발농축법: 묽은 용액을 끓는점까지 가열하여 물을 수증기 상태로 제거하여 농축된 용액을 얻음

 ④

10. 다음 가공식품 중 주로 압출 성형 방법으로 제조된 것은?

① 식빵

② 마카로니

③ 젤리

④ 빙과류 아이스크림

| 해설

식빵·젤리·빙과류는 주조 성형을 통해 제조

압출성형

원료를 노즐이나 다이와 같은 작은 구멍을 통해 강한 압력으로 밀어내어 일정한 모양의 단면을 갖게 함

정답 ②

11. 간장의 산막효모가 생기는 원인이 아닌 것은?

① 염도가 낮을 때

② 간장 발효온도가 낮을 때

③ 간장 농도가 낮을 때

④ 간장 가열온도가 낮을 때

| 해설

산막효모

• 산소를 요구하며, 액면에 발육하여 피막을 형성, 산화력이 강함

• *Hansenula* 속, *Pichia* 속, *Debaryomyces* 속

정답 ②

12. 아이스크림의 제조공정 중 동결 시에 믹스의 응집방지와 숙성시간을 단축하며, 점도를 증가시켜 아이스크림의 바디와 조직을 개선하는 공정은?

① 균질화 공정

② 숙성 공정

③ 동결 공정

④ 경화 공정

| 해설

아이스크림

• 우유에 지방, 무지방고형분, 감미료, 유화제 및 안정제, 향료, 색소, 물 등을 혼합, 유화하여 공기를 넣고 냉동시킨 것

• 아이스크림 제조 시 monoglyceride, glycerine, lecithin 등의 유화제를 넣고 균질화 공정을 거치면서 유화 작용이 일어나고, 조직이 부드러워짐

정답 ①

13. 식품원료를 무게, 크기, 모양, 색깔 등 여러 가지 물리적 성질의 차이를 이용하여 분리하는 조작은?

① 선별

② 교반

③ 정제

④ 추출

| 해설

선별

• 수확한 원료에 불필요한 물리적·화학적 이물질(돌, 모래, 금속, 배설물 등) 등을 측정 가능한 물리적 성질을 이용하여 분리, 제거하는 공정을 말함

• 일반적으로 주원료 외 물질을 제거하는 것은 정선, 주원료를 등급별로 분류하는 것은 선별이라고 함

정답 ①

14. 막분리의 장점이 아닌 것은?

① 이화학적 변화 최소화

② 설치비가 저렴

③ 영양성분의 손실 최소화

④ 에너지 절약

| 해설

막분리의 장단점

- 장점
  - 이화학적 변화를 피할 수 있음
  - 에너지의 절감
  - 가열취의 발생 감소
  - 식품의 영양가, 향기성분, 색소성분 손실 등을 최소화
- 단점
  - 고가의 장비
  - 30% 이상의 고형분 농축은 어려움
  - 막의 오염 형성을 주의해야 함

 정답 ②

15. 유황훈증법에 의한 건조과일 제조에 대한 설명으로 거리가 먼 것은?

① 옥시다아제(oxidase) 등의 산화효소를 파괴시킨다.

② 불쾌취를 제거한다.

③ 미생물 억제효과가 있다.

④ 과육의 갈변을 방지하여 색깔을 유지시켜준다.

| 해설

유황훈증법

- 유황을 태워 발생된 연기나 증기를 농산물에 가하는 방법
- 이산화황의 작용으로 폴리페놀의 산화를 방지(갈변 방지)하며, 제품의 색을 좋게 하고 병해충의 번식을 억제

  정답 ②

16. 무균 충전 시스템에 대한 설명으로 틀린 것은?

① 용기에 관계없이 균일한 품질의 제품을 얻을 수 있다.

② 무균 환경 하에서 작업이 이루어진다.

③ 포장 용기에 식품을 담아 밀봉 후 살균한다.

④ 상온에서 장기간 보관도 가능하다.

| 해설

무균 충전 시스템

식품과 포장재를 따로 살균한 다음 무균적으로 충진, 밀봉하는 포장방법

 정답 ③

17. 다음 중 식품에 열을 전달하는 방식이 다른 건조장치는?

① 터널 건조기

② 트레이 건조기

③ 유동층 건조기

④ 드럼 건조기

| 해설

열전달 방식에 의한 건조기의 분류

- 대류형 건조기: 킬른 및 캐비넷(트레이) 건조기, 터널 건조기, 유동층 건조기, 빈 건조기
- 전도형 건조기: 드럼 건조기, 진공 건조기, 팽화 건조기
- 복사형 건조기: 적외선 건조기, 초단파 건조기, 동결 건조기

 정답 ④

18. 버터 제조시 필요한 공정이 아닌 것은?

① 75℃에서 살균하고 5~6시간 발효시킨다.

② 교반으로 지방의 알맹이를 응집시킨다.

③ 순도가 높은 소금 약 2.5%를 가하여 풍미를 향상시킨다.

④ 방사선으로 다시 오염균을 살균한다.

| 해설

버터는 방사선 조사(식품조사) 가능 식품이 아님

가염버터제조공정

크림 → 중화 → 살균 → 냉각 → 숙성 → 교동 → 세척 → 가염 → 연압 → 포장

 정답 ④

19. 조분쇄에 쓰이는 분쇄기가 아닌 것은?

① jaw crusher

② hammer mill

③ gyratory crusher

④ single roll crusher

| 해설

㉠ 조분쇄
- 분쇄물의 크기: 1~10cm
- 분쇄기의 종류: jaw crusher, gyratory crusher, single roll crusher

㉡ 중간분쇄
- 분쇄물의 크기: 5~10 mm
- 분쇄기의 종류: Hammer mill(해머, 회전판, 충격판, 스크린 등으로 구성되며 충격력 이용), cone crusher, double roll crusher 등

정답 ②

20. 감의 탈삽 원리를 가장 바르게 설명한 것은?

① 40℃의 온탕에서 떫은감을 담가두면 더운 물에 의하여 탄닌을 제거하기 때문에 떫은 맛이 없다.

② 탄닌성분이 없어지는 것이 아니라 산소 공급을 억제하면 분자 간 호흡에 의하여 불용성 탄닌으로 변화되기 때문에 떫은맛을 느끼지 못하게 된다.

③ 통속에 천과 떫은감을 층층이 놓고 소주나 알코올 등을 뿌려두면 탄닌이 제거되므로 떫은맛을 느끼지 못한다.

④ 밀폐된 곳에 떫은 감을 넣고 탄산가스를 주입시키면 탄닌을 완전히 제거할 수 있어서 떫은맛이 없다.

| 해설

탈삽의 원리
- 가용성 탄닌이 불용성 탄닌으로 변화하여 떫은맛이 느껴지지 않게 하는 것
- 감에 산소공급을 제한하면 분자간 호흡에 의해 에탄올이나 아세트알데히드 생성, 그 후 탄닌 분자와 중합해 불용성 탄닌으로 전환

정답 ②

제2과목 식품화학

21. 다음 중 양파의 최루성 성분은?

① allicin

② thiopropionaldehyde

③ quercetin

④ propyl mercaptane

| 해설

양파의 최루성 성분은 thiopropionaldehyde임

(주의)
냄새 물질의 종류는 매우 다양하므로, 주로 출제되는 문제에서 그 정답을 외우도록 하자.

정답 ②

22. 미생물 살균 목적으로 방사선 조사에 가장 널리 활용되는 방사선은?

① γ 선

② α 선

③ β 선

④ X 선

| 해설

방사선 조사 = 식품조사(Food irradiation)
- 식품 등의 발아억제, 살균, 살충 또는 숙도조절을 목적으로 감마선 또는 전자선가속기에서 방출되는 에너지를 복사(radiation)의 방식으로 식품에 조사하는 것
- 이용가능한 선종: 감마선, 전자선 또는 엑스선(가장 널리 활용되는 선종은 감마선(80%이상 사용))

정답 ①

23. 다음 아미노산 중 L형이나 D형과 같은 광학이성체가 존재하지 않는 것은?

① 발린(Valine)

② 아이소루신(isoleucine)

③ 글라이신(glycine)

④ 트레오닌(threonine)

| 해설

아미노산의 입체이성체(stereoisomer)

- 비대칭 탄소 원자를 갖기 때문에 광학적 이성질체가 되며, 대부분이 L-형이고, D-형은 특수한 경우 존재
- 단, glycine은 비대칭탄소원자가 없음

 정답 ③

24. 연유 중에 젓가락을 세워 회전시키면 연유가 젓가락을 따라 올라간다. 이런 성질을 무엇이라고 하는가?

① Weissenberg 효과

② 예사성

③ 점조성

④ 신전성

| 해설

① 바이센버그(Weissenberg) 효과: 특정식품에 젓가락을 넣어 돌리면 그 탄성에 의해서 젓가락을 타고 올라오는 효과(연유)

② 예사성: 특정식품에 젓가락을 넣었다 올렸을 때 딸려 올라오는 점탄성의 성질(달걀 흰자, 나또)

③ 점조성(경점성): 끈적끈적한 액체나 반죽이 변형에 저항하는 성질(밀가루 빈죽)

④ 신전성: 고체 식품들이 막대기 또는 긴 끝 모양으로 늘어나는 성질(국수)

 정답 ①

25. 전분의 노화를 억제하는 방법으로 적합하지 않은 것은?

① 수분함량의 조절

② 냉장 보관

③ 설탕 첨가

④ 유화제 사용

| 해설

냉장은 오히려 노화를 촉진함

전분의 노화 억제 방법

- 수분함량의 조절: 수분함량을 30 ~60%보다 적거나 많게 조절, 15% 이하면 노화를 효과적으로 억제
- 냉동
- 설탕 첨가: 설탕이 탈수제로 작용하여 호화전분을 단시간에 건조시킨 것과 같은 효과를 냄
- 여러 무기염류, 유기염류
- 식품첨가물: 메틸셀룰로오스, 카르복시메틸셀룰로오스나트륨(CMC) 등 증점제, D-Sorbitol, 유화제

 정답 ②

26. 과당(fructose)에 대한 설명으로 틀린 것은?

① 과당은 포도당과 함께 유리 상태로 과일, 벌꿀 등에 함유되어 있다.

② 과당은 환원당이며, α형과 β형의 두 가지 이성체가 존재한다.

③ 설탕에 비하여 단맛이 약하다.

④ 물에 대한 용해도가 커서 과포화되기 쉽다.

| 해설

과당의 감미도는 150으로, 설탕의 1.5배

 정답 ③

27. 감귤류에 특히 많은 유기산은?

① tartaric acid

② citric acid

③ succinic acid

④ acetic acid

| 해설

citric acid(구연산)

정답 ②

28. 분산계가 유탁질로 되어 있는 식품은?

① 잼

② 맥주

③ 버터

④ 쇠기름

| 해설

유탁질 = 유화액 = emulsion : 우유, 마요네즈, 버터 등이 이에 속함

정답 ③

29. 토마토의 붉은색을 나타내는 대표적인 색소로 옳은 것은?

① β-carotene

② Lutein

③ Zeaxanthin

④ Lycopene

| 해설

성분		색	함유식품
카로티노이드계 색소			
카로틴류	β-카로틴	노란색, 주황색	당근, 호박, 고구마 등
	라이코펜	빨간색	토마토, 수박, 자몽 등
크산토필류	아스타잔틴	빨간색	게, 새우, 연어, 송어
	루테인	황등색	마리골드꽃, 오렌지, 난황, 옥수수 등

정답 ④

30. 식품과 매운맛을 내는 물질의 연결이 옳은 것은?

① 고추-피페린(piperine)

② 마늘-알리신(allicine)

③ 겨자-캡사이신(capsaicin)

④ 후추-진저롤(gingerol)

| 해설

① 고추-capsaicin

③ 겨자-sinigrin

④ 후추-chavicine

정답 ②

31. 전화당(invert sugar)에 대한 설명 중 틀린 것은?

① 전화당은 환원력이 없다.

② 전화당은 선광성이 변화된 당이다.

③ 전화당은 포도당과 과당의 등량혼합물이다.

④ 전화당은 설탕을 가수분해하여 얻는다.

| 해설

전화당(invert sugar)

• 자당(sucrose, 설탕)은 α-glucose(포도당)와 β-fructose(과당) 이 α-1,2결합한 이당류로 invertase에 의해 가수분해되어 포도당과 과당으로 된 전화당이 생김

• 전화당(invert sugar)은 설탕보다 용해도가 높고 당의 결정 석출을 방지하며 식품의 수분을 유지

• Fructose syrup은 식품에서 설탕의 결정화를 방지하기 때문에 가당 탄산음료, 캔디, 캔 식품 등에 광범위하게 사용됨

• 선광도: 설탕($+60°$), 100% 전화당($-20°$)

정답 ①

32. PCB에 대한 설명 중 틀린 것은?

① 미강유에 원래 들어 있는 성분이다.

② Polychlorinated biphenyl의 약어이다.

③ 1968년 일본에서 처음 중독증상이 보고되었다.

④ 인체의 지방조직에 축적되며, 배설속도가 늦다.

│해설

미강유 탈취공정 중 가열 매체로 사용한 PCB가 누출되어 기름과 혼입되면서 중독사고 발생

 정답 ①

33. 콜라 음료의 산미료로 사용되는 것은?

① 구연산

② 사과산

③ 인산

④ 젖산

│해설

인산은 일반적으로 청량음료 등의 산도조절제(산미료), 영양강화제로 사용

 정답 ③

34. 다음 중 산패와 관계가 있는 것은?

① 단백질의 분해

② 탄수화물의 변질

③ 지방의 산화

④ 지방의 환원

│해설

㉠ 부패: 식품 중의 단백질 성분이 자기소화, 부패세균의 효소작용 등에 의해 분해되어 악취가 나고 불가식화되는 현상

㉡ 변패: 질소를 함유하지 않은 당질과 지질이 미생물, 산소, 광선, 온도, 습도 등에 의해 분해되어 산미 또는 이취 생성

㉢ 산패: 유지가 산소, 빛, 금속 등에 의해 산화되는 현상

 정답 ③

35. 유지의 물리적 성질로 틀린 것은?

① 유지의 비중은 물보다 가볍다.

② 유지는 구성 지방산의 종류에 따라 녹는점이 달라진다.

③ 유지를 가열할 때 유지 표면에서 푸른 연기가 발생할 때의 온도를 발연점이라 한다.

④ 불꽃에 의하여 불이 붙는 가장 낮은 온도를 연소점이라 한다.

│해설

㉠ 연소점: 가연성 액체 또는 고체를 가열하였을 때, 불이 붙어 계속적으로 연소하는 최저 온도

㉡ 인화점: 기체 또는 휘발성 액체에서 발생하는 증기가 공기와 섞여서 혼합기체를 형성하고, 혼합기체에 불꽃이 닿으면 순간적으로 섬광을 내면서 연소하는 최저 온도

 정답 ④

36. 식품과 함유된 주단백질의 연결이 틀린 것은?

① 쌀 - oryzenin

② 고구마 - jalapin

③ 감자 - tuberin

④ 콩 -glycinin

│해설

㉠ Jalapin(잘라핀)은 고구마를 절단하면 나오는 백색 유상의 점액 성분으로 주요 단백질은 아님

㉡ 고구마의 주단백질은 이포메아닌(ipomeanin)

 성답 ②

37. Ca 및 P의 흡수 및 체내 축적을 돕고, 조직 중에서 Ca 및 P를 결합시킴으로써 $Ca_3(PO_4)_2$의 형태로 뼈에 침착하게 만드는 작용을 촉진시키는 비타민은?

① 비타민 A

② 비타민 B

③ 비타민 C

④ 비타민 D

| 해설

비타민 D(칼시페롤, calciferol)의 생리적 기능

· 활성형인 1,25-$(OH)_2$-비타민(칼시트리올)는 소장에서 칼슘과 인의 흡수 증진

· 신장에서 칼슘과 인의 재흡수 증진

정답 ④

38. 정미성(呈味成)이 가장 강한 화합물은?

① 5 - AMP - Na_2

② 5 - GMP - Na_2

③ 5 - IMP - Na_2

④ 5 - XMP - Na_2

| 해설

맛의 세기

GMP > IMP > XMP

정답 ②

39. 다음 중 식품의 수분정량법이 아닌 것은?

① 건조감량법

② 증류법

③ Karl Fischer법

④ 자외선 사용법

| 해설

수분정량법

건조감량법, 증류법, 칼피셔(Karl Fischer)법

정답 ④

40. 화학구조적으로 경화공정을 통해서 트랜스지방이 만들어 질 수 없는 것은?

① stearic acid

② linolenic acid

③ linoleic acid

④ arachidonic acid

| 해설

㉠ 자연계에 존재하는 불포화지방산은 대부분 시스형이지만, 유지의 경화 또는 가열에 의해 시스형이 트랜스형으로 전환될 수 있음

㉡ linolenic acid, linoleic acid, arachidonic acid는 이중결합을 가지는 불포화 지방산으로 트랜스지방 생성 가능성이 있지만, stearic acid는 이중결합을 가지지 않는 포화 지방산임

정답   ①

제3과목 식품미생물 및 안전

41. 안전관리인증기준(HACCP)을 적용하여 식품·축산물의 위해요소를 예방·제어하거나 허용 수준 이하로 감소시켜 당해 식품·축산물의 안전성을 확보할 수 있는 중요한 단계·과정 또는 공정은?

① Good manufacturing practice
② Hazard Analysis
③ Critical Limit
④ Critical Control Point

│해설

Critical Control Point(중요관리점)

 정답 ④

42. 청주의 제조에 관한 설명으로 틀린 것은?

① 쌀, 코오지, 물로 제조되는 병행 복발효주다.
② 코오지 곰팡이는 *Aspergillus oryzae*가 사용된다.
③ 좋은 코오지를 제조하기 위해서는 산소와의 접촉을 차단해야 한다.
④ 주모(moto)는 양조 효모를 활력이 좋은 상태로 대량 배양해 놓은 것이다.

│해설

코오지 곰팡이(*Aspergillus oryzae*)는 호기적 조건에서 증식

 정답 ③

43. 다음 중 대장균군에 대한 설명이 틀린 것은?

① Gram 음성 무포자 간균이며, 호기성 또는 통성혐기성이다.
② 유당을 분해하여 가스를 발생하는 특징이 있다.
③ 일반적으로 식품이나 용수의 오염지표균으로 사용된다.
④ 호염성 세균으로 해수에 주로 존재한다.

│해설

비브리오속에 대한 설명임

 정답 ④

44. 식물성 식중독의 원인성분과 식품의 연결이 틀린 것은?

① 솔라닌(solanine) - 감자
② 아미그달린(amygdalin) - 청매
③ 무스카린(muscarine) - 버섯
④ 셉신(sepsin) - 고사리

│해설

① 솔라닌(solanine): 감자의 발아 시 생성
④ 셉신(sepsin): 감자의 부패 시 생성

정답 ④

45. 식품 등의 공전을 작성·보급하여야 하는 자는?

① 농림축산식품부장관
② 식품의약품안전처장
③ 보건복지부장관
④ 농촌진흥청장

│해설

식품위생법 제7조(식품 또는 식품첨가물에 관한 기준 및 규격)
① 식품의약품안전처장은 국민보건을 위하여 필요하면 판매를 목적으로 하는 식품 또는 식품첨가물에 관한 다음 각 호의 사항을 정하여 고시한다.
1. 제조·가공·사용·조리·보존 방법에 관한 기준
2. 성분에 관한 규격

 정답 ②

46. *Aspergillus* 속에 속하는 곰팡이에 대한 설명으로 틀린 것은?

① *A. oryzae*는 단백질 분해력과 전분 당화력이 강하여 주류 또는 장류 양조에 이용된다.

② *A. glaucus* 균에 속하는 곰팡이는 백색집락을 이루며 ochratoxin을 생산한다.

③ *A. niger*는 대표적인 흑국균이다.

④ *A. flavus*는 aflatoxin을 생산한다.

| 해설

㉠ *Aspergillus glaucus*: 삼투압이 높은 곳에서도 자라고 훈제품에서 볼 수 있는데 일본의 가다랭이(Katsuobushi)에 특유한 향기를 부여

㉡ *Aspergillus ochraceus*: ochratoxin(간장독) 생성

정답 ②

47. 아래의 설명에 해당하는 인수공통감염병은?

> • 주로 소, 산양, 돼지 등의 유산과 불임증을 유발시킨다.
> • 사람에게 감염되면 파상열을 일으킨다.

① 결핵

② 탄저

③ 돈단독

④ 브루셀라병

| 해설

파상열(Brucellosis, 브루셀라증)

• 감염원 및 감염경로: 우유 및 육류에 의한 경구감염, 접촉에 의한 경피감염 증상

• 소, 염소, 양, 돼지의 동물에게는 유산을 일으킴

• 사람에게는 열을 발생시키는 질병(열이 단계적으로 올라 40℃에 이름, 이 상태가 2~3주 지속되다가 열이 내림, 발열현상이 주기적으로 반복됨

정답 ④

48. 메주 제조 시 단백질 분해효소 등 가수분해효소를 주로 생산하는 것은?

① *Salmonella* 속

② *Bacillus* 속

③ *Lactobacillus* 속

④ *Saccharomyces* 속

| 해설

Bacillus subtilis

된장, 청국장 등 제조에 이용, 고초균

정답 ②

49. 김치 발효에서 발효초기 우세균으로 김치맛에 영향을 미치는 미생물은?

① *Leuconostoc mesenteroides*

② *Streptococcus thermophilus*

③ *Saccharomyces cerevisiae*

④ *Aspergillus oryzae*

| 해설

Leuconostoc mesenteroides

• 내염성, 내당성

• 다른 젖산균보다 급속 발효함, 김치의 발효 초기 생성균

정답 ①

50. 장염 비브리오균 식중독을 주로 발생시키는 식품은?

① 어패류 가공품

② 육류 가공품

③ 어육 연제품

④ 우유제품

| 해설

㉠ 장염비브리오균은 호염성균(3 ~5%의 식염농도에서 잘 자람)이며, 가열에 약함

㉡ 연안의 해수와 어패류의 생식으로 주로 감염됨

㉢ 가열하지 않은 어패류 가공품은 식중독의 원인이 될 수 있으나, 어육 연제품은 가열 공정이 있으므로 균의 사멸 가능

정답 ①

51. 미생물의 생육에 직접 관계하는 요인이 아닌 것은?

① pH

② 수분

③ 온도

④ 이산화탄소

| 해설

미생물의 생육에 영향을 미치는 요인

수분활성도, 온도, pH, 산소 등

정답 ④

52. 스위스치즈의 치즈눈 생성에 관여하는 미생물은?

① *Propionibacterium shermanii*

② *Lactobacillus bulgaricus*

③ *Penicillium roqueforti*

④ *Streptococcus thermophilus*

| 해설

① *Propionibacterium shermanii*는 스위스 에멘탈치즈의 치즈눈을 형성

② *Lactobacillus bulgaricus*는 요구르트, 버터의 스타터로 이용

③ *Penicillium roqueforti*는 프랑스의 로크포르 치즈의 숙성과 향미에 관여함

④ *Streptococcus thermophilus*는 고온으로 curd를 가열하는 치즈 제조에 이용

정답 ①

53. 유산균이 관여하는 발효식품이 아닌 것은?

① 요구르트

② 김치

③ 포도주

④ 고다치즈

| 해설

포도주에도 *Leuconostoc oenos*와 같은 유산균이 포도즙의 malic acid(사과산)를 L-lactic acid(젖산)와 CO_2로 발효하는 과정이 있으나, 포도주의 주발효는 *Saccharomyces ellipsoideus*(효모)에 의한 알코올 발효임

정답 ③

54. 일반적으로 통조림 살균시에 가장 주의하여야 하는 부패세균은?

① *Pediococcus halophilus*

② *Bacillus subtilis*

③ *Clostridium sporogenes*

④ *Streptococcus lactis*

| 해설

*Clostridium sporogenes*는 혐기성균이므로 통조림에서 증식이 가능함

정답 ③

55. 임산부에게 감염되면 유산이나 조산을 일으키기도 하는 기생충은?

　① 갈고리촌충

　② 민촌충

　③ 선모충

　④ 톡소플라스마

| 해설

톡소플라스마

· 중간숙주: 포유동물과 조류

· 종숙주: 고양이, 여우, 자칼

· 사람에게 감염은 고양이의 분변에 오염된 음식물이나 돼지고기 생식에 의함

· 선천적 톡소플라즈마 증상: 임신초기에 선천적으로 감염된 태아는 조산, 유산, 사망, 기형 유발

정답 ④

56. HACCP의 7원칙에 해당하지 않는 것은?

　① 모니터링 체계 확립

　② 검증 절차 및 방법 수립

　③ 문서화 및 기록 유지

　④ 공정흐름도 현장 확인

| 해설

HACCP 7원칙

1. 위해요소(HA) 분석

2. 중요관리점(CCP) 결정

3. 중요관리점 한계기준 설정

4. 중요관리점 모니터링 체계 확립

5. 개선조치 방법 수립

6. 검증절차 및 방법 수립

7. 문서화 및 기록 유지

정답 ④

57. 리스테리아균에 의한 식중독의 예방대책이 아닌 것은?

　① 살균이 안 된 우유를 섭취하지 않는다.

　② 냉동식품은 냉동온도(-18 ℃ 이하) 관리를 철저하게 한다.

　③ 식품의 가공에 사용되는 물의 위생을 철저하게 관리한다.

　④ 고염도, 저온의 환경으로 세균을 사멸시킨다.

| 해설

리스테리아균은 냉장온도에서도 증식이 가능하므로, 예방을 위해서는 식품의 교차오염에 주의하고 충분히 가열 후 섭취해야 함

정답 ④

58. 식품의 소비기한 설정 실험 시 조정조건에 대한 설명으로 틀린 것은? (단, 예외규정은 제외한다.)

　① 실온유통제품: 실온이라 함은 0~25℃를 말하며, 원칙적으로 25℃를 포함하여 선정한다.

　② 상온유통제품: 상온이라 함은 15~25℃를 말하며, 25℃를 포함하여 선정하여야 한다.

　③ 냉장유통제품: 냉장이라 함은 0~10℃를 말하며, 원칙적으로 10℃를 포함한 냉장온도를 선정하여야 한다.

　④ 냉동유통제품: 냉동이라 함은 -18℃ 이하를 말하며, 품질변화를 최소화 할 수 있도록 냉동온도를 선정하여야 한다.

| 해설

실온은 1~35℃를 말함

정답 ①

59. 식품등의 표시기준으로 옳지 않은 것은?

① 소비기한: 식품등에 표시된 보관방법을 준수할 경우 섭취하여도 안전에 이상이 없는 기한

② 트랜스지방: 트랜스구조를 1개 이상 가지고 있는 비공액형의 모든 불포화지방산

③ 품질유지기한: 식품의 특성에 맞는 적절한 보존방법이나 기준에 따라 보관할 경우 해당식품 고유의 품질이 유지될 수 있는 기한

④ 당류: 식품 내에 존재하는 모든 단당류와 이당류, 다당류의 합

| 해설

당류

식품 내에 존재하는 모든 단당류와 이당류의 합

정답 ④

60. 통조림의 변패 중 Flat sour에 대한 설명으로 옳지 않은 것은?

① 통의 외관은 정상이나 내용물이 산성이다.

② *Acetobacter* 속이 원인균이다.

③ 유포자 호열성균에 의한 것이다.

④ 가열이 불충분한 통조림에서 발생하기 쉽다.

| 해설

Flat sour

• 통조림의 외관은 정상관과 구별하기 어려우나, 내용물은 가스를 생성하지 않고 산을 생성하는 변패관

• 이 경우 타검으로 판별할 수 없고, 개관하여 내용물의 산도를 검사해야 확인가능

• 호열성의 *Bacillus stearothermophilus*, 산성통조림에서는 *B.coagulans*가 관여

정답 ②

2024년 | 제3회(CBT)

제1과목 식품위생학

01. 식품에 사용되는 보존료의 조건으로 부적합한 것은?

① 인체에 유해한 영향을 미치지 않을 것
② 적은 양으로 효과적일 것
③ 식품의 종류에 따라 작용이 가변적일 것
④ 체내에 축적되지 않을 것

| 해설

식품첨가물은 식품의 종류에 상관없이 그 작용이 같고 안정적이어야 함

정답 ③

02. 보존료의 주요 사용 목적은?

① 미생물에 의한 부패를 방지
② 미생물의 완전 사멸
③ 식품 성분의 개선
④ 맛의 증진

| 해설

미생물을 완전 사멸시키는 것은 살균제

보존료

미생물에 의한 품질 저하를 방지하여 식품의 보존기간을 연장시키는 식품첨가물

정답 ①

03. 다음 중 수용성인 산화방지제는?

① Ascorbic acid
② Butylated hydroxy anisole (BHA)
③ Butylated hydroxy toluene (BHT)
④ Propyl gallate

| 해설

㉠ **지용성 산화방지제**
　• 유지의 산패 방지
　• BHT, BHA, propyl gallate
㉡ **수용성 산화방지제**
　• 색소의 산화방지
　• ascorbic acid, erythorbic acid

정답 ①

04. 식품첨가물 중 보존료가 아닌 것은?

① 안식향산
② 차아염소산나트륨
③ 소르빈산
④ 프로피온산나트륨

| 해설

차아염소산나트륨은 살균제(식품 표면의 미생물을 단시간 내에 사멸시키는 작용을 하는 식품첨가물)

정답 ②

05. 인수공통감염병에 대한 설명으로 옳지 않은 것은?

① 사람과 동물 사이에 동일한 병원체에 의해 발생한다.
② 병원체가 들어있는 육류 또는 유제품 섭취시 감염될 수 있다.
③ 결핵, 파상열이 해당한다.
④ 탄저병은 브루셀라균에 의해 발생한다.

| 해설

탄저병은 *Bacillus anthracis*(세균)에 의해 발생
파상열(브루셀라증)은 브루셀라균(*Brucella abortus* 등)에 의해 발생

 정답 ④

06. 다음 중 내분비장애물질이 아닌 것은?

① Dioxin
② Phthalate ester
③ Heterophyes heterophyes
④ PCB

| 해설

Heterophyes heterophyes는 기생충의 일종

내분비계 장애물질의 종류
다이옥신(dioxin), 폴리염화비페닐(PCBs), 비스페놀 A(bisphenol A), DDT(dichloro diphenyl trichloroethane), 프탈레이트 (phthalates), TBT(트리부틸주석), DES(디에틸스틸베스트롤)

 정답 ③

07. HACCP의 7원칙에 해당하지 않는 것은?

① 모니터링 체계 확립
② 검증 절차 및 방법 수립
③ 문서화 및 기록 유지
④ 공정흐름도 현장확인

| 해설

HACCP 7원칙
1. 위해요소(HA) 분석
2. 중요관리점(CCP) 결정
3. 중요관리점 한계기준 설정
4. 중요관리점 모니터링 체계 확립
5. 개선조치 방법 수립
6. 검증절차 및 방법 수립
7. 문서화 및 기록 유지

정답 ④

08. 식품위생법상 위생 검사 등의 식품위생검사기관이 아닌 것은?

① 식품의약품안전평가원
② 지방식품의약품안전청
③ 시도보건환경연구원
④ 보건소

| 해설

식품위생법 시행규칙 제9조의2(위생검사등 요청기관)
"총리령으로 정하는 식품위생검사기관"
1. 식품이약품안전평가원
2. 지방식품의약품안전청
3. 보건환경연구원

 정답 ④

09. 대장균군의 감별 시험법(반응)이 아닌 것은?

① Enterotoxin 시험

② Indole 반응

③ Methyl red 시험

④ Voges - Proskauer 반응

| 해설

Enterotoxin은 황색포도상구균 등이 생성하는 독소

대장균 확인시험 중 IMViC시험

- Indole test: 인돌 형성능 검사
- Methyl red test: 용액 pH 검사
- Voges-proskauer test: acetoin 검출 검사
- Citrate test: citrate 분해능 검사

정답 ①

10. 식품 내에 존재하는 미생물에 대한 설명으로 옳지 않은 것은?

① 곰팡이는 일반적으로 세균보다 먼저 생육한다.

② 수분활성도가 높은 식품에는 세균이 잘 번식한다.

③ 수분활성도 0.6 이하의 식품에서는 거의 모든 미생물의 생육이 저지된다.

④ 당을 함유하는 산성식품에는 유산균이 잘 번식한다.

| 해설

세균이 일반적으로 곰팡이보다 먼저 생육함

정답 ①

11. 다음 중 열가소성 수지는?

① polyvinyl chloride(PVC)

② phenol 수지

③ melamine 수지

④ epoxy 수지

| 해설

㉠ **열가소성 수지**: 염화비닐(PVC) 수지, 폴리카보네이트(PC) 수지, 폴리프로필렌(PP) 수지, 폴리스티렌(PS) 수지

㉡ **열경화성 수지**: 페놀 수지, 요소 수지, 멜라민 수지

정답 ①

12. 식물성 식중독의 원인성분과 식품의 연결이 틀린 것은?

① 솔라닌(solanine) - 감자

② 아미그달린(amygdalin) - 청매

③ 무스카린(muscarine) - 버섯

④ 셉신(sepsin) - 고사리

| 해설

㉠ 솔라닌(solanine): 감자의 발아 시 생성

㉡ 셉신(sepsin): 감자의 부패 시 생성

정답 ④

13. 식품 위생검사시 일반세균수(생균수)를 측정하는데 사용되는 것은?

① 표준한천평판배지

② 젖당부용발효관

③ BGLB 발효관

④ SS 한천배양기

| 해설

① 표준한천평판배지: 일반세균수

② 젖당부용발효관: 대장균수

③ BGLB 발효관: 대장균수(대장균군수)

④ SS 한천배양기: 살모넬라

정답 ①

14. 합성수지제 식기를 60℃의 더운 물로 처리해서 용출 시험을 한 결과, 아세틸아세톤 시약에 의해 녹황색이 나타났을 때 추정할 수 있는 함유 물질은?

① methanol

② formaldehyde

③ Ag

④ phenol

| 해설

포름알데하이드(formaldehyde)

- 페놀수지, 요소수지, 멜라민수지와 같은 열경화성 합성수지에서 용출
- 검사법: 아세틸아세톤법(AA법)-포름알데하이드의 알데하이드가 아세틸아세톤의 케톤, 아민과 반응하여 디하이드로피리딘유도체를 형성하여 발색되는 반응 이용

정답 ②

15. 감염병 중 바이러스에 의해 감염되지 않는 것은?

① 장티푸스   ② 폴리오

③ 인플루엔자   ④ 유행성 간염

| 해설

① 장티푸스: *Salmonella typhi* (세균)
② 폴리오: Polio 바이러스
③ 인플루엔자: 독감 바이러스
④ 유행성 간염: A형간염 바이러스

정답   ①

---

16. 다음 설명에 해당하는 독성시험법은?

> • 비교적 소량의 검체를 장기간 계속 투여하여 그 영향을 검사한다.
> • 생애의 대부분의 노출로부터 일어날 수 있는 식품첨가물의 독성을 확인하는 데 이용된다.

① 급성독성시험
② 아급성독성시험
③ 만성독성시험
④ 최기형성시험

| 해설

① 급성독성시험: 1회 투여로 반 수의 동물이 죽는 양 측정
② 아급성독성시험: 만성독성시험 전에 투여량을 결정하는데 필요
③ 만성독성시험: 장기간 섭취 시에 나타나는 독성 영향, 특히 식품첨가물의 일일섭취허용량을 실정하기 위해 필요
④ 최기형싱시험: 어미에게 독싱물질의 두어가 새끼에게 영향을 미치는지 평가

정답   ③

---

17. 식품의 생산 및 가공 처리 시 사용하는 기계 및 기구의 세척 시 세제 선택에 고려해야 할 주요 사항이 아닌 것은?

① 제거해야 할 찌꺼기의 성질
② 세척면과 세제와의 접촉시간
③ 세척수의 성질
④ 세척수의 수압

| 해설

세척수의 수압은 세제 선택의 고려사항이 아님

정답   ④

---

18. 다음 (　　)에 들어갈 용어로 옳은 것은?

> 포장, 저온저장을 하는 식품일 경우 적당하게 살균하는 (　　)을 하게 된다. 이는 명시된 유통기한 내에 어떤 부패 미생물의 생육 때문에 먹을 수 없거나 어떠한 위해도 받지 않도록 유효 적절하게 가열처리하는 것을 말한다.

① 상업적 살균
② 멸균
③ 저온 살균
④ 적정 살균

| 해설

상업적 살균

• 명시된 소비기한 내에 부패 또는 유해한 미생물이 생육하지 않도록 유효적절하게 가열처리하는 방법
• 즉, 절대적으로 생균이 없는 것이 아니라, 소비자의 건강상 위해를 끼치지 않는 정도까지 미생물의 생존 확률을 낮춘 식품
• 살균조건의 결정
 - 고산성식품(pH 4.6 이하)의 경우: pH가 낮은 환경에서는 포자형성균이 자라지 못하므로, 영양세포 살균조건인 70~100℃ 정도로 가열살균
 - 저산성식품(pH 4.6 이상)의 경우: 내열성이 강한 클로스트리디움 보툴리늄을 살균지표로 하여 살균

정답   ①

19. 식품등의 표시기준으로 옳지 않은 것은?

① 소비기한: 식품등에 표시된 보관방법을 준수할 경우 섭취하여도 안전에 이상이 없는 기한
② 트랜스지방: 트랜스구조를 1개 이상 가지고 있는 비공액형의 모든 불포화지방산
③ 품질유지기한: 식품의 특성에 맞는 적절한 보존방법이나 기준에 따라 보관할 경우 해당식품 고유의 품질이 유지될 수 있는 기한
④ 당류: 식품 내에 존재하는 모든 단당류와 이당류, 다당류의 합

| 해설

「식품등의 표시기준」중 용어의 정의에서
"당류"라 함은 식품 내에 존재하는 모든 단당류와 이당류의 합을 말함(영양성분표시 중 "당류") 즉, 올리고당류는 포함되지 않음

주의
「식품등의 표시기준」중 개별표시사항 및 표시기준에서 "당류"의 유형은 설탕, 당시럽류, 올리고당류, 포도당, 과당류, 엿류, 당류가공품

정답 ④

20. 육류가공시 생성되는 발암성 물질로 발색제를 첨가하여 생성되는 유해물질은?

① 나이트로사민
② 아크릴아마이드
③ 에틸카바메이트
④ 다환방향족탄화수소

| 해설

N-니트로소 화합물
• 생성 원인: 아민류(아미노산, 펩티드, 단백질)가 산성조건에서 아질산염과 반응하여 니트로소 화합물(nitrosamine, nitrosamide) 생성
• 발암물질
• 아질산염: *Clostridium botulinum*의 번식억제 및 식육가공품의 발색용 식품첨가물

정답 ①

21. 마이야르 반응에 관여하지 않는 물질은?

① 라이신
② 글리신
③ 포도당
④ 레시틴

| 해설

레시틴은 인지질로서 환원당, 아미노화합물이 아님
마이야르 반응(Maillard reaction, amino−carbonyl 반응, melanoidin 반응)
환원당과 아미노화합물의 축합반응

정답 ④

22. 과산화물가를 측정하여 알 수 있는 것은?

① 유지의 산패도
② 유지의 불포화도
③ 유지의 경화도
④ 유지 중의 불용성 지방 양

| 해설

과산화물가(POV, peroxide value)
• 유지 1kg에 생성된 과산화물(1차 산화생성물)의 mg 당량
• 유지의 초기 산패도 측정
• 과산화물가 10 이하면 신선한 유지, 50 이상인 경우 유지 교체 필요

정답 ①

23. 꽃이나 과일의 청색, 적색, 자색 등의 수용성 색소를 총칭하는 것은?

① chlorophyll

② carotenoid

③ anthoxanthin

④ anthocyanin

| 해설

안토시아닌(anthocyanin)

• 주로 배당체로 존재
• 꽃이나 과일의 청색, 적색, 자색 등 수용성 색소
• pH에 따라 색 변화

 정답 ④

24. 유지를 가열할 때 유지의 표면에서 엷은 푸른 연기가 발생할 때의 온도를 무엇이라 하는가?

① 발연점

② 연화점

③ 연소점

④ 인화점

| 해설

① 발연점: 식용 유지를 가열하였을 때 연기가 나기 시작하는 온도

② 연화점: 고체 또는 반고체물질이 따뜻해지면 점점 물러져 흘러내리기 시작하는 점

③ 연소점: 가연성 액체 또는 고체를 가열하였을 때, 불이 붙어 계속적으로 연소하는 최저 온도

④ 인화점: 기체 또는 휘발성 액체에서 발생하는 증기가 공기와 섞여서 혼합기체를 형성하고, 혼합기체에 불꽃이 닿으면 순간적으로 섬광을 내면서 연소하는 최저 온도

정답 ①

25. 당근에서 카로티노이드(carotenoids)를 분석하는 방법에 대한 설명으로 틀린 것은?

① 카로티노이드는 빛에 의해 쉽게 분해되므로 암소에서 실험을 진행한다.

② 당근 시료에서 카로티노이드를 분리하기 위해 수용액상에서 끓여 용출시킨다.

③ 카로티노이드는 산소에 의해 쉽게 산화되므로 질소가스를 공급한다.

④ 분리된 카로티노이드는 보통 역상 HPLC 또는 분광광도계를 활용하여 정량한다.

| 해설

카로티노이드는 지용성 색소이므로, 헥산과 같은 유기용매로 추출해야 함

「식품첨가물 기준 및 규격」에서 카로티노이드의 함량을 구할 때, 파장 474nm에서 흡광도를 측정하도록 되어 있고, 역상 HPLC로도 정량할 수 있음

 정답 ②

26. 제인(zein)은 어디에서 추출하는가?

① 밀

② 보리

③ 옥수수

④ 감자

| 해설

제인(zein)은 옥수수 단백질

 정답 ③

27. 식품의 관능검사에서 종합적 차이검사에 해당하는 것은?

① 이점비교검사
② 평점법
③ 순위법
④ 일-이점검사

| 해설

종합적 차이 검사
• 삼점검사(Triangle test)
• 일이점검사(Duo - trio test)
• 단순차이검사(Simple difference test)
• A - not - A 검사("A" – "Not A" test)
• 다표준시료검사(Multiple standard test)

정답 ④

28. 셀러리의 독특한 주요 향기 성분은?

① limonene
② sedanolide
③ methyl cinnamate
④ 2,6 - nonadienal

| 해설

① limonene(리모넨): 감귤류 껍질에 함유된 향기성분
② sedanolide(세다놀리드): 셀러리(미나리과)에 존재하는 향기성분
③ methyl cinnamate(계피산메틸): 송이버섯 향이 나는 착향료
④ 2,6 - nonadienal(2,6 – 노나다이엔알): 오이의 지방산이 효소 반응을 거쳐 유기화된 화합물

정답 ②

29. 전단응력이 증가함에 따라 전단속도가 급증하는 현상으로 외관상의 점도는 급격하게 증가하며 궁극적으로 고체화되기까지 하는 것은?

① 가소성(plastic) 유체
② 의사가소성(pseudo plastic) 유동
③ 딜라탄트(dilatant) 유동
④ 의액성(thixotropic) 유동

| 해설

딜라턴트 유체(dilatant)
• 빠르게 흐르는 액체가 더 큰 점성을 갖는 유체, 즉 교반 시 점도가 증가
• 전분용액, 초콜릿 크림 등

정답 ③

30. 전분의 노화현상에 대한 설명으로 틀린 것은?

① 옥수수가 찰옥수수보다 노화가 잘 된다.
② amylose 함량이 많을수록 노화가 빨리 일어난다.
③ 20℃에서 노화가 가장 잘 일어난다.
④ 30~60%의 수분 함량에서 노화가 가장 잘 일어난다.

| 해설

노화에 영향을 미치는 요인
• **전분의 종류**
  - amylose는 선상분자로서 입체장애가 없어 노화가 쉬움
  - amylopectin은 가지 많은 구조로 입체장애 때문에 호화되기는 어려우나 호화 후에도 노화가 어려움
  - 옥수수, 소맥 전분 등 지상 전분이 감자, 고구마, 타피오카 전분 등의 지하 전분보다 노화가 쉽고, 찰옥수수, 찹쌀은 노화가 거의 일어나지 않음
• **온도:** 노화의 최적온도는 2~5℃이며, 60℃ 이상과 -20℃ 이하에서는 잘 일어나지 않음
• **pH**
  - 황산, 염산, 인산 등의 강산은 저농도에서도 노화속도를 현저히 증가
  - pH 2에서 노화속도 최대치
  - pH 7 이상에서는 노화가 거의 일어나지 않음
• **수분:** 노화의 최적 수분함량은 30~60%, 수분 15% 이하, 60% 이상에서는 노화가 거의 일어나지 않음
• **염류:** 황산염을 제외한 무기염류(Na$^+$, K$^+$, Ca^{2+} 등)는 노화 억제

정답 ③

31. 떫은맛과 가장 관계 깊은 것은?

① allicin

② tannin

③ caffeine

④ trimethylamine

| 해설

㉠ 덜익은 감이나 녹차의 떫은맛 성분은 탄닌(tannin)

㉡ 알리신은 마늘에 함유된 마늘 특유의 향과 매운맛을 가진 성분

㉢ 카페인은 커피 등에 함유된 쓴맛 성분

㉣ 트리메틸아민은 해수어의 비린내 원인 물질

정답 ②

32. 관능검사의 묘사분석 방법 중 하나로 제품의 특성과 강도에 대한 모든 정보를 얻기 위하여 사용하는 방법은?

① 텍스처 프로필

② 향미 프로필

③ 정량적 묘사분석

④ 스펙트럼 묘사분석

| 해설

① 텍스처 프로필: 시료의 기계적 특성, 기하학적 특성, 기타 특성들을 척도의 수치로 표현

② 향미 프로필: 제품 또는 시료의 향미를 소수의 훈련된 패널 요원 등을 통해 묘사분석

③ 정량적 묘사분석: 시료의 관능적 특성을 보다 정량적인 수치로 징확하고 수학적으로 니티냄

④ 스펙트럼 묘사분석: 시료에서 검사 가능한 모든 관능적 특성을 사전에 개발된 절대 척도와 비교하여 평가하는 방법

정답 ④

33. 유화(emulsion)에 대한 설명으로 옳은 것은?

① 유화제 중 소수성 부분이 친수성 부분보다 큰 경우에는 수중유적형(O/W) 유화액을 생성시킨다.

② 유화제 분자내의 친수기와 소수기의 균형은 HLB값으로 표시하며, HLB값이 4~6인 유화제는 유중수적형(W/O)이다.

③ 우유, 아이스크림, 마요네즈는 유중수적형(W/O), 버터, 마가린은 수중유적형(O/W)이다.

④ 유화제는 물과 기름의 계면에 계면장력을 강화시켜 유화현상을 일으킨다.

| 해설

① 유화제 중 소수성 부분이 친수성 부분보다 큰 경우에는 유중수적형(W/O)을 생성시킴

③ 우유, 아이스크림, 마요네즈는 수중유적형(O/W), 버터, 마가린은 유중수적형(W/O)임

④ 유화제는 물과 기름의 계면에 계면장력을 약화시켜 유화현상을 일으킴

정답 ②

34. 유중수적형(W/O) 교질상 식품은?

① 마가린(margarine)

② 우유(milk)

③ 마요네즈(mayonnaise)

④ 아이스크림(ice cream)

| 해설

㉠ 수중유적형(oil in water, O/W): 우유, 생크림, 마요네즈

㉡ 유중수적형(water in oil, W/O): 버터, 마가린

정답 ①

35. 유지의 자동산화에 대한 다음 설명 중 틀린 것은?

① 유지의 유도기간이 지나면 유지의 산소 흡수속도가 급증한다.

② 식용유지가 자동산화 되면 과산화물가가 높아진다.

③ 식용유지의 자동산화 중에는 과산화물의 형성과 분해가 동시에 발생한다.

④ 올레산은 리놀레산보다 약 10배 이상 빨리 산화된다.

┃해설

리놀레산은 이중결합이 2개, 올레산은 이중결합이 1개이므로 이중결합수가 더 많은 리놀레산이 빨리 산화됨

> **정답** ④

36. 유지의 굴절률에 대한 설명으로 옳은 것은?

① 불포화도와 굴절률은 상관관계가 없다.

② 불포화도가 클수록 굴절률은 감소한다.

③ 분자량과 굴절률은 상관관계가 없다.

④ 분자량이 클수록 굴절률은 증가한다.

┃해설

유지의 굴절률
- 분자량 및 불포화도의 증가에 따라 증가
- 저급 휘발산 지방산이 많은 버터 등 유지의 굴절률은 낮고, 채종유, 아마인유 등 불포화지방산을 다량 함유하고 있는 유지는 굴절률이 높음

> **정답** ④

37. 다음 중 양파의 최루성 성분은?

① allicin

② thiopropionaldehyde

③ quercetin

④ propyl mercaptane

┃해설

① allicin: 마늘 매운 성분

③ quercetin: 양파, 사과 등의 플라보노이드 성분(항산화 역할)

④ propyl mercaptane: 양파의 매운맛 성분인 프로필 알릴 다이설파이드(propyl allyl disulfide)는 열을 가하면 단맛을 내는 프로필 메르캅탄(propyl mercaptan)을 형성

주의

냄새 물질의 종류는 매우 다양하므로, 주로 출제되는 문제에서 그 정답을 외우도록 하자.

> **정답** ②

38. 무기질의 기능이 아닌 것은?

① 근육 수축 및 신경 흥분, 전달에 관여한다.

② 체액의 PH 및 삼투압을 조절한다.

③ 효소, 호르몬 및 항체를 구성한다.

④ 뼈와 치아 등의 조직을 구성한다.

┃해설

무기질은 효소의 보조인자로 촉매역할을 함

> **정답** ③

39. 육류의 저장 중 시간이 지남에 따라 갈색을 띠는 물질은?

① oxymyoglobin

② metmyoglobin

③ nitrosomyoglobin

④ sulfmyoglobin

| 해설

① 육류의 단면이 산소에 닿으면 산화형 미오글로빈(oxymyoglobin)이 되어 밝은 적색을 띰

② 고기가 더 오래되면 옥시미오글로빈의 철(Fe^{2+})은 산화되어 Fe^{3+}가 되고, metmyoglobin으로 변하므로 고기 빛깔은 갈색으로 변화

정답 ②

---

40. 유지를 가열하면 점도가 커지는 것은 다음 중 어느 반응에 의한 것인가?

① 산화반응

② 가수분해

③ 중합반응

④ 열분해 반응

| 해설

중합(polymerization)에 의한 유지의 변질

유지의 가열에 의해 이합체(dimer), 삼합체(trimer) 등의 중합체(polymer)가 형성, 또한 중합체 중에는 고리 화합물도 생성

정답 ③

제3과목 식품가공학

41. 제빵에서 가스빼기 하는 목적이 아닌 것은?

① 신선한 공기를 효모에게 공급한다.

② 반죽 안팎의 온도를 균일하게 한다.

③ 인체에 유해한 가스를 배출하기 위함이다.

④ 효모에게 새로운 영양분을 공급하는 효과를 얻는다.

| 해설

효모의 알코올 발효과정에서 생성된 CO_2를 빼고 바깥의 공기를 다시 안으로 넣어 효모를 활성화

정답 ③

---

42. 육류의 사후경직이 완료되었을 때의 pH는?

① pH 7.4 정도

② pH 6.4 정도

③ pH 5.4 정도

④ pH 4.4 정도

| 해설

도살(pH 7.0~7.4) → 사후경직(pH 6.5 이하) → 최대사후경직(pH 5.4) → 자가숙성(pH 상승)

정답 ③

---

43. 저지방우유의 유지방분 기준은?

① 원유의 유지방분을 0.6~2.6%로 조정

② 원유의 유지방분을 4% 이하로 조정

③ 원유의 유지방분을 0.030~1.045%로 조정

④ 원유의 유지방분을 1%미만으로 조정

| 해설

유지방분 기준

• 우유: 3.0% 이상

• 저지방우유: 0.6~2.6%

• 무지방우유: 0.5% 이하

정답 ①

44. 극성이 낮아 유지작물로부터 식용 유지를 추출할 때 가장 많이 사용하는 용매는?

① 물(water)

② 헥산(hexane)

③ 벤젠(benzene)

④ 에테르(ether)

| 해설

유지 추출

원료를 박편상으로 만들어 헥산용제에 녹여서 추출하고 용제를 증발시킴

정답 ②

45. 식품보존료로서 안식향산(benzoic acid)을 사용할 수 없는 식품은?

① 과일·채소류 음료

② 탄산음료

③ 인삼음료

④ 발효음료류

| 해설

안식향산(benzoic acid) 사용 가능 식품

• 과일·채소류 음료, 탄산음료, 인삼 및 홍삼음료, 간장

• 마가린, 마요네즈, 절임식품

정답 ④

46. 육류 단백질의 냉동변성을 일으키는 요인이 아닌 것은?

① 염석(salting out)

② 응집(coagulation)

③ 빙결정(ice crystal)

④ 유화(emulsion)

| 해설

냉동변성

• 동결된 식품 중의 빙결정이 승화하여 발생

• 빙결정이 승화한 빈자리에 미세한 구멍이 생김

• 수분 증발로 인해 염석(salting out) 현상 발생

• 육류 단백질 변성으로 응집 발생

정답 ④

47. 개량식 간장 제조 시 장달임의 목적이 아닌 것은?

① 갈색향상

② 향미부여

③ 청징

④ 숙성시간 단축

| 해설

㉠ 장달임은 양조간장을 고온으로 살균하는 과정

㉡ 장달임은 간장의 숙성 후 공정이므로 숙성시간을 단축시킬 수는 없음

㉢ 장달임의 주요 목적

• 살균 및 색의 안정화

• 저장성 부여, 향미 부여

• 효소의 파괴

정답 ④

48. 아이스크림의 제조공정 중 동결 시에 믹스의 응집방지와 숙성시간을 단축하며, 점도를 증가시켜 아이스크림의 바디와 조직을 개선하는 공정은?

① 균질화 공정
② 숙성 공정
③ 동결 공정
④ 경화 공정

| 해설

아이스크림
• 우유에 지방, 무지방고형분, 감미료, 유화제 및 안정제, 향료, 색소, 물 등을 혼합, 유화하여 공기를 넣고 냉동시킨 것
• 아이스크림 제조 시 monoglyceride, glycerine, lecithin 등의 유화제를 넣고 균질화 공정을 거치면서 유화 작용이 일어나고, 조직이 부드러워짐

정답 ①

49. 우수한 품질의 고구마 전분 원료가 갖춰야 할 조건이 아닌 것은?

① 전분의 함량이 높을 것
② 수확 후 전분의 당화가 적을 것
③ 당분, 단백질, 섬유가 많을 것
④ 모양이 고르고 전분입자가 고른 것

| 해설

전분만을 추출해야 하므로, 가급적 다른 성분은 적은 것이 좋음

정답 ③

50. 전자레인지용 용기에 대한 설명으로 틀린 것은?

① 포장재는 마이크로파 에너지를 열에너지로 쉽게 전달할 수 있어야 한다.
② 마이크로파는 금속 포장재에 부딪치면 반사한다.
③ 마이크로파는 유리, 도자기, 플라스틱 포장재에 닿으면 투과한다.
④ PET필름에 금속을 얇게 증착하여 발열시킬 수 있다.

| 해설

① 마이크로파는 식품 내 물분자를 진동해 직접 열을 발생시킴
④ 전자레인지로 가열시 식품의 식감 등에 한계가 있어, 니켈, 구리 등 금속을 사용한 다양한 소재의 전자레인지 발열 용기가 개발되었음

정답   ①

51. 마요네즈 제조에 있어 난황의 주된 작용은?

① 응고제 작용
② 유화제 작용
③ 기포제 작용
④ 팽창제 작용

| 해설

마요네즈는 식물성 유지, 식초, 난황, 조미료, 향신료 등을 혼합하여 O/W형(수중유적형)으로 유화시킨 반고형 제품으로, 난황의 유화성을 이용

정답   ②

52. 제면 제조에서 소금을 사용하는 목적이 아닌 것은?

① 미생물에 의한 발효를 촉진하기 위해서
② 밀가루의 점탄성을 높이기 위해서
③ 수분이 내부로 확산하는 것을 촉진하기 위해서
④ 제품의 품질을 안정시키기 위해서

| 해설

소금은 미생물 증식 및 발효를 억제

정답 ①

53. 두부제조와 가장 밀접한 단백질은?

① 글루테닌

② 글리아딘

③ 글리시닌

④ 카제인

| 해설

①② 글루테닌과 글리아딘은 밀 단백질

③ 글리시닌은 콩 단백질

④ 카제인은 우유 단백질

정답 ③

54. 건조방법 중에서 건조시간이 대단히 짧고, 제품의 온도를 비교적 낮게 유지할 수 있으며 액상식품을 분말로 건조하는데 가장 적합한 건조법은?

① spray drying

② drum drying

③ freeze drying

④ rotary drying

| 해설

분무 건조(spray drying)

• 슬러지나 미세 액체 입자를 건조실내로 분무하여 순간적으로 건조

• 건조시간이 짧아 장시간 열에 노출하면 열변성이 쉽거나 향미손실 등으로 품질저하가 큰 식품의 건조에 주로 이용

• 우유, 유청, 인스턴트그래뉼커피, 홍차, 달걀, 과일주스, 유아식품 등

정답 ①

55. 아이스크림 제조시 향과 색소 및 산류의 일반적인 첨가시기는?

① 배합공정에서 첨가

② 여과 후 균질화 하기 전

③ 멸균이 끝난 후 숙성시키기 전

④ 숙성이 끝난 후 동결시키기 전

| 해설

아이스크림 제조 과정

• 원료배합 → 균질 → 살균(멸균) → 냉각/숙성 → 동결 → 성형 및 포장

• 향, 색소, 산류는 휘발, 변색될 수 있으므로 숙성이 끝나고 동결하기 전에 넣는 것이 적절

정답 ④

56. 두부를 제조할 때 두유의 단백질 농도가 낮을 경우 나타나는 현상과 거리가 먼 것은?

① 두부의 색이 어두워진다.

② 두부가 딱딱해진다.

③ 가열 변성이 빠르다.

④ 응고제와의 반응이 빠르다.

| 해설

두유의 단백질 농도가 낮으면 응고물이 미세하게 되므로, 두부가 딱딱해지고 색이 밝아짐

정답 ①

57. 염장 원리에서 가장 주요한 요인은?

① 단백질 분해효소의 작용 억제

② 소금의 삼투작용 및 탈수작용

③ CO_2에 대한 세균의 감도 증가

④ 산소의 용해도를 감소

| 해설

염장시 소금의 역할
- 식품을 탈수시켜 식품의 수분활성도를 낮춤
- 고삼투압으로 미생물 세포의 원형질 분리
- 탄산가스의 용해도 증가, 산소의 용해도 감소시켜 세균이 발육하지 못하게 함

 정답 ②

58. 열이동과 물질이동의 원리가 동시에 적용되는 단위조작이 아닌 것은?

① 건조

② 농축

③ 증류

④ 포장

| 해설

포장은 열이동, 물질이동과 관련 없음

 정답 ④

59. 쌀의 도정률이 작은 것에서 큰 순서로 옳게 나열 한 것은?

① 주조미 < 백미 < 5분도미 < 현미

② 주조미 < 5분도미 < 백미 < 현미

③ 현미 < 5분도미 < 백미 < 주조미

④ 현미 < 백미 < 5분도미 < 주조미

| 해설

도정률

현미-100, 5분도미-96, 7분도미-94.4, 백미-92, 주조미-75 이하

 정답 ①

60. 유지의 정제 공정의 일반적인 순서로 옳은 것은?

① 중화-탈검-탈산-탈색-탈취-탈납

② 중화-탈납-탈검-탈산-탈색-탈검

③ 탈검-탈산-탈취-탈납-탈색-중화

④ 탈검-탈색-탈산-탈취-탈납-중화

| 해설

유지의 정제공정

원료 유지 → 탈검 → 탈산 → 탈색 → 탈취 → 탈납 → 제품

 정답 ①

제4과목 식품미생물학

61. 발효 효모의 가장 주된 영양원이 될 수 있는 식품은?

① 밥
② 우유
③ 쇠고기
④ 포도즙

| 해설

효모는 당류를 발효하여 알콜을 생산하므로 포도당의 함량이 많은 포도즙이 가장 적절함

정답 ④

62. 제빵에 주로 사용하는 균주는?

① *Acetobacter aceti*
② *Saccharomyces oleaceus*
③ *Saccharomyces cerevisiae*
④ *Acetobacter xylinum*

| 해설

*Saccharomyces cerevisiae*는 빵효모이자 맥주효모

정답 ③

63. 김치의 초기 발효에 관여하는 저온숙성의 주 발효균은?

① *Leuconostoc mesenteroides*
② *Lactiplantibacillus plantarum*
③ *Bacillus macerans*
④ *Pediococcus cerevisiae*

| 해설

㉠ *Leuconostoc mesenteroides*: 김치의 초기발효
㉡ *Lactiplantibacillus plantarum*: 김치의 발효, 산미 형성
㉢ *Pediococcus cerevisiae*: 맥주제조시 유해균

정답 ①

64. 각 효모의 특징에 대한 설명으로 틀린 것은?

① *Schizosaccharomyces* 속 - 분열법으로 증식한다.
② *Torulopsis* 속 - 유지 생산균이다.
③ *Candida* 속 - 탄화수소를 자화시키는 효모가 많다.
④ *Debaryomyces* 속 - 내염성 산막효모이다.

| 해설

㉠ *Torulopsis* 속은 내염성, 내당성으로 간장의 후숙과 관련이 있는 효모
㉡ *Rhodotorula* 속은 유지생성 효모

정답 ②

65. 리파아제 생성력이 있어서 버터와 마가린의 부패에 관여하는 것은?

① *Candida tropicalis*
② *Candida albicans*
③ *Candida utilis*
④ *Candida lipolytica*

| 해설

① *Candida tropicalis*는 사료효모, 석유효모에 이용
② *Candida albicans*는 캔디다증(피부병) 원인균
③ *Candida utilis*는 사료효모에 이용

정답 ④

66. 원시핵세포 구조로서 세포 안에 핵과 액포가 없고, 2분열에 의한 무성생식만을 하는 조류는?

① 녹조류
② 홍조류
③ 남조류
④ 갈조류

| 해설

남조류를 제외한 조류는 고등 미생물에 속함

정답 ③

67. 식빵의 부패 현상인 점조현상(ropiness) 원인균으로 다음 중 어느 것이 가장 많이 나타나는가?

① *Asp. glaucus*

② *Asp. niger*

③ *Bac. cereus*

④ *Bac. mesentericus*

| 해설

식빵의 점조현상(ropiness)

- *Bacillus subtilis*와 *Bac. mesentericus*는 밀이나 밀가루에 흔히 존재
- 이 균에 의해 밀의 글루텐이 분해되고, 동시에 amylase에 의해서 전분에서 당이 생성되어 점질화(rope)됨
- 빵을 굽는 온도가 100℃를 넘지 않으면 이 균의 포자가 사멸되지 않고 남아 있다가 적당한 환경이 되면 발아 증식하여 점질화 현상을 일으킴

정답 ④

68. Gram 염색에 사용되지 않는 것은?

① Lugol 용액

② Safranin

③ Methyl red

④ crystal violet

| 해설

Gram 염색

크리스털 바이올렛을 이용하여 1차 염색 , 요오드(Lugol용액)로 염색약을 세포벽에 고정 → 알코올로 탈색 → 사프라닌으로 2차 염색

정답   ③

69. 밥에서 쉰내를 내게 하고 산성화시키는 세균은?

① *Clostridium perfringens*

② *Bacillus subtilis*

③ *Staphylococcus aureus*

④ *Lactobacillus bulgaricus*

| 해설

① *Clostridium perfringens*는 감염형 식중독균인 welchii균임
② *Bacillus subtilis*는 밥과 빵을 부패시키기도 하지만, 청국장 제조에 이용되는 고초균임
③ *Staphylococcus aureus*는 독소형 식중독균인 황색포도상구균
④ *Lactobacillus bulgaricus*는 우유 및 유청의 lactose로부터 대량의 젖산을 생성함

정답 ②

70. *Pseudomonas* 속의 특징으로 옳지 않은 것은?

① 저온에서 혐기적으로 저장되는 식품의 부패에 주로 관여한다.

② 열저항성이 없어 가열에 취약하다.

③ 탄화수소, 방향족 화합물을 분해시키는 종이 많다.

③ 수용성의 형광색소를 생성하는 종도 있다.

| 해설

Pseudomonas 속은 편성호기성균, 최적온도가 20℃로 저온균임
5℃에서도 잘 자라므로 냉장 및 냉동 동물성 식품의 변패를 일으킴

정답 ①

71. 여러 가지 선택배지를 이용하여 미생물 검사를 하였더니 다음과 같은 결과가 나왔다. 다음 중 검출 양성이 예상되는 미생물은?

> A. EMB Agar 배지: 진자주색 집락
> B. XLD Agar 배지: 금속성 녹색 집락
> C. MSA 배지: 황색 불투명 집락
> D. TCBS Agar 배지: 분홍색 불투명 집락

① 장염비브리오균
② 살모넬라균
③ 대장균
④ 황색포도상구균

| 해설
㉠ **EMB 배지**: 대장균 정성실험에 사용되는 배지로 대장균은 청록색 금속광택이 있는 집락이 생기고, 클렙시엘라는 갈색이며 광택이 생기고, 살모넬라 속 또는 세균성 이질균은 무색의 집락이 생김
㉡ **XLD Agar 배지**: 살모넬라를 분리할 때 주로 사용되는 배지로 xylose를 당으로 이용하는 균은 노란색을 띰
㉢ **MSA 배지**: 여기서 노란색 불투명한 집락을 구성하는 균은 황색포도상구균이며, phenol red지시약을 배지에 떨어뜨리면 배지색이 연한 노란색으로 변함
㉣ **TCBS 배지**: 장염비브리오균을 분리하는 배지로 장염비브리오균일 때는 초록색 집락을 보임

정답 ④

72. 분홍색 색소를 생성하는 누룩곰팡이로 홍주의 발효에 이용되는 것은?

① *Monascus purpureus*
② *Neurospora sitophila*
③ *Rhizopus javanicus*
④ *Botrytis cinerea*

| 해설
② *Neurospora sitophila*는 붉은빵곰팡이로 인도네시아의 발효식품인 ontjom을 만듦
③ *Rhizopus javanicus*는 감자류 전분의 당화력이 강함
④ *Botrytis cinerea*는 귀부포도주를 만듦

정답 ①

73. 자낭균류에 속하는 균은?

① *Mucor hiemalis*
② *Rhizopus japonicus*
③ *Absidia lichtheimi*
④ *Aspergillus niger*

| 해설
자낭균류
• 자낭포자 생성
• *Aspergillus* 속 *Penicillium* 속, *Monascus* 속, *Neurospora* 속

정답 ④

74. 미생물에서 무기염류의 역할과 관계가 적은 것은?

① 세포의 구성성분
② 세포벽의 주성분
③ 물질대사의 보조효소
④ 세포 내의 삼투압 조절

| 해설
P, S, Mg, K, Na, Ca 등의 무기염류는 미생물 세포 구성성분, 세포 내 삼투압 조절, 배지 완충작용 등 미생물 생육에 필수요소

정답 ②

75. 고구마 연부병을 유발하는 미생물은?

① *Bacillus subtilis*
② *Aspergillus oryzae*
③ *Saccharomyces cerevisiae*
④ *Rhizopus nigricans*

| 해설
고구마 연부병(무름병)
• *Rhizopus nigricans*가 원인
• 처음에 흰곰팡이였다가 나중에 검게 변하고, 후기에 고구마는 수분을 잃고 딱딱하게 됨

정답 ④

76. 산막효모의 특징으로 틀린 것은?

① 알코올 발효력이 강하다.

② 산화력이 강하다.

③ 다극출아로 증식하는 효모가 많다.

④ 대부분 양조과정에서 유해균으로 작용한다.

| 해설

산막효모는 산소요구성이 강하고, 발효액의 표면에서 발육하여 피막을 형성하며 산화력이 강함

 정답 ①

77. 미생물의 세포막을 구성하는 주요 물질은?

① 인지질

② 지질다당류

③ 다당류

④ 펩티도글리칸

| 해설

세포막의 주요 구성물질은 인지질이며, 이중층 구조를 형성하는 물질

 정답 ①

78. 공업적으로 lipase를 생산하는 미생물이 아닌 것은?

① *Aspergillus niger*

② *Rhizopus delemar*

③ Candida cylindracea

④ *Aspergillus oryzae*

| 해설

*Aspergillus oryzae*는 주로 amylase와 protease를 생성

 정답 ④

79. 혈구계수기를 이용하는 총균수 측정법에서 말하는 총균수(total count)란?

① 살아있는 미생물의 수

② 고체 배지상에 나타난 미생물 수

③ 사멸된 미생물을 제외한 수

④ 현미경 하에서 셀 수 있는 미생물 수

| 해설

총균수는 현미경 하에서 셀 수 있는 미생물 수로서 생균수 + 사균수

정답 ④

80. 세균의 포자에만 존재하는 저분자화합물은?

① peptidoglycan

② dipicolinic acid

③ lipopoly saccharide(LPS)

④ muraminic acid

| 해설

세균의 내생포자(endospore)

• 내생포자형성균은 환경조건이 나빠지면 강한 저항력을 가진 포자를 형성

• 주로 그람양성, 운동성의 간균(Bacillus 속, Clostridium 속)

• 특징

포자막에 dipicolinic acid(디피콜린산)을 함유하여 칼슘이온과 복합체를 형성하여 포자구조를 안정화함

 정답 ②

제5과목 식품제조공정

81. 반죽 상태의 식품을 노즐을 통해 밀어내어 일정한 모양을 가지게 하는 식품 성형기는?

① 압출성형기
② 압연성형기
③ 응괴성형기
④ 주조성형기

| 해설

㉠ 압출 성형기: 원료를 노즐이나 다이와 같은 작은 구멍을 통해 강한 압력으로 밀어내어 일정한 모양의 단면을 갖게 하는 기기
㉡ 압연 성형기: 국수, 껌, 도넛 등 분체 식품을 반죽하여 회전롤 사이로 통과시켜 면대로 만들어 이것을 세절하거나 압인하는 기기
㉢ 주조 성형기: 일정한 모양의 틀에 식품을 담고 냉각 및 가열을 이용해 고형화시키는 기기

정답 ①

82. Extruder 기계를 통한 압출 공정에서 나타나는 식품재료의 물리, 화학적 변화가 아닌 것은?

① 단백질의 변성
② 효소의 활성화
③ 갈색화 반응
④ 전분의 호화

| 해설

효소는 단백질이므로 압출 공정에서 변성되어 불활성화됨

정답 ②

83. 유지의 정제 중 원유에 들어 있는 유리지방산을 제거하는 공정은?

① 탈취
② 탈검
③ 탈색
④ 탈산

| 해설

① 탈취: 불쾌취의 원인(알데하이드, 케톤, 산화수소 등)을 제거하는 공정
② 탈검: 유지에 함유된 인지질(레시틴), 단백질, 탄수화물 등의 검질을 제거하는 공정
③ 탈색: 카로티노이드, 클로로필, 고시폴 등의 색소물질을 제거하는 공정
④ 탈산: 유리지방산을 제거하는 공정, NaOH를 이용하여 중화하여 제거하는 알칼리 정제법 사용

정답 ④

84. 바닷물에서 소금 성분 등은 남기고 물 성분만 통과시키는 막분리 여과법은?

① 투석
② 역삼투압법
③ 정밀여과법
④ 한외여과법

| 해설

역삼투압법
바닷물을 민물로 만들 때, 탈염 시 주로 사용

정답 ②

85. 건조조에 의한 건조법에서 사용하는 건조제로 적합하지 않은 것은?

① 무수 염화칼슘　　② 오산화인
③ 실리카겔　　　　④ 염산

86. 다음 중 혼합에 관한 설명으로 옳지 않은 것은?

① 액체와 액체를 섞는 조작을 교반이라 한다.
② 고체에 약간의 액체를 섞는 조작을 반죽이라 한다.
③ 건조된 가루 상태의 분말을 혼합하는 조작을 분무라 한다.
④ 섞이지 않는 액체를 강력히 교반하여 분산시키는 것을 유화라 한다.

87. 아래의 설명에 해당하는 것은?

> 파이프 중간에 둥근 구멍이 뚫린 원판을 삽입하여 원판 앞, 뒤의 압력차로부터 식용유의 유량을 구할 수 있다.

① 벤츄리 유량계
② 오리피스 유량계
③ 피토관
④ 로터미터

88. 가열 살균할 때 냉점이 통의 중심부에 가장 근접하여 위치하는 것은?

① 사과 주스 통조림
② 쇠고기 스프 통조림
③ 복숭아 통조림
④ 딸기잼 통조림

89. 바람을 불어 넣어 비중 차이를 이용해 식품 원료에 혼입된 흙, 잡초 등의 이물질을 분리하는 장치는?

① 자석식 분리기
② 체 분리기
③ 기송식 분리기
④ 마찰 세척기

| 해설

기송식 분리기: 입자의 무게와 공기역학적 특성 차이로 인한 비행 거리의 차이를 이용함

 정답 ③

90. 원료를 파쇄실의 회전 칼날로 절단한 뒤 스크린을 통과시켜 일정한 크기나 모양으로 조립하는 대표적인 파쇄형 조립기는?

① 피츠 밀(Fitz mill)
② 니더(kneader)
③ 핀 밀(pin mill)
④ 위노어(winnower)

| 해설

① 피츠 밀(Fitz mill): 파쇄형 조립(성형과정의 일종)기기, 단단한 원료를 회전하는 칼에 의해 일정 크기와 모양으로 부수거나 절단하여 조립하는 기계
② 니더(kneader): 점성이 높은 물질 또는 반소성 물질을 반죽혼합하는 기계
③ 핀 밀(pin mill): 고정원판과 고속회전원판에 작은 막대 모양의 핀이 여러 개 붙어 있어 고정핀 사이에서 고속 회전하는 핀의 충격에 의하여 원료가 분쇄되는 분쇄기
④ 위노어(winnower): 상승기류 속에 곡물을 공급하여 종말속도 차에 의해 선별을 행하는 대표적인 선별기

 정답 ①

91. 증발 농축이 진행될수록 용액에 나타나는 현상으로 옳은 것은?

① 농도가 낮아진다.
② 비점이 높아진다.
③ 거품이 없어진다.
④ 점도가 낮아진다.

| 해설

농축 공정 중 발생하는 현상

비점 상승, 점도 상승, 거품 발생, 관석 생성, 비말 동반 등

 정답 ②

92. 우유와 같은 액상 식품을 미세한 입자로 분무하여 열풍과 접촉시켜 순간적으로 건조시키는 방법은?

① 천일건조
② 복사건조
③ 냉풍건조
④ 분무건조

| 해설

분무건조
• 액상 식품을 미세입자(10~200nm)로 분무시켜 열풍과 접촉하여 순간적으로 건조
• 건조시간이 짧으므로 열변성이 쉽거나 향미 손실 등으로 품질저하가 큰 분유, 아이스크림 믹스, 주스, 커피, 차 등의 제조에 이용됨

 정답 ④

93. 무균 충전 시스템에 대한 설명으로 틀린 것은?

① 용기에 관계없이 균일한 품질의 제품을 얻을 수 있다.
② 무균 환경 하에서 작업이 이루어진다.
③ 포장 용기에 식품을 담아 밀봉 후 살균한다.
④ 주로 초고온 순간(UHT) 살균으로 처리한다.

| 해설

무균 충전 시스템
식품과 포장재를 따로 살균한 다음 무균적으로 충진, 밀봉하는 포장방법

 정답 ③

94. 어떤 식품을 110℃에서 가열살균하여 미생물을 모두 사멸시키는 데 걸린 시간이 8분이었다. 이를 바르게 표기한 것은?

① $D_{110℃} = 8$분
② $Z = 8$분
③ $F_{110℃} = 8$분
④ $F_{8min} = 110℃$

| 해설

㉠ D값: 일정 온도에서 균의 수를 90% 사멸시키는 데 필요한 시간
㉡ F값: 일정 온도에서 미생물을 100% 사멸시키는 데 필요한 시간
㉢ Z값: 가열치사시간의 1/10에 대응하는 가열온도의 변화

정답 ③

95. 다음 중 국내 통조림 가공공장에서 많이 이용하고 있는 정치식 수평형 레토르트의 부속기기가 아닌 것은?

① 브리더(Bleeder)
② 벤트(Vent)
③ 척(Chuck)
④ 안전밸브

| 해설

브리더, 벤트, 안전밸브는 레토르트 멸균기의 장치이고, 척은 통조림 밀봉시 뚜껑을 위에서 눌러 고정시키는 역할을 하는 장치
㉠ 브리더(Bleeder): 증기와 더불어 혼입되어 들어오는 공기 제거 장치
㉡ 벤트(Vent): 증기 노입 시 레토르트 내의 공기 세거 장치

정답 ③

96. 다음 중 에멀션의 형태가 다른 하나는?

① 버터
② 마요네즈
③ 생크림
④ 우유

| 해설

㉠ o/w형(수중유적형): 물속에 기름이 분산된 유화액
　예 우유, 마요네즈, 아이스크림
㉡ w/o형(유중수적형): 기름 속에 물이 분산된 유화액
　예 버터, 마가린

정답 ①

97. 사탕 등 당류 가공품을 제조할 때 kneading 공정을 설명한 것으로 옳지 않은 것은?

① Kneading은 점성이 높은 액상 물질의 혼합에 적합하다.
② Kneading 과정에 carbonation을 할 수 있다.
③ Kneading 공정을 통해 조직이 치밀해진다.
④ Z형 교반날개가 장착되어 있으며, 원료 혼합물의 신연, 포갬, 뒤집힘 등 다양한 동작이 가능하다.

| 해설

kneading(반죽)은 일정한 농도를 갖도록 하기 위해 두 손을 사용하여 빵 반죽을 누르고 접고 늘리면서 치대는 것을 반복하는 과정을 말함

정답 ③

98. 사별 공정의 효율에 영향을 주는 요인으로 거리가 먼 것은?

① 원료의 공급 속도

② 입자의 크기

③ 수분

④ 원료의 pH

| 해설

스크린을 이용하여 사별할 때 크기 분류에 영향을 미치는 요인

- 재료 공급속도: 공급속도가 너무 높으면 스크린 표면에 있는 시간이 짧으므로 스크린 상에 overload
- 재료의 크기: 큰 입자는 잘 통과 못함
- 재료의 수분함량: 수분이 존재하면 작은 입자와 큰 입자가 서로 붙어 규격보다 작은 입자도 큰 입자들과 함께 제거
- 손상된 체나 막힌 구멍여부: 체가 손상되거나 막혔을 경우 분리 안 됨
- 정전적 전하: 건조분말 체질 시 입자표면은 전하를 띰, 작은 입자들은 정전기적 인력 때문에 서로 붙어 큰 입자와 함께 분리됨

정답 ④

99. 습식 세척 방법에 해당하는 것은?

① 분무 세척

② 마찰 세척

③ 풍력 세척

④ 자석 세척

| 해설

㉠ 습식세척: 침지세척, 분무세척, 부유세척, 초음파세척
㉡ 건식세척: 마찰 세척, 풍력 세척, 자석 세척, 정전기적 세척

정답 ①

100. 가공재료를 분쇄하는 일반적인 목적이 아닌 것은?

① 유효 성분의 추출효율 증대

② 용해력 향상

③ 위해물질 및 오염물질 제거

④ 혼합능력과 가공효율 증대

| 해설

위해물질 및 오염물질이 제거되지는 않음

분쇄하는 목적

- 조직 파괴로 유용성분의 추출 및 분리 용이, 이용가치의 향상
- 표면적 상승으로 화학반응, 건조 및 추출 속도를 빠르게 함
- 혼합이 용이하고, 균일한 제품을 얻을 수 있음

정답 ③

※CBT 문제는 수험생의 기억에 따라 복원된 것이며, 실제 기출문제와 동일하지 않을 수 있습니다.

제1과목 식품위생학

01. 식품위생분야 종사자 등의 건강진단규칙에 의한 연 1회 정기 건강진단 항목이 아닌 것은?

① 파라티푸스
② 장티푸스
③ 폐결핵
④ 전염성 피부질환

| 해설

식품위생 분야 종사자의 건강진단 규칙 중 건강진단 항목
(2023.12.7. 개정)
• 장티푸스
• 파라티푸스
• 폐결핵

정답 ④

02. 유화제로서 사용되는 식품첨가물은?

① 구연산
② 아질산나트륨
③ 글리세린 지방산 에스테르
④ 사카린

| 해설

① 구연산 – 산도조절제
② 아질산나트륨 – 발색제
③ 글리세린 지방산 에스테르 – 유화제
④ 사카린 – 감미료

 정답 ③

03. 일생에 걸쳐 매일 섭취해도 부작용을 일으키지 않는 1일 섭취 허용량을 나타내는 용어는?

① Acceptable risk
② ADI(Acceptable daily intake)
③ Dose-response curve
④ GRAS(Generally recognized as safe)

| 해설

1일섭취허용량(Acceptable Daily Intake; ADI)
사람이 그 유해물질을 일생동안 섭취하여도 바람직하지 않은 영향이 나타나지 않는 1인당 1일 최대섭취허용량(mg/kg b.w./day)

 정답 ②

04. 식품위생법령상 위해평가 과정의 정의가 틀린 것은?

① 위해요소의 인체 내 독성을 확인하는 위험성 확인과정
② 위해요소의 식품잔류허용기준을 결정하는 위험성 결정과정
③ 위해요소가 인체에 노출된 양을 산출하는 노출평가과정
④ 위험성 확인과정, 위험성 결정과정, 노출평가 과정의 결과를 종합하여 해당 식품 등이 건강에 미치는 영향을 판단하는 위해도 결정과정

| 해설

위험성 결정과정
• 위해요소의 인체 영향에 대해 용량 – 반응 평가를 함
• 최대무독성량(NOAEL) 결정 – 벤치마크용량(BMD) 하한값 결정 – 불확실성 계수 적용(일반적으로 100) – 일일섭취허용량(ADI) 산출

 정답 ②

05. 방사능 물질이 인체와 식품에 미치는 영향에 대한 설명이 틀린 것은?

① 반감기가 짧을수록 위험하다.
② 동위원소의 침착 장기의 기능 등에 따라 위험도의 차이가 있다.
③ 생체에 흡수되기 쉬울수록 위험하다.
④ 생체기관의 감수성이 클수록 위험하다.

| 해설

반감기가 길면 체내에 오래 머무르므로 더 위험할 수 있음

정답 ①

06. 일본에서 발생한 미나마타병의 유래는?

① 공장폐수 오염
② 대기 오염
③ 방사능 오염
④ 세균 오염

| 해설

㉠ 일본 구마모토현 미나마타시에서 발생
㉡ 공장폐수내 메틸수은이 조개, 어류 등에 축적되어, 이를 섭취 후 미나마타병(중추신경·말초신경계 이상 중독)을 일으킴

정답 ①

07. 세균성 식중독 중 일반적으로 잠복기가 가장 짧은 것은?

① 황색 포도상구균
② 장염비브리오균
③ 대장균
④ 살모넬라균

| 해설

① 황색 포도상구균: 세균성 식중독 중 가장 짧음(1~6시간, 평균 3시간)
② 장염비브리오균: 11~18시간
③ 병원성 대장균: 10~30시간
④ 살모넬라균: 12~24시간

정답 ①

08. 인수공통감염병에 대한 설명으로 옳지 않은 것은?

① 사람과 동물 사이에 동일한 병원체에 의해 발생한다.
② 병원체가 들어있는 육류 또는 유제품 섭취시 감염될 수 있다.
③ 결핵, 파상열이 해당한다.
④ 탄저병은 브루셀라균에 의해 발생한다.

| 해설

㉠ 탄저병은 *Bacillus anthracis*(세균)에 의해 발생
㉡ 파상열(브루셀라증)은 브루셀라균(*Brucella abortus* 등)에 의해 발생

정답 ④

09. 어육의 부패를 나타내는 지표값으로 틀린 것은?

① Volatile basic nitrogen(VBN): 30~40mg%
② Trimethylamine(TMA): 5~6mg%
③ Histamine: 8~10mg%
④ pH: 5.5

| 해설

신선한 어류는 pH 7 부근에서 사후강직 및 자기소화에 의해 젖산 생성하여 pH 6 정도로 하락. 부패가 진행되면 암모니아 및 그 밖의 염기성 물질로 인해 중성 또는 알칼리성으로 상승, 어육의 초기부패 지표값은 pH 6.2~6.5

정답 ④

10. 폐기물 처리에 대한 설명으로 옳지 않은 것은?

① 용기는 밀폐구조이어야 한다.
② 용기의 세척·소독은 적정 주기로 이루어져야 한다.
③ 식품용기와 구분되어야 한다.
④ 용기는 냄새가 누출되어도 된다.

| 해설

용기는 냄새가 누출되지 않아야 함

정답 ④

11. 콜레라에 대한 설명으로 옳지 않은 것은?

① 주증상은 심한 설사이다.
② 내열성은 약하지만 일반 소독제에 대해서는 저항력이 강한 편이다.
③ 외래 감염병으로 검역 대상이다.
④ 비브리오속에 속하는 세균이다.

┃해설

콜레라(Cholera)
• 원인균: *Vibrio cholera*, 외부의 저항력에 약함, 열과 소독제에 대한 저항력도 약함
• 주요 감염경로: 환자나 보균자의 분변 등에 오염된 어패류, 해수, 식품의 섭취로 인한 경구감염
• 주요증상: 쌀뜨물 같은 수양변(水樣便)

정답 ②

12. 다음 물질 중 소독 효과가 거의 없는 것은?

① 알코올
② 석탄산
③ 크레졸
④ 중성세제

┃해설

0.01 ~ 0.1% 역성비누(양성비누)
손 소독에 가장 많이 사용, 중성비누와 혼합 사용하면 효과 없음

정답 ④

13. 식품첨가물의 사용에 대한 설명으로 옳은 것은?

① 젤라틴의 제조에 사용되는 우내피 등의 원료는 크롬처리 등 경화공정을 거친 것을 사용하여야 한다.
② 식품의 가공과정 중 결함 있는 원재료의 문제점을 은폐하기 위하여는 사용할 수 있다.
③ 식품 중에 첨가되는 식품첨가물의 양은, 기술적 효과를 달성할 수 있는 최대량으로 사용하여야 한다.
④ 물질명에 '「 」'를 붙인 것은 품목별 기준 및 규격에 규정한 식품첨가물을 나타낸다.

┃해설

> **식품첨가물의 기준 및 규격 중 제조기준**
> ① 젤라틴의 제조에 사용되는 우내피 등의 원료는 **크롬처리 등 경화공정을 거친 것을 사용하여서는 아니 된다.**
> ② 식품첨가물은 식품 제조·가공 과정 중 결함있는 원재료나 비위생적인 제조방법을 은폐하기 위하여 사용되어서는 아니 된다.
> ③ 식품 중에 첨가되는 식품첨가물의 양은 물리적, 영양학적 또는 기타 기술적 효과를 달성하는데 필요한 최소량으로 사용하여야 한다.

정답 ④

14. *Cl. perfringens*에 의한 식중독에 관한 설명 중 옳은 것은?

① 우리나라에서는 발생이 보고된 바가 없다.
② 육류와 같은 고단백질 식품보다는 채소류가 자주 관련된다.
③ 일반적으로 병독성이 강하여 적은 균수로도 식중독을 야기한다.
④ 포자 형성(sporulation)이 일어나는 경우에만 식중독이 발생한다.

┃해설

① 우리나라에서는 대량의 식품을 조리하여 저장하는 집단급식에서 잘 생김
② 육류를 조리 후 보관했다가 먹을 경우 주로 발생
③ 식중독 중에서는 위해도가 가장 낮은 편이며, 식중독 증상을 나타내기 위해서는 많은 균수($10^6 \sim 10^8$/g) 필요
④ 영양세포가 증식하면서 장독소를 생성한 후, 소장에서 수용체와 결합하면 식중독 증상 발생

정답 ④

15. 식품의 유통기한 설정 실험 시 조정조건에 대한 설명으로 틀린 것은? (단, 예외규정은 제외한다)

① 실온유통제품: 실온이라 함은 0~25℃를 말하며, 원칙적으로 25℃를 포함하여 선정한다.

② 상온유통제품: 상온이라 함은 15~25℃를 말하며, 25℃를 포함하여 선정하여야 한다.

③ 냉장유통제품: 냉장이라 함은 0~10℃를 말하며, 원칙적으로 10℃를 포함한 냉장온도를 선정하여야 한다.

④ 냉동유통제품: 냉동이라 함은 -18℃ 이하를 말하며, 품질변화가 최소화 될 수 있도록 냉동온도를 선정하여야 한다.

| 해설

실온은 1~35℃를 말함

정답 ①

16. 이물검사법에 대한 설명이 틀린 것은?

① 체분별법: 검체가 미세한 분말일 때 적용한다.

② 침강법: 쥐똥, 토사 등의 비교적 무거운 이물의 검사에 적용한다.

③ 원심분리법: 검체가 액체일 때 또는 용액으로 할 수 있을 때 적용한다.

④ 와일드만 플라스크법: 곤충 및 동물의 털과 같이 물에 잘 젖지 아니하는 가벼운 이물검출에 적용한다.

| 해설

여과법
• 검체가 액체일 때 또는 용액으로 할 수 있을 때 적용
• 여과지로 여과하여 여과지 위의 이물 검사

정답 ③

17. 일반적으로 열경화성 수지에 해당되는 플라스틱 수지는?

① 폴리에틸렌(polyethylene)

② 폴리프로필렌(polypropylene)

③ 폴리아미드(polyamide)

④ 요소(urea)수지

| 해설

㉠ 열경화성 수지: 페놀수지, 요소수지, 멜라민수지
㉡ 열가소성 수지: PVC, PC, PP, PS

정답 ④

18. PVC에 대한 설명으로 틀린 것은?

① 내수성이 좋다.

② 내산성이 좋다.

③ 가격이 저렴하다.

④ 열접착은 어렵다.

| 해설

염화비닐(PVC)는 내수성, 내산성, 열접착성이 우수하며 가격도 저렴하여 광범위하게 사용되지만, 식품용기로 사용될 경우, 가소제인 프탈레이트(내분비계 교란물질)의 용출 우려가 있으며, vinyl-chloride 단량체는 발암성을 가진 가장 맹독성 수지임

정답 ④

19. 주로 와인과 같은 주류 발효 과정에서 생성되는 부산물로 아르기닌 등이 효모의 작용에 의해 형성된 요소(Urea)가 에탄올과의 반응으로 생성되며 발암성 물질이기도 한 이것은?

① 아크릴아마이드
② 벤조피렌
③ 에틸카바메이트
④ 바이오제닉아민

| 해설

에틸카바메이트 생성 원인
- 발효주 제조 시, 과실 종자에 함유된 시안화합물이 분해된 후, 에탄올과 반응하여 생성
- 발효과정 중, 아르기닌이 효모에 의해 분해된 요소와 에탄올이 반응하여 생성

정답 ③

20. HACCP에 대한 설명 중 틀린 것은?

① 위해분석(HA)과 중요관리점(CCP)으로 구성되어 있다.
② 유통 중의 상품만을 대상으로 하여 상품을 수거 하여 위생상태를 관리하는 기본이다.
③ 식품의 원재료에서부터 가공공정, 유통단계 등 모든 과정을 위생 관리한다.
④ CCP는 해당 위해요소를 조사하여 방지, 제거한다.

| 해설

HACCP의 정의
식품(건강기능식품 포함)·축산물의 원료 관리, 제조·가공·조리·선별·처리·포장·소분·보관·유통·판매의 모든 과정에서 위해한 물질이 식품 또는 축산물에 섞이거나 오염되는 것을 방지하기 위하여 각 과정의 위해요소를 확인·평가하여 중점적으로 관리하는 기준

정답 ②

제2과목 식품화학

21. 다음 중 단맛을 내는 물질이 아닌 것은?

① 아스파탐(Aspartame)
② 사카린(Saccharin)
③ 스테비오사이드(Stevioside)
④ 알칼로이드(Alkaloid)

| 해설

알칼로이드는 쓴맛을 냄

정답 ④

22. 녹색채소(시금치 등)를 살짝 데칠 경우에 그 녹색이 더욱 선명해지는 이유는?

① 데치기에 의하여 클로로필 색소의 Mg이 Cu로 치환되었기 때문이다.
② 데치기에 의하여 식물조직에 존재하는 chlorophyllase가 활성화되었기 때문이다.
③ 데치기에 의하여 식물조직에 산이 생성되었기 때문이다.
④ 데치기에 의하여 식물조직에 알칼리가 생성되었기 때문이다.

| 해설

식물조직이 일부 손상되면 클로로필은 chlorophyllase의 작용으로 파이톨기가 떨어져 나가 선명한 녹색인 클로로필라이드를 형성

정답 ②

23. 트랜스지방에 대한 설명으로 옳은 것은?

① 트랜스지방은 100g당 0.5g 미만일 때 "0"으로 표시할 수 있다.

② 트랜스지방 섭취는 LDL(저밀도 지방단백질) 콜레스테롤 수치를 감소시킨다.

③ 불포화지방에 수소첨가 공정에 의해 주로 생성된다.

④ 자연계에서는 트랜스지방이 검출되지 않는다.

│ 해설

① 트랜스지방은 0.5g 미만은 "0.5g 미만"으로 표시할 수 있으며, 0.2g 미만은 "0"으로 표시할 수 있다. 다만, 식용유지류 제품은 100g당 2g 미만일 경우 "0"으로 표시할 수 있음
② 트랜스지방 섭취는 LDL 콜레스테롤 수치를 높임
③, ④ 자연계에서도 소량 검출되지만 일반적으로 불포화지방을 경화시키기 위해 수소를 첨가하는 공정에서 생성됨

정답 ③

---

24. 버터나 생크림을 수저를 떠서 접시에 올려놓았을 때 모양을 그대로 유지하는 물리적 성질은?

① 점성　　　　　② 탄성
③ 소성　　　　　④ 점탄성

│ 해설

가소성(소성, plasticity)
• 외부에서 힘을 받아 변형된 후 그 힘을 없애도 본래의 상태로 되돌아가지 않는 성질
• 버터나 생크림 등을 수저로 떠서 접시에 놓으면 연하지만 접시 위에서 흐르지 않음

정답 ③

---

25. 플라보노이드(Flavonoid)계 색소가 아닌 것은?

① 아피제닌(apigenin)
② 라이코펜(lycopene)
③ 나린진(naringin)
④ 루틴(rutin)

│ 해설

라이코펜(lycopene)은 카로티노이드계 색소

정답 ②

---

26. 감자를 자른 단면의 효소적 갈변 시 생기는 화합물은?

① 캐러멜
② 베타시아닌
③ 멜라닌
④ 탄닌

│ 해설

tyrosinase에 의한 감자의 갈변
타이로신 → DOPA → 도파퀴논 → 멜라닌

정답 ③

---

27. 가공육의 색의 변화에 대한 설명으로 틀린 것은?

① 가공육은 저장기간이 길어지면서 육색의 변화가 문제가 된다.

② 미오글로빈과 옥시미오글로빈은 육색을 붉게 하는 색소이다.

③ 아질산염은 메트미오글로빈을 형성시켜 육색을 붉게 유지시킨다.

④ 가열을 오래하면 포피린류가 생성되어 갈색 등으로 변한다.

│ 해설

아질산에서 생성된 일산화질소는 환원형 미오글로빈과 결합하여 선명한 적색의 니트로소미오글로빈 형성

정답 ③

28. 옥수수를 주식으로 하는 저소득층의 주민들 사이에서 풍토병 또는 유행병으로 알려진 질병의 원인을 알기 위하여 연구한 끝에 발견된 비타민은?

① 나이아신
② 비타민 E
③ 비타민 B2
④ 비타민 B6

| 해설

㉠ 옥수수에는 나이아신(비타민 B3)의 전구체인 트립토판이 부족
㉡ 나이아신은 탄수화물, 지방 등을 에너지로 사용할 수 있도록 하는데 조효소 역할을 함
㉢ 나이아신 결핍증(펠라그라)은 옥수수를 주식으로 하는 지역에서 주로 나타남

정답 ①

29. 물, 청량음료 등 묽은 용액들은 어떤 유체의 특성을 나타내는가?

① 뉴톤(newton) 유체
② 딜레탄트(dilatant) 유체
③ 의사가소성(pseudoplastic) 유체
④ 빙함소성(bingham plastic) 유체

| 해설

뉴턴유체(newtonian fluid)
• 유체에 가해지는 힘(전단응력)과 그 유체의 유동성(전단속도)이 서로 비례관계인 유체
• 물, 알코올과 같은 단일 성분의 물질, 농도가 낮은 염, 포도당 용액 등

정답 ①

30. 닌히드린 반응(ninhydrin reaction)이 이용되는 것은?

① 아미노산의 정성
② 지방질의 정성
③ 탄수화물의 정성
④ 비타민의 정성

| 해설

닌하이드린(ninhydrin) 반응
• 아미노산을 닌하이드린과 반응하여 570 nm에서 최대흡광도를 갖는 청자색 화합물 형성
• 아미노산의 정성과 정량에 널리 이용

정답 ①

31. 식용유지의 자동산화 중 나타나는 변화가 아닌 것은?

① 과산화물가가 증가하다가 감소한다.
② 요오드가가 증가한다.
③ 공액형 이중결합(conjugated double bonds)을 가진 화합물이 증가한다.
④ 산가가 증가한다.

| 해설

① 식용유지의 자동산화 과정에서 초기에는 과산화물이 증가하지만 일정구간이 지나면 과산화물은 감소함
② 자동산화가 진행되면 불포화지방산의 수치가 줄기 때문에 요오드가는 감소함
③ 예를 들어 지방산의 이중결합이 2개인 경우, 자동산화가 진행되면서 비공액형 cis-cis지방에서 공액형 trans-cis 지방으로 변환
④ 유리지방산의 증가로 산가가 증가함

정답 ②

32. 꽃이나 과일의 청색, 적색, 자색 등의 수용성 색소를 총칭하는 것은?

① chlorophyll

② carotenoid

③ anthoxanthin

④ anthocyanin

| 해설

안토시아닌(anthocyanin)

• 주로 배당체로 존재
• 꽃이나 과일의 청색, 적색, 자색 등 수용성 색소
• pH에 따라 색 변화

정답 ④

33. 식품의 텍스처 특성과 일반적인 표현의 연결이 옳은 것은?

① 저작성(chewiness): 무르다, 단단하다

② 부착성(adhesiveness): 미끈미끈하다, 끈적끈적하다

③ 응집성(cohesiveness): 기름지다, 미끈미끈하다

④ 견고성(hardness): 부스러지다, 깨지다

| 해설

① 저작성: 연하다, 질기다
③ 응집성: 관능감지가 어려움
④ 견고성: 무르다, 단단하다

정답 ②

34. 거품과 관련된 설명 중 틀린 것은?

① 맥주와 샴페인은 기압 하에서 탄산가스를 다량 용해시킨 것이다.

② 액체 중에 공기와 같은 기체가 분산된 것이 거품이다.

③ 빵이나 카스텔라는 거품을 이용하여 부드러운 식감을 지니게 한다.

④ 거품을 제거하기 위해서는 거품의 표면장력을 높여주어야 한다.

| 해설

소포제(거품제거제)는 거품의 표면장력을 낮추어 거품을 제거함

정답 ④

35. 산성식품과 알칼리성식품에 대한 설명으로 옳지 않은 것은?

① 무기질 중 PO_4^{3-}, SO_4^{2-} 등 음이온을 생성하는 것은 산생성 원소이다.

② 해조류, 과실류, 채소류는 알칼리성 식품이다.

③ 육류, 곡류는 산성 식품이다.

④ 식품 100g을 회화하여 얻은 회분을 알칼리화하는데 소비되는 0.1 N NaOH의 ml수를 알칼리도라고 한다.

| 해설

㉠ 산성식품

• P, S, Cl, I 등의 원소들은 체내에서 인산(H_3PO_4), 황산(H_2SO_4), 염산(HCl) 등 산을 생성하거나 PO_4^{3-}, SO_4^{2-}, Cl^-, I^- 등 음이온 생성
• 곡류, 육류, 어류, 계란, 치즈, 빵, 탄산음료 등

㉡ 알칼리성식품

• Na^+, K^+, Ca^{2+}, Mg^{2+}, Fe^{2+}, Cu^{2+}, Zn^{2+} 등 양이온이 되는 알칼리 생성 원소
• 과일류, 채소류, 해조류, 감자류, 녹차, 우유, 커피

㉢ 산도(acidity): 100g의 식품을 회화시켜서 얻은 회분을 중화하는 데 필요한 0.1N 알칼리의 mL수

㉣ 알칼리도(alkalinity): 100g의 식품을 회화시켜서 얻은 회분을 중화하는 데 필요한 0.1N 산의 mL수

정답 ④

36. 건조분말의 물성 특성에 대한 설명으로 옳은 것은?

① 작은 입자들이 서로 엉겨붙어 덩어리를 만들면 습윤성이 나빠진다.

② 표면에 지방이 존재하면 습윤성은 증가한다.

③ 입자 크기와 밀도가 작을수록 침강성이 증가한다.

④ 입자의 덩어리가 클수록 분산성이 좋다.

| 해설

③ 입자 크기와 밀도가 클수록 침강성이 증가함
④ 입자의 덩어리가 작을수록 분산성이 좋음

정답 ①

37. 단순 단백질의 구조와 관계없는 결합은?

① 수소결합

② 글리코사이드(glycoside)

③ 펩티드 결합

④ 소수성 결합

| 해설

글리코사이드(glycoside)결합: 탄수화물의 구조와 관련

 ②

38. 다음 중 다른 조건이 동일할 때 전분의 노화가 가장 잘 일어나는 조건은?

① 온도 -30°C

② 온도 90°C

③ 수분 30~60%

④ 수분 90~95%

| 해설

㉠ 노화의 최적온도는 2~5°C이며, 60°C이상과 -20°C 이하에서는 잘 일어나지 않음

㉡ 노화의 최적 수분함량은 30~60%, 수분 15% 이하, 60% 이상에서는 노화가 거의 일어나지 않음

 ③

39. H_2SO_4 9.8g을 물에 녹여 최종부피는 250ml로 정용하였다면, 이 용액의 노르말 농도는?

① 0.6N

② 0.8N

③ 1.0N

④ 1.2N

| 해설

㉠ H_2SO_4의 분자량은 98, H_2SO_4 의 g당량은 98/2 = 49

㉡ 1M H_2SO_4은 98g의 H_2SO_4을 녹여 1000mL로 정용한 용액

㉢ 1N H_2SO_4은 49g의 H_2SO_4을 녹여 1000mL로 정용한 용액

㉣ 9.8g의 H_2SO_4를 녹여 250mL로 정용한 용액 = 39.2g의 H_2SO_4을 녹여 1000mL로 정용한 용액

㉤ 1N : 49g = aN : 39.2g

∴ a = 0.8N

 ②

40. 고춧가루의 붉은 색을 오랫동안 선명하게 유지하는 방법이 아닌 것은?

① 비타민C와 같은 항산화제를 첨가한다.

② 진공포장하여 저장한다.

③ 밀봉하여 냉장고의 냉장실에 보관한다.

④ 햇빛을 이용하여 건조시킨다.

| 해설

고추의 붉은색은 카로티노이드 색소

· 열에 비교적 안정하나, 산소, 햇빛 또는 산화효소에 쉽게 산화되어 색이 변색됨

· 변색 방지법: 효소의 불활성화, 산소의 차단(진공 포장, 질소 충진, 항산화제 첨가)

 ④

제3과목 식품가공학

41. 식품 내 함유된 천연 항산화제는?

① 비타민 D
② 토코페롤
③ 콜레스테롤
④ 스테로이드

| 해설

토코페롤(비타민 E)과 아스코브산(비타민 C)은 천연항산화제

정답 ②

42. 마요네즈 제조 시 유화제 역할을 하는 것은?

① 난황
② 식초산
③ 식용유
④ 소금

| 해설

난황의 레시틴이 유화제 역할을 함

정답 ①

43. 유지 채유과정에서 열처리를 하는 이유가 아닌 것은?

① 유리지방산 생성 촉진
② 원료의 수분 함량 조절
③ 산화효소의 불활성화
④ 착유 후 미생물의 오염방지

| 해설

유리지방산의 생성이 촉진되면 유지의 품질이 낮아짐

정답 ①

44. 다음 중 육가공품 제조 시 필요한 기구 및 설비가 아닌 것은?

① 세절기
② 충진기
③ 혼합기
④ 균질기

| 해설

균질기
우유를 균질하는 장치

정답 ④

45. 과일, 채소류를 블랜칭(blanching)하는 목적이 아닌 것은?

① 향미성분을 보호한다.
② 박피를 용이하게 한다.
③ 변색을 방지한다.
④ 산화효소를 불활성화 시킨다.

| 해설

블랜칭을 하면 휘발성 향미 성분이 소실됨

정답 ①

46. 튀김유의 품질 조건으로 옳지 않은 것은?

① 거품이 일지 않을 것
② 열에 대하여 안전할 것
③ 튀길 때 발생하는 연기가 적을 것
④ 가열에 의한 점도 변화가 클 것

| 해설

튀김유의 품질 조건
• 거품이 일지 않을 것
• 열에 대하여 안정할 것
• 튀길 때 발생하는 연기가 적을 것
• 가열에 의한 점도 변화가 작을 것

정답 ④

47. 육제품 훈연 성분 중 항산화 작용과 관련이 깊은 성분은?

① 포름알데히드

② 식초산

③ 레진류

④ 페놀류

| 해설

훈연

• 목적: 향기부여, 제품의 색 향상, 방부작용, 항산화 작용, 보존성 부여 등

• phenol류의 훈연 성분의 항산화 효과로 인해 보존 중 지방 산화 방지

• aldehyde류, acid류, phenol류 등의 훈연 성분의 방부효과로 미생물에 대한 살균력 부여, 저장성 향상

• carbonyl류는 훈연색, 풍미, 향 부여

정답 ④

48. 달걀의 저장 중에 일어나는 현상이 아닌 것은?

① 알 껍질이 반들반들해진다.

② 흰자의 점성이 줄어든다.

③ 기실이 커진다.

④ 호흡작용으로 인해 산성으로 된다.

| 해설

기실

• 달걀의 둥근부분(넓적한 쪽)에 있는 숨구멍

• 알이 오래되면 내용물의 수분증발로 점차 확대되므로 기실의 크기를 측정함으로써 알의 신선도를 감별

달걀의 pH검사

• 난백의 pH는 7.6 ~ 7.9, 난황의 pH는 6.0 (난백의 pH가 난황보다 높음)

• 신선난백의 pH는 7.6 ~ 7.9, 저장기간이 길어지면 난백의 구멍을 통한 CO_2의 방출로 인해 pH 9.7까지 상승

정답 ④

49. 용출(Rendering)에 의한 유지제조에 가장 적합한 것은?

① 참깨

② 대두

③ 돈지

④ 쇼트닝

| 해설

동물성 원료(우지, 돈지 등)는 렌더링(용출법)으로 유지추출, 즉 열을 직접 가하면서 유지를 추출함

정답 ③

50. 식품을 포장하는 목적과 거리가 먼 것은?

① 취급을 편리하게 하기 위하여

② 상품가치를 향상시키기 위하여

③ 내용물의 맛을 변화시키기 위하여

④ 식품의 변패를 방지하기 위하여

| 해설

식품의 포장 목적

내용물의 보호, 저장성, 안전성, 취급 편의성, 제품의 가치 향상

정답 ③

51. 마요네즈 제조 시 첨가하는 재료가 아닌 것은?

① 달걀 흰자

② 샐러드오일

③ 식초

④ 달걀 노른자

| 해설

마요네즈

식물성 유지, 식초, 난황(달걀 노른자), 조미료, 향신료 등을 혼합하여 o/w형(수중유적형)으로 유화시킨 반고형제품, 여기서 난황의 레시틴이 유화제의 역할을 함

정답 ①

52. 치즈 제조에 쓰이는 응유 효소는?

① 레넷(rennet)

② 펩신(pepsin)

③ 파파인(papain)

④ 브로멜린(bromelin)

| 해설

② 펩신(pepsin): 위에서 분비되는 단백질 분해효소

③ 파파인(papain): 식육연화제로 쓰이는 효소

④ 브로멜린(bromelin): 식육연화제로 쓰이는 효소

정답 ①

53. 수분함량이 10%인 밀가루 10kg을 수분함량 20%로 맞추기 위해 첨가해야 하는 물의 양은?

① 1kg

② 1.25kg

③ 1.5kg

④ 1.75kg

| 해설

수분함량 10%인 밀가루 10kg의 수분양은 1kg

첨가해야 하는 물의 양: a

수분함량 20% 밀가루: $\dfrac{(1+a)g}{(10+a)g} \times 100 = 20$

$\therefore a = 1.25kg$

정답 ②

54. 옥수수 전분을 습식법으로 제조할 때 생성되는 부산물이 아닌 것은?

① corn steep liquor

② gluten meal

③ gluten feed

④ anthocyanin

| 해설

안토시아닌 색소는 생성되지 않음

정답 ④

55. 소비기한 설정시 반응속도의 온도 의존성에 관한 설명으로 틀린 것은?

① 반응속도는 온도가 증가하면 직선적(linear)으로 증가한다.

② 온도 의존성은 일반적으로 아레니우스(Arrhenius)식으로 표현된다.

③ 온도 의존성은 특히 가속저장방법으로부터 소비기한 예측에 적용된다.

④ Q10이 2인 식품이 50℃에서 소비기한이 2주일 때 30℃에서는 8주이다.

| 해설

① 온도가 증가하면 반응속도는 대수적으로 증가함

④ Q10이 2인 식품은 온도가 10℃ 상승하면 반응속도가 2배가 됨. 그러므로, 50℃에서 소비기한이 2주라면, 40℃에서는 (반응속도가 1/2배가 되어) 소비기한이 4주가 되고, 30℃에서는 소비기한이 8주가 됨

정답 ①

56. 다음 중 온탕법에 의한 감의 탈삽법에서 유지해야 할 가장 알맞은 수온은?

① 10℃

② 40℃

③ 80℃

④ 100℃

| 해설

알코올 탈수소효소의 최적온도인 40℃의 온수에서 12~24시간 유지

정답 ②

57. 경화유 제조 시 수소첨가의 주된 목적이 아닌 것은?

① 기름의 안정성을 향상시킨다.

② 경도 등 물리적 성질을 개선한다.

③ 색깔을 개선한다.

④ 소화가 잘 되도록 한다.

| 해설

경화유 제조시 수소첨가 목적

• 불포화지방산의 불포화 결합에 수소를 첨가하여 산화나 열에 대한 안정성 증가

• 융점이 높아져 고체지방량 증가

• 유지의 가소성이나 경도 부여로 인해 물리적 성질 개선

• 색 개선

• 냄새 및 풍미 개선, 경화취(구수한 맛)를 형성

 ④

58. 미생물 살균 목적으로 방사선 조사에 가장 널리 활용되는 방사선은?

① γ선

② α선

③ β선

④ X선

| 해설

방사선 조사 = 식품조사(Food irradiation)

• 식품 등의 발아억제, 살균, 살충 또는 숙도조절을 목적으로 감마선 또는 전자선가속기에서 방출되는 에너지를 복사(radiation)의 방식으로 식품에 조사하는 것

• 이용가능한 선종: 감마선, 전자선 또는 엑스선

※ 가장 널리 활용되는 선종은 감마선(80% 이상 사용)

 ①

59. 곡물의 도정방법에서 건식도정과 습식도정 중 습식도정에만 해당되는 설명은?

① 겨와 배아가 배유로부터 분리된다.

② 곡물 중 함수량을 줄인 후 도정하는 것이다.

③ 배유로부터 전분과 단백질을 분리할 목적으로 사용될 수 있다.

④ 쌀, 보리, 옥수수에 사용한다.

| 해설

습식도정은 곡류를 물 또는 용액에 침지시켜 배유를 전분과 단백질로 분리하는 공정임

 ③

60. 식품냉동에서 냉동곡선이란?

① 식품이 냉동되는 시간과 빙결정 생성량의 관계를 나타낸 것

② 식품이 냉동되는 과정을 시간과 온도의 관계식으로 나타낸 것

③ 식품이 냉동되는 시간과 육단백 변성의 관계를 나타낸 것

④ 식품이 냉동되는 시간과 빙결정 크기의 관계를 나타낸 것

| 해설

㉠ 냉동곡선: 식품이 냉동되는 과정을 시간과 온도의 관계식으로 나타낸 것

㉡ 냉동곡선을 통해 완만동결과 급속동결, 최대빙결정생성대를 알 수 있음

 ②

61. 포도주 효모에 대한 설명으로 잘못된 것은?

① *Saccharomyces cerevisiae var. ellipsoideus*가 흔히 사용된다.

② 타원형이다.

③ 무포자 효모이다.

④ 아황산에 내성인 것이 좋다.

| 해설

Saccharomyces 속은 자낭포자 효모

정답 ③

62. 맥주 발효 시 ㉠ 상면발효 효모와 ㉡ 하면발효 효모를 옳게 나열한 것은?

① ㉠ *Saccharomyces carlsbergensis*
   ㉡ *Saccharomyces cerevisiae*

② ㉠ *Saccharomyces cerevisiae*
   ㉡ *Saccharomyces carlsbergensis*

③ ㉠ *Saccharomyces rouxii*
   ㉡ *Saccharomyces cerevisiae*

④ ㉠ *Saccharomyces ellipsoideus*
   ㉡ *Saccharomyces cerevisiae*

| 해설

②의 내용이 옳게 나열됨

주의

자주 출제되므로 외워두자

정답 ②

63. 미생물 증식량의 측정법과 거리가 먼 것은?

① 건조 균체량 측정

② 균체 질소량 측정

③ 비탁법에 의한 측정

④ micrometer 이용법

| 해설

건조균체량 측정, 균체 질소량 측정, 비탁법은 미생물의 증식도 측정법 중 간접측정법임

정답 ④

64. 포도당의 Homo 젖산발효는 어떤 대사경로를 거치는가?

① HMP 경로

② TCA 회로

③ EMP 경로

④ Krebs 속

| 해설

㉠ 정상형 젖산발효(homo lactic acid fermentation)
 • 당으로부터 젖산만 생성(EMP 대사경로)
 • Glucose → 2 lactic acid
㉡ 이상형 젖산발효(hetero lactic acid fermentation)
 • 젖산 이외에 초산/알코올 등이 함께 생성(phosphoketolase 대사경로)
 • Glucose → lactic acid + ethanol + CO_2
  2 Glucose → 2 lactic acid + ethanol + acetic acid
      + $2CO_2$ + H_2

정답 ③

65. 진균류의 유성포자(Sexual spore)가 아닌 것은?

① 접합포자

② 분생포자

③ 자낭포자

④ 담자포자

| 해설

곰팡이의 유성포자에는 접합포자, 담자포자, 자낭포자가 있고, 곰팡이의 무성포자에는 포자낭포자, 분생포자, 후막포자, 분열포자 등이 있음

정답 ②

66. 우유나 과즙의 맛과 비타민 등 영양성분을 보존하기 위하여 70~75℃에서 10~20초간 살균하는 방법은?

① 저온 살균법

② 고온순간 살균법

③ 초고온 살균법

④ 간헐 살균법

| 해설

㉠ 고온순간살균법(HTST): 72~75℃, 15~25초간 살균

㉡ 저온살균법(LTLT): 63~65℃에서 30분간 가열

㉢ 초고온 살균법(UHT): 130~150℃, 0.5~5초간 살균

㉣ 간헐살균법: 내열성균의 완전살균, 1일 1회씩 100℃에서 20~50분간 연속 3일을 같은 시간에 반복 가열살균(포자 형성 미생물 사멸)

정답 ②

67. 스위스치즈의 치즈눈 생성에 관여하는 미생물은?

① *Propionibacterium shermanii*

② *Lactobacillus bulgaricus*

③ *Penicillium roqueforti*

④ *Streptococcus thermophilus*

| 해설

① *Propionibacterium shermanii*는 스위스 에멘탈치즈의 치즈눈을 형성

② *Lactobacillus bulgaricus*는 요구르트, 버터의 스타터로 이용

③ *Penicillium roqueforti*는 프랑스의 로크포르 치즈의 숙성과 향미에 관여함

④ *Streptococcus thermophilus*는 고온으로 curd를 가열하는 치즈 제조에 이용

정답 ①

68. 조상균류에 속하는 것은?

① *Aspergillus oryzae*

② *Mucor rouxii*

③ *Saccharomyces cerevisiae*

④ *Lacticaseibacillus casei*

| 해설

조상균류에는 *Mucor* 속, *Rhizopus* 속, *Absidia* 속 등의 접합균류가 있음

정답 ②

69. 김치 숙성에 관여하는 균이 아닌 것은?

① *Leuconostoc mesenteroides*

② *Levilactobacillus brevis*

③ *Lactiplantibacillus plantarum*

④ *Bacillus subtilis*

| 해설

*Bacillus subtilis*는 메주를 띄울 때 발효에 관여하는 균

정답 ④

70. 정상발효젖산균(homofermentative lactic acid bac-teria)에 관한 설명으로 옳은 것은?

① 포도당을 분해하여 젖산만을 주로 생성한다.

② 포도당을 분해하여 젖산과 탄산가스를 주로 생성한다.

③ 포도당을 분해하여 젖산과 O_2, 에탄올과 함께 초산 등을 부산물로 생성한다.

④ 포도당을 분해하여 젖산과 탄산가스, 수소를 부산물로 생성한다.

|해설

㉠ 정상형 젖산발효(homo lactic acid fermentation): 당으로부터 젖산만 생성

㉡ 이상형 젖산발효(hetero lactic acid fermentation): 젖산 이외에 초산/알코올 등이 함께 생성

정답 ①

71. 유기물을 분해하여 호흡 또는 발효에 의해 생기는 에너지를 이용하여 증식하는 균은?

① 광합성균

② 화학합성균

③ 독립영양균

④ 종속영양균

|해설

㉠ 종속영양균은 탄소원으로 유기탄소물을, 질소원으로 무기 또는 유기질소원을 이용함

㉡ 독립영양균은 무기탄소원과 무기질소원을 이용함

정답 ④

72. 토양이나 식품에서 자주 발견되고 aflatoxin이라는 발암성 물질을 생성하는 유해 곰팡이는?

① *Aspergillus flavus*

② *Aspergillus niger*

③ *Aspergillus oryzae*

④ *Aspergillus sojae*

|해설

② *Aspergillus niger*는 흑국균으로 유기산 발효공업에 이용

③ *Aspergillus oryzae*는 황국균으로 간장, 된장 제조에 이용

④ *Aspergillus sojae*는 개량식 간장 제조에 이용

정답 ①

73. 곰팡이의 분류에 대한 설명으로 틀린 것은?

① 진균류는 조상균류와 순정균류로 분류된다.

② 순정균류는 자낭균류, 담자균류, 불완전균류로 구분된다.

③ 균사에 격막(격벽, Septa)이 없는 것을 순정균류, 격막을 가진 것을 조상균류라 한다.

④ 조상균류는 호상균류, 접합균류, 난균류로 분류된다.

|해설

곰팡이의 분류

분류기준 I 격벽의 유무	분류기준 II 유성생식의 유무
조상균류 (격벽 X)	호상균류
	난균류(유성포자)
	접합균류(유성포자)
순정균류 (격벽 O)	자낭균류(유성포자)
	담자균류(유성포자)
	불완전균류 (순정균류 중 유성생식 못하는 균류)

정답 ③

74. 다음 중 대장균군에 대한 설명이 틀린 것은?

① Gram 음성 무포자 간균이며, 호기성 또는 통성혐기성이다.

② 유당을 분해하여 가스를 발생하는 특징이 있다.

③ 일반적으로 식품이나 용수의 오염지표균으로 사용된다.

④ 호염성 세균으로 해수에 주로 존재한다.

| 해설

비브리오속에 대한 설명임

정답 ④

75. 병족세포를 가지는 곰팡이 속은?

① *Rhizopus*속

② *Aspergillus*속

③ *Penicillium*속

④ *Monascus*속

| 해설

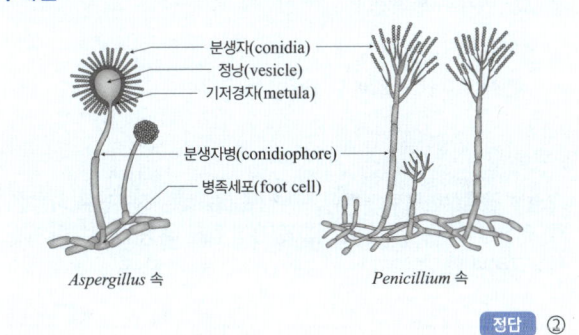

분생자(conidia)
정낭(vesicle)
기저경자(metula)
분생자병(conidiophore)
병족세포(foot cell)

Aspergillus 속   *Penicillium* 속

정답 ②

76. 식용효모로 사용되는 SCP 생산균주로, 병원성을 나타내기도 하는 효모는?

① *Candida* 속

② *Hansenula* 속

③ *Debaryomyces* 속

④ *Rhodotorula* 속

| 해설

㉠ *Candida* 속은 사료효모로 많이 이용되며, 단세포 단백질(SCP) 생산균주임

㉡ *Candida albicans*는 피부병인 캔디다증을 일으킴

정답 ①

77. 바이러스(virus)와 파지(phage)에 대한 설명으로 틀린 것은?

① Phage는 동물, 식물 기생 파지와 세균, 조류기생 파지로 분류한다.

② Virus는 동물, 식물, 미생물 등의 세포에 기생하는 초여과성 입자이다.

③ Phage는 두부, 미부, 6개의 spike와 기부로 구성되어 있다.

④ Virus 중에서 세균에 기생하는 경우를 phage 또는 bacteriophage라 한다.

| 해설

bacteriophage(= phage)는 세균에만 기생하는 바이러스를 말함

정답 ①

78. 맥주를 발효하기 위한 맥아즙 제조 공정의 주목적으로 가장 알맞은 것은?

① 효모의 증식
② 저장성 부여
③ 발효
④ 당화

| 해설

맥아즙 제조는 맥아의 amylase로부터 전분질을 당화시켜 발효성 당을 생성하는 것이 주목적임

 정답 ④

79. 일반적으로 통조림 살균 시에 가장 주의하여야 하는 부패 세균은?

① *Pediococcus halophilus*
② *Clostridium sporogenes*
③ *Bacillus subtilis*
④ *Streptococcus lactis*

| 해설

*Clostridium sporogenes*는 혐기성균이므로 통조림에서 증식이 가능함

 정답 ②

80. 일반 효모가 생육이 잘 되는 배지의 pH는?

① 약 1~2
② 약 5~6
③ 약 7~8
④ 약 9~10

| 해설

효모는 약산성의 배지에서 잘 증식함

정답 ②

제5과목 식품제조공정

81. 식품원료를 무게, 크기, 모양, 색깔 등 여러 가지 물리적 성질의 차이를 이용하여 분리하는 조작은?

① 선별
② 교반
③ 교질
④ 추출

| 해설

선별
수확한 원료에 불필요한 물리·화학적 이물질 등을 측정 가능한 물리적 성질(무게, 크기, 모양, 색깔)을 이용하여 분리, 제거하는 공정

 정답 ①

82. 효소의 정제법에 해당되지 않는 것은?

① 염석 및 투석
② 무기용매 침전
③ 흡착
④ 이온교환 크로마토그래피

| 해설

효소는 단백질이므로 단백질의 특성을 이용하는 정제법을 사용함. 즉, 염석 및 투석, 유기용매 침전, 등전점 침전, 흡착, 이온교환 크로마토그래피 등

 정답 ②

83. 비가열 살균에 해당하지 않는 것은?

① 자외선 살균

② 저온 살균

③ 방사선 살균

④ 전자선 살균

| 해설

저온살균(LTLT)은 63 ~65℃에서 30분간 가열살균

냉살균법(비가열 살균법)

· 가열살균에 반대되는 의미, 열을 가하지 않고 미생물을 사멸시키는 수단

· 약제 살균, 방사선, 전자선 살균 및 자외선 살균 등

 정답 ②

84. 방사선조사(식품조사) 살균에 주로 사용되는 조사선원은?

① ^{60}Co

② ^{134}Cs

③ ^{137}Cs

④ ^{131}I

| 해설

방사선조사(= 식품조사, Food irradiation)

· 식품 등의 발아억제, 살균, 살충 또는 숙도조절을 목적으로 감마선 또는 전자선가속기에서 방출되는 에너지를 복사(radiation)의 방식으로 식품에 조사하는 것

· 이용가능한 선종: 감마선, 전자선 또는 엑스선

· 감마선 방출 선원: ^{60}Co만 사용

 정답 ①

85. 막분리의 장점이 아닌 것은?

① 연속 조작이 가능

② 설치비가 저렴

③ 영양성분의 손실 최소화

④ 에너지 절약

| 해설

막분리의 장단점

· 장점

 - 이화학적 변화를 피할 수 있음

 - 에너지의 절감

 - 가열취의 발생 감소

 - 식품의 영양가, 향기성분, 색소성분 손실 등을 최소화

· 단점

 - 고가의 장비

 - 30% 이상의 고형분 농축은 어려움

 - 막의 오염 형성을 주의해야 함

 정답 ②

86. 교반 속도가 빠른 액체 혼합기에서 방해판(baffle)이 하는 주된 역할은?

① 소용돌이를 완화하여 내용물이 넘치지 않도록 한다.

② 교반에 필요한 에너지의 소비를 줄여준다.

③ 회전속도를 높여준다.

④ 열발생으로 내용물의 점도를 낮춰준다.

| 해설

원통형 안에 공기 공동이 생기는 소용돌이 현상을 방지하기 위해 방해판을 부착하여 혼합효과를 높임

 정답 ①

87. 농상가공에서 분체, 입체, 습기가 있는 재료나 화학적 활성을 지니고 있는 고온물질을 트로프(trough) 또는 파이프(pipe) 내에서 회전시켜 운반하는 반송기계는?

① 벨트컨베이어(belt conveyer)
② 스크류컨베이어(screw conveyer)
③ 버킷엘리베이터(bucket elevator)
④ 드로우어(thrower)

| 해설

① 벨트컨베이어(belt conveyer)
  • 고체 이송기, 연속식 운반기계의 일종
  • 스틸 프레임에 아이들러 롤러 또는 슬라이드 판을 조립하고 양끝에서 고무벨트를 걸어 드럼을 통해 구동하는 장치
② 스크류컨베이어(screw conveyer)
  • U자형 원통 속에서 screw 모양의 날개를 회전시켜 screw의 상호 운동의 결과로써 운반물을 Feeding 시키는 장비
  • 완전밀폐로 미세한 분말 등을 운반 가능
③ 버킷엘리베이터(bucket elevator)
  • 원료를 수직운반, 버킷이 고무밸브나 체인에 견고하게 취부되어 모터로 구동됨
  • 구조가 간단하고 면적이 작아서 공간 활용도가 높음

정답 ②

88. 가늘고 긴 원통모양의 보울(bowl)이 축에 매달려 고속으로 회전하여 가벼운 액체는 안쪽, 무거운 액체는 벽 쪽으로 이동하도록 분리시키는 기계는?

① 관형 원심분리기
② 원판형 원심분리기
③ 노즐형 원심분리기
④ 컨베이어형 원심분리기

| 해설

관형 원심분리기(tubular bowl centrifuge)
  • 고정외통 속에 가늘고 긴 회전내통이 있음
  • 과일주스 및 시럽의 청징, 식용유의 탈수 등에 사용

정답 ①

89. 다음 중 건조한 상태에서 세척하는 방법이 아닌 것은?

① 초음파세척(ultrasonic cleaning)
② 마찰세척(abrasion cleaning)
③ 흡인세척(aspiration cleaning)
④ 자석세척(magnetic cleaning)

| 해설

초음파세척은 습식세척에 해당함

정답 ①

90. 수산 건제품의 처리 방법에 대한 설명으로 옳지 않은 것은?

① 자건품: 수산물을 그대로 또는 소금을 넣고 삶은 후 말린 것
② 배건품: 수산물을 저온에서 말린 것
③ 염건품: 수산물에 소금을 넣고 말린 것
④ 동건품: 수산물을 동결, 용해하여 말린 것

| 해설

배건품
불을 쬐며 말리거나 불에 볶은 후 말린 것

정답 ②

91. 열에 민감하고 점도가 낮은 식품을 가열할 때 사용하며, 식품 공업에서 가장 널리 사용되는 열교환기는?

① 판형 열교환기
② 회전식 열교환기
③ 통관식 열교환기
④ 이중관식 열교환기

| 해설

열교환기
  • 금속 벽을 사이에 두고 고온 유체와 저온 유체 사이의 열교환을 하는 장치
  • 판형 열교환기는 얇은 스테인리스강을 파도 모양으로 하여 좁은 간격을 두고 여러 장을 겹쳐 조립한 열교환기로서 열효율이 좋고 설치 면적도 작은 장점이 있어 식품공업에 널리 사용됨

정답 ①

92. 곡류와 같은 고체를 분쇄하고자 할 때 사용하는 힘이 아닌 것은?

① 충격력(impact force)

② 유화력(emulsification)

③ 압축력(compression force)

④ 전단력(shear force)

| 해설

유화력은 혼합, 유화에 사용하는 성질

분쇄의 작용력

압축력, 전단력, 절단력, 충격력

정답 ②

93. 고체의 양은 많으나 유동성이 비교적 큰 계란, 크림, 쇼트닝의 제조에 가장 적합한 혼합기는?

① 드럼 믹서(drum mixer)

② 스크루 믹서(screw mixer)

③ 반죽기(kneader)

④ 팬 믹서(pan mixer)

| 해설

㉠ 드럼 믹서는 팬이 없이 큰 드럼통에 넣고 믹싱을 해주는 과정으로 시멘트 제조에 적합

㉡ 스크루 믹서는 회전 칼날이 돌아가면서 혼합

㉢ 팬 믹서는 통 안에서 패들이 회전하는 것으로 대표적인 혼합기

정답 ④

94. 회전속도를 동일하게 유지할 때 원심분리기 로터(Rotor)의 반지름을 2배로 늘리면 원심효과는 몇 배가 되는가?

① 0.25배   ② 0.5배

③ 2배   ④ 4배

| 해설

원심력의 크기 = 질량 × 반지름 × 각속도(rpm)²

그러므로 반지름이 2배가 되면 원심력도 2배가 됨

정답 ③

95. 식품의 식중독균이나 부패에 관여하는 미생물만 선택적으로 살균하여 소비자의 건강에 해를 끼치지 않을 정도로 부분 살균하는 방법은?

① 냉살균

② 상업적 살균

③ 멸균

④ 무균화

| 해설

상업적 살균법

• 식품의 품질을 최대한 유지하기 위해 위생상 위해한 미생물을 대상으로 가열 살균

• 식품의 품질 변화 방지 효과, 에너지 절약 효과가 큼

• 산성의 과일 통조림에 주로 이용됨(100℃ 이하 70℃ 이상으로 살균)

정답 ②

96. 10% 고형분을 함유한 사과주스를 가공할 때 농축장치를 사용하여 50% 고형분을 함유한 농축사과주스로 제조하고자 한다. 원료주스를 1000 kg/h 속도로 투입하면 농축주스의 생산량(kg/h)은?

① 200

② 400

③ 500

④ 800

| 해설

초기 사과주스의 고형분 함량은

$$1000\,\text{kg/h} \times \frac{10}{100} = 100\,\text{kg/h}$$

그러므로 50% 고형분과 50% 수분인 농축주스는

$$100\,\text{kg/h} + 100\,\text{kg/h} = 200\,\text{kg/h}$$

정답 ①

97. 타원형의 용기에 물을 반쯤 채우고 임펠라를 회전시켜 일정 위치에서 기체가 압축 이송되는 장치는?

① 팬
② 압축기
③ 매시 펌프
④ 로타리 블로워

| 해설

매시펌프
액체 이송의 펌프와 같은 종류로 10~1,000 기압의 고압 공기를 이송, 기체 입구 쪽에 미립자를 제거하는 필터를 부착, 출구 쪽에는 응축수를 제거하는 분리기가 필요함

 정답 ③

98. 상업적 살균조건 설정 시 고려해야 할 요소가 아닌 것은?

① 초기 미생물 오염도
② 미생물의 내열성
③ 원산지
④ pH

| 해설

원산지는 살균조건 설정 시 고려사항이 아님

가열살균 시 고려사항
미생물의 사멸온도, 미생물 자체의 내열성과 오염정도, 식품의 종류, 식품을 담는 용기의 열전도도 및 열전달 방식, 식품의 pH 등을 고려해야 함. 특히 가열살균은 살균정도에 따라 미생물을 완전히 사멸시키는 완전살균과 오염된 일부만 살균하는 부분살균(상업적 살균)으로 분류할 수 있음

 정답 ③

99. 일반적으로 여과조제(filter aid)로 사용되지 않는 것은?

① 규조토
② 실리카겔
③ 활성탄
④ 한천

| 해설

여과보조제(filter aid)
• 아주 작은 입자들을 흡착하여 여과기막이 막히는 것을 방지하기 위해 사용
• 매우 작은 콜로이드상의 고형물을 함유한 액체의 경우 여과면에 치밀한 층을 형성하는 데 이를 방지하는 목적으로 첨가
• 타물질과 작용하지 않음
• 규조토를 주로 사용함, 종이 펄프, 활성탄, 카본, 백토, 실리카겔 등 사용

 정답 ④

100. 농축 공정 중 발생하는 현상과 거리가 먼 것은?

① 점도 상승
② 거품 발생
③ 비점 하강
④ 관석(scaling) 발생

| 해설

농축 공정 중 발생하는 현상: 비점 상승, 점도 상승, 거품 발생, 관석 발생, 비말 동반 등

 정답 ③

※CBT 문제는 수험생의 기억에 따라 복원된 것이며, 실제 기출문제와 동일하지 않을 수 있습니다.

제1과목 식품위생학

01. 식품공업에 있어서 폐수의 오염도를 판명하는데 필요치 않는 것은?

① DO
② BOD
③ WOD
④ COD

| 해설

폐수로 인한 수질오염지표

· 냄새와 색
· 용존 산소량(DO; dissolved oxygen)
· 생물화학적 산소 요구량(BOD; biochemical oxygen demand)
· 화학적 산소 요구량(COD; chemical oxygen demand)
· 부유물질(SS; suspended solid)

정답 ③

02. 수돗물의 염소 소독 중 염소와 미량의 유기물질과의 반응으로 생성될 수 있는 발암성 물질은?

① benzopyrene
② nitrosamine
③ toluene
④ trihalomethane

| 해설

트리할로메탄(trihalomethane)

· 생성 원인: 상수원의 정수과정에서, 물이 함유하고 있는 유기물질과 살균제로 사용되는 염소가 반응하여 생성
· 상수원의 오염이 심해 유기물이 많을수록, 살균제로 사용하는 염소를 많이 사용할수록, 살균과정이 길수록 많이 생성

정답 ④

03. 식품위생분야 종사자 등의 건강진단규칙에 의한 연 1회 정기 건강진단 항목이 아닌 것은?

① 파라티푸스
② 장티푸스
③ 폐결핵
④ 성병

| 해설

식품위생 분야 종사자의 건강진단 규칙

※ 총리령 제1919호(2023. 12. 7. 일부개정, 2024. 1. 8. 시행) 반영

대상	건강진단 항목	횟수
식품 또는 식품첨가물(화학적 합성품 또는 기구 등의 살균·소독제는 제외한다)을 채취·제조·가공·조리·저장·운반 또는 판매하는 데 직접 종사하는 사람. 다만, 영업자 또는 종업원 중 완전 포장된 식품 또는 식품첨가물을 운반하거나 판매하는데 종사하는 사람은 제외한다.	1. 장티푸스 2. 파라티푸스 3. 폐결핵	매년 1회 (유효기간은 1년으로 하며, 직전 건강진단의 유효기간이 만료되는 날의 다음 날부터 기산한다. 건강진단의 유효기간 만료일 전후 각각 30일 이내에 실시해야 한다.)

정답 ④

04. 식품 포장재로부터 이행 가능한 유해 물질이 잘못 연결된 것은?

① 금속포장재 – 납, 주석
② 요업 용기 – 첨가제, 잔존 단위체
③ 고무마개 – 첨가제
④ 종이포장재 – 착색제

| 해설

㉠ 첨가제, 잔존 단위체는 합성수지 용기에서 이행됨
㉡ 요업 용기, 즉 도자기, 법랑피복제품, 옹기류 등에서는 주로 납 용출

정답 ②

05. 민물고기를 섭취한 일이 없는데도 간흡충에 감염되었다면 이와 가장 관계가 깊은 감염 경로는?

① 채소 생식으로 인한 감염
② 가재요리 섭취로 인한 감염
③ 쇠고기 생식으로 인한 감염
④ 민물고기를 요리한 도마를 통한 감염

| 해설

도마, 칼 등에 의한 교차 오염

정답 ④

06. 다음 물질 중 소독 효과가 거의 없는 것은?

① 알코올
② 석탄산
③ 크레졸
④ 중성세제

| 해설

0.01~0.1% 역성비누(양성비누)
손 소독에 가장 많이 사용, 중성비누와 혼합 사용하면 효과 없음

정답 ④

07. 식품의 부패를 검사하는 화학적인 방법이 아닌 것은?

① pH 측정
② 휘발성 염기질소 측정
③ 트리메틸아민(TMA) 측정
④ phosphatase 활성 측정

| 해설

Phosphatase test
우유를 가열하면 포스파타제 효소가 활성을 상실하므로, 포스파타제의 활성을 측정하면 우유의 살균여부 판정

정답 ④

08. 소독·살균의 용도로 사용하는 알코올의 일반적인 농도는?

① 100%
② 90%
③ 70%
④ 50%

| 해설

100% 알코올보다 70% 알코올의 살균·소독효과가 큼

정답 ③

09. 식품위생법령상 위해평가 과정의 정의가 틀린 것은?

① 위해요소의 인체 내 독성을 확인하는 위험성 확인과정
② 위해요소의 식품잔류허용기준을 결정하는 위험성 결정과정
③ 위해요소가 인체에 노출된 양을 산출하는 노출평가과정
④ 위험성 확인과정, 위험성 결정과정, 노출평가 과정의 결과를 종합하여 해당 식품 등이 건강에 미치는 영향을 판단하는 위해도 결정과정

| 해설

위험성 결정과정
• 위해요소의 인체 영향에 대해 용량-반응 평가를 함
• 최대무독성량(NOAEL) 결정 - 벤치마크용량(BMD) 하한값 결정 - 불확실성 계수 적용(일반적으로 100) - 일일섭취허용량(ADI) 산출

 정답 ②

10. 유해성 포름알데히드(formaldehyde)와 관계 없는 물질은?

① 요소수지
② urotropin
③ rongalite
④ nitrogen trichloride

| 해설

열경화성 수지(요소수지, 페놀수지, 멜라민수지)와 urotropin(유해성 보존료), rongalite(유해성 표백료)는 분해 시 포름알데히드 생성

 정답 ④

11. 먹는물의 수질 기준에서 허용기준 수치가 가장 낮은 것은?

① 불소
② 질산성 질소
③ 크롬
④ 수은

| 해설

① 불소는 1.5mg/L(샘물·먹는샘물 및 염지하수·먹는염지하수의 경우에는 2.0mg/L)를 넘지 아니할 것
② 질산성 질소는 10mg/L를 넘지 아니할 것
③ 크롬은 0.05mg/L를 넘지 아니할 것
④ 수은은 0.001mg/L를 넘지 아니할 것

정답 ④

12. 식품을 보존하는 방법에 해당되지 않는 것은?

① 염장
② 건조
③ 당장
④ 수장

| 해설

수장, 즉 물에 담가 보관할 경우 수분활성도가 높아지므로 미생물 증식우려가 있음

정답 ④

13. 식품의 냉장목적과 가장 관계가 적은 것은?

① 자기소화 지연
② 식품의 신선도 단기유시
③ 미생물 증식저지
④ 병원성 미생물의 사멸

| 해설

병원성 미생물의 사멸은 살균, 소독 등으로 가능함

정답 ④

14. 오크라톡신(ochratoxin)은 무엇에 의해 생성되는 독소인가?

① 곰팡이
② 세균
③ 바이러스
④ 복어

| 해설

*Aspergillus ochraceus*에 의해 생성되는 간장독

정답 ①

15. 대장균군의 추정, 확정, 완전시험에서 사용되는 배지가 아닌 것은?

① TCBS agar
② Endo agar
③ EMB agar
④ BGLB

| 해설

TCBS agar는 장염비브리오균 시험배지

대장균군 정성시험(유당배지법)
• 추정시험: 유당배지(lactose broth)
• 확정시험: BGLB 배지 → Endo 한천배지 또는 EMB 한천배지
• 완전시험: 그람염색

정답 ①

16. 식중독의 발생 조건으로 틀린 것은?

① 원인 세균이 식품에 부착하면 어떤 경우라도 발생한다.

② 특수원인세균으로서 특정 식품을 오염시키는 특수 관계가 성립하는 경우가 있다.

③ 적합한 습도와 온도일 때 식중독 세균이 발육한다.

④ 일반인에 비하여 면역기능이 저하된 위험군은 식중독 세균에 감염 시 발병할 가능성이 더 높다.

| 해설

식중독균이 식품에 부착한 후, 일정 조건에서 증식하여 식중독을 발생시킬 수 있는 균수가 되었을 때, 또는 충분한 양의 독소가 생성된 경우에 식중독 발생

정답 ①

---

17. 쥐와 관련되어 감염되는 질병이 아닌 것은?

① 유행성출혈열

② 살모넬라증

③ 페스트

④ 폴리오

| 해설

폴리오(Poliomyelitis, 소아마비, 급성회백수염)는 주로 감염자의 인두분비액과 직접 접촉하였을 때 폴리오 바이러스에 의해 감염

정답 ④

---

18. 다음의 첨가물 중 현재 살균제로 지정되고 있는 것은?

① 아황산나트륨

② 차아염소산나트륨

③ 프로피온산

④ 소르빈산

| 해설

① 아황산나트륨: 표백제
② 차아염소산나트륨: 살균제
③ 프로피온산: 보존료
④ 소르빈산: 보존료

정답 ②

---

19. 식품보존료로서 안식향산(benzoic acid)을 사용할 수 없는 식품은?

① 과일 · 채소류 음료

② 탄산음료

③ 인삼음료

④ 발효음료류

| 해설

안식향산(benzoic acid) 사용 가능 식품

• 과일 · 채소류 음료, 탄산음료, 인삼 및 홍삼음료, 간장
• 마가린, 마요네즈, 절임식품

정답 ④

---

20. 수질오염과 관련하여 공장 폐수의 어류에 대한 치사량을 구하는데 사용되는 단위는?

① LD_{50}

② LC

③ ADI

④ TLm

| 해설

TLm(Median Tolerance Limit)

• 어류에 대한 독성시험의 결과를 나타내는 값
• 어류를 급성 독물질이 포함되어 있는 희석액 중에 일정 시간 사육 후, 그 기간동안 시험어류의 50%가 살아남았을 때의 배수 농도로 표시

정답 ④

제2과목 식품화학

21. 단백질에 대한 설명으로 틀린 것은?

① 단백질 함량은 질소 함량을 통해 추정할 수 있다.

② 단백질의 약 16%는 질소분이다.

③ 식품 중 단백질의 질소함량은 식품의 형태에 따라 크게 달라진다.

④ 질소함량은 보통 Kjeldahl 법에 의해서 측정된다.

┃해설

식품 중 단백질의 질소함량은 식품의 형태에 따라 크게 달라지는 않음

 정답 ③

22. 다음 식품 중 소성유동을 일으키는 것은?

① 인절미

② 밀가루반죽

③ 생크림

④ 청국장

┃해설

버터나 생크림은 가소성(외부에서 힘을 받아 변형된 후 그 힘을 없애도 본래의 상태로 되돌아가지 않는 성질)을 가짐

 정답 ③

23. 다음 중 필수 아미노산에 해당하지 않는 것은?

① 알라닌

② 히스티딘

③ 라이신

④ 발린

┃해설

필수아미노산

• 신체에서 합성할 수 없는 아미노산으로 음식에서 공급되어야만 하는 아미노산

• 성인은 isoleucine, leucine, lysine, methionine, threonine, phenylalanine, tryptophan, valine (8개)

• 성장기 어린이와 회복기 환자는 arginine, histidine 포함 10개

 정답 ①

24. 다음 중 식품의 수분정량법이 아닌 것은?

① 건조감량법

② 증류법

③ Karl-Fischer법

④ 자외선 사용법

┃해설

수분정량법

건조감량법, 증류법, 칼피셔(Karl Fischer)법

 정답 ④

25. 엽록소(chlorophyll)의 녹색을 오래 보존하기 위해 chlorophyll의 Mg을 무엇으로 치환하는 것이 좋은가?

① Cu

② H

③ K

④ N

┃해설

구리나 철과 함께 가열하면 클로로필의 미그네슘 이온이 이들 금속이온과 치환되어 안정한 청록색의 구리-클로로필, 또는 선명한 갈색의 철-클로로필을 형성

 정답 ①

26. 효소적 갈변반응의 억제 방법이 아닌 것은?

① ascorbic acid 첨가

② 염화나트륨 첨가

③ 이산화황 첨가

④ 황산구리 첨가

| 해설

효소적 갈변 반응은 산화적 반응이므로, 항산화제(ascorbic acid)를 첨가, 소금물에 담궈 산소 차단, 이산화황(기질을 미리 환원시킴) 첨가로 갈변 억제 가능

정답 ④

27. 식용유지의 품질을 평가하는 데 가장 중요한 사항은?

① glyceride의 양

② 유리지방산 함량

③ lipase 함량

④ 색소

| 해설

유리지방산 함량이 높다는 것은 산패가 많이 진행되었다는 뜻이므로 식용유지의 품질을 평가하기 위해 산가(acid value)를 측정함

정답 ②

28. 호화전분의 노화를 억제하는 방법이 아닌 것은?

① 수분을 15% 이하로 줄인다.

② 유화제를 첨가한다.

③ 설탕을 첨가한다.

④ 냉장실에 보관한다.

| 해설

냉장은 오히려 노화를 촉진함

전분의 노화 억제 방법

• 수분함량의 조절: 수분함량을 30~60%보다 적거나 많게 조절, 15% 이하면 노화를 효과적으로 억제
• 냉동
• 설탕 첨가: 설탕이 탈수제로 작용하여 a-전분을 단시간에 건조시킨 것과 같은 효과를 냄
• 여러 무기염류, 유기염류
• 식품첨가물: 메틸셀룰로오스, 카르복시메틸셀룰로오스나트륨 (CMC) 등 증점제, D-Sorbitol, 유화제

정답 ④

29. 면실 중에 존재하는 항산화 성분으로 강력한 항산화력이 인정되나 독성 때문에 사용되지 못하는 것은?

① 커쿠민(curcumin)

② 고시폴(gossypol)

③ 구아이아콜(guaiacol)

④ 레시틴(lecithin)

| 해설

면실유(목화씨기름)를 착유할 때 고시폴이 함께 채취됨

정답 ②

30. 다음 아미노산 중 L형이나 D형과 같은 광학이성체가 존재하지 않는 것은?

① 발린(Valine)

② 아이소루신(isoleucine)

③ 글라이신(glycine)

④ 트레오닌(threonine)

| 해설

아미노산의 입체이성체(stereoisomer)

• 비대칭 탄소 원자를 갖기 때문에 광학적 이성질체가 되며, 대부분이 L-형이고, D-형은 특수한 경우 존재
• 단, glycine은 비대칭탄소원자가 없음

정답 ③

31. 다음 중 황화알릴(allyl sulfide)의 냄새가 나는 식품은?

① 사과, 바나나 ② 파
③ 육계(肉桂) ④ 부패 계란

| 해설

마늘, 파, 부추의 냄새성분

정답 ②

32. 연유 중에 젓가락을 세워 회전시키면 연유가 젓가락을 따라 올라간다. 이런 성질을 무엇이라고 하는가?

① Weissenberg 효과 ② 예사성
③ 경점성 ④ 신전성

| 해설

㉠ 예사성: 특정식품에 젓가락을 넣었다 올렸을 때 딸려 올라오는 점탄성의 성질(달걀 흰자, 나또)
㉡ 바이센버그(Weissenberg) 효과: 특정식품에 젓가락을 넣어 돌리면 그 탄성에 의해서 젓가락을 타고 올라오는 효과(연유)
㉢ 점조성: 끈적끈적한 액체나 반죽이 변형에 저항하는 성질(밀가루 반죽)
㉣ 신전성: 고체 식품들이 막대기 또는 긴 끝 모양으로 늘어나는 성질(국수)

정답 ①

33. 식용유지의 발연점(smoke point)에 대한 설명으로 틀린 것은?

① 유지 중의 유리지방산 함량이 많을수록 발연점은 낮아진다.
② 유지를 가열하여 유지의 표면에서 엷은 푸른연기가 발생할 때의 온도를 말한다.
③ 노출된 유지의 표면적이 클수록 발연점은 낮아진다.
④ 식용유지의 발연점은 낮을수록 좋다.

| 해설

식용유지의 발연점은 높을수록 좋음

정답 ④

34. 사람이나 가축의 장내 미생물에 의해 합성되어 사용되는 비타민은?

① 비타민 B
② 비타민 K
③ 비타민 C
④ 비타민 E

| 해설

비타민 K(필로퀴논, phylloquinone)
건강한 성인은 장내 박테리아에 의해 합성되므로 결핍증이 거의 나타나지 않음

정답 ②

35. 다음 중 동물성 스테롤(sterol)은?

① cholesterol
② ergosterol
③ sitosterol
④ stigmasterol

| 해설

스테롤(sterol)
• 대부분의 진핵세포의 막에 존재하는 구조지방질로서, 동물성/식물성/미생물성으로 분류
• 동물성 스테롤은 콜레스테롤, 식물성 스테롤은 시토스테롤, 스티그마스테롤, 진균류 스테롤은 에르고스테롤이 대표적

정답 ①

36. 호화(糊化)된 전분이 갖는 성질이 아닌 것은?

① 점도의 증가

② 소화율의 증가

③ 방향 부동성(anisotropy)의 손실

④ 수분 흡수정도의 감소

| 해설

호화는 전분이 물을 흡수하여 팽윤되는 것임

정답 ④

37. 마이야르 반응에 관여하지 않는 물질은?

① 라이신

② 글리신

③ 포도당

④ 레시틴

| 해설

레시틴은 인지질로서 환원당, 아미노화합물이 아님

마이야르 반응(Maillard reaction, amino-carbonyl 반응, melanoidin 반응)

환원당과 아미노화합물의 축합반응

정답 ④

38. 식품에 존재하는 자연 독성물질이 아닌 것은?

① melamine

② solanine

③ gossypol

④ trypsin inhibitor

| 해설

① melamine: 멜라민 수지의 제조 등에 사용되는 질소 화합물로 서, 식품에 의도적으로 첨가하거나 오염되기도 하는 물질

② solanine: 감자싹 함유

③ gossypol: 면실유 함유

④ trypsin inhibitor: 콩 함유

정답 ①

39. 유지의 산패 정도를 나타내는 값이 아닌 것은?

① TBA가

② 과산화물가

③ 카르보닐가

④ polenske

| 해설

polenske value

- 비수용성 휘발성 지방산을 중화시키는 소비되는 0.1N KOH의 mL 수
- 야자유 검사에 이용

정답 ④

40. 식품의 주 단백질이 잘못 연결된 것은?

① 달걀 - ovalbumin

② 밀가루 - gluten

③ 콩 - myoglobin

④ 우유 - casein

| 해설

myoglobin은 근섬유 속 헴단백질

정답 ③

제3과목 식품가공학

41. 샐러드 기름을 제조할 때 탈납(winterization) 과정의 주요 목적은?

① 불포화 지방산을 제거한다.
② 저온에서 고체상태로 존재하는 지방을 제거한다.
③ 지방 추출원료의 찌꺼기를 제거한다.
④ 수분을 제거한다.

| 해설

탈납(Winterization)
• 저온에서 혼탁해지는 것을 방지하기 위해 고체지방을 여과 또는 원심분리하여 제거
• 샐러드유에는 필수적인 공정으로 유지의 내한성 높임

 정답 ②

42. 아이스크림을 제조할 때 가장 알맞은 오버런(overrun)의 범위는 얼마인가?

① 30 ± 5%
② 50 ± 10%
③ 70 ± 5%
④ 90 ± 10%

| 해설

오버런(= 증용률)
• 원료재료의 팽창률, 아이스크림의 오버런은 80~100%가 적당
• 아이스크림의 오버런이 클수록 조직감이 부드러워짐

 정답 ④

43. 어육을 소금과 함께 갈아서 조미료와 보강재료를 넣고 응고시킨 식품을 나타내는 용어는?

① 수산 훈제품
② 수산 염장품
③ 수산 건제품
④ 수산 연제품

| 해설

① 수산 훈제품: 어패류를 염지, 훈연, 건조하여 독특한 풍미와 보존성을 갖도록 한 것
② 수산 염장품: 식염을 이용하여 어패류를 가공한 것
③ 수산 건제품: 수산물의 수분을 제거하여 미생물 증식을 억제함으로써 저장성을 갖도록 한 것
④ 수산 연제품: 어육을 소금과 함께 갈아서 조미료와 보강재료를 넣고 응고시킨 식품, 어묵

 정답 ④

44. 냉동화상(freezer burn)에 대한 설명이 틀린 것은?

① 동결된 식품의 표면이 공기와 접촉하여 발생한다.
② 다공질의 건조층이 생긴다.
③ 색깔, 조직, 향미, 영양가는 변화가 없다.
④ 냉동 육류의 저장에서 많이 발생한다.

| 해설

식품의 변색, 지방산화 등으로 조직, 향미, 영양가 등 품질의 저하 발생

 정답 ③

45. 난황계수가 0.42이고 난황의 폭이 3.5cm일 때 난황의 높이와 신선도의 판별결과는?

① 높이 0.147cm이고, 부패란이다.
② 높이 0.83cm이고, 신선란이다.
③ 높이 1.47cm이고, 신선란이다.
④ 높이 0.83cm이고, 부패란이다.

| 해설

㉠ 난황계수 = $\dfrac{난황의 높이}{난황의 직경}$

$0.42 = \dfrac{난황의 높이}{3.5cm}$

난황의 높이 = 1.47cm

㉡ 신선란의 난황계수는 0.361~0.442

정답 ③

46. 쌀의 도정 공정에서 현미는 어느 부위를 벗겨낸 것인가?

① 과종피
② 왕겨층
③ 배아
④ 겨층

| 해설

현미는 나락에서 왕겨층 만을 제거한 것

정답 ②

47. 일반 통조림 제품의 검사가 아닌 것은?

① 외관검사
② 살균검사
③ 타검검사
④ 개관검사

| 해설

통조림의 검사
• 외관검사
  타관검사: 타검봉을 이용하여 뚜껑이나 밑바닥을 두드려보아 둔탁한 소리가 나는 것은 이상이 있는 제품
• 개관검사
  샘플링 후 내용물 확인
• 가온검사: 36~37℃에서 1~3주간 보존하여 외관 확인
• 진공검사: 진공계를 이용하여 내부의 진공도 측정, 30cmHg 이상이면 좋음

정답 ②

48. 자연치즈의 숙성도와 관련이 깊은 성분은?

① 수용성 질소
② 유리 지방산
③ 유당
④ 카르보닐 화합물

| 해설

치즈 숙성이 진행됨에 따라 치즈 단백질(casein)분해가 일어나 수용성 질소화합물(WSN, Water-soluble nitrogen)의 생성량 증가

정답 ①

49. 육질의 연화를 위한 숙성과정에서 일어나는 현상에 대한 설명으로 틀린 것은?

① pepsin, trypsin, cathepsin 등의 효소작용에 의한 단백질 가수분해작용이 일어난다.

② actomyosin의 해리현상이 일어난다.

③ 혈색소인 hemoglobin이나 myoglobin은 Fe^{2+}가 Fe^{3+}로 된다.

④ 숙성과정에서 도살 전과 비교하여 pH의 변화는 없다.

┃해설

도축(pH 7.0~7.4) → 사후경직(pH 6.5 이하) → 자가숙성(pH 상승)

정답 ④

---

50. 전분 200kg을 산당화법으로 분해시켜 포도당을 제조하면 그 생산량은 약 얼마인가?

① 111kg

② 222kg

③ 333kg

④ 55kg

┃해설

전분   포도당

$(C_6H_{10}O_5)_n + nH_2O \rightarrow nC_6H_{12}O_6$

분자량 : 162   분자량 : 180

그러므로 $162 : 180 = 200 : a$

$\therefore a \fallingdotseq 222$

정답 ②

---

51. 유지의 산패 측정 방법 중 화학적 방법이 아닌 것은?

① 과산화물가 측정

② TBA가 측정

③ Oven test

④ AOM법

┃해설

유지 산패 측정방법

• 관능검사에 의한 측정법: 스카알 오븐 테스트

• 물리적 방법
 - GC를 이용한 방법
 - 중량법
 - 유지의 산소흡수량 측정법
 - 공액이중결합을 가진 지방산함량의 측정법
 - 굴절률의 변화 측정

• 화학적 방법
 - 과산화물가 측정법
 - 크라이스 테스트
 - TBA법
 - 카아보닐가 측정
 - 아니시딘가 측정
 - AOM법

정답 ③

---

52. 훈연의 주요 목적과 거리가 먼 것은?

① 제품의 색과 향미 향상

② 건조에 의한 저장성 향상

③ 연기의 방부성분에 의한 잡균 증식 억제

④ 식육의 pH를 조절하여 잡균 오염 방지

┃해설

훈연의 목적

• 특유의 색과 풍미 증진

• 방부작용, 지방의 산화 방지

• 보존성 부여 등

정답 ④

53. 콩 가공 과정에서 불활성화시켜야 하는 유해 성분은?

① 글로불린(globulin)

② 레시틴(lecithin)

③ 트립신저해제(trypsin inhibitor)

④ 나이아신(niacin)

| 해설

트립신(단백질분해효소) 저해제를 불활성화 시키지 않고 섭취할 경우 단백질소화 억제, 췌장 비대증, 황함유아미노산 결핍 유발

정답 ③

54. 잼류의 가공 시 필요한 성분이 아닌 것은?

① 펙틴

② 당

③ 유기산

④ 단백질

| 해설

젤리화에 필요한 3요소

당(60~65%), pH2.9~3.5(유기산0.3%), 펙틴(1.0~1.5%)

정답 ④

55. 단백질을 포함하는 원료를 산으로 가수분해하여 그 여액을 가공하여 만든 간장은?

① 산분해간장

② 양조간장

③ 재래간장

④ 혼합간장

| 해설

① 산분해간장: 단백질 원료를 산으로 가수분해 후 중화하여 얻은 여액을 가공

② 양조간장: 콩과 밀로 제국하여 식염수 등을 섞어 발효·숙성시킨 후 여액을 가공

③ 재래간장: 콩을 이용하여 메주를 제조하고, 식염수 등을 섞어 발효·숙성시킨 후 여액을 가공

④ 혼합간장: 산분해간장과 양조간장을 섞어 가공

정답 ①

56. 밀가루의 제빵 특성에 영향을 주는 가장 중요한 품질 요인은?

① 회분 함량

② 색깔

③ 단백질 함량

④ 당 함량

| 해설

㉠ 밀가루는 물과 함께 반죽시 글루텐(밀단백질)이 형성되어 탄성과 점성이 생김

㉡ 밀가루는 단백질 함량에 따라 강력분, 중력분, 박력분으로 구분하며 용도가 구분됨

정답 ③

57. 시유 제조 공정 중 크림층의 형성을 방지하고, 지방구를 세분화시켜 소화율을 높이고, 우유 단백질을 연성화하는 목적으로 하는 공정은?

① 살균

② 표준화

③ 균질화

④ 연압

| 해설

우유의 균질화 공정

• 크림층의 생성방지를 위해 기계적으로 지방구의 크기를 미세화하여 분산

• 목적: 지방구의 미세화, 지방의 크림화 방지, 점도 향상, 우유 조직의 연성화, 소화기능 향상

정답 ③

58. 유황훈증법에 의한 건조과일 제조에 대한 설명으로 거리가 먼 것은?

① 옥시다아제(oxidase) 등의 산화효소를 파괴시킨다.

② 불쾌취를 제거한다.

③ 미생물 억제효과가 있다.

④ 과육의 갈변을 방지하여 색깔을 유지시켜준다.

59. 여름철 간장 보관 시 발생하는 유해 미생물 중 산막효모에 대한 설명이 아닌 것은?

① 표면에 피막을 형성한다.

② 이산화탄소를 생산하여 부풀음을 초래한다.

③ 호기성 효모이다.

④ 젖산을 소비하여 부패 세균이 증식할 수 있는 환경을 만든다.

60. 알루미늄박(Al-foil)에 폴리에틸렌 필름을 입혀서 사용하는 가장 큰 목적은?

① 산소나 가스의 차단

② 내유성 향상

③ 빛의 차단

④ 열접착성 향상

61. "$C_6H_{12}O_6 + O_2 \rightarrow CH_3COOH + H_2O$"에 의해 에탄올(ethanol) 100g에서 생성될 수 있는 초산(acetic acid)의 이론 생성량은?

① 130.4g
② 13.4g
③ 111.4g
④ 11.4g

| 해설
알코올 100g으로 생산된 초산 양
ethanol + O_2 → acetic acid + H_2O
46(ethanol 분자량) : 60(acetic acid 분자량) = 100 : a
∴ a = 130.4g

정답 ①

62. 세균의 편모와 가장 관련이 깊은 것은?

① 생식기관
② 운동기관
③ 영양축적기관
④ 단백질합성기관

| 해설
편모
단백질로 구성되어 있는 세포의 운동기관

정답 ②

63. 독버섯의 독성분이 아닌 것은?

① enterotoxin
② neurine
③ muscarine
④ phalline

| 해설
㉠ 독버섯의 독성분으로는 muscarine, muscaridine, neurine, phalline, amanitatoxin, pilztoxin 등이 있음
㉡ enterotoxin은 세균이 생성하는 장독소

정답 ①

64. 고체배지에 대한 설명과 가장 거리가 먼 것은?

① 평판 또는 사면배지에 사용된다.
② 미생물의 순수분리에 사용된다.
③ 균주의 보관 및 이동시에 사용된다.
④ 균의 운동성 유무에 대한 실험 배지로 사용된다.

| 해설
균의 운동성 확인시에는 한천의 함량이 낮은 반고체배지를 사용함

정답 ④

65. 박테리오파지(Bacteriophage)의 설명 중 틀린 것은?

① 숙주(宿主)로 되는 균이 한정되어 있지 않다.
② 기생증식하면서 용균(溶菌)하는 Virus체다.
③ 머리는 주로 DNA, 꼬리는 단백질로 구성되어 있다.
④ 독성(virulent)파지와 용원(temperate)파지로 대별한다.

| 해설
박테리오파지는 세균에 기생하는 바이러스이고, 숙주 특이성이 있어 살아있는 세균에만 기생함

정답 ①

66. 메주 제조 시 단백질 분해효소 등 가수분해효소를 주로 생산하는 것은?

① *Salmonella* 속
② *Bacillus* 속
③ *Lactobacillus* 속
④ *Saccharomyces* 속

| 해설
Bacillus subtilis
• 된장, 청국장 등 제조에 이용, 고초균
• α - amylase와 protease를 분비

정답 ②

67. *Aspergillus* 속 곰팡이 독소가 아닌 것은?

① 아플라톡신(Aflatoxin)

② 스테리그마토시스틴(sterigmatocystin)

③ 제랄레논(Zearalenone)

④ 오크라톡신(Ochratoxin)

| 해설

① 아플라톡신(Aflatoxin): *Aspergillus flavus*

② 스테리그마토시스틴(sterigmatocystin): *Aspergillus nidulans*

③ 제랄레논(Zearalenone): *Fusarium* 속

④ 오크라톡신(Ochratoxin): *Aspergillus ochraceus*

 정답 ③

68. 포도주 발효에 가장 많이 사용되는 효모는?

① *Saccharomyces sake*

② *Saccharomyces coreanus*

③ *Saccharomyces ellipsoideus*

④ *Saccharomyces carlsbergensis*

| 해설

① *Saccharomyces sake*는 청주효모

② *Saccharomyces coreanus*는 약주에서 분리

④ *Saccharomyces carlsbergensis*는 하면발효 맥주효모

 정답 ③

69. 포도주 효모에 대한 설명으로 옳지 않은 것은?

① *Saccharomyces cerevisiae var. ellipsoides*가 흔히 사용된다.

② 타원형이다.

③ 무포자 효모이다.

④ 아황산에 내성인 것이 좋다.

| 해설

*Saccharomyces*속은 자낭포자효모 즉, 포자를 형성함

 정답 ③

70. 카탈라아제(Catalase) 효소에 대한 설명으로 옳은 것은?

① 탄닌 물질을 분해한다.

② 과산화수소를 분해한다.

③ 단백질을 분해한다.

④ 펙틴을 분해한다.

| 해설

카탈라아제(Catalase)

과산화수소가 분해되어 물과 산소가 만들어지는 반응을 촉매하는 효소

정답 ②

71. 세균의 영양세포에는 없고 내생포자에만 함유된 물질은?

① glucan

② dipicolinic acid

③ teichoic acid

④ muco complex

| 해설

세균의 내생포자는 포자막에 dipicolinic acid(디피콜린산)을 함유하여 칼슘이온과 복합체를 형성함으로써 포자구조를 안정화함

정답 ②

72. 출아법으로 증식하며 포자를 형성하는 미생물은?

① *Saccharomyces* 속

② *Mucor* 속

③ *Rhizopus* 속

④ *Torulopsis* 속

| 해설

㉠ 출아법으로 증식하는 미생물은 효모, 이 중 포자를 형성하는 효모는 자낭포자효모, 담자포자효모, 사출포자 효모임

㉡ 보기 중 효모인 것은 *Saccharomyces* 속(자낭포자효모)과 *Torulopsis* 속(무포자 효모)

 정답 ①

73. 리파아제 생성력이 있어서 버터와 마가린의 부패에 관여하는 것은?

① *Candida tropicalis*
② *Candida albicans*
③ *Candida utilis*
④ *Candida lipolytica*

| 해설

① *Candida tropicalis*는 사료효모, 석유효모에 이용
② *Candida albicans*는 캔디다증(피부병) 원인균
③ *Candida utilis*는 사료효모에 이용

정답 ④

74. *Aspergillus oryzae*에 대한 설명으로 적합하지 않은 것은?

① Pectinase를 강하게 생산하여 과실주스의 청징에 이용된다.
② 간장, 된장 등의 제조에 이용된다.
③ 대사산물로 kojic acid를 생성한다.
④ 효소활성이 강해 소화제 생산에 이용된다.

| 해설

㉠ *Aspergillus oryzae*는 누룩 및 koji 곰팡이고, 효소를 다양하게 생성해 소화제를 만들기도 함
㉡ Pectinase를 강하게 생산하여 과실주스의 청징에 이용되는 균은 *Aspergillus niger*

정답 ①

75. *Aspergillus oryzae*를 청주용 국균으로 사용할 때 갖추어야 할 종균의 특성이 아닌 것은?

① 당화효소(amylase)가 강력할 것
② 단백질분해효소(protease)가 강력할 것
③ 짙은 색을 생성하지 않을 것
④ 좋은 향미가 있을 것

| 해설

청주용 국균의 조건
• 증미에 잘 번식할 것
• α-amylase, glucoamylase의 분비력이 강할 것
• 국의 갈변도가 약할 것
• ferrichrome 류가 생성되지 않을 것
• 향기가 좋을 것

정답 ②

76. 송이버섯목, 백목이균목 등과 같은 대부분의 버섯은 미생물 분류학상 어디에 속하는가?

① 담자균류
② 자낭균류
③ 편모균류
④ 접합균류

| 해설

버섯은 분류학상 곰팡이류로 분류되며, 대부분이 담자균류이고 일부는 자낭균류임

정답 ①

77. 버섯에 대한 설명 중 틀린 것은?

① 대부분은 담자균류에 속한다.

② 담자균류는 균사에 격막이 있다.

③ 2차 균사는 단핵 균사이다.

④ 동담자균류와 이담자균류가 있다.

| 해설

버섯의 1차균사는 1핵균사(＝단핵균사＝단상균사), 2차균사는 2핵균사(＝다핵균사＝복상균사), 3차균사는 버섯의 형태를 갖춤

정답 ③

78. 산소가 없으면 발효를 통해서, 산소가 있으면 호흡을 통해서 에너지를 생산하는 균은?

① 편성호기성균

② 통성혐기성균

③ 미호기성균

④ 편성혐기성균

| 해설

① 편성호기성균: 증식을 위해 산소를 꼭 필요로 하는 균
② 통성혐기성균: 산소가 존재하는 호기성이나 산소가 없는 혐기성 조건 모두에서 살아갈 수 있는 균
③ 미호기성균: 산소 분압(2~10%)에서 생장하는 균
④ 편성혐기성균: 유리산소의 존재가 유해하여 증식할 수 없는 균

정답 ②

79. 주어진 온도조건에서 미생물 수를 90% 감소시키는데 소요되는 시간(분)을 나타내는 값은?

① Z 값

② D 값

③ R 값

④ S 값

| 해설

㉠ D값: 일정한 온도에서 균의 수를 90% 사멸시키는데 필요한 시간
㉡ F값: 일정 온도에서 미생물을 완전히 사멸시키는데 필요한 시간
㉢ Z값: 가열치사시간의 1/10에 대응하는 가열온도의 변화

정답 ②

80. 냉동식품에서 잘 검출되지 않는 세균은?

① *Flavobacterium* 속

② *Pseudomonas* 속

③ *Listeria* 속

④ *Escherichia* 속

| 해설

Flavobacterium 속, *Pseudomonas* 속, *Listeria* 속은 저온균에 속하며, *Escherichia* 속은 중온균에 속함

정답 ④

81. 흡출, 송출밸브가 설치된 실린더 속을 피스톤이 왕복하여 액체를 이송시키는 펌프가 아닌 것은?

① 워싱 펌프(washing pump)

② 프런저 펌프(plunger pump)

③ 메터링 펌프(metering pump)

④ 스크류 펌프(screw pump)

| 해설

스크류 펌프는 피스톤이 왕복하여 이송시키는 펌프가 아닌 회전력을 이용하여 이송시키는 펌프임

정답 ④

82. 혼합방법 중 마요네즈와 같이 섞이지 않는 액체와 액체의 혼합을 뜻하는 것은?

① 청징

② 반죽

③ 유화

③ 혼합

| 해설

㉠ 청징: 현탁액, 콜로이드 상태의 용액을 맑게 만드는 과정

㉡ 반죽: 고체와 액체의 혼합, 다량의 고체분말과 소량의 액체를 섞는 조작

㉢ 유화: 서로 섞이지 않는 액체를 분산 혼합

㉣ 혼합: 입자나 분말형태를 섞는 조작

정답 ③

83. 오염물질의 밀도와 부력 차이를 이용하여 세척하는 방법은?

① 침지세척

② 마찰세척

③ 분무세척

④ 부유세척

| 해설

① 침지세척: 원료를 물에 담가 부착된 오염물질을 팽연시켜 제거하는 방법

② 마찰세척: 식품 재료 간의 상호마찰 또는 재료와 세척기의 움직임에 의한 마찰의 힘으로 오염물질 제거

③ 분무세척: 스크린 컨베이어에 실어 다량의 원료를 일정한 속도로 이동시키거나 원료를 교반장치에 넣고 물을 세게 뿌려 세척하는 방법

④ 부유세척: 오염물질의 밀도와 부력 차이를 이용하여 세척하는 방법

정답 ④

84. 무균 충전 시스템에 대한 설명으로 틀린 것은?

① 용기에 관계 없이 균일한 품질의 제품을 얻을 수 있다.

② 무균 환경 하에서 작업이 이루어진다.

③ 포장 용기에 식품을 담아 밀봉 후 살균한다.

④ 주로 초고온 순간(UHT) 살균으로 처리한다.

| 해설

무균 충전 시스템

식품과 포장재를 따로 살균한 다음 무균적으로 충진, 밀봉하는 포장방법

정답 ③

85. 다음 중 에멀션의 형태가 다른 하나는?

① 버터
② 마요네즈
③ 생크림
④ 우유

| 해설

㉠ o/w형(수중유적형): 물속에 기름이 분산된 유화액 [예] 우유, 마요네즈, 아이스크림
㉡ w/o형(유중수적형): 기름 속에 물이 분산된 유화액 [예] 버터, 마가린

 ①

86. 건량기준(Dry basis) 수분함량 25%인 식품의 습량기준 (Wet basis) 수분함량은?

① 20%
② 25%
③ 30%
④ 18%

| 해설

$$건량기준\ 수분함량 = \frac{습량기준\ 수분함량}{고형분의\ 함량} \times 100$$

습량기준 수분함량을 a라 할 때, 고형분의 함량은 $100 - a$

$$25 = \frac{a}{100 - a} \times 100$$

$$\therefore a = 20$$

 ①

87. 증기가압살균장치(retort)에 필요하지 않은 것은?

① 유량계
② 안전판
③ 자동기록 온도계
④ 압력계

| 해설

레토르트는 가압포화 수증기로 식품의 온도를 100℃ 이상으로 가열, 살균하는 장치임
그러므로 온도계, 압력계, 안전판이 필요하나, 유량을 측정하는 유량계(flowmeter)는 필요치 않음

 ①

88. 회전속도를 동일하게 유지할 때 원심분리기 로터(Rotor)의 반지름을 2배로 늘리면 원심효과는 몇 배가 되는가?

① 0.25배
② 0.5배
③ 2배
④ 4배

| 해설

원심력의 크기 = 질량 × 반지름 × 각속도(rpm)의 제곱
그러므로 반지름이 2배가 되면 원심력도 2배가 됨

 ③

89. 회전속도가 빠른 회전자(rotor)가 있는 충격형 분쇄기로, 조직이 딱딱한 곡류나 섬유질이 많은 건조 채소, 건조 육류 등의 분쇄에 많이 이용되는 것은?

① Disc mill

② Hammer mill

③ Ball mill

④ Crushing mill

| 해설

① Disc mill: 홈이 파여있는 두 개의 디스크 사이에 식품을 넣고 원판 사이 간격을 조절하여 회전시키면 마찰력과 전단력에 의해 분쇄가 일어남

② Hammer mill: 가장 많이 쓰이고 구조가 간단하며 용도가 다양, 충격력 이용

③ Ball mill: 회전 드럼 속에 금속이나 돌 같은 단단한 볼을 넣어 원료와 함께 회전시켜 분쇄

정답 ②

90. 우유로부터 크림을 분리하는 공정에서 많이 적용되고 있는 원심분리기는?

① 노즐 배출형 원심분리기(Nozzle discharge centrifuge)

② 원판 원심분리기(Disc bowl centrifuge)

③ 디켄더형 원심분리기(Decanter centrifuge)

④ 가압 여과기(Filter centrifuge)

| 해설

원판형 원심분리기: 우유에서 크림층을 분리할 때, 유체의 상을 농축할 때 주로 쓰임

정답 ②

91. 포자를 형성하는 *Bacillus*속의 내열성 균을 완전히 살균하기 위하여 100℃에서 일정 시간 간격으로 반복하여 멸균하는 살균법은?

① 초고온살균법(UHT)

② 고온순간살균법(HTST)

③ 간헐살균법

④ 전자파살균법

| 해설

간헐살균법

• 내열성균, 포자형성균의 완전 살균

• 1일 1회씩 100℃에서 20~50분간 연속 3일을 같은 시간에 반복 가열살균

정답 ③

92. 다음 중 국내 통조림 가공공장에서 많이 이용하고 있는 정치식 수평형 레토르트의 부속기기가 아닌 것은?

① 브리더(Bleeder)

② 벤트(Vent)

③ 척(Chuck)

④ 안전밸브

| 해설

브리더, 벤트, 안전밸브는 레토르트 멸균기의 장치이고, 척은 통조림 밀봉시 뚜껑을 위에서 눌러 고정시키는 역할을 하는 장치

㉠ 브리더(Bleeder): 증기와 더불어 혼입되어 들어오는 공기 제거 장치

㉡ 벤트(Vent): 증기 도입 시 레토르트 내의 공기 제거 장치

정답 ③

93. 식품 원료를 무게, 크기, 모양, 색깔 등 여러 가지 물리적 성질의 차이를 이용하여 분리하는 조작은?

① 선별

② 교반

③ 교질

④ 추출

| 해설

선별

• 수확한 원료에 불필요한 물리적·화학적 이물질(돌, 모래, 금속, 배설물 등) 등을 측정 가능한 물리적 성질을 이용하여 분리, 제거 하는 공정을 말함

• 식품의 무게, 크기, 모양 및 색깔 4가지 물리적 특성에 의해 분류 할 수 있음

정답 ①

94. 설비비가 비싸고, 처리량이 적어 점도가 높은 최종 단계 의 농축에 많이 사용하는 증발기는?

① 긴 관형 증발기

② 코일 및 재킷식 증발기

③ 기계 박막식 증발기

④ 플레이트식 증발기

| 해설

① 긴 관형 증발기: 액이 얇은 필름 상태로 가열파이프 벽을 상승 또는 하강함, 가열면과 접촉하는 시간이 짧아 열에 민감한 용액 에 사용

② 코일 및 재킷식 증발기: 투자비가 적게 들지만, 비교적 열전달속 도와 에너지 효율이 낮으며 열에 민감한 식품 품질 손상

③ 기계박막식 증발기: 기계적 교반에 의해 필름을 형성, 고점성의 용액을 효율적으로 농축할 수 있음

④ 플레이트식 증발기: 관형 열교환기를 가열부분으로 사용하여 증기분리실에서 순간 증발시키는 형식, 설비면적이 적고 쉽게 해체가 가능

정답 ③

95. 농산물 통조림을 제조할 때 데치기의 목적이 아닌 것은?

① 식품 원료에 들어 있는 효소를 불활성화시킨다.

② 식품 조직 중의 가스를 방출시킨다.

③ 예열함으로써 원료 중에 들어있는 산소농도를 감소시킨다.

④ 식품의 갈변화를 일으킨다.

| 해설

데치기의 목적

효소를 불활성화시켜 갈변 방지, 오염 미생물의 살균, 풋냄새 제거, 박피 용이, 가열 살균시 부피가 줄어드는 것 방지

정답 ④

96. 물을 통과하지만 소금은 통과하지 않는 정밀한 아세트산 셀룰로오스, 폴리설폰 등으로 바닷물을 밀어내어 소금은 남기고, 물만 통과시키는 막분리 여과는?

① 한외 여과법

② 역삼투법

③ 투석법

④ 정밀 여과법

| 해설

㉠ 한외 여과법: 역삼투압보다 막의 공극이 커 저분자 물질은 통과, 저분자 물질과 고분자 물질 분리에 사용

㉡ 투석: 반투과성막을 필터로 하여 고분자나 콜로이드처럼 입자 크기가 큰 물질을 정제

㉢ 정밀여과: 용액에 녹지 않은 콜로이드 크기 이상의 입자를 분리 하는 공정, pore size 0.1~10µm

정답 ②

97. 식품의 살균온도를 결정하는 가장 중요한 인자는?

① 식품의 비타민 함량

② 식품의 pH

③ 식품의 당도

④ 식품의 수분함량

| 해설

㉠ 일반적인 미생물의 생육 pH는 중성이므로 pH가 낮은 식품인 경우 미생물이 잘 번식하지 않으므로 살균하는 온도가 낮아도 됨(70~100℃)

㉡ 식품의 pH가 중성에 가까우면 미생물의 번식이 쉬우므로 살균 온도가 높아야 함

 정답 ②

98. 증발 농축이 진행될수록 용액에 나타나는 현상으로 틀린 것은?

① 농도가 상승한다.

② 비점이 낮아진다.

③ 거품이 발생한다.

④ 점도가 증가한다.

| 해설

농축 공정 중 발생하는 현상: 비점 상승, 점도 상승, 거품 발생, 관석 생성, 비말 동반 등

 정답 ②

99. 일반적으로 과일, 채소, 종자들을 압착추출(expression)할 경우 압착과정의 효율에 영향을 미치는 요인이 아닌 것은?

① 원료의 압착에 대한 저항

② 분쇄된 조각의 다공성

③ 추출 용매의 극성

④ 적용된 압착력의 크기

| 해설

압착법은 식물성 원료를 파쇄 후 가열 및 기계적인 압착을 가하여 채취하는 방법으로 추출 용매를 사용하지 않음

 정답 ③

100. 배춧잎 사이의 모래를 제거할 때, 주로 물 또는 세척수를 이용하여 세척하는 방법으로 가장 효과적인 것은?

① 침지세척(Soaking cleaning)

② 분무세척(Spray cleaning)

③ 부유세척(Flotation cleaning)

④ 초음파세척(Ultrasonic cleaning)

| 해설

① 침지세척: 원료를 물에 담가 부착된 오염물질을 팽연시켜 쉽게 제거하는 방법

② 분무세척: 스크린 컨베이어에 실어 다량의 원료를 일정한 속도로 이동시키거나 원료를 교반장치에 넣고 물을 세게 뿌려 세척하는 방법

③ 부유세척: 오염물질의 밀도와 부력 차이를 이용하여 세척하는 방법

④ 초음파세척: 초음파를 사용하여 달걀의 오염물, 과일의 그리스나 왁스, 채소류의 모래나 흙 등 제거

 정답 ④

※CBT 문제는 수험생의 기억에 따라 복원된 것이며, 실제 기출문제와 동일하지 않을 수 있습니다.

제1과목 식품위생학

01. 해수에 존재하는 호염성의 식중독 원인세균은?

① 포도상구균
② 웰치균
③ 장염비브리오균
④ 살모넬라균

| 해설

Vibrio 속은 대부분 호염성균임

 정답 ③

02. 개인위생이란?

① 식품종사자들이 사용하는 비누나 탈취제의 종류
② 식품종사자들이 일주일에 목욕하는 횟수
③ 식품종사자들이 건강, 위생복장 착용 및 청결을 유지하는 것
④ 식품종사자들이 작업 중 항상 장갑을 끼는 것

| 해설

식품안전관리인증기준(HACCP)의 선행요건에 식품종사자의 개인위생관리에 대한 내용이 명시되어 있음

 정답 ③

03. 식중독의 분류와 관련된 내용의 연결이 옳지 않은 것은?

① 화학적 식중독 - 조리기구에 의한 중독 - 녹청, 납
② 원충성 식중독 - 독소형 - 시겔라
③ 자연독 식중독 - 곰팡이독소에 의한 중독 - 황변미독
④ 바이러스성 식중독 - 공기, 접촉, 물 등의 경로로 전염 - 로타 바이러스

| 해설

원충성 식중독은 기생충 감염을 의미함

 정답 ②

04. 쥐에 의해 생길 수 있는 병과 그 원인의 연결이 틀린 것은?

① Weil씨병: 쥐의 오줌으로부터 감염
② 서교증: 쥐에게 물려서 감염
③ 유행성출혈열: 쥐의 분변에 의한 감염
④ Kwashiorkor: 쥐벼룩에 의한 감염

| 해설

㉠ Kwashiorkor(콰시오커): 단백질 결핍성 영양실조
㉡ Pest(페스트, 흑사병): 쥐벼룩에 의한 감염

 정답 ④

05. 수돗물의 염소 소독 중 염소와 미량의 유기물질과의 반응으로 생성될 수 있는 발암성 물질은?

① benzopyrene

② nitrosamine

③ toluene

④ trihalomethane

| 해설

트리할로메탄(trihalomethane)
- 생성 원인: 상수원의 정수과정에서, 물이 함유하고 있는 유기물질과 살균제로 사용되는 염소가 반응하여 생성
- 상수원의 오염이 심해 유기물이 많을수록, 살균제로 사용하는 염소를 많이 사용할수록, 살균과정이 길수록 많이 생성

정답 ④

06. 황색포도상구균 식중독의 특징이 아닌 것은?

① 장내 독소인 Enterotoxin에 의한 독소형이다.

② 잠복기는 2~6시간으로 급격히 발병한다.

③ 사망률이 다른 식중독에 비해 비교적 낮다.

④ 열이 39℃ 이상으로 지속된다.

| 해설

황색포도상구균 식중독
㉠ 원인균: *Staphylococcus aureus*
㉡ 특징
- Gram 양성, 구균, 무포자, 무편모로 비운동성
- 장독소인 enterotoxin 생성
  - 면역학적 성질에 따라 A~E의 5형으로 구분
  - trypsin 등의 단백질 분해효소에 의하여 불활성화되지 않음
  - 식품에 생성될 때에는 내열성이 매우 커짐(100℃에서 1시간 가열해도 활성을 잃지 않음)
  - 자연계에 널리 분포, 건조상태에서 저항성 강하며, 식품이나 가검물에서 장기간 생존
㉢ 감염원 및 원인식품
- 감염원은 화농성 환자
- 유가공품·식육가공품 등의 단백질 식품, 김밥·도시락 등의 탄수화물 식품
㉣ 잠복기: 세균성 식중독 중 가장 짧음(1~6시간, 평균 3시간)
㉤ 증상: 급성 위장염 증상, 열이 없음
㉥ 예방: 화농성 환자는 식품취급을 금함

정답 ④

07. 인수공통감염병이 아닌 것은?

① 파상열　　　　② 탄저

③ 야토병　　　　④ 콜레라

| 해설

콜레라는 환자나 보균자의 분변 등에 오염된 어패류, 해수, 식품의 섭취로 인한 경구감염, 파리(매개체)에 의한 직접 감염임

인수공통감염병
병원체에 오염된 식육·우유 등을 경구 섭취하는 경우, 감염동물에 접촉하여 2차 오염된 음식에 의해 감염됨

정답 ④

08. 착색료로서 갖추어야 할 조건이 아닌 것은?

① 인체에 독성이 없을 것

② 식품의 소화흡수율을 높일 것

③ 물리화학적 변화에 안정할 것

④ 사용하기 간편할 것

| 해설

착색료는 식품에 색을 부여하거나 복원시켜 관능미를 개선시키는 목적이므로 소화흡수와는 관계없음

정답 ②

09. 포스트 하베스트(post harvest) 농약이란?

① 수확 후의 농산물의 품질을 보존하기 위하여 사용하는 농약

② 소비자의 신용을 얻기 위하여 사용하는 농약

③ 농산물 재배 중에 사용하는 농약

④ 농산물에 남아 있는 잔류농약

| 해설

수확 후 처리농약(post - harvest pesticide): 수확 후 저장기간 동안 농산물의 신선도를 유지하고 품질을 보존하기 위해 사용하는 농약

정답 ①

10. 유통기한 설정실험 지표의 연결이 틀린 것은?

① 빵 또는 떡류 - 산가(유탕처리 식품)

② 잼류 - 세균수

③ 시리얼류 - 수분

④ 엿류 - TBA가

| 해설

「식품, 식품첨가물, 축산물 및 건강기능식품의 소비기한 설정기준」에 따름

TBA가는 유지 중 산패에 의해 생성되는 malonaldehyde의 양을 측정하는 것. 주로 식육, 어육과 같이 유지를 많이 함유한 제품의 지표임

 정답 ④

---

11. 식품첨가물의 사용에 대한 설명이 틀린 것은?

① 효과 및 안전성에 기초를 두고 최소한의 양을 사용해야 한다.

② 식품첨가물의 원료 자체가 완전 무해하면 성분 규격이 따로 정해져 있지 않다.

③ 식품첨가물의 사용으로 심각한 영양 손실을 초래할 경우, 그 사용은 고려되어야 한다.

④ 천연첨가물의 제조에 사용되는 추출 용매는 식품첨가물 공전에 등재된 것으로서 개별 규격에 적합한 것이어야 한다.

| 해설

무해한 식품첨가물이어도 「식품첨가물의 기준 및 규격」에 사용기준, 용도 등이 고시되어 있음

 정답 ②

---

12. PVC(Poly Vinyl Chloride) 필름을 식품포장재로 사용했을 때 잔류할 수 있는 단위체로 특히 문제가 되는 발암성 유해물질은?

① Calcium chloride

② AN(Acrylonitrile)

③ DEP(Diethyl Phthalate)

④ VCM(Vinyl Chloride Monomer)

| 해설

PVC와 같은 열가소성 수지에서는 그 단량체(monomer)와 첨가제(가소제)가 문제가 됨

 정답 ④

---

13. 방사능 오염에 대한 설명이 잘못된 것은?

① 핵분열 생성물의 일부가 직접 또는 간접적으로 농작물에 이행될 수 있다.

② 생성율이 비교적 크고, 반감기가 긴 ^{90}Sr과 ^{137}Cs이 식품에서 문제가 된다.

③ 방사능 오염 물질이 농작물에 축적되는 비율은 지역별 생육 토양의 성질에 영향을 받지 않는다.

④ ^{131}I는 반감기가 짧으나 비교적 양이 많아서 문제가 된다.

| 해설

방사성 물질이 토양에서 식물의 뿌리에 흡수되거나 표면에 부착되므로, 토양의 질에 영향을 받음

 전답 ③

14. 수질오염 지표에 대한 설명 중 틀린 것은?

① 수중 미생물이 요구하는 산소량을 ppm 단위로 나타낸 것이 BOD(생물학적 산소요구량)이다.

② 물속에 녹아있는 용존산소(DO)는 4ppm 이상이고 클수록 좋은 물이다.

③ 유기물질을 산화하기 위해 사용하는 산화제의 양에 상당하는 산소의 양을 ppm으로 나타낸 것이 COD(화학적 산소요구량)이다.

④ BOD가 높다는 것은 물속에 분해되기 쉬운 유기물의 농도가 낮음을 의미한다.

┃해설

생물화학적 산소 요구량(BOD: biochemical oxygen demand)
- 호기성 미생물이 일정기간 동안 물속에 있는 유기물을 분해할 때 사용하는 산소의 양
- 유기물이 많을수록 BOD 증가

 정답 ④

15. 식품등의 표시기준에 의거 한국인에게 알레르기를 유발하는 것으로 알려져 있는 원재료명이 아닌 것은?

① 메밀
② 보리
③ 우유
④ 밀

┃해설

식품 등의 표시·광고에 관한 법률 시행규칙 [별표 2]
㉠ 식품등에 알레르기를 유발할 수 있는 원재료가 포함된 경우 그 원재료명을 표시해야 함
㉡ 알레르기 유발물질
알류(가금류), 우유, 메밀, 땅콩, 대두, 밀, 고등어, 게, 새우, 돼지고기, 복숭아, 토마토, 아황산류(이를 첨가하여 최종 제품에 이산화황이 1킬로그램당 10밀리그램 이상 함유된 경우), 호두, 닭고기, 쇠고기, 오징어, 조개류(굴, 전복, 홍합을 포함한다), 잣

 정답 ②

16. 식품의 기준 및 규격에 의거하여 부패·변질 우려가 있는 검체를 미생물 검사용으로 운반하기 위해서는 멸균용기에 무균적으로 채취하여 몇 도의 온도를 유지하면서 몇 시간 이내에 검사기관에 운반해야 하는가?

① 0℃, 4시간
② 12 ± 3℃ 이내, 6시간
③ 36 ± 2℃ 이상, 12시간
④ 5 ± 3℃ 이하, 24시간

┃해설

식품의 기준 및 규격 제7. 검체의 채취 및 취급방법
(5) 미생물 검사용 검체의 운반
① 부패·변질 우려가 있는 검체
미생물학적인 검사를 하는 검체는 멸균용기에 무균적으로 채취하여 저온(5 ± 3℃ 이하)을 유지시키면서 24시간 이내에 검사기관에 운반하여야 한다.

 정답 ④

17. 대장균군의 정성시험 순서가 바르게 된 것은?

① 추정시험 - 확정시험 - 완전시험
② 추정시험 - 완전시험 - 확정시험
③ 완전시험 - 확정시험 - 추정시험
④ 완전시험 - 추정시험 - 확정시험

┃해설

대장균군 정성시험(유당배지법)
- 추정시험: 유당배지(lactose broth)
- 확정시험: BGLB 배지 → Endo 한천배지 또는 EMB 한천배지
- 완전시험: 그람염색

 정답 ①

18. 황변미 식중독의 원인독소가 아닌 것은?

① aflatoxin　　　② citrinin

③ islanditoxin　　④ luteoskyrin

| 해설

㉠ 황변미란 저장곡류에 곰팡이균이 오염되어 황색을 띠게 된 상태의 곡류를 말함
㉡ 황변미 식중독 원인독소: luteoskyrin, islanditoxin, citrinin, citreoviridine
㉢ Aflatoxin: Aspergillus flavus 곰팡이에 의해 생성되는 간장독, 간암유발 독소

정답 ①

19. 주류 등의 발효 과정에서 생성되는 부산물로 국제암연구기관(IARC)에 의해 발암성 물질로 분류된 에틸카바메이트의 주요 전구물질이 아닌 것은?

① 아르기닌　　　② 시트룰린

③ 우레아　　　　④ 카바릴

| 해설

에틸카바메이트 생성 원인

• 발효주 제조시, 과실 종자(시트룰린 함유)에 함유된 시안화합물이 분해된 후, 에탄올과 반응하여 생성
• 발효과정 중, 아르기닌이 효모에 의해 분해된 요소와 에탄올이 반응하여 생성

정답 ④

20. 식품의 보존료로서 갖추어야 할 이상적인 필수조건이 아닌 것은?

① 색깔이 아름다운 것
② 산이나 알칼리에 안정한 것
③ 무미, 무취, 무색인 것
④ 독성이 없고 값이 싼 것

| 해설

보존료의 색이 아름다운 것은 필수조건과 무관함

정답 ①

21. 특성 차이를 검사하는 관능검사방법 중 동시에 두 개의 시료를 제공하여 특정 특성이 더 강한 것을 식별하도록 하는 것은?

① 이점비교검사
② 다시료비교검사
③ 순위법
④ 평점법

| 해설

① 이점비교 검사: 두 가지 시료 중에서 어떠한 특징(단맛, 짠맛, 바나나향 등)이 강한 시료를 선택하는 검사방법
② 다표준 시료 검사: 다른 검사법과 반대로 여러 가지(2개 이상)의 표준품을 제시하고 이 표준품과 가장 다른 비교 시료를 선택하는 검사
③ 순위법: 여러 시료 중 어떠한 특징이 가장 강한 순위로 나열하는 검사법
④ 평점법: 여러 시료에 대해서 어떠한 특징을 척도(5점, 7점, 9점 등)로 나타내어 비교 정량적으로 구분하는 검사법

정답 ①

22. 관능검사의 묘사분석 방법 중 하나로 제품의 특성과 강도에 대한 모든 정보를 얻기 위하여 사용하는 방법은?

① 텍스처 프로필
② 향미 프로필
③ 정량적 묘사분석
④ 스펙트럼 묘사분석

| 해설

① 텍스처 프로필: 시료의 기계적 특성, 기하학적 특성, 기타 특성들을 척도의 수치로 표현
② 향미 프로필: 제품 또는 시료의 향미를 소수의 훈련된 패널 요원 등을 통해 묘사분석
③ 정량적 묘사분석: 시료의 관능적 특성을 보다 정량적인 수치로 정확하고 수학적으로 나타냄
④ 스펙트럼 묘사분석: 시료에서 검사 가능한 모든 관능적 특성을 사전에 개발된 절대 척도와 비교하여 평가하는 방법

정답 ④

23. 식품의 효소적 갈변을 방지하는 물리적 방법과 가장 거리가 먼 것은?

① 공기주입　　　　② 데치기

③ 산첨가　　　　　④ 저온 저장

24. 전분의 노화현상에 대한 설명으로 틀린 것은?

① 옥수수가 찰옥수수보다 노화가 잘 된다.

② amylose 함량이 많을수록 노화가 빨리 일어난다.

③ 20℃에서 노화가 가장 잘 일어난다.

④ 30~60%의 수분 함량에서 노화가 가장 잘 일어난다.

25. 식품의 기본 맛 4가지 중 해리된 수소이온(H^+)과 해리되지 않은 산의 염에 기인하는 것은?

① 단맛

② 짠맛

③ 신맛

④ 쓴맛

26. 식품 중의 수분함량[%]을 가열건조법에 의해 측정할 때 계산식은?

> W_0: 칭량병의 무게
> W_1: 건조전 시료의 무게 + 칭량병의 무게
> W_2: 건조후 항량에 달했을 때 무게 + 칭량병의 무게

① $\dfrac{W_1 - W_0}{W_1 - W_2} \times 100$

② $\dfrac{W_1 - W_0}{W_2 - W_1} \times 100$

③ $\dfrac{W_1 - W_2}{W_1 - W_0} \times 100$

④ $\dfrac{W_2 - W_1}{W_1 - W_0} \times 100$

27. 녹말을 가수분해하는 효소로서 α-1,4 결합 뿐 아니라 분지점의 α-1,6 결합도 분해하는 효소는?

① 알파아밀라아제(α-amylase)

② 베타아밀라아제(β-amylase)

③ 글루코아밀라아제(glucoamylase)

④ 탈분지아밀라아제(debranching amylase)

| 해설

㉠ α-amylase
전분의 α-1,4 glucoside 결합을 분해(endo)하나 α-1,6 결합에는 작용하지 않음

㉡ β-amylase
전분의 α-1,4 glucoside 결합을 분해하여 비환원성 말단으로부터 maltose를 생성

㉢ Glucoamylase
전분의 비환원성 말단에서 포도당 단위로 α-1,4 결합을 차례로 분해, β-1,6 결합도 분해

 정답 ③

28. 녹색채소(시금치 등)를 살짝 데칠 경우에 그 녹색이 더욱 선명해지는 이유는?

① 데치기에 의하여 클로로필 색소의 Mg이 Cu로 치환되었기 때문이다.

② 데치기에 의하여 식물조직에 존재하는 chlorophyllase가 활성화되었기 때문이다.

③ 데치기에 의하여 식물조직에 산이 생성되었기 때문이다.

④ 데치기에 의하여 식물조직에 알칼리가 생성되었기 때문이다.

| 해설

식불조직이 일부 손상되면 클로로필은 chlorophyllase의 작용으로 파이톨기가 떨어져 나가 선명한 녹색인 클로로필라이드를 형성

 정답 ②

29. 선도가 저하된 해산어류의 특유한 비린 냄새의 원인은?

① piperidine　　② trimethylamine

③ methyl mercaptan　　④ actin

| 해설

주의

어류의 비린내 물질은 trimethylamine이므로 꼭 외워두자

 정답 ②

30. 유화제는 한 분자 내에 친수성기와 소수성기를 같이 지니고 있다. 다음 중 상대적으로 소수성이 큰 것은?

① $-COOH$　　② $-NH_2$

③ $-CH_3$　　④ $-OH$

| 해설

㉠ 친수성기(극성의 기): $-OH$, $-NH_2$, $-COOH$

㉡ 소수성기(비극성의 기): $-CH_3$, $-CH_2$

 정답 ③

31. 유지의 자동산화에 대한 다음 설명 중 틀린 것은?

① 유지의 유도기간이 지나면 유지의 산소 흡수속도가 급증한다.

② 식용유지가 자동산화 되면 과산화물가가 높아진다.

③ 식용유지의 자동산화 중에는 과산화물의 형성과 분해가 동시에 발생한다.

④ 올레산은 리놀레산보다 약 10배 이상 빨리 산화된다.

| 해설

리놀레산은 이중결합이 2개, 올레산은 이중결합이 1개이므로 이중결합수가 더 많은 리놀레산이 빨리 산화됨

 정답 ④

32. 전분의 노화를 억제하는 방법으로 적합하지 않은 것은?

① 수분함량의 조절　　② 냉장 보관

③ 설탕 첨가　　　　　④ 유화제 사용

| 해설

냉장은 오히려 노화를 촉진함

전분의 노화 억제 방법

- 수분함량의 조절: 수분함량을 30~60%보다 적거나 많게 조절, 15% 이하면 노화를 효과적으로 억제
- 냉동
- 설탕 첨가: 설탕이 탈수제로 작용하여 α-전분을 단시간에 건조시킨 것과 같은 효과를 냄
- 여러 무기염류, 유기염류
- 식품첨가물: 메틸셀룰로오스, 카르복시메틸셀룰로오스나트륨(CMC) 등 증점제, D - Sorbitol, 유화제

정답 ②

33. 다음 중 비뉴톤(Non - Newton) 유체의 성질을 가장 잘 나타내는 것은?

① 물

② 포도당용액

③ 전분용액

④ 소금용액

| 해설

뉴턴유체 (Newtonian fluid)	• 유체에 가해지는 힘(전단응력)과 그 유체의 유동성(전단속도)이 서로 비례관계인 유체 • 물, 알코올과 같은 단일 성분의 물질(균일한 형태와 크기), 농도가 낮은 염, 포도당 용액 등
비뉴턴유체 (non-Newtonian fluid)	• 전단응력과 전단속도 간 비례관계가 성립되지 않는 유체 • 전분용액 등

정답 ③

34. 버터(Butter)의 위조품 검정에 이용되는 것은?

① Polenske 값

② Reichert - Meissl 값

③ Acetyl 값

④ Hehner 값

| 해설

Reichert - Meissl value

- 지방 5g을 알칼리로 비누화(검화)한 후 황산처리하였을 때 수증기류에 의해 휘발되는 수용성 지방산을 중화하는데 필요한 KOH의 mg수
- 유지의 수용성·휘발성 지방산(butyric acid와 caproic acid)의 양 측정
- 버터(Butter)의 위조품 검정에 이용: 버터 23~34, 마가린 0.5~5.5

정답 ②

35. 염장 초기의 식품에 있어서 자유수, 결합수의 양은 어떻게 변화하는가?

① 전체 수분에 대한 자유수의 비율은 감소하고 결합수의 비율은 증가한다.

② 전체 수분에 대한 자유수의 비율은 증가하고 결합수의 비율은 감소한다.

③ 전체 수분에 대한 자유수의 비율은 증가하고 결합수의 비율도 증가한다.

④ 전체 수분에 대한 자유수의 비율은 감소하고 결합수의 비율도 감소한다.

| 해설

염장 초기에는 소금이 자유수와 먼저 결합하므로, 상대적으로 자유수의 비율은 감소, 결합수의 비율은 증가

정답 ①

36. 식품의 제조·가공 중에 생성되는 유해물질에 대한 설명으로 틀린 것은?

① 벤조피렌(benzopyrene)은 다환방향족 탄화수소로서 가열처리나 훈제공정에 의해 생성되는 발암물질이다.

② MCPD(3-monochloro-1,2-propanediol)는 대두를 산처리하여 단백질을 아미노산으로 분해하는 과정에서 글리세롤이 염산과 반응하여 생성되는 화합물로서 발효간장인 재래간장에서 흔히 검출된다.

③ 아크릴아마이드(acrylamide)는 아미노산과 당이 열에 의해 결합되는 마이야르 반응을 통하여 생성되는 물질로 아미노산 중 아스파라긴산이 주 원인물질이다.

④ 니트로사민(nitrosamine)은 햄이나 소시지에 발색제로 사용하는 아질산염의 첨가에 의해 발생된다.

| 해설

3-MCPD와 1,3-DCP는 산분해간장 제조시, 탈지대두를 염산으로 가수분해하는 과정에서, 지방의 분해산물인 글리세린이 염산과 반응하여 생성됨. 발효를 거쳐 제조되는 재래간장에는 생성 가능성 낮음

 정답 ②

37. 트랜스지방에 대한 설명으로 옳은 것은?

① 트랜스지방은 100g당 0.5g 미만일 때 "0"으로 표시할 수 있다.

② 트랜스지방 섭취는 LDL(저밀도 지방단백질) 콜레스테롤 수치를 감소시킨다.

③ 불포화지방에 수소첨가 공정에 의해 주로 생성되나.

④ 자연계에서는 트랜스지방이 검출되지 않는다.

| 해설

① 트랜스지방은 0.5g 미만은 "0.5g 미만"으로 표시할 수 있으며, 0.2g 미만은 "0"으로 표시할 수 있다. 다만, 식용유지류 제품은 100g당 2g 미만일 경우 "0"으로 표시할 수 있음

② 트랜스지방 섭취는 LDL 콜레스테롤 수치를 높임

③, ④ 자연계에서도 소량 검출되지만 일반적으로 불포화지방을 경화시키기 위해 수소를 첨가하는 공정에서 생성됨

 정답 ③

38. 다음 중 비타민 A의 함량이 가장 높은 식품은?

① 간유
② 당근
③ 김
④ 오렌지

| 해설

난황, 우유 등에도 함유되어 있으나, 간유에 가장 다량 함유

  정답 ①

39. 요오드의 결핍증은?

① 악성빈혈
② 구루병
③ 성장장애
④ 갑상샘종

| 해설

요오드는 갑상선 호르몬의 구성성분임

 정답 ④

40. 중성지방을 가장 바르게 설명한 것은?

① 고급지방산과 glycol의 ester이다.
② 고급지방산과 glycerol의 ester이다.
③ 고급지방산과 고급 alcohol의 ester이다.
④ 저급지방산과 1급 alcohol의 ester이다.

| 해설

중성지질(triglyceride)
글리세롤 1분자와 지방산 3분자가 에스테르 결합한 형태

  정답 ②

41. 마요네즈 제조 시 유화제 역할을 하는 것은?

① 식초산

② 면실유

③ 소금

④ 레시틴

| 해설

난황의 레시틴이 마요네즈 제조 시 유화제 역할을 함

정답 ④

42. 버터의 정의로 옳은 것은?

① 원유, 우유류 등에서 유지방분을 분리한 것 또는 발효시킨 것을 교반하여 연압한 것을 말한다(식염이나 식용색소를 가한 것 포함).

② 식용유지에 식품첨가물을 가하여 가소성, 유화성 등의 가공성을 부여한 고체상의 것을 말한다.

③ 원유 또는 우유류에서 분리한 유지방분으로 유지방분 30% 이상의 것을 말한다.

④ 유크림에서 수분과 무지유고형분을 제거한 것을 말한다.

| 해설

② 쇼트닝: 식용유지에 식품첨가물을 가하여 가소성, 유화성 등의 가공성을 부여한 고체상의 것

③ 유크림류: 원유 또는 우유류에서 분리한 유지방분으로 유지방분 30% 이상의 것

④ 버터오일: 유크림에서 수분과 무지유고형분을 제거한 것

정답 ①

43. 식물성 유지가 동물성 유지보다 산패가 덜 일어나는 이유로 적합한 것은?

① 천연항산화제가 들어있기 때문에

② 발연점이 낮기 때문에

③ 시너지스트(synergist)가 없기 때문에

④ 열에 안정하기 때문에

| 해설

식물성 유지에는 천연 항산화제가 존재하므로, 동물성 유지 대비 불포화지방산의 함량이 높음에도 불구하고 산패속도가 느림

정답 ①

44. *Cl. botulinum* 포자 현탁액을 121℃에서 열처리하여 초기농도의 99.999%(= 0.00001배)를 사멸시키는데 1분 걸렸다. 이 포자의 121℃에서 D(decimal reduction time) 값은 약 얼마인가?

① 2분

② 1분

③ 0.5분

④ 0.2분

| 해설

$$D = \frac{t}{\log \dfrac{N_0}{N_1}} = \frac{1}{\log 10^5} = 0.2$$

정답 ④

45. 잼 제조 시 겔(gel)화의 조건으로 적합한 것은?

① 당도 60~65%

② 펙틴 2.0~2.5%

③ 산도 0.5%

④ pH 4.0

| 해설

젤리화에 필요한 3요소: 당(60~65%), pH2.9~3.5(유기산0.3%), 펙틴(1.0~1.5%)

정답 ①

46. 콩나물 성장에 따른 화학적 성분의 변화에 대한 설명으로 틀린 것은?

① 비타민 C 함량의 증가

② 가용성 질소화합물의 감소

③ 지방 함량의 감소

④ 섬유소 함량의 감소

| 해설

㉠ 콩에 없던 비타민 C 생성, 아스파라긴산, 섬유질, 비타민 B군이 빠르게 증가

㉡ 단백질·지방질·회분은 서서히 감소, 가용성 무질소물은 급격히 감소

정답 ④

47. 다음 중 한천이나 명태의 건조방법으로 적합한 것은?

① 천일건조(sun drying)

② 자연동건(natural cold drying)

③ 진공동결건조(vaccum freeze drying)

④ 냉풍건조(cold air drying)

| 해설

자연동건법

겨울철의 자연저온을 이용하여 야간에 기온이 내려갈 때 식품 중의 수분이 빙결하고 주간에 기온이 올라갈 때 용해하여 수분이 증발 또는 유출하는 것을 반복하며 건조되는 방법

정답 ②

48. 냉동화상(freezer burn)에 대한 설명이 틀린 것은?

① 동결된 식품의 표면이 공기와 접촉하여 발생한다.

② 다공질의 건조층이 생긴다.

③ 색깔, 조직, 향미, 영양가는 변화가 없다.

④ 냉동 육류의 저장에서 많이 발생한다.

| 해설

식품의 변색, 지방산화 등으로 조직, 향미, 영양가 등 품질의 저하 발생

정답 ③

49. 덱스트린(dextrin)의 요오드 반응 색깔이 잘못 연결된 것은?

① amylo dextrin - 청색

② erythro dextrin - 적갈색

③ achro dextrin - 청색

④ malto dextrin - 무색

| 해설

덱스트린의 요오드 반응의 정도에 따라 아밀로, 에리트로, 아크로, 말토덱스트린으로 구분, achro dextrin은 malto덱스트린과 함께 색을 나타내지 않는 덱스트린임

정답 ③

50. 신선란의 특징이 아닌 것은?

① 까실까실한 표면 감촉을 느낄수록 신선한 편이다.

② 8%(4% W/V) 식염수에 넣었을 때 위로 떠오른다.

③ 난황계수가 0.36~0.44 정도이다.

④ 보통 HU값이 85 이상이다.

| 해설

신선란은 11% 식염수에서 가라앉음

㉠ 약간 신선란: 11% 식염수에 뜨지만 10% 식염수에는 약간 가라 앉음

㉡ 부패가능란: 10% 식염수에는 뜨지만 8% 식염수에는 가라앉음

㉢ 부패란: 8% 식염수에서 뜸

정답 ②

51. 명태에 대한 설명으로 틀린 것은?

① 북어는 장시간 천천히 말린 명태
② 코다리는 꾸들꾸들하게 반쯤 말린 명태
③ 황태는 겨우내 자연적으로 동결건조된 명태
④ 노가리는 명태 새끼

52. 면 제조시 사용하는 견수의 역할이 아닌 것은?

① 약간 노란색을 띠게 한다.
② 중화면에 특유한 풍미를 부여한다.
③ 밀 녹말의 노화를 촉진하여 준다.
④ 면의 식감을 쫄깃하게 한다.

53. 장류 제조시 코지(koji)를 사용하는 주된 목적은?

① 호기성균을 발육시켜 호흡작용을 정지시키기 위해
② 아미노산, 에스테르 등의 물질을 얻기 위해
③ 아밀라아제, 프로테아제 등의 효소를 생성하기 위해
④ 잡균의 번식을 방지하기 위해

54. 염장을 통한 방부 효과의 원리가 아닌 것은?

① 탈수에 의한 수분활성도 감소
② 삼투압에 의한 미생물의 원형질 분리
③ 산소 용해도 감소
④ 단백질 분해효소의 작용 촉진

55. 물의 밀도로 $1g/cm^3$(cgs 단위계)를 SI 단위계로 환산하면?

① $1kg/m^3$
② $10kg/m^3$
③ $100kg/m^3$
④ $1000kg/m^3$

56. 쌀의 도정도가 높을수록 상대적으로 증가하는 것은?

① 섬유질
② 단백질
③ 소화율
④ 비타민류

57. 통조림 용기 중 금속 원형관의 호칭에서 401의 의미는?

① 직경이 401mm이다.

② 직경이 40.1mm이다.

③ 직경이 4와 1/16인치이다.

④ 직경이 4와 1/12인치이다.

| 해설

통조림 용기의 규격은 인치 단위로 나타낸 밀봉부의 바깥지름

정답 ③

58. 건강기능식품과 관련하여 건강문제와 기능성 원료의 연결이 틀린 것은?

① 눈 건강 저하 - 녹차 추출물

② 뼈 관절 약화 - 글루코사민

③ 칼슘 흡수 저하 - 액상프락토올리고당

④ 피부 노화 – 히알루론산나트륨

| 해설

「건강기능식품의 기준 및 규격」중 기능성 원료의 기능성 내용
① 녹차 추출물: 항산화·체지방 감소·혈중 콜레스테롤 개선에 도움을 줄 수 있음
② 글루코사민: 관절 및 연골 건강에 도움을 줄 수 있음
③ 액상프락토올리고당: 장내 유익균 증식 및 배변활동 원활에 도움을 줄 수 있음
④ 히알루론산나트륨: 피부보습·자외선에 의한 피부손상으로부터 피부건강 유지에 도움을 줄 수 있음

정답 ①

59. 버터 제조공정 중 ( ) 안에 들어갈 공정이 순서대로 나열된 것은?

원료유 → 크림의 ( ) → 크림의 중화 → 크림의 살균 → 크림의 ( ) → 착색 → 교동(churning) → ( ) → 충전 → 버터

① 분리, 발효, 연압

② 분리, 연압, 발효

③ 발효, 연압, 살균

④ 발효, 분리, 연압

| 해설

가염버터 제조공정

크림 분리 → 중화 → 살균 → 냉각 → 숙성(발효) → 교동 → 세척 → 가염 → 연압 → 포장

정답 ①

60. 우유의 가공공정에서 균질화의 목적이 아닌 것은?

① 미생물의 증식억제　　② 지방의 분리방지

③ 커드(curd)의 연화　　④ 지방구의 미세화

| 해설

균질화
• 지방구를 기계적으로 미세화하여 지방구의 크기를 작게 분산
• 균질화의 목적: 지방의 크림화 방지, 점도 향상, 우유 조직의 연성화, 소화기능 향상

정답 ①

61. 세포벽의 역할이 아닌 것은?

① 세포 내부의 높은 삼투압으로부터 세포를 보호한다.

② 세포 고유의 형태를 유지하게 한다.

③ 전자전달계가 있어서 산화적 인산화 반응을 일으킬 수 있다.

④ 세포벽 성분에 의해 세균독성이 나타나기도 한다.

| 해설

미토콘드리아: 전자전달계가 있어서 산화적 인산화 반응이 일어남

정답 ③

62. 독버섯의 독성분이 아닌 것은?

① enterotoxin

② neurine

③ muscarine

④ phalline

| 해설

㉠ 독버섯의 독성분으로는 muscarine, muscaridine, neurine, phalline, amanitatoxin, pilztoxin 등이 있음

㉡ enterotoxin은 세균이 생성하는 장독소

정답 ①

63. 고온성 포자 형성균에 의한 통조림 변패 요인이 아닌 것은?

① *Bacillus coagulans*

② *Bacillus stearothermophilus*

③ *Clostridium thermosaccharolyticum*

④ *Clostridium butyricum*

| 해설

*Clostridium butyricum*은 당류를 발효하여 낙산을 생성하는 낙산균

일반적으로 미생물 명칭에 thermo가 붙으면 고온성인 경우가 많음

정답 ④

64. 생선이나 수육이 변패할 때 인광을 나타내는 원인균으로 옳은 것은?

① *Vibrio indicus*

② *Salmonella enteritidis*

③ *Bacillus coagulans*

④ *Erwinia carotovora*

| 해설

Vibrio phosphoreum, *Vibrio indicus*는 해양생물에 서식하며 인광(phosphorescence)을 발생하여 발광을 함

정답 ①

65. α-amylase의 성질이 아닌 것은?

① 전분의 α-1,4 및 α-1,6 결합을 임의의 위치에서 분해한다.
② 전분의 점도를 급격히 저하시킨다.
③ 최종 분해생성물은 dextrin, 맥아당, 소량의 포도당이다.
④ 액화형 amylase이다.

| 해설

α-아밀라제
- 전분의 α-1,4 결합을 무작위로 가수분해
- 저분자량의 덱스트린 생성, 점도 감소, 액화효소
- α-아밀라아제는 맥주 제조에 이용

정답 ①

66. 다음 미생물의 생육곡선에서 (B)의 시기를 무엇이라 하는가?

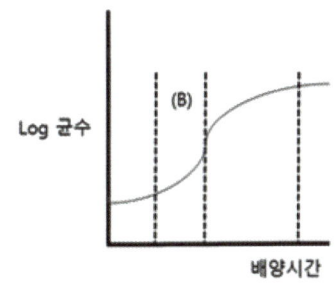

① 대수 증식기로서 균수가 지수적으로 증가하는 시기
② 유도기로서 균수가 시간에 비례하여 증식하는 시기
③ 대수 증식기로서 세포분열이 지연된 시기
④ 유도기로서 세포분열이 왕성한 시기

| 해설

미생물의 생육곡선 단계는 유도기 - 대수기 - 성지기 - 사멸기

정답 ①

67. 맥주 발효시 ㉠ 상면발효 효모와 ㉡ 하면발효 효모를 옳게 나열한 것은?

① ㉠ *Saccharomyces carlsbergensis*
  ㉡ *Saccharomyces cerevisiae*

② ㉠ *Saccharomyces cerevisiae*
  ㉡ *Saccharomyces carlsbergensis*

③ ㉠ *Saccharomyces rouxii*
  ㉡ *Saccharomyces cerevisiae*

④ ㉠ *Saccharomyces ellipsoideus*
  ㉡ *Saccharomyces cerevisiae*

| 해설

②의 내용이 옳게 나열되었다.

주의
자주 출제되므로 외워두자

정답 ②

68. 곰팡이의 형태적 특징을 바르게 설명한 것은?

① *Aspergillus* 속 - 정낭 위에 분생자를 착생한다.
② *Penicillium* 속 - 병족세포를 갖고 있다.
③ *Mucor* 속 - 가근과 포복지를 갖는다.
④ *Rhizopus* 속 - 유성생식 결과 자낭 안에 8개 정도의 자낭포자를 형성한다.

| 해설

㉠ *Penicillium* 속은 병족세포가 없고 분생자병 끝에 자낭을 만들지 않음
㉡ *Mucor* 속은 가근과 포복지가 없음
㉢ *Rhizopus* 속은 접합균류로서 접합자 속에 형성하는 포자수가 인정하지 않음

정답 ①

69. 맥주 효모 세포의 기본적인 형태는?

① 난형(cerevisiae type)

② 삼각형(trigonopsis type)

③ 소시지형(pastorianus type)

④ 레몬형(apiculatus type)

㉠ *Saccharomyces cerevisiae*: 난형
㉡ *Saccharomyces carlsbergenesis*: 난형 또는 타원형

정답 ①

70. 식빵의 부패 현상인 점조현상(ropiness) 원인균으로 다음 중 어느 것이 가장 많이 나타나는가?

① *Asp. glaucus*　　② *Asp. niger*

③ *Bac. cereus*　　④ *Bac. mesentericus*

| 해설 |

식빵의 점조현상(ropiness)
• *Bacillus subtilis*와 *Bac. mesentericus*는 밀이나 밀가루에 흔히 존재
• 이 균에 의해 밀의 글루텐이 분해되고, 동시에 amylase에 의해서 전분에서 당이 생성되어 점질화(rope)됨
• 빵을 굽는 온도가 100℃를 넘지 않으면 이 균의 포자가 사멸되지 않고 남아 있다가 적당한 환경이 되면 발아 증식하여 점질화 현상을 일으킴

정답 ④

71. 포도주 효모에 대한 설명으로 잘못된 것은?

① *Saccharomyces cerevisiae var. ellipsoideus*가 흔히 사용된다.

② 타원형이다.

③ 무포자 효모이다.

④ 아황산에 내성인 것이 좋다.

| 해설 |

Saccharomyces 속은 자낭포자 효모

정답 ③

72. 연속식 배양법에 대한 설명으로 틀린 것은?

① 전체 공정의 관리가 용이하여 대부분의 발효공업에서 적용되고 있다.

② 중간 및 최종제품의 품질이 일정하다.

③ 배양 중 잡균에 의한 오염이나 변이의 가능성이 있다.

④ 수율 및 생산물 농도는 일반적으로 회분식에 비해 낮다.

| 해설 |

연속배양
• 배양원료를 연속적으로 배양장치에 공급하여 배양을 계속하는 조작
• 장점
  - 한정된 제품을 다량 장기간 생산
  - 장치용량을 줄일 수 있음
  - 작업시간 단축
  - 전공정의 관리 용이
  - 중간 및 최종제품의 품질이 일정
  - 인력, 동력에너지가 절감되어 생산비 감소
• 단점
  - 기존설비에서의 전환이 다소 곤란
  - 회분식에 비해 수율 및 생산물 농도는 다소 낮음
  - 생산물이 분리비용이 높음
  - 잡균에 의한 오염 및 변이의 가능성이 있음
• 여러 단점으로 공업화의 범위가 한정적(아황산펄프폐액 이용 사료효모 생산, 식초 생산 등 문제가 적은 한정된 배양에만 이용)

정답 ①

73. 스위스치즈의 치즈눈 생성에 관여하는 미생물은?

① *Propionibacterium shermanii*

② *Lactobacillus bulgaricus*

③ *Penicillium roqueforti*

④ *Streptococcus thermophilus*

| 해설 |

① *Propionibacterium shermanii*는 스위스 에멘탈치즈의 치즈눈을 형성
② *Lactobacillus bulgaricus*는 요구르트, 버터의 스타터로 이용
③ *Penicillium roqueforti*는 프랑스의 로크포르 치즈의 숙성과 향미에 관여함
④ *Streptococcus thermophilus*는 고온으로 curd를 가열하는 치즈 제조에 이용

정답 ①

74. 포도주 제조 시 잡균의 증식을 억제시키는 것은?

① $K_2S_2O_5$

② $MgSO_4$

③ KH_2PO_4

④ NH_4NO_3

| 해설

포도주 제조시 아황산염 첨가효과

- 파쇄, 착즙과 동시에 / 후발효시 아황산염을 첨가
- 유해균의 번식 억제
- 산화효소에 의한 갈변방지
- 침전, 추출작용(단백질 혼탁방지)
- 색소와 탄닌의 용출 촉진 등

정답 ①

75. 버섯에 대한 설명 중 틀린 것은?

① 대부분은 담자균류에 속한다.
② 담자균류는 균사에 격막이 있다.
③ 2차 균사는 단핵 균사이다.
④ 동담자균류와 이담자균류가 있다.

| 해설

버섯의 1차균사는 1핵균사(= 단핵균사 = 단상균사), 2차균사는 2핵균사(= 다핵균사 = 복상균사), 3차균사는 버섯의 형태를 갖춤

정답 ③

76. 개량 메주를 만드는데 사용되는 곰팡이는?

① *Saccharomyces cerevisiae*

② *Aspergillus oryzae*

③ *Saccharomyces sake*

④ *Aspergillus niger*

| 해설

① *Saccharomyces cerevisiae*는 상면발효 맥주효모
③ *Saccharomyces sake*는 청주효모
④ *Aspergillus niger*는 과일주스의 청징제로 사용되는 곰팡이

정답 ②

77. 탄소원으로 포도당 1kg에 *Saccharomyces cerevisiae* 를 배양하여 발효시켰을 때 얻어지는 에틸알코올의 이론적인 최대 생성양은?

① 423g

② 511g

③ 645g

④ 786g

| 해설

포도당 1000g으로 생산된 알코올 양
glucose → 2 ethanol + 2CO₂
180(glucose 분자량) : 2 × 46(ethanol 분자량) = 1000 : a
a = 511g

정답 ②

78. 포자를 생성하지 못하는 효모는?

① *Saccharomyces cerevisiae*

② *Saccharomyces sake*

③ *Debaryomyces hansenii*

④ *Torulopsis utilis*

┃해설

무포자 효모

Cryptococcus 속, *Torulopsis* 속, *Candida* 속, *Rhodotorula* 속

 정답 ④

79. 통조림 flat sour 변패 원인세균으로서 극히 내열성인 저항 포자를 형성하는 세균인 것은?

① *Bacillus coagulans*

② *Bacillus anthracis*

③ *Bacillus polymyxa*

④ *Bacillus cereus*

┃해설

② *Bacillus anthracis*는 탄저병의 원인균

④ *Bacillus cereus*는 세균성 식중독균

정답 ①

80. 식품제조 공장에서 낙하 오염에 주로 관여하는 미생물은?

① 세균

② 곰팡이

③ 바이러스

④ 효모

┃해설

공기 중 부유 미생물은 주로 곰팡이, 세균 순임

정답 ②

제5과목 식품제조공정

81. 압출성형기에 공급되는 원료의 수분함량을 18%(습량기준)로 맞추고자 한다. 물을 첨가하기 전에 분말의 수분함량이 10%라 하면 분말 5kg에 추가해야 하는 물의 양은 몇 약 kg인가?

① 1.05   ② 1.24

③ 0.49   ④ 0.17

┃해설

$$원료의\ 수분함량 = \frac{분말의\ 수분량 + 물의\ 첨가량(a)}{원료의\ 양} \times 100$$

$$\frac{0.5 + a}{5 + a} \times 100 = 18$$

$$\therefore a = 0.49$$

정답 ③

82. 농상가공에서 분체, 입체, 습기가 있는 재료나 화학적 활성을 지니고 있는 고온물질을 트로프(trough) 또는 파이프(pipe) 내에서 회전시켜 운반하는 반송기계는?

① 벨트컨베이어(belt conveyer)

② 스크류컨베이어(screw conveyer)

③ 버킷엘리베이터(bucket elevator)

④ 드로우어(thrower)

┃해설

① 벨트컨베이어(belt conveyer)
- 고체 이송기, 연속식 운반기계의 일종
- 스틸 프레임에 아이들러 롤러 또는 슬라이드 판을 조립하고 양끝에서 고무벨트를 걸어 드럼을 통해 구동하는 장치

② 스크류컨베이어(screw conveyer)
- U자형 원통속에서 screw 모양의 날개를 회전시켜 screw의 상호 운동의 결과로써 운반물을 Feeding 시키는 장비
- 완전밀폐로 미세한 분말 등을 운반 가능

③ 버킷엘리베이터(bucket elevator)
- 원료를 수직운반, 버킷이 고무밸브나 체인에 견고하게 취부되어 모터로 구동됨
- 구조가 간단하고 면적이 작아서 공간 활용도가 높음

 정답 ②

83. 무균 충전 시스템에 대한 설명으로 옳지 않은 것은?

① 용기에 관계없이 균일한 품질의 제품을 얻을 수 있다.

② 무균 환경하에서 작업이 이루어진다.

③ 포장 용기에 식품을 담아 밀봉 후 살균한다.

④ 주로 초고온 순간(UHT) 살균으로 처리한다.

| 해설

무균 충전 시스템

식품과 포장재를 따로 살균한 다음 무균적으로 충진, 밀봉하는 포장방법

정답 ③

84. 농산물 통조림을 제조할 때 데치기의 목적이 아닌 것은?

① 식품 원료에 들어 있는 효소를 불활성화시킨다.

② 식품 조직 중의 가스를 방출시킨다.

③ 예열함으로써 원료 중에 들어있는 산소농도를 감소시킨다.

④ 식품의 갈변화를 일으킨다.

| 해설

데치기의 목적

효소를 불활성화시켜 갈변 방지, 오염 미생물의 살균, 풋냄새 제거, 박피 용이, 가열 살균시 부피가 줄어드는 것 방지

정답 ④

85. 냉동건조(freeze drying) 방법으로 제조된 식품의 특징으로 틀린 것은?

① 제품의 밀도가 증가한다.

② 향미 성분이 보존된다.

③ 승화와 탈습의 과정을 거쳐 제조된다.

④ 제품의 물리적 변형이 적다.

| 해설

동결건조에 의한 건조품은 다공질로서 밀도가 낮음

정답 ①

86. 가열 살균할 때 냉점이 통의 중심부에 가장 근접하여 위치하는 것은?

① 사과 주스 통조림

② 쇠고기 스프 통조림

③ 복숭아 통조림

④ 딸기잼 통조림

| 해설

냉점

• 식품에서 온도 상승이 가장 늦은 점. 특히 통조림 살균에서 가장 늦게 가열되는 점을 말함

• 전도형 식품[고체, 반고체, 점도높은 식품(잼, 육가공품)]은 중앙에 냉점 위치

• 대류형 식품(주스, 맥주, 과일통조림)은 중심보다 하단에 냉점 위치

정답 ④

87. 터널건조기(tunnel dryer)에서 열풍이 흐르는 방향과 식품이 이동하는 방향이 반대인 경우를 나타내는 용어는?

① 향류식

② 병류식

③ 유동층식

④ 기송식

| 해설

터널 건조기

터널 모양으로 된 열풍건조기, 다량의 식품 건조에 적합하여 이동하면서 긴조되는 빈연속식 건조장치

병류식	• 열풍 방향과 재료 이동방향이 같음 • 고온공기가 유입되어 제품 건조 후 저온 공기로 빠져나가 마지막에 제품에 전달하는 열이 작아 열손상 작음 • 초기건조속도 빠름, 수분함량 낮은 제품 얻기 어려움, 원하는 건조효과 얻기 어려움
향류식	• 열풍 방향과 재료 이동방향이 다름 • 고온의 공기가 유입된 것이 건조가 다 되어가는 제품과 만나 열을 전달하여 열손상이 큼 • 초기건조속도 느림, 수분함량 낮은 제품 얻을 수 있음, 원하는 건조효과 얻을 수 있음

정답 ①

88. 두부제조 공정 중 주의해야 할 사항으로 적합하지 않은 것은?

① 불린 콩을 최대한 곱게 갈아야 두부 수율이 높아진다.

② 콩의 침지 시간이 부족하면 팽윤 상태가 불량하여 단백질 추출이 어려워진다.

③ 마쇄가 충분하지 못하면 비지가 많이 나와 두부 수율이 감소한다.

④ 콩의 침지 시간이 너무 길면 콩 단백질이 변성되어 응고 상태가 불량해진다.

| 해설

불린 콩을 마쇄할수록 추출률은 높아지지만, 지나친 마쇄는 좋지 않음

 정답 ①

89. 우유나 과즙의 맛과 비타민 등 영양성분을 보존하기 위하여 70~75℃에서 10~20초간 살균하는 방법은?

① 저온 살균법

② 고온순간 살균법

③ 초고온 살균법

④ 간헐 살균법

| 해설

㉠ 고온순간 살균법(HTST): 72~75℃, 15~25초간 살균
㉡ 저온 살균법(LTLT): 63~65℃에서 30분간 가열
㉢ 초고온 살균법(UHT): 130~150℃, 0.5~5초간 살균
㉣ 간헐 살균법: 내열성균의 완전살균, 1일 1회씩 100℃에서 20~50분간 연속 3일을 같은 시간에 반복 가열살균(포자 형성 미생물 사멸)

 정답 ②

90. 증기가압살균장치(retort)에 필요하지 않은 것은?

① 유량계

② 안전판

③ 자동기록 온도계

④ 압력계

| 해설

레토르트는 가압포화 수증기로 식품의 온도를 100℃ 이상으로 가열, 살균하는 장치임
그러므로 온도계, 압력계, 안전판이 필요하나, 유량을 측정하는 유량계(flowmeter)는 필요치 않음

 정답 ①

91. 육류, 신선한 과실 등 섬유조직을 가진 제품을 분쇄(절단 포함) 할 때 사용되는 설비가 아닌 것은?

① 슬라이싱

② 다이싱

③ 펄핑

④ 소프터닝

| 해설

① slicing 장치: 회전하거나 왕복하는 날로 절단
② dicing 장치: 식품이 처음에 슬라이스 되고 난 후 회전하는 날에 의해 조각으로 절단
③ pulping 장치: 야채나 과일에서 즙을 추출할 때 사용, 압축력과 전단력이 작용
④ 연화(softening): 과일이나 채소 따위가 익어가거나 숙성되면서 단단함을 잃는 과정

 정답 ④

92. 스크린(Screen)을 통하여 선별을 하고자 할 때 크기 분류에 영향을 미치는 요인이 아닌 것은?

① 재료 공급속도
② 재료의 크기
③ 재료의 무기질 함량
④ 정전적 전하

| 해설

스크린 선별기
곡류의 두께, 폭, 지름, 모양을 이용하는 것으로 원형, 정사각형, 정삼각형 등의 구멍이 뚫린 스크린과 스크린에 일정한 진동을 주는 구동장치, 경사각 조절장치 등으로 구성

정답 ③

93. 증기압축식 냉동장치에 흔히 사용되는 냉동제가 아닌 것은?

① 암모니아
② 프레온12(CCl_2F_2)
③ 프레온22($CHClF_2$)
④ 액체질소

| 해설

압축기, 응축기, 팽창밸브, 증발기를 가지는 증기압축식 냉동기의 냉매는 암모니아와 프레온가스임

정답 ④

94. 통조림의 살균 부족으로 잔존하기 쉬운 독소형성 세균은?

① *Streptococcus faecalis*
② *Clostridium botulinum*
③ *Bacillus subtilis*
④ *Lactobacillus casei*

| 해설

*Clostridium botulinum*는 편성혐기성균이므로 통조림에서 증식이 가능함

정답 ②

95. 분유 제조시 건조방법으로 적합한 것은?

① 자연 건조
② 열풍 건조
③ 분무 건조
④ 피막 건조

| 해설

분무건조법(spray drying)
• 액체를 분무기를 사용하여 작은 방울로 하여 뜨거운 공기 속으로 뿜어내어 순간적으로 가루로 말리는 방법
• 열풍과의 접촉시간이 짧고, 재료 온도도 비교적 낮아서, 온도에 민감한 식품의 건조에 효과적임

정답 ③

96. 수직 스크루 혼합기의 용도로 가장 적합한 것은?

① 점도가 매우 높은 물체를 골고루 섞어준다.
② 서로가 섞이지 않는 두 액체를 균일하게 분산시킨다.
③ 고체분말과 소량의 액체를 혼합하여 반죽상태로 만든다.
④ 많은 양의 고체에 소량의 다른 고체를 효과적으로 혼합시킨다.

| 해설

혼합기
• 고체 – 고체 혼합
• 종류: 리본형 혼합기, 스크루 혼합기, 텀블러 혼합기
• 그 중 수직 스크루 혼합기는 원통형 용기에 회전하는 스크루가 수직으로 설치되어 있는 형태

정답 ④

97. 고체 - 액체 추출에서 추출 속도에 영향을 미치는 인자에 해당하지 않는 것은?

① 고체 - 액체의 계면 면적

② 온도가 높으면 용질이 확산하는 속도가 감소

③ 농도의 기울기

④ 점도가 낮을수록 좋다.

| 해설

온도가 높으면 용질이 확산하는 속도가 증가

정답 ②

98. 비가열 살균에 해당하지 않는 것은?

① 자외선 살균

② 저온 살균

③ 방사선 살균

④ 전자선 살균

| 해설

저온살균법(LTLT): 63~65℃에서 30분간 가열

비가열 살균

• 가열처리를 하지 않고 살균하는 기술

• 초음파, 고전압펄스 전기장, 초고압, 방사선, 자외선, 전자선 살균 등이 있다.

정답 ②

99. 식품 성분을 분리할 때 사용하는 막 분리법 중 관계가 옳은 것은?

① 농도차 - 삼투압

② 온도차 - 투석

③ 압력차 - 투과

④ 전위차 - 한외여과

| 해설

역삼투(압력차), 삼투압(농도차), 한외여과(압력차), 투석(농도차), 전기투석(전위차)

정답 ①

100. 수산 건제품의 처리 방법에 대한 설명으로 옳지 않은 것은?

① 자건품: 수산물을 그대로 또는 소금을 넣고 삶은 후 말린 것

② 배건품: 수산물을 저온에서 말린 것

③ 염건품: 수산물에 소금을 넣고 말린 것

④ 동건품: 수산물을 동결, 융해하여 말린 것

| 해설

배건품

불을 쬐며 말리거나 불에 볶은 후 말린 것

정답 ②

2023년 | 제2회(CBT)

※CBT 문제는 수험생의 기억에 따라 복원된 것이며, 실제 기출문제와 동일하지 않을 수 있습니다.

제1과목 식품위생학

01. 노로바이러스의 특징이 아닌 것은?

① 물리·화학적으로 안정된 구조를 가진다.
② 환자의 구토물이나 대변에 존재한다.
③ 100℃에서 10분간 가열해도 불활성화 되지 않는다.
④ 구토나 설사 증상 없이도 바이러스를 배출하는 무증상 감염도 발생한다.

| 해설

노로바이러스 예방을 위해서 85℃ 1분 이상 가열로도 바이러스 불활성화

정답 ③

02. 유해물질에 관련된 사항이 바르게 연결된 것은?

① Hg - 이타이이타병 유발
② DDT - 유기인제
③ Parathion - Cholinesterase 작용 억제
④ Dioxin - 유해성 무기화합물

| 해설

① Hg - 미나마타병 유발
② DDT - 유기염소제
③ Parathion - 유기인제, Cholinesterase 작용 억제
④ Dioxin - 유해성 유기화합물

정답 ③

03. 식중독 역학조사에 대한 설명으로 틀린 것은?

① 오염된 식품의 섭취와 질병의 초기증상이 보여진 시점 사이의 간격(잠복기)을 계산하여 추정중인 질병이 감염성인지 독소형인지 판단한다.
② 발병율은 "환자수/섭취자수 × 100"으로 산출한다.
③ 역학의 3대요인으로 병인적 인자, 화학적 인자, 환경적 인자가 있다.
④ 식중독 원인으로 추정되는 식품의 출처를 파악하기 위하여 역추적 조사를 실시한다.

| 해설

역학의 기본요인 - 병인, 숙주, 환경
• 병인: 영양소, 생물학적, 물리적, 화학적, 정신적, 사회환경적
• 숙주: 인적, 신체적, 정신적
• 환경: 물리적, 생물학적, 사회적 환경

정답   ③

04. 합성착색료에 해당하지 않는 것은?

① 식용색소 녹색 제3호
② 카르민
③ 삼이산하철
④ 소르빈산

| 해설

소르빈산은 보존료

정답   ④

05. 보존료의 사용 목적과 거리가 먼 것은?

① 수분감소의 방지

② 신선도 유지

③ 식품의 영양가 보존

④ 변질 및 부패방지

| 해설

보존료

- 미생물에 의한 품질 저하를 방지하여 식품의 보존기간을 연장시키는 식품첨가물
- 수분감소방지 기능은 없음

 정답 ①

06. 멜라민 수지로 만든 식기에서 위생상 문제가 될 수 있는 주요 성분은?

① 비소

② 게르마늄

③ 포름알데히드

④ 단량체

| 해설

열경화성 수지(페놀수지, 요소수지, 멜라민수지)는 포름알데하이드의 축합으로 만들어지므로 용출이 문제가 됨

 정답 ③

07. 미생물학적 검사를 위해 고형 및 반고형인 검체의 균질화에 사용하는 기계는?

① 쵸퍼(Chopper)

② 원심분리기(centrifuge)

③ 균질기(stomacher)

④ 냉동기(freezer)

| 해설

세절기(Chopper)

식품을 잘게 절단하는 기계

정답 ③

08. 병에 걸린 동물의 고기를 섭취하거나 병에 걸린 동물을 처리, 가공할 때 감염될 수 있는 인수공통감염병은?

① 디프테리아

② 폴리오

③ 유행성 간염

④ 브루셀라병

| 해설

인수공통감염병의 종류

결핵, 탄저, 브루셀라병(파상열), 야토병, 돈단독증, Q열 등

 정답 ④

09. 알코올에 작용하므로 알코올성 식품에 가장 유해한 균 속은?

① *Acetobacter* 속

② *Achromobacter* 속

③ *Photobacterium* 속

④ *Halobacterium* 속

| 해설

초산균(Acetic acid bacteria)은 에탄올을 산화 발효하여 대량의 초산을 생성

 정답 ①

10. 핵분열 생성물질로서 반감기는 짧으나 비교적 양이 많아서 식품 오염에 문제가 될 수 있는 핵종은?

① ^{90}Sr

② ^{131}I

③ ^{137}Cs

④ ^{106}Ru

| 해설

㉠ ^{137}Cs(세슘) - 30년

㉡ ^{90}Sr(스트론튬) - 28년

㉢ ^{131}I(요오드) - 8일

  정답 ②

11. 곰팡이의 대사산물 중 사람에게 질병이나 생리 작용의 이상을 유발하는 물질이 아닌 것은?

① aflatoxin
② citrinin
③ patulin
④ saxitoxin

| 해설

saxitoxin(마비성 패독)
섭조개, 홍합, 모시조개 등이 와편모조류의 독소를 섭취하면 중장선에 축적되어 유독화됨

정답 ④

12. 리켓치아에 의하여 감염되는 질병은?

① 탄저병
② 비저
③ Q열
④ 광견병

| 해설

① 탄저병 - 세균
③ Q열 - 리케치아
④ 광견병 - 바이러스

정답 ③

13. 식품의 포장재로 사용되는 종이류가 위생상 문제가 되는 이유가 아닌 것은?

① 형광 염료의 이행
② 포장 착색료의 용출
③ 저분자량 물질의 혼입
④ 납 등 유해물질의 혼입

| 해설

저분자량 물질의 혼입이 문제가 되는 것은 합성수지 포장재임

정답 ③

14. 여시니아 엔테로콜리티카균에 대한 설명으로 옳지 않은 것은?

① 그람음성의 단간균이다.
② 냉장보관을 통해 예방할 수 있다.
③ 진공포장에서도 증식할 수 있다.
④ 쥐가 균을 매개하기도 한다.

| 해설

여시니아 식중독
• 원인균: *Yersinia enterocolitica*
• 특징
  - 진공포장과 냉장온도에서도 성장할 수 있어 *monocytogenes*
    와 더불어 냉장식품을 통한 식중독 원인균
  - 호기성과 혐기성 상태 모두 성장
  - *Yersinia* 속균은 그람음성 간균으로 장내세균과에 속하는 인
    수공통전염병의 원인체
• 잠복기: 1~10일
• 증상: 급성위장염, 주로 어린이에게서 발견

정답 ②

15. 다음 중 바퀴벌레의 생태가 아닌 것은?

① 야간활동성   ② 독립생활성
③ 잡식성   ④ 가주성

| 해설

바퀴는 군거생활(집단생활)을 함

정답 ②

16. 식용색소 황색 제4호를 착색료로 사용하여도 되는 식품은?

① 커피   ② 어육소시지
③ 배추김치   ④ 식초

| 해설

㉠ 식용색소 황색제4호는 아래의 식품에 한하여 사용하여야 한다.
㉡ 과자, 캔디류, 추잉껌, 빙과, 빵류, 떡류, 만두, 소시지류, 어육소
  시지, 과채음료, 소스, 젓갈류 등

정답 ②

17. 식품의 초기부패 현상의 식별법이 아닌 것은?

① 히스타민(histamine)의 함량 측정

② 생균수 측정

③ 휘발성 염기질소의 정량

④ 환원당 정량

18. 연어나 송어를 생식함으로써 감염되는 기생충은?

① 무구조충

② 광절열두조충

③ 스파르가눔증

④ 선모충

19. 개인위생이란?

① 식품종사자들이 사용하는 비누나 탈취제의 종류

② 식품종사자들이 일주일에 목욕하는 횟수

③ 식품종사자들이 건강, 위생복장 착용 및 청결을 유지하는 것

④ 식품종사자들이 작업 중 항상 장갑을 끼는 것

20. 먹는물의 수질 기준에서 허용기준 수치가 가장 낮은 것은?

① 불소

② 질산성 질소

③ 크롬

④ 수은

제2과목 식품화학

21. 과일의 성숙기 및 보관 중 발생하는 연화(softening)과정에서 가장 많은 변화가 일어나는 물질로, 세포벽이나 세포막 사이에 존재하는 구성물질은?

① cellulose ② hemicellulose
③ pectin ④ lignin

| 해설

펙틴(pectin)
• α-D-galacturonic acid가 α-1,4 결합한 것
• 식물의 세포벽과 세포간 조직에 들어있는 수용성 탄수화물
• 펙틴은 익어가는 열매를 단단하게 하고 독특한 모양을 유지시킴
• 걸쭉한 겔을 형성할 수 있으므로 젤리, 잼, 마멀레이드에 사용

정답 ③

22. 감자를 자른 단면의 효소적 갈변시 생기는 화합물은?

① 캐러멜 ② 베타시아닌
③ 멜라닌 ④ 탄닌

| 해설

tyrosinase에 의한 감자의 갈변
타이로신 → DOPA → 도파퀴논 → 멜라닌

정답 ③

23. 부제탄소원자를 가지지 않아 2개의 광학이성체가 존재하지 않는 중성아미노산은?

① Isoleucine ② Threonine
③ Glycine ④ Serine

| 해설

아미노산의 입체이성체(stereoisomer)
• 비대칭 탄소 원자를 갖기 때문에 광학적 이성질체가 되며, 대부분이 L-형이고, D-형은 특수한 경우 존재
• 단, glycine은 비대칭탄소원자가 없음

정답 ③

24. 다음 중 유지를 가열했을 때 일어나는 변화가 아닌 것은?

① 요오드가의 증가
② 발연점의 저하
③ 점도의 증가
④ 산가의 증가

| 해설

요오드가
• 유지 100g에 흡수되는 요오드의 g 수
• 불포화지방산의 양이 많을수록 요오드가 높음
그러므로 유지를 장시간 가열하면 불포화지방산이 분해되며, 요오드가도 감소

정답 ①

25. 지방산화에 대한 설명 중 옳은 것은?

① 자동산화는 free radical chain reaction이라고 불리며 라디칼 형태로 된 포화지방이 삼중항산소와 결합하는 반응이다.
② 일중항산소는 삼중항산소로부터 생성될 수 있으며 비라디칼 형태이기에 불포화 지방산과 쉽게 반응 가능하다.
③ 지방산화를 촉진하는 효소 중 하나인 리폭시게나아제(lipoxygenase)는 주로 올레산(oleic acid)을 산화시킨다.
④ 변향(reversion flavor)은 콩기름과 같이 올레산이 많은 유지에서 풀냄새나 콩비린내가 나는 현상을 지칭한다.

| 해설

① 유지의 자동산화는 불포화지방산에서 잘 일어나는데, 우선 이중 결합에서 가까운 methylene 기에서 수소가 제거되어 자유 래디컬이 생기고 이후 공기 중의 산소와 결합하여 hydroper-oxide radical이 됨
② 일반적인 삼중항 산소($^3O_2$)보다 일중항 산소($^1O_2$)가 더 불안정하여 들뜬 상태로써 높은 반응성으로 산화하기 쉽다. 그러므로 활성산소로 분류됨
③ lipoxygenase는 이중결합을 2개 이상 포함하는 불포화지방산에 분자상 산소를 첨가하는 2원자산소첨가효소, 그러므로 이중결합이 1개인 올레산에는 작용하지 않음
④ 변향은 주로 linolenic acid의 산화에 의해서 발생

정답 ②

26. 무기질의 기능이 아닌 것은?

① 근육 수축 및 신경 흥분, 전달에 관여한다.

② 체액의 pH 및 삼투압을 조절한다.

③ 효소, 호르몬 및 항체를 구성한다.

④ 뼈와 치아 등의 조직을 구성한다.

| 해설
㉠ 무기질은 효소의 보조인자로 촉매역할을 함
㉡ 효소, 호르몬 및 항체를 구성하는 것은 단백질임

정답 ③

27. 단백질을 등전점과 같은 pH 용액에서 전기 영동을 하면 어떻게 이동하는가?

① 전혀 움직이지 않는다.

② (+)극으로 빠르게 움직인다.

③ (-)극으로 빠르게 움직인다.

④ (-)극으로 움직이다가 다시 (+)극으로 움직인다.

| 해설
등전점(isoelectric point, pI)
• 아미노산의 양전하의 합과 음전하의 합이 같게 되어 전하의 합이 0이 되는 pH값
• 그러므로, 등전점의 pH에서 전기 영동을 하면 움직이지 않음

정답 ①

28. 단백질에 대한 설명으로 틀린 것은?

① 단백질 함량은 질소 함량을 통해 추정할 수 있다.

② 단백질의 약 16%는 질소분이다.

③ 식품 중 단백질의 질소함량은 식품의 형태에 따라 크게 달라진다.

④ 질소함량은 보통 Kjeldahl 법에 의해서 측정된다.

| 해설
식품 중 단백질의 질소함량은 식품의 형태에 따라 크게 달라지지는 않음

정답 ③

29. 액체 속에 기체가 분산되어 있는 콜로이드 식품이 아닌 것은?

① 맥주

② 수프

③ 사이다

④ 콜라

| 해설
수프는 액체 속에 고체가 분산된 형태

정답 ②

30. 향기 성분으로 알리신(allicin)이 들어 있는 것은?

① 마늘

② 사과

③ 고추

④ 무

| 해설
알리신은 마늘의 매운맛과 향을 내는 물질

정답 ①

31. 식품의 효소적 갈변을 방지하는 물리적 방법과 가장 거리가 먼 것은?

① 공기주입

② 데치기

③ 산첨가

④ 저온 저장

| 해설
효소적 갈변은 polyphenol oxidase에 의해 산화되는 것이므로, 산소를 차단하는 것이 좋음

정답 ①

32. 유지의 자동산화에 대한 다음 설명 중 틀린 것은?

① 유지의 유도기간이 지나면 유지의 산소 흡수속도가 급증한다.

② 식용유지가 자동산화 되면 과산화물가가 높아진다.

③ 식용유지의 자동산화 중에는 과산화물의 형성과 분해가 동시에 발생한다.

④ 올레산은 리놀레산보다 약 10배 이상 빨리 산화된다.

| 해설

리놀레산은 이중결합이 2개, 올레산은 이중결합이 1개이므로 이중결합수가 더 많은 리놀레산이 빨리 산화됨

정답 ④

33. 다음 중 환원당이 아닌 것은?

① 맥아당

② 유당

③ 설탕

④ 포도당

| 해설

㉠ 환원당(reducing sugar)
- 글리코시드성 히드록시기(-OH)를 가진 당
- 환원력이 있어 자신은 산화되고 다른 화합물을 환원시킬 수 있음
- 모든 단당류, 맥아당, 유당

㉡ 비환원당(nonreducing sugar)
- 글리코시드성 히드록시기(-OH)가 결합에 참여하여 환원력이 없는 당
- 수크로스(서당, 설탕)

정답 ③

34. 분산상과 분산매가 모두 액체인 식품은?

① 맥주

② 우유

③ 전분액

④ 초콜릿

| 해설

분산매	분산질	구분	예시
액체	기체	거품(foam)	맥주거품, 난백거품
	액체	유화액(emulsion)	우유, 마요네즈
	고체	졸(sol)	스프, 호화된 전분액
고체	기체	고체거품	빵, 케이크
	액체	겔(gel)	두부, 묵, 치즈
	고체	고체 졸	사탕, 과자

정답 ②

35. 단백질 SDS(sodium dodecyl sulfate) 젤 전기영동을 할 때 단백질의 이동거리에 가장 크게 영향을 주는 것은?

① 단백질 용해도

② 단백질 유화성

③ 단백질 분자량

④ 단백질 구조

| 해설

단백질 전기영동(SDS - PAGE(Polyacrylamide Gel Electro-phoresis))
- 전기영동을 통해 단백질을 크기별로 분리하는 것
- 전기영동의 이동속도는 질량뿐만 아니라 단백질 구조의 영향도 받으므로, SDS(계면활성제)를 이용하여 단백질을 모두 선형으로 만들어 구조의 영향없이 순수하게 질량(분자량)으로 분리

정답 ③

36. 쌀 1g을 취하여 질소를 정량한 결과, 전질소가 1.5%일 때 쌀 중의 조단백질 함량은? (단, 질소계수는 6.25로 가정한다)

① 약 8.4%

② 약 9.4%

③ 약 10.4%

④ 약 11.4%

| 해설

조단백질 함량 = 질소의 양 × 질소계수 = 1.5% × 6.25 ≒ 9.4%

정답 ②

37. 다음 식품 중 소성유동을 일으키는 것은?

① 인절미 　　　　② 밀가루반죽

③ 생크림 　　　　④ 청국장

| 해설

버터나 생크림은 가소성(외부에서 힘을 받아 변형된 후 그 힘을 없애도 본래의 상태로 되돌아가지 않는 성질)을 가짐

정답 ③

38. 4가지 전분의 아밀로오스(amylose) 함량이 아래와 같을 때 노화가 가장 쉽게 발생되는 전분은 어느 것인가?

| A전분: 16~18% | B전분: 19~20% |
| C전분: 21~23% | D전분: 24~25% |

① A

② B

③ C

④ D

| 해설

전분의 종류에 따른 노화

- amylose는 선상분자로서 입체장애가 없어 노화가 쉬움
- amylopectin은 가지 많은 구조로 입체장애 때문에 호화되기는 어려우나 호화 후에도 노화가 어려움

정답 ④

39. 고추, 토마토와 같은 식품의 적색은 주로 어떤 색소에 의하여 나타나는가?

① 카로티노이드 　　　　② 안토시안

③ 클로로필 　　　　　　④ 플라보노이드

| 해설

카로티노이드(carotenoid)

- 주황색, 황색, 적색을 띠는 지용성 색소
- 열에 비교적 안정하나, 산소, 햇빛 또는 산화효소에 쉽게 산화되어 색이 변색됨

성분		색	함유식품
카로티노이드계 색소			
카로틴류	β-카로틴	노란색, 주황색	당근, 호박, 고구마 등
	라이코펜	빨간색	토마토, 수박, 자몽 등
크산토필류	아스타잔틴	빨간색	게, 새우, 연어, 송어
	루테인	황등색	마리골드꽃, 오렌지, 난황, 옥수수 등

정답 ①

40. β - amylase가 작용하는 곳은 어느 결합인가?

① α - 1,4 - glucoside

② β - 1,4 - glucoside

③ α - 1,6 - glucoside

④ β - 1,6 - glucoside

| 해설

㉠ α-amylase

　전분의 α-1,4 glucoside 결합을 분해(endo)하나 α-1,6 결합에는 작용하지 않음

㉡ β-amylase

　전분의 α-1,4 glucoside 결합을 분해하여 비환원성 말단으로부터 maltose를 생성

㉢ Glucoamylase

　전분의 비환원성 말단에서 포도당 단위로 α-1,4 결합을 차례로 분해, β-1,6 결합도 분해

정답 ①

제3과목 식품가공학

41. 유지 채취 방법 중 부적합한 것은?

① 용출법

② 증발법

③ 압착법

④ 추출법

42. 김치의 일반적인 특성이 아닌 것은?

① 섬유질이 풍부하여 정장작용에 유익하다.

② 유산균 등의 유익균이 많이 존재한다.

③ 에너지원 및 단백질원으로써 가치가 높다.

④ 발효과정 중 생성되는 유기산 등이 미각을 자극시켜 식욕을 돋운다.

43. 무당연유의 제조공정에 대한 설명으로 틀린 것은?

① 당을 넣지 않는다.

② 예열공정을 하지 않는다.

③ 균질화는 한다.

④ 가열멸균을 한다.

44. 버터의 정의로 옳은 것은?

① 원유, 우유류 등에서 유지방분을 분리한 것 또는 발효시킨 것을 교반하여 연압한 것을 말한다(식염이나 식용색소를 가한 것 포함).

② 식용유지에 식품첨가물을 가하여 가소성, 유화성 등의 가공성을 부여한 고체상의 것을 말한다.

③ 원유 또는 우유류에서 분리한 유지방분으로 유지방분 30% 이상의 것을 말한다.

④ 유크림에서 수분과 무지유고형분을 제거한 것을 말한다.

45. 탄산음료류의 탄산가스압(kg/cm²) 규격으로 옳은 것은?

① 탄산수: 0.5 이상   ② 탄산수: 1.0 이상

③ 탄산음료: 0.1 이상   ④ 탄산음료: 1.0 이상

| 해설

「식품의 기준 및 규격」 중 탄산음료류의 탄산가스압 규격
탄산수: 1.0 이상, 탄산음료: 0.5 이상

정답 ②

46. 육가공의 훈연에 대한 설명으로 옳지 않은 것은?

① 훈연은 산화작용에 의해 지방의 산화를 촉진하여 훈연품의 신선도가 향상된다.

② 염지에 의해 형성된 염지육색이 가열에 의하여 안정된다.

③ 대부분의 제품에서 나타나는 적갈색은 훈연에 의하여 강하게 나타난다.

④ 연기성분 중 페놀(Phenol)이나 유기산이 가지는 살균작용에 의하여 표면의 미생물을 감소시킨다.

| 해설

훈연의 목적
• 제품 특유의 색, 향미 향상
• 건조에 의한 저장성 향상
• 연기의 방부성분에 의한 잡균오염 방지로 저장성 향상
• 육색의 고정화 촉진
• 지방 산화방지

정답 ①

47. 식품저장을 위한 염장의 삼투작용에 대한 설명이 틀린 것은?

① 미생물의 생육 억제에 효과가 있다.

② 식품 내외의 삼투압차에 의하여 침투와 확산의 두 작용이 일어난다.

③ 소금에 의해 식품의 보수성이 좋아진다.

④ 높은 삼투압으로 미생물 세포는 원형질 분리가 일어난다.

| 해설

소금에 의해 식품의 탈수가 일어남

정답 ③

48. 치즈의 숙성률을 나타내는 기준이 되는 성분은?

① 수용성 질소화합물

② 유리 지방산

③ 유리 아미노산

④ 환원당

| 해설

자연치즈의 숙성시 우유 단백질이 분해되면서 수용성 질소(아미노산, 휘발성 염기질소 등)과 같은 풍미성분의 생성량이 많아짐

정답 ①

49. 장류의 식품 유형에 해당하지 않는 것은?

① 고추장　　　　　② 산분해간장
③ 발효식초　　　　④ 개량메주

| 해설

발효식초는 "조미식품"의 유형

정답 ③

50. 유지의 정제 공정의 일반적인 순서로 옳은 것은?

① 중화 - 탈검 - 탈산 - 탈색 - 탈취 - 탈납
② 중화 - 탈납 - 탈검 - 탈산 - 탈색 - 탈검
③ 탈검 - 탈산 - 탈취 - 탈납 - 탈색 - 중화
④ 탈검 - 탈색 - 탈산 - 탈취 - 탈납 - 중화

| 해설

㉠ 물리적 정제법: 전처리(불용물질의 제거(desludge)) - 침전법, 여과법, 원심분리법, 흡착법, 응고법 등
㉡ 화학적 정제법: 원료 유지 → 탈검 → 탈산 → 탈색 → 탈취 → 탈납 → 제품

정답 ①

51. 재래식 간장(ㄱ)과 개량식 간장(ㄴ)에 가장 많이 함유된 휘발성 유기산은 각각 무엇인가?

① (ㄱ) acetic acid, (ㄴ) lactic acid
② (ㄱ) lactic acid, (ㄴ) acetic acid
③ (ㄱ) formic acid (ㄴ) acetic acid
④ (ㄱ) acetic acid, (ㄴ) formic acid

| 해설

재래식 간장에는 구연산(citric acid), 개미산(formic acid), 옥살산(oxalic acid), 프로피온산(propionic acid)이, 개량식 간장에는 아세트산(빙초산; acetic acid)과 젖산(lactic acid)이 상대적으로 많이 분포

정답 ③

52. 우유 5000kg/h를 5℃에서 55℃까지 열교환기로 가열하고자 한다. 우유의 비열이 3.85kJ/(kg·K)일 때 필요한 열에너지 양은?

① 267.4kW
② 273.2kW
③ 292.3kW
④ 343.5kW

| 해설

필요한 열에너지 = 우유의 비열 × ΔT(온도변화량) × 우유량
따라서, 3.85kJ/kg·K × 50K × 5000kg/h × 1h/3600s
　　　 = 267.4kJ/s = 267.4kW

정답 ①

53. 냉동 육류의 Drip 발생 원인으로 가장 옳지 않은 것은?

① 식품 조직의 물리적 손상
② 단백질의 변성
③ 세균 번식
④ 해동 경직에 의한 근육의 수축

| 해설

drip 발생은 세균 번식과는 관련이 없음

정답 ③

54. 다음 중 신선란의 난황계수 범위는?

① 0.40~0.44
② 0.45~0.49
③ 0.50~0.54
④ 0.55~0.59

| 해설

신선란의 난황계수는 0.361~0.442, 신선란의 난백계수는 0.06 정도

정답 ①

55. 어패류의 선도판정에 대한 설명이 틀린 것은?

① 관능적 방법은 오감에 의하여 판정하는 방법으로 객관성이 높아 현장에서 많이 이용한다.

② 세균학적 방법은 어패육에 부착한 세균수를 측정하는 방법으로 시료채취 부위에 따라 결과에 오차가 생기기 쉽다.

③ 휘발성 염기질소 함량이 5~10mg/100g인 경우는 신선한 어육으로 볼 수 있다.

④ 어육의 pH는 사후에 내려갔다가 선도의 저하와 더불어 다시 상승한다.

| 해설

관능적 방법은 오감에 의하여 판정하는 방법이므로 주관성이 높음

정답 ①

56. 자연치즈 제조 시 커드의 가온 효과가 아닌 것은?

① 유청의 배출이 빨라진다.

② 젖산 발효가 촉진된다.

③ 커드가 수축되어 탄력성 있는 입자로 된다.

④ 고온성균의 증식을 방지한다.

| 해설

커드(curd)
우유에 렌넷을 첨가하였을 때 카제인이 응고되면서 유청이 빠진 상태의 덩어리 형태

정답 ④

57. 육류 단백질의 냉동변성을 일으키는 요인이 아닌 것은?

① 염석   ② 응집
③ 빙결정   ④ 유화

| 해설

유화는 서로 섞이지 않는 혼합물에서 한 쪽의 액체를 다른 쪽의 액체 가운데에 분산하여 에멀전을 만드는 조작으로 오히려 냉동변성을 억제함

정답 ④

58. 양면이 팽창한 상태인 변패통조림의 팽창면을 손가락으로 누르면 조금은 원상으로 되돌아가나 정상의 위치까지는 뒤돌아가지 않는 형상을 무엇이라고 하는가?

① flipper

② soft swell

③ springer

④ hard swell

| 해설

① flipper: 한쪽 면이 약간 부푼 상태
② soft swell: 통조림의 표면의 눌러 캔이 들어갔다가 힘을 제거하였을 때 원래 모양으로 복원이 안 되는 상태
③ springer: 플리퍼보다 심한 팽창, 한 면을 누르면 다른 한 면이 튀어나오는 상태
④ hard swell: 부풀어 오른 부분을 눌러도 눌리지 않는 상태

정답 ②

59. 침채류의 제조원리가 아닌 것은?

① 담금 직후 가장 많은 미생물인 그람음성 호기성 세균들이 김치가 익어가며 증가한다.

② 젖산균과 효모가 증식할 정도의 소금을 가한다.

③ 채소류 중의 당을 유기산, 에틸알코올, 이산화 탄소 등으로 전환한다.

④ 향신료의 향미가 조화롭게 된다.

│해설

침채류의 발효초기에는 유기산이 생성되고 산도, 이산화탄소가 김치를 산성화시키며, 호기성균을 억제함

정답 ①

---

60. 덱스트린(dextrin)의 요오드 반응 색깔이 잘못 연결된 것은?

① amylo dextrin - 청색

② erythro dextrin - 적갈색

③ achro dextrin - 청색

④ malto dextrin – 무색

│해설

덱스트린의 요오드 반응의 정도에 따라 아밀로, 에리트로, 아크로, 말토덱스트린으로 구분, achro dextrin은 malto덱스트린과 함께 색을 나타내지 않는 덱스트린임

정답 ③

---

61. 다음 미생물의 생육곡선에서 (B)의 시기를 무엇이라 하는가?

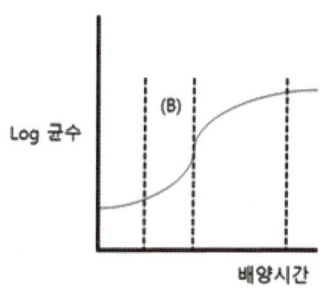

① 대수 증식기로서 균수가 지수적으로 증가하는 시기

② 유도기로서 균수가 시간에 비례하여 증식하는 시기

③ 대수 증식기로서 세포분열이 지연된 시기

④ 유도기로서 세포분열이 왕성한 시기

│해설

미생물의 생육곡선 단계는 유도기 - 대수기 - 정지기 - 사멸기

정답 ①

---

62. 독버섯의 독성분이 아닌 것은?

① enterotoxin

② neurine

③ muscarine

④ phalline

│해설

㉠ 독버섯의 독성분으로는 muscarine, muscaridine, neurine, phalline, amanitatoxin, pilztoxin 등이 있음

㉡ enterotoxin은 세균이 생성하는 장독소

정답 ①

63. 곰팡이의 구조와 관련이 없는 것은?

① 균사
② 격벽
③ 자실체
④ 편모

| 해설
편모는 세균의 운동기관이고, 곰팡이에는 편모가 존재하지 않음

정답 ④

64. 효모 미토콘드리아(mitochondria)의 주요 작용은?

① 호흡작용
② 단백질 생합성 작용
③ 효소 생합성 작용
④ 지방질 생합성 작용

| 해설
미토콘드리아의 주요작용: 호흡작용, 고에너지분자인 ATP 생성

정답 ①

65. 맥주 발효시 ㉠ 상면발효 효모와 ㉡ 하면발효 효모를 옳게 나열한 것은?

① ㉠ *Saccharomyces carlsbergensis*
　 ㉡ *Saccharomyces cerevisiae*
② ㉠ *Saccharomyces cerevisiae*
　 ㉡ *Saccharomyces carlsbergensis*
③ ㉠ *Saccharomyces rouxii*
　 ㉡ *Saccharomyces cerevisiae*
④ ㉠ *Saccharomyces ellipsoideus*
　 ㉡ *Saccharomyces cerevisiae*

| 해설
②의 내용이 옳게 나열됨
주의
자주 출제되므로 외워두자

정답 ②

66. 캠필로박터 제주니를 현미경으로 검경 시 확인되는 모습은?

① 나선형모양
② 포도송이모양
③ 대나무 마디모양
④ V자 형태로 쌍을 이룬 모양

| 해설
캠필로박터(*Campylobacter*) 속균은 그람음성의 만곡된 간균이며, 양끝에 극편모를 가지며, 활발한 선화운동을 함

정답 ①

67. 세포벽의 역할이 아닌 것은?

① 세포 내부의 높은 삼투압으로부터 세포를 보호한다.
② 세포 고유의 형태를 유지하게 한다.
③ 전자전달계가 있어서 산화적 인산화 반응을 일으킬 수 있다.
④ 세포벽 성분에 의해 세균독성이 나타나기도 한다.

| 해설
미토콘드리아
전자전달계가 있어서 산화적 인산화 반응이 일어남

정답 ③

68. 효모의 세포벽을 분석하였을 때 일반적으로 가장 많이 검출될 수 있는 화합물은?

① mannan
② protein
③ lipid and fats
④ glucosamine

| 해설
효모의 세포벽 성분
mannan, glucan, chitin 등

정답 ①

69. 곰팡이의 분류에 대한 설명으로 틀린 것은?

① 진균류는 조상균류와 순정균류로 분류된다.

② 순정균류는 자낭균류, 담자균류, 불완전균류로 구분된다.

③ 균사에 격막(격벽, Septa)이 없는 것을 순정균류, 격막을 가진 것을 조상균류라 한다.

④ 조상균류는 호상균류, 접합균류, 난균류로 분류된다.

| 해설

곰팡이의 분류

분류기준 I 격벽의 유무	분류기준 II 유성생식의 유무
조상균류 (격벽 X)	호상균류
	난균류(유성포자)
	접합균류(유성포자)
순정균류 (격벽 O)	자낭균류(유성포자)
	담자균류(유성포자)
	불완전균류 (순정균류 중 유성생식 못하는 균류)

정답 ③

70. 발효 효모의 가장 주된 영양원이 될 수 있는 식품은?

① 밥

② 우유

③ 쇠고기

④ 포도즙

| 해설

효모는 당류를 발효하여 알콜을 생산하므로 포도당의 함량이 많은 포도즙이 가장 적절함

정답 ④

71. 여러 가지 선택배지를 이용하여 미생물 검사를 하였더니 다음과 같은 결과가 나왔다. 다음 중 검출 양성이 예상되는 미생물은?

- EMB(Eosin Methylene Blue): 진자주색 집락
- XLD(Xylose Lysine Desoxycholate) Agar 배지: 금속성 녹색 집락
- MSA(Mannitol Salt Agar) 배지: 황색 불투명 집락
- TCBS(Thiosulfate Citrate Bile salt Sucrose) 배지: 분홍색 불투명 집락

① 장염비브리오균

② 살모넬라균

③ 대장균

④ 황색포도상구균

| 해설

㉠ EMB 배지는 대장균 정성실험에 사용되는 배지로 대장균은 청록색금속광택이 있는 집락이 생기고, 클렙시엘라는 갈색이며 광택이 생기고, 살모넬라 속 또는 세균성 이질균은 무색의 집락이 생김

㉡ XLD Agar 배지는 살모넬라를 분리할 때 주로 사용되는 배지로 xylose를 당으로 이용하는 균은 노란색을 띰

㉢ MSA 배지에서 노란색 불투명한 집락을 구성하는 균은 황색포도상구균이며, phenol red지시약을 배지에 떨어뜨리면 배지색이 연한 노란색으로 변함

㉣ TCBS 배지: 장염비브리오균을 분리하는 배지로 장염비브리오균일 때는 초록색 집락을 보임

정답 ④

72. "$C_6H_{12}O_6 + O_2 \rightarrow CH_3COOH + H_2O$"에 의해 에탄올(ethanol) 100g에서 생성될 수 있는 초산(acetic acid)의 이론 생성량은?

① 130.4g

② 13.4g

③ 111.4g

④ 11.4g

알코올 100g으로 생산된 초산 양

ethanol + $O_2 \rightarrow$ acetic acid + H_2O

46(ethanol 분자량) : 60(acetic acid) = 100 : a

∴ a = 130.4g

정답 ①

73. 제빵에 주로 사용하는 균주는?

① *Acetobacter aceti*

② *Saccharomyces oleaceus*

③ *Saccharomyces cerevisiae*

④ *Acetobacter xylinum*

| 해설

*Saccharomyces cerevisiae*는 빵효모이자 맥주효모

정답 ③

74. 맥주를 발효하기 위한 맥아즙 제조 공정의 주목적으로 가장 알맞은 것은?

① 효모의 증식

② 저장성 부여

③ 발효

④ 당화

| 해설

맥아즙 제조는 맥아의 amylase로부터 전분질을 당화시켜 발효성당을 생성하는 것이 주목적임

정답 ④

75. 종초를 선택하는 일반적인 조건이 아닌 것은?

① 초산 이외의 유기산류나 향기성분인 Ester류를 생성한다.

② 초산을 다시 산화(과산화) 분해하여야 한다.

③ 알코올에 대한 내성이 강해야 한다.

④ 초산 생성속도가 빨라야 한다.

| 해설

생성된 초산을 분해하지 않아야 함

종초(vinegar starter)

식초를 새롭게 제조할 때 발효과정을 빠르게 진행시켜 산 생성 속도를 높일 수 있고, 일정한 균주로 생산할 수 있어 향이나 맛을 유지할 수 있다. 초산 이외에도 유기산류, Ester류를 생성하기도 하고, 일반적으로 알코올에 내성이 강한 균을 사용함

정답 ②

76. 선도가 저하된 해산어류의 특유한 비린 냄새의 원인은?

① piperidine

② trimethylamine

③ methyl mercaptan

④ actin

| 해설

TMAO(trimethylamine oxide)가 미생물에 의해 분해되어 TMA(비린내 원인물질) 생성

정답 ②

77. 고미유의 원인균은?

① *Pseudomonas fluorescens*

② *Proteus morganii*

③ *Pseudomonas aeruginosa*

④ *Proteus melanovogenes*

| 해설

① *Pseudomonas fluorescens*: 생유(raw milk) 쓴맛의 원인, 녹색부패

② *Proteus morganii*: 알레르기 식중독 원인

③ *Pseudomonas aeruginosa*: 청색부패

④ *Proteus melanovogenes*: 흑색부패

정답 ①

78. 김치 발효에서 발효초기 우세균으로 김치맛에 영향을 미치는 미생물은?

① *Leuconostoc mesenteroides*
② *Streptococcus thermophilus*
③ *Saccharomyces cerevisiae*
④ *Aspergillus oryzae*

| 해설

Leuconostoc mesenteroides
• 내염성, 내당성
• 다른 젖산균보다 급속 발효함, 김치의 발효 초기 생성균

 정답 ①

79. 다음 중 포자형성 세균은?

① *Acetobacter aceti*
② *Escherichia coli*
③ *Bacillus subtilis*
④ *Streptococcus cremoris*

| 해설

세균 중에는 *Bacillus* 속과 *Clostridium* 속이 포자를 형성함

 정답 ③

80. 일반적인 미생물의 영양세포에서 건조에 대한 내성이 강한 것부터 낮은 순으로 나열된 것은?

① 곰팡이 - 효모 - 세균
② 세균 - 효모 - 곰팡이
③ 효모 - 세균 - 곰팡이
④ 세균 - 곰팡이 - 효모

| 해설

생육 최저 수분활성도
세균 0.91, 효모 0.88, 곰팡이 0.81, 내건성 곰팡이 0.65

 정답 ①

---

81. 다음 중 고체 - 액체 혼합과 관련이 있는 것은?

① 텀블러 혼합기　　② 리본, 스크루 혼합기
③ 팬 믹서　　　　　④ 교반

| 해설

㉠ 고체 - 액체 혼합과 관련이 있는 반죽기는 점조성이 있는 고체와 액체를 혼합하거나 반죽을 만들 때 이용되는 기계로 압축, 전단, 압연 등의 작용을 연속적으로 조작함
㉡ 제과와 제빵에 쓰이는 팬혼합기, 니이더, 코니더 등이 이에 해당됨

 정답 ③

82. 다음 중 가장 입자가 작은 가루는?

① 10메시 체를 통과한 가루
② 30메시 체를 통과한 가루
③ 50메시 체를 통과한 가루
④ 100메시 체를 통과한 가루

| 해설

㉠ 체눈의 크기 단위는 메시(mesh)를 사용하고, 1메시는 1인치(25.4mm) 안의 눈금의 수를 말함
㉡ 메시가 클수록 체눈의 크기가 작고, 작은 입자만 통과 가능

 정답 ④

83. 식품 원료를 광학 선별기로 분리할 때 사용되는 물리적 성질은?

① 무게　　　　② 색깔
③ 크기　　　　④ 모양

| 해설

색에 의한 선별 중 광학에 의한 선별방법
광범위한 분광 스펙트럼을 이용해 스펙트럼의 반사와 통과 특성을 이용

 정답 ②

84. 원심분리에서 원심력을 나타내는 단위가 아닌 것은?

① 100 × g ② 100N

③ 1000rpm ④ 1000회전/분

| 해설

㉠ 원심력: 원운동을 하고 있는 물체에 나타나는 관성력으로 구심력과 크기가 같고 방향은 반대. 즉 원의 중심에서 멀어지려는 방향으로 작용함

㉡ 원심력의 크기 = 질량 × 반지름 × 각속도[rpm]의 제곱

㉢ 원심력의 단위: 일반적으로 "× g"나 "rpm(rotation per min-utes)"으로 나타냄

정답 ②

85. 증기가압살균장치(retort)에 필요하지 않은 것은?

① 유량계

② 안전판

③ 자동기록 온도계

④ 압력계

| 해설

레토르트는 가압포화 수증기로 식품의 온도를 100℃ 이상으로 가열, 살균하는 장치임

그러므로 온도계, 압력계, 안전판이 필요하나, 유량을 측정하는 유량계(flowmeter)는 필요치 않음

정답 ①

86. 다음 농축 공정 중 원료의 온도변화가 가장 작은 공정은?

① 증발 농축

② 동결 농축

③ 막 농축

④ 감압 농축

| 해설

막 농축은 열을 가하지 않으므로 에너지 소비량이 적으며, 품질의 열화를 최소화함

정답 ③

87. 고체의 양은 많으나 유동성이 비교적 큰 계란, 크림, 쇼트닝의 제조에 가장 적합한 혼합기는?

① 드럼 믹서(drum mixer)

② 스크루 믹서(screw mixer)

③ 반죽기(kneader)

④ 팬 믹서(pan mixer)

| 해설

㉠ 드럼 믹서는 팬이 없이 큰 드럼통에 넣고 믹싱을 해주는 과정으로 시멘트 제조에 적합

㉡ 스크루 믹서는 회전 칼날이 돌아가면서 혼합

㉢ 팬 믹서는 통 안에서 패들이 회전하는 것으로 대표적인 혼합기

정답 ④

88. 다음 중 압출성형기의 기본 기능과 관계가 먼 것은?

① 혼합
② 가수분해
③ 팽화
④ 조직화

| 해설

압출성형기(Extrusion Equipment)는 혼합, 압축, 가열, 살균, 성형, 팽화 등의 단위조작이 기기 내부에서 일어남

정답 ②

89. 증발 농축이 진행될수록 용액에 나타나는 현상으로 옳은 것은?

① 농도가 낮아진다.
② 비점이 높아진다.
③ 거품이 없어진다.
④ 점도가 낮아진다.

| 해설

농축 공정 중 발생하는 현상

비점 상승, 점도 상승, 거품 발생, 관석 생성, 비말 동반 등

정답 ②

90. 초임계 가스 추출법에서 주로 사용되는 초임계 가스로 맞는 것은?

① 이산화탄소 가스
② 수소 가스
③ 헬륨 가스
④ 질소 가스

| 해설

㉠ 초임계유체 추출은 초임계가스를 용제로 사용하며, 주로 이산화탄소와 펜탄 등이 사용됨
㉡ 이산화탄소의 장점: 열에 불안정한 물질의 추출에 적용 가능, 불활성가스로 인화성, 화학반응성이 없으며, 인체에 무해함, 회수와 저장, 고순도 유체의 구입이 용이하고 저렴하게 구입이 가능함

정답 ①

91. 식품의 건조방법과 그에 적합한 식품이 잘못 연결된 것은?

① 분무건조 – 우유
② 동결건조 – 설탕
③ 드럼건조 – 이유식류
④ 마이크로파 건조 – 칩(chip)

| 해설

㉠ 동결건조는 수분을 얼린 상태에서 승화시켜 건조시키는 방법으로 주로 커피, 홍차 등의 차류, 야채, 과일, 라면스프 등에 이용함
㉡ 설탕은 주로 유동층 건조기(열풍에 분산되기 쉬운 분말상태 고체 입자의 식품 건조에 적합)를 이용함

정답 ②

92. 통조림 가공시 레토르트(retort)를 동작할 때 살균 성능의 극대화를 위한 레토르트 공기와 수증기의 조성에 관한 설명으로 옳은 것은?

① 공기를 최대한 제거하고 수증기만으로 레토르트 내부를 채워야 살균 성능이 극대화된다.
② 건조공기만으로 레토르트 내부를 채워야 살균 성능이 극대화된다.
③ 수증기와 공기를 동일한 비율로 레토르트 내부를 채워야 살균 성능이 극대화된다.
④ 공기와 수증기의 조성과 레토르트의 살균 성능과의 상관관계는 미미하다.

| 해설

㉠ 레토르트는 가압포화 수증기로 식품의 온도를 100℃ 이상으로 가열하여 통조림을 살균하는 장치임
㉡ 그러므로 공기를 최대한 제거하고 포화수증기만으로 채워야 살균성능이 극대화됨

정답 ①

93. 동결건조기의 주요 부분이 아닌 것은?

① 가열판
② 진공장치
③ 진공건조실
④ 원심분리판

| 해설

동결진공건조기(vacuum freeze drying)
- 1차적으로 식품의 수분을 얼음결정으로 얼린 상태에서 고도의 감압 하에서 얼음만 승화시켜 수분을 제거하는 방법
- 진공건조실, 진공장치, 냉각장치, 배기장치, 가열장치(증발 잠열을 공급함)로 구성됨

정답 ④

94. 알코올 발효 후 효모를 제거하는데 가장 적합한 여과 방법은?

① 역삼투   ② 한외여과
③ 정밀여과   ④ 투석

| 해설

㉠ 정밀여과(micro - filtration)
- pore size $0.1 \sim 10\mu m$의 분리막, 미립자와 미생물의 분리시 유용
- 알콜 음료의 청징, 무균여과, 발효공학에서 균체 분리시 사용

㉡ 한외여과(ultra - filtration)
- pore size $2 \sim 50nm$의 분리막
- 콜로이드나 고분자 물질과 저분자 물질의 분리
- 유청에서 단백질 회수, 대두유 정제, 효소의 분리 정제 등에 사용

㉢ 역삼투(reverse osmosis)
- pore size $1nm$의 범위의 분리막
- 물은 통과하지만 소금은 통과하지 않는 정밀한 아세트산 셀룰로오스, 폴리설폰 등으로 바닷물을 밀어내어 소금은 남기고물만 통과
- 바닷물을 민물로 만들 때, 탈염 시 사용

정답 ③

95. 압출성형기에 공급되는 원료의 수분함량을 18%(습량기준)로 맞추고자 한다. 물을 첨가하기 전에 분말의 수분함량이 10%라 하면 분말 5kg에 추가해야 하는 물의 양은 몇 약 kg인가?

① 1.05
② 1.24
③ 0.49
④ 0.17

| 해설

$$원료의 수분함량 = \frac{분말의 수분양 + 물의 첨가량(a)}{원료의 양} \times 100$$

$$\frac{0.5 + a}{5 + a} \times 100 = 18$$

$$\therefore a = 0.49$$

정답 ③

96. 살균 후 위생상 문제가 되는 미생물이 생존할 수 없는 수준으로 살균하는 방법을 의미하는 용어는?

① 저온 살균법
② 포장 살균법
③ 상업적 살균법
④ 열탕 살균법

| 해설

상업적 살균법
- 식품의 품질을 최대한 유지하기 위해 위생상 위해한 미생물을 대상으로 가열 살균
- 식품의 품질 변화 최소화, 에너지 절약 효과
- 산성의 과일 통조림에 많이 이용됨(100℃ 이하 70℃ 이상으로 살균)

정답 ③

97. 다음 가공식품 중 주로 압출 성형 방법으로 제조된 것은?

① 식빵

② TVP(textured vegetable protein)

③ 젤리

④ 빙과류 아이스크림

| 해설

㉠ 압출 성형: 원료를 노즐이나 다이와 같은 작은 구멍을 통해 강한 압력으로 밀어내어 일정한 모양의 단면을 갖게 함

㉡ 식빵의 가열성형, 젤리, 빙과류의 냉동성형은 주조 성형을 통해 제조

 정답 ②

98. 방사선조사에 대한 설명 중 틀린 것은?

① 방사선 조사 시 식품의 온도상승은 거의 없다.

② 처리시간이 짧아 전 공정을 연속적으로 작업할 수 있다.

③ 10kGy 이상의 고 선량조사에도 식품성분에 아무런 영향을 미치지 않는다.

④ 방사선에너지가 식품에 조사되면 식품 중의 일부 원자는 이온이 된다.

| 해설

식품에 10kGy 이상의 고 선량조사를 하면 식품성분의 변화가 있을 수 있으므로 10kGy 이하 조사를 허용함

 정답 ③

99. 과일주스를 가열 농축할 때 향미성분, 색소, 비타민 등 열에 의한 파괴를 최소화하기 위해 가능한 한 낮은 온도에서 농축하기 위한 장치는?

① 진공증발기

② 동결건조기

③ 순간살균기

④ 고압살균기

| 해설

진공농축(= 감압농축)

• 압력과 끓는 온도를 낮춰 품질저하를 방지하면서 증발효율은 증가시키는 농축법

• 저온상태의 진공하에서 농축하므로 제품의 변색, 열에 불안정한 영양소(비타민) 손실을 줄임

 정답 ①

100. 다음 중 건조한 상태에서 세척하는 방법이 아닌 것은?

① 초음파세척(ultrasonic cleaning)

② 마찰세척(abrasion cleaning)

③ 흡인세척(aspiration cleaning)

④ 자석세척(magnetic cleaning)

| 해설

초음파세척은 습식세척에 해당함

 정답 ①

※CBT 문제는 수험생의 기억에 따라 복원된 것이며, 실제 기출문제와 동일하지 않을 수 있습니다.

제1과목 식품위생학

01. 어패류가 주요 원인 식품이며 3%의 식염배지에서 생육을 잘하는 식중독균은?

① *Staphylococcus aureus*

② *Clostridium botulinum*

③ *Vibrio parahaemolyticus*

④ *Salmonella enteritidis*

| 해설

Vibrio parahaemolyticus: 장염비브리오균

정답 ③

02. LD_{50}에 대한 설명으로 틀린 것은?

① 한 무리의 실험동물 50%를 사망시키는 독성물질의 양이다.

② 실험방법은 검체의 투여량을 고농도로부터 순차적으로 저농도까지 투여한다.

③ 독성물질의 경우 동물체중 1kg에 대한 독물량(mg)으로 나타내며 동물의 종류나 독물경로도 같이 표기한다.

④ LD_{50}의 값이 클수록 안전성은 높아진다.

| 해설

검체의 투여량을 저농도에서 순차적으로 고농도로 투여함

정답 ②

03. 식품의 방사능 오염에서 생성률이 크고 반감기도 길어 가장 문제가 되는 핵종만을 묶어 놓은 것은?

① ^{89}Sr, ^{95}Zr

② ^{140}Ba, ^{141}Ce

③ ^{90}Sr, ^{137}Cs

④ ^{59}Fe, ^{131}I

| 해설

㉠ ^{137}Cs(세슘) - 30년

㉡ ^{90}Sr(스트론튬) - 28년

㉢ ^{131}I(요오드) - 8일

정답 ③

04. PVC에 대한 설명으로 틀린 것은?

① 내수성이 좋다.

② 내산성이 좋다.

③ 가격이 저렴하다.

④ 열접착은 어렵다.

| 해설

염화비닐(PVC)는 내수성, 내산성, 열접착성이 우수하며 가격도 저렴하여 광범위하게 사용되지만, 식품용기로 사용될 경우, 가소제인 프탈레이트(내분비계 교란물질)의 용출 우려가 있으며, vinylchloride 단량체는 발암성을 가진 가장 맹독성 수지임

정답 ④

05. 식품첨가물의 주용도 분류에 해당하지 않는 것은?

① 탈수제　　　　　② 착색료

③ 증점제　　　　　④ 보존료

| 해설

탈수제는 식품첨가물 용도별 분류 32가지에 포함되지 않음

정답 ①

06. 장염 비브리오균의 특징에 해당하는 것은?

① 아포를 형성한다.

② 열에 강하다.

③ 감염형 식중독균으로 전형적인 급성장염을 유발한다.

④ 편모가 없다.

| 해설

㉠ 원인균: *Vibrio parahaemolyticus*

㉡ 특징
- Gram 음성, 무포자 간균, 통성혐기성, 단모균
- 호염성균(3~5%의 식염농도에서 잘 자람), 식염농도 0.1% 이하에서 생육 불가능
- 열에 약함

㉢ 증상: 구토, 복통, 설사 등 위장염

정답 ③

07. 감염병 중 바이러스에 의해 간염되지 않는 것은?

① 장티푸스

② 폴리오

③ 인플루엔자

④ 유행성 간염

| 해설

① 장티푸스: *Salmonella typhi*(세균)

② 폴리오: Polio 바이러스

③ 인플루엔자: 독감 바이러스

④ 유행성 간염: A형간염 바이러스

정답 ①

08. 돼지고기의 생식으로 감염될 수 있는 기생충은?

① 십이지장충　　　② 회충

③ 유구조충　　　　④ 무구조충

| 해설

① 십이지장충 - 채소류

② 회충 - 채소류

③ 유구조충(갈고리촌충) - 돼지

④ 무구조충(민촌충) - 소

정답 ③

09. 3,4-benzopyrene에 대한 설명 중 틀린 것은?

① 식품 중에는 불로 구운 고기에만 존재한다.

② 다핵 방향족 탄화수소이다.

③ 발암성 물질이다.

④ 대기오염 물질 중 하나이다.

| 해설

벤조피렌(3,4-benzopyrene)
- 생성 원인: 식품에서 고온의 조리·가공 시 지방 등의 불완전 연소에 의해 생성
- 대기오염물질, 강력한 발암물질
- 과도한 직화구이 생선, 햄버거, 훈제 육류에서 발생

정답 ①

10. 다음의 첨가물 중 현재 살균제로 지정되고 있는 것은?

① 아황산나트륨

② 차아염소산나트륨

③ 프로피온산

④ 소르빈산

| 해설

① 아황산나트륨: 표백제

② 차아염소산나트륨: 살균제

③ 프로피온산: 보존료

④ 소르빈신: 보존료

정답 ②

11. 식품위생검사를 위한 검체의 일반적인 채취방법 중 옳은 것은?

① 깡통, 병, 상자 등 용기에 넣어 유통되는 식품등은 반드시 개봉한 후 채취한다.
② 합성착색료 등의 화학물질과 같이 균질한 상태의 것은 가능한 많은 양을 채취하는 것이 원칙이다.
③ 대장균이나 병원 미생물의 경우와 같이 목적물이 불균질할 때는 최소량을 채취하는 것이 원칙이다.
④ 식품에 의한 감염병이나 식중독의 발생시 세균학적 검사에는 많은 양을 채취하는 것이 원칙이다.

│ 해설

일반적으로 식품 중 미생물은 균일하게 존재하지 않으므로, 검사 시 검체의 수와 양을 최대한 많이 채취하는 것이 좋음

정답 ④

12. 일생에 걸쳐 매일 섭취해도 부작용을 일으키지 않는 1일 섭취 허용량을 나타내는 용어는?

① Acceptable risk
② ADI(Acceptable daily intake)
③ Dose - response curve
④ GRAS(Generally recognized as safe)

│ 해설

1일섭취허용량(Acceptable Daily Intake, ADI)

사람이 그 유해물질을 일생동안 섭취하여도 바람직하지 않은 영향이 나타나지 않는 1인당 1일 최대섭취허용량(mg/kg b.w./day)

정답 ②

13. 다음 중 식육가공품의 발색제와 반응하여 형성되는 발암물질은?

① 아세틸아민(acetyl - amine)
② 소명반(burnt alum)
③ 황산제일철(ferrous sulfate)
④ 니트로소아민(nitrosamine)

│ 해설

N - 니트로소 화합물
• 생성 원인: 아민류(아미노산, 펩티드, 단백질)가 산성조건에서 아질산염과 반응하여 생성
• 발암물질
• 아질산염: *Clostridium botulinum*의 번식억제 및 식육가공품의 발색용 식품첨가물

정답 ④

14. 식품 포장재로부터 이행 가능한 유해 물질이 잘못 연결된 것은?

① 금속포장재 – 납, 주석
② 요업 용기 – 첨가제, 잔존 단위체
③ 고무마개 – 첨가제
④ 종이포장재 – 착색제

│ 해설

㉠ 첨가제, 잔존 단위체는 합성수지 용기에서 이행됨
㉡ 요업 용기, 즉 도자기, 법랑피복제품, 옹기류 등에서는 주로 납 용출

정답 ②

15. 식품등의 표시기준으로 옳지 않은 것은?

① 소비기한: 식품등에 표시된 보관방법을 준수할 경우 섭취하여도 안전에 이상이 없는 기한
② 트랜스지방: 트랜스구조를 1개 이상 가지고 있는 비공액형의 모든 불포화지방산
③ 품질유지기한: 식품의 특성에 맞는 적절한 보존방법이나 기준에 따라 보관할 경우 해당식품 고유의 품질이 유지될 수 있는 기한
④ 당류: 식품 내에 존재하는 모든 단당류와 이당류, 다당류의 합

| 해설

당류
식품 내에 존재하는 모든 단당류와 이당류의 합

정답 ④

16. 다음 중 식품을 매개로 감염될 수 있는 가능성이 가장 높은 바이러스성 질환은?

① A형간염
② B형간염
③ 후천성면역결핍증(AIDS)
④ 유행성출혈열

| 해설

㉠ B형간염, AIDS는 체액, 혈액으로 전염됨
㉡ 유행성출혈열은 쥐 등 설치류가 매개체임

정답 ①

17. 식품위생 검사와 가장 관계가 깊은 세균은?

① 대장균
② 젖산균
③ 초산균
④ 낙산균

| 해설

위생지표세균검사 - 일반세균, 대장균군, 대장균 검사

정답 ①

18. 식품과 유해성분의 연결이 틀린 것은?

① 독미나리 - 시큐톡신(cicutoxin)
② 황변미 - 시트리닌(citrinin)
③ 피마자유 - 고시폴(gossypol)
④ 독버섯 - 콜린(choline)

| 해설

피마자유 - ricin, ricinin

정답 ③

19. 미생물의 대사물질에 의한 독성물질이 아닌 것은?

① Aflatoxin
② Amygdalin
③ Rubratoxin
④ Ochratoxin

| 해설

아미그달린은 미숙한 매실의 독소(식물성 식중독 성분)
나머지는 모두 곰팡이독소

정답 ②

20. 다음 중 수용성인 산화방지제는?

① Ascorbic acid
② Butylated hydroxy anisole(BHA)
③ Butylated hydroxy toluene(BHT)
④ Propyl gallate

| 해설

㉠ 지용성 산화방지제
• 유지의 산패 방지
• BHT, BHA, propyl gallate
㉡ 수용성 산화방지제
• 색소의 산화방지
• ascorbic acid, erythorbic acid

정답 ①

21. 채소를 삶을 때 나는 냄새의 주성분에 해당하는 것은?

① 알코올(alcohol)

② 클로로필(chlorophyll)

③ 디메틸설파이드(dimethylsulfide)

④ 암모니아(ammonia)

| 해설

디메틸설파이드(dimethylsulfide)

• 무, 양배추가 썩을때 불쾌한 냄새를 일으키는 휘발성 물질

• 함황아미노산이 전구체가 되며 부패냄새의 원인

정답 ③

22. 냄새 성분과 함유식품의 연결이 틀린 것은?

① 메틸메르캅탄(Methyl mercaptan) - 함황화합물류 - 파, 마늘

② 에틸아세테이트(Ethyl acetate) - 케톤류 - 파인애플

③ 리나오올(Linalol) - 알코올류 - 복숭아

④ 헥센알(Hexenal) - 알데히드류 - 찻잎

| 해설

에틸아세테이트(Ethyl acetate) - 에스테르류 - 파인애플

정답 ②

23. 다음 관능검사 중 가장 주관적인 검사는?

① 차이검사

② 묘사 검사

③ 기호도 검사

④ 삼점 검사

| 해설

관능검사 중 기호도 검사 등 소비자 검사는 주관적임

정답 ③

24. 밀가루의 품질시험방법이 잘못 짝지어진 것은?

① 색도 - 밀기울의 혼입도

② 입도 - 체눈 크기와 사별정도

③ 패리노그래프 - 점탄성

④ 아밀로그래프 - 인장항력

| 해설

아밀로그래프(amylo-graph)

α-amylase의 활성 및 전분의 호화도를 측정하고 전분의 성질을 측정

정답 ④

25. 단백질의 등전점에서 나타나는 현상이 아닌 것은?

① 기포력이 최소가 된다.

② 용해도가 최소가 된다.

③ 팽윤이 최소가 된다.

④ 점도가 최소가 된다.

| 해설

등전점(isoelectric point, pI)

• 아미노산의 양전하의 합과 음전하의 합이 같게 되어 전하의 합이 0이 되는 pH값

• pI에서 아미노산의 용해도, 점도, 삼투압은 최소, 흡착성과 기포성은 최대

정답 ①

26. 과채류의 절단시 갈변되는 현상과 가장 관련이 적은 것은?

① polyphenol류의 산화

② tyrosine의 산화

③ 탄닌 성분의 변화

④ 유기산의 변화

| 해설

과채류의 절단시 갈변되는 현상

polyphenol oxidase에 의한 갈변임

정답 ④

27. 변성 단백질의 성질이 아닌 것은?

① polypeptide 사슬이 열에 의하여 풀어져서 효소작용을 받기가 어려워진다.
② 생물학적 특성을 상실하여 항원과 항체의 결합능력이 상실된다.
③ 구상 단백질이 변성하여 풀린 구조를 취하기 때문에 점도, 확산계수 등이 크게 된다.
④ 많은 단백질의 경우 내부에 있던 소수성 아미노산 잔기들이 표면에 노출될 수 있다.

│해설

polypeptide 사슬이 열에 의하여 풀어져서 효소에 대한 감수성 증가

단백질 변성의 정의
• 단백질이 물리적·화학적 작용을 받아 펩티드 결합은 파괴되지 않으면서 분자 내 입체구조 변화에 의해 성질이 변화하는 현상
• 1차 구조의 변화가 아니고, 수소결합이나 소수성 결합 등을 하고 있는 단백질의 2차, 3차 구조가 파괴되어 단백질의 원래 성질이 변화

정답 ①

28. 다음 중 환원당이 아닌 것은?

① 맥아당
② 유당
③ 설탕
④ 포도당

│해설

㉠ 환원당(reducing sugar)
• 글리코시드성 히드록시기(-OH)를 가진 당
• 환원력이 있어 자신은 산화되고 다른 화합물을 환원시킬 수 있음
• 모든 단당류, 맥아당, 유당
㉡ 비환원당(nonreducing sugar)
• 글리코시드성 히드록시기(-OH)가 결합에 참여하여 환원력이 없는 당
• 수크로스(서당, 설탕)

 정답 ③

29. 전분의 호화(gelatinization)에 직접적으로 영향을 주는 요인이 아닌 것은?

① 아밀라아제의 함량
② 아밀로오스의 함량
③ 전분의 수분함량
④ 전분 현탁액의 pH

│해설

호화에 영향을 미치는 인자
• 수분: 수분함량이 낮으면 호화가 지연되며, 수분함량이 높을 때 잘 일어남
• 전분의 종류: 전분의 입자가 작을수록 호화 온도가 높으며, 아밀로펙틴 함량이 높을수록 호화 속도가 느림
• 온도: 60℃ 전후 호화 시작, 온도가 높을수록 호화가 빠름
• pH: 알칼리성일 때 swelling과 호화 촉진
  ※ 녹말에 NaOH를 가하면 가열하지 않아도 호화됨
• 팽윤제(염류): 일부 염류는 swelling과 호화 촉진
  ※ 음이온이 팽윤제 역할 강함(OH^- > CNS^- > Br^- > Cl^-), 황산염은 호화 억제
• 당류: 당농도 증가는 호화온도와 시간을 상승시킴
• 지방질: 나선상 아밀로즈와의 결합에 의한 호화 지연

정답 ①

30. 가공육의 색의 변화에 대한 설명으로 틀린 것은?

① 가공육은 저장기간이 길어지면서 육색의 변화가 문제가 된다.
② 미오글로빈과 옥시미오글로빈은 육색을 붉게 하는 색소이다.
③ 아질산염은 메트미오글로빈을 형성시켜 육색을 붉게 유지시킨다.
④ 가열을 오래하면 포피린류가 생성되어 갈색 등으로 변한다.

│해설

아질산에서 생성된 일산화질소는 환원형 미오글로빈과 결합하여 선명한 적색의 니트로소미오글로빈 형성

 정답 ③

31. 쌀, 밀 등 곡류의 단백질 조성에 있어서 부족한 필수아미노산이 아닌 것은?

① lysine

② methionine

③ phenylalanine

④ tryptophan

| 해설

phenylalanine은 필수아미노산의 일종이기는 하나, 곡류에 부족한 제한아미노산은 아님

정답 ③

32. 냄새성분과 특성의 연결이 틀린 것은?

① 알데히드류(aldehyde) - 식물의 풋내, 유지 식품의 기름진 풍미 및 산패취

② 에스테르류(ester) - 과일과 꽃의 중요한 향기성분

③ TMAO(trimethylamine oxide) - 생선 비린내 성분

④ 피라진류(pyrazines) - 질소를 함유한 화합물로, 고기향, 땅콩향, 볶음향 등의 특성을 나타내는 성분

| 해설

생선의 비린내는 무취인 TMAO(trimethylamine oxide)를 생선 내 효소와 박테리아 등이 비린내를 내는 TMA(trimethylamine)로 환원시키기 때문에 발생

정답 ③

33. 마이야르 반응에 관여하지 않는 물질은?

① 라이신   ② 글리신

③ 포도당   ④ 레시틴

| 해설

레시틴은 인지질로서 환원당, 아미노화합물이 아님

마이야르 반응(Maillard reaction, amino-carbonyl 반응, melanoidin 반응)

환원당과 아미노화합물의 축합반응

정답 ④

34. 액체의 외부에 힘을 가하면 액체는 유동하며 액체 내부의 흐름에 대한 저항성이 생기는데, 이 저항성은?

① 점성   ② 탄성

③ 소성   ④ 가소성

| 해설

㉠ 점성(viscosity): 흐름에 대한 저항

㉡ 탄성(elasticity): 외부에서 힘을 받아 변형되어 있는 물체가 외부의 힘을 제거하면 원래 상태로 되돌아가려는 성질

㉢ 가소성(plasticity): 외부에서 힘을 받아 변형된 후 그 힘을 없애도 본래의 상태로 되돌아가지 않는 성질

정답 ①

35. 식품을 데치기(Blanching)하는 목적으로 옳은 것은?

① 식품 세척

② 해충 예방

③ 식품 건조 방지

④ 식품 중 효소 불활성화

| 해설

데치기의 목적

효소를 불활성화시켜 갈변 방지, 오염 미생물의 살균, 풋냄새 제거, 박피 용이, 가열 살균 시 부피가 줄어드는 것 방지

정답 ④

36. 다음 중 지용성 비타민이 아닌 것은?

① 비타민 A

② 비타민 B_1

③ 비타민 D

④ 비타민 E

| 해설

㉠ 지용성 비타민: 비타민 A, D, E, K

㉡ 수용성 비타민: 비타민 B군, C

정답 ②

37. 전분 입자의 호화현상에 대한 설명이 틀린 것은?

① 생전분에 물을 넣고 가열하였을 때 소화되기 쉬운 α(알파)전분으로 되는 현상이다.

② 온도가 높을수록 호화가 빨리 일어난다.

③ 알칼리성 pH에서는 전분입자가 호화가 촉진된다.

④ 일반적으로 쌀과 같은 곡류 전분입자가 감자, 고구마 등 서류 전분입자에 비해 호화가 쉽게 일어난다.

| 해설

일반적으로 감자, 고구마 등 전분입자가 큰 서류는 쌀처럼 전분입자가 작은 경우에 비해 호화 온도가 낮음, 즉, 호화가 쉽게 일어남

정답 ④

---

38. 다당류인 이눌린(inulin)의 구성당은?

① maltose

② glucose

③ frutose

④ galactose

| 해설

이눌린(inulin)

• 과당의 상업적 원료인 다당류, 자당 정도의 단맛을 내지만 몸 안에서 흡수되지 않기 때문에 당뇨환자들에게 사용

• 구성당은 과당(fructose)

정답 ③

---

39. 셀러리의 독특한 주요 향기 성분은?

① limonene

② sedanolide

③ methyl cinnamate

④ 2,6-nonadienal

| 해설

① limonene(리모넨): 감귤류 껍질에 함유된 향기성분

② sedanolide(세다놀리드): 셀러리(미나리과)에 존재하는 향기성분

③ methyl cinnamate(계피산메틸): 송이버섯 향이 나는 착향료

④ 2,6-nonadienal(2,6-노나다이엔알) 오이의 지방산이 효소 반응을 거쳐 유기화된 화합물

정답 ②

---

40. 유지를 튀김에 사용하였을 때 나타나는 화학적인 현상에 대한 설명으로 옳은 것은?

① 산가가 감소한다.

② 산가가 변화하지 않는다.

③ 요오드가가 감소한다.

④ 요오드가가 변화하지 않는다.

| 해설

유지를 가열하면 지질성분이 분해되어, 산가가 증가(유리지방산 증가)하며 요오드가는 감소(불포화 지방산 분해)

정답 ③

제3과목 식품가공학

41. 통조림의 뚜껑에 있는 익스팬션 링의 주 역할로 옳은 것은?

① 상하의 구별을 쉽게 하기 위함이다.

② 충격에 견딜 수 있게 하기 위함이다.

③ 밀봉 시 관통과의 결합을 쉽게 하기 위함이다.

④ 내압의 완충 작용을 하기 위함이다.

┃해설

팽창링(expansion ring)

• 통조림 캔 뚜껑과 밑판에 요철 형으로 나오게 한 동심원 모양의 링

• 가열 살균할 때에 압력에 따른 통조림 부피의 증가를 흡수하여 캔의 변형이나 밀봉부 seam의 파손을 방지함으로써 살균 뒤 뚜껑의 복원을 쉽게 하는 역할

정답 ④

42. 장류 제조시 코지(koji)를 사용하는 주된 목적은?

① 호기성균을 발육시켜 호흡작용을 정지시키기 위해

② 아미노산, 에스테르 등의 물질을 얻기 위해

③ 아밀라아제, 프로테아제 등의 효소를 생성하기 위해

④ 잡균의 번식을 방지하기 위해

┃해설

코지는 증미에 코지곰팡이(*Aspergillus oryzae*)를 번식시킨 것으로, 전분을 분해할 수 있는 amylase와 단백질을 분해할 수 있는 protease의 중요한 공급원임

정답 ③

43. 7분도미의 도정률은 약 몇 %인가?

① 100

② 97

③ 94

④ 91

┃해설

㉠ 도정률: 현미량에 대한 백미의 비율

㉡ 쌀의 종류에 따른 도정률

• 현미: 100%

• 5분도미: 96%

• 7분도미: 94.4%

• 백미: 92%

정답 ③

44. 육가공에서 훈연과 기능이 아닌 것은?

① 독특한 풍미를 부여한다.

② 저장성이 향상된다.

③ 수분을 감소시킨다.

④ 미생물의 생육을 향상시킨다.

┃해설

훈연의 목적

• 제품 특유의 색, 향미 향상

• 건조에 의한 저장성 향상

• 연기의 방부성분에 의한 잡균오염 방지로 저장성 향상

• 육색의 고정화 촉진

• 지방 산화방지

정답 ④

45. 유지의 정제 공정으로 옳은 것은?

① 중화 → 탈취 → 탈색 → 탈검 → 윈터리제이션

② 탈색 → 탈검 → 중화 → 탈취 → 윈터리제이션

③ 중화 → 탈검 → 탈색 → 탈취 → 윈터리제이션

④ 탈검 → 탈취 → 중화 → 탈색 → 윈터리제이션

| 해설

유지의 정제 공정

원료 유지 → 탈검 → 탈산 → 탈색 → 탈취 → 탈납(윈터리제이션) → 제품

 정답 ③

46. 감자를 절단한 후 공기 중에 방치하면 표면의 색이 흑갈색으로 변하는 것은 어떤 기작에 의한 것인가?

① Maillard reaction에 의한 갈변

② tyrosinase에 의한 갈변

③ NADH oxidase에 의한 갈변

④ ascorbic acid oxidation에 의한 갈변

| 해설

감자의 갈변은 효소적 갈변

정답 ②

47. 치즈 제조시 원료유 1000kg에 대한 레닛(rennet) 분말의 첨가량은 몇 kg인가?

① 0.02~0.04kg

② 0.2~0.4kg

③ 2~4kg

④ 20~40kg

| 해설

레닛(rennet) 분말은 원료유의 0.002~0.004%를 첨가

$$1000kg \times \frac{0.002 \sim 0.004}{100} = 0.02 \sim 0.04kg$$

 정답 ①

48. 냉동화상(freezer burn)에 대한 설명이 틀린 것은?

① 동결된 식품의 표면이 공기와 접촉하여 발생한다.

② 다공질의 건조층이 생긴다.

③ 색깔, 조직, 향미, 영양가는 변화가 없다.

④ 냉동 육류의 저장에서 많이 발생한다.

| 해설

식품의 변색, 지방산화 등으로 조직, 향미, 영양가 등 품질의 저하 발생

 정답 ③

49. 소시지 가공제품 제조시 염지의 효과가 아닌 것은?

① 근육단백질의 용해성을 증가시킨다.

② 보수성과 결착성을 증진시킨다.

③ 방부성과 독특한 맛을 갖게 한다.

④ 단백질을 변성시키고 살균한다.

| 해설

염지의 효과

• 근육단백질의 용해성 증가

• 보수성, 결착성 증진

• 보존성 향상

• 독특한 풍미 부여

• 육색소 고정

 정답 ④

50. 아미노산 간장의 제조에서 탈지대두박 등의 단백질 원료를 가수분해하는데 주로 사용되는 산은?

① 황산

② 수산

③ 염산

④ 질산

| 해설

산분해 간장(아미노산 간장): 단백질 또는 탄수화물 함유 원료를 염산으로 가수분해 후 NaOH용액으로 중화하여 얻은 여액을 가공한 것

  정답 ③

51. 청국장의 제조 과정 중에 소금을 첨가할 때 나타나는 현상은?

① 청국장의 단백질 당화효소의 활성이 강해져 소화율이 낮아진다.
② 제조기간이 짧아져 고형물의 양이 적어진다.
③ 순수 배양한 Bacillus natto 활성이 없어져 에틸렌 함량이 높아진다.
④ 유산균과 효모의 발육이 억제된다.

| 해설
소금은 짠맛을 부여하고 부패 방지, 제품의 보존성을 향상하는 등의 역할을 함

정답 ④

52. DFD육의 설명으로 틀린 것은?

① 육색이 검고 조직이 단단하며 외관이 건조하다.
② 소고기에서 주로 발생하며 약 3% 정도이다.
③ 도살 전의 피로, 운동, 절식, 흥분 등의 스트레스가 원인이다.
④ 수분손실이 많아 가공육 제조 시 결착력이 낮다.

| 해설
DFD(Dark, Firm, Dry)육
• 육색이 매우 검고 육 조직이 단단하며 건조한 외관
• 쇠고기 중 3% 정도에서 발생
• 원인: 도살 전의 피로, 절식, 스트레스
• 근육 pH가 높은 상태로 유지되어 미생물이 자랄 수 있는 환경이 되며, 염지 시 소금의 확산 및 침투가 느려 부패가 쉬움

정답 ④

53. 식품포장재료에 요구되는 기본 성질에 대한 설명으로 틀린 것은?

① 품질을 유지하기 위한 성질로 친수성, 친유성, 광택성이 있다.
② 식품을 보호하는 성질로 가스투과도, 투습도, 광차단성, 자외선방지, 보향성이 있다.
③ 상품가치를 높이는 성질로 투명성, 인쇄적성, 밀착성이 있다.
④ 포장효과 및 생산성을 높이는 성질로 밀봉성, 기계적성, 내한성, 내열성, 위조방지가 있다.

| 해설
품질을 유지하기 위한 성질은 내수성, 내유성이며, 광택성은 포장효과 및 생산성을 높이는 성질임

정답 ①

54. 달걀 가공품에 대한 설명으로 틀린 것은?

① 액란(liquid egg)은 전란액, 난백액, 난황액이 있다.
② 피단(pidan)은 달걀 속에 소금과 알칼리성 염류를 침투시켜 노른자와 흰자를 응고, 숙성시킨 조미달걀이다.
③ 마요네즈는 노른자위의 유화력을 이용한 대표적인 달걀 가공품이다.
④ 건조란은 껍질 째 탈수 건조시킨 것으로, 아이스크림, 쿠키 등에 사용되고 있다.

| 해설
건조란은 껍질을 제거한 후 탈수 건조시킨 것으로, 아이스크림, 쿠키 등에 사용됨

정답 ④

55. 식품의 조리 및 가공에서 튀김용으로 쓰이는 기름의 특성에 대한 설명으로 옳은 것은?

① 인화점이 높고 발연점이 높은 것이 좋다.
② 인화점이 높고 발연점이 낮은 것이 좋다.
③ 인화점은 낮고 발연점이 높은 것이 좋다.
④ 연소점이 낮고 발연점도 낮은 것이 좋다.

| 해설

인화점이 높고 발연점이 높은 것이 좋음

튀김유의 품질 조건
• 거품이 일지 않을 것
• 열에 대하여 안정할 것
• 튀길 때 발생하는 연기가 적을 것
• 가열에 의한 점도 변화가 작아야 할 것

정답 ①

56. 유지채취 방법 중 부적합한 것은?

① 용출(용출)법
② 증발법
③ 압착법
④ 추출법

| 해설

유지는 용출법, 압착법, 용매추출법을 이용하여 채취
• 용출법 : 원료를 가열하여 직접 채취하는 건식용출법, 원료와 물을 함께 가열하여 채취하는 습식용출법
• 압착법 : 원료에 기계적인 입착을 가하여 채취하는 방법
• 용매추출법 : 원료에 휘발성 유기용제를 이용하여 채취하는 방법

정답 ②

57. 채소나 과실을 알칼리로 박피할 때 껍질이 제거되는 원리는?

① 껍질 자체를 알칼리가 분해시키기 때문
② 알칼리가 고온에서 전분을 분해시키기 때문
③ 껍질 밑층의 pectin질 등을 분해시켜 수용성으로 만들기 때문
④ 알칼리가 cellulose를 분해시키기 때문

| 해설

알칼리 용액을 이용한 박피법
• 3% 내외의 끓는 NaOH용액에 넣고 30~60초 동안 처리한 후 강한 압력의 분무세척기로 세척하여 알칼리 제거 및 껍질을 제거하는 방법
• 채소나 과일의 껍질 밑층은 펙틴으로 이루어져 있고 펙틴은 알칼리에 분해되어 수용성이 되기 때문에 껍질이 가용화됨

정답 ③

58. 60%의 고형분을 함유하고 있는 농축 오렌지주스 100kg이 있다. 45% 고형분을 함유하고 있는 최종제품을 얻기위해, 15%의 고형분을 함유하고 있는 오렌지주스를 얼마나 가하여야 하는가?

① 30kg
② 40kg
③ 50kg
④ 60kg

| 해설

농축 오렌지주스의 고형분양: $100 \times 0.6 = 60kg$
$60 + 0.15x = 0.45(100 + x)$
$\therefore x = 50$

정답 ③

59. 유중수적형(W/O) 교질상 식품은?

① 마가린(margarine)

② 우유(milk)

③ 마요네즈(mayonnaise)

④ 아이스크림(ice cream)

| 해설

㉠ 수중유적형(oil in water, O/W): 우유, 생크림, 마요네즈

㉡ 유중수적형(water in oil, W/O): 버터, 마가린

정답 ①

---

60. 과실주스 제조시 청징에 사용하지 않는 것은?

① 난백

② 펙틴 분해 효소

③ 젤라틴 및 탄닌

④ 아스코르빈산

| 해설

과실주스의 청징 방법

난백, 카제인, 젤라틴, 탄닌, 활성탄 및 규조토와 같은 침전보조제나 혼탁을 방지하기 위해 펙틴 분해효소(pectinase) 등 사용

정답 ④

---

61. 원핵세포 구조로서 세포 안에 핵과 액포가 없고, 2분열에 의한 무성생식만을 하는 조류는?

① 녹조류　　　　② 홍조류

③ 남조류　　　　④ 갈조류

| 해설

남조류를 제외한 조류는 고등 미생물에 속함

정답 ③

---

62. 세균의 그람 염색에 사용되지 않는 것은?

① Crystal violet　　② Lugol 액

③ Safranin 액　　　④ Congo red 액

| 해설

Gram 염색

크리스탈 바이올렛을 이용하여 1차 염색 → 요오드(Lugol 용액)로 염색약을 세포벽에 고정 → 알코올로 탈색 → 사프라닌으로 2차 염색

정답 ④

---

63. 전분(Starch)의 비환원성 말단에서 포도당 단위로 끊어 내는 당화형 효소는?

① α-amylase　　② β-amylase

③ Glucoamylase　　④ Maltase

| 해설

① α-amylase: 전분의 α-1,4 결합을 무작위로 분해(endo)

② β-amylase: 전분의 α-1,4 결합을 분해하여 비환원성 말단으로부터 maltose 생성

 정답 ③

---

64. 산막효모의 특징이 아닌 것은?

① 액 표면에 피막을 형성한다.

② 위균사나 진균사를 형성한다.

③ 양조 과정 중에 알코올을 생성한다.

④ *Hansenula* 속이 해당된다.

| 해설

㉠ 산막효모는 산소요구성을 가지고 산화력이 강하며 알코올을 소비함

㉡ 발효액 표면에 피막을 형성함

㉢ 산막효모에는 *Hansenula* 속, *Debaryomyces* 속, *Pichia* 속이 속함

 정답 ③

65. 밥에서 쉰내를 내게 하고 산성화시키는 세균은?

① *Clostridium perfringens*

② *Bacillus subtilis*

③ *Staphylococcus aureus*

④ *Lactobacillus bulgaricus*

| 해설

① *Clostridium perfringens*는 감염형 식중독균인 welchii균임

② *Bacillus subtilis*는 밥과 빵을 부패시키기도 하지만, 청국장 제조에 이용되는 고초균임

③ *Staphylococcus aureus*는 독소형 식중독균인 황색포도상구균

④ *Lactobacillus bulgaricus*는 우유 및 유청의 lactose로부터 대량의 젖산을 생성함

 정답 ②

66. Eumycetes(진균류)가 아닌 것은?

① 세균

② 버섯

③ 효모

④ 곰팡이

| 해설

세균은 원핵세포를 가짐

진핵세포를 갖는 진균류

효모, 곰팡이, 버섯

 정답 ①

67. 맥주제조용 양조 용수의 경도(hardness)를 저하시키는 방법으로 부적당한 것은?

① 염소첨가

② 가열

③ 석회수 첨가

④ 이온교환수지 사용

| 해설

㉠ 물의 경도는 물에 녹아있는 칼슘(Ca)과 마그네슘(Mg) 등의 2가 이온에 의해서 유발됨

㉡ 경도를 낮추는 방법: 석회수로 침전시켜 제거, 착염을 형성하여 제거, 양이온 교환수지법, 끓여서 연화함

 정답 ①

68. 적당한 수분이 있는 조건에서 식빵에 번식하여 적색을 형성하는 미생물은?

① *Lactobacillus plantarum*

② *Staphylococcus aureus*

③ *Pseudomonas fluorescens*

④ *Serratia marcescens*

| 해설

① *Lactobacillus plantarum*는 김치의 발효, 산미를 형성

② *Staphylococcus aureus*는 황색포도상구균, 식중독균

③ *Pseudomonas fluorescens*는 호냉성 부패균, 우유에 쓴맛을 냄

 정답 ④

69. 세균에 대한 설명으로 틀린 것은?

① 분열에 의해 증식한다.

② 내생포자를 형성할 수 있다.

③ 형태에 따라 구분, 간균, 나선균 등으로 구분한다.

④ 핵과 세포질이 핵막에 의해 구분된다.

| 해설

세균은 원핵세포생물이므로 핵막이 없음

 정답 ④

70. 포자낭병의 밑부분에 가근을 형성하는 미생물속은?

① *Rhizopus* 속
② *Mucor* 속
③ *Aspergillus* 속
④ *Penicillium* 속

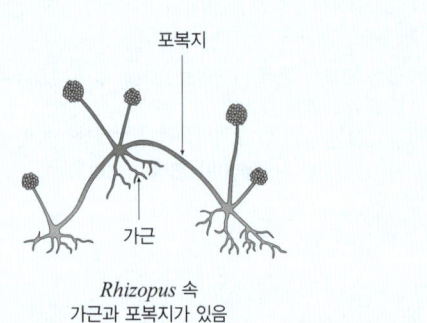
71. 토양이나 식품에서 자주 발견되고 **aflatoxin**이라는 발암성 물질을 생성하는 유해 곰팡이는?

① *Aspergillus flavus*
② *Aspergillus niger*
③ *Aspergillus oryzae*
④ *Aspergillus sojae*

72. 다음 당류 중 *Saccharomyces cerevisiae*로 발효시킬 수 없는 것은?

① 유당(lactose)
② 포도당(glucose)
③ 맥아당(maltose)
④ 설탕(sucrose)

73. 균내에 존재하는 효소를 추출하기 위한 균체 파괴법에 해당하지 않는 것은?

① 기계적 마쇄법
② 초음파 마쇄법
③ 자기 소화법
④ 염석 및 투석법

74. 고정화 효소(immobilized enzyme)에 대한 설명으로 틀린 것은?

① 미생물 오염의 위험성이 감소한다.

② 안정성이 증가한다.

③ 재사용이 가능하다.

④ 반응의 연속화가 가능하다.

| 해설

효소의 고정화(enzyme immobilization)

• 화학적인 방법이나 물리적인 방법을 이용하여 효소의 이동성을 인위적으로 제한하는 것

• 목적
 - 반응 후 생성물과의 분리가 용이함
 - 분리된 효소는 재사용 가능
 - 연속공정이 가능함. 반응기의 생산성을 향상시킴
 - 효소의 고농도 집적이 가능함
 - 효소 단백질의 입체구조가 유지되고, 효소활성의 안정화가 이루어짐
 - 고가의 효소인 경우, 경제적으로 사용할 수 있음. 하지만, 여러 번 재사용할 경우, 미생물의 오염 가능성이 있음

정답 ①

75. 리파아제 생성력이 있어서 버터와 마가린의 부패에 관여하는 것은?

① *Candida tropicalis*

② *Candida albicans*

③ *Candida utilis*

④ *Candida lipolytica*

| 해설

① *Candida tropicalis*는 사료효모, 석유효모에 이용
② *Candida albicans*는 캔디다증(피부병) 원인균
③ *Candida utilis*는 사료효모에 이용

정답 ④

76. 세포융합(Cell fusion)의 유도절차의 순서로 옳은 것은?

① 재조합체 선택 및 분리 → Protoplast의 융합 → 융합체의 재생 → 세포의 Protoplast화

② Protoplast의 융합 → 세포의 Protoplast화 → 융합체의 재생 → 재조합체 선택 및 분리

③ 세포의 Protoplast화 → Protoplast의 융합 → 융합체의 재생 → 재조합체 선택 및 분리

④ 융합체의 재생 → 재조합체 선택 및 분리 → Protoplast의 융합 → 세포의 Protoplast화

| 해설

세포융합(cell fusion)

• 동물세포에 sendai virus나 polyethylene glycol을 처리함으로써 세포간 융합을 형성하여 잡종세포를 얻음

• 인접한 세포들이 융합하여 격막이 소실, 그 결과 세포의 다핵화가 일어나는 현상

• 과정: 세포의 protoplast화 → protoplast의 융합 → 융합체의 재생 → 재조합체 선택 및 분리

정답 ③

77. 한류해수에 잘 서식하고 육안으로 볼 수 있는 다세포형으로 다시마, 미역이 속하는 조류는?

① 규조류

② 남조류

③ 홍조류

④ 갈조류

| 해설

다시마, 미역은 갈조류

정답 ④

78. 미생물의 증식 곡선에서 정지기와 사멸기가 형성되는 이유가 아닌 것은?

① 배지의 pH 변화
② 영양분의 고갈
③ 유해 대사산물의 축적
④ Growth factor의 과다한 합성

| 해설

영양물질의 고갈, 대사생성물의 축적, 산소부족, 배지의 산성화 상태가 되면 새로 증식하는 미생물의 수가 감소하게 됨

정답 ④

79. 세균의 편모에 대한 설명으로 틀린 것은?

① 편모는 세균의 운동기관으로서 대부분 단백질로 구성되어 있다.
② 편모는 구균보다 간균에서 많이 볼 수 있다.
③ 편모는 대부분 세포벽에서부터 나온다.
④ 편모가 없는 세균도 있다.

| 해설

③ 세포막 안쪽의 기저부위에서 만들어져 세포막과 세포벽을 뚫고 밖으로 자라나옴
④ 편모의 수와 배열에 따라 무모균(편모없음), 단모균, 양모균, 주모균 등으로 분류

정답 ③

80. 여러 가지 선택배지를 이용하여 미생물 검사를 하였더니 다음과 같은 결과가 나왔다. 다음 중 검출 양성이 예상되는 미생물은?

A. EMB Agar 배지: 진자주색 집락
B. XLD Agar 배지: 금속성 녹색 집락
C. MSA 배지: 황색 불투명 집락
D. TCBS Agar 배지: 분홍색 불투명 집락

① 장염비브리오균
② 살모넬라균
③ 대장균
④ 황색포도상구균

| 해설

㉠ EMB 배지는 대장균 정성실험에 사용되는 배지로 대장균은 청록색 금속광택이 있는 집락이 생기고, 클렙시엘라는 갈색이며 광택이 생기고, 살모넬라 속 또는 세균성 이질균은 무색의 집락이 생김
㉡ XLD Agar 배지는 살모넬라를 분리할 때 주로 사용되는 배지로 xylose를 당으로 이용하는 균은 노란색을 띰
㉢ MSA 배지에서 노란색 불투명한 집락을 구성하는 균은 황색포도상구균이며, phenol red지시약을 배지에 떨어뜨리면 배지색이 연한 노란색으로 변함
㉣ TCBS 배지: 장염비브리오균을 분리하는 배지로 장염비브리오균일 때는 초록색 집락을 보임

정답 ④

81. 방사선 조사에 대한 설명 중 틀린 것은?

① 방사선 조사 시 식품의 온도상승은 거의 없다.

② 처리 시간이 짧아 전 공정을 연속적으로 작업할 수 있다.

③ 10kGy 이상의 고선량조사에도 식품성분에 아무런 영향을 미치지 않는다.

④ 방사선 에너지가 식품에 조사되면 식품 중의 일부 원자는 이온이 된다.

| 해설

식품에 10kGy 이상의 고 선량조사를 하면 식품성분의 변화가 있을 수 있으므로 10kGy 이하 조사를 허용함

방사선조사(= 식품조사, Food irradiation)

식품 등의 발아억제, 살균, 살충 또는 숙도조절을 목적으로 감마선 또는 전자선가속기에서 방출되는 에너지를 복사(radiation)의 방식으로 식품에 조사하는 것

정답 ③

82. 물을 통과하지만 소금은 통과하지 않는 정밀한 아세트산 셀룰로오스, 폴리설폰 등으로 바닷물을 밀어내어 소금은 남기고, 물만 통과시키는 막분리 여과는?

① 한외 여과법

② 역삼투법

③ 투석법

④ 정밀 여과법

| 해설

㉠ 한외 여과법: 역심투압보다 막의 공극이 키 저분자 물질은 통과, 저분자 물질과 고분자 물질 분리에 사용

㉡ 투석: 반투과성막을 필터로 하여 고분자나 콜로이드처럼 입자 크기가 큰 물질을 정제

㉢ 정밀여과: 용액에 녹지 않은 콜로이드 크기 이상의 입자를 분리하는 공정, pore size $0.1 \sim 10 \mu m$

정답 ②

83. 비가열 살균에 해당하지 않는 것은?

① 자외선 살균

② 저온 살균

③ 방사선 살균

④ 전자선 살균

| 해설

저온살균(LTLT)은 $63 \sim 65℃$에서 30분간 가열살균

냉살균법(비가열 살균법)

• 가열살균에 반대되는 의미, 열을 가하지 않고 미생물을 사멸시키는 수단

• 약제 살균, 방사선, 전자선 살균 및 자외선 살균 등

정답 ②

84. 교반 속도가 빠른 액체 혼합기에서 방해판(baffle)이 하는 주된 역할은?

① 소용돌이를 완화하여 내용물이 넘치지 않도록 한다.

② 교반에 필요한 에너지의 소비를 줄여준다.

③ 회전속도를 높여준다.

④ 열발생으로 내용물의 점도를 낮춰준다.

| 해설

원통형 안에 공기 공동이 생기는 소용돌이 현상을 방지하기 위해 방해판을 부착하여 혼합효과를 높임

정답 ①

85. 제조공정 중 압출 과정으로 제조되는 면이 아닌 것은?

① 소면   ② 스파게티면

③ 당면   ④ 마카로니

| 해설

소면은 분체 식품을 반죽하여 회전롤 사이로 통과시켜 면대로 만들어 이것을 세절하거나 압인하는 압연 성형 과정을 거쳐 제조됨

정답 ①

86. 원료가 일정한 속도로 이동 중이거나 교반중일 때 물을 뿌려 세척하는 방법은?

① 침지세척　　　② 마찰세척
③ 분무세척　　　④ 부유세척

> **| 해설**
>
> ① 침지세척: 원료를 물에 담가 부착된 오염물질을 팽연시켜 제거하는 방법
> ② 마찰세척: 식품 재료 간의 상호마찰 또는 재료와 세척기의 움직임에 의한 마찰의 힘으로 오염물질 제거
> ③ 분무세척: 스크린 컨베이어에 실어 다량의 원료를 일정한 속도로 이동시키거나 원료를 교반장치에 넣고 물을 세게 뿌려 세척하는 방법
> ④ 부유세척: 오염물질의 밀도와 부력 차이를 이용하여 세척하는 방법
>
> 정답　③

87. 식품 Extruder에서 수행될 수 있는 단위공정이 아닌 것은?

① 냉각(cooling)　　　② 혼합(mixing)
③ 조리(cooking)　　　④ 성형(forming)

> **| 해설**
>
> 연속식 압출 조립기(extruder)는 혼합, 압축, 가열, 살균, 성형 등의 단위조작이 기기 내부에서 1~2분 내에 일어남, 상업적으로 곡류의 팽화식품 제조, 단백질의 조직화, 식물성 유지의 추출을 높이기 위한 전 처리 등에 이용됨
>
> 정답　①

88. 증발 농축 과정 중 나타나는 현상이 아닌 것은?

① 비점 상승
② 비말 동반
③ 유동성 증가
④ 관석 생성

> **| 해설**
>
> **증발 농축 공정 중 발생하는 현상**
> 비점 상승, 점도 상승, 거품 발생, 관석 발생, 비말 동반 등
>
> 정답　③

89. 우유로부터 크림을 분리할 때 많이 사용되는 분리기술은?

① 가열
② 여과
③ 탈수
④ 원심분리

> **| 해설**
>
> **원심분리**
> 원심력을 이용하여 고체와 액체 또는 비중이 서로 다른 두 가지 액체를 나누어 비중 차이에 의해 분리되는 현상을 이용, 우유에서 크림층을 분리할 때 주로 사용
>
> 정답　④

90. 유지의 채취법으로 적당하지 않은 것은?

① 증류법 　　　　② 추출법
③ 용출법 　　　　④ 압착법

| 해설

㉠ 식품 성분의 특성에 따라 압착추출, 증류추출, 용매추출, 초임계 유체 추출 등이 이용됨
㉡ 일반적으로 동물성 유지는 용출법, 식물성 유지는 압착법, 추출법이 이용됨
㉢ 증류법은 끓는점의 차이를 이용하여 액체 상태의 혼합물을 분리하는 방법으로 석유를 증류하여 휘발유, 경유, 등유와 같은 여러종류의 연료로 분리하는 데 사용됨

정답 ①

91. 사과, 복숭아, 오렌지와 같이 둥근 모양의 과일을 선별하는데 주로 이용되는 선별기는?

① 길이선별기
② 롤러선별기
③ 디스크선별기
④ 반사선별기

| 해설

롤러선별기는 막대 롤러를 서로 평행하게 유지하면서 롤러 사이의 간격을 조절하여 과일을 크기별로 선별함

정답 ②

92. 열에 민감하고 점도가 낮은 식품을 가열할 때 사용하며, 식품 공업에서 가장 널리 사용되는 열교환기는?

① 판형 열교환기 　　　　② 회전식 열교환기
③ 통관식 열교환기 　　　　④ 이중관식 열교환기

| 해설

열교환기

• 금속 벽을 사이에 두고 고온 유체와 저온 유체 사이의 열교환을 하는 장치
• 판형 열교환기는 얇은 스테인리스상을 파도 모양으로 하어 좁은 간격을 두고 여러 장을 겹쳐 조립한 열교환기로서 열효율이 좋고 설치 면적도 작은 장점이 있어 식품공업에 널리 사용됨

정답 ①

93. 착즙된 오렌지 주스는 15%의 당분을 포함하고 있는데 농축공정을 거치면서 당함량이 60%인 농축 오렌지 주스가 되어 저장된다. 당함량이 45%인 오렌지 주스 제품 100kg을 만들려면 착즙 오렌지 주스와 농축 오렌지 주스를 어떤 비율로 혼합해야 하겠는가?

① 1 : 2
② 1 : 2.8
③ 1 : 3
④ 1 : 4

| 해설

착즙된 오렌지 주스양 $= a$
농축 오렌지주스양 $= b$
$a + b = 100$
$b = 100 - a$
$0.15a + 0.6b = 0.45 \times 100$
$0.15a + 60 - 0.6a = 45$
$0.45a = 15$
$a = 33.3, b = 66.7$
∴ a와 b의 비는 약 1 : 2

정답 ①

94. 어떤 식품을 110℃에서 가열살균하여 미생물을 모두 사멸시키는 데 걸린 시간이 8분이었다. 이를 바르게 표기한 것은?

① $D_{110℃} = 8$분 　　　　② $Z = 8$분
③ $F_{110℃} = 8$분 　　　　④ $F_{8min} = 110℃$

| 해설

㉠ D값: 일정 온도에서 균의 수를 90% 사멸시키는 데 필요한 시간
㉡ F값: 일정 온노에서 미생물을 100% 사멸시키는 데 필요힌 시간
㉢ Z값: 가열치사시간의 1/10에 대응하는 가열온도의 변화

정답 ③

95. 다음 중 가장 입자가 작은 가루는?

① 10 메시 체를 통과한 가루

② 30 메시 체를 통과한 가루

③ 50 메시 체를 통과한 가루

④ 100 메시 체를 통과한 가루

| 해설

㉠ 체눈의 크기 단위는 메시(mesh)를 사용하고, 1메시는 1인치 (25.4mm) 안의 눈금의 수를 말함

㉡ 메시가 클수록 체눈의 크기가 작고, 작은 입자만 통과가능

정답 ④

96. 다음 중 열의 대류에 의해 건조하는 방법이 아닌 것은?

① 유동층 건조　　② 분무 건조

③ 드럼 건조　　④ 터널형 열풍 건조

| 해설

드럼 건조는 수증기로 가열되는 원통 표면에 원료를 얇은 막 상태로 부착하여 건조하는 방법으로 열의 전도에 의해 건조시킴

정답 ③

97. 곡류와 같은 고체를 분쇄하고자 할 때 사용하는 힘이 아닌 것은?

① 충격력(impact force)

② 유화력(emulsification)

③ 압축력(compression force)

④ 전단력(shear force)

| 해설

유화력은 혼합, 유화에 사용하는 성질

분쇄의 작용력

압축력, 전단력, 절단력, 충격력

정답 ②

98. 다음 중 초미분쇄기는?

① 해머 밀(hammer mill)

② 롤 분쇄기(roll crusher)

③ 콜로이드 밀(colloid mill)

④ 볼 밀(ball mill)

| 해설

초미분쇄기

• 미분쇄기 중 특히 미세한 분쇄를 하는 것, mm 크기의 원료를 기계적으로 깨뜨려 μm 크기의 미세한 분쇄물을 얻을 수 있음

• 종류: 제트 밀, 진동 밀, 디스트 밀, 높은 점성의 액체에서 더 효과적인 콜로이드 밀

정답 ③

99. 식품의 분쇄기 선정시 고려할 사항이 아닌 것은?

① 원료의 경도와 마모성

② 원료의 미생물학적 안전성

③ 원료의 열에 대한 안정성

④ 원료의 구조

| 해설

분쇄기 선정시 고려사항

원료의 특성, 수분함량, 온도조건 등

정답 ②

100. 추출공정에서 용매로서의 조건과 거리가 먼 것은?

① 가격이 저렴하고 회수가 쉬워야 한다.

② 물리적으로 안정해야 한다.

③ 화학적으로 안정해야 한다.

④ 비열 및 증발열이 적으며 용질에 대하여는 용해도가 커야 한다.

| 해설

추출에 이용되는 용매의 조건

• 가격이 저렴해야 하며, 제품에 악영향을 미치지 않아야 함

• 원하는 성분을 선택적으로 용해할 수 있으며 화학적으로 안정하고 독성과 부식성이 없어야 함

• 증발잠열과 비열이 적고 융점이 낮고 인화의 위험이 없어야 함

정답 ②

※ CBT 문제는 수험생의 기억에 따라 복원된 것이며, 실제 기출문제와 동일하지 않을 수 있습니다.

제1과목 식품위생학

01. 다음 중 식품을 매개로 감염될 수 있는 가능성이 가장 높은 바이러스성 질환인 것은?

① A형 간염
② B형 간염
③ 후천성면역결핍증(AIDS)
④ 유행성 출혈열

| 해설

A형 간염바이러스
• 증상: 고열, 구토, 피로, 그 이후 간의 팽대와 황달
• 잠복기: 15~50일
• 원인식품 및 오염경로: 오염된 물에서 수확한 수산물, 오염된 물로 세척한 채소, 감염된 조리자를 통한 감염

 정답 ①

02. 식품등의 표시에 대한 설명으로 옳지 않은 것은?

① 유통기한은 소비자에게 판매가 허용되는 기한을 말한다.
② 소분판매하는 제품은 소분가공을 한 날이 제조연월일이다.
③ 품질유지기한은 식품의 특성에 맞는 적절한 보존방법이나 기준에 따라 보관할 경우 해당 식품 고유의 품질이 유지될 수 있는 기한이다.
④ 제조연월일은 포장을 제외한 더 이상의 제조나 가공이 필요하지 아니한 시점이다.

| 해설

제조연월일
포장을 제외한 더 이상의 제조나 가공이 필요하지 아니한 시점(포장 후 멸균 및 살균 등과 같이 별두의 제조공정을 거치는 제품은 최종공정을 마친 시점)

다만, 캅셀제품은 충전·성형완료시점으로, 소분판매하는 제품은 소분용 원료제품의 제조연월일로, 포장육은 원료포장육의 제조연월일로, 식육즉석판매가공업 영업자가 식육가공품을 다시 나누어 판매하는 경우는 원료제품에 표시된 제조연월일로, 원료제품의 저장성이 변하지 않는 단순 가공처리만을 하는 제품은 원료제품의 포장시점으로 함

정답 ②

03. 노로바이러스의 특징이 아닌 것은?

① 물리·화학적으로 안정된 구조를 가진다.
② 환자의 구토물이나 대변에 존재한다.
③ 100℃에서 10분간 가열해도 불활성화 되지 않는다.
④ 구토나 설사 증상 없이도 바이러스를 배출하는 무증상 감염도 발생한다.

| 해설

노로바이러스 예방을 위해서 85℃ 1분 이상 가열로도 바이러스가 불활성화됨

 정답 ③

04. 여시니아 엔테로콜리티카균에 대한 설명으로 옳지 않은 것은?

① 그람음성의 단간균이다.
② 냉장보관을 통해 예방할 수 있다.
③ 진공포장에서도 증식할 수 있다.
④ 쥐가 균을 매개하기도 한다.

| 해설

*Yersinia enterocolitica*는 진공포장과 냉장온도에서도 성장할 수 있음

 정답 ②

05. 먹는물의 수질기준 중 미생물에 관한 일반 기준으로 옳지 않은 것은?

① 일반세균은 1mL 중 100CFU를 넘지 아니할 것(샘물 및 염지하수 제외)

② 총 대장균군은 100mL에서 검출되지 아니할 것(샘물, 먹는샘물, 염지하수, 먹는염지하수 및 먹는해양심층수 제외)

③ 살모넬라, 쉬겔라는 완전 음성일 것(샘물, 먹는샘물, 염지하수, 먹는염지하수 및 먹는해양심층수의 경우)

④ 여시니아균은 2L에서 검출되지 아니할 것(먹는물공동시설의 물의 경우)

| 해설

먹는물 수질기준 및 검사 등에 관한 규칙 중 먹는물의 수질기준

1. 미생물에 관한 기준
   가. 일반세균은 1mL 중 100CFU(Colony Forming Unit)를 넘지 아니할 것
   나. 총 대장균군은 100 mL(샘물·먹는샘물, 염지하수·먹는염지하수 및 먹는해양심층수의 경우에는 250mL)에서 검출되지 아니할 것
   다. 대장균·분원성 대장균군은 100mL에서 검출되지 아니할 것
   라. 분원성 연쇄상구균·녹농균·살모넬라 및 쉬겔라는 250 mL에서 검출되지 아니할 것
   마. 아황산환원혐기성포자형성균은 50 mL에서 검출되지 아니할 것
   바. 여시니아균은 2L에서 검출되지 아니할 것

정답 ③

06. 통·병조림식품, 레토르트식품과 관련된 다음 설명과 같은 세균발육시험은?

> 검체 3관(또는 병)을 항온기에 35~37℃에서 10일간 보존한 후, 상온에서 1일간 추가로 방치한 후 관찰하여 용기·포장이 팽창 또는 새는 것을 "세균 발육양성"으로 한다.

① 응집시험

② 가온보존시험

③ 분리시험

④ 독성시험

| 해설

세균발육시험

장기보존식품 중 통·병조림식품, 레토르트식품에서 세균의 발육 유무를 확인하기 위한 것

• 가온보존시험
  시료 5개, 개봉하지 않은 용기·포장 그대로 배양기에서 35~37℃에서 10일간 보존 후, 상온에서 1일간 추가 방치 → 용기·포장이 팽창 또는 새는 것은 세균발육 양성 → 음성인 것은 세균시험 실시

• 세균시험
  5개의 티오글리콜린산염 배지에서 35~37℃에서 48±3시간 배양한 후, 5관 중 어느 하나라도 세균증식이 확인되면 세균발육 양성

정답 ②

07. 식품위생분야 종사자 등의 건강진단규칙에 의한 연 1회 정기 건강진단 항목이 아닌 것은?

① 성병

② 장티푸스

③ 폐결핵

④ 전염성 피부질환

| 해설

식품위생 분야 종사자의 건강진단 규칙

※ 총리령 제1919호(2023. 12. 7. 일부개정, 2024. 1. 8. 시행) 반영

대상	건강진단 항목	횟수
식품 또는 식품첨가물(화학적 합성품 또는 기구 등의 살균·소독제는 제외한다)을 채취·제조·가공·조리·저장·운반 또는 판매하는 데 직접 종사하는 사람. 다만, 영업자 또는 종업원 중 완전 포장된 식품 또는 식품첨가물을 운반하거나 판매하는데 종사하는 사람은 제외한다.	1. 장티푸스 2. 파라티푸스 3. 폐결핵	매년 1회 (유효기간은 1년으로 하며, 직전 건강진단의 유효기간이 만료되는 날의 다음 날부터 기산한다. 건강진단의 유효기간 만료일 전후 각각 30일 이내에 실시해야 한다.)

정답 ①

08. 곰팡이의 대사산물 중 사람에게 질병이나 생리작용의 이상을 유발하는 물질이 아닌 것은?

① Aflatoxin
② Citrinin
③ Patulin
④ Saxitoxin

| 해설

saxitoxin(마비성 패독): 섭조개, 홍합, 모시조개 등이 와편모조류의 독소를 섭취하면 중장선에 축적되어 유독화됨

 정답 ④

09. 다음 물질 중 소독 효과가 거의 없는 것은?

① 알코올
② 석탄산
③ 크레졸
④ 중성세제

| 해설

0.01 ~ 0.1% 역성비누(양성비누)
손 소독에 가장 많이 사용, 중성비누와 혼합 사용하면 효과 없음

 정답 ④

10. 대부분의 식중독 세균이 발육하지 못하는 온도는?

① 37℃ 이하
② 27℃ 이하
③ 17℃ 이하
④ 3.5℃ 이하

| 해설

리스테리아 등 일부 식중독균을 제외한 대부분의 식중독균은 중온균이므로, 10℃ 이하에서는 증식할 수 없음

 정답 ④

11. 식품의 보존료 중 잼류, 망고처트니, 간장, 식초 등에 사용이 허용되었으나 내분비 및 생식독성 등의 안전성이 문제가 되어 2008년 식품첨가물 지정이 취소된 것은?

① 데히드로초산
② 프로피온산
③ 파라옥시안식향산 프로필
④ 파라옥시안식향산 에틸

| 해설

① 데히드로초산 - 사용실적이 없어 삭제됨
② 프로피온산 - 허용
④ 파라옥시 안식향산 에틸 - 허용

 정답 ③

12. COD에 대한 설명으로 옳지 않은 것은?

① COD란 화학적 산소 요구량을 말한다.
② BOD가 적으면 COD도 적다.
③ COD는 BOD에 비해 단시간 내에 측정 가능하다.
④ 식품공장 폐수의 오염정도를 측정할 수 있다.

| 해설

BOD가 적다고 반드시 COD도 적은 것은 아님
㉠ 생물화학적 산소 요구량(BOD: biochemical oxygen demand): 호기성 미생물이 일정 기간 동안 물속에 있는 유기물을 분해할 때 사용하는 산소의 양
㉡ 화학적 산소 요구량(COD: chemical oxygen demand): 유기물이 들어있는 물에 산화제($KMnO_4$, $K_2Cr_2O_7$)를 투입하여 산화시키는 데 소비된 산화제의 양에 상당하는 산소의 양을 나타낸 것

  정답 ②

13. 지표 미생물(Indicator organism)의 자격 요건으로서 옳지 않은 것은?

① 분변 및 병원균들과의 공존 또는 관련성

② 분석 대상 시료의 자연적 오염균

③ 분석시 증식 및 구별의 용이성

④ 병원균과 유사한 안정성(저항성)

┃해설

위생지표균

식품의 제조, 보관, 유통 환경 전반에 대한 위생 수준을 나타내는 지표로서, 병원성균을 나타내는 것은 아님

정답 ②

14. 장염 비브리오균 식중독을 주로 발생시키는 식품은?

① 어패류 가공품

② 육류 가공품

③ 어육 연제품

④ 우유제품

┃해설

㉠ 장염비브리오균은 호염성균(3~5%의 식염농도에서 잘 자람)이며, 가열에 약함

㉡ 연안의 해수와 어패류의 생식으로 주로 감염됨

㉢ 가열하지 않은 어패류 가공품은 식중독의 원인이 될 수 있으나, 어육 연제품은 가열 공정이 있으므로 균의 사멸 가능

정답 ①

15. PVC에 대한 설명으로 옳지 않은 것은?

① 내수성이 좋다.

② 내산성이 좋다.

③ 가격이 저렴하다.

④ 열접착은 어렵다.

┃해설

염화비닐(PVC)는 내수성, 내산성, 열접착성이 우수하며 가격도 저렴하여 광범위하게 사용되지만, 식품용기로 사용될 경우, 가소제인 프탈레이트(내분비계 교란물질)의 용출 우려가 있으며, vinylchloride 단량체는 발암성을 가진 가장 맹독성 수지임

정답 ④

16. 작업위생관리에 대한 설명으로 옳지 않은 것은?

① 조리된 식품에 대하여 배식하기 직전에 음식의 맛, 온도, 이물, 이취, 조리 상태 등을 확인하기 위한 검식을 실시하여야 한다.

② 냉장식품과 온장식품에 대한 배식온도관리기준을 설정, 관리하여야 한다.

③ 위생장갑 및 청결한 도구(집게, 국자 등)를 사용하여야 하며, 배식중인 음식과 조리 완료된 음식을 혼합하여 배식하여서는 아니 된다.

④ 해동된 식품은 즉시 사용하고 즉시 사용하지 못할 경우 조리시까지 냉장보관하여야 하며, 사용 후 남은 부분을 재동결하여 보관한다.

┃해설

해동과정 동안 미생물 증식의 가능성이 있으므로, 사용 후 재냉동하지 않아야 함

정답 ④

17. 식품첨가물공전에서 삭제된 화학적 합성품이 아닌 것은?

① 브롬산칼륨
② 규소수지
③ 표백분
④ 데히드로초산

| 해설

규소수지는 식품첨가물 공전에 등재된 거품제거제(소포제)

정답 ②

18. 살모넬라균 식중독에 대한 설명으로 옳지 않은 것은?

① 달걀, 어육, 연제품 등 광범위한 식품이 오염원이 된다.
② 조리·가공 단계에서 오염이 증폭되어 대규모 사건이 발생하기도 한다.
③ 애완동물에 의한 2차 오염은 발생하지 않으므로 식품에 대한 위생 관리로 예방할 수 있다.
④ 보균자에 의한 식품오염도 주의하여야 한다.

| 해설

개, 닭, 쥐, 파리 등 동물이 전파

정답 ③

19. 식품위생검사시 생균수를 측정하는 데에 사용되는 배지는?

① 표준한천평판배지
② 젖당부용발효관
③ BGLB 발효관
④ SS 한천배지

| 해설

① 표준한천평판배지 - 일반 세균수
② 젖당부이온발효관 - 대장균수
③ BGLB 발효관 - 대장균수(대장균군수)
④ SS 한천배지 - 살모넬라

정답 ①

20. 식품의 기준 및 규격에 의하여 멜라민 불검출 대상식품이 아닌 것은?

① 영·유아용 이유식
② 조제우유
③ 특수의료용도식품
④ 체중조절용 조제식품

| 해설

대상 식품	기준
특수용도식품 중 영아용 조제유, 성장기용 조제유, 영아용 조제식, 성장기용 조제식, 영·유아용 이유식, 특수의료용도등식품	불검출
상기 이외의 모든 식품 및 식품첨가물	2.5 mg/kg 이하

정답 ④

21. 유지를 가열하면 점도가 커지는 것은 어느 반응에 의한 것인가?

① 산화반응　　② 가수분해
③ 중합반응　　④ 열분해반응

| 해설

중합(polymerization)에 의한 유지의 변질

유지의 가열에 의해 이합체(dimer), 삼합체(trimer) 등의 중합체(polymer)가 형성, 또한 중합체 중에는 고리 화합물도 생성

 정답 ③

22. 녹색채소(시금치 등)를 살짝 데칠 경우에 그 녹색이 더욱 선명해지는 이유는?

① 데치기에 의하여 클로로필 색소의 Mg이 Cu로 치환되었기 때문이다.
② 데치기에 의하여 식물조직에 존재하는 Chlorophyllase가 활성화되었기 때문이다.
③ 데치기에 의하여 식물조직에 산이 생성되었기 때문이다.
④ 데치기에 의하여 식물조직에 알칼리가 생성되었기 때문이다.

| 해설

식물조직이 일부 손상되면 클로로필은 chlorophyllase의 작용으로 파이톨기가 떨어져 나가 선명한 녹색인 클로로필라이드를 형성

 정답 ②

23. 2N HCl 40mL와 4N HCl 60mL를 혼합했을 때의 농도는?

① 3.0N　　② 3.2N
③ 3.4N　　④ 3.6N

| 해설

$N_1V_1 + N_2V_2 = N'V'$
N : 노르말농도, V : 부피
$2 \times 40 + 4 \times 60 = N' \times 100$
$\therefore N' = 3.2$

정답 ②

24. 사람이나 가축의 장 내 미생물에 의해 합성되어 사용되는 비타민은?

① 비타민 B
② 비타민 K
③ 비타민 C
④ 비타민 E

| 해설

비타민 K(필로퀴논, phylloquinone)

건강한 성인은 장내 박테리아에 의해 합성되므로 결핍증이 거의 나타나지 않음

 정답 ②

25. 물, 청량음료 등 묽은 용액들은 어떤 유체의 특성을 나타내는가?

① 뉴톤(Newton) 유체
② 딜레탄트(Dilatant) 유체
③ 의사가소성(Pseudoplastic) 유체
④ 빙함소성(Bingham plastic) 유체

| 해설

뉴턴유체(Newtonian fluid)

• 유체에 가해지는 힘(전단응력)과 그 유체의 유동성(전단속도)이 서로 비례관계인 유체
• 물, 알코올과 같은 단일 성분의 물질, 농도가 낮은 염, 포도당 용액 등

 정답 ①

26. 필수 아미노산에 해당하지 않는 것은?

① 알라닌
② 히스티딘
③ 라이신
④ 발린

| 해설

필수아미노산
• 신체에서 합성할 수 없는 아미노산으로 음식에서 공급되어야만 하는 아미노산
• 성인은 isoleucine, leucine, lysine, methionine, threonine, phenylalanine, tryptophan, valine (8개)
• 성장기 어린이와 회복기 환자는 arginine, histidine 포함 10개

 정답 ①

27. Ca의 흡수를 촉진하는 비타민은?

① 비타민 A
② 비타민 B_1
③ 비타민 B_2
④ 비타민 D

| 해설

Ca의 흡수를 촉진하는 비타민- 비타민 D, 비타민 C

 정답 ④

28. 식품의 전형적인 등온흡(탈)습곡선에 대한 설명으로 옳지 않은 것은?

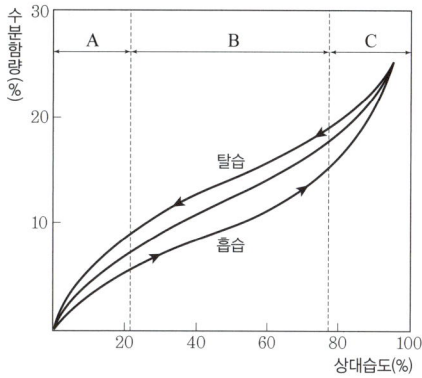

① 식품이 놓여져 있는 환경의 상대습도가 높아질수록 식품의 수분함량은 증가한다.
② A영역은 식품 중의 수분이 단분자층을 형성하고 있는 부분이다.
③ A영역의 수분은 식품 중 아미노(Amino)기나 카르복실(Carboxyl)기와 이온결합하고 있다.
④ C영역은 다분자층 영역으로 물분자간 수소 결합이 주요한 결합형태이다.

| 해설

B영역은 다분자층 영역으로 물 분자간 수소 결합이 주요한 결합형태이다.

 정답 ④

29. α형 이성질체보다 β형 이성질체의 단맛이 강한 당류는?

① 과당
② 맥아당
③ 설탕
④ 포도당

| 해설

과당(fructose)은 β형이 α형보다 단맛이 더 강함

 정답 ①

30. 분산상과 분산매가 모두 액체인 식품은?

① 맥주　　　　　② 우유
③ 전분액　　　　④ 초콜릿

| 해설

분산매	분산질	구분	예시
액체	기체	거품(foam)	맥주거품, 난백거품
	액체	유화액(emulsion)	우유, 마요네즈
	고체	졸(sol)	스프, 호화된 전분액
고체	기체	고체거품	빵, 케이크
	액체	겔(gel)	두부, 묵, 치즈
	고체	고체 졸	사탕, 과자

정답 ②

31. 다음 색소 중 배당체로 존재하는 것은?

① 안토시아닌(Anthocyanin)
② 클로로필(Chlorophyll)
③ 헤모글로빈(Hemoglobin)
④ 미오글로빈(Myoglobin)

| 해설

색소 중 배당체로 존재하는 것
플라보노이드, 안토시아닌

정답 ①

32. 안토시아닌 색소의 특징으로 옳지 않은 것은?

① 수용성이다.
② 한 개 또는 두 개의 단당류와 결합되어 있는 배당체이다.
③ 금속이온에 의해 색이 변한다.
④ pH에 따라 색이 변하지 않는다.

| 해설

안토시아닌의 pH 안정성
pH 3.5 이하에서 매우 안정한 적색, 중성에서 자색, 알칼리에서 청색

정답 ④

33. 관능검사의 사용 목적으로 옳지 않은 것은?

① 신제품 개발
② 제품 배합비 결정 및 최적화
③ 품질 평가방법 개발
④ 제품의 화학적 성질 평가

| 해설

관능검사
사람이 패널로 참여하여 식품을 섭취하면서 느낀 감각을 수치화함으로써 제품을 개발하거나 제품 시장 기호도 등을 조사하여 효율적으로 제품을 생산·판매하기 위한 검사방법

정답 ④

34. 과채류의 절단시 갈변되는 현상과 가장 관련이 적은 것은?

① Polyphenol류의 산화
② Tyrosine의 산화
③ 탄닌 성분의 변화
④ 유기산의 변화

| 해설

과채류의 절단시 갈변되는 현상의 주요 원인
polyphenol oxidase에 의한 갈변임

정답 ④

35. 지방산에 대한 설명으로 옳지 않은 것은?

① 분자 내에 이중결합을 가지고 있는 지방산을 불포화지방산이라 한다.
② 저급지방산은 비휘발성이고, 고급지방산은 휘발성이다.
③ 포화지방산은 탄소수가 증가함에 따라서 녹는점이 높아진다.
④ 불포화지방산의 이중결합은 대부분 cis형을 취하고 있다.

| 해설

저급지방산은 비교적 휘발성이 큼
㉠ 저급지방산(short chain fatty acid): 탄소수가 4~6개
㉡ 중급지방산(medium chain fatty acid): 탄소수가 8~12개
㉢ 고급지방산(long chain fatty acid): 탄소수가 14~26개

정답 ②

36. 마이야르 반응에 관여하지 않는 물질은?

① 라이신
② 글리신
③ 포도당
④ 레시틴

| 해설

레시틴은 인지질로서 환원당, 아미노화합물이 아님

마이야르 반응(Maillard reaction, amino-carbonyl 반응, melanoidin 반응)

환원당과 아미노화합물의 축합반응

정답 ④

37. 닌히드린 반응(Ninhydrin reaction)이 이용되는 것은?

① 아미노산의 정성
② 지방질의 정성
③ 탄수화물의 정성
④ 비타민의 정성

| 해설

닌하이드린(ninhydrin) 반응

• 아미노산을 닌하이드린과 반응하여 570 nm에서 최대흡광도를 갖는 청자색 화합물 형성
• 아미노산의 정성과 정량에 널리 이용

정답 ①

38. 수박, 토마토의 붉은색을 나타내는 대표적인 색소로 옳은 것은?

① β-carotene
② Lutein
③ Zeaxanthin
④ Lycopene

| 해설

성분		색	함유식품
카로티노이드계 색소			
카로틴류	β-카로틴	노란색, 주황색	당근, 호박, 고구마 등
	라이코펜	빨간색	토마토, 수박, 자몽 등
크산토필류	아스타잔틴	빨간색	게, 새우, 연어, 송어
	루테인	황등색	마리골드꽃, 오렌지, 난황, 옥수수 등

정답 ④

39. 기초대사량을 측정할 때의 조건으로 옳지 않은 것은?

① 영양상태가 좋을 때 측정할 것
② 완전휴식 상태일 때 측정할 것
③ 적당한 식사 직후에 측정할 것
④ 실온 20℃ 정도에서 측정할 것

| 해설

기초대사량(basal metabolic rate)

• 인체가 생명유지(신경전달, 심장박동, 혈액순환 등)를 위해 필요로 하는 최소한의 에너지
• 근육활동이 전혀 없는 완전한 휴식상태(식후 12시간이 지나 잠에서 깨어난 직후, 실내온도 18~20℃, 누운 상태)에서 측정
• 1일 에너지 소모량의 60~70%를 차지함

정답 ③

40. 식품을 데치기(Blanching)하는 목적으로 옳은 것은?

① 시품 세척
② 해충 예방
③ 식품 건조 방지
④ 식품 중 효소 불활성화

| 해설

데치기의 목적

효소를 불활성화시켜 갈변 방지, 오염 미생물의 살균, 풋냄새 제거, 박피 용이, 가열 살균 시 부피가 줄어드는 것 방지

정답 ④

41. 과일 및 채소의 수확 후 생리현상으로 중량감소를 일으키는 가장 주된 작용은?

① 휴면작용
② 증산작용
③ 발아발근작용
④ 후숙작용

| 해설

과일과 채소의 증산작용은 표피를 통해 수분을 체외로 발산시켜 중량감소를 초래

정답 ②

42. 일반적인 밀가루 품질시험 방법과 거리가 먼 것은?

① Amylase 작용력 시험
② 면의 신장도 시험
③ Gluten 함량 측정
④ Protease 작용력 시험

| 해설

밀가루 품질시험
• 페커 테스트(Pekar test): 색 판단
• 침강 시험: 글루텐 단백질의 질과 함량을 판단
• 팽윤도(분산도) 시험: 작은 글루텐 덩어리를 젖산 용액에 담가 팽창된 부피를 측정
• 회분 측정
• 반죽의 물리성 측정
  - 아밀로그래프(amylo-graph): α-amylase의 활성 및 전분의 호화도를 측정하고 전분의 성질을 측정
  - 익스텐소그래프(extensograph): 반죽의 신장도와 인장항력을 측정
  - 패리노그래프(farinograph): 반죽의 안정도와 점탄성을 측정, 강력분과 중력분 구분

정답 ④

43. 플라스틱 필름 포장에서 기름기나 물기가 있을 때 접착이 곤란하여 주로 Vinylidene chloride계의 필름 플라스틱 봉지 제조시에 사용되는 방법은?

① 열접착법
② 임펄스식 열접착법
③ 고주파 접착법
④ 결뉴법

| 해설

고주파접착
• 필름의 열접착법의 하나로서, 50~80MHz 정도의 고주파 전기장을 사용하여 필름 내의 극성 분자간 진동과 마찰에 의하여 필름 자체가 열을 발생하게 하여 접착시키는 방식
• 주로 PVC 필름 접착시 이용

정답 ③

44. 7분도미의 도정률은?

① 100%   ② 97%
③ 94%   ④ 91%

| 해설

㉠ 도정률: 현미량에 대한 도정미의 비율
㉡ 쌀의 종류에 따른 도정률: 현미 - 100%, 5분도미 - 96%, 7분도미 - 94.4%, 백미 - 92%

정답 ③

45. 과실주스 제조시 청징에 사용하지 않는 것은?

① 난백
② 펙틴 분해 효소
③ 젤라틴 및 탄닌
④ 아스코르빈산

| 해설

과실주스의 청징 방법
난백, 카제인, 젤라틴, 탄닌, 활성탄 및 규조토와 같은 침전보조제나 혼탁을 방지하기 위해 펙틴 분해효소(pectinase) 등 사용

정답 ④

46. 무발효빵 제조시 사용되는 팽창제와 관계 없는 것은?

① 과붕산나트륨
② 탄산수소나트륨
③ 탄산암모늄
④ 주석산수소칼륨

| 해설

과붕산나트륨은 표백제로서 식품에 허용된 첨가물이 아님

정답 ①

47. 달걀 저장 중 일어나는 변화로 옳지 않은 것은?

① 농후난백의 수양화
② 난황계수의 감소
③ 난중량 감소
④ 난백의 pH 하강

| 해설

신선난백의 pH는 7.6~7.9, 저장기간이 길어지면 난백의 구멍을 통한 CO_2의 방출로 인해 pH 9.7까지 상승

정답 ④

48. 장류의 원료에 대한 설명으로 옳은 것은?

① 된장용으로는 찹쌀이 가장 좋다.
② 장류용 보리는 도정(겨층 제거)한 것을 사용한다.
③ 된장용 소금은 3~4등급의 소금을 사용한다.
④ 장류용 물은 불순물이 많아도 관계 없다.

| 해설

① 된장용으로는 멥쌀이 좋음
② 보리는 겨층을 제거한 도정한 것을 사용
③ 된장용 소금은 천일염을 쓰는 것이 좋음
④ 장류용 물은 정제된 것을 사용

정답 ②

49. 우유의 지방정량법이 아닌 것은?

① Gerber법
② Kjeldahl법
③ Babcock법
④ Roese-Gottlieb법

| 해설

Kjeldahl법은 조단백질 정량법

정답 ②

50. 감귤로 과실음료를 제조할 때, 통조림 후 용액의 혼탁을 유발하는 것과 가장 관계가 깊은 것은?

① Hesperidin, Pectin
② Vitamin A, Vitamin C
③ Tannin, Phenol
④ Yeast, Amino acid

| 해설

감귤류의 펙틴과 헤스페리딘(플라보노이드계 색소)가 혼탁을 유발

정답 ①

51. 콩 단백질의 주성분이며, 두부 제조시 묽은 염류 용액에 의해 응고되는 성질을 이용하는 물질은?

① 알부민(Albumin)
② 글리시닌(Glycinin)
③ 제인(Zein)
④ 락토글로불린(Lactoglobulin)

| 해설

두부제조

콩을 침지하여 불린 콩을 마쇄하여, 콩의 수용성 단백질인 글리시닌 등 가용성 성분을 용출시켜 여과한 것을 두유라 하고, 두유에 응고제를 넣어 응고시킴

정답 ②

52. 식물성 유지가 동물성 유지보다 산패가 덜 일어나는 이유로 옳은 것은?

① 천연항산화제가 들어있기 때문에
② 발연점이 낮기 때문에
③ 시너지스트가 없기 때문에
④ 열에 안정하기 때문에

│해설

식물성 유지에는 천연 항산화제(토코페롤)가 존재하므로, 동물성 유지 대비 불포화지방산의 함량이 높음에도 불구하고 산패속도가 느림

 정답 ①

53. 유지의 정제 공정의 일반적인 순서로 옳은 것은?

① 중화-탈검-탈산-탈색-탈취-탈납
② 중화-탈납-탈검-탈산-탈색-탈검
③ 탈검-탈산-탈취-탈납-탈색-중화
④ 탈검-탈색-탈산-탈취-탈납-중화

│해설

㉠ 물리적 정제법: 전처리(불용물질의 제거(desludge))- 침전법, 여과법, 원심분리법, 흡착법, 응고법 등
㉡ 화학적 정제법: 원료 유지 → 탈검 → 탈산 → 탈색 → 탈취 → 탈납 → 제품

 정답 ①

54. 유지 채유과정에서 열처리를 하는 근본적인 이유로 옳지 않은 것은?

① 유리지방산 생성 촉진
② 원료의 수분함량 조절
③ 산화효소의 불활성화
④ 착유 후 미생물의 오염방지

│해설

유리지방산의 생성량이 많아지면 유지의 품질이 낮아짐

정답 ①

55. 육류 단백질의 냉동변성을 일으키는 요인으로 옳지 않은 것은?

① 염석
② 응집
③ 빙결정
④ 유화

│해설

유화는 서로 섞이지 않는 혼합물에서 한쪽의 액체를 다른 쪽의 액체 가운데에 분산하여 에멀전을 만드는 조작으로 냉동변성을 일으키지 않음

정답 ④

56. 동결건조의 장점으로 옳지 않은 것은?

① 위축변형이 거의 없으므로 외관이 양호하다.
② 제품의 조직이 다공질이므로 복원성이 좋다.
③ 품질 손상 없이 2~3%의 저수분 상태로 건조할 수 있다.
④ 표면적이 작고 잘 부서지지 않아 포장이나 수송이 편하다.

│해설

동결건조의 단점: 표면적이 넓고, 잘 부서짐

동결건조
• 식품의 수분을 동결시키고 높은 진공 장치 내에서 얼음을 액체 상태를 거치지 않고 기체로 승화시켜 수분을 제거하는 방법
• 장점: 수분함량 1~2%까지 건조 가능, 건조제품의 구조가 그대로 유지, 단백질 등의 변성이 적음, 복원성 우수. 풍미 유지, 극저수분이기 때문에 장기간 보존 가능

정답 ④

57. 식품등의 표시기준에 의하여 어떤 식품의 영양소 함량 표시를 하려고 할 때 열량을 "저"라고 강조표시할 수 있는 표시기준은?

① 식품 100g당 200kcal 미만일 때
② 식품 100g당 100kcal 미만일 때
③ 식품 100g당 40kcal 미만일 때
④ 식품 100g당 10kcal 미만일 때

│ 해설

영양성분 함량강조표시 세부기준

영양성분	강조표시	표시조건
열량	저	식품 100g당 40kcal 미만 또는 식품 100ml 당 20kcal 미만일 때
	무	식품 100ml당 4kcal 미만일 때

정답 ③

58. 용출(Rendering)에 의한 유지 제조에 가장 적합한 것은?

① 참깨
② 대두
③ 돈지
④ 쇼트닝

│ 해설

동물성 원료(우지, 돈지 등)은 렌더링(용출법)으로 유지추출, 즉 열을 직접 가하면서 유지를 추출함

정답 ③

59. 포도당 당량(DE, Dextrose Equivalent)이 높을 때의 현상으로 옳은 것은?

① 점도가 떨어진다.
② 삼투압이 낮아진다.
③ 평균 분자량이 증가한다.
④ 덱스트린이 증가한다.

│ 해설

$$D.E(Dextrose\ equivalent) = \frac{환원당(포도당으로\ 표시)}{고형분} \times 100$$

포도당 당량이 높으면 점도가 낮아지고, 삼투압이 높아지고, 평균 분자량은 작아지며, 덱스트린은 감소

정답 ①

60. 유지의 추출용제로 적합하지 않은 것은?

① Hexane
② Acetone
③ HCl
④ CCl₄

│ 해설

헥산, 알코올, 이소프로필 알코올, 헵탄, 석유에테르, 벤젠, 사염화탄소(CCl_4), 이황화탄소(CS_2), 아세톤 등이 쓰임. 이중 헥산이 가장 많이 사용됨

정답 ③

61. 자외선 살균의 특징으로 옳지 않은 것은?

① 자외선은 투과력이 강하므로 물체의 내부에도 살균효과를 얻을 수 있다.
② 260nm 파장의 자외선이 가장 살균력이 높다.
③ 작업장의 공기나 물의 살균에 주로 이용된다.
④ 세포 내 DNA 구조를 손상시켜 살균효과를 낸다.

| 해설

자외선은 투과력이 약하므로 물체의 표면 살균에만 적용

정답 ①

62. *Pseudomonas* 속의 특징으로 옳지 않은 것은?

① 저온에서 혐기적으로 저장되는 식품의 부패에 주로 관여한다.
② 열저항성이 없어 가열에 취약하다.
③ 탄화수소, 방향족 화합물을 분해시키는 종이 많다.
③ 수용성의 형광색소를 생성하는 종도 있다.

| 해설

Pseudomonas 속은 편성호기성균, 최적온도가 20℃로 저온균임
5℃에서도 잘 자라므로 냉장 및 냉동 동물성 식품의 변패를 일으킴

정답 ①

63. 콩 제국 중 온도가 50℃ 이상으로 상승되면 활발히 증식되는 균속은?

① *Micrococcus* 속
② *Clostridium* 속
③ *Bacillus* 속
④ *Lactobacillus* 속

| 해설

Bacillus 속에 속하는 고초균 등은 고온에 강함

정답 ③

64. 미생물 증식량의 측정법으로 옳지 않은 것은?

① 건조 균체량 측정
② 균체 질소량 측정
③ 비탁법에 의한 측정
④ Micrometer 이용법

| 해설

건조균체량 측정, 균체 질소량 측정, 비탁법은 미생물의 증식도 측정법 중 간접측정법임

정답 ④

65. 세균의 편모와 가장 관련이 깊은 것은?

① 생식기관
② 운동기관
③ 영양축적기관
④ 단백질합성기관

| 해설

편모는 단백질로 구성되어 있는 세포의 운동기관

정답 ②

66. 박테리오파지의 숙주로 옳은 것은?

① 조류
② 곰팡이
③ 효모
④ 세균

| 해설

Bacteriophage(= phage)
• 세균에 기생하는 바이러스
• 살아있는 세균에만 기생
• 독성파지와 용원성파지로 나뉨

정답 ④

67. 포자낭병의 밑부분에 가근을 형성하는 미생물속은?

① *Rhizopus* 속　　　② *Mucor* 속

③ *Aspergillus* 속　　④ *Penicillium* 속

| 해설

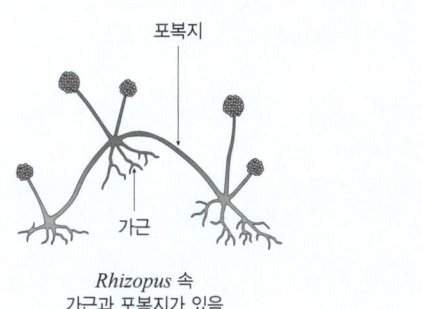

포복지

가근

Rhizopus 속
가근과 포복지가 있음

정답 ①

68. 통기성의 필름으로 포장된 냉장 포장육의 부패에 관여하지 않는 세균은?

① *Pseudomonas* 속　　② *Clostridium* 속

③ *Moraxella* 속　　　④ *Acinetobacter* 속

| 해설

Clostridium 속은 혐기성균이므로 통기성 필름으로 포장된 육류에서는 증식하지 않음

정답 ②

69. 한류해수에 잘 서식하고 육안으로 볼 수 있는 다세포형 생물로 다시마, 미역이 속하는 조류는?

① 규조류　　　② 남조류

③ 홍조류　　　④ 갈조류

| 해설

다시마, 미역은 갈조류

정답 ④

70. 치즈 제조 시에 필요한 응유효소인 Rennet의 대용 효소를 생산하는 곰팡이로 옳은 것은?

① *Penicillium chrysogenum*

② *Rhizopus japonicus*

③ *Absidia ichteimi*

④ *Mucor pusillus*

| 해설

*Mucor pusillus*가 응유효소 생성

정답 ④

71. 종초를 선택하는 일반적인 조건으로 옳지 않은 것은?

① 초산 이외의 유기산류나 향기성분인 Ester류를 생성한다.

② 초산을 다시 산화(과산화)분해 하여야 한다.

③ 알코올에 대한 내성이 강해야 한다.

④ 초산 생성속도가 빨라야 한다.

| 해설

생성된 초산을 분해하지 않아야 함

종초(vinegar starter)

식초를 새롭게 제조할 때 발효과정을 빠르게 진행시켜 산 생성 속도를 높일 수 있고, 일정한 균주로 생산할 수 있어 향이나 맛을 유지할 수 있음. 초산 이외에도 유기산류, Ester류를 생성하기도 하고, 일반적으로 알코올에 내성이 강한 균을 사용함

정답 ②

72. 대장균의 특징에 대한 설명으로 옳지 않은 것은?

① 그람 음성이다.

② 통성 혐기성이다.

③ 포자를 형성한다.

④ 당을 분해하여 가스를 생성한다.

| 해설

대장균은 장내에 서식하며, 그람음성, 통성혐기성, 포자를 형성하지 않는 무포자 간균, 주모성 편모를 가짐

정답 ③

73. 포도당의 Homo 젖산발효는 어떤 대사경로를 거치는가?

① HMP 경로

② TCA 회로

③ EMP 경로

④ Krebs 속

74. 다음 설명에 가장 적절한 곰팡이속은?

- 양조공업에 대부분 사용되어진다.
- 강력한 당화효소와 단백질 분해효소 등을 분비한다.
- 균총의 색깔로 구분하여 백국균, 황국균, 흑국균으로 나누어진다.
- 널리 분포되어 있는 곰팡이로 균사에는 격벽이 있다.

① Rhizopus 속

② Mucor 속

③ Aspergillus 속

④ Monascus 속

75. 각 효모의 특징에 대한 설명으로 옳지 않은 것은?

① Sporobolomyces 속 - 사출포자효모이다.

② Rhodotorula 속 - 유지생산효모이다.

③ Schizosaccharomyces 속 - 분열법에 의하여 증식하는 효모이다.

④ Candida 속 - 적색효모이다.

76. 바이러스의 항원성을 가지고 있어 백신제조에 유용하게 이용되는 주된 성분은?

① 헥산

② 단백질

③ 지질

④ 당질

77. 식용효모로 사용되는 SCP 생산균주로, 병원성을 나타내기도 하는 효모는?

① Candida 속

② Hansenula 속

③ Debaryomyces 속

④ Rhodotorula 속

78. 김치 발효의 말기에 표면에 피막을 생성하는 효모에 해당하지 않는 것은?

① *Hansenula* 속
② *Candida* 속
③ *Pichia* 속
④ *Aspergillus* 속

| 해설

㉠ 발효액에 피막을 형성하는 효모는 산막효모임
㉡ 산막효모는 *Hansenula* 속, *Debaryomyces* 속, *Pichia* 속 등

정답 ④

79. 미생물의 명명에서 종의 학명에 대한 설명으로 옳은 것은?

① 과명과 종명
② 속명과 종명
③ 과명과 속명
④ 목명과 과명

| 해설

미생물의 명명법은 이명법을 사용하여 속명과 종명으로 나타냄

정답 ②

80. CO_2가 고농도로 함유된 청량음료수가 미생물의 증식을 억제할 수 있는 이유로 옳지 않은 것은?

① pH의 저하
② 혐기적 영향
③ 미생물의 CO_2 방출 대사계의 저해
④ CO_2가 당을 비발효성 당으로 변환

| 해설

음료내 용존 이산화탄소 함량이 높아지면 산도 증가, 혐기적 환경이 됨

정답 ④

제5과목 **식품제조공정**

81. 물리적 비가열 살균 기술이 아닌 것은?

① 초음파 살균 기술
② 고전압 펄스 전기장 기술
③ 생리활성물질 첨가 기술
④ 초고압 기술

| 해설

생리활성물질 첨가 기술은 화학적 비가열 살균 기술에 해당

정답 ③

82. 김치제조에서 배추의 소금절임 방법이 아닌 것은?

① 압력법   ② 건염법
③ 혼합법   ④ 염수법

| 해설

㉠ 염장법의 종류: 건염법, 염수법, 혼합법 등
㉡ 건염법: 식염을 저장물에 직접 뿌려서 침투시킴
㉢ 염수법: 식품을 진한 식염수에 담그는 방법

정답 ①

83. 유지의 채취법으로 적당하지 않은 것은?

① 증류법
② 추출법
③ 용출법
④ 압착법

| 해설

㉠ 식품 성분의 특성에 따라 압착추출, 증류추출, 용매추출, 초임계 유체 추출 등이 이용됨
㉡ 일반적으로 동물성 유지는 용출법, 식물성 유지는 압착법, 추출법이 이용됨
㉢ 증류법은 끓는점의 차이를 이용하여 액체 상태의 혼합물을 분리하는 방법으로 석유를 증류하여 휘발유, 경유, 등유와 같은 여러 종류의 연료로 분리하는 데 사용됨

정답 ①

84. 고춧가루나 떡 제조용 쌀가루를 제조할 때 사용하는 롤러밀은 2개의 롤러 회전속도가 달라 분쇄력을 가지게 된다. 롤러의 표준 회전속도비는?

① 1 : 1
② 1 : 2.5
③ 1 : 5
④ 1 : 10

│해설

롤러밀은 압착, 절단, 비틀림의 세가지 작용으로 회전비는 1 : 2.5

정답 ②

85. 제분시 자력분리기가 사용되는 공정은?

① 탈수
② 운반
③ 세척
④ 정선

│해설

정선(cleaning)
제분의 첫 번째 공정으로서, 제품의 품질 향상을 위해 이물질을 우선 제거하는 공정

정답 ④

86. 회전속도를 동일하게 유지할 때 원심분리기 로터(Rotor)의 반지름을 2배로 늘리면 원심효과는 몇 배가 되는가?

① 0.25배
② 0.5배
③ 2배
④ 4배

│해설

원심력의 크기 = 질량 × 반지름 × 각속도(rpm)의 제곱
그러므로 반지름이 두배가 되면 원심력도 두배가 됨

정답 ③

87. 곡류와 같은 고체를 분쇄하고자 할 때 사용하는 힘이 아닌 것은?

① 충격력(Impact force)
② 유화력(Emulsification)
③ 압축력(Compression force)
④ 전단력(Shear force)

│해설

유화력은 혼합, 유화에 사용하는 성질
분쇄의 작용력
압축력, 전단력, 절단력, 충격력

정답 ②

88. 초음파 세척에 가장 적합하지 않은 것은?

① 오염된 정밀 기계 부품

② 과일에 묻은 그리스(Grease)

③ 계란 표면에 묻은 오염물

④ 곡류 낟알에 포함된 지푸라기

| 해설

초음파세척

• 습식세척의 일종

• 초음파를 사용하여 달걀의 오염물, 과일의 그리스나 왁스, 채소류의 모래나 흙 등을 제거

 ④

89. 착즙된 오렌지주스는 15%의 당분을 포함하고 있는데 농축공정을 거치면서 당함량이 60%인 농축 오렌지주스가 되어 저장된다. 당함량이 45%인 오렌지주스 제품 100kg을 만들려면 착즙 오렌지주스와 농축 오렌지주스를 어떤 비율로 혼합해야 하는가?

① 1 : 2

② 1 : 2.8

③ 1 : 3

④ 1 : 4

| 해설

착즙된 오렌지주스양 $= a$
농축 오렌지주스양 $= b$
$a + b = 100 \quad b = 100 - a$
$0.15a + 0.6b = 0.45 \times 100$
$0.15a + 60 - 0.6a = 45$
$0.45a = 15$
$a = 33.3$
$b = 66.7$
∴ a와 b의 비는 약 1 : 2

 ①

90. 막여과(Membrane filtration)에 대한 설명으로 잘못된 것은?

① 균체와 부유물질 사이의 밀도차에 크게 의존하지 않는다.

② 여과과정 중 여과조제(Filter aid)와 응집제를 필요로 한다.

③ 균체의 크기에 크게 의존하지 않는다.

③ 공기의 노출이 적어 병원균의 오염을 줄일 수 있다.

| 해설

막여과는 셀룰로오스 아세테이트 등 합성폴리머로부터 만들어진 막을 이용하는데, 막의 선택적 투과성을 이용하여 물질의 상변화 없이 연속적으로 물질을 분리할 수 있음. 막여과에는 여과조제와 응집제를 따로 필요로 하지 않음

 ②

91. 건량기준(Dry basis) 수분함량 25%인 식품의 습량기준(Wet basis) 수분함량은?

① 20%

② 25%

③ 30%

④ 18%

| 해설

$$건량기준\ 수분함량 = \frac{습량기준\ 수분함량}{고형분의\ 함량} \times 100$$

습량기준 수분함량을 a라 할 때, 고형분의 함량은 $100 - a$

$$25 = \frac{a}{100 - a} \times 100$$

∴ $a = 20$

 ①

92. 통조림 살균법으로 가장 많이 쓰이는 방법은?

① 건열살균법

② 가압증기 가열살균법

③ 방사선살균법

④ 전기살균법

| 해설

유통기한이 긴 통조림은 탈기, 밀봉공정을 거친 후 레토르트나 가압증기살균기에서 미리 결정된 온도와 시간에 의해 정확하게 가열살균됨

정답 ②

93. 다음 중 통조림 가공공장에서 통조림의 직접적인 살균에 관여하는 기계로 옳은 것은?

① 레토르트(Retort)

② 밀봉기(Seamer)

③ 탈기함(Exhaust box)

④ 진공펌프(Vacuum pump)

| 해설

레토르트(Retort)

고압 가열 살균솥

정답 ①

94. 다음 중 국내 통조림 가공공장에서 많이 이용하고 있는 정치식 수평형 레토르트의 부속기기가 아닌 것은?

① 브리더(Bleeder)

② 벤트(Vent)

③ 척(Chuck)

④ 안전밸브

| 해설

브리더, 벤트, 안전밸브는 레토르트 멸균기의 장치이고, 척은 통조림 밀봉시 뚜껑을 위에서 눌러 고정시키는 역할을 하는 장치

㉠ 브리더(Bleeder): 증기와 더불어 혼입되어 들어오는 공기 제거 장치

㉡ 벤트(Vent): 증기 도입 시 레토르트 내의 공기 제거 장치

정답 ③

95. 혼합방법 중 마요네즈와 같이 섞이지 않는 액체와 액체의 혼합을 뜻하는 것은?

① 청징

② 반죽

③ 유화

③ 혼합

| 해설

㉠ 청징: 현탁액, 콜로이드 상태의 용액을 맑게 만드는 과정

㉡ 반죽: 고체와 액체의 혼합, 다량의 고체분말과 소량의 액체를 섞는 조작

㉢ 유화: 서로 섞이지 않는 액체를 분산 혼합

㉣ 혼합: 입자나 분말형태를 섞는 조작

정답 ③

96. 다음 중 분무건조(Spray drying) 장치의 구성 부분이 아닌 것은?

① 액체가열장치

② 원액분무장치

③ 건조장치

④ 제품회수장치

| 해설

원액분무장치(atomizer), 건조장치(drying chamber), 제품회수장치(collector)는 주요 구성부분임

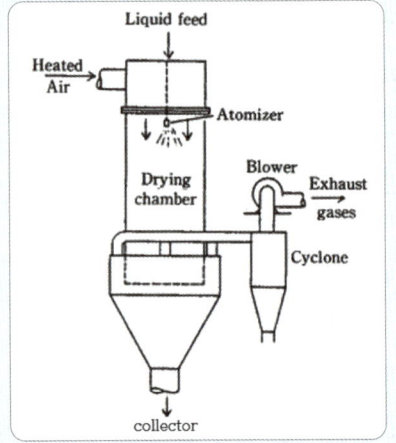

▲분무건조기의 구조

정답 ①

97. 청과물 표면의 색도 차이를 이용하여 선별하는 방법은?

① 크기
② 광학
③ 모양
④ 무게

│ 해설

광학에 의한 선별

광범위한 전자기적 스펙트럼(X-선, 가시광선, 마이크로파 등)을 이용하여 식품 원료를 선별, 반사와 투과 특성을 이용

- 반사에 의한 선별
  - 빛의 산란, 분산, 반사 등의 성질을 이용해 선별
  - 재료에 빛을 스캐닝했을 때 색깔의 정도, 표면 손상의 여부, 결정체의 여부 확인
- 투과에 의한 선별
  - 재료에 투과되는 빛의 정도를 기준으로 판단, 빛을 투과시켜 결함 여부 확인
  - 채소의 숙성, 중심부의 결함, 달걀의 외부물질 혼입 여부, 혈흔의 존재 여부 쉽게 식별

정답 ②

98. 다음 중 체의 눈이 가장 큰 것은?

① 30 mesh
② 60 mesh
③ 120 mesh
④ 200 mesh

│ 해설

메쉬가 클수록 가는 체를 의미하므로 보기 중 체의 눈이 가장 큰 것은 30 메쉬

정답 ①

99. 터널건조기(Tunnel dryer)에서 열풍이 흐르는 방향과 식품이 이동하는 방향이 반대인 경우를 나타내는 것은?

① 향류식
② 병류식
③ 유동층식
④ 기송식

│ 해설

터널 건조기

터널 모양으로 된 열풍건조기, 다량의 식품 건조에 적합하며 이동하면서 건조되는 반연속식 건조장치

병류식	• 열풍 방향과 재료 이동방향이 같음 • 고온공기가 유입되어 제품 건조 후 저온 공기로 빠져나가 마지막에 제품에 전달하는 열이 작아 열손상 작음 • 초기건조속도 빠름, 수분함량 낮은 제품 얻기 어려움, 원하는 건조효과 얻기 어려움
향류식	• 열풍 방향과 재료 이동방향이 다름 • 고온의 공기가 유입된 것이 건조가 다 되어가는 제품과 만나 열을 전달하여 열손상이 큼 • 초기건조속도 느림, 수분함량 낮은 제품 얻을 수 있음, 원하는 건조효과 얻을 수 있음

정답 ①

100. 막분리의 장점이 아닌 것은?

① 연속 조작이 가능
② 설치비가 저렴
③ 영양성분의 손실 최소화
④ 에너지 절약

│ 해설

막분리의 장단점

- 장점
  - 이화학적 변화를 피할 수 있음
  - 에너지의 절감
  - 가열취의 발생 감소
  - 식품의 영양가, 향기성분, 색소성분 손실 등을 최소화
- 단점
  - 고가의 장비
  - 30% 이상의 고형분 농축은 어려움
  - 막의 오염 형성을 주의해야 함

정답 ②

2022년 | 제2회(CBT)

※CBT 문제는 수험생의 기억에 따라 복원된 것이며, 실제 기출문제와 동일하지 않을 수 있습니다.

제1과목 식품위생학

01. 식품등의 표시기준으로 옳지 않은 것은?

① 유통기한: 제품의 제조일로부터 소비자에게 판매가 허용되는 기한
② 트랜스지방: 트랜스구조를 1개 이상 가지고 있는 비공액형의 모든 불포화지방산
③ 품질유지기한: 식품의 특성에 맞는 적절한 보존방법이나 기준에 따라 보관할 경우 해당식품 고유의 품질이 유지될 수 있는 기한
④ 당류: 식품내에 존재하는 모든 단당류와 이당류, 다당류의 합

| 해설

당류
식품 내에 존재하는 모든 **단당류와 이당류**의 합

정답 ④

02. 염장 중 소금의 방부작용이 아닌 것은?

① 삼투압에 의한 탈수작용
② 원형질 분리에 의한 세균세포 사멸
③ 단백질 분해효소의 저해작용
④ 산소의 용해도 증가에 의한 작용

| 해설

산소의 용해도를 감소시킴

정답 ④

03. 세균성 식중독과 비교하였을 때, 경구감염병의 특징에 해당하는 것은?

① 발병은 섭취한 사람으로 끝난다.
② 잠복기가 짧아 일반적으로 시간 단위로 표시한다.
③ 면역성이 없다.
④ 소량의 균에 의하여 감염이 가능하다.

| 해설

경구감염병과 세균성식중독의 차이

특성	경구감염병	세균성식중독
감염 정도	2차 감염	종말 감염
병원성	강함	약함
필요한 균량	미량 (대부분 체내 증식)	다량 (대부분 식품내 증식)
잠복기	긴 편	짧은 편
면역성	병 후 면역 있음	없음
예방조치	거의 불가능	균의 증식을 억제하면 가능
음용수	음용수로 인해 감염	음용수로 인한 중독은 거의 없음

 정답 ④

04. 식품의 영양강화를 위하여 첨가하는 식품첨가물은?

① 보존료
② 감미료
③ 호료
④ 강화제

| 해설

영양강화제
• 정의: 식품의 영양학적 품질을 유지하기 위해 제조공정 중 손실된 영양소를 복원하거나, 영양소를 강화시키는 식품첨가물
• 비타민류(니코틴산, 비타민C 등), 아미노산류(L-페닐알라닌, L-메티오닌 등) 등

 정답 ④

05. 미생물 중 특히 곰팡이의 증식을 억제하여 치즈, 식육가 공품 등에 사용하는 합성보존료는?

① 살리실산

② 소르빈산

③ 안식향산

④ 데히드로초산

| 해설

소르빈산 = 소브산(sorbic acid)

정답 ②

06. 간장을 양조할 때 착색료로서 가장 많이 쓰이는 첨가물로 옳은 것은?

① caramel

② methionine

③ menthol

④ vanillin

| 해설

카라멜색소(착색료)

• 식용 탄수화물인 전분가수분해물, 당밀 또는 당류를 열처리하여 생성

• 카라멜색소는 아래의 식품에 사용하여서는 아니 됨

  - 천연식품(식육류, 어패류, 과일류, 채소류, 해조류, 콩류 등 및 그 단순가공품)

  - 다류

  - 인삼성분 및 홍삼성분이 함유된 나류

  - 커피

  - 고춧가루, 실고추

  - 김치류

  - 고추장, 조미고추장

  - 인삼 또는 홍삼을 원료로 사용한 건강기능식품

정답 ①

07. 식품첨가물로 산화방지제를 사용하는 이유로 옳지 않은 것은?

① 산패에 의한 변색을 방지한다.

② 독성물질의 생성을 방지한다.

③ 식욕을 향상시키는 효과가 있다.

④ 이산화물의 불쾌한 냄새 생성을 방지한다.

| 해설

산화방지제(항산화제)

• 지용성 산화방지제: 유지의 산패 방지(hydroperoxide 등 과산화물 생성 억제)

• 수용성 산화방지제: 색소의 산화방지

정답 ③

08. 만손주혈흡충은 다음 중 어떤 식품을 날것으로 먹었을 때 감염되기 쉬운가?

① 분뇨를 사용하여 재배한 채소

② 브루셀라증에 감염된 젖소에서 생산된 우유

③ 유기염소제 농약을 살충제로 사용한 과일

④ 뱀, 개구리, 닭고기 등의 파충류, 양서류, 조류

| 해설

만손주혈흡충(*Schistosoma mansoni*)

• 물을 매개로 하여 패류 등에서 유출된 유미유충에 감염되어 생기는 수인성 기생충 질환

• 남미, 아프리카, 중동지역 등 위생이 불량한 곳에서 쉽게 발견

정답 ④

09. 식품보존료로서 안식향산(benzoic acid)을 사용할 수 없는 식품은?

① 과일·채소류 음료

② 탄산음료

③ 인삼음료

④ 발효음료류

안식향산(benzoic acid) 사용 가능 식품

• 과일·채소류 음료, 탄산음료, 인삼 및 홍삼음료, 간장
• 마가린, 마요네즈, 절임식품

정답 ④

10. 식품의 원재료부터 제조 가공 보존 유통 조리단계를 거쳐 최종 소비자가 섭취하기 전까지의 각 단계에서 발생할 우려가 있는 위해요소를 규명하고 중점적으로 관리하는 것은?

① GMP 제도
② 식품안전관리인증기준
③ 위해식품 자진 회수 제도
④ 방사살균(Radappertization) 기준

| 해설

HACCP(Hazard Analysis Critical Control Points)

정답 ②

11. 미생물에 의한 부패에 대한 설명으로 옳지 않은 것은?

① 미생물에 의하여 식품의 변색, 가스발생, 점액생성, 조직 연화 등 부패 현상이 나타난다.
② 식품의 부패를 예방하기 위하여 보존료를 사용할 수 있다.
③ 냉동처리를 하면 식품의 표면건조를 통해 미생물의 생육을 정지시키며, 사멸을 유도할 수 있다.
④ 부패균은 식품의 종류에 따라서 다르다.

| 해설

일반적인 부패균은 중온균(최저온도 5~10℃, 최적온도 30~40℃에서 생육)이므로, 냉동처리를 하면 부패균의 생육을 저하시킬 수 있다. 표면건조에 의한 것은 아님

정답 ③

12. Verotoxin에 대한 설명이 아닌 것은?

① 단백질로 구성
② E.coli O157 : H7이 생산
③ 담즙 생산에 치명적 영향
④ 용혈성 요독 증후군 유발

| 해설

Verotoxin(베로독소)

• 병원성 대장균 중 장출혈성 대장균(E. coli O157 : H7이 속함)은 Verotoxin(베로독소) 유전자를 가지고 있는데, 이 유전자가 Verotoxin 단백질로 발현된 것
• 장내 출혈성 설사 유도, 용혈성요독증후군[Hemolytic Uremic Syndrome(HUS)] 동반

정답 ③

13. 인수공통감염병이 아닌 것은?

① 파상열
② 탄저
③ 야토병
④ 콜레라

| 해설

콜레라는 환자나 보균자의 분변 등에 오염된 어패류, 해수, 식품의 섭취로 인한 경구감염, 파리(매개체)에 의한 직접 감염임

인수공통감염병

병원체에 오염된 식육·우유 등을 경구 섭취하는 경우, 감염동물에 접촉하여 2차 오염된 음식에 의해 감염됨

정답 ④

14. COD에 대한 설명으로 옳지 않은 것은?

① COD란 화학적 산소요구량을 말한다.

② BOD가 적으면 COD도 적다.

③ COD는 BOD에 비해 단시간 내에 측정 가능하다.

④ 식품공장 폐수의 오염정도를 측정할 수 있다.

| 해설

BOD가 적다고 반드시 COD도 적은 것은 아님

• 생물화학적 산소 요구량(BOD: biochemical oxygen demand): 호기성 미생물이 일정 기간 동안 물속에 있는 유기물을 분해할 때 사용하는 산소의 양

• 화학적 산소 요구량(COD: chemical oxygen demand): 유기물이 들어있는 물에 산화제($KMnO_4$, $K_2Cr_2O_7$)를 투입하여 산화시키는 데 소비된 산화제의 양에 상당하는 산소의 양을 나타낸 것

  정답 ②

15. 아플라톡신(aflatoxin)에 대한 설명으로 옳지 않은 것은?

① 생산균은 *Penicillium* 속으로서 열대 지방에 많고 온대 지방에서는 발생건수가 적다.

② 생산 최적온도는 25~30℃, 수분 16% 이상, 습도는 80~85% 정도이다.

③ 주요 작용물질은 쌀, 보리, 땅콩 등이다.

④ 예방의 확실한 방법은 수확 직후 건조를 잘하며 저장에 유의해야 한다.

| 해설

아플라독신의 생싱균은 *Aspergillus* 속이며, 주로 봄~여름에 또는 열대지역에서 독소 싱성

 정답 ①

16. 핵분열 생성물질로서 반감기는 짧으나 비교적 양이 많아서 식품 오염에 문제가 될 수 있는 핵종은?

① ^{90}Sr

② ^{131}I

③ ^{137}Cs

④ ^{106}Ru

| 해설

㉠ ^{137}Cs(세슘) - 30년

㉡ ^{90}Sr(스트론튬) - 28년

㉢ ^{131}I(요오드) - 8일

 정답 ②

17. 식품 위생검사시 일반세균수(생균수)를 측정하는데 사용되는 것은?

① 표준한천평판배지

② 젖당부용발효관

③ BGLB 발효관

④ SS 한천배양기

| 해설

① 표준한천평판배지: 일반세균수

② 젖당부용발효관: 대장균수

③ BGLB 발효관: 대장균수

④ SS 한천배양기: 살모넬라

  정답 ①

18. 주류 등의 발효 과정에서 생성되는 부산물로 국제암연구기관(IARC)에 의해 발암성 물질로 분류된 에틸카바메이트의 주요 전구물질이 아닌 것은?

① 아르기닌

② 시트룰린

③ 우레아

④ 카바릴

| 해설

에틸카바메이트 생성 원인

㉠ 발효주 제조시, 과실 종자(시트룰린 함유)에 함유된 시안화합물
   이 분해된 후, 에탄올과 반응하여 생성
㉡ 발효과정 중, 아르기닌이 효모에 의해 분해된 요소(urea)와 에
   탄올이 반응하여 생성

정답 ④

19. 선모충(Trichinella spiralis)의 감염을 방지하기 위한
방법은?

① 송어 생식금지
② 쇠고기 생식금지
③ 어패류 생식금지
④ 돼지고기 생식금지

| 해설

선모충의 중간숙주는 돼지이므로, 돼지고기의 생식 금지

정답 ④

20. 미생물학적 검사를 위해 고형 및 반고형인 검체의 균질화
에 사용하는 기계는?

① 쵸퍼(Chopper)
② 원심분리기(centrifuge)
③ 균질기(stomacher)
④ 냉동기(freezer)

| 해설

세절기(Chopper)
식품을 잘게 절단하는 기계

정답 ③

21. 감귤류에 특히 많은 유기산은?

① tartaric acid   ② citric acid
③ succinic acid   ④ acetic acid

| 해설

citric acid(구연산)

정답 ②

22. 과일의 성숙기 및 보관 중 발생하는 연화(softening)과
정에서 가장 많은 변화가 일어나는 물질로, 세포벽이나
세포막 사이에 존재하는 구성물은?

① cellulose
② hemicellulose
③ pectin
④ lignin

| 해설

펙틴(pectin)
• α-D-galacturonic acid가 α-1,4 결합한 것
• 식물의 세포벽과 세포간 조직에 들어있는 수용성 탄수화물
• 펙틴은 익어가는 열매를 단단하게 하고 독특한 모양을 유지시킴
• 걸쭉한 겔을 형성할 수 있으므로 젤리, 잼, 마멀레이드에 사용

정답 ③

23. 식품과 매운맛을 내는 물질의 연결이 옳은 것은?

① 고추 - 피페린(piperine)
② 마늘 - 알리신(allicine)
③ 겨자 - 캡사이신(capsaicin)
④ 후추 - 진저롤(gingerol)

| 해설

① 고추 - capsaicin
③ 겨자 - sinigrin
④ 후추 - chavicine

정답 ②

24. 식품의 관능검사에서 특성차이검사에 해당하는 것은?

① 단순차이검사

② 일-이점검사

③ 이점비교검사

④ 삼점검사

│ 해설

차이식별 검사	종합적 차이 검사	• 삼점검사(Triangle test) • 일이점검사(Duo-trio test) • 단순차이검사(Simple difference test) • A-not-A 검사("A"-"Not A" test) • 다표준시료검사(Multiple standard test)

	특성차이
	검사
		• 이점비교검사(Paired comparison test)
		• 3점 강제선택 차이검사
		  (3-Alternative Forced Choice test :
		  3-AFC test)
		• 순위법(Ranking test)
		• 평점법(Scaling test)

정답 ③

25. 수분활성도에 대한 설명으로 옳지 않은 것은?

① 일반적으로 수분활성도가 0.2 이하에서는 지질산화의 반응속도가 최저가 된다.

② 일반적으로 수분활성도가 0.85 이하이면 미생물 중 세균의 생장은 거의 정지된다.

③ 일반적으로 수분활성도가 0.3 정도로 낮으면 식품 내의 효소반응은 거의 정지된다.

④ 일반적으로 수분활성도가 0.7 이상이 되면 비효소적 갈변반응의 속도는 감소하기 시작한다.

│ 해설

수분활성도가 0.2 이하에서는 지질산화의 반응속도가 빨라짐

정답 ①

26. 액체의 외부에 힘을 가하면 액체는 유동하며 액체 내부의 흐름에 대한 저항성이 생기는데, 이 저항성은?

① 소성   ② 점성

③ 탄성   ④ 가소성

│ 해설

㉠ 점성(viscosity): 흐름에 대한 저항

㉡ 탄성(elasticity): 외부에서 힘을 받아 변형되어 있는 물체가 외부의 힘을 제거하면 원래 상태로 되돌아 가려는 성질

㉢ 가소성(plasticity): 외부에서 힘을 받아 변형된 후 그 힘을 없애도 본래의 상태로 되돌아가지 않는 성질

정답 ②

27. 비타민 M이라고도 불리며 결핍시 거대 혈구성빈혈(Megaloblastic anemia)을 초래하는 비타민은?

① 비오틴(Biotin)   ② 엽산(Folic acid)

③ 비타민B_{12} ④ 비타민C

│ 해설

엽산(Folic acid)은 핵산 및 아미노산 합성, 적혈구 성숙에 관련된 비타민으로 결핍시 거대적아구성 빈혈, 태아신경관 손상의 증상이 나타남

정답 ②

28. 기초대사량을 측정할 때의 조건으로 옳지 않은 것은?

① 영양상태가 좋을 내 측정할 것

② 완전휴식 상태일 때 측정할 것

③ 적당한 식사 직후에 측정할 것

④ 실온 20℃ 정도에서 측정할 것

│ 해설

기초대사량(basal metabolic rate)

• 인체가 생명유지(신경전달, 심장박동, 혈액순환 등)를 위해 필요로 하는 최소한의 에너지

• 근육활동이 전혀 없는 완전한 휴식상태(식후 12시간이 지나 잠에서 깨어난 직후, 실내온도 18~20℃, 누운 상태)에서 측정

• 1일 에너지 소모량의 60~70%를 차지함

정답 ③

29. 새우, 게 등을 가열할 때 생기는 적색 물질은?

① lutein

② astacin

③ astaxanthin

④ cryptoxanthin

| 해설

갑각류의 아스타잔틴
- 단백질과 결합하여 복합체의 형태로 존재하여 청색, 남색을 띰
- 가열하면 단백질이 변성하여 아스타잔틴이 유리, 산화되어 선홍색의 아스타신 형성

정답 ②

30. 다음 중 식품의 수분정량법이 아닌 것은?

① 건조감량법

② 증류법

③ Karl-Fischer법

④ 자외선 사용법

| 해설

수분정량법
건조감량법, 증류법, 칼피셔(Karl Fischer)법

정답 ④

31. 적색의 양배추를 식초를 넣은 물에 담글 때 나타나는 현상은?

① 녹색으로 변한다.

② 흰색으로 변한다.

③ 적색이 보존된다.

④ 청색으로 변한다.

| 해설

pH에 따른 안토시아닌의 색 변화
pH 3.5 이하에서 매우 안정한 적색, 중성에서 자색, 알칼리에서 청색

정답 ③

32. 다음 중 쌀에 함유된 주 단백질은?

① gluten

② hordein

③ zein

④ oryzenin

| 해설

① gluten - 밀 단백질
② hordein - 보리 단백질
③ zein - 옥수수 단백질
④ oryzenin - 쌀 단백질

정답 ④

33. 산성식품과 알칼리성식품에 대한 설명으로 옳지 않은 것은?

① 무기질 중 PO_4^{3-}, SO_4^{2-} 등 음이온을 생성하는 것은 산생성 원소이다.

② 해조류, 과실류, 채소류는 알칼리성 식품이다.

③ 육류, 곡류는 산성 식품이다.

④ 식품 100g을 회화하여 얻은 회분을 알칼리화하는데 소비되는 0.1 N NaOH의 ml수를 알칼리도라고 한다.

| 해설

㉠ 산성식품
- P, S, Cl, I 등의 원소들은 체내에서 인산(H_3PO_4), 황산(H_2SO_4), 염산(HCl) 등 산을 생성하거나 PO_4^{3-}, SO_4^{2-}, Cl^-, I^- 등 음이온 생성
- 곡류, 육류, 어류, 계란, 치즈, 빵, 탄산음료 등

㉡ 알칼리성식품
- Na^+, K^+, Ca^{2+}, Mg^{2+}, Fe^{2+}, Cu^{2+}, Zn^{2+} 등 양이온이 되는 알칼리 생성 원소
- 과일류, 채소류, 해조류, 감자류, 녹차, 우유, 커피

㉢ 산도(acidity): 100g의 식품을 회화시켜서 얻은 회분을 중화하는 데 필요한 0.1N 알칼리의 mL수

㉣ 알칼리도(alkalinity): 100g의 식품을 회화시켜서 얻은 회분을 중화하는 데 필요한 0.1N 산의 mL수

정답 ④

34. 단백질의 가열변성에 대한 설명으로 옳지 않은 것은?

① 단백질의 가열변성은 60~70℃ 부근에서 일어나는 경우가 많다.

② 단백질의 가열변성은 등전점에서 가장 잘 일어난다.

③ 단백질의 가열변성은 peptide 사슬이 끊어져 -SH 등의 활성기 증가에 기인한다.

④ 단백질은 Mg^{2+}, Ca^{2+} 등의 염류에 의해 가열변성이 촉진된다.

| 해설

단백질의 변성은 1차 구조의 변화(peptide 사슬의 분해)가 아니고, 수소결합이나 소수성 결합 등을 하고있는 단백질의 2차, 3차 구조가 파괴되어 천연 단백질의 원래 성질이 변화함을 의미

 정답 ③

35. 과당(fructose)에 대한 설명으로 옳지 않은 것은?

① 과당은 포도당과 함께 유리 상태로 과일, 벌꿀 등에 함유되어 있다.

② 과당은 환원당이며, α형과 β형의 두 가지 이성체가 존재한다.

③ 설탕에 비하여 단맛이 약하다.

④ 물에 대한 용해도가 커서 과포화되기 쉽다.

| 해설

과당의 감미도는 150으로, 설탕의 1.5배

 정답 ③

36. 다음 중 소수기에 속하는 것은?

① -OH

② $-CH_2-CH_3$

③ $-NH_2$

④ -CHO

| 해설

-OH, $-NH_2$, -CHO기는 친수성기

 정답 ②

37. 고춧가루의 붉은 색을 오랫동안 선명하게 유지하는 방법이 아닌 것은?

① 비타민C와 같은 항산화제를 첨가한다.

② 진공포장하여 저장한다.

③ 밀봉하여 냉장고의 냉동실에 보관한다.

④ 햇빛을 이용하여 건조시킨다.

| 해설

고추의 붉은색은 카로티노이드 색소

• 열에 비교적 안정하나, 산소, 햇빛 또는 산화효소에 쉽게 산화되어 색이 변색됨

• 변색 방지법: 효소의 불활성화, 산소의 차단(진공 포장, 질소 충진, 항산화제 첨가)

 정답 ④

38. 식품 원료 50g 중 순수한 단백질 함량이 10g, 질소 함량이 1.7g일 때 이 식품의 질소계수는?

① 0.17

② 0.34

③ 5.88

④ 8.50

| 해설

$$질소계수 = \frac{조단백질\ 함량}{질소\ 함량}$$

$$= \frac{10}{1.7} = 5.88$$

 정답 ③

39. 식품의 텍스처(texture)를 나타내는 변수와 가장 거리가 먼 것은?

① 경도(hardness)

② 굴절률(refractive index)

③ 탄성(elasticity)

④ 부착성(adhesiveness)

│ 해설

텍스처의 특성
- 견고성, 경도(hardness, firmness)
- 응집성(cohesiveness)
- 부서짐성(파쇄성, brittleness, fracturability)
- 씹음성(저작성, chewiness)
- 검성(점착성, gumminess)
- 점성(viscosity)
- 탄성(elasticity)
- 부착성(접착성, adhesiveness)

정답 ②

40. 식물성 색소 중 지용성(脂溶性) 색소인 것은?

① carotenoid

② flavonoid

③ anthocyanin

④ tannin

│ 해설

카로티노이드(carotenoid)
- 주황색, 황색, 적색을 띠는 지용성 색소
- 열에 비교적 안정하나, 산소, 햇빛 또는 산화효소에 쉽게 산화되어 색이 변색됨

정답 ①

제3과목 식품가공학

41. 다음 중 알코올 발효유는?

① Yoghurt

② Calpis

③ Kumiss

④ Acidophilus milk

│ 해설

㉠ Kumiss: 마유를 젖산균과 효모를 이용하여 알코올 발효, 효모인 *Sacch. kumiss*, *strep. lactis* 등 이용

㉡ Yoghurt, Acidophilus milk, Calpis: 젖산 발효

정답 ③

42. 통조림의 제조 주요 공정 순서로 옳은 것은?

① 살균 -밀봉 - 탈기

② 살균 -탈기 - 밀봉

③ 탈기 -밀봉 - 살균

④ 밀봉 -살균 - 탈기

│ 해설

통조림의 제조공정
원료 → 조리 → 담기 → 탈기 → 밀봉 → 살균 → 냉각 → 제품

정답 ③

43. 냉동포장재로 가장 적합한 것은?

① 염산고무
② 폴리에스테르
③ 염화비닐리덴
④ 염화비닐

| 해설

폴리에스터(= PET, polyethylene terephthalate)
• 인장강도가 극히 우수하고 내한성, 내열성도 좋으며 가스차단성
  도 뛰어나지만 열접착성은 좋지 않음
• 탄산음료 용기, 냉동 포장, 내열 포장재로 주로 사용

 정답 ②

44. 두부의 종류에 대한 설명으로 옳은 것은?

① 전두부 - 10배 정도의 물을 사용하며 응고제를 넣고 단
  백질을 엉기게 한 다음 탈수, 성형하여 만든다.
② 자루두부 - 보통 두부와 동일한 제조공정을 거치며 응고
  제를 첨가하지 않고 자루에 넣어서 만든다.
③ 인스턴트 두부 - 분말두유로 만들며, 물을 첨가하지 않
  고 바로 먹을수 있다.
④ 유바 - 진한 두유를 가열하면 막이 형성되는데, 계속 가
  열하여 두꺼워진 막을 걷어 내어 건조한 것이다.

| 해설

㉠ 전두부: 생콩의 5~5.5배 정도의 물을 사용하고 탈수하지 않고
  성형한 것
㉡ 자부누부: 진한 두유를 만들어 냉각시킨 것을 합성수지 수머니
  에 응고세와 같이 넣고 가열, 응고시킨 것
㉢ 인스턴트 두부: 두유 가루에 물과 응고제를 넣어 만든 것

 정답 ④

45. 수산화나트륨을 가하여 유리되는 지방산을 비누화하여
제거하는 유지정제법은?

① 알칼리법
② 흡착법
③ 황산법
④ 여과법

| 해설

알칼리법: 유리지방산을 수산화나트륨 용액으로 처리하여 중화하
고 온수처리를 되풀이한 후 활성백토를 가하여 탈색·여과, 감압 하
에서 탈취하는 방법

유지정제법
정치법, 여과법, 원심분리법, 가열법 등 물리적인 방법과 알칼리법
등 화학적 방법으로 나뉨

 정답 ①

46. 일반적인 밀가루 품질시험 방법과 거리가 먼 것은?

① amylase 작용력 시험
② 면의 신장도 시험
③ gluten 함량 측정
④ protease 작용력 시험

| 해설

밀가루 품질시험
• 페커 테스트(Pekar test): 색 판단
• 침강 시험: 글루텐 단백질의 질과 함량을 판단
• 팽윤도(분산도) 시험: 작은 글루텐 딩어리를 짓산 용액에 담가
  팽창된 부피를 측정
• 회분 측정
• 반죽의 물리성 측정
  - 아밀로그래프(amylo-graph): a-amylase의 활성 및 전분의
    호화도를 측정하고 전분의 성질을 측정
  - 익스텐소그래프(extensograph): 반죽의 신장도와 인장항력을
    측정
  - 패리노그래프(farinograph): 반죽의 안정도와 점탄성을 측정,
    강력분과 중력분 구분

 정답 ④

47. 청국장에 대한 설명으로 옳지 않은 것은?

① 타르색소가 검출되어서는 아니 된다.

② 된장보다 고형물 덩어리가 많다.

③ 콩은 황백색 종자가 좋다.

④ 제조에 사용되는 natto균은 *Aspergillus* 속이다.

| 해설

청국장 제조에 사용되는 균은 *Bacillus subtilis* 또는 *Bacillus natto*

정답 ④

48. 신선한 액란을 제당과정 없이 건조 했을때 생기는 변화에 해당되지 않는 것은?

① 용해도의 감소

② 품질 저하

③ 변색

④ 점도의 감소

| 해설

액란을 건조하기 전 당을 제거하는 이유: 난분의 용해도 감소 방지, 변색 방지, 이취의 생성 방지, 품질 저하 방지

정답 ④

49. 튀김유의 품질 조건으로 옳지 않은 것은?

① 거품이 일지 않을 것

② 열에 대하여 안전할 것

③ 튀길 때 발생하는 연기가 적을 것

④ 가열에 의한 점도 변화가 클 것

| 해설

튀김유의 품질 조건

• 거품이 일지 않을 것

• 열에 대하여 안정할 것

• 튀길 때 발생하는 연기가 적을 것

• 가열에 의한 점도 변화가 작아야 할 것

정답 ④

50. 다음 중 온탕법에 의한 감의 탈삽법에서 유지해야 할 가장 알맞은 수온은?

① 10℃

② 40℃

③ 80℃

④ 100℃

| 해설

알코올 탈수소효소의 최적온도인 40℃ 온수에서 12~24시간 유지

정답 ②

51. 치즈의 숙성률을 나타내는 기준이 되는 성분은?

① 수용성 질소화합물

② 유리 지방산

③ 유리 아미노산

④ 환원당

| 해설

자연치즈의 숙성시 우유 단백질이 분해되면서 수용성 질소(아미노산, 휘발성 염기질소 등)과 같은 풍미성분의 생성량이 많아짐

정답 ①

52. 간장코지 제조 중 시간이 지남에 따라 역가가 가장 높아지는 효소는?

① α-amylase

② β-amylase

③ protease

④ lipase

| 해설

간장코지는 단백질을 분해하여 높은 질소이용률을 얻기 위해서 프로테아제의 활성이 높아야 함

정답 ③

53. 시유 제조 공정 중 크림층의 형성을 방지하고, 지방구를 세분화시켜 소화율을 높이고, 우유 단백질을 연성화하는 목적으로 하는 공정은?

① 살균
② 표준화
③ 균질화
④ 연압

| 해설

우유의 균질화 공정
- 크림층의 생성방지를 위해 기계적으로 지방구의 크기를 미세화하여 분산
- 목적: 지방구의 미세화, 지방의 크림화 방지, 점도 향상, 우유 조직의 연성화, 소화기능 향상

 정답 ③

54. 자연치즈 제조 시 커드의 가온 효과가 아닌 것은?

① 유청의 배출이 빨라진다.
② 젖산 발효가 촉진된다.
③ 커드가 수축되어 탄력성있는 입자로 된다.
④ 고온성균의 증식을 방지한다.

| 해설

커드(curd)
우유에 렌넷을 첨가하였을 때 카제인이 응고되면서 유청이 빠진 상태의 덩어리 형태

 정답 ④

55. 박피, 수세한 복숭아의 당분이 8.0%일 때, 이것을 공관에 고형량 270g씩 살재임을 할 경우 주입당액의 농도는 약 얼마로 하여야 하는가? (단, 내용물의 총량은 430g, 제품의 규격당도는 19.5%이다.)

① 10%
② 20%
③ 30%
④ 40%

| 해설

$W_1X + W_2Y = W_3Z$

W_1: 담는 고형량 무게(g)　　　X: 과육의 당도(%)
W_2: 주입 당액의 무게(g)　　　Y: 주입액의 당도(%)
W_3: 통속의 당액과 과실의 전체 무게(g)
Z: 제품의 규격 당도(%)

그러므로 $270 \times 8 + 160 \times Y = 430 \times 19.5$
$160Y = 6225$
$Y = 38.9$

정답 ④

56. 아이스크림 제조시 사용하는 안정제가 아닌 것은?

① 젤라틴(gelatin)
② 알긴산염(Na-alginate)
③ CMC
④ 구아닐산이나트륨(disodium 5′-guanylate)

| 해설

구아닐산이나트륨(disodium 5′-guanylate)은 핵산계 향미증진제(조미료)

정답 ④

57. 마요네즈(mayonnaise)의 제조 방법의 설명으로 옳지 않은 것은?

① 난황을 분리하여 원료로 사용한다.
② 난황과 난백을 분리하여 일정비율로 혼합하여 식초와 식용유를 넣어서 만든다.
③ 난황을 분리하여 식초와 혼합히고 식용유와 나머지 식초를 넣으면서 유화, 균질화한다.
④ 마요네즈의 배합비는 대체적으로 난황 10%, 조미료 3.5% 향신료 1.5%, 식초 10% 식용유 75% 정도이다.

| 해설

마요네즈를 제조시 난백은 사용하지 않고, 난황만 사용

 정답 ②

58. 다음 중 신선란의 난황계수는 어느 범위인가?

① 0.40~0.44

② 0.45~0.49

③ 0.50~0.54

④ 0.55~0.59

59. 우유의 저온 장시간 살균에 적당한 온도와 시간은?

① 60 ~ 65℃, 5분

② 60 ~ 65℃, 30분

③ 121℃, 15분

④ 121℃, 30분

60. 유지의 정제방법에 대한 설명으로 옳지 않은 것은?

① 탈산은 중화에 의한다.

② 탈색은 가열 및 흡착에 의한다.

③ 탈납은 가열에 의한다.

④ 탈취는 감압하여 가열한다.

제4과목 식품미생물학

61. 맥주 제조에 사용되는 효모는?

① *Saccharomyces fragilis*

② *Saccharomyces peka*

③ *Saccharomyces cerevisiae*

④ *Zygosaccharomyces rouxii*

62. 미생물 생육곡선에서 균이 새로운 환경에 적응하는 기간으로 RNA 함량이 증가하고 세포의 크기가 커지는 생육단계는?

① 유도기

② 대수기

③ 정지기

④ 사멸기

63. 세균의 그람 염색에 사용되지 않는 것은?

① Crystal violet

② Lugol 액

③ Safranin 액

④ Congo red 액

| 해설

Gram 염색

크리스탈 바이올렛을 이용하여 1차 염색 → 요오드(Lugol 용액)로
염색약을 세포벽에 고정 → 알코올로 탈색 → 사프라닌으로 2차 염색

 정답 ④

64. 곰팡이의 유성생식 과정이 옳게 나열된 것은?

① 핵융합 → 원형질융합 → 감수분열 → 포자형성

② 원형질융합 → 핵융합 → 감수분열 → 포자형성

③ 핵융합 → 감수분열 → 원형질융합 → 포자형성

④ 원형질융합 → 감수분열 → 핵융합 → 포자형성

| 해설

곰팡이는 포자로 번식하는데, 포자형성 방법이 유성생식일 수도 있
고 무성생식일 수도 있음

정답 ②

65. 포도당 1kg이 젖산으로 모두 발효될 때 얻어지는 젖산은
몇 g인가? (단, 포도당 분자량: 180, 젖산 분자량: 90)

① 500g

② 800g

③ 1000g

④ 2000g

| 해설

㉠ 정상형 젖산발효(homo lactic acid fermentation)

　Glucose → 2 lactic acid

㉡ 포도당 1kg으로 생산된 젖산 양

　180(포노낭 분사량): 2 × 90(젖산 분자량) = 1000 : b

　∴ b = 1000g

정답 ③

66. 고체배지에 대한 설명과 가장 거리가 먼 것은?

① 평판 또는 사면배지에 사용된다.

② 미생물의 순수분리에 사용된다.

③ 균주의 보관 및 이동시에 사용된다.

④ 균의 운동성 유무에 대한 실험 배지로 사용된다

| 해설

균의 운동성 확인시에는 한천의 함량이 낮은 반고체배지를 사용함

 정답 ④

67. 제빵에 주로 사용하는 균주는?

① *Acetobacter aceti*

② *Saccharomyces oleaceus*

③ *Saccharomyces cerevisiae*

④ *Acetobacter xylinum*

| 해설

*Saccharomyces cerevisiae*는 빵효모이자 맥주효모

 정답 ③

68. 김치 숙성에 주로 관계되는 균인 것은?

① 고초균

② 대장균

③ 젖산균

④ 황국균

| 해설

고초균과 황국균은 된장숙성에 관계됨

 정답 ③

69. 제조방법에 따른 술의 분류 시 단행복발효주에 해당되는 것은?

① 맥주
② 포도주
③ 위스키
④ 고량주

| 해설

		과일에 포함된 당분이 발효되어 알코올이 생성된 술, 당화과정이 없음	과실주, 와인
발효주	단발효주		
	복발효주	**단행복발효주** 당화가 완료되고 나서 발효가 진행된 술	맥주
		병행복발효주 당화와 발효가 동시에 진행되어 만들어지는 술	탁주, 약주, 청주

 정답 ①

70. *Aspergillus oryzae*를 koji로 이용하는 주된 이유는?

① 프로테아제와 리파아제의 생산력이 강하다.
② 아밀라아제와 리파아제의 생산력이 강하다.
③ 프로테아제와 아밀라아제의 생산력이 강하다.
④ 프로테아제와 펙티나아제의 생산력이 강하다.

| 해설

*Aspergillus oryzae*는 전분당화력과 단백질 분해력이 강해 간장, 된장, 청주 등의 발효에 사용되는 중요한 koji곰팡이임

정답 ③

71. 세포벽의 역할이 아닌 것은?

① 세포 내부의 높은 삼투압으로부터 세포를 보호한다.
② 세포 고유의 형태를 유지하게 한다.
③ 전자전달계가 있어서 산화적 인산화 반응을 일으킬 수 있다.
④ 세포벽 성분에 의해 세균독성이 나타나기도 한다.

| 해설

미토콘드리아: 전자전달계가 있어서 산화적 인산화 반응이 일어남

정답 ③

72. 위균사 효모로서 식사료 효모인 것은?

① *Candida* 속
② *Hansenula* 속
③ *Rhodotorula* 속
④ *Cryptococcus* 속

| 해설

Candida 속은 위균사형 효모임

정답 ①

73. 포도주의 주 발효균은?

① *Saccharomyces sojae*
② *Saccharomyces sake*
③ *Saccharomyces ellipsoideus*
④ *Saccharomyces coreanus*

| 해설

① *Saccharomyces sojae*는 간장효모
② *Saccharomyces sake*는 청주효모
④ *Saccharomyces coreanus*는 약주에서 분리

정답 ③

74. 조상균류와 순정균류의 분류기준은?

① 포자의 유무

② 격벽의 유무

③ 균사체의 유무

④ 편모의 유무

| 해설

격막(격벽)이 없으면 조상균류, 격벽이 있으면 순정균류

정답 ②

75. 에틸알코올 발효시 에틸알코올과 함께 가장 많이 생성되는 것은?

① CO_2

② CH_3CHO

③ $C_3H_5(OH)_3$

④ CH_3OH

| 해설

알콜발효

glucose → 2 ethanol + $2CO_2$

정답 ①

76. 청주, 간장, 된장의 제조에 사용되는 **Koji**곰팡이의 대표적인 균종으로 황국균이라고 하는 곰팡이는?

① *Aspergillus oryzae*

② *Aspergillus niger*

③ *Aspergillus flavus*

④ *Aspergillus fumigatus*

| 해설

② *Aspergillus niger*은 흑국균

③ *Aspergillus flavus*는 aflatoxin을 생성

④ *Aspergillus fumigatus*는 흙과 비료 속에 발육하는 내열성 곰팡이

정답 ①

77. 메주 제조시 단백질 분해효소 등 가수분해효소를 주로 생산하는 것은?

① *Salmonella* 속

② *Bacillus* 속

③ *Lactobacillus* 속

④ *Saccharomyces* 속

| 해설

Bacillus subtilis

• 된장, 청국장 등 제조에 이용, 고초균

• α-amylase와 protease를 분비

정답 ②

78. 세균이 식품에 오염되어 증식하면서 생성한 독소를 사람이 섭취하여 중독증을 유발하는 식중독균에 속하는 것은?

① 황색포도상구균(*Staphylococcus aureus*)

② 장염비브리오균(*Vibrio parahaemolyticus*)

③ 장출혈성대장균(*Enterohemorrhagic E.coli* O157)

④ 살모넬라균(*Salmonella*)

| 해설

독소형 식중독균

• 세균이 식품에 오염되어 증식하면서 생성한 독소를 사람이 섭취하여 식중독을 유발

• *Staphylococcus aureus* (황색포도상구균), *Clostridium botulinum* (보툴리누스), *Bacillus cereus* (세레우스)

정답 ①

79. 대장균군을 검출하기 위해 주로 이용하는 당은?

① 포도당

② 젖당

③ 맥아당

④ 과당

| 해설

대장균군은 유당(젖당)을 분해하여 산과 가스를 생성함

정답 ②

80. 포자낭병의 밑 부분에 가근을 형성하는 미생물속은?

① *Rhizopus* 속

② *Mucor* 속

③ *Aspergillus* 속

④ *Penicillium* 속

| 해설

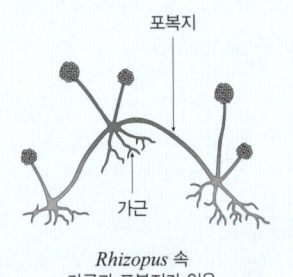

Rhizopus 속
가근과 포복지가 있음

정답 ①

81. 와이어 메시체 또는 다공판과 이를 지지하는 구조물로 되어 있으며, 진동운동은 기계적 또는 전자기적 장치로 이루어지는 설비로, 미분쇄된 곡류의 분말 등을 사별하는데 사용되는 설비는?

① 바 스크린(Bar screen)

② 진동체(Vibration screen)

③ 릴(Reels)

④ 사이클론(Cyclone)

| 해설

사별공정(크기에 의한 선별)에서 구멍이 많은 다공판에 진동을 가하여 분쇄된 곡류가 구멍을 통해 분류되도록 함 → 진동을 가하기 위해 진동체 사용

정답 ②

82. 초임계유체 추출방법이 효과적으로 쓰이는 식품군이 아닌 것은?

① 유지

② 향신료

③ 스낵

④ 커피

| 해설

초임계유체 추출

• 초임계가스(에테인, 에틸렌, 프로페인, 이산화탄소 등)를 용제로 사용, 초임계유체 및 임계점 부근의 유체는 액체에 가깝지만 기체의 성질이 남아 있어 침투율과 추출효율이 높으며 임계점 이상으로 온도와 압력을 올리면 액체의 밀도가 높아져 용해도 증가함

• 커피, 홍차 등의 카페인 제거, 동·식물성 유지 추출, 향신료 및 향료 추출 등에 사용

정답 ③

83. 식품종실의 기름을 추출하는 데 사용할 수 없는 용매는?

① heptane

② ethyl alcohol

③ cyclohexane

④ hexane

| 해설

식품성분의 추출에 사용되는 용매

식품의 종류	용매	온도(℃)
디카페인 커피	이산화탄소, 물, methylen chloride	30~50(이산화탄소)
생선 간유	아세톤, 에틸에테르	30~50
호프 추출물	이산화탄소	100 이하
인스턴트 커피, 차	물	70~90
올리브유	carbon disulfide	
종실유	hexane, heptane, cyclohexane과 같은 환상탄화수소	65~70(hexane), 90~99(heptane), 71~85(cyclohexane)

- 식물성유지 추출은 과거에는 주로 냉각압착법이나 가열압착법이 사용되어 왔으나 최근에는 추출 수율 및 최종유지 품질 측면에서 유리한 용매 추출법으로 대체 되고 있음. 공업적으로 사용되는 추출용매는 주로 n-hexane인데, trichlorotrifluo-roethane, trichloroethylene, ethanol 등 비 hexane 유기용매와 carbon dioxide도 사용하려는 시도가 추진중이나 공정상의 문제, 추출효율 때문에 아직까지 많이 사용하지는 않음
- 알콜추출은 일반적으로 유지의 유용성, 기능성 성분(미강, 포도씨의 항산화 성분 등)을 추출할 때 사용함. 알콜은 폭발 위험성, 회수설비, 가격 등의 문제와 주세법에 따라 구매시마다 신고해야 하는 불편함 등이 있어 전문시설을 갖추지 않으면 현장에서는 사용하기 이려움

정답 ②

84. *Bacillus stearothermophilus* 포자를 열처리하여 생존균의 농도를 초기의 1/100000 만큼 감소시키는데 110℃에서는 50분, 125℃에서는 5분이 각각 소요되었다. 이 균의 z 값은?

① 1℃

② 5℃

③ 10℃

④ 15℃

| 해설

Z값: 가열치사시간의 1/10에 대응하는 가열온도, D값을 10배로 증가하는 데 필요한 온도값

$$Z = \frac{t_2 - t_1}{\log \dfrac{D_{110}}{D_{125}}} = \frac{125 - 110}{\log \dfrac{10}{1}} = 15℃$$

※ $D_{110} = \dfrac{50}{\log(10^5)} = 10분$, $D_{125} = \dfrac{5}{\log(10^5)} = 1분$

정답 ④

85. 교반 속도가 빠른 액체 혼합기에서 방해판(baffle)이 하는 주된 역할은?

① 소용돌이를 완화하여 내용물이 넘치지 않도록 한다.

② 교반에 필요한 에너지의 소비를 줄여준다.

③ 회전속도를 높여준다.

④ 열발생으로 내용물의 점도를 낮춰준다.

| 해설

원통형 안에 공기 공동이 생기는 소용돌이 현상을 방지하기 위해 방해판을 부착하여 혼합효과를 높임

정답 ①

86. 식품의 저장성 향상을 위하여 기체조절(Controlled atmosphere) 저장을 할 때 이용되는 용어 또는 이론에 대한 설명으로 옳은 것은?

① 호흡률(Respiratory quotient, RQ)은 1kg의 식품이 호흡작용으로 1시간 동안 방출하는 탄산가스의 양(mg)으로 표시한다.

② 일반적으로 저장 중 식품의 호흡량이 2~3배 증가하면 변패요인의 작용속도 또한 2~3배 증가한다.

③ 발열량이란 농산물 1톤이 1시간동안 발생되는 열량으로 표시한다.

④ 추숙과정에서 에틸렌(ethylene)가스가 발생되면 추숙이 지연된다.

│해설

① 호흡률: 1kg의 식물이 호흡작용으로 1시간 동안 방출하는 탄산가스의 양(mg)

② 온도가 10℃ 상승하면 호흡량이 2~3배 증가하고 숙성이 빨리 진행되어 변질도 2~3배 증가

③ 발열량: 농산물 1톤이 24시간 동안 발생하는 열량

④ 추숙과정에서 에틸렌 가스가 발생되면 추숙이 촉진됨

정답 ②

87. 과립성형 방법으로 제조되는 제품이 아닌 것은?

① 분말주스
② 이스트
③ 커피분말
④ 비스킷

│해설

비스킷은 분체 식품을 반죽하여 회전롤 사이로 통과시켜 면대로 만들어 이것을 세절하거나 압인하는 방법인 압연 방법을 사용하여 제조되는 식품임

과립성형

젖은 상태의 분체식품이 회전 드럼 속에서 압출될 때 회전틀에 의해 펠릿으로 성형되는 방법

정답 ④

88. 가장 작은 크기의 용질을 분리할 수 있는 방법은?

① 정밀여과(microfiltration)
② 역삼투(reverse osmosis)
③ 한외여과(ultrafiltration)
④ 체분리

│해설

㉠ 역삼투 - pore size 1 nm
㉡ 한외여과 - pore size 2~50 nm
㉢ 정밀여과 - pore size 0.1~10 μm
㉣ 체분리- 일반적인 여과, 10 μm 이상

정답 ②

89. 어떤 식품을 110℃에서 가열살균하여 미생물을 모두 사멸시키는 데 걸린 시간이 8분이었다. 이를 바르게 표기한 것은?

① $D_{110℃} = 8$분
② $Z = 8$분
③ $F_{110℃} = 8$분
④ $F_{8min} = 110$℃

│해설

㉠ D값: 일정 온도에서 균의 수를 90% 사멸시키는데 필요한 시간
㉡ F값: 일정 온도에서 미생물을 100% 사멸시키는데 필요한 시간
㉢ Z값: 가열치사시간의 1/10에 대응하는 가열온도의 변화

정답 ③

90. 식품 성분을 분리할 때 사용하는 막 분리법 중 관계가 옳은 것은?

① 농도차 - 삼투압
② 온도차 - 투석
③ 압력차 - 투과
④ 전위차 - 한외여과

│해설

역삼투(압력차), 삼투압(농도차), 한외여과(압력차), 투석(농도차), 전기투석(전위차)

정답 ①

91. 곡류와 같은 고체를 분쇄하고자 할 때 사용하는 힘이 아닌 것은?

① 충격력(Impact force)
② 유화력(Emulsion force)
③ 압축력(Compression force)
④ 전단력(Shear force)

| 해설

유화력은 혼합, 유화에 사용하는 성질

분쇄의 작용력
압축력, 전단력, 절단력, 충격력

 정답 ②

92. 10% 고형분을 함유한 사과주스를 가공할 때 농축장치를 사용하여 50% 고형분을 함유한 농축사과주스로 제조하고자 한다. 원료주스를 1000kg/h 속도로 투입하면 농축주스의 생산량은 몇 kg/h인가?

① 500
② 400
③ 200
④ 800

| 해설

초기 사과주스의 고형분 함량은

$$1000\,\text{kg/h} \times \frac{10}{100} = 100\,\text{kg/h}$$

그러므로 50% 고형분과 50% 수분인 농축주스는
$$100\,\text{kg/h} + 100\,\text{kg/h} = 200\,\text{kg/h}$$

정답 ③

93. 각 분쇄기의 설명으로 옳지 않은 것은?

① 롤 분쇄기: 두 개의 롤이 회전하면서 압축력을 식품에 작용하여 분쇄한다.
② 해머 밀: 곡물, 건채소류 분쇄에 적합하다.
③ 핀 밀: 충격식 분쇄기이며 충격력은 핀이 붙은 디스크의 회전속도에 비례한다.
④ 커팅 밀: 열과 인장력을 작용하여 분쇄한다

| 해설

커팅 밀은 열과 인장력이 아닌 절단력을 이용하여 분쇄함

정답 ④

94. 열교환기의 판수를 변화시킴으로써 증발능력을 용이하게 조절할 수 있으며 소요면적이 작고 쉽게 해체할 수 있는 장점이 있는 플레이트식 증발기의 구성장치에 해당하지 않는 것은?

① 응축기
② 분리기
③ 와이퍼
④ 원액펌프

| 해설

플레이트식 증발기의 구성장치
• 열교환기: 증발에 필요한 열 공급
• 분리기: 증기를 농축액으로부터 분리
• 응축기: 증기를 응축시켜 제거
• 원액펌프: 농축할 원액을 공급

 정답 ③

95. 다음 중 에멀션의 형태가 다른 하나는?

① 버터
② 마요네즈
③ 생크림
④ 우유

|해설

㉠ o/w형(수중유적형): 물속에 기름이 분산된 유화액
　　예) 우유, 마요네즈, 아이스크림
㉡ w/o형(유중수적형): 기름 속에 물이 분산된 유화액
　　예) 버터, 마가린

 정답 ①

96. 분체 속에 직경이 5㎛ 정도인 미세한 입자가 혼합되어 있을 때 사용하는 분리기로 가장 적합한 것은?

① 경사형 침강기
② 관형 원심분리기
③ 원판형 원심분리기
④ 사이클론 분리기

|해설

사이클론 분리기(원심력 집진기)
• 기체속에 고체 또는 액체상태의 미세한 입자의 먼지가 혼합되어 있을 때 이를 기체로부터 분리시키는 방법　•
• 기체를 회전시킬 때 발생되는 원심력을 이용하여 이물질 제거
• 원리: 함진가스가 하향으로 나사운동을 함에 따라 이물질 입자는 둘레부분의 벽쪽으로 이동한 다음 바닥으로 침전하여 제거되고, 청정가스는 하향의 나사운동을 끝마치고 상향 나사운동을 하게 되며 출구를 통하여 배출됨

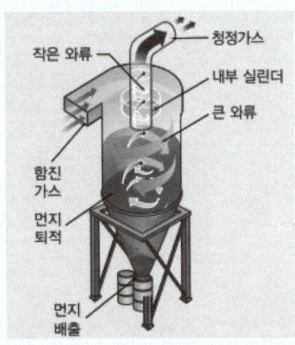

정답 ④

97. 밀에 섞여있는 보리를 제거할 때 적합한 선별기준과 거리가 먼 것은?

① 무게
② 크기
③ 모양
④ 광학

|해설

밀과 보리 종자는 유사한 모양이므로 모양은 선별기준으로 적합하지 않음

 정답 ③

98. 식품 제조 공정에서 거품을 소멸시키는 목적으로 사용되는 첨가물은?

① 규소수지
② n-헥산
③ 유동파라핀
④ 규조토

|해설

① 규소수지는 소포제(거품제거제)로 주로 쓰이는 식품 첨가물
② n-헥산은 지방질을 추출할 때 사용되는 용제
③ 유동파라핀은 식품 표면의 광택을 내거나 보호막을 형성하는 피막제
④ 규조토는 여과, 탈색, 탈취, 정제 등의 목적으로 사용하는 여과 보조제

 정답 ①

99. 무균 충전 시스템에 대한 설명으로 옳지 않은 것은?

① 무균 환경 하에서 작업이 이루어진다.

② 주로 초고온 순간(UHT) 살균으로 처리한다.

③ 포장 용기에 식품을 담아 밀봉 후 살균한다.

④ 용기에 관계 없이 균일한 품질의 제품을 얻을 수 있다.

| 해설

무균 충전 시스템

• 방법: 식품과 포장재를 따로 살균한 다음 무균적 환경에서 충진, 밀봉하는 포장방법

• 장점: 상온에서 장기간 보관 가능, 식품의 품질 향상, 내열성 포장재 대신 가격이 저렴한 일반 플라스틱 포장재의 이용이 가능, 용기의 다양화·경량화

• 공정도

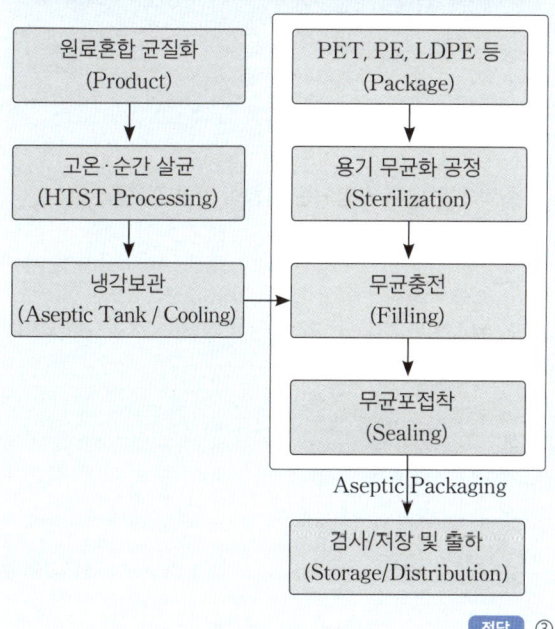

100. 식품의 식중독균이나 부패에 관여하는 미생물만 선택적으로 살균하여 소비자의 건강에 해를 끼치지 않을 정도로 부분 살균하는 방법은?

① 냉살균

② 상업적 살균

③ 멸균

④ 무균화

| 해설

상업적 살균법

• 식품의 품질을 최대한 유지하기 위해 위생상 위해한 미생물을 대상으로 가열 살균

• 식품의 품질 변화 방지 효과, 에너지 절약 효과가 큼

• 산성의 과일 통조림에 주로 이용됨(100℃ 이하 70℃ 이상으로 살균)

정답 ②

※CBT 문제는 수험생의 기억에 따라 복원된 것이며, 실제 기출문제와 동일하지 않을 수 있습니다.

제1과목 식품위생학

01. 사람이 일생동안 섭취하였을 때 현시점에서 알려진 사실에 근거하여 바람직하지 않은 영향이 나타나지 않을 것으로 예상되는 화학물질의 1일 섭취량을 나타낸 것은?

① ADI
② GRAS
③ LD_{50}
④ LC_{50}

| 해설

1일섭취허용량(Acceptable Daily Intake, ADI)
사람이 그 유해물질을 일생동안 섭취하여도 바람직하지 않은 영향이 나타나지 않는 1인당 1일 최대섭취허용량(mg/kg b.w./day)

정답 ①

02. 대부분의 식중독 세균이 발육하지 못하는 온도는?

① 37℃ 이하
② 27℃ 이하
③ 17℃ 이하
④ 3.5℃ 이하

| 해설

리스테리아 등 일부 식중독균을 제외한 대부분의 식중독균은 중온균이므로, 10℃ 이하에서는 증식할 수 없음

정답 ④

03. dl-멘톨은 식품첨가물 중 어떤 종류에 해당되는가?

① 보존료
② 착색료
③ 감미료
④ 향료

| 해설

천연에 존재하는 L-멘톨은 박하유의 주성분
• D-멘톨과 DL-멘톨은 합성물질
• DL-멘톨은 착향료로 허용됨

정답 ④

04. 쥐와 관련되어 감염되는 질병이 아닌 것은?

① 신증후군출혈열
② 살모넬라증
③ 페스트
④ 폴리오

| 해설

폴리오(Poliomyelitis, 소아마비, 급성회백수염)는 주로 감염자의 인두분비액과 직접 접촉하였을 때 폴리오 바이러스에 의해 감염

정답 ④

05. 간장에 사용할 수 있는 보존료로 옳은 것은?

① benzoic acid

② sorbic acid

③ β-naphthol

④ penicillin

| 해설

보존료명	사용기준
데히드로초산나트륨 (sodium dehydroacetate)	치즈, 버터, 마가린
• 소브산(sorbic acid) • 소브산칼륨(potassium sorbate) • 소브산칼슘(calcium sorbate)	• 치즈 • 식육가공품, 어육가공품, 성게젓, 땅콩·버터, 모조치즈 • 된장, 고추장, 어패류건제품, 젓갈류, 청국장, 혼합장, 절임류, 잼류, 알로에전잎 건강기능식품 • 과채주스, 탄산음료, 잼류, 건조과일류 • 과실주, 탁주, 약주 • 마가린
• 안식향산(benzoic acid) • 안식향산나트륨(sodium benzoate) • 안식향산칼륨(potassium benzoate) • 안식향산칼슘(calcium benzoate)	• 과일·채소류 음료, 탄산음료, 인삼 및 홍삼음료, 간장 • 마가린, 마요네즈, 절임식품
• 프로피온산(propionate) • 프로피온산칼슘(calcium propionate) • 프로피온산나트륨(sodium propionate)	빵, 치즈, 잼류
• 파라옥시안식향산메틸(Methyl ρ-hydroxybenzoate) • 파라옥시안식향산에틸(ethyl ρ-hydroxybenzoate)	• 캡슐류, 잼류, 간장, 식초, 인삼·홍삼음료, 소스 • 과일·채소류(표피부분에 한함)

정답 ①

06. 병에 걸린 동물의 고기를 섭취하거나 병에 걸린 동물을 처리, 가공할 때 감염될 수 있는 인수공통감염병으로 옳은 것은?

① 폴리오

② 디프테리아

③ 유행성 간염

④ 브루셀라병

| 해설

인수공통감염병의 종류

결핵, 탄저, 브루셀라병(파상열), 야토병, 돈단독증, Q열 등

정답 ④

07. 부패한 사과가 혼입된 원료를 사용하여 착즙한 사과주스에서 검출될 수 있는 독소 성분은?

① aflatoxin

② patulin

③ citrinin

④ ergotoxine

| 해설

① aflatoxin: 곡류, 두류, 땅콩과 같은 탄수화물 식품

② patulin: 부패한 사과

③ citrinin: 덜 건조된 저장 곡류

④ ergotoxine: 보리, 호밀 등의 벼과식물

정답 ②

08. 수돗물의 염소 소독 중 염소와 미량의 유기물질과의 반응으로 생성될 수 있는 발암성 물질은?

① benzopyrene

② nitrosamine

③ toluene

④ trihalomethane

| 해설

트리할로메탄(trihalomethane)

• 생성 원인: 상수원의 정수과정에서, 물이 함유하고 있는 유기물질과 살균제로 사용되는 염소가 반응하여 생성

• 상수원의 오염이 심해 유기물이 많을수록, 살균제로 사용하는 염소를 많이 사용할수록, 살균과정이 길수록 많이 생성

정답 ④

09. 식품오염에 문제가 되는 방사능 핵종으로 옳지 않은 것은?

① Sr-90

② Cs-137

③ I-131

④ C-12

| 해설

C-12는 방사능 핵종이 아님

정답 ④

10. 식물성 식중독을 일으키는 원인 물질과 식품의 연결로 옳지 않은 것은?

① 무스카린(muscarine) -버섯

② 솔라닌(solanine) - 감자

③ 에르고톡신(ergotoxin) - 면실유

④ 시큐톡신(cicutoxin) - 독미나리

| 해설

에르고톡신(ergotoxin)

맥각균(*Claviceps purpurea*)이 보리, 호밀 등의 벼과식물에 기생하여 형성된 흑자색의 곰팡이의 균핵인 맥각(ergot)의 독소성분

정답 ③

11. 간장을 양조할 때 착색료로서 가장 많이 쓰이는 첨가물은?

① caramel

② methionine

③ menthol

④ vanillin

| 해설

카라멜색소(착색료)

• 식용 탄수화물인 전분가수분해물, 당밀 또는 당류를 열처리하여 생성

• 카라멜색소는 아래의 식품에 사용하여서는 아니 된다.
  - 천연식품(식육류, 어패류, 과일류, 채소류, 해조류, 콩류 등 및 그 단순가공품)
  - 다류
  - 인삼성분 및 홍삼성분이 함유된 다류
  - 커피
  - 고춧가루, 실고추
  - 김치류
  - 고추장, 조미고추장
  - 인삼 또는 홍삼을 원료로 사용한 건강기능식품

정답 ①

12. 식품공전상 통조림 식품의 통조림통에서 용출되어 문제를 일으킬 수 있는 주석의 기준(규격허용량)을 고르시오. (단, 알루미늄 캔을 제외한 캔 제품에 한하며, 산성 통조림은 제외한다.)

① 100mg/kg 이하

② 150mg/kg 이하

③ 200mg/kg 이하

④ 250mg/kg 이하

| 해설

통·병조림 식품의 주석 규격

150 mg/kg이하(알루미늄 캔을 제외한 캔제품에 한하며, 산성 통조림은 200 mg/kg이하이어야 한다.)

정답 ②

13. 대장균군 검사에 이용되는 배지들로만 묶인 것은?

① EMB 배지, 간부용 배지, 원등 배지
② 젖당부용 배지, BGLB 배지, EMB 배지
③ 표준한천 배지, BGLB 배지, 포도당부용 배지
④ 젖당부용 배지, EMB 배지, Thioglycollate 배지

| 해설

대장균군 검사에서
• 젖당부용(LB) 배지: 가스발생유무 확인
• BGLB 배지: 가스발생유무 확인
• EMB 배지: 전형적인 집락 확인

정답 ②

14. 식품을 매개로 하여 전파될 수 있는 바이러스성 질환이 아닌 것은?

① A형 간염
② 소아마비
③ 노로바이러스식중독
④ 파라티푸스

| 해설

경구감염병의 분류

감염원에 따른 분류	종류
세균	장티푸스, 파라티푸스, 콜레라, 세균성 이질
바이러스	폴리오(소아마비), A형간염(유행성간염)
원충	아메바성 이질

정답 ④

15. 식품 등의 위생적인 취급에 관한 기준으로 옳지 않은 것은?

① 부패·변질되기 쉬운 원료는 냉동·냉장시설에 보관하여야 한다.
② 제조·가공·조리 또는 포장에 직접 종사하는 사람은 위생모를 착용하여야 한다.
③ 최소 판매 단위로 포장된 식품이라도 소비자 수요에 따라 탄력적으로 분할하여 판매할 수 있다.
④ 식품 등의 제조·가공·조리에 직접 사용되는 기계·기구는 사용 후에 세척·살균하여야 한다.

| 해설

> **식품위생법 시행규칙 제2조(식품등의 위생적인 취급에 관한 기준)**
> 제조·가공하여 최소판매 단위로 포장된 식품 또는 식품첨가물을 허가를 받지 아니하거나 신고를 하지 아니하고 판매의 목적으로 포장을 뜯어 분할하여 판매하여서는 아니 된다.

정답 ③

16. 합성착색료에 해당하지 않는 것은?

① 식용색소녹색 제3호
② 카르민
③ 삼이산화철
④ 소르빈산

| 해설

소르빈산은 보존료에 해당

정답 ④

17. 간디스토마의 제1중간숙주로 옳은 것은?

① 붕어　　　② 은어
③ 우렁이　　④ 가재

| 해설

간디스토마(간흡충)
• 제1중간숙주: 왜우렁이
• 제2중간숙주: 민물고기(붕어, 잉어, 모래무지)

정답 ③

18. 아플라톡신(aflatoxin)에 대한 설명으로 옳지 않은 것은?

① 생산균은 *Penicillium* 속으로서 열대 지방에 많고 온대 지방에서는 발생건수가 적다.

② 생산 최적온도는 25~30℃, 수분 16% 이상, 습도는 80~85% 정도이다.

③ 주요 작용물질은 쌀, 보리, 땅콩 등이다.

④ 예방의 확실한 방법은 수확 직후 건조를 잘하며 저장에 유의해야 한다.

| 해설

아플라톡신의 생성균은 *Aspergillus* 속이며, 주로 봄~여름에 또는 열대지역에서 독소 생성

정답 ①

19. 착색료로서 갖추어야 할 조건이 아닌 것은?

① 인체에 독성이 없을 것

② 식품의 소화흡수율을 높일 것

③ 물리화학적 변화에 안정할 것

④ 사용하기 간편할 것

| 해설

착색료는 식품에 색을 부여하거나 복원시켜 관능미를 개선시키는 목적이므로 소화흡수와는 관계없음

정답 ②

20. 맥각에 의한 식중독을 일으키는 곰팡이는?

① *Penicillium islandicum*

② *Mucor mucedo*

③ *Rhizopous oryzae*

④ *Claviceps purpurea*

| 해설

㉠ 맥각(ergot): 맥각균(*Claviceps purpurea*)이 보리, 호밀 등의 벼과식물에 기생하여 형성된 흑자색의 곰팡이의 균핵

㉡ 맥각의 성분: ergotamine, ergotoxin, ergometrin 등의 맥각 알칼로이드 물질

정답 ④

21. 다음 중 환원당 정량 방법으로 옳은 것은?

① Kjeldahl 법

② Bertrand 법

③ Karl Fischer 법

④ Soxhlet 법

| 해설

환원당 정량법은 베르트란드(bertrand)법과 소모기(somogyi)법

정답 ②

22. 다음 중 불포화 지방산인 것은?

① oleic acid

② lauric acid

③ stearic acid

④ palmitic acid

| 해설

불포화지방산

이중결합이 1개 이상

불포화지방산	탄소 수	표기법	구조	녹는점 (℃)
팔미톨레산 (palmitoleic acid)	16	$C_{16:1}$		0
올레산 (oleic acid)	18	$C_{18:1}$		13
리놀레산 (linoleic acid)	18	$C_{18:2}$		-9
리놀렌산 (linolenic acid)	18	$C_{18:3}$		-17
아라키돈산 (arachidonic acid)	20	$C_{20:4}$		-50

정답 ①

23. 다음 관능검사 중 가장 주관적인 검사는?

① 차이검사

② 묘사 검사

③ 기호도 검사

④ 삼점 검사

| 해설

관능검사 중 기호도 검사 등 소비자 검사는 주관적임

정답 ③

24. 유화에 대한 설명으로 옳지 않은 것은?

① 수중유적형 유화에는 우유와 아이스크림이 대표적이다.
② 유화제는 친수성과 소수성을 동시에 갖고 있다.
③ HLB값이 8~18인 유화제의 경우 수중유적형 유화에 알맞다.
④ 유화제는 기름과 물의 계면장력을 증가시킨다.

| 해설

유화제의 친수성기 부분은 물과 결합하고, 소수성기 부분은 기름과 결합함으로써 계면장력을 낮추어 두 액체가 섞이게 됨

정답 ④

25. 육류의 저장 중 시간이 지남에 따라 갈색을 띠는 물질은?

① oxymyoglobin
② metmyoglobin
③ nitrosomyoglobin
④ sulfmyoglobin

| 해설

㉠ 육류의 단면이 산소에 닿으면 산화형 미오글로빈(oxymyoglobin)이 되어 밝은 적색을 띰
㉡ 고기가 더 오래되면 옥시미오글로빈의 철(Fe^{2+})은 산화되어 Fe^{3+}가 되고, metmyoglobin으로 변하므로 고기 빛깔은 갈색으로 변화

정답 ②

26. 단맛이 큰 순서로 나열된 것은?

① 설탕 > 과당 > 맥아당 > 젖당
② 맥아당 > 젖당 > 설탕 > 과당
③ 과당 > 설탕 > 맥아당 > 젖당
④ 젖당 > 맥아당 > 과당 > 설탕

| 해설

당류의 감미도

당류	감미도	당류	감미도
lactose	16	sucrose	100
galactose	32	Invert sugar	130
maltose	33	fructose	150
xylose	40	dulcin	25000
glucose	70	saccharin	55000

정답 ③

27. 식품 원료 50g 중 순수한 단백질 함량이 10g, 질소 함량이 1.7g일 때 이 식품의 질소계수는?

① 0.17
② 0.34
③ 5.88
④ 8.50

| 해설

$$질소계수 = \frac{조단백질\ 함량}{질소\ 함량}$$

$$= \frac{10}{1.7} = 5.88$$

정답 ③

28. 염장 초기의 식품에 있어서 자유수, 결합수의 양은 어떻게 변화하는가?

① 전체 수분에 대한 자유수의 비율은 감소하고 결합수의 비율은 증가한다.
② 전체 수분에 대한 자유수의 비율은 증가하고 결합수의 비율은 감소한다.
③ 전체 수분에 대한 자유수의 비율은 증가하고 결합수의 비율도 증가한다.
④ 전체 수분에 대한 자유수의 비율은 감소하고 결합수의 비율도 감소한다.

| 해설

염장 초기에는 소금이 자유수와 먼저 결합하므로, 상대적으로 자유수의 비율은 감소, 결합수의 비율은 증가

정답 ①

29. 온도에 따른 맛의 변화에 대한 설명으로 옳지 않은 것은?

① 일반적으로 온도의 상승에 따라 단맛은 감소한다.
② 설탕은 온도 변화에 따라 단맛의 변화가 거의 없다.
③ 온도 상승에 따라 짠맛과 쓴맛은 감소한다.
④ 신맛은 온도 변화에 거의 영향을 받지 않는다.

| 해설

온도에 따른 맛의 인식도 변화

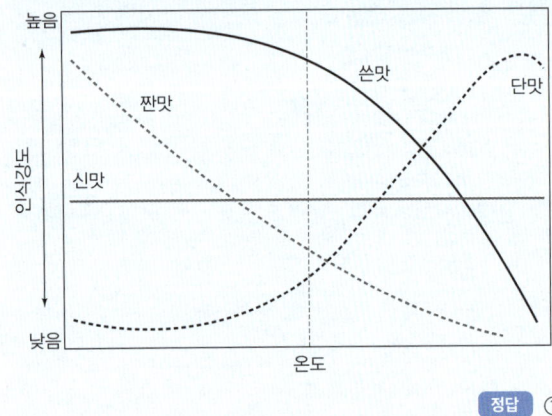

정답 ①

30. 다음 중 비타민 A와 관계가 없는 것은?

① chroman 핵
② cryptoxanthin
③ β-ionone 핵
④ axerophthol

| 해설

② cryptoxanthin: 비타민A의 전구체인 카로티노이드의 일종
③ 베타카로틴은 β-ionone 핵을 가짐
④ axerophthol: 비타민 A의 별칭

정답 ①

31. 다음 중 이중결합이 2개인 지방산은?

① 팔미트산(palmitic acid)
② 올레산(oleic acid)
③ 리놀레산(linoleic acid)
④ 리놀렌산(linolenic acid)

| 해설

불포화지방산
이중결합이 1개 이상

불포화지방산	탄소 수	표기법	구조	녹는점 (℃)
팔미톨레산 (palmitoleic acid)	16	$C_{16:1}$		0
올레산 (oleic acid)	18	$C_{18:1}$		13
리놀레산 (linoleic acid)	18	$C_{18:2}$		-9
리놀렌산 (linolenic acid)	18	$C_{18:3}$		-17
아라키돈산 (arachidonicacid)	20	$C_{20:4}$		-50

정답 ③

32. 고추, 토마토와 같은 식품의 적색은 주로 어떤 색소에 의하여 나타나는가?

① 플라보노이드
② 카로티노이드
③ 클로로필
④ 안토시안

| 해설

카로티노이드(carotenoid)
• 주황색, 황색, 적색을 띠는 지용성 색소
• 열에 비교적 안정하나, 산소, 햇빛 또는 산화효소에 쉽게 산화되어 색이 변색됨

성분		색	함유식품
카로티노이드계 색소			
카로틴류	β-카로틴	노란색, 주황색	당근, 호박, 고구마 등
	라이코펜	빨간색	토마토, 수박, 자몽 등
크산토필류	아스타잔틴	빨간색	게, 새우, 연어, 송어
	루테인	황등색	마리골드꽃, 오렌지, 난황, 옥수수 등

정답 ②

33. 고구마 절단시 나오는 흰색 유액의 특수성분은?

① 사포닌(Saponin)
② 얄라핀(Jalapin)
③ 솔라닌(Solanin)
④ 이눌린(Inulin)

| 해설

얄라핀(jalapin)
고구마의 갈변 또는 흑변을 일으키는 물질. 잘린 부위에서 배어 나오는 하얀 액체로 얄라피놀릭산과 글루코스로 구성되어 있음

정답 ②

34. 건조분말의 물성 특성에 대한 설명으로 옳은 것은?

① 작은 입자들이 서로 엉겨붙어 덩어리를 만들면 습윤성이 나빠진다.
② 표면에 지방이 존재하면 습윤성은 증가한다.
③ 입자 크기와 밀도가 작을수록 침강성이 증가한다.
④ 입자의 덩어리가 클수록 분산성이 좋다.

| 해설

③ 입자 크기와 밀도가 클수록 침강성이 증가함
④ 입자의 덩어리가 작을수록 분산성이 좋음

정답 ①

35. 유체의 특성에 있어서 전단속도의 증가에 따라 전단응력의 증가폭이 점차적으로 증가하는 유체로 옳은 것은?

① 딜라턴트(Dilatant) 유체
② 뉴턴(Newtonian) 유체
③ 슈도플라스틱(Pseudoplastic) 유체
④ 빙햄플라스틱(Bingham plastic) 유체

| 해설

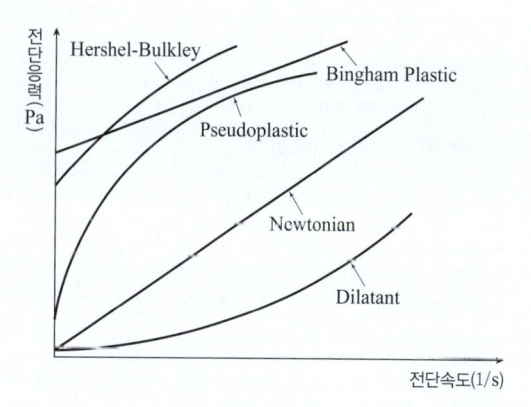

정답 ①

36. 난백(卵白)의 가장 주된 단백질로 옳은 것은?

① 라이소자임(Lysozyme)
② 콘알부민(Conalbumin)
③ 오브알부민(Ovalbumin)
④ 오보뮤코이드(Ovomucoid)

| 해설

난백 단백질 중 ovalbumin 함량(55~75%)이 가장 많음

정답 ③

---

37. 유지의 가공 중 경화(hydrogenation)와 관련이 없는 것은?

① 경화란 지방산의 이중결합에 수소를 첨가하는 공정이다.

② 경화의 목적은 유지의 산화 안정성을 높이는 것이다.

③ 경화유에는 트랜스지방산이 들어 있지 않다.

④ 경화유는 쇼트닝이나 마가린 제조에 이용된다.

| 해설

경화유는 불포화지방산 중 이중결합을 가진 탄소원자에 수소첨가(hydrogenation)공정을 하여 만들어진 고체기름으로, 공정 중에 트랜스지방이 생성됨

정답 ③

---

38. Henning의 냄새 프리즘(Smell Prism)에 해당하지 않는 것은?

① 매운 냄새(spicy)

② 수지 냄새(resinous)

③ 썩은 냄새(putrid)

④ 메스꺼운 냄새(nauseous)

| 해설

냄새의 종류	예
매운 냄새(spicy)	마늘, 생강, 후추 등의 냄새
꽃 냄새(fragrant)	백합, 매화, 장미 등의 냄새
과일 냄새(fruity)	사과, 바나나, 오렌지, 레몬 등의 냄새
수지 냄새(resinous)	테르펜유(terpene oil), 유칼리유(eucalyptus oil) 등의 냄새
썩은 냄새(putrid)	썩은 고기, 부패한 달걀 등의 냄새
탄 냄새(burnt)	커피, 타르, 캐러멜 등의 냄새

※ 냄새 프리즘(Smell Prism): 냄새간의 상호관계를 표시

정답 ④

---

39. 포도당(glucose)이 환원되어 생성된 당알코올은?

① 솔비톨(sorbitol)

② 만니톨(mannitol)

③ 이노시톨(inositol)

④ 둘시톨(dulcitol)

| 해설

솔비톨(D-sorbitol)

D-glucose를 환원시켜 얻은 당알코올. 비타민 C 합성 시 전구물질, 보습성이 우수. 미생물에 의해 쉽게 발효되지 않아 음료 제조 시 많이 사용. 단맛이 설탕의 50%

정답 ①

---

40. 사람이나 가축의 장 내 미생물에 의해 합성되어 사용되는 비타민은?

① 비타민 B

② 비타민 C

③ 비타민 E

④ 비타민 K

| 해설

비타민 K(필로퀴논, phylloquinone)

건강한 성인은 장내 박테리아에 의해 합성되므로 결핍증이 거의 나타나지 않음

정답 ④

제3과목 식품가공학

41. 과실 주스 중의 부유물 침전을 촉진시키기 위해 사용되는 것은?

① 펙틴(Pectin)
② 카제인(Casein)
③ 셀룰라아제(Cellulase)
④ 글루콘산(Gluconic acid)

| 해설

과일 주스의 청징 방법

난백, 카제인, 젤라틴, 탄닌, 활성탄 및 규조토와 같은 침전보조제나 혼탁을 방지하기 위해 펙틴 분해효소(pectinase) 등 사용

정답 ②

42. 육제품 훈연 성분 중 항산화 작용과 관련이 깊은 성분은?

① 포름알데히드
② 식초산
③ 레진류
④ 페놀류

| 해설

훈연

• 목적: 향기부여, 제품의 색 향상, 방부작용, 항산화 작용, 보존성 부여 등
• phenol류의 훈연 성분의 항산화 효과로 인해 보존 중 지방 산화 방지
• aldehyde류, acid류, phenol류 등의 훈연 성분의 방부효과로 미생물에 대한 살균력 부여, 저장성 향상
• carbonyl류는 훈연색, 풍미, 향 부여

정답 ④

43. 유지 채유과정에서 열처리를 하는 이유가 아닌 것은?

① 유리지방산 생성 촉진
② 원료의 수분 함량 조절
③ 산화효소의 불활성화
④ 착유 후 미생물의 오염방지

| 해설

유리지방산의 생성량이 많아지면 유지의 품질이 낮아짐

정답 ①

44. 통조림에서 탁음이 나는 원인이 아닌 것은?

① 탈기 불충분
② 관 내부 가스 발생
③ 내용물의 연화
④ 기온, 기압의 변화

| 해설

통조림의 탁음

• 통조림의 윗면이나 아랫면을 타검봉으로 때렸을 때 맑은소리가 나지 않고 둔탁한 소리가 나는 것
• 탈기불충분, 세균의 가스발생시, 기온·기압의 변화가 원인임

정답 ③

45. 포도당 당량(DE: Dextrose Equivalent)이 높을 때의 현상은?

① 점도가 떨어진다.
② 삼투압이 낮아진다.
③ 평균 분자량이 증가한다.
④ 덱스트린이 증가한다.

| 해설

$$D.E.(Dextrose\ equivalent) = \frac{환원당(포도당으로\ 표시)}{고형분} \times 100$$

포도당 당량이 높으면 점도가 낮아지고 삼투압이 높아지고, 평균 분자량이 작아지며 덱스트린은 감소

정답 ①

46. 냉동 식품용 포장지의 일반적인 특성이 아닌 것은?

① 방습성이 있을 것

② 가스 투과성이 낮을 것

③ 수축 포장 시 가열 수축성이 없을 것

④ 저온에서 경화되지 않을 것

| 해설

③은 냉동식품 포장용기의 특성은 아님

정답 ③

47. 염장 원리에서 가장 주요한 요인은?

① 단백질 분해효소의 작용 억제

② 소금의 삼투작용 및 탈수작용

③ CO_2에 대한 세균의 감도 증가

④ 산소의 용해도를 감소

| 해설

염장: 소금을 이용하여 고기, 어패류, 채소 등을 저장하는 방법

소금의 역할

• 수분을 탈수시켜 식품의 수분활성도를 낮춤

• 고삼투압으로 세균 세포의 원형질 분리

• 탄산가스의 용해도 증가, 산소의 용해도 감소시켜 세균이 발육하지 못하게 함

정답 ②

48. 유지의 정제 공정이 아닌 것은?

① 불용물질 제거(desludge)

② 탈산(deacidification)

③ 탈색(bleaching)

④ 산화(oxidation)

| 해설

㉠ 물리적 정제법: 전처리(불용물질의 제거(desludge))-침전법, 여과법, 원심불리법, 흡착법, 응고법 등

㉡ 화학적 정제법: 원료 유지 → 탈검 → 탈산 → 탈색 → 탈취 → 탈납 → 제품

정답 ④

49. 햄 제조공정에서 염지를 하는 이유는?

① 저장성 및 풍미 부여

② 미생물의 발육 억제

③ 혈액 제거

④ 색소 부여

| 해설

㉠ 식육가공품의 염지재료: 소금, 발색제, 당류, 기타(산화방지제, 유화제 등)

㉡ 염지의 가장 중요한 목적은 저장성 및 풍미 부여

정답 ①

50. 잼 제조 시 겔(gel)화의 조건으로 옳은 것은?

① 당도 60 ~ 65%

② 펙틴 2.0 ~ 2.5%

③ 산도 0.5%

④ pH 4.0

| 해설

젤리화에 필요한 3요소: 당(60~65%), pH2.9~3.5(유기산0.3%), 펙틴(1.0~1.5%)

정답 ①

51. 달걀 선도의 간이 검사법이 아닌 것은?

① 외관법

② 진음법

③ 투시법

④ 건조법

| 해설

㉠ 외관법: 난형, 난각의 거친 정도를 봄

㉡ 진음법: 신선란에서는 소리가 나지 않음, 오래된 란일수록 소리남

㉢ 투시법: 투시검란기 이용, 기실의 크기 및 난백의 상태 검사

정답 ④

52. 쌀의 도정률이 작은 것에서 큰 순서로 옳게 나열한 것은?

① 주조미 < 백미 < 5분도미 < 현미

② 주조미 < 5분도미 < 백미 < 현미

③ 현미 < 5분도미 < 백미 < 주조미

④ 현미 < 백미 < 5분도미 < 주조미

| 해설

도정률

현미-100, 5분도미-96, 7분도미-94.4, 백미-92, 주조미-75이하

정답 ①

53. 육류의 사후경직이 완료되었을 때의 pH로 옳은 것은?

① pH 7.4 정도

② pH 6.4 정도

③ pH 5.4 정도

④ pH 4.4 정도

| 해설

도살(pH 7.0~7.4) → 사후경직(pH 6.5 이하) → 최대사후경직(pH 5.4) → 자가숙성(pH 상승)

정답 ③

54. 다음 중 온탕법에 의한 감의 탈삽법에서 유지해야 할 가장 알맞은 수온은?

① 10℃   ② 40℃

③ 80℃   ④ 100℃

| 해설

탈삽법 중 온탕법

알코올 탈수소효소의 최적온도인 40℃ 온수에서 12~24시간 유지

정답 ②

55. 극성이 낮아 유지작물로부터 식용 유지를 추출할 때 가장 많이 사용하는 용매는?

① 물(water)

② 헥산(hexane)

③ 벤젠(benzene)

④ 에테르(ether)

| 해설

유지 추출

원료를 박편상으로 만들어 헥산용제에 녹여서 추출하고 용제를 증발시킴

정답 ②

56. 결합수의 특성으로 옳은 것은?

① 용매로 작용하지 못한다.

② 미생물 번식에 이용된다.

③ 0℃에서 얼기 시작한다.

④ 압착 시 제거가 가능하다.

| 해설

결합수(Bound water)

식품 내 함유된 성분(일반적으로 유기질)과 직·간접적으로 결합(수소결합, 공유결합 등)된 수분

• 식품 성분을 녹이는 용매로서의 역할을 하지 못함

• 보통의 물보다 밀도가 큼

• 미생물 번식·생육에 사용되지 못함

• 순수 수분의 형태가 아니므로 수분의 끓는 점(100℃) 이상에서도 제거가 어려움

• -20℃ 이하에서도 잘 얼지 않음

• 동·식물의 조직 내에 성분과 결합된 형태로 압착해도 거의 제거되지 않음

정답 ①

57. 장류의 원료에 대한 설명으로 옳은 것은?

① 된장용으로는 찹쌀이 가장 좋다.
② 장류용 보리는 도정(겨층 제거)한 것을 사용한다.
③ 된장용 소금은 3~4 등급의 소금을 사용한다.
④ 장류용 물은 불순물이 많아도 상관 없다.

| 해설
① 된장용으로는 멥쌀이 좋음
② 보리는 겨층을 제거한 도정한 것을 사용
③ 된장용 소금은 천일염을 쓰는 것이 좋음
④ 장류용 물은 정제된 것을 사용

정답 ②

58. 맥아즙 자비의 목적이 아닌 것은?

① 맥아즙의 살균
② 단백질의 침전
③ 효소 작용의 정지
④ pH의 상승

| 해설
맥아즙의 자비
• 1.5~2시간 자비/비등 후 호프첨가
• 목적
 - 단백질의 열응고에 의한 제품의 혼탁을 방지
 - 호프의 유효성분을 용출하고 열변성시켜 고미의 향기를 부여
 - 맥아즙을 농축
 - 효소의 파괴와 맥아즙의 살균
 - 쓴맛을 내는 물질로 이성질화
 - 단백질 침전

정답 ④

59. 밀가루 반죽의 점탄성을 측정하는 장치는?

① 아밀로그래프(Amylograph)
② 익스텐소그래프(Extensograph)
③ 패리노그래프(Farinograph)
④ 브라벤더 비스코미터(Brabender Viscometer)

| 해설
㉠ 패리노그래프는 밀가루 반죽의 점탄성 측정
㉡ 아밀로그래프는 α-amylase의 활성 및 전분의 호화도와 성질 측정
㉢ 익스텐소그래프는 밀가루 반죽의 신장도와 인장항력 측정

정답 ③

60. 플라스틱 필름 포장에서 기름기나 물기가 있을 때 접착이 곤란하여 주로 vinylidene chloride계의 필름 플라스틱 봉지 제조 시에 사용되는 방법은?

① 열접착법
② 임펄스식 열접착법
③ 고주파 접착법
④ 결뉴법

| 해설
고주파접착
필름의 열접착법의 하나로서, 50~80MHz 정도의 고주파 전기장을 사용하여 필름 내의 극성 분자간 진동과 마찰에 의하여 필름 자체가 열을 발생하게 하여 접착시키는 방식. 주로 PVC 필름 접착시 이용

정답 ③

61. 곤충에서 기생하는 동충하초를 생성하는 버섯류는?

① *Cordyceps* 속
② *Gibberella* 속
③ *Neurospora* 속
④ *Tricholoma* 속

| 해설

동충하초는 자낭균류이고 맥각균목 동충하초과 *Cordyceps* 속임

정답 ①

62. 미생물의 생육에 직접 관계하는 요인이 아닌 것은?

① pH
② 수분
③ 온도
④ 이산화탄소

| 해설

미생물의 생육에 영향을 미치는 요인
수분활성도, 온도, pH, 산소 등

정답 ④

63. 곰팡이의 분류에 대한 설명으로 옳지 않은 것은?

① 진균류는 조상균류와 순정균류로 분류된다.
② 순정균류는 자낭균류, 담자균류, 불완전균류로 구분된다.
③ 균사에 격막(격벽, Septa)이 없는 것을 순정균류, 격막을 가진 것을 조상균류라 한다.
④ 조상균류는 호상균류, 접합균류, 난균류로 분류된다.

| 해설

균사에 격막이 있는 것은 자낭균류, 격막이 없는 것은 조상균류라고 함

정답 ③

64. 빵 효모를 생산하기 위한 배양조건으로 적합한 것은?

① 빵 효모를 생산하기 위해 혐기적 조건이 필요하므로 혐기 배양 탱크가 필요하다.
② 효모액 중의 당 농도는 가급적 높게 유지시켜야 양질의 제품을 얻을 수 있다.
③ 가장 적합한 배양온도는 25~30℃ 정도이다.
④ 잡균의 오염을 방지하기 위해 항상 pH 3 이하로 일정하게 유지해야 한다.

| 해설

빵효모 생산
• 주원료: 사탕수수 당밀, 사탕무 당밀
• 사용 균주: *Saccharomyces cerevisiae*
• 배양법
  - 유가배양(fed-batch culture)으로 진행, 충분한 산소 공급을 하면 알콜 발효는 억제되고 증식속도가 크게 증가하므로 호기적 조건을 충족시켜주는 것이 좋음
  - 배양액의 당농도가 높으면 알콜 발효를 하게 되므로 균체의 수득률이 감소됨
  - 최적 당 농도는 0.1%
  - 잡균 오염 방지를 위해 3.5~4.5가 적당, pH가 너무 낮으면 효모가 착색됨

정답 ③

65. 전분(starch)에 존재하는 미생물을 감소시키는 수단이 아닌 것은?

① 소량의 액체염소에 의한 살균
② 100℃, 30분간 3일에 걸친 간헐살균
③ 생전분에 차아염소산소다 첨가
④ pH를 6 ~ 7로 조정

| 해설

일반 미생물의 최적 생육 pH는 6~7(중성)이므로 미생물을 감소시키는데 적절치 않음

정답 ④

66. 진핵세포에 대한 설명으로 옳지 않은 것은?

① 막으로 둘러싸인 핵이 있다.
② DNA는 원형으로 세포질에 존재한다.
③ 막으로 둘러싸인 세포 소기관이 발달되어 있다.
④ 원핵세포보다 크기가 크다.

| 해설

진핵세포에서 DNA는 핵 안에 있음

정답 ②

67. 효모에 의한 발효성 당류가 아닌 것은?

① 과당
② 전분
③ 설탕
④ 포도당

| 해설

㉠ 효모는 단당류나 이당류를 이용하여 발효함
㉡ 전분분해효소가 없으므로, 전분을 원료로 효모발효를 하는 경우는 먼저 전분을 분해해야 함

정답 ②

68. 일반적인 미생물의 영양세포에서 건조에 대한 내성이 강한 것부터 낮은 순으로 나열된 것은?

① 세균 - 곰팡이 -효모
② 세균 - 효모 - 곰팡이
③ 곰팡이 - 효모 - 세균
④ 효모 - 세균 - 곰팡이

| 해설

생육 최저 수분활성도: 세균 0.91, 효모 0.88, 곰팡이 0.80, 내건성 곰팡이 0.65

정답 ③

69. 우유의 변색 또는 변패를 일으키는 균과 색의 연결이 잘못된 것은?

① *Pseudomonas syncyanea* - 청색
② *Serratia marcescens* - 황색
③ *Pseudomonas fluorescens* - 녹색
④ *Brevibacterium erythrogenes* - 적색

| 해설

*Serratia marcescens*는 생선묵과 우유의 적변을 일으킴

정답 ②

70. 청주에서 품질이 저하되게 하는 화락현상을 유발하는 균으로 옳은 것은?

① *Lactobacillus homohiochii*
② *Leuconostoc mesentroides*
③ *Saccharomyces cerevisiae*
④ *Saccharomyces sake*

| 해설

① *Lactobacillus homohiochii, Lactobacillus heterohiochii*: 청주에서 살균이 부족하면 화락(hiochii)으로 인해 문제를 일으키는 균
② *Leuconostoc mesentroides*는 김치의 초기발효에 이용
③ *Saccharomyces cerevisiae*는 상면발효 맥주효모
④ *Saccharomyces sake*는 청주효모

정답 ①

71. 다음 미생물의 생육 곡선에서 (B)의 시기를 무엇이라 하는가?

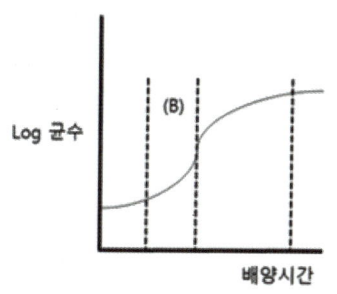

① 대수 증식기로서 균수가 지수적으로 증가하는 시기
② 유도기로서 균수가 시간에 비례하여 증식하는 시기
③ 대수 증식기로서 세포분열이 지연된 시기
④ 유도기로서 세포분열이 왕성한 시기

| 해설

미생물의 생육곡선 단계는 유도기-대수기-정지기-사멸기

정답 ①

72. 한식(재래식)된장 제조 시 메주에 생육하는 세균은?

① *Bacillus subtilis*
② *Acetobacter aceti*
③ *Lactobacillus brevis*
④ *Clostridium botulinum*

| 해설

② *Acetobacter aceti*는 식초 제조에 이용
③ *Lactobacillus brevis*는 김치의 후기발효에 관여
④ *Clostridium botulinum*는 독소형 식중독균

정답 ①

73. 발효공업에서 파지의 오염 방지대책으로 적당하지 않은 것은?

① 장치살균 등을 통한 철저한 살균을 행한다.
② 혐기적인 발효를 이용한다.
③ 파지에 대한 내성이 강한 균주를 이용한다.
④ rotation system을 이용한다.

| 해설

파지의 오염은 산소 유무와는 관련이 없음

정답 ②

74. 식용효모로 사용되는 SCP 생산균주로, 병원성을 나타내기도 하는 효모는?

① *Candida* 속
② *Hansenula* 속
③ *Debaryomyces* 속
④ *Rhodotorula* 속

| 해설

㉠ *Candida* 속은 사료효모로 많이 이용되며, 단세포 단백질(SCP) 생산균주임
㉡ *Candida albicans*는 피부병인 캔디다증을 일으킴

정답 ①

75. 병행복발효주에 해당하는 것은?

① 청주
② 포도주
③ 매실주
④ 맥주

발효주	단발효주		과일에 포함된 당분이 발효되어 알코올이 생성된 술, 당화과정이 없음	과실주, 와인
	복발효주	단행복발효주	당화가 완료되고 나서 발효가 진행된 술	맥주
		병행복발효주	당화와 발효가 동시에 진행되어 만들어지는 술	탁주, 약주, 청주

정답 ①

76. 유기산과 생산 미생물과의 연결로 옳지 않은 것은?

① 구연산 – *Aspergillus niger*

② 초산 – *Acetobacter aceti*

③ 젖산 – *Leuconostoc mesenteroides*

④ 프로피온산 – *Propionibacterium shermanii*

| 해설

*Leuconostoc mesenteroides*는 hetero type 젖산균으로 주로 에탄올, 이산화탄소 생성

정답 ③

77. 생선이나 수육이 변패할 때 인광을 나타내는 원인균으로 옳은 것은?

① *Vibrio indicus*

② *Salmonella enteritidis*

③ *Bacillus coagulans*

④ *Erwinia carotovora*

| 해설

Vibrio phosphoreum, *Vibrio indicus*는 해양생물에 서식하며 인광(phosphorescence)을 발생하여 발광을 함

정답 ①

78. 다음 중 세균이 아닌 것은?

① *Micrococcus* 속

② *Sarcina* 속

③ *Bacillus* 속

④ *Pichia* 속

| 해설

Pichia 속은 효모의 일종

정답 ④

79. 스위스치즈의 치즈눈 생성에 관여하는 미생물은?

① *Propionibacterium shermanii*

② *Lactobacillus bulgaricus*

③ *Penicillium roqueforti*

④ *Streptococcus thermophilus*

| 해설

① *Propionibacterium shermanii*는 스위스 에멘탈치즈의 치즈눈을 형성

② *Lactobacillus bulgaricus*는 요구르트, 버터의 스타터로 이용

③ *Penicillium roqueforti*는 프랑스의 로크포르 치즈의 숙성과 향미에 관여함

④ *Streptococcus thermophilus*는 고온으로 curd를 가열하는 치즈 제조에 이용

정답 ①

80. 일본 청주 koji 제조에 이용되는 곰팡이의 속은?

① *Aspergillus*

② *Mucor*

③ *Rhizopus*

④ *Penicillium*

| 해설

koji

증미에 코지곰팡이(*Aspergillus oryzae*)를 번식시킨 것으로, amylase와 protease의 공급원

정답 ①

81. 식품가공 시 물질 이동의 원리를 이용한 단위조작과 가장 거리가 먼 것은?

① 추출
② 살균
③ 증류
④ 결정화

| 해설

단위조작	원리
선별, 세척, 분리, 혼합, 수송	유체의 흐름
데치기, 볶음, 살균, 열교환, 냉장, 냉동	열전달
추출, 증류, 용매회수, 결정화	물질 이동
건조, 농축, 증류	물질 및 열 이동
정선, 분쇄, 착즙, 성형, 단립화, 압축, 포장, 수송	기계적 조작

정답 ②

82. 분쇄기와 적용 식품과의 관계가 옳지 않은 것은?

① 디스크 밀(disc mill) - 곡물
② 롤러 밀(roller mill) - 건고추
③ 해머 밀(hammer mill) - 채소
④ 펄퍼(pulper) - 토마토

| 해설

해머 밀은 충격형으로 분쇄하는 방식이기 때문에 결정형 고체, 섬유상 재료, 설탕, 식염, 건채소류, 곡류, 옥수수 등의 원료를 분쇄하는 데 사용하는 것이 적절

정답 ③

83. 아이스크림의 제조공정 중 동결 시에 믹스의 응집방지와 숙성시간을 단축하며, 점도를 증가시켜 아이스크림의 바디와 조직을 개선하는 공정은?

① 균질화 공정
② 숙성 공정
③ 동결 공정
④ 경화 공정

| 해설

아이스크림
• 우유에 지방, 무지방고형분, 감미료, 유화제 및 안정제, 향료, 색소, 물 등을 혼합, 유화하여 공기를 넣고 냉동시킨 것
• 아이스크림 제조 시 monoglyceride, glycerine, lecithin 등의 유화제를 넣고 균질화 공정을 거치면서 유화 작용이 일어나고, 조직이 부드러워짐

정답 ①

84. 효소의 정제법에 해당되지 않는 것은?

① 염석 및 투석
② 무기용매 침전
③ 흡착
④ 이온교환 크로마토그래피

| 해설

효소는 단백질이므로 단백질의 특성을 이용하는 정제법을 사용함. 즉, 염석 및 투석, 유기용매 침전, 등전점 침전, 흡착, 이온교환 크로마토그래피 등

정답 ②

85. 시유제조공정에서 우유지방의 부상으로 생기는 크림층 (Cream layer)의 생성을 방지하기 위하여 행하는 균질화의 효과적인 압력과 온도는?

① 50kg/cm², 10℃

② 100kg/cm², 30℃

③ 150kg/cm², 50℃

④ 200kg/cm², 80℃

| 해설

㉠ 시유(city milk, market milk): 목장에서 생산된 생유(raw milk)를 식품위생상 안전하게 처리하여 소비자가 마실 수 있도록 상품화된 우유

㉡ 균질화(homogenization)

• 우유 중의 지방구에 물리적 충격을 가해 그 크기를 작게 만드는 작업

• 목적: creaming의 생성 방지, 점도의 향상, 우유의 조직을 부드럽게 함, 소화율 향상, 지방산화 방지

• 방법: 균질기 내의 우유 온도는 50~60℃, 압력은 2,000~3,000 lb/inch²(140~200kg/cm²)가 적당

정답 ③

86. 마쇄 전분유에서 전분을 분리하기 위해 수십장의 분리판을 가진 회전체로서 원심력을 이용하여 고형물을 분리하는 원심분리기로 옳은 것은?

① 노즐형 원심분리기

② 데칸트형 원심분리기

③ 가스 원심분리기

④ 원통형 원심분리기

| 해설

노즐형 원심분리기

액체에 고체 입자가 들어있는 혼합물을 분리하는 원심청징기로서, 분리 전분유에 함유된 녹말, 가용성 당분, 색소성분 등을 제거시키는 공정으로 녹말의 정제 시 주로 사용

정답 ①

87. 동결건조에 대한 설명으로 옳지 않은 것은?

① 식품 조직의 파괴가 적다.

② 주로 부가가치가 높은 식품에 사용한다.

③ 제조단가가 적게 든다.

④ 향미 성분의 보존성이 뛰어나다.

| 해설

동결건조

• 수분을 얼린 상태에서 승화시켜 건조시키는 방법

• 진공 유지와 냉동 등 건조 비용이 많이 들어 고가의 제품에 주로 사용되며, 다공질로서 가수에 의한 복원력이 높고 향미 보존과 가열에 의한 식품성분 변화가 적음

정답 ③

88. 다음 (   )에 들어갈 알맞은 용어는?

> 포장, 저온저장을 하는 식품일 경우 적당하게 살균하는 (   )을 하게 된다. 이는 명시된 유통기한 내에 어떤 부패 미생물의 생육 때문에 먹을 수 없거나 어떠한 위해도 받지 않도록 유효 적절하게 가열처리하는 것을 말한다.

① 상업적 살균

② 멸균

③ 저온 살균

④ 적정 살균

| 해설

상업적 살균법

• 식품의 품질을 최대한 유지하기 위해 위생상 위해한 미생물을 대상으로 가열 살균

• 식품의 품질 변화 방지 효과, 에너지 절약 효과가 큼

• 산성의 과일 통조림에 주로 이용됨(100℃ 이하 70℃ 이상으로 살균)

정답 ①

89. 식품의 건조 과정에서 일어날 수 있는 변화에 대한 설명으로 옳지 않은 것은?

① 지방이 산화할 수 있다.
② 단백질이 변성할 수 있다.
③ 표면피막 현상이 일어날 수 있다.
④ 자유수 함량이 늘어나 저장성이 향상될 수 있다.

| 해설

건조 과정 중 자유수 함량이 줄어들기 때문에 저장성이 향상됨

식품의 건조 과정 중 일어나는 현상

가용성 물질의 이동, 수축 현상, 표면경화 현상, 단백질 변성, 지방 산화 등

정답 ④

90. 건조기 중 전도형 건조기가 아닌 것은?

① 드럼 건조기
② 진공 건조기
③ 팽화 건조기
④ 트레이 건조기

| 해설

전도형 건조기

가열 표면에 식품을 직접 접촉하여 식품의 온도를 높이는데 필요한 감열과 증발에 필요한 기화열 또는 승화열을 전도에 의해 전달하여 건조시키는 방법

• 드럼 건조기: 수증기로 가열되는 원통 표면에 원료를 얇은 막 상태로 부착하여 건조
• 진공 건조기: 식품을 선반에 올려 1~70mmHg의 진공상태로 유지하면서 70℃에서 건조
• 팽화 건조기: 열풍 건조 과정 중의 중간 건조 과정, 과열상태인 조직 중의 수분을 순간적으로 증발시켜 건조

정답 ④

91. 곡류와 같은 고체를 분쇄하고자 할 때 사용하는 힘이 아닌 것은?

① 충격력(Impact force)
② 유화력(Emulsion force)
③ 압축력(Compression force)
④ 전단력(Shear force)

| 해설

유화력은 혼합, 유화에 사용하는 성질

분쇄의 작용력

압축력, 전단력, 절단력, 충격력

정답 ②

92. D_{120}이 0.2분, z값이 10℃인 미생물포자를 110℃에서 가열살균 하고자 한다. 가열살균지수를 12로 한다면 가열치사 시간은?

① 2.4분
② 1.2분
③ 12분
④ 24분

| 해설

D값: 일정한 온도에서 미생물을 90% 사멸시키는데 필요한 시간

Z값: 가열치사시간의 $\frac{1}{10}$에 대응하는 가열온도, D값을 10배로 증가하는데 필요한 온도 값

$$Z = \frac{t_2 - t_1}{\log \frac{D_{110}}{D_{120}}} = \frac{120 - 110}{\log \frac{D_{110}}{0.2}} = 10℃$$

그러므로 $D_{110} = 2$분

가열살균지수 12는 12 대수 cycle을 의미함

$$D_{110} = \frac{t}{\log \frac{N_0}{N_1}} = \frac{t}{\log(10^{12})} = 2$$

그러므로 $t = 24$분

정답 ④

93. 다음 중 식품에 열을 전달하는 방식으로 전도를 이용하는 건조장치는?

① 터널 건조기(tunnel dryer)

② 트레이 건조기(tray dryer)

③ 빈 건조기(bin dryer)

④ 드럼 건조기(drum dryer)

| 해설

열전달 방식에 의한 건조기의 분류

• 대류형 건조기: 킬른 및 캐비넷(트레이) 건조기, 터널 건조기, 유동층 건조기, 빈 건조기
• 전도형 건조기: 드럼 건조기, 진공 건조기, 팽화 건조기
• 복사형 건조기: 적외선 건조기, 초단파 건조기, 동결 건조기

정답 ④

94. 색채선별기(Color Sorting System)로 선별이 적합하지 않은 식품은?

① 숙성정도가 다른 토마토

② 과도하게 열처리 된 잼

③ 크기가 다른 오이

④ 표면 결점을 가진 땅콩

| 해설

크기가 다른 오이는 두께, 폭, 지름 등의 크기에 의한 선별의 원리를 이용하여 선별함

정답 ③

95. 다음 미생물 중 101.1℃에서 D값이 가장 큰 것은?

① *Clostridium botulinum*

② *Clostridium sporogenes*

③ *Bacillus subtilis*

④ *Bacillus stearothermophilus*

| 해설

Bacillus stearothermophilus

무가스 산패(flat sour)균이라고도 함. 통조림의 비팽창산패 원인균으로서 121℃ 15~20분의 가열에 견디는 균주이므로 이들의 오염을 막기 위해서는 원료선택이 가장 중요

정답 ④

96. 바닷물에서 소금 성분 등은 남기고 물 성분만 통과시키는 막분리 여과법으로 옳은 것은?

① 한외여과법

② 투석

③ 역삼투압법

④ 정밀여과법

| 해설

역삼투압법

바닷물을 밀물로 만들 때, 탈염시 주로 사용

정답 ③

97. 10% 고형분을 함유한 사과주스를 가공할 때 농축장치를 사용하여 50% 고형분을 함유한 농축사과주스로 제조하고자 한다. 원료주스를 1000 kg/h 속도로 투입하면 농축주스의 생산량(kg/h)은?

① 200
② 400
③ 500
④ 800

| 해설

초기 사과주스의 고형분 함량은

$$1000\,kg/h \times \frac{10}{100} = 100\,kg/h$$

그러므로 50% 고형분과 50% 수분인 농축주스는

$$100\,kg/h + 100\,kg/h = 200\,kg/h$$

정답 ①

98. 무균 충전 시스템에 대한 설명으로 옳지 않은 것은?

① 용기에 관계없이 균일한 품질의 제품을 얻을 수 있다.
② 무균 환경하에서 작업이 이루어진다.
③ 포장 용기에 식품을 담아 밀봉 후 살균한다.
④ 주로 초고온 순간(UHT) 살균으로 처리한다.

| 해설

무균 충전 시스템
식품과 포장재를 따로 살균한 다음 무균적으로 충진, 밀봉하는 포장방법

정답 ③

99. 사탕 등 당류 가공품을 제조할 때 kneading 공정을 설명한 것으로 옳지 않은 것은?

① Kneading은 점성이 높은 액상 물질의 혼합에 적합하다.
② Kneading 과정에 carbonation을 할 수 있다.
③ Kneading 공정을 통해 조직이 치밀해진다.
④ Z형 교반날개가 장착되어 있으며, 원료 혼합물의 신연, 포갬, 뒤집힘 등 다양한 동작이 가능하다.

| 해설

kneading(반죽)은 일정한 농도를 갖도록 하기 위해 두 손을 사용하여 빵 반죽을 누르고 접고 늘리면서 치대는 것을 반복하는 과정을 말함

정답 ③

100. 우유나 과즙의 맛과 비타민 등 영양성분을 보존하기 위하여 70~75℃에서 10~20초간 살균하는 방법은?

① 저온 살균법
② 고온순간 살균법
③ 초고온 살균법
④ 간헐 살균법

| 해설

㉠ 고온순간살균법(HTST): 72~75℃, 15~25초간 살균
㉡ 저온살균법(LTLT): 63~65℃에서 30분간 가열
㉢ 초고온 살균법(UHT): 130~150℃, 0.5~5초간 살균
㉣ 간헐살균법: 내열성균의 완전살균, 1일 1회씩 100℃에서 20~50분간 연속 3일을 같은 시간에 반복 가열살균(포자 형성 미생물 사멸)

정답 ②

2021년 | 제3회(CBT)

※CBT 문제는 수험생의 기억에 따라 복원된 것이며, 실제 기출문제와 동일하지 않을 수 있습니다.

제1과목 식품위생학

01. 식품첨가물공전의 총칙과 관련된 설명으로 옳지 않은 것은?

① 중량백분율을 표시할 때에는 %의 기호를 쓴다.
② 중량백만분율을 표시할 때에는 ppb의 기호를 쓴다.
③ 용액 100mL 중의 물질함량(g)을 표시할 때에는 w/v% 의 기호를 쓴다.
④ 용액 100mL 중의 물질함량(mL)을 표시할 때에는 v/v% 의 기호를 쓴다.

| 해설

중량백만분율을 표시할 때에는 ppm의 기호를 씀

정답 ②

02. 오존을 이용하여 살균 시 일반적인 특성이 아닌 것은?

① 유해 반응 생성물을 잔류시키지 않는다.
② 처리 후에 맛의 변화를 유발하지 않는다.
③ 염소계 약제로는 제거하기 어려운 미생물의 제거능력이 우수하다.
④ 다른 물질들과의 반응으로 인해 부영양화가 발생한다.

| 해설

다른 물질과의 화학반응이 없어 2차적인 생성물이 발생하지 않음

정답 ④

03. 병에 걸린 동물의 고기를 섭취하거나 병에 걸린 동물을 처리, 가공할 때 감염될 수 있는 인수공통감염병으로 옳은 것은?

① 폴리오
② 브루셀라병
③ 유행성 간염
④ 디프테리아

| 해설

인수공통감염병의 종류

결핵, 탄저, 브루셀라병(파상열), 야토병, 돈단독증, Q열 등

정답 ②

04. 식품위생검사시 일반세균수(생균수)를 측정하는데 사용되는 것은?

① SS 한천배양기
② 젖당부용발효관
③ 표준한천평판배지
④ BGLB 발효관

| 해설

① SS 한천배지 - 살모넬라
② 젖당부용발효관 - 대장균수
③ 표준한천평판배지 - 일반 세균수
④ BGLB 발효관 - 대장균수(대장균군수)

정답 ③

05. 몸길이 0.3~0.5mm의 유백색 또는 황백색이고 여름 장마 때에 흔히 발생하며, 곡류, 과자, 빵, 치즈 등에 잘 발생하는 진드기는?

① 설탕진드기
② 집고기진드기
③ 보리먼지진드기
④ 긴털가루진드기

| 해설

일반적으로 저장곡류 해충으로 알려져 있음

정답 ④

06. COD에 대한 설명으로 옳지 않은 것은?

① COD란 화학적 산소 요구량을 말한다.
② BOD가 적으면 COD도 적다.
③ COD는 BOD에 비해 단시간내에 측정 가능하다.
④ 식품공장 폐수의 오염정도를 측정할 수 있다.

| 해설

BOD가 적다고 반드시 COD도 적은 것은 아님
㉠ 생물화학적 산소 요구량(BOD: biochemical oxygen demand): 호기성 미생물이 일정 기간 동안 물속에 있는 유기물을 분해할 때 사용하는 산소의 양
㉡ 화학적 산소 요구량(COD: chemical oxygen demand): 유기물이 들어있는 물에 산화제($KMnO_4$, $K_2Cr_2O_7$)를 투입하여 산화시키는 데 소비된 산화제의 양에 상당하는 산소의 양을 나타낸 것

정답 ②

07. 식육제품에 가장 많이 사용되는 보존료는?

① Salicylic acid
② Benzoic acid
③ Dehydroacetic acid
④ Sorbic acid

| 해설

보존료명	사용기준
데히드로초산나트륨 (sodium dehydroacetate)	치즈, 버터, 마가린
• 소브산(sorbic acid) • 소브산칼륨(potassium sorbate) • 소브산칼슘(calcium sorbate)	• 치즈 • 식육가공품, 어육가공품, 성게젓, 땅콩·버터, 모조 치즈 • 된장, 고추장, 어패류건제품, 젓갈류, 청국장, 혼합장, 절임류, 잼류, 알로에전잎 건강기능식품 • 과채주스, 탄산음료, 잼류, 건조과일류 • 과실주, 탁주, 약주 • 마가린
• 안식향산(benzoic acid) • 안식향산나트륨(sodium benzoate) • 안식향산칼륨(potassium benzoate) • 안식향산칼슘(calcium benzoate)	• 과일·채소류 음료, 탄산음료, 인삼 및 홍삼음료, 간장 • 마가린, 마요네즈, 절임식품
• 프로피온산(propionate) • 프로피온산칼슘(calcium propionate) • 프로피온산나트륨(sodium propionate)	빵, 치즈, 잼류
• 파라옥시안식향산부(Methyl ρ-hydroxybenzoate) • 파라옥시안식향산에틸(ethyl ρ-hydroxybenzoate)	• 캡슐류, 잼류, 간장, 식초, 인삼·홍삼음료, 소스 • 과일·채소류(표피부분에 한함)

정답 ④

08. 신선한 패류의 보존시 시간의 경과에 따른 pH 변화로 옳은 것은?

① 변함없다.
② 높아진다.
③ 낮아진다.
④ 중성을 유지한다.

| 해설

생굴 등 패류의 pH는 신선도와 관계가 있으며 부패가 진행될수록 글리코겐 등이 분해되어 lactate가 생성되어 pH가 낮아짐
※ 출처: 인공정화에 의한 참굴의 유통기한 연장, 이도하 등, 한국 수산과학회지 53(6), 842-850, 2020

정답 ③

09. 시료의 대장균 검사에서 최확수(MPN)가 300이라면 검체 1L중에 얼마의 대장균이 들어있는가?

① 30
② 300
③ 3000
④ 30000

| 해설

기존에는 최확수법에서 검체 100mL(g) 중 존재하는 대장균수로 표시하였으므로 답이 ③번이었으나, 현재는 검체 1mL(g) 중 존재하는 대장균수로 표시하는 것으로 개정됨

정답 ③

10. 트랜스지방의 정의에 대한 설명이다. (   ) 안에 들어갈 용어를 순서대로 나열한 것은?

> 트랜스지방이라 함은 트랜스구조를 (   )개 이상 가지고 있는 (   )의 모든 (   )을 말한다.

① 2 - 공액형 - 포화지방산
② 1 - 공액형 - 불포화지방산
③ 2 - 공액형 - 불포화지방산
④ 1 - 비공액형 - 불포화지방산

| 해설

트랜스 지방산(trans fatty acid)
천연에 존재하는 시스(cis)형 불포화 지방산에 수소를 첨가하여 가공하면 트랜스(trans)형으로 전환

정답 ④

11. 포름알데히드(Formaldehyde) 용출과 관련이 없는 합성수지는?

① 페놀수지
② 요소수지
③ 멜라민수지
④ 염화비닐수지

| 해설

㉠ 열경화성 수지(페놀수지, 요소수지, 멜라민수지)는 포름알데히드(포르말린) 용출이 문제
㉡ 열가소성 수지인 염화비닐(PVC)수지는 프탈레이트 용출이 문제

정답 ④

12. 선모충(Trichinella spiralis)의 감염을 방지하기 위한 방법으로 옳은 것은?

① 송어 생식금지
② 쇠고기 생식금지
③ 어패류 생식금지
④ 돼지고기 생식금지

| 해설

선모충의 중간숙주는 돼지이므로, 돼지고기의 생식 금지

정답 ④

13. 곰팡이의 대사산물 중 사람에게 질병이나 생리 작용의 이상을 유발하는 물질로 옳지 않은 것은?

① aflatoxin
② citrinin
③ patulin
④ saxitoxin

| 해설

saxitoxin은 섭조개, 홍합, 모시조개 등에 포함된 마비성 패독

정답 ④

14. 우리나라 식품위생법에서 감자, 양파 및 건조향신료 등에 사용이 허용되어 있는 방사선은?

① ^{60}Co
② ^{90}Sr
③ ^{131}I
④ ^{137}Cs

| 해설

식품조사처리 기준(「식품의 기준 및 규격」)
• 이용가능한 선종: 감마선, 전자선 또는 엑스선
• 감마선 방출 선원: ^{60}Co 사용
• 전자선과 엑스선 방출 선원: 전자선 가속기 이용

정답 ①

15. HACCP의 7원칙에 해당되지 않는 것은?

① 위험요인 분석

② 기록 보관 및 문서화 방법 설정

③ 모니터링 절차 설정

④ 작업공정도 설정

| 해설

HACCP의 7원칙 및 12절차

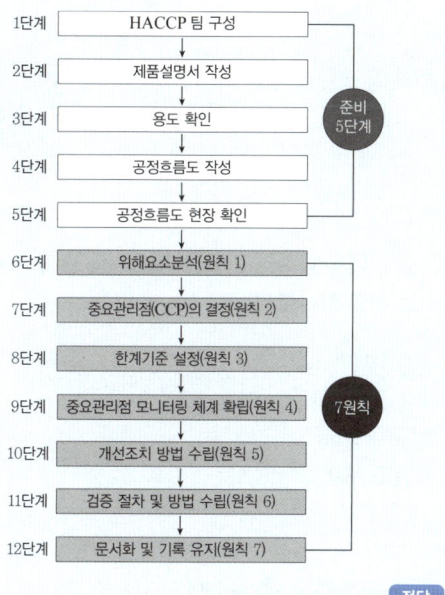

정답 ④

16. 식품위생법령상 위해평가 과정의 정의로 옳지 않은 것은?

① 위해요소의 인체내 독성을 확인하는 위험성 확인과정

② 위해요소의 식품잔류허용기준을 결정하는 위험성 결정 과정

③ 위해요소가 인체에 노출된 양을 산출하는 노출평가과정

④ 위험성 확인과정, 위험성 결정과정, 노출평가 과정의 결과를 종합하여 해당 식품 등이 건강에 미치는 영향을 판단하는 위해도 결정과정

| 해설

위험성 결정과정

• 위해요소의 인체 영향에 대해 용량-반응 평가를 함

• 최대무독성량(NOAEL) 결정 - 벤치마크용량(BMD) 하한값 결정 - 불확실성 계수 적용(일반적으로 100) - 일일섭취허용량(ADI) 산출

정답 ②

17. 히스타민(histamine)을 생성하는 대표적인 균주는?

① *Aspergillus oryzae*　　② *Bacillus cereus*

③ *Morganella morganii*　④ *Bacillus subtilis*

| 해설

㉠ *Proteus morganii*(= *Morganella morganii*)는 histidine을 분해하여 histamine(알레르기성 식중독 유발) 생성

㉡ 원인식품: 고등어, 꽁치 등 등푸른 생선

정답 ③

18. 인체에 감염되어도 충란이 분변으로 배출되지 않는 기생충은?

① 회충　　　　　② 폐흡충

③ 유구조충　　　④ 아니사키스

| 해설

분변검사에서 충란을 검출할 수 없는 기생충: 유극악구충, 아니사키스, 만손열두조충

정답 ④

19. 식품오염물은 음식물에 직접 또는 먹이사슬에 의한 생물 농축을 통해 인체건강장해를 일으키는 환경오염물질을 발생시키는데, 그 발생 원인과 거리가 먼 것은?

① 식품 또는 첨가물의 오용 및 남용 등에 의한 경우
② 식품의 제조, 가공과정에서 유해물질이 혼입되는 경우
③ 기구나 용기포장에서 유해물질이 용출된 경우
④ 물리적 변화로 인한 식품조직의 변형에 의한 경우

┃해설

단순한 식품의 물리적 조직변화는 환경오염물질이 아님

정답 ④

20. 여시니아 엔테로콜리티카균에 대한 설명으로 옳지 않은 것은?

① 그람음성의 단간균이다.
② 냉장보관을 통해 예방할 수 있다.
③ 진공포장에서도 증식할 수 있다.
④ 쥐가 균을 매개하기도 한다.

┃해설

여시니아 식중독
• 원인균: *Yersinia enterocolitica*
• 특징
 - 진공포장과 냉장온도에서도 성장할 수 있어 *Listeria mono-cytogenes*와 더불어 냉장식품을 통한 식중독 원인균
 - 호기성과 혐기성 상태 모두 성장
 - *Yersinia* 속균은 그람음성 간균으로 장내세균과에 속하는 인수공통전염병의 원인체
• 잠복기: 1~10일
• 증상: 급성위장염, 주로 어린이에게서 발견

 정답 ②

21. 단맛을 내는 물질이 아닌 것은?

① 아스파탐(Aspartame)
② 스테비오사이드(Stevioside)
③ 알칼로이드(Alkaloid)
④ 사카린(Saccharin)

┃해설

알칼로이드는 쓴맛을 냄

 정답 ③

22. 독성이 매우 강하여 면실유 정제 시에 반드시 제거하여야 하는 천연 항산화제는?

① sesamol
② gallic acid
③ guar gum
④ gossypol

┃해설

① sesamol은 참깨에 함유된 천연항산화물질
④ 면실유(목화씨기름)를 착유할 때 고시폴이 함께 채취됨

 정답 ④

23. 물, 청량음료 등 묽은 용액들은 어떤 유체의 특성을 나타내는가?

① 뉴톤(Newton) 유체
② 딜라턴트(Dilatant) 유체
③ 의사가소성(pseudoplastic) 유체
④ 빙햄소성(Bingham plastic) 유체

| 해설

구분	정의	예시	
뉴턴유체 (Newtonian fluid)	유체에 가해지는 힘과 그 유체의 유동성이 서로 비례관계인 유체	물, 알코올과 같은 단일 성분의 물질(균일한 형태와 크기), 농도가 낮은 염, 포도당 용액 등	
비뉴턴유체 (non-Newtonian fluid)	식품 내 유체에 가해지는 전단응력과 전단속도 간 비례관계가 성립되지 않는 유체	가소성 유체 (Bingham plastic)	일정한 크기의 전단력에는 변형이 없으나, 그 이상의 전단력이 작용하면 변형되는 유체	마가린, 케첩, 마요네즈, 토마토 페이스트 등
		의가소성 유체 (pseudo plastic)	전단 속도가 증가함에 따라 점성이 감소하는 유체	초콜릿, 퓨레, 스프, 케첩 등
		딜라턴트 유체 (dilatant)	빠르게 흐르는 액체가 더 큰 점성을 갖는 유체	전분용액, 땅콩버터 등
		틱소트로픽 유체 (thixotropic)	점도가 시간이 지남에 따라 감소하면 유체	케첩, 마요네즈, 요거트, 드레싱, 젤라틴 등
		레오페틱 유체 (rheopectic)	점도가 시간이 지남에 따라 증가하는 유체	고농축 전분액 등

정답 ①

24. 서양고추냉이, 거자, 양배추, 무 등을 분쇄했을 때 자극적인 향기를 내는 성분은?

① limonene
② diallyl sulfide
③ isothiocyanate
④ methyl mercaptan

| 해설

① limonene: 감귤류
② diallyl sulfide: 양파, 마늘 등
④ methyl mercaptan: 양파, 마늘, 파 등

정답 ③

25. 유지의 가공 중 경화(hydrogenation)와 관련이 없는 것은?

① 경화란 지방산의 이중결합에 수소를 첨가하는 공정이다.
② 경화의 목적은 유지의 산화 안정성을 높이는 것이다.
③ 경화유에는 트랜스 지방산이 들어 있지 않다.
④ 경화유는 쇼트닝이나 마가린 제조에 이용된다.

| 해설

경화유는 불포화지방산 중 이중결합을 가진 탄소원자에 수소첨가 (hydrogenation)공정을 하여 만들어진 고체기름으로, 공정 중에 트랜스지방이 생성됨

 정답 ③

26. 고추, 토마토와 같은 식품의 적색은 주로 어떤 색소에 의하여 나타나는가?

① 카로티노이드
② 안토시안
③ 클로로필
④ 플라보노이드

| 해설

카로티노이드(carotenoid)

• 주황색, 황색, 적색을 띠는 지용성 색소
• 열에 비교적 안정하나, 산소, 햇빛 또는 산화효소에 쉽게 산화되어 색이 변색됨

성분		색	함유식품
카로티노이드계 색소			
카로틴류	β-카로틴	노란색, 주황색	당근, 호박, 고구마 등
	라이코펜	빨간색	토마토, 수박, 자몽 등
크산토필류	아스타잔틴	빨간색	게, 새우, 연어, 송어
	루테인	황등색	마리골드꽃, 오렌지, 난황, 옥수수 등

 정답 ①

27. 사람이나 가축의 장내 미생물에 의해 합성되어 사용되는 비타민으로 옳은 것은?

① 비타민 B
② 비타민 K
③ 비타민 C
④ 비타민 E

| 해설

비타민 K(필로퀴논, phylloquinone)
건강한 성인은 장내 박테리아에 의해 합성되므로 결핍증이 거의 나타나지 않음

정답 ②

28. 우유 단백질 중 치즈 제조에 사용되는 것은?

① 락토글로불린(lactoglobulin)
② 락토알부민(lactialbumin)
③ 카제인(casein)
④ 글루텐(gluten)

| 해설

카제인(casein)
• 우유 단백질의 약 80% 정도를 차지
• 특히 카파-카제인(x-casein)은 레닌에 의해 응고되어 치즈 제조에 이용

정답 ③

29. 수분활성도에 대한 설명으로 옳지 않은 것은?

① 일반적으로 수분활성도가 0.3 정도로 낮으면 식품 내의 효소반응은 거의 정지된다.
② 일반적으로 수분활성도가 0.85 이하이면 미생물 중 세균의 생장은 거의 정지된다.
③ 일반적으로 수분활성도가 0.7 이상이 되면 비효소적 갈변반응의 속도는 감소하기 시작한다.
④ 일반적으로 수분활성도가 0.2 이하에서는 지질산화의 반응속도가 최저가 된다.

| 해설

수분활성도가 0.2 이하에서는 지질산화의 반응속도가 빨라짐

정답 ④

30. 고구마 절단시 나오는 흰색 유액의 특수성분은?

① 사포닌(Saponin)
② 이눌린(Inulin)
③ 솔라닌(Solanin)
④ 잘라핀(Jalapin)

| 해설

잘라핀(jalapin)
고구마의 갈변 또는 흑변을 일으키는 물질. 잘린 부위에서 배어 나오는 하얀 액체로 잘라피놀릭산과 글루코스로 구성되어 있음

정답 ④

31. KOH를 첨가하였을 때 글리세롤을 형성하지 못하는 지방질은?

① 인지질
② 중성지질
③ 트리팔미틴
④ 라이코펜

| 해설

중성지질과 같은 단순지질과 인지질과 같은 복합지질은 KOH와 함께 가열하면 가수분해되어 지방산과 글리세롤을 형성하지만 라이코펜과 같은 지용성 비타민(유도지질)은 검화될수 없음

정답 ④

32. 식품등의 표시기준에 의거하여 영양성분이 "단백질 5g, 유기산 3g, 식이섬유 10g, 지방 5g"으로 표시된 식품의 열량은?

① 69kcal

② 79kcal

③ 84kcal

④ 94kcal

| 해설

「식품등의 표시기준」에서 열량의 산출기준

① 영양성분의 표시함량을 사용하여 열량을 계산함에 있어 탄수화물은 1g당 4kcal를, 단백질은 1g당 4kcal를, 지방은 1g당 9kcal를 각각 곱한 값의 합으로 산출하고, 알콜 및 유기산의 경우에는 알콜은 1g당 7kcal를, 유기산은 1g당 3kcal를 각각 곱한 값의 합으로 한다.

② 탄수화물 중 당알콜 및 식이섬유 등의 함량을 별도로 표시하는 경우의 탄수화물에 대한 열량 산출은 당알콜은 1g당 2.4kcal(에리스리톨은 0kcal), 식이섬유는 1g당 2kcal, 타가토스는 1g당 1.5kcal, 알룰로오스는 1g당 0kcal, 그 밖의 탄수화물은 1g당 4kcal를 각각 곱한 값의 합으로 한다.

∴ 그러므로 $(5 \times 4) + (3 \times 3) + (10 \times 2) + (5 \times 9) = 94$

정답 ④

33. 다음 중 환원당 정량 방법으로 옳은 것은?

① Kjeldahl 법

② Bertrand 법

③ Karl Fischer 법

④ Soxhlet 법

| 해설

환원당 정량법은 베르트란드(bertrand)법과 소모기(somogyi)법

정답 ②

34. 식품에 존재하는 자연 독성물질이 아닌 것은?

① gossypol

② melamine

③ solanine

④ trypsin inhibitor

| 해설

① gossypol: 면실유 함유

② melamine: 멜라민 수지의 제조 등에 사용되는 질소 화합물로서, 식품에 의도적으로 첨가하거나 오염되기도 하는 물질

③ solanine: 감자싹 함유

④ trypsin inhibitor: 콩 함유

정답 ②

35. 튀김과 같이 유지를 고온에서 오랜 시간 가열하였을 때 나타나는 반응으로 옳지 않은 것은?

① 중합반응

② 비누화반응

③ 산화반응

④ 열분해반응

| 해설

비누화 반응은 에스터 작용기를 NaOH나 KOH와 같이 -OH를 포함한 염기성 용액과 반응시켜 카복실산 염과 알코올을 생성하는 반응으로 지질의 가열시 반응은 아님

주의

검화가와 헷갈리지 말 것

· **검화가**

유지 1g을 완전히 검화(비누화)시키는 데 필요한 수산화칼륨(KOH)의 mg 수

· 저급 지방산 함량이 높을수록 검화가 높음

정답 ②

36. 아밀로오스 분자의 비환원성 말단에 작용하여 맥아당 단위로 가수분해하는 효소는?

① Isoamylase

② α-amylase

③ β-amylase

④ Glucoamylase

| 해설

㉠ α-amylase: 전분의 α-1,4 glucoside 결합을 분해(endo)하나 α-1,6결합은 작용하지 않음

㉡ β-amylase: 전분의 α-1,4 결합을 분해하여 비환원성 말단으로부터 maltose를 생성

㉢ Glucoamylase: 전분의 비활성 말단에서 포도당 단위로 α-1,4 결합을 차례로 분해, β-1,6도 분해

> **정답** ③

37. 건조분말의 물성 특성에 대한 설명으로 옳은 것은?

① 작은 입자들이 서로 엉겨붙어 덩어리를 만들면 습윤성이 나빠진다.

② 표면에 지방이 존재하면 습윤성은 증가한다.

③ 입자 크기와 밀도가 작을수록 침강성이 증가한다.

④ 입자의 덩어리가 클수록 분산성이 좋다.

| 해설

③ 입자 크기와 밀도가 클수록 침강성이 증가함
④ 입자의 덩어리가 작을수록 분산성이 좋음

> **정답** ①

38. 관능검사의 차이식별검사방법 중 종합적 차이 검사에 해당하는 방법은?

① 삼점검사

② 다중비교검사

③ 순위법

④ 평정법

| 해설

차이식별 검사	종합적 차이 검사	• 삼점검사(Triangle test) • 일이점검사(Duo-trio test) • 단순차이검사(Simple difference test) • A-not-A 검사("A"-"Not A" test) • 다표준시료검사(Multiple standard test)

	특성차이 검사	• 이점비교검사(Paired comparison test)
		• 3점 강제선택 차이검사
		  (3-Alternative Forced Choice test :
		  3-AFC test)
		• 순위법(Ranking test)
		• 평점법(Scaling test)

> **정답** ①

39. 다음 중 함황 아미노산이 아닌 것은?

① Cysteine

② Lysine

③ Cystine

④ Methionine

| 해설

함황 아미노산: cysteine, cystine, methionine

> **정답** ②

40. 유지의 굴절률은 불포화도가 커질수록 일반적으로 어떻게 변하는가?

① 커진다.

② 작아진다.

③ 변화없다.

④ 굴절되지 않는다

| 해설

유지의 굴절률

• 분자량 및 불포화도의 증가에 따라 증가
• 저급 휘발성 지방산이 많은 버터는 유지의 굴절률은 낮고, 채종유, 아마인유 등 불포화지방산을 다량 함유하고 있는 유지는 굴절률이 높음

> **정답** ①

제3과목 식품가공학

41. 유지의 정제 공정이 아닌 것은?

① 탈산(deacidification)

② 산화(oxidation)

③ 탈색(bleaching)

④ 불용물질 제거(desludge)

| 해설

㉠ 물리적 정제법: 전처리(불용물질의 제거(desludge))- 침전법, 여과법, 원심분리법, 흡착법, 응고법 등

㉡ 화학적 정제법: 원료 유지 → 탈검 → 탈산 → 탈색 → 탈취 → 탈납 → 제품

정답 ②

42. 마요네즈 제조시 유화제 역할을 하는 것은?

① 면실유

② 소금

③ 레시틴

④ 식초산

| 해설

난황의 레시틴이 마요네즈 제조 시 유화제 역할을 함

정답 ③

43. 두부를 제조할 때 두유의 단백질 농도가 낮을 경우 나타나는 현상으로 옳지 않은 것은?

① 응고제와의 반응이 빠르다.

② 두부가 딱딱해진다.

③ 가열변성이 빠르다.

④ 두부의 색이 어두워진다.

| 해설

두유의 단백질 농도가 낮으면 응고물이 미세하게 되므로, 두부가 딱딱해지고 색이 밝아짐

정답 ④

44. 육가공의 훈연에 대한 설명으로 옳지 않은 것은?

① 훈연은 산화작용에 의해 지방의 산화를 촉진하여 훈연품의 신선도가 향상된다.

② 염지에 의해 형성된 염지육색이 가열에 의하여 안정된다.

③ 대부분의 제품에서 나타나는 적갈색은 훈연에 의하여 강하게 나타난다.

④ 연기성분 중 페놀(Phenol)이나 유기산이 가지는 살균작용에 의하여 표면의 미생물을 감소시킨다.

| 해설

훈연의 목적

• 제품 특유의 색, 향미 향상

• 건조에 의한 저장성 향상

• 연기의 방부성분에 의한 잡균오염 방지로 저장성 향상

• 육색의 고정화 촉진

• 지방 산화방지

정답 ①

45. 경화유 제조에 사용되는 수소 첨가용 촉매로 옳은 것은?

① Cu

② Ni

③ Mg

④ Fe

| 해설

경화유

• 불포화지방산 중 이중결합을 가진 탄소원자에 니켈을 족매로 하여 수소첨가공정을 통해 만들어진 고체기름

• 마가린, 쇼트닝이 이에 속함

정답 ②

46. 어류에 대한 설명으로 옳지 않은 것은?

① 적색육에는 히스티딘(histidine), 백색육에는 글리신(glycine)과 알라닌(alanine)이 풍부하다.

② 비린내의 주성분은 TMAO(trimethylamine oxide)이다.

③ 사후변화는 해당 → 사후경직 → 해경 → 자기소화 → 부패의 순서로 일어난다.

④ 안구는 신선도 저하에 따라 혼탁과 내부 침하가 진행된다.

| 해설

TMAO가 미생물이나 효소에 의해 분해되어 TMA(비린내 주성분) 형성

정답 ②

47. 우유 5000kg/h를 5℃에서 55℃까지 열교환기로 가열하고자 한다. 우유의 비열이 3.85kJ/(kg·K)일 때 필요한 열 에너지 양은?

① 267.4kW

② 273.2kW

③ 292.3kW

④ 343.5kW

| 해설

필요한 열에너지 = 우유의 비열 × $\varDelta T$(온도변화량) × 우유량
따라서, $3.85 kJ/kg·K × 50K × 5000kg/h × 1h/3600s = 267.4kJ/s = 267.4kW$

정답 ①

48. 달걀을 이루는 세 가지 구조에 해당하지 않는 것은?

① 난각

② 난황

③ 난백

④ 기공

| 해설

달걀을 이루는 세 가지 구조

· 난각: 달걀의 껍데기, 내부보호, 품질유지

· 난황: 달걀의 노른자, 난황의 인지질은 유화제로 이용

· 난백: 달걀의 흰자, 수분과 단백질의 함량이 높음

정답 ④

49. 플라스틱 포장재료 중 열접착성이 우수하고 방습성이 큰 것은?

① 폴리에틸렌

② 폴리프로필렌

③ 폴리에스테르

④ PVC

| 해설

① 폴리에틸렌: 방습, 방수성, 열접착성 우수

② 폴리프로필렌: 가장 경량의 플라스틱 필름, 광택, 투명성, 내유성, 내한성, 방습성, 내열성 우수

③ 폴리에스테르: 위생적 안정도 높음, 기체 및 휘발성 성분의 차단성 우수

④ PVC(폴리염화비닐): 단단함, 열에 불안정, 내유성, 내산성, 내알칼리성이 큼

정답 ①

50. 통조림의 제조 주요 공정 순서로 옳은 것은?

① 밀봉 - 살균 - 탈기

② 탈기 - 밀봉 - 살균

③ 살균 - 밀봉 - 탈기

④ 살균 - 탈기 - 밀봉

| 해설

통조림의 제조공정

원료 → 조리 → 담기 → 탈기 → 밀봉 → 살균 → 냉각 → 제품

정답 ②

51. 다음 중 유화제에 해당하지 않는 것은?

① lecithin

② monoglyceride

③ cephalin

④ arginine

| 해설

유화제

- 물과 기름 등 섞이지 않는 두 가지 또는 그 이상의 상(phases)을 균질하게 섞어주거나 유지시키는 식품첨가물
- 글리세린지방산에스테르, 소르비탄지방산에스테르, 자당지방산에스테르, 프로필렌글리콜, 레시틴, 폴리소르베이트20 등

정답 ④

52. 청국장의 제조 과정 중에 소금을 첨가할 때 나타나는 현상으로 옳은 것은?

① 청국장의 단백질 당화효소의 활성이 강해져 소화율이 낮아진다.

② 제조기간이 짧아져 고형물의 양이 적어진다.

③ 순수 배양한 *Bacillus natto* 활성이 없어져 에틸렌 함량이 높아진다.

④ 유산균과 효모의 발육이 억제된다.

| 해설

소금은 짠맛을 부여하고 부패 방지, 제품의 보존성을 향상하는 등의 역할을 함

정답 ④

53. 피클 발효에 관여하는 유해 미생물 중 산막효모에 대한 설명으로 옳지 않은 것은?

① 표면에 피막을 형성한다.

② 이산화탄소를 생산하여 부풀음을 초래한다.

③ 호기성 효모이다.

④ 젖산을 소비하여 부패 세균이 증식할 수 있는 환경을 만든다.

| 해설

산막효모

- 간장, 된장 등 발효식품의 양조 중 또는 제품의 표면에 생육하는 호기성 효모
- 배양액의 표면에 건조한 느낌의 얇은 흰색막을 형성
- 보통 발효가 끝나고 변질 또는 부패 단계에 들어서기 전에 나타나는 현상

정답 ②

54. 소시지 가공제품 제조시 염지의 효과가 아닌 것은?

① 근육단백질의 용해성을 증가시킨다.

② 보수성과 결착성을 증진시킨다.

③ 방부성과 독특한 맛을 갖게 한다.

④ 단백질을 변성시키고 살균한다.

| 해설

염지가 보존성 향상 효과는 있으나 살균을 하지는 않음

정답 ④

55. 용출(Rendering)에 의한 유지제조에 가장 적합한 것은?

① 참깨

② 대두

③ 돈지

④ 쇼트닝

| 해설

동물성 원료(우지, 돈지 등)는 렌더링(용출법)으로 유지추출, 즉 열을 직접 가하면서 유지를 추출함

정답 ③

56. 동결건조의 장점으로 옳지 않은 것은?

① 위축변형이 거의 없으므로 외관이 양호하다.

② 제품의 조직이 다공질이므로 복원성이 좋다.

③ 품질 손상 없이 2~3%의 저수분 상태로 건조할 수 있다.

④ 표면적이 작고 잘 부서지지 않아 포장이나 수송이 편리하다.

57. 젤리(jelly)의 강도에 영향을 미치는 요인이 아닌 것은?

① pectin의 농도

② pectin의 결합도

③ pectin의 분자량

④ pectin의 ester화 정도

58. 분유 및 달걀분을 제조하는데 가장 알맞은 건조기는?

① 킬른 건조기(Kiln dryer)

② 냉동 건조기(freeze dryer)

③ 터널 건조기(tunnel dryer)

④ 분무 건조기(spray dryer)

59. 냉동 육류의 Drip 발생 원인으로 가장 옳지 않은 것은?

① 식품 조직의 물리적 손상

② 단백질의 변성

③ 세균 번식

④ 해동 경직에 의한 근육의 수축

60. 건조방법 중에서 건조시간이 대단히 짧고, 제품의 온도를 비교적 낮게 유지할 수 있으며 액상식품을 분말로 건조하는데 가장 적합한 건조법은?

① spray drying

② drum drying

③ freeze drying

④ rotary drying

61. 리스테리아의 세균 특성에 대한 설명으로 옳지 않은 것은?

① 건조한 환경에서도 비교적 잘 견딘다.

② 일반미생물보다 냉동조건에 강하다.

③ 식중독 발생시 감염형 특성을 나타낸다.

④ 최적온도가 25℃ 정도이다.

| 해설

***Listeria monocytogenes*의 주요 특징**

• 그람양성의 무아포 단간균

• 감염형 식중독균의 일종, 20%의 치사율을 갖는 치명적인 식중독균

• 최적 성장 온도는 37 ℃, 성장가능 온도범위는 -0.4~45 ℃

※ 냉장온도에서도 성장이 가능

• 미호기성이지만 호기성과 혐기성 상태 모두 성장 가능

• 진공상태, 질소충전 포장 식품에서도 성장 가능

• 10% 염농도에서도 성장 가능

• 감염원: 원유, 살균처리하지 않은 우유, 치즈, 아이스크림 / 비가공 식육제품 / 훈연 생선

정답 ④

62. 간장의 제조공정에 사용되는 균주로 옳은 것은?

① *Aspergillus glaucus*

② *Aspergillus sojae*

③ *Aspergillus tamari*

④ *Aspergillus flavus*

| 해설

① *Aspergillus glaucus*는 훈제품, 가다랭이포에 향기를 부여함

③ *Aspergillus tamari*는 일본 tamari 긴장에 이용

④ *Aspergillus flavus*는 aflatoxin을 생성

정답 ②

63. 젖산균에 대한 설명으로 옳지 않은 것은?

① 대부분이 catalase 음성이다.

② 장내에서 유해균의 증식을 억제할 수 있다.

③ 김치, 침채류의 발효에 관여한다.

④ 요구르트 제조 시 이형발효의 젖산균만 사용하여 초산 발생을 억제시킨다.

| 해설

대표적인 요구르트 스타터는 homo-type 젖산균
*Lactobacillus delbrueckii subsp. bulgaricus*와
Streptococcus salivarius subsp. thermophilus

정답 ④

64. 공여세포로부터 유리된 DNA가 직접 수용세포 내로 들어가 일어나는 DNA 재조합 방법은?

① 형질전환

② 형질도입

③ 접합

④ 세포융합

| 해설

① 형질전환(transformation): 공여세포로부터 유리된 DNA가 직접 수용세포 내로 들어가 일어나는 DNA 재조합 방법

② 형질도입(transduction): Phage(virus)가 한 세포 내로 다른 세균의 유전자를 함께 수용하여 전달하는 기능

③ 접합(conjugation): pili(미생물의 선모)를 이용하여 한 세포에서 다른 세포로 유전자가 이동

④ 세포융합(cell fusion): 동물세포에 sendai virus 나 polyethylene glycol을 처리함으로써 세포간 융합을 형성하여 잡종세포를 얻음

정답 ①

65. 유기산과 생산 미생물과의 연결로 옳지 않은 것은?

① 젖산 - *Leuconostoc mesenteroides*
② 초산 - *Acetobacter aceti*
③ 프로피온산 - *Propionibacterium shermanii*
④ 구연산 - *Aspergillus niger*

| 해설

*Leuconostoc mesenteroides*는 hetero type 젖산균으로 주로 에탄올, 이산화탄소 생성

정답 ①

66. 전분을 분해하여 발효하는 능력이 있는 효모는?

① *Saccharomyces pastorianus*
② *Saccharomyces cerevisiae*
③ *Saccharomyces diastaticus*
④ *Saccharomyces sake*

| 해설

Saccharomyces diastaticus
당화효소(glucoamylase)를 분비하여 전분을 직접 분해하여 발효할 수 있는 능력이 있는 효모

정답 ③

67. 액체식품 중의 생존균수를 희석평판 배양법으로 다음과 같이 측정하였다. 이때 식품 1mL 중의 Colony 수는?

> ㉠ 액체식품 1mL를 멸균 생리식염수로 25mL이 되도록 희석하였다.
> ㉡ ㉠의 희석액 1mL를 새로운 멸균 생리식염수로 25mL이 되도록 희석하였다.
> ㉢ ㉡의 희석액 1mL를 취하여 24mL의 한천배지에 혼합하여 평판배양하였다.
> ㉣ 평판배양 결과 Colony의 수가 10개였다.

① 6.0×10^3　　② 6.3×10^3
③ 1.5×10^3　　④ 1.6×10^3

| 해설

$10 \times 25(희석배수) \times 25(희석배수) = 6250$
그러므로 6.3×10^3/mL
※ 세균수의 기재보고: 세균수의 숫자는 높은 단위로부터 3단계에서 반올림하여 유효숫자를 2단계로 끊어 이하를 0으로 한다.

정답 ②

68. 플라스미드(plasmid)에 대한 설명으로 옳지 않은 것은?

① 진핵세포에 존재하는 세포 소기관이다.
② 원형의 이중 나선구조로 되어 있다.
③ 약제 내성인자(resistant factor)를 가질 수 있다.
④ 염색체 DNA와 관계없이 독자적으로 복제할 수 있다.

| 해설

원핵세포생물은 1개의 염색체와 1개의 플라스미드를 가짐, 진핵세포는 플라스미드를 가지지 않음

정답 ①

69. 포자낭병의 밑 부분에 가근을 형성하는 미생물속은?

① *Rhizopus* 속
② *Mucor* 속
③ *Aspergillus* 속
④ *Penicillium* 속

| 해설

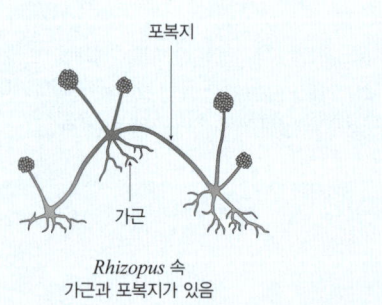

Rhizopus 속
가근과 포복지가 있음

정답 ①

70. 치즈표면에 착생하여 치즈의 변색과 불쾌취를 발생시키는 곰팡이가 아닌 것은?

① *Penicillium* 속
② *Cladosporium* 속
③ *Geotrichum* 속
④ *Fusarium* 속

| 해설

Fusarium 속은 토양에 서식하는 대표적인 토양 전염성 균으로 주로 식물에 병을 일으킴

정답 ④

71. 청주의 제조에 관한 설명으로 옳지 않은 것은?

① 쌀, 코오지, 물로 제조되는 병행 복발효주다.
② 코오지 곰팡이는 *Aspergillus oryzae*가 사용된다.
③ 좋은 코오지를 제조하기 위해서는 산소와의 접촉을 차단해야 한다.
④ 주모(moto)는 양조 효모를 활력이 좋은 상태로 대량 배양해 놓은 것이다.

| 해설

코오지 곰팡이(*Aspergillus oryzae*)는 호기적 조건에서 증식

정답 ③

72. 영양세포의 원형질 속에 가장 많이 포함되어 있는 성분은?

① 수분
② 당분
③ 지방
④ 단백질

| 해설

영양세포의 원형질 구성
물(85~90%), 단백질(7~10%), 지질(1~2%), 기타

정답 ①

73. 다음 중 대장균군에 대한 설명으로 옳지 않은 것은?

① 일반적으로 식품이나 용수의 오염지표균으로 사용된다.
② 유당을 분해하여 가스를 발생하는 특징이 있다.
③ Gram 음성 무포자 간균이며, 호기성 또는 통성혐기성이다.
④ 호염성 세균으로 해수에 주로 존재한다.

| 해설

호염성 세균으로 해수에 주로 존재하는 것은 비브리오균

정답 ④

74. 녹말을 분해하는 효소로 옳은 것은?

① amylase
② lipase
③ maltase
④ protease

| 해설

① amylase: 전분 분해
② lipase: 지방 분해
③ maltase: maltose 분해
④ protease: 단백질 분해

정답 ①

75. Bacteriophage에 대한 설명으로 옳지 않은 것은?

① 살아있는 세포에만 기생한다.
② 생물과 무생물의 중간 위치이다.
③ 세균에 감염 기생하여 기생적으로 증식한다.
④ DNA, RNA, 효소를 모두 가지고 있다.

| 해설

DNA, RNA 중 한 가지만 가짐

정답 ④

76. 다음에서 설명하는 균종은?

> • 코오지 곰팡이의 대표적인 균종이다.
> • 청주, 된장, 간장, 감주 등의 제품에 이용된다.
> • 처음에는 백색이나 분생자가 생기면서부터 황색에서 황녹색으로 되고, 더 오래되면 갈색을 띈다.

① *Aspergillus niger*
② *Aspergillus oryzae*
③ *Aspergillus flavus*
④ *Aspergillus usami*

| 해설

① *Aspergillus niger*: 흑국균으로 과일주스 청징제로 사용
③ *Aspergillus flavus*: aflatoxin(곰팡이 독소의 일종)을 생성함
④ *Aspergillus usami*: 흑국균으로 알코올 제조용으로 사용

정답 ②

77. 발효공업에서 파지의 오염 방지대책으로 적당하지 않은 것은?

① 파지에 대한 내성이 강한 균주를 이용한다.
② 장치살균 등을 통한 철저한 살균을 행한다.
③ 혐기적인 발효를 이용한다.
④ rotation system을 이용한다.

| 해설

파지의 오염은 산소의 유무와 무관함

정답 ③

78. 맥주 제조용 보리에서 발아시 생성되는 효소로 옳은 것은?

① cytase
② cellulase
③ amylase
④ lipase

| 해설

맥주 제조시 보리를 침지하여 발아시켜 맥아(엿기름, malt)를 만드는 공정에서 당화 과정에 필요한 효소(amylase)가 생성됨

정답 ③

79. *Aspergillus* 속과 *Penicillium* 속 곰팡이의 가장 큰 형태적 차이점은?

① 분생포자와 균사의 격벽
② 영양균사와 경자
③ 정낭과 병족세포
④ 자낭과 기균사

| 해설

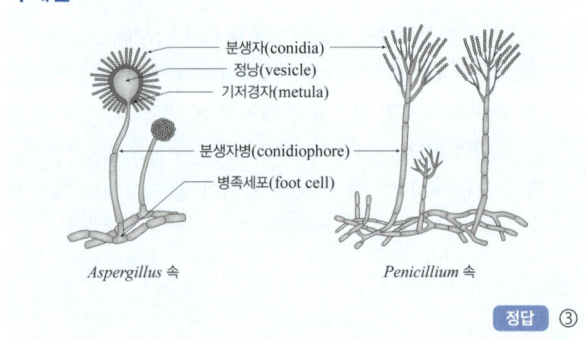

Aspergillus 속 ／ *Penicillium* 속

정답 ③

80. 주정발효 대사와 가장 관계가 깊은 경로는?

① EMP
② HMP
③ TCA
④ *β*-oxidation

| 해설

젖산균, 효모, 대장균 등의 대사과정에서 Embden-Meyerhof pathway(EMP)를 거쳐 pyruvate가 생성되고 이후 혐기적 조건에서는 젖산, 알코올 등을 생성하고 호기적 조건에서는 완전 산화과정을 거침

정답 ①

81. 다음 중 비열살균에 해당하지 않는 것은?

① 방사선 살균
② 초고압 살균
③ 고전장 펄스 살균
④ 마이크로웨이브 살균

| 해설

마이크로웨이브 살균
마이크로파를 조사하여 식품 내부 수분의 진동에 의해 열이 발생되는 원리를 이용
※ 직접 열을 가하지 않으므로 비열살균으로 분류되기도 하나, 이 문제에서는 비열살균에서 가장 거리가 먼 분류에 해당됨

정답 ④

82. 다음 중 가장 입자가 작은 가루는?

① 10메시 체를 통과한 가루
② 30메시 체를 통과한 가루
③ 50메시 체를 통과한 가루
④ 100메시 체를 통과한 가루

| 해설

㉠ 체눈의 크기 단위는 메시(mesh)를 사용하고, 1메시는 1인치(25.4mm) 안의 눈금의 수를 말함
㉡ 메시가 클수록 제눈의 크기가 작고, 작은 입자만 통과기능

정답 ④

83. 습식 세척 방법에 해당하는 것은?

① 분무 세척   ② 마찰 세척
③ 풍력 세척   ④ 자석 세척

| 해설

㉠ 습식세척: 침지세척, 분무세척, 부유세척, 초음파세척
㉡ 건식세척: 마찰 세척, 풍력 세척, 자석 세척, 정전기적 세척

정답 ①

84. 타원형의 용기에 물을 반쯤 채우고 임펠라를 회전시켜 일정 위치에서 기체가 압축 이송되는 장치는?

① 팬
② 압축기
③ 매시 펌프
④ 로타리 블로워

| 해설

매시펌프
액체 이송의 펌프와 같은 종류로 10~1,000 기압의 고압 공기를 이송, 기체 입구 쪽에 미립자를 제거하는 필터를 부착, 출구 쪽에는 응축수를 제거하는 분리기가 필요함

정답 ③

85. 바닷물에서 소금 성분 등은 남기고 물 성분만 통과시키는 막분리 여과법은?

① 투석
② 역삼투압법
③ 정밀여과법
④ 한외여과법

| 해설

역삼투압법: 바닷물을 민물로 만들 때, 탈염 시 주로 사용

정답 ②

86. 막여과(membrane filtration)에 대한 설명으로 잘못된 것은?

① 균체와 부유물질 사이의 밀도차에 크게 의존하지 않는다.
② 여과과정 중 여과조제(filter aid)와 응집제를 필요로 한다.
③ 균체의 크기에 크게 의존하지 않는다.
④ 공기의 노출이 적어 병원균의 오염을 줄일 수 있다.

| 해설

막여과는 셀룰로오스 아세테이트 등 합성폴리머로부터 만들어진 막을 이용하는데, 막의 선택적 투과성을 이용하여 불실의 상변화 없이 연속적으로 물질을 분리할 수 있음, 막여과에는 여과조제와 응집제를 따로 필요로 하지 않음

정답 ②

87. 이송, 혼합, 압축, 가열, 반죽, 전단, 성형 등 여러 단위공정이 복합된 가공 방법으로써 일정한 식품원료로부터 여러 가지 형태, 조직감, 색과 향미를 가진 다양한 제품 또는 성분을 생산하는 공정은?

① 흡착
② 여과
③ 코팅
④ 압출

│ 해설

압출 성형
원료가 고속 스크류에 의하여 혼합, 전단, 가열 작용을 받아 고압, 고온에 의해 점탄성 물질로 외부로 압출된다. 이 과정에서 혼합, 가열, 팽화, 성형 등이 이루어짐

정답 ④

88. 통조림의 살균법으로 가장 많이 사용되는 방법은?

① 약제살균
② 자외선살균
③ 방사선살균
④ 가압증기살균

│ 해설

유통기한이 긴 통조림은 탈기, 밀봉공정을 거친 후 레토르트나 가압증기살균기에서 미리 결정된 온도와 시간에 의해 정확하게 가열 살균됨

정답 ④

89. 방사선 조사에 대한 설명으로 옳지 않은 것은?

① 방사선 조사 시 식품의 온도상승은 거의 없다.
② 처리 시간이 짧아 전 공정을 연속적으로 작업할 수 있다.
③ 10kGy 이상의 고선량조사에도 식품성분에 아무런 영향을 미치지 않는다.
④ 방사선 에너지가 식품에 조사되면 식품 중의 일부 원자는 이온이 된다.

│ 해설

식품에 10kGy 이상의 고 선량조사를 하면 식품성분의 변화가 있을 수 있으므로 10kGy 이하 조사를 허용함

정답 ③

90. 효소의 정제법에 해당되지 않는 것은?

① 염석 및 투석
② 흡착
③ 무기용매 침전
④ 이온교환 크로마토그래피

│ 해설

효소는 단백질이므로 단백질의 특성을 이용하는 정제법을 사용함. 즉, 염석 및 투석, 유기용매 침전, 등전점 침전, 흡착, 이온교환 크로마토그래피 등

정답 ③

91. 초임계 가스 추출법에서 주로 사용되는 초임계 가스로 옳은 것은?

① 이산화탄소 가스
② 수소 가스
③ 헬륨 가스
④ 질소 가스

│ 해설

초임계유체 추출은 초임계가스를 용제로 사용하며, 주로 이산화탄소가 사용됨

이산화탄소의 장점
• 초임계온도가 31.1℃, 임계압력이 7.3 MPa로 추출이 상온 부근에서 이루어지므로 열에 불안정한 물질의 추출에 적용 가능
• 불활성가스로 인화성, 화학반응성이 없으며 인체에 무해함
• 회수와 저장, 고순도 유체의 구입이 용이하고 저렴하게 구입 가능함

정답 ①

92. 원심분리기의 회전속도를 2배 늘리면 원심력은 몇 배 증가하는가?

① 1배

② 2배

③ 4배

④ 8배

| 해설

원심력의 크기 = 질량 × 반지름 × 각속도(rpm)의 제곱
그러므로 회전속도를 2배 늘리면 원심력은 4배가 됨

정답 ③

93. 다음 미생물 중 101.1℃에서 D값이 가장 큰 것은?

① *Clostridium botulinum*

② *Clostridium sporogenes*

③ *Bacillus subtilis*

④ *Bacillus stearothermophilus*

| 해설

Bacillus stearothermophilus

무가스 산패(flat sour)균이라고도 함, 통조림의 비팽창산패 원인균으로서 121℃ 15~20분의 가열에 견디는 균주이므로 이들의 오염을 막기 위해서는 원료선택이 가장 중요

정답 ④

94. 증발 농축이 진행될수록 용액에 나타나는 현상으로 옳지 않은 것은?

① 농도가 상승한다.

② 비점이 낮아진다.

③ 거품이 발생한다.

④ 점도가 증가한다.

| 해설

농축 공정 중 발생하는 현상

비점 상승, 점도 상승, 거품 발생, 괴석 생성, 비말 동반 등

정답 ②

95. 건조제품에 위축변형이 거의 없으며, 열민감성 물질이 보존되고 흡수시켰을 때 복원성이 양호한 건조방법은?

① 동결건조

② 분무건조

③ 피막건조

④ 통기건조

| 해설

동결건조

• 식품의 수분을 동결시키고 높은 진공 장치 내에서 얼음을 액체 상태를 거치지 않고 기체로 승화시켜 수분을 제거하는 방법

• 장점: 수분함량 1~2%까지 건조 가능, 건조제품의 구조가 그대로 유지, 단백질 등의 변성이 적음, 복원성 우수. 풍미 유지, 극저 수분이기 때문에 장기간 보존 가능

정답 ①

96. 식품의 건조시 식품 내부 수분의 이동에 대한 설명으로 옳지 않은 것은?

① 식품 중 수분의 증발 및 승화

② 모세관 현상에 의한 것

③ 수증기압차에 의한 확산

④ 고체 입자 사이에 흡착된 수분층의 확산

| 해설

식품 중 수분의 증발 및 승화는 식품 표면 수분의 이동 현상임

정답 ①

97. 다음 중 국내 통조림 가공 공장에서 많이 이용하고 있는 정치식 수평형 레토르트의 부속기기가 아닌 것은?

① 브리더(Bleeder)

② 벤트(Vent)

③ 척(Chuck)

④ 안전밸브

| 해설

브리더, 벤트, 안전밸브는 레토르트 멸균기의 장치이고, 척은 통조림 밀봉시 뚜껑을 위에서 눌러 고정시키는 역할을 하는 장치

㉠ 브리더(Bleeder): 증기와 더불어 혼입되어 들어오는 공기 제거 장치

㉡ 벤트(Vent): 증기 도입 시 레토르트 내의 공기 제거 장치

정답 ③

98. 식품 원료를 무게, 크기, 모양, 색깔 등 여러 가지 물리적 성질의 차이를 이용하여 분리하는 조작은?

① 선별

② 교반

③ 교질

④ 추출

| 해설

선별

• 수확한 원료에 불필요한 물리적·화학적 이물질(돌, 모래, 금속, 배설물 등) 등을 측정 가능한 물리적 성질을 이용하여 분리, 제거하는 공정을 말함

• 식품의 무게, 크기, 모양 및 색깔 4가지 물리적 특성에 의해 분류할 수 있음

정답 ①

99. 다음 중 혼합에 관한 설명으로 옳지 않은 것은?

① 액체와 액체를 섞는 조작을 교반이라 한다.

② 고체에 약간의 액체를 섞는 조작을 반죽이라 한다.

③ 건조된 가루 상태의 분말을 혼합하는 조작을 분무라 한다.

④ 섞이지 않는 액체를 강력히 교반하여 분산시키는 것을 유화라 한다.

| 해설

건조된 가루 상태의 분말을 혼합하는 조작은 혼합이고, 분무는 물 따위를 안개처럼 뿜어내는 조작임

㉠ 혼합: 입자나 분말형태를 섞는 조작

㉡ 반죽: 고체와 액체의 혼합, 다량의 고체분말과 소량의 액체를 섞는 조작

㉢ 교반: 액체와 액체의 혼합, 많은 양의 액체에 소량의 고체를 부유

㉣ 유화: 서로 녹지 않는 액체를 분산 혼합 예 기름과 물

정답 ③

100. 수분함량 12%인 옥수수가루를 사용하여 압출성형 스낵을 제조하고자 한다. 옥수수가루를 압출성형기에 투입하기 전에 수분함량을 18% 맞추어야 한다면 옥수수가루 10kg당 가해야 하는 물의 양은 얼마인가?

① 0.37kg

② 0.73kg

③ 1.11kg

④ 1.48kg

| 해설

a = 물의 첨가량

$1.2\,kg$ = 옥수수가루 10kg에 들어 있는 수분함량

$10\,kg$ = 옥수수가루의 무게

$$\frac{1.2\,kg + a}{10\,kg + a} \times 100 = 18\%$$

$$\therefore a = 0.73\,kg$$

정답 ②

※CBT 문제는 수험생의 기억에 따라 복원된 것이며, 실제 기출문제와 동일하지 않을 수 있습니다.

제1과목 식품위생학

01. 식품 중의 포름알데히드(Formaldehyde) 검사에서 Chromotropic 반응의 정색은?

① 가온 시에 자색으로 변한다.

② 가온 시에 적색으로 변한다.

③ 가온 시에 흑색으로 변한다.

④ 가온 시에 황색으로 변한다.

| 해설

위의 설명은 Chromotropic acid를 함유한 흡수발색액으로 포집하여 가온 발색시켜 자색의 흡광도를 측정하는 흡광광도법
※「기구 및 용기포장공전」에서 포름알데히드 시험법은 2,4-DNHP 용액을 이용한 HPLC법 시험법

 정답 ①

02. 다음은 식품공전의 총칙이다. ( ) 안에 공통으로 들어갈 내용으로 옳은 것은?

> 이 고시에서 기준 및 규격이 정하여지지 아니한 것은 잠정적으로 식품의약품안전처장이 해당 물질에 대한 ( ) 규정 또는 주요 외국이 기준·규격과 일일섭취허용량(Acceptable Daily Intake, ADI), 해당 식품의 섭취량 등 해당 물질별 관련 자료를 종합적으로 검토하여 적부를 판정할 수 있다.

① 국제식품규격위원회

② 농림축산식품해양수산위원회

③ 미국식품의약품안전청

④ 한국식품공업협회

| 해설

국제식품규격위원회(Codex Alimentarius Commission, CAC)

 정답 ①

03. 정수시설의 침전지에서 약품침전의 목적으로 사용하는 것은?

① 명반

② 붕산

③ 염소

④ 표백분

| 해설

정수시설의 침전법

• 중력 침전법
• 약품 침전법: 황산알루미늄, 명반, 석회 등의 약제를 1시간 내 혼합하여 미세한 고체 입자의 점착성을 증가시켜 플록(floc)을 만듦

 정답 ①

04. 식품을 매개로 하여 전파될 수 있는 바이러스성 질환이 아닌 것은?

① A형 간염

② 파라티푸스

③ 노로바이러스식중독

④ 소아마비

| 해설

경구감염병의 분류

감염원에 따른 분류	종류
세균	장티푸스, 파라티푸스, 콜레라, 세균성 이질
바이러스	폴리오(소아마비), A형간염(유행성간염)
원충	아메바성 이질

 정답 ②

최신기출 해커스 식품산업기사 필기 한권완성 이론 + 최신기출 + 핵심노트

05. (　　) 안의 균에 대한 설명으로 옳지 않은 것은?

> (　　)은(는) Gram 음성, 비아포성, 통성 혐기성 간균으로 생육 적정 온도는 37℃이며, 파라티푸스를 일으키는 티푸스형과 급성 위장염을 일으키는 감염형이 있다. 특히 달걀 껍질은 (　　)(으)로 오염된 경우가 많으므로, 금이 갔거나 깨진 달걀은 가용하지 않도록 한다.

① 열에 강하여 일반 조리 방법으로는 살균되지 않는다.
② 개, 고양이 등 애완동물과 녹색거북이가 주요한 오염원이다.
③ 저온 및 냉동상태에서 뿐만 아니라 건조에도 강하다.
④ 적당한 습도가 되면 알껍질 내부에 침입하고 그 속에서 증식한다.

| 해설

위의 설명은 살모넬라균이고, 이균은 열에 약함

---

06. 간장에 사용할 수 있는 보존료로 옳은 것은?

① 베타-나프톨(β-naphtol)
② 안식향산(Benzoic acid)
③ 소브산(Sorbic acid)
④ 데히드로초산(Dehydro acetic acid)

| 해설

안식향산은 주로 과일·채소류 음료, 탄산음료, 인삼 및 홍삼음료, 간장에 사용가능

정답 ②

---

07. 식품의 원재료에는 존재하지 않으나 가공처리공정 중 유입 또는 생성되는 위해인자와 거리가 먼 것은?

① 트리코테신(Trichothecene)
② 다행방향족탄화수소(Polynuclear Aromatic Hydrocarbons, PAHs)
③ 아크릴아마이드(Acrylamide)
④ 모노클로로프로판디올(Monochloropropandiol, MCPD)

| 해설

트리코테신은 곰팡이 독소

정답 ①

---

08. 방사능 핵종 중 식품을 경유하여 인체에 들어왔을 때 특히 반감기가 길고 뼈의 칼슘성분과 친화성이 있어서 문제되는 것은?

① 스트론튬 90(Sr-90)
② 세슘 137(Cs-137)
③ 아이오딘 131(I-131)
④ 코발트 60(Co-60)

| 해설

식품 중 방사능 오염물질

핵종	전리 방사선	피해 부위	반감기
^{137}Cs(세슘)	β, γ	근육	30년
^{90}Sr(스트론튬)	β	뼈	28년
^{131}I(요오드)	β, γ	갑상샘	8일
^{60}Co(코발트)	β	췌장	5년
^{106}Ru(루테늄)	β	신장	36일

09. 대장균군 시험에서 최확수(MPN)표를 작성할 때 시료를 10배수씩 3단계 희석한 검체를 조제하여 실험시 각 단계의 시험관 수는?

① 1개
② 5개
③ 10개
④ 15개

| 해설

최확수는 연속한 3단계 이상의 희석시료(10, 1, 0.1 또는 1, 0.1, 0.01 또는 0.1, 0.01, 0.001)를 각각 5개씩 또는 3개씩 발효관에 가하여 배양 후 얻은 결과에 의하여 검체 1 mL중 또는 1 g중에 존재하는 대장균군수를 표시함

 정답 ②

10. 황색포도상구균 식중독의 특징이 아닌 것은?

① 장내 독소인 Enterotoxin에 의한 독소형이다.
② 잠복기는 2~6시간으로 급격히 발병한다.
③ 사망률이 다른 식중독에 비해 비교적 낮다.
④ 열이 39℃ 이상으로 지속된다.

| 해설

황색포도상구균 식중독
(1) 원인균: *Staphylococcus aureus*
(2) 특징
  ㉠ Gram 양성, 구균, 무포자, 무편모로 비운동성
  ㉡ 장독소인 enterotoxin 생성
   • 면역학적 성질에 따라 A·E의 5형으로 구분
   • trypsin 등의 단백질 분해효소에 의하여 불활성화되지 않음
   • 식품에 생성될 때에는 내열성이 매우 커짐(100℃에서 1시간 가열해도 활성을 잃지 않음)
   • 자연계에 널리 분포, 건조상태에서 저항성 강하며, 식품이나 가검물에서 장기간 생존
(3) 감염원 및 원인식품
  ㉠ 감염원은 화농성 환자
  ㉡ 유가공품·식육가공품 등의 단백질 식품, 김밥·도시락 등의 탄수화물 식품
(4) 잠복기: 세균성 식중독 중 가장 짧음(1~6시간, 평균 3시간)
(5) 증상: 급성 위장염 증상, 열이 없음
(6) 예방: 화농성 환자는 식품취급을 금함

 정답 ④

11. 식품공전에 의한 페놀프탈레인시액 규정으로 옳은 것은?

① 페놀프탈레인 1g을 에탄올 10mL에 녹인다.
② 페놀프탈레인 1g을 에탄올 100mL에 녹인다.
③ 페놀프탈레인 1g을 에탄올 1000mL에 녹인다.
④ 페놀프탈레인 1g을 에탄올 10000mL에 녹인다.

| 해설

「식품의 기준 및 규격」제8. 일반시험법 11. 시약·시액·표준용액 및 용량분석용 규정용액 11.2 시액에 따르면, 페놀프탈레인 시액: 페놀프탈레인 1 g을 에탄올에 녹여 100 mL가 되게 한다.

 정답 ②

12. 식품에 대한 대장균군 검사에서 최확수법(MPN법)에 의한 정량시험 때 쓰이는 배지는?

① EMB 배지
② Endo 배지
③ BGLB 배지
④ SS 배지

| 해설

유당배지 또는 BGLB 배지 사용

 정답 ③

13. 대장균군 검사에 이용되는 배지들로만 묶인 것은?

① 표준한천 배지, BGLB 배지, 포도당부용 배지
② 젖당부용 배지, BGLB 배지, EMB 배지
③ EMB 배지, 간부용 배지, 원등 배지
④ 젖당부용 배지, EMB 배지, Thioglycollate 배지

| 해설

대장균군 검사에서
• 젖당부용(LB) 배지: 가스발생유무 확인
• BGLB 배지: 가스발생유무 확인
• EMB 배지: 전형적인 집락 확인

 정답 ②

14. 살균·소독에 대한 설명으로 옳지 않은 것은?

① 열탕 또는 증기소독 후 살균된 용기를 충분히 건조해야
그 효과가 유지된다.

② 우유의 저온살균은 결핵균 살균을 목적으로 한다.

③ 자외선 살균은 대부분의 물질을 투과하지 않는다.

④ 방사선은 발아억제효과만 있고 살균효과는 없다.

│해설

방사선의 효과: 발아억제, 살균효과, 살충효과, 숙도조절

정답 ④

15. 식빵의 부패 현상인 점조현상(Ropiness) 원인균으로 다음 중 어느 것이 많이 나타나는가?

① *Aspergillus glaucus*

② *Aspergillus niger*

③ *Bacillus cereus*

④ *Bacillus mesentericus*

│해설

식빵의 점조현상(ropiness)

• *Bacillus subtilis*와 *Bacillus mesentericus*는 밀이나 밀가루
에 흔히 존재

• 이 균에 의해 밀의 글루텐이 분해되고, 동시에 amylase에 의해
서 전분에서 당이 생성되어 점질화(rope) 됨

• 빵을 굽는 온도가 100℃를 넘지 않으면 이균의 포자가 사멸되지
않고 남아있다가 적당한 환경이 되면 발아 증식하여 점질화 현
상을 일으킴

정답 ④

16. 식품 내에 존재하는 미생물에 대한 설명으로 옳지 않은
것은?

① 곰팡이는 일반적으로 세균보다 먼저 생육한다.

② 수분활성도가 높은 식품에는 세균이 잘 번식한다.

③ 수분활성도 0.6 이하의 식품에서는 거의 모든 미생물의
생육이 저지된다.

④ 당을 함유하는 산성식품에는 유산균이 잘 번식한다.

│해설

세균이 일반적으로 곰팡이보다 먼저 생육함

정답 ①

17. 식중독균이 오염된 식품에서 식중독균을 분리하려고 할
때 식중독균과 분리배지의 연결이 옳은 것은?

① 황색포도상구균 - 난황 함유 Mackonkey 한천배지

② 클로스트리디움 퍼프린젠스 - 난황 함유 TSC 한천배지

③ 살모넬라균 - TCBS 한천배지

④ 리스테리아균 - Deoxycholate 한천배지

│해설

① 황색포도상구균 - 난황첨가 만니톨 식염한천배지, Baird-Parker
한천배지, Baird-Parker(RPF) 한천배지

② 클로스트리디움 퍼프린젠스 - 난황첨가 *Clostridium per-
fringens* 한천배지, 난황첨가 TSC 한천배지

③ 살모넬라균 - XLD Agar, BG Sulfa 한천배지, Desoxycho-
late Citrate 한천배지

④ 리스테리아균 - Oxford 한천배지, LPM 한천배지, PALCAM
한천배지

정답 ②

18. 사과주스에 기준이 설정된 곰팡이 독소는?

① Patulin

② Aflatoxin

③ Ochratoxin

④ Zearalenone

│해설

*Penicillium patulum*에서 주로 생성, 신경독, 주로 부패된 사과를
원료로 한 주스에 오염

정답 ①

19. 식품위생심의위원회가 조사·심의하는 사항이 아닌 것은?

① 식품 및 식품첨가물과 그 원재료에 대한 시험·검사 업무

② 식중독 방지에 관한 사항

③ 식품등의 기준과 규격에 관한 사항

④ 농약·중금속 등 유독·유해물질 잔류 허용 기준에 관한 사항

| 해설

식품위생법 제57조(식품위생심의위원회의 설치 등) 식품의약품안전처장의 자문에 응하여 다음 각 호의 사항을 조사·심의하기 위하여 식품의약품안전처에 식품위생심의위원회를 둔다.
1. 식중독 방지에 관한 사항
2. 농약·중금속 등 유독·유해물질 잔류 허용 기준에 관한 사항
3. 식품등의 기준과 규격에 관한 사항
4. 그 밖에 식품위생에 관한 중요 사항

정답 ①

20. 알코올에 작용하므로 알코올성 식품에 가장 유해한 균속은?

① *Acetobacter* 속

② *Achromobacter* 속

③ *Photobacterium* 속

④ *Halobacterium* 속

| 해설

초산균(Acetic acid bacteria)은 에탄올을 산화 발효하여 대량의 초산을 생성

 정답 ①

21. 쇠고기와 양고기의 지방산은 닭고기, 돼지고기의 지방산 조성에 비하여 어떤 지방산의 함량이 높아 상대적으로 높은 융점을 갖게 되는가?

① 스테아르산   ② 팔미트산

③ 리놀레산   ③ 올레산

| 해설

스테아르산: 탄소수 18개의 포화지방산, 융점 69℃

 정답 ①

22. 미오글로빈(Myoglobin)에 들어있는 철포피린(Iron−porphyrin)은 어느 것과 결합하고 있는가?

① Lysine residue

② Glutamic acid residue

③ Tryptophan residue

④ Histidine residue

| 해설

미오글로빈에서 헴기는 Histidine residue와 결합하는데, 하나는 proximal histidine으로 헴기의 철이온과 직접 결합하고, 다른 하나는 distal histidine으로 헴기와 직접적 상호작용은 없으나 산소가 2가철과 결합할 때 결합부위의 안정을 돕는 역할을 함

 정답 ④

23. 포도당(Glucose)을 질산과 같은 강산과 함께 가열하면 어떤 화합물이 만들어지는가?

① Gluconic acid

② Glucaric acid

③ Glucuronic acid

④ Glucitol

| 해설

Glucaric acid(글루카르산): D-glucose 및 이를 포함한 올리고당 또는 다당을 질산 등으로 산화해서 얻게 됨

 정답 ②

24. 건조분말의 물성 특성에 대한 설명으로 옳은 것은?

① 작은 입자들이 서로 엉겨붙어 덩어리를 만들면 습윤성이 나빠진다.

② 표면에 지방이 존재하면 습윤성은 증가한다.

③ 입자 크기와 밀도가 작을수록 침강성이 증가한다.

④ 입자의 덩어리가 클수록 분산성이 좋다.

| 해설

③ 입자 크기와 밀도가 클수록 침강성이 증가함
④ 입자의 덩어리가 작을수록 분산성이 좋음

정답 ①

25. 과일을 저장하면서 호흡량의 Q_{10}값과 해당 온도에서의 호흡량의 차이를 비교하였다. 똑같은 조건하에서 온도를 10℃ 올린다면 가장 많은 호흡량을 보이는 것은?

① $Q_{10} = 2.2$인 것

② $Q_{10} = 1.8$인 것

③ 12℃에서 100mL/kg/h이던 것이 22℃에서 150mL/kg/h인 것

④ 14℃에서 110mL/kg/h이던 것이 34℃에서 260mL/kg/h인 것

| 해설

③ 12℃에서 100 mL/kg/h이던 것이 22℃에서 150 mL/kg/h인 것:

$$Q_{10} = \frac{150}{100} = 1.5$$

④ 14℃에서 110 mL/kg/h이던 것이 34℃에서 260 mL/kg/h인 것:

$$(Q_{10})^2 = \frac{260}{110} = 2.36, \ Q_{10} = 1.54$$

참고

Q_{10}값

어떤 온도 t℃에서의 반응속도를 V_t, (t + 10)℃에서의 반응속도를 V_{t+10}라 하였을 때, V_{t+10} / V_t

정답 ①

26. 물과의 친화력이 가장 큰 반응그룹으로 옳은 것은?

① 수산화기(-OH)   ② 알데히드기(-CHO)

③ 메틸기(-CH$_3$)   ④ 페닐기(-C$_6$H$_5$)

| 해설

친수성기

• 물과의 친화성이 강한 극성이 있는 원자단
• -OH, -COOH, -NH$_2$ 등

정답 ①

27. 흑미, 딸기 등에 공통적으로 들어있는 색소로 옳은 것은?

① Chlorophyll   ② Carotenoid

③ Anthoxanthin   ④ Anthocyanin

| 해설

안토시아닌(anthocyanin)

• 포도, 딸기 등의 적색, 청색, 자색 등의 수용성 색소의 총칭
• 안토시아닌 색소는 주로 배당체로 존재
• 안토시아닌의 안정성
  - pH 안정성: pH 3.5 이하에서 매우 안정한 적색, 중성에서 자색, 알칼리에서 청색
  - 산소: 안토시아닌의 안정성에 가장 큰 영향을 줌. 산소 존재 하에 급격하게 갈변

정답 ④

28. 사과 껍질에 들어있는 안토시아닌(Anthocyanin)계 색소로 옳은 것은?

① 라이코펜(Lycopene)   ② 시아니딘(Cyanidin)

③ 아스타신(Astacin)   ④ 루틴(Rutin)

| 해설

사과 껍질에 존재하는 적색계 색소는 시아니딘-3-갈락토시드(cyanidin-3-galactoside)를 주성분으로 하는 안토시아닌(anthocyanin)계 색소

정답 ②

29. 콩에 대한 설명으로 옳지 않은 것은?

① 콩에 가장 많은 지방산은 리놀레산(Linoleic acid)이다.
② 콩에 가장 많은 단백질은 글로불린(Globulin)이다.
③ 콩에는 쌀에 비해 트립토판과 메티오닌이 많이 들어있다.
④ 콩에는 무기질 중에서 K와 P가 많이 들어있다.

| 해설

콩의 제한아미노산(필수아미노산 가운데, 식품 중 함량이 체내 요구량에 비해 적은 것)은 메티오닌

정답 ③

30. 관능검사의 차이식별검사방법 중 종합적 차이 검사에 해당하는 방법은?

① 삼점검사
② 다중비교검사
③ 순위법
④ 평정법

| 해설

차이식별 검사	종합적 차이 검사	• 삼점검사(Triangle test) • 일이점검사(Duo-trio test) • 단순차이검사(Simple difference test) • A-not-A 검사("A"-"Not A" test) • 다표준시료검사(Multiple standard test)

	특성차이 검사	• 이점비교검사(Paired comparison test)
		• 3점 강제선택 차이검사
		  (3-Alternative Forced Choice test ;
		  3-AFC test)
		• 순위법(Ranking test)
		• 평점법(Scaling test)

정답 ①

31. 식품의 주요 색소 화합물이 나머지 셋과 다른 하나는?

① 머루(Wild grape)
② 산딸기(Raspberry)
③ 사과(Apple)
④ 레드 비트(Red beet)

| 해설

㉠ 머루, 산딸기, 사과: 안토시아닌계 색소
㉡ 레드비트: 베타시아닌계, 베타크산틴계 색소

정답 ④

32. 유체의 특성에 있어서 전단속도의 증가에 따라 전단응력의 증가폭이 점차적으로 증가하는 유체로 옳은 것은?

① 뉴턴(Newtonian) 유체
② 빙햄플라스틱(Bingham plastic) 유체
③ 슈도플라스틱(Pseudoplastic) 유체
④ 딜라턴트(Dilatant) 유체

| 해설

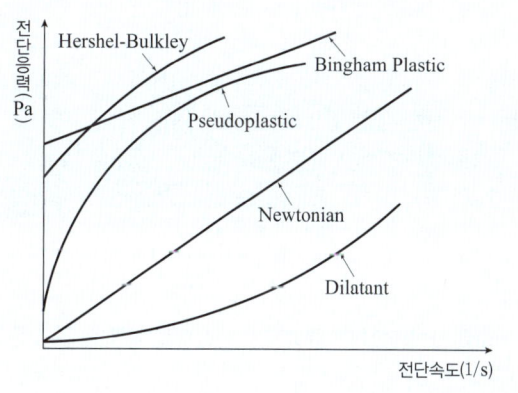

정답 ④

33. 강한 빛을 비추었을 때 Colloid 입자가 가시광선을 산란시켜 빛의 진로가 보이는 교질 용액의 성질은?

① 반투성
② 브라운 운동
③ Tyndall 현상
④ 흡착

34. 다음 중 지방산을 자동산화시킬 때 산화속도가 가장 빠른 것은?

① 팔미틴산(Palmitic acid)
② 올레인산(Oleic acid)
③ 리놀레산(Linoleic acid)
④ 팔미토레인산(Palmitoleic acid)

35. 사과가 숙성될 때 관찰되는 현상으로 옳지 않은 것은?

① 가용성 펙틴의 증가
② 유기산의 증가
③ 탄닌의 증가
④ 안토시아닌 형성

36. 식품의 물성에 대한 설명으로 옳지 않은 것은?

① 젤리, 밀가루 반죽처럼 외부의 힘에 의해 변형된 물체가 외부의 힘이 제거되면 본래 상태로 돌아가는 현상을 탄성(Elasticity)이라 한다.
② 국수 반죽과 같이 고체이면서 막대기 모양으로 늘어나는 성질을 경점성(Consistency)이라 한다.
③ 청국장, 납두 등에서와 같이 실처럼 물질이 따라오는 성질을 예사성(Spinability)이라 한다.
④ 과실 퓌레는 슈도플라스틱 유체(Pseudoplastic fluid)이고, 설탕물, 물 등은 뉴턴 유체(Newtonian fluid)이다.

37. 단백질이 변성되면 어떠한 성질을 나타내는가?

① 소화 분해력 감소
② 친수성 증가
③ 용해도의 감소
④ 반응성 감소

38. 난백(卵白)의 가장 주된 단백질로 옳은 것은?

① 라이소자임(Lysozyme)
② 콘알부민(Conalbumin)
③ 오브알부민(Ovalbumin)
④ 오보뮤코이드(Ovomucoid)

| 해설

난백 단백질 중 ovalbumin 함량(55~75%)이 가장 많음

정답 ③

39. 유지를 가열할 때 유지의 표면에서 엷은 푸른 연기가 발생할 때의 온도를 무엇이라 하는가?

① 발연점
② 연화점
③ 연소점
④ 인화점

| 해설

① 발연점: 식용 유지를 가열하였을 때 연기가 나기 시작하는 온도
② 연화점: 고체 또는 반고체물질이 따뜻해지면 점점 물러져 흘러내리기 시작하는 점
③ 연소점: 가연성 액체 또는 고체를 가열하였을 때, 불이 붙어 계속적으로 연소하는 최저 온도
④ 인화점: 기체 또는 휘발성 액체에서 발생하는 증기가 공기와 섞여서 혼합기체를 형성하고, 혼합기체에 불꽃이 닿으면 순간적으로 섬광을 내면서 연소하는 최저 온도

정답 ①

40. pH 4.6에서 침전되는 우유 단백질로 옳은 것은?

① 락토글로불린
② 혈청알부민
③ 면역글로불린
④ 카제인

| 해설

카제인의 등전점(pI)은 pH 4.6

정답 ④

41. 결정포도당(DE 92~93) 제조에서 전분의 산당화의 종점을 판단하는 방법으로 옳은 것은?

① 분해액에 무수 알콜을 넣어 그 경계면이 흐리지 않을 정도가 될 때
② 분해액에 40% 알콜 첨가시 침전이 생길 때
③ 분해액의 요오드 반응이 청색이 될 때
④ 분해액의 요오드 반응이 적색 또는 적자색이 될 때

| 해설

산당화법
• 전분에 묽은 산을 가하여 가열하면 가수분해됨
• 100g의 무수 전분에서 약 111g의 무수 D-glucose를 얻음

정답 ①

42. 달걀의 성분에 대한 설명으로 옳은 것은?

① 달걀의 난황 단백질은 지방, 인 등과 결합한 구조로 되어 있다.
② 다른 동물성 식품과는 달리 탄수화물의 함량이 높다.
③ 달걀의 무기질은 알 껍질보다는 난황에 많이 함유되어 있다.
④ 달걀은 비타민 A, B_1, B_2, C, D, E를 많이 함유하고 있으며, 대부분 난백에 함유되어 있다.

| 해설

㉠ 달걀은 수분이 70%이상을 차지하며 단백질, 비타민과 무기질의 우수한 급원
㉡ 난황은 수분, 지질, 단백질, 약간의 탄수화물과 무기질로 이루어져 있음
㉢ 달걀은 비타민 C를 제외한 모든 비타민이 풍부, 난황은 비타민 A, 난백은 비타민 B2의 함량이 높음

정답 ①

43. 통조림의 가열 살균을 위하여 살균 솥에 원료를 삽입할 때 그 통조림의 초기 온도를 중요시하는 이유로 옳은 것은?

① 통조림 내용물의 조리 상태가 변화되는 것을 막기 위해
② 유해 미생물의 계속적인 번식을 방지하기 위해
③ 작업의 진도를 쉽게 알아보기 위해
④ 통조림의 관내 중심온도가 살균온도로 유지되는 시간을 일정하게 하기 위해

| 해설

식품의 살균 시, 식품의 물성에 따라 통조림 관 중심부에 냉점(cold point)이 생기므로, 관 중심부의 온도가 살균온도에 도달하였는지를 확인해야 함

정답 ④

44. 육가공의 훈연에 대한 설명으로 옳지 않은 것은?

① 훈연은 산화작용에 의해 지방의 산화를 촉진하여 훈연품의 신선도가 향상된다.
② 염지에 의해 형성된 염지육색이 가열에 의하여 안정된다.
③ 대부분의 제품에서 나타나는 적갈색은 훈연에 의하여 강하게 나타난다.
④ 연기성분 중 페놀(Phenol)이나 유기산이 가지는 살균작용에 의하여 표면의 미생물을 감소시킨다.

| 해설

훈연의 목적
• 제품 특유의 색, 향미 향상
• 건조에 의한 저장성 향상
• 연기의 방부성분에 의한 잡균오염 방지로 저장성 향상
• 육색의 고정화 촉진
• 지방 산화방지

정답 ①

45. 두부에 대한 설명으로 옳지 않은 것은?

① 두부 단백질은 K < Mg < Al 이온 순으로 응고력이 높아진다.
② 콜로이드 물질인 두유는 음전하를 띠며 양이온에 의하여 응고된다.
③ 두유가 응고될 때 유리지방산은 단백질에 흡착된다.
④ 두유가 응고될 때 비타민 B류도 같이 흡착된다.

| 해설

두부제조
콩을 침지하여 불린 콩을 마쇄하여, 콩의 수용성 단백질인 글리시닌등 가용성 성분을 용출시켜 여과한 것을 두유라 하고, 두유에 응고제를 넣어 응고(등전점 침전)시킴

정답 ④

46. 햄 제조공정에서 간 먹이기 조작을 하는 이유는?

① 저장성 및 풍미 부여
② 미생물의 발육 억제
③ 혈액 제거
④ 색소 부여

| 해설

식육가공품의 염지재료: 소금, 발색제, 당류, 기타(산화방지제, 유화제 등)
염지의 가장 중요한 목적은 저장성 및 풍미 부여

정답 ①

47. 염장 간고등어의 저장 원리로 옳은 것은?

① 삼투압
② 건조
③ 진공
④ 훈연

| 해설

염장: 삼투작용을 이용하여 미생물의 원형질 분리, Aw 낮춤

정답 ①

48. 간장이나 된장 등의 장류를 담글 때 코지(Koji)를 만들어 쓰는 주된 이유는?

① 단백질이나 전분질을 분해시킬 수 있는 효소 활성을 크게 하기 위해

② 식중독균의 발육을 억제하기 위해

③ 간장, 된장의 색깔을 향상시키기 위해

④ 장류의 보존성을 향상시키기 위해

| 해설

제국(koji(국) 제조)

koji: 증미에 코지곰팡이(*Aspergillus oryzae*)를 번식시킨 것으로, amylase와 protease의 공급원

정답 ①

49. 유지의 정제방법이 아닌 것은?

① 탈산

② 탈염

③ 탈색

④ 탈취

| 해설

유지의 화학적 정제법

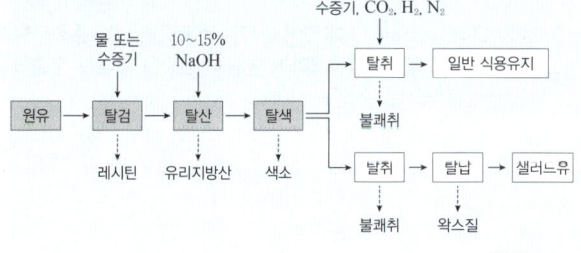

정답 ②

50. 다음 훈제품 제조법 중 가장 실용성이 적은 방법인 것은?

① 냉훈법

② 온훈법

③ 전훈법

④ 액훈법

| 해설

① 냉훈법: 비교적 낮은 온도(20~26℃)에서 1~3주간 훈연하는 방법

② 온훈법: 고온(50~60℃)에서 수시간 훈연하는 방법

③ 전훈법: 훈연을 전장 내에서 실시하여 연기성분이 제품에 흡착되는 것을 촉진시키는 방법, 시간을 단축할 수 있으나 설비비가 많이 들고 보존성이 떨어짐

④ 액훈법: 훈재를 사용하는 대신 목초액이나 숯을 만들 때 나는 연기를 포집, 농축하여 이용하는 방법

정답 ③

51. 콩의 영양을 저해하는 인자와 관계가 없는 것은?

① 트립신 저해제(Trypsin inhibitor) - 단백질 분해효소인 트립신의 작용을 억제하는 물질

② 리폭시게나아제(Lipoxygenase) - 비타민과 지방을 결합시켜 비타민의 흡수를 억제하는 물질

③ Phytate(Inositol hexaphosphate) - Ca, Mg, Fe, Zn 등과 불용성 복합체를 형성하여 무기물의 흡수를 저해시키는 작용을 하는 물질

④ 라피노스(Raffinose), 스타키오스(Stachyose) - 우리 몸 속에 분해 효소가 없어 소화되지 않고, 대장 내의 혐기성 세균에 의해 분해되어 가스를 발생시키는 장내 가스 인자

| 해설

리폭시게나아제(Lipoxygenase)

• 콩비린내 원인물질

• alcohols, aldehydes, ketones, phenols. 이들이 다른물질과 전구체 형태로 결합되어 있다가 유리되거나 lipoxygenase에 의해 분해되어 콩비린내 생성

정답 ②

52. 맥아즙 자비의 목적이 아닌 것은?

① 맥아즙의 살균
② 단백질의 침전
③ 효소 작용의 정지
④ pH의 상승

| 해설

맥아즙의 자비
- 1.5~2시간 자비/비등 후 호프첨가
- 목적
  - 단백질의 열응고에 의한 제품의 혼탁을 방지
  - 호프의 유효성분을 용출하고 열변성시켜 고미의 향기를 부여
  - 맥아즙을 농축
  - 효소의 파괴와 맥아즙의 살균
  - 쓴맛을 내는 물질로 이성질화
  - 단백질 침전

정답 ④

53. 육류 가공시 보수성에 영향을 미치는 요인과 가장 거리가 먼 것은?

① pH
② 유리아미노산의 양
③ 이온의 영향
④ 근섬유간 결합 상태

| 해설

㉠ 육류의 pH, 염농도 등은 보수성에 영향을 미침
㉡ 유리아미노산의 양은 관계없음

정답 ②

54. 경화유 제조에 사용되는 수소 첨가용 촉매로 옳은 것은?

① Cu
② Ni
③ Mg
④ Fe

| 해설

경화유
- 불포화지방산 중 이중결합을 가진 탄소원자에 니켈을 촉매로 하여 수소첨가공정을 통해 만들어진 고체기름
- 마가린, 쇼트닝이 이에 속함

정답 ②

55. 초콜릿 제조시 Blooming을 방지하기 위한 공정으로 옳은 것은?

① Tempering
② Conching
③ 성형
④ 압착

| 해설

㉠ 초콜릿 보관시 블루밍(Blooming): 초콜릿 중의 유지가 용해되어 나머지 성분과 분리된 후 다시 굳어 표면에 회색 반점이 생김
㉡ 템퍼링(Tempering): 초콜릿에 함유된 카카오 버터는 동질다형 현상을 가지므로, 이를 이용하여 안정성이 좋은 상태로 결정화함(블루밍을 방지할 수 있음)

정답 ①

56. 과일·채소류의 호흡계수를 구하는 방법으로 옳은 것은?

① 호흡에 의하여 생성되는 O_2/호흡에 의하여 흡수되는 CO_2

② 호흡에 의하여 생성되는 CO_2/호흡에 의하여 흡수되는 O_2

③ 호흡에 의하여 흡수된 O_2 산출

④ 호흡에 의하여 흡수된 CO_2 산출

| 해설

호흡계수(respiratory quotient)

- 일정 시간 동안 호흡 작용에 의해 발산되는 탄산가스량과 산소량의 비
- 호흡계수를 측정하여 해당 식물의 저장 특성 파악이 가능

 정답 ②

57. 달걀의 신선도 검사와 직접 관계가 없는 감정법은?

① 투시 검란법

② 비중 선별법

③ 난황계수 측정법

④ 중량 측정법

| 해설

달걀의 신선도 검사

비중 측정, 진음법, 설감법, 투시검사, pH 검사, 할란검사(난백계수, 난황계수 측정)

 정답 ④

58. 냉동 육류의 Drip 발생 원인으로 가장 옳지 않은 것은?

① 식품 조직의 물리적 손상

② 단백질의 변성

③ 세균 번식

④ 해동 경직에 의한 근육의 수축

| 해설

드립(Drip)

- 육류를 서서히 동결하게 되면 육류에 포함된 수분이 세포 밖으로 빠져 나오는 현상
- 얼음결정이 세포를 파괴하면서 얼게 되며, 해동하는 경우 세포가 파괴된 상태로 수분만 빠져나오면서 변색, 중량 감소 등 발생

 정답 ③

59. 생우유를 원심분리하고 크림층을 제거하여 만든 제품인 것은?

① 탈지유

② 전지유

③ 발효유

④ 농축유

| 해설

③ 발효유: 원유 또는 유가공품을 유산균 또는 효모로 발효시킨 것

④ 농축유: 원유 또는 우유류를 그대로 농축한 것이거나 원유 또는 우유류에 식품 또는 식품첨가물을 가하여 농축한 것

 정답 ①

60. 장류의 식품 유형에 해당하지 않는 것은?

① 고추장

② 산분해간장

③ 발효식초

④ 개량메주

| 해설

발효식초는 "조미식품"의 유형

 정답 ③

제4과목 식품미생물학

61. 버섯의 증식 순서로 옳은 것은?

① 균뇌 - 포자 - 균사체 - 균병 - 균포 - 균륜 - 균산 - 갓

② 균병 - 균사체 - 균뇌 - 포자 - 균포 - 균륜 - 균산 - 갓

③ 균포 - 균사체 - 포자 - 균뇌 - 균병 - 균륜 - 균산 - 갓

④ 포자 - 균사체 - 균뇌 - 균포 - 균병 - 균륜 - 균산 - 갓

| 해설

㉠ 버섯은 번식기관인 포자가 존재하는 자실체가 상당히 비대하게 큰 진균류

㉡ 조직의 분화를 일으키며 갓부분이 형성되면 버섯의 형태를 갖춤

정답 ④

62. 맥주효모 세포의 기본적인 형태로 옳은 것은?

① 계란형(cerevisiae type)

② 타원형(ellipsoideus type)

③ 소시지형(pastorianus type)

④ 레몬형(apiculatus type)

| 해설

대표적인 맥주효모인 *Saccharomyces cerevisiae*는 계란형 (cerevisiae type)

정답 ①

63. *Clostridium butyricum* 이 장내에서 정장 작용을 나타내는 이유로 옳은 것은?

① 강한 포자를 형성하기 때문이다.

② 유기산을 생성하기 때문이다.

③ 항생물질을 내기 때문이다.

④ 길항세균으로 작용하기 때문이다.

| 해설

*C. butyricum*은 장내에서 다양한 소화 효소(amylase, lipase, protease)를 분비하여 인체 영양에 기여하고, butyric acid와 acetic acid를 발생시켜 pH의 저하를 유도하여 항생제 부작용에 의한 설사증을 유발하는 유해 미생물의 억제 작용과 유산균과 같은 장내 유익균의 발육을 촉진하는 기능을 가지고 있음

정답 ②

64. 자외선이 살균효과를 가지는 주된 이유로 옳은 것은?

① 단백질 변성 초래

② RNA 변이를 일으킨다.

③ DNA 변이를 일으킨다.

④ 세포 내 ATP를 고갈시킨다.

| 해설

자외선은 미생물 체내 DNA에서 인접한 thymine 잔기에 작용하여 thymine 이량체(dimer)를 형성하여 돌연변이를 일으킴

정답 ③

65. *Saccharomyces cerevisiae*를 12시간 배양한 결과, 균 수가 2에서 128로 증가할 때 세대 수와 평균 세대 기간은?

① 세대 수 = 64, 평균 세대 시간 = 20분

② 세대 수 = 7, 평균 세대 시간 = 2시간

③ 세대 수 = 6, 평균 세대 시간 = 2시간

④ 세대 수 = 5, 평균 세대 시간 = 3시간

| 해설

세대시간(generation time): 미생물이 영양증식을 할 때 하나의 세포로부터 다시 분열할 때까지 걸리는 시간

$$N = N_0 \times 2^n, \text{ 세대시간} = \frac{t}{n}$$

N은 배양 세포수, N_0는 초기 세포수, n은 세대수, t는 총분열시간)

$128 = 2 \times 2^n$ 그러므로 $n = 6$

∴ 세대시간 $= \dfrac{12}{6} = 2$

정답 ③

66. 세포 내의 막계(Membrane system)가 분화, 발달되어 있지 않고 소기관(Organelle)이 존재하지 않는 미생물은?

① *Saccharomyces* 속　② *Escherichia* 속
③ *Candida* 속　④ *Aspergillus* 속

| 해설

위의 설명은 원핵세포 생물(세균 등)을 뜻함

정답 ②

67. 젖산균(Lactic acid bacteria)에 대한 설명으로 옳지 않은 것은?

① 대표적인 젖산균으로 Homo 발효 젖산균인 *Lactoba-cillus plantarum*과 Hetero 발효 젖산균인 *Leucon-ostoc mesenteroides* 가 있다.
② Homo 발효 젖산균의 당 대사 Key enzyme은 Phos-phoketolase이며, Hetero 발효 젖산균의 당 대사 Key enzyme은 Aldolase이다.
③ 당이 5탄당인 경우 Homo 발효 젖산균 및 Hetero 발효 젖산균 모두 젖산 이외의 초산을 주요 대사산물로 생산한다.
④ 모든 젖산균은 Gram 양성, Catalase 음성이다.

| 해설

⊙ 정상형 젖산발효(homo lactic acid fermentation)
　• 당으로부터 젖산만 생성(EMP 대사경로)
　• Glucose → 2 lactic acid
ⓒ 이상형 젖산발효(hetero lactic acid fermentation)
　• 젖산 이외에 초산/알코올 등이 함께 생성(phosphoketolase 대사경로)
　• Glucose → lactic acid + ethanol + CO_2
　2Glucose → 2 lactic acid + ethanol + acetic acid + $2CO_2$ + H_2

 정답 ②

68. 액체식품 중의 생존균수를 희석평판 배양법으로 다음과 같이 측정하였다. 이때 식품 1mL 중의 Colony 수는?

⊙ 액체식품 1mL를 멸균 생리식염수로 25mL가 되도록 희석하였다.
ⓒ ⊙의 희석액 1mL를 새로운 멸균 생리식염수로 25mL가 되도록 희석하였다.
ⓒ ⓒ의 희석액 1mL를 취하여 24mL의 한천배지에 혼합하여 평판배양하였다.
ⓔ 평판배양 결과 Colony의 수가 10개였다.

① 6.0×10^3　② 6.3×10^3
③ 1.5×10^3　④ 1.6×10^3

| 해설

10×25(희석배수) $\times 25$(희석배수) $= 6250$
그러므로 6.3×10^3/mL
※ 세균수의 기재보고: 세균수의 숫자는 높은 단위로부터 3단계에서 반올림하여 유효숫자를 2단계로 끊어 이하를 0으로 한다.

 정답 ②

69. 복제상의 실수와 돌연변이 유발물질에 의한 염기 변화를 수선(Repair)하는 DNA 수선의 방법으로 옳지 않은 것은?

① Excision repair
② Recombination repair
③ Mismatch repair
④ UV repair

| 해설

DNA 복구(DNA repair)

생체 내에서 게놈을 구성하고 있는 DNA의 손상을 확인하고 교정하는 과정
Mismatch repair
Base excision repair
Nucleotide excision repair
Homologous recombination repair

정답 ④

70. 곰팡이와 그 용도가 올바르게 짝지어진 것은?

① *Eremothecium ashbyii* - 리보플라빈 생산
② *Monascus purpureus* - 항생제 세팔로스포린 제조
③ *Mucor rouxii* - 홍주 제조
④ *Aspergillus flavus* - 곰팡이 코오지 제조

| 해설

② *Monascus purpureus* - 홍주 제조
③ *Mucor rouxii* - Amylo법에 의한 알콜 발효
④ *Aspergillus oryzae* - 곰팡이 코오지 제조

정답 ①

71. 미생물과 그 이용에 대한 설명이 잘못 연결된 것은?

① *Bacillus subtilis* - 단백분해력이 강하여 메주에서 번식한다.
② *Aspergillus oryzae* - Amylase와 Protease 활성이 강하여 코지(Koji)균으로 사용된다.
③ *Propionibacterium shermanii* - 치즈눈을 형성시키고, 독특한 풍미를 내기 위해 스위스 치즈에 사용된다.
④ *Kluyveromyces lactis lactis* - 내염성이 강한 효모로 간장의 후숙에 중요하다.

| 해설

Kluyveromyces lactis − 다른 효모와 달리 이당류인 젖당(lactose)을 발효할 수 있는 효모. 케퍼(Kefir)와 쿠미스(Koumiss) 제조

정답 ④

72. 전자전달계의 산화적 인산화에 있어서 1분자의 NADH로부터 NAD가 관여하는 탈수소효소의 경우 몇 분자의 ATP가 생성되는가?

① 1분자
② 2분자
③ 3분자
④ 4분자

| 해설

생성하는 ATP의 수에 대해서는 논란이 있으나, 현재까지는 NADH는 2.5개의 ATP를, FADH$_2$는 1.5개의 ATP라는 논리가 가장 유력함

정답 ③

73. 세균이 주로 증식하는 방법으로 옳은 것은?

① 포자형성법
② 출아법
③ 막형성법
④ 분열법

| 해설

세균의 증식
• 분열법(이분법): 영양분이 풍부한 상태에서 세포 개체수를 늘려가는 영양증식
• 포자(endospore) 형성: 내생포자형성균은 환경조건이 나빠지면 강한 저항력을 가진 포자를 형성

정답 ④

74. 단백질 합성 과정에서 DNA를 주형으로 하여 mRNA를 합성하는 것을 무엇이라 하는가?

① 전사(Transcription)

② 번역(Translation)

③ 복제(Replication)

④ 생합성(Biosynthesis)

| 해설

㉠ 전사(transcription): DNA 염기 배열순서에 따라 RNA 중합효소가 상보적으로 mRNA를 합성

㉡ 번역(translation): mRNA를 주형으로 리보솜에서 tRNA에 의해 운반된 아미노산을 N말단에서부터 C말단으로 차례로 결합시켜 단백질을 합성

㉢ 복제(replication): 한 DNA(모세포)에서 새로운 DNA(딸세포)를 합성하는 과정

㉣ 단백질의 생합성(translation): mRNA를 주형으로 리보솜(rRNA, 합성장소)에서 tRNA에 의해 운반된 아미노산을 N말단에서부터 C말단으로 차례로 결합시켜 단백질 합성

정답 ①

75. *Aspergillus* 속과 *Penicillium* 속 곰팡이의 가장 큰 형태적 차이점은?

① 분생포자와 균사의 격벽

② 영양균사와 경자

③ 정낭과 병족세포

④ 자낭과 기균사

| 해설

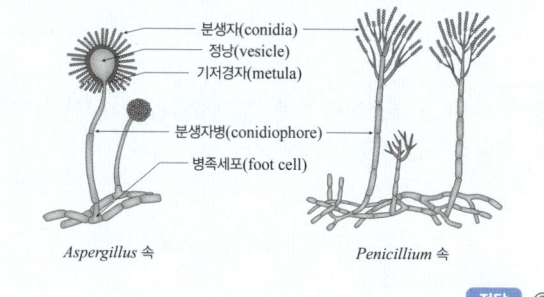

Aspergillus 속   *Penicillium* 속

정답 ③

76. 세포융합(Cell fusion)의 유도절차의 순서로 옳은 것은?

① 재조합체 선택 및 분리 → Protoplast의 융합 → 융합체의 재생 → 세포의 Protoplast화

② Protoplast의 융합 → 세포의 Protoplast화 → 융합체의 재생 → 재조합체 선택 및 분리

③ 세포의 Protoplast화 → Protoplast의 융합 → 융합체의 재생 → 재조합체 선택 및 분리

④ 융합체의 재생 → 재조합체 선택 및 분리 → Protoplast의 융합 → 세포의 Protoplast화

| 해설

세포융합(cell fusion)

• 동물세포에 sendai virus 나 polyethylene glycol을 처리함으로써 세포간 융합을 형성하여 잡종세포를 얻음

• 인접한 세포들이 융합하여 격막이 소실, 그 결과 세포의 다핵화가 일어나는 현상

• 과정: 세포의 protoplast화 → protoplast의 융합 → 융합체의 재생 → 재조합체 선택 및 분리

정답 ③

77. DNA와 RNA 합성에 대한 설명으로 옳은 것은?

① 3'-End에서 5'-End 방향으로 합성된다.

② 합성을 시작하기 위해서는 반드시 Primer가 필요하다.

③ DNA와 RNA 합성 모두 DNA를 주형(Template)으로 이용한다.

④ 새로 합성되는 DNA나 RNA 가닥의 방향은 주형과 역방향이다.

| 해설

① 5'-End에서 3'-End 방향으로 합성됨

③ DNA와 RNA는 각각의 DNA와 RNA를 주형(Template)으로 이용함

정답 ④

78. 진균류의 유성포자(Sexual spore)가 아닌 것은?

① 접합포자
② 분생포자
③ 자낭포자
④ 담자포자

| 해설

곰팡이의 유성포자에는 접합포자, 담자포자, 자낭포자가 있고, 곰팡이의 무성포자에는 포자낭포자, 분생포자, 후막포자, 분열포자 등이 있음

정답 ②

79. 김치 숙성에 주로 관계되는 균으로 옳은 것은?

① 고초균
② 대장균
③ 젖산균
④ 황국균

| 해설

고초균과 황국균은 된장숙성에 관계됨

정답 ③

80. 붉은 색소를 생성하며 빵, 육류, 우유 등에 번식하여 적색으로 변하게 하는 세균으로 옳은 것은?

① *Serratia* 속
② *Escherichia* 속
③ *Psuedomonas* 속
④ *Lactobacillus* 속

| 해설

② *Escherichia* 속은 대장균
③ *Pseudomonas* 속은 녹색형광, 우유의 쓴맛을 나타냄
④ *Lactobacillus* 속은 유제품 발효, 젖산 제조

정답 ①

제5과목 식품제조공정

81. 분쇄에 관여하는 식품의 성질에 해당하지 않는 것은?

① 식품의 경도
② 식품의 물리적 구조
③ 식품 중의 단백질 함량
④ 수분 함량

| 해설

분쇄는 식품의 물리적 성질과 관련 있음

정답 ③

82. 압출 성형 가공 중에 일어나는 변화로 옳지 않은 것은?

① 전분의 수화, 팽윤, 무정형화 및 분해
② 지방 성분의 변화는 열처리 과정이 없기 때문에 거의 일어나지 않는다.
③ 단백질의 변성, 분자간 결합 및 조직화, 효소의 불활성화
④ 향미의 변화, 조직 팽창 및 밀도의 조절, 갈색화 반응 등이 일어난다.

| 해설

압출 성형
원료를 노즐이나 다이와 같은 작은 구멍을 통해 강한 압력으로 밀어내어 일정한 모양의 단면을 갖게 함, 가열하여 팽화시키므로 식품성분의 변화도 일어남

정답 ②

83. 고체-액체 추출에서 추출 속도에 영향을 미치는 인자에 해당하지 않는 것은?

① 고체-액체의 계면 면적
② 온도가 높으면 용질이 확산하는 속도가 감소
③ 농도의 기울기
④ 점도가 낮을수록 좋다.

| 해설

온도가 높으면 용질이 확산하는 속도가 증가

정답 ②

84. 식품의 건조시 식품 내부 수분의 이동에 대한 설명으로 옳지 않은 것은?

① 식품 중 수분의 증발 및 승화
② 모세관 현상에 의한 것
③ 수증기압차에 의한 확산
④ 고체 입자 사이에 흡착된 수분층의 확산

| 해설

식품 중 수분의 증발 및 승화는 식품 표면 수분의 이동 현상임

정답 ①

85. 역삼투압 농축에 대한 설명으로 옳지 않은 것은?

① 증발 농축의 약 1/17의 에너지로 농축이 가능하다.
② 농축한계가 가용성 고형분 농도의 70~80% 정도로 매우 효과적이다.
③ 조작 중 투과율의 저하, 반투막의 세척 등 해결이 필요한 문제가 있다.
④ 상온에서 조작이 가능하기 때문에 바람직한 농축 방법이다.

| 해설

역삼투압 농축
• 농도가 진한 용액의 위쪽에 높은 압력을 가해주면 농도가 진한 용액의 용매가 반투막을 통하여 묽은 용액 쪽으로 이동
• 바닷물에서 소금 성분 등은 남기고 물 성분만 통과시키는 데 주로 이용
• 막분리법만으로는 고형분 농도 100%로 농축이 어려우므로 2차 농축장치 필요, 최근에는 고형분 농도 100% 가능 기술이 개발됨

정답 ②

86. 증발 농축 과정 중 나타나는 현상이 아닌 것은?

① 비점 상승
② 비말 동반
③ 유동성 증가
④ 관석 생성

| 해설

증발 농축 공정 중 발생하는 현상
비점 상승, 점도 상승, 거품 발생, 관석 발생, 비말 동반 등

정답 ③

87. 표준 체의 단위인 mesh의 정의로 옳은 것은?

① 체망 길이 1cm 안에 들어있는 체눈의 수
② 체망 길이 1inch 안에 들어있는 체눈의 수
③ 체망 길이 10cm 안에 들어있는 체눈의 수
④ 체망 길이 10inch 안에 들어있는 체눈의 수

| 해설

미국 타일러 표준체(Tyler standard sieve)
• 체눈의 크기 단위는 메시(mesh)를 사용
• 1메시는 1인치(25.4mm) 안의 눈금의 수를 말함
• 메시가 클수록 체눈의 크기가 작고, 작은 입자만 통과 가능
• 0.0029 인치의 체눈을 형성하는 200메시 체를 기준으로 함

정답 ②

88. 살균 온도는 121℃로 일정하고 생균수가 10^3일 때 살균시간이 7분, 10^2의 살균시간이 2분이라고 하면 D의 값은?

① 4분　　　　　　② 5분

③ 6분　　　　　　④ 7분

| 해설

$$D = \frac{t}{\log\frac{N_0}{N_1}} = \frac{7-2}{\log\frac{10^3}{10^2}} = 5$$

정답 ②

89. 다음 중 국내 통조림 가공 공장에서 많이 이용하고 있는 정치식 수평형 레토르트의 부속기기가 아닌 것은?

① 브리더(Bleeder)　　② 벤트(Vent)

③ 척(Chuck)　　　　④ 안전밸브

| 해설

브리더, 벤트, 안전밸브는 레토르트 멸균기의 장치이고, 척은 통조림 밀봉시 뚜껑을 위에서 눌러 고정시키는 역할을 하는 장치
㉠ 브리더(Bleeder): 증기와 더불어 혼입되어 들어오는 공기 제거 장치
㉡ 벤트(Vent): 증기 도입 시 레토르트 내의 공기 제거 장치

정답 ③

90. 유지의 채취법으로 옳지 않은 것은?

① 증류법　　　　　② 추출법

③ 용출법　　　　　④ 압착법

| 해설

㉠ 식품 성분의 특성에 따라 압착추출, 증류추출, 용매추출, 초임계 유체 추출 등이 이용됨
㉡ 일반적으로 동물성 유지는 용출법, 식물성 유지는 압착법, 추출법이 이용됨
㉢ 증류법은 끓는점의 차이를 이용하여 액체 상태의 혼합물을 분리하는 방법으로 석유를 증류하여 휘발유, 경유, 등유와 같은 여러 종류의 연료로 분리하는 데 사용됨

정답 ①

91. 식품제조공정에서 거품을 소멸시키는 목적으로 사용되는 첨가물은?

① 규소수지

② n-헥산

③ 유동파라핀

④ 규조토

| 해설

거품제거제(소포제)
식품의 거품 생성을 방지하거나 감소시키는 식품첨가물

거품제거제	사용기준
규소수지	-
라우린산, 미리스트산, 올레인산, 팔미트산	-
옥시스테아린	식용유지류
이산화규소	• 가공유크림, 분유류(자동판매기) • 식염

정답 ①

92. 수분함량이 10%인 밀가루 10kg을 수분함량 20%로 맞추기 위해 첨가해야 하는 물의 양은?

① 1kg

② 1.25kg

③ 1.5kg

④ 1.75kg

| 해설

수분함량 10%인 밀가루 10kg의 수분양은 1kg

수분함량 20% 밀가루: $\dfrac{1+a}{10+a} \times 100 = 20$

∴ 그러므로 $a = 1.25kg$

정답 ②

93. 버터 제조시 유지방의 지방구막을 파손시켜 유지방 성분이 유출되게 하고, 이때 지방은 뭉쳐서 좁쌀 크기의 버터 입자로 만드는 공정은?

① 발효
② 연압
③ 교동
④ 균질

| 해설

버터(butter)

교동기(churn)로 유크림을 서서히 교동하여 유지방구막을 파괴하고 지방만을 유출하여 뭉쳐 좁쌀과 같은 크기로 엉기게 한 후 이것을 모아 짓이겨서 남아 있는 물이 지방에 분산되도록 유화시킨 것 (수분 15%, 지방 85%의 유중수적형)

 정답 ③

94. 물리적 비가열 살균 기술에 해당하지 않는 것은?

① 초음파 살균 기술
② 고전압 펄스 전기장 기술
③ 생리활성물질 첨가 기술
④ 초고압 기술

| 해설

화학적 비가열 살균 기술에 해당됨

 정답 ③

95. 두부 제조에 사용되는 응고제로 사용되는 물질에 해당하지 않는 것은?

① 글루코노델타락톤
② 탄산칼슘
③ 염화칼슘
④ 황산칼슘

| 해설

두부응고제

종류	용해성	장점	단점
염화마그네슘 ($MgCl_2$)	수용성	• 응고시간 빠름 • 보수력 우수	• 압착 시 물이 잘 안빠짐
염화칼슘 ($CaCl_2$)	수용성	• 응고시간 빠름 • 압착 시 물잘 빠짐	• 텍스처가 거칠고 단단 • 수율 낮음
황산칼슘 ($CaSO_4$)	불용성	• 보수력 및 탄력성 우수 • 조직이 부드러움 • 수율 높음 • 두부 색상 우수	• 응고시간 느림 • 불용성이므로 사용이 불편
글루코노델타락톤 (glucono-δ-lactone, GDL, $C_6H_{10}O_6$)	수용성	• 응고력 우수 • 수율 높음 • 사용이 편리	• 신맛 있음 • 조직이 매우 연함

 정답 ②

96. 효소액의 불순물 제거 및 농축 방법으로 옳지 않은 것은?

① 활성탄 흡착법
② 부석법
③ 막여과법
④ 초음파 파쇄법

| 해설

초음파 파쇄를 할 경우, 효소단백질이 변성되어 활성 소실됨

  정답 ④

97. 육류가공시 생성되는 발암성 물질로 발색제를 첨가하여 생성되는 유해물질은?

① 나이트로사민
② 아크릴아마이드
③ 에틸카바메이트
④ 다환방향족탄화수소

| 해설

N-니트로소 화합물

생성 원인: 아민류(아미노산, 펩티드, 단백질)가 산성조건에서 아질산염과 반응하여 니트로소 화합물(nitrosamine, nitrosamide) 생성

정답 ①

98. 식품재료들간의 부딪힘이나 식품재료와 세척기의 움직임에 의해 생기는 힘을 이용하여 오염물질을 제거하는 세척방법은?

① 마찰 세척
② 흡인 세척
③ 자석 세척
④ 정전기 세척

| 해설

① 마찰 세척: 식품 재료간의 상호마찰 또는 재료와 세척기의 움직임에 의한 마찰의 힘으로 오염물질을 제거
③ 자석 세척: 금속을 비롯한 각종 이물질 제거
④ 정전기 세척: 정전기로 먼지를 제거, 차(tea) 세척에 주로 이용

정답 ①

99. 다음 중 에멀션의 형태가 나머지 셋과 다른 것은?

① 버터
② 마요네즈
③ 두유
④ 우유

| 해설

마요네즈, 두유, 우유는 O/W형, 버터는 W/O형

정답 ①

100. 레토르트의 Bleeder의 역할로 옳지 않은 것은?

① 증기와 더불어 혼입하는 공기를 제거한다.
② 레토르트 내의 증기를 순환시킨다.
③ 온도계의 하부에 응결하는 수분을 제거하여 정확한 온도를 지시하도록 한다.
④ 레토르트 내의 압력을 급격히 높게 하여 통조림관이 찌그러지는 것을 방지한다.

| 해설

블리더(bleeder)
증기와 더불어 혼입되어 들어오는 공기의 제거 장치 역할
• 레토르트와 증기실의 증기와 함께 유입된 공기를 제거
• 레토르트와 증기실에서 증기 순환을 촉진하기 위해 사용하는 개구(opening) 역할
• 응결하는 수분을 제거하여 정확한 온도를 지시함

정답 ④

※CBT 문제는 수험생의 기억에 따라 복원된 것이며, 실제 기출문제와 동일하지 않을 수 있습니다.

제1과목 식품위생학

01. 식품등의 표시기준에서 트랜스지방의 정의에 대한 설명이다. ( ) 안에 들어갈 용어를 순서대로 나열한 것은?

> 트랜스지방이라 함은 트랜스구조를 ( )개 이상 가지고 있는 ( )의 모든 ( )을 말한다.

① 2 - 공액형 - 포화지방산
② 1 - 공액형 - 불포화지방산
③ 2 - 공액형 - 불포화지방산
④ 1 - 비공액형 - 불포화지방산

| 해설

트랜스 지방산(trans fatty acid)
천연에 존재하는 시스(cis)형 불포화 지방산에 수소를 첨가하여 가공하면 트랜스(trans)형으로 전환

 정답 ④

02. 소독·살균의 용도로 사용하는 알코올의 일반적인 농도는?

① 100%
② 90%
③ 70%
④ 50%

| 해설

100% 알콜보다 70% 알콜의 살균·소독효과가 큼

 정답 ③

03. 식품위생법령상 위해평가 과정의 정의로 옳지 않은 것은?

① 위해요소의 인체 내 독성을 확인하는 "위험성 확인과정"
② 위해요소의 식품잔류허용기준을 결정하는 "위험성 결정과정"
③ 위해요소가 인체에 노출된 양을 산출하는 "노출평가과정"
④ 위험성 확인과정, 위험성 결정과정, 노출평가과정의 결과를 종합하여 해당 식품등이 건강에 미치는 영향을 판단하는 "위해도 결정과정"

| 해설

위험성 결정과정
• 위해요소의 인체 영향에 대해 용량-반응 평가를 함
• 최대무독성량(NOAEL) 결정 - 벤치마크용량(BMD) 하한값 결정 - 불확실성 계수 적용(일반적으로 100) - 일일섭취허용용량(ADI) 산출

 정답 ②

04. 식품의 방사선 조사 처리에 대한 설명으로 옳지 않은 것은?

① 외관상 비조사식품과 조사식품의 구별이 어렵다.
② 화학적 변화가 매우 적은 편이다.
③ 저온 가열 진공 포장 등을 병용하여 방사선 조사량을 최소화할 수 있다.
④ 투과력이 약해 식품 내부의 살균은 불가능하다.

| 해설

방사선 조사는 투과력이 강하나, 자외선 조사는 투과력이 약함

 정답 ④

05. 식품첨가물공전의 총칙과 관련된 설명으로 옳지 않은 것은?

① 중량백분율을 표시할 때에는 %의 기호를 쓴다.
② 중량백만분율을 표시할 때에는 ppb의 기호를 쓴다.
③ 용액 100mL 중의 물질함량(g)을 표시할 때에는 w/v%의 기호를 쓴다.
④ 용액 100mL 중의 물질함량(mL)을 표시할 때에는 v/v%의 기호를 쓴다.

| 해설

중량백만분율을 표시할 때에는 ppm의 기호를 씀

정답 ②

06. 오크라톡신(Ochratoxin)은 무엇에 의해 생성되는 독소인가?

① 진균(곰팡이)
② 세균
③ 바이러스
④ 복어의 일종

| 해설

Aspergillus ochraceus 곰팡이에 의해 생성되는 간장독 성분

정답 ①

07. DL-멘톨은 식품첨가물 중 어떤 종류에 해당되는가?

① 보존료
② 착색료
③ 감미료
④ 향료

| 해설

천연에 존재하는 L-멘톨은 박하유의 주성분
• D-멘톨과 DL-멘톨은 합성물질
• DL-멘톨은 착향료로 허용됨

정답 ④

08. 포름알데히드(Formaldehyde) 용출과 관련이 없는 합성수지는?

① 페놀수지
② 요소수지
③ 멜라민수지
④ 염화비닐수지

| 해설

㉠ 열경화성 수지(페놀수지, 요소수지, 멜라민수지)는 포름알데하이드(포르말린) 용출이 문제
㉡ 열가소성 수지인 염화비닐(PVC)수지는 프탈레이트 용출이 문제

정답 ④

09. 식품의 초기부패 현상의 식별법이 아닌 것은?

① 히스타민(histamine)의 함량 측정
② 생균수 측정
③ 휘발성 염기질소의 정량
④ 환원당 정량

| 해설

식품, 특히 동물성 식품에서 미생물이 증식하여 부패하면 휘발성 염기질소(VBN), 트리메틸아민(TMA), 히스타민이 생성되고, 생균수 $10^7 \sim 10^8$/g이면 초기부패로 판정함

정답 ④

10. 자연계의 환경오염물질이 인체에 이행되는 과정을 옳게 표현한 것은?

① 광합성
② 천이현상
③ 먹이연쇄
④ 약육강식

| 해설

먹이사슬(먹이연쇄, food chain)은 한 생태계 내 유기체 간의 포식과 의존 관계를 나타내는 개념

정답 ③

11. HACCP의 7원칙에 해당되지 않는 것은?

① 위험요인 분석
② 기록 보관 및 문서화 방법 설정
③ 모니터링 절차 설정
④ 작업공정도 설정

| 해설

HACCP의 7원칙 및 12절차

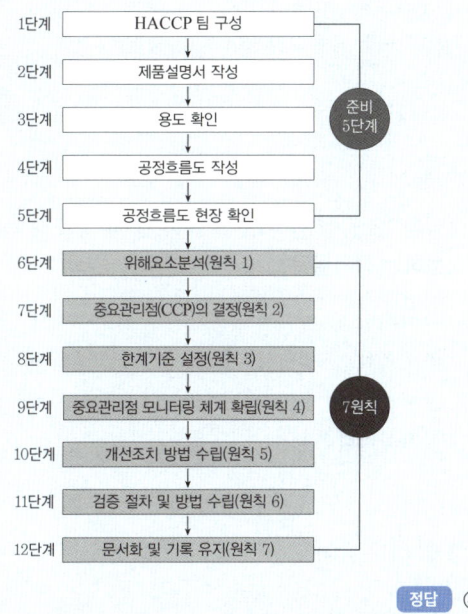

정답 ④

12. 민물고기를 생식한 일이 없는데도 간흡충에 감염될 수 있는 경우는?

① 덜 익힌 돼지고기 섭취
② 민물고기를 조리한 도마를 통한 감염
③ 매운탕 섭취
④ 공기전파

| 해설

㉠ 간디스토마(간흡충)의 제1중간숙주는 왜우렁이, 제2중간숙주는 민물고기(붕어, 잉어, 모래무지)
㉡ 중간숙주를 취급한 칼, 도마 등의 기구, 용기에 간흡충이 교차 오염될 수 있음

정답 ②

13. 우리나라 식품위생법에서 감자, 양파 및 건조향신료 등에 사용이 허용되어 있는 방사선은?

① ^{60}Co
② ^{90}Sr
③ ^{131}I
④ ^{137}Cs

| 해설

식품조사처리 기준(「식품의 기준 및 규격」)
• 이용가능한 선종: 감마선, 전자선 또는 엑스선
• 감마선 방출 선원: ^{60}Co 사용
• 전자선과 엑스선 방출 선원: 전자선 가속기 이용

정답 ①

14. 유해성분과 유래식품의 연결이 옳지 않은 것은?

① Solanine - 감자
② Tetrodotoxin - 복어
③ Venerupin - 섭조개
④ Amygdalin - 청매

| 해설

㉠ Venerupin - 바지락, 굴, 모시조개
㉡ Saxitoxin - 섭조개

정답 ③

15. 여시니아 엔테로콜리티카균에 대한 설명으로 옳지 않은 것은?

① 그람음성의 단간균이다.
② 냉장보관을 통해 예방할 수 있다.
③ 진공포장에서도 증식할 수 있다.
④ 쥐가 균을 매개하기도 한다.

| 해설

여시니아 식중독

- 원인균: *Yersinia enterocolitica*
- 특징
  - 진공포장과 냉장온도에서도 성장할 수 있어 *Listeria mono-cytogenes*와 더불어 냉장식품을 통한 식중독 원인균
  - 호기성과 혐기성 상태 모두 성장
  - *Yersinia* 속균은 그람음성 간균으로 장내세균과에 속하는 인수공통전염병의 원인체
- 잠복기: 1~10일
- 증상: 급성위장염, 주로 어린이에게서 발견

정답 ②

16. 식품공전상 통조림 식품의 통조림통에서 용출되어 문제를 일으킬 수 있는 주석의 기준(규격허용량)을 고르시오. (단, 알루미늄 캔을 제외한 캔 제품에 한하며, 산성 통조림은 제외한다.)

① 100mg/kg 이하
② 150mg/kg 이하
③ 200mg/kg 이하
④ 250mg/kg 이하

| 해설

통·병조림 식품의 주석 규격

150 mg/kg 이하(알루미늄 캔을 제외한 캔제품에 한하며, 산성 통조림은 200 mg/kg 이하이어야 함)

정답 ②

17. 연어나 송어를 생식함으로써 감염되는 기생충은?

① 무구조충
② 광절열두조충
③ 스파르가눔증
④ 선모충

| 해설

광절열두조충(긴촌충)

- 제1중간숙주: 물벼룩
- 제2중간숙주: 민물고기(연어, 송어, 숭어)

정답 ②

18. 식품제조공정 중 거품이 많이 날 때 소포의 목적으로 사용하는 첨가물은?

① 규소수지
② n-헥산
③ 규조토
④ 유동파라핀

| 해설

거품제거제(소포제)

- 정의
  식품의 거품 생성을 방지하거나 감소시키는 식품첨가물
- 허용 거품제거제 및 사용기준

거품제거제	사용기준
규소수지	-
라우린산, 미리스트산, 올레인산, 팔미트산	-
옥시스테아린	식용유지류
이산화규소	• 가공유크림, 분유류 (자동판매기) • 식염

정답 ①

19. 안식향산에 대한 설명으로 옳지 않은 것은?

① 분자식은 $C_8H_6O_2$이다.

② 벤조산이라고 불리는 식품 보존료이다.

③ pH 4.5 이하에서 항균효과가 강하다.

④ 간장의 사용 기준은 0.6g/kg 이하이다.

| 해설

안식향산(Benzoic Acid)

• 화학구조: —COOH

• 분자식: $C_7H_6O_2$

 정답 ①

20. 다음 중 식육가공품의 발색제와 반응하여 형성되는 발암 물질은?

① 아세틸아민(Acetyl-amine)

② 소명반(Burnt alum)

③ 황산제일철(Ferrous sulfate)

④ 니트로소아민(nitrosamine)

| 해설

N-니트로소 화합물

생성 원인: 아민류(아미노산, 펩티드, 단백질)가 산성조건에서 아질산염과 반응하여 니트로소 화합물(nitrosamine, nitrosamide) 생성

정답 ④

21. 다음 중 탄소수(carbon number)가 18개가 아닌 것은?

① 스테아르산(stearic acid)

② 올레산(oleic acid)

③ 리놀렌산(linolenic acid)

④ 팔미트산(palmitic acid)

| 해설

① 스테아르산(stearic acid): $C_{18:0}$
② 올레산(oleic acid): $C_{18:1}$
③ 리놀렌산(linolenic acid): $C_{18:2}$
④ 팔미트산(palmitic acid): $C_{16:0}$

 정답 ④

22. 가열조리한 무의 단맛 성분은?

① allicin

② aspartame

③ methyl mercaptan

④ phyllodulcin

| 해설

무를 가열하면 methyl mercaptan에 의해 단맛을 내지만 가열 전에는 매운맛을 냄

 정답 ③

23. 물과의 친화력이 가장 큰 반응 그룹은?

① 수산화기(-OH)

② 알데히드기(-CHO)

③ 메틸기($-CH_3$)

④ 페닐기($-C_6H_5$)

| 해설

친수성기

• 물과의 친화성이 강한 극성이 있는 원자단

• -OH, -COOH, $-NH_2$ 등

 정답 ①

24. 식품과 매운맛을 내는 물질의 연결이 옳은 것은?

① 고추 - 피페린(Piperine)

② 마늘 - 알리신(Allicine)

③ 겨자 - 캡사이신(Capsaicin)

④ 후추 - 진저롤(Gingerol)

| 해설

① 고추 - capsaicin

③ 겨자 - sinigrin

④ 후추 - chavicine

정답 ②

25. 전분의 호화(Gelatinization)에 직접적으로 영향을 주는 요인이 아닌 것은?

① 아밀라아제의 함량

② 아밀로오스의 함량

③ 전분의 수분함량

④ 전분 현탁액의 pH

| 해설

호화에 영향을 미치는 인자

• 수분: 수분함량이 낮으면 호화가 지연되며, 수분함량이 높을 때 잘 일어남

• 전분의 종류: 전분의 입자가 작을수록 호화 온도가 높으며, 아밀로펙틴 함량이 높을수록 호화 속도가 느림

• 온도: 60℃ 전후 호화 시작, 온도가 높을수록 호화가 빠름

• pH: 알칼리성일 때 swelling과 호화 촉진
  ※ 녹말에 NAOH를 가하면 가열하지 않아도 호화됨

• 팽윤제(염류): 일부 염류는 swelling과 호화 촉진
  ※ 음이온이 팽윤제 역할 강함(OH⁻ > CNS⁻ > Br⁻ > Cl⁻), 황산염은 호화 억제

• 당류: 당농도 증가는 호화온도와 시간을 상승시킴

• 지방질: 나선상 아밀로즈와 결합에 의한 호화 지연

정답 ①

26. 지방 100g 중에 Oleic acid 20mg이 함유되어 있을 경우 산가는? (단, KOH의 분자량은 56이고, Oleic acid $C_{18}H_{34}O_2$의 분자량은 282이다.)

① 3.97

② 0.0397

③ 100.7

④ 1.007

| 해설

㉠ 산가(acid value): 지방 1g 중에 있는 유리 지방산을 중화하는 데 필요한 KOH의 mg 수

㉡ oleic acid 20mg : 282 = oleic acid 20mg을 중화하는데 필요한 KOH의 mg 수 : 56
  ∴ 그러므로 필요한 KOH의 mg 수 = 3.97

정답 ①

27. 외부의 힘에 의하여 변형된 물체가 그 힘을 제거하여도 원상태로 돌아오지 않는 성질은?

① 탄성(Elasticity)

② 점탄성(Viscoelasticity)

③ 점성(Viscosity)

④ 소성(Plasticity)

| 해설

① 탄성(Elasticity): 외부에서 전달된 힘에 의해 변형이 되었다가 외력이 제거되었을 때 원래 형태로 돌아가는 성질

② 점탄성(Viscoelasticity): 고체의 특성인 탄성과 액체의 특성인 점성을 동시에 보이는 성질

③ 점성(Viscosity): 유체의 흐름에 대한 저항성

정답 ④

28. 과채류 가공시 불포화지방의 산패(rancidity)를 촉진하지 않는 것은?

① BHT(butylated hydroxytoluene)

② 지질산소화효소(lipoxygenase)

③ 빛

④ 전이금속

| 해설

BHT는 산화방지제

정답 ①

29. 아래의 ㉠과 ㉡의 반응에서 나타나는 색을 순서대로 나열한 것은?

> ㉠ 적당량의 포도껍질을 취한 비커에 포도껍질이 잠길 정도로 1% 염산 메탄올 용액(메탄올에 염산을 용해시킨 용액)을 가하여 색소를 추출하였다.
> ㉡ 같은 색소 용액을 또 다른 비커에 취하여 pH가 7~8 정도가 되도록 0.5N 수산화나트륨용액을 가하였다.

① ㉠: 적색, ㉡: 적색
② ㉠: 적색, ㉡: 청색
③ ㉠: 청색, ㉡: 청색
④ ㉠: 청색, ㉡: 적색

| 해설

pH에 따른 안토시아닌의 색 변화
pH 3.5 이하에서 매우 안정한 적색, 중성에서 자색, 알칼리에서 청색

정답 ②

30. 단백질의 구조 중 peptide 결합 사슬이 α-나선구조(helix)를 이룬 것은?

① 1차구조
② 2차구조
③ 3차구조
④ 4차구조

| 해설

㉠ 1차 구조
한 개의 이미노산의 α-키르복실기(-COOH)와 디음 이미노산의 α 아미노기(-NH₂)가 축합하여 형성된 -CO-NH- 결합인 펩티드 결합에 의해 폴리펩티드인 단백질 형성
㉡ 2차 구조
• 이웃의 이미노산끼리 상호작용(수소결합 등)에 의해 형성한 입체구조
• α-helix 구조, β-sheet 구조, Random 나사 구조
㉢ 3차 구조
polypeptide 사슬이 수소결합, S-S결합, 이온결합, 소수성 결합 등에 의해서 휘어지고 구부러지거나, 서로 묶어서 구상 및 섬유상의 일정한 구조 형성
㉣ 4차 구조
3차 구조를 이루고 있는 폴리펩티드 2개 이상이 회합하여 하나의 생리기능을 가지는 단백질을 형성

정답 ②

31. 케톤기를 가지는 탄수화물은?

① Mannose
② Galactose
③ Ribose
④ Fructose

| 해설

알도오스(aldose)와 케토오스(ketose)

• 알도오스(aldose): 두 개 이상의 수산기(-OH)와 한 개의 알데히드기(-CHO)를 가진 당
• 케토오스(ketose): 두 개 이상의 수산기(-OH)와 한 개의 케톤기(-C＝O)를 가진 당

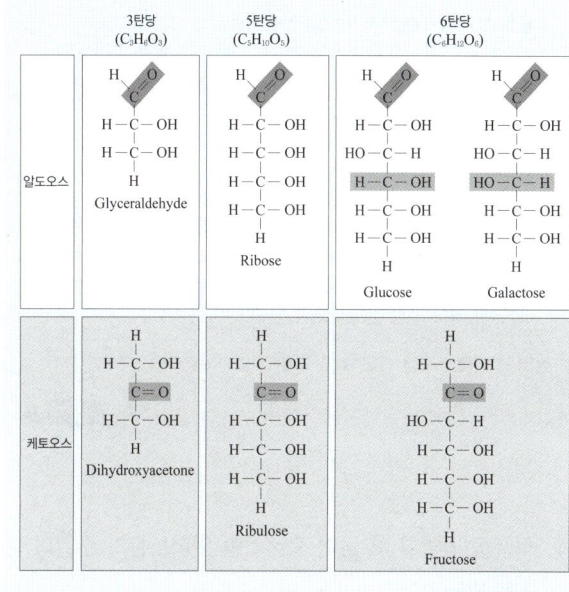

정답 ④

32. 단백질이 가수분해되어 아미노산이 되었다가 탈키르복시 반응에 의하여 생긴 물질은?

① 지방산
② 아민
③ 탄수화물
④ 지방

| 해설

예 휘발성아민류(volatile amines): 동물성 식품에서 부패에 의해 아미노산의 탈카르복시화에 의해 생성, 트리메틸아민

정답 ②

33. 식품등의 표시기준에 의거하여 영양성분이 "단백질 10g, 유기산 5g, 식이섬유 5g, 지방 3g"으로 표시된 식품의 열량은?

① 67kcal

② 77kcal

③ 82kcal

④ 92kcal

│해설

「식품등의 표시기준」에서 열량의 산출기준
㉠ 영양성분의 표시함량을 사용하여 열량을 계산함에 있어 탄수화물은 1g당 4kcal를, 단백질은 1g당 4kcal를, 지방은 1g당 9kcal를 각각 곱한 값의 합으로 산출하고, 알콜 및 유기산의 경우에는 알콜은 1g당 7kcal를, 유기산은 1g당 3kcal를 각각 곱한 값의 합으로 한다.
㉡ 탄수화물 중 당알콜 및 식이섬유 등의 함량을 별도로 표시하는 경우의 탄수화물에 대한 열량 산출은 당알콜은 1g당 2.4kcal(에리스리톨은 0kcal), 식이섬유는 1g당 2kcal, 타가토스는 1g당 1.5kcal, 알룰로오스는 1g당 0kcal, 그 밖의 탄수화물은 1g당 4kcal를 각각 곱한 값의 합으로 한다.

∴ 그러므로 $(10 \times 4) + (5 \times 3) + (5 \times 2) + (3 \times 9) = 92$

정답 ④

34. 식품을 가열할 때 당이 공존하면 아미노산의 손실이 큰 주된 이유는?

① 마이야르(Maillard) 반응이 일어나기 때문이다.

② 아미노산의 파괴를 촉진하기 때문이다.

③ 단백질이 변질되기 때문이다.

④ 탈수가 일어나기 때문이다.

│해설

Maillard reaction(amino-carbonyl 반응, melanoidin 반응)
환원당과 아미노화합물의 축합반응

정답 ①

35. 우유에서 유화제의 역할을 하는 것은?

① 카세인

② 레시틴

③ 락토오스

④ 칼슘

│해설

우유의 주요단백질인 카제인은 유화제의 역할을 함

정답 ①

36. 녹말을 가수분해하는 효소로서 α-1,4 결합뿐 아니라 분지점의 α-1,6 결합도 분해하는 효소는?

① 알파아밀라아제(α-amylase)

② 베타아밀라아제(β-amylase)

③ 글루코아밀라아제(glucoamylase)

④ 탈분지아밀라아제(debranching amylase)

│해설

㉠ α-amylase
　전분의 α-1,4 glucoside 결합을 분해(endo)하나 a-1,6 결합에는 작용하지 않음
㉡ β-amylase
　전분의 α-1,4 glucoside 결합을 분해하여 비환원성 말단으로부터 maltose를 생성
㉢ Glucoamylase
　전분의 비환원성 말단에서 포도당 단위로 α-1,4 결합을 차례로 분해, β-1,6 결합도 분해

정답 ③

37. 서양고추냉이, 겨자, 양배추, 무 등을 분쇄했을 때 자극적인 향기를 내는 성분은?

① Methyl mercaptan

② Limonene

③ Isothiocyanate

④ Diallyl sulfide

| 해설

① methyl mercaptan: 양파, 마늘, 파 등
② limonene: 감귤류
④ diallyl sulfide: 양파, 마늘 등

정답 ③

38. 다음 아미노산 중 L형이나 D형과 같은 광학이성체가 존재하지 않는 것은?

① 발린(Valine)

② 아이소루신(Isoleucine)

③ 글라이신(Glycine)

④ 트레오닌(Threonine)

| 해설

아미노산의 입체이성체(stereoisomer)
· 비대칭 탄소 원자를 갖기 때문에 광학적 이성질체가 되며, 대부분이 L-형이고, D-형은 특수한 경우 존재
· 단, glycine은 비대칭탄소원자가 없음

정답 ③

39. 천연지방산의 특징이 아닌 것은?

① 불포화지방산은 이중결합이 없다.

② 대부분 탄소수가 짝수이다.

③ 불포화지방산은 대부분 cis형이다.

④ 카르복실기가 하나이다.

| 해설

불포화지방산은 이중결합이 하나 이상임

정답 ①

40. KOH를 첨가하였을 때 글리세롤을 형성하지 못하는 지방질은?

① 인지질

② 중성지질

③ 트리팔미틴

④ 라이코펜

| 해설

중성지질과 같은 단순지질과 인지질과 같은 복합지질은 KOH와 함께 가열하면 가수분해되어 지방산과 글리세롤을 형성하지만 라이코펜과 같은 지용성 비타민(유도지질)은 검화될수 없음

정답 ④

41. 젤리화에 가장 적합한 유기산의 함량은?

① 0.01%　　　　② 0.03%

③ 0.3%　　　　④ 3%

| 해설

젤리화에 필요한 3요소
당(60~65%), pH2.9~3.5(유기산0.3%), 펙틴(1.0~1.5%)

정답 ③

42. 환경기체조절 포장법(Modified atmosphere packag—ing)의 사용기체로서 적합하지 않은 것은?

① 질소(N_2)　　　　② 헬륨(He)

③ 산소(O_2)　　　　④ 이산화탄소(CO_2)

| 해설

MAP 저장
포장 속의 산소, 질소와 이산화탄소의 조성을 조절하여 식품의 저장 수명을 늘리는 포장 방법으로서, 미생물의 성장 억제, 효소와 생화학 반응의 조절, 수분 손실의 감소 등의 장점이 있음

정답 ②

43. 포도당 당량(DE: Dextrose Equivalent)이 높을 때의 현상은?

① 점도가 떨어진다.

② 삼투압이 낮아진다.

③ 평균 분자량이 증가한다.

④ 덱스트린이 증가한다.

| 해설

$$D.E.(Dextrose\ equivalent) = \frac{환원당(포도당으로\ 표시)}{고형분} \times 100$$

포도당 당량이 높으면 점도가 낮아지고 삼투압이 높아지고, 평균 분자량이 작아지며 덱스트린은 감소

정답 ①

44. 우유의 살균여부를 판정하는데 이용되는 적절한 방법은?

① 알콜 테스트

② 산도측정

③ 비중검사

④ 포스파타아제 테스트

| 해설

㉠ 우유의 살균 여부 판정법
Phosphatase test: 우유를 가열하면 포스파타제 효소가 활성을 상실하므로, 포스파타제의 활성을 측정하면 우유의 살균 여부 판정

㉡ 우유의 신선도 검사
Methylene blue test, 에탄올 검사, 산도 측정, 자비시험

㉢ 우유의 가수 여부 판정법
비중 측정, 지방율 측정

정답 ④

45. 육제품 제조시 훈연의 목적 및 효과에 대한 설명으로 옳지 않은 것은?

① 방부작용에 의한 저장성 증가

② 항산화작용에 의한 산화방지

③ 훈연취 부여에 의한 풍미의 개선

④ 훈연에 의한 수분증발로 육질이 질겨짐

| 해설

육제품 훈연의 목적
• 제품 특유의 색, 향미 향상
• 건조의 의한 저장성 향상
• 연기의 방부 성분에 의한 잡균 오염 방지로 저장성 향상
• 육색의 고정화 촉진
• 지방 산화방지

정답 ④

46. 통조림 제조의 주요 공정순서가 바르게 된 것은?

① 밀봉 - 살균 - 탈기

② 탈기 - 밀봉 - 살균

③ 살균 - 밀봉 - 탈기

④ 살균 - 탈기 - 밀봉

| 해설

통조림의 제조공정

원료 → 조리 → 담기 → 탈기 → 밀봉 → 살균 → 냉각 → 제품

 ②

47. 원통형 저장탱크에 밀도가 $0.917g/cm^3$인 식용유가 $5.5m$ 높이로 담겨져 있을 때 탱크 밑바닥이 받는 압력은? (단, 탱크의 배기구가 열려져 있고 외부압력이 1기압이다.)

① $0.495 \times 10^5 pa$

② $0.990 \times 10^5 pa$

③ $1.013 \times 10^5 pa$

④ $1.508 \times 10^5 pa$

| 해설

㉠ 식용유에 의한 압력 = 밀도 × 중력가속도 × 높이

$$= 0.917 \frac{g}{cm^3} \times 9.8 \frac{m}{s^2} \times 5.5 m$$

$$= 49426.3 \frac{kg}{m \times s^2}$$

㉡ 외부압력 1기압(atm) = 101325Pa,

(※ $1Pa = 1\frac{N}{m^2} = 1\frac{kg}{m \times s^2}$)

∴ 그러므로 탱크 밑바닥이 받는 전체 압력은

$101325 + 49426.3 = 150751.3 = 1.508 \times 10^5$

 ④

48. 된장 숙성 중 일반적으로 일어나는 화학변화와 관계가 먼 것은?

① 당화작용   ② 알코올발효

③ 단백질 분해   ④ 탈색작용

| 해설

된장 숙성 시 갈변 반응이 일어남

 ④

49. 식물성 유지가 동물성 유지보다 산패가 덜 일어나는 이유로 옳은 것은?

① 천연항산화제가 들어있기 때문에

② 발연점이 낮기 때문에

③ 시너지스트(Synergist)가 없기 때문에

④ 열에 안정하기 때문에

| 해설

식물성 유지에는 천연 항산화제(토코페롤)가 존재하므로, 동물성 유지 대비 불포화지방산의 함량이 높음에도 불구하고 산패속도가 느림

 ①

50. 경도가 높은 곡물을 도정하는데 가장 효과적인 도정작용은?

① 마찰작용   ② 충격작용

③ 연삭작용   ④ 찰리작용

| 해설

① 마찰작용: 곡물과 기계 사이에 비벼짐으로써 일어나는 도정효과

② 충격작용: 부딪힘에 의해 얻어지는 도정 효과

③ 연삭작용: 곡립의 조직을 깎아내는 작용으로 작용이 클 때는 연삭, 작을 때는 연마라 함

④ 찰리작용: 마찰이 강하게 일어날 때 생기는 도정 효과

 ③

51. 전분의 가수분해정도(DE: Dextrose Equivalent)에 따른 변화로 옳은 것은?

① DE가 증가할수록 점도가 낮아진다.
② DE가 증가할수록 감미도가 낮아진다.
③ DE가 감소할수록 삼투압이 높아진다.
④ DE가 감소할수록 결정성이 높아진다.

| 해설

$$D.E.(Dextrose\ equivalent) = \frac{환원당(포도당으로\ 표시)}{고형분} \times 100$$

포도당 당량이 높으면 점도가 낮아지고 삼투압이 높아지고, 평균 분자량이 작아지며 덱스트린은 감소

정답 ①

52. 유통기한 설정시 반응속도의 온도 의존성에 대한 설명으로 옳지 않은 것은?

① 반응속도는 온도가 증가하면 직선적(linear)으로 증가한다.
② 온도 의존성은 일반적으로 아레니우스(Arrhenius)식으로 표현된다.
③ 온도 의존성은 특히 가속저장방법으로부터 유통기한 예측에 적용된다.
④ Q_{10}이 2인 식품이 50℃에서 유통기한이 2주일 때 30℃에서는 8주이다.

| 해설

온도가 증가하면 반응속도는 대수적으로 증가함

정답 ①

53. 튀김유의 품질 조건으로 옳지 않은 것은?

① 거품이 일지 않을 것
② 열에 대하여 안전할 것
③ 튀길 때 발생하는 연기가 적을 것
④ 가열에 의한 점도 변화가 클 것

| 해설

튀김유의 품질 조건
㉠ 거품이 일지 않을 것
㉡ 열에 대하여 안정할 것
㉢ 튀길 때 발생하는 연기가 적을 것
㉣ 가열에 의한 점도 변화가 작아야 할 것
㉤ 가급적 인화점이 높고 발연점이 높은 것이 좋음

정답 ④

54. 유지를 추출하기 위한 유기용제의 구비조건으로 잘못된 것은?

① 유지 및 기타 물질을 잘 추출할 것
② 유지 및 착유박에 이취와 독성이 없을 것
③ 기화열 및 비열이 작아 회수하기가 쉬울 것
④ 인화 및 폭발하는 등의 위험이 적을 것

| 해설

유지만 선택적으로 추출할 수 있는 것이 좋음

정답 ①

55. 통조림 용기 중 금속 원형관의 호칭에서 401의 의미는?

① 직경이 401mm이다.
② 직경이 40.1mm이다.
③ 직경이 4와 1/16인치이다.
④ 직경이 4와 1/12인치이다.

| 해설

통조림 용기의 규격은 인치 단위로 나타낸 밀봉부의 바깥지름
예를 들어,
㉠ 211은 지름이 2와 11/16인치를 의미
㉡ 401은 지름이 4와 1/16인치를 의미

정답 ③

56. 유지 채취 방법 중 부적합한 것은?

① 용출(용출)법

② 증발법

③ 압착법

④ 추출법

57. 용출(Rendering)에 의한 유지제조에 가장 적합한 것은?

① 참깨   ② 대두

③ 돈지   ④ 쇼트닝

58. 추출한 유지를 낮은 온도에 저장하면서 굳어 엉긴 고체 시방을 제거하는 공정은?

① 탈산

② 윈터리제이션

③ 탈취

④ 탈색

59. 검체 10mL로 우유의 산도를 계산하는 다음 식에서 0.009의 의미는?

$$산도(젖산\%) = \frac{a \times 0.009 \times f}{10 \times 우유의\ 비중} \times 100$$

a: 0.1 N NaOH의 소비량(mL)

f: 0.1 N NaOH의 역가

① 0.1 N NaOH 용액의 농도계수

② 0.1 N NaOH 용액 1mL에 해당하는 젖산의 g 수

③ 우유 1mL 중에 들어있는 젖산의 mg 수

④ 우유 1mL 중에 들어있는 전 알칼리양의 mg 수

60. z값이 8.5℃인 미생물을 순간적으로 138℃까지 가열시키고 이 온도를 5초 동안 유지한 후에 순간적으로 냉각시키는 공정으로 살균 열처리를 할 때, 이 살균공정의 F_{121}값은?

① 125초   ② 250초

③ 375초   ④ 500초

61. 김치 숙성에 관련된 균이 아닌 것은?

① *Leuconostoc mesenteroides*

② *Pediococcus cerevisiae*

③ *Lactobacillus plantarum*

④ *Bacillus subtilis*

┃해설

Bacillus subtilis(고초균)는 된장 등의 발효균

정답 ④

62. 유기산과 생산 미생물과의 연결로 옳지 않은 것은?

① 구연산 - *Aspergillus niger*

② 초산 - *Acetobacter aceti*

③ 젖산 - *Leuconostoc mesenteroides*

④ 프로피온산 - *Propionibacterium shermanii*

┃해설

*Leuconostoc mesenteroides*는 hetero type 젖산균으로 주로 에탄올, 이산화탄소 생성

정답 ③

63. 미생물에서 무기염류의 역할과 관계가 적은 것은?

① 세포의 구성분

② 세포벽의 주성분

③ 물질대사의 보효소

④ 세포 내의 삼투압 조절

┃해설

P, S, Mg, K, Na, Ca 등의 무기염류는 미생물 세포 구성성분, 세포 내 삼투압 조절, 배지 완충작용 등 미생물 생육에 필수요소

정답 ②

64. 돌연변이에 의한 염기서열의 변화에 해당하지 않는 것은?

① 염기짝 치환(Base-pair substitution)

② Frame-shift형 변이

③ 염기 결손(Deletion)

④ Alkylation

┃해설

Alkyl agent(alkyl화제)는 염기 중 구아닌의 7번 위치를 alkyl화(alkylation) 시켜 transition 형과 transversion 형의 변이를 유발하는 물질을 말함

정답 ④

65. 주정발효 대사와 가장 관계가 깊은 경로는?

① EMP

② HMP

③ TCA

④ β-oxidation

┃해설

젖산균, 효모, 대장균 등의 대사과정에서 Embden-Meyerhof pathway(EMP)를 거쳐 pyruvate가 생성되고 이후 혐기적 조건에서는 젖산, 알코올 등을 생성하고 호기적 조건에서는 완전 산화 과정을 거침

정답 ①

66. 진핵세포에 대한 설명으로 옳지 않은 것은?

① 막으로 둘러싸인 핵이 있다.

② DNA는 원형으로 세포질에 존재한다.

③ 막으로 둘러싸인 세포 소기관이 발달되어 있다.

④ 원핵세포보다 크기가 크다.

| 해설

원핵세포와 진핵세포의 비교

구분	진핵세포	원핵세포
생물 종류	원생동물, 조류, 곰팡이, 효모, 버섯	세균, 남세균, 방선균
세포 크기	대형	소형
세포벽	균류-키틴, 식물과 조류-셀룰로스	펩티도글리칸 등
핵	핵막과 인이 존재 히스톤 단백질과 복잡한 결합	핵막과 인이 없음
리보솜 크기	80s	70s
광합성	엽록체 있음	엽록체 없음
세포호흡	미토콘드리아	메소좀
세포분열	유사분열(이분법)	무사분열(비유사분열)
DNA 상태	다수 선형 염색체	단일 환상 염색체
염색체	여러 개	1개+플라스미드
리소좀과 퍼옥시좀	있음	없음
영양방법	대부분 종속영양	독립영양(광합성, 화학합성)
세포소기관	핵, 미토콘드리아 등	없음

정답 ②

67. Bacteriophage에 의하여 유전자 전달이 이루어지는 현상은?

① 형질전환(Transformation)

② 접합(Conjugation)

③ 형질도입(Transduction)

④ 유전자재조합(Genetic recombination)

| 해설

㉠ 세포융합(cell fusion)
동물세포에 sendai virus 나 polyethylene glycol을 처리함으로써 세포간 융합을 형성하여 잡종세포를 얻음
㉡ 접합(conjugation)
pili(미생물의 선모)를 이용하여 한 세포에서 다른 세포로 유전자가 이동
㉢ 형질전환(transformation)
공여세포로부터 유리된 DNA가 직접 수용세포 내로 들어가 일어나는 DNA 재조합 방법
㉣ 형질도입(transduction)
Phage(virus)가 한 세포 내로 다른 세균의 유전자를 함께 수용하여 전달하는 기능

정답 ③

68. 탄소원으로 포도당 1kg에 *Saccharomyces cerevisiae* 를 배양하여 발효시켰을 때 얻어지는 에틸알코올의 이론적인 최대 생성양은?

① 423g

② 511g

③ 645g

④ 786g

| 해설

포도당 1000g으로 생산된 알코올 양
glucose → 2 ethanol + 2CO$_2$
180(glucose 분자량) : 2 × 46(ethanol 분자량) = 1000 : a
∴ a = 511g

정답 ②

69. 청국장 제조에 쓰이는 균은?

① *Bacillus mesenteroides*
② *Bacillus subtilis*
③ *Bacillus coagulans*
④ *Lactobacillus plantarum*

| 해설

청국장 제조에 사용되는 균은 *Bacillus subtilis* 또는 *Bacillus natto*

 정답 ②

70. 맥주효모 세포의 기본적인 형태로 옳은 것은?

① 계란형(cerevisiae type)
② 타원형(ellipsoideus type)
③ 소시지형(pastorianus type)
④ 레몬형(apiculatus type)

| 해설

㉠ 난형(cerevisiae type): *Saccharomyces cerevisiae* (맥주효모)
㉡ 타원형(ellipsoideus type): *Saccharomyces ellipsoideus*
㉢ 구형(torula type): *Torulopsis colliculose*
㉣ 방추형(apiculatus type, 레몬형): *Hanseniaspora* 속
㉤ 소세지형(pastorianus type): *Saccharomyces pastorianus*
㉥ 삼각형(trigonopsis type): *Trigonopsis* 속
㉦ 위균사형(pseudomycellium type): *Candida* 속
㉧ 진균사형: *Trichosporon* 속

 정답 ①

71. 파아지(phage) 오염에 의한 피해를 입는 발효공업만으로 짝지어진 것은?

① 식혜, 항생물질 제조
② 청주, 유기산 제조
③ 식초, 요구르트 제조
④ SCP(single cell protein), 헥산 제조

| 해설

파아지는 세균에만 특이적으로 피해를 입히므로, 효모와 곰팡이에 의한 발효는 파아지의 피해가 없음

 정답 ③

72. 다음 중 TCA회로(tricarboxylic acid cycle)상에서 생성되는 유기산이 아닌 것은?

① citric acid
② lactic acid
③ succinic acid
④ malic acid

| 해설

Lactic acid(젖산)은 TCA cycle의 중간생성물이 아님

 정답 ②

73. 청주 종국 제조시 나무재(木)의 사용목적으로 옳지 않은 것은?

① 강알칼리성으로 잡균 침입을 방지한다.
② 수분을 조절한다.
③ 포자형성을 양호하게 한다.
④ 국균에 칼륨을 공급한다.

| 해설

제국[koji(국) 제조]

• koji: 증미에 코지곰팡이(*Aspergillus oryzae*)를 번식시킨 것으로, amylase와 protease의 공급원
• 찐 주미에 나무재를 살포시켜 잡균번식 방지(알칼리화), 무기질 공급, 포자형성 용이하게 함

 정답 ②

74. 곰팡이가 가지고 있지 않은 세포 구조물은?

① 균사체
② 포자
③ 자실체
④ 섬모

| 해설

섬모(cilia)
원생동물의 운동기관

 정답 ④

75. 초산균을 이용하여 양조식초를 제조할 때 기질로 사용되는 것은?

① 녹말
② 아미노산
③ 포도당
④ 에틸알코올

| 해설

초산(acetic acid) 발효

glucose $\xrightarrow[2CO_2]{}$ 2 ethanol $\xrightarrow[H_2O]{}$ 2 acetaldehyde $\longrightarrow$ 2 acetic acid

 정답 ③

76. 식품 통조림이 *Clostridium botulinum* 포자로 오염되어 있다. 이 포자의 $D_{121.1}$이 0.25분일 때 이 통조림을 121.1℃에서 가열하여 포자의 수를 12대수 cycle만큼 감소시키는데 걸리는 시간은?

① 0.02분
② 2분
③ 3분
④ 30분

| 해설

D값: 어떤 온도에서 어떤 미생물을 90% 사멸시키는 데 필요한 시간

$$D = \frac{t}{\log \dfrac{N_0}{N_1}} = \frac{t}{\log(10^{12})} = 0.25$$

∴ 그러므로 $t = 3$분

정답 ③

77. 포도주 효모에 대한 설명으로 옳지 않은 것은?

① *Saccharomyces cerevisiae var. ellipsoides*가 흔히 사용된다.
② 타원형이다.
③ 무포자 효모이다.
④ 아황산에 내성인 것이 좋다.

| 해설

*Saccharomyces*속은 자낭포자효모 즉, 포자를 형성함

 정답 ③

78. 원시핵세포 구조로서 세포 안에 핵과 액포가 없고, 2분열에 의한 무성생식만을 하는 조류는?

① 녹조류
② 홍조류
③ 남조류
④ 갈조류

| 해설

남조류를 제외한 조류는 고등 미생물에 속함

 정답 ③

79. 그람염색에서 가장 먼저 사용하는 시약은?

① 알코올(alcohol)
② 크리스탈 바이올렛(crystal violet)
③ 사프라닌(safranin)
④ 그람 요오드(gram's iodinc)

| 해설

Gram 염색

크리스탈 바이올렛을 이용하여 1차 염색 → 요오드(Lugol 용액)로 염색약을 세포벽에 고정 → 알코올로 탈색 → 사프라닌으로 2차 염색

 정답 ②

80. 원핵세포의 특징이 아닌 것은?

① 핵막이 없다.

② 80s 리보솜을 가진다.

③ 무사분열을 한다.

④ DNA는 히스톤과 결합되어 있지 않다.

| 해설

원핵세포와 진핵세포의 비교

구분	진핵세포	원핵세포
생물 종류	원생동물, 조류, 곰팡이, 효모, 버섯	세균, 남세균, 방선균
세포 크기	대형	소형
세포벽	균류-키틴, 식물과 조류-셀룰로스	펩티도글리칸 등
핵	핵막과 인이 존재 히스톤 단백질과 복잡한 결합	핵막과 인이 없음
리보솜 크기	80s	70s
광합성	엽록체 있음	엽록체 없음
세포호흡	미토콘드리아	메소좀
세포분열	유사분열(이분법)	무사분열(비유사분열)
DNA 상태	다수 선형 염색체	단일 환상 염색체
염색체	여러 개	1개＋플라스미드
리소좀과 퍼옥시좀	있음	없음
영양방법	대부분 종속영양	독립영양(광합성, 화학합성)
세포소기관	핵, 미토콘드리아 등	없음

정답 ②

---

81. 제분시 자력분리기가 사용되는 공정은?

① 탈수　　　　　② 운반

③ 세척　　　　　④ 정선

| 해설

일반적으로 주원료 외 물질을 제거하는 것을 "정선"이라 함

정답 ④

82. 다음 중 Q_{10}값에 대한 설명으로 옳은 것은?

① 통조림의 냉점이 살균온도에 도달하는 시간

② 일정한 온도로 가열할 때 생균수가 사멸되어 1/10로 감소하는데 걸리는 시간

③ 열처리 온도가 10℃ 상승함에 따라서 반응속도의 변화값을 나타낸 것

④ 일정한 온도에서 세균 또는 세균포자를 사멸시키는데 필요한 가열치사시간

| 해설

Q_{10} value

• 온도가 10℃ 상승하였을 때의 반응속도가 원래 속도의 몇 배가 되는가를 비교하는 변수로, 생체 반응이 온도에 의존하는 정도를 가리킴

• 어떤 온도 t℃에서의 반응속도를 V_t, (t + 10)℃에서의 반응속도를 V_{t+10}라 하였을 때, $(V_{t+10})/V_t$ 값이 Q_{10} 값

정답 ③

83. 증발 농축이 진행될수록 용액에 나타나는 현상으로 옳지 않은 것은?

① 농도가 상승한다.　　② 비점이 낮아진다.

③ 거품이 발생한다.　　④ 점도가 증가한다.

| 해설

농축 공정 중 발생하는 현상

비점 상승, 점도 상승, 거품 발생, 관석 생성, 비말 동반 등

정답 ②

84. 단위조작 중 기계적 조작이 아닌 것은?

① 정선
② 분쇄
③ 혼합
④ 추출

| 해설

추출은 고체나 액체에서 용매를 사용해 원하는 물질을 용출하여 분리하는 조작이므로 유기용매를 이용한 화학적 조작이라고 볼 수 있음

정답 ④

85. 다음 살균장치 중 연속식 살균장치가 아닌 것은?

① 하이드로록 살균기(hydrolock sterilizer)
② 회전식 살균기(rotary sterilizer)
③ 수탑식 살균기(hydrostatic sterilizer)
④ 레토르트 살균기(retort sterilizer)

| 해설

레토르트 살균기는 회분식

정답 ④

86. 섞이지 않는 두 액체를 빠른 속도로 교반하여 한 액체를 다른 액체에 균일하게 분산시키는 장치는?

① 니더(kneader)
② 휘퍼(whipper)
③ 임펠러(Impeller)
④ 유화기(Emulsificater)

| 해설

유화
섞이지 않는 두 액체를 빠르게 교반하여 균일하게 분산하여 에멀전을 형성하게 하는 조작

정답 ④

87. 일반적인 단일효용증발기의 부속장치 중에서 비말 분리기(entrainment separator)의 역할에 대한 설명으로 옳은 것은?

① 고압의 수증기를 노즐을 통하여 고속으로 분출하는 작용
② 증기에 동반되는 미세한 액체 방울을 제거하는 작용
③ 증발에 필요한 열을 공급하는 역할
④ 증기를 응축시켜 냉각수로 만드는 역할

| 해설

증발시 비말이 동반되면 증발효율이 감소되므로 비말 분리기를 사용

정답 ②

88. 건제품과 그 특성의 연결로 옳지 않은 것은?

① 동건품 - 물에 담가 얼음과 함께 얼린 것
② 자건품 - 원료 어패류를 삶아서 말린 것
③ 염건품 - 식염에 절인 후 건조시킨 것
④ 소건품 - 원료 수산물을 날것 그대로 말린 것

| 해설

① 동건품: 동결, 융해를 반복하여 건조한 것
② 자건품: 소금물에 가열하여 찐 후 건조한 것
③ 염건품: 염지하여 물기를 제거한 후 건조한 것
④ 소건품: 원료 수산물을 날 것 그대로 건조한 것

정답 ①

89. 식품의 건조 과정에서 일어날 수 있는 변화에 대한 설명으로 옳지 않은 것은?

① 지방이 산화할 수 있다.
② 단백질이 변성할 수 있다.
③ 표면피막 현상이 일어날 수 있다.
④ 자유수 함량이 늘어나 저장성이 향상될 수 있다.

| 해설

건조 과정에서 자유수의 함량은 줄어듦

정답 ④

90. 포자를 형성하는 *Bacillus*속의 내열성균을 완전히 살균하기 위하여 100℃에서 일정시간 간격으로 반복하여 멸균하는 살균법은?

① 초고온 살균법(UHT)
② 고온순간살균법(HTST)
③ 간헐살균법
④ 전자파 살균법

| 해설

간헐 살균법
• 내열성균의 완전살균
• 100℃, 30분 살균 후 30℃ 항온기 1일 저장 → 포자의 영양세포화 → 재살균(100℃, 30분) → 3회 반복

정답 ③

91. 초임계 유체에 대한 설명으로 옳지 않은 것은?

① 초임계 유체의 점도는 일정한 온도에서 압력 변화에 민감하다.
② 초임계 유체의 확산도는 압력이 높아질수록 증가한다.
③ 초임계 유체의 용해도는 압력이 높아질수록 증가한다.
④ 임계점(Critical point) 이상의 온도와 압력에서의 유체 상태를 초임계 유체라고 한다.

| 해설

초임계유체 추출
• 유기용매 대신 초임계가스를 용제로 사용
• 초임계유체(Supercritical liquid): 액체와 기체가 구분되는 임계점 이상의 온도 및 압력에서 존재하는 물질의 상태
• 초임계유체 및 임계점 부근의 유체는 액체와 가깝지만 기체의 성질이 남아 있어 침투율과 추출효율이 높으며 임계점 이상으로 온도와 압력을 올리면 액체의 밀도가 높아져 용해도 증가

정답 ②

92. 건조제품에 위축변형이 거의 없으며, 열민감성 물질이 보존되고 흡수시켰을 때 복원성이 양호한 건조방법은?

① 동결건조
② 분무건조
③ 피막건조
④ 통기건조

| 해설

동결건조
• 식품의 수분을 동결시키고 높은 진공 장치 내에서 얼음을 액체 상태를 거치지 않고 기체로 승화시켜 수분을 제거하는 방법
• 장점: 수분함량 1~2%까지 건조 가능, 건조제품의 구조가 그대로 유지, 단백질 등의 변성이 적음, 복원성 우수. 풍미 유지, 극저수분이기 때문에 장기간 보존 가능

정답 ①

93. 커피에서 카페인을 제거하는데 사용되는 용매와 거리가 먼 것은?

① 물
② Methyl chloride
③ 초임계 이산화탄소
④ Ethyl alcohol

| 해설

식품성분의 추출에 사용되는 용매

식품의 종류	용매	온도(℃)
디카페인 커피	이산화탄소, 물, methylen chloride	30~50(이산화탄소)
생선 간유	아세톤, 에틸에테르	30~50
호프 추출물	이산화탄소	100 이하
인스턴트 커피, 차	물	70~90
올리브유	carbon disulfide	
종실유	hexane, heptane, cyclohexane과 같은 환상탄화수소	65~70(hexane), 90~99(heptane), 71~85(cyclohexane)

정답 ④

94. 식품재료들간의 부딪힘이나 식품재료와 세척기의 움직임에 의해 생기는 힘을 이용하여 오염물질을 제거하는 세척방법은?

① 마찰 세척
② 흡인 세척
③ 자석 세척
④ 정전기 세척

| 해설

③ 자석 세척: 금속을 비롯한 각종 이물질 제거
④ 정전기 세척: 정전기로 먼지를 제거, 차(tea) 세척에 주로 이용

정답 ①

95. 단팥죽을 제조하기 위해 팥을 구입했는데 완두콩과 대두가 섞여 있는 경우가 발생하였다. 팥의 순도를 올리기 위해 어느 선별기를 선택하는 것이 좋은 것인가?

① 풍력선별기
② 색채선별기
③ 비중선별기
④ 중력선별기

| 해설

완두콩과 대두는 무게와 크기가 유사하므로, 색채선별기를 이용하여 색으로 선별

정답 ②

96. 원료 중 유용한 성분을 추출하고자 할 때 용매가 갖추어야 할 조건에 해당하지 않는 것은?

① 가격이 싸고 회수가 쉬워야 한다.
② 화학적으로 안정하며, 인화성이 낮아야 한다.
③ 가급적 원하는 용질만을 선택적으로 용해해야 한다.
④ 비열 및 증발열이 커야 하고, 끓는점의 범위가 넓어야 한다.

| 해설

추출에 이용되는 용제의 조건
• 가격이 저렴해야 하며, 제품에 악영향을 미치지 않아야 함
• 원하는 성분을 선택적으로 용해할 수 있으며 화학적으로 안정하고 독성과 부식성이 없어야 함
• 증발잠열과 비열이 적고 융점이 낮고 인화의 위험이 없어야 함

정답 ④

97. 고구마를 가공할 때 변색을 방지하기 위한 처리가 아닌 것은?

① 식염수 처리
② 통풍 처리
③ 아황산 처리
④ 열탕 처리

| 해설

통풍처리는 오히려 갈변을 촉진함

정답 ②

98. 회전속도가 빠른 회전자(rotor)가 있는 충격형 분쇄기로, 조직이 딱딱한 곡류나 섬유질이 많은 건조 채소, 건조 육류 등의 분쇄에 많이 이용되는 것은?

① Disc mill
② Hammer mill
③ Ball mill
④ Crushing mill

| 해설

① Disc mill: 홈이 파여있는 두 개의 디스크 사이에 식품을 넣고 원판 사이 간격을 조절하여 회전시키면 마찰력과 전단력에 의해 분쇄가 일어남
② Hammer mill: 가장 많이 쓰이고 구조가 간단하며 용도가 다양, 충격력 이용
③ Ball mill: 회전 드럼 속에 금속이나 돌 같은 단단한 볼을 넣어 원료와 함께 회전시켜 분쇄

정답 ②

99. 회전속도를 동일하게 유지할 때 원심분리기 로터(rotor)의 반지름을 2배로 늘리면 원심효과는 몇 배가 되는가?

① 0.25배
② 0.5배
③ 2배
④ 4배

| 해설

원심력의 크기 = 질량 × 반지름 × 각속도(rpm)의 제곱
그러므로 반지름이 2배가 되면 원심력도 2배가 됨

정답 ③

100. 음이온 및 양이온 교환막을 이용하여 전위차에 의한 이온을 분리하는 방법은?

① 전기투석
② 역삼투
③ 열삼투
④ 투석

| 해설

역삼투(압력차), 삼투압(농도차), 한외여과(압력차), 투석(농도차), 전기투석(전위차)

정답 ①

※CBT 문제는 수험생의 기억에 따라 복원된 것이며, 실제 기출문제와 동일하지 않을 수 있습니다.

제1과목 식품위생학

01. 식품첨가물공전 총칙의 내용으로 옳지 않은 것은?

① "용액"이라 기재하고 특히 그 용제를 표시하지 아니한 것은 수용액을 말한다.
② 중량백만분율은 ppm의 약호를 쓴다.
③ "찬곳"이라 함은 따로 규정이 없는 한 -4~0℃의 장소를 말한다.
④ 표준온도는 20℃로 한다.

| 해설

찬곳
따로 규정이 없는 한 0~15℃의 장소를 말함

정답 ③

02. 식품의 보존료로서 갖추어야 할 이상적인 필수조건이 아닌 것은?

① 색깔이 아름다운 것
② 산이나 알칼리에 안정한 것
③ 무미, 무취, 무색인 것
④ 독성이 없고 값이 싼 것

| 해설

보존료의 색이 아름다운 것은 필수조건과 무관함

정답 ①

03. 식중독균이 오염된 식품에서 식중독균을 분리하려고 한다. 식중독균과 분리배지가 바르게 연결된 것은?

① 황색포도상구균 - 난황함유 MacConkey 한천배지
② 클로스트리디움 퍼프린젠스 - 난황함유 CW 한천배지
③ 살모넬라균 - TCBS 한천배지
④ 리스테리아균 - Deoxycholate 한천배지

| 해설

① 황색포도상구균: 난황첨가 만니톨 식염한천배지, Baird-Parker 한천배지, Baird-Parker(RPF) 한천배지
② 클로스트리디움 퍼프린젠스: 난황첨가 *Clostridium perfringens* 한천배지(CW 배지), 난황첨가 TSC 한천배지
③ 살모넬라균: XLD Agar, BG Sulfa 한천배지, Desoxycholate Citrate 한천배지
④ 리스테리아균: Oxford 한천배지, LPM 한천배지, PALCAM 한천배지

정답 ②

04. 오존을 이용하여 살균 시 일반적인 특성이 아닌 것은?

① 유해 반응 생성물을 잔류시키지 않는다.
② 처리 후에 맛의 변화를 유발하지 않는다.
③ 염소계 약제로는 제거하기 어려운 미생물의 제거능력이 우수하다.
④ 다른 물질들과의 반응으로 인해 부영양화가 발생한다.

| 해설

다른 물질과의 화학반응이 없어 2차적인 생성물이 발생하지 않음

정답 ④

05. 사람이 일생동안 섭취하였을 때 현시점에서 알려진 사실에 근거하여 바람직하지 않은 영향이 나타나지 않을 것으로 예상되는 화학물질의 1일 섭취량을 나타낸 것은?

① ADI
② GRAS
③ LD_{50}
④ LC_{50}

| 해설

1일섭취허용량(Acceptable Daily Intake, ADI)
사람이 그 유해물질을 일생동안 섭취하여도 바람직하지 않은 영향이 나타나지 않는 1인당 1일 최대섭취허용량(mg/kg b.w./day)

정답 ①

06. 통조림의 변패 중 Flat sour에 대한 설명으로 옳지 않은 것은?

① 통의 외관은 정상이나 내용물이 산성이다.
② *Acetobacter* 속이 원인균이다.
③ 유포자 호열성균에 의한 것이다.
④ 가열이 불충분한 통조림에서 발생하기 쉽다.

| 해설

Flat sour
• 통조림의 외관은 정상관과 구별하기 어려우나, 내용물은 가스를 생성하지 않고 산을 생성하는 변패관
• 이 경우 타검으로 판별할 수 없고, 개관하여 내용물의 산도를 검사해야 확인가능
• 호열성의 *Bacillus stearothermophilus*, 산성통조림에서는 *B. coagulans*가 관여

정답 ②

07. 몸길이 0.3~0.5mm의 유백색 또는 황백색이고 여름 장마 때에 흔히 발생하며, 곡류, 과자, 빵, 치즈 등에 잘 발생하는 진드기는?

① 설탕진드기
② 집고기진드기
③ 보리먼지진드기
④ 긴털가루진드기

| 해설

일반적으로 저장곡류 해충으로 알려져 있음

정답 ④

08. 제2급 감염병이 아닌 것은?

① 발진티푸스
② 파라티푸스
③ 세균성 이질
④ 장티푸스

| 해설

발진티푸스는 제3급 감염병

정답 ①

09. 대장균군에 대한 최확수법의 설명으로 옳지 않은 것은?

① 최확수란 이론적으로 가장 가능한 수치를 말한다.
② 대장균군수는 희석한 시료를 유당배지 발효관에 접종하여 실험한다.
③ 유당배지 발효관 중 가스 생성 여부에 따라 확률적인 대장균의 수치를 산출하고, 최확수로 나타낸다.
④ 실험결과, 최확수표에서 직접 구하는 대장균군수는 시료 1mL에 대한 것이다.

| 해설

희석배수에 따라 최확수(MPN)값은 1mL 기준일 수도 있고, 100mL 기준일 수도 있음

최확수(most probable number, MPN)법
동일 희석배수의 시험용액을 배지에 접종하여 대장균군의 존재 여부를 시험하고 그 결과로부터 확률론적인 대장균군의 수치를 산출하여 최확수로 표시하는 방법

정답 ④

10. 식육제품에 가장 많이 사용되는 보존료는?

① Salicylic acid

② Benzoic acid

③ Dehydroacetic acid

④ Sorbic acid

│ 해설

보존료명	사용기준
데히드로초산나트륨 (sodium dehydroacetate)	치즈, 버터, 마가린
• 소브산(sorbic acid) • 소브산칼륨(potassium sorbate) • 소브산칼슘(calcium sorbate)	• 치즈 • 식육가공품, 어육가공품, 성게젓, 땅콩·버터, 모조치즈 • 된장, 고추장, 어패류건제품, 젓갈류, 청국장, 혼합장, 절임류, 잼류, 알로에전잎 건강기능식품 • 과채주스, 탄산음료, 잼류, 건조과일류 • 과실주, 탁주, 약주 • 마가린
• 안식향산(benzoic acid) • 안식향산나트륨(sodium benzoate) • 안식향산칼륨(potassium benzoate) • 안식향산칼슘(calcium benzoate)	• 과일·채소류 음료, 탄산음료, 인삼 및 홍삼음료, 간장 • 마가린, 마요네즈, 절임식품
• 프로피온산(propionate) • 프로피온산칼슘(calcium propionate) • 프로피온산나트륨(sodium propionate)	빵, 치즈, 잼류
• 파라옥시안식향산메틸(Methyl ρ-hydroxybenzoate) • 파라옥시안식향산에틸(ethyl ρ-hydroxybenzoate)	• 캡슐류, 잼류, 간장, 식초, 인삼·홍삼음료, 소스 • 과일·채소류(표피부분에 한함)

정답 ④

11. dl-멘톨은 식품첨가물 중 어떤 종류에 해당되는가?

① 보존료　　　　② 착색료

③ 감미료　　　　④ 향료

│ 해설

천연에 존재하는 L-멘톨은 박하유의 주성분

• D-멘톨과 DL-멘톨은 합성물질
• DL-멘톨은 착향료로 허용됨

정답 ④

12. 경구감염병의 특성에 대한 설명으로 옳지 않은 것은?

① 경구감염병은 병원성 미생물이 음식물, 손 기구 등에 의해 입을 통하여 체내 침입, 증식하여 주로 소화기 계통에 질병을 일으키며 소화기계 감염병이라고도 한다.

② 경구감염병은 감염원, 감염경로, 감수성 숙주가 있어야 하나 일반 식중독은 종말감염이다.

③ 세균성 이질은 여름철에 어린이들이 많이 걸리는 경구감염병으로 병원체는 *Salmonella typhi*, *Salmonella paratyphi*이다.

④ 대표적인 수인성 감염병으로는 콜레라가 있으며 병원체는 *Vibrio cholerae*이다.

│ 해설

세균성 이질의 원인균은 *Shigella dysenteriae*

정답 ③

13. 인체의 감염경로는 경구감염과 경피감염이며, 대변과 함께 배출된 충란은 30℃ 전후의 온도에서 부화하여 인체에 감염성이 강한 사상유충이 되고, 노출된 인체의 피부와 접촉으로 감염되어 소장 상부에서 기생하는 기생충은?

① 구충　　　　② 회충

③ 요충　　　　④ 편충

│ 해설

십이시상충(구충)은 피부감염(경피감염)됨

정답 ①

14. 조리장의 물리적 소독법은?

① 염소 소독

② 역성비눗물 소독

③ 클로로석회 소독

④ 자외선 소독

| 해설

①, ②, ③은 화학적 소독법에 해당됨

정답 ④

15. 식중독의 역학조사에 대한 설명으로 옳은 것은?

① 검병조사 전에 원인분석을 실시한다.

② 원인식품은 통계적인 방법으로 추정한다.

③ 원인물질을 검사하기 위해서는 보존식만 검사한다.

④ 검병조사를 통하여 원인물질의 추정이 가능하다.

| 해설

① 검병조사 후 원인분석

③ 보존식뿐만 아니라 모든 원인식품, 환자의 배설물 등을 종합적으로 검사

④ 검병조사만으로는 원인 추정이 쉽지 않으므로, 원인물질 검사를 통하여 원인을 추정

역학조사

우선 환자의 증상, 먹은 음식을 먼저 조사(검병조사) 하고, 원인 식품을 찾은 후(원인식품 추구), 원인물질을 검사

정답 ②

16. 식품 중 단백질과 질소 화합물을 함유한 식품성분이 미생물의 작용으로 분해되어 악취와 유해물질을 생성하여 식품 가치를 잃어버리는 현상은?

① 발효

② 부패

③ 변패

④ 열화

| 해설

① 발효: 식품에 미생물이 작용하여 식품의 성질을 변화시키는 현상 중 유익한 경우에 해당됨

② 부패: 식품 중의 단백질 성분이 자기소화, 부패세균의 효소작용 등에 의해 분해되어 악취가 나고 불가식되는 현상

③ 변패: 질소를 함유하지 않은 당질과 지질이 미생물, 산소, 광선, 온도, 습도 등에 의해 분해되어 산미 또는 이취 생성

④ 열화: 열, 빛, 산소, 물, 미생물 등의 작용을 받아 그 성능과 기능 등의 특성이 떨어지는 현상

정답 ②

17. 합성수지제 식기를 60℃의 온수로 처리하여 용출시험을 시행하여 아세틸아세톤 시약에 의해 진한 황색을 나타내었을 경우, 이 시험용액에는 다음 중 어느 화합물의 존재가 추정되는가?

① 포름알데히드

② 메탄올

③ 페놀

④ 착색료

| 해설

포름알데하이드(formaldehyde)

• 페놀수지, 요소수지, 멜라민수지와 같은 열경화성 합성수지에서 용출

• 검사법: 아세틸아세톤법(AA법)-포름알데하이드의 알데하이드가 아세틸아세톤의 케톤, 아민과 반응하여 디하이드로피리딘유도체를 형성하여 발색되는 반응 이용

정답 ①

18. 방사선 조사 식품에 대한 설명으로 옳지 않은 것은?

① 식품을 일정시간 동안 이온화 에너지에 노출시킨다.

② 발아억제, 숙도지연, 보존성 향상, 기생충 및 해충 사멸 등의 효과가 있다.

③ 조사 후 건조 또는 탈기 과정이 필요하며 잔류 독성이 있다.

④ 방사선량의 단위는 Gy, kGy이며, 1Gy는 1J/kg와 같다.

| 해설

방사선조사(식품조사) 처리는 밀봉 포장된 제품을 그대로 처리 가능하고 이후 과정이 필요치 않으며, 잔류독성이 없음

정답 ③

19. 식중독의 분류와 관련된 내용의 연결이 옳지 않은 것은?

① 화학적 식중독 - 조리 기구에 의한 중독 - 녹청, 납

② 원충성 식중독 - 독소형 - 시겔라

③ 자연독 식중독 - 곰팡이 독소에 의한 중독 - 황변미독

④ 바이러스성 식중독 - 공기, 접촉, 물 등의 경로로 전염 - 로타 바이러스

| 해설

원충성 식중독은 기생충 감염을 의미함

정답 ②

20. 질병 발생의 역학적 인자에 해당되지 않는 것은?

① 문화적 인자

② 환경적 인자

③ 숙주적 인자

④ 병인적 인자

| 해설

역학의 3대 요인: 숙주, 병인, 환경

정답 ①

21. 유지의 산화속도에 영향을 미치는 인자에 대한 설명으로 옳지 않은 것은?

① 이중결합의 수가 많은 들기름은 이중결합의 수가 상대적으로 적은 올리브유에 비해 산패의 속도가 빠르다.

② 수분활성도가 매우 낮은 상태(A_w, 0.2 이하)로 분유를 보관하면 상대적으로 지방 산화속도가 느려진다.

③ 유탕처리시 구리 성분을 기름에 넣으면 유지의 산화속도가 빨라진다.

④ 유지를 형광등 아래에 방치하면 산패가 촉진된다.

| 해설

수분활성도가 매우 낮은 상태(A_w, 0.2 이하)로 분유를 보관하면 오히려 지방 산화속도가 빨라짐

정답 ②

22. 황태, 쇠고기, 감자 등을 오랫동안 삶아서 특유의 향신료를 제조하려 한다. 가열 처리 공정 중에 생성되리라 예상되는 성분은?

① 벤조피렌

② HMF(Hydroxy Methyl Furfural)

③ 플라보노이드

④ 자일리톨

| 해설

메일라드 반응(환원당과 아미노화합물의 축합반응) 중 HMF 생성

정답 ②

23. 고추, 토마토와 같은 식품의 적색은 주로 어떤 색소에 의하여 나타나는가?

① 플라보노이드   ② 카로티노이드

③ 클로로필   ④ 안토시안

| 해설

고추, 토마토, 당근 등의 색소인 β-카로틴, 라이코펜은 카로티노이드계에 포함됨

정답 ②

24. 뉴턴 유체에 대한 설명 중 옳은 것은?

① 전단속도에 따라 전단응력이 비례적으로 감소한다.

② 알코올 등의 저분자성 액체는 뉴턴 유체의 흐름을 나타낸다.

③ 뉴턴 유체의 점도는 온도에 따라 일정하다.

④ 유동곡선의 종축절편에 따라 여러 종류로 분류된다.

| 해설

뉴턴 유체(Newtonian fluid)
- 유체에 가해지는 힘(전단응력)과 그 유체의 유동성(전단속도)이 서로 비례관계인 유체
- 전단속도의 크기에 관계없이 일정한 점도를 나타냄
- 물, 알코올과 같은 단일 성분의 물질(균일한 형태와 크기), 농도가 낮은 염, 포도당 용액 등

비뉴턴 유체(Non-newtonian fluid)
전단응력과 전단속도 간 비례관계가 성립되지 않는 유체

정답 ②

25. 감미가 강한 순서대로 나열된 것은?

① Sucrose > Glucose > Maltose > Lactose

② Glucose > Maltose > Sucrose > Lactose

③ Glucose > Maltose > Sucrose > Lactose

④ Glucose > Sucrose > Maltose > Lactose

| 해설

당류의 감미도

당류	감미도	당류	감미도
lactose	16	sucrose	100
galactose	32	Invert sugar	130
maltose	33	fructose	150
xylose	40	dulcin	25000
glucose	70	saccharin	55000

정답 ①

26. 떫은맛과 관계가 있는 것은?

① 당분 응결제   ② 배당체 응고제

③ 지방 응고제   ④ 단백질 응고제

| 해설

떫은맛은 혀 표면의 점성 단백질이 일시적으로 변성 응고되어 미각신경이 마비되어 일어나는 수렴성의 불쾌함

정답 ④

27. 식품의 관능검사에서 특성차이검사에 해당하는 것은?

① 단순차이검사

② 일-이점검사

③ 이점비교검사

④ 삼점검사

| 해설

특성차이 검사	• 이점비교검사(Paired comparison test) • 3점 강제선택 차이검사 　(3-Alternative Forced Choice test: 3-AFC test) • 순위법(Ranking test) • 평점법(Scaling test)

정답 ③

28. 쓴맛을 부여하는 함질소 염기성 유기화합물 Alkaloids가 아닌 것은?

① Caffeine

② Theobromine

③ Naringin

④ Quinine

| 해설

쓴맛 성분의 분류

알칼로이드	theobromine, quinine, nicotine, caffeine 등
페놀	limonene, naringin, cucurbitacin 등
홉	humulone

정답 ③

29. 알돌축합반응(Aldol condensation)은 마이야르 (Maillard) 반응의 어느 단계에서 일어나는가?

① 초기단계

② 중간단계

③ 최종단계

④ 반응 후 단계

| 해설

마이야르(Maillard) 반응

· 초기단계: 당류와 아미노화합물의 축합반응과 아마도리 전위반응
· 중간단계
  - 아마도리 전위와 헤인즈 전위에 따른 생성물들의 분해와 당의 산화가 계속 진행. 산화생성물로부터 reductone 등 형성되며 산화된 당류의 분해
  - 3-데옥시오존과 3,4-디데옥시오존, 리덕톤류, 히드록시메틸푸르푸랄(HMF)의 생성
· 최종단계
  - 스트레커 반응: 여러 알데히드가 생성되며 식품의 가열 시 향기와 간장의 향기 생성의 주된 반응
  - 알돌형 축합반응: 최종으로 질소를 가진 중합체인 갈색의 형광성 멜라노이딘 형성

정답 ③

30. α-amylase(세균성) 정량법에서 사용하는 1BAU(Bacterial Amylase Unit)의 의미는?

① 덱스트린을 아밀라아제 1mg으로 분해하는 효소의 양

② 덱스트린 1mg을 아밀라아제로 분해하는 효소의 양

③ 분딩 진분을 덱스드린 1g으로 분해하는 효소의 양

④ 분당 전분 1mg을 덱스트린화하는 효소의 양

| 해설

α-amylase(세균성)의 활성시험법에서 역가의 정의

1 Bacterial amylase unit(BAU)는 분당 전분 1mg을 덱스트린화하는 효소의 양

정답 ④

31. 감자를 절단한 후 공기중에 방치하였더니 표면의 색이 흑갈색으로 변하였다. 이것은 다음의 어느 기작에 의한 것인가?

① Maillard reaction에 의한 갈변

② Tyrosinase에 의한 갈변

③ NADH oxidase에 의한 갈변

④ Ascorbic acid oxidation에 의한 갈변

| 해설

감자의 절단시 갈변은 tyrosinase 효소에 의한 갈변임

정답 ②

32. 다음 중 주요 고형성분이 다른 하나는?

① 돼지감자

② 카사바

③ 감자

④ 마

| 해설

카사바, 감자, 마의 주성분은 전분, 돼지감자의 주성분은 이눌린(수용성 식이섬유소)

정답 ①

33. 클로로필의 포르피린 환(Porphyrin ring) 중 마그네슘이 수소로 치환되면 그 색깔은 어떻게 되는가?

① 갈색

② 청록색

③ 보라색

④ 적자색

| 해설

클로로필이 산과 반응하면 마그네슘이 수소와 치환되어 갈색의 페오피틴 형성

정답 ①

34. β-amylase가 작용하는 곳은 어느 결합인가?

① α-1,4-glucoside

② β-1,4-glucoside

③ α-1,6-glucoside

④ β-1,6-glucoside

| 해설

㉠ α-amylase
전분의 α-1,4 glucoside 결합을 분해(endo)하나 a-1,6 결합에는 작용하지 않음

㉡ β-amylase
전분의 α-1,4 glucoside 결합을 분해하여 비환원성 말단으로부터 maltose를 생성

㉢ Glucoamylase
전분의 비환원성 말단에서 포도당 단위로 α-1,4 결합을 차례로 분해, β-1,6 결합도 분해

35. 다음의 그림에서 항복점은 어느 것인가?

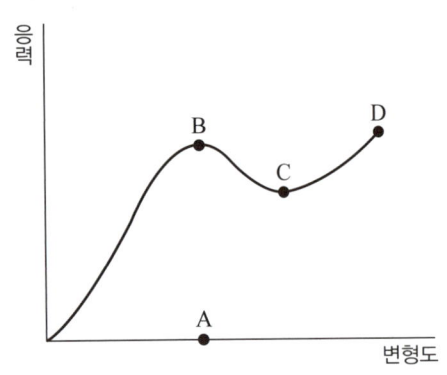

① A

② B

③ C

④ D

| 해설

㉠ 항복점: 힘을 받는 물체가 더 이상 탄성을 유지하지 못하고 영구적 변형이 시작될 때의 변형력, 탄성한계(elastic limit)라고도 함

㉡ 그래프에서는 B가 항복점(yield point)

36. 식품의 텍스처 특성 중 응집성(Cohesiveness)의 2차적 요소가 아닌 것은?

① 파쇄성(Brittleness)

② 저작성(Chewiness)

③ 점착성(Gumminess)

④ 탄성(Springiness)

| 해설

기계적 특성에 속하는 텍스처 요소

1차적 요소	2차적 요소
견고성(Hardness)	
응집성(Cohesiveness)	파쇄성(Brittleness)
	저작성(Chewiness)
	점착성(Gumminess)
점성(Viscosity)	
탄성(Springiness)	
점착성(Adhesiveness)	

37. 탄수화물의 대사과정에서 필요한 효소들의 반응에서 필수적인 조효소를 구성하는 비타민으로, 체내에서 합성이 되지 않으므로 식이과정을 통하여 섭취되어야 하는 것은?

① 비타민 A

② 비타민 B

③ 비타민 C

④ 비타민 D

| 해설

티아민(thiamin, 비타민 B1)

조효소: TPP(thiamin pyrophosphate) - 해당과정, TCA 회로, HMP경로와 같은 탄수화물 대사에 작용하는 조효소

38. 다음 중 다량무기질에 해당하지 않는 것은?

① Ca　　　　② P

③ Zn　　　　④ Na

| 해설

㉠ 다량 무기질

1일 권장 섭취량이 100mg 이상인 것

칼슘(Ca), 인(P), 칼륨(K), 나트륨(Na), 염소(Cl), 마그네슘(Mg)

㉡ 미량 무기질

1일 권장 섭취량이 100mg 미만인 것

철(Fe), 구리(Cu), 황(S), 요오드(I), 망간(Mn), 코발트(Co), 아연(Zn), 불소(F), 셀레늄(Se)

정답 ③

---

39. 고구마 절단시 나오는 흰색 유액의 특수성분은?

① 사포닌(Saponin)　　② 잘라핀(Jalapin)

③ 솔라닌(Solanin)　　④ 이눌린(Inulin)

| 해설

잘라핀(jalapin)

고구마의 갈변 또는 흑변을 일으키는 물질. 잘린 부위에서 배어 나오는 하얀 액체로 잘라피놀릭산과 글루코스로 구성되어 있음

정답 ②

---

40. 탄수화물 다당류에 대한 설명으로 옳은 것은?

① 키틴은 갑각류의 껍질에서 발견되는 다당류로 키토산 제조에 사용된다.

② 이눌린은 갈락토오스의 주요 공급처이다.

③ 셀룰로오스는 α-글루코오스의 결합체이다.

④ β-글루칸은 α-글루코오스의 결합체로 버섯 등에서 발견된다.

| 해설

② 이눌린은 과당중합체(Fructan) 계통의 천연 다당류

③ 셀룰로오스는 β-글루코오스의 결합체, 전분은 α-글루코오스의 결합체

④ β-글루칸은 β-글루코오스가 β-1,3 글리코시드 결합

정답 ①

---

41. 과채류를 블랜칭(Blanching)하는 목적과 가장 거리가 먼 것은?

① 조직을 유연하게 한다.

② 박피를 용이하게 한다.

③ 산화효소를 불활성화시킨다.

④ 향미성분을 보호한다.

| 해설

과일, 채소류 전처리(blanching)의 목적

• 산화효소의 불활성화

• 오염 미생물의 살균

• 풋냄새 제거

• 박피 용이

정답 ④

---

42. 두부를 제조할 때 두유의 단백질 농도가 낮을 경우 나타나는 현상과 거리가 먼 것은?

① 두부의 색이 어두워진다.

② 두부가 딱딱해진다.

③ 가열 변성이 빠르다.

④ 응고제와의 반응이 빠르다.

| 해설

두유의 단백질 농도가 낮으면 응고물이 미세하게 되므로, 두부가 딱딱해지고 색이 밝아심

정답 ①

43. 통조림에서 탁음이 나는 원인이 아닌 것은?

　　① 탈기 불충분
　　② 관 내부 가스 발생
　　③ 내용물의 연화
　　④ 기온, 기압의 변화

| 해설

통조림의 탁음
- 통조림의 윗면이나 아랫면을 타검봉으로 때렸을 때 맑은소리가 나지 않고 둔탁한 소리가 나는 것
- 탈기 불충분, 세균의 가스 발생시, 기온·기압의 변화가 원인임

 정답 ③

44. 식품을 급속히 냉동시켰을 때 생성된 얼음 결정의 크기는 어떻게 변하게 되겠는가?

　　① 다수의 큰 얼음결정이 생성됨
　　② 다수의 작은 얼음결정이 생성됨
　　③ 소수의 큰 얼음결정이 생성됨
　　④ 소수의 작은 얼음결정이 생성됨

| 해설

급속 동결시 작은 얼음결정이 생성되지만, 완만 동결시 큰 얼음결정이 생성됨

 정답 ②

45. 수산화나트륨을 가하여 유리되는 지방산을 비누화하여 제거하는 유지정제법은?

　　① 알칼리법
　　② 흡착법
　　③ 황산법
　　④ 여과법

| 해설

㉠ **알칼리법**
유리지방산을 수산화나트륨 용액으로 처리하여 중화하고 온수 처리를 되풀이한 후 활성백토를 가하여 탈색·여과, 감압 하에서 탈취하는 방법

㉡ **유지정제법**
정치법, 여과법, 원심분리법, 가열법 등 물리적인 방법과 알칼리법 등 화학적 방법으로 나뉨

 정답 ①

46. 발효를 생략하고 기계적으로 반죽을 형성시키는 제빵공정(No time dough method)에서 Cysteine을 첨가하면 Cysteine은 어떤 작용을 하는가?

　　① Gluten의 $-NH_2$기에 작용하여 $-N = N-$로 산화한다.
　　② Gluten의 $-SH$기에 작용하여 $-S-S-$로 산화한다.
　　③ Gluten의 $-S-S-$ 결합에 작용하여 $-SH$로 산화한다.
　　④ Gluten의 $-N = N-$ 결합에 작용하여 $-NH_2$로 산화한다.

| 해설

노타임법(No time dough method)
글루텐의 Cysteine에 있는 -SH기가 산화되어 -S-S-결합을 형성하고, 이는 반죽의 경도(firmness)에 영향을 줌. 밀가루의 제빵적성은 -S-S-와 -SH의 비가 15일 때 가장 좋음

 정답 ②

47. -10℃의 얼음 5kg을 가열하여 0℃의 물로 녹였다. 그 후 가열하여 물을 수증기로 기화시켰다. 포화증기는 100℃ 이다. 이 과정에서 엔탈피 변화를 계산하면? (단, 얼음의 비열은 2.05kJ/kg·℃, 물의 비열은 4.182kJ/kg·℃, 용융 잠열은 333.2kJ/kg, 100℃에서의 기화잠열은 2257.06kJ/kg·℃이다.)

① 약 1666kJ

② 약 2091kJ

③ 약 11285kJ

④ 약 15145kJ

| 해설

㉠ -10℃의 5kg 얼음을 0℃로 바꾸는데 필요한 감열
2.05kJ/kg·℃ × 5kg × 10℃ = 102.5kJ

㉡ 0℃ 얼음을 0℃ 물로 바꾸는데 필요한 잠열
333.2kJ/kg × 5kg = 1666kJ

㉢ 0℃의 5kg 물을 100℃로 바꾸는데 필요한 감열
4.182kJ/kg·℃ × 5kg × 100℃ = 2091kJ

㉣ 100℃ 물을 100℃ 수증기로 바꾸는데 필요한 잠열
2257.06kJ/kg × 5kg = 11285.3kJ

㉤ 그러므로 전체 엔탈피 변화량은 102.5 + 1666 + 2091 + 11285.3 = 15144.8kJ

 정답 ④

48. 환경기체조절포장(MAP: Modified Atmosphere Packaging)과 관련하여 가장 거리가 먼 것은?

① 초기 기계 장치비와 유지비가 적게 든다.

② CA 저장법이 일종이다.

③ 포장재의 종류와 두께, 온도에 의하여 식품의 변질 정도가 결정된다.

④ 일반적인 대상 식품인 과일의 발생 기체의 양과 종류에 의하여 변질 정도가 결정된다.

| 해설

MAP 저장은 초기 기계 장치비가 많이 든다

MAP 저장

포장 속의 산소, 질소와 이산화탄소의 조성을 조절하여 식품의 저장 수명을 늘리는 포장 방법으로서, 미생물이 성장 억제, 흡수와 생화학 반응의 조절, 수분 손실의 감소 등의 장점이 있음

정답 ①

49. 냉동 French fried potato를 만들 때 품질에 영향을 주는 요인에 대한 설명으로 옳지 않은 것은?

① 고형분 함량이 높은 감자를 사용하면 바삭함, 향미 등의 전체적인 품질이 우수하다.

② 고형분 함량이 높은 감자 원료는 수율을 감소시킨다.

③ 감자의 환원당 함량이 높으면 튀김 시 갈변에 큰 영향을 준다.

④ 감자는 13℃ 정도에서 저장하면 싹이 나서 저장 중 감자의 중량 손실이 있다.

| 해설

고형분 함량이 높은 감자를 사용하여야 French fried potato의 수율이 증가

 정답 ②

50. 다음은 유지를 추출하는 방법 중 착유율을 높이기 위한 수단이다. 가장 적당한 방법은?

① 용매로 먼저 추출한 후 기계적 압착을 한다.

② 기계적 압착을 한 후 용매로 추출한다.

③ 용매 추출이나 기계적 추출 중 어느 것을 해도 수율에는 변동이 없다.

④ 기계적 압착만을 하는 것이 유리하다.

| 해설

기계적 압착으로 다량의 유지를 추출한 후, 남은 유지를 용매로 추출하는 것이 효과적임

 정답 ②

51. 아이스크림 제조시 향과 색소 및 산류의 바람직한 첨가 시기는?

① 배합공정에서 첨가
② 여과 후 균질화하기 전
③ 멸균이 끝난 후 숙성하기 전
④ 숙성이 끝난 후 동결시키기 전

| 해설

아이스크림 제조 과정
• 원료배합 → 균질 → 살균(멸균) → 냉각/숙성 → 동결 → 성형 및 포장
• 향, 색소, 산류는 휘발, 변색될 수 있으므로 숙성이 끝나고 동결하기 전에 넣는 것이 적절

정답 ④

52. 농축 장치를 사용하여 사과주스를 농축하고자 한다. 원료인 사과주스는 7%의 고형분을 함유하고 있으며, 농축이 끝난 제품은 60%의 고형분을 함유하도록 한다. 원료주스를 1000kg/h의 속도로 투입할 때 증발 제거되는 수분의 양을 계산하면? (단, 증발되는 수분에는 고형분이 전혀 포함되지 않는 것으로 가정한다.)

① 783.3kg/h
② 883.3kg/h
③ 983.3kg/h
④ 1083.3kg/h

| 해설

㉠ 초기 사과주스의 고형분 함량은
　 $1000kg/h \times 0.07 = 70kg/h$
㉡ 농축주스는 60% 고형분을 함유하므로

$$\frac{70}{1000-a} \times 100 = 60$$

∴ 그러므로 a(증발된 수분양) = 883.3kg/h

정답 ②

53. 다음 중 온탕법에 의한 감의 탈삽법에서 유지해야 할 가장 알맞은 수온은?

① 10℃　　　　　② 40℃
③ 80℃　　　　　④ 100℃

| 해설

온탕법: 알코올 탈수소효소의 최적온도인 40℃ 온수에서 12~24시간 유지

정답 ②

54. 라미네이션 필름(Lamination film)을 사용하는 목적이 아닌 것은?

① 인쇄성의 향상
② 밀봉성의 증대
③ 투과성 감소
④ 원가의 절감

| 해설

라미네이션
적층하다는 의미에서, 서로 다른 성질의 필름을 붙여서 각각의 특징을 살려 원하는 성능을 가진 포장 재료를 제조하는 기술

정답 ④

55. 메톡실기(Metoxyl group) 함량이 7% 이하인 펙틴(Pectin)의 경우 젤리(Jelly) 강도를 높이기 위해 첨가해야 할 물질은?

① 설탕
② 구연산
③ 칼슘
④ 글리세린

| 해설

㉠ 고메톡실펙틴: 7% 이상(고메톡실펙틴에 설탕과 산을 첨가하면 겔 형성)
㉡ 저메톡실펙틴: 7% 이하(저메톡실펙틴에 Ca^{2+}, Mg^{2+} 등의 2가 양이온이 존재하면 당과 산이 적어도 겔 형성 가능)

정답 ③

56. 우수한 품질의 고구마 전분 원료가 갖춰야 할 조건이 아닌 것은?

① 전분의 함량이 높을 것
② 수확 후 전분의 당화가 적을 것
③ 당분, 단백질, 섬유가 많을 것
④ 모양이 고르고 전분입자가 고른 것

| 해설

전분만을 추출해야 하므로, 가급적 다른 성분은 적은 것이 좋음

정답 ③

57. 샐러드기름을 제조할 때 저온처리하여 고체 유지를 제거하는 조작을 무엇이라 하는가?

① 탈검(Degumming)
② 정치(Standing)
③ 경화(Hardening)
④ 탈납(Winterization)

| 해설

탈납(Winterization)
• 저온에서 혼탁해지는 것을 방지하기 위해 고체지방을 여과 또는 원심분리하여 제거
• 샐러드유에는 필수적인 공정으로 유지의 내한성 높임

정답 ④

58. 소시지 가공제품 제조시 염지의 효과가 아닌 것은?

① 근육단백질의 용해성을 증가시킨다.
② 보수성과 결착성을 증진시킨다.
③ 방부성과 독특한 맛을 갖게 한다.
④ 단백질을 변성시키고 살균한다.

| 해설

염지가 보존성 향상 효과는 있으나 살균을 하지는 않음

정답 ④

59. 마요네즈에 대한 설명으로 옳지 않은 것은?

① 마요네즈는 유백색이며, 기포가 없고 내용물이 균질하여야 한다.
② 식용유의 입자가 큰 것일수록 점도가 높고 안정도도 크다.
③ 유탁의 조직 점도와 함께 조미료와 향신료의 배합에 의한 풍미는 마요네즈의 품질을 좌우한다.
④ 마요네즈는 oil in water(O/W)의 유탁액이다.

| 해설

마요네즈는 난황 중 레시틴이 유화제로 작용하여 유화된 식품으로서, 유화된 입자가 작을수록 점도가 높고 안정도가 큼

정답 ②

60. 플라스틱 필름으로 진공포장한 것에 대한 설명 중 옳지 않은 것은?

① 포장 내부의 공기를 제거하여 산소와의 접촉을 피한다.
② 진공포장시 식품과 내부는 완전진공상태가 계속 유지된다.
③ 비교적 산화적인 변패를 방지할 수 있다.
④ 호기성 미생물의 생육을 억제할 수 있다.

| 해설

진공포장시 산소에 의한 여러 가지 변질을 억제할 수 있음

정답 ②

61. 미생물 증식 측정법이 아닌 것은?

① 건조 균체량 측정
② 분광학적 측정
③ 균체질수량 측정
④ 대사산물 수 측정

| 해설

미생물 증식도의 간접적 측정법
• 균체량 측정법: 배양액에서 미생물을 원심분리하여 상등액을 제거한 후 무게를 측정하거나 균을 건조시켜 균체의 무게 측정
• 균체 질소량 측정법: 균체의 질소량을 정량하여 균체의 단백질 증가를 측정하는 방법
• 광학적 측정법: 분광광도계를 사용하여 균수 증가에 따른 배양액의 단백질, DNA 양을 흡광도로 측정

정답 ④

62. 공여세포로부터 유리된 DNA가 직접 수용세포 내로 들어가 일어나는 DNA 재조합 방법은?

① 형질전환
② 형질도입
③ 접합
④ 세포융합

| 해설

② 형질도입(transduction)
Phage(virus)가 한 세포 내로 다른 세균의 유전자를 함께 수용하여 전달하는 기능
③ 접합
pili(미생물의 선모)를 이용하여 한 세포에서 다른 세포로 유전자가 이동
④ 세포융합
동물세포에 sendai virus 나 polyethylene glycol을 처리함으로써 세포간 융합을 형성하여 잡종세포를 얻음

정답 ①

63. 식품 오염 미생물 제거 혹은 증식을 저해하기 위하여 순차적이나 병행적으로 처리하여 식품의 변질을 최소화하면서 미생물에 대한 살균력을 높이는 기술은?

① 나노기술(Nano technology)
② 허들기술(Hurdle technology)
③ 마라톤기술(Marathon technology)
④ 바이오기술(Bio technology)

| 해설

Hurdle technology(combined technology)
• 정의: 식품에 존재하는 미생물을 직접 사멸시키는 것이 아니라, 물리적, 화학적 기술을 조합하여 미생물이 생육할 수 없는 장애 조건을 만드는 것
• 장점
 - 영양분 손실 최소화
 - 이용의 편리성
• 예: 수분활성도가 높은 식품에 pH 조절, 초고압 등의 비열처리, 박테리오신 이용, 냉장 등의 장애 요소(허들)을 적용하여 저장성을 강화함

정답 ②

64. 세균의 파지(Phage)에 대한 설명으로 옳지 않은 것은?

① 발효액을 평판한천배지에 배양하면 투명한 Plaque를 형성하여 식별된다.
② 세균을 이용한 Cheese, Amylase 발효 과정은 파지에 의해 오염된다.
③ 파지는 세균을 이용한 발효탱크에 파지가 오염되면 발효액이 혼탁성을 띤다.
④ 파지는 세균을 이용한 Acetone-Butanol 발효공업 등에서 발생한다.

| 해설

세균을 이용한 발효탱크에 파지가 오염되면 발효액이 투명해지고, 생산량이 줄어듦

 정답 ③

65. 다음 미생물 중 그 배양액으로부터 비타민 B₁₂를 분리하여 얻는 데 이용되지 않는 것은?

① *Streptomyces* 속
② *Bacillus* 속
③ *Flavobacterium* 속
④ *Debaryomyces* 속

| 해설

Debaryomyces 속은 효모임
미생물 중 효모는 비타민B₁₂를 생합성하지 못하지만 세균 대부분은 생합성 가능

대표적인 비타민B₁₂ 생성균

Pseudomonas denitricans, Streptomyces sp., Nocardia rugosa, Clostridium tetanomorphum, Bacillus megaterium, Corynebacterium shermanii, P. arabinosum 등

정답 ④

66. 미생물 균체 내 무기물과 유기물에 대한 설명으로 옳은 것은?

① 무기원소는 삼투압 및 세포의 투과성에 관계한다.
② 마그네슘은 EMP 경로와 효소부활제로 작용한다.
③ 무기원소와 유기상태로 결합한 유기화합물은 서로 삼투압에 관계한다.
④ 인은 AMP, ADP, ATP 등의 조효소 성분으로 작용한다.

| 해설

㉠ 인은 핵산, 인지질 등의 구성성분
㉡ 마그네슘은 효소의 조효소 역할

정답 ③

67. 접합균류와 자낭균류의 차이점에 대한 설명으로 옳지 않은 것은?

① 접합균류 - *Absidia* 속, 자낭균류 - *Neurospora* 속
② 접합균류 - 포자낭 속의 포자수가 일정하지 않음, 자낭균류 - 자낭 속에 8개 포자
③ 접합균류 - 격벽 없음, 자낭균류 - 격벽 있음
④ 접합균류 - 자실체 형성함, 자낭균류 - 자실체 형성 안함

| 해설

㉠ 자실체(포자낭과)는 곰팡이 생활주기의 유성단계에서 생성되는 포자형성체
㉡ 담자균류의 자실체는 담자, 자낭균류의 자실체는 자낭과라고 함
㉢ 버섯은 비교적 큰 자실체를 가짐

정답 ④

68. UAG, UAA, UGA codon에 의하여 mRNA가 단백질로 번역될 때 Peptide 합성을 정지시키고, 야생형보다 짧은 Polypeptide 사슬을 만드는 변이는?

① Missense Mutation
② Induced Mutation
③ Nonsense Mutation
④ Frame shift Mutation

| 해설

① Missense Mutation: 염기치환의 결과, 그 부분의 아미노산 배열이 다르게 됨
③ Nonsense Mutation: 변이의 결과, 어떤 아미노산도 대응하시 않는 암호를 갖게 됨(UAA, UAG, UGA인 코논)
④ Frame shift Mutation: 염기첨가(addition)와 염기결손(deletion)으로 변이가 생기면 아미노산 배열이 모두 바뀜

정답 ③

69. 자외선이 가지는 살균효과는?

① 단백질 변성을 초래한다.
② RNA 변성을 일으킨다.
③ DNA 변성을 일으킨다.
④ 세포 내 ATP를 고갈시킨다.

| 해설

자외선은 미생물 체내 DNA에서 인접한 thymine 잔기에 작용하여 thymine 이량체(dimer)를 형성하여 돌연변이를 일으킴

정답 ③

70. 다음 중 무포자 효모가 아닌 것은?

① *Cryptococcus* 속
② *Schizosaccharomyces* 속
③ *Torulopsis* 속
④ *Candida* 속

| 해설

Schizosaccharomyces 속은 포자를 형성하며 유성포자 중 자낭포자에 속함

정답 ②

71. 다음 중 용원성 파아지(Phage)의 특성이 아닌 것은?

① 숙주 세포의 염색체에 결합하여 Prophage가 된다.
② 세균의 증식에 따라 분열한 세균세포로 유전된다.
③ 세균 세포벽을 용해시켜 유리파아지가 된다.
④ 숙주 세포 내에서 DNA나 단백질을 합성하지 않는다.

| 해설

㉠ 독성파지(virulent phage) = 용균성 파지: 침입한 세균세포 안에서 증식 후 숙주세포를 용해시켜 빠져나옴
㉡ 용원성 파지(temperate phage) = 프로파지(prophage): 독성이 약한 용원파지는 파지 DNA가 세균세포에서 새로운 DNA나 단백질을 합성하지 않음

정답 ③

72. 전분을 분해하여 발효하는 능력이 있는 효모는?

① *Saccharomyces cerevisiae*
② *Saccharomyces sake*
③ *Saccharomyces diastaticus*
④ *Saccharomyces pastorianus*

| 해설

Saccharomyces diastaticus
당화효소(glucoamylase)를 분비하여 전분을 직접 분해하여 발효할 수 있는 능력이 있는 효모

정답 ③

73. 액체식품 중의 생존균수를 희석평판 배양법으로 아래와 같이 측정하였을 때 식품 1mL 중의 Colony 수는?

> ㉠ 액체식품 1mL를 멸균 생리식염수로 25mL이 되도록 희석하였다.
> ㉡ ㉠의 희석액 1mL를 새로운 멸균 생리식염수로 25mL이 되도록 희석하였다.
> ㉢ ㉡의 희석액 1mL를 취하여 24mL의 한천배지에 혼합하여 평판배양하였다.
> ㉣ 평판배양 결과 Colony의 수가 10개였다.

① 6.0×10^3 ② 6.3×10^3
③ 1.5×10^5 ④ 1.6×10^5

| 해설

10×25(희석배수) $\times 25$(희석배수) $= 6250$
그러므로 6.3×10^3/mL
※ 세균수의 기재보고: 세균수의 숫자는 높은 단위로부터 3단계에서 반올림하여 유효숫자를 2단계로 끊어 이하를 0으로 한다.

정답 ②

74. 다음의 물질 중 Mono Sodium Glutamate 발효배지에 사용되는 것만 열거한 것은?

> Glucose, Ammonia, Acetate, Nitrate, MgSO₄, Biotin

① Glucose, Ammonia, Nitrate, Biotin
② Glucose, Ammonia, Acetate, Nitrate,
③ Glucose, Ammonia, MgSO₄, Biotin
④ Glucose, Nitrate, MgSO₄, Biotin

| 해설

Mono Sodium Glutamate 발효
• 균주: *Corynebacterium glutamicum*
• 비오틴 요구성
• 암모늄염과 요소를 사용하여 질소원(아미노기) 공급

 정답 ③

75. 세균의 증식에 대한 설명으로 옳지 않은 것은?

① 세균을 액체배지에 접종하여 배양시간에 따른 세포수의 변화를 그래프로 나타내면 S자형으로 나타난다.
② 유도기에는 세포수의 증가는 거의 없고 세포의 대사활동이 활발하게 일어나는 시기이다.
③ 세포 생육량 및 2차 대사산물의 생산량이 최대로 나타나는 시기는 대수기이다.
④ 세대시간이나 세포의 크기가 일정하며, 세포의 생리적 활성이 가장 강한 시기는 대수기이다.

| 해설

세포 생육량 및 2차 대사산물의 생산량이 최대로 나타나는 시기는 정지기

 정답 ③

76. Bacteriophage에 대한 오염방지 대책으로 옳지 않은 것은?

① 발효공정을 Rotation system으로 이용한다.
② 훈증 또는 장치 가열 살균을 철저히 행한다.
③ 혐기적으로 발효를 행한다.
④ 공정에 대해 약제 살균을 하거나 내성균을 이용한다.

| 해설

bacteriophage의 오염 방지 방법
• 발효 환경 오염 방지. 배양장비 및 기구 살균
• 식품공장 공기를 수시로 검사하여 파지 조기 발견
• 연속교체법(rotation system)을 이용(즉, 파지에 대해 감수성이 서로 다른 생산균주를 혼합하여 사용)
• 항생물질 이용: Chloramphenicol, streptomycin 등의 항생물질에 대한 내성균주사용
• 킬레이트제(chelate)첨가: Streptomyces griseus가 발효세균일 경우 감염 파지가 균체표면에 부착하는데 Ca^{2+} 필요

 정답 ③

77. 정상발효 젖산균(Homo fermentative Lactate Bacteria)이란?

① 당질에서 젖산만을 생성하는 것
② 당질에서 젖산과 탄산가스를 생성하는 것
③ 당질에서 젖산과 CO_2, 에탄올과 함께 초산 등을 부산물로 생성하는 것
④ 당질에서 젖산과 탄산가스, 수소를 부산물로 생성하는 것

| 해설

㉠ 정상형 젖산발효(homo lactic acid fermentation): 당으로부터 젖산만 생성(EMP 대사경로)
 • Glucose → 2 lactic acid
 • *Streptococcus* 속, *Pediococcus* 속, 일부의 *Lactobacillus*
㉡ 이상형 젖산발효(hetero lactic acid fermentation): 젖산 이외에 초산/알코올 등이 함께 생성(phosphoketolase 대사경로)
 • Glucose → lactic acid + ethanol + CO_2
  2 Glucose → 2 lactic acid + ethanol + acetic acid + $2CO_2 + H_2$
 • *Leuconostoc* 속, 일부의 *Lactobacillus*

 정답 ①

78. 곰팡이 중 포복지(Stolon)과 가근(Rhizoid)이 있는 것은?

① *Mucor* 속

② *Rhizopus* 속

③ *Aspergillus* 속

④ *Monascus* 속

│해설

균사에 격막이 없는 조상균류 중 접합균류에 가근과 포복지를 가지고 있는 곰팡이로는 *Rhizopus* 속과 *Absidia* 속이 있음

정답 ②

79. 맥주 산업에 이용되는 상면발효 효모는?

① *Saccharomyces cerevisiae*

② *Zygosaccharomyces rouxii*

③ *Saccharomyces carlsbergenesis*

④ *Saccharomyces fragilis*

│해설

① *Saccharomyces cerevisiae*: 상면발효 효모
③ *Saccharomyces carlsbergenesis*: 하면발효 효모

정답 ①

80. 전분(Starch)의 비환원성 말단에서 포도당 단위로 끊어내는 당화형 효소는?

① *α*-amylase

② *β*-amylase

③ Glucoamylase

④ Maltase

│해설

① *α*-amylase: 전분의 a-1,4 결합을 무작위로 분해(endo)
② *β*-amylase: 전분의 a-1,4 결합을 분해하여 비환원성 말단으로부터 maltose 생성

정답 ③

제5과목 식품제조공정

81. 무균포장에 대한 설명으로 옳지 않은 것은?

① 무균포장제품은 멸균되었기 때문에 열에 불안정한 식품에서 일어나기 쉬운 품질변화를 최소화할 수 있다.

② 연속생산공정이 어렵고 대형포장제품을 만들 수 없다.

③ 냉장할 필요 없이 상온에서 장기간 보존이 가능하다.

④ 멸균용기에 포장하므로 내열성 포장이 필요 없고, 플라스틱이나 종이를 소재로 한 복합재질을 포장용기로 사용할 수 있다.

│해설

연속공정생산이 가능하고 대형포장제품을 만들 수 있다.

무균포장(aseptic packaging)
살균한 식품을 무균 환경(clean room)에서 무균 포장재에 채워 넣고 밀봉하는 기술로서, 저온에서 보존유통에 의해 shelf-life를 연장할 수 있는 포장기술

정답 ②

82. 유가공업에서 가장 널리 사용되는 분유제조 방법은?

① 냉동건조

② Drum 건조

③ Foam-mat 건조

④ 분무건조

│해설

분무건조: 가압노즐 또는 원심분무 이용, 분말커피, 분유, 분말향료 등에 이용

정답 ④

83. 증기압축식 냉동장치에 흔히 사용되는 냉동제가 아닌 것은?

① 암모니아

② 프레온12(CCl_2F_2)

③ 프레온22($CHClF_2$)

④ 액체질소

│해설

압축기, 응축기, 팽창밸브, 증발기를 가지는 증기압축식 냉동기의 냉매는 암모니아와 프레온가스임

정답 ④

84. 다음 살균기술 중 비열살균에 해당하지 않는 것은?

① 마이크로웨이브 살균

② 초고압 살균

③ 고전장 펄스 살균

④ 방사선 살균

| 해설

마이크로웨이브 살균

마이크로파를 조사하여 식품 내부 수분의 진동에 의해 열이 발생되는 원리를 이용

〔주의〕

직접 열을 가하지 않으므로 비열살균으로 분류되기도 하나, 이 문제에서는 비열살균에서 가장 거리가 먼 분류에 해당됨

〔정답〕 ①

85. 다음 (   )에 들어갈 용어로 옳은 것은?

> 포장, 저온저장을 하는 식품일 경우 적당하게 살균하는 (   )을 하게 된다. 이는 명시된 유통기한 내에 어떤 부패 미생물의 생육 때문에 먹을 수 없거나 어떠한 위해도 받지 않도록 유효 적절하게 가열처리하는 것을 말한다.

① 상업적 살균

② 멸균

③ 저온 살균

④ 적정 살균

| 해설

상업적 살균

• 명시된 소비기한 내에 부패 또는 유해한 미생물이 생육하지 않도록 유효적절하게 가열처리하는 방법

• 즉, 절대적으로 생균이 없는 것이 아니라, 소비자의 건강상 위해를 끼치지 않는 정도까지 미생물의 생존 확률을 낮춘 식품

• 살균조건의 결정

 - 고산성식품(pH 4.6 이하)의 경우: pH가 낮은 환경에서는 포자 형성균이 자라지 못하므로, 영양세포 살균조건인 70~100℃ 정도로 가열살균

 - 저산성식품(pH 4.6 이상)의 경우: 내열성이 강한 클로스트리 니움 보툴리눔을 살균지표로 하여 살균

〔정답〕 ①

86. 다음 중 열처리시 온도에 대한 민감성이 가장 큰 것은?

① z값이 10℃인 포자

② z값이 25℃인 효소

③ z값이 35℃인 비타민

④ z값이 60℃인 색소

| 해설

Z값

가열치사시간을 $\frac{1}{10}$로 줄이기 위해 필요한 온도이며, Z값이 낮다는 것은 미생물의 민감성이 크다는 의미

〔정답〕 ①

87. 경화유 제조에 사용되는 수소 첨가용 촉매는?

① Cu ② Ni

③ Mg ④ Fe

| 해설

경화유

• 불포화지방산을 가진 유지에 니켈을 촉매로 수소를 첨가하면 이중결합이 단일결합으로 바뀌면서 융점(녹는점)이 상승하여 상온에서 고체가 됨

• 유지에 가소성이나 경도를 부여하여 물리적 성질을 개선

〔정답〕 ②

88. 지방 함량이 20% 쇠고기 10kg과 지방 함량이 30%인 돼지고기를 혼합하여 지방 함량 22%의 혼합육을 만들 때 돼지고기의 양으로 옳은 것은?

① 2.3kg

② 2.4kg

③ 2.5kg

④ 2.6kg

| 해설

$$\frac{(0.2 \times 10 + 0.3 \times a)}{10 + a} \times 100 = 22$$

$\therefore a = 2.5$

〔정답〕 ③

89. 냉각된 브라인(Brine)을 흘려 냉각한 금속판 사이에 피동결물을 끼워서 동결하는 방법은?

① 침지식 동결법
② 공기 동결법
③ 접촉식 동결법
④ 가스 동결법

│해설

접촉식 동결법
금속으로 된 냉각판 내로 냉각된 냉매를 흘려 금속판을 냉각시킨 후, 이 금속판에 피동결물을 끼워 동결하는 방법. 피동결물이 금속판에 충분히 접촉되기 때문에 동결속도가 빠르고 일정한 모양의 포장식품인 경우 더욱 효과적임

정답 ③

90. 튀김 공정 중 기름에서 일어나는 주요 변화가 아닌 것은?

① 중합
② 유리지방산 감소
③ 에스터 결합의 분해
④ 열산화

│해설

중성지질이 열에 의해 분해되어 유리지방산 증가

정답 ②

91. 지름 4cm인 관을 통해 1.5kg/s의 속도로 20℃의 물을 펌프로 이송하는 경우 평균 유속은 얼마인가? (단, 물의 밀도는 998.2kg/m³으로 한다.)

① 0.0955m/s
② 0.195m/s
③ 1.195m/s
④ 2.195m/s

│해설

㉠ 관의 단면적: $\pi r^2 = 3.14 \times 0.02 \times 0.02 = 0.001256\,\text{m}^2$

㉡ 유속: $\dfrac{1.5\,\text{kg}}{s} \times \dfrac{\text{m}^3}{998.2\,\text{kg}} \times \dfrac{1}{0.001256\,\text{m}^2} ≒ 1.195\,\text{m/s}$

정답 ③

92. 과립성형 방법으로 제조되는 제품이 아닌 것은?

① 분말 주스
② 이스트
③ 커피 분말
④ 비스킷

│해설

과립성형
젖은 상태의 분체식품이 회전 드럼 속에서 압출될 때 회전틀에 의해 펠릿으로 성형되는 방법

정답 ④

93. 식품 원료를 무게, 크기, 모양, 색깔 등 여러 가지 물리적 성질의 차이를 이용하여 분리하는 조작은?

① 선별
② 교반
③ 교질
④ 추출

│해설

선별
• 수확한 원료에 불필요한 물리적·화학적 이물질(돌, 모래, 금속, 배설물 등) 등을 측정 가능한 물리적 성질을 이용하여 분리, 제거하는 공정을 말함
• 식품의 무게, 크기, 모양 및 색깔 4가지 물리적 특성에 의해 분류할 수 있음

정답 ①

94. 건조제에 의한 건조법에서 사용하는 건조제로 적합하지 않은 것은?

① 무수 염화칼슘
② 오산화인
③ 실리카겔
④ 염산

| 해설

염산은 건조제로 적합하지 않음

정답 ④

95. 여과기 바닥에 다공판을 깔고 모래나 입자 형태의 여과재를 채운 구조로, 여과층에 원액을 통과시켜 여액을 회수하는 장치는?

① 가압 여과기
② 원심 여과기
③ 중력 여과기
④ 진공 여과기

| 해설

종류	특성
중력 여과기	• 여과기 바닥에 다공판을 깔고 여과재를 채운 구조로, 여과층에 원액을 통과시켜 여액 회수 • 음료수나 용수처리에 사용
압축 여과기	여과 원액에 압력을 가하여 여과 ① 판틀형 압축 여과기-필터프레스(filter press) ② 잎모양 가압 여과기
진공 여과기	• 여과포를 덮은 틀이나 회전 원통을 원액에 담가 내부에서 원액을 진공펌프로 흡인시켜 여과포를 통과한 여액을 외부로 배출 • 회전 원통형 진공여과기
원심 여과기	원액에 들어있는 고체 입자를 원심분리로 제거, 여과와 탈수를 함께 함 ① 바스켓 원심 여과기 ② 컨베이어 원심 여과기
막 분리 여과	• 막의 선택 투과성을 이용하여 물질의 상변화 없이 연속적으로 물질을 분리함. 열이나 pH 등에 민감한 물질에 유용 • 역삼투, 한외여과, 정밀여과 등

정답 ③

96. 식품을 포장하는 목적으로 옳지 않은 것은?

① 취급을 편리하게 하기 위하여
② 상품가치를 향상시키기 위하여
③ 내용물의 맛을 변화시키기 위하여
④ 식품의 변패를 방지하기 위하여

| 해설

내용물을 최대한 변화시키지 않기 위함임

정답 ③

97. 시유제조공정에서 우유지방의 부상으로 생기는 크림층(Cream layer)의 생성을 방지하기 위하여 행하는 균질화의 효과적인 압력과 온도는?

① 50kg/cm², 10℃
② 100kg/cm², 30℃
③ 150kg/cm², 50℃
④ 200kg/cm², 80℃

| 해설

균질화

• 지방구를 기계적으로 미세화하여 지방구의 크기를 작게 분산
• 균질화의 목적: 지방의 크림화 방지, 점도 향상, 우유 조직의 연성화, 소화기능 향상

정답 ③

98. 다공판 위에 충전한 식품층의 아래쪽에서 열풍을 불어
주어, 알갱이를 마치 유체처럼 운동시키면서 건조하는 방
법은?

① 기송식

② 병류식

③ 향류식

④ 유동층식

| 해설

유동층 건조기

• 입자 또는 식품 분말을 아래쪽에서 열풍을 불어 올려 열풍과 접
  촉하게 하여 건조

• 열풍에 분산되기 쉬운 분말상태 고체 입자의 식품 건조에 적합

• 열풍이 식품 표면에 균일하게 접촉되므로 건조 속도가 빠르고
  균일하게 건조

• 두류, 당근, 양파, 감자, 육류, 밀가루, 코코아, 커피, 소금, 설탕 등
  건조에 이용

정답 ④

99. 다음 중 입자 크기 -10 + 20 mesh의 의미로 옳은 것은?

① 10 mesh 체는 통과하나 20 mesh 체는 통과하지 못하는
  입자

② 10 mesh 체는 통과하지 못하나 20 mesh 체는 통과하는
  입자

③ 10 mesh 체와 20 mesh 체를 모두 통과하는 입자

④ 10 mesh 체와 20 mesh 체를 모두 통과하지 못하는 입자

| 해설

㉠ 체눈의 크기 단위는 메시(mesh)를 사용하고, 1메시는 1인치
  (25.4mm) 안의 눈금의 수를 말함

㉡ 메시가 클수록 체눈의 크기가 작고, 작은 입자만 통과가능

정답 ①

100. 다음 미생물 중 121.1℃에서 **D**값이 가장 큰 것은?

① *Clostridium botulinum*

② *Clostridium sporogenes*

③ *Bacillus subtilis*

④ *Bacillus stearothermophilus*

| 해설

Bacillus stearothermophilus

무가스 산패(flat sour)균이라고도 함, 통조림의 비팽창산패 원인
균으로서 121℃ 15~20분의 가열에 견디는 균주이므로 이들의 오
염을 막기 위해서는 원료선택이 가장 중요

정답   ④

제1과목 식품위생학

01. 1일 섭취허용량이 체중 1 kg당 10 mg이하인 첨가물을 어떤 식품에 사용하려고 하는데 체중 60 kg인 사람이 이 식품을 1일 500 g씩 섭취하려고 하면, 이 첨가물의 잔류 허용량은 식품의 몇 %가 되는가?

① 0.12% 이하   ② 0.17% 이하

③ 0.22% 이하   ④ 0.27% 이하

|해설

식품 중 첨가물의 잔류허용한계량

$= ADc(mg/kg\ b.w./day) \times$ 체중$(kg)/$식품섭취량(kg/day)

$= 10\,mg/kg\ b.w./day \times 60\,kg/0.5\,kg/day$

$= 1200\,mg/kg = 1.2\,g/kg \rightarrow 0.12\%$

정답. ①

02. 다음 중 인수공통감염병이 아닌 것은?

① 중증열성혈소판감소증후군

② 탄저

③ 급성회백수염

④ 중증급성호흡기증후군

|해설

① 중증열성혈소판감소증후군(SFTS): 진드기와 절새를 통해 감염
② 탄저: 병든고기의 취급, 모피 등 취급에 의해 감염
③ 급성회백수염(폴리오, 소아마비): 감염자의 인두분비액과 직접 접촉하였을 때 감염
④ 중증급성호흡기증후군(SARS): 동물과 사람간 감염 추정

정답 ③

03. COD에 대한 설명 중 틀린 것은?

① COD란 화학적 산소 요구량을 말한다.

② BOD가 적으면 COD도 적다.

③ COD는 BOD에 비해 단시간내에 측정 가능하다.

④ 식품공장 폐수의 오염정도를 측정할 수 있다.

|해설

BOD가 적다고 반드시 COD도 적은 것은 아님

생물화학적 산소 요구량(BOD: biochemical oxygen demand)
호기성 미생물이 일정 기간 동안 물속에 있는 유기물을 분해할 때 사용하는 산소의 양

화학적 산소 요구량(COD: chemical oxygen demand)
유기물이 들어있는 물에 산화제($KMnO_4$, $K_2Cr_2O_7$)를 투입하여 산화시키는 데 소비된 산화제의 양에 상당하는 산소의 양을 나타낸 것

정답 ②

04. 병원체에 따른 인수공통감염병의 분류가 잘못된 것은?

① 세균 - 장출혈성대장균감염증

② 세균 - 결핵

③ 리케차 - Q열

④ 리케차 - 일본뇌염

|해설

인수공통감염병의 분류

감염원에 따른 분류	종류
세균	탄저, 돈단독, 결핵, 야토병, 브루셀라(파상열)
바이러스	일본뇌염, 광견병(공수병), 조류(동물)인플루엔자 인체감염증
리케치아	Q열
Prion(단백질 일종)	광우병

정답 ④

05. 육류가공시 생성되는 발암성 물질로 발색제를 첨가하여 생성되는 유해물질은?

① 나이트로사민
② 아크릴아마이드
③ 에틸카바메이트
④ 다환방향족탄화수소

| 해설

N-니트로소 화합물
- 생성 원인: 아민류(아미노산, 펩티드, 단백질)가 산성조건에서 아질산염과 반응하여 니트로소 화합물(nitrosamine, nitrosamide) 생성
- 발암물질
- 아질산염: *Clostridium botulinum*의 번식억제 및 식육가공품의 발색용 식품첨가물

정답 ①

06. 식품첨가물로 산화방지제를 사용하는 이유로 거리가 먼 것은?

① 산패에 의한 변색을 방지한다.
② 독성물질의 생성을 방지한다.
③ 식욕을 향상시키는 효과가 있다.
④ 이산화물의 불쾌한 냄새 생성을 방지한다.

| 해설

산화방지제(항산화제)
- 지용성 산화방지제: 유지의 산패 방지(hydroperoxide 등 과산화물 생성 억제)
- 수용성 산화방지제: 색소의 산화방지

정답 ③

07. 식품위생검사를 위한 일반적인 채취 방법으로 옳은 것은?

① 깡통, 병, 상자 등 용기에 넣어서 유통되는 식품 등은 반드시 개봉한 후 채취한다.
② 합성착색료 등의 화학 물질과 같이 균질한 상태의 것은 여러 부위에서 가능한 한 많은 양을 채취하는 것이 원칙이다.
③ 대장균이나 병원 미생물의 경우와 같이 목적물이 불균질할 때에는 1개 부위에서 최소량을 채취하는 것이 원칙이다.
④ 식품에 의한 감염병이나 식중독의 발생시 세균학적 검사에는 가능한 한 많은 양을 채취하는 것이 원칙이다.

| 해설

일반적으로 식품 중 미생물은 균일하게 존재하지 않으므로, 검사 시 검체의 수와 양을 최대한 많이 채취하는 것이 좋다.

정답 ④

08. 포르말린(formalin)을 축합시켜 만든 것으로 이것이 용출될 때 위생상 문제가 될 수 있는 합성수지는?

① 페놀수지
② 염화비닐수지
③ 폴리에틸렌수지
④ 폴리스틸렌수지

| 해설

㉠ 페놀수지: 페놀과 포르말린(포름알데하이드)의 축합
㉡ 요소수지: 요소와 포름알데하이드의 축합
㉢ 멜라민수지: 멜라민과 포름알데하이드의 축합

정답 ①

09. 멜라민 수지로 만든 식기에서 위생상 문제가 될 수 있는 주요 성분은?

① 비소
② 게르마늄
③ 포름알데히드
④ 단량체

| 해설

열경화성 수지(페놀수지, 요소수지, 멜라민수지)는 포름알데하이드의 축합으로 만들어지므로 용출이 문제가 됨

  정답 ③

10. 쥐와 관련되어 감염되는 질병이 아닌 것은?

① 신증후군출혈열
② 살모넬라증
③ 페스트
④ 폴리오

| 해설

급성회백수염(폴리오, 소아마비)
감염자의 인두분비액과 직접 접촉하였을 때 감염

 정답 ④

11. 독소형 식중독균에 속하며 신경증상을 일으킬 수 있는 원인균은?

① *Salmonella enteritidis*
② *Yersinia enterocolitica*
③ *Clostridium botulinum*
④ *Vibrio parahaemolyticus*

| 해설

*Clostridium botulinum*은 신경독소인 neurotoxin 생성

 정답 ③

12. 식품의 기준 및 규격에 의거하여 부패·변질 우려가 있는 검체를 미생물 검사용으로 운반하기 위해서는 멸균용기에 무균적으로 채취하여 몇 도의 온도를 유지하면서 몇 시간 이내에 검사기관에 운반해야 하는가?

① 0℃, 4시간
② 12±3℃이내, 6시간
③ 36±2℃이상, 12시간
④ 5±3℃이하, 24시간

| 해설

> 식품의 기준 및 규격 제7. 검체의 채취 및 취급방법
> (5) 미생물 검사용 검체의 운반
> ① 부패·변질 우려가 있는 검체
> 미생물학적인 검사를 하는 검체는 멸균용기에 무균적으로 채취하여 저온(5!3℃ 이하)을 유지시키면서 24시간 이내에 검사기관에 운반하여야 한다.

  정답 ④

13. 식품과 자연 독성분의 연결이 잘못된 것은?

① 감자 - Solanine
② 섭조개 - Saxitoxin
③ 복어 - Tetradotoxin
④ 알광대버섯 - Venerupin

| 해설

알광대버섯 - Amanitatoxin

  정답 ④

14. 곤충 및 동물의 털과 같이 물에 잘 젖지 아니하는 가벼운 이물검출에 적용하는 이물검사는?

① 여과법

② 체분별법

③ 와일드만 플라스크법

④ 침강법

| 해설

이물검사의 종류

방법	내용
체분별법	• 미세한 분말의 검체에 섞인 좀 더 큰 이물을 분리할 경우 • 체로 쳐서 포집하여 육안 또는 현미경을 검사
여과법	• 검체가 액체일 때 또는 용액으로 할 수 있을 때 적용 • 여과지로 여과하여 여과지 위의 이물 검사
와일드만 플라스크법	• 곤충 및 동물의 털과 같이 물에 잘 젖지 않는 가벼운 이물일 경우 • 유기용매와 섞어줌으로써 유기용매층에 떠오르게 하여 검사
침강법	• 쥐똥, 토사 등의 비교적 무거운 이물일 경우 • 비중차를 이용하여 바닥의 이물을 검사 • 검체에 클로로포름을 섞어 이물이 용기의 밑에 가라앉힌 후 흡인여과

정답 ③

15. PVC(Poly Vinyl Chloride) 필름을 식품포장재로 사용했을 때 잔류할 수 있는 단위체로 특히 문제가 되는 발암성 유해물질은?

① Calcium chloride

② AN(Acrylonitrile)

③ DEP(Diethyl Phthalate)

④ VCM(Vinyl Chloride Monomer)

| 해설

PVC와 같은 열가소성 수지에서는 그 단량체(monomer)와 첨가제(가소제)가 문제가 됨

정답 ④

16. 다음 식중독 중 일반적으로 치사율이 가장 높은 것은?

① 프로테우스 식중독

② 보툴리누스 식중독

③ 포도상구균 식중독

④ 살모넬라균 식중독

| 해설

보툴리누스 식중독

• 원인균: *Clostridium botulinum*

• 특징: 신경독소인 neurotoxin 생성

• 증상: 신경마비 증세, 치사율 15~20%

정답 ②

17. *Clostridium botulinum*의 특성이 아닌 것은?

① 식중독 감염 시 현기증, 두통, 신경장애 등이 나타난다.

② 호기성의 그람 음성균이다.

③ A형 균은 채소, 과일 및 육류와 관계가 깊다.

④ 불충분하게 살균된 통조림 속에 번식하는 간균이다.

| 해설

*Clostridium botulinum*은 편성혐기성균이므로, 주로 살균이 불충분한 밀봉상태의 통조림에서 발생함

정답 ②

18. 식품에 사용되는 보존료의 조건으로 부적합한 것은?

① 인체에 유해한 영향을 미치지 않을 것

② 적은 양으로 효과적일 것

③ 식품의 종류에 따라 작용이 가변적일 것

④ 체내에 축적되지 않을 것

| 해설

식품첨가물은 식품의 종류에 상관없이 그 작용이 같고 안정적이어야 함

정답 ③

19. 핵분열 생성물질로서 반감기는 짧으나 비교적 양이 많아서 식품 오염에 문제가 될 수 있는 핵종은?

① ^{90}Sr
② ^{131}I
③ ^{137}Cs
④ ^{106}Ru

| 해설

^{137}Cs(세슘) - 30년, ^{90}Sr(스트론튬) - 28년, ^{131}I(요오드) - 8일

정답 ②

20. 우유 살균 처리에서 한계온도의 기준이 되는 것은?

① 결핵균
② 티푸스균
③ 연쇄상구균
④ 디프테리아균

| 해설

결핵균이 우유에 오염될 수 있으므로, 우유 살균의 한계 온도 설정의 기준이 됨

정답 ①

21. 관능검사의 사용 목적과 거리가 먼 것은?

① 신제품 개발
② 제품 배합비 결정 및 최적화
③ 품질 평가방법 개발
④ 제품의 화학적 성질 평가

| 해설

㉠ 관능검사는 사람이 패널로 참여하여 식품을 섭취하면서 느낀 감각을 수치화함으로써 제품을 개발하거나 제품 시장 기호도 등을 조사하여 효율적으로 제품을 생산·판매하기 위한 방법임
㉡ 제품의 화학적 성질 평가는 시험검사로 함

정답 ④

22. 단백질 분자 내에 티로신(Tyrosine)과 같은 페놀(Phe－nol) 잔기를 가진 아미노산의 존재에 의해서 일어나는 정색반응은?

① 밀론(Millon)반응
② 비우렛(Biuret)반응
③ 닌히드린(Ninhydrin)반응
④ 유황반응

| 해설

밀론(millon) 반응

• 페놀기를 가진 tyrosine의 존재에 의해 일어남
• 단백실 용액 + 질산
  → 흰색 침전 → 가열 → 황색 침전 또는 용액

정답 ①

23. 단맛이 큰 순서로 나열되어 있는 것은?

① 설탕 > 과당 > 맥아당 > 젖당
② 맥아당 > 젖당 > 설탕 > 과당
③ 과당 > 설탕 > 맥아당 > 젖당
④ 젖당 > 맥아당 > 과당 > 설탕

| 해설

당류의 감미도

당류	감미도	당류	감미도
lactose	16	sucrose	100
galactose	32	Invert sugar	130
maltose	33	fructose	150
xylose	40	dulcin	25000
glucose	70	saccharin	55000

정답 ③

24. 밀가루의 흡수력 및 점탄성을 조사하는데 이용되는 것은?

① Extensogram
② Amylogram
③ Farinogram
④ Texturometer

| 해설

㉠ Amylograph(아밀로그래프): α-amylase의 활성 및 전분의 호화도, 성질을 측정하는 장치
㉡ Extensograph(익스텐소그래프): 밀가루 반죽의 신장도와 인장항력을 측정하는 장치
㉢ Farinograph(패리노그래프): 밀가루 반죽의 점탄성을 측정하는 장치

정답 ③

25. 비타민 M이라고도 불리며 결핍시 거대 혈구성빈혈(Megaloblastic anemia)을 초래하는 비타민은?

① 비오틴(Biotin)
② 엽산(Folic acid)
③ 비타민B₁₂
④ 비타민C

| 해설

엽산(Folic acid)은 핵산 및 아미노산 합성, 적혈구 성숙에 관련된 비타민으로 결핍시 거대적아구성 빈혈, 태아신경관 손상의 증상이 나타남

정답 ②

26. 아미노산인 트립토판을 전구체로 하여 만들어지는 수용성 비타민은?

① 비오틴(Biotin)
② 엽산(Folic acid)
③ 나이아신(Niacin)
④ 리보플라빈(Riboflavin)

| 해설

Niacin(Vit B₃)은 트립토판으로부터 합성됨

정답 ③

27. 가공식품에 사용되는 솔비톨(Sorbitol)의 기능이 아닌 것은?

① 저칼로리 감미료
② 계면활성제
③ 비타민 C 합성 시 전구물질
④ 착색제

| 해설

솔비톨(D-sorbitol)
D-glucose를 환원시켜 얻은 당알코올. 비타민 C 합성원료로서 이용(합성 시 전구물질). 곶감의 백색가루 성분. 보습성이 우수. 미생물에 의해 쉽게 발효되지 않아 음료 제조시 많이 사용. 단맛이 설탕의 50%

정답 ④

28. 튀김과 같이 유지를 고온에서 오랜 시간 가열하였을 때 나타나는 반응과 거리가 먼 것은?

① 비누화반응 ② 열분해반응
③ 산화반응 ④ 중합반응

| 해설

비누화 반응은 에스터 작용기를 NaOH나 KOH와 같이 -OH를 포함한 염기성 용액과 반응시켜 카복실산 염과 알코올을 생성하는 반응으로 지질의 가열시 반응은 아님

주의
검화가와 헷갈리지 말 것
· 검화가
  유지 1g을 완전히 검화(비누화)시키는데 필요한 수산화칼륨(KOH)의 mg 수
· 저급 지방산 함량이 높을수록 검화가 높음

정답 ①

29. 다음 색소 중 배당체로 존재하는 것은?

① 안토시아닌(Anthocyanin)
② 클로로필(Chlorophyll)
③ 헤모글로빈(Hemoglobin)
④ 미오글로빈(Myoglobin)

| 해설

색소 중 배당체로 존재하는 것
플라보노이드, 안토시아닌

정답 ①

30. 닌히드린 반응(Ninhydrin reaction)이 이용되는 것은?

① 아미노산의 정성 ② 지방질의 정성
③ 탄수화물의 정성 ④ 비타민의 정성

| 해설

닌하이드린(ninhydrin) 반응
· 아미노산을 닌하이드린과 반응하여 570 nm에서 최대흡광도를 갖는 청자색 화합물 형성
· 아미노산의 정성과 정량에 널리 이용

정답 ①

31. 면실 중에 존재하는 항산화 성분으로 강력한 항산화력이 인정되나 독성 때문에 사용되지 못하는 것은?

① 커큐민(Curcumin)
② 고시폴(Gossypol)
③ 구아이아콜(Guaiacol)
④ 레시틴(Lecithin)

| 해설

고시폴은 면실유(목화씨유)에 존재하는 자연독소

정답 ②

32. 단당류에 부제탄소(Asymmetric carbon)가 3개일 때 이론적으로 존재하는 입체 이성체(Stereoisomer)의 수는?

① 2개 ② 4개
③ 8개 ④ 16개

| 해설

Van't Hoff의 법칙: 부제 탄소원자가 n개 존재하면 입체이성체는 2^n개 존재
그러므로, 부제탄소가 3개이면, 입체이성질체는 8개

정답 ③

33. 다음 식품 중 수분활성도(Aw)가 낮아 일반적으로 저장성이 가장 높은 것은?

① 비스킷 ② 소시지
③ 식빵 ④ 쌀

| 해설

① 비스킷: 0.1
② 소시지: 0.95
③ 식빵: 0.9
④ 쌀: 0.6

정답 ①

34. 겨자과 식물(겨자, 배추, 무, 양배추 등)의 대표적인 향기 성분에 대한 설명 중 틀린 것은?

① 식물체 중의 향기성분의 전구물질이 있다.

② 조리과정 또는 조직이 파쇄될 때 전구물질이 효소작용을 받아 향기성분으로 전환된다.

③ 대표적인 전구물질은 황화이알릴(Diallylsulfide)이다.

④ 이소티오시안산(Isothiocyanate)은 이들의 대표적인 향기성분들과 관계가 깊다.

| 해설

㉠ 겨자과 식물은 glucosinolate, thioglucoside를 함유하며 이들이 겨자과 식품의 향기성분의 전구체

㉡ 한 예로 흑겨자의 glucosinolate인 sinigrin(allyl glucosinolate)은 조직 내 효소인 myrosinase에 의해 가수분해되어 자극성 향기성분인 allyl isothiocyanate가 됨

 정답 ③

35. 물은 알코올이나 에테르 등에 비해 분자량이 매우 적음에도 이들에 비해 비점이 높은 특징이 있다. 이와 같은 이유는 물의 무슨 결합 때문인가?

① 공유결합 ② 이온결합

③ 수소결합 ④ 배위결합

| 해설

물 분자들은 서로 수소결합을 하고 있으므로 끓는점, 녹는점이 높고, 비열이 높아 온도 변화가 느림

정답 ③

36. 쌀 1g을 취하여 질소를 정량한 결과, 전질소가 1.5% 일 때 쌀 중의 조단백질 함량은? (단, 질소계수는 6.25로 가정한다.)

① 약 8.4% ② 약 9.4%

③ 약 10.4% ④ 약 11.4%

| 해설

조단백질 함량 = 질소의 양 × 질소계수
= 1.5% × 6.25 ≒ 9.4%

 정답 ②

37. 노화에 대한 설명으로 틀린 것은?

① 2~5℃에서는 물분자간의 수소결합이 안정되어 노화가 잘 일어난다.

② 노화는 수분함량이 많으면 많을수록 잘 일어난다.

③ pH에 영향을 받아 강산성 상태에서는 노화가 촉진된다.

④ Amylopectin의 함량이 많을수록 노화가 억제된다.

| 해설

노화에 영향을 미치는 요인

• 전분의 종류
  - amylose는 선상분자로서 입체장애가 없어 노화가 쉬움
  - amylopectin은 가지 많은 구조로 입체장애 때문에 호화되기는 어려우나 호화후에도 노화가 어려움
  - 옥수수, 소맥 전분 등 지상 전분이 감자, 고구마, 타피오카 전분 등의 지하 전분보다 노화가 쉽고, 찰옥수수, 찹쌀은 노화가 거의 일어나지 않음
• 온도: 노화의 최적온도는 2~5℃이며, 60℃ 이상과 -20℃ 이하에서는 잘 일어나지 않음
• pH
  - 황산, 염산, 인산 등의 강산은 저농도에서도 노화속도를 현저히 증가
  - pH 2에서 노화속도 최대치
  - pH 7 이상에서는 노화가 거의 일어나지 않음
• 수분: 노화의 최적 수분함량은 30~60%, 수분 15% 이하, 60% 이상에서는 노화가 거의 일어나지 않음
• 염류: 황산염을 제외한 무기염류(Na^+, K^+, Ca^{2+} 등)는 노화 억제

 정답 ②

38. 식품 원료 50g 중 순수한 단백질 함량이 10g, 질소 함량이 1.7g일 때 이 식품의 질소계수는?

① 0.17 ② 0.34

③ 5.88 ④ 8.50

| 해설

$$질소계수 = \frac{조단백질\ 함량}{질소\ 함량}$$

$$= \frac{10}{1.7} = 5.88$$

 정답 ③

39. 다음 관능검사 중 가장 주관적인 검사는?

① 차이 검사

② 묘사 검사

③ 기호도 검사

④ 삼점 검사

| 해설

관능검사 중 기호도 검사 등 소비자 검사는 주관적임

정답 ③

40. 분산계가 유탁질로 되어 있는 식품은?

① 잼

② 맥주

③ 버터

④ 쇠기름

| 해설

유탁질 = 유화액 = emulsion : 우유, 마요네즈, 버터 등이 이에 속함

정답 ③

제3과목 식품가공학

41. 유지의 정제방법에 대한 설명으로 틀린 것은?

① 탈산은 중화에 의한다.

② 탈색은 가열 및 흡착에 의한다.

③ 탈납은 가열에 의한다.

④ 탈취는 감압하에서 가열한다.

| 해설

Wintering(탈납)

유지가 저온에서 혼탁해지는 것을 방지하기 위해 고체지방을 여과 또는 원심분리하여 제거하는 공정

샐러드유에는 필수적인 공정으로 유지의 내한성을 높임

정답 ③

42. 감귤로 과실 음료를 제조할 때, 통조림 후 용액의 혼탁을 유발하는 것과 가장 관계가 깊은 물질은?

① Hesperidin, Pectin

② Vitamin A, Vitamin C

③ Tannin, Phenol

④ Yeast, Amino acid

| 해설

감귤류의 펙틴과 헤스페리딘(플라보노이드계 색소)이 혼탁을 유발

정답 ①

43. 과실 주스 중의 부유물 침전을 촉진시키기 위해 사용되는 것은?

① 카제인(Casein)　　② 펙틴(Pectin)

③ 글루콘산(Gluconic acid)　④ 셀룰라아제(Cellulase)

| 해설

과일 주스의 청징 방법

난백, 카제인, 젤라틴, 탄닌, 활성탄 및 규조토와 같은 침전보조제나 혼탁을 방지하기 위해 펙틴 분해효소(pectinase) 등 사용

정답

44. 콩나물 성장에 따른 화학적 성분의 변화에 대한 설명으로 틀린 것은?

① 비타민 C 함량의 증가
② 가용성 질소화합물의 감소
③ 지방 함량의 감소
④ 섬유소 함량의 감소

| 해설

㉠ 콩에 없던 비타민 C 생성, 아스파라긴산, 섬유질, 비타민 B군이 빠르게 증가
㉡ 단백질·지방질·회분은 서서히 감소, 가용성 무질소물은 급격히 감소

정답 ④

45. 식육가공에서 훈연 침투속도에 영향을 미치지 않는 것은?

① 훈연 농도
② 훈연재의 색상
③ 훈연실의 공기속도
④ 훈연실의 상대습도

| 해설

훈연재의 색상은 침투속도와 직접적인 관계가 없음

정답 ②

46. 식품에 함유된 어떤 세균의 내열성(D값)이 40초이다. 균의 농도를 10^4에서 10까지 감소시키는데 소요되는 총 살균시간(TDT)은 얼마인가?

① 120초
② 240초
③ 300초
④ 400초

| 해설

$$D = \frac{t}{\log \frac{N_0}{N_1}}$$

$$40초 = \frac{t}{\log \frac{10^4}{10^1}}$$

$$\therefore t = 120초$$

정답 ①

47. 치즈에 대한 설명으로 옳은 것은?

① 치즈는 우유의 지방을 응고시켜 제조한다.
② 치즈는 우유의 단백질을 렌닛(Rennet) 또는 젖산균으로 응고시켜 얻은 커드(Curd)를 이용한다.
③ 커드를 모은 후에 맛과 풍미를 좋게 하기 위하여 식염을 커드량의 5~7% 첨가한다.
④ 치즈 숙성시의 피막제는 호화전분을 사용한다.

| 해설

㉠ 치즈는 우유의 단백질을 젖산균과 렌넷(rennet) 효소를 이용하여 응고시켜 얻은 커드를 이용
㉡ 커드를 모은 후에 맛과 풍미를 좋게 하기 위하여 식염을 커드량의 2~3% 첨가

정답 ②

48. 10%의 고형분을 함유한 포도주스 1 kg을 감압농축시켜 고형분 50%로 농축할 경우 제거해야 할 수분의 양은?

① 0.2 kg
② 0.4 kg
③ 0.6 kg
④ 0.8 kg

| 해설

㉠ 10%의 고형분을 함유한 포도주스 1 kg의 고형분 함량은 0.1 kg
㉡ 50% 고형분을 함유한 포도주스로 농축하면 주스양은 0.2 kg
∴ 그러므로 제거해야 할 수분의 양은 1 kg − 0.2 kg = 0.8 kg

정답 ④

49. 신선한 달걀의 판정과 관계가 먼 것은?

① 난각의 상태
② 달걀의 비중
③ 기실의 크기
④ 난황의 색깔

| 해설

난각이 거칠고 광택이 나지 않으며, 달걀의 비중은 1.08~1.09, 기실의 크기가 작을수록 신선한 달걀임. 난황의 색깔은 관련이 없음

정답 ④

50. 제빵 공정에서 처음에 밀가루를 체로 치는 가장 주된 이유는?

① 불순물을 제거하기 위하여
② 해충을 제거하기 위하여
③ 산소를 풍부하게 함유시키기 위하여
④ 가스를 제거하기 위하여

│해설

산소를 풍부하게 함유시켜 조직을 부드럽고 균일하게 하며 부피가 커질 수 있게 함

 정답 ③

51. 맥주를 제조할 때 이용하는 보리의 조건으로 바람직하지 않은 것은?

① 전분이 많은 것
② 수분이 13% 이하인 것
③ 껍질이 얇은 것
④ 단백질이 많은 것

│해설

전분 함량이 높고 단백질 함량이 낮은 보리(2줄보리)를 사용. 주로 단맥아(유아의 길이가 보리알의 길이보다 짧음)를 이용

 정답 ④

52. 마요네즈 제조에 있어 난황의 주된 작용은?

① 응고제 작용
② 유화제 작용
③ 기포제 작용
④ 팽창제 작용

│해설

마요네즈는 식물성 유지, 식초, 난황, 조미료, 향신료 등을 혼합하여 O/W형(수중유적형)으로 유화시킨 반고형제품으로, 난황의 유화성을 이용

 정답 ②

53. 쌀의 저장 형태 중 저장성이 가장 큰 것은?

① 5분 도미
② 백미
③ 벼
④ 현미

│해설

도정하지 않고, 왕겨가 그대로 붙어있는 상태의 벼가 가장 저장성이 큼

 정답 ③

54. 햄이나 베이컨을 만들 때 염지액 처리시 첨가되는 질산염과 아질산염의 기능으로 가장 적합한 것은?

① 수율 증진
② 멸균작용
③ 독특한 향기의 생성
④ 고기색의 고정

│해설

질산염, 아질산염의 주된 기능: 발색제(식품의 색을 안정화시키거나, 유지 또는 강화시키는 식품첨가물)로서의 기능임

 정답 ④

55. 원료크림의 지방량이 80kg이고 생산된 버터의 양이 100kg이라면, 버터의 증량률(Overrun)은?

① 5%
② 15%
③ 25%
④ 80%

│해설

$$Over\ run(\%) = \frac{버터중량 - 크림중량}{크림중량} \times 100$$

$$\therefore \frac{100-80}{80} \times 100 = 25\%$$

 정답 ③

56. 분유 제조시 건조방법으로 적합한 것은?

① 자연 건조
② 열풍 건조
③ 분무 건조
④ 피막 건조

| 해설

분무건조법(spray drying)
• 액체를 분무기를 사용하여 작은 방울로 하여 뜨거운 공기 속으로 뿜어내어 순간적으로 가루로 말리는 방법
• 열풍과의 접촉시간이 짧고, 재료 온도도 비교적 낮아서, 온도에 민감함 식품의 건조에 효과적임

정답 ③

57. 콩 단백질의 주성분이며 두부 제조 시 묽은 염류 용액에 의해 응고되는 성질을 이용하는 물질은?

① 알부민(Albumin)
② 글리시닌(Glycinin)
③ 제인(Zein)
④ 락토글로불린(Lactoglobulin)

| 해설

두부제조
콩을 침지하여 불린 콩을 마쇄하여, 콩의 수용성 단백질인 글리시닌등 가용성 성분을 용출시켜 여과한 것을 두유라 하고, 두유에 응고제를 넣어 응고(등전점 침전)시킴

정답 ②

58. 냉동 식품용 포장지의 일반적인 특성이 아닌 것은?

① 방습성이 있을 것
② 가스 투과성이 낮을 것
③ 수축 포장 시 가열 수축성이 없을 것
④ 저온에서 경화되지 않을 것

| 해설

냉동식품 포장용기의 특성은 아님

정답 ③

59. 식물성 유지가 동물성 유지보다 산패가 덜 일어나는 이유로 적합한 것은?

① 천연 항산화제가 들어있기 때문에
② 발연점이 낮기 때문에
③ 시너지스트(Synergist)가 없기 때문에
④ 열에 안정하기 때문에

| 해설

식물성 유지에는 천연 항산화제가 존재하므로, 동물성 유지 대비 불포화지방산의 함량이 높음에도 불구하고 산패속도가 느림

정답 ①

60. 식품을 가열하는 데 50J의 에너지가 요구되었다면, 이를 칼로리로 환산하면 약 얼마인가?

① 210cal
② 12cal
③ 210kcal
④ 12kcal

| 해설

$1J = 0.24cal$
$50J = 0.24cal \times 50 = 12cal$

정답 ②

61. 아황산펄프폐액을 사용한 효모생산을 위하여 개발된 발효조는?

① Waldhof형 배양장치

② Vortex형 배양장치

③ Air lift형 배양장치

④ Plate tower형 배양장치

| 해설

아황산펄프폐액을 이용한 효모의 생산

• 사용균주: *Candida utilis*(6탄당 뿐만 아니라 5탄당도 이용 가능)

• 아황산펄프폐액에는 리그닌이 많아 계면활성이 크므로 통기교반배양에서 소포 효과가 큰 Waldhof형 배양장치를 사용

정답 ①

62. 대표적인 곰팡이독소로서 *Aspergillus flavus*가 생성하는 곰팡이독은?

① 맥각독

② 아플라톡신

③ 오크라톡신

④ 파튤린

| 해설

㉠ *Claviceps purpurea*: ergotamine, ergotoxin, ergometrin 등의 맥각 알칼로이드독

㉡ *Aspergillus flavus*: aflatoxin

㉢ *Aspergillus ochraceus*: ochratoxin

㉣ *Penicillium patulum*: patulin

정답 ②

63. 곰팡이의 분류에 대한 설명으로 틀린 것은?

① 진균류는 조상균류와 순정균류로 분류된다.

② 순정균류는 자낭균류, 담자균류, 불완전균류로 구분된다.

③ 균사에 격막(격벽, Septa)이 없는 것을 순정균류, 격막을 가진 것을 조상균류라 한다.

④ 조상균류는 호상균류, 접합균류, 난균류로 분류된다.

| 해설

곰팡이의 분류

분류기준 Ⅰ 격벽의 유무	분류기준 Ⅱ 유성생식의 유무
조상균류 (격벽 X)	호상균류
	난균류(유성포자)
	접합균류(유성포자)
순정균류 (격벽 O)	자낭균류(유성포자)
	담자균류(유성포자)
	불완전균류 (순정균류 중 유성생식 못하는균류)

정답 ③

64. 간장의 제조공정에 사용되는 균주는?

① *Aspergillus tamari*

② *Aspergillus sojae*

③ *Aspergillus flavus*

④ *Aspergillus glaucus*

| 해설

① *Aspergillus tamari*는 일본 tamari 간장에 이용

③ *Aspergillus flavus*는 aflatoxin을 생성

④ *Aspergillus glaucus*는 훈제품, 가다랭이포에 향기를 부여함

정답 ②

65. 종초를 선택하는 일반적인 조건이 아닌 것은?

① 초산 이외의 유기산류나 향기성분인 Ester류를 생성한다.

② 초산을 다시 산화(과산화) 분해하여야 한다.

③ 알코올에 대한 내성이 강해야 한다.

④ 초산 생성속도가 빨라야 한다.

| 해설

생성된 초산을 분해하지 않아야 함

종초(vinegar starter)는 식초를 새롭게 제조할 때 발효과정을 빠르게 진행시켜 산 생성 속도를 높일 수 있고, 일정한 균주로 생산할 수 있어 향이나 맛을 유지할 수 있다. 초산 이외에도 유기산류, Ester류를 생성하기도 하고, 일반적으로 알코올에 내성이 강한 균을 사용한다.

정답 ②

66. 여러 가지 선택배지를 이용하여 미생물 검사를 하였더니 다음과 같은 결과가 나왔다. 다음 중 검출 양성이 예상되는 미생물은?

- EMB(Eosin Methylene Blue): 진자주색 집락
- XLD(Xylose Lysine Desoxycholate) Agar 배지: 금속성 녹색 집락
- MSA(Mannitol Salt Agar) 배지: 황색 불투명 집락
- TCBS(Thiosulfate Citrate Bile salt Sucrose) 배지: 분홍색 불투명 집락

① 장염비브리오균 ② 살모넬라균
③ 대장균 ④ 황색포도상구균

| 해설

㉠ EMB 배지는 대장균 정성실험에 사용되는 배지로 대장균은 청록색금속광택이 있는 집락이 생기고, 클렙시엘라는 갈색이며 광택이 생기고, 살모넬라 속 또는 세균성 이질균은 무색의 집락이 생김
㉡ XLD Agar 배지는 살모넬라를 분리할 때 주로 사용되는 배지로 xylose를 당으로 이용하는 균은 노란색을 띰
㉢ MSA 배지에서 노란색 불투명한 집락을 구성하는 균은 황색포도상구균이며, phenol red지시약을 배지에 떨어뜨리면 배지색이 연한 노란색으로 변함
㉣ TCBS 배지: 장염비브리오균을 분리하는 배지로 장염비브리오균일 때는 초록색 집락을 보임

정답 ④

67. 맥주 제조에 사용되는 효모는?

① *Saccharomyces fragilis*
② *Saccharomyces peka*
③ *Saccharomyces cerevisiae*
④ *Zygosaccharomyces rouxii*

| 해설

① *Saccharomyces fragilis*는 마유주에서 분리
② *Saccharomyces peka*는 청주효모
④ *Zygosaccharomyces rouxii*는 간장제조에 이용

정답 ③

68. 미생물이 탄소원으로 가장 많이 이용하는 당질은?

① 포도당(Glucose) ② 자일로오스(Xylose)
③ 유당(Lactose) ④ 라피노오스(Raffinose)

| 해설

일반적으로 단당류와 이당류를 주로 이용하고 그 중에서도 단당류인 포도당을 주로 이용함

정답 ①

69. 글루코오스(Glucose)에 젖산균을 배양하여 발효할 때 **Homo** 젖산발효에 해당하는 것은?

① $C_6H_{12}O_6 \rightarrow 2CH_3CHOH \cdot COOH$
② $C_6H_{12}O_6 \rightarrow CH_3CHOH \cdot COOH + CH_2OH + CO_2$
③ $C_6H_{12}O_6 \rightarrow CH_3CHOH \cdot COOH + 2CO_2$
④ $C_6H_{12}O_6 + O_2 \rightarrow CH_3CHOH \cdot COOH + 2CO_2 + H_2O$

| 해설

㉠ 정상형 젖산발효(homo lactic acid fermentation)
  • Glucose → 2 lactic acid
㉡ 이상형 젖산발효(hetero lactic acid fermentation)
  • Glucose → lactic acid + ethanol + CO_2
  2 Glucose → 2 lactic acid + ethanol + acetic acid + $2CO_2$ + H_2

정답 ①

70. *Botrytis*속에 대한 설명 중 옳은 것은?

① 배에 번식하여 단맛이 감소한다.
② 사과에 번식하여 신맛이 감소하여 품질이 감소한다.
③ 포도에 번식하여 신맛이 감소하고 단맛이 상승한다.
④ 채소류에 번식하여 과성숙을 일으킨다.

| 해설

Botrytis cinerea
포도에 귀부병(포도 과피의 왁스질을 분해하여 수분증발을 촉진하고 당도를 증가시킴)을 일으키는 균, 귀부병에 걸린 포도로 귀부와인을 만듦

정답 ③

71. 세포내 지방 저장력이 가장 높은 유지 효모는?

① *Candida albicans*

② *Candida utilis*

③ *Rhodotorula glutinis*

④ *Saccharomyces cerevisiae*

| 해설

Rhodotorula glutinis

· 건조 균체량의 60%에 달하는 지방을 축적함

· *Lipomyces* 속과 함께 유지 생성균으로 주목받음

정답 ③

72. 공업적으로 Lipase를 생산하는 미생물이 아닌 것은?

① *Aspergillus niger*　② *Rhizopus delemar*

③ *Candida cylindracae*　④ *Aspergillus oryzae*

| 해설

Aspergillus oryzae: amylase와 protease를 생성

정답 ④

73. 포도당의 Homo 젖산발효는 어떤 대사경로를 거치는가?

① HMP 경로　　② TCA 회로

③ EMP 경로　　④ Krebs 속

| 해설

㉠ 정상형 젖산발효(homo lactic acid fermentation)

· 당으로부터 젖산만 생성(EMP 대사경로)

· Glucose → 2 lactic acid

㉡ 이상형 젖산발효(hetero lactic acid fermentation)

· 젖산 이외에 초산/알코올 등이 함께 생성(phosphoketolase 대사경로)

· Glucose → lactic acid + ethanol + CO_2

2 Glucose → 2 lactic acid + ethanol + acetic acid + $2CO_2$ + H_2

정답 ③

74. 청주, 간장, 된장의 제조에 사용되는 Koji곰팡이의 대표적인 균종으로 황국균이라고 하는 곰팡이는?

① *Aspergillus oryzae*　② *Aspergillus niger*

③ *Aspergillus flavus*　④ *Aspergillus fumigatus*

| 해설

② *Aspergillus niger*은 흑국균으로 유기산 발효공업에 이용

③ *Aspergillus flavus*는 aflatoxin을 생성

정답 ①

75. 살아있지만 배양이 안 되는 세균을 의미하며, 우호적인 좋은 환경에서 증식되어 식중독을 야기할 수 있는 세균은?

① TPC　　　　② Injured cell

③ Aerobic count　④ VBNC

| 해설

Viable but nonculturable(VBNC)

· 난배양성 미생물로서, 살아있지만 배양을 할 수 없는 균으로 배지를 이용한 실험에서는 검출되지 않음

· 미생물의 대사활동이 매우 낮고 분열되지 않지만 살아 있으며 일단 회복되면 배양 능력을 가지는 미생물

정답 ④

76. 청주에서 품질이 저하되게 하는 화락현상을 유발하는 균은?

① *Lactobacillus homohiochii*

② *Leuconostoc mesentroides*

③ *Saccharomyces cerevisiae*

④ *Saccharomyces sake*

| 해설

① *Lactobacillus homohiochii, Lactobacillus heterohiochii*: 청주에서 살균이 부족하면 화락(hiochii)으로 인해 문제를 일으키는 균

② *Leuconostoc mesentroides*는 김치의 초기발효에 이용

③ *Saccharomyces cerevisiae*는 싱면발효 맥주효모

④ *Saccharomyces sake*는 청주효모

정답 ①

77. 주정 제조시 당화과정이 생략 될 수 있는 원료는?

① 당밀
② 고구마
③ 옥수수
④ 보리

| 해설

당화과정은 고분자의 탄수화물을 단당류나 이당류 등으로 분해하는 과정이지만 당밀은 사탕수수 등에서 설탕을 가공하고 남은 부산물로서 단당류나 이당류가 많으므로 당화과정 없이도 알코올 생성의 원료가 될 수 있음

정답 ①

78. 미생물의 생육곡선에서 세포 내의 RNA는 증가하나 DNA가 일정한 시기는?

① 유도기
② 대수기
③ 정상기
④ 사멸기

| 해설

㉠ 유도기(lag phase)
  • 세포 수의(배지)에 대한 적응 시기
  • 증식은 일어나지 않고, 세포 크기가 커지며 RNA 함량이 증가
  • DNA 합성은 일어나지 않음
㉡ 대수기(logarithmic phase)
  • 세포의 생리적 활성이 강해지는 시기
  • 세포 크기 일정, 세대 기간 짧음
  • RNA는 일정하고, DNA가 증가
㉢ 정지기(stationary phase)
  • 최대의 세포수, 생균수가 일정하게 유지
  • 영양물질의 고갈, 대사생성물의 축적, 산소부족, 배지의 산성화 등으로 새로 증식하는 수와 사멸수가 같아짐
㉣ 사멸기(death phase): 생균수가 줄어드는 시기

정답 ①

79. Eumycetes(진균류)가 아닌 것은?

① 세균
② 버섯
③ 효모
④ 곰팡이

| 해설

진핵세포를 갖는 진균류: 효모, 곰팡이, 버섯
세균은 원핵세포를 가짐

정답 ①

80. 일반적으로 위균사(*Pseudomycelium*)를 형성하는 효모는?

① *Saccharomyces* 속
② *Candida* 속
③ *Hanseniaspora* 속
④ *Trigonopsis* 속

| 해설

위균사 효모는 *Pseudomycelium* 속, *Candida* 속

정답 ②

81. 원심분리를 이용하여 액체와 고체를 분리하려고 할 때 고체의 농도가 높을 경우 사용하는 원심분리기로 적합한 것은?

① 디슬러지 원심분리기(Desludge centrifuge)
② 관형 원심분리기(Tubular centrifuge)
③ 원통형 원심분리기(Cylindrical centrifuge)
④ 노즐 배출형 원심분리기(Nozzle discharge centrifuge)

| 해설

① 디슬러지 원심분리기: 원료액에 고체의 농도가 높을 때 사용함, 특히 컨베이형 원심분리기는 고체함량 50 %까지 이용 가능, 동·식물 단백질 회수, 어분 제조 등에 이용
② 관형 원심분리기: 액체와 액체 원심분리기의 일종, 과일주스 및 시럽의 청징, 식용유의 탈수 등에 사용
③ 원통형 원심분리기: 액체에 고체 입자가 들어있는 혼합물 분리기의 일종, 고체의 농도가 1~2% 이하일 때 사용
④ 노즐 배출형 원심분리기: 고체의 농도가 5% 이하일 때 사용

정답 ①

82. 마쇄 전분유에서 전분을 분리하기 위해 수십장의 분리판을 가진 회전체로서 원심력을 이용하여 고형물을 분리하는 원심분리기로 옳은 것은?

① 노즐형 원심분리기
② 데칸트형 원심분리기
③ 가스 원심분리기
④ 원통형 원심분리기

| 해설

노즐형 원심분리기: 액체에 고체 입자가 들어있는 혼합물을 분리하는 원심청징기로서, 분리 전분유에 함유된 녹말, 가용성 당분, 색소성분 등을 제거시키는 공정으로 녹말의 정제 시 주로 사용

정답 ①

83. 와이어 메시체 또는 다공판과 이를 지지하는 구조물로 되어 있으며, 진동운동은 기계적 또는 전자기적 장치로 이루어지는 설비로, 미분쇄된 곡류의 분말 등을 사별하는데 사용되는 설비는?

① 바 스크린(Bar screen)
② 진동체(Vibration screen)
③ 릴(Reels)
④ 사이클론(Cyclone)

| 해설

사별공정(크기에 의한 선별)에서 구멍이 많은 다공판에 진동을 가하여 분쇄된 곡류가 구멍을 통해 분류되도록 함
→ 진동을 가하기 위해 진동체 사용

정답 ②

84. 타원형의 용기에 물을 반쯤 채우고 임펠라를 회전시켜 일정 위치에서 기체가 압축 이송되는 장치는?

① 로타리 블로워
② 압축기
③ 매시 펌프
④ 팬

| 해설

매시펌프
액체 이송의 펌프와 같은 종류로 10~1,000 기압의 고압 공기를 이송, 기체 입구 쪽에 미립자를 제거하는 필터를 부착, 출구 쪽에는 응축수를 제거하는 분리기가 필요함

정답 ③

85. 우유로부터 크림을 분리하는 공정에서 많이 적용되고 있는 원심분리기는?

① 노즐 배출형 원심분리기(Nozzle discharge centrifuge)

② 원판 원심분리기(Disc bowl centrifuge)

③ 디켄더형 원심분리기(Decanter centrifuge)

④ 가압 여과기(Filter centrifuge)

| 해설

원판형 원심분리기: 우유에서 크림층을 분리할 때, 유체의 상을 농축할 때 주로 쓰임

정답 ②

86. 착즙된 오렌지 주스는 15 %의 당분을 포함하고 있는데 농축공정을 거치면서 당함량이 60 %인 농축 오렌지주스가 되어 저장된다. 당함량이 45 %인 오렌지 주스 제품 100 kg을 만들려면 착즙 오렌지 주스와 농축 오렌지 주스를 어떤 비율로 혼합해야 하는가?

① 1 : 2   ② 1 : 2.8

③ 1 : 3   ④ 1 : 4

| 해설

착즙된 오렌지 주스양 $= a$
농축 오렌지주스양 $= b$
$a + b = 100$ $b = 100 - a$
$0.15a + 0.6b = 0.45 \times 100$
$0.15a + 60 - 0.6a = 45$
$0.45a = 15$
$a = 33.3$
$b = 66.7$
∴ a와 b의 비는 약 1 : 2

정답 ①

87. 식품의 살균온도를 결정하는 가장 중요한 인자는?

① 식품의 비타민 함량

② 식품의 pH

③ 식품의 당도

④ 식품의 수분함량

| 해설

㉠ 일반적인 미생물의 생육 pH는 중성이므로 pH가 낮은 식품인 경우 미생물이 잘 번식하지 않으므로 살균하는 온도가 낮아도 됨(70~100℃)
㉡ 식품의 pH가 중성에 가까우면 미생물의 번식이 쉬우므로 살균 온도가 높아야 함

정답 ②

88. 살균 후 위생상 문제가 되는 미생물이 생존할 수 없는 수준으로 살균하는 방법을 의미하는 용어는?

① 저온 살균법

② 포장 살균법

③ 상업적 살균법

④ 열탕 살균법

| 해설

상업적 살균법
• 식품의 품질을 최대한 유지하기 위해 위생상 위해한 미생물을 대상으로 가열 살균
• 식품의 품질 변화 방지 효과, 에너지 절약 효과가 큼
• 산성의 과일 통조림에 주로 이용됨(100℃ 이하 70℃ 이상으로 살균)

정답 ③

89. 식품별 조사처리기준에 의한 허용대상 식품별 흡수선량에서 ( ) 안에 알맞은 것은?

품목	조사 목적	선량(kGy)
감자 양파 마늘	발아 억제	( )

① 0.15 이하
② 0.25 이하
③ 1 이하
④ 7 이하

│해설

허용대상 식품별 흡수선량

품목	조사목적	선량(kGy)
감자, 양파, 마늘	발아억제	0.15 이하
밤	살충·발아억제	0.25 이하
버섯(건조 포함)	살충·숙도조절	1 이하
난분, 곡류, 두류, 전분	살균·살충	5 이하
건조식육, 건조채소류, 조미건어포류 등	살균	7 이하
건조향신료, 복합조미식품, 특수의료용도등 식품	살균	10 이하

 정답 ①

90. 쌀도정 공장에서 도정이 끝난 백미와 쌀겨를 분리 정선하고자 할 때 가장 효과적인 정선법은?

① 자석식 정선법
② 기류 정선법
③ 체정선법
④ 디스크 정선법

│해설

백미와 쌀겨에 기류를 가하면 쌀겨는 가벼워 날아감. 즉 비중 차이를 이용하는 기류 정선법을 사용하는 것이 효과적임

정답 ②

91. 우유 단백질 중 혈액에서부터 이행된 단백질은?

① 카제인(Casein)
② 이뮤노글로불린(Immunoglobulin)
③ 락토글로불린(Lactoglobulin)
④ 락토알부민(Lactoalbumin)

│해설

우유 단백질의 종류
• 카제인(casein), 유청 단백질(α-lactalbumin, β-lactoglobulin, immunoglobulin, lactoferrin, TGF-β 등)
• 이중 immunoglobulin(면역글로불린)은 혈액에서 이행된 물질로서 면역과 관련된 항체성분임

 정답 ②

92. 곡류와 같은 고체를 분쇄하고자 할 때 사용하는 힘이 아닌 것은?

① 충격력(Impact force)
② 유화력(Emulsion force)
③ 압축력(Compression force)
④ 전단력(Shear force)

│해설

분쇄의 작용력
압축력, 전단력, 절단력, 충격력

 정답 ②

93. 달걀 흰자의 단백질성분이 아닌 것은?

    ① 오브알부민(Ovalbumin)

    ② 콘알부민(Conalbumin)

    ③ 오보뮤코이드(Ovomucoid)

    ④ 리포비텔린(Lipovitellin)

| 해설

리포비텔린은 난황에 존재하는 지방질과 단백질의 복합체

주요 난백단백질

오브알부민(난백의 주요 단백질로 약 54% 차지), 콘알부민, 오보뮤코이드(당단백질, 트립신 저해제)

 ④

---

94. 통조림의 제조공정 중 탈기의 목적이 아닌 것은?

    ① 관내면의 부식억제

    ② 혐기성 미생물의 발육억제

    ③ 변패관의 식별용이

    ④ 내용물의 산화방지

| 해설

통조림의 탈기공정 목적

• 용기 내압을 낮추어 가공 중 용기의 파손 방지

• 산소를 제거하여 통 내부의 부식 최소화, 호기성 미생물 성장 억제, 산화 방지

• 변패관의 식별을 용이하게 함

 ②

---

95. 분무식 살균 장치에서 유리 용기의 열충격으로 인한 파손을 줄이기 위해 실시하는 조작 순서로 옳은 것은?

    ① 예열 → 살균 → 예냉 → 냉각 → 세척

    ② 예냉 → 냉각 → 예열 → 살균 → 세척

    ③ 세척 → 예열 → 살균 → 예냉 → 냉각

    ④ 냉각 → 세척 → 예열 → 살균 → 예냉

| 해설

유리 용기의 열충격을 최소화하기 위해, 가열 전 예열하고 냉각 전 예냉하는 것이 좋음

 ①

---

96. 다음 중 침강분리의 원리와 거리가 먼 것은?

    ① 중력

    ② 부력

    ③ 항력

    ④ 장력

| 해설

㉠ 침강 분리는 중력을 이용하여 수중의 물보다 큰 비중의 현탁 물질을 분리하는 방법

㉡ 침강하는 입자에는 중력(gravity force), 부력(buoyancy force), 그리고 유체 점성 등에 의한 항력(drag force)이 작용함. 이때 항력의 작용 방향은 유체와 입자의 방향에 의해 결정 됨

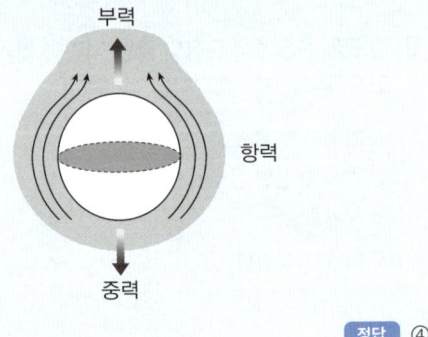

④

97. 기체 이송장치의 종류가 아닌 것은?

① 팬(Fan)
② 브로어(Blower)
③ 파이프(Pipe)
④ 컴프레서(Compressor)

| 해설

주의

시험문제에 오류가 있어, 본교재에서는 문제를 수정하였음

정답 ③

98. 다음 중 나열된 건조기와 적용 가능한 해당 식품 또는 용도가 잘못 연결된 것은?

① 빈 건조기(Bin dryer) - 마감건조
② 분무 건조기(Spray dryer) - 과일주스
③ 기송식 건조기(Pneumatic dryer) - 두유
④ 유동층 건조기(Fluidized bed dryer) - 설탕

| 해설

기송식 건조기

건조할 식품을 뜨거운 열풍 속에 투입하여 기류에 떠있는 상태로 이동시키면서 건조시키는 것으로 주로 가루나 입자 상태의 원료에 적합

정답 ③

99. 바닷물에서 소금 성분 등은 남기고 물 성분만 통과시키는 막분리 여과법은?

① 한외여과법
② 역삼투압법
③ 투석
④ 정밀여과법

| 해설

역삼투압법은 물과 염 등 저분자량의 용질을 분리하는데 이용

정답 ②

100. 어떤 식품을 110℃에서 가열살균하여 미생물을 모두 사멸시키는 데 걸린 시간이 8분이었다. 이를 바르게 표기한 것은?

① $D_{110℃}$ = 8분
② Z = 8분
③ $F_{110℃}$ = 8분
④ F_{8min} = 110℃

| 해설

F값

일정 온도에서 미생물을 100% 사멸시키는데 필요한 시간

정답 ③

2020년 | 제1, 2회

01. 하천수의 DO가 적을 때 그 의미로 가장 적합한 것은?

① 오염도가 낮다.
② 오염도가 높다.
③ 부유물질이 많다.
④ 비가 온지 얼마 되지 않았다.

| 해설

용존 산소량(DO: dissolved oxygen)
· 물 속에 녹아있는 산소량
· 유기물이 많을수록 DO 감소

정답 ②

02. 식품첨가물에서 가공보조제에 대한 설명으로 틀린 것은?

① 기술적 목적을 위해 의도적으로 사용된다.
② 최종 제품 완성 전 분해, 제거되어 잔류하지 않거나 비의도적으로 미량 잔류할 수 있다.
③ 식품의 입자가 부착되어 고형화되는 것을 감소시킨다.
④ 살균제, 여과보조제, 이형제는 가공보조제이다.

| 해설

가공보조제
식품의 제조 과정에서 기술적 목적을 달성하기 위하여 의도적으로 사용되고 최종 제품 완성 전 분해, 제거되어 잔류하지 않거나 비의도적으로 미량 잔류할 수 있는 식품첨가물(살균제, 여과보조제, 이형제, 제조용제, 청관제, 추출용제, 효소제)

정답 ③

03. 병에 걸린 동물의 고기를 섭취하거나 병에 걸린 동물을 처리, 가공할 때 감염될 수 있는 인수공통감염병은?

① 디프테리아
② 폴리오
③ 유행성 간염
④ 브루셀라병

| 해설

인수공통감염병의 종류
결핵, 탄저, 브루셀라병(파상열), 야토병, 돈단독증, Q열 등

정답 ④

04. 지표미생물의 자격요건으로서 거리가 먼 것은?

① 분변 및 병원균들과의 공존 또는 관련성
② 분석 대상 시료의 자연적 오염균
③ 분석 시 증식 및 구별의 용이성
④ 병원균과 유사한 안정성(저항성)

| 해설

위생지표균
식품의 제조, 보관, 유통 환경 전반에 대한 위생 수준을 나타내는 지표로써, 병원성균을 나타내는 것은 아님

정답 ②

05. 통조림 용기로 가공할 경우 납과 주석이 용출되어 식품을 오염시킬 우려가 가장 큰 것은?

① 어육
② 식육
③ 과실
④ 연유

| 해설

주석과 납은 통조림 용기에 산성식품이 닿을 때 용출

정답 ③

06. 유해물질에 관련된 사항이 바르게 연결된 것은?

① Hg - 이타이이타이병 유발

② DDT - 유기인제

③ Parathion - Cholinesterase 작용 억제

④ Dioxin - 유해성 무기화합물

| 해설

① Hg: 미나마타병 유발

② DDT: 유기염소제

③ Parathion: 유기인제, Cholinesterase 작용 억제

④ Dioxin: 유해성 유기화합물

정답 ③

07. 민물고기의 생식에 의하여 감염되는 기생충증은?

① 간흡충증   ② 선모충증

③ 무구조충   ④ 유구조충

| 해설

민물고기의 생식에 의하여 감염되는 기생충

간디스토마(간흡충), 요코가와흡충, 광절열두조충(긴촌충)

정답 ①

08. 살균을 목적으로 사용되는 자외선 등에 대한 설명으로 틀린 것은?

① 자외선의 투과력이 약하다.

② 불투명체 조사 시 반대방향은 살균되지 않는다.

③ 자외선은 사람이 직시해도 좋다.

④ 조리실내의 살균, 도마나 조리기구의 표면 살균에 이용된다.

| 해설

자외선이 사람의 피부나 눈에 노출되면 장애를 줄 수 있음

정답 ③

09. 포스트 하베스트(post harvest) 농약이란?

① 수확 후의 농산물의 품질을 보존하기 위하여 사용하는 농약

② 소비자의 신용을 얻기 위하여 사용하는 농약

③ 농산물 재배 중에 사용하는 농약

④ 농산물에 남아 있는 잔류농약

| 해설

수확 후 처리농약(post-harvest pesticide): 수확 후 저장기간동안 농산물의 신선도를 유지하고 품질을 보존하기 위해 사용하는 농약

정답 ①

10. 살모넬라균 식중독에 대한 설명으로 틀린 것은?

① 달걀, 어육, 연제품 등 광범위한 식품이 오염원이 된다.

② 조리·가공 단계에서 오염이 증폭되어 대규모 사건이 발생하기도 한다.

③ 애완동물에 의한 2차 오염은 발생하지 않으므로 식품에 대한 위생 관리로 예방할 수 있다.

④ 보균자에 의한 식품오염도 주의를 하여야 한다.

| 해설

쥐, 개, 파리, 닭, 오리 등이 전파

정답 ③

11. 식품공장 폐수와 가장 관계가 적은 것은?

① 유기성 폐수이다.   ② 무기성 폐수이다.

③ 부유물질이 많다.   ④ BOD가 높다.

| 해설

㉠ 유기성 폐수: 식품공장, 피혁공장에서 주로 배출, BOD 높음, 생물학적 처리

㉡ 무기성 폐수: 화학공장에서 주로 배출, 무기물 많음, 산·알칼리성 폐수는 중화처리

정답 ②

12. 각 위생동물과 관련된 식품, 위해와의 연결이 틀린 것은?

① 진드기: 설탕, 화학조미료 - 진드기뇨증
② 바퀴벌레: 냉동 건조된 곡류 - 디프테리아
③ 쥐: 저장식품 - 장티푸스
④ 파리: 조리식품 - 콜레라

| 해설

① 진드기: 진드기증
② 바퀴: 콜레라, 장티푸스, 이질 등의 소화기계 감염병
③ 쥐: 렙토스피라증, 페스트, 발진열
④ 파리: 세균성 이질, 아메바성 이질, 장티푸스, 콜레라, 살모넬라

정답 ②

13. 식용색소황색제4호를 착색료로 사용하여도 되는 식품은?

① 커피　　　　　　② 어육소시지
③ 배추김치　　　　④ 식초

| 해설

㉠ 식용색소황색제4호는 아래의 식품에 한하여 사용하여야 한다.
㉡ 과자, 캔디류, 추잉껌, 빙과, 빵류, 떡류, 만두, 소시지류, 어육소시지, 과채음료, 소스, 젓갈류 등

정답 ②

14. 식품 매개성 바이러스가 아닌 것은?

① 노로바이러스
② 로타바이러스
③ 레트로바이러스
④ 아스트로바이러스

| 해설

식품 매개성 바이러스의 종류
노로바이러스, 로타바이러스, 아데노바이러스, 아스트로바이러스

정답 ③

15. Verotoxin에 대한 설명이 아닌 것은?

① 단백질로 구성
② *E.coli* O157 : H7이 생산
③ 담즙 생산에 치명적 영향
④ 용혈성 요독 증후군 유발

| 해설

Verotoxin(베로독소)
· 병원성 대장균 중 장출혈성 대장균(*E. coli* O157 : H7이 속함)은 Verotoxin(베로독소) 유전자를 가지고 있는데, 이 유전자가 Verotoxin 단백질로 발현된 것
· 장내 출혈성 설사 유도, 용혈성요독증후군(Hemolytic Uremic Syndrome(HUS)) 동반

정답 ③

16. 식품위생법상 "화학적 합성품"의 정의는?

① 화학적 수단으로 원소 또는 화합물에 분해반응 외의 화학반응을 일으켜서 얻은 물질을 말한다.
② 물리 · 화학적 수단에 의하여 첨가 · 혼합 · 침윤의 방법으로 화학반응을 일으켜 얻은 물질을 말한다.
③ 기구 및 용기 · 포장의 살균 · 소독의 목적에 사용되어 간접적으로 식품에 이행될 수 있는 물질을 말한다.
④ 식품을 제조 · 가공 또는 보존함에 있어서 식품에 첨가 · 혼합 · 침윤 기타의 방법으로 사용되는 물질을 말한다.

| 해설

식품위생법 제2조(정의)
"화학적 합성품"이란 화학적 수단으로 원소(元素) 또는 화합물에 분해 반응 외의 화학 반응을 일으켜서 얻은 물질을 말한다.

정답 ①

17. 우리나라 남해안의 항구와 어항 주변의 소라, 고동 등에서 암컷에 수컷의 생식기가 생겨 불임이 되는 임포섹스(imposex)현상이 나타나게 된 원인 물질은?

① 트리뷰틸주석(tributyltin)

② 폴리클로로비페닐(polychlorobiphenyl)

③ 트리할로메탄(trihalomethane)

④ 디메틸프탈레이트(dimethyl phthalate)

| 해설

TBT(트리부틸주석)

• 가두리 제품(어망, 어구), 목선에 도장해 수중생물이 달라붙지 않도록 하는 방오페인트(생물부착방해제)로 광범위 사용
• 양식 중인 이매패류(굴, 홍합)의 체내에 농축되어, 양식 생물의 성장 억제와 기형 유발

정답 ①

18. 영하의 조건에서도 자랄 수 있는 전형적인 저온성 병원균(psychrotrophic pathogen)은?

① *Vibrio parahaemolyticus*

② *Clostridium perfringens*

③ *Yersinia enterocolitica*

④ *Bacillus cereus*

| 해설

식중독균 중 *Listeria monocytogenes*와 *Yersinia enterocolitica*는 저온에서도 생존하는 균

정답 ③

19. 식품 위생검사시 일반세균수(생균수)를 측정하는데 사용되는 것은?

① 표준한천평판배지

② 젖당부용발효관

③ BGLB 발효관

④ SS 한천배양기

| 해설

일반세균 중 생균수 검사법

• 표준평판배양법(standard plate count, SPC)
 - 검체에 존재하는 균 중 표준한천배지 내에서 발육할 수 있는 중온균 수 측정
 - 각 단계의 희석액과 한천배지를 섞어 35±1℃에서 48±2시간 배양
• 건조필름법
 건조필름배지 사용

정답 ①

20. 간장에 사용할 수 있는 보존료는?

① benzoic acid

② sorbic acid

③ β-naphthol

④ penicillin

| 해설

보존료명	사용기준
데히드로초산나트륨 (sodium dehydroacetate)	치즈, 버터, 마가린
• 소브산(sorbic acid) • 소브산칼륨(potassium sorbate) • 소브산칼슘(calcium sorbate)	• 치즈 • 식육가공품, 어육가공품, 성게젓, 땅콩·버터, 모조 치즈 • 된장, 고추장, 어패류건제품, 젓갈류, 청국장, 혼합장, 절임류, 잼류, 알로에전잎 건강기능식품 • 과채주스, 탄산음료, 잼류, 건조과일류 • 과실주, 탁주, 약주 • 마가린
• 안식향산(benzoic acid) • 안식향산나트륨(sodium benzoate) • 안식향산칼륨(potassium benzoate) • 안식향산칼슘(calcium benzoate)	• 과일·채소류 음료, 탄산음료, 인삼 및 홍삼음료, 간장 • 마가린, 마요네즈, 절임식품
• 프로피온산(propionate) • 프로피온산칼슘(calcium propionate) • 프로피온산나트륨(sodium propionate)	빵, 치즈, 잼류
• 파라옥시안식향산메틸(Methyl ρ-hydroxybenzoate) • 파라옥시안식향산에틸(ethyl ρ-hydroxybenzoate)	• 캡슐류, 잼류, 간장, 식초, 인삼·홍삼음료, 소스 • 과일·채소류(표피부분에 한함)

정답 ①

제2과목 식품화학

21. 식품 중의 회분(%)을 회화법에 의해 측정할 때 계산식이 옳은 것은? (단, S: 건조 전 시료의 무게, W: 회화 후의 회분과 도가니의 무게, W_0: 회화 전의 도가니 무게)

① $\dfrac{W - S}{W_0} \times 100$

② $\dfrac{W_0 - W}{S} \times 100$

③ $\dfrac{W - W_0}{S} \times 100$

④ $\dfrac{S - W_0}{W} \times 100$

| 해설

조회분 정량에서 회분량 계산식임

 정답 ③

22. 전분(starch)의 글루코사이드(glycoside)결합을 가수분해하는 효소인 β-amylase의 작용은?

① 전분 분자의 α-1,4 결합을 임의의 위치에서 크게 가수분해 하여 maltose나 dextrin을 생성한다.

② 전분에서 glucose만을 1개씩 분리한다.

③ 전분의 α-1,4 결합을 말단에서부터 분해하여 β-maltose 단위로 분리시킨다.

④ 전분의 α-1,6 결합을 분리시킨다.

| 해설

㉠ α-amylase: 전분의 α-1,4 glucoside 결합을 분해(endo)하나 α-1,6결합은 작용하지 않음

㉡ β-amylase: 전분의 α-1,4 결합을 분해하여 비환원성 말단으로부터 maltose를 생성

㉢ Glucoamylase: 전분의 비활성 말단에서 포도당 단위로 α-1,4 결합을 차례로 분해, β-1,6도 분해

정답 ③

23. pH 3 이하의 산성에서 검정콩의 색깔은?

① 검정색

② 청색

③ 녹색

④ 적색

| 해설

안토시아닌(검은콩, 포도, 딸기의 수용성 색소)

pH 3.5 이하에서 매우 안정한 적색, 중성에서 자색, 알칼리에서 청색

정답 ④

24. 달걀 흰자나 납두 등에 젓가락을 넣어 당겨 올리면 실을 빼는 것과 같이 되는 현상은?

① 예사성

② 바이센 베르그의 현상

③ 경점성

④ 신정성

| 해설

㉠ 예사성: 특정식품에 젓가락을 넣었다 올렸을 때 딸려 올라오는 점탄성의 성질(달걀 흰자, 나또)

㉡ 바이센버그(Weissenberg) 효과: 특정식품에 젓가락을 넣어 돌리면 그 탄성에 의해서 젓가락을 타고 올라오는 효과(연유)

㉢ 경점성: 끈적끈적한 액체나 반죽이 변형에 저항하는 성질(밀가루 반죽)

㉣ 신전성: 고체 식품들이 막대기 또는 긴 끝 모양으로 늘어나는 성질(국수)

정답 ①

25. 칼슘은 직접적으로 어떤 무기질의 비율에 따라 체내 흡수가 조절되는가?

① 마그네슘

② 인

③ 나트륨

④ 칼륨

| 해설

칼슘과 인의 섭취 비율(1:1)일 때 칼슘 흡수 증진

 정답 ②

26. 관능적 특성의 영향요인들 중 심리적 요인이 아닌 것은?

① 기대오차

② 습관에 의한 오차

③ 후광효과

④ 억제

| 해설

관능검사에 영향을 주는 요인

• 생리적 요인: 순응, 강화, 억제, 상승

• 심리적 요인: 기대오차, 자극오차, 논리오차, 후광오차, 습관오차, 시료 제시 순서에 따른 오차

정답 ④

27. 염장 초기의 식품에 있어서 자유수, 결합수의 양은 어떻게 변화하는가?

① 전체 수분에 대한 자유수의 비율은 감소하고 결합수의 비율은 증가한다.

② 전체 수분에 대한 자유수의 비율은 증가하고 결합수의 비율은 감소한다.

③ 전체 수분에 대한 자유수의 비율은 증가하고 결합수의 비율도 증가한다.

④ 전체 수분에 대한 자유수의 비율은 감소하고 결합수의 비율도 감소한다.

| 해설

염장 초기에는 소금이 자유수와 먼저 결합하므로, 상대적으로 자유수의 비율은 감소, 결합수의 비율은 증가

정답 ①

28. 관능검사의 묘사분석 방법 중 하나로 제품의 특성과 강도에 대한 모든 정보를 얻기 위하여 사용하는 방법은?

① 텍스처 프로필

② 향미 프로필

③ 정량적 묘사분석

④ 스펙트럼 묘사분석

| 해설

묘사분석의 종류

• 정성적 검사
  - 향미 프로필: 제품 또는 시료의 향미를 소수의 훈련된 패널 요원 등을 통해 묘사분석
  - 텍스처 프로필: 시료의 기계적 특성, 기하학적 특성, 기타 특성들을 척도의 수치로 표현

• 정량적 검사
  - 정량적 묘사분석: 시료의 관능적 특성을 보다 정량적인 수치로 정확하고 수학적으로 나타냄
  - 스펙트럼 묘사분석: 시료에서 검사 가능한 모든 관능적 특성을 사전에 개발된 절대 척도와 비교하여 평가하는 방법
  - 시간-강도 분석: 시간에 따른 특성 강도의 변화를 고려하여, 시료의 관능적 특성을 시간의 연속성 하에서 검사하는 방법

정답 ④

29. 녹말이 소화될 때 발생하는 분해산물이 아닌 것은?

① α-dextrin

② glucose

③ lactose

④ maltose

| 해설

lactose는 galactose + glucose 이므로 녹말 분해시 생성되지 않음

녹말(전분)은 glucose의 중합체이므로 분해시 dextrin, maltose, glucose 생성

 정답 ③

30. 유화액의 형태에 영향을 주는 조건이 아닌 것은?

① 유화제의 성질

② 물과 기름의 비율

③ 물과 기름의 온도

④ 물과 기름의 첨가 순서

| 해설

유화액 형태에 영향을 주는 조건

유화제의 성질, 전해질의 유무, 기름의 성질, 기름과 물의 비율, 기름과 물의 첨가순서

 정답 ③

31. 효소와 그 작용기질의 짝이 잘못된 것은?

① α-amylase: 전분
② β-amylase: 섬유소
③ trypsin: 단백질
④ lipase: 지방

| 해설

β-amylase는 전분 분해효소임, 섬유소 분해효소는 cellulase

정답 ②

32. 아밀로오스 분자의 비환원성 말단에 작용하여 맥아당 단위로 가수분해하는 효소는?

① α-amylase
② β-amylase
③ Glucoamylase
④ Isoamylase

| 해설

㉠ α-amylase: 전분의 α-1,4 glucoside 결합을 분해(endo)하나 α-1,6결합은 작용하지 않음
㉡ β-amylase: 전분의 α-1,4 결합을 분해하여 비환원성 말단으로부터 maltose(맥아당)를 생성
㉢ Glucoamylase: 전분의 비활성 말단에서 포도당 단위로 α-1,4 결합을 차례로 분해, β-1,6도 분해

정답 ②

33. 유지의 자동산화에 대한 다음 설명 중 틀린 것은?

① 유지의 유도기간이 지나면 유지의 산소 흡수속도가 급증한다.
② 식용유지가 자동산화 되면 과산화물가가 높아진다.
③ 식용유지의 자동산화 중에는 과산화물의 형성과 분해가 동시에 발생한다.
④ 올레산은 리놀레산보다 약 10배 이상 빨리 산화된다.

| 해설

리놀레산은 이중결합이 2개, 올레산은 이중결합이 1개이므로 이중결합수가 더 많은 리놀레산이 빨리 산화됨

정답 ④

34. 등전점이 pH 10인 단백질에 대한 설명으로 옳은 것은?

① 구성 아미노산 중에 염기성 아미노산의 함량이 많다.
② 구성 아미노산 중에 산성 아미노산의 함량이 많다.
③ 구성 아미노산 중에 중성 아미노산의 함량이 많다.
④ 구성 아미노산 중에 염기성, 산성, 중성 아미노산의 함량이 같다.

| 해설

등전점(isoelectric point, pI)
• 아미노산의 양전하의 합과 음전하의 합이 같게 되어 전하의 합이 0이 되는 pH값
• 아미노산의 pI: 중성 아미노산은 pH 6 근처의 약산성에, 산성 아미노산은 산성 쪽에, 염기성 아미노산은 알칼리쪽

정답 ①

35. 파인애플, 죽순, 포도 등에 함유되어 있는 주요 유기산은?

① 초산(acetic acid)
② 구연산(citric acid)
③ 주석산(tartaric acid)
④ 호박산(succinic acid)

| 해설

① 초산(acetic acid): 식초의 주요 성분
② 구연산(citric acid): 감귤류, 레몬 등의 과일에 많이 함유
③ 주석산(tartaric acid): 포도, 파인애플, 죽순 등의 식품에 많이 함유
④ 호박산(succinic acid): 된장, 간장 등에 많이 함유

정답 ③

36. 다음 중 식품의 수분정량법이 아닌 것은?

① 건조감량법
② 증류법
③ Karl-Fischer법
④ 자외선 사용법

| 해설

수분정량법
건조감량법, 증류법, 칼피셔(Karl Fischer)법

정답 ④

37. 유지를 튀김에 사용하였을 때 나타나는 화학적인 현상에 대한 설명으로 옳은 것은?

① 산가가 감소한다.

② 산가가 변화하지 않는다.

③ 요오드가가 감소한다.

④ 요오드가가 변화하지 않는다.

| 해설

유지를 가열하면 지질성분이 분해되어, 산가가 증가(유리지방산 증가)하며 요오드가는 감소(불포화 지방산 분해)

정답 ③

38. 산성식품과 알칼리성식품에 대한 설명으로 틀린 것은?

① 무기질 중 PO_4^{3-}, SO_4^{2-} 등 음이온을 생성하는 것은 산 생성 원소이다.

② 해조류, 과실류, 채소류는 알칼리성 식품이다.

③ 육류, 곡류는 산성 식품이다.

④ 식품 100g을 회화하여 얻은 회분을 알칼리화하는데 소비되는 0.1 N NaOH의 ml수를 알칼리도라고 한다.

| 해설

㉠ 산성식품
- P, S, Cl, I 등의 원소들은 체내에서 인산(H_3PO_4), 황산(H_2SO_4), 염산(HCl) 등 산을 생성하거나 PO_4^{3-}, SO_4^{2-}, Cl^-, I^- 등 음이온 생성
- 곡류, 육류, 어류, 계란, 치즈, 빵, 탄산음료 등

㉡ 일칼리싱식품
- Na^+, K^+, Ca^{2+}, Mg^{2+}, Fe^{2+}, Cu^{2+}, Zn^{2+} 등 양이온이 되는 알칼리 생성 원소
- 과일류, 채소류, 해조류, 감자류, 녹차, 우유, 커피

㉢ 산도(acidity): 100g의 식품을 회화시켜서 얻은 회분을 중화히는 데 필요한 0.1N 알칼리의 mL수

㉣ 알칼리도(alkalinity): 100g의 식품을 회화시켜서 얻은 회분을 중화하는 데 필요한 0.1N 산의 mL수

정답 ④

39. 지방의 자동산화에 가장 크게 영향을 주는 것은?

① 산소

② 당류

③ 수분

④ pH

| 해설

지방의 자동산화는 지방이 산소를 흡수하고 흡수된 산소가 지방을 산화시켜 산화생성물을 형성하는 것이므로, 산소가 가장 큰 영향 요인임

정답 ①

40. Vitamin B_{12}의 구조에 함유되어 있는 무기질은?

① Zn

② Co

③ Cu

④ Mo

| 해설

비타민 B_{12}(cobalamin)는 코발트를 함유

정답 ②

41. 개량식 간장 제조 시 장달임의 목적이 아닌 것은?

① 갈색향상　　　　② 향미부여

③ 청징　　　　　　④ 숙성시간 단축

| 해설

㉠ 장달임은 양조간장을 고온으로 살균하는 과정
㉡ 장달임은 간장의 숙성 후 공정이므로 숙성시간을 단축시킬 수는 없음
㉢ 장달임의 목적
　• 살균 및 색의 안정화
　• 저장성 부여, 향미 부여
　• 효소의 파괴

정답 ④

42. 현미는 어느 부위를 벗겨낸 것인가?

① 과종피　　　　② 왕겨층

③ 배아　　　　　④ 겨층

| 해설

현미는 나락에서 왕겨층 만을 제거한 것

정답 ②

43. 버터 제조 시 크림층의 지방구막을 파괴시켜 버터입자를 생성시키는 조작은?

① 교동(churning)　　② 숙성(aging)

③ 연압(working)　　　④ 중화(neutralizing)

| 해설

교동(churning)
• 크림에 기계적 충격을 주어 지방구를 입자상으로 집합시켜 버터의 작은 입자를 생성
• 10~15℃, 60분이 적당

정답 ①

44. 두부 제조시 두부의 응고 정도에 미치는 영향이 가장 적은 것은?

① 응고제의 색　　　② 응고온도

③ 응고제의 종류　　④ 응고제의 양

| 해설

① 응고제의 색은 응고와 상관 없음
② 응고온도: 60℃ 이하에서는 응고가 잘 이루어지지 않음, 70~80℃(약 75℃) 정도에서 응고됨
③ 응고제의 종류: 주로 염화마그네슘, 염화칼슘, 황산칼슘, 글루코노델타락톤 사용
④ 응고제의 양: 과량의 응고제를 투입하면 과도하게 단단해짐

정답 ①

45. 달걀 선도의 간이 검사법이 아닌 것은?

① 외관법　　　　② 진음법

③ 투시법　　　　④ 건조법

| 해설

㉠ 외관법: 난형, 난각의 거친 정도를 봄
㉡ 진음법: 신선란에서는 소리가 나지 않음, 오래된 란일수록 소리남
㉢ 투시법: 투시검란기 이용, 기실의 크기 및 난백의 상태 검사

정답 ④

46. 육질의 결착력과 보수력을 부여하는 첨가물은?

① MSG(Monosodiumglutamate)

② ATP(Adenosine triphosphate)

③ 인산염

④ BHA(Butylated hydroxyanisole)

| 해설

polyphosphate
• 인산염을 단독으로 또는 여러 인산염의 혼합물을 가열 탈수 또는 가열 축합하여 만드는 인산염
• 예: 피로인산염, 폴리인산염, 메타인산염 등

정답 ③

47. 유지의 정제 공정으로 옳은 것은?

① 중화 → 탈취 → 탈색 → 탈검 → 윈터리제이션

② 탈색 → 탈검 → 중화 → 탈취 → 윈터리제이션

③ 중화 → 탈검 → 탈색 → 탈취 → 윈터리제이션

④ 탈검 → 탈취 → 중화 → 탈색 → 윈터리제이션

| 해설

유지의 정제 공정

원료 유지 → 탈검 → 탈산 → 탈색 → 탈취 → 탈납(윈터리제이션) → 제품

정답 ③

48. 밀가루 가공식품 중 빵에 대한 설명이 틀린 것은?

① 밀가루 반죽의 가스는 첨가하는 효모의 작용에 의해 생성

② 밀가루는 빵의 골격을 형성하고 반죽의 가스 포집 역할

③ 소금은 부패 미생물 생육 억제 및 향미 촉진

④ 설탕은 발효공급원으로 전분 노화 촉진

| 해설

설탕은 발효공급원(효모의 영양공급원)이며 전분의 노화를 억제함

정답 ④

49. 121℃에서 D_{121}값이 0.2분이고, z값이 10℃인 *Cl. botu-linum*을 118℃에서 살균하고자 한다. D_{118} 값은? (단, $\log 2 = 0.3$으로 가정하고 계산한다.)

① 0.5분 ② 0.4분

③ 0.2분 ④ 0.1분

| 해설

$$\log \frac{D_{181}}{D_{121}} = \frac{t_2 - t_1}{Z}$$

$$\log \frac{D_{181}}{0.2} = \frac{121 - 118}{10}$$

$$\therefore D_{118} = 0.4$$

정답 ②

50. 밀봉 두께(Seam thickness)에 대한 설명 중 옳은 것은?

① 제1시밍롤 압력이 강하면 밀봉두께는 작아진다.

② 제2시밍롤 압력이 강하면 밀봉두께는 작아진다.

③ 제2시밍롤 압력이 약하면 밀봉두께는 작아진다.

④ 밀봉두께는 시밍롤의 압력과 관계가 없다.

| 해설

시밍롤

• 제1시밍롤과 제2시밍롤로 구성

• 제1시밍롤은 캔 뚜껑의 컬을 캔 몸통의 플랜지 밑으로 말아 이중으로 겹쳐 굽히는 역할을 하고, 제2시밍롤은 이를 더욱 견고하게 압착 밀봉하는 역할을 함

그러므로, 제2시밍롤 압력이 강하면 밀봉두께는 작아짐

정답 ②

51. 유통기한 설정과 관련한 설명으로 틀린 것은?

① 실험에 사용되는 검체는 시험용 시제품, 생산 판매하고자 하는 제품, 실제로 유통되는 제품 모두 가능하다.

② 영업자 등이 유통기한 설정 시 참고할 수 있도록 제시하는 판매가능 기간은 권장유통기간이다.

③ 제품의 제조일로부터 소비자에게 판매가 허용되는 기한은 유통기한이다.

④ 소비자에게 판매 가능한 최대기간으로써 설정실험 등을 통해 산출된 기간은 유통기간이다.

| 해설

실험에 사용되는 검체는 생산 판매하고자 하는 제품과 동일한 공정으로 생산된 제품에 한하여 가능함

정답 ①

52. 통조림 당액 제조시 준비할 당액의 당도를 구하는 식으로 옳은 것은?

> W_1: 담을 과일의 무게(g)
> W_2: 주입할 당액의 무게(g)
> W_3: 내용물의 총량(g)
> X: 과일의 당도(°brix)
> Z: 개관시 규격당도(°brix)

① $\dfrac{W_1Z - W_3X}{W_2}$　　② $\dfrac{W_3Z - W_1X}{W_2}$

③ $\dfrac{W_2Z - W_3X}{W_1}$　　④ $\dfrac{W_1Z - W_2X}{W_3}$

| 해설

주입할 당 농도

$= \dfrac{\text{제품의 당 무게} - \text{과일의 당 무게}}{\text{주입할 당 무게}}$

$= \dfrac{(\text{제품의 총량} \times \text{제품 당 농도}) - (\text{과일의 무게} \times \text{과일 당도})}{\text{주입할 당 무게}}$

정답 ②

53. 감압건조에서 공기 대신 불활성 기체를 사용할 때 가장 효과가 큰 것은?

① 산화 방지
② 비용의 감소
③ 건조시간의 단축
④ 표면경화(case harding) 방지

| 해설

질소와 같은 불활성 기체는 매우 안정적이며 반응성이 낮기 때문에 산소를 질소가스로 치환하면 산화 방지 등 저장성 향상 효과가 있음

정답 ①

54. 치즈 제조시 원료유 1000 kg에 대한 레닛(rennet) 분말의 첨가량은 몇 kg인가?

① 0.02~0.04kg　　② 0.2~0.4kg

③ 2~4kg　　④ 20~40kg

| 해설

레닛(rennet) 분말은 원료유의 0.002~0.004%를 첨가

$1000\,\text{kg} \times \dfrac{0.002{\sim}0.004}{100} = 0.02{\sim}0.04\,\text{kg}$

정답 ①

55. 육제품 훈연 성분 중 항산화 작용과 관련이 깊은 성분은?

① 포름알데히드
② 식초산
③ 레진류
④ 페놀류

| 해설

훈연
• 목적: 향기부여, 제품의 색 향상, 방부작용, 항산화 작용, 보존성 부여 등
• phenol류의 훈연 성분의 항산화 효과로 인해 보존 중 지방 산화 방지
• aldehyde류, acid류, phenol류 등의 훈연 성분의 방부효과로 미생물에 대한 살균력 부여, 저장성 향상
• carbonyl류는 훈연색, 풍미, 향 부여

정답 ④

56. 통조림 가열 살균 후 냉각효과에 해당되지 않는 것은?

① 호열성 세균의 발육방지

② 관내면 부식방지

③ 식품의 과열 방지

④ 생산능률의 상승

| 해설

통조림의 급속냉각

• 살균 후 즉시 수증기의 공급을 차단하고 그대로 방냉하거나 냉각수를 유입시키는 방법

• 급속냉각의 목적

  – 과열에 의한 조직의 연화 및 황화수소 발생 억제

  – 호열균(50~55℃) 발육 억제

  – struvite에 의한 결정생성 방지

정답 ④

57. 마요네즈 제조 시 유화제 역할을 하는 것은?

① 난황

② 식초

③ 식용유

④ 소금

| 해설

마요네즈는 식물성 유지, 식초, 난황, 조미료, 향신료 등을 혼합하여 o/w형(수중유적형)으로 유화시킨 반고형제품으로, 난황의 유화성을 이용

정답 ①

58. 동물 사후경직 단계에서 일어나는 근수축 결과로 생긴 단백질은?

① 미오신(myosin)

② 트로포미오신(tropomyosin)

③ 액토미오신(actomyosin)

④ 트로포닌(troponin)

| 해설

사후경직

• phosphatase 작용으로 ATP 분해

• 액틴 + 미오신 = 액토미오신(actomyosin)

• 근육의 수축 시작(근육이 뻣뻣해짐)

• 보수성 감소, 신장성 감소

정답 ③

59. 쌀의 도정도 판정에 이용되는 시약은?

① May Grunwald

② Guaiacol

③ H_2O_2

④ Lugol

| 해설

M.G.(May Grunwald) 염색법

• 쌀의 도정도 판정

• 현미: 청녹색, 1분도미: 청색, 5분도미: 담청색, 7분도미, 백미: 담홍청색

정답 ①

60. 식품의 기준 및 규격에서 사용하는 단위가 아닌 것은?

① 길이: m, cm, mm

② 용량: L, mL

③ 압착강도: N(Newton)

④ 열량: W, kW

| 해실

「식품의 기준 및 규격」에서 열량의 단위는 cal, kcal 사용

정답 ④

61. 아래 설명에 가장 적합한 곰팡이속은?

> • 양조공업에 대부분 사용되어 진다.
> • 강력한 당화효소와 단백질 분해효소 등을 분비한다.
> • 균총의 색깔로 구분하여 백국균, 황국균, 흑구균으로 나뉘어진다.
> • 널리 분포되어 있는 곰팡이로 균사에는 격벽이 있다.

① *Rhizopus* 속
② *Mucor* 속
③ *Aspergillus* 속
④ *Monascus* 속

| 해설

***Aspergillus* 속(누룩곰팡이 속)**
• 된장, 간장, 약주, 탁주 등 제조에 이용
• 전분 당화력, 단백질 분해력 강함
• 균총의 색깔은 처음 균사가 나타날 때는 무색 혹은 백색이다가 나중에 분생포자가 생성되면서 백색, 황색, 흑색, 녹색 등 다양한 색깔을 띠게 되므로 백국균, 황국균, 흑국균이라고 부름

정답 ③

62. 고체배지에 대한 설명과 가장 거리가 먼 것은?

① 평판 또는 사면배지에 사용된다.
② 미생물의 순수분리에 사용된다.
③ 균주의 보관 및 이동시에 사용된다.
④ 균의 운동성 유무에 대한 실험 배지로 사용된다.

| 해설

균의 운동성 확인시에는 한천의 함량이 낮은 반고체배지를 사용함

정답 ④

63. 빵 효모를 생산하기 위한 배양조건의 적합한 것은?

① 빵 효모를 생산하기 위해 혐기적 조건이 필요하므로 혐기 배양 탱크가 필요하다.
② 효모액 중의 당 농도는 가급적 높게 유지시켜야 양질의 제품을 얻을 수 있다.
③ 가장 적합한 배양온도는 25~30℃ 정도이다.
④ 잡균의 오염을 방지하기 위해 항상 pH 3 이하로 일정하게 유지해야 한다.

| 해설

빵효모 생산
• 주원료: 사탕수수 당밀, 사탕무 당밀
• 사용 균주: *Saccharomyces cerevisiae*
• 배양법
  - 유가배양(fed-batch culture)으로 진행, 충분한 산소 공급을 하면 알콜 발효는 억제되고 증식속도가 크게 증가하므로 호기적 조건을 충족시켜주는 것이 좋음
  - 배양액의 당농도가 높으면 알콜 발효를 하게 되므로 균체의 수득률 감소됨
  - 최적 당 농도는 0.1%
  - 잡균 오염 방지를 위해 3.5~4.5가 적당, pH가 너무 낮으면 효모가 착색됨

정답 ③

64. 빵 효모 발효시 발효 1시간 후($t_1 = 1$)의 효모량이 10^2g, 발효 11시간 후($t_2 = 11$)의 효모량이 10^3g 이라면, 지수계수 M(exponential modulus)은?

① 0.1303   ② 0.2303
③ 0.3101   ④ 0.4101

| 해설

$$\frac{X_2}{X_1} = e^{\mu(t_2 - t_1)}$$

X_1: t_1에서의 효모량
X_2: t_2에서의 효모량
μ: 단위 균체량 당 증식 속도

그러므로, $\dfrac{1000}{100} = e^{\mu(11 - 1)}$

여기에 log를 취하고, $\log e = \dfrac{1}{2.303}$이므로

$\therefore \mu = 0.2303$

정답 ②

65. 카망베르(Camembert) 치즈 숙성에 이용되며 푸른곰팡이라고도 불리는 것은?

① *Penicillium* 속 ② *Aspergillus* 속

③ *Rhizopus* 속 ④ *Saccharomyces* 속

| 해설

Penicillium camemberti
- camemberti cheese 제조에 이용됨
- 건조한 환경에서도 비교적 잘 증식
- 치즈 표면에 증식하여 젖산을 대사, 강력한 protease와 lipase를 생산

정답 ①

66. 젖산균에 대한 설명 중 틀린 것은?

① 요구르트 제조 시 이형발효의 젖산균만 사용하여 초산 발생을 억제시킨다.
② 대부분이 catalase 음성이다.
③ 김치, 침채류의 발효에 관여한다.
④ 장내에서 유해균의 증식을 억제할 수 있다.

| 해설

대표적인 요구르트 스타터는 homo-type 젖산균
*Lactobacillus delbrueckii subsp. bulgaricus*와
Streptococcus salivarius subsp. thermophilus

 정답 ①

67. 대장균의 특징에 대한 설명이 아닌 것은?

① 그람 음성이다.
② 통성 혐기성이다.
③ 포자를 형성한다.
④ 당을 분해하여 가스를 생성한다.

| 해설

대장균은 장내에 서식하며, 그람음성, 통성혐기성, 포자를 형성하지 않는 무포자 간균, 주모성 편모를 가짐

 정답 ③

68. 각 효모의 특징에 대한 설명이 틀린 것은?

① *Sporobolomyces* 속 - 사출포자효모이다.
② *Rhodotorula* 속 - 유지생성효모이다.
③ *Schizosaccharomyces* 속 - 분열법에 의해 증식하는 효모이다.
④ *Candida* 속 - 적색효모이다.

| 해설

Rhodotorula 속
- 적색유지효모
- 적색색소인 carotenoid 생성

 정답 ④

69. 세포벽의 역할이 아닌 것은?

① 세포 내부의 높은 삼투압으로부터 세포를 보호한다.
② 세포 고유의 형태를 유지하게 한다.
③ 전자전달계가 있어서 산화적 인산화 반응을 일으킬 수 있다.
④ 세포벽 성분에 의해 세균독성이 나타나기도 한다.

| 해설

미토콘드리아: 전자전달계가 있어서 산화적 인산화 반응이 일어남

 정답 ③

70. 김치의 후기발효에 관여하고, 김치의 과숙 시 최고의 생육을 나타내어 김치의 산패와 관계가 있는 미생물은?

① *Lactobacillus plantarum*
② *Leuconostoc mesenteroides*
③ *Pichia membranefaciens*
④ *Aspergillus oryzae*

| 해설

① *Lactobacillus plantarum*: 김치의 발효 후기 젖산균
② *Leuconostoc mesenteroides*: 김치의 발효 초기 젖산균
③ *Pichia membranefaciens*: 발효말기 산막효모
④ *Aspergillus oryzae*: 김치와 관련 없음

 정답 ①

71. 미생물을 액체 배양기에서 배양하였을 경우 증식곡선의 순서가 옳은 것은?

① 유도기 → 감퇴기 → 대수기 → 정상기
② 정상기 → 대수지 → 유도기 → 사멸기
③ 정상기 → 대수기 → 사멸기 → 유도기
④ 유도기 → 대수기 → 정상기 → 사멸기

| 해설

미생물의 증식곡선 순서는 유도기 → 대수기 → 정상기 → 사멸기

정답 ④

72. 가근(rhizoid)과 포복지(stolon)를 가지고 번식하는 곰팡이는?

① *Aspergillus oryzae*
② *Mucor rouxii*
③ *Penicillium chrysogenum*
④ *Rhizopus javanicus*

| 해설

균사에 격막이 없는 조상균류 중 접합균류에 가근과 포복지를 가지고 있는 곰팡이로는 *Rhizopus* 속과 *Absidia* 속이 있음

정답 ④

73. 내생포자와 영양세포의 특성을 비교하였을 때 영양세포에 대한 설명으로 옳은 것은?

① 효소 활성이 낮다.
② 열저항성이 높다.
③ Lysozyme에 감수성이 있다.
④ 건조 저항성이 높다.

| 해설

환경조건이 나빠지면 생성되는 내생포자는 열저항성, 건조저항성 등 강력한 저항성을 가지는 반면 영양세포는 저항성이 약함

정답 ③

74. *Penicillium* 속과 *Aspergillus* 속의 주요 차이점은?

① 분생자
② 경자
③ 병족세포
④ 균사

| 해설

Aspergillus 속은 병족세포와 정낭, 기저경자가 있으나 *Penicillium* 속은 없음

정답 ③

75. 바이러스의 항원성을 갖고 있어 백신 제조에 유용하게 이용되는 주된 성분은?

① 핵산   ② 단백질
③ 지질   ④ 당질

| 해설

㉠ 바이러스는 핵산(DNA또는 RNA)이 단백질로 이루어진 캡시드(capsid)에 둘러싸인 독특한 구조를 형성하고 있음
㉡ 바이러스 백신은 캡시드 단백질의 일부 구조를 이용하여 만듦

정답 ②

76. 다음 당류 중 *Saccharomyces cerevisiae*로 발효시킬 수 없는 것은?

① 유당(lactose)
② 포도당(glucose)
③ 맥아당(maltose)
④ 설탕(sucrose)

| 해설

유당을 분해하여 발효에 이용하지는 못함

정답 ①

77. 세균에만 기생하는 미생물은?

① 자낭균류

② 박테리오파지

③ 방선균

④ 불완전균류

| 해설

박테리오파지는 세균에 숙주특이성을 가짐

78. 병행복발효주에 해당하는 것은?

① 청주

② 포도주

③ 매실주

④ 맥주

| 해설

발효주	단발효주		과일에 포함된 당분이 발효되어 알코올이 생성된 술, 당화과정이 없음	과실주, 와인
	복발효주	단행복 발효주	당화가 완료되고 나서 발효가 진행된 술	맥주
		병행복 발효주	당화와 발효가 동시에 진행되어 만들어지는 술	탁주, 약주, 청주

79. 식용효모로 사용되는 SCP 생산균주로, 병원성을 나타내기도 하는 효모는?

① *Candida* 속

② *Hansenula* 속

③ *Debaryomyces* 속

④ *Rhodotorula* 속

| 해설

㉠ *Candida* 속은 사료효모로 많이 이용되며, 단세포 단백질(SCP) 생산균주임

㉡ *Candida albicans*는 피부병인 캔디다증을 일으킴

80. 대장균군을 검출하기 위해 주로 이용하는 당은?

① 포도당

② 젖당

③ 맥아당

④ 과당

| 해설

대장균군은 유당(젖당)을 분해하여 산과 가스를 생성함

제5과목 식품제조공정

81. 여과기 바닥에 다공판을 깔고 모래나 입자 형태의 여과재를 채운 구조로, 여과층에 원액을 통과시켜 여액을 회수하는 장치는?

① 가압 여과기
② 원심 여과기
③ 중력 여과기
④ 진공 여과기

| 해설

① 가압 여과기: 플랜저펌프, 격막펌프, 원심펌프 등 각종 액체펌프, 또는 압축공기압을 사용하여 대기압 이상에서 여과액을 유동시키기 위한 여과기
② 원심 여과기: 원액에 들어있는 고체 입자를 원심분리로 제거하는 기계
③ 중력 여과기: 혼합액에 중력을 가해 여과재를 통과시켜 여과액을 얻고 고체 입자는 여과재 위에 퇴적되게 하는 여과기, 음료수나 용수처리 등에 이용
④ 진공 여과기: 여과포를 덮은 틀이나 회전 원통을 원액에 담가 내부에서 원액을 진공펌프로 흡인시켜 여과포를 통과한 여액을 외부로 배출하는 기기

정답 ③

82. 분무건조기(spray dryer)의 구성장치 중 열에 민감한 식품의 건조에 적합한 형태의 건조 방식은?

① 향류식(counter current flow type)
② 병류식(concurrent flow type)
③ 혼합류식(mixed flow type)
④ 평행류식(parallel flow type)

| 해설

① 향류식: 이동 방향이 서로 반대, 열을 경제적으로 이용
② 병류식: 열풍과 식품의 이동 방향이 같음, 수분함량이 낮은 제품을 얻기는 어렵지만 제품의 열손상은 적음
③ 혼합류식: 병류식과 향류식을 조합

정답 ②

83. 제시한 분쇄기와 적용 식품과의 관계가 틀린 것은?

① 디스크 밀(disc mill) - 곡물
② 롤러 밀(roller mill) - 건고추
③ 해머 밀(hammer mill) - 채소
④ 펄퍼(pulper) - 토마토

| 해설

해머 밀은 충격형으로 분쇄하는 방식이기 때문에 결정형 고체, 섬유상 재료, 설탕, 식염, 건채소류, 곡류, 옥수수 등의 원료를 분쇄하는 데 사용하는 것이 적절

정답 ③

84. 식품의 저장성 향상을 위하여 기체조절(Controlled atmosphere) 저장을 할 때 이용되는 용어 또는 이론에 대한 설명으로 옳은 것은?

① 호흡률(Respiratory quotient, RQ)은 1kg의 식품이 호흡작용으로 1시간 동안 방출하는 탄산가스의 양(mg)으로 표시한다.
② 일반적으로 저장 중 식품의 호흡량이 2~3배 증가하면 변패요인의 작용속도 또한 2~3배 증가한다.
③ 발열량이란 농산물 1톤이 1시간동안 발생되는 열량으로 표시한다.
④ 추숙과정에서 에틸렌(ethylene)가스가 발생되면 추숙이 지연된다.

| 해설

① 호흡률: 1kg의 식물이 호흡작용으로 1시간 동안 방출하는 탄산가스의 양(mg)
② 온도가 10℃ 상승하면 호흡량이 2~3배 증가하고 숙성이 빨리 진행되어 변질도 2~3배 증가
③ 발열량: 농산물 1톤이 24시간 동안 발생하는 열량
④ 추숙과정에서 에틸렌 가스가 발생되면 추숙이 촉진됨

정답 ②

85. 밀가루 반죽과 같은 고점도 반고체의 혼합에 관여하는 운동과 관계가 먼 것은?

① 절단(cutting)
② 치댐(kneading)
③ 접음(folding)
④ 전단(shearing)

| 해설

된장, 고추장 같은 고점도 반고체의 혼합에 절단은 관여하지 않음

전단

물체의 단면에 반대방향인 한 쌍의 힘을 평행하게 작용시켜 물체를 절단하는 일

정답 ①

86. 원료의 전처리 조작에 해당되지 않는 것은?

① 세척
② 선별
③ 절단
④ 포장

| 해설

포장은 취급, 유통, 저장 중에 식품의 품질저하에 영향을 줄 수 있는 여러 가지 위해요소로부터 제품을 보호하는 것으로 식품 제조의 마지막 공정

원료의 전처리 조작

정선, 선별, 세척, 분쇄, 탈피 등

정답 ④

87. 식품가공 시 물질 이동의 원리를 이용한 단위조작과 가상 거리가 먼 것은?

① 추출
② 증류
③ 살균
④ 결정화

| 해설

단위조작	원리
선별, 세척, 분리, 혼합, 수송	유체의 흐름
데치기, 볶음, 살균, 열교환, 냉장, 냉동	열전달
추출, 증류, 용매회수, 결정화	물질 이동
건조, 농축, 증류	불질 및 열 이농
정선, 분쇄, 착즙, 성형, 단립화, 압축, 포장, 수송	기계적 조작

정답 ③

88. 무균포장법으로 우유나 주스를 충전·포장할 때 포장용기인 테트라팩을 살균하는데 적절하지 않은 방법은?

① 화염살균
② 가열공기에 의한 살균
③ 자외선살균
④ 가열증기에 의한 살균

| 해설

화염살균은 금속성 물질에 붙어 있는 미생물을 사멸시키기 위해 불꽃을 이용하는 것

무균포장시스템

• 식품과 포장재를 따로 살균한 다음 무균적으로 충진, 밀봉하는 포장방법
• 상온에서 장기간 보관 가능, 내열성 포장재 대신 가격이 저렴한 일반 플라스틱 포장재의 이용이 가능
• 식품 살균법: HTST, UHT, 수증기, 열수 등
• 포장재료살균법: 포화증기, 가열공기, 염소, 과산화수소, 자외선 등

정답 ①

89. 막여과(membrane filtration)에 대한 설명으로 잘못된 것은?

① 균체와 부유물질 사이의 밀도차에 크게 의존하지 않는다.
② 여과과정 중 여과조제(filter aid)와 응집제를 필요로 한다.
③ 균체의 크기에 크게 의존하지 않는다.
④ 공기의 노출이 적어 병원균의 오염을 줄일 수 있다.

| 해설

막여과는 셀룰로오스 아세테이트 등 합성폴리머로부터 만들어진 막을 이용하는데, 막의 선택적 투과성을 이용하여 물질의 상변화 없이 연속적으로 물질을 분리할 수 있음, 막여과에는 여과조제와 응집제를 따로 필요로 하지 않음

정답 ②

90. 젤리의 강도에 영향을 끼치는 주요 인자가 아닌 것은?

① 펙틴의 농도
② 염류의 종류
③ 메톡실의 분자량
④ 당의 농도

| 해설

젤리의 강도에 영향을 미치는 인자

펙틴의 농도, 펙틴의 종류(고메톡실기 또는 저메톡실기), 당의 농도, pH, 염류의 종류

정답 ③

91. 과립을 제조하는 데 사용하는 장치인 피츠밀(Fitz mill)의 원리에 대한 설명으로 적합한 것은?

① 분말 원료와 액체를 혼합시켜 과립을 만든다.
② 단단한 원료를 일정한 크기나 모양으로 파쇄시켜 과립을 만든다.
③ 혼합이나 반죽된 원료를 스크루를 통해 압출시켜 과립을 만든다.
④ 분말 원료를 고속 회전시켜 콜로이드 입자로 분산시켜 과립을 만든다.

| 해설

피츠밀(Fitz mill)

• 파쇄형 조립(성형과정의 일종)기기
• 단단한 원료를 회전하는 칼에 의해 일정 크기와 모양으로 부수거나 절단하여 조립하는 기계

정답 ②

92. 건량기준(dry basis) 수분함량 25%인 식품의 습량기준(wet basis) 수분함량은?

① 20%
② 25%
③ 30%
④ 18%

| 해설

$$건량기준\ 수분함량 = \frac{습량기준\ 수분함량}{고형분의\ 함량} \times 100$$

습량기준 수분함량을 a라 할 때, 고형분의 함량은 $100 - a$

$$25 = \frac{a}{100 - a} \times 100$$

$$\therefore a = 20$$

정답 ①

93. 다음 식품가공 공정 중 혼합 조작이 아닌 것은?

① 반죽
② 교반
③ 유화
④ 정선

| 해설

혼합 조작의 종류

• 혼합: 입자나 분말형태를 섞는 조작
• 반죽: 고체와 액체의 혼합
• 교반: 액체와 액체의 혼합, 많은 양의 액체에 소량의 고체를 부유
• 유화: 서로 녹지 않는 액체를 분산 혼합

정답 ④

94. 초고온 순간(UHT) 살균 방식에 대한 설명으로 틀린 것은?

① 연속적인 작업이 어렵다.
② 액상 제품의 살균에 적합하다.
③ 직접 가열과 간접 가열 방식이 있다.
④ 일반적인 가열 살균 방식에 비해 영양파괴나 품질 손상을 줄일 수 있다.

| 해설

초고온 순간 살균법: 130~150℃에서 0.5~5초간 살균, 우유나 액상 달걀의 살균에 사용. 영양학적 성질에는 크게 영향을 주지 않으면서 제품의 저장성을 높이기 위한 것임. 연속적인 작업이 가능함

정답 ①

95. 식품의 건조 과정에서 일어날 수 있는 변화에 대한 설명으로 틀린 것은?

① 지방이 산화할 수 있다.
② 단백질이 변성할 수 있다.
③ 표면피막 현상이 일어날 수 있다.
④ 자유수 함량이 늘어나 저장성이 향상될 수 있다.

| 해설

건조 과정 중 자유수 함량이 줄어들기 때문에 저장성이 향상됨

식품의 건조 과정 중 일어나는 현상
가용성 물질의 이동, 수축 현상, 표면경화 현상, 단백질 변성, 지방 산화 등

정답 ④

96. D_{120}이 0.2분, z값이 10℃인 미생물포자를 110℃에서 가열살균 하고자 한다. 가열살균지수를 12로 한다면 가열치사 시간은 얼마인가?

① 2.4분   ② 1.2분
③ 12분   ④ 24분

| 해설

D값: 일정한 온도에서 미생물을 90% 사멸시키는데 필요한 시간

Z값: 가열치사시간의 $\frac{1}{10}$에 대응하는 가열온도, D값을 10배로 증가하는데 필요한 온도 값

$$Z = \frac{t_0 - t_1}{\log \dfrac{D_{110}}{D_{120}}} = \frac{120 - 110}{\log \dfrac{D_{110}}{0.2}} = 10℃$$

그러므로 $D_{110} = 2$분
가열살균지수 12는 12 대수 cycle을 의미함

$$D_{110} = \frac{t}{\log \dfrac{N_0}{N_1}} = \frac{t}{\log(10^{12})} = 2$$

그러므로 $t = 24$분

정답 ④

97. 분체 속에 직경이 5 μm 정도인 미세한 입자가 혼합되어 있을 때 사용하는 분리기로 가장 적합한 것은?

① 경사형 침강기
② 관형 원심분리기
③ 원판형 원심분리기
④ 사이클론 분리기

| 해설

사이클론 분리기(원심력 집진기)
• 기체속에 고체 또는 액체상태의 미세한 입자의 먼지가 혼합되어 있을 때 이를 기체로부터 분리시키는 방법
• 기체를 회전시킬 때 발생되는 원심력을 이용하여 이물질 제거
• 원리: 함진가스가 하향으로 나사운동을 함에 따라 이물질 입자는 둘레부분의 벽쪽으로 이동한 다음 바닥으로 침전하여 제거되고, 청정가스는 하향의 나사운동을 끝마치고 상향 나사운동을 하게 되며 출구를 통하여 배출됨

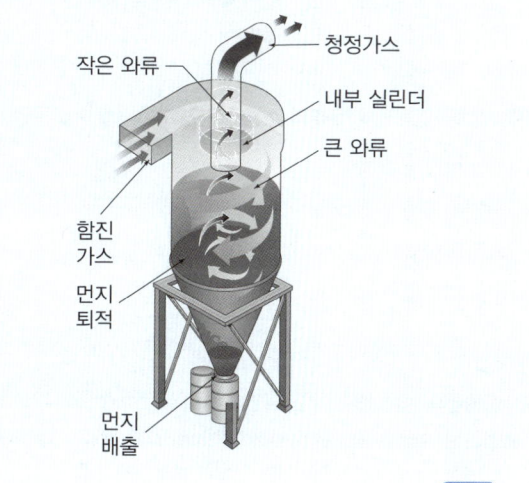

정답 ④

98. 이송, 혼합, 압축, 가열, 반죽, 전단, 성형 등 여러 단위공정이 복합된 가공 방법으로써 일정한 식품원료로부터 여러가지 형태, 조직감, 색과 향미를 가진 다양한 제품 또는 성분을 생산하는 공정은?

① 흡착
② 여과
③ 코팅
④ 압출

| 해설

압출 성형
원료가 고속 스크류에 의하여 혼합, 전단, 가열 작용을 받아 고압, 고온에 의해 점탄성 물질로 외부로 압출된다. 이 과정에서 혼합, 가열, 팽화, 성형 등이 이루어짐

정답 ④

99. 김치 제조에서 배추의 소금절임 방법이 아닌 것은?

① 압력법
② 건염법
③ 혼합법
④ 염수법

| 해설

① 압력법은 소금절임과 관련이 없음
② 건염법: 식염을 저장물에 뿌리고 이것을 겹쳐 쌓거나, 또는 용기 내에서 저장물과 식염을 섞어 식품을 침투시키는 방법
④ 염수법: 염장법의 하나로 식품을 20~25%의 진한 식염수에 담그는 방법

정답 ①

100. 점도가 높은 페이스트 상태이거나 고형분이 많은 액상원료를 건조할 때 적합한 건조기는?

① 드럼건조기
② 분무건조기
③ 열풍건조기
④ 유동층건조기

| 해설

드럼 건조
• 수증기로 가열되는 원통 표면에 원료를 얇은 막 상태로 부착하여 건조하는 기기
• 주로 열에 민감한 식품, 점도가 높거나 고형분 입자가 크거나, 고형분 함량이 많아 분무건조하기 힘든 식품에 이용

정답 ①

제1과목 식품위생학

01. 세균성 식중독 중 일반적으로 잠복기가 가장 짧은 것은?

① 황색 포도상구균

② 장염비브리오균

③ 대장균

④ 살모넬라균

| 해설

① 황색 포도상구균: 세균성 식중독 중 가장 짧음(1~6시간, 평균 3시간)

② 장염비브리오균: 11~18시간

③ 병원성 대장균: 10~30시간

④ 살모넬라균: 12~24시간

정답 ①

02. 염장 중 소금의 방부작용이 아닌 것은?

① 삼투압에 의한 탈수작용

② 원형질 분리에 의한 세균세포 사멸

③ 단백질 분해효소의 저해작용

④ 산소의 용해도 증가에 의한 작용

| 해설

산소의 용해도를 감소시킴

정답 ④

03. 보툴리누스 식중독이 식품위생상 중요한 이유는?

① 항균제로는 아포의 발아 및 균의 증식이 방지되지 않기 때문이다.

② 발병 전 섭취자에게 항독소를 투여하여도 예방이 되지 않기 때문이다.

③ 균이 생산한 독소가 열에 의해 파괴되지 않는 복합단백질이기 때문이다.

④ 균이 생산한 아포가 내열성이 강하여 장시간 끓여도 살균되지 않기 때문이다.

| 해설

㉠ *Clostridium botulinum*: 아포는 내열성 강, 독소(neurotoxin, 신경독소)는 내열성 약

㉡ *Staphylococcus aureus*: 균 자체는 내열성 약, 독소(enterotoxin, 장독소)는 내열성 강

정답 ④

04. 식품의 사후관리 강화방안으로 식품의 유통과정에서 문제점이 발생하였을 때 그 제품을 회수하여 폐기하는 제도는?

① Quality control 제도 ② Recall 제도

③ HACCP 제도 ④ GMP 제도

| 해설

> **식품위생법 제45조(위해식품등의 회수)** ① 판매의 목적으로 식품등을 제조 · 가공 · 소분 · 수입 또는 판매한 영업자는 해당 식품등이 제4조부터 제6조까지, 제7조제4항, 제8조, 제9조제4항 또는 제12조의2제2항을 위반한 사실을 알게 된 경우에는 지체 없이 유통 중인 해당 식품등을 회수하거나 회수하는 데에 필요한 조치를 하여야 한다.

정답 ②

05. 식품첨가물과 주요용도의 연결이 틀린 것은?

① 황산제일철 - 영양강화제
② 무수아황산 - 발색제
③ 아질산나트륨 - 보존료
④ 질산칼륨 - 발색제

| 해설

무수아황산 - 표백제

정답 ②

06. 신선한 패류의 보존 시 시간의 경과에 따른 pH 변화는?

① 높아진다.　　　② 낮아진다.
③ 중성을 유지한다.　　　④ 변함없다.

| 해설

생굴 등 패류의 pH는 신선도와 관계가 있으며 부패가 진행될수록 글리코겐 등이 분해되어 lactate가 생성되어 pH가 낮아짐
※ 출처: 인공정화에 의한 참굴의 유통기한 연장, 이도하 등, 한국 수산과학회지 53(6), 842-850, 2020

정답 ②

07. 부패한 사과가 혼입된 원료를 사용하여 착즙한 사과주스에서 검출될 수 있는 독소 성분은?

① aflatoxin
② patulin
③ citrinin
④ ergotoxine

| 해설

① aflatoxin: 곡류, 두류, 땅콩과 같은 탄수화물 식품
② patulin: 부패한 사과
③ citrinin: 덜 건조된 저장 곡류
④ ergotoxine: 보리, 호밀 등의 벼과식물

정답 ②

08. 김밥 등의 편이식품 등에 존재할 수 있으며 아포를 생성하는 독소형 식중독균은?

① 살모넬라
② 바실러스 세레우스
③ 리스테리아
④ 비브리오

| 해설

Bacillus cereus(구토형)
쌀밥, 볶음밥, 김밥 등의 탄수화물 식품이 원인

정답 ②

09. 수질을 나타내는 지표 BOD의 표시 사항은?

① 화학적 산소 요구량
② 생물학적 산소 요구량
③ 생물학적 환경오염도
④ 용존 산소량

| 해설

생물화학적 산소 요구량(BOD: biochemical oxygen demand)
호기성 미생물이 일정 기간 동안 물속에 있는 유기물을 분해할 때 사용하는 산소의 양

정답 ②

10. 시료의 대장균 검사에서 최확수(MPN)가 300이라면 검체 1L중에 얼마의 대장균이 들어있는가?

① 30　　　② 300
③ 3000　　　④ 30000

| 해설

기존에는 최확수법에서 검체 100mL(g) 중 존재하는 대장균수로 표시하였으므로 답이 ③번이었으나, 현재는 검체 1mL(g) 중 존재하는 대장균수로 표시하는 것으로 개정됨

정답 ③

11. 식품의 유통기한 설정 실험 시 조정조건에 대한 설명으로 틀린 것은? (단, 예외규정은 제외한다.)

① 실온유통제품: 실온이라 함은 0~25℃를 말하며, 원칙적으로 25℃를 포함하여 선정한다.

② 상온유통제품: 상온이라 함은 15~25℃를 말하며, 25℃를 포함하여 선정하여야 한다.

③ 냉장유통제품: 냉장이라 함은 0~10℃를 말하며, 원칙적으로 10℃를 포함한 냉장온도를 선정하여야 한다.

④ 냉동유통제품: 냉동이라 함은 –18℃ 이하를 말하며, 품질 변화를 최소화 될 수 있도록 냉동온도를 선정하여야 한다.

┃해설

실온은 1~35℃를 말함

정답 ①

12. 식품첨가물의 주용도 분류에 해당하지 않는 것은?

① 탈수제　　　② 착색료

③ 증점제　　　④ 보존료

┃해설

탈수제는 식품첨가물 용도별 분류 32가지에 포함되지 않음

정답 ①

13. 만손주혈흡충은 다음 중 어떤 식품을 날것으로 먹었을 때 감염되기 쉬운가?

① 분뇨를 사용하여 재배한 채소

② 브루셀라증에 감염된 젖소에서 생산된 우유

③ 유기염소제 농약을 살충제로 사용한 과일

④ 뱀, 개구리, 닭고기 등의 파충류, 양서류, 조류

┃해설

만손주혈흡충(*Schistosoma mansoni*)
- 물을 매개로 하여 패류 등에서 유출된 유미유충에 감염되어 생기는 수인성 기생충 질환
- 남미, 아프리카, 중동지역 등 위생이 불량한 곳에서 쉽게 발견

정답 ④

14. 회충알을 사멸시킬 수 있는 능력이 가장 강한처리 또는 조건은?

① 중성세제　　　② 저온

③ 건조　　　④ 가열

┃해설

회충알은 70℃로 가열하면 사멸, 일광에서도 사멸

정답 ④

15. 인, 질소 등의 농도가 높은 공장이나 도시의 폐수가 해수에 유입되어 폭발적으로 플랑크톤이 대량 증식하여 색조를 띠는 현상은?

① 적조 현상

② 부영양화 현상

③ 폐사 현상

④ 수온상승 현상

┃해설

해수가 붉은색을 띠는 적조현상의 원인 조류는 편모조류, 규조류 등임

정답 ①

16. 보존료로서의 구비조건이 아닌 것은?

① 독성이 없을 것

② 색깔이 양호할 것

③ 사용이 간편할 것

④ 미량으로 효과가 있을 것

┃해설

보존료는 미생물에 의한 품질 저하를 방지하여 식품의 보존기간을 연장시키는 식품첨가물이므로 색깔은 구비조건에 해당되지 않음

정답 ②

17. 식품첨가물의 기준 및 규격 중 사용기준에 규정된 제한 범위가 아닌 것은?

① 합성 첨가물만을 사용할 것으로 제한
② 대상품목의 제한
③ 사용농도의 제한
④ 사용목적의 제한

| 해설

천연 첨가물 품목도 사용 가능

정답 ①

18. 선모충(Trichinella spiralis)의 감염을 방지하기 위한 방법은?

① 송어 생식금지
② 쇠고기 생식금지
③ 어패류 생식금지
④ 돼지고기 생식금지

| 해설

선모충의 중간숙주는 돼지이므로, 돼지고기의 생식 금지

정답 ④

19. 황변미 식중독의 원인독소가 아닌 것은?

① aflatoxin
② citrinin
③ islanditoxin
④ luteoskyrin

| 해설

㉠ "황변미"란 저장곡류에 곰팡이균이 오염되어 황색을 띠게 된 상태의 곡류를 말함
㉡ 황변미 식중독 원인독소: luteoskyrin, islanditoxin, citrinin, citreoviridine
㉢ Aflatoxin: *Aspergillus flavus* 곰팡이에 의해 생성되는 간장독, 간암유발 독소

정답 ①

20. 주류 등의 발효 과정에서 생성되는 부산물로 국제암연구기관(IARC)에 의해 발암성 물질로 분류된 에틸카바메이트의 주요 전구물질이 아닌 것은?

① 아르기닌
② 시트룰린
③ 우레아
④ 카바릴

| 해설

에틸카바메이트 생성 원인
• 발효주 제조시, 과실 종자(시트룰린 함유)에 함유된 시안화합물이 분해된 후, 에탄올과 반응하여 생성
• 발효과정 중, 아르기닌이 효모에 의해 분해된 요소와 에탄올이 반응하여 생성

정답 ④

21. 칼슘(Ca)의 흡수를 저해하는 인자가 아닌 것은?

① 수산(oxalic acid)

② 비타민 D

③ 피틴산(phytic acid)

④ 식이섬유

| 해설

비타민 D는 칼슘흡수 촉진 인자

정답 ②

22. 2N HCl 40mL와 4N HCl 60mL를 혼합했을 때의 농도는?

① 3.0N　　　　　② 3.2N

③ 3.4N　　　　　④ 3.6N

| 해설

$N_1V_1 + N_2V_2 = N'V'$

N: 노르말농도, V: 부피

$2 \times 40 + 4 \times 60 = N' \times 100$

$N' = 3.2$

정답 ②

23. 과산화물가를 측정하여 알 수 있는 것은?

① 유지의 산패도

② 유지의 불포화도

③ 유지의 경화도

④ 유지 중의 불용성 지방 양

| 해설

과산화물가(POV, peroxide value)

• 유지 1kg에 생성된 과산화물(1차 산화생성물)의 mg 당량

• 유지의 초기 산패도 측정

• 과산화물가 10 이하면 신선한 유지, 50이상인 경우 유지 교체 필요

정답 ①

24. 제인(zein)은 어디에서 추출하는가?

① 밀

② 보리

③ 옥수수

④ 감자

| 해설

제인(zein)은 옥수수 단백질

정답 ③

25. 무기질의 기능이 아닌 것은?

① 근육 수축 및 신경 흥분, 전달에 관여한다.

② 체액의 pH 및 삼투압을 조절한다.

③ 효소, 호르몬 및 항체를 구성한다.

④ 뼈와 치아 등의 조직을 구성한다.

| 해설

무기질은 효소의 보조인자로 촉매역할을 함

정답 ③

26. 전분질 식품을 볶거나 구울 때 일어나는 현상은?

① 호화 현상

② 호정화 현상

③ 노화 현상

④ 유화 현상

| 해설

호정화 현상

전분 혹은 전분 함유 식품에 물을 가하지 않고 160℃ 이상으로 가열하면 가용성 전분을 거쳐 호정(dextrin)으로 변화하는 현상

정답 ②

27. 반고형의 식품을 삼킬 수 있는 상태로까지 붕괴시키는데 필요한 힘으로 설명되어지는 식품의 texture 성질은?

① 부착성(adhesiveness)
② 깨짐성(취약성, brittleness)
③ 저작성(chewyness)
④ 검성(gumminess)

| 해설

① 부착성(adhesiveness): 식품의 표면이 다른 물질의 표면에 부착되어 있다가 떨어뜨릴 때 필요한 힘
② 깨짐성(취약성, brittleness): 식품에 힘을 가했을 때 변형 없이 부서지는 힘
③ 저작성(chewyness): 고체 식품을 삼킬 수 있는 상태까지 씹는데 필요한 힘
④ 검성(점착성, gumminess): 식품을 입안에서 씹는 동안 흩어지지 않고 덩어리로 남아 있는 정도

정답 ③

28. 단백질의 가열변성에 대한 설명 중 틀린 것은?

① 단백질의 가열변성은 60~70℃ 부근에서 일어나는 경우가 많다.
② 단백질의 가열변성은 등전점에서 가장 잘 일어난다.
③ 단백질의 가열변성은 peptide 사슬이 끊어져 -SH 등의 활성기 증가에 기인한다.
④ 단백질은 Mg^{2+}, Ca^{2+} 등의 염류에 의해 가열변성이 촉진된다.

| 해설

단백질의 변성은 1차 구조의 변화(peptide 사슬의 분해)가 아니고, 수소결합이나 소수성 결합 등을 하고있는 단백질의 2차, 3차 구조가 파괴되어 천연 단백질의 원래 성질이 변화함을 의미

정답 ③

29. 점탄성을 나타내는 식품의 경도와 관련이 있는 현상은?

① 예사성
② 바이센베르크(Weissenberg)효과
③ 경점성
④ 신전성

| 해설

경점성(consistency): 점탄성을 나타내는 식품의 경도를 의미 예) 밀가루 반죽

정답 ③

30. 온도에 따른 맛의 변화에 대한 설명으로 틀린 것은?

① 일반적으로 온도의 상승에 따라 단맛은 감소한다.
② 설탕은 온도 변화에 따라 단맛의 변화가 거의 없다.
③ 온도 상승에 따라 짠맛과 쓴맛은 감소한다.
④ 신맛은 온도 변화에 거의 영향을 받지 않는다.

| 해설

온도에 따른 맛의 인식도 변화

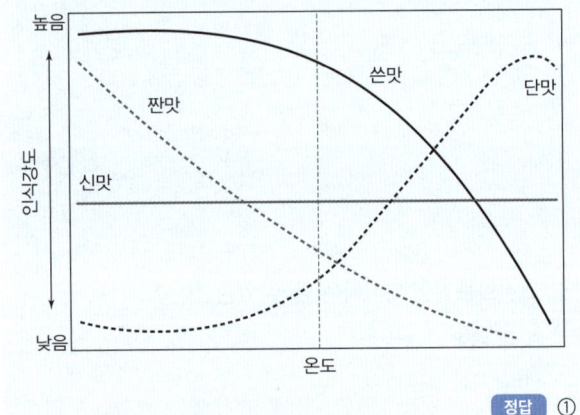

정답 ①

31. 다음 중 환원당 정량 방법은?

① Kjeldahl 법

② Bertrand 법

③ Karl Fischer 법

④ Soxhlet 법

| 해설

환원당 정량법은 베르트란드(bertrand)법과 소모기(somogyi)법

정답 ②

32. 액체 속에 기체가 분산되어 있는 콜로이드 식품이 아닌 것은?

① 맥주   ② 수프

③ 사이다   ④ 콜라

| 해설

수프는 액체 속에 고체가 분산된 형태

정답 ②

33. 단백질 SDS(sodium dodecyl sulfate)젤 전기영동을 할 때 단백질의 이동거리에 가장 크게 영향을 주는 것은?

① 단백질의 용해도

② 단백질의 유화성

③ 단백질의 분자량

④ 단백질의 구조

| 해설

단백질 전기영동SDS-PAGE(Polyacrylamide Gel Electro-phoresis)

• 전기영동을 통해 단백질을 크기별로 분리하는 것

• 전기영동의 이동속도는 질량뿐만 아니라 단백질 구조의 영향도 받으므로, SDS(계면활성제)를 이용하여 단백질을 모두 선형으로 만들어 구조의 영향없이 순수하게 질량(분자량)으로 분리

정답 ③

34. 유지의 융점에 대한 설명 중 틀린 것은?

① 포화지방산은 탄소수 증가에 따라 융점이 높아진다.

② 불포화지방산은 이중결합수의 증가에 따라 융점이 낮아진다.

③ Cis형의 지방산에 있어서 이중결합의 위치가 carboxyl 기에서 멀어질수록 융점이 높아진다.

④ 단일 화합물의 유지라도 결정형에 따라 융점이 달라진다.

| 해설

유지의 녹는점(융점)은 포화지방산이 많을수록 높고, 탄소수가 많을수록 높음

정답 ③

35. 다음 중 양파의 최루성 성분은?

① allicin

② thiopropionaldehyde

③ quercetin

④ propylmercaptane

| 해설

양파의 최루성 성분은 thiopropionaldehyde임

주의

냄새 물질의 종류는 매우 다양하므로, 주로 출제되는 문제에서 그 정답을 외우도록 하자.

정답 ②

36. 발색단에 포함되지 않는 원자단은?

① -OH   ② >C = O

③ -NO₂   ④ -N = N-

| 해설

발색이론

- 색소란 파장이 긴 적색부(800 nm)에서 파장이 짧은 자색부(400 nm)까지의 각 파장을 반사하는 물질
- 발색단은 C = O, -N = N-, -C = C-, NO₂, -NO, -C = S 등의 원자단

 정답 ①

---

37. 선도가 저하된 해산어류의 특유한 비린 냄새의 원인은?

① piperidine

② trimethylamine

③ methyl mercaptan

④ actin

| 해설

어류의 비린내 물질은 trimethylamine이므로 꼭 외워두자

 정답 ②

---

38. 천연지방산의 특징이 아닌 것은?

① 불포화지방산은 이중결합이 없다.

② 대부분 탄소수가 짝수이다.

③ 불포화 지방산은 대부분 cis형이다.

④ 카르복실기가 하나이다.

| 해설

불포화지방산은 이중결합이 1개 이상

정답 ①

---

39. 15%의 설탕용액에 0.15%의 소금 용액을 동량 가하면 용액의 맛은?

① 짠맛이 증가한다.

② 단맛이 증가한다.

③ 단맛이 감소한다.

④ 맛의 변화가 없다.

| 해설

맛의 상호작용으로 강한 단맛 + 약한 짠맛 = 단맛 증가

 정답 ②

---

40. 다음 중 비타민 A와 관계가 없는 것은?

① chroman 핵

② cryptoxanthin

③ β-ionone 핵

④ axerophthol

| 해설

② cryptoxanthin: 비타민A의 전구체인 카로티노이드의 일종

③ 베타카로틴은 β-ionone 핵을 가짐

④ axerophthol: 비타민 A의 별칭

 정답 ①

제3과목 식품가공학

41. 된장 숙성 중 일반적으로 일어나는 화학변화가 아닌 것은?

① 당화작용　　② 알코올 발효

③ 단백질 분해　④ 탈색 작용

| 해설

된장 숙성시 갈변 반응이 일어남

　　　　　　　　정답 ④

42. 찹쌀과 멥쌀의 성분상 큰 차이는?

① 단백질 함량

② 지방 함량

③ 회분 함량

④ 아밀로펙틴 함량

| 해설

찹쌀은 아밀로펙틴 100%로 이루어지고, 멥쌀은 아밀로펙틴 80%, 아밀로오스 20%로 이루어짐

　　　　　　　　정답 ④

43. 햄, 소시지, 베이컨 등의 가공품 제조 시 단백질의 보수력 및 결착성을 증가시키기 위해 사용되는 첨가물은?

① M.S.G

② ascorbic acid

③ polyphosphate

④ chlorine

| 해설

polyphosphate

• 인산염을 단독으로 또는 여러 인산염의 혼합물을 가열 탈수 또는 가열 축합하여 만드는 인산염

• 예: 피로인산염, 폴리인산염, 메타인산염 등

　　　　　　　　정답 ③

44. 식품 내 함유된 천연 항산화제는?

① 비타민 D　　② 토코페롤

③ 콜레스테롤　④ 스테로이드

| 해설

토코페롤(비타민 E의 일종)과 아스코브산(비타민 C)은 천연 항산화제

　　　　　　　　정답 ②

45. 주로 전단력과 충격력에 의하여 분쇄작용이 일어나는 분쇄기는?

① 롤 밀(roll mill)

② 디스크 밀(disc mill)

③ 버 밀(buhr mill)

④ 볼 밀(ball mill)

| 해설

㉠ 롤 밀(roll mill): 회전롤 사이에서 압축됨과 동시에 분쇄되어 제분

㉡ 디스크 밀(disc mill): 마찰력, 전단력에 의해 분쇄

㉢ 볼 밀(ball mill): 원료와 볼이 회전하다가 낙하될 때, 볼과 볼 사이의 충격력과 볼과 원통벽과의 전단력에 의해 식품이 분쇄

　　　　　　　　정답 ④

46. 8.2kg의 지방을 함유하는 크림으로 10kg의 버터를 만들었다면 이 버터의 오버런(over-run)은 약 얼마인가?

① 18%　　　　② 22%

③ 181%　　　④ 219%

| 해설

$$\text{Over run}(\%) = \frac{\text{버터중량} - \text{크림중량}}{\text{크림중량}} \times 100$$

$$\frac{10 - 8.2}{8.2} \times 100 = 21.95\%$$

　　　　　　　　정답 ②

47. 육류 단백질의 냉동변성을 일으키는 요인이 아닌 것은?

① 염석(salting out)

② 응집(coagulation)

③ 빙결정(ice crystal)

④ 유화(emulsion)

| 해설

냉동변성
- 동결된 식품 중의 빙결정이 승화하여 발생
- 빙결정이 승화한 빈자리에 미세한 구멍이 생김
- 수분 증발로 인해 염석(salting out) 현상 발생
- 육류 단백질 변성으로 응집 발생

정답 ④

48. 식품의 혼합조직과 관련된 설명으로 틀린 것은?

① 혼합(mixing): 곡물, 입자, 분말 등의 모든 형태의 혼합을 통칭한다.

② 교반(agitation): 액체-액체 혼합을 말하며 저점도의 액체들을 혼합하거나 소량의 미세한 고형물을 용해 또는 균일하게 부유시킨다.

③ 유화(emulsification): 액체-액체 혼합으로 서로 녹는 액체를 고루 혼합하는 것이다.

④ 교동(churning): 버터 제조 등에서 사용하는 혼합법이다.

| 해설

유화(emulsion): 서로 녹지 않거나 균일한 혼합물을 만들지 않는 두 액체에서 한쪽의 액체를 다른쪽의 액체 가운데에 분산하여 에멀젼을 만드는 조작

정답 ③

49. 수분함량 10.5%인 밀 100kg에 물을 첨가하여 밀의 수분함량을 15.0%로 조절하고자 한다. 첨가하여야 할 물의 양은 약 얼마인가?

① 3.42 kg　　② 4.05 kg

③ 5.29 kg　　④ 6.05 kg

| 해설

수분함량 10.5%인 밀 100 kg의 수분양은 10.5 kg

수분함량 15.0% 밀: $\dfrac{10.5 + a}{100 + a} \times 100 = 15.0$

$\therefore a = 5.29$ kg

정답 ③

50. 유지의 정제 공정의 일반적인 순서로 옳은 것은?

① 중화-탈검-탈산-탈색-탈취-탈납

② 중화-탈납-탈검-탈산-탈색-탈검

③ 탈검-탈산-탈취-탈납-탈색-중화

④ 탈검-탈색-탈산-탈취-탈납-중화

| 해설

유지의 정제공정

원료 유지 → 탈검 → 탈산 → 탈색 → 탈취 → 탈납 → 제품

정답 ①

51. 유황훈증법에 의한 건조과일 제조에 대한 설명으로 거리가 먼 것은?

① 옥시다아제(oxidase) 등의 산화효소를 파괴시킨다.

② 불쾌취를 제거한다.

③ 미생물 억제효과가 있다.

④ 과육의 갈변을 방지하여 색깔을 유지시켜준다.

| 해설

유황훈증법
- 유황을 태워 발생된 연기나 증기를 농산물에 가하는 방법
- 이산화황의 작용으로 폴리페놀의 산화를 방지(갈변 방지)하며, 제품의 색을 좋게 하고 병해충의 번식을 억제

정답 ②

52. 무지유고형분의 주 공급원료로 부적합한 것은?

① 탈지유　　　　② 버터밀크

③ 연유　　　　　④ 크림

| 해설

① 탈지유: 유지방 0.5% 이하로 우유의 지방을 제거한 것
② 버터밀크: 우유의 크림에서 버터를 제조하고 남은 것을 살균 또는 멸균 처리한 것
③ 연유: 원유를 농축한 것
④ 유크림: 원유 또는 우유에서 분리한 유지방분으로 무지유고형분의 공급원으로 부적절

 정답 ④

53. 생달걀을 다량 섭취 시 난백 단백질 중 비오틴과 결합하여 비오틴의 흡수를 방해하는 물질은?

① 오보뮤신(ovomucin)

② 오보글로불린(ovoglobulin)

③ 플라보프로테인(flavoprotein)

④ 아비딘(avidin)

| 해설

아비딘(avidin): 비오틴과 결합하여 비오틴 흡수 방해, 열에 쉽게 변성되므로 85℃에서 5분간 가열

정답 ④

54. 염장 원리에서 가장 주요한 요인은?

① 단백질 분해효소의 작용 억제

② 소금의 삼투작용 및 탈수작용

③ CO_2에 대한 세균의 감도 증가

④ 산소의 용해도를 감소

| 해설

염장시 소금의 역할

• 식품을 탈수시켜 식품의 수분활성도를 낮춤
• 고삼투압으로 미생물 세포의 원형질 분리
• 탄산가스의 용해도 증가, 산소의 용해도 감소시켜 세균이 발육하지 못하게 함

 정답 ②

55. 어떤 과일의 pectin 함량을 알기 위하여 과즙을 시험관에 취하고 이것과 같은 양의 ethyl alcohol을 가하여 잘 혼합한 다음 응고물의 생성 상태를 관찰하였더니 응고물이 액 전체에 떠 있었다. 이 과일의 pectin함량을 옳게 판정한 것은?

① 많음　　　　② 적음

③ 중간 정도　　④ 아주 적음

| 해설

㉠ 과즙이 대부분 젤리모양으로 굳으면 펙틴 양 많음
㉡ 과즙의 절반이 젤리모양으로 굳으면 펙틴 양 보통
㉢ 침전물이 시험관 속에 뜨면 펙틴 양 적음
㉣ 침전이 적거나 전혀 생기지 않으면 펙틴 양 매우 적음

 정답 ②

56. 옥수수 전분을 습식법으로 제조할 때 생성되는 부산물이 아닌 것은?

① corn steep liquor　　② gluten meal

③ gluten feed　　　　④ anthocyanin

| 해설

안토시아닌 색소는 생성되지 않음

 정답 ④

57. 지방 함량이 30% 이상으로 양과자 제조용으로 많이 사용하는 크림은?

① plastic 크림　　　② light 크림

③ clotted 크림　　　④ whipping 크림

| 해설

① plastic 크림: 크림을 더 원심분리하여 유지방 함량을 80% 이상으로 높인 제품, 실온에서 고체상태
② light 크림: 유지방 함량이 12% 이하인 크림
③ clotted 크림: 저온살균 처리하지 않은 우유를 가열하여 만든 스프레드 타입의 크림
④ whipping 크림: 유지방이 30~50%인 것, 유지방이 30~36%인 라이트 휘핑크림과 36% 이상인 헤비 휘핑크림. 주로 케이크나 디저트에 이용

 정답 ④

58. 어패류의 사후변화 과정에 대한 설명 중 틀린 것은?

① 근육의 사후경직이 가장 먼저 일어난다.

② 해당작용에 의해 젖산이 생겨 pH가 낮아진다.

③ 효소작용에 의하여 단백질이 분해된다.

④ pH 저하로 해당작용 중단 후에는 TMA등 염기성물질 증가로 pH가 상승한다.

| 해설

어패류는 사후경직, 자가소화, 부패가 거의 동시에 연속적으로 일어남

정답 ①

59. 결합수의 특성으로 옳은 것은?

① 용매로 작용하지 못한다.

② 미생물 번식에 이용된다.

③ 0℃에서 얼기 시작한다.

④ 압착 시 제거가 가능하다.

| 해설

㉠ 결합수: 용매로 작용하지 못함, 미생물 번식에 이용되지 않음, −18℃ 이하에서도 얼지 않음, 압착 시 제거 불가능

㉡ 자유수: 용매로 작용, 미생물 번식에 이용, 0℃에서 얼기 시작함, 압착 시 제거 가능

정답 ①

60. 패들 교반기의 종류에 해당되지 않는 것은?

① 평판패들   ② 역회전형패들

③ 터빈패들   ④ 게이트패들

| 해설

교반기

• 용기에 들어있는 액체나 유동성 고체를 섞어주는 장치

• 교반용 날개(impeller)에 따라 종류 구분

　- 프로펠러형 교반기

　- 패들형 교반기: 평판형, 역회전형, 게이트형 등

　- 터빈형 교반기: 4개 이상의 날개의 원심력을 이용하는 것

　- 나선축형 교반기

정답 ③

제4과목 식품미생물학

61. 활털곰팡이(*Absidia* 속)에 대한 설명으로 옳은 것은?

① 폐자기를 형성하는 특징이 있다.

② 대칭과 비대칭으로 포자낭병을 형성한다.

③ 가근과 가근 사이의 포복지 중간에 포자낭병이 있다.

④ 소포자낭을 형성한다.

| 해설

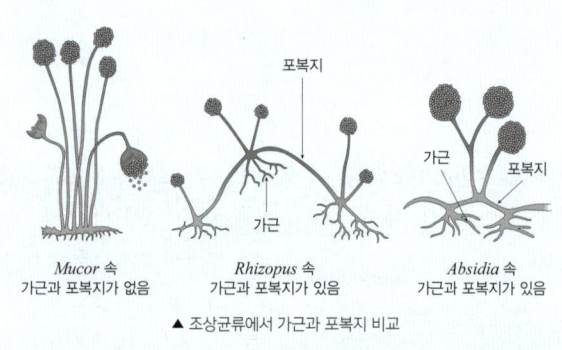

Mucor 속
가근과 포복지가 없음

Rhizopus 속
가근과 포복지가 있음

Absidia 속
가근과 포복지가 있음

▲ 조상균류에서 가근과 포복지 비교

정답 ③

62. 다음 중 균사에 격벽이 없는 것은?

① *Penicillium* 속

② *Aspergillus* 속

③ *Fusarium* 속

④ *Rhizopus* 속

| 해설

㉠ 균사에 격벽이 없는 곰팡이는 조상균류에 속함

㉡ 조상균류에 속하는 속은 *Mucor* 속, *Rhizopus* 속, *Absidia* 속

정답 ④

63. 효모의 일반적인 사용 용도가 아닌 것은?

① single cell protein(SCP)의 제조
② 공업용 아밀라아제(amylase)의 제조
③ 알코올 제조
④ 핵산물질의 제조

| 해설

공업용 아밀라아제(amylase)의 제조에는 주로 *Bacillus*속 세균을 이용함

정답 ②

64. 미생물 생육곡선에서 균이 새로운 환경에 적응하는 기간으로 RNA 함량이 증가하고 세포의 크기가 커지는 생육 단계는?

① 유도기   ② 대수기
③ 정지기   ④ 사멸기

| 해설

① 유도기: 세포 수의 증가가 거의 없는 단계로 균이 새로운 환경에 적응하는 기간
② 대수기: 세포 수가 기하급수적으로 증가하는 단계
③ 정지기: 생균수의 변화가 거의 없는 단계로 가장 최대의 세포 수를 가짐
④ 사멸기: 사균수가 급격히 증가하고 생균수가 줄어드는 단계

정답 ①

65. 항생물질인 스트렙토마이신(streptomycin)을 생산하는 균은?

① 대장균   ② 방선균
③ 고초균   ④ 푸른 곰팡이

| 해설

방선균
• 하등미생물 중 균사를 형성하는 미세한 세균
• *Streptomyces* 속은 streptomycin 등 다양한 항생물질을 생산함

정답 ②

66. 곰팡이의 형태에 대한 설명으로 틀린 것은?

① 담자포자 - 담자기의 끝에 보통 8개의 담자포자가 형성된다.
② 분생포자 - 분생자병 끝에 형성된다.
③ 균총 - 균사체와 자실체를 합친 것을 뜻한다.
④ 기중 균사 - 배지의 내부나 표면에서 생육하며 영양분을 흡수하는 균사이다.

| 해설

담자포자는 담자기 끝의 경자에 보통 4개의 담자포자를 형성함

정답 ①

67. 전분(starch)에 존재하는 미생물을 감소시키는 수단이 아닌 것은?

① 소량의 액체염소에 의한 살균
② 100℃, 30분간 3일에 걸친 간헐살균
③ 생전분에 차아염소산소다 첨가
④ pH를 6~7로 조정

| 해설

일반 미생물의 최적 생육 pH는 6~7(중성)이므로 미생물을 감소시키는데 적절치 않음

정답 ④

68. 개량 메주를 만드는데 사용되는 곰팡이는?

① *Saccharomyces cervisiae*
② *Aspergillus oryzae*
③ *Saccharomyces sake*
④ *Aspergillus niger*

| 해설

① *Saccharomyces cervisiae*는 상면발효 맥주효모
③ *Saccharomyces sake*는 청주효모
④ *Aspergillus niger*는 흑국균으로 유기산 발효공업에 이용되는 곰팡이

정답 ②

69. 정상발효젖산균(homofermentative lactic acid bacteria)에 의해서 포도당으로부터 생성되는 대사물은?

① 포도당 2분자

② 젖산 2분자

③ 젖산 1분자와 탄산가스

④ 젖산 1분자와 맥아당 1분자

| 해설

㉠ 정상형 젖산발효(homo lactic acid fermentation)

Glucose → 2 lactic acid

㉡ 이상형 젖산발효(hetero lactic acid fermentation)

· Glucose → lactic acid + ethanol + CO_2

2 Glucose → 2 lactic acid + ethanol + acetic acid + $2CO_2 + H_2$

 정답 ②

---

70. 1 mole의 glucose를 *Saccharomyces cerevisiae*로 발효하였을 때 최대 몇 mole의 ethanol이 생기는가?

① 1　　　　　　② 2

③ 3　　　　　　④ 4

| 해설

효모에 의한 에탄올 발효

· glucose → 2 ethanol + $2CO_2$

· 그러므로 1mole의 glucose로 2mole의 ethanol 생성

 정답 ②

---

71. 병행복발효주에 해당하지 않는 것은?

① 청주　　　　　② 맥주

③ 탁주　　　　　④ 약주

| 해설

발효주	단발효주		과일에 포함된 당분이 발효되어 알코올이 생성된 술, 당화과정이 없음	과실주, 와인
	복발효주	단행복발효주	당화가 완료되고 나서 발효가 진행된 술	맥주
		병행복발효주	당화와 발효가 동시에 진행되어 만들어지는 술	탁주, 약주, 청주

정답 ②

---

72. 다음 중 이상발효 젖산균은?

① *Streptococcus* 속

② *Pediococcus* 속

③ *Leuconostoc* 속

④ *Sporolactobacillus* 속

| 해설

㉠ 정상형 젖산발효(homo lactic acid fermentation)

· Glucose → 2 lactic acid

· *Streptococcus* 속, *Pediococcus* 속, 일부의 *Lactobacillus*

㉡ 이상형 젖산발효(hetero lactic acid fermentation)

· Glucose → lactic acid + ethanol + CO_2

2 Glucose → 2 lactic acid + ethanol + acetic acid + $2CO_2 + H_2$

· *Leuconostoc* 속, 일부의 *Lactobacillus*

 정답 ③

73. 다음 중 유포자효모(ascosporogenous yeast)는?

① *Rhodosporidium* 속

② *Bullera* 속

③ *Saccharomyces* 속

④ *Candida* 속

| 해설

㉠ 유포자 효모의 종류: 자낭포자 효모, 담자포자 효모, 사출포자 효모
㉡ *Saccharomyces* 속은 자낭포자에 속함
㉢ *Rhodosporidium* 속, *Bullera* 속, *Candida* 속은 무포자효모에 속함

정답 ③

74. 박테리오파아지(bacteriophage) 오염에 의한 피해를 입는 발효공업만으로 짝지어진 것은?

① 식혜 - 항생물질 제조

② 청주 - 유기산 제조

③ 식초 - 요구르트 제조

④ single cell protein(SCP) - 핵산 제조

| 해설

㉠ 식초: 요구르트 제조는 초산균과 유산균으로 발효(모두 세균)
㉡ 박테리오파아지(bacteriophage)는 세균에만 기생함

정답 ③

75. 우유나 포도주의 저온 살균 방법을 고안한 사람은?

① 파스퇴르 　　　② 코흐

③ 제너 　　　④ 뢰벤후크

| 해설

파스퇴르는 발효과정을 연구하면서 젖산균을 발견하고 초산 발효 연구로 포도주의 부패를 방지하는 저온 살균법을 개발함으로써 현대 세균학의 기초를 수립한 과학자

정답 ①

76. 플라스미드(plasmid)에 대한 설명으로 틀린 것은?

① 진핵세포에 존재하는 세포 소기관이다.

② 원형의 이중 나선구조로 되어 있다.

③ 약제 내성인자(resistant factor)를 가질 수 있다.

④ 염색체 DNA와 관계없이 독자적으로 복제할 수 있다.

| 해설

원핵세포생물은 1개의 염색체와 1개의 플라스미드를 가짐, 진핵세포는 플라스미드를 가지지 않음

정답 ①

77. 위균사 효모로서 식사료 효모인 것은?

① *Candida* 속

② *Hansenula* 속

③ *Rhodotorula* 속

④ *Cryptococcus* 속

| 해설

Candida 속은 위균사형 효모임

정답 ①

78. 청주 제조용 종국제조에 있어 재를 섞는 목적이 아닌 것은?

① Koji균에 무기성분 공급

② 유해균의 발육저지

③ 특유한 색깔 조절

④ 적당한 pH 조절

| 해설

제국[koji(국) 제조]

• koji: 증미에 코지곰팡이(*Aspergillus oryzae*)를 번식시킨 것으로, amylase와 protease의 공급원

• 찐 주미에 나무재를 살포시켜 잡균번식 방지(알칼리화), 무기질 공급, 포자형성 용이하게 함

정답 ③

79. 세포기관 중 산화적 인산화 효소가 다량 함유 되어 있어 에너지를 생산하는 기관은?

① 미토콘드리아
② 소포체
③ 골지체
④ 리보솜

| 해설

① 미토콘드리아: 호흡작용, 고에너지 분자인 ATP 생산
② 소포체: 세포막을 구성하는 인지질과 단백질 등 합성
③ 골지체: 당단백 합성과 분비, 소포체에서 합성된 단백질의 저장
④ 리보솜: 단백질 합성

정답 ①

80. 식품공정에서의 일반적인 파아지(Phage)예방법으로 가장 적합한 것은?

① 이스트와 혼합 배양
② pH 조건의 변화
③ 숙주를 바꾸는 rotation system의 실시
④ 온도의 변화

| 해설

파지 오염 방지 방법
• 발효 환경 오염 방지. 배양장비 및 기구 살균
• 식품공장 공기를 수시로 검사하여 파지 조기 발견
• 연속교체법(rotation system)을 이용(즉, 파지에 대해 감수성이 서로 다른 생산균주를 혼합하여 사용)
• 항생물질 이용: Chloramphenicol, streptomycin 등의 항생물질에 대한 내성균주사용
• 킬레이트제(chelate) 첨가

정답 ③

---

81. 육류 통조림 가공 및 저장 중 발생하는 흑변과 관련된 함황아미노산이 아닌 것은?

① 메티오닌(methionine)
② 시스틴(cystine)
③ 티로신(tyrosine)
④ 시스테인(cysteine)

| 해설

㉠ 함황아미노산: 분자 구조에 황을 가지고 있는 아미노산(시스틴, 시스테인, 메티오닌)
㉡ 흑변: 육류가공품 중의 단백질의 -SH기가 환원하여 황화수소를 생성하고 용출된 금속 또는 내용물의 금속성분과 결합하여 황화금속이 생성되어 검은색 침전이 생성되는 것

정답 ③

82. 아이스크림의 제조공정 중 동결 시에 믹스의 응집방지와 숙성시간을 단축하며, 점도를 증가시켜 아이스크림의 바디와 조직을 개선하는 공정은?

① 균질화 공정
② 숙성 공정
③ 동결 공정
④ 경화 공정

| 해설

아이스크림
• 우유에 지방, 무지방고형분, 감미료, 유화제 및 안정제, 향료, 색소, 물 등을 혼합, 유화하여 공기를 넣고 냉동시킨 것
• 아이스크림 제조 시 monoglyceride, glycerine, lecithin 등의 유화제를 넣고 균질화 공정을 거치면서 유화 작용이 일어나고, 조직이 부드러워 짐

정답 ①

83. 사과, 복숭아, 오렌지와 같이 둥근 모양의 과일을 선별하는데 주로 이용되는 선별기는?

① 길이선별기　　　② 롤러선별기

③ 디스크선별기　　④ 반사선별기

| 해설

롤러선별기는 막대 롤러를 서로 평행하게 유지하면서 롤러 사이의 간격을 조절하여 과일을 크기별로 선별함

정답 ②

84. 식품종실의 기름을 추출하는 데 사용할 수 없는 용매는?

① ethyl alcohol　　② hexane

③ cyclohexane　　④ heptane

| 해설

식품성분의 추출에 사용되는 용매

식품의 종류	용매	온도(℃)
디카페인 커피	이산화탄소, 물, methylen chloride	30~50(이산화탄소)
생선 간유	아세톤, 에틸에테르	30~50
호프 추출물	이산화탄소	100 이하
인스턴트 커피, 차	물	70~90
올리브유	carbon disulfide	
종실유	hexane, heptane, cyclohexane과 같은 환상탄화수소	65~70(hexane), 90~99(heptane), 71~85(cyclohexane)

• 식물성유지 추출은 과거에는 주로 냉각압착법이나 가열압착법이 사용되어 왔으나 최근에는 추출 수율 및 최종유지 품질 측면에서 유리한 용매 추출법으로 대체 되고 있음. 공업적으로 사용되는 추출용매는 주로 n hexane인데, trichlorotrifluoroethane, trichloroethylene, ethanol 등 비 hexane 유기용매와 carbon dioxide도 사용하려는 시도가 추진중이나 공정상의 문제, 추출효율 때문에 아직까지 많이 사용하지는 않음

• 알콜추출은 일반적으로 유지의 유용성, 기능성 성분(미강, 포도씨의 항산화 성분 등)을 추출할 때 사용함. 알콜은 폭발 위험성, 회수설비, 가격 등의 문제와 주세법에 따라 구매시마다 신고해야 하는 불편함 등이 있어 전문시설을 갖추지 않으면 현장에서는 사용하기 어려움

정답 ①

85. 여과 장치인 필터 프레스(filter press)에 대한 설명으로 틀린 것은?

① 대표적인 가압 여과기이다.

② 분해와 조립에 시간이 많이 걸린다.

③ 구조가 간단하고 튼튼하며, 높은 압력에 잘 견딘다.

④ 여과포의 소모가 적고, 찌꺼기를 효율적으로 세척할 수 있다.

| 해설

필터 프레스(filter press)

• 밀폐된 여과실 내에 원액을 압입시켜 여과재를 통해 고체와 액체를 분리·농축, 분획, 격리, 고정·흡착하는 기계

• 원료가 여과틀 안으로 들어가 찌꺼기는 남고 여과포를 통과한 여과액은 여과판의 홈을 따라 흘러 내려가 여과판의 아래 부분에 설치된 출구로 배출됨

• 간단한 구조로 튼튼하며 조작이 쉬워 공업적으로 많이 사용되지만, 분해와 조립에 시간이 많이 걸려 인건비가 많이 들고 여과포의 소비량이 많음

정답 ④

86. 과실주스 제조에서 부유물을 침전시키기 위해 사용되는 침전보조제가 아닌 것은?

① 달걀알부민(egg albumin)

② 카제인(casein)

③ 셀룰로오스(cellulose)

④ 규조토(diatom earth)

| 헤설

청징

• 대부분의 펙틴 등 함유 주스는 여과만으로는 투명한 과일주스를 얻기 어려움

• 청징 방법
  - 난백, 카제인, 젤라틴, 탄닌, 활성탄 및 규조토와 같은 침전보조제 사용
  - 펙틴 분해효소(pectinase) 등 사용

정답 ③

87. 교반기의 일종인 휘퍼(whipper)에 대한 설명으로 틀린 것은?

① 버터를 제조할 때 사용하는 교동장치와 그 기능이 유사하다.
② 유입된 공기방울을 작은 크기로 미세하게 부순다.
③ 액상 생크림의 유화상태를 유지하도록 한다.
④ 휘퍼가 회전하는 동안 외부로부터 액상의 생크림 내부로의 공기 유입을 돕는다.

| 해설

whipper(거품기)는 식품에 거품을 발생시켜 액상에 공기를 함유시키는 역할을 함

정답 ③

88. 높은 압력으로 식품용액을 작은 구멍으로 밀어내거나 원심력을 이용하여 생성한 미세한 입자를 열풍과 접촉시켜 건조하는 방법은?

① 분무 건조   ② 피막 건조
③ 열풍 건조   ④ 포말 건조

| 해설

분무건조
• 액상 식품을 미세입자($10 \sim 200 \mu m$)로 분무시켜 열풍과 접촉하여 순간적으로 건조
• 건조시간이 짧기 때문에 장시간 열에 노출하면 열변성이 쉽거나 향미 손실 등으로 품질저하가 큰 분유, 아이스크림 믹스, 주스, 커피, 차, 스프 등의 제조에 이용됨

정답 ①

89. 통조림의 살균법으로 가장 많이 사용되는 방법은?

① 약제살균   ② 자외선살균
③ 방사선살균   ④ 가압증기살균

| 해설

유통기한이 긴 통조림은 탈기, 밀봉공정을 거친 후 레토르트나 가압증기살균기에서 미리 결정된 온도와 시간에 의해 정확하게 가열 살균됨

정답 ④

90. 가열된 열판의 표면에 건조할 액체상의 식품을 얇은 막으로 도포하여 건조시키는 건조법에 사용되는 건조 장치는?

① 드럼건조기(drum drier)
② 스프레이건조기(spray drier)
③ 유동층건조기(fluidized bed drier)
④ 컨베이어건조기(conveyer drier)

| 해설

드럼 건조
• 수증기로 가열되는 원통 표면에 원료를 얇은 막 상태로 부착하여 건조하는 기기
• 주로 열에 민감한 식품, 점도가 높거나 고형분 입자가 크거나, 고형분 함량이 많아 분무건조하기 힘든 식품에 이용

정답 ①

91. 터널건조기(tunnel dryer)에서 열풍이 흐르는 방향과 식품이 이동하는 방향이 반대인 경우를 나타내는 용어는?

① 향류식
② 병류식
③ 유동층식
④ 기송식

| 해설

터널 건조기
터널 모양으로 된 열풍건조기, 다량의 식품 건조에 적합하며 이동하면서 건조되는 반연속식 건조장치

병류식	• 열풍 방향과 재료 이동방향이 같음 • 고온공기가 유입되어 제품 건조 후 저온 공기로 빠져나가 마지막에 제품에 전달하는 열이 작아 열손상 작음 • 초기건조속도 빠름, 수분함량 낮은 제품 얻기 어려움, 원하는 건조효과 얻기 어려움
향류식	• 열풍 방향과 재료 이동방향이 다름 • 고온의 공기가 유입된 것이 건조가 다 되어가는 제품과 만나 열을 전달하여 열손상이 큼 • 초기건조속도 느림, 수분함량 낮은 제품 얻을 수 있음, 원하는 건조효과 얻을 수 있음

정답 ①

92. 비가열 살균에 해당하지 않는 것은?

① 자외선 살균

② 저온 살균

③ 방사선 살균

④ 전자선 살균

| 해설

저온살균법(LTLT): 63~65℃에서 30분간 가열

비가열 살균

- 가열처리를 하지 않고 살균하는 기술
- 초음파, 고전압펄스 전기장, 초고압, 방사선, 자외선, 전자선 살균 등

 정답 ②

93. 착즙된 오렌지주스는 15%의 당분을 포함하고 있는데 농축공정을 거치면서 당함량이 60%인 농축 오렌지주스가 되어 저장된다. 당함량이 45%인 오렌지주스 제품 100kg을 만들려면 착즙 오렌지주스와 농축 오렌지주스를 어떤 비율로 혼합해야 하는가?

① 1 : 2

② 1 : 2.5

③ 1 : 3

④ 1 : 4

| 해설

착즙된 오렌지 주스양 $= a$

농축 오렌지주스양 $= b$

$a + b = 100$ $b = 100 - a$

$0.15a + 0.6b = 0.45 \times 100$

$0.15a + 60 - 0.6a - 45$

$0.45a = 15$

$a = 33.3$

$b = 66.7$

∴ a와 b의 비는 약 1 : 2

정답 ①

94. 10% 고형분을 함유한 사과주스를 가공할 때 농축장치를 사용하여 50% 고형분을 함유한 농축사과주스로 제조하고자 한다. 원료주스를 1000 kg/h 속도로 투입하면 농축주스의 생산량은 몇 kg/h인가?

① 500

② 400

③ 200

④ 800

| 해설

초기 사과주스의 고형분 함량은

$$1000 \, kg/h \times \frac{10}{100} = 100 \, kg/h$$

그러므로 50% 고형분과 50% 수분인 농축주스는

∴ $100 \, kg/h + 100 \, kg/h = 200 \, kg/h$

 정답 ③

95. 시유제조공정에서 우유지방의 부상으로 생기는 크림층(cream layer)의 생성을 방지하기 위하여 행하는 균질화의 효과적인 압력과 온도는?

① 50 kg/cm², 10 ℃

② 100 kg/cm², 30 ℃

③ 150 kg/cm², 50 ℃

④ 200 kg/cm², 80 ℃

| 해설

㉠ 시유(city milk, market milk): 목장에서 생산된 생유(raw milk)를 식품위생상 안전하게 처리하여 소비자가 마실 수 있도록 상품화된 우유

㉡ 균질화(homogenization)

- 우유 중의 지방구에 물리적 충격을 가해 그 크기를 작게 만드는 작업
- 목적: creaming의 생성 방지, 점도의 향상, 우유의 조직을 부드럽게 함, 소화율 향상, 지방산화 방지
- 방법: 균질기 내의 우유 온도는 50~60℃, 압력은 2,000~3,000 lb/inch²(140~200 kg/cm²)가 적당

  정답 ③

96. 분쇄에 사용되는 힘의 성질 중 충격력을 이용하여 여러 종류의 식품을 거칠게 또는 곱게 분쇄하는데 사용되며, 회전자(rotor)가 포함된 설비는?

① 해머 밀(hammer mill)

② 디스크 밀(disc mill)

③ 볼 밀(ball mill)

④ 롤 밀(rolls mill)

| 해설

㉠ 해머 밀: 해머, 회전판, 충격판, 스크린 등으로 구성되며 원료를 투입하면 여러 개의 해머가 회전하여 원료가 충격판 주위에서 분쇄됨

㉡ 디스크 밀: 홈이 파여있는 두 개의 디스크 사이에 식품을 넣고 원판 사이 간격을 조절하여 회전시키면 마찰력과 전단력에 의해 분쇄가 일어남

㉢ 볼 밀: 회전 드럼 속에 금속이나 돌 같은 단단한 볼을 넣어 원료와 함께 회전시켜 분쇄

㉣ 롤 밀: 롤이 회전하면서 회전롤 사이에서 압축됨과 동시에 분쇄

정답 ①

97. 우유로부터 크림을 분리할 때 많이 사용되는 분리기술은?

① 가열

② 여과

③ 탈수

④ 원심분리

| 해설

원심분리

원심력을 이용하여 고체와 액체 또는 비중이 서로 다른 두 가지 액체를 나누어 비중 차이에 의해 분리되는 현상을 이용, 우유에서 크림층을 분리할 때 많이 사용

정답 ④

98. 식품가공 방법 중 배럴(barrel)의 한쪽에는 원료 투입구가 있고 다른 쪽에는 작은 구멍(die)이 뚫려 있으며 배럴 안쪽에 회전스크류(screw)에 의해 가압된 원료가 나오는 형태의 성형방법은?

① 과립성형(agglomeration)

② 주조성형(casting)

③ 압출성형(extrusion)

④ 압연성형(sheeting)

| 해설

① 과립성형: 젖은 상태의 분체식품이 회전 드럼 속에서 압출될 때 회전틀에 의해 펠릿으로 성형

② 주조성형: 재료를 일정한 모양의 틀에 넣고 냉각 또는 가열에 의해 굳히는 방법

③ 압출성형: 원료를 노즐이나 다이와 같은 작은 구멍을 통해 강한 압력으로 밀어내어 일정한 모양의 단면을 갖게 함

④ 압연성형: 반죽을 회전롤 사이로 통과시켜 면대로 만들어 이것을 세절하거나 압인하는 방법

정답 ③

99. 식품 성분을 분리할 때 사용하는 막 분리법 중 연결이 옳은 것은?

① 농도차 - 삼투압

② 온도차 - 투석

③ 압력차 - 투과

④ 전위차 – 한외여과

| 해설

역삼투(압력차), 삼투압(농도차), 한외여과(압력차), 투석(농도차), 전기투석(전위차)

정답 ①

100. 밀에 섞여있는 보리를 제거할 때 적합한 선별기준과 거리가 먼 것은?

① 무게

② 크기

③ 모양

④ 광학

| 해설

밀과 보리 종자는 유사한 모양이므로 모양은 선별기준으로 적합하지 않음

정답 ③

제1과목 식품위생학

01. 식품첨가물의 구비 조건으로 옳지 않은 것은?

① 체내에 무해하고 축적되지 않아야 한다.
② 식품의 보존효과는 없어야 한다.
③ 이화학적 변화에 안정해야 한다.
④ 식품의 영양가를 유지시켜야 한다.

| 해설

보존료
식품의 보존기간을 연장시키는 식품첨가물

정답 ②

02. 식품공업에 있어서 폐수의 오염도를 판명하는데 필요치 않는 것은?

① DO
② BOD
③ WOD
④ COD

| 해설

폐수로 인한 수질오염지표
• 냄새와 색
• 용존 산소량(DO: dissolved oxygen)
• 생물화학적 산소 요구량(BOD: biochemical oxygen demand)
• 화학적 산소 요구량(COD: chemical oxygen demand)
• 부유물질(SS ; suspendid solid)

정답 ③

03. 식품 중 진드기류의 번식 억제방법이 아닌 것은?

① 밀봉 포장에 의한 방법
② 습도를 낮추는 방법
③ 냉장 보관하는 방법
④ 30℃ 정도로 가열하는 방법

| 해설

진드기가 번식하기 좋은 온도는 25~30℃이므로 그 이상의 온도로 가열해야 함

진드기 구제법
• 식품의 저장 시 방습 철저
• 식품의 밀봉, 건조, 가열, 냉동 등

정답 ④

04. 수돗물의 염소 소독 중 염소와 미량의 유기물질과의 반응으로 생성될 수 있는 발암성 물질은?

① benzopyrene
② nitrosamine
③ toluene
④ trihalomethane

| 해설

트리할로메탄(trihalomethane)
• 생성 원인: 상수원의 정수과정에서, 물이 함유하고 있는 유기물질과 살균제로 사용되는 염소가 반응하여 생성
• 상수원의 오염이 심해 유기물이 많을수록, 살균제로 사용하는 염소를 많이 사용할수록, 살균과정이 길수록 많이 생성

정답 ④

05. 실험물질을 사육 동물에 2년 정도 투여하는 독성 실험 방법은?

① LD_{50}
② 급성독성실험
③ 아급성독성실험
④ 만성독성실험

| 해설

일반독성시험의 분류

급성독성시험	1회 투여로 반 수의 동물이 죽는 양 측정
아급성독성시험	반복 투여로 1~3개월에 나타나는 독성을 측정
만성독성시험	장기간(1~2년) 투여하여 독성 측정

정답 ④

06. 식품위생분야 종사자 등의 건강진단규칙에 의한 연 1회 정기 건강진단 항목이 아닌 것은?

① 성병
② 장티푸스
③ 폐결핵
④ 전염성 피부질환

| 해설

식품위생 분야 종사자의 건강진단 규칙
※ 총리령 제1919호(2023. 12. 7. 일부개정, 2024. 1. 8. 시행) 반영

대상	건강진단 항목	횟수
식품 또는 식품첨가물(화학적 합성품 또는 기구 등의 살균·소독제는 제외한다)을 채취·제조·가공·조리·저장·운반 또는 판매하는 데 직접 종사하는 사람. 다만, 영업자 또는 종업원 중 완전 포장된 식품 또는 식품첨가물을 운반하거나 판매하는데 종사하는 사람은 제외한다.	1. 장티푸스 2. 파라티푸스 3. 폐결핵	매년 1회 (유효기간은 1년으로 하며, 직전 건강진단의 유효기간이 만료되는 날의 다음 날부터 기산한다. 건강진단의 유효기간 만료일 전후 각각 30일 이내에 실시해야 한다.)

정답 ①

07. 다음 중 우리나라에서 허용된 식품첨가물은?

① 롱가리트
② 살리실산
③ 아우라민
④ 구연산

| 해설

구연산-허용 산도조절제, 향미증진제 등

정답 ④

08. 보툴리누스균에 의한 식중독이 가장 일어나기 쉬운 식품은?

① 유방염에 걸린 소의 우유
② 분뇨에 오염된 식품
③ 살균이 불충분한 통조림 식품
④ 부패한 식육류

| 해설

*Clostridium botulinum*은 편성혐기성으로 통조림과 같은 산소가 없는 환경에서 증식

정답 ③

09. 식품 포장재로부터 이행 가능한 유해 물질이 잘못 연결된 것은?

① 금속포장재 - 납, 주석
② 요업 용기 - 첨가제, 잔존 단위체
③ 고무마개 - 첨가제
④ 종이포장재 - 착색제

| 해설

㉠ 첨가제, 잔존 단위체는 합성수지 용기에서 이행됨
㉡ 요업 용기 즉 도자기, 법랑피복제품, 옹기류 등에서는 주로 납 용출

정답 ②

10. 민물고기를 섭취한 일이 없는데도 간흡충에 감염되었다면 이와 가장 관계가 깊은 감염 경로는?

① 채소 생식으로 인한 감염
② 가재요리 섭취로 인한 감염
③ 쇠고기 생식으로 인한 감염
④ 민물고기를 요리한 도마를 통한 감염

| 해설

도마, 칼 등에 의한 교차 오염

정답 ④

11. 곰팡이의 대사산물 중 사람에게 질병이나 생리 작용의 이상을 유발하는 물질이 아닌 것은?

① aflatoxin
② citrinin
③ patulin
④ saxitoxin

| 해설

saxitoxin(마비성 패독): 섭조개, 홍합, 모시조개 등이 와편모조류의 독소를 섭취하면 중장선에 축적되어 유독화됨

정답 ④

12. 다음 물질 중 소독 효과가 거의 없는 것은?

① 알코올
② 석탄산
③ 크레졸
④ 중성세제

| 해설

0.01~0.1% 역성비누(양성비누)
손 소독에 가장 많이 사용, 중성비누와 혼합 사용하면 효과 없음

정답 ④

13. 세균성 식중독과 비교하였을 때, 경구감염병의 특징에 해당하는 것은?

① 발병은 섭취한 사람으로 끝난다.
② 잠복기가 짧아 일반적으로 시간 단위로 표시한다.
③ 면역성이 없다.
④ 소량의 균에 의하여 감염이 가능하다.

| 해설

경구감염병과 세균성식중독의 차이

특성	경구감염병	세균성식중독
감염 정도	2차 감염	종말 감염
병원성	강함	약함
필요한 균량	미량 (대부분 체내 증식)	다량 (대부분 식품내 증식)
잠복기	긴 편	짧은 편
면역성	병 후 면역 있음	없음
예방조치	거의 불가능	균의 증식을 억제하면 가능
음용수	음용수로 인해 감염	음용수로 인한 중독은 거의 없음

정답 ④

14. 일반적으로 열경화성 수지에 해당되는 플라스틱 수지는?

① 폴리에틸렌(polyethylene)
② 폴리프로필렌(polypropylene)
③ 폴리아미드(polyamide)
④ 요소(urea)수지

| 해설

㉠ 열경화성 수지: 페놀수지, 요소수지, 멜라민수지
㉡ 열가소성 수지: PVC, PC, PP, PS

정답 ④

15. 대부분의 식중독 세균이 발육하지 못하는 온도는?

① 37℃ 이하

② 27℃ 이하

③ 17℃ 이하

④ 3.5℃ 이하

| 해설

리스테리아 등 일부 식중독균을 제외한 대부분의 식중독균은 중온균이므로, 10℃ 이하에서는 증식할 수 없음

 정답 ④

16. 식품오염에 문제가 되는 방사능 핵종이 아닌 것은?

① Sr-90

② Cs-137

③ I-131

④ C-12

| 해설

C-12는 방사능 핵종이 아님

정답 ④

17. 우유의 저온살균이 완전히 이루어졌는지를 검사하는 방법은?

① 메틸렌블루(Methylene blue) 환원 시험

② 포스파테이즈(Phosphatase) 검사법

③ 브리드쓰법(Breed's method)

④ 알코올 침전 시험

| 해설

Phosphatase test

우유를 가열하면 포스파타제 효소가 활성을 상실하므로, 포스파타제의 활성을 측정하면 우유의 살균여부 판정

정답 ②

18. 어패류가 주요 원인 식품이며 3%의 식염배지에서 생육을 잘하는 식중독균은?

① *Staphylococcus aureus*

② *Clostridium botulinum*

③ *Vibrio parahaemolyticus*

④ *Salmonella enteritidis*

| 해설

Vibrio parahaemolyticus: 장염비브리오균

 정답 ③

19. 식품의 보존료 중 잼류, 망고처트니, 간장, 식초 등에 사용이 허용되었으나, 내분비 및 생식독성 등의 안전성이 문제가 되어 2008년 식품첨가물 지정이 취소된 것은?

① 데히드로초산

② 프로피온산

③ 파라옥시 안식향산 프로필

④ 파라옥시 안식향산 에틸

| 해설

① 데히드로초산- 사용실적이 없어 삭제됨

② 프로피온산- 허용

④ 파라옥시 안식향산 에틸-허용

정답 ③

20. 미생물학적 검사를 위해 고형 및 반고형인 검체의 균질화에 사용하는 기계는?

① 쵸퍼(Chopper)

② 원심분리기(centrifuge)

③ 균질기(stomacher)

④ 냉동기(freezer)

| 해설

세절기(Chopper)

식품을 잘게 절단하는 기계

 정답 ③

제2과목 식품화학

21. 식품을 장기간 보관할 때 고유의 냄새가 없어지게 되는 주된 이유는?

① 식품의 냄새성분은 휘발성이기 때문이다.

② 식품의 냄새성분은 친수성이기 때문이다.

③ 식품의 냄새성분은 소수성이기 때문이다.

④ 식품의 냄새성분은 비휘발성이기 때문이다.

│해설

식품의 냄새성분은 휘발성 강한 물질

> **정답** ①

22. 다음의 식품 중 소성체의 특성을 나타내는 것은 어느 것인가?

① 가당연유

② 생크림

③ 물엿

④ 난백

│해설

가소성(소성, plasticity)

• 외부에서 힘을 받아 변형된 후 그 힘을 없애도 본래의 상태로 되돌아가지 않는 성질

• 버터나 생크림 등을 수저로 떠서 접시에 놓으면 연하지만 접시 위에서 흐르지 않음

> **정답** ②

23. 지방 1g 중에 oleic acid 20mg이 함유되어 있을 경우의 산가는? (단, KOH의 분자량은 56이고, oleic acid $C_{18}H_{34}O_2$의 분자량은 282이다)

① 3.97

② 0.0397

③ 100.7

④ 1.007

│해설

㉠ 산가(acid value): 지방 1g 중에 있는 유리 지방산을 중화하는 데 필요한 KOH의 mg 수

㉡ oleic acid 20mg : 282 = oleic acid 20mg을 중화하는데 필요한 KOH의 mg 수 : 56

∴ 그러므로 필요한 KOH의 mg 수 = 3.97

> **정답** ①

24. 다음 중 이중결합이 2개인 지방산은?

① 팔미트산(palmitic acid)

② 올레산(oleic acid)

③ 리놀레산(linoleic acid)

④ 리놀렌산(linolenic acid)

│해설

불포화지방산	탄소 수	표기법	구조	녹는점 (℃)
팔미톨레산 (palmitoleic acid)	16	$C_{16:1}$	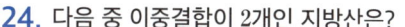	0
올레산 (oleic acid)	18	$C_{18:1}$		13
리놀레산 (linoleic acid)	18	$C_{18:2}$		-9
리놀렌산 (linolenic acid)	18	$C_{18:3}$		-17
아라키돈산 (arachidonicacid)	20	$C_{20:4}$		-50

> **정답** ③

25. 딸기, 포도, 가지 등의 붉은 색이나 보라색이 가공, 저장 중 불안정하여 쉽게 갈색으로 변하는데 이 색소는?

① 엽록소
② 카로티노이드계
③ 플라보노이드계
④ 안토시아닌계

| 해설

안토시아닌(anthocyanin)
• 포도, 딸기 등의 적색, 청색, 자색 등의 수용성 색소의 총칭
• pH 안정성: pH 3.5 이하에서 매우 안정한 적색, 중성에서 자색, 알칼리에서 청색
• 산소는 안토시아닌의 안정성에 가장 큰 영향을 줌. 산소 존재 하에 급격하게 갈변

정답 ④

26. 과당(fructose)에 대한 설명으로 틀린 것은?

① 과당은 포도당과 함께 유리 상태로 과일, 벌꿀 등에 함유되어 있다.
② 과당은 환원당이며, α형과 β형의 두 가지 이성체가 존재한다.
③ 설탕에 비하여 단맛이 약하다.
④ 물에 대한 용해도가 커서 과포화되기 쉽다.

| 해설

과당의 감미도는 150으로, 설탕의 1.5배

정답 ③

27. 식품의 효소적 갈변을 방지하는 물리적 방법과 가장 거리가 먼 것은?

① 공기주입 　　② 데치기
③ 산첨가 　　　④ 저온 저장

| 해설

효소적 갈변은 polyphenol oxidase에 의해 산화되는 것이므로, 산소를 차단하는 것이 좋음

정답 ①

28. 단백질의 변성에 대한 설명으로 틀린 것은?

① 단백질의 변성은 등전점에서 가장 잘 일어난다.
② 단백질의 열 응고 온도는 대개 60~70℃이다.
③ 육류 단백질의 동결변성은 -5~-1℃에서 가장 잘 일으킨다.
④ 콜라겐은 가열에 의해 불용성의 젤라틴으로 된다.

| 해설

불용성의 콜라겐은 가열에 의해 수용성의 젤라틴으로 됨

정답 ④

29. α형 이성질체보다 β형 이성질체의 단맛이 강한 당류는?

① 과당
② 맥아당
③ 설탕
④ 포도당

| 해설

과당(fructose)는 β형이 α형보다 단맛이 더 강함

정답 ①

30. 함황 아미노산이 아닌 것은?

① Lysine
② Cysteine
③ Methionine
④ Cystine

| 해설

함황 아미노산: cysteine, cystine, methionine

정답 ①

31. 단백질을 등전점과 같은 pH 용액에서 전기 영동을 하면 어떻게 이동하는가?

① 전혀 움직이지 않는다.

② (＋)극으로 빠르게 움직인다.

③ (－)극으로 빠르게 움직인다.

④ (－)극으로 움직이다가 다시 (＋)극으로 움직인다.

| 해설

등전점(isoelectric point, pI)
- 아미노산의 양전하의 합과 음전하의 합이 같게 되어 전하의 합이 0이 되는 pH값
- 그러므로, 등전점의 pH에서 전기 영동을 하면 움직이지 않음

정답 ①

32. 향기 성분으로 알리신(allicin)이 들어 있는 것은?

① 마늘　　　　　　② 사과

③ 고추　　　　　　④ 무

| 해설

알리신은 마늘의 매운맛과 향을 내는 물질

정답 ①

33. 요오드 정색반응에 청색을 나타내는 덱스트린(dextrin)은?

① 아밀로덱스트린(amylodextrin)

② 에리스로덱스트린(crythrodextrin)

③ 아크로덱스트린(achrodextrin)

④ 말토덱스트린(maltodextrin)

| 해설

㉠ 요오드녹말반응

amylose의 나선형 구조 내부에 요오드 분자가 들어가 화합물을 형성하여 정색 반응을 하는 것

㉡ 전분의 가수분해 진행에 따른 요오드 반응

가용성 전분(요오드 반응: 청색) → 아밀로덱스트린(청자색) → 에리쓰로덱스트린(적갈색) → 아크로모덱스트린(무색) → 말토덱스트린(무색)

정답 ①

34. 유지의 산패를 측정하는 화학적 성질과 거리가 먼 것은?

① 과산화물가　　　② 요오드가

③ 산가　　　　　　④ 폴렌스케가

| 해설

polenske value
- 비수용성 휘발성 지방산을 중화시키는 소비되는 0.1N KOH의 mL 수
- 야자유 검사에 이용

정답 ④

35. 식품의 텍스처(texture)를 나타내는 변수와 가장 거리가 먼 것은?

① 경도(hardness)

② 굴절률(refractive index)

③ 탄성(elasticity)

④ 부착성(adhesiveness)

| 해설

텍스처의 특성
- 견고성, 경도(hardness, firmness) 식품의 형태를 변형시키는데 필요한 힘
- 응집성(cohesiveness) 식품을 구성하는 구성성분간의 결합에 필요한 힘(변형되기 전까지의 힘)
- 부서짐성(파쇄성, brittleness, fracturability) 식품에 힘을 가했을 때 변형 없이 부서지는 힘
- 씹음성(저작성, chewiness) 고체 식품을 삼킬 수 있는 상태까지 씹는데 필요한 힘
- 검성(점작성, gumminess) 식품을 입안에서 씹는 동안 흩어지지 않고 덩어리로 남아 있는 정도
- 점성(viscosity) 액상의 식품에 단위면적 당 주어지는 힘에 의해 유동되는 정도(주어지는 힘에 저항하는 힘)
- 탄성(elasticity) 외부에서 전달된 힘에 의해 변형이 되었다가 외력이 제거 되었을 때 원래 형태로 돌아가는 성질
- 부착성(접착성, adhesiveness) 식품의 표면이 다른 물질의 표면에 부착되어 있다가 떨어뜨릴 때 필요한 힘

정답 ②

36. 일반적으로 효소의 활성에 크게 영향을 미치지 않는 것은?

① 공기
② 온도
③ pH
④ 기질의 양

| 해설

효소반응에 영향을 미치는 인자

효소농도, 기질농도, 온도, pH, 효소저해제

37. 단백질의 열변성에 영향을 주는 요인이 아닌 것은?

① 수분
② 전해질의 존재
③ 색깔
④ 수소이온 농도

| 해설

식품의 색과는 관련 없음

38. 단백질의 등전점에서 나타나는 현상이 아닌 것은?

① 기포력이 최소가 된다.
② 용해도가 최소가 된다.
③ 팽윤이 최소가 된다.
④ 점도가 최소가 된다.

| 해설

등전점(isoelectric point, pI)
• 아미노산의 양전하의 합과 음전하의 합이 같게 되어 전하의 합이 0이 되는 pH값
• pI에서 아미노산의 용해도, 점도, 삼투압은 최소, 흡착성과 기포성은 최대

39. 가공육의 색의 변화에 대한 설명으로 틀린 것은?

① 가공육은 저장기간이 길어지면서 육색의 변화가 문제가 된다.
② 미오글로빈과 옥시미오글로빈은 육색을 붉게 하는 색소이다.
③ 아질산염은 메트미오글로빈을 형성시켜 육색을 붉게 유지시킨다.
④ 가열을 오래하면 포피린류가 생성되어 갈색 등으로 변한다.

| 해설

아질산에서 생성된 일산화질소는 환원형 미오글로빈과 결합하여 선명한 적색의 니트로소미오글로빈 형성

40. 분산상과 분산매가 모두 액체인 식품은?

① 맥주
② 우유
③ 전분액
④ 초콜릿

| 해설

분산매	분산질	구분	예시
액체	기체	거품(foam)	맥주거품, 난백거품
	액체	유화액(emulsion)	우유, 마요네즈
	고체	졸(sol)	스프, 호화된 전분액
고체	기체	고체거품	빵, 케이크
	액체	겔(gel)	두부, 묵, 치즈
	고체	고체 졸	사탕, 과자

41. 유지에 수소를 첨가하는 목적과 거리가 먼 것은?

① 색깔을 개선한다.

② 식품 안정성을 좋게 한다.

③ 식품의 냄새, 풍미를 개선한다.

④ 유지의 유통기한을 연장시킨다.

| 해설

경화유 제조 목적
- 글리세라이드의 불포화 결합에 수소를 첨가하여 산화나 열에 대한 안정성 증가
- 융점이 높아져 고체지방량이 증가
- 유지의 가소성이나 경도를 부여로 인해 물리적 성질 개선
- 색 개선
- 냄새 및 풍미 개선, 경화취(구수한 맛)를 형성

정답 ④

42. 어패류의 맛에 관여하는 함질소 엑스성분이 아닌 것은?

① TMAO

② betaine

③ 핵산관련물질

④ 글리세라이드

| 해설

글리세라이드는 중성지질로 C, H, O로 구성됨
- TMAO: 어패류 근육에 있는 비단백질 진소 화합물
- betaine: 메틸기를 3개 가진 아미노산으로 감칠맛을 내는 성분
- 핵산관련물질: 핵산의 구성 성분인 뉴클레오타이드와 그 분해물인 질소포함 염기, 뉴클레오사이드

정답 ④

43. 두부제조와 가장 밀접한 단백질은?

① 글루테닌   ② 글리아딘

③ 글리시닌   ④ 카제인

| 해설

㉠ 글루테닌과 글리아딘은 밀 단백질
㉡ 글리시닌은 콩 단백질
㉢ 카제인은 우유 단백질

정답 ③

44. 잼 제조 시 농축 공정에서 젤리점 판정법이 아닌 것은?

① 알코올 침전법

② 컵 테스트(cup test)

③ 스푼 테스트(spoon test)

④ 온도계법

| 해설

젤리점(jelly point) - 젤리화의 완성점
- 스푼법: 과즙을 나무주걱으로 떠서 잘 흘러내리지 않는 상태가 젤리 포인트
- 온도계법: 104~105℃에 이르면 젤리화 마침
- 당도계법: 당도계의 수치가 60~65°Brix가 되면 젤리 포인트
- 컵법: 농축된 과즙을 꺼내 냉각하여 찬물에 떨어뜨려 농축액이 가라앉으면 충분히 조려진 것

정답 ①

45. 햄과 베이컨의 제조공정에서 간먹이기에 사용되는 일반적인 재료가 아닌 것은?

① 소금   ② 식초

③ 설탕   ④ 향신료

| 해설

식육가공품의 염지재료
소금, 발색제, 당류, 기타(산화방지제, 유화제 등)

정답 ②

46. 프로바이오틱스(probiotics)에 대한 설명으로 틀린 것은?

① 대부분의 프로바이오틱스는 유산균들이며 일부 $Ba-cillus$ 등을 포함하고 있다.

② 과량으로 섭취하면 heterofermentation을 하는 균주에 의한 가스 발생 등으로 설사를 유발할 수 있다.

③ 프로바이오틱스가 장 점막에서 생육하게 되면 장내의 환경을 중성으로 만들어 장의 기능을 향상시킨다.

④ 프로바이오틱스가 장내에 도달하여 기능을 나타내려면 하루에 $10^8 \sim 10^{10}$ CFU 정도를 섭취하여야 한다. (단, 건강기능식품 공전에서 정하는 프로바이오틱스에 해당하는 경우이며, 새로 개발된 균주의 경우 섭취량이 달라질 수 있다)

| 해설

프로바이오틱스가 장 점막에서 생육시 장내의 환경을 약산성이나 산성으로 만듦

정답 ③

---

47. 식품 등의 표시기준에 따라 제조일과 제조 시간을 함께 표시하여야 하는 즉석섭취 및 편의식품류는?

① 어육연제품

② 식용유지류

③ 도시락

④ 통, 병조림

| 해설

「식품 등의 표시기준」에 따라, 즉석섭취식품 중 도시락, 김밥, 햄버거, 샌드위치, 초밥의 제조연월일 표시는 제조일과 제조시간을 함께 표시하여야 하며, 소비기한 표시는 "○○월○○일○○시까지", "○○일○○시까지" 또는 "○○.○○.○○ 00:00까지"로 표시하여야 함

정답 ③

---

48. 식품을 포장하는 목적과 거리가 먼 것은?

① 취급을 편리하게 하기 위하여

② 상품가치를 향상시키기 위하여

③ 내용물의 맛을 변화시키기 위하여

④ 식품의 변패를 방지하기 위하여

| 해설

식품의 포장 목적

내용물의 보호, 저장성, 안전성, 취급 편의성, 제품의 가치 향상

정답 ③

---

49. 장류의 원료에 대한 설명으로 옳은 것은?

① 된장용으로는 찹쌀이 가장 좋다.

② 장류용 보리는 도정(겨층 제거)한 것을 사용한다.

③ 된장용 소금은 3~4 등급의 소금을 사용한다.

④ 장류용 물은 불순물이 많아도 상관 없다.

| 해설

① 된장용으로는 멥쌀이 좋다.
② 보리는 겨층을 제거한 도정한 것을 사용
③ 된장용 소금은 천일염을 쓰는 것이 좋음
④ 장류용 물은 정제된 것을 사용

정답 ②

---

50. 면 제조시 사용하는 견수의 역할이 아닌 것은?

① 약간 노란색을 띠게 한다.

② 중화면에 특유한 풍미를 부여한다.

③ 밀 녹말의 노화를 촉진하여 준다.

④ 면의 식감을 쫄깃하게 한다.

| 해설

㉠ 중국국수의 제면시 사용하는 견수의 주성분: 탄산나트륨과 탄산칼슘
㉡ 견수 첨가 이유: 글루텐의 탄성 증가, 식감 향상, 글루텐의 신전성 향상, 탄산나트륨에 열이 가해지면 탄산가스가 발생함으로써 밀가루의 색소를 황색으로 변화시킴, 독특한 향기 생성

정답 ③

51. 비중계에 대한 설명으로 틀린 것은?

① 디지털 비중계: 정밀하고 간편하게 비중을 측정할 수 있다.

② 경보오메계: 비중이 물보다 가벼운 액체에 사용한다.

③ 브릭스 비중계: 비중을 측정한 후 온도 4℃로 보정한다.

④ 중보오메계: 비중이 물보다 무거운 액체에 사용한다.

| 해설

브릭스 비중계: 당도 측정

> 정답 ③

52. 열이동과 물질이동의 원리가 동시에 적용되는 단위조작이 아닌 것은?

① 건조　　　　　　② 농축

③ 증류　　　　　　④ 포장

| 해설

포장은 열이동, 물질이동과 관련 없음

> 정답 ④

53. 달걀 가공품에 대한 설명으로 틀린 것은?

① 액란(liquid egg)은 전란액, 난백액, 난황액이 있다.

② 피단(pidan)은 달걀 속에 소금과 알칼리성 염류를 침투시켜 노른자와 흰자를 응고, 숙성시킨 조미달걀이다.

③ 마요네즈는 노른자위의 유화력을 이용한 대표적인 달걀 가공품이다.

④ 건조란은 껍질 째 탈수 건조시킨 것으로, 아이스크림, 쿠키 등에 사용되고 있다.

| 해설

건조란은 껍질을 제거한 후 탈수 건조시킨 것으로, 아이스크림, 쿠키 등에 사용됨

> 정답 ④

54. 과실, 채소 가공시 데치기(blanching)의 목적과 거리가 먼 것은?

① 박피를 쉽게 한다.

② 맛과 조직감을 좋게 한다.

③ 변색과 변질을 방지한다.

④ 가열 살균시 부피가 줄어드는 것을 방지한다.

| 해설

데치기의 목적

• 효소를 불활성화시켜 변색과 변질 방지

• 오염 미생물의 살균

• 풋냄새 제거

• 박피 용이

• 가열 살균시 부피가 줄어드는 것 방지

> 정답 ②

55. 식품이 나타내는 수증기압이 0.98이고 해당 온도에서 순수한 물의 수증기압이 1.0일 때 수분활성도(Aw)는?

① 0.02　　　　　　② 0.98

③ 1.02　　　　　　④ 1.98

| 해설

수분활성도(water activity, Aw)

• 일정한 온도에서 순수한 물의 수증기압에 대한 그 식품의 수증기압의 비율

• $Aw = \dfrac{P}{P_0} = \dfrac{0.98}{1.0} = 0.98$

> 정답 ②

56. 쌀의 도정률이 작은 것에서 큰 순서로 옳게 나열한 것은?

① 주조미 < 백미 < 5분도미 < 현미

② 주조미 < 5분도미 < 백미 < 현미

③ 현미 < 5분도미 < 백미 < 주조미

④ 현미 < 백미 < 5분도미 < 주조미

| 해설

도정률

현미-100, 5분도미-96, 7분도미-94.4, 백미-92, 주조미-75이하

정답 ①

57. 우유의 지방정량법이 아닌 것은?

① Gerber법

② Kjeldahl법

③ Babcock법

④ Roese-Gottlieb법

| 해설

Kjeldahl법은 조단백질 정량법

정답 ②

58. 식품저장을 위한 염장의 삼투작용에 대한 설명이 틀린 것은?

① 미생물의 생육 억제에 효과가 있다.

② 식품 내외의 삼투압차에 의하여 침투와 확산의 두 작용이 일어난다.

③ 소금에 의해 식품의 보수성이 좋아진다.

④ 높은 삼투압으로 미생물 세포는 원형질 분리가 일어난다.

| 해설

소금에 의해 식품의 탈수가 일어남

정답 ③

59. 고형분 함량이 50%인 식품 5kg을 농축하여 고형분 함량 80%로 만들려고 한다. 제거해야 할 물의 양은?

① 1.324 kg

② 1.505 kg

③ 1.625 kg

④ 1.875 kg

| 해설

고형분 함량 2.5 kg

전체 식품의 kg = x 라고 할 때,

$$\frac{2.5}{\text{농축 후 식품양}} = 0.8$$

농축 후 식품의 양은 3.125 kg 이므로,

∴ 제거해야 할 물의 양은 5-3.125 = 1.875 kg

정답 ④

60. 유지의 추출용제로 적당하지 않은 것은?

① hexane

② acetone

③ HCL

④ CCl₄

| 해설

헥산, 알코올, 이소프로필 알코올, 헵탄, 석유에테르, 벤젠, 사염화탄소(CCl_4), 이황화탄소(CS_2), 아세톤 등이 쓰임. 이중 헥산이 가장 많이 사용됨

정답 ③

61. 세균의 그람 염색에 사용되지 않는 것은?

① Crystal violet

② Lugol 액

③ Safranin 액

④ Congo red 액

| 해설

Gram 염색

크리스탈 바이올렛을 이용하여 1차 염색 → 요오드(Lugol 용액)로 염색약을 세포벽에 고정 → 알코올로 탈색 → 사프라닌으로 2차 염색

정답 ④

62. 청국장 발효균은?

① *Aspergillus oryzae*

② *Bacillus natto*

③ *Rhizopus delemar*

④ *Zygosaccharomyces rouxii*

| 해설

① *Aspergillus oryzae*는 간장, 된장 제조에 이용

③ *Rhizopus delemar*는 중국 소홍주의 주약에서 분리됨

④ *Zygosaccharomyces rouxii*는 간장 제조에 이용

정답 ②

63. 세균의 편모와 가장 관련이 깊은 것은?

① 생식기관

② 운동기관

③ 영양축적기관

④ 단백질합성기관

| 해설

편모는 단백질로 구성되어 있는 세포의 운동기관

정답 ②

64. *Pichia* 속과 *Hansenula* 속에 대한 설명으로 옳은 것은?

① 모두 질산염을 자화한다.

② *Pichia*속만 질산염을 자화한다.

③ *Hansenula* 속만 질산염을 자화한다.

④ 모두 질산염을 자화하지 못한다.

| 해설

Hansenula 속은 질산염 자화성(질산염을 질소원으로 사용)이 있으나 *Pichia* 속은 질산염 자화성이 없음

정답 ③

65. 미생물 대사 중 pyruvic acid에서 TCA cycle로 들어갈 때 필요로 하는 물질은?

① Acetyl CoA   ② NADP

③ FAD   ④ ATP

| 해설

해당과정에서 생성된 pyruvic acid는 pyruvate dehydrogenase에 의해 Acetyl-CoA가 되고 TCA cycle로 들어감

정답 ①

66. 균내에 존재하는 효소를 추출하기 위한 균체 파괴법에 해당하지 않는 것은?

① 기계적 미쇄법   ② 초음파 마쇄법

③ 자기 소화법   ④ 염석 및 투석법

| 해설

균체 내 효소추출법

• 기계적 마쇄법: 균체를 완충액과 함께 ball mill 등으로 마쇄

• 초음파 파쇄법: 초음파 파쇄장치를 이용하여 100~600 MHz의 초음파를 발생시켜 균체 파괴

• 자기소화법: 균체에 ethyl acetate, toluene 등을 첨가하여 20~30℃에서 autolysis 시키면 균체 내 효소가 균체 밖으로 용출됨

• 동결 융해법: 드라이아이스로 균체를 농결한 후 용해시키는 동작을 반복하면 세포막 파괴

• 난백의 lysozyme으로 세포벽을 용해하여 효소를 추출

정답 ④

67. 그람 양성균 세포벽의 특징이 아닌 것은?

① 그람 음성균에 비해 세포벽이 얇다.

② Peptidoglycan을 가지고 있다.

③ 지질다당류의 외막은 없다.

④ teichoic acid가 함유되어 있다.

| 해설

특성	그람 양성	그람 음성
염색 후 색	보라색	분홍색
세포벽의 조성	펩티도글리칸이 두꺼움	펩티도글리칸이 얇음
구조	세포벽-세포막(안)	외막-세포벽-세포막(이중막)
테이코산	있음	없음
뮤코단백질	많음	적음
lipoprotein, lipopolysaccharide	없음	있음
페니실린	세포벽 합성 저해, 양성균 죽임	효과 없음, 대신 스트렙토마이신으로 단백질 합성 억제 효과적
lysozyme 작용	세포벽(펩티도글리칸)이 분해되어 용균됨	세포벽 분해 안 됨

 정답 ①

68. 에탄올 1kg이 전부 초산발효가 될 경우 생성되는 초산의 양은 약 얼마인가?

① 667g
② 767g
③ 1204g
④ 1304g

| 해설

알코올 1000g으로 생산된 초산 양

ethanol $+ O_2 \rightarrow$ acetic acid $+ H_2O$

46(ethanol 분자량) : 60(acetic acid) $= 1000 : b$

$\therefore b = 1304 g$

정답 ④

69. 박테리오파지의 숙주는?

① 조류

② 곰팡이

③ 효모

④ 세균

| 해설

박테리오 파지는 세균에 기생하는 바이러스

 정답 ④

70. 제빵에 주로 사용하는 균주는?

① *Acetobacter aceti*

② *Saccharomyces oleaceus*

③ *Saccharomyces cerevisiae*

④ *Acetobacter xylinum*

| 해설

*Saccharomyces cerevisiae*는 빵효모이자 맥주효모

정답 ③

71. 유리 산소의 존재 유무에 관계없이 생육이 가능한 균은?

① 편성호기성균

② 편성혐기성균

③ 통성혐기성균

④ 미호기성균

| 해설

㉠ 편성 호기성균은 생육을 위해 산소가 반드시 필요함

㉡ 편성 혐기성균은 산소가 있으면 생육 불가능

㉢ 미호기성균은 낮은 산소 분압에서 생육

정답 ③

72. 포도주의 주 발효균은?

① *Saccharomyces ellipsoideus*

② *Saccharomyces sake*

③ *Saccharomyces sojae*

④ *Saccharomyces coreanus*

│해설

② *Saccharomyces sake*는 청주 효모

③ *Saccharomyces sojae*는 간장 제조에 이용

④ *Saccharomyces coreanus*는 약주에서 분리

정답 ①

73. 균사의 끝에 중축이 생기고 여기에 포자낭을 형성하여 그 속에 포자낭포자를 내생하는 곰팡이는?

① *Aspergillus* 속

② *Neurospora* 속

③ *Absidia* 속

④ *Penicillium* 속

│해설

포자낭포자를 내생하는 내생포자를 갖는 곰팡이(조상균류)는 *Mucor* 속, *Rhizopus* 속, *Absidia* 속 등

정답 ③

74. 겨울철에 살균하지 않은 생유에 발생하면 쓴 맛이 나게 하며, 단백질 분해력이 강한 균은?

① *Erwinia carotovora*

② *Gluconobacter oxydans*

③ *Enterobacter aerogenes*

④ *Pseudomonas fluorescens*

│해설

① *Erwinia carotova*는 감자, 당근 저장 중 부패를 일으킴

② *Gluconobacter oxydans*는 식초 양조의 유해균

정답 ④

75. 전자 및 전리 방사선이 미생물을 살균시키는 주요 원리는?

① 효소의 합성　　　② 탄수화물의 분해

③ 고온 발생　　　　④ DNA 파괴

│해설

전리방사선(조사된 물질의 분자를 여기시키고 이온화하는 X선, α선, β선, γ선 등과 같은 짧은 파장의 방사선)은 DNA 사슬을 절단하는 등 유전물질에 직접 손상을 줌

정답 ④

76. 하등미생물 중 형태의 분화 정도가 가장 앞선 균사상의 원핵 생물로 토양에 주로 존재하며 다양한 항생물질을 생산하는 미생물은?

① 방선균　　　　② 효모

③ 곰팡이　　　　④ 젖산균

│해설

방선균에는 *Streptomyces* 속, *Actinomyces* 속이 속함

정답 ①

77. 포자낭병의 밑 부분에 가근을 형성하는 미생물속은?

① *Rhizopus* 속　　　② *Mucor* 속

③ *Aspergillus* 속　　④ *Penicillium* 속

│해설

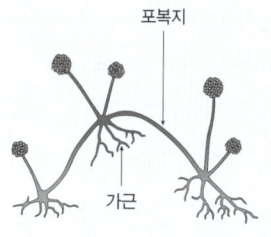

포복지

가근

Rhizopus 속
가근과 포복지가 있음

정답 ①

78. 통기성의 필름으로 포장된 냉장 포장육의 부패에 관여하지 않는 세균은?

① *Pseudomonas* 속

② *Clostridium* 속

③ *Moraxella* 속

④ *Acinetobacter* 속

| 해설

Clostridium 속은 혐기성균이므로 통기성 필름으로 포장된 육류에서는 증식하지 않음

정답 ②

79. 치즈 제조 시에 필요한 응유효소인 rennet의 대용 효소를 생산하는 곰팡이는?

① *Penicillium chrysogenum*

② *Rhizopus japonicus*

③ *Absidia ichtheimi*

④ *Mucor pusillus*

| 해설

*Mucor pusillus*가 응유효소 생성

정답 ④

80. 세균의 생육에 있어 균체의 세대기간(generation time)이 일정하고 생리적 활성이 최대인 것은?

① 유도기(lag phase)

② 대수기(logarithimic phase)

③ 정상기(stationary phase)

④ 사멸기(death phase)

| 해설

미생물 생육곡선 단계는 유도기-대수기-정지기-사멸기
이 중 생리적 활성이 최대이고 세포의 크기가 일정해지며 세대기간이 짧아지는 단계는 대수기임

정답 ②

81. *Cl. botulinum*($D_{121.1} = 0.25$분)의 포자가 오염되어 있는 통조림을 121.1℃에서 가열하여 미생물 수를 10대수 cycle만큼 감소시키는데 걸리는 시간은?

① 2.5분

② 25분

③ 5분

④ 10분

| 해설

D값: 어떤 온도에서 어떤 미생물을 90% 사멸시키는데 필요한 시간

$$D = \frac{t}{\log\frac{N_0}{N_1}} = \frac{t}{\log(10^{10})} = 0.25$$

∴ 그러므로 $t = 2.5$분

정답 ①

82. 식품원료를 무게, 크기, 모양, 색깔 등 여러 가지 물리적 성질의 차이를 이용하여 분리하는 조작은?

① 선별

② 교반

③ 교질

④ 추출

| 해설

선별

수확한 원료에 불필요한 물리·화학적 이물질 등을 측정 가능한 물리적 성질(무게, 크기, 모양, 색깔)을 이용하여 분리, 제거하는 공정

정답 ①

83. *Bacillus stearothermophilus* 포자를 열처리하여 생존균의 농도를 초기의 1/100000 만큼 감소시키는데 110℃에서는 50분, 125℃에서는 5분이 각각 소요되었다. 이 균의 z 값은?

① 15℃
② 10℃
③ 5℃
④ 1℃

| 해설

Z값

가열치사시간의 1/10에 대응하는 가열온도, D값을 10배로 증가하는데 필요한 온도 값

$$Z = \frac{t_2 - t_1}{\log \dfrac{D_{110}}{D_{125}}} = \frac{125 - 110}{\log \dfrac{10}{1}} = 15℃$$

※ $D_{110} = \dfrac{50}{\log(10^5)} = 10$분, $D_{125} = \dfrac{5}{\log(10^5)} = 1$분

정답 ①

---

84. 방사선 조사에 대한 설명 중 틀린 것은?

① 방사선 조사 시 식품의 온도상승은 거의 없다.
② 처리 시간이 짧아 전 공정을 연속적으로 작업할 수 있다.
③ 10kGy 이상의 고선량조사에도 식품성분에 아무런 영향을 미치지 않는다.
④ 방사선 에너지가 식품에 조사되면 식품 중의 일부 원자는 이온이 된다.

| 해설

식품에 10kGy 이상의 고 선량조사를 하면 식품성분의 변화가 있을 수 있으므로 10kGy 이하 조사를 허용함

방사선조사(= 식품조사, Food irradiation)

식품 등의 발아억제, 살균, 살충 또는 숙도조절을 목적으로 감마선 또는 전자선가속기에서 방출되는 에너지를 복사(radiation)의 방식으로 식품에 조사하는 것

정답 ③

---

85. 증발 농축이 진행될수록 용액에 나타나는 현상으로 틀린 것은?

① 농도가 상승한다.
② 비점이 낮아진다.
③ 거품이 발생한다.
④ 점도가 증가한다.

| 해설

농축 공정 중 발생하는 현상: 비점 상승, 점도 상승, 거품 발생, 관석 생성, 비말 동반 등

정답 ②

---

86. Extruder 기계를 통한 압출 공정에서 나타나는 식품재료의 물리, 화학적 변화가 아닌 것은?

① 단백질의 변성
② 효소의 활성화
③ 갈색화 반응
④ 전분의 호화

| 해설

효소는 단백질이므로 압출 공정에서 변성되어 불활성화됨

정답 ②

---

87. 아래의 설명에 해당하는 것은?

> 파이프 중간에 둥근 구멍이 뚫린 원판을 삽입하여 원판 앞, 뒤의 압력차로부터 식용유의 유량을 구할 수 있다.

① 벤츄리 유량계
② 오리피스 유량계
③ 피토관
④ 로터미터

| 해설

오리피스 유량계

작은 구멍이 있는 조임판(오리피스판 또는 노즐판)을 관내에 설치하여 액체의 흐름을 조이고, 그 전후의 압력차에서 유량을 측정하는 조임 방식 유량계

정답 ②

88. 밀 제분시 원료 밀을 롤러(roller)를 사용하여 부수면서 배유부와 외피를 분리하는 공정은?

① 가수공정
② 순화공정
③ 훈증공정
④ 조쇄공정

| 해설

밀제분 공정
• 정선 → 조질 → 조쇄 → 분쇄 → 사별 → 숙성 및 개량 → 제품
• 조쇄: break roller를 이용하여 밀을 깨뜨려 부수어 배젖 부분과 씨껍질을 분리함
• 분쇄: smooth roller를 이용하여 가루로 분쇄함

정답 ④

89. 동결건조에 대한 설명으로 옳지 않은 것은?

① 식품 조직의 파괴가 적다.
② 주로 부가가치가 높은 식품에 사용한다.
③ 제조단가가 적게 든다.
④ 향미 성분의 보존성이 뛰어나다.

| 해설

동결건조
• 수분을 얼린 상태에서 승화시켜 건조시키는 방법
• 진공 유지와 냉동 등 건조 비용이 많이 들어 고가의 제품에 주로 사용되며, 다공질로서 가수에 의한 복원력이 높고 향미 보존과 가열에 의한 식품성분 변화가 적음

정답 ③

90. 감귤통조림에서 하얀 침전물이 생성되는 현상을 방지하기 위한 방법이 아닌 것은?

① 박피에 사용된 알칼리처리 시간의 단축
② 시럽 중 산성과즙 첨가
③ Hesperidinase 효소 처리
④ 원료감귤의 아황산가스 처리

| 해설

㉠ 감귤의 헤스페리딘 성분이 석출되어 통조림에 하얀 침전물이 생성됨
㉡ 일반적으로 헤스페리딘 가수분해효소 또는 sodium carboxymethyl cellulose(CMC)를 첨가하거나 산처리함

정답 ④

91. 시유 제조에서 균질기를 사용하는 목적이 아닌 것은?

① 크림 층의 분리 방지
② 소화 흡수율 증가
③ 우유 속에 지방의 균질 분산
④ 카제인(casein)의 분리 용이

| 해설

균질화
우유의 지방구 크기를 $2\mu m$ 이하로 균일하게 미세화시켜 서로 결합하여 떠오르는 것을 방지하는 과정, 균질화 과정에서 작은 지방구들의 표면에 카제인이 흡착되므로 더 부드럽고 소화율도 높아짐

정답 ④

92. 다단 추출기로 스크루 컨베이어를 갖는 2개의 수직형 실린더 탑으로 구성된 연속추출기는?

① 힐데브란트 추출기
② 볼만 추출기
③ 배터리 추출기
④ 로토셀 추출기

| 해설

연속식 추출기의 종류

• 힐데브란트(Hildebrandt) 추출기: 2개의 수직형 추출탑으로 구성, 이들 추출탑은 수평의 통으로 연결되고 전체가 U자형을 이루며, 그 속에 유지 원료를 이동하는 스크루 컨베이어를 부속하고 있음
• 볼만(Ballmann) 추출기: 바스켓이 체인으로 연결된 승강기 형태로 되어 있음
• 로토셀(Rotocel) 추출기: 실린더형 추출기로 부채꼴 모양의 칸막이로 나누어져 수많은 구역으로 이루어짐, 각 구역은 수직축을 따라 회전하며 다공성 바닥으로 구성
• De Smat 추출기

정답 ①

93. 열교환기의 판수를 변화시킴으로써 증발능력을 용이하게 조절할 수 있으며 소요면적이 작고 쉽게 해체할 수 있는 장점이 있는 플레이트식 증발기의 구성장치에 해당하지 않는 것은?

① 응축기　　　　② 분리기
③ 와이퍼　　　　④ 원액펌프

| 해설

플레이트식 증발기의 구성장치

• 열교환기: 증발에 필요한 열 공급
• 분리기: 증기를 농축액으로부터 분리
• 응축기: 증기를 응축시켜 제거
• 원액펌프: 농축할 원액을 공급

정답 ③

94. 아래의 추출방법을 식품에 적용할 때 용매로 주로 사용하는 물질은?

> 물질의 기체상과 액체상의 상경계 지점인 임계점 이상의 압력과 온도를 설정하여 기체와 액체의 구별을 할 수 없는 상태가 될 때 신속하고 선택적 추출이 가능하게 한다.

① 산소
② 이산화탄소
③ 질소가스
④ 아르곤가스

| 해설

㉠ 초임계유체 추출은 초임계가스를 용제로 사용하며, 주로 이산화탄소와 펜탄 등이 사용됨
㉡ 이산화탄소의 장점: 열에 불안정한 물질의 추출에 적용 가능, 불활성가스로 인화성, 화학반응성이 없으며, 인체에 무해함, 회수와 저장, 고순도 유체의 구입이 용이하고 저렴하게 구입이 가능함

정답 ②

95. 습식 세척기에 해당하지 않는 것은?

① 담금 탱크
② 분무 세척기
③ 자석 분리기
④ 초음파 세척기

| 해설

㉠ 건식세척: 체분리, 기송식분리, 자력선별, 정전기적 세척, 마찰 세척
㉡ 습식세척: 침지세척(담금세척), 분무세척, 부유세척, 초음파세척

정답 ③

96. 일정한 모양을 가진 틀에 식품을 담고 냉각 혹은 가열 등의 방법으로 고형화시키는 성형 방법은?

① 주조성형 ② 압연성형

③ 압출성형 ④ 절단성형

| 해설

㉠ 압연성형: 반죽을 회전롤 사이로 통과시켜 면대로 만들어 이것을 세절하거나 압인하는 방법

㉡ 압출성형: 원료를 노즐이나 다이와 같은 작은 구멍을 통해 강한 압력으로 밀어내어 일정한 모양의 단면 을 갖게하는 방법

정답 ①

97. 다음 중 식품에 열을 전달하는 방식으로 전도를 이용하는 건조장치는?

① 터널 건조기(tunnel dryer)

② 트레이 건조기(tray dryer)

③ 빈 건조기(bin dryer)

④ 드럼 건조기(drum dryer)

| 해설

열전달 방식에 의한 건조기의 분류

• 대류형 건조기: 킬른 및 캐비넷(트레이) 건조기, 터널 건조기, 유동층 건조기, 빈 건조기

• 전도형 건조기: 드럼 건조기, 진공 건조기, 팽화 건조기

• 복사형 건조기: 적외선 건조기, 초단파 건조기, 동결 건조기

정답 ④

98. 바람을 불어 넣어 비중 차이를 이용해 식품 원료에 혼입된 흙, 잡초 등의 이물질을 분리하는 장치는?

① 자석식 분리기 ② 체 분리기

③ 기송식 분리기 ④ 마찰 세척기

| 해설

기송식 분리기: 입자의 무게와 공기역학적 특성 차이로 인한 비행 거리의 차이를 이용함

정답 ③

99. 식품 제조 공정에서 거품을 소멸시키는 목적으로 사용되는 첨가물은?

① 규소수지

② n-헥산

③ 유동파라핀

④ 규조토

| 해설

① 규소수지는 소포제(거품제거제)로 주로 쓰이는 식품 첨가물

② n-헥산은 지방질을 추출할 때 사용되는 용제

③ 유동파라핀은 식품 표면의 광택을 내거나 보호막을 형성하는 피막제

④ 규조토는 여과, 탈색, 탈취, 정제 등의 목적으로 사용하는 여과 보조제

정답 ①

100. 가늘고 긴 원통모양의 보울(bowl)이 축에 매달려 고속으로 회전하여 가벼운 액체는 안쪽, 무거운 액체는 벽 쪽으로 이동하도록 분리시키는 기계는?

① 관형 원심분리기

② 원판형 원심분리기

③ 노즐형 원심분리기

④ 컨베이어형 원심분리기

| 해설

관형 원심분리기(tubular bowl centrifuge)

• 고정외통 속에 가늘고 긴 회전내통이 있음

• 과일주스 및 시럽의 청징, 식용유의 탈수 등에 사용

정답 ①

제1과목 식품위생학

01. 식품 위생 검사시 검체의 채취 및 취급에 관한 주의사항으로 틀린 것은?

① 저온유지를 위해 얼음을 사용할 때 얼음이 검체에 직접 닿게 하여 저온유지 효과를 높인다.

② 식품위생감시원은 검체 채취 시 당해 검체와 함께 검체 채취내역서를 첨부하여야 한다.

③ 채취된 검체는 오염, 파손, 손상, 해동 변형 등이 되지 않도록 주의하여 검사실로 운반하여야 한다.

④ 미생물학적인 검사를 위한 검체를 소분채취할 경우 멸균된 기구 용기 등을 사용하여 무균적으로 행하여야 한다.

| 해설

얼음이 검체에 직접 닿을 경우, 검체의 오염, 손상, 변형 등이 생길 수 있음

정답 ①

02. 일생에 걸쳐 매일 섭취해도 부작용을 일으키지 않는 1일 섭취 허용량을 나타내는 용어는?

① Acceptable risk

② ADI(Acceptable daily intake)

③ Dose-response curve

④ GRAS(Generally recognized as safe)

| 해설

1일섭취허용량(Acceptable Daily Intake, ADI)
사람이 그 유해물질을 일생동안 섭취하여도 바람직하지 않은 영향이 나타나지 않는 1인당 1일 최대섭취허용량(mg/kg b.w./day)

정답 ②

03. 식품 등의 표시기준에 따른 트랜스지방의 정의에 따라, ( )에 들어갈 용어가 순서대로 옳게 나열된 것은?

> 트랜스지방이라 함은 트랜스구조를 ( )개 이상 가지고 있는 ( )의 모든 ( )을 말한다.

① 2, 공액형, 포화지방산

② 1, 공액형, 포화지방산

③ 2, 비공액형, 불포화지방산

④ 1, 비공액형, 불포화지방산

| 해설

트랜스 지방산(trans fatty acid)
천연에 존재하는 시스(cis)형 불포화 지방산에 수소를 첨가하여 가공하면 트랜스(trans)형 포화지방산으로 전환

정답 ④

04. 식품의 부패를 검사하는 화학적인 방법이 아닌 것은?

① pH 측정

② 휘발성 염기질소 측정

③ 트리메틸아민(TMA) 측정

④ phosphatase 활성 측정

| 해설

Phosphatase test
우유를 가열하면 포스파타제 효소가 활성을 상실하므로, 포스파타제의 활성을 측정하면 우유의 살균여부 판정

정답 ④

05. 소독·살균의 용도로 사용하는 알코올의 일반적인 농도는?

① 100%　　　　② 90%

③ 70%　　　　④ 50%

│ 해설

100% 알콜보다 70% 알콜의 살균·소독효과가 큼

정답 ③

06. 산분해간장 제조시 생성되는 유해물질은?

① MCPD

② Dioxin

③ DHEA

④ DEHP

│ 해설

3-MCPD와 1,3-DCP

• 생성 원인: 산분해간장 제조시, 탈지대두를 염산으로 가수분해하는 과정에서, 지방의 분해산물인 글리세린이 염산과 반응하여 생성
• 간독성, 불임유발가능물질
• 산분해간장, 혼합간장, 식물성 단백질 가수분해물(HVP)

정답 ①

07. 아래의 특징에 해당하는 식중독 원인균은?

> 경미한 경우에는 발열, 두통, 구토 등을 나타내지만 종종 패혈증이나 뇌수막염, 정신착란 및 혼수상태에 빠질 수 있다. 연질치즈 등이 자주 관련되고, 저온에서도 성장이 가능하며, 태아나 신생아의 미숙 사망이나 합병증을 유발하기도 하여 치명적인 균이다.

① *Vibrio vulnificus*

② *Listeria monocytogenes*

③ *CI. botulinum*

④ *E. coli* O157 : H7

│ 해설

리스테리아 식중독

• 원인균: *Listeria monocytogenes*
• 특징: 냉장온도에서도 증식, 20%의 치사율을 갖는 치명적인 식중독균
• 감염원 및 원인식품: 원유, 살균처리하지 않은 우유, 치즈, 아이스크림 / 비가공 식육제품 / 훈연 생선
• 증상: 감기와 유사한 증상, 임산부가 중증일 경우 태아에 전이되어 유산, 사산

정답 ②

08. 식품위생법령상 위해평가 과정의 정의가 틀린 것은?

① 위해요소의 인체내 독성을 확인하는 위험성 확인과정

② 위해요소의 식품잔류허용기준을 결정하는 위험성 결정과정

③ 위해요소가 인체에 노출된 양을 산출하는 노출평가과정

④ 위험성 확인과정, 위험성 결정과정, 노출평가과정의 결과를 종합하여 해당 식품 등이 건강에 미치는 영향을 판단하는 위해도 결정과정

│ 해설

위험성 결정과정

• 위해요소의 인체 영향에 대해 용량-반응 평가를 함
• 최대무독성량(NOAEL) 결정 - 벤치마크용량(BMD) 하한값 결정 - 불확실성 계수 적용(일반적으로 100) - 일일섭취허용량(ADI) 산출

정답 ②

09. 식물성 식중독을 일으키는 원인 물질과 식품의 연결이 틀린 것은?

① 시큐톡신(cicutoxin) - 독미나리

② 에르고톡신(ergotoxin) - 면실유

③ 무스카린(muscarine) - 버섯

④ 솔라닌(solanine) - 감자

│ 해설

에르고톡신(ergotoxin)

맥각균(*Claviceps purpurea*)이 보리, 호밀 등의 벼과식물에 기생하여 형성된 흑자색의 곰팡이의 균핵인 맥각(ergot)의 독소성분

정답 ②

10. 식품 등의 공전을 작성·보급하여야 하는 자는?

① 농림축산식품부장관 ② 식품의약품안전처장

③ 보건복지부장관 ④ 농촌진흥청장

| 해설

식품위생법 제7조(식품 또는 식품첨가물에 관한 기준 및 규격)
① 식품의약품안전처장은 국민보건을 위하여 필요하면 판매를 목적으로 하는 식품 또는 식품첨가물에 관한 다음 각 호의 사항을 정하여 고시한다.
1. 제조·가공·사용·조리·보존 방법에 관한 기준
2. 성분에 관한 규격

정답 ②

11. 채소를 통하여 감염되는 기생충이 아닌 것은?

① 십이지장충 ② 선모충

③ 요충 ④ 회충

| 해설

원인식품에 따른 분류	종류
채소류	회충, 십이지장충(구충), 동양모양선충, 편충, 요충
식육류	무구조충, 유구조충, 선모충, 톡소플라즈마
어패류	간디스토마, 폐디스토마, 요코가와흡충, 광절열두조충, 유극악구충, 아니사키스

정답 ②

12. 식품의 영양강화를 위하여 첨가하는 식품첨가물은?

① 보존료 ② 감미료

③ 호료 ④ 강화제

| 해설

영양강화제
• 정의: 식품의 영양학적 품질을 유지하기 위해 제조공정 중 손실된 영양소를 복원하거나, 영양소를 강화시키는 식품첨가물
• 비타민류(니코틴산, 비타민C 등), 아미노산류(L-페닐알라닌, L-메티오닌 등) 등

정답 ④

13. 유해성 포름알데히드(formaldehyde)와 관계 없는 물질은?

① 요소수지

② urotropin

③ rongalite

④ nitrogen trichloride

| 해설

열경화성 수지(요소수지, 페놀수지, 멜라민수지)와 urotropin(유해성 보존료), rongalite(유해성 표백료)는 분해시 포름알데히드 생성

정답 ④

14. 식품첨가물의 사용에 대한 설명으로 옳은 것은?

① 젤라틴의 제조에 사용되는 우내피 등의 원료는 크롬처리 등 경화공정을 거친 것을 사용하여야 한다.

② 식품의 가공과정 중 결함 있는 원재료의 문제점을 은폐하기 위하여는 사용할 수 있다.

③ 식품 중에 첨가되는 식품첨가물의 양은, 기술적 효과를 달성할 수 있는 최대량으로 사용하여야 한다.

④ 물질명에 '「」'를 붙인 것은 품목별 기준 및 규격에 규정한 식품첨가물을 나타낸다.

| 해설

식품첨가물의 기준 및 규격 중 제조기준
① 젤라틴의 제조에 사용되는 우내피 등의 원료는 크롬처리 등 경화공정을 거친 것을 사용하여서는 아니 된다.
② 식품첨가물은 식품 제조·가공 과정 중 결함있는 원재료나 비위생적인 제조방법을 은폐하기 위하여 사용되어서는 아니 된다.
③ 식품 중에 첨가되는 식품첨가물의 양은 물리적, 영양학적 또는 기타 기술직 효과를 달성하는데 필요한 최소량으로 시용하여야 한다.

정답 ④

15. 도자기제 및 법랑 피복 제품 등에 안료로 사용되어 그 소성온도가 충분하지 않으면 유약과 같이 용출되어 식품위생상 문제가 되는 중금속은?

① Fe

② Sn

③ Al

④ Pb

│ 해설

㉠ 주석(Sn): 통조림 용기의 도금에 사용, 산성 식품에서 용출

㉡ 알루미늄(Al): 알루미늄에 산성식품에서 용출

㉢ 납(Pb): 통조림의 납땜, 법랑식기에 산성식품에서 용출, 도자기류에서 용출

정답 ④

16. 먹는물의 수질 기준에서 허용기준 수치가 가장 낮은 것은?

① 불소

② 질산성 질소

③ 크롬

④ 수은

│ 해설

① 불소는 1.5 mg/L(샘물·먹는샘물 및 염지하수·먹는염지하수의 경우에는 2.0 mg/L)를 넘지 아니할 것

② 질산성 질소는 10 mg/L를 넘지 아니할 것

③ 크롬은 0.05 mg/L를 넘지 아니할 것

④ 수은은 0.001 mg/L를 넘지 아니할 것

정답 ④

17. 식품의 Recall 제도를 가장 잘 설명한 것은?

① 식품의 유통 시 발생한 문제 제품을 자발적으로 회수하여 처리하는 사후관리 제도

② 식품공장의 미생물 관리를 위한 위해분석을 기초로 중요 관리점을 점검하는 제도

③ 변질되기 쉬운 신선식품의 전 유통과정을 각 식품에 적합한 저온 조건으로 관리하는 제도

④ 식품 등의 규격 및 기준과 같은 최저기준이상의 위생적 품질을 기하는 기술적 조건을 제시하는 제도

│ 해설

식품위생법 제45조(위해식품등의 회수)

① 판매의 목적으로 식품등을 제조·가공·소분·수입 또는 판매한 영업자는 해당 식품등이 제4조부터 제6조까지, 제7조제4항, 제8조, 제9조제4항 또는 제12조의2제2항을 위반한 사실을 알게 된 경우에는 지체 없이 유통 중인 해당 식품등을 회수하거나 회수하는 데에 필요한 조치를 하여야 한다.

정답 ①

18. 일본에서 발생한 미나마타병의 유래는?

① 공장폐수 오염

② 대기 오염

③ 방사능 오염

④ 세균 오염

│ 해설

㉠ 일본 구마모토현 미나마타시에서 발생

㉡ 공장폐수내 메틸수은이 조개, 어류 등에 축적되어, 이를 섭취 후 미나마타병(중추신경·말초신경계 이상 중독)을 일으킴

정답 ①

19. 인수공통감염병이 아닌 것은?

① 파상열

② 탄저

③ 야토병

④ 콜레라

│ 해설

인수공통감염병의 종류

결핵, 탄저, 브루셀라병(파상열), 야토병, 돈단독증, Q열 등

정답 ④

20. 히스타민(histamine)을 생성하는 대표적인 균주는?

① *Bacillus subtilis*

② *Bacillus cereus*

③ *Morganella morganii*

④ *Aspergillus oryzae*

│ 해설

㉠ *Proteus morganii*(= *Morganella morganii*)는 histidine을 분해하여 histamine(알레르기성 식중독 유발) 생성

㉡ 원인식품: 고등어, 꽁치 등 등푸른 생선

정답 ③

21. 식품의 조지방 정량법은?

① Soxhlet 법　　　② Kjeldahl 법
③ Van Slyke 법　　④ Bertrand 법

| 해설

① Soxhlet 법: 조지방 정량
② Kjeldahl 법: 조단백 정량
③ Van Slyke 법: 아미노산 정량
④ Bertrand 법: 환원당 정량

정답 ①

22. 맛의 상호 작용의 예로 틀린 것은?

① 설탕 용액에 소량의 소금을 가하면 단맛이 증가한다.
② 커피에 설탕을 가하면 쓴맛이 억제된다.
③ 식염에 유기산을 가하면 짠맛이 감소한다.
④ 신 맛이 강한 과일에 설탕을 가하면 신맛이 억제된다.

| 해설

맛의 상호작용

강한맛	+	약한맛	맛의 변화	예
설탕	+	소금	단맛 증가	단팥죽, 팥고물
설탕	+	사카린	단맛 증가	분말주스
설탕	+	구연산	단맛 증가	
소금물	+	산	짠맛 감소	김치
소금물	+	설탕	짠맛 감소	
산	+	설탕	신맛 감소	과즙
산	+	소금물	신맛 감소	
쓴맛	+	설탕	쓴맛 감소	커피
MSG	+	소금	감칠맛 증가	
짠맛	+	구연산	짠맛 증가	
짠맛	+	설탕	짠맛 증가	
설탕	+	구연산	단맛 증가	
젖산, 사과산, 주석산				
주석산		설탕	신맛 감소	

정답 ③

23. 다음 중 고분자화합물인 단백질의 분석과 관련이 없는 실험방법은?

① 원심분리
② 젤 크로마토그래피(gel chromatography)
③ SDS 젤 전기영동
④ 동결건조

| 해설

동결건조는 분석방법이 아닌 생산공정에 속함

정답 ④

24. 과일의 성숙기 및 보관 중 발생하는 연화(softening)과정에서 가장 많은 변화가 일어나는 물질로, 세포벽이나 세포막 사이에 존재하는 구성물은?

① cellulose
② hemicellulose
③ pectin
④ lignin

| 해설

펙틴(pectin)

• α-D-galacturonic acid가 α-1,4 결합한 것
• 식물의 세포벽과 세포간 조직에 들어있는 수용성 탄수화물
• 펙틴은 익어가는 열매를 단단하게 하고 독특한 모양을 유지시킴
• 걸쭉한 겔을 형성할 수 있으므로 젤리, 잼, 마멀레이드에 사용

정답 ③

25. 식품 10g을 회화시켜 얻은 회분의 수용액을 중화하는데 0.1N NaOH 3.0mL가 소요되었다면 이 식품의 상태는?

① 알칼리도 15
② 산도 15
③ 알칼리도 30
④ 산도 30

| 해설

식품의 산도 및 알칼리도 측정
- 산도(acidity): 100g의 식품을 회화시켜서 얻은 회분을 중화하는 데 필요한 0.1N 알칼리의 mL수
- 알칼리도(alkalinity): 100g의 식품을 회화시켜서 얻은 회분을 중화하는 데 필요한 0.1N 산의 mL수

식품 10g을 연소시켜 얻은 회분의 수용액을 중화하는데 0.1N NaOH 3mL가 소요되었다면, 식품 100g의 경우, 0.1N NaOH 30mL 소요. 그러므로 산도는 30

정답 ④

26. Henning의 냄새 프리즘(Smell Prism)에 해당하지 않는 것은?

① 매운 냄새(spicy)
② 수지 냄새(resinous)
③ 썩은 냄새(putrid)
④ 메스꺼운 냄새(nauseous)

| 해설

냄새의 종류	예
매운 냄새(spicy)	마늘, 생강, 후추 등의 냄새
꽃 냄새(fragrant)	백합, 매화, 장미 등의 냄새
과일 냄새(fruity)	사과, 바나나, 오렌지, 레몬 등의 냄새
수지 냄새(resinous)	테르펜유(terpene oil), 유칼리유(euca-lyptus oil) 등의 냄새
썩은 냄새(putrid)	썩은 고기, 부패한 달걀 등의 냄새
탄 냄새(burnt)	커피, 타르, 캐러멜 등의 냄새

※ 냄새 프리즘(Smell Prism): 냄새간의 상호관계를 표시

정답 ④

27. 맛을 내는 대표적인 성분의 연결이 틀린 것은?

① 감칠맛 - 퀴닌
② 청량감 - 멘톨
③ 떫은 맛 - 탄닌
④ 매운맛(후추) - 피페린

| 해설

감칠맛 -MSG와 아미노산

정답 ①

28. 전분 입자의 호화현상에 대한 설명이 틀린 것은?

① 생전분에 물을 넣고 가열하였을 때 소화되기 쉬운 α(알파)전분으로 되는 현상이다.
② 온도가 높을수록 호화가 빨리 일어난다.
③ 알칼리성 pH에서는 전분입자가 호화가 촉진된다.
④ 일반적으로 쌀과 같은 곡류 전분입자가 감자, 고구마 등 서류 전분입자에 비해 호화가 쉽게 일어난다.

| 해설

일반적으로 감자, 고구마 등 전분입자가 큰 서류는 쌀처럼 전분입자가 작은 경우에 비해 호화 온도가 낮음, 즉, 호화가 쉽게 일어남

정답 ④

29. 유지의 굴절률은 불포화도가 커질수록 일반적으로 어떻게 변하는가?

① 변화없다.
② 작아진다.
③ 커진다.
④ 굴절되지 않는다.

| 해설

유지의 굴절률
- 분자량 및 불포화도의 증가에 따라 증가
- 저급 휘발성 지방산이 많은 버터는 유지의 굴절률은 낮고, 채종유, 아마인유 등 불포화지방산을 다량 함유하고 있는 유지는 굴절률이 높음

정답 ③

30. 배추김치에서 배추가 녹색에서 갈색으로 변하는 이유는 엽록소의 Mg이 어떤 성분으로 치환되었기 때문인가?

① Fe^{2+}

② Cu^{2+}

③ H^+

④ OH^-

| 해설

김치가 발효되면서 젖산이 생성되어, pH가 낮아짐
클로로필이 산과 반응하면 마그네슘이 수소와 치환되어 갈색의 페오피틴 형성

정답 ③

31. 산화방지제로 사용되지 않는 것은?

① 아스코르브산(ascorbic acid)

② 세사몰(sesamol)

③ 리보플라빈(riboflavin)

④ 알파토코페롤(α-tocopherol)

| 해설

비타민C(ascorbic acid), 비타민E(α-tocopherol), 세사몰(sesa－mol)은 천연항산화제

정답 ③

32. 연유 중에 젓가락을 세워서 회전시켰을 때 연유가 젓가락을 따라 올라가는 현상은?

① 브라운 운동

② 비이센 베르그 효과

③ 틴들 현상

④ 예사성

| 해설

㉠ 예사성: 특정식품에 젓가락을 넣었다 올렸을 때 딸려 올라오는 점탄성의 성질(달걀 흰자, 나또)

㉡ 바이센버그(Weissenberg) 효과: 특정식품에 젓가락을 넣어 돌리면 그 탄성에 의해서 젓가락을 타고 올라오는 효과(연유)

㉢ 점조성: 끈적끈적한 액체나 반죽이 변형에 저항하는 성질(밀가루 반죽)

㉣ 신전성: 고체 식품들이 막대기 또는 긴 끝 모양으로 늘어나는 성실(국수)

정답 ②

33. 기초대사량을 측정할 때의 조건으로 적합하지 않은 것은?

① 영양상태가 좋을 때 측정할 것

② 완전휴식 상태일 때 측정할 것

③ 적당한 식사 직후에 측정할 것

④ 실온 20℃ 정도에서 측정할 것

| 해설

기초대사량(basal metabolic rate)

• 인체가 생명유지(신경전달, 심장박동, 혈액순환 등)를 위해 필요로 하는 최소한의 에너지

• 근육활동이 전혀 없는 완전한 휴식상태(식후 12시간이 지나 잠에서 깨어난 직후, 실내온도 18~20℃, 누운 상태)에서 측정

• 1일 에너지 소모량의 60~70%를 차지함

정답 ③

34. 비타민 B_1(thiamin)에 대한 설명 중 틀린 것은?

① 마늘의 매운맛 성분인 알라신(allicin)과 결합한 알리티아민(allithiamin) 형태가 있다.

② 당질 대사에 관여하므로 탄수화물 섭취량에 비례하여 요구된다.

③ 생체내의 산화 환원 효소에 관여하는 조효소를 작용한다.

④ 결핍되면 각기병 또는 신경염 증상을 보인다.

| 해설

티아민(비타민 B_1)은 탈탄산 반응의 조효소이고, 산화 환원 효소에 관여하는 조효소는 리보플라빈(비타민 B_2)과 니아신

정답 ③

35. 유지를 가열하였을 때 점도가 상승하는 원인은?

① 가수분해반응　　② 열분해반응

③ 산화반응　　　　④ 중합반응

| 해설

중합(polymerization)에 의한 변질
유지의 가열에 의해 이합체(dimer), 삼합체(trimer) 등의 중합체(polymer)가 형성되면서 점도 상승

> 정답 ④

36. 포도당(glucose)이 환원되어 생성된 당알코올은?

① 솔비톨(sorbitol)　　② 만니톨(mannitol)

③ 이노시톨(inositol)　　④ 둘시톨(dulcitol)

| 해설

솔비톨(D-sorbitol)
D-glucose를 환원시켜 얻은 당알코올. 비타민 C 합성 시 전구물질, 보습성이 우수. 미생물에 의해 쉽게 발효되지 않아 음료 제조 시 많이 사용. 단맛이 설탕의 50%

> 정답 ①

37. 녹말을 가수분해하는 효소로서 α-1,4 결합 뿐 아니라 분지점의 α-1,6 결합도 분해하는 효소는?

① 알파아밀라아제(α-amylase)

② 베타아밀라아제(β-amylase)

③ 글루코아밀라아제(glucoamylase)

④ 탈분지아밀라아제(debranching amylase)

| 해설

㉠ α-amylase: 전분의 α-1,4 glucoside 결합을 분해(endo)하나 α-1,6결합은 작용하지 않음

㉡ β-amylase: 전분의 α-1,4 결합을 분해하여 비환원성 말단으로부터 maltose를 생성

㉢ Glucoamylase: 전분의 비활성 말단에서 포도당 단위로 α-1,4 결합을 차례로 분해, β-1,6도 분해

> 정답 ③

38. 고추의 매운맛 성분은?

① 차비신(chavicine)

② 캡사이신(capsaicin)

③ 카테콜(catechol)

④ 갈산(gallic acid)

| 해설

① chavicine - 후추의 매운맛 성분

② capsaicin - 고추의 매운맛 성분

③ catechol - 코코아, 과일에 함유된 항산화 물질

④ gallic acid - 탄닌을 알칼리 가수 분해함으로써 생성

> 정답 ②

39. 관능검사에서 신제품이나 품질이 개선된 제품의 특성을 묘사하는 데 참여하며 보통고도의 훈련과 전문성을 겸비한 요원으로 구성된 패널은?

① 차이식별 패널

② 특성묘사 패널

③ 기호조사 패널

④ 소비자 패널

| 해설

묘사분석은 반드시 훈련된 패널이 필요함

> 정답 ②

40. 다음 중 겔 상태의 식품이 아닌 것은?

① 된장국

② 묵

③ 젤리

④ 양갱

| 해설

겔 상태의 식품: 분산매 고체, 분산질 액체의 두부, 묵, 치즈, 양갱, 젤리

> 정답 ①

제3과목 식품가공학

41. 추출한 유지를 낮은 온도에 저장하면서 굳어 엉긴 고체 지방을 제거하는 공정은?

① 탈산
② 윈터리제이션
③ 탈취
④ 탈색

| 해설

탈납(winterization)
- 저온에서 혼탁해지는 것을 방지하기 위해 고체지방을 여과 또는 원심분리하여 제거
- 냉장고에서 보관하는 샐러드유에는 필수 공정으로 유지의 내한성을 높임

정답 ②

42. 축육을 도살하기 전에 조치해야 할 사항으로 틀린 것은?

① 도살전의 급수
② 도살전의 안정
③ 도살전의 급식
④ 도살전의 위생검사

| 해설

도축 전 12시간 정도는 절식하는 것이 좋음
절식의 장점
- 출하과정 중 수송 스트레스로 인한 폐사 발생을 줄임
- 절식과 급수에 의한 혈액의 점도가 낮아져 방혈 촉진
- 급속한 근육 내 pH저하를 억제해 PSE육 발생을 줄여 육질 향상

정답 ③

43. 유지의 정제 공성이 아닌 것은?

① 불용물질 제거(desludge)
② 탈산(deacidification)
③ 탈색(bleaching)
④ 산화(oxidation)

| 해설

㉠ 물리적 정제법: 전처리(불용물질의 제거(desludge))- 침전법, 여과법, 원심분리법, 흡착법, 응고법 등
㉡ 화학적 정제법: 원료 유지 → 탈검 → 탈산 → 탈색 → 탈취 → 탈납 → 제품

정답 ④

44. 버터의 정의로 옳은 것은?

① 원유, 우유류 등에서 유지방분을 분리한 것 또는 발효시킨 것을 교반하여 연압한 것을 말한다(식염이나 식용색소를 가한 것 포함).
② 식용유지에 식품첨가물을 가하여 가소성, 유화성 등의 가공성을 부여한 고체상의 것을 말한다.
③ 원유 또는 우유류에서 분리한 유지방분으로 유지방분 30% 이상의 것을 말한다.
④ 유크림에서 수분과 무지유고형분을 제거한 것을 말한다.

| 해설

② 쇼트닝: 식용유지에 식품첨가물을 가하여 가소성, 유화성 등의 가공성을 부여한 고체상의 것
③ 유크림류: 원유 또는 우유류에서 분리한 유지방분으로 유지방분 30% 이상의 것
④ 버터오일: 유크림에서 수분과 무지유고형분을 제거한 것

정답 ①

45. 청국장의 끈끈한 점성 물질의 주된 성분은?

① fructan
② glucan
③ galactan
④ xylan

| 해설

청국장 점성 물질의 주성분: **poly-γ-glutamic acid와 fructan**
① fructan: fructose의 중합체
② glucan: 불소화성 다당류의 일종으로 항암 및 면역증강 작용
③ galactan: 갈락토스의 중합체
④ xylan: D-자일로스를 주성분으로 하는 다당류, 셀룰로스와 더불어 식물계에 가장 널리 분포

정답 ①

46. 쌀의 도정도가 높을수록 상대적으로 증가하는 것은?

① 섬유질　　　　　　② 단백질
③ 소화율　　　　　　④ 비타민류

| 해설

도정도가 높을수록 섬유질, 비타민류가 많은 겨층이 제거되어 소화율이 높아짐

정답 ③

47. 비중이 0.95인 액체 18g이 차지하는 부피는 얼마인가? (단, 물의 밀도는 $1.0g/cm^3$이다.)

① $0.95cm^3$　　　　② $1.05cm^3$
③ $1.18cm^3$　　　　④ $18.9cm^3$

| 해설

$$\text{액체의 비중} = \frac{\text{액체의 밀도}}{\text{물의 밀도}} = \frac{\frac{\text{액체질량}}{\text{액체부피}}}{\text{물의 밀도}}$$

$$0.95 = \frac{18\,g/x}{1.0\,g/cm^3}$$

$$\therefore x = 18.9cm^3$$

정답 ④

48. 고형분이 10%인 오렌지주스 100kg을 농축시켜 20%의 고형분이 함유되어 있는 주스로 만들기 위해서는 수분을 얼마나 증발시켜야 되는가?

① 20kg　　　　　　② 40kg
③ 50kg　　　　　　④ 60kg

| 해설

고형분 = $100 \times 0.1 = 10\,kg$
증발시켜도 고형분의 함량은 10kg로 일정
전체 주스 양이 50kg일 때, 고형분 20%임
그러므로 수분을 50kg 증발시켜야 함

정답 ③

49. 잼류의 가공시 필요한 성분이 아닌 것은?

① 펙틴　　　　　　② 당
③ 유기산　　　　　④ 단백질

| 해설

젤리화에 필요한 3요소
당(60~65%), 산(0.3%), 펙틴(1.0~1.5%)

정답 ④

50. 어패류의 선도판정에 대한 설명이 틀린 것은?

① 관능적 방법은 오감에 의하여 판정하는 방법으로 객관성이 높아 현장에서 많이 이용한다.
② 세균학적 방법은 어패육에 부착한 세균수를 측정하는 방법으로 시료채취 부위에 따라 결과에 오차가 생기기 쉽다.
③ 휘발성 염기질소 함량이 5~10mg/100g인 경우는 신선한 어육으로 볼 수 있다.
④ 어육의 pH는 사후에 내려갔다가 선도의 저하와 더불어 다시 상승한다.

| 해설

관능적 방법은 오감에 의하여 판정하는 방법이므로 주관성이 높음

정답 ①

51. 소시지(Sausage)를 제조할 때 원료육에 향신료 및 조미료를 첨가하여 혼합하는 기계는?

① meat chopper　　② silent cutter
③ stuffer　　　　　④ packer

| 해설

㉠ 사일런트 커터(silent cutter): 세절과 동시에 원료육과 소시지를 섞거나 기타 첨가물을 균일하게 혼합하는 공정에 사용
㉡ meat chopper: 원료육을 잘게 자르는 기계
㉢ meat stuffer: 원료를 케이싱에 충진하는 기계
㉣ packer: 포장하는 기계

정답 ②

52. 사과 1kg을 20℃ 저장고에 보관했을 때, 1시간동안의 호흡량이 54[$CO_2 \cdot mg/kg/h$]이었다. 이 사과를 10℃ 저장고로 옮겼을 때, 1시간 동안의 호흡량은 얼마인가? (단, 이 사과의 온도계수(Q10)는 1.8이다.)

① 12[$CO_2 \cdot mg/kg/h$] ② 30[$CO_2 \cdot mg/kg/h$]
③ 48[$CO_2 \cdot mg/kg/h$] ④ 50[$CO_2 \cdot mg/kg/h$]

| 해설

Q_{10} value: 어떤 온도 t℃에서의 반응속도를 V_t, (t + 10)℃에서의 반응속도를 V_{t+10}라 하였을 때, (V_{t+10})/V_t 값이 Q_{10} 값

그러므로, $Q_{10} = \dfrac{20℃\ 저장고에서의\ 호흡량}{10℃\ 저장고에서의\ 호흡량}$

$1.8 = \dfrac{54}{a}$

∴ $a = 30[CO_2 \cdot mg/kg/h]$

정답 ②

53. 유지 채유과정에서 열처리를 하는 이유가 아닌 것은?

① 유리지방산 생성 촉진
② 원료의 수분 함량 조절
③ 산화효소의 불활성화
④ 착유 후 미생물의 오염방지

| 해설

유리지방산의 생성이 촉진되면 유지의 품질이 낮아짐

정답 ①

54. 물엿의 점성에 기여하는 대표적인 물질은?

① 과당 ② 덱스트린
③ 유당 ④ 전분

| 해설

㉠ 전분을 분해하여 당화시킨 물엿은 맥아당과 덱스트린으로 이루어짐
㉡ 단맛을 내는 것은 맥아당이고, 점성에 기여하는 것은 덱스트린

정답 ②

55. 어패류 선도 판정의 지표물질이 아닌 것은?

① 옥시미오글로빈(oxymyoglobin)
② 인돌(indole)
③ 하이포잔틴(hypoxanthine)
④ 트리메틸아민(trimethylamine)

| 해설

옥시미오글로빈(oxymyoglobin): 육류가 대기 중에 노출되면 미오글로빈의 헴철에 산소가 결합하여 선홍색을 띰

정답 ①

56. 치즈 제조시 발효유를 응고시키기 위하여 첨가하는 것은?

① 카제인 ② 염화나트륨
③ 렌넷 ④ 스타터

| 해설

렌넷의 최적 응고 조건
40~41℃, pH 4.8, 칼슘이온 필요

정답 ③

57. 젖음 세척(wet cleaning)방법이 아닌 것은?

① 분무 세척 ② 마찰 세척
③ 부유 세척 ④ 초음파 세척

| 해설

㉠ 습식세척: 침지세척, 분무세척, 부유세척, 초음파세척
㉡ 건식세척: 마찰 세척, 풍력 세척, 자석 세척, 정전기적 세척

정답 ②

58. 고구마 전분 제조 시 석회 처리에 따른 주요 효과가 아닌 것은?

① 수율 증대   ② 품질 향상

③ 부패 방지   ④ 이물질 제거

| 해설

고구마 전분 제조공정 시 석회 사용 효과
- 석회와 펙틴질이 결합하여 전분의 침전분리가 빨라짐
- 석회의 알칼리성에 의해 전분입자에 착색물질인 폴리페놀 흡착 방지
- pH를 알칼리로 조절하여 전분에 단백질이 응고되어 섞이는 것 방지

정답 ③

---

59. 통조림 용기 중 금속 원형관의 호칭에서 401의 의미는?

① 직경이 401mm이다.

② 직경이 40.1mm이다.

③ 직경이 4와 1/16 인치이다.

④ 직경이 4와 1/12 인치이다.

| 해설

통조림 용기의 규격은 인치 단위로 나타낸 밀봉부의 바깥지름

정답 ③

---

60. 마요네즈 제조 시 유화제 역할을 하는 것은?

① 식초산   ② 면실유

③ 소금   ④ 레시틴

| 해설

난황의 레시틴이 마요네즈 제조 시 유화제 역할을 함

정답 ④

---

61. 맥주를 발효하기 위한 맥아즙 제조 공정의 주목적으로 가장 알맞은 것은?

① 효모의 증식   ② 저장성 부여

③ 발효   ④ 당화

| 해설

맥아즙 제조는 맥아의 amylase로부터 전분질을 당화시켜 발효성 당을 생성하는 것이 주 목적임

정답 ④

---

62. 곰팡이의 유성생식 과정이 옳게 나열된 것은?

① 핵융합 → 원형질융합 → 감수분열 → 포자형성

② 원형질융합 → 핵융합 → 감수분열 → 포자형성

③ 핵융합 → 감수분열 → 원형질융합 → 포자형성

④ 원형질융합 → 감수분열 → 핵융합 → 포자형성

| 해설

(주의)
곰팡이는 포자로 번식하는데, 포자형성 방법이 유성생식일수도 있고 무성생식일수도 있음

정답 ②

---

63. 다음 중 불완전균류가 아닌 것은?

① *Aspergillus* 속   ② *Mucor* 속

③ *Botrytis* 속   ④ *Penicillium* 속

| 해설

불완전균류
- 진균류 중에서 유성생식을 하지 못하는 균류 즉, 핵융합을 하는 유성생식이 확인되지 않은 균류를 불완전균류로 지칭
- 또한 유성생식이 확인되는 균류의 무성생식(불완전 세대)도 포함함
- 자낭균류인 *Aspergillus* 속과 *Penicillium* 속의 무성생식(불완전 세대)는 불완전균류에 해당됨
- 접합균류인 *Mucor* 속은 불완전균류에 해당되지 않음

정답 ②

64. 감귤류의 연부 부패의 원인이 되는 미생물은?

① *Acetobacter* 속　　② *Clostridium* 속

③ *Lactobacillus* 속　　④ *Penicillium* 속

│해설

Penicillium digitatum, Penicillium italicum
감귤류에 기생하는 연부병의 원인

정답 ④

65. 산막효모의 특징이 아닌 것은?

① 액 표면에 피막을 형성한다.

② 위균사나 진균사를 형성한다.

③ 양조 과정 중에 알코올을 생성한다.

④ *Hansenula* 속이 해당된다.

│해설

㉠ 산막효모는 산소요구성을 가지고 산화력이 강하며 알코올을 소비함

㉡ 발효액 표면에 피막을 형성함

㉢ 산막효모에는 *Hansenula* 속, *Debaryomyces* 속, *Pichia* 속이 속함

정답 ③

66. 일반적으로 미생물의 세포 구성 물질 중 수분을 제외하고 가장 많은 함량을 차지하는 것은?

① 핵산　　　　② 단백질

③ 지방　　　　④ 탄수화물

│해설

㉠ 영양세포의 원형질 구성

㉡ 물(85~90%), 단백질(7~10%), 지질(1~2%), 기타

정답 ②

67. 다음 중 증류주에 해당하는 것은?

① 맥주　　　　② 포도주

③ 일본 청주　　④ 위스키

│해설

발효주	단발효주		과일에 포함된 당분이 발효되어 알코올이 생성된 술, 당화과정이 없음	과실주, 와인
	복발효주	단행복발효주	당화가 완료되고 나서 발효가 진행된 술	맥주
		병행복발효주	당화와 발효가 동시에 진행되어 만들어지는 술	탁주, 약주, 청주
증류주			알코올 발효액을 증류하여 알코올 농도를 높인 술	위스키, 브랜디, 소주
혼성주			발효주나 증류주에 감미료, 향료 등을 첨가하여 혼합한 술	매실주, 인삼주, 합성 맥주

정답 ④

68. 일반적으로 통조림 살균시에 가장 주의하여야 하는 부패 세균은?

① *Pediococcus halophilus*

② *Bacillus subtilis*

③ *Clostridium sporogenes*

④ *Streptococcus lactis*

│해설

*Clostridium sporogenes*는 혐기성균이므로 통조림에서 증식이 가능함

정답 ③

69. 다음 세포벽 구성성분 중 그람 양성균에만 존재하는 것은?

① 인지질(phospholipid)

② 펩티도글리칸(peptidoglycan)

③ 지질다당체(lipopolysaccharide)

④ 테이코산(teichoic acid)

| 해설

특성	그람 양성	그람 음성
염색 후 색	보라색	분홍색
세포벽의 조성	펩티도글리칸이 두꺼움	펩티도글리칸이 얇음
구조	세포벽-세포막(안)	외막-세포벽-세포막 (이중막)
테이코산	있음	없음
뮤코단백질	많음	적음
lipoprotein, lipopopolysaccharide	없음	있음

정답 ④

70. 계란 전체가 회갈색으로 되고 특히 난황이 검게 되는 흑색 부패(black rots)의 원인균은?

① *Torulopsis* 속

② *Serratia* 속

③ *Proteus* 속

④ *Achromobacter* 속

| 해설

㉠ *Proteus melanovogenes*: 난황이 흑색으로 되었다가 파괴되어 전 내용물이 회갈색으로 되는 흑색부패(black rot)

㉡ *Pseudomonas fluorescens*: 난황과 난백이 황록색이 되고 자외선을 쬐면 강한 형광을 내는 녹색부패(green rot)

정답 ③

71. 조상균류와 순정균류의 분류기준은 무엇인가?

① 포자의 유무　　　　② 격벽의 유무

③ 균사체의 유무　　　④ 편모의 유무

| 해설

격막(격벽)이 없으면 조상균류, 격벽이 있으면 순정균류

정답 ②

72. 치즈표면에 착생하여 치즈의 변색과 불쾌취를 발생시키는 곰팡이가 아닌 것은?

① *Geotrichum* 속

② *Cladosporium* 속

③ *Fusarium* 속

④ *Penicillium* 속

| 해설

Fusarium 속은 토양에 서식하는 대표적인 토양 전염성 균으로 주로 식물에 병을 일으킴

정답 ③

73. 사람이나 동물의 피부에서 흔히 검출되는 균으로 내열성이 강한 장독소를 생성하는 독소형 식중독균은?

① 리스테리아균

② 살모넬라균

③ 장염비브리오균

④ 황색포도상구균

| 해설

황색포도상구균(*Staphylococcus aureus*)

• 장독소인 enterotoxin 생성

• 감염원은 화농성 환자

정답 ④

74. gluconic acid를 생산하는 미생물과 거리가 먼 것은?

① *Acetobacter gluconicum*

② *Pseudomonas fluorescens*

③ *Penicillium notatum*

④ *Lactobacillus bulgaricus*

| 해설

*Lactobacillus bulgaricus*는 젖산 생성

정답 ④

75. 맥주의 하면발효효모로 많이 사용되는 것은?

① *Saccharomyces cerevisiae*

② *Saccharomyces carlsbergensis*

③ *Saccharomyces coreanus*

④ *Saccharomyces rouxii*

| 해설

㉠ *Saccharomyces cerevisiae*: 상면발효 맥주효모

㉡ *Saccharomyces carlsbergensis*: 하면발효 맥주효모

정답 ②

76. 피자기속에 자낭포자 4~8개가 순서대로 나열되고 있고 분생자가 반달모양으로 빵조각 등에 생육하여 연분홍색을 띠므로 붉은빵 곰팡이라고도 하며, 미생물 유전학이 연구로도 많이 사용되는 곰팡이 속은?

① *Aspergillus* 속

② *Eremothecium* 속

③ *Neurospora* 속

④ *Penicillium* 속

| 해설

Neurospora 속

• 유성생식 때는 자낭포자 생성(자낭균류)

• 무성생식 때는 분생포자 생성

• 균총의 색은 주황색~붉은색

정답 ③

77. 일반 효모가 생육이 잘 되는 배지의 pH는?

① 약 1~2 　　② 약 5~6

③ 약 7~8 　　④ 약 9~10

| 해설

효모는 약산성의 배지에서 잘 증식함

정답 ②

78. 메주 제조 시 단백질 분해효소 등 가수분해효소를 주로 생산하는 것은?

① *Salmonella* 속

② *Bacillus* 속

③ *Lactobacillus* 속

④ *Saccharomyces* 속

| 해설

Bacillus subtilis

• 된장, 청국장 등 제조에 이용, 고초균

• α-amylase와 protease를 분비

정답 ②

79. 카탈라아제(Catalase) 효소에 대한 설명으로 옳은 것은?

① 탄닌 물질을 분해한다.

② 과산화수소를 분해한다.

③ 단백질을 분해한다.

④ 펙틴을 분해한다.

| 해설

카탈라아제(Catalase)

과산화수소가 분해되어 물과 산소가 만들어지는 반응을 촉매하는 효소

정답 ②

80. 포도당 500g을 초산 발효시켜 얻을 수 있는 이론적인 최대 초산량은 약 얼마인가?

① 166.7g

② 333.3g

③ 500g

④ 652.1g

| 해설

㉠ 포도당 500g으로 생산된 알코올 양

glucose → 2 ethanol + 2CO_2

180(glucose 분자량): 2 × 46(ethanol 분자량) = 500 : a

a = 255.5 g

㉡ 알코올 255.5g으로 생산된 초산 양

ethanol + O_2 → acetic acid + H_2O

46(ethanol 분자량) : 60(acetic acid) = 255.5 : b

b = 333.3g

정답 ②

제5과목 식품제조공정

81. 방사선 살균에 많이 사용되는 조사선원은?

① Co^{60}, Cs^{137}

② Co^{60}, Ir^{192}

③ Cs^{137}, Cs^{134}

④ Cs^{134}, Ir^{192}

| 해설

방사선조사(= 식품조사, Food irradiation)

식품 등의 발아억제, 살균, 살충 또는 숙도조절을 목적으로 감마선 또는 전자선가속기에서 방출되는 에너지를 복사(radiation)의 방식으로 식품에 조사하는 것

※식품공전 상 사용가능 선원은 ^{60}Co 임

정답 ①

82. 효소의 정제법에 해당되지 않는 것은?

① 염석 및 투석

② 무기용매 침전

③ 흡착

④ 이온교환 크로마토그래피

| 해설

효소는 단백질이므로 단백질의 특성을 이용하는 정제법을 사용함. 즉, 염석 및 투석, 유기용매 침전, 등전점 침전, 흡착, 이온교환 크로마토그래피 등

정답 ②

83. 시료의 추출에 대한 설명으로 옳은 것은?

① 추출용매는 점도가 높은 것을 선택한다.
② 추출은 시료 특성에 관계없이 항상 동일한 용매로만 추출해야 한다.
③ 용매는 경제성, 작업성, 안전성을 고려하여 선택한다.
④ 입자의 크기는 되도록 크게 하여 용매와의 접촉면이 작아지게 한다.

| 해설

① 추출용매는 가급적 점도가 낮은 것이 좋음
② 추출은 시료의 화학적, 물리적 특성에 맞게 선택하는 것이 좋음
④ 입자의 크기는 되도록 작게 하여 용매와의 접촉면이 넓어야 추출 효율이 좋음

정답 ③

84. 열풍이 흐르는 방향과 식품이 이동되는 방향에 따라 병류식과 향류식으로 분류되는 건조기로, 과일이나 채소를 건조하는 데 많이 쓰이며, 건조하는데 비교적 긴 시간이 필요한 식품에 적합한 것은?

① 터널 건조기
② 캐비넷 건조기
③ 부상식 건조기
④ 기송식 건조기

| 해설

터널 건조기
터널 모양으로 된 열풍건조기, 다량의 식품 건조에 적합하며 이동하면서 건조되는 반연속식 건조장치

병류식	• 열풍 방향과 재료 이동방향이 같음 • 고온공기가 유입되어 제품 건조 후 저온 공기로 빠져나가 마지막에 제품에 전달하는 열이 작아 열손상 작음 • 초기건조속도 빠름, 수분함량 낮은 제품 얻기 어려움, 원하는 건조효과 얻기 어려움
향류식	• 열풍 방향과 재료 이동방향이 다름 • 고온의 공기가 유입된 것이 건조가 다 되어가는 제품과 만나 열을 전달하여 열손상이 큼 • 초기건조속도 느림, 수분함량 낮은 제품 얻을 수 있음, 원하는 건조효과 얻을 수 있음

정답 ①

85. 과립성형 방법으로 제조되는 제품이 아닌 것은?

① 분말주스
② 이스트
③ 커피분말
④ 비스킷

| 해설

비스킷은 분체 식품을 반죽하여 회전롤 사이로 통과시켜 면대로 만들어 이것을 세절하거나 압인하는 방법인 압연 방법을 사용하여 제조되는 식품임

과립성형
젖은 상태의 분체식품이 회전 드럼 속에서 압출될 때 회전틀에 의해 펠릿으로 성형되는 방법

정답 ④

86. 유지의 정제 중 원유에 들어 있는 유리지방산을 제거하는 공정은?

① 탈취
② 탈검
③ 탈색
④ 탈산

| 해설

① 탈취: 불쾌취의 원인(알데하이드, 케톤, 산화수소 등)을 제거하는 공정
② 탈검: 유지에 함유된 인지질(레시틴), 단백질, 탄수화물 등의 검질을 제거하는 공정
③ 탈색: 카로티노이드, 글로로필, 고시폴 등의 색소물질을 세서하는 공정
④ 탈산: 유리지방산을 제거하는 공정, NaOH를 이용하여 중화하여 제거하는 알칼리 정세법 사용

정답 ④

87. 용액 상태로 녹아 있는 원료를 냉각시켜 단단하게 만든 후 얇은 조각으로 만드는 조립기는?

① 압출 조립기
② 파쇄형 조립기
③ 혼합형 조립기
④ 플레이크형 조립기

| 해설

조립
• 가루, 덩어리, 용액으로 된 원료를 μm~mm 크기의 입상체로 만드는 성형과정의 일종
• 조립의 종류
 - 압출 조립: 미분을 응집시키는 방식
 - 압축 조립: 압축 성형하는 방식
 - 파쇄형 조립: 단단한 원료를 회전하는 칼에 의해 일정한 크기와 모양으로 부수거나 절단하는 방식
 - 플레이크형 조립: 얇은 조각으로 만드는 방식
 - 혼합형 조립

정답 ④

88. 단위조작 중 기계적 조작이 아닌 것은?

① 정선
② 분쇄
③ 혼합
④ 추출

| 해설

추출은 고체나 액체에서 용매를 사용해 원하는 물질을 용출하여 분리하는 조작이므로 유기용매를 이용한 화학적 조작이라고 볼 수 있음

정답 ④

89. 원료가 일정한 속도로 이동 중이거나 교반중일 때 물을 뿌려 세척하는 방법은?

① 침지세척
② 마찰세척
③ 분무세척
④ 부유세척

| 해설

① 침지세척: 원료를 물에 담가 부착된 오염물질을 팽윤시켜 제거하는 방법
② 마찰세척: 식품 재료 간의 상호마찰 또는 재료와 세척기의 움직임에 의한 마찰의 힘으로 오염물질 제거
③ 분무세척: 스크린 컨베이어에 실어 다량의 원료를 일정한 속도로 이동시키거나 원료를 교반장치에 넣고 물을 세게 뿌려 세척하는 방법
④ 부유세척: 오염물질의 밀도와 부력 차이를 이용하여 세척하는 방법

정답 ③

90. 회전속도가 빠른 회전자(rotor)가 있는 충격형 분쇄기로, 조직이 딱딱한 곡류나 섬유질이 많은 건조 채소, 건조 육류 등의 분쇄에 많이 이용되는 것은?

① Disc mill
② Hammer mill
③ Ball mill
④ Crushing mill

| 해설

① 디스크 밀: 홈이 파여있는 두 개의 디스크 사이에 식품을 넣고 원판 사이 간격을 조절하여 회전시키면 마찰력과 전단력에 의해 분쇄가 일어남
② 해머 밀: 해머, 회전판, 충격판, 스크린 등으로 구성되며 원료를 투입하면 여러 개의 해머가 회전하여 원료가 충격판 주위에서 분쇄됨
③ 볼 밀: 회전 드럼 속에 금속이나 돌 같은 단단한 볼을 넣어 원료와 함께 회전시켜 분쇄

정답 ②

91. 섞이지 않는 두 액체를 빠른 속도로 교반하여 한 액체를 다른 액체에 균일하게 분산시키는 장치는?

① 니더(kneader)

② 휘퍼(whipper)

③ 임펠러(impeller)

④ 유화기(emulsificater)

| 해설

유화

섞이지 않는 두 액체를 빠르게 교반하여 균일하게 분산하여 에멀전을 형성하게 하는 조작

정답 ④

92. 유지를 추출할 때 효율성 증대를 위한 원료의 전처리 공정으로 가장 거리가 먼 것은?

① 조분쇄   ② 압편

③ 증열 및 건조   ④ 살균

| 해설

조분쇄와 압편을 하게 되면 원료의 표면적이 증가하여 추출을 효율적으로 할 수 있고, 증열과 건조를 통해 원료의 수분을 제거하면 유지 추출이 용이해짐. 그러나 살균은 추출의 효율과는 관련 없음

정답 ④

93. 다음 중 에멀션의 형태가 다른 하나는?

① 버터   ② 마요네즈

③ 생크림   ④ 우유

| 해설

㉠ o/w형(수중유적형): 물속에 기름이 분산된 유화액
  예 우유, 마요네즈, 아이스크림

㉡ w/o형(유중수적형): 기름 속에 물이 분산된 유화액
  예 버터, 마가린

정답 ①

94. 다음 ( )에 들어갈 알맞은 용어는?

> 포장, 저온저장을 하는 식품일 경우 적당하게 살균하는 ( )을 하게 된다. 이는 명시된 유통기한 내에 어떤 부패 미생물의 생육 때문에 먹을 수 없거나 어떠한 위해도 받지 않도록 유효 적절하게 가열처리하는 것을 말한다.

① 상업적 살균   ② 멸균

③ 저온 살균   ④ 적정 살균

| 해설

상업적 살균법

• 식품의 품질을 최대한 유지하기 위해 위생상 위해한 미생물을 대상으로 가열 살균

• 식품의 품질 변화 방지 효과, 에너지 절약 효과가 큼

• 산성의 과일 통조림에 주로 이용됨(100℃ 이하 70℃ 이상으로 살균)

정답 ①

95. 우유와 같은 액상 식품을 미세한 입자로 분무하여 열풍과 접촉시켜 순간적으로 건조시키는 방법은?

① 천일건조

② 복사건조

③ 냉풍건조

④ 분무건조

| 해설

분무건조

• 액상 식품을 미세입자($10 \sim 200 \mu m$)로 분무시켜 열풍과 접촉하여 순간적으로 건조

• 건조시간이 짧으므로 열변성이 쉽거나 향미 손실 등으로 품질저하가 큰 분유, 아이스크림 믹스, 주스, 커피, 차 등의 제조에 이용됨

정답 ④

96. 식품 통조림이 *Clostridium botulinum* 포자로 오염되어 있다. 이 포자의 $D_{121.1}$이 0.25분일 때, 이 통조림을 121.1℃에서 가열하여 포자의 수를 12대수 cycle만큼 감소시키는데 걸리는 시간은?

① 0.02분 ② 2분
③ 3분 ④ 30분

| 해설

D값
어떤 온도에서 어떤 미생물을 90% 사멸시키는데 필요한 시간

$$D = \frac{t}{\log\dfrac{N_0}{N_1}} = \frac{t}{\log(10^{12})} = 0.25$$

∴ 그러므로 $t = 3$분

정답 ③

---

97. 다음 중 건식세척 방법은?

① 담금세척
② 분무세척
③ 부유세척
④ 체분리세척

| 해설

㉠ 건식세척: 체분리, 기송식분리, 자력선별, 정전기적 세척, 마찰세척
㉡ 습식세척: 침지세척(담금세척), 분무세척, 부유세척, 초음파세척

정답 ④

---

98. 점도가 큰 페이스트상의 식품이나 고형분량이 많아 기계적으로 분무가 어려운 식품을 연속적으로 건조하는 데 사용되는 건조방법은?

① 드럼건조(drum drying)
② 열풍건조(hot air drying)
③ 고주파건조(impulse drying)
④ 적외선건조(infrared drying)

| 해설

드럼 건조
• 수증기로 가열되는 원통 표면에 원료를 얇은 막 상태로 부착하여 건조
• 주로 열에 민감한 식품, 점도가 높거나 고형분 입자가 크거나, 고형분 함량이 많아 분무건조하기 힘든 식품에 이용

정답 ①

---

99. 살균온도 121℃에 습열살균이 필요한 식품의 pH는?

① pH 2 ② pH 3
③ pH 4 ④ pH 5

| 해설

㉠ 일반적인 미생물의 생육 pH는 중성이므로 pH가 낮은 식품인 경우 미생물이 잘 번식하지 않으므로 살균하는 온도가 낮아도 됨(70~100℃)
㉡ 식품의 pH가 중성에 가까우면 미생물의 번식이 쉬우므로 살균온도가 높아야 함

정답 ④

---

100. 식품을 노즐 또는 다이스와 같은 작은 구멍을 통하여 압력으로 밀어내는 성형법으로 제조된 가공 식품으로만 이루어진 것은?

① 국수, 껌
② 국수, 소시지
③ 마카로니, 국수
④ 마카로니, 소시지

| 해설

압출 성형
원료를 노즐이나 다이와 같은 작은 구멍을 통해 강한 압력으로 밀어내어 일정한 모양의 단면을 갖게 함

주의
문제 오류로 실제 시험에서는 모두 정답처리 되었음

정답 ①

제1과목 식품위생학

01. 오크라톡신(ochratoxin)은 무엇에 의해 생성되는 독소인가?

① 곰팡이
② 세균
③ 바이러스
④ 복의 일종

| 해설

*Aspergillus ochraceus*에 의해 생성되는 간장독

 정답 ①

02. 공장지대의 매연 및 훈연한 육제품 등에서 검출 분리되는 강력한 발암성 물질로 식품오염에 특히 주의하여야 하는 다환방향족 탄화수소는?

① methionine sulfoximine
② polychlorobiphenyl
③ nitroanillin
④ benzopyrene

| 해설

벤조피렌(3,4-benzopyrene)
• 생성 원인: 식품에서 고온의 조리·가공시 지방 등의 불완전 연소에 의해 생성되는 다환방향족 탄화수소(PAHs)
• 대기오염물질, 강력한 발암물질
• 과도한 직화구이 생선, 햄버거, 훈제 육류에서 발생

 정답 ④

03. 식품의 포장재로 사용되는 종이류가 위생상 문제가 되는 이유가 아닌 것은?

① 형광 염료의 이행
② 포장 착색료의 용출
③ 저분자량 물질의 혼입
④ 납 등 유해물질의 혼입

| 해설

저분자량 물질의 혼입이 문제가 되는 것은 합성수지 포장재임

 정답 ③

04. 다음의 목적과 기능을 하는 식품 첨가물은?

> • 식품의 제조 과정이나 최종 제품의 pH 조절을 위한 완충 역할
> • 부패균이나 식중독 원인균을 억제하는 식품 보존제 기능
> • 유지의 항산화제나 갈색화 반응 억제시의 상승제
> • 밀가루 반죽의 점도 조절제

① 산미료(acidulant)
② 조미료(seasoning)
③ 호료(thickening agent)
④ 유화제(emulsifier)

| 해설

식품첨가물공전의 명칭은 "산도조절제"임

 정답 ①

05. 대장균군의 추정, 확정, 완전시험에서 사용되는 배지가 아닌 것은?

① TCBS agar

② Endo agar

③ EMB agar

④ BGLB

| 해설

TCBS agar는 장염비브리오균 시험배지

대장균군 정성시험(유당배지법)

- 추정시험: 유당배지(lactose broth)
- 확정시험: BGLB 배지 → Endo 한천배지 또는 EMB 한천배지
- 완전시험: 그람염색

정답 ①

06. 폐기물 처리에 대한 설명으로 옳지 않은 것은?

① 용기는 밀폐구조이어야 한다.

② 용기의 세척 · 소독은 적정 주기로 이루어져야 한다.

③ 식품용기와 구분되어야 한다.

④ 용기는 냄새가 누출되어도 된다.

| 해설

용기는 냄새가 누출되지 않아야 함

정답 ④

07. 식중독의 발생 조건으로 틀린 것은?

① 원인 세균이 식품에 부착하면 어떤 경우라도 발생한다.

② 특수원인세균으로서 특정 식품을 오염시키는 특수 관계가 성립하는 경우가 있다.

③ 적합한 습도와 온도일 때 식중독 세균이 발육한다.

④ 일반인에 비하여 면역기능이 저하된 위험군은 식중독 세균에 감염 시 발병할 가능성이 더 높다.

| 해설

식중독균이 식품에 부착한 후, 일정 조건에서 증식하여 식중독을 발생시킬 수 있는 균수가 되었을 때, 또는 충분한 양의 독소가 생성된 경우에 식중독 발생

정답 ①

08. 위해물질인 bisphenol의 사용용도가 아닌 것은?

① 폴리카보네이트수지

② 농약첨가제

③ 플라스틱강화제

④ 질산염

| 해설

비스페놀 A(bisphenol A)

- 폴리카보네이트(PC) 수지에서 용출
- 음료수캔의 내부코팅제, 젖병, 급식용 식판 등에서 용출
- 눈의 염증, 발열, 태아 발육 이상 등

정답 ④

09. 식품의 포장 및 용기에 있는 아래 도안의 의미는?

① 방사선 조사처리 식품

② 유기농법 식품

③ 녹색 신고 식품

④ 천연 첨가물 함유 식품

| 해설

「식품등의 표시기준」에서의 명칭은 "조사처리 식품"임

정답 ①

10. 개인 위생이란?

① 식품종사자들이 사용하는 비누나 탈취제의 종류

② 식품종사자들이 일주일에 목욕하는 횟수

③ 식품종사자들이 건강, 위생복장 착용 및 청결을 유지하는 것

④ 식품종사자들이 작업 중 항상 장갑을 끼는 것

| 해설

식품안전관리인증기준(HACCP)의 선행요건에 식품종사자의 개인위생관리에 대한 내용이 명시되어 있음

정답 ③

11. 간장을 양조할 때 착색료로서 가장 많이 쓰이는 첨가물은?

① caramel

② methionine

③ menthol

④ vanillin

| 해설

카라멜색소(착색료)

• 식용 탄수화물인 전분가수분해물, 당밀 또는 당류를 열처리하여 생성

• 카라멜색소는 아래의 식품에 사용하여서는 아니 된다.
  – 천연식품〔식육류, 어패류, 과일류, 채소류, 해조류, 콩류 등 및 그 단순가공품〕
  – 다류
  – 인삼성분 및 홍삼성분이 함유된 다류
  – 커피
  – 고춧가루, 실고추
  – 김치류
  – 고추장, 조미고추장
  – 인삼 또는 홍삼을 원료로 사용한 건강기능식품

정답 ①

12. 식품 등의 표시기준에 의거 아래의 표시가 잘못된 이유는?

> 두부 제품에 "소르빈산 무첨가, 무보존료"로 표시

① 식품 등의 표시사항에 해당하지 않는 식품첨가물의 표시

② 원래의 식품에 해당 식품첨가물의 함량이 전혀 들어있지 않은 경우 그 영양소에 대한 강조표시

③ 해당 식품에 사용하지 못하도록 한 식품첨가물에 대하여 사용을 하지 않았다는 표시

④ 건강기능식품과 혼동하여 소비자가 오인할 수 있는 표시

| 해설

소브산(sorbic acid)은 두부에 사용할 수 없음

정답 ③

13. 콜라 음료의 산미료로 사용되는 것은?

① 구연산

② 사과산

③ 인산

④ 젖산

| 해설

인산은 일반적으로 청량음료 등의 산도조절제(산미료), 영양강화제로 사용

정답 ③

14. 바실러스 세레우스(*Bacillus cereus*)를 MYP 한천배지에 배양한 결과 집락의 색깔은?

① 분홍색

② 흰색

③ 녹색

④ 흑녹색

| 해설

비실리스 세레우스는 MYP 배지에서 혼탁한 환을 갖는 분홍색 집락으로 나타남

정답 ①

15. 쥐와 관련되어 감염되는 질병이 아닌 것은?

① 유행성출혈열
② 살모넬라증
③ 페스트
④ 폴리오

| 해설

폴리오(Poliomyelitis, 소아마비, 급성회백수염)는 주로 감염자의 인두분비액과 직접 접촉하였을 때 폴리오 바이러스에 의해 감염

정답 ④

16. 다음의 첨가물 중 현재 살균제로 지정되고 있는 것은?

① 아황산나트륨
② 차아염소산나트륨
③ 프로피온산
④ 소르빈산

| 해설

① 아황산나트륨: 표백제
② 차아염소산나트륨: 살균제
③ 프로피온산: 보존료
④ 소르빈산: 보존료

정답 ②

17. 리켓치아에 의하여 감염되는 질병은?

① 탄저병
② 비저
③ Q열
④ 광견병

| 해설

① 탄저병 - 세균
③ Q열 - 리케치아
④ 광견병 - 바이러스

정답 ③

18. 식품위생 검사와 가장 관계가 깊은 세균은?

① 대장균　　　　　② 젖산균
③ 초산균　　　　　④ 낙산균

| 해설

위생지표세균검사-일반세균, 대장균군, 대장균 검사

정답 ①

19. 인체에 감염되어도 충란이 분변으로 배출되지 않는 기생충은?

① 아니사키스　　　② 유구조충
③ 폐흡충　　　　　④ 회충

| 해설

분변검사에서 충란을 검출할 수 없는 기생충
유극악구충, 아니사키스, 만손열두조충

정답 ①

20. 수질오염 지표에 대한 설명 중 틀린 것은?

① 수중 미생물이 요구하는 산소량을 ppm 단위로 나타낸 것이 BOD(생물학적 산소요구량)이다.
② 물 속에 녹아있는 용존산소(DO)는 4ppm이상이고 클수록 좋은 물이다.
③ 유기물질을 산화하기 위해 사용하는 산화제의 양에 상당하는 산소의 양을 ppm으로 나타낸 것이 COD(화학적 산소요구량)이다.
④ BOD가 높다는 것은 물 속에 분해되기 쉬운 유기물의 농도가 낮음을 의미한다.

| 해설

생물화학적 산소 요구량(BOD: biochemical oxygen demand)
• 호기성 미생물이 일정기간 동안 물속에 있는 유기물을 분해할 때 사용하는 산소의 양
• 유기물이 많을수록 BOD 증가

정답 ④

제2과목 식품화학

21. 다음 중 필수 아미노산이 아닌 것은?

① 트립토판(tryptophane)

② 라이신(lysine)

③ 루신(leucine)

④ 글루탐산(glutamic acid)

│해설

필수아미노산

• 신체에서 합성할 수 없는 아미노산으로 음식에서 공급되어야만 하는 아미노산

• 성인은 isoleucine, leucine, lysine, methionine, threonine, phenylalanine, tryptophan, valine (8개)

• 성장기 어린이와 회복기 환자는 arginine, histidine 포함 10개

정답 ④

22. 다음 프로비타민(provitamin) A 중, 비타민 A의 효율이 제일 큰 것은?

① cryptoxanthin

② α-carotene

③ β-carotene

④ γ-carotene

│해설

프로비타민A

α, β, γ-carotene, cryptoxanthin 이중 β-carotene의 활성이 가장 큼

정답 ③

23. 생고기를 숯불로 구울 때 생성될 수 있는 유해성분은?

① 니트로사민

② 다환 방향족 탄화수소

③ 아플라톡신

④ 테트로도톡신

│해설

벤조피렌(3,4-benzopyrene)

• 생성 원인: 식품에서 고온의 조리·가공시 지방 등의 불완전 연소에 의해 생성되는 다환방향족 탄화수소(PAHs)

• 대기오염물질, 강력한 발암물질

• 과도한 직화구이 생선, 햄버거, 훈제 육류에서 발생

정답 ②

24. 쓴 맛을 나타내는 물질 중 배당체의 구조를 갖는 것은?

① 카페인(caffeine)

② 테오브로민(theobromine)

③ 쿠쿠르비타신(cucurbitacin)

④ 휴물론(humulone)

│해설

쿠쿠르비타신 - 오이의 쓴맛을 내는 배당체 구조의 물질

정답 ③

25. 식물성 검이 아닌 것은?

① 아라비아 검

② 콘드로이친

③ 로커스트 검

④ 타마린드 검

│해설

콘드로이친(chondroitin): 뮤코다당류로 동물의 연골, 뼈, 힘줄 등의 결합 조직에 널리 분포

정답 ②

26. 0.01 N CH₃COOH(초산의 전리도는 0.01) 용액의 pH는?

① 2

② 3

③ 4

④ 5

│해설

전리도, 해리도(α) = [H⁺]_평형 / [HA]_초기

0.01 = [H⁺]_평형 / 0.01M

[H⁺]_평형 = 0.01 × 0.01 = 0.0001M

∴ pH = −log[H⁺]

= −log(0.0001)

= 4

정답 ③

27. 식품 중 수분의 역할이 아닌 것은?

① 모든 비타민을 용해한다.
② 화학반응의 매개체 역할을 한다.
③ 식품의 품질에 영향을 준다.
④ 미생물의 성장에 영향을 준다.

| 해설

비타민은 수용성 비타민과 지용성 비타민으로 분류하고, 지용성 비타민은 물에 용해되지 않음

정답 ①

28. 밀가루 반죽의 점탄성을 측정하는 장비로 강력분, 박력분의 판정 및 반죽이 굳기까지의 흡수율을 측정할 수 있는 것은?

① amylograph
② extensograph
③ farinograph
④ penetrometer

| 해설

㉠ Amylograph(아밀로그래프): α-amylase의 활성 및 전분의 호화도, 성질을 측정하는 장치
㉡ Extensograph(익스텐소그래프): 밀가루 반죽의 신장도와 인장 항력을 측정하는 장치
㉢ Farinograph(패리노그래프): 밀가루 반죽의 점탄성을 측정하는 장치

정답 ③

29. 가공식품에 사용되는 솔비톨(sorbitol)의 기능이 아닌 것은?

① 저칼로리 감미료
② 계면활성제
③ 비타민 C 합성 시 전구물질
④ 착색제

| 해설

솔비톨(D-sorbitol)
D-glucose를 환원시켜 얻은 당알코올. 비타민 C 합성원료로서 이용(합성 시 전구물질). 곶감의 백색가루 성분. 보습성이 우수. 미생물에 의해 쉽게 발효되지 않아 음료 제조 시 많이 사용. 단맛이 설탕의 50%

정답 ④

30. 약한 산이나 알칼리에 파괴되지 않고 쉽게 변색되지 않는 색소를 주로 함유한 식품은?

① 검정콩
② 당근
③ 가지
④ 옥수수

| 해설

당근의 색소는 카로틴(carotene)

정답 ②

31. 글리코겐(glycogen)이 가장 높은 농도로 함유된 것은?

① 동물의 혈액
② 동물의 간
③ 동물의 뼈
④ 식물의 뿌리

| 해설

글리코겐은 간에서 합성됨

정답 ②

32. 포도당 용액에 펠링(Fehling)시약을 가하고 가열하면 어떤 색깔의 침전물이 생기는가?

① 푸른색
② 붉은색
③ 검은색
④ 흰색

| 해설

펠링(fehling)반응
환원당에 의해 구리이온이 환원되어 적자색의 산화제일구리(Cu_2O)로 변화

정답 ②

33. 채소를 삶을 때 나는 냄새의 주성분에 해당하는 것은?

① 알코올(alcohol)

② 클로로필(chlorophyll)

③ 디메틸설파이드(dimethylsulfide)

④ 암모니아(ammonia)

│ 해설

디메틸설파이드(dimethylsulfide)

• 무, 양배추가 썩을때 불쾌한 냄새를 일으키는 휘발성 물질
• 함황아미노산이 전구체가 되며 부패냄새의 원인

정답 ③

34. 채소, 과일에 많이 존재하는 강력한 천연항산화물질은?

① sorbic acid ② salicylic acid

③ ascorbic acid ④ benzoic acid

│ 해설

비타민 C(아스코르브산, ascorbic acid): 항산화작용 물질

정답 ③

35. 다음 중 산성식품이 아닌 것은?

① 달걀 ② 육류

③ 어류 ④ 고구마

│ 해설

㉠ 산성식품
• P, S, Cl, I 등의 원소들은 체내에서 인산(H_3PO_4), 황산(H_2SO_4), 염산(HCl) 등 산을 생성하거나 PO_4^{3-}, SO_4^{2-}, Cl^-, I^- 등 음이온 생성
• 곡류, 육류, 어류, 계란, 치즈, 빵, 탄산음료 등

㉡ 알칼리성식품
• Na^+, K^+, Ca^{2+}, Mg^{2+}, Fe^{2+}, Cu^{2+}, Zn^{2+} 등 양이온이 되는 알칼리 생성 원소
• 과일류, 채소류, 해조류, 감자류, 녹차, 우유, 커피

정답 ④

36. 전분의 노화를 억제하는 방법으로 적합하지 않은 것은?

① 수분함량의 조절

② 냉장 보관

③ 설탕 첨가

④ 유화제 사용

│ 해설

냉장은 오히려 노화를 촉진함

전분의 노화 억제 방법

• 수분함량의 조절: 수분함량을 30~60%보다 적거나 많게 조절, 15% 이하면 노화를 효과적으로 억제
• 냉동
• 설탕 첨가: 설탕이 탈수제로 작용하여 α-전분을 단시간에 건조시킨 것과 같은 효과를 냄
• 여러 무기염류, 유기염류
• 식품첨가물: 메틸셀룰로오스, 카르복시메틸셀룰로오스나트륨(CMC) 등 증점제, D-Sorbitol, 유화제

정답 ②

37. 연유 속에 젓가락을 세워서 회전시켰을 때 연유가 젓가락을 따라 올라가는 현상은?

① 점조성(consistency)

② 예사성(spinability)

③ 바이센베르그 효과(Weissenberg effect)

④ 신전성(extensibility)

│ 해설

① 점조성: 끈직끈직한 엑제나 반죽이 변형에 저항하는 싱질(밀가루 반죽)
② 예사성: 특정식품에 젓가락을 넣었다 올렸을 때 딸려 올라오는 짐탄싱의 싱질(딜걀 흰자, 나또)
③ 바이센버그(Weissenberg) 효과: 특정식품에 젓가락을 넣어 돌리면 그 탄성에 의해서 젓가락을 타고 올라오는 효과(연유)
④ 신전성: 고체 식품들이 막대기 또는 긴 끝 모양으로 늘어나는 성질(국수)

정답 ③

38. 아미노산인 트립토판을 전구체로 하여 만들어지는 수용성 비타민은?

① 비오틴(biotin)
② 엽산(folic acid)
③ 나이아신(niacin)
④ 리보플라빈(riboflavin)

| 해설

Niacin(Vit B$_3$)은 트립토판으로부터 합성됨

정답 ③

39. 대두에 많이 함유되어 있는 기능성 물질은?

① 라이코펜(lycopene)
② 아이소플라본(isoflavone)
③ 카로티노이드(carotenoid)
④ 세사몰(sesamol)

| 해설

① 라이코펜(lycopene)-토마토
③ 카로티노이드(carotenoid)-당근, 호박 등
④ 세사몰(sesamol)-참깨

정답 ②

40. 식물성 색소 중 지용성(脂溶性) 색소인 것은?

① carotenoid
② flavonoid
③ anthocyanin
④ tannin

| 해설

카로티노이드(carotenoid)
• 주황색, 황색, 적색을 띠는 지용성 색소
• 열에 비교적 안정하나, 산소, 햇빛 또는 산화효소에 쉽게 산화되어 색이 변색됨

정답 ①

제3과목 **식품가공학**

41. 잼 제조시 젤리점(jelly point)을 결정하는 방법이 아닌 것은?

① 스푼 테스트
② 컵 테스트
③ 당도계에 의한 당도 측정
④ 알칼리 처리법

| 해설

젤리점(jelly point) - 젤리화의 완성점
• 스푼법: 과즙을 나무주걱으로 떠서 잘 흘러내리지 않는 상태가 젤리 포인트
• 온도계법: 104~105℃에 이르면 젤리화 마침
• 당도계법: 당도계의 수치가 60~65˚Brix가 되면 젤리 포인트
• 컵법: 농축된 과즙을 꺼내 냉각하여 찬물에 떨어뜨려 농축액이 가라앉으면 충분히 조려진 것

정답 ④

42. 식용유의 정제공정으로 볼 수 없는 것은?

① 탈검(degumming)
② 탈산(deacidification)
③ 산화(oxidation)
④ 탈색(bleaching)

| 해설

유지의 화학적 정제공정
원료 유지 → 탈검 → 탈산 → 탈색 → 탈취 → 탈납 → 제품

정답 ③

43. 과채류의 장기저장을 위한 일반적인 공기 조성으로 옳은 것은?

① O_2 농도 높게 - CO_2 농도 높게
② O_2 농도 낮게 - CO_2 농도 낮게
③ O_2 농도 낮게 - CO_2 농도 높게
④ O_2 농도 높게 - CO_2 농도 낮게

┃해설

㉠ 과일은 수확 후에도 호흡작용과 동시에 유기체로서의 물질대사와 생리작용이 진행
㉡ 저장성 향상을 위해 산소농도를 낮추고 이산화탄소 농도를 증가시켜 호흡 속도를 저하시킴

정답 ③

---

44. 육류의 사후경직이 완료되었을 때의 pH는?

① pH 7.4 정도
② pH 6.4 정도
③ pH 5.4 정도
④ pH 4.4 정도

┃해설

도살(pH 7.0~7.4) → 사후경직(pH 6.5 이하) → 최대사후경직(pH 5.4) → 자가숙성(pH 상승)

정답 ③

---

45. 다음 중 제조시 균질화(homogenization)과정을 거치지 않는 것은?

① 시유
② 버터
③ 무당연유
④ 아이스크림

┃해설

유가공품 제조시 균질화 - 크림층의 생성방지를 위해 지방구를 기계적으로 미세화하여 지방구의 크기를 작게 분산시키는 공정으로 버터의 제조공정에는 필요치 않음

정답 ②

---

46. 두부 응고제의 장점과 단점에 대한 설명으로 옳은 것은?

① 염화칼슘의 장점은 응고시간이 빠르고, 보존성이 양호하다.
② 황산칼슘의 장점은 사용이 편리하고, 수율이 높다.
③ 염화칼슘의 단점은 신맛이 약간 있는 것이다.
④ 글로코노델타락톤의 단점은 수율이 낮고, 두부가 거칠고 견고한 것이다.

┃해설

종류	용해성	장점	단점
염화마그네슘 ($MgCl_2$)	수용성	• 응고시간 빠름 • 보수력 우수	• 압착 시 물이 잘 안빠짐
염화칼슘 ($CaCl_2$)	수용성	• 응고시간 빠름 • 압착 시 물 잘 빠짐	• 텍스처가 거칠고 단단 • 수율 낮음
황산칼슘 ($CaSO_4$)	불용성	• 보수력 및 탄력성 우수 • 조직이 부드러움 • 수율 높음 • 두부 색상 우수	• 응고시간 느림 • 불용성이므로 사용이 불편
글루코노델타락톤 (glucono-δ -lactone, GDL, $C_6H_{10}O_6$)	수용성	• 응고력 우수 • 수율 높음 • 사용이 편리	• 신맛 있음 • 조직이 매우 연함

정답 ①

---

47. 덱스트린(dextrin)의 요오드 반응 색깔이 잘못 연결된 것은?

① amylo dextrin - 청색
② erythro dextrin - 적갈색
③ achro dextrin - 청색
④ malto dextrin - 무색

┃해설

덱스트린의 요오드 반응의 정도에 따라 아밀로, 에리트로, 아크로, 말토덱스트린으로 구분, achro dextrin은 malto덱스트린과 함께 색을 나타내지 않는 덱스트린임

정답 ③

48. 유지를 채취하는데 적합하지 않은 방법은?

① 가열하여 흘러나오는 기름을 채취한다.

② 산을 첨가하여 가수분해시킨다.

③ 기계적인 압력으로 압착하여 기름을 짜낸다.

④ 휘발성 용제를 사용하여 추출한다.

|해설

유지는 용출법, 압착법, 용매추출법을 이용하여 채취한다.

㉠ 용출법: 원료를 가열하여 직접 채취하는 건식용출법, 원료와 물을 함께 가열하여 채취하는 습식용출법

㉡ 압착법: 원료에 기계적인 압착을 가하여 채취하는 방법

㉢ 용매추출법: 원료에 휘발성 유기용제를 이용하여 채취하는 방법

정답 ②

49. 달걀을 분무 건조한 난분의 변색에 관여한 갈변 반응은?

① 마이야르 반응

② 카라멜화 반응

③ 폴리페놀 산화반응

④ 아스코르브산 산화반응

|해설

㉠ 마이야르 반응: 환원당과 단백질 또는 아미노산의 아미노기 사이에 일어나는 화학 반응. 아미노-카보닐 반응이라고도 함

㉡ 난분의 갈변 예방법: 갈변 원인물질인 난백 중의 당을 유산균과 같은 미생물에 의한 발효와 글루코오스 옥시다아제(glucose oxidase)와 같은 효소를 이용해 제거함

정답 ①

50. 어류에 대한 설명으로 틀린 것은?

① 적색육에는 히스티딘(histidine), 백색육에는 글리신 (glycine)과 알라닌(alanine)이 풍부하다.

② 비린내의 주성분은 TMAO(trimethylamine oxide) 이다.

③ 사후변화는 해당 → 사후경직 → 해경 → 자기소화 → 부패의 순서로 일어난다.

④ 안구는 신선도 저하에 따라 혼탁과 내부 침하가 진행된다.

|해설

TMAO가 미생물이나 효소에 의해 분해되어 TMA(비린내 주성분) 형성

정답 ②

51. 유지 가공시 수소첨가(hydrogenation)의 목적이 아닌 것은?

① 유지의 불포화도가 감소되어 산화 안정성을 증가시킨다.

② 가소성과 경도를 부여하여 물리적 성질을 개선한다.

③ 융점과 응고점을 낮춰준다.

④ 냄새, 색깔 및 풍미를 개선한다.

|해설

수소첨가시 융점과 응고점이 높아지고 고체지방량이 증가함

정답 ③

52. 내건성 곰팡이가 생육할 수 있는 수분활성도 한계 값은?

① 0.90   ② 0.88

③ 0.70   ④ 0.65

|해설

수분활성도 한계값: 세균 - 0.91, 효모 - 0.88, 곰팡이 - 0.80, 내건성 곰팡이 - 0.65

정답 ④

53. 60%의 고형분을 함유하고 있는 농축 오렌지주스 100kg이 있다. 45% 고형분을 함유하고 있는 최종제품을 얻기 위해, 15%의 고형분을 함유하고 있는 오렌지주스를 얼마나 가하여야 하는가?

① 30kg　　② 40kg
③ 50kg　　④ 60kg

| 해설

농축 오렌지주스의 고형분양: $100 \times 0.6 = 60\,kg$
$60 + 0.15x = 0.45(100 + x)$
$\therefore x = 50$

 정답 ③

54. 제빵공정에서 처음에 밀가루를 체로 치는 가장 큰 이유는?

① 불순물을 제거하기 위하여
② 해충을 제거하기 위하여
③ 산소를 풍부하게 함유시키기 위하여
④ 가스를 제거하기 위하여

| 해설

산소를 풍부하게 함유시켜 조직을 부드럽고 균일하게 하며 부피가 커질 수 있게 한다.

정답 ③

55. 식품냉동에서 냉동곡선이란?

① 식품이 냉동되는 시간과 빙결정 생성량의 관계를 나타낸 것
② 식품이 냉동되는 과정을 시간과 온도의 관계식으로 나타낸 것
③ 식품이 냉동되는 시간과 육단백 변성의 관계를 나타낸 것
④ 식품이 냉동되는 시간과 빙결정 크기의 관계를 나타낸 것

| 해설

㉠ 냉동곡선: 식품이 냉동되는 과정을 시간과 온도의 관계식으로 나타낸 것
㉡ 냉동곡선을 통해 완만동결과 급속동결, 최대빙결정생성대를 알 수 있음

 정답 ②

56. 밀가루 반죽의 점탄성을 측정하는 장치는?

① 아밀로그래프(Amylograph)
② 익스텐소그래프(Extensograph)
③ 패리노그래프(Farinograph)
④ 브라벤더 비스코미터(Brabender Viscometer)

| 해설

㉠ 패리노그래프는 밀가루 반죽의 점탄성 측정
㉡ 아밀로그래프는 α-amylase의 활성 및 전분의 호화도와 성질 측정
㉢ 익스텐소그래프는 밀가루 반죽의 신장도와 인장항력 측정

정답 ③

57. 분유류에 대한 설명 중 틀린 것은?

① 분유류라 함은 원유 또는 탈지유를 그대로 또는 이에 식품 또는 식품첨가물을 가하여 가공한 분말상의 것을 말한다.
② 전지분유는 원유에서 수분을 제거하여 분말화한 것으로 원유 100%이다.
③ 가당분유는 원유에 설탕, 과당, 포도당, 올리고당류를 가하여 분말화한 것이다.
④ 장기저장에 적합한 분유의 수분함량 기준은 6~10%이다.

| 해설

분유류(전지분유, 탈지분유, 가당분유, 혼합분유)의 수분함량 규격은 5% 이하

 정답 ④

58. 어육을 소금과 함께 갈아서 조미료와 보강재료를 넣고 응고시킨 식품을 나타내는 용어는?

① 수산 훈제품　　　　② 수산 염장품

③ 수산 건제품　　　　④ 수산 연제품

| 해설

① 수산 훈제품: 어패류를 염지, 훈연, 건조하여 독특한 풍미와 보존성을 갖도록 한 것
② 수산 염장품: 식염을 이용하여 어패류를 가공한 것
③ 수산 건제품: 수산물의 수분을 제거하여 미생물 증식을 억제함으로써 저장성을 갖도록 한 것
④ 수산 연제품: 어육을 소금과 함께 갈아서 조미료와 보강재료를 넣고 응고시킨 식품, 어묵

정답 ④

59. 과즙 청징 방법 중 색소 및 비타민의 손실이 가장 큰 것은?

① 펙티나아제(pectinase) 사용

② 난백처리

③ 규조토 사용

④ 젤라틴 및 탄닌처리

| 해설

㉠ 보기 네가지 모두 과일주스의 청징 방법임
㉡ 규조토는 색소 및 비타민도 흡착시키므로 손실이 가장 큼

정답 ③

60. 압출성형기에 공급되는 원료의 수분 함량을 15%(습량기준)로 맞추고자 한다. 물을 첨가하기 전 분말의 수분 함량이 10%라면 분말 1kg 당 추가해야 하는 물의 양은?

① 약 0.014 kg　　　　② 약 0.026 kg

③ 약 0.042 kg　　　　④ 약 0.058 kg

| 해설

분말 1kg의 수분함량은 0.1 kg
$$0.1 + a = 0.15(1 + a)$$
$$\therefore a = 0.058$$

정답 ④

61. 방선균에 대한 설명이 틀린 것은?

① 항생물질 생산균으로 유용하게 이용된다.

② 진핵세포 생물로 세포벽의 화학적 성분이 그람음성 세균과 유사하다.

③ 주로 토양에 서식하며 흙 냄새의 원인균이다.

④ 균사상으로 발육한다.

| 해설

방선균
• 하등미생물(원핵세포생물) 중 균사를 형성하는 미세한 세균
• 곰팡이와 세균의 중간적인 존재
• 주로 토양 중에 존재, 흙냄새의 원인
• 항생물질을 생산
• *Streptomyces* 속, *Actinomyces* 속

정답 ②

62. 한류해수에 잘 서식하고 육안으로 볼 수 있는 다세포형으로 다시마, 미역이 속하는 조류는?

① 규조류　　　　② 남조류

③ 홍조류　　　　④ 갈조류

| 해설

다시마, 미역은 갈조류

정답 ④

63. 미생물의 동결보존법에 대한 설명으로 옳은 것은?

① glycerol, 디메틸항산화물과 같은 보존제를 첨가하여 보존한다.

② 배지를 선택 배양하여 저온실에 보관하고 정기적으로 이식하여 보존한다.

③ 시험관을 진공상태에서 불로 녹여 봉해서 보존한다.

④ 멸균한 유동 파라핀을 첨가하여 저온 또는 실온에서 보존한다.

| 해설

미생물의 보존법 중 동결보존법
- −20℃ 이하에서 급냉동 후, −20℃ 냉동고나 −80℃ 초저온 냉동고에 보존
- 동결보호제(cryoprotectant)로서 glycerol 등을 첨가하여 보존

 정답 ①

64. 미생물의 증식 곡선에서 정지기와 사멸기가 형성되는 이유가 아닌 것은?

① 배지의 pH 변화

② 영양분의 고갈

③ 유해 대사 산물의 축적

④ Growth factor의 과다한 합성

| 해설

영양물질의 고갈, 대사생성물의 축적, 산소부족, 배지의 산성화 상태가 되면 새로 증식하는 미생물의 수가 감소하게 됨

 정답 ④

65. 김치 숙성에 주로 관계되는 균은?

① 고초균

② 대장균

③ 젖산균

④ 황국균

| 해설

고초균과 황국균은 된장숙성에 관계됨

 정답 ③

66. 포도당을 발효하여 젖산만 생성하는 젖산균은?

① 정상 발효 젖산균　　② α-hetero형 젖산균

③ β-hetero형 젖산균　　④ 가성 젖산균

| 해설

㉠ 정상형 젖산발효(homo lactic acid fermentation): 당으로부터 젖산만 생성

㉡ 이상형 젖산발효(hetero lactic acid fermentation): 젖산 이외에 초산/알코올 등이 함께 생성

 정답 ①

67. 세포질이 양분되면서 격막이 생겨 분열·증식하는 분열효모는?

① *Saccharomyces* 속

② *Schizosaccharomyces* 속

③ *Candida* 속

④ *Kloeckera* 속

| 해설

㉠ 분열법에 의해 증식하는 효모는 *Schizosaccharomyces* 속

㉡ *Saccharomyces* 속과 *Kloeckera* 속은 출아법에 의해 증식

㉢ *Candida* 속은 위균사 효모

 정답 ②

68. 분홍색 색소를 생성하는 누룩곰팡이로 홍주의 발효에 이용되는 것은?

① *Monascus purpureus*

② *Neurospora sitophila*

③ *Rhizopus javanicus*

④ *Botrytis cinerea*

| 해설

② *Neurospora sitophila*는 붉은빵곰팡이로 인도네시아의 발효식품인 ontjom을 만듦

③ *Rhizopus javanicus*는 감자류 전분의 당화력이 강함

④ *Botrytis cinerea*는 귀부포도주를 만듦

정답 ①

69. 성숙한 효모세포의 구조에서 중앙에 위치하며 가장 큰 공간을 차지하고, 노폐물을 저장하는 장소는?

① 핵(nucleus)

② 저장립(lipid granule)

③ 세포막(cell membrane)

④ 액포(vacuole)

| 해설

액포

주로 효모와 식물세포에 존재하며, 아미노산등을 저장하고 노폐물을 분해함

정답 ④

70. 토양이나 식품에서 자주 발견되고 aflatoxin이라는 발암성 물질을 생성하는 유해 곰팡이는?

① *Aspergillus flavus*   ② *Aspergillus niger*

③ *Aspergillus oryzae*   ④ *Aspergillus sojae*

| 해설

② *Aspergillus niger*는 흑국균으로 유기산 발효공업에 이용

③ *Aspergillus oryzae*는 황국균으로 간장, 된장 제조에 이용

④ *Aspergillus sojae*는 개량식 간장 제조에 이용

정답 ①

71. Gram 양성이며 포자를 형성하는 편성혐기성균은?

① *Bacillus* 속

② *Clostridium* 속

③ *Escherichia* 속

④ *Corynebacterium* 속

| 해설

① *Bacillus* 속은 그람양성이며 호기성 또는 통성혐기성

③ *Escherichia* 속은 그람음성이며 통성혐기성

④ *Corynebacterium* 속은 그람양성이며 호기성

정답 ②

72. Gram 음성의 간균이며 주로 단백질 식품의 부패에 관여하는 세균은?

① *Staphylococcus* 속

② *Bacillus* 속

③ *Micrococcus* 속

④ *Proteus* 속

| 해설

① *Staphylococcus* 속은 그람양성 구균

② *Bacillus* 속은 그람양성의 간균

③ *Micrococcus* 속은 그람양성 구균

정답 ④

73. 세균의 편모에 대한 설명으로 틀린 것은?

① 편모는 세균의 운동기관으로서 대부분 단백질로 구성되어 있다.

② 편모는 구균보다 간균에서 많이 볼 수 있다.

③ 편모는 대부분 세포벽에서부터 나온다.

④ 편모가 없는 세균도 있다.

| 해설

③ 세포막 안쪽의 기저부위에서 만들어져 세포막과 세포벽을 뚫고 밖으로 자라나옴

④ 편모의 수와 배열에 따라 무모균(편모없음), 단모균, 양모균, 주모균 등으로 분류

정답 ③

74. 진핵세포와 원핵세포에 관한 설명 중 틀린 것은?

① 원핵세포는 하등미생물로 세균, 남조류가 속한다.

② 원핵세포에는 핵막, 인, 미토콘드리아가 없다.

③ 진핵세포의 염색체 수는 1개이다.

④ 진핵세포에는 핵막이 있다.

┃해설

진핵세포의 염색체 수는 여러개임

정답 ③

75. 아래의 맥주 제조 공정 중 호프(hop)를 첨가하는 공정은?

보리 → 맥아 제조 → 분쇄 → 당화 → 자비 → 여과 → 발효 → 저장 → 제품

① 분쇄   ② 당화

③ 자비   ④ 여과

┃해설

Hop을 첨가하는 공정은 맥아즙 제조에서 자비(끓임) 공정임

정답 ③

76. 청주의 제조에 관한 설명으로 틀린 것은?

① 쌀, 코오지, 물로 제조되는 병행 복발효주다.

② 코오지 곰팡이는 *Aspergillus oryzae*가 사용된다.

③ 좋은 코오지를 제조하기 위해서는 산소와의 접촉을 차단해야 한다.

④ 주모(moto)는 양조 효모를 활력이 좋은 상태로 대량 배양해 놓은 것이다.

┃해설

코오지 곰팡이(*Aspergillus oryzae*)는 호기적 조건에서 증식

정답 ③

77. 상면발효효모의 특성은?

① 발효 최적 온도는 10~25℃이다.

② 세포가 침강하므로 발효액이 투명해진다.

③ 독일계 맥주의 효모가 여기에 속한다.

④ 라피노오스(raffinose)를 발효시킬 수 있다.

┃해설

구분	상면발효 효모 (top fermentation yeast)	하면발효 효모 (bottom fermentation yeast)
효모 종류	· *Saccharomyces cerevisiae* · 난형	· *Saccharomyces carlsbergenesis* · 난형 또는 타원형
발효액	혼탁, 부양응집	투명, 침전응집
균막	형성함	형성하지 않음
발효속도	빠름	느림
최적온도	10~25℃	5~10℃
발효능	· raffinose 1/3만 발효 · melibiose 발효하지 않음	· raffinose 모두 발효 · melibiose 발효
맥주	ale/stout(영국식)	lager(독일식)

정답 ①

78. 고정화 효소의 일반적인 제법이 아닌 것은?

① 담체결합법   ② 가교법

③ 자기소화법   ④ 포괄법

┃해설

효소의 고정화 방법

효소는 물에 용해된 상태에서는 불안정하여 쉽게 실활되므로, 효소의 활성을 유지하면서 물에 녹지 않는 담체에 효소를 물리, 화학적 방법으로 부착시켜 고체촉매화(불용화)한 고정화 효소를 이용

· 담체결합법
  - 물에 불용성인 담체에 효소를 결합하는 방법
  - 공유결합, 이온결합, 물리적 흡착
· 가교법: 효소를 두 가지 이상의 관능기를 가진 시약과 반응하여 가교하는 방법
· 포괄법
  - 효소를 겔의 미세한 격자 속에 포괄하거나 반투과성 고분자 피마으로 둘러싸는 방법
  - 격자형, 마이크로캡슐형

정답 ③

79. 저장 중인 사과, 배의 연부현상을 일으키는 것은?

① *Penicillium notatum*

② *Penicillium expansum*

③ *Penicillium cyclopium*

④ *Penicillium chrysogenum*

| 해설

① *Penicillium notatum*는 최초의 페니실린 생산 균주
③ *Penicillium cyclopium*는 치즈가 저장될 때 유해균
④ *Penicillium chrysogenum*는 페니실린 생산

정답 ②

80. 미생물의 증식기 중 유도기와 관계없는 것은?

① 세포 내 RNA 함량이 증가한다.

② 미생물이 가장 왕성하게 발육한다.

③ 새로운 환경에 적응하며, 각종 효소 단백질을 생합성한다.

④ 세포 내의 DNA 함량은 거의 일정하다.

| 해설

유도기는 세포 수의 증가가 거의 없는 단계로 세포 증식을 위한 준비단계임

정답 ②

81. 크고 무거운 식품 원료를 운반하는데 주로 사용되는 고체 이송기로 수직 방향 운반용의 양동이를 사용하는 것은?

① 체인 컨베이어

② 롤러 컨베이어

③ 버킷 컨베이어

④ 스크루 컨베이어

| 해설

① 체인 컨베이어(chain conveyer): 체인을 사용하여 물품을 운반하는 기계를 통틀어 이르는 용어
② 롤러컨베이어(roller conveyer): 자유롭게 회전이 가능한 여러 개의 롤러를 이용해 물체를 운반하는 방식, 운반물을 롤러 위에서 굴리며 운반
③ 버킷 컨베이어(bucket conveyer)
 • 원료를 수직운반, 버킷이 고무밸브나 체인에 견고하게 취부되어 모터로 구동됨
 • 구조가 간단하고 면적이 작아서 공간 활용도가 높음
④ 스크루컨베이어(screw conveyer)
 • U자형 원통속에서 screw 모양의 날개를 회전시켜 screw의 상호 운동의 결과로써 운반물을 Feeding 시키는 장비
 • 완전밀폐로 미세한 분말 등을 운반 가능

정답 ③

82. 점도가 높은 액상 식품 또는 반죽 상태의 원료를 가열된 원통 표면과 접촉시켜 회전하면서 건조시키는 장치는?

① 드럼 건조기

② 분무식 건조기

③ 포말식 건조기

④ 유동층식 건조기

| 해설

드럼 건조기

수증기로 가열되는 원통 표면에 원료를 얇은 막 상태로 부착하여 건조시키는 장치
주로 열에 민감한 식품, 점도가 높거나 고형분 입자가 크거나, 고형분 함량이 많아 분무건조하기 힘든 식품에 이용

정답 ①

83. 다음 농축 공정 중 원료의 온도변화가 가장 작은 공정은?

① 증발 농축　　　② 동결 농축
③ 막 농축　　　　④ 감압 농축

│ 해설

막 농축은 열을 가하지 않으므로 에너지 소비량이 적으며, 품질의 열화를 최소화함

정답 ③

84. 고체의 양은 많으나 유동성이 비교적 큰 계란, 크림, 쇼트닝의 제조에 가장 적합한 혼합기는?

① 드럼 믹서(drum mixer)
② 스크루 믹서(screw mixer)
③ 반죽기(kneader)
④ 팬 믹서(pan mixer)

│ 해설

㉠ 드럼 믹서는 팬이 없이 큰 드럼통에 넣고 믹싱을 해주는 과정으로 시멘트 제조에 적합
㉡ 스크루 믹서는 회전 칼날이 돌아가면서 혼합
㉢ 팬 믹서는 통 안에서 패들이 회전하는 것으로 대표적인 혼합기

정답 ④

85. 식품재료에 들어 있는 불필요한 물질이나, 변형·부패된 재료를 분리·제거하는 선별법의 선별 원리에 해당하시 않는 것은?

① 무게에 의한 선별　　② 크기에 의한 선별
③ 모양에 의한 선별　　④ 경험에 의한 선별

│ 해설

선별법의 선별 원리는 무게, 크기, 모양, 색에 의한 선별

정답 ④

86. 교반 속도가 빠른 액체 혼합기에서 방해판(baffle)이 하는 주된 역할은?

① 소용돌이를 완화하여 내용물이 넘치지 않도록 한다.
② 교반에 필요한 에너지의 소비를 줄여준다.
③ 회전속도를 높여준다.
④ 열발생으로 내용물의 점도를 낮춰준다.

│ 해설

원통형 안에 공기 공동이 생기는 소용돌이 현상을 방지하기 위해 방해판을 부착하여 혼합효과를 높임

정답 ①

87. 제면공정 중 반죽을 작은 구멍으로 압출하여 만든 식품이 아닌 것은?

① 당면　　　　② 마카로니
③ 우동　　　　④ 롱스파게티

│ 해설

㉠ 신연면: 반죽을 길게 잡아 당겨 빼는 국수
　예 우동, 중화면, 소면 등
㉡ 압출면: 압착기를 이용하여 압출해서 뽑아낸 국수
　예 마카로니, 스파게티, 당면 등

정답 ③

88. 식품의 건조 중 일어나는 화학적 변화가 아닌 것은?

① 갈변 현상 및 색소 파괴
② 단백질 변성 및 아미노산 파괴
③ 가용성 물질의 이동
④ 지방의 산화

│ 해설

가용성 물질의 이동은 물리적 변화임

정답 ③

89. 연속조업이 가능한 장점이 있고 우유에서 크림을 분리할 때 주로 사용되는 원심분리기는?

① 관형(tubular) 원심분리기
② 원판형(disc) 원심분리기
③ 바스켓(basket) 원심분리기
④ 진공식(vacuum) 원심분리기

|해설

원판형 원심분리기(disc bowl centrifuge)
• bowl 바닥은 평평하고 꼭대기는 원추형이며, bowl 안에 접시모양의 disc 들이 포개져 고정되어 있음
• 원심력에 의해 무거운 액체는 아랫부분을 따라 바깥쪽으로, 가벼운 액체는 윗부분을 따라 안쪽으로 이동하므로 연속적 작업이 가능함
• 유체의 상 농축, 우유에서 크림층 분리, 식용유의 정제, 과일주스의 청징시 이용

정답 ②

90. 계란의 껍질에 묻은 오염물, 과일 표면의 기름(grease)이나 왁스 등을 제거할 때, 주로 물 또는 세척수를 이용하여 세척하는 방법으로 가장 효과적인 것은?

① 침지세척(Soaking cleaning)
② 분무세척(Spray cleaning)
③ 부유세척(Flotation cleaning)
④ 초음파세척(Ultrasonic cleaning)

|해설

① 침지세척: 원료를 물에 담가 부착된 오염물질을 팽연시켜 쉽게 제거하는 방법
② 분무세척: 스크린 컨베이어에 실어 다량의 원료를 일정한 속도로 이동시키거나 원료를 교반장치에 넣고 물을 세게 뿌려 세척하는 방법
③ 부유세척: 오염물질의 밀도와 부력 차이를 이용하여 세척하는 방법
④ 초음파세척: 초음파를 사용하여 달걀의 오염물, 과일의 그리스나 왁스, 채소류의 모래나 흙 등 제거

정답 ④

91. 다음 중 압출성형기의 기본 기능과 관계가 먼 것은?

① 혼합
② 가수분해
③ 팽화
④ 조직화

|해설

압출성형기(Extrusion Equipment)는 혼합, 압축, 가열, 살균, 성형, 팽화 등의 단위조작이 기기 내부에서 일어남

정답 ②

92. 증발 농축이 진행될수록 용액에 나타나는 현상으로 옳은 것은?

① 농도가 낮아진다.
② 비점이 높아진다.
③ 거품이 없어진다.
④ 점도가 낮아진다.

|해설

농축 공정 중 발생하는 현상
비점 상승, 점도 상승, 거품 발생, 관석 생성, 비말 동반 등

정답 ②

93. 표면에 홈이 있는 원판이 회전하면서 통과하는 고형 식품을 전단력에 의하여 분쇄하는 분쇄 장치는?

① 디스크 밀(disc mill)
② 해머 밀(hammer mill)
③ 롤 밀(roll mill)
④ 볼 밀(ball mill)

|해설

① 디스크 밀: 홈이 파여있는 두 개의 디스크 사이에 식품을 넣고 원판 사이 간격을 조절하여 회전시키면 마찰력과 전단력에 의해 분쇄가 일어남
② 해머 밀: 가장 많이 쓰이고 구조가 간단하며 용도가 다양, 충격력 이용
③ 롤 밀: 롤이 회전하면서 회전롤 사이에서 압축됨과 동시에 분쇄
④ 볼 밀: 회전 드럼 속에 금속이나 돌 같은 단단한 볼을 넣어 원료와 함께 회전시켜 분쇄

정답 ①

94. 초임계 가스 추출법에서 주로 사용되는 초임계 가스로 맞는 것은?

① 이산화탄소 가스
② 수소 가스
③ 헬륨 가스
④ 질소 가스

│해설

㉠ 초임계유체 추출은 초임계가스를 용제로 사용하며, 주로 이산화탄소와 펜탄 등이 사용됨
㉡ 이산화탄소의 장점: 열에 불안정한 물질의 추출에 적용 가능, 불활성가스로 인화성, 화학반응성이 없으며, 인체에 무해함, 회수와 저장, 고순도 유체의 구입이 용이하고 저렴하게 구입이 가능함

정답 ①

95. 설비비가 비싸고, 처리량이 적어 점도가 높은 최종 단계의 농축에 많이 사용하는 증발기는?

① 긴 관형 증발기
② 코일 및 재킷식 증발기
③ 기계 박막식 증발기
④ 플레이트식 증발기

│해설

① 긴 관형 증발기: 액이 얇은 필름 상태로 가열파이프 벽을 상승 또는 하강함, 가열면과 접촉하는 시간이 짧아 열에 민감한 용액에 사용
② 코일 및 재킷식 증발기: 투자비가 적게 들지만, 비교적 열전달속도와 에너지 효율이 낮으며 열에 민감한 식품 품질 손상
③ 기계박막식 증발기: 기계적 교반에 의해 필름을 형성, 고점성의 용액을 효율적으로 농축할 수 있음
④ 플레이트식 증발기: 관형 열교환기를 가열부분으로 사용하여 증기분리실에서 순간 증발시키는 형식, 설비면적이 적고 쉽게 해체가 가능

정답 ③

96. 수분함량 50%(습량 기준)인 식품 100kg을 건조기에 투입하여 수분함량 20%로 낮추고자 한다. 제거하여야 할 수분의 양은?

① 50kg
② 27.5kg
③ 37.5kg
④ 30kg

│해설

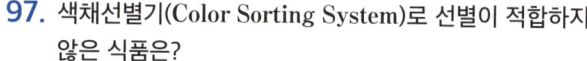

$$건조물의\ 수분함량 = \frac{원료의\ 수분량 - 제거수분량(a)}{원료량 - 제거수분량(a)} \times 100$$

$$20 = \frac{50 - a}{100 - a} \times 100$$

$$\therefore a = 37.5\,\text{kg}$$

정답 ③

97. 색채선별기(Color Sorting System)로 선별이 적합하지 않은 식품은?

① 숙성정도가 다른 토마토
② 과도하게 열처리 된 잼
③ 크기가 다른 오이
④ 표면 결점을 가진 땅콩

│해설

크기가 다른 오이는 두께, 폭, 지름 등의 크기에 의한 선별의 원리를 이용하여 선별함

정답 ③

98. 원료를 파쇄실의 회전 칼날로 절단한 뒤 스크린을 통과시켜 일정한 크기나 모양으로 조립하는 대표적인 파쇄형 조립기는?

① 피츠 밀(Fitz mill)

② 니더(kneader)

③ 핀 밀(pin mill)

④ 위노어(winnower)

| 해설

① 피츠 밀(Fitz mill): 파쇄형 조립(성형과정의 일종)기기, 단단한 원료를 회전하는 칼에 의해 일정 크기와 모양으로 부수거나 절단하여 조립하는 기계

② 니더(kneader): 점성이 높은 물질 또는 반소성 물질을 반죽혼합하는 기계

③ 핀 밀(pin mill): 고정원판과 고속회전원판에 작은 막대 모양의 핀이 여러 개 붙어 있어 고정핀 사이에서 고속 회전하는 핀의 충격에 의하여 원료가 분쇄되는 분쇄기

④ 위노어(winnower): 상승기류 속에 곡물을 공급하여 종말속도 차에 의해 선별을 행하는 대표적인 선별기

 정답 ①

99. 식품 원료의 전처리 공정으로써 분쇄의 목적이 아닌 것은?

① 원료의 입자 크기를 감소시켜 건조 속도를 느리게 하기 위하여

② 특정한 원료의 입자 크기를 균일하게 하기 위하여

③ 원료의 혼합 공정을 쉽고 효과적으로 하기 위하여

④ 조직으로부터 원하는 성분을 효율적으로 추출하기 위하여

| 해설

분쇄하는 목적

• 조직 파괴로 유용성분의 추출이나 분리를 쉽게 함

• 일정한 입자의 형태로 만들어 품질을 향상

• 표면적 상승으로 화학반응, 건조 및 추출 속도를 빠르게 함

• 다른 재료와 혼합시킬 때 반응속도를 빠르게 하고, 균일한 제품을 얻을 수 있음

정답 ①

100. 무균 충전 시스템에 대한 설명으로 틀린 것은?

① 용기에 관계 없이 균일한 품질의 제품을 얻을 수 있다.

② 무균 환경 하에서 작업이 이루어진다.

③ 포장 용기에 식품을 담아 밀봉 후 살균한다.

④ 주로 초고온 순간(UHT) 살균으로 처리한다.

| 해설

무균 충전 시스템

식품과 포장재를 따로 살균한 다음 무균적으로 충진, 밀봉하는 포장방법

 정답 ③

제1과목 식품위생학

01. 먹는물의 수질기준 중 미생물에 관한 일반 기준으로 잘못된 것은?

① 일반세균은 1 mL 중 100 CFU를 넘지 아니할 것(샘물 및 염지하수 제외)

② 총 대장균군은 100 mL에서 검출되지 아니할 것(샘물, 먹는샘물, 염지하수, 먹는염지하수 및 먹는 해양심층수 제외)

③ 살모넬라, 쉬겔라는 완전 음성일 것(샘물, 먹는 샘물, 염지하수, 먹는염지하수 및 먹는해양심층수의 경우)

④ 여시니아균은 2 L에서 검출되지 아니할 것(먹는물 공동시설의 물의 경우)

| 해설

먹는물 수질기준 및 검사 등에 관한 규칙 중 먹는물의 수질기준
1. 미생물에 관한 기준
가. 일반세균은 1 mL 중 100 CFU(Colony Forming Unit)를 넘지 아니할 것
나. 총 대장균군은 100 mL(샘물·먹는샘물, 염지하수·먹는염지하수 및 먹는해양심층수의 경우에는 250 mL)에서 검출되지 아니할 것
다. 대장균·분원성 대장균군은 100 mL에서 검출되지 아니할 것
라. 분원성 연쇄상구균·녹농균·살모넬라 빛 쉬겔라는 250 mL에서 검출되지 아니할 것
마. 아황산환원혐기성포자형성균은 50 mL에서 검출되지 아니할 것
바. 여시니아균은 2 L에서 건출되지 아니할 것

정답 ③

02. 민물의 게 또는 가재가 제2중간 숙주인 기생충은?

① 폐흡충
② 무구조충
③ 요충
④ 요꼬가와 흡충

| 해설

폐디스토마(폐흡충)
• 제1중간숙주: 다슬기
• 제2중간숙주: 가재, 게, 참게

정답 ①

03. 단백질 식품이 불에 탈 때 생성되어 발암물질로 작용할 수 있는 것은?

① trihalomethane
② polychlorobiphenyl
③ benzopyrene
④ choline

| 해설

벤조피렌(3,4-benzopyrene)
• 생성 원인: 식품에서 고온의 조리·가공시 지방 등의 불완전 연소에 의해 생성되는 다환방향족 탄화수소(PAHs)
• 대기오염물질, 강력한 발암물질
• 과도한 직화구이 생선, 햄버거, 훈제 육류에서 발생

정답 ③

04. 다음 중 산패와 관계가 있는 것은?

① 단백질의 분해
② 탄수화물의 변질
③ 지방의 산화
④ 지방의 환원

| 해설

부패
식품 중의 단백질 성분이 자기소화, 부패세균의 효소작용 등에 의해 분해되어 악취가 나고 불가식화되는 현상
변패
질소를 함유하지 않은 당질과 지질이 미생물, 산소, 광선, 온도, 습도 등에 의해 분해되어 산미 또는 이취 생성
산패
유지가 산소, 빛, 금속 등에 의해 산화되는 현상

정답 ③

05. *Aspergillus flavus*가 aflatoxin을 생산하는데 필요한 조건과 가장 거리가 먼 것은?

① 최적 온도: 25~30℃

② 최적 상대습도: 80% 이상

③ 기질의 수분: 16% 이상

④ 주요 기질: 육류 등의 단백질 식품

| 해설

Aspergillus 속은 곡류와 두류, 땅콩과 같은 탄수화물 식품에 주로 발생

정답 ④

06. 해수에 존재하는 호염성의 식중독 원인세균은?

① 포도상구균

② 웰치균

③ 장염비브리오균

④ 살모넬라균

| 해설

Vibrio 속은 대부분 호염성균임

정답 ③

07. 공장 폐수에 의해 바닷물에 질소, 인 등의 함량이 증가하여 플랑크톤이 다량 번식하고 용존 산소가 감소되어 어패류의 폐사와 유독화가 일어나는 현상은?

① 부영양화 현상

② 신나천(紳奈川) 현상

③ 스모그 현상

④ 밀스링케(Mils-Reincke) 현상

| 해설

② 가나가와(신나천) 현상: 장염 비브리오 중, 환자에서 분리된 균주는 혈액배지에서 배양시 균의 주변에 투명한 용혈환을 나타내는 데, 해수나 어패류에서 유래한 균은 용혈성을 나타내지 않는 현상

③ 스모그 현상: 대기오염 현상

④ 밀스링케 현상: 강물을 여과한 후 급수하면 수인성 전염병 발생률이 현저하게 감소하는 현상

정답 ①

08. 미생물 중 특히 곰팡이의 증식을 억제하여 치즈, 식육가공품 등에 사용하는 합성보존료는?

① 소르빈산

② 살리실산

③ 안식향산

④ 데히드로초산

| 해설

소르빈산 = 소브산(sorbic acid)

정답 ①

09. 식품의 보존방법 중 방사선조사에 대한 설명으로 틀린 것은?

① 1kGy 이하의 저선량 방사선 조사를 통해 발아억제, 기생충 사멸, 숙도 지연 등의 효과를 얻을 수 있다.

② 바이러스의 사멸을 위해서는 발아 억제를 위한 조사보다 높은 선량이 필요하다.

③ 10kGy 이하의 방사선 조사로는 모든 병원균을 완전히 사멸시키지는 못한다.

④ 안전성을 고려하여 식품에 사용이 허용된 방사선은 ^{140}Ba이다.

| 해설

감마선 방출 선원: ^{60}Co 사용

※ 생물체의 방사선 감수성은 유전자의 다양화가 클수록 높음
   감수성(사멸선량): 해충(0.5~3 kGy) > 세균(5 kGy) > 포자(30 kGy) > 바이러스(30 kGy)

※ 발아억제를 위한 선량: 0.25 kGy 이하

정답 ④

10. 무구조충에 대한 설명으로 틀린 것은?

① 세계적으로 쇠고기 생식 지역에 분포한다.

② 소를 숙주로 해서 인체에 감염된다.

③ 감염되면 소화장애, 복통, 설사 등의 증세를 보인다.

④ 갈고리촌충이라고도 하며, 사람의 소장에 기생한다.

| 해설

갈고리촌충: 유구조충, 민촌충: 무구조충

정답 ④

11. 비브리오 패혈증에 대한 설명으로 틀린 것은?

① 원인균은 *V. parahaemolyticus*이다.

② 간 질환자나 당뇨 환자들이 걸리기 쉽다.

③ 전형적인 증상은 무기력증, 오한, 발열 등이다.

④ 감염을 피하기 위해 수온이 높은 여름철에 조개류나 낙지류의 생식을 피하는 것이 좋다.

| 해설

㉠ 장염 Vibrio 식중독: *Vibrio parahaemolyticus*
㉡ 비브리오패혈증(식중독): *Vibrio vulnificus*
㉢ 콜레라(경구감염병): *Vibrio cholera*

정답 ①

12. 식품오염물은 음식물에 직접 또는 먹이사슬에 의한 생물 농축을 통해 인체건강장해를 일으키는 환경오염물질을 발생시키는데, 그 발생 원인과 거리가 먼 것은?

① 식품 또는 첨가물의 오용 및 남용 등에 의한 경우

② 식품의 제조, 가공과정에서 유해물질이 혼입되는 경우

③ 기구나 용기포장에서 유해물질이 용출된 경우

④ 물리적 변화로 인한 식품조직의 변형에 의한 경우

| 해설

단순한 식품의 물리적 조직변화는 환경오염물질이 아님

정답 ④

13. 초기 부패의 식별법이 아닌 것은?

① 생균수 측정

② 휘발성 염기 질소의 정량

③ 히스타민(histamine)의 정량

④ 환원당 측정

| 해설

부패의 판정

• 관능검사: 아민·암모니아 등 부패취, 변색·점액화 등 외관, 불쾌한 맛

• 미생물학적 검사
 - 식품 중 생균수 측정 목적: 신선도 여부 판단
 - 생균수 $10^7 \sim 10^8/g$이면 초기부패로 판정
 - $10^5/g$ 이하이면 안정
• 화학적 검사: 휘발성염기질소(VBN), 트리메틸아민(TMA), 히스타민, pH 측정

정답 ④

14. *Cl. perfringens*에 의한 식중독에 관한 설명 중 옳은 것은?

① 우리나라에서는 발생이 보고된 바가 없다.

② 육류와 같은 고단백질 식품보다는 채소류가 자주 관련된다.

③ 일반적으로 병독성이 강하여 적은 균수로도 식중독을 야기한다.

④ 포자 형성(sporulation)이 일어나는 경우에만 식중독이 발생한다.

| 해설

① 우리나라에서는 대량의 식품을 조리하여 저장하는 집단급식에서 잘 생김
② 육류를 조리 후 보관했다가 먹을 경우 주로 발생
③ 식중독 중에서는 위해도가 가장 낮은 편이며, 식중독 증상을 나타내기 위해서는 많은 균수($10^6 \sim 10^8/g$) 필요
④ 영양세포가 증식하면서 장독소를 생성한 후, 소장에서 수용체와 결합하면 식중독 증상 발생

정답 ④

15. 식품보존료로서 안식향산(benzoic acid)을 사용할 수 없는 식품은?

① 과일·채소류 음료 　　② 탄산음료

③ 인삼음료 　　④ 발효음료류

| 해설

안식향산(benzoic acid) 사용 가능 식품

• 과일·채소류 음료, 탄산음료, 인삼 및 홍삼음료, 간장
• 마가린, 마요네즈, 절임식품

정답 ④

16. 간디스토마의 일종인 피낭유충(metacercaria)을 사멸시키지 못하는 조건은?

① 열탕안   ② 냉동결빙

③ 간장   ④ 식초

| 해설

간디스토마 피낭유충의 사멸조건
- 식초에서 1시간
- 간장에서 6시간
- 끓는 물에서 1분
- 하지만, 저온에서는 저항력이 강함

정답 ②

17. 표백작용과 관계 없는 것은?

① 산성 제일인산칼륨   ② 과산화수소

③ 무수아황산   ④ 아황산나트륨

| 해설

표백제
- 산화 표백제-과산화수소
- 환원 표백제-메타중아황산나트륨, 메타중아황산칼륨, 무수아황산, 아황산나트륨, 산성아황산나트륨, 차아황산나트륨

정답 ①

18. 식품 등의 위생적인 취급에 관한 기준이 틀린 것은?

① 부패·변질되기 쉬운 원료는 냉동·냉장시설에 보관하여야 한다.

② 제조·가공·조리 또는 포장에 직접 종사하는 사람은 위생모를 착용하여야 한다.

③ 최소 판매 단위로 포장된 식품이라도 소비자 수요에 따라 탄력적으로 분할하여 판매할 수 있다.

④ 식품 등의 제조·가공·조리에 직접 사용되는 기계·기구는 사용 후에 세척·살균하여야 한다.

| 해설

식품위생법 시행규칙 제2조(식품등의 위생적인 취급에 관한 기준)

제조·가공하여 최소판매 단위로 포장된 식품 또는 식품첨가물을 허가를 받지 아니하거나 신고를 하지 아니하고 판매의 목적으로 포장을 뜯어 분할하여 판매하여서는 아니 된다.

정답 ③

19. 식품첨가물의 사용에 대한 설명이 틀린 것은?

① 효과 및 안전성에 기초를 두고 최소한의 양을 사용해야 한다.

② 식품첨가물의 원료 자체가 완전 무해하면 성분 규격이 따로 정해져 있지 않다.

③ 식품첨가물의 사용으로 심각한 영양 손실을 초래할 경우, 그 사용은 고려되어야 한다.

④ 천연첨가물의 제조에 사용되는 추출 용매는 식품첨가물 공전에 등재된 것으로서 개별 규격에 적합한 것이어야 한다.

| 해설

무해한 식품첨가물이어도 「식품첨가물의 기준 및 규격」에 사용기준, 용도 등이 고시되어 있음

정답 ②

20. 수질오염과 관련하여 공장 폐수의 어류에 대한 치사량을 구하는데 사용되는 단위는?

① LD_{50} ② LC

③ ADI   ④ TLm

| 해설

TLm(Median Tolerance Limit)
- 어류에 대한 독성시험의 결과를 나타내는 값
- 어류를 급성 독성물질이 포함되어 있는 희석액 중에 일정 시간 사육 후, 그 기간동안 시험어류의 50%가 살아남았을 때의 배수 농도로 표시

정답 ④

21. 다음 식품 중 소성유동을 일으키는 것은?

① 인절미　　　　② 밀가루반죽

③ 생크림　　　　④ 청국장

| 해설

버터나 생크림은 가소성(외부에서 힘을 받아 변형된 후 그 힘을 없애도 본래의 상태로 되돌아가지 않는 성질)을 가짐

정답 ③

22. 단맛을 내는 물질이 아닌 것은?

① 아스파탐(Aspartame)

② 사카린(Saccharin)

③ 스테비오사이드(Stevioside)

④ 알칼로이드(Alkaloid)

| 해설

알칼로이드는 쓴맛을 냄

정답 ④

23. 효소는 주로 어떤 물질로 구성되어 있는가?

① 탄수화물　　　② 단백질

③ 인지질　　　　④ 중성지방

| 해설

효소는 수로 난백실로 구성되어 있어 열에 불안정함

정답 ②

24. 식품의 저장 중 유지성분의 산패에 영향을 미치는 정도가 가장 작은 것은?

① 빛　　　　　　② 온도

③ lipoxygenase　④ 탄수화물

| 해설

유지성분의 산패에서 빛, 온도, 지방산화효소는 매우 중요한 요소임
탄수화물은 관련성이 적음

정답 ④

25. 교질의 성질이 아닌 것은?

① 반투성　　　　② 브라운 운동

③ 흡착성　　　　④ 경점성

| 해설

콜로이드의 성질

틴달현상, 반투성, 응결과 염석, 전기영동, 브라운 운동 등

정답 ④

26. 단백질에 대한 설명으로 틀린 것은?

① 단백질 함량은 질소 함량을 통해 추정할 수 있다.

② 단백질의 약 16%는 질소분이다.

③ 식품 중 단백질의 질소함량은 식품의 형태에 따라 크게 달라진다.

④ 질소함량은 보통 Kjeldahl 법에 의해서 측정된다.

| 해설

식품 중 단백질의 질소함량은 식품의 형태에 따라 크게 달라지지는 않음

정답 ③

27. 지방의 가수분해에 의한 생성물은?

① 글리세롤과 에테르

② 글리세롤과 지방산

③ 에스테르와 에테르

④ 에스테르와 지방산

| 해설

중성지질(triglyceride)은 글리세롤 1분자와 지방산 3분자가 에스테르(ester) 결합을 통해 생성

정답 ②

28. 다음 중 필수 아미노산에 해당하지 않는 것은?

① 알라닌　　　　② 히스티딘

③ 라이신　　　　④ 발린

| 해설

필수아미노산

• 신체에서 합성할 수 없는 아미노산으로 음식에서 공급되어야만 하는 아미노산

• 성인은 isoleucine, leucine, lysine, methionine, threonine, phenylalanine, tryptophan, valine (8개)

• 성장기 어린이와 회복기 환자는 arginine, histidine 포함 10개

정답 ①

29. 6 mg의 all-trans-retinol은 몇 international unit(IU)의 비타민 A에 해당하는가?

① 10000 IU

② 20000 IU

③ 30000 IU

④ 40000 IU

| 해설

retinol 0.03mg은 100 IU

그러므로 6mg은 20000 IU

International Unit(IU)

• 비타민·호르몬 등의 생리 활성 물질에 관한 그 역가(力價)를 통일하여 표시하기 위한 국제단위

• 미량으로 생리 활성을 나타내는 물질로서, 물리·화학적 정량(定量)이 곤란한 것에 대해서 사용

정답 ②

30. 새우, 게 등을 가열할 때 생기는 적색 물질은?

① astaxanthin　　　② astacin

③ lutein　　　　　④ cryptoxanthin

| 해설

갑각류의 아스타잔틴

• 단백질과 결합하여 복합체의 형태로 존재하여 청색, 남색을 띰

• 가열하면 단백질이 변성하여 아스타잔틴이 유리, 산화되어 선홍색의 아스타신 형성

정답 ②

31. 식품 중의 회분(%)을 회화법에 의해 측정할 때 계산식이 옳은 것은? (단, S: 건조 전 시료의 무게, W: 회화 후의 회분과 도가니의 무게, W_0: 회화 전의 도가니 무게)

① $[(W - S)/W_0] \times 100$

② $[(W_0 - W)/S] \times 100$

③ $[(W - W_0)/S] \times 100$

④ $[(S - W_0)/W] \times 100$

| 해설

조회분 정량에서 회분량 계산식임

정답 ③

32. 포화지방산으로 조합된 것은?

① 아라키도닌산, 올레인산, 리놀레닌산, 스테아린산

② 팔미틴산, 스테아린산, 올레인산, 아라키딘산

③ 로오린산, 스테아린산, 리놀레인산, 올레인산

④ 미리스틴산, 스테아린산, 팔미틴산, 아라키딘산

│ 해설

포화지방산

이중결합이 없음

포화지방산	탄소 수	표기법	구조	녹는점 (℃)
카프르산 (capric acid)	10	$C_{10:0}$		32
라우르산 (lauric acid)	12	$C_{12:0}$		43
미리스트산 (myristic acid)	14	$C_{14:0}$		54
팔미트산 (palmitic acid)	16	$C_{16:0}$		60
스테아르산 (stearic acid)	18	$C_{18:0}$		69
아라키드산 (arachidic acid)	20	$C_{20:0}$		76

정답 ④

33. 독성이 매우 강하여 면실유 정제 시에 반드시 제거하여야 하는 천연 항산화제는?

① sesamol

② guar gum

③ gossypol

④ gallic acid

│ 해설

sesamol은 참깨에 함유된 천연항산화물질

정답 ③

34. Ca의 흡수를 촉진하는 비타민은?

① 비타민 A ② 비타민 B_1

③ 비타민 B_2 ④ 비타민 D

│ 해설

Ca의 흡수를 촉진하는 비타민- 비타민 D, 비타민 C

정답 ④

35. 채소 중 카로틴 성분은 어느 비타민의 효력을 가지는가?

① 비타민 A ② 비타민 B_1

③ 비타민 C ④ 비타민 D

│ 해설

카로틴(carotene)

이소프렌의 축합체인 탄화수소로서 프로비타민 A

정답 ①

36. 다음 중 식품의 수분정량법이 아닌 것은?

① 건조감량법 ② 증류법

③ Karl-Fischer법 ④ 자외선 사용법

│ 해설

수분정량법

건조감량법, 증류법, 칼피셔(Karl Fischer)법

정답 ④

37. o/w형 유화액(emulsion)에 해당하지 않는 식품은?

① 우유 ② 마가린

③ 마요네즈 ④ 아이스크림

│ 해설

㉠ 수중유적형(oil in water, o/w): 우유, 생크림, 마요네즈

㉡ 유중수적형(water in oil, w/o): 버터, 마가린

정답 ②

38. 식품의 전형적인 등온흡(탈)습곡선에 관한 설명으로 틀린 것은?

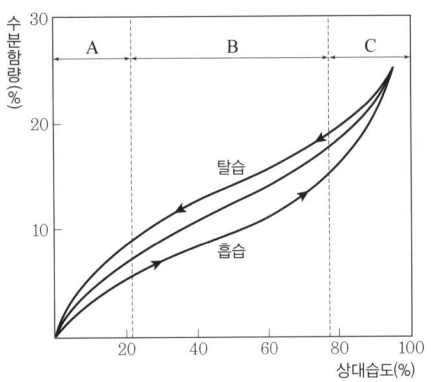

① 식품이 놓여져 있는 환경의 상대 습도가 높아질수록 식품의 수분함량은 증가한다.
② A영역은 식품 중의 수분이 단분자층을 형성하고 있는 부분이다.
③ A영역의 수분은 식품 중 아미노(amino)기나 카르복실(carboxyl)기와 이온결합하고 있다.
④ C영역은 다분자층 영역으로 물 분자간 수소 결합이 주요한 결합형태이다.

| 해설

B영역은 다분자층 영역으로 물 분자간 수소 결합이 주요한 결합형태

정답 ④

39. 특성 차이를 검사하는 관능검사방법 중 동시에 두 개의 시료를 제공하여 특정 특성이 더 강한 것을 식별하도록 하는 것은?

① 이점비교검사
② 다시료비교검사
③ 순위법
④ 평점법

| 해설

① 이점비교 검사: 두 가지 시료 중에서 어떠한 특징(단맛, 짠맛, 바나나향 등)이 강한 시료를 선택하는 검사 방법
② 다표준 시료 검사: 다른 검사법과 반대로 여러 가지(2개 이상)의 표준품을 제시하고 이 표준품과 가장 다른 비교 시료를 선택하는 검사
③ 순위법: 여러 시료 중 어떠한 특징이 가장 강한 순위로 나열하는 검사법
④ 평점법: 여러 시료에 대해서 어떠한 특징을 척도(5점, 7점, 9점 등)로 나타내어 비교 정량적으로 구분하는 검사법

정답 ①

40. 엽록소(chlorophyll)의 녹색을 오래 보존하기 위해 chlorophyll의 Mg을 무엇으로 치환하는 것이 좋은가?

① Cu
② H
③ K
④ N

| 해설

구리나 철과 함께 가열하면 클로로필의 마그네슘 이온이 이들 금속이온과 치환되어 안정한 청록색의 구리-클로로필, 또는 선명한 갈색의 철-클로로필을 형성

정답 ①

제3과목 식품가공학

41. 냉동화상(freezer burn)에 대한 설명이 틀린 것은?

① 동결된 식품의 표면이 공기와 접촉하여 발생한다.

② 다공질의 건조층이 생긴다.

③ 색깔, 조직, 향미, 영양가는 변화가 없다.

④ 냉동 육류의 저장에서 많이 발생한다.

| 해설

식품의 변색, 지방산화 등으로 조직, 향미, 영양가 등 품질의 저하 발생

정답 ③

42. 수산식품자원으로서 동물성자원이 아닌 것은?

① 어류

② 갑각류

③ 연체동물류

④ 조류

| 해설

조류는 식물성자원. 남조류, 홍조류, 녹조류, 갈조류 등이 속함

정답 ④

43. 7분도미의 도정률은 약 몇 %인가?

① 100

② 97

③ 94

④ 91

| 해설

㉠ 도정률: 현미량에 대한 백미의 비율

㉡ 쌀의 종류에 따른 도정률: 현미 - 100%, 5분도미 - 96%, 7분도미 - 94.4%, 백미 - 92%

정답 ③

44. 잼 제조 시 겔(gel)화의 조건으로 적합한 것은?

① 당도 60~65%

② 펙틴 2.0~2.5%

③ 산도 0.5%

④ pH 4.0

| 해설

젤리화에 필요한 3요소: 당(60~65%), 산(0.3%), 펙틴(1.0~1.5%)

정답 ①

45. 유지의 산패 측정 방법 중 화학적 방법이 아닌 것은?

① 과산화물가 측정

② TBA가 측정

③ Oven test

④ AOM법

| 해설

유지 산패 측정방법

• 관능검사에 의한 측정법: 스카알 오븐 테스트

• 물리적 방법

 - GC를 이용한 방법

 - 중량법

 - 유지의 산소흡수량 측정법

 - 공액이중결합을 가진 지방산함량의 측정법

 - 굴절률의 변화 측정

• 화학적 방법

 - 과산화물가 측정법

 - 크라이스 테스트

 - TBA법

 - 카아보닐가 측정

 - 아니시딘가 측정

 - AOM법

정답 ③

46. 산을 첨가했을 때 응고·침전하는 우유 단백질로, 유화제로도 사용되는 것은?

① 레닌(rennin)

② 글로불린(globulin)

③ 카세인(casein)

④ 알부민(albumin)

| 해설

카제인(casein): 우유 단백질의 약 80% 정도를 차지, 산, 레닌에 의해 등전점 침전

정답 ③

47. 과실주스 제조 시 청징에 사용하지 않는 것은?

① 난백

② 펙틴 분해 효소

③ 젤라틴 및 탄닌

④ 아스코르빈산

| 해설

과실주스의 청징 방법

난백, 카제인, 젤라틴, 탄닌, 활성탄 및 규조토와 같은 침전보조제나 혼탁을 방지하기 위해 펙틴 분해효소(pectinase) 등 사용

정답 ④

48. 우유 5000kg/h를 5℃에서 55℃까지 열교환기로 가열하고자 한다. 우유의 비열이 $3.85kJ/(kg \cdot K)$ 일 때 필요한 열 에너지 양은?

① 267.4 kW

② 275.2 kW

③ 282.3 kW

④ 323.5 kW

| 해설

필요한 열에너지 = 우유의 비열 × ΔT(온도변화량) × 우유량

∴ $3.85\,kJ/kg \cdot K × 50\,K × 5000\,kg/h × 1\,h/3600s$

   = $267.4\,kJ/s = 267.4\,kW$

정답 ①

49. 식품의 수증기압이 10mmHg이고 같은 온도에서 순수한 물의 수증기압이 20mmHg일 때 수분활성도는?

① 0.1   ② 0.2

③ 0.5   ④ 1.0

| 해설

수분활성도(water activity, Aw)

• 일정한 온도에서 순수한 물의 수증기압에 대한 그 식품의 수증기압의 비율

• $Aw = \dfrac{P}{P_0} = \dfrac{10}{20} = 0.5$

정답 ③

50. 채소나 과실을 알칼리로 박피할 때 껍질이 제거되는 원리는?

① 껍질 자체를 알칼리가 분해시키기 때문

② 알칼리가 고온에서 전분을 분해시키기 때문

③ 껍질 밑층의 pectin질 등을 분해시켜 수용성으로 만들기 때문

④ 알칼리가 cellulose를 분해시키기 때문

| 해설

알칼리 용액을 이용한 박피법

• 3% 내외의 끓는 NaOH용액에 넣고 30~60초 동안 처리한 후 강한 압력의 분무세척기로 세척하여 알칼리 제거 및 껍질을 제거하는 방법

• 채소나 과일의 껍질 밑층은 펙틴으로 이루어져 있고 펙틴은 알칼리에 분해되어 수용성이 되기 때문에 껍질이 가용화됨

정답 ③

51. 장류 제조시 코지(koji)를 사용하는 주된 목적은?

① 호기성균을 발육시켜 호흡작용을 정지시키기 위해

② 아미노산, 에스테르 등의 물질을 얻기 위해

③ 아밀라아제, 프로테아제 등의 효소를 생성하기 위해

④ 잡균의 번식을 방지하기 위해

| 해설

코지는 증미에 코지곰팡이(*Aspergillus oryzae*)를 번식시킨 것으로, 전분을 분해할 수 있는 amylase와 단백질을 분해할 수 있는 protease의 중요한 공급원임

정답 ③

52. 유통기한 설정을 위한 실험결과 보고서의 내용 중 '제품의 특성'에 들어가지 않아도 되는 것은?

① 제조·가공 공정

② 사용원료 생산자

③ 포장재질, 포장방법, 포장단위

④ 보존 및 유통온도

| 해설

「식품, 식품첨가물, 축산물 및 건강기능식품의 소비기한 설정기준」 중 소비기한 설정실험 결과보고서에서 제품의 특성내용
- 식품, 식품첨가물, 축산물, 건강기능식품의 유형 또는 품목, 성상, 사용원료, 제조·가공공정, 포장재질·포장방법·포장단위, 보존 및 유통온도 등 실험 수행을 위한 일반적 사항 기록 및 검체의 성상, 포장상태, 구성식품의 정보, 표시사항 등을 파악할 수 있는 정보

정답 ②

53. 달걀을 이루는 세 가지 구조에 해당하지 않는 것은?

① 난각

② 난황

③ 난백

④ 기공

| 해설

달걀을 이루는 세 가지 구조

• 난각: 달걀의 껍데기, 내부보호, 품질유지

• 난황: 달걀의 노른자, 난황의 인지질은 유화제로 이용

• 난백: 달걀의 흰자, 수분과 단백질의 함량이 높음

정답 ④

54. 무발효빵 제조시 사용되는 팽창제와 관계 없는 것은?

① 과붕산나트륨

② 탄산수소나트륨

③ 탄산암모늄

④ 주석산수소칼륨

| 해설

과붕산나트륨은 표백제로서 식품에 허용된 첨가물이 아님

정답 ①

55. 달걀 저장 중 일어나는 변화로 틀린 것은?

① 농후난백의 수양화

② 난황계수의 감소

③ 난중량 감소

④ 난백의 pH 하강

| 해설

신선난백의 pH는 7.6~7.9, 저장기간이 길어지면 난백의 구멍을 통한 CO_2의 방출로 인해 pH 9.7까지 상승

정답 ④

56. 육제품의 주요 훈연 목적과 거리가 먼 것은?

① 저장성 증진　　② 산화 방지

③ 풍미 증진　　　④ 영양 증진

| 해설

훈연의 목적
- 제품 특유의 색, 향미 향상
- 건조에 의한 저장성 향상
- 연기의 방부성분에 의한 잡균오염 방지로 저장성 향상
- 육색의 고정화 촉진
- 지방 산화방지

정답 ④

57. 각 전분의 특성에 대한 설명이 틀린 것은?

① 감자전분 - 전분의 입자크기가 크다.

② 찰옥수수전분 - 아밀로펙틴의 함량이 높다.

③ 밀전분 - 아밀로오스와 아밀로펙틴의 비율이 25 : 75 정도이다.

④ 타피오카전분 - 아밀로오스 100%로 구성되어 있다.

| 해설

타피오카전분은 아밀로펙틴 약 83%로 구성되어 있음

정답 ④

58. 육류가 사후경직되면 글리코겐과 젖산은 각각 어떻게 변하는가?

① 글리코겐 증가, 젖산 증가

② 글리코겐 감소, 젖산 감소

③ 글리코겐 증가, 젖산 감소

④ 글리코겐 감소, 젖산 증가

| 해설

사후경직이 되면 산소공급의 제한으로 근육 중의 글리코겐이 분해되어 젖산 생성

정답 ④

59. 염장을 통한 방부 효과의 원리가 아닌 것은?

① 탈수에 의한 수분활성도 감소

② 삼투압에 의한 미생물의 원형질 분리

③ 산소 용해도 감소

④ 단백질 분해효소의 작용 촉진

| 해설

염장 - 소금을 이용하여 고기, 어패류, 채소 등을 저장하는 방법

소금의 역할
- 수분을 탈수시켜 식품의 수분활성도를 낮춤
- 고삼투압으로 세균 세포의 원형질 분리
- 탄산가스의 용해도 증가, 산소의 용해도 감소시켜 세균이 발육하지 못하게 함

정답 ④

60. 극성이 낮아 유지작물로부터 식용 유지를 추출할 때 가장 많이 사용하는 용매는?

① 물(water)

② 헥산(hexane)

③ 벤젠(benzene)

④ 에테르(ether)

| 해설

헥산, 알코올, 이소프로필 알코올, 헵탄, 석유에테르, 벤젠, 사염화탄소(CCl_4), 이황화탄소(CS_2), 아세톤 등이 쓰임. 이중 헥산이 가장 많이 사용됨

정답 ②

61. 포도주 발효에 가장 많이 사용되는 효모는?

① *Saccharomyces sake*

② *Saccharomyces coreanus*

③ *Saccharomyces ellipsoideus*

④ *Saccharomyces carlsbergensis*

| 해설

① *Saccharomyces sake*는 청주효모
② *Saccharomyces coreanus*는 약주에서 분리
④ *Saccharomyces carlsbergensis*는 하면발효 맥주효모

정답 ③

62. 곰팡이에 대한 설명 중 틀린 것은?

① 균사 조각이나 포자에 의해 증식한다.

② 자낭포자는 무성생식에 의해 형성된다.

③ 호기성 미생물이다.

④ 유성생식 세대가 없는 것을 불완전균류라 한다.

| 해설

자낭포자는 유성생식에 의해 형성됨

정답 ②

63. 아밀라아제(amylase)를 생산하지 못하는 미생물은?

① *Aspergillus oryzae*

② *Rhizopus delemar*

③ *Aspergillus niger*

④ *Acetobacter aceti*

| 해설

*Acetobacter aceti*는 주로 알코올을 발효하여 초산을 생성함

정답 ④

64. 고정화 효소(immobilized enzyme)에 대한 설명으로 틀린 것은?

① 미생물 오염의 위험성이 감소한다.

② 안정성이 증가한다.

③ 재사용이 가능하다.

④ 반응의 연속화가 가능하다.

| 해설

효소의 고정화(enzyme immobilization)
• 화학적인 방법이나 물리적인 방법을 이용하여 효소의 이동성을 인위적으로 제한하는 것
• 목적
  - 반응 후 생성물과의 분리가 용이함
  - 분리된 효소는 재사용 가능
  - 연속공정이 가능함. 반응기의 생산성을 향상시킴
  - 효소의 고농도 집적이 가능함
  - 효소 단백질의 입체구조가 유지되고, 효소활성의 안정화가 이루어짐
  - 고가의 효소인 경우, 경제적으로 사용할 수 있음. 하지만, 여러 번 재사용할 경우, 미생물의 오염 가능성이 있음

정답 ①

65. 영양세포의 원형질 속에 가장 많이 포함되어 있는 성분은?

① 단백질   ② 당분

③ 지방   ④ 수분

| 해설

영양세포의 원형질 구성
물(85~90%), 단백질(7~10%), 지질(1~2%), 기타

정답 ④

66. 다음 중 포자형성 세균은?

① *Acetobacter aceti*

② *Escherichia coli*

③ *Bacillus subtilis*

④ *Streptococcus cremoris*

| 해설

세균 중에는 *Bacillus* 속과 *Clostridium* 속이 포자 형성함

정답 ③

67. 미생물 증식량의 측정법과 거리가 먼 것은?

① 건조 균체량 측정 　② 균체 질소량 측정

③ 비탁법에 의한 측정 　④ micrometer 이용법

| 해설

건조균체량 측정, 균체 질소량 측정, 비탁법은 미생물의 증식도 측정법 중 간접측정법임

정답 ④

68. 포도당 1kg이 젖산으로 모두 발효될 때 얻어지는 젖산은 몇 g인가? (단, 포도당 분자량: 180, 젖산 분자량: 90)

① 500g 　② 800g

③ 1000g 　④ 2000g

| 해설

㉠ 정상형 젖산발효(homo lactic acid fermentation)
　Glucose → 2 lactic acid

㉡ 포도당 1kg으로 생산된 젖산 양
　180(포도당 분자량): 2 × 90(젖산 분자량) = 1000 : b
　∴ $b = 1000\,g$

정답 ③

69. 원핵세포의 구조와 기능이 잘못 연결된 것은?

① 세포벽 - 세포의 기계적 보호

② 염색체 - 단백질의 합성 장소

③ 편모 - 운동력

④ 세포막 - 투과 및 수송능

| 해설

원핵세포의 단백질 합성 장소는 리보솜임

정답 ②

70. 액체 배지에서 초산균의 특징은?

① 균막을 형성하고 혐기성이다.

② 균막을 형성하고 호기성이다.

③ 균막을 형성하지 않으며 혐기성이다.

④ 균막을 형성하지 않으며 호기성이다.

| 해설

초산균(Acetic acid bacteria)는 호기성균으로서 대부분 액의 표면에 번식하여 균막을 만듦

정답 ②

71. 김치 발효에서 발효초기 우세균으로 김치맛에 영향을 미치는 미생물은?

① *Leuconostoc mesenteroides*

② *Streptococcus thermophilus*

③ *Saccharomyces cerevisiae*

④ *Aspergillus oryzae*

| 해설

Leuconostoc mesenteroides

• 내염성, 내당성

• 다른 젖산균보다 급속 발효함, 김치의 발효 초기 생성균

정답 ①

72. 간장의 제조공정에 사용되는 균주는?

① *Aspergillus tamari*　② *Aspergillus sojae*
③ *Aspergillus flavus*　④ *Aspergillus glaucus*

| 해설

① *Aspergillus tamari*는 일본의 tamari 간장 제조에 이용됨
③ *Aspergillus flavus*는 aflatoxin을 생성
④ *Aspergillus glaucus*는 훈제품, 일본 가다랭이포에 향기를 부여함

 ②

73. 각 효모의 특징에 대한 설명으로 틀린 것은?

① *Schizosaccharomyces* 속 – 분열법으로 증식한다.
② *Torulopsis* 속 – 유지 생산균이다.
③ *Candida* 속 – 탄화수소를 자화시키는 효모가 많다.
④ *Debaryomyces* 속 – 내염성 산막효모이다.

| 해설

㉠ *Torulopsis* 속은 내염성, 내당성으로 간장의 후숙과 관련이 있는 효모
㉡ *Rhodotorula* 속은 유지생성 효모

 ②

74. 다음 중 대장균군에 대한 설명이 틀린 것은?

① Gram 음성 무포자 간균이며, 호기성 또는 통성혐기성이다.
② 유당을 분해하여 가스를 발생하는 특징이 있다.
③ 일반적으로 식품이나 용수의 오염지표균으로 사용된다.
④ 호염성 세균으로 해수에 주로 존재한다.

| 해설

비브리오속에 대한 설명임

  ④

75. 유산균이 아닌 것은?

① *Lactobacillus* 속
② *Leuconostoc* 속
③ *Pediococcus* 속
④ *Streptomyces* 속

| 해설

Streptomyces 속은 방선균(균사를 형성하는 세균, 주로 항생물질 생산)

정답 ④

76. 청주, 간장, 된장의 제조에 사용되는 Koji 곰팡이의 대표적인 균종으로 황국균이라고 하는 곰팡이는?

① *Aspergillus oryzae*
② *Aspergillus niger*
③ *Aspergillus flavus*
④ *Aspergillus fumigatus*

| 해설

② *Aspergillus niger*은 흑국균
③ *Aspergillus flavus*는 aflatoxin을 생성
④ *Aspergillus fumigatus*는 흙과 비료 속에 발육하는 내열성 곰팡이

  ①

77. 이상발효 젖산균의 대표적인 포도당 대사 반응식은?

① $C_6H_{12}O_6 \rightarrow 2C_2H_5OH \cdot 2CO_2$

② $C_6H_{12}O_6 \rightarrow 2CH_3 \cdot CHOH \cdot COOH$

③ $C_6H_{12}O_6 \rightarrow CH_3 \cdot CHOH \cdot COOH + C_2H_5OH + CO_2$

④ $C_6H_{12}O_6 \rightarrow CH_3 \cdot CHOH \cdot COOH + CH_3CHO + CO_2$

| 해설

㉠ 정상형 젖산발효(homo lactic acid fermentation): 당으로부터 젖산만 생성
- Glucose → 2 lactic acid
- *Streptococcus* 속, *Pediococcus* 속, 일부의 *Lactobacillus*

㉡ 이상형 젖산발효(hetero lactic acid fermentation): 젖산 이외에 초산/알코올 등이 함께 생성
- Glucose → lactic acid + ethanol + CO_2
  2 Glucose → 2 lactic acid + ethanol + acetic acid + $2CO_2 + H_2$
- *Leuconostoc* 속, 일부의 *Lactobacillus*

정답 ③

78. 맥주 제조에 사용되는 효모는?

① *Saccharomyces fragilis*

② *Saccharomyces peka*

③ *Saccharomyces cerevisiae*

④ *Zygosaccharomyces rouxii*

| 해설

*Saccharomyces cerevisiae*는 상면발효 맥주효모

정답 ③

79. 통조림의 살균 부족으로 잔존하기 쉬운 독소형성 세균은?

① *Streptococcus faecalis*

② *Clostridium botulinum*

③ *Bacillus subtilis*

④ *Lactobacillus casei*

| 해설

*Clostridium botulinum*는 편성혐기성균이므로 통조림에서 증식이 가능함

정답 ②

80. 제조방법에 따른 술의 분류 시 단행복발효주에 해당되는 것은?

① 맥주

② 포도주

③ 위스키

④ 고량주

| 해설

발효주	단발효주		과일에 포함된 당분이 발효되어 알코올이 생성된 술, 당화과정이 없음	과실주, 와인
	복발효주	단행복발효주	당화가 완료되고 나서 발효가 진행된 술	맥주
		병행복발효주	당화와 발효가 동시에 진행되어 만들어지는 술	탁주, 약주, 청주

정답 ①

81. 액체 중에 들어있는 침전물이나 불순물을 걸러내는 여과기에 속하지 않는 것은?

① 중력 여과기
② 압축 여과기
③ 진공 여과기
④ 이송 여과기

│해설

여과에 이용되는 기계

- 중력 여과기: 여과기 바닥에 다공판을 깔고 모래나 입자 형태의 여과재를 채운 구조로 여과층에 원액을 통과시켜 여액을 회수하는 기기
- 압축 여과기: 여과 원액에 압력을 가하여 여과
- 진공 여과기: 여과포를 덮은 틀이나 회전 원통을 원액에 담가 내부에서 원액을 진공펌프로 흡인시켜 여과포를 통과한 여액을 외부로 배출

정답 ④

82. 반죽 상태의 식품을 노즐을 통해 밀어내어 일정한 모양을 가지게 하는 식품 성형기는?

① 압출성형기
② 압연성형기
③ 응괴성형기
④ 주조성형기

│해설

① 압출성형기: 원료를 노즐이나 다이와 같은 작은 구멍을 통해 강한 압력으로 밀어내어 일정한 모양의 단면을 갖게 하는 기기
② 압연성형기: 국수, 껌, 도넛 등 분체 식품을 반죽하여 회전롤 사이로 통과시켜 면대로 만들어 이것을 세절하거나 압인하는 기기
④ 주조성형기: 일정한 모양의 틀에 식품을 담고 냉각 및 가열을 이용해 고형화시키는 기기

정답 ①

83. 일반적으로 여과 보조제로 많이 사용되는 재료는?

① 규조토
② 한천
③ 벤젠
④ 다이옥신

│해설

여과보조제(filter aid)

- 아주 작은 입자들을 흡착하여 여과기막이 막히는 것을 방지하기 위해 사용
- 매우 작은 콜로이드상의 고형물을 함유한 액체의 경우 여과면에 치밀한 층을 형성하는 데 이를 방지하는 목적으로 첨가
- 타물질과 작용하지 않음
- 규조토를 주로 사용함, 종이 펄프, 활성탄, 카본, 백토, 실리카겔 등 사용

정답 ①

84. 추출공정에서 용매로서의 조건과 거리가 먼 것은?

① 가격이 저렴하고 회수가 쉬워야 한다.
② 물리적으로 안정해야 한다.
③ 화학적으로 안정해야 한다.
④ 비열 및 증발열이 적으며 용질에 대하여는 용해도가 커야 한다.

│해설

추출에 이용되는 용제의 조건

- 가격이 저렴해야 하며, 제품에 악영향을 미치지 않아야 함
- 원하는 성분을 선택적으로 용해할 수 있으며 화학적으로 안정하고 독성과 부식성이 없어야 함
- 증발잠열과 비열이 적고 융점이 낮고 인화의 위험이 없어야 함

정답 ②

85. 각 분쇄기의 설명으로 틀린 것은?

① 롤 분쇄기: 두 개의 롤이 회전하면서 압축력을 식품에 작용하여 분쇄한다.

② 해머 밀: 곡물, 건채소류 분쇄에 적합하다.

③ 핀 밀: 충격식 분쇄기이며 충격력은 핀이 붙은 디스크의 회전속도에 비례한다.

④ 커팅 밀: 열과 인장력을 작용하여 분쇄한다.

| 해설

커팅 밀은 열과 인장력이 아닌 절단력을 이용하여 분쇄함

> **정답** ④

86. 포자를 형성하는 *Bacillus*속의 내열성균을 완전히 살균하기 위하여 100℃에서 일정 시간 간격으로 반복하여 멸균하는 살균법은?

① 초고온살균법(UHT)

② 고온순간살균법(HTST)

③ 간헐살균법

④ 전자파살균법

| 해설

간헐살균법
- 내열성균, 포자형성균의 완전 살균
- 1일 1회씩 100℃에서 20~50분간 연속 3일을 같은 시간에 반복 가열살균

> **정답** ③

87. 흡출, 송출밸브가 설치된 실린더 속을 피스톤이 왕복하여 액체를 이송시키는 펌프가 아닌 것은?

① 워싱 펌프(washing pump)

② 프런저 펌프(plunger pump)

③ 메터링 펌프(metering pump)

④ 스크류 펌프(screw pump)

| 해설

스크류 펌프는 피스톤이 왕복하여 이송시키는 펌프가 아닌 회전력을 이용하여 이송시키는 펌프임

> **정답** ④

88. 단팥죽을 제조하기 위해 팥을 구입했는데 완두콩과 대두가 섞여 있는 경우가 발생하였다. 팥의 순도를 올리기 위해 어느 선별기를 선택하는 것이 좋은가?

① 풍력선별기

② 색채선별기

③ 비중선별기

④ 중력선별기

| 해설

팥, 완두, 대두의 다른 성질을 파악 → 팥, 완두콩, 대두의 색이 각각 다르므로 색채선별기를 사용

> **정답** ②

89. 곡류와 같은 고체를 분쇄하고자 할 때 사용하는 힘이 아닌 것은?

① 충격력(impact force)

② 유화력(emulsification)

③ 압축력(compression force)

④ 전단력(shear force)

| 해설

유화력은 혼합, 유화에 사용하는 성질

분쇄의 작용력
압축력, 전단력, 절단력, 충격력

> **정답** ②

90. 원심분리기에 회전속도를 2배 늘리면 원심력은 몇 배 증가하는가?

① 1배   ② 2배

③ 4배   ④ 8배

| 해설

원심력의 크기 = 질량 × 반지름 × 각속도(rpm)의 제곱
그러므로 회전속도를 2배 늘리면 원심력은 4배가 됨

> **정답** ③

91. 다음 중 열의 대류에 의해 건조하는 방법이 아닌 것은?

① 유동층 건조
② 분무 건조
③ 드럼 건조
④ 터널형 열풍 건조

| 해설

드럼 건조는 수증기로 가열되는 원통 표면에 원료를 얇은 막 상태로 부착하여 건조하는 방법으로 열의 전도에 의해 건조시키는 방법임

정답 ③

92. 증발농축시 관석현상에 대한 설명이 아닌 것은?

① 관석현상이 일어나면 열전달이 방해되어 증발 효율이 떨어진다.
② 원료에 섬유질이나 단백질이 많으면 더욱 잘 일어난다.
③ 관석현상을 줄이려면 원료의 흐름을 느리게 해야 한다.
④ 관석현상을 줄이려면 주기적으로 가열부를 청소해야 한다.

| 해설

증발관의 가열부와 수용액이 오래 접촉하면 가열부 표면에 고형분이 쌓여 관석이 생성되므로, 원료의 흐름을 빠르게 해야 함

정답 ③

93. 다음 중 건조한 상태에서 세척하는 방법이 아닌 것은?

① 초음파세척(ultrasonic cleaning)
② 마찰세척(abrasion cleaning)
③ 흡인세척(aspiration cleaning)
④ 자석세척(magnetic cleaning)

| 해설

초음파세척은 습식세척에 해당함

정답 ①

94. 식품의 내열성에 영향을 미치는 인자가 아닌 것은?

① 열처리온도　　　② 식품의 구성성분
③ 수분활성도　　　④ 열공급원

| 해설

①, ② 열처리 온도, 식품의 구성성분은 열에 대한 저항성에 영향을 미침
③ 수분활성도가 낮으면 내열성이 큼
④ 온수, 스팀, 마이크로웨이브 등 공급원의 종류는 내열성에 영향을 미치지 않음

정답 ④

95. 건조조에 의한 건조법에서 사용하는 건조제로 적합하지 않은 것은?

① 무수 염화칼슘
② 오산화인
③ 실리카겔
④ 염산

| 해설

건조제
• 다른 물질에서 수분을 제거하여 건조함, 흡습성이 강한 물질
• 주로 염화칼슘, 진한 황산, 실리카겔, 오산화인 등이 사용됨

정답 ④

96. 가장 작은 크기의 용질을 분리할 수 있는 방법은?

① 정밀여과(microfiltration)
② 역삼투(reverse osmosis)
③ 한외여과(ultrafiltration)
④ 체분리

| 해설

㉠ 역삼투 - pore size 1 nm
㉡ 한외여과 - pore size 2~50 nm
㉢ 정밀여과 - pore size 0.1~10 μm
㉣ 체분리- 일반적인 여과, 10 μm 이상

정답 ②

97. 식품 원료를 광학 선별기로 분리할 때 사용되는 물리적 성질은?

① 무게   ② 색깔

③ 크기   ④ 모양

| 해설

색에 의한 선별 중 광학에 의한 선별 방법

광범위한 분광 스펙트럼을 이용해 스펙트럼의 반사와 통과 특성을 이용

정답 ②

98. 식품의 식중독균이나 부패에 관여하는 미생물만 선택적으로 살균하여 소비자의 건강에 해를 끼치지 않을 정도로 부분 살균하는 방법은?

① 냉살균   ② 상업적 살균

③ 멸균   ④ 무균화

| 해설

상업적 살균법

• 식품의 품질을 최대한 유지하기 위해 위생상 위해한 미생물을 대상으로 가열 살균
• 식품의 품질 변화 방지 효과, 에너지 절약 효과가 큼
• 산성의 과일 통조림에 주로 이용됨(100℃ 이하 70℃ 이상으로 살균)

정답 ②

99. 식품 Extruder에서 수행될 수 있는 단위공정이 아닌 것은?

① 냉각(cooling)

② 혼합(mixing)

③ 조리(cooking)

④ 성형(forming)

| 해설

연속식 압출 조립기(extruder)는 혼합, 압축, 가열, 살균, 성형 등의 단위조작이 기기 내부에서 1~2분 내에 일어남. 상업적으로 곡류의 팽화식품 제조, 단백질의 조직화, 식물성 유지의 추출을 높이기 위한 전 처리 등에 이용됨

정답 ①

100. 사탕 등 당류 가공품을 제조할 때 kneading 공정을 설명한 것 중 틀린 것은?

① Kneading은 점성이 높은 액상 물질의 혼합에 적합하다.

② Kneading 과정에 carbonation을 할 수 있다.

③ Kneading 공정을 통해 조직이 치밀해진다.

④ Z형 교반날개가 장착되어 있으며, 원료 혼합물의 신연, 포갬, 뒤집힘 등 다양한 동작이 가능하다.

| 해설

kneading(반죽)은 일정한 농도를 갖도록 하기 위해 두 손을 사용하여 빵 반죽을 누르고 접고 늘리면서 치대는 것을 반복하는 과정을 말함

정답 ③

해커스
식품산업기사
필기
한권완성

시험장에 꼭 가져가야 할

핵심노트

해커스

CHAPTER 1 | 곡류 및 서류 가공

1 도정도에 따른 쌀의 분류

종류	특성	도감률(%)	도정률(%)=정백률
현미	벼나락에서 왕겨층만 제거	$0.08 \times 0 = 0$	$100.0 - 0 = 100$
5분도미	겨층의 50% 제거	$0.08 \times 50 = 4.0$	$100.0 - 4 = 96$
7분도미	겨층의 70% 제거	$0.08 \times 70 = 5.6$	$100.0 - 5.6 = 94.4$
10분도미 (=백미)	배유만 남은 것	$0.08 \times 100 = 8$	$100.0 - 8.0 = 92$

- 도정도: 쌀겨층의 벗겨진 정도에 따라 나타냄
- 도정률: 현미량에 대한 도정미의 비율

$$도정률(정백률, \%) = \frac{도정된\ 정미중량}{현미중량} \times 100$$

- 도감률: 현미량에서 제거된 겨층의 비율

$$도감률(\%) = \frac{도감량(쌀겨\ 등이\ 제거된\ 양)}{현미중량} \times 100$$

2 밀가루의 단백질 함량별 종류

- 글루텐 단백질: 글루테닌(glutenin)과 글리아딘(gliadin)
- 밀가루를 물과 함께 반죽 시 글루텐(gluten) 형성되어 탄성과 점성이 생김

종류	특징	글루텐함량		용도
		건부율	습부율	
강력분	점탄성이 큼	13% 이상	40% 이상	제빵용
중력분	중간 경도	10~13%	30~40%	제면용
박력분	매우 고움	10% 이하	30% 이하	과자, 튀김용

3 밀가루 반죽의 물리적 측정

- Farinograph(패리노그래프): 밀가루 반죽의 점탄성을 측정하는 장치
- Extensograph(익스텐소그래프): 밀가루 반죽의 신장도와 인장항력을 측정하는 장치
- Amylograph(아밀로그래프): α-amylase의 활성 및 전분의 호화도, 성질을 측정하는 장치

4 서류 가공

(1) 감자, 고구마 전분분리법

탱크침전법, 테이블법, 원심분리법

(2) 전분 체질시 석회 사용(0.5% 석회수 첨가) 목적

- 석회와 펙틴질이 결합하여 전분의 침전분리가 빨라짐(전분수율 10% 증가)
- 석회의 알칼리성에 의해 전분입자에 칙색물질인 폴리페놀 흡칙 방지
- 고구마 마쇄 후 pH가 4까지 내려가는데, pH를 알칼리로 조절하여 전분에 단백질이 응고되어 섞이는 것 방지

(3) 옥수수 전분의 제조시 아황산용액(0.2%)에 침지시키는 목적

- 옥수수를 연화시켜 마쇄를 쉽게 함
- 단백질 중의 s-s 결합을 환원하여 단백질의 분자량을 줄임으로써 전분분리를 쉽게 해줌
- 전분의 품질 향상
- 잡균이나 미생물 오염 방지

CHAPTER 2 | 두류 가공

1 콩의 영양 저해인자

- 트립신 저해제(단백질분해효소 억제, 가열처리로 불활성화 가능)
- phytate(무기물 흡수 저해)
- hemagglutinin 함유(적혈구 응고제)
- 라피노스, 스타키오스(장내 가스발생 원인인 불소화성 탄수화물)

2 두부 응고제

종류	용해성	장점	단점
염화마그네슘(MgCl)	수용성	• 응고시간 빠름 • 보수력 우수 • 맛이 좋음	압착 시 물이 잘 빠지지 않음
염화칼슘($CaCl_2$)	수용성	• 응고시간 빠름 • 압착 시 물 잘 빠짐	• 거칠고 단단 • 보수력 낮음 • 수율 낮음
황산칼슘($CaSO_4$)	불용성	• 보수력 및 탄력성 우수 • 조직이 부드러움 • 수율 높음 • 두부 색상 우수	• 응고시간 느림(반응이 완만) • 불용성이므로 온수에 녹여 사용해야 함
글루코노델타락톤 ($glucono-\delta-lactone$, GDL, $C_6H_{10}O_6$)	수용성	• 응고력 우수 • 수율 높음	• 신맛 있음 • 조직이 매우 연함

CHAPTER 3 | 과채류 가공

1 과일의 호흡별 구분

구분	과일종류	특징
호흡급등형 (climacteric)	사과, 바나나, 자두, 살구, 배, 토마토, 망고, 파파야 등	수확 후 호흡속도가 급격히 증가하여 숙성될 때까지 호흡률이 최대로 증가
비호흡급등형 (non−climacteric)	포도, 자몽, 레몬, 수박 등	수확 후 호흡률이 증가되지 않음
말기급등형	복숭아, 딸기	호흡량이 후기에 상승

2 가스저장법

(1) CA저장(controlled atmosphere storage)
- 저장고 내의 대기 조성을 지속적으로 일정하게 조절, 비용 고가
- 일반 공기의 조성: 21% 산소, 78% 질소, 0.03% 이산화탄소
- CA저장 조건: 2~8% 산소, 90% 이상 질소, 1% 이산화탄소

(2) MAP저장(modified atmosphere packaging): 포장 시 가스 주입 후 내용물의 호흡에 의해 발생하는 가스를 포장 필름의 가스투과성을 이용하여 내부 기체 조성을 조절, 초기 기계장치비가 들지만, 이후 유지비는 저렴

3 통조림의 탈기

(1) 헤드스페이스의 공기를 뺌

(2) 목적
- 용기 내압을 낮추어 가공 중 용기의 파손 방지 및 변패관 검출 용이
- 산소에 의한 통 내부의 부식과 내용물의 변화 최소화, 호기성 미생물 성장 억제

(3) **방법:** 가열 탈기법, 진공 탈기법, 수증기 분사법

4 상업적 살균

- 주로 우유나 통조림과 같은 식품에 주로 이용
- 통조림과 같이 가열을 통해 살균하는 경우 품질의 유지와 소비기한 보장을 위하여 식중독균이나 부패에 관여하는 미생물만을 선택적으로 살균하는 기법을 의미함
- 살균 지표 미생물: *Clostridium botulinum*

5 통조림의 변질

(1) 외관에 의한 변패

- 플리퍼(flipper): 한쪽면이 약간 부푼 상태, 손을 떼면 다시 돌아옴
- 스프링저(springer): 플리퍼보다 심한 팽창, 한면을 누르면 다른 한면이 튀어나오는 상태, 미생물 생육, 탈기 부족, 수소발생 등이 원인
- 팽창(swell): 통조림의 양면(윗면, 아랫면)이 부푼 상태
- Buckled can: 살균공정 중 냉각시 레트로트의 압력이 관의 내압보다 작아져서 나타나는 현상
- 누출(leaker): 미세한 구멍이나 이중밀봉이 부적절하게 되어 샌 흔적이 있는 것

(2) 내부변패

- 평면산패(flat sour): 멸균처리 부족으로 용기 내에 산소 존재, *Bacillus stearothermophilus*
- 흑변: 내용물 중의 단백질의 −SH기가 환원하여 황화수소를 생성하고 용출된 금속 성분과 결합하여 황화금속이 생성되어 검은색 침전 생성, *Desulfotomaculum nigrificans*

6 젤리화 3요소

- 산: pH 2.9~3.5(유기산 0.3%)
- 당: 60~65%
- 펙틴: 1~1.5%

7 탈삽(감 우리기)

(1) 원리

감에 산소공급을 제한하면 분자간 호흡에 의해 에탄올이나 아세트알데히드 생성, 그 후 탄닌 분자와 중합해 불용성 탄닌으로 전환

(2) 방법

탄산가스법, 온탕법, 알코올법

8 채소 가공시 전처리(blanching) 목적

- 산화효소의 불활성화
- 오염 미생물의 살균
- 풋냄새 제거
- 박피 용이

CHAPTER 4 | 유지 가공

1 유지의 화학적 정제법

- 탈검(Degumming): 인지질(레시틴), 단백질, 탄수화물 등의 검질 제거
- 탈산(Deaciding): 유리지방산 제거
- 탈색(Decoloring): 카로티노이드, 클로로필, 고시폴 등의 색소물질 제거
- 탈취(Deodoring): 불쾌취의 원인(알데하이드, 케톤, 산화수소 등) 제거
- 탈납(Winterization): 저온에서 혼탁해지는 것을 방지하기 위해 고체지방 제거

2 경화유

(1) 불포화지방산 중 이중결합을 가신 탄소원자에 수소첨가(hydrogenatlon)공정을 하여 만들이진 고체기름(니켈 촉매 사용)

(2) 제조 목적
- 산화나 열에 대한 안정성 증가
- 융점이 높아져 고체지방량 증가
- 유지의 가소성이나 경도를 부여로 인해 물리적 성질 개선
- 유지색 개선
- 불포화 지방산에서 기인한 불쾌취 제거, 경화취(구수한 맛) 형성

살균

(1) 시유의 종류

살균우유, 멸균우유, 무지방우유(유지방분을 0.5% 이하로 조정), 저지방우유(유지방분을 0.6~2.6%로 조정), 강화 우유 등

(2) 균질화의 목적

지방의 크림화 방지, 점도 향상, 우유 조직의 연성화, 소화기능 향상

(3) 살균법의 종류

① 저온 장시간 살균법(LTLT, low temperature long time): 63~65℃에서 30분간 가열

② 고온 단시간 살균법(HTST, high temperature short time): 72~75℃에서 15~20초 가열

③ 초고온 가열 살균법(UHT, ultra high temperature): 130~150℃에서 0.5~5초간 가열

(4) 가당연유 예열의 목적

- 원료유 살균
- 효소의 불활성화로 제품의 저장성 향상
- 제품의 농후화(age thickening) 억제
- 가당시 설탕의 용해 및 우유가 눌어붙는 현상을 방지하여 농축속도를 빠르게 함
- 단백질의 적당한 열변성으로 농축과정에서의 열안정성을 높임

CHAPTER 6 | 육류 가공

1 근육의 사후변화

도축 → 해당작용 → 강직개시 → 강직 완료 → 강직 해제 → 자가숙성 → 부패

도축(pH 7.0~7.4)	• 산소 공급 제한, 해당작용으로 인한 근육 중의 글리코겐을 분해하여 젖산 생성 시작 • pH 저하 시작

↓

사후경직(pH 6.5 이하)	• phosphatase 작용으로 ATP 분해 • 액틴과 미오신이 결합하여 액토미오신(actomyosin)형성 • 근육의 수축 시작(근육이 뻣뻣해짐) • 부수성 감소, 신장성 감소 • 강직 개시: 닭고기(수분~1시간) > 돼지고기(1~3시간) > 소고기(4~12시간)순으로 빠름

↓

최대사후경직(pH 5.4) 후 해경(강직 해제)	• 쇠내 사후경직 상태 • 단백질 분해효소 활성 → 근육의 분해 시작, 맛성분 생성 • 강직 해제: 닭고기(8~24시간) > 돼지고기(1~2일) > 소고기(7~14일)순으로 빠름

↓

자가숙성(pH 상승)	• 쇠고기의 연화 • 육즙이 풍부, 보수성 증가, 향미 증가

2 염지의 목적

- 고기의 육색소를 고정하여 신선한 색 유지
- 염미와 독특한 풍미 부여
- 육단백질의 용해성 증가에 의한 보수성과 결착성 증가
- 미생물 증식 억제를 통한 저장성 증진

3 훈연

(1) **목적:** 특유의 색과 풍미 증진, 방부작용, 지방의 산화 방지, 보존성 부여 등

(2) **훈연법 종류**

열훈법	50~90℃, 단시간 훈연 가능, 저장성 적음
온훈법	30~50℃, 풍미 부여 목적으로 가장 많이 사용하는 방법, 미생물의 번식 용이, 저장성이 낮아 보존기간 짧음
냉훈법	10~30℃, 1~3주, 많은 노동력, 큰 중량감소, 저장성 좋음
전기훈연법	방전으로 하전된 고기와 훈연성분의 결합을 촉진
액체훈연법	아미노산액에 침지 후 훈연하여 훈연성분을 가장 빨리 흡착시킴

건제품

소건품	• 원료 그대로 건조한 것 • 마른오징어, 명태(북어), 마른꽁치(과메기), 마른미역, 김
자건품	• 소금물에 삶은 뒤 건조한 것 • 마른멸치, 마른새우, 가다랑어
염건품	• 염지한 후 건조한 것 • 굴비, 염건대구, 꽁치, 고등어
동건품	• 동결, 융해를 반복하여 건조한 것 • 황태, 한천
배건품	• 숯불에 쬐고 구워서 말린 것 • 배건정어리
조미건품	• 조미하여 말린 것 • 조미오징어, 조미어포
훈연품	• 훈연하면서 건조시킨 것 • 훈제오징어, 훈제연어

CHAPTER 9 | 식품의 저장

1 건조법

(1) 분무 건조(spray drying)

- 슬러리나 미세 액체 입자를 건조실내로 분무하여 순간석으로 건소
- 건조시간이 짧아 장시간 열에 노출하면 열변성이 쉽거나 향미손실 등으로 품질저하가 큰 식품의 건조에 주로 이용
- 우유, 유청, 인스턴트그래뉼커피, 홍차, 달걀, 과일주스, 유아식품 등

(2) 동결 건조(freeze drying)

식품의 수분을 동결시키고 높은 진공 장치 내에서 얼음을 액체 상태를 거치지 않고 기체로 승화시켜 수분을 제거하는 방법

- 냉동, 감압시실, 증빌된 수분을 응축시길 수 있는 징치가 필요, 처리비용이 고가
- 열에 의한 식품 성분의 손상이 적음
- 다공성 구조로 복원력 좋음, 향미의 보존

(3) 열풍 건조

① 터널 건조기

병류식	• 열풍 방향과 재료 이동방향이 같음 • 고온공기가 유입되어 제품 건조 후 저온 공기로 빠져나가 마지막에 제품에 전달하는 열이 작아 열손상 작음 • 초기건조속도 빠름, 수분함량 낮은 제품 얻기 어려움, 원하는 건조효과 얻기 어려움
향류식	• 열풍 방향과 재료 이동방향이 다름 • 고온의 공기가 유입된 것이 건조가 다 되어가는 제품과 만나 열을 전달하여 열손상이 큼 • 초기건조속도 느림, 수분함량 낮은 제품 얻을 수 있음, 원하는 건조효과 얻을 수 있음

② 부상식 건조기(유동층 건조기)

③ 기송식 건조기

2 가열살균조건의 설정

(1) D값

일정한 온도에서 균의 수를 90% 사멸시키는데 필요한 시간(분)

$$D = \frac{t}{\log(N_0/N_1)}$$

- t: 시간
- N_0: 초기 미생물농도
- N_1: 가열 후 미생물 농도

(2) F값

일정 온도에서 미생물을 완전히 사멸시키는데 필요한 시간

$$F_0 = F_1 \times 10^{\frac{T_1 - 121.1}{z}}$$

- F_0: 121.1℃에서 미생물을 완전히 사멸시키는데 필요한 시간
- F_1: T_1에서 미생물을 완전히 사멸시키는데 필요한 시간

(3) Z값

D값을 1/10로 줄이는데 필요한 가열온도의 변화량

$$\log \frac{D_2}{D_1} = \frac{t_1 - t_2}{z}$$

3 소비기한 설정

(1) 용어 정의
- 유통기한: 제품의 제조일로부터 소비자에게 판매가 허용되는 기한
- 소비기한: 식품등에 표시된 보관방법을 준수할 경우 섭취하여도 안전에 이상이 없는 기한
- 품질유지기한: 식품의 특성에 맞는 적절한 보존방법이나 기준에 따라 보관할 경우 해당식품 고유의 품질이 유지될 수 있는 기한

(2) 소비기한 설정 고시
- 품질안전한계기간: 식품에 표시된 보관방법을 준수할 경우 특정한 품질의 변화없이 섭취가 가능한 최대기간으로서 소비기한 설정실험 등을 통해 산출된 기간
- 소비기한 설정실험 지표는 이화학적, 미생물학적 및 관능적 지표로 구분

(3) 소비기한 표시
- **소비기한 표시대상**

  제조, 가공, 수입한 식품

- **소비기한표시 생략가능 제품**

  자연상태의 농, 임, 수산물, 설탕, 빙과류, 식용얼음, 껌류(소포장 제품에 한함), 식염, 주류(맥주, 탁주 및 약주 제외), 품질유지기한으로 표시하는 식품

- **품질유지기한 표시대상**

  레토르트 식품, 통조림 식품, 잼류, 당류(포도당, 과당, 엿류, 당시럽류, 덱스트린, 올리고당류에 한함), 다류 및 커피류(액상제품은 멸균에 한함), 음료류(멸균제품에 한함), 장류(메주 제외), 조미식품(식초와 멸균한 카레제품에 한함), 김치류, 젓갈류 및 절임식품, 조림식품(멸균에 한함), 맥주, 전분, 벌꿀, 밀가루

CHAPTER 11 | 식품제조공정

※ 식품가공에 이용되는 주요 단위조작과 기본원리

단위조작	원리
선별, 세척, 분리, 혼합, 수송	유체의 흐름
데치기, 볶음, 살균, 열교환, 냉장, 냉동	열전달
추출, 증류, 용매 회수, 결정화	물질 이동
건조, 농축, 증류	물질 및 열 이동
정선, 분쇄, 착즙, 성형, 단립화, 압축, 포장, 수송	기계적 조작

1 선별

(1) 선별 방법

- 무게에 의한 선별
- 크기에 대한 선별(사별공정)
- 모양에 의한 선별
- 광학에 의한 선별

(2) 미국 타일러 표준체(Tyler standard sieve)

- 체눈의 크기 단위는 메시(mesh)를 사용
- 1메시는 1인치(25.4mm) 안의 눈금 수를 말함

  예 10메시의 체에서 1inch2에서 체눈 개수는 $10 \times 10 = 100$개

- 메시가 클수록 체눈의 크기가 작고, 작은 입자만 통과 가능

2 세척

(1) 건식세척

체분리 세척	체의 크기를 이용해 이물질, 오염물 제거
기송식분리 (송풍분류)	공기를 이용하여 원료와 오염물질을 부력과 기체역학적 성질에 따라 분리
자력세척	금속을 비롯한 각종 이물질 제거
정전기적 세척	정전기로 먼지를 제거, 차(tea) 세척에 주로 이용
마찰세척	식품 재료 간의 상호마찰 또는 재료와 세척기의 움직임에 의한 마찰의 힘으로 오염물질을 제거

(2) 습식세척

침지세척 (담금세척)	원료를 물에 담가 부착된 오염물질을 팽윤시켜 쉽게 제거하는 방법
분무세척	스크린 컨베이어에 실어 다량의 원료를 일정한 속도로 이동시키거나 원료를 교반장치에 넣고 물을 세게 뿌려 세척하는 방법
부유세척	오염물질의 밀도와 부력 차이를 이용하여 세척하는 방법으로 비중이 큰 조각과 불순물 등은 가라앉아 이를 제거
초음파세척	초음파를 사용하여 달걀의 오염물, 과일의 그리스나 왁스, 채소류의 모래나 흙 등을 제거

3 분쇄

(1) 분쇄의 작용력

① 압축력: 물체에 외부에서 내부 등으로 압력을 가하여 부피를 줄이는 힘
② 전단력: 물체 안에 임의의 평행한 면에 반대 방향으로 같은 크기의 힘이 작용하여 역방향으로 어긋나도록 작용하는 힘으로 간단하게는 가위로 자르는 힘
③ 절단력: 자르거나 베어서 끊는 힘
④ 충격력: 두 물체가 충돌할 때 발생하는 충격에 의한 힘

(2) 분쇄기의 분류

분쇄 조작	분쇄물의 크기	분쇄기의 종류
조분쇄 (예비분쇄)	1~10cm	• Jaw crusher: 압축력 • Gyratory crusher: 타원운동 분쇄 • Single roll crusher: 역방향 회전 롤러 사이의 압착에 의함
중간분쇄	5~10 mm	• Hammer mill: 해머, 회전판, 충격판, 스크린 등으로 구성되며 충격력 이용, 원료를 투입하면 여러 개의 해머가 회전하여 원료가 충격판 주위에서 분쇄됨 • Rotary crusher • impeller breaker
미분쇄	0.1mm 이하	• Ball mill: 회전드럼 속에 금속이나 돌 같은 단단한 볼을 넣어 원료와 함께 회전시켜 분쇄함, 볼과 볼 사이의 충격력과 볼과 원통벽과의 마찰에 의해 식품 분쇄 • Pin mill: 고정원판과 고속회전 원판에 작은 막대모양의 핀이 여러 개 붙어있음 • Buhr mill: 하나의 고정된 원판과 또 하나의 회전 원판으로 구성, 분쇄물의 크기는 원판의 형태와 두 판 사이의 간격에 의해 조절
초미분쇄	수 μm 이하	• 디스크 밀(disc mill): 맷돌원리 즉, 마찰력과 전단력에 의해 분쇄 일어남 • Colloid mill: 간격이 아주 좁은 고정원판과 회전원판 사이에 원료를 공급하면 두 판과의 마찰력에 의해 분쇄된 후 원심력으로 배출되는 방식, 높은 점성의 액체에서 더 효과적임

4 혼합 및 유화

(1) 혼합의 분류

① 혼합: 입자나 분말형태를 섞는 조작

② 반죽: 고체와 액체의 혼합, 다량의 고체분말과 소량의 액체를 섞는 조작

③ 교반: 액체와 액체의 혼합, 많은 양의 액체에 소량의 고체를 부유

④ 유화: 서로 섞이지 않는 액체를 분산 혼합

(2) 교반기

축에 붙어있는 임펠러(교반용 날개)의 모양에 따라 패들형, 터빈형, 프로펠러형, 나선축형

(3) 혼합기

텀블러 혼합기, 스크루 혼합기, 리본형 혼합기

(4) 반죽기

팬혼합기(pan mixer), 니이더(kneader), 보테이터

(5) 유화장치

교반형 유화기	• 고속회전 터빈을 사용하여 유화 • 주스, 마요네즈 등
고압 균질기	• 액체 식품을 고압에서 협소한 구멍으로 통과시켜 더욱 미세한 입자 상태로 유화 분산 • 우유, 아이스크림, 저지방 크림에 사용
콜로이드 밀	• 액체가 고정판과 고속회전하는 회전자(rotor) 사이를 통과하는 동안 전단력, 충격력, 원심력, 마찰력이 작용하여 유화됨 • 치즈, 마요네즈, 드레싱, 시럽, 육류나 과일의 미분쇄, 점도가 낮은 액체
초음파균질기	• 고주파에 의해 물방울의 크기가 1~2mm인 에멀전을 형성 후 압력을 가해 균질기로 이송 • 샐러드 크림, 아이스크림, 고지방, 필수지방 에멀전에 사용

5 성형

(1) 성형 방법

압출 성형	원료를 노즐이나 다이와 같은 작은 구멍을 통해 강한 압력으로 밀어내어 일정한 모양의 단면을 갖게 함
압축 성형	재료를 몰드에 넣고 압력과 열을 가해 자동 또는 수동 프레스로 성형
압연 성형	반죽을 회전롤 사이로 통과시켜 면대로 만들어 이것을 세절하거나 압인하는 방법
응괴 성형	입자가 작은 분말을 응집시켜 응괴형태로 바꿔 물에 녹일 때 가라앉아 용해되기 쉽게 함
과립 성형	젖은 상태의 분체식품이 회전 드럼 속에서 압출될 때 회전틀에 의해 펠릿으로 성형되는 방법
주조 성형	재료를 일정한 모양의 틀에 넣고 냉각 또는 가열에 의해 굳히는 방법

(2) 압출 성형기

① 원리

원료가 고속 스크류에 의하여 혼합, 전단, 가열 작용을 받아 고압, 고온에 의해 점탄성 물질로 외부로 압출됨. 이 과정에서 혼합, 반죽, 가열, 팽화, 성형 등이 단시간에 동시에 이루어짐

② 물리화학적 변화

- 전분의 수화, 팽윤, 호화, 분해
- 단백질의 변성, 분자간 결합 및 조직화
- 효소의 불활성화
- 살균
- 유해물질의 파괴
- 향미의 변화
- 갈색화 반응 등

③ 장점

고온단시간 공정, 다용성, 비용절감, 고생산성, 폐기물 생성의 극소화

6 원심분리

[액체와 액체 원심 분리기]

(1) 관형 원심분리기(tubular bowl centrifuge)

- 고정외통 속에 가늘고 긴 회전내통이 있음
- 과일주스 및 시럽의 청징, 식용유의 탈수 등에 사용

(2) 원판형 원심분리기(disc bowl centrifuge)

- 고정외통 속에 원뿔형의 회전외통이 있고, 그 안에 접시모양의 금속원판이 일정 간격으로 설치
- 우유에서 크림층 분리, 식용유의 정제 등에 사용

7 여과

[막분리의 종류]

프로세스	막	운전압력	응용
여과	여포, 여지 등의 통상적인 여과막	감압~2bar	현탁 입자(입자크기 1μm 이상)의 여과
정밀여과 (MF)	공경 0.1~10μm의 대칭성 다공질막 (멤브레인 필름)	감압~2bar	• 미립자와 미생물의 분리 시 유용 • 알콜 음료의 청징 무균여과
한외여과 (UF)	공경 2~50nm의 비대칭성 다공질막	0.5~10bar	• 콜로이드나 고분자 물질과 저분자 물질의 분리 • 유청에서 단백질 회수, 대두유 정제, 효소의 분리 정제 등에 사용
나노여과 (NF)	공경 1~10nm	10~40bar	• 다가이온의 분리 • 경수의 연수화
역삼투 (RO)	공경 1nm 이하	30~70bar	• 물과 염 등 저분자량 용질의 분리 • 해수의 담수화

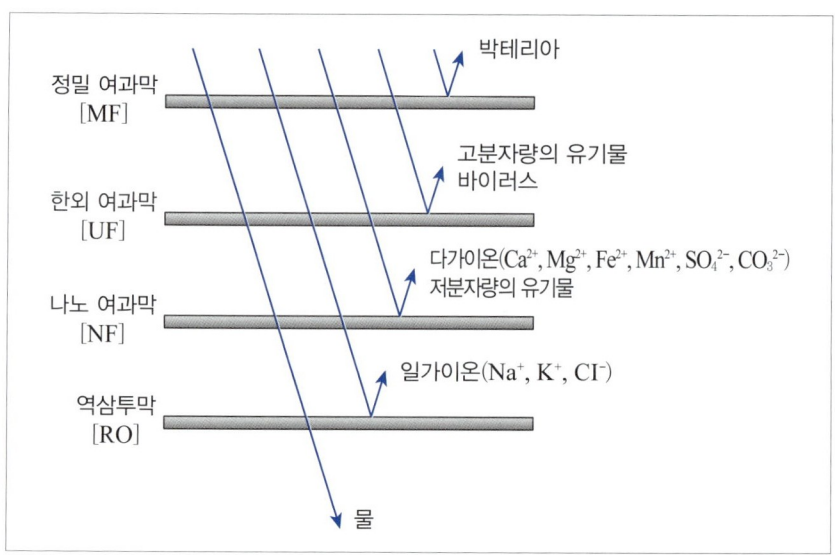

8 추출

(1) 추출에 이용되는 용제의 종류

지방질의 추출정제에는 n-헥산이 주로 사용

(2) 초임계유체 추출

① 유기용매 대신 초임계가스(주로 이산화탄소)를 용제로 사용

② 초임계유체(Supercritical liquid): 액체와 기체가 구분되는 임계점 이상의 온도 및 압력에서 존재하는 물질의 상태

　※ 임계점(Critical point): 온도와 압력을 계속 높이면 더 이상 기화와 액화가 일어나지 않아 액체와 기체가 명확히 구분되지 않는 상태에 도달하게 되는 지점

③ 초임계유체 및 임계점 부근의 유체는 액체에 가깝지만 기체의 성질이 남아 있어 침투율과 추출효율이 높으며 임계점 이상으로 온도와 압력을 올리면 액체의 밀도가 높아져 용해도 증가

④ 장점
- 비교적 낮은 온도에서 조작 가능, 고온에서 변질·분해되는 물질에 적용 가능
- 추출유체가 잔류하지 않아 안전
- 용매의 순환 이용이 가능, 탈용매공정 등을 생략하여 저에너지형 분리법

(3) 연속식 용매 추출기

① 힐데브란트(Hildebrandt) 추출기

② 볼만(Ballmann) 추출기

③ 로토셀(Rotocel) 추출기

④ De Smat 추출기

9 이송

[물질상태에 따른 이송기 종류]

물질	이송기
기체	fan, blower, compressor(왕복형 압축기, 회전형 압축기 등)
액체	원심펌프, 왕복펌프, 회전펌프
고체	conveyer, thrower

🔟 건조

(1) 분무건조

- 액상 식품을 미세입자(10~200nm)로 분무시켜 열풍과 접촉하여 순간적으로 건조하는 방법
- 열변성을 받지 않으며, 열풍에 노출되는 분무 입자의 표면적이 커 건조속도가 빠름
- 분유, 인스턴트 커피, 달걀, 과일주스, 분말 물엿 등의 제조에 이용

(2) 동결건조

① 수분을 함유한 재료를 동결시키고 감압함으로써 얼음을 승화시켜 수분을 제거하는 방법

- 진공건조실, 진공장치, 냉각장치, 배기장치, 가열장치(증발 잠열을 공급함)로 구성
- 장점: 다공질로서 가수에 의한 복원력이 높고 향미 보존과 가열에 의한 식품성분 변화가 적음
- 단점: 배기펌프의 동력비가 높아 생산 가격이 비싸고, 시간이 많이 소요, 대량 건조가 어려움

② 동결건조 커피 등에 이용

(3) 터널건조기

병류식	열풍과 식품의 이동 방향이 같음 • 고온공기가 유입되어 제품 건조 후 저온 공기로 빠져나가 마지막에 제품에 전달하는 열이 작아 열손상 작음 • 초기건조속도 빠름, 수분함량 낮은 제품 얻기 어려움, 원하는 건조효과 얻기 어려움
향류식	열풍과 식품의 이동 방향이 서로 반대 • 열을 경제적으로 이용 • 고온의 공기가 유입된 것이 건조가 다 되어가는 제품과 만나 열을 전달하여 열손상이 큼 • 초기건조속도 느림, 수분함량 낮은 제품 얻을 수 있음, 원하는 건조효과 얻을 수 있음

11 농축

(1) 농축 공정 중 발생하는 현상

비점상승	• 농축이 진행되면서 용액의 농도가 상승, 순수한 물보다 높은 온도에서 끓게 됨 • 증발관과 응축기의 열부하를 높이고, 식품의 품질을 저하시키는 요인
증발관내 압력	관내 압력을 대기압보다 낮은 감압상태로 조절하여 가열하면 비등점을 낮출 수 있고 열변성이 덜 일어나며, 열전달 속도를 크게 하는 데 도움이 됨
점도 상승	• 농축이 진행되면서 용액의 점도가 증가하여 증발관 내 액의 순환속도 감소, 열전달 속도가 감소하고 열효율이 떨어짐 • 별도의 강제순환장치 설치 필요
거품발생	• 감압 조건에서 다량의 거품이 발생하여 농축이 불가해짐 • 소포제를 첨가하거나 거품을 제거할 수 있는 장치 설치 필요
관석과 부식성	• 증발관의 가열부와 수용액이 오래 접촉하면 가열부 표면에 고형분이 쌓여 관석 생성, 액의 순환속도가 낮을 때 관석 형성이 큼 • 열전달을 방해하므로 일정기간 사용 후 가열부를 해체하여 관석 제거 필요
비말동반	• 액체가 끓을 때 증발하는 증기와 함께 끓는 액체방울이 밖으로 튀는 현상 • 농축된 액의 손실이 발생하므로 액체방울을 분리할 수 있는 장애판 설치 필요

(2) 진공 농축(감압 농축)

- 압력과 끓는 온도를 낮춰 품질저하를 방지하면서 증발효율은 증가
- 저온 상태의 진공하에서 농축하므로 제품의 변색, 열에 불안정한 영양소(비타민) 손실을 줄임

(3) 증발장치의 종류

코일 및 재킷식 증발기	
칼란드리아식 증발기	
장관형 증발기	
기계박막식 증발기	고점성의 용액을 효율적으로 농축 가능
플레이트식 증발기	순간적으로 가열되므로 열에 약한 과즙, 유제품 등의 농축에 이용
원심식 증발기	

12 살균

(1) 주요 살균 방법

저온살균법(LTLT)	63~65℃에서 30분간 가열
고온순간살균법(HTST)	72~75℃, 15~25초간 살균
초고온 순간 살균법(UHT)	130~150℃, 0.5~5초간 살균
증기살균법	수증기로 100℃ 또는 그 이상의 온도로 살균
간헐살균법	• 내열성균의 완전살균 • 1일 1회씩 100℃에서 20~50분간 연속 3일을 같은 시간에 반복 가열살균(포자 형성 미생물 사멸)
열탕(자비) 살균법	• 100℃ 물에서 30분간 살균(대부분의 병원균 사멸 가능) • 기구 소독에 주로 사용
건열살균법	• 공기를 가열시켜 140~160℃에서 30~60분 정도 가열 살균 • 식품이나 용기 등의 살균

상업적 살균법	① 명시된 소비기한 내에 부패 또는 유해한 미생물이 생육하지 않도록 유효적절하게 가열처리하는 방법
	② 즉, 절대적으로 생균이 없는 것이 아니라, 소비자의 건강상 위해를 끼치지 않는 정도까지 미생물의 생존 확률을 낮춘 식품
	③ 살균조건의 결정
	  • 고산성식품(pH 4.6 이하)의 경우: pH가 낮은 환경에서는 포자형성균이 자라지 못하므로, 영양세포 살균 조건인 70~100℃ 정도로 가열살균
	  • 저산성식품(pH 4.6 초과)의 경우: 내열성이 강한 클로스트리디움 보툴리늄을 살균지표로 하여 살균

방사선 살균	방사선을 이용하여 식품의 생물학적 변화를 억제(해충, 기생충 방제, 병원균, 부패균 살균)

(2) 무균포장시스템

- 식품과 포장재를 따로 살균한 다음 무균적으로 충진, 밀봉하는 포장방법
- 상온에서 장기간 보관 가능, 내열성 포장재 대신 가격이 저렴한 일반 플라스틱 포장재의 이용이 가능
- 식품 살균법: HTST, UHT, 수증기, 열수 등
- 포장재료살균: 포화증기, 가열공기, 염소, 과산화수소, 자외선 등

CHAPTER 2 | 수분

1 자유수와 결합수

(1) 자유수(Free water=유리수)

- 식품 내에서 유리 상태로 존재하는 수분
- 전해질을 녹여 용매로서의 역할
- 물리적 요인에 의해 쉽게 탈수 또는 건조됨

(2) 결합수(Bound water)

- 식품 내 유기질과 결합(수소결합, 공유결합 등)된 수분
- 용매로서의 역할을 하지 못함
- 미생물 번식·생육에 사용되지 못함
- 제거가 어려움

2 등온 흡습 및 탈습 곡선

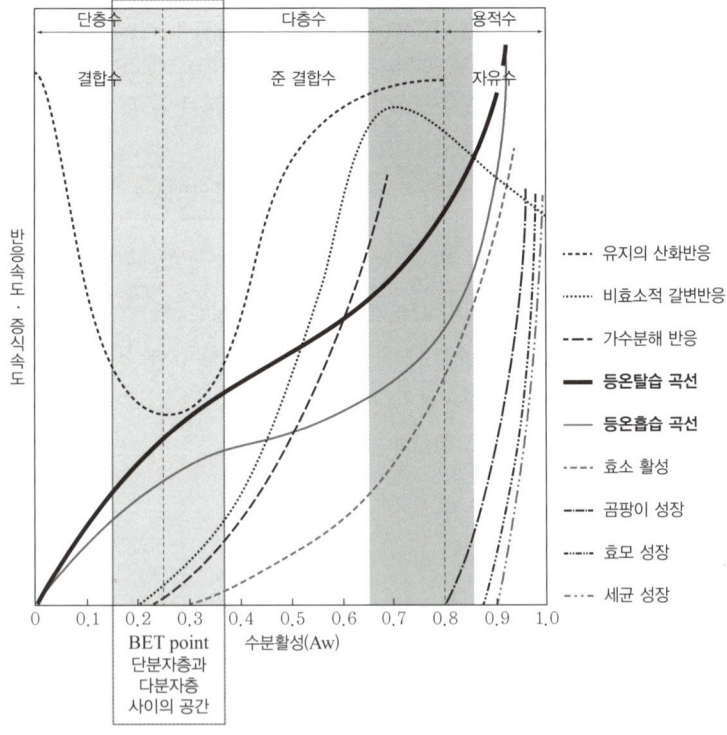

3 수분 흡수 히스테리시스(Moisture sorption hysteresis)

어떤 일정한 평형 상대습도에 해당되는 수분함량이 등온탈습 과정의 경우 등온 흡습과정보다 언제나 큰 현상

4 수분활성도

임의의 같은 온도에서 순수한 물의 수증기압(Po)에 대한 그 식품의 수증기압(P)의 비율. 라울의 법칙(Raoult's Law)에 따라 구함

$$Aw = \frac{P}{Po} = \frac{Nw}{Nw + Ns}$$

- P: 식품 내 수분의 증기압
- Po: 같은 온도에서의 순수한 물의 최대 수증기압
- Nw: 순수한 물의 몰수
- Ns: 용질의 몰수

5 급속동결과 완만동결의 차이

구분	완만동결	급속동결
최대빙결정 생성대 통과시간	1시간 30분	30분 이하
세포 내 수분의 이동	세포 내 수분이 빠져나와 세포 밖에서 응집	세포 내 수분이 이동 없이 세포 내 유지
빙결정 형성	세포 밖에서 수분이 얼면서 부피가 증가하고, 큰 얼음 결정 생성	세포 내에 존재하는 수분이 이동 없이 작은 결정형태 형성
세포에 미치는 영향	세포벽이 파괴되거나 세포의 변형을 일으킴	세포의 형태를 유지

CHAPTER 3 | 탄수화물

1 단당류의 구조

(1) 알도오스(aldose)와 케토오스(ketose)

① 알도오스(aldose)

두 개 이상의 수산기(-OH)와 한 개의 알데히드기(-CHO)를 가진 당

② 케토오스(ketose)

두 개 이상의 수산기(-OH)와 한 개의 케톤기(-C=O)를 가진 당, 과당(fructose)

(2) 입체이성체(stereoisomer)

Van't Hoff의 법칙: 부제 탄소원자가 n개 존재하면 입체이성체는 2^n개 존재

(3) 환원당(reducing sugar)과 비환원당(nonreducing sugar)

① 환원당(reducing sugar)

- 단당류, 맥아당, 유당
- 환원력이 있어 자신은 산화되고 다른 화합물을 환원시킴

② 비환원당(nonreducing sugar)

수크로스(서당)

2 당류의 감미도

당류	감미도	당류	감미도
lactose	16	sucrose	100
galactose	32	Invert sugar	130
maltose	33	fructose	150
xylose	40	dulcin	25000
glucose	70	saccharin	55000

※ fructose는 β형이 α형보다 단맛이 더 강함

3 다당류

(1) 전분

아밀로오스(amylose)	아밀로펙틴(amylopectin)
200~3,000개의 포도당이 α-1,4 결합만으로 연결된 긴 사슬 모양을 한 고분자 중합체	α-1,4 결합에 의해 중합된 포도당 사슬 일부에 α-1,6 결합에 의해서 다른 사슬이 연결된 가지(branch)를 가진 중합체
6~8개의 포도당마다 한 회전하는 나선 구조(α-helical form)	포도당 18~27개마다 가지가 있음
요오드 반응에서 사슬 길이가 길수록 청색이 짙음	나선구조가 어려우므로 요오드 반응에 의해 자주색
용해가 쉬움	융해되기 어려움
호화가 쉬우며, 노화도 쉬움	호화가 어려우며 노화도 어려움
X선 분석에서 고도의 결정성을 보임	X선 분석에서 무정형
• 멥쌀은 아밀로오스 20%, 아밀로펙틴 80% • 찹쌀은 아밀로펙틴 100%	

(2) 덱스트린(dextrin)

가용성 전분(요오드 반응: 청색) → 아밀로덱스트린(청자색) → 에리쓰로덱스트린(적갈색) → 아크로덱스트린(무색) → 말토덱스트린(무색)

(3) 셀룰로오스(cellulose=섬유소)

3,000개 이상의 β-glucose가 β-1, 4 결합

(4) 이눌린(inulin)

구성당은 과당(fructose)

(5) 펙틴(pectin)

α-D-galacturonic acid가 α-1, 4 결합

4 당의 정성반응

- 몰리슈(Molisch) 반응
- 펠링(Fehling) 반응
- 은경(Silver mirror) 반응
- 베네딕트(Benedict) 반응

5 전분당의 DE(Dextrose Equivalent)

전분의 가수분해 진행정도를 나타내며, 전분의 가수분해가 높을수록 발효성, 보습성, 감미도, 삼투압이 증가

$$DE = \frac{\text{직접 환원당(포도당)}}{\text{전체 고형분}} \times 100$$

• DE: 결정포도당 100% > 정제포도당 97~98% > 고형포도당 80~85% > 액상포도당 55% > 물엿 35~50%

6 전분의 가수분해법

구분	산당화법	효소당화법
원료전분	완전한 정제 필요	정제할 필요 없음
당화전분의 농도	약 25%	50%
분해 한도	약 90%	97% 이상
당화 시간	약 60분	48시간
당화액의 상태	쓴맛이 강하며, 착색물이 많이 생김	쓴맛이 없고, 이상한 생성물 없음
관리	분해율을 일정히 하기 위한 관리가 어렵고 중화 필요	보온만 하면 되며 중화할 필요가 없음
가격	효소당화법에 비해 가격이 비쌈 (시설, 운영 비용이 큼)	산당화법에 비해 가격이 쌈 (시설, 운영 비용이 적음)

7 전분 호화에 영향을 미치는 인자

(1) 수분: 수분함량이 높을 때 잘 일어남

(2) 전분의 종류
- 전분 입자가 작을수록 호화 온도 높음
- 아밀로펙틴함량이 높을수록 호화 속도 느림

(3) 온도
- 60℃ 전후 호화 시작
- 온도 높을수록 호화 빠름

(4) pH: 알칼리성일 때 swelling과 호화 촉진

　　※ 녹말에 NaOH를 가하면 가열하지 않아도 호화됨

(5) 팽윤제(염류): 일부 염류는 swelling과 호화 촉진

　　※ 음이온은 팽윤제 역할 강함($OH^- > CNS^- > Br^- > Cl^-$), 황산염은 호화 억제

(6) 당류: 당농도 증가는 호화온도와 시간을 상승시킴

(7) 지방질: 나선상 아밀로즈와의 결합에 의한 호화 지연

8　전분 노화에 영향을 미치는 요인

- 전분의 종류: amylose는 노화가 쉬우나, amylopectin은 어려움
- 온도: 노화 최적온도는 2~5℃, 60℃ 이상과 −20℃ 이하에서는 잘 일어나지 않음
- pH: pH 2에서 노화속도 최대, pH 7 이상에서는 노화가 거의 일어나지 않음
- 수분: 노화의 최적 수분함량은 30~60%, 수분 15% 이하와 60% 이상에서는 노화가 거의 일어나지 않음
- 염류: 황산염을 제외한 무기염류(Na^+, K^+, Ca^{2+}등)는 노화 억제

9　전분 노화 억제 방법

- 수분함량의 조절: 수분함량을 30~60%보다 적거나 많게 조절, 15% 이하면 노화를 효과적으로 억제
- 냉동
- 설탕 첨가: 설탕이 탈수제로 작용하여 전분을 단시간에 건조시킨 것과 같은 효과를 냄
- 여러 무기염류, 유기염류
- 식품첨가물: 증점제, D−Sorbitol, 유화제

CHAPTER 4 | 단백질

1 필수아미노산

- 신체에서 합성할 수 없는 아미노산으로 음식에서 공급되어야만 하는 아미노산
- 성인은 isoleucine, leucine, lysine, methionine, threonine, phenylalanine, tryptophan, valine (8개)
- 성장기 어린이와 회복기 환자는 arginine, histidine 포함 10개

※ 제한아미노산: 필수아미노산 가운데, 식품 중 함량이 체내 요구량에 비해 적은 것(콩류의 제한아미노산은 메티오닌)

2 아미노산의 성질

(1) **양성 전해질:** 아미노산은 한 분자 내에 염기로 작용하는 아미노기($-NH_2$)와 산으로 작용하는 카르복실기($-COOH$)를 둘 다 가짐

(2) **등전점(isoelectric point, pI)**
- 아미노산의 양전하의 합과 음전하의 합이 같게 되어 전하의 합이 0이 되는 pH값
- 아미노산의 pI: 중성 아미노산은 pH 6 근처의 약산성에, 산성 아미노산은 산성 쪽에, 염기성 아미노산은 알칼리쪽
- pI에서 아미노산의 용해도, 점도, 삼투압은 최소, 흡착성과 기포성은 최대

(3) **자외선 흡수성:** 방향족 아미노산인 티로신, 트립토판, 페닐알라닌은 자외선 흡수

3 단백질의 구조

(1) **1차 구조:** 펩티드 결합에 의해 폴리펩티드 형성

(2) **2차 구조**
- 이웃의 아미노산끼리 상호작용(수소결합 등)에 의해 형성한 입체구조
- α-helix 구조, β-sheet 구조, Random 나사 구조

(3) **3차 구조:** polypeptide 사슬이 수소결합, S－S결합, 이온결합, 소수성 결합 등에 의해서 구상 및 섬유상 구조 형성

(4) **4차 구조:** 3차 구조의 폴리펩티드 2개 이상이 회합하여 하나의 생리기능을 가지는 단백질 형성

4 단백질 정색반응

- 닌하이드린(ninhydrin) 반응
- 뷰렛(biuret) 반응
- 잔토프로테인(xanthoprotein) 반응
- 밀론(millon) 반응

5 단백질 변성의 특징

1차 구조의 변화가 아니고, 수소결합이나 소수성 결합 등을 하고 있는 단백질의 2차, 3차 구조가 파괴되어 천연 단백질의 원래 성질이 변화

- 반응성의 증가: NH_2, -SH, -OH, radical 형성 증가
- 효소에 대한 감수성 증가
- 용해성, 수화성 변화
- 효소 작용, 호르몬 활성, 항원성 등의 생물학적 활성 소실
- 점도의 증가, 응고, 침전 등의 현상 수반
- 광학적 성질의 변화
- 영양학적으로 활성기의 증가로 소화를 촉진하나 과도한 변성은 소화를 저해
- 단백질 특유의 생물학적 특성 상실
- 비가역적

CHAPTER 5 | 지질

1 포화지방산(이중결합이 없음)

포화지방산	탄소 수	표기법	구조	녹는점($^\circ$C)
카프르산 (capric acid)	10	$C_{10:0}$		32
라우르산 (lauric acid)	12	$C_{12:0}$		43
미리스트산 (myristic acid)	14	$C_{14:0}$		54
팔미트산 (palmitic acid)	16	$C_{16:0}$		60
스테아르산 (stearic acid)	18	$C_{18:0}$		69
아라키드산 (arachidic acid)	20	$C_{20:0}$		76

2 불포화지방산(이중결합이 1개 이상)

불포화지방산	탄소 수	표기법	구조	녹는점($^\circ$C)
팔미톨레산 (palmitoleic acid)	16	$C_{16:1}$		0
올레산 (oleic acid)	18	$C_{18:1}$		13
리놀레산 (linoleic acid)	18	$C_{18:2}$		-9
리놀렌산 (linolenic acid)	18	$C_{18:3}$		-17
아라키돈산 (arachidonic acid)	20	$C_{20:4}$		-50

3 화학적 성질

(1) 검화가: 유지 1g을 완전히 검화(비누화)시키는데 필요한 수산화칼륨(KOH)의 mg 수

(2) 산가: 유지 1g 중에 함유된 유리지방산을 중화하는데 필요한 수산화칼륨(KOH)의 mg 수

(3) 과산화물가
- 유지 1kg에 생성된 과산화물의 mg 당량
- 유지의 초기 산패도 측정

(4) 요오드가
- 유지 100g에 흡수되는 요오드의 g 수
- 불포화지방산의 양이 많을수록 요오드가 높음

(5) Polenske value
- 비수용성 휘발성 지방산을 중화시키는 소비되는 0.1N KOH의 mL 수
- 야자유 검사

(6) Reichert-Meissl value
- 지방 5g을 알칼리로 비누화(검화)한 후 황산처리하였을 때 수증기류에 의해 휘발되는 수용성 지방산을 중화하는 데 필요한 KOH의 mg수
- 버터의 위조 검정에 이용

4 유지의 유화성(emulsifying)

유화제의 친수성기 부분은 물과 결합하고, 소수성기 부분은 기름과 결합함으로써 두 액체가 섞이게 됨
- 수중유적형(oil in water): 우유, 생크림, 마요네즈
- 유중수적형(water in oil): 버터, 마가린
- 유화제: 레시틴(lecithin), 분리대두단백, 분리우유단백(casein)
- 유화액 형태에 영향을 주는 조건: 유화제의 성질, 전해질의 유무, 기름의 성질, 기름과 물의 비율, 기름과 물의 첨가 순서

5 유지 산패의 촉진요인 및 억제 방법

(1) 유지의 불포화도: 높을수록 산패되기 쉬움 → (억제 방법) 경화하여 사용하거나, 항산화제 첨가

(2) 온도: 높을수록 산패되기 쉬움 → 저온 보관

(3) 광선: 자외선 하에서 산패 촉진 → 광선 차단 포장

(4) 산소: 많을수록 산패 촉진 → 진공포장, 탈산제, 불활성화 가스(N_2)

(5) 금속: 산패 촉진 → 금속 불활성제 첨가(아미노산 등)

(6) 수분(건조): 결합수가 없어질 정도로 건조시키면(Aw < 0.25) 산패되기 쉬움

(7) 생화학적 물질: Hemoglobin, cytochrome, chlorophyll, lipoxidase는 산패 촉진

(8) 산화방지제(항산화제)
- 산패 유도기간을 연장하는 물질
- 비타민E(토코페롤), BHA. BHT 등

CHAPTER 6 | 무기질

1 분류

- 다량 무기질: 1일 권장 섭취량이 100mg 이상인 것
- 미량 부기실: 1일 권장 섭취량이 100mg 미만인 것

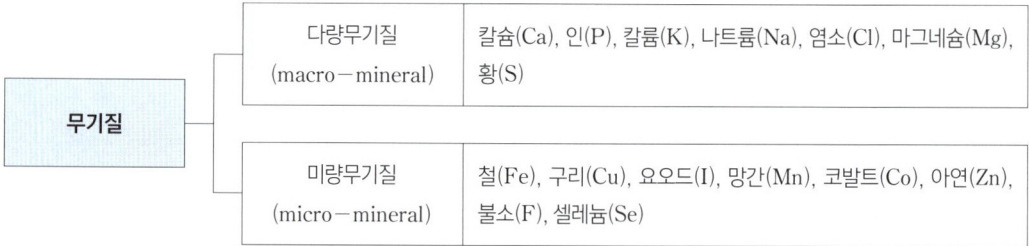

무기질	다량무기질 (macro-mineral)	칼슘(Ca), 인(P), 칼륨(K), 나트륨(Na), 염소(Cl), 마그네슘(Mg), 황(S)
	미량무기질 (micro-mineral)	철(Fe), 구리(Cu), 요오드(I), 망간(Mn), 코발트(Co), 아연(Zn), 불소(F), 셀레늄(Se)

2 주요 무기질

무기질	기능	결핍증
칼슘 (Ca)	• 인체의 골격과 치아 형성 • 근육의 수축과 이완 • 신경의 전달 반응 물질	구루병, 신경과민
인 (P)	• 인체의 골격과 치아를 형성 • 핵산과 세포막의 구성물질	식욕감퇴, 골격이상
마그네슘 (Mg)	• 인체의 골격과 치아를 형성 • 일부 효소의 구성물질	신경장애
칼륨 (K)	• 세포내액의 수분 평형유지 • 삼투압 조절	근무력증 및 마비, 저칼륨혈증
나트륨 (Na)	• 삼투압 조절 • 세포외액의 수분 평형유지	근육의 경련
염소 (Cl)	• 인체의 항상성(산도 유지) • 위액의 형성	근육의 경련
철분 (Fe)	• 헤모글로빈의 주요성분 • 산소운반 작용	빈혈
요오드 (I)	• 성장기 발육에 관여 • 갑상선 호르몬성분 (thyroxine)	갑상선종
셀레늄 (Se)	• 항산화작용 • 지방대사에 관여 • 면역기능	근육경련
코발트 (Co)	• 비타민B_{12}의 구성성분 • 효소작용 활성화	악성빈혈

3 칼슘 흡수에 영향을 미치는 요인

흡수 증진 요인	흡수 방해 요인
• 소장의 산성 환경 • 유당: 유산균에 의해 젖산으로 전환되어 장내 산성화 • 비타민 D, 비타민 C, 아미노산 • 칼슘과 인의 섭취 비율(1:1)일 때 • 부갑상선호르몬: 비타민 D의 활성화를 촉진하여 칼슘 흡수 증진	• 소장의 알칼리성 환경: 알칼리성 용액에서 칼슘은 불용성이 되어 흡수 방해 • 수산(oxalic acid): 수산 + 칼슘 = 수산칼슘(불용성 염) • 피틴산(phytic acid): 피틴산 + 칼슘 = 피틴산칼슘(불용성 염) • 지방, 식이섬유 • 비타민 D 부족

4 철 흡수에 영향을 미치는 요인

흡수 증진 요인	흡수 방해 요인
• 헴철: 육류, 가금류, 어류에 함유된 철로서 비헴철의 흡수도 증진시킴 • 비타민 C, 위산: 식품 중의 제2철을 제1철로 전환 • 구연산, 젖산 등의 유기산	• 피틴산, 수산, 탄닌: 철과 불용성염 형성 • 식이섬유 • 칼슘, 아연, 망간 섭취 과잉: 이들 무기질은 철과 함께 같은 단백질 수용체에 의해 흡수되므로 흡수과정의 경쟁으로 방해됨 • 체내 철 저장량이 많으면 흡수 방해 • 위액 분비 저하

5 산성식품과 알칼리성 식품

- 산성 식품: 식품 내 산 생성 원소(P, S, Cl, I)가 알칼리성 원소(Na, K, Ca, Mg, Fe, Cu, Zn)의 비율보다 높은 식품/곡류, 육류, 어류, 계란, 치즈, 빵, 탄산음료 등
- 알칼리성 식품: 식품 내 알칼리성 원소가 산 생성원소의 비율보다 높은 식품 / 과일류, 채소류, 해조류, 감자류, 녹차, 우유, 커피

CHAPTER 7 | 비타민

1 주요 비타민

비타민	기능	결핍증
비타민A (레티놀)	• 시력유지 • 상피세포의 건강유지	야맹증, 안구건조증, 피부 이상
비타민D (칼시페롤)	• 뼈의 성장과 석회화 촉진 • 칼슘의 흡수 촉진	구루병(어린이), 골다공증
비타민E (토코페롤)	세포손상 방지하는 항산화제	적혈구 용혈, 근육위축증, 빈혈, 신경파괴
비타민K ※ 장내 박테리아에 의해 합성	혈액응고	출혈, 혈액응고 지연
비타민B1 (티아민)	당질 대사 촉진	피로, 권태, 식욕부진, 각기병, 신경염
비타민B2 (리보플라빈)	• 성장 촉진 • 체내 산화 환원작용	성장저해, 구내염, 구각염, 설염
나이아신 ※ 트립토판이 전구체임	체내 산화 환원작용	펠라그라, 설염, 피부 및 점막손상
비타민B6 (피리독신)	• 단백질 대사 관여 • 지방 합성	피부염, 설염, 빈혈, 두통, 구토
엽산	• 핵산 및 아미노산 합성 • 적혈구 성숙	거대적아구성빈혈, 태아신경관 손상
비타민B12 (코발라민) ※ 코발트 함유	• 혈액 생성 • 성장 촉진	악성빈혈
판토텐산	• 에너지 생성 • 지방산 및 스테롤 합성	피로, 불면, 두통, 근육경련, 빈혈
비오틴 (장내 박테리아에 의해 합성)	• 포도당 합성 • 지방산 합성	빈혈, 식욕감퇴, 설염, 근육통, 피부건조증
비타민C (아스코르브산)	• 항산화제 • 콜라겐 형성	괴혈병, 상처치유 지연

CHAPTER 8 | 식품의 특수성분

1 주요 색소

카로티노이드계 색소		색	함유식품
카로틴류	β-카로틴	노란색, 주황색	당근, 호박, 고구마 등
	라이코펜	빨간색	토마토, 수박, 자몽 등
크산토필류	아스타잔틴	빨간색	게, 새우, 연어, 송어
	루테인	황등색	마리골드꽃, 오렌지, 난황, 옥수수 등

플라보노이드계 색소	색	함유식품
플라보논	무색	감귤 등
플라보놀	담황색	메밀, 양파 등
이소플라본	무색, 담황색	대두 등

안토시아닌계 색소	색	함유식품
칼리스테핀	등적색	딸기 등
크리산테민	암적색	검은콩 껍질, 팥, 복숭아 등
에닌	홍색	포도 등

갈변색소	색	함유식품
캐러멜	갈색	당의 가열에 의해 생성
폴리페놀 산화생성물(멜라닌 등)	갈색	폴리페놀옥시데이스 작용, 효소적 산화에 의해 생성
멜라노이딘	갈색	아미노-카보닐 반응에 의해 생성

포르피린계 색소	색	함유식품
클로로필	황록~청록색	녹색 채소류, 해조류
헴색소	적색	혈액(헤모글로빈), 어류 및 육류의 근육(미오글로빈)

2 식물성 카로티노이드

- β-카로틴: 간에서 비타민 A로 전환(프로비타민 A로서 활성이 가장 큼)
- 프로비타민 A: α-카로틴, β-카로틴, γ-카로틴, 크립토잔틴

3 안토시아닌(anthocyanin)

- 포도, 딸기 등의 적색, 청색, 자색 등의 수용성 색소의 총칭
- pH 3.5 이하에서 매우 안정한 적색, 중성에서 자색, 알칼리에서 청색

4 클로로필(Chlorophyll)

- 산과 반응하면 마그네슘이 수소와 치환되어 갈색의 페오피틴 형성
- 알칼리 용액에서 가열하면 파이톨기가 떨어져 나가 수용성인 녹색의 클로로필리드 형성

5 미오글로빈

- 육류의 단면이 산소에 닿으면 산화형 미오글로빈(oxymyoglobin)이 되어 밝은 적색
- 가열하면 갈색의 메트미오글로빈
- 육가공 시 아질산에서 생성된 일산화질소는 미오글로빈과 결합하여 선명한 적색의 니트로소미오글로빈 형성 → 가열하면 적색의 니트로실헤모크롬(니트로소미오크로모겐) 형성

6 효소적 갈변 억제 방법

요인	방법		기작
효소	pH		PPO의 최적 pH인 5.8 ~6.8의 범위를 벗어나게 보관 → 시트르산(구연산) 등의 유기산 첨가로 pH 저하시킴
	가열		효소는 단백질이므로 가열에 의해 변성되어 작용 소실
	온도	냉장 냉동	효소의 최적작용 온도를 벗어나게 냉동이나 냉장 저장함
	기타		염소이온이나 아황산가스 등도 효소의 작용을 제어함
산소	공기 차단		물에 담그기, 소금물에 담그기
	산소 대체		탄산가스나 질소로 가스를 대체하여 산소의 반응을 차단
기질	아황산가스 아황산염 사용		PPO의 반응은 산화 반응이므로 기질을 미리 환원시켜 산화를 방지
	−SH 화합물 사용		시스테인, 글루타티온 등을 사용하여 환원시킴
	비타민 C 주석이온 사용		기질을 환원시켜 산화를 미리 방지

7 메일라드 반응에 영향을 주는 요인과 억제 방법

(1) 온도: 10℃ 증가함에 따라 반응속도가 3~5배 증가 → 저온저장

(2) pH: pH 6.5~8.5 > pH 3~5 > pH 1~2 → 산 첨가

(3) 당의 종류
- 환원성 당류가 빠름
- 오탄당 > 육탄당(과당이 가장 잘 일어남) > 이당류 → 당종류 변경

(4) 수분함량(수분활성도): 10~15%(Aw 0.5~0.8)에서 쉽게 갈변

(5) 자외선: 촉진 → 차광

(6) 산소: 촉진 → 밀폐포장, 탈산소제 사용, 질소 및 탄산가스 치환

(7) 아황산염, 황산염, 티올, 칼슘염은 갈변 저해

8 맛의 종류별 원인 물질

구분	맛의 기전	원인물질	
단맛	G−단백질 결합수용체 조합 인지	당류	sucrose, fructose, glucose 등
		폴리올류	xylitol, sorbitol, erythritol 등
		아미노산류	glycine, alanine
		고강도 감미료류	stevioside, aspartame, sucralose 등
쓴맛	G−단백질 결합수용체 조합 인지	알칼로이드	theobromine, quinine, nicotine, caffeine 등
		페놀	limonene, naringin, cucurbitacin 등
		홉	humulone
짠맛	인체 이온채널 자극	염화나트륨	salt
신맛	인체 이온채널 자극	과일	citric acid, malic acid, tartaric acid
		청주와 조개	succinic acid
감칠맛	G−단백질 결합수용체 조합 인지	핵산	IMP, GMP
		아미노산	glutamic acid, aspartic acid

9 매운맛 성분

capsaicin(고추), chavicine(후추), sanshool(산초), sinigrin(겨자, 고추냉이), diallylsulfide(마늘, 파, 부추), allicin (마늘, 양파), gingerol(생강), curcumin(강황)

10 식품별 냄새성분

구분	식품의 종류	원인물질 또는 반응
식물성 식품의 냄새	겨자류(배추, 겨자, 고추냉이 등)	• 글루코시놀레이트 • 알릴이소시아네이트(흑겨자)
	버섯류	렌티오닌(표고버섯)
	과일류	• 파인애플: 에틸아세테이트 • 감귤류: δ-리모넨, α-, β-코페인, α-, β-큐베벤
	백합류(양파, 마늘, 파 등)	• 프로필 알릴 다이설파이드(propyl allyl disulfide), 디알릴 다이설파이드(diallyl disulfide), 알릴 설파이드(allyl sulfide), 티오프로피온알데하이드(thiopropion aldehyde) 등(양파 매운물질) • 알리신(마늘 매운물질)
동물성 식품의 냄새	소 등 반추동물	4-에틸옥타노익산
	돈육	p-크레솔, 이소발레르산
	어류	트리메틸아민(어류의 비린내)
유지류의 냄새	산패취	알데하이드, 케톤 등 휘발성 분해물
	우유	부티르산, 아세톤, 아세트알데히드

CHAPTER 9 | 식품의 물성

1 콜로이드의 유형

분산매	분산질	구분	예시
액체	기체	거품(foam)	맥주거품, 난백거품
	액체	유화액(emulsion)	우유, 마요네즈
	고체	졸(sol)	스프, 호화된 전분액
고체	기체	고체거품	빵, 케이크
	액체	겔(gel)	두부, 묵, 치즈
	고체	고체 졸	사탕, 과자

2 콜로이드의 성질

성질	내용
틴달현상	콜로이드 입자들이 가시광선을 산란시켜 빛의 진로가 보이는 현상
반투성	액체에 녹아있는 상태의 이온이나 작은 입자는 반투막을 통과하지만 콜로이드 입자는 반투막을 통과하지 못하는 성질
응결과 염석	소수성 콜로이드 용액에 적은 양의 전해질을 첨가하면 서로 엉킴현상이 일어나는 것은 '응결' 다량의 전해질을 첨가하면 콜로이드 입자 내 물이 빠져나와 서로 엉키며 가라앉는 것은 '염석'
전기영동	콜로이드 입자는 전기를 띠므로 입자는 반대 전극 방향으로 이동하게 되는 현상
브라운 운동	액체나 기체에 분산된 작은 입자들이 불규칙적으로 운동하는 현상

3 점탄성(viscoelasticity)

고체의 특성인 탄성과 액체의 특성인 점성을 동시에 보이는 성질
- 예사성: 특정식품에 젓가락을 넣었다 올렸을 때 딸려 올라오는 점탄성의 성질(달걀 흰자, 나또)
- 바이센버그(Weissenberg) 효과: 특정식품에 젓가락을 넣어 돌리면 그 탄성에 의해서 젓가락을 타고 올라오는 효과(연유)
- 점조성(경점성): 끈적끈적한 액체나 반죽이 변형에 저항하는 성질, 점탄성을 나타내는 식품의 경도(밀가루 반죽)
- 신전성: 고체 식품들이 막대기 또는 긴 끝 모양으로 늘어나는 성질(국수)

4 유체와 반고체 식품의 레올로지

구분	정의	예시			
뉴턴유체 (Newtonian fluid)	유체에 가해지는 힘(전단응력)과 그 유체의 유동성(선난속노)이 서로 비례 관계인 유체 (전단속도의 크기에 관계없이 일정한 점도를 나타냄)	불, 알코올과 같은 단일 성분의 불실(균일한 형태와 크기), 농도가 낮은 염, 포도당 용액 등			
비뉴턴유체 (Non-newtonian fluid)	전단응력과 전단속도 긴 비례관계가 성립되지 않는 유체	시간독립성	가소성 유체 (bingham plastic)	일정한 크기의 전단력에는 변형이 없으나, 그 이상의 전단력이 작용하면 변형되는 유체	마가린, 케첩, 마요네즈, 토마토페이스트 등
			의가소성 유체 (pseudo plastic)	전단 속도가 증가함에 따라 점성이 감소히는 유체	초콜릿, 퓨레, 스프, 기첩 등
			딜라턴트 유체 (dilatant)	빠르게 흐르는 액체가 더 큰 점성을 갖는 유체, 교반시 더 큰 점성을 띰	전분용액, 땅콩버터 등
		시간의존성	틱소트로픽 유체 (thixotropic)	점도가 시간이 지남에 따라 감소하는 유체	케첩, 마요네즈, 요거트, 드레싱, 젤라틴 등
			레오페틱 유체 (rheopectic)	점도가 시간이 지남에 따라 증가하는 유체	고농축 전분액 등

5 텍스처의 특성

견고성(경도), 응집성, 부서짐성(파쇄성), 씹음성(저작성), 검성, 점성, 탄성, 부착성

CHAPTER 10 | 유해물질

1 가열 등 제조과정 중 식품성분과 반응하여 자연적으로 생성되는 물질

(1) 벤조피렌(3,4-benzopyrene)

- 식품에서 고온의 조리·가공 시 지방 등의 불완전 연소에 의해 생성되는 다환방향족 탄화수소(PAHs)
- 과도한 직화구이 생선, 햄버거, 훈제 육류

(2) 아크릴아마이드(acrylamide)

- 전분 급원식품(감자, 곡류, 시리얼)을 고온(120℃ 이상)에서 튀기거나 구울시, 아스파라긴과 당의 갈변반응으로 생성
- 프렌치프라이, 포테이토칩, 감자스낵류, 시리얼, 빵류

(3) 트랜스 지방산(trans fatty acid)

- 천연에 존재하는 시스(cis)형 불포화 지방산에 수소를 첨가하여 가공하면 트랜스(trans)형 지방산으로 전환
- 마가린, 쇼트닝, 파이

(4) 헤테로고리아민류(heterocyclic amines)

고기나 생선의 고온 조리시 근육 부위에 있는 아미노산과 크레아틴이 반응하여 생성

(5) 아크롤레인(acrolein)

발연점 이상의 식용유 증기에 존재

2 식품 첨가물질이 식품성분과 반응하여 생성되는 물질

(1) 벤젠

비타민C 음료에 보존제로 안식향산나트륨을 첨가하면, 미량 함유된 철, 구리의 촉매영향으로 벤젠 생성

(2) 3-MCPD와 1,3-DCP

- 산분해간장 제조시, 탈지대두를 염산으로 가수분해하는 과정에서, 지방의 분해산물인 글리세린이 염산과 반응하여 생성
- 산분해간장, 혼합간장, 식물성 단백질 가수분해물(HVP)

(3) N-니트로소 화합물

아민류(아미노산, 펩티드, 단백질)가 산성조건에서 아질산염과 반응하여 니트로소 화합물(nitrosamine, nitrosamide) 생성

(4) 트리할로메탄(trihalomethane)

상수원의 정수과정에서, 물이 함유하고 있는 유기물질과 살균제로 사용되는 염소가 반응하여 생성

3 발효과정 중 생성되는 물질

(1) 에틸카바메이트

- 발효주 제조 시, 과실 종자에 함유된 시안화합물이 분해된 후, 에탄올과 반응하여 생성
- 발효과정 중, 아르기닌이 효모에 의해 분해된 요소와 에탄올이 반응하여 생성

(2) 바이오제닉아민

- 어류, 육류, 콩류 등 단백질 함유식품의 발효, 숙성, 부패 과정에서 미생물의 탈탄산반응으로 생성
- 히스타민, 트립타민, 티라민 등의 아민이 해당
- 알레르기 유발, 혈관수축

4 방사능 오염물질

핵종	전리 방사선	피해 부위	반감기
^{137}Cs(세슘)	β, γ	근육	30년
^{90}Sr(스트론튬)	β	뼈	28년
^{131}I(요오드)	β, γ	갑상샘	8일

5 내분비계 장애물질

(1) 다이옥신(dioxin)

- 시안산(청산가리)의 1만배 이상의 독성
- 산업현장 부산물의 소각, 자동차 배기가스, 제초제 제조공정의 부산물
- 지용성이므로, 어패류나 육류의 지방조직에서 축적되어 먹이사슬에 의해 생물농축

(2) 폴리염화비페닐(PCBs)

PCB 중독사건: 일본 카네미 미강유의 PCB 혼입

(3) 비스페놀 A(bisphenol A)

- 폴리카보네이트(PC) 수지에서 용출
- 음료수캔의 내부코팅제, 젖병, 급식용 식판에서 용출

(4) DDT(dichloro diphenyl trichloroethane)

유기염소계 살충제로 사용

(5) 프탈레이트(phthalates)

- PVC(열가소성 수지)에 가소제로 주로 사용
- 지용성

(6) TBT(트리부틸주석)

가두리 제품(어망, 어구), 목선에 방오페인트(생물부착방해제)로 광범위 사용

1 용액의 농도 변경

(1) 백분율(%) 농도의 변경

농도가 큰 ㄱ% 용액 가g(또는 mL)과 그보다 낮은 농도 ㄴ% 용액 나g(또는 mL)을 혼합하여 X% 용액(가+나)를 만들 때 필요한 용액의 양

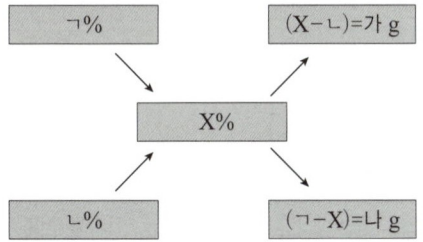

(2) 노르말 농도(N)의 변경

기존 농도 N 부피 V의 용액을 낮은 농도의 용액으로 희석하여 용액의 농도 N', 부피 V'로 변경 시

$$NV = N'V'$$

2 수분 정량

- 건조감량법: 상압가열건조법, 감압가열건조법
- 증류법
- 칼피셔(karl fischer)법

$$수분(\%) = \frac{b-c}{b-a} \times 100$$

- a: 칭량접시의 질량(g)
- b: 칭량접시와 검체의 질량(g)
- c: 건조 후 항량이 되었을 때의 질량(g)

3 조회분 계산

$$회분(\%) = \frac{W_1 - W_0}{S} \times 100$$

- W_0: 항량이 된 도가니의 질량(g)
- W_1: 회화 후의 도가니와 회분의 질량(g)
- S: 검체의 채취량(g)

4 조단백질 정량(Kjeldahl 법)

조단백질 함량＝질소의 양×질소계수(100/16＝6.25)

5 조지방 정량

• 에테르추출법(속슬렛법): 식용유 등 주로 중성지질로 구성된 식품 및 식육

• 산분해법

• 뢰제 · 고트리브(Roese－Gottlieb)법: 유제품, 유가공품

• 바브콕(Babcock)법: 원유 및 우유류

CHAPTER 12 | 식품첨가물

1 식품첨가물의 분류

2018년 1월 이후에는 용도 중심으로 개편되어, 현재는 32개의 용도별로 분류되어 관리

가공보조제	식품의 제조 과정에서 기술적 목적을 달성하기 위하여 의도적으로 사용되고 최종 제품 완성 전 분해, 제거되어 잔류하지 않거나 비의도적으로 미량 잔류할 수 있는 식품첨가물(살균제, 여과보조제, 이형제, 제조용제, 청관제, 추출용제, 효소제)
용도별 분류 (32가지)	감미료, 고결방지제, 거품제거제, 껌기초제, 밀가루개량제, 발색제, 보존료, 분사제, 산도조절제, 산화방지제, 살균제, 습윤제, 안정제, 여과보조제, 영양강화제, 유화제, 이형제, 응고제, 제조용제, 젤형성제, 증점제, 착색료, 청관제, 추출용제, 충전제, 팽창제, 표백제, 표면처리제, 피막제, 향미증진제, 향료, 효소제

2 보존료

미생물에 의한 품질 저하를 방지하여 식품의 보존기간을 연장시키는 식품첨가물

보존료명	사용기준
데히드로초산나트륨(sodium dehydroacetate)	치즈, 버터, 마가린
소브산(sorbic acid) 등	치즈, 버터, 식육가공품, 된장, 고추장, 어패류 건제품, 젓갈류 등
안식안식향산(benzoic acid) 등	과일 · 채소류 음료, 탄산음료, 인삼 및 홍삼 음료, 간장, 마가린, 마요네즈
프로프로피온산(propionate) 등	빵, 치즈, 잼류
파라파라옥시안식향산등	간장, 식초, 인삼 · 홍삼음료, 소스

3 살균제

- 식품 표면의 미생물을 단시간 내에 사멸시키는 작용을 하는 식품첨가물
- 과산화수소, 과산화초산, 오존수, 이산화염소수, 차아염소산수, 차아염소산칼슘, 차아염소산나트륨

4 산화방지제(항산화제)

(1) 산화에 의한 식품의 품질 저하를 방지하는 식품첨가물

(2) 지용성 산화방지제

- 유지의 산패 방지(hydroperoxide 생성 억제)
- BHT, BHA, 몰식자산 프로필, DL-α-도고페롤(비타민E)

(3) 수용성 산화방지제

- 색소의 산화방지
- ascorbic acid, erythorbic acid

5 착색료

- 식품에 색을 부여하거나 복원시키는 식품첨가물
- 식용 타르색소: 모두 수용성의 산성색소
- 천연색소: 클로로필, 카로티노이드 등

6 표백제

- 식품의 색을 제거하기 위해 사용되는 식품첨가물
- 메타중아황산나트륨, 메타중아황산칼륨, 무수아황산, 아황산나트륨(무수), 산성아황산나트륨, 차아황산나트륨

7 발색제

- 식품의 색을 안정화시키거나, 유지 또는 강화시키는 식품첨가물
- 아질산나트륨, 질산나트륨, 질산칼륨

8 감미료

- 식품에 단맛을 부여하는 식품첨가물
- 사카린나트륨, D-소비톨, 락티톨, 만니톨, D-말티톨, D-자일로스, 자일리톨, D-리보오스, 에리스리톨, 이소말트, 감초추출물, 아스파탐, 수크랄로스, 아세설팜칼륨

9 향미증진제

- 식품의 맛 또는 향미를 증진시키는 식품첨가물
- 핵산계, 아미노산계, 유기산계

1 주요 미생물의 분류

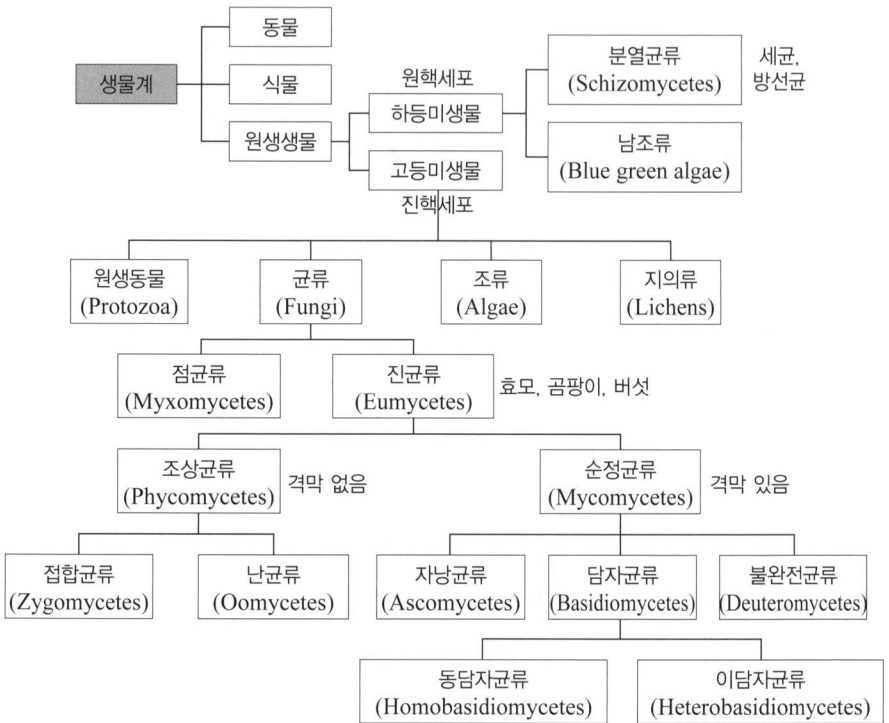

2 원핵세포와 진핵세포의 비교

구분	진핵세포	원핵세포
생물 종류	원생동물, 조류, 곰팡이, 효모, 버섯	세균, 남세균, 방선균
세포 크기	대형	소형
세포벽	균류–키틴, 식물과 조류–셀룰로스	펩티도글리칸 등
핵	• 핵막과 인이 존재 • 히스톤 단백질과 복잡한 결합	핵막과 인이 없음
리보솜 크기	80s	70s
광합성	엽록체 있음	엽록체 없음
세포호흡	미토콘드리아	메소좀
세포분열	유사분열(이분법)	무사분열(비유사분열)
DNA 상태	나수 선형 염색체	단일 환상 염색체
염색체	여러개	1개 + 플라스미드
리소좀과 퍼옥시좀	있음	없음
영양방법	대부분 종속영양	독립영양(광합성, 화학합성)
세포소기관	핵, 미토콘드리아 등	없음

3 영양요구성에 따른 미생물의 분류

(1) 독립영양균(autotrophs)=무기영양균

① 유기물을 필요로 하지 않고 무기물로만 생육하는 생물

② CO_2, HCO_3^+ 같은 무기탄소원, NH_4^+, NO_3^- 같은 무기질소원 이용

- 광합성독립영양균(photoautotroph): 빛 에너지를 에너지원으로 이용
- 화학합성독립영양균(chemoautotroph): 무기물의 산화에 의한 화학적에너지를 에너지원으로 이용

(2) 종속영양균(heterotrophs)=유기영양균

탄소원은 유기 탄소화합물 이용, 질소원은 무기 또는 유기 질소화합물 이용

4 미생물의 생육곡선

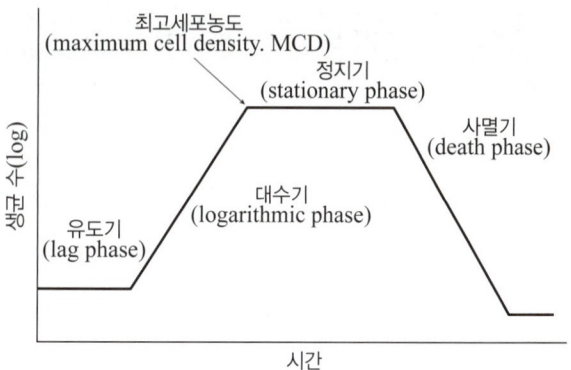

(1) 유도기
- 증식은 일어나지 않고, 세포 크기가 커지며 RNA 함량이 증가
- DNA 합성은 일어나지 않음

(2) 대수기
- 세포분열이 급속하게 진행, 최대의 성장속도
- RNA는 일정하고, DNA가 증가

(3) 정지기
- 영양물질의 고갈, 대사생성물의 축적, 산소부족, 배지의 산성화 등으로 새로 증식하는 수와 사멸수가 같아짐
- 포자형성균은 이 시기에 포자 형성

(4) 사멸기
생균수가 줄어드는 시기

5 세균의 증식속도

세대시간(generation time): 하나의 세포로부터 다시 분열할 때까지 걸리는 시간

$$N = N_0 \times 2^n, \ \text{세대시간} = \frac{t}{n}$$

- N: 배양 세포수
- N_0: 초기 세포수
- n: 세대수
- t: 총분열시간

6 미생물의 생육에 영향을 미치는 요인

(1) 수분활성도

생육 최저 수분활성도: 세균 0.91, 효모 0.88, 곰팡이 0.80, 내건성 곰팡이 0.65 내삼투압성 효모 0.60

(2) 온도

- 호냉균: 생육가능온도 0~20℃, 생육쇠적온도 10~15℃
- 저온균: 생육가능온도 0~30℃, 생육최적온도 10~20℃
- 중온균: 생육가능온도 15~50℃, 생육최적온도 30~40℃, 대부분의 식품 미생물
- 고온균: 생육가능온도 30~80℃, 생육최적온도 50~60℃

(3) pH

- 세균: 최저 생육 pH 4.0~4.5, 최적 생육 pH 6.5~7.2
- 효모: 생육 가능 pH 4.0·8.5, 최적 생육 pH 4.0~4.5
- 곰팡이: 생육 가능 pH 2.0~9.0, 최적 생육 pH 3.0~3.5

(4) 산소

- 편성호기성균: 반드시 산소를 요구함
- 편성혐기성균: 산소가 없는 환경에서 생존
- 통성혐기성균: 산소 유무 상관없이 생존
- 미호기성균: 대기압보다 낮은 산소분압에서 생존

1 곰팡이 포자의 분류

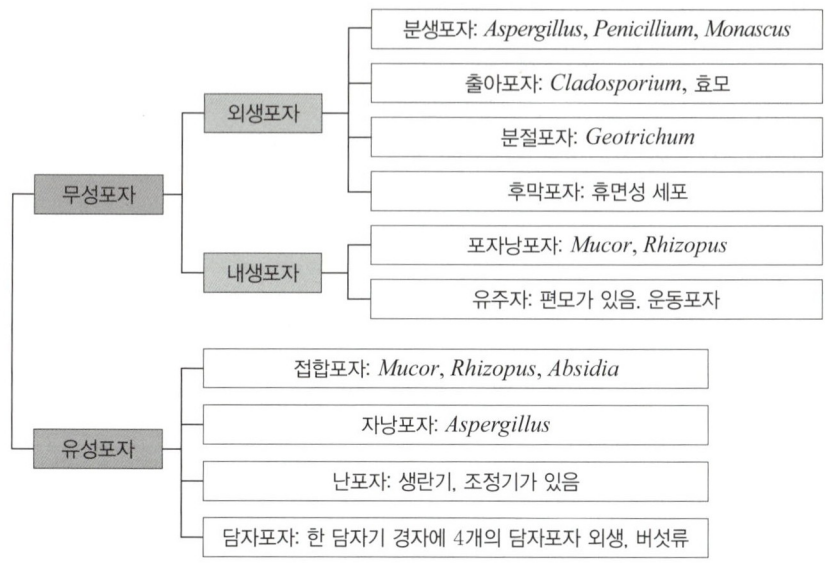

무성포자
- 외생포자
  - 분생포자: *Aspergillus*, *Penicillium*, *Monascus*
  - 출아포자: *Cladosporium*, 효모
  - 분절포자: *Geotrichum*
  - 후막포자: 휴면성 세포
- 내생포자
  - 포자낭포자: *Mucor*, *Rhizopus*
  - 유주자: 편모가 있음. 운동포자

유성포자
- 접합포자: *Mucor*, *Rhizopus*, *Absidia*
- 자낭포자: *Aspergillus*
- 난포자: 생란기, 조정기가 있음
- 담자포자: 한 담자기 경자에 4개의 담자포자 외생, 버섯류

2 식품에서 중요한 곰팡이의 분류와 종류

분류기준 1 (격벽의 유무)	분류기준 2 (유성생식의 유무)	균의 종류	식품 및 특징
조상균류 (격벽×)	호상균류	—	—
	난균류 (유성포자)	—	—
	접합균류 (유성포자)	*Mucor* 속	가근(×), 포복지(×), *Mucor pusillus*(치즈 응유효소), *Mucor rouxii*(Amylo법에 의한 알콜발효)
		Rhizopus 속	가근(○), 포복지(○), 포자낭병이 가근 위에 *Rhizopus nigricans*(고구마 연부병), *R. delemar*(전분당화력 강, 알코올 제조), *R.Oryzae*(L형 젖산 생성)
		Absidia 속	가근(○), 포복지(○), 가근위에 포자낭병 없고 포복지 중 간에 포자낭병 있음
순정균류 (격벽○)	자낭균류 (유성포자)	*Aspergillus* 속 정낭(○), 병족세포(○), 기저경자(○)	*Aspergillus oryzae*(황국균, 전분당화, 단백질 분해 강), *Aspergillus niger*(흑국균, 구연산 등 다양한 유 기산생성, Pectinase, lipase 생성), *Aspergillus flavus*(아플라톡신생산)
		Penicillium 속(푸른곰팡이) 정낭(×), 병족세포(×)	*Penicillium chrysogenum*(페니실린 대량생산 균주), *Penicillium roqueforti*(로퀴포르치즈), *P. citrinum*, *P. islandicum*, *P. citreoviride*(쌀에 서 황변미), *Pen. expansum*(과일 부패균)
		Monascus 속 (홍국곰팡이)	*Monascus purpureus*(홍주)
		Neurospora 속 (붉은빵곰팡이)	*Neurospora sitophila*(발효식품 ontjom제조)
	담자균류 (유성포자)	(버섯)	—
	불완전균류 (유성생식 못하는 균류)	*Fusarium* 속	*Fusarium moniliforme*(벼의 키다리병, 지베렐린)
		Botrytis 속	*Botrytis cinerea*(귀부와인)
		Geotrichum 속, *Cephalosporium* 속, *Trichoderma* 속	

3 효모의 영양증식

(1) 출아법: 영양 증식의 대표적인 방법

- 다극출아: *Saccharomyces, Zygosaccharomyces, Cryptococcus* 등
- 양극출아: *Hanseniaspora, Kloekera, Nadsonia* 등

(2) 분열법

Schizosaccharomyces 속

(3) 출아분열법

Saccharomycodes 속

4 효모의 발효형식

(1) Neuberg의 제1발효

- 혐기적 발효(알코올 발효)

$$C_6H_{12}O_6 \xrightarrow{\text{혐기상태}} 2C_2H_5OH + 2CO_2$$
$$\text{(Glucose)} \qquad \qquad \text{(Ethanol)}$$

- 호기적 발효(호흡작용, 산화작용)

$$C_6H_{12}O_6 \xrightarrow{\text{호기상태}} 6H_2O + 6CO_2$$
$$\text{(Glucose)}$$

(2) Neuberg의 제2발효(아황산나트륨 첨가 시)

Na_2SO_3(아황산나트륨) 첨가, glycerol 발효

$$C_6H_{12}O_6 \xrightarrow{Na_2SO_3,\ H_2O} C_3H_5(OH)_3 + CH_3CHO + CO_2$$
$$\text{(Glucose)} \qquad \qquad \text{(Glycerol)} \quad \text{(Acetaldehyde)}$$

(3) Neuberg의 제3발효(중탄산나트륨 첨가 시)

$NaHCO_3$(중탄산나트륨) 또는 Na_2HPO_4(제2인산나트륨) 첨가, glycerol 발효

$$2C_6H_{12}O_6 \xrightarrow{NaHCO_3,\ Na_2HPO_4} 2C_3H_5(OH)_3 + CH_3COOH + CO_2$$
$$\text{(Glucose)} \qquad \qquad \text{(Glycerol)} \quad \text{(Acetic acid)}$$

5 식품에서 중요한 효모의 분류와 종류

유성생식 유무	효모의 분류	종류	식품 및 특징
유성포자 효모	자낭포자 효모	*Saccharomyces* 속	• *Saccharomyces cerevisiae*(제빵효모, 양조효모, 영국 맥주, 상면 발효효모, 달걀형, 부양응집, 발효빠름, 에일맥주, 최적온도 높음) • *S. carlsbergensis*(한국, 독일 맥주, 하면발효효모, 난형, 침전응집, 발효느림, 라거맥주, 최적온도 낮음) • *S. ellipsoideus*(포도주 효모) • *S. rouxii*(내삼투압성, 간장 된장 효모) • *S. sake*(청주효모) • *S. coreanus*(탁주효모)
		Schizosaccharomyces 속 (분열법)	*Schizosaccharomyces pombe*(아프리카 술 폼베발효효모)
		saccharomycodes 속 (출아분열법)	–
		Zygosaccharomyces 속	• *Zygosaccharomyces rouxii* (내염성18% 염농도, 고삼투압, 간장에 향미 부여) • *Zygosaccharomyces japonicus* (간장에 회백색 피막 생성 유해효모)
		Kluyveromyces 속	*K. fragilis, K. lactis*(유당이용가능, 알코올 발효, kefir, koumiss 제조)
		Pichia 속, *Hansenula* 속, *Debaryomyces* 속	산막효모, 알코올 발효력 약함, 액면에 피막형성, 산소 요구
		Lipomyces 속	유지효모, 늙은 세포에서 60%가 지방
무성포자 효모	사출포자 효모 (유포자 효모)	*Bullera* 속, *Sporobolomyces* 속, *Sporidiobolus* 속	–
	무포자 효모 (포자 생성 못함)	*Torulopsis* 속 내염, 내당	*Torulopsis versatilis*(간장덧의 향기효모)
		Candida 속 단세포단백질 생산, 위균사, 탄화수소 자화	• *C. utilis* , *C. tropicalis*(아황산 펄프 폐액에서 사료생산, 5탄당 이용) • *C. Lipolytica*(lipase 생성) • *C. albicans*(칸디다증 병원성효모)
		Rhodotorula 속	유지효모, 적색색소 생성
		Cryptococcus 속	병원성 효모

6 세균의 그람염색

(1) 염색 방법

크리스탈 바이올렛으로 1차 염색 → 요오드로 염색약을 세포벽에 고정 → 알코올로 탈색 → 사프라닌으로 2차 염색

(2) 그람양성균과 그람음성균의 비교

특성	그람 양성	그람 음성
염색 후 색	보라색	분홍색
차이: 세포벽의 조성	펩티도글리칸이 두꺼움	펩티도글리칸이 얇음
구조	세포벽-세포막(안)	외막-세포벽-세포막(이중막)
테이코산	있음	없음
뮤코단백질	많음	적음
lipoprotein, lipopolysaccharide	없음	있음
페니실린	세포벽 합성 저해, 양성균 죽임	효과 없음, 대신 스트렙토마이신으로 단백질 합성 억제 효과적
lysozyme 작용	세포벽(펩티도글리칸)이 분해되어 용균됨	세포벽 분해 안 됨
대표균	• 구균(coccus) • 포자형성균(*Bacilius*, *Clostridium*) • 젖산균(*Leuconostoc*, *Pediococcus*, *Lactobacillus*, *Streptococcus*)	• 장내세균 (*Escherichia*, *Salmonella*, *Shigella* 등) • 초산균(*Acetobacter*)

7 포자형성균

(1) *Bacillus* 속

- *Bacillus subtilis*: 된장, 청국장 제조, 고초균, α-amylase, protease를 분비
- *Bacillus natto*: 청국장 제조
- *Bacillus megaterium*: 비타민 B12생산
- *Bacillus stearothermophilus*: 고온균, 통조림 flat sour 유발

(2) *Clostridium* 속

- *Clostridium butyricum*: 당 발효하여 낙산(butyric acid)생성, 치즈 분리
- *Clostridium acetobutylicum*: 옥수수나 감자 같은 전분발효, 아세톤, 에탄올, 부탄올, 낙산 생성
- *Clostridium sporogenes*: 혐기성 조건에서 통조림을 부패시킴

8 젖산균(유산균)

(1) 발효형식

① 정상형 젖산발효(homo lactic acid fermentation)

당으로부터 젖산만 생성(EMP 대사경로)

- Glucose → 2 lactic acid
- *Streptococcus* 속, *Pediococcus* 속, 일부의 *Lactobacillus*

② 이상형 젖산발효(hetero lactic acid fermentation)

젖산 이외에 초산/알코올 등이 함께 생성(phosphoketolase 대사경로)

- Glucose → lactic acid + ethanol + CO_2

  2 Glucose → 2 lactic acid + ethanol + acetic acid + $2CO_2 + H_2$
- *Leuconostoc* 속, 일부의 *Lactobacillus*

(2) 젖산균 분류

① homo type(정상형) 젖산균

- *Lactobacillus bulgaricus*: 버터 제조, 요구르트 제조
- *Lacticaseibacillus casei*(기존 *Lactobacillus casei*): 치즈 숙성, 젖산 제조
- *Lactobacillus delbrueckii*: 곡류나 발효 채소에서 분리
- *Lactobacillus homohiochii*: 청주 화락균
- *Lactiplantibacillus plantarum*(기존 *Lactobacillus plantarum*): 김치 발효의 주된 젖산균

② hetero type(이상형) 젖산균

- *Levilactobacillus brevis*(기존 *Lactobacillus brevis*): 김치발효의 주된 젖산균
- *Lactobacillus heterohiochii*: 청주 화락균
- *Lactobacillus bifidus*: 유산균 정장제
- *Lactobacillus leichmanii*: 비타민 B12를 생육인자로 요구하므로 비타민B12의 미생물 정량법에 이용

9 부패균

- *Pseudomonas fluorescens*: 생유(raw milk) 쓴맛의 원인, 난황과 난백이 황록색이 되고 자외선을 쬐면 강한 형광을 내는 녹색부패(green rot)
- *Proteus morganii*: 알레르기성 식중독 원인, histidine decarboxylase를 생산, histidine을 histamine으로 전환함
- *Proteus melanovogenes*: 난황이 흑색으로 되었다가 파괴되어 전 내용물이 회갈색으로 되는 흑색부패(black rot)
- *Serratia marcescens*: 빵, 육류, 우유 등에 번식하여 빨간색으로 변하게 함

10 식중독균 검사법

(1) 살모넬라

BPW (1차) RV (2차)배지 → XLD, BG Sulfa, Desoxycholate Citrate 배지 → TSI 사면배지

(2) 황색포도상구균

TSB 배지 → Baird-Parker 배지 → coagulase 시험

(3) 장염비브리오

Alkaline 펩톤수 → TCBS 배지 → LIM 반유동배지

(4) 클로스트리디움 퍼프린젠스

Cooked Meat 배지 → 난황첨가 TSC 배지 → 생화학 시험

(5) 리스테리아 모노사이토제네스

Listeria 증균배지(1차) Fraser broth(2차) → Oxford 배지 → hemolysis, motility, catalase, CAMP test

(6) 장출혈성 대장균

시가독소(베로독소) 유전자 확인시험 우선 실시 → mTSB 배지 → TC-SMAC, BCIG 배지 → 생화학 시험

(7) 바실러스 세레우스

MYP 배지 → 곤충독소단백질 생성 확인시험

11 조류

(1) 녹조류(green algae)

chlorella: 타원형 단세포 녹조류, SCP(단세포단백질)로 활용도가 높음

(2) 갈조류(brown algae)

다시마, 미역, 톳

(3) 홍조류(red algae)

우뭇가사리, 김

12 Phage 생활사

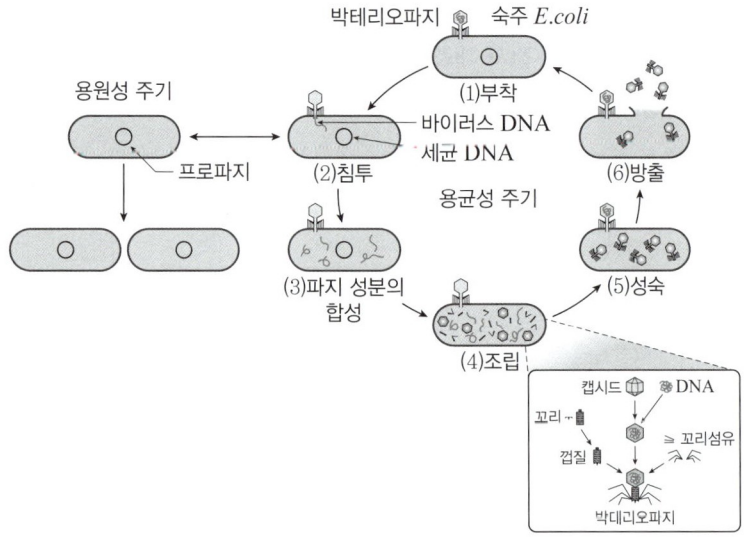

13 Phage 예방 대책

- 발효 환경 오염 방지. 배양장비 및 기구 살균
- 식품공장 공기를 수시로 검사하여 파지 조기 발견
- 연속교체법(rotation system)을 이용(파지에 대해 감수성이 서로 다른 생산균주를 혼합하여 사용)
- 항생물질 이용: 항생물질에 대한 내성균주 사용
- 킬레이트제(chelate) 첨가

CHAPTER 3 | 미생물의 분리보존 및 균주개량

1 균주개량을 위한 세포내 유전자 재조합 기술

(1) 세포융합(cell fusion)

과정: 세포의 protoplast화 → protoplast의 융합 → 융합체의 재생 → 재조합체 선택 및 분리

(2) 접합(conjugation)

pili(미생물의 선모)를 이용

(3) 형질전환(transformation)

공여세포의 DNA가 직접 수용세포 내로 들어감

(4) 형질도입(transduction)

Phage(virus)가 한 세포 내로 다른 세균의 유전자를 함께 수용하여 전달

2 변이원(=돌연변이원, mutagen)

- 아질산
- Alkyl agent
- 5−Bromouracil
- NTG(N−Methyl−N −nitro−N−nitrosoguanidine)
- Acridine 색소류(acriflavin, proflavin 등)
- 자외선(UV)

CHAPTER 4 | 발효공학의 기초

1 발효공정의 일반체계

① 배지의 제조 → ② 살균 → ③ 종균 배양 → ④ 본 배양 → ⑤ 배양물의 분리정제 → ⑥ 폐수 폐기물 처리

2 고체배양과 액체배양의 장단점

구분	고체배양	액체배양
장점	• 간단한 배지 조제: 원료, 물, 무기염류 • 저렴한 원료 비용: 농산물 또는 농산 폐기물 이용 • 낮은 수분활성도: 오염방지(세균 증식에 부적합, 단, 곰팡이 증식에는 적합) • 생산물 분리 용이: 표면 증식 → 적은 양의 용매로 회수 가능 • 산소공급 용이(진탕, 통기 필요 없음) • 간단한 배양장치, 운전비용 저렴 • 공정에서 나오는 폐수 적음	• 통기교반 불필요 • 간단한 배양장치(vat), 동력비가 들지 않음 • 대량 생산에 저함 • 기계화 가능, 관리가 쉬움
단점	• 배지의 불균일성: 교반이 잘 되지 않음 • 측정 및 제어가 어려움 • 기계화 및 자동화가 어려움 • 많은 공간 필요	산소 공급 제한: 발효기간 길어짐, 휘발성 물질 손실, 오염 가능성 증가

3 회분배양과 연속배양

• 회분배양(batch culture): 미생물을 일정량의 배지에 배양하는 방법
• 유가 배양(fed-batch culture): 배양 중에 제한인자로 되어 있는 어느 특정기질을 배양조에 공급하여 일정하게 저농도로 유지하면서 목적 산물을 배양 완료까지 조내에 그대로 유지하는 방법
• 연속배양(continuous culture): 배양원료를 일정 유량속도로 장치 내에 공급하고 일정 유량속도로 장치 밖으로 배출하여 배양을 계속하는 조작

4 대사제어 발효

(1) 환경조건에 의한 발효의 전환 제어
- 산소 제어
- 혐기적 발효시 알콜 발효, 호기적 발효 시 젖산 발효

(2) 세포막 투과성에 의한 조절
- 글루탐산 발효 시: Penicillin 첨가 → 세포막의 합성 저해 → 세포 외로 유리/합성 증가
- 핵산 발효 시: 항생물질/계면활성제 첨가 시 효과적

(3) 변이에 의한 대사 조절
- 영양요구변이주의 이용
- Feedback 내성 변이주의 이용
- 아날로그 내성 변이주의 이용

CHAPTER 5 | 발효식품 및 관련 미생물

1 주류의 분류

발효주	단발효주		과일에 포함된 당분이 발효되어 알코올이 생성된 술, 당화과정이 없음	과실주, 와인
	복발효주	단행복발효주	당화가 완료되고 나서 발효가 진행된 술	맥주
		병행복발효주	당화와 발효가 동시에 진행되어 만들어지는 술	탁주, 약주, 청주
증류주			알코올 발효액을 증류하여 알코올 농도를 높인 술	위스키, 브랜디, 소주
혼성주			발효주나 증류주에 감미료, 향료 등을 첨가하여 혼합한 술	매실주, 인삼주, 합성 맥주

2 맥아즙 자비의 목적

- 단백질의 열응고에 의한 제품의 혼탁 방지
- 호프의 유효성분을 용출하고 열변성시켜 고미와 향기 부여
- 맥아박 세척수를 증발시켜 맥아즙 농축
- 효소의 파괴와 맥아즙의 살균
- 쓴맛을 내는 $iso-\alpha-acid$로 이성질화
- 단백질 침전

3 호프의 첨가 목적

맥주의 맛과 향, 제품의 기포성, 기포 안정성, 항균성 부여

4 발효식품별 주요 미생물

식품 종류	주요 미생물
맥주	• *Saccharomyces cerevisiae*(상면발효효모) • *Saccharomyces carlsbergenesis*(하면발효효모)
포도주	• *Botrytis cinerea*(곰팡이) • *Saccharomyces ellipsoideus*(효모) • *Leuconostoc oenos*(세균)
청주	• *Aspergillus oryzae*(곰팡이) • *Saccharomyces cerevisiae, S.sake*(효모)
탁·약주	• *Aspergillus oryzae*(곰팡이) • *Saccharomyces coreanus*(효모)
간장·된장	• *Aspergillus oryzae, Aspergillus sojae*(곰팡이) • *Bacillus subtilis*(세균)
김치	• *Leuconostoc mesenteroides* • *Lactiplantibacillus plantarum*(기존 *Lactobacillus plantarum*) • *Limosilactobacillus fermentum*(기존 *Lactobacillus fermentum*) • *Levilactobacillus brevis*(기존 *Lactobacillus brevis*)
치즈	• *Lacticaseibacillus casei*(기존 *Lactobacillus casei*) • *Lactococcus lactis* • *Lactococcus cremoris* • *Streptococcus thermophilus* • *Lactobacillus bulgaricus* • *Penicillium roqueforti*(로퀴포르 치즈) • *Penicillium camemberti*(카망베르 치즈) • *Propionibacterium shermanii*(에멘탈 치즈)
요구르트	• *Lactobacillus bulgaricus* • *Streptococcus thermophilus*

CHAPTER 6 | 대사산물의 생성

1 구연산(citric acid) 발효

- *Aspergillus niger, Candida* 속 효모
- 생산량 증가를 위해 2~3%의 알코올(MeOH, EtOH, propanol) 첨가
- 배양조건: pH 2~3, 당농도 10~15%, 25~28℃, 4~10일, 호기 조건

2 초산(acetic acid) 발효

glucose $\longrightarrow$ 2 ethanol $\longrightarrow$ 2 acetaldehyde $\longrightarrow$ 2 acetic acid

$2CO_2$ H_2O

Acetobacter aceti

3 알코올 발효

$$(C_6H_{10}O_5)n + nH_2O \longrightarrow nC_6H_{12}O_6 \longrightarrow 2nC_2H_5OH + 2nCO_2$$

	전분	물	포도당	에틸알코올	탄산가스
분자량	162.14	18	180.14	92.14(2×46.07)	
생산량	100 kg			→ 56.82 kg	
			100 kg	→ 51.14 kg	

※일반적으로 주정발효의 수율은 95%이므로 48.58kg

(1) 전분질로부터 알콜 발효

원료 증자 → 살균 → 당화 → 주모 → 발효 → 증류

※ 당밀로부터 알콜발효시에는 당화공정 필요 없음

(2) 당화법

① 고체국법(koji법)

② 액체국법

③ amylo법: *Amylomyces rouxii(Mucor rouxii)*를 이용하여 당화와 알콜 발효를 동시 시도 이후 효모를 첨가하는 방법으로 개량

④ amylo술밑 · koji절충법

⑤ 맥아법

(3) 증류

공비혼합물(azeotrope)

- 알코올과 물은 97.2%(v/v) [95.57%(w/w)]의 성분비 일때 공비혼합물이 되고, 공비점은 78.15℃이며, 이상은 가열해도 발생하는 증기 중의 알코올 농도는 높아지지 않음
- 99% 농도의 알코올을 끓이면 발생 증기의 농도는 오히려 낮아짐

4 아미노산 발효

(1) 발효방법

① 직접 발효법

- 야생균주 이용: glutamic acid
- 영양 요구성 변이주 이용: Lysine, valine, alanine
- 아날로그 내성 변이주 이용: tryptophan, lysine

② 전구물질을 미생물로 변환

Glycine → Serine

③ 효소반응에 의해 전환

Aspartic acid, lysine, cysteine, phenylalanine

(2) Glutamic acid 발효

① 생산균주

Corynebacterium glutamicum

② 생육인자

- Biotin
- Penicillin을 첨가하면 세포막의 투과성이 높아져 glutamic acid의 세포 외 분비가 촉진

(3) Lysine 발효

Corynebacterium glutamicum, *Brevibacterium flavum* 의 homoserine 요구성 변이주: Biotin이 충분히 존재하고 homoserine 첨가에 의해 lysine 생성 · 축척

5 핵산 발효

[정미성을 갖기 위한 nucleotide의 화학구조]

- mononucleotide만 정미성이 우수
- 염기가 purine 계의 것만이 정미성이 있음

- Purine 환의 6′위치에 OH기가 있어야 함
- Ribose와 deoxyribose 둘 다 정미성있음
- Ribose의 5′위치에 인산기가 있어야 함
- 맛의 세기: GMP>IMP>XMP

6 효소 생산 미생물

효소	미생물
α − amylase	*Bacillus subtilis*
β − amylase	*Bacillus polymyxa, B. cereus, B. megaterium*
Glucoamylase	*Aspergillus niger Rhizopus delemar*
Invertase	*Saccharomyces cerevisiae*
Naringinase	*A. niger, A. oryzae*
Protease	*A. niger B. subtilis*

7 효소의 고정화 방법

- 담체결합법: 물에 불용성인 담체에 효소를 결합하는 방법
- 가교법: 효소를 두 가지 이상의 관능기를 가진 시약과 반응하여 가교하는 방법
- 포괄법: 효소를 겔의 미세한 격자 속에 포괄하거나 반투과성 고분자 피막으로 둘러싸는 방법

8 미생물 단백질(Single cell protein, SCP)

균주	탄소원	비고
Candida utilis(*Torulopsis utilis*)	펄프폐액 · 목재당화액	
C. tropicalis	탄화수소	
C. lipolytica	탄화수소	
Lipomyces sp.	당액	유지효모
Chlorella sp.	CO_2, 태양에너지	

1 식품위생법

(1) 영업에 종사하지 못하는 질병의 종류(시행규칙 제50조)

① 결핵

② 「감염병의 예방 및 관리에 관한 법률 시행규칙」에 해당하는 감염병

콜레라, 장티푸스, 파라티푸스, 세균성 이질, 장출혈성대장균감염증, A형간염

③ 피부병 또는 그 밖의 고름형성(화농성) 질환

④ 후천성면역결핍증(성매개감염병에 관한 건강진단을 받아야 하는 영업에 종사하는 사람만 해당)

(2) 식품위생 분야 종사자의 건강진단규칙

① 항목

장티푸스, 파라티푸스, 폐결핵

② 횟수

매년 1회

2 축산물 위생관리법

(1) 제2조(정의)

② "축산물"

식육 · 포장육 · 원유(原乳) · 식용란(食用卵) · 식육가공품 · 유가공품 · 알가공품

③ "식육(食肉)"

식용을 목적으로 하는 가축의 지육(枝肉), 정육(精肉), 내장, 그 밖의 부분

④ "포장육"

판매를 목적으로 식육을 절단하여 포장한 상태로 냉장하거나 냉동한 것으로서 화학적 합성품 등의 첨가물이나 다른 식품을 첨가하지 아니한 것

⑤ "원유"

판매 또는 판매를 위한 처리 · 가공을 목적으로 하는 착유(搾乳) 상태의 우유와 양유(羊乳)

⑥ "식용란"

식용을 목적으로 하는 가축의 알로서 총리령으로 정하는 것(닭 · 오리 및 메추리의 알)

⑦ "집유(集乳)"

원유를 수집, 여과, 냉각 또는 저장하는 것

⑧ "식육가공품"

판매를 목적으로 하는 햄류, 소시지류, 베이컨류, 건조저장육류, 양념육류, 그 밖에 식육을 원료로 하여 가공한 것

⑨ "유가공품"

판매를 목적으로 하는 우유류, 저지방우유류, 분유류, 조제유류(調製乳類), 발효유류, 버터류, 치즈류, 그 밖에 원유 등을 원료로 하여 가공한 것

⑩ "알가공품"

판매를 목적으로 하는 난황액(卵黃液), 난백액(卵白液), 전란분(全卵粉), 그밖에 알을 원료로 하여 가공한 것

⑪ "작업장"

도축장, 집유장, 축산물가공장, 식용란선별포장장, 식육포장처리장 또는 축산물보관장

⑬ "축산물가공품이력추적관리"

축산물가공품을 가공단계부터 판매단계까지 단계별로 정보를 기록 관리하여 그 축산물가공품의 안전성 등에 문제가 발생할 경우 그 축산물가공품의 이력을 추적하여 원인을 규명하고 필요한 조치를 할 수 있도록 관리하는 것

3 식품의 기준 및 규격

(1) 가공식품에 대하여 다음과 같이 식품군(대분류), 식품종(중분류), 식품유형(소분류)으로 분류

- 식품군: '제5. 식품별 기준 및 규격'에서 대분류하고 있는 음료류, 조미식품 등
- 식품종: 식품군에서 분류하고 있는 다류, 과일·채소류음료, 식초, 햄류 등
- 식품유형: 식품종에서 분류하고 있는 농축과·채즙, 과·채주스, 발효식초, 희석초산 등

(2) 표준온도는 20℃, 상온은 15~25℃, 실온은 1~35℃, 미온은 30~40℃

(3) 냉장은 0~10℃, 냉동은 −18℃ 이하

(4) 농·축·수산물의 농약 잔류허용기준

별도로 잔류허용기준을 정하지 않은 경우 0.01 mg/kg 이하를 적용

(5) 동물용의약품의 잔류허용기준

축산물의 경우 "소, 돼지, 닭, 우유, 달걀" 및 수산물의 경우 "어류"는 이 고시에 별도로 잔류허용기준이 정해지지 아니한 경우 0.01 mg/kg 이하를 적용

(6) 통·병조림식품

- 멸균은 제품의 중심온도가 120℃ 이상에서 4분 이상 열처리
- pH 4.6을 초과하는 저산성식품(low acid food)은 멸균
- pH가 4.6 이하인 산성식품은 가열 등의 방법으로 살균처리 가능
- 규격: 주석150 (mg/kg) 이하, 세균발육 음성

(7) 레토르트식품

- 멸균은 제품의 중심온도가 120℃ 이상에서 4분 이상 열처리
- pH 4.6을 초과하는 저산성식품(low acid food)은 멸균
- pH가 4.6 이하인 산성식품은 가열 등의 방법으로 살균처리 가능
- 보존료 사용 금지
- 규격: 세균발육 음성, 타르색소 불검출

(8) 냉동식품

살균제품은 그 중심부의 온도를 63℃ 이상에서 30분 가열

① 가열하지 않고 섭취하는 냉동식품

② 가열하여 섭취하는 냉동식품(살균/비살균)

4 식품등의 표시기준

(1) "제조연월일"

포장을 제외한 더 이상의 제조나 가공이 필요하지 아니한 시점(포장 후 멸균 및 살균 등과 같이 별도의 제조공정을 거치는 제품은 최종공정을 마친 시점)

(2) "소비기한"

식품에 표시된 보관방법을 준수할 경우 섭취하여도 안전에 이상이 없는 기한

(3) "품질유지기한"

식품의 특성에 맞는 적절한 보존방법이나 기준에 따라 보관할 경우 해당식품 고유의 품질이 유지될 수 있는 기한

(4) "당류"

「식품 등의 표시·광고에 관한 법률 시행규칙」 제6조(영양성분표시) 제2항 제4호에 따른 당류로서 당류 함량은 모든 단당류와 이당류의 합

(5) "트랜스지방"

트랜스구조를 1개 이상 가지고 있는 비공액형의 모든 불포화지방

(6) "1회 섭취참고량"

만 3세 이상 소비계층이 통상적으로 소비하는 식품별 1회 섭취량과 시장조사 결과 등을 바탕으로 설정한 값

5 건강기능식품 기능성 원료 및 기준·규격 인정에 관한 규정

(1) "기능성원료"

건강기능식품의 제조에 사용되는 기능성을 가진 물질

(2) "기능성분"

원료 중에 함유되어 있는 기능성을 나타내는 성분

(3) "지표성분"

원료 중에 함유되어 있는 화학적으로 규명된 성분 중에서 품질관리의 목적으로 정한 성분

1 HACCP의 개요

(1) HACCP(Hazard Analysis and Critical Control Point의 정의

① 「식품위생법」 제48조 "식품안전관리인증기준"

식품의 원료관리 및 제조·가공·조리·소분·유통의 모든 과정에서 위해한 물질이 식품에 섞이거나 식품이 오염되는 것을 방지하기 위하여 각 과정의 위해요소를 확인·평가하여 중점적으로 관리하는 기준

② 「축산물 위생관리법」 제9조 "축산물안전관리인증기준"

가축의 사육부터 축산물의 원료관리·처리·가공·포장·유통 및 판매까지의 모든 과정에서 인체에 위해(危害)를 끼치는 물질이 축산물에 혼입되거나 그 물질로부터 축산물이 오염되는 것을 방지하기 위하여 각 과정의 생물학적·화학적·물리학적 위해요소를 분석하여 중점적으로 관리하는 기준

(2) HACCP 시스템의 구성

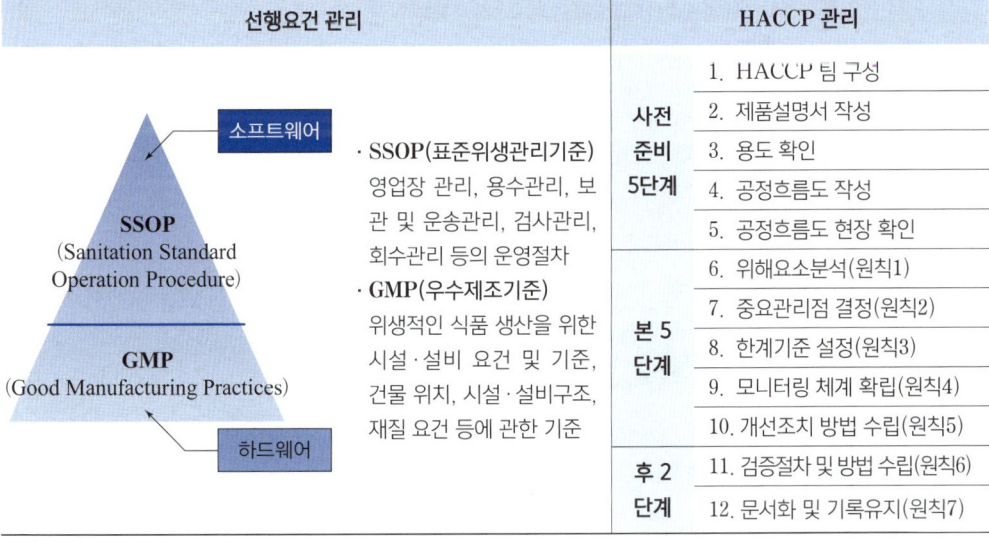

선행요건 관리		HACCP 관리	
소프트웨어 **SSOP** (Sanitation Standard Operation Procedure) **GMP** (Good Manufacturing Practices) 하드웨어	· **SSOP(표준위생관리기준)** 영업장 관리, 용수관리, 보관 및 운송관리, 검사관리, 회수관리 등의 운영절차 · **GMP(우수제조기준)** 위생적인 식품 생산을 위한 시설·설비 요건 및 기준, 건물 위치, 시설·설비구조, 재질 요건 등에 관한 기준	사전 준비 5단계	1. HACCP 팀 구성
			2. 제품설명서 작성
			3. 용도 확인
			4. 공정흐름도 작성
			5. 공정흐름도 현장 확인
		본 5 단계	6. 위해요소분석(원칙1)
			7. 중요관리점 결정(원칙2)
			8. 한계기준 설정(원칙3)
			9. 모니터링 체계 확립(원칙4)
			10. 개선조치 방법 수립(원칙5)
		후 2 단계	11. 검증절차 및 방법 수립(원칙6)
			12. 문서화 및 기록유지(원칙7)

2 HACCP 관련 법규

(1) 식품위생법

① 식품별 인증

② HACCP 인증 업무: 한국식품안전관리인증원

③ 인증 유효기간: 3년

④ HACCP 인증 업소 조사·평가: 연 1회 이상

⑤ HACCP 의무적용 대상 식품

- 어묵 · 어육소시지
- 냉동 어류 · 연체류 · 조미가공품, 냉동식품 중 피자류 · 만두류 · 면류
- 과자 · 캔디류 · 빵류 · 떡류
- 빙과
- 음료류[다류 및 커피류 제외]
- 레토르트식품
- 배추김치
- 초콜릿류
- 유탕면, 생면 · 숙면 · 건면
- 특수용도식품
- 즉석섭취식품
- 순대
- 전년도 총 매출액 100억원 이상 업소에서 제조 · 가공하는 식품

(2) 축산물 위생관리법

① 영업 종류별 인증

② HACCP 인증 업무: 한국식품안전관리인증원

③ 인증 유효기간: 3년

④ HACCP 인증 업소 조사 · 평가: 연 1회 이상

⑤ HACCP 의무적용 대상 업소

- 도축업, 집유업 (자체안전관리인증기준)
- 식육가공업, 유가공업, 알가공업, 식용란선별포장업, 식육포장처리업

(3) 수입식품안전관리 특별법

① 의무적용 대상 수입식품: 배추김치

3 HACCP 인증평가

(1) 선행요건 관리 평가

① 평가항목(52항목)

[식품(식품첨가물)제조·가공업소, 건강기능식품제조업소, 집단급식소식품판매업소, 축산물작업장·업소]

- 영업장 관리
- 위생 관리
- 제조·가공·조리 시설·설비 관리
- 냉장·냉동 시설·설비 관리
- 용수 관리
- 보관·운송 관리
- 검사 관리
- 회수 프로그램 관리

② 인증평가 판정기준(100점 만점)

85점 이상: 적합, 70전 이상~85점 미만: 부완, 70점 미만: 부적합

(2) HACCP 관리 평가

① 평가항목(28항목)

[식품(식품첨가물 포함)제조·가공업, 건강기능식품제조업, 집단급식소, 집단급식소 식품판매업, 식품접객업, 운반급식, 축산물가공업, 식용란선별포장업]

- HACCP팀
- 제품설명서 및 공정흐름도
- 위해요소분석
- CCP결정 및 한계기준의 설정
- CCP의 모니터링 및 개선조치
- HACCP시스템 검증
- 교육·훈련

② 인증평가 판정기준 (총 200점)

170점 이상: 적합, 140점 이상~170점 미만: 보완, 140점 미만: 부적합

(3) 일반 HACCP과 소규모 HACCP 인증의 차이점

구분	일반 HACCP	소규모 HACCP
평가항목	[식품(식품첨가물)제조·가공업의 경우] 1) 선행요건관리: 52개 항목 2) HACCP관리: 28개 항목	[업종 전체] 1) 선행요건관리: 17개 항목 2) HACCP관리: 8개 항목
적합여부	1) 선행요건관리: 85점 이상(100점 만점) 2) HACCP관리: 170점 이상(200점 만점)	1) 선행요건관리: 43점 이상(50점 만점) 이상 2) HACCP관리: 43점 이상(50점 만점) 이상

※소규모 업소

① 해당 가공품 유형의 연매출액이 5억원 미만이거나 종업원 수가 21명 미만인 식품(식품첨가물 포함)제조·가공업소, 건강기능식품제조업소 및 축산물가공업소

② 해당 영업장의 연 매출액이 5억원 미만이거나 종업원 수가 10명 미만인 집단급식소식품판매업소, 식육포장처리업소, 축산물운반업소, 축산물보관업소, 축산물판매업소, 식육즉석판매가공업소 및 식용란선별포장업소

4 행정처분

1. 위반시 즉시 인증취소(One-strike Out) 기준

(1) 주요 안전조항 위반 시

① 원·부재료의 검사·검수 미흡

② 작업장 세척·소독 미흡, 종사자 위생관리 미흡

③ CCP 공정 관리 미흡

④ 비가열 섭취식품 사용 지하수의 살균·소독 미흡

⑤ 위해요소 분석 미실시(신규 제품 또는 추가된 공정)

> ⑥ 동물용의약품 등 잔류방지 방안 수립·이행·CCP 모니터링 미흡
> ※ 축산물의 경우 해당

(2) 조사·평가 결과 부적합 판정을 받은 경우

① 선행요건 관리에서 만점의 60퍼센트 미만

② HACCP 관리에서 만점의 60퍼센트 미만

5 교육훈련

구분		대상	교육시간
신규교육	식품	영업자	2시간
		HACCP 팀장	16시간
		HACCP 팀원 및 종사자	4시간
	축산물	영업자 및 농업인	4시간 이상
		종업원(HACCP 팀장만 해당, 팀원은 해당 없음)	24시간 이상
정기교육	식품	HACCP 팀장, HACCP 팀원 및 종사자	4시간
	축산물	영업자 및 농업인	4시간 이상

※'식품과 축산물의 교육시간 통일' 개정예정 (2024.10.4. 입법예고)

6 HACCP 팀장 등의 책무

(1) HACCP 팀장

① 선행요건관리 및 HACCP 관리 등에 관한 교육· 훈련 계획을 수립·실시

② 원·부재료 공급업소 등 협력업소의 위생관리 상태 등을 점검하고 그 결과를 기록·유지

③ 원·부자재 공급원이나 제조·가공·조리·소분·유통 공정 변경 등 HACCP 관리계획의 재평가 필요성을 수시로 검토하여야 하며, 개정이력 및 개선조치 등 중요 사항에 대한 기록을 보관·유지

(2) 도축장의 관리책임자

HACCP 적용 도축장의 미생물학적 검사요령에 따라 해당 도축장에 대하여 대장균(*Escherichia coli* Biotype I) 검사를 실시하고 그 결과에 따라 적절한 조치를 하여야 함

7 용어 정의

(1) "식품 및 축산물 안전관리인증기준(Hazard Analysis and Critical Control Point, HACCP)"

「식품위생법」 및 「건강기능식품에 관한 법률」에 따른 「식품안전관리인증기준」과 「축산물 위생관리법」에 따른 「축산물안전관리인증기준」으로서, 식품(건강기능식품을 포함)·축산물의 원료 관리, 제조·가공·조리·선별·처리·포장·소분·보관·유통·판매의 모든 과정에서 위해한 물질이 식품 또는 축산물에 섞이거나 식품 또는 축산물이 오염되는 것을 방지하기 위하여 각 과정의 위해요소를 확인·평가하여 중점적으로 관리하는 기준

(2) **"위해요소(Hazard)"**

「식품위생법」제4조(위해식품등의 판매 등 금지), 「건강기능식품에 관한 법률」제23조(위해 건강기능식품 등의 판매 등의 금지) 및 「축산물 위생관리법」제33조(판매 등의 금지)의 규정에서 정하고 있는 인체의 건강을 해할 우려가 있는 생물학적, 화학적 또는 물리적 인자나 조건

(3) **"위해요소분석(Hazard Analysis)"**

식품·축산물 안전에 영향을 줄 수 있는 위해요소와 이를 유발할 수 있는 조건이 존재하는지 여부를 판별하기 위하여 필요한 정보를 수집하고 평가하는 일련의 과정

(4) **"중요관리점(Critical Control Point: CCP)"**

안전관리인증기준(HACCP)을 적용하여 식품·축산물의 위해요소를 예방·제어하거나 허용 수준 이하로 감소시켜 당해 식품·축산물의 안전성을 확보할 수 있는 중요한 단계·과정 또는 공정

(5) **"한계기준(Critical Limit)"**

중요관리점에서의 위해요소 관리가 허용범위 이내로 충분히 이루어지고 있는지 여부를 판단할 수 있는 기준이나 기준치

(6) **"모니터링(Monitoring)"**

중요관리점에 설정된 한계기준을 적절히 관리하고 있는지 여부를 확인하기 위하여 수행하는 일련의 계획된 관찰이나 측정하는 행위 등

(7) **"개선조치(Corrective Action)"**

모니터링 결과 중요관리점의 한계기준을 이탈할 경우에 취하는 일련의 조치

(8) **"선행요건(Pre-requisite Program)"**

「식품위생법」, 「건강기능식품에 관한 법률」, 「축산물 위생관리법」에 따라 안전관리인증기준(HACCP)을 적용하기 위한 위생관리프로그램

(9) **"안전관리인증기준 관리계획(HACCP Plan)"**

식품·축산물의 원료 구입에서부터 최종 판매에 이르는 전 과정에서 위해가 발생할 우려가 있는 요소를 사전에 확인하여 허용 수준 이하로 감소시키거나 제어 또는 예방할 목적으로 안전관리인증기준(HACCP)에 따라 작성한 제조·가공·조리·선별·처리·포장·소분·보관·유통·판매 공정 관리문서나 도표 또는 계획

(10) **"검증(Verification)"**

안전관리인증기준(HACCP) 관리계획의 유효성(Validation)과 실행(Implementation) 여부를 정기적으로 평가하는 일련의 활동(적용 방법과 절차, 확인 및 기타 평가 등을 수행하는 행위를 포함)

(11) "안전관리인증기준(HACCP) 적용업소"

「식품위생법」, 「건강기능식품에 관한 법률」에 따라 안전관리인증기준(HACCP)을 적용·준수하여 식품을 제조·가공·조리·소분·유통·판매하는 업소와 「축산물 위생관리법」에 따라 안전관리인증기준(HACCP)을 적용·준수하고 있는 안전관리인증작업장·안전관리인증업소·안전관리인증농장 또는 축산물안전관리통합인증업체 등

(12) "관리책임자"

「축산물 위생관리법」에 따른 자체안전관리인승기순 석용 작업장 및 안진관리인증기준(HACCP) 적용 작업장 등의 영업자·농업인이 안전관리인증기준(HACCP) 운영 및 관리를 직접 할 수 없는 경우 해당 안전관리인증기준 운영 및 관리를 총괄적으로 책임지고 운영하도록 지정한 자(영업자·농업인을 포함한다)

(13) "통합관리프로그램"

「축산물 위생관리법」시행규칙 제7조의3제4항제3호에 따라 축산물안전관리통합인증업체에 참여하는 각각의 작업장·업소·농장에 안전관리인증기준(HACCP)을 적용·운용하고 있는 통합적인 위생관리프로그램

(14) "중요관리점(CCP) 모니터링 자동 기록관리 시스템"

중요관리점(CCP) 모니터링 데이터를 실시간으로 자동 기록·관리 및 확인·저장할 수 있도록 하여 데이터의 위·변조를 방지할 수 있는 시스템을 말하며, 이 시스템을 석용한 안전관리인증기준을 "스미트해썹"이라 함

(15) "글로벌 식품안전관리 시스템"

안전관리인증기준(HACCP) 적용업소가 원료에서부터 제조·가공·조리·선별·처리·포장·소분·보관·유통·판매에 이르기까지 모든 과정에서 고의적, 의도적인 식품안전사고 발생을 예방하기 위하여 안전관리인증기준 관리계획(HACCP Plan)에 식품방어(Food Defense), 식품사기 예방(Food Fraud Prevention), 제품 표시 관리, 알레르기 유발물질 관리, 환경 점검 관리, 품질관리, 비상 대응 관리, 식품안전문화(Food Safety Culture) 및 식품안전경영(Food Safety Management) 등을 포함하여 관리하는 시스템(이하, "글로벌 해썹(Global HACCP)"이라 한다)을 말함

8 선행요건 관리 핵심사항

[식품(식품첨가물 포함)제조·가공업소, 건강기능식품제조업소 및 집단급식소식품판매업소, 축산물작업장·업소]

※관련 법규의 내용 중 출제 가능성이 있고 중요한 부분만 발췌

(1) 영업장 관리

① 작업장은 독립된 건물이거나 식품취급 외의 용도로 사용되는 시설과 분리
② 작업장(출입문, 창문, 벽, 천장 등)은 밀폐 가능한 구조
③ 작업장은 <u>청결구역</u>과 <u>일반구역</u>으로 분리하고, 제품의 특성과 공정에 따라 <u>분리, 구획 또는 구분</u>
④ 바닥, 벽, 천장, 출입문, 창문 등은 <u>내수성 또는 내열성</u> 등의 재질 사용

⑤ 약간의 경사를 두어 배수가 잘되도록 하고 배수구, 배수관 등은 역류가 되지 않도록 관리

⑥ 출입구에 구역별 복장 착용 방법 게시, 개인위생관리를 위한 세척, 건조, 소독, 이물제거 설비 등을 구비

⑨ 작업실 안은 220룩스 이상, 특히 선별 및 검사구역 등은 540룩스 이상 유지

⑫ 탈의실은 외출복과 위생복 간의 교차오염이 발생하지 않도록 분리, 구분 보관

(2) 위생 관리

⑭ 모든 단계에서 혼입될 수 있는 이물에 대한 관리계획 수립 및 준수

⑱ 외부로 개방된 흡·배기구 등에는 여과망이나 방충망 등 부착

㉑ 종업원 등은 위생복·위생모·위생화 등을 항시 착용, 개인용 장신구 등 착용 금지

(3) 제조·가공 시설·설비 관리

㉙ 시설 및 설비 등은 교차오염이 발생되지 않도록 충분한 간격(벽에서 1m)을 두고 배치

㉚ 식품과 접촉하는 시설·설비는 인체에 무해한 내수성·내부식성 재질로, 열탕·증기·살균제 등으로 소독·살균이 가능하도록 함

㉛ 가열기, 냉각기 등에는 온도변화 측정·기록 장치 설치 및 기록 유지

(4) 냉장·냉동 시설·설비 관리

㉝ 냉장시설 내부 온도 10℃ 이하(신선편의식품, 훈제연어, 가금육 5℃ 이하), 냉동시설 −18℃ 이하로 유지, 외부에서 온도변화를 관찰할 수 있어야 하며, 온도 감응 장치의 센서는 온도가 가장 높게 측정되는 곳에 위치하도록 함

(5) 용수 관리

㉞ 용수는 수돗물이나 먹는물 수질기준에 적합한 지하수 사용, 지하수 사용의 경우 살균·소독장치 사용

㉟ 지하수 사용의 경우 먹는물 수질기준 전 항목 연1회 이상 검사 실시, 지하수 사용 또는 비가열식품에 상수도 사용의 경우 미생물 검사(일반세균, 총대장균군, 분원성대장균군) 월 1회 이상 실시

(6) 보관·운송 관리

㊴ 검사성적서로 확인하거나 자체적으로 정한 입고기준 및 규격에 적합한 원·부자재만을 구입

㊷ 운송차량은 냉장의 경우 10℃ 이하, 냉동의 경우 −18℃ 이하 유지, 온도 기록 장치 부착

㊹ 원·부자재, 반제품 및 완제품은 구분관리, 바닥이나 벽에 밀착되지 않도록(최소 10cm 이상) 적재·관리

(7) 검사 관리

㊾ 냉장·냉동·가열처리 시설 등의 온도측정 장치는 연 1회 이상, 검사용 장비·기구는 정기적으로 교정. 자체적으로 교정검사를 하거나, 외부 공인 국가교정기관[KOLAS(한국인정기구) 공인 교정기관]에 의뢰하여 교정

㊿ 작업장의 청정도 유지를 위하여 공중낙하세균 등을 관리계획에 따라 측정·관리

(8) 회수 프로그램 관리

[집단급식소, 식품접객업소(위탁급식영업) 및 운반급식(개별 또는 벌크 포장)]

※식품(식품첨가물 포함)제조·가공업소와 상이한 부분만 발췌

(2) 위생관리

㉓ 칼, 도마 등의 조리 기구, 용기, 앞치마, 고무장갑 등은 교차오염 방지를 위해 식재료 특성, 구역별로 구분 사용

㉔ 식품 취급 등의 작업은 바닥으로부터 60㎝ 이상의 높이 실시

㉕ 해동은 냉장해동(10℃ 이하), 전자레인지 해동, 또는 흐르는 물에서 실시

㉖ 해동된 식품은 즉시 사용하고 즉시 사용하지 못할 경우 조리시까지 냉장 보관, 사용 후 남은 부분의 재동결 금지

㉗ 가열 조리 후 냉각이 필요한 식품은 신속히 냉각

㉘ 냉장 식품의 절단 소분 등 처리시 식품 온도가 15℃를 넘지 않도록 한번에 소량씩 취급

㉙ 조리된 음식은 배식 전까지의 보관온도 및 조리 후 섭취 완료시까지의 소요시간기준을 설정·관리

  • 28℃ 이하의 경우: 조리 후 2~3시간 이내 섭취 완료

  • 보온(60℃ 이상) 유지시: 조리 후 5시간 이내 섭취 완료

  • 제품의 품온을 5℃ 이하 유지시: 조리 후 24시간 이내 섭취 완료

㉚ 냉장식품(10℃ 이하)과 온장식품(60℃ 이상)에 대한 배식 온도관리기준 설정·관리

㉜ 영양사는 배식 직전에 음식의 맛, 온두, 이물, 이취, 조리 상태 등을 확인하기 위한 검식 실시

㉝ 조리한 식품은 소독된 보존식 전용용기 또는 멸균 비닐봉지에 매회 1인분 분량을 −18℃ 이하에서 144시간 이상 보관

9 HACCP 관리 핵심사항

[식품(식품첨가물 포함)제조·가공업소, 건강기능식품제조업소]

(1) 사전준비 5단계

① HACCP 팀 구성

  • 조직 및 인력현황

  • 안전관리인증기준(HACCP)팀 구성원별 역할

  • 교대 근무 시 인수·인계 방법

② 제품설명서 작성

- 제품명·제품유형 및 성상
- 품목제조보고 연·월·일
- 작성자 및 작성 연·월·일
- 성분배합비율
- 제조(포장)단위
- 완제품 규격
- 보관·유통상의 주의사항
- 소비기한
- 포장방법 및 재질
- 기타 필요한 사항

③ 용도 확인

- 가열 또는 섭취 방법
- 소비 대상

④ 공정 흐름도 작성

- 제조·가공·조리 공정도
- 작업장 평면도
- 급기 및 배기 등 환기 또는 공조시설 계통도
- 급수 및 배수처리 계통도

⑤ 공정 흐름도 현장 확인

(2) 7원칙

① 위해요소 분석

- 원·부자재별·공정별 생물학적·화학적·물리적 위해요소 목록 및 발생원인
- 위해평가(각 위해요소에 대한 심각성과 발생가능성 평가)
- 위해평가 결과 및 예방조치·관리 방법

② 중요관리점 결정

- 확인된 위해요소의 예방·제어(또는 허용수준 이하로 감소)할 수 있는 공정 결정
- 중요관리점 결정도에 적용
- 중요관리점 결정표 작성

③ 중요관리점의 한계기준 설정

④ 중요관리점 모니터링 체계 확립

- 각 원료와 공정별로 가장 적합한 모니터링 절차 파악(CCP파악)
- 모니터링 항목 결정(예 온도, 시간)
- 모니터링 위치/지점, 방법 결정(예 살균공정/온도계, 타이머)
- 모니터링 주기(빈도) 결정(예 2시간 간격 측정)
- 모니터링 결과를 기록할 서식 결정(모니터링 일지)
- 모니터링 담당자를 지정하고 훈련

⑤ 개선 조치방법 수립

⑥ 검증 절차 및 방법 수립

- 유효성 평가 방법(서류조사, 현장조사, 시험검사) 및 절차
- 실행성 검증 방법(서류조사, 현장조사, 시험검사) 및 절차

⑦ 문서화 및 기록유지방법 설정

CHAPTER 9 | 제품검사관리

1 식품 일반독성시험의 분류

분류		정의
일반독성시험	급성독성시험	1회 투여로 반 수의 동물이 죽는 양 측정
	아급성독성시험	반복 투여로 1~3개월에 나타나는 독성을 측정
	만성독성시험	장기간(1~2년) 투여하여 독성 측정

2 급성독성시험

- 실험동물에 실험물질을 1회 투여하여 반 수의 동물이 죽는 양(LD_{50}, 50% Lethal Dose, 반수치사량)을 구함
- LD_{50}값이 적을수록 독성이 강함을 의미

3 기준규격 설정

(1) 1일 섭취허용량(Acceptable Daily Intake, ADI)
- 사람이 그 유해물질을 일생동안 섭취하여도 바람직하지 않은 영향이 나타나지 않는 1인당 1일 최대섭취허용량 (mg/kg b.w./day)
- ADI＝NOAEL(최대무독성량) / 안전계수(100)

(2) 식품 중의 최대잔류허용기준(Maximal Residue Limit, MRL)
- 이론적 잔류허용한계농도(PL) ＝ ADI(mg/kg b.w./day)×체중(kg) / 식품섭취량(kg/day)
- 실제적 최대잔류허용기준(MRL)은 PL보다 낮음

4 위해평가(Risk assessment)

(1) 위험성 확인
독성시험자료 등을 활용하여 위해요소의 유해성과 그 정도 및 영향을 확인

(2) 위험성 결정
최대무독성량(NOAEL) 결정−불확실성 계수 적용−일일섭취허용량(ADI) 산출

(3) 노출 평가
식품섭취량과 식품오염도를 근거로 일일인체노출량 산출

(4) 위해도 결정
위해요소에 노출되었을 때 발생할 수 있는 유해영향과 발생확률 예측

5 미생물학적 검사

(1) 일반세균

   ① 총균수 검사법 [Breed법]
- 검체의 일정량을 구획이 나뉜 슬라이드 상에 도말·건조·염색한 후 현미경으로 균수 측정
- 가공 전 원료에 대한 오염도 측정

   ② 생균수 검사법
- 표준평판배양법(standard plate count, SPC)
- 건조필름법

(2) 대장균군

   유당을 분해하여 가스를 발생시키는 모든 호기성 또는 통성혐기성균, 식품의 위생적 처리 지표

   ① 정성시험(유당배지법)

      추정시험 → 확정시험 → 완전시험

   ② 정량시험(최확수법)

      최확수표로부터 검체 1mL(1g) 중 대상균군수를 산출

6 이물검사

방법	내용
체분별법	• 미세한 분말의 검체에 섞인 좀 더 큰 이물을 분리할 경우 • 체로 쳐서 포집하여 육안 또는 현미경으로 검사
여과법	• 검체가 액체 또는 용액으로 할 수 있을 때 적용 • 여과지로 여과하여 여과지 위의 이물 검사
와일드만 플라스크법	• 곤충 및 동물의 털과 같이 물에 잘 젖지 않는 가벼운 이물일 경우 • 유기용매와 섞어줌으로써 유기용매층에 떠오르게 하여 검사
침강법	• 쥐똥, 토사 등의 비교적 무거운 이물일 경우 • 검체에 클로로포름을 섞어 이물이 용기의 밑에 가라앉힌 후 흡인여과
금속성 이물검사	• 쇳가루가 자석에 붙는 성질을 이용 • 분쇄공정을 거친 원료를 사용하거나 분쇄공정을 거친 분말제품, 환제품, 액상 및 페이스트제품, 코코아가공품류 및 초콜릿류에 적용

CHAPTER 10 | 식중독

1 감염형 식중독과 독소형 식중독

분류	특성	잠복기	식중독	원인균
감염형	식품에 증식한 식중독균을 식품과 함께 섭취 시 증세	8~24시간 (대체로 길다)	살모넬라	*Salmonella typhimurium*
			장염비브리오	*Vibrio parahaemolyticus*
			병원성대장균	*pathogenic E.coli*
			캠필로박터	*Campylobacter jejuni*
				Campylobacter coli
			리스테리아	*Listeria monocytogenes*
			여시니아	*Yersinia enterocolitica*
			웰치균	*Clostridium perfringens*
독소형	식중독균이 증식할 때 생성된 독소를 식품과 함께 섭취 시 증세	2~8시간 (대체로 짧다)	포도상구균	*Staphylococcus aureus*
			보툴리누스	*Clostridium botulinum*
			세레우스	*Bacillus cereus*

2 감염형 식중독

(1) 살모넬라(Salmonella) 식중독

- *Salmonella typhimurium, Sal. enteritidis, Sal. derby* 등
- 열에 약함
- 식육, 알류, 김밥, 샐러드, 마요네즈, 유제품 등
- 심한 고열
- 60℃에서 20분간 가열

(2) 장염 Vibrio 식중독

- *Vibrio parahaemolyticus*
- 호염성균(3~5%의 식염)
- 열에 약함
- 어패류의 생식
- 어패류를 담수로 씻거나, 가열 후 섭취로 예방

(3) 병원성 대장균 식중독

- 장출혈성대장균(EHEC, Enterohaemorrhagic *E. coli*)이 가장 위해도 높음
- 베로톡신(Verotoxin＝시가독소, Shigatoxin) 생성
- *E. coli* O157 : H7이 속함
- 용혈성요독증후군[Hemolytic Uremic Syndrom(HUS)] 동반

(4) 캠필로박터 식중독

- *Campylobacter jejuni, Campylobacter coli*
- 미호기성(5% 산소와 10% 이산화탄소)
- 덜 익힌 가금류

(5) 리스테리아 식중독

- *Listeria monocytogenes*
- 냉장온도에서도 증식
- 20%의 치사율 / 원유, 치즈, 아이스크림, 비가공 식육제품, 훈연 생선 / 임산부일 경우 태아에 전이되어 유산, 사산

(6) 여시니아 식중독

- *Yersinia enterocolitica*
- 진공포장과 냉장온도에서도 성장
- 인수공통전염병의 원인체

(7) 웰치(Welchii)균 식중독

- *Clostridium perfringens(Clostridium welchii)*
- 편성혐기성, 아포(포자) 형성
- 집단급식에서 잘 생김

3 독소형 식중독

(1) 황색포도상구균 식중독

- *Staphylococcus aureus*
- 장독소(enterotoxin) 생성
- 단백질 분해효소에 의해 불활성화되지 않음
- 식품에 생성될 때에는 내열성이 매우 커짐
- 감염원은 화농성 환자
- 유가공품 · 식육가공품 등의 단백질 식품, 김밥 · 도시락 등의 탄수화물 식품
- 세균성 식중독 중 잠복기 가장 짧음(1~6시간)

(2) 보툴리누스 식중독

- *Clostridium botulinum*
- 아포(포자) 형성, 편성혐기성
- 아포는 120℃에서 20분 이상 가열해야 사멸
- 신경독소(neurotoxin) 생성: 열에 약하여 80℃ 30분 가열하면 활성 상실
- 치사율 15~20%
- 예방: 통·병조림 충분히 살균

(3) 세레우스 식중독

- *Bacillus cereus*
- 내열성 아포 형성
- 설사형 식중독: 소장에서 증식하는 동안 생성된 장독소(enterotoxin)가 원인
- 구토형 식중독: 식품에서 균이 증식하면서 생성된 대사산물(cereulide)이 원인
- 열저항성 매우 강함(126℃에서 90분 동안 생존)
- 설사형 : 향신료 사용 요리, 채소스프 등
- 구토형: 쌀밥, 볶음밥, 김밥 등의 탄수화물 식품
- 잠복기: 설사형 6~15시간, 구토형 30분~6시간

4 유해성 식품첨가물

(1) 유해성 보존료

붕산 또는 붕사, 포름알데하이드, Urotropin, 불소화합물

(2) 유해성 착색료

오우라민, 로다민 B, 파라-니트로아닐린, 실크스칼렛

(3) 유해성 감미료

둘신, 싸이클라메이트, 에틸렌 글리콜, 페릴라틴

(4) 유해성 표백료

롱갈리트, 삼염화질소

5 잔류농약

(1) 유기인제

- 파라티온, 말라티온, DDVP, 다이아지논
- 맹독성, 급성독성, 잔류성 약(안정성이 약해 쉽게 분해됨)

(2) 유기염소제

- DDT, BHC, aldrin
- 지용성으로 지방조직에 축적
- 저독성, 만성독성, 잔류성 강

6 기구·용기·포장에서 용출

열경화성 수지	• 페놀수지, 요소수지, 멜라민수지 • 포름알데하이드(독성) 용출
열가소성 수지	• 염화비닐(PVC) 수지: 프탈레이트(가소제) 용출 • 폴리카보네이트(PC) 수지: 비스페놀 A(내분비계 교란물질) 용출 • 폴리프로필렌(PP) 수지, 폴리스티렌(PS) 수지: 단량체가 독성

7 동물성 식중독

복어독	• Tetrodotoxin • Cyanosis(청색증)	마비성 패독	• Saxitoxin, gonyautoxin • 섭조개, 홍합, 모시조개
베네루핀독	• Venerupin • 바지락, 굴, 모시조개	테트라민독	• Tetramine • 소라고둥, 조각매물고둥

8 식물성 식중독

독버섯	• Muscarine, muscaridine, choline, neurine(자율신경계 중독) • Amanitatoxin, phaline, lampterol(위장형 중독)
감자	• Solanine – 발아시 생성 • sepsin – 부패시 생성
독미나리	Cicutoxin
면실유(목화씨유)	Gossypol
청매(미숙한 매실)	Amygdaline
독보리	Temuline

9 곰팡이독 식중독

원인균	곰팡이독	특징	오염식품
Aspergillus 속	Aflatoxin	• *Aspergillus flavus* • 간장독, 간암유발 • 최적 생산조건: 수분 16% 이상, 온도 25~30℃, 상대습도 80~85% • Aflatoxin B1: 가장 강력한 발암물질, 지용성, 열에 안정, 가공공정에서 제거가 어려움 • Aflatoxin M1: 오염된 식품, 먹이를 먹은 포유류의 젖에 포함되어 있음	곡류와 땅콩, 특히 재래식 된장
	Ochratoxin	• *Aspergillus ochraceus* • 간장독	곡류, 콩류, 향신료
	Sterigmatocystin	• *Aspergillus nidulans* • 간장독	
Penicillium 속	Patulin	• *Penicillium patulum* • 신경독	부패된 사과, 사과주스
	luteoskyrin	• *Penicillium islandicum* • 황변미 간장독	덜 건조된 저장 곡류
	islanditoxin		
	Citrinin	• *Penicillium citrinum* • 황변미 신장독	
	Citreoviridine	• *Penicillium citreoviride* • 황변미 신경독	
Fusarium 속	Fumonisin	• *Fusarium moniliforme* • 신장독, 간장독	옥수수, 사료
	Deoxynivalenol	*Fusarium roseum*	밀, 옥수수 등
	zearalenone	불임 유발, 이상 발정증세	밀, 옥수수 등

10 바이러스성 식중독

노로바이러스, 로타바이러스, 아데노바이러스, 아스트로바이러스 등

세균성 식중독	바이러스성 식중독
균에 의한 것 또는 균이 생산하는 독소에 의하여 식중독 발병	크기가 작은 DNA 또는 RNA가 단백질 외피에 둘러싸여 있음
온도, 습도, 영양성분 등이 적정하면 자체 증식 가능	자체 증식이 불가능하며 반드시 숙주가 존재하여야 증식 가능
일정량(수백~수백만) 이상의 균이 존재하여야 발병 가능	미량(10~100) 개체로도 발병 가능
설사, 구토, 복통, 메스꺼움, 발열, 두통 등	세균성과 유사함
항생제 등을 사용하여 치료 가능하며 일부 균은 백신 개발됨	일반적 치료법이나 백신이 없음
2차 감염되는 경우는 거의 없음	대부분 2차 감염됨

CHAPTER 11 | 식품과 감염병

1 경구감염병과 세균성 식중독의 차이

특성	경구감염병	세균성식중독
감염 정도	2차 감염	종말 감염
병원성	강함	약함
필요한 균량	미량(대부분 체내 증식)	다량(대부분 식품내 증식)
잠복기	긴 편	짧은 편
면역성	병 후 면역 있음	없음
예방조치	균이 소량 존재해도 발병 가능성이 있으므로 예방 어려움	균의 증식을 억제하면 가능
음용수	음용수로 인해 감염	음용수로 인한 중독은 거의 없음

2 경구감염병의 분류

감염원에 따른 분류	종류
세균	장티푸스, 파라티푸스, 콜레라, 세균성 이질
바이러스	폴리오(소아마비), A형간염
원충	아메바성 이질

3 경구감염병

장티푸스	• *Salmonella typhi*(세균) • 40℃ 전후의 고열, 두통 등	파라티푸스	*Salmonella paratyphi*(세균)
콜레라	• *Vibrio cholera*(세균) • 분변 등에 오염된 어패류, 해수 • 쌀뜨물 같은 수양변, 맥박이 약하고 체온 하강	세균성 이질	• *Shigella dysenteriae*(세균) • 혈변

4 인수공통감염병의 분류

감염원에 따른 분류	종류
세균	탄저, 돈단독, 결핵, 야토병, 브루셀라(파상열)
바이러스	일본뇌염, 광견병(공수병), 조류(동물)인플루엔자 인체감염증
리케치아	Q열
Prion(단백질 일종)	광우병

5 인수공통감염병

(1) 결핵

- *Mycobacterium tuberculosis* 등(세균)
- 우유 살균의 한계 온도 설정의 기준

(2) 탄저

- *Bacillus anthracis*(세균)
- 피부의 상처로부터의 경피감염(피부탄저), 병든 동물고기에 의한 경구감염(장탄저), 모피 취급 중 아포의 흡입 감염(폐탄저)

(3) 파상열(Brucellosis, 브루셀라증)

- *Brucella abortus* 등
- 동물에 감염되어 유산을 일으킴, 사람은 발열현상이 주기적으로 반복됨

(4) 야토병: *Francisella tularensis(Pasteurella tularemia)*(세균)

(5) 돈단독증: *Erysipelothrix rhusiopathiae*(세균)

(6) Q열: *Coxiella burnetii*(리케치아)

(7) 광우병(Bovine spongiform encephalopathy(BSE), 소해면뇌상증)

- 변형 프리온(Prion) 단백질
- 감염된 동물의 뇌 조직에 구멍이나 스폰지와 같은 구조 형성

CHAPTER 12 | 식품의 변질과 보존

1 식품 변질의 종류

(1) 부패

식품 중의 단백질 성분이 자기소화, 부패세균의 효소작용 등에 의해 분해되어 악취가 나고 불가식화 되는 현상

(2) 변패

질소를 함유하지 않은 당질과 지질이 미생물, 산소, 광선, 온도, 습도 등에 의해 분해되어 산미 또는 이취 생성

(3) 산패

유지가 산소, 빛, 금속 등에 의해 산화되는 현상

(4) 발효

식품에 미생물이 작용하여 식품의 성질을 변화시키는 현상 중 유익한 경우에 해당

2 식품 변질(품질 저하)에 영향을 주는 인자

수분, 미생물, 효소, 산소, pH

3 부패의 판정

- 관능검사
- 미생물학적 검사: 생균수 측정(생균수 $10^7 \sim 10^8$/g이면 초기부패로 판정, 10^5/g 이하이면 안정)
- 화학적 검사: 휘발성염기질소(VBN), 트리메틸아민(TMA), 히스타민, pH 측정

4 주요 식품의 신선도 검사

(1) 우유의 신선도 검사

Methylene blue test, 에탄올 검사, 산도 측정, 자비시험

※ 우유의 가수 여부 판정법: 비중 측정, Babcock법과 Gerber법으로 지방 검사

※ 우유의 살균 여부 판정법: Phosphatase test

(2) 계란의 신선도 검사

- 외관: 표면이 거칠면 신선
- 비중: 11% 식염수액에 가라앉으면 신선, 8% 식염수액에 뜨면 부패
- 신선란 난백계수 0.06, 난황계수 0.361~0.442
- 신선 난백의 pH 7.6~7.9(저장 길어지면 CO_2 방출로 pH 9.7까지 상승), 신선 난황의 pH는 6.0

(3) 어육의 신선도 검사(초기 부패 지표)

VBN 30~40 mg%, TMA(Trimethylamine) 일반적으로 3~4 mg%를 적용하나, 어종에 따라 다름, K value 60~80%, pH 6.2~6.5, Histamine 4~6 mg%

(4) 식육의 신선도 검사(초기 부패 지표)

VBN 20 mg%, TMA(Trimethylamine) 4~6 mg%, pH 6.2~6.3, 암모니아 시험, 유화수소 검출법, Walkiewicz반응

5 방사선 조사[=식품조사(Food irradiation)] 처리기준

- 이용가능한 선종: 감마선, 전자선 또는 엑스선
- 감마선 방출 선원: ^{60}Co 사용
- 전자선과 엑스선 방출 선원: 전자선 가속기 이용
- 식품조사처리가 허용된 품목별 흡수선량을 초과하지 않도록 하여야 함
- 허용된 조사 목적 이외 다른 목적으로는 사용 불가
- 한 번 조사 처리한 식품은 다시 조사하여서는 안 됨
- 허용대상 식품별 흡수선량

품목	조사목적	선량(kGy)
감자, 양파, 마늘	발아억제	0.15 이하
밤	살충·발아억제	0.25 이하
버섯(건조 포함)	살충·숙도조절	1 이하
난분, 곡류, 두류, 전분	살균·살충	5 이하
건조식육, 건조채소류, 조미건어포류 등	살균	7 이하
건조향신료, 복합조미식품, 특수의료용도등 식품	살균	10 이하

6 소독약의 살균력 측정

- 석탄산 계수(phenol coefficient) $= \dfrac{\text{소독약의 희석배수}}{\text{석탄산의 희석배수}}$
- 석탄산 계수가 높을수록 살균력이 좋은 것

7 소독약의 종류

- 3~5% 석탄산(phenol)수
- 2.5~3.5% 과산화수소(H_2O_2)
- 70~75% 알코올(alcohol)
- 3% 크레졸(cresol)
- 0.01~0.1% 역성비누(양성비누): 중성비누와 혼합 사용하면 효과 없음
- 0.1% 승홍(mercury dichloride)
- 생석회(CaO)

MEMO

MEMO

2026 대비 최신개정판

해커스
식품산업기사
필기
한권완성 이론+최신기출+핵심노트

개정 5판 1쇄 발행 2025년 10월 1일

지은이	권유진
펴낸곳	㈜챔프스터디
펴낸이	챔프스터디 출판팀

주소	서울특별시 서초구 강남대로61길 23 ㈜챔프스터디
고객센터	02-537-5000
교재 관련 문의	publishing@hackers.com
동영상강의	pass.Hackers.com

ISBN	978-89-6965-644-5 (13570)
Serial Number	05-01-01

자격증 교육 1위

해커스자격증
pass.Hackers.com

· HACCP 전문가 권유진 선생님의 **본 교재 인강**(교재 내 할인쿠폰 수록)
· 식품산업기사 **무료 특강, CBT 모의고사** 등 다양한 추가 학습 콘텐츠

주간동아 선정 2022 올해의 교육브랜드 파워 온·오프라인 자격증 부문 1위